Schütt • Weisgerber • Schuck • Lang • Stimm • Roloff

BÄUME DER TROPEN

**Die große Enzyklopädie
mit über 800 Farbfotos
unter Mitwirkung
von 30 Experten**

Nikol Verlagsgesellschaft mbH & Co. KG
Hamburg
www.nikol-verlag.de

Bäume der Tropen
Verbreitung – Beschreibung – Ökologie – Nutzung
Herausgeber: Schütt, Weisgerber, Schuck, Lang, Stimm, Roloff

Sonderausgabe 2004 für Nikol Verlagsgesellschaft mbH & Co. KG, Hamburg
www.nikol-verlag.de
Mit freundlicher Genehmigung des Originalverlags

Originalausgabe:
Enzyklopädie der Holzgewächse
Handbuch und Atlas der Dendrologie
Loseblattwerk mit Ergänzungslieferungen
Herausgeber: Schütt, Weisgerber, Schuck, Lang, Stimm, Roloff
© 1994 ecomed verlagsgesellschaft AG & Co. KG
Justus-von-Liebig-Straße 1, 86899 Landsberg/Lech
Tel.: (0 81 91) 125-0, Fax: (0 81 91) 125-492; Internet: http://www.ecomed.de

Einbandgestaltung: Callena Creativ GmbH, www.callena.de
Satz: abc.Mediaservice GmbH, 86807 Buchloe, www.abc-media.de

ISBN: 3-933203-79-1

Vorwort

Bäume der Tropen – unter diesem Titel verbirgt sich im vorliegenden Buch eine Sammlung ausgewählter Artbeschreibungen von Bäumen, die in den tropischen oder auch subtropischen Regionen der Erde vorkommen. Eine Vielzahl dieser Arten ist uns durch ihr Holz, ihre Früchte oder andere nutzbare Bestandteile bekannt. So kennen wir zum Beispiel die Hölzer Teak, Mahagoni und Pockholz, wir kennen Produkte wie Kampfer, Kapok und Kautschuk ebenso wie Papaya, Mango und Kakao. Kaum aber haben wir eine Vorstellung davon, woher diese Produkte stammen, wie die dazugehörigen Bäume aussehen oder gar welche ökologischen Ansprüche sie haben.

In den vorliegenden Beschreibungen soll alles Wissenswerte über die dahinter stehenden Baumarten dargestellt werden: Vorkommen, Aussehen, Unterscheidung zu verwandten Arten, Vermehrung und Anzucht, Klimabedingungen und Standortsansprüche ebenso wie Krankheiten und Schädlinge und natürlich Angaben über die Nutzung. Verbreitungskarten und reiche, oft farbige Illustrationen veranschaulichen die Darstellungen.

Die vorgestellten Beschreibungen entstammen alle der Loseblattsammlung »Enzyklopädie der Holzgewächse«, einem botanischen Standardwerk, das seit Jahren durch immer wieder neue monographische Beiträge über Gehölzarten aus aller Welt ergänzt wird. Fachkundige Autoren, zumeist Forstwissenschaftler, Botaniker oder Dendrologen, beschreiben Baumarten, mit denen sie sich über längere Zeit beschäftigt haben und von denen sie Bildmaterial sammeln konnten. Dabei wird darauf geachtet, dass ein einheitlicher Aufbau der Texte eingehalten ist und durchgängig Bilder von hoher Qualität verwendet werden. So entstehen Artbeschreibungen, die – fachlich fundiert und klar strukturiert – die Ästhetik und Vielfalt der Baumflora zeigen. Die hier vorgestellte Auswahl präsentiert dabei mit Sicherheit einige der spektakulärsten Arten.

Die Schätzungen darüber, wieviele Baumarten auf der Welt existieren, gehen weit auseinander und schwanken zwischen 20 000 und 100 000. Die weitaus meisten davon stammen aus den Tropen und Subtropen, die so unterschiedliche Lebensräume beherbergen wie Trocken- und Wüstenregionen aber auch die tropischen Regenwälder, wo immer wieder neue Arten entdeckt werden. Die Vielfalt der dort zu findenden Formen ist beeindruckend, und ein Teil der davon ausgehenden Faszination spiegelt sich in den Texten des Buches und vor allem den dazugehörigen Bildern wider.

ecomed Verlag,
Landsberg am Lech, im November 2003

Als Tropen werden im wesentlichen die geographischen Bereiche zwischen den beiden Wendekreisen bezeichnet, es handelt sich um Gebiete, die sich durch Frostfreiheit und nahezu gleichmäßig hohe Temperaturen auszeichnen. In den Subtropen treten, im Unterschied dazu, während der Wintermonate kältere Temperaturen auf; Frost ist möglich, aber selten. Die folgende Karte gibt einen Überblick, welche Regionen unserer Erde zu den tropischen bzw. subtropischen Klimazonen zu rechnen sind:

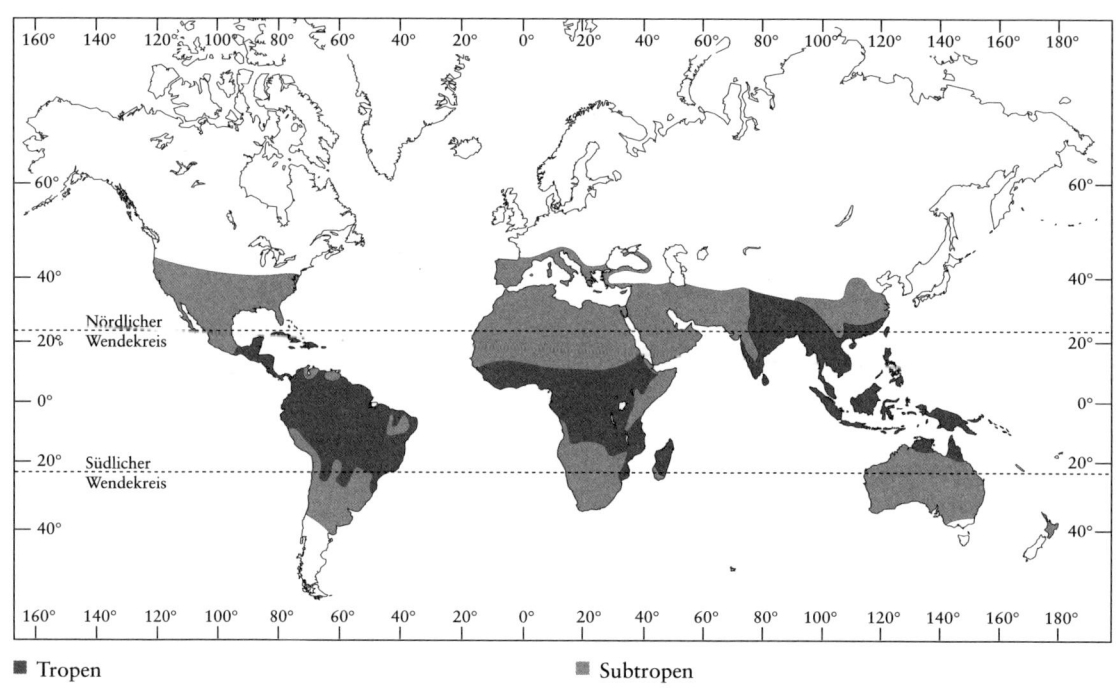

■ Tropen   ■ Subtropen

Inhaltsverzeichnis

Baumarten (alphabetisch sortierte Beschreibungen)

Inhaltsverzeichnis nach deutschen Namen

Abkürzungen und Zeichenerklärungen

In diesem Verzeichnis sind alle in den Texten verwendeten, nicht sofort verständlichen oder nicht allgemein gebräuchlichen Abkürzungen und Symbole zu finden. Nicht enthalten sind die Autorenkürzel der lateinischen Nomenklatur, chemische Formeln und Abkürzungen von SI-Einheiten sowie deren dezimale Vielfache und Teile. Treten Gattungsnamen im Text, in Tabellen oder Bildunterschriften mehrfach auf, sind sie abgekürzt.

♂	männlich	allg.	allgemein(e)
♀	weiblich	auton.	autonom
☿	zwittrig	b.	bis
◉	asymmetrisch wegen schraubiger Stellung der Blütenglieder	bengal.	bengalisch
		BHD	Brusthöhendurchmesser
✳	radiärsymmetrisch	C	Corolla (Blütenkrone)
↓	dorsiventral oder zygomorph; Symmetrieebene liegt in der Mediane der Blüte	chin.	chinesisch
		Chrom.	Chromosomensatz
⟋	zygomorph; Symmetrieebene liegt nicht in der Mediane der Blüte	Co.	County
		cv.	cultivar
⊹	bilateral oder disymmetrisch	D	Durchmesser
		DGZ/	
ø	Durchmesser	dGZ/dGz	durchschnittlicher Gesamtzuwachs
∞	viele/unendlich	Durchm.	Durchmesser
A	Androeceum (Staubblätter)	Efm	Erntefestmeter
A. dest.	Aqua destillata (destilliertes Wasser)	engl.	englisch

etc.	et cetera
f.	Forma (Form)
fm	Festmeter
forstl.	forstlich
franz.	französisch
G	Gynoeceum (Fruchtblätter)
Geb.	Gebirge
geogr.	geographisch
ggf.	gegebenenfalls
Ggs.	Gegensatz
H	Höhe
Hind.	Hindustani (Urdu)
i.a.	im allgemeinen
i.e.S.	im engeren Sinne
i.d.R.	in der Regel
incl.	inclusive
indet.	indeterminavit (unbestimmte Sippe)
insbes.	insbesondere
ital.	italienisch
i.w.S.	im weiteren Sinne
J.	Jahr
j./jähr.	jährig
jährl.	jährlich
jap.	japanisch
Jhdt.	Jahrhundert
K	Kalyx (Kelch)
K	Schwindungs-Koeffizient (coefficient of volume shrinkage $K = \dfrac{Vw - Vo}{Vo\ W} \times 100$)
lat.	lateinisch
LD_{50}	Dosis letalis/Maß für akute Toxizität eines Stoffes
lfd. m	laufender Meter
männl.	männlich
Max.	Maximum
max.	maximal
mdl.	mündlich
Min.	Minimum
mittl.	mittlere(r/s)
Mpa	Megapascal (Maßeinheit für Druck- und Biegefestigkeit des Holzes)
m.R.	mit Rinde
Mt./Mts.	Mount/Mountains
Natl. For.	National Forest
N-	Nord-
nat. Gr.	natürliche Größe
n.Br.	nördliche Breite
NP/Nat. Park/ Natl. Park	National Park
O-	Ost-
Oberfl.	Oberfläche
ö.L.	östliche Länge
östl.	östlich
o.g.	oben genannt
o.R.	ohne Rinde
Ordn.	Ordnung
P	Perigon
pers. Mitt.	persönliche Mitteilung
poln.	polnisch
port.	portugiesisch
p.p.	pro parte
Prov.	Provinz

r_{12}	Raumdichte des Holzes bei einem Wassergehalt von 12%
r_{15}	Raumdichte des Holzes bei einem Wassergehalt von 15%
r_0	Darrgewicht des Holzes
rd.	rund
rel.	relativ
russ.	russisch
S-	Süd-
s.Br.	südliche Breite
sG	spezifisches Gewicht
s.l.	sensu lato
sog.	sogenannte(r)
sp./spec.	Species
sp. nov.	neubeschriebene Art
span.	spanisch
s.str.	sensu stricto
ssp.	Subspecies
syn.	synonym
tangent.	tangential
Temp.	Temperatur
TKG	Tausendkorngewicht
TS	Trockensubstanz
tschech.	tschechisch
U_{max}	maximaler Wassergehalt
u.a.	unter anderem
ü. NN	über Normalnull
V_0	Volumen der Probe bei völliger Trockenheit (cm³)
V_w	Volumen der Probe (cm³) mit einem Wassergehalt von w
VA-Mykorrhiza	vesiculär-arbusculäre Mykorrhiza
var.	Varietät
var. nov.	neubeschriebene Varietät
verbl. Bestand	verbleibender Bestand
Verw.	Verwaltung
Vfm	Vorratsfestmeter
vgl.	vergleiche
W-	West-
w	Wassergehalt der Probe
weibl.	weiblich
westl.	westlich
w.L.	westliche Länge
zit.	zitiert
z.T.	zum Teil
z.Zt.	zur Zeit

Stammen Abbildungen nicht von den Autoren der jeweiligen Beiträge, so ist der Bildautor bei der Bildunterschrift genannt.

Die Messbalken bei Abbildungen sind, wenn nicht anders angegeben, Millimeter-Skalen.

Acacia koa GRAY

Koa-Akazie

engl.: Koa

Familie: Mimosaceae

Subgenus: Heterophyllum

Abb. 1: Durch Beweidung geschädigter Bestand im Volcanoes Nationalpark, Hawaii

Unter den auf Hawaii heimischen Baumarten nimmt Acacia koa hinsichtlich Größe (>30 m hoch; >1,5 m stark) und Holzwert die führende Stellung ein. Sie kommt auf allen Inseln des Archipels teils in Rein-, teils in Mischbeständen vor und wird in der Häufigkeit nur von „Ohi'a" (Metrosideros polymorpha, Myrtaceae) übertroffen. Durch Weide, Feuer und Insekten ist ihr Flächenanteil in den letzten hundert Jahren allerdings stark zurückgegangen.

Neben ihrer wirtschaftlichen Bedeutung verdient die Art auch aus ökologischen und botanischen Gründen Beachtung. So ist sie (wie viele Acacia-Arten) in der Lage, über eine Symbiose mit „Knöllchenbakterien" Luftstickstoff zu binden. Unter den Standortsbedingungen der montanen Regenwälder Hawaiis bleibt sie bei Aufforstungen allen eingeführten Wirtschaftsholzarten überlegen.

A. koa zählt zu den dornlosen, heterophyllen Acacia-Arten. Den weitaus größten Teil der Photosynthese übernehmen sichelförmige Blattorgane (Phyllodien), die sich aus den Blattstielen normaler, doppelt gefiederter Jugendblätter entwickeln.

A. koa ist immergrün und frostempfindlich. Außerhalb Hawaiis wurde sie kaum angebaut.

Abb. 2: Borke eines jungen Stammes

Morphologie

Freistehende Koa-Bäume zeichnen sich im Alter durch weit ausladende, runde, oft auch unregelmäßig geformte Kronen aus. Häufig setzen die **Äste** tief an und es entstehen krumme, kurze Schäfte. In beweideten Beständen sind die Stammformen besonders schlecht. Im Bestandesschluß, hingegen, können Höhen von 30 m und Durchmesser (BHD) von 1,5 m erreicht werden. Als Maxima wurden registriert: 43 m Höhe, 3,63 m BHD und 45 m Kronendurchmesser [7].

Die **Rinde** junger Bäume ist zunächst glatt und hellgrau, wird aber später bräunlich und noch später dick und rissig, mitunter auch schuppig. Junge Zweige wachsen ein wenig zick-zack-förmig [1].

Die assimilierenden, immer wechselständig angeordneten Blattorgane des Koa-Baumes sind nicht von gleicher Gestalt. An Sämlingen wie an den jüngsten Trieben entstehen zunächst doppelt gefiederte, 15–18 cm lange, mit 5–7 Fiederpaaren 1. Ordnung versehene, dunkelgrüne **Laubblätter**. Jede Fieder 1. Ordnung besteht aus 24–30 paarigen,

länglichen ca. 6 mm langen Blättchen [2]. Abweichend von den meisten anderen heterophyllen Acacia-Arten bleiben diese Fiederblätter 3–5 Monate (und nicht nur wenige Wochen) am Leben [5]. Während der frühen Sämlingsentwicklung stellen sie die einzigen photosynthetisch aktiven Organe dar.

Danach setzt die Bildung von **Phyllodien** ein. Das sind schmale, sichelartig gebogene, etwas verdickte, graugrüne Blattorgane, die aus flächig orientierten Wachstumsprozessen der Blattstiels hervorgehen. Bei A. koa sind die Phyllodien an beiden Enden lang zugespitzt und an der Basis mit einer punktförmigen Drüse versehen [2]. Sie können bis 15 cm lang und 2 cm breit werden.

Als Zwischenstadien entstehen gelegentlich Phyllodien, die an der Spitze noch Reste der gefiederten Spreite tragen [1]. Die Phyllodienbildung ist offenbar an volles Sonnenlicht gebunden. Bringt man im Licht angezogene, eingetopfte Pflanzen in den Schatten, bilden sie wieder Fiederblätter anstelle von Phyllodien [5].

Abb. 3: Rissige, bräunliche Borke eines sehr starken, alten Stammes

Abb. 4: Fiederblätter und Phyllodien

In der Histologie des Blattquerschnitts bestehen zwischen Phyllodien und Fiederblättchen Unterschiede in der Anzahl der Palisadenschichten und der Struktur der Oberfläche [5].

Acacia koa blüht am natürlichen Standort das ganze Jahr über, deutlich vermehrt allerdings im Spätwinter und im zeitigen Frühjahr. Die **Blüten** stehen zu vielen in dichten, runden, blaßgelben Köpfchen (dm = knapp 1 cm) an der Peripherie der Krone. Die Blütenstände wiederum entspringen den Blattachseln und sitzen einzeln oder zu wenigen an schlanken, bis 13 mm langen Stielen. Sie bauen sich auf aus vielen, sehr kleinen (6 mm), ungestielten Zwitterblüten mit (u.a.) je 5 schmalen, an der Basis zusammengewachsenen Kronblättern, einem napfförmigen Kelch, zahlreichen fädigen Staubblättern mit punktförmigen Antheren und einem fädigen Griffel.

Der Pollen wird 3–8 Tage vor der Fängigkeit der Narben entlassen. Die Bestäubung erfolgt u.a. durch Honigbienen.

Acacia koa wird bereits in jungen Jahren mannbar. Blüten und Früchte erscheinen mitunter schon an 2- und 3-jährigen Sämlingen.

Abb. 5: Junge, noch geschlossene Blütenstände

Chromosomenzahl: 2n = 52 (tetraploid) [2].

Als **Früchte** werden flache, zur Reifezeit braune, bis 18 cm lange und etwa 2 cm breite Hülsen gebildet [1,2]. Die Länge variiert offenbar mit der geographischen Herkunft und zwischen den ausgeschiedenen Varietäten [4]. Im allgemeinen enthalten die Früchte bis zu 12 bohnenförmige, ca. 8 mm lange, dunkelbraune bis schwarze **Samen,** die in situ bis zu 25 Jahren keimfähig bleiben können [7]. Schwierigkeiten hinsichtlich Erntezeit und Saatgutlagerung bestehen deswegen nicht. Kühl-trockene Lagerungsbedingungen reichen aus.

Abb. 6: Geöffnete Hülse mit reifen Samen

Die Samen werden zu verschiedenen Zeiten im Jahr reif. Tausendkorngewicht: 61,2–188,7 g [7].

Über das **Wurzelsystem** des Koa-Baumes liegen keine Untersuchungsergebnisse vor. Allgemein wird es als sehr flach und weitstreichend bezeichnet. Die Art gilt daher als windwurfgefährdet.

Abb. 7: Koa-Holz, furniert

Stammquerschnitte alter Koa-Bäume zeigen einen sehr schmalen, cremig-weißen Splint und einen kräftig rot bis rotbraun gefärbten Kern. Die auftretenden Wachstumszonen sind nicht mit Jahrringen identisch. Die mittlere Rohdichte (r_{15}) wird mit 0,55 g/cm³ angegeben [2]. Koa-**Holz** ist wegen des attraktiven, viele Farbschattierungen aufweisenden Kernholzes sehr gesucht. Es hat in vieler Hinsicht Ähnlichkeit mit Juglans nigra [1], ist jedoch weder gegen holzzerstörende Pilze noch gegen Termiten widerstandsfähig [2]. Im Querschnitt sind wenige, zerstreut verteilte Gefäße und sehr schmale Holzstrahlen zu erkennen. Das Holz schwindet wenig und läßt sich leicht bearbeiten.

Verbreitung

Die natürliche Verbreitung des Koa-Baumes ist auf die 6 Hauptinseln des Hawaii-Archipels begrenzt: Kauai, Oahu, Molokai, Maui, Lanai und Hawaii (154°–160° westl. Länge und 19°–22° nördl. Breite). Die Art kommt von 90 bis 2100 m Meereshöhe vor, hat ihr Optimum aber im Bereich des montanen Regenwaldes zwischen 1500 und 1800 m auf der Hauptinsel Hawaii. Nur dort und auf Kauai entwickelt sie in geschlossenen Beständen lange und gerade Stämme.

Außerhalb Hawaiis wird A. koa allenfalls in Sammlungen kultiviert.

Taxonomie und genetische Differenzierung

Neben A. koa gibt es auf Hawaii zwei weitere, mit ihr nahe verwandte, autochthone Acacia-Arten [1, 7]:

– A. kanaiensis HILLEBR.: Vorkommen nur auf W-Kawai. Abweichend in der Blüten- und Samenmorphologie. Blütenstände terminal angeordnet.

– A. koaia HILLEBR.: auf Molokai, Maui und Hawaii. Strauchig, auf trockenen Hängen unter 1050 m ü. NN. Abweichende Form und Größe der Phyllodien und Hülsen. Samen liegen parallel zur Längsachse der Früchte. Holz härter und schwerer.

Darüber hinaus besteht eine gerichtete innerartliche Variation zwischen Populationen verschiedener Inseln. Die Populationen werden von einigen Autoren als Ökotypen, von anderen als 3 distinkte Varietäten aufgefaßt [4, 7]:

– A. koa var. koa: Auf allen 6 Inseln des Archipels vorhanden. Phyllodien 15–26 cm, Hülsen 16–27 cm lang.

– A. koa var. waianaeensis: nur auf Oahu, Waianae Mts.; Phyllodien 10–15,5 cm, wenig gekrümmt, Hülsen 8–12 cm lang.

– A. koa var. latifolia (BENTH.) (syn.: A. koa var. hawaiiensis ROCK): Häufig auf der Hauptinsel Hawaii im montanen Regenwald. Hoher Baum, Phyllodien 14–18 cm, Hülsen 10–20 cm lang.

Über Leistungsvergleiche zwischen diesen Taxa, durchgeführt unter gleichen Standortbedingungen, liegen keine Angaben vor.

Abb. 8: Samen

Vermehrung, Anzucht und Verjüngung

Wegen der harten Samenschale tritt regelmäßige Keimung zu halbwegs wirtschaftlichen Keimprozenten nur nach mechanischer Verletzung der Testa, kurzer Behandlung mit Schwefelsäure oder längerem Aufenthalt in fast kochendem Wasser ein.

Acacia koa keimt epigäisch. Licht ist für die Keimung nicht erforderlich, wohl aber für die Sämlingsentwicklung. Frischer Mineralboden bietet ein besonders günstiges Keimsubstrat.

---

[1] For. Abstr. **29**, 6260, 1968

Nach Feuer und nach Bodenverwundung stellt sich eine üppige Naturverjüngung ein, im Extrem mehr als 350.000 Sämlinge pro Hektar [7]. Im Regenwald kann sich die Art wegen ihres hohen Lichtbedarfs jedoch nur in Lücken verjüngen. Bisweilen wurzeln Koa-Sämlinge auch auf verrottenden Stämmen und Stöcken.

Auf geeigneten Standorten wachsen die Sämlinge sehr rasch. WHITESELL [7] nennt u.a. folgende Beispiele:

3 Monate nach Bodenfeuer	10–28 cm hoch
1jährige Sämlinge auf Kahlfläche	
(500 m ü. NN)	0,6–4 m
5jährige Sämlinge (optimaler Standort)	9 m
8 Monate nach Feuer	4,6 m

Ständige Windeinwirkung reduziert das Höhenwachstum erheblich. Gelegentlich wird zur Bestandesbegründung auch plätzeweise oder breitwürfig ausgesät. In Baumschulen dominiert die Anzucht in Plastik-Containern (20 cm Höhe in 10–14 Wochen).

Unter natürlichen Bedingungen vermehrt sich A. koa häufig durch Wurzelbrut. Sie entsteht bis zu knapp 30 m Entfernung vom Mutterbaum und kann sich in 6 Jahren zu 4 m hohen und 16 cm starken (BHD) Schößlingen entwickeln. Bei geschlossener Grasdecke bleibt die Wurzelbrut aus. Stockausschläge wurden nur selten beobachtet.

Klima und Standort

Acacia koa besiedelt (zumeist oberhalb des Metrosideros-Gürtels) die höheren Stufen des montanen Regenwaldes auf den 3 höchsten Bergen der Inselgruppe und dringt bis in den subalpinen Bereich vor [3].

Das Klima auf den Gebirgsmassiven des Mauna Loa und des Mauna Kea (Hawaii) wechselt von tropisch bis subarktisch und unterscheidet sich erheblich von den Verhältnissen im Flachland.

Mauna Kea,	Mitteltemperaturen	
Ostseite, 1580 m	Januar: +4°C	August: +14°C
Olaa, 85 m	Januar: +21°C	August: +24°C

Infolge topographischer Verschiedenheiten variiert die jährliche Niederschlagsmenge auf kürzeste Entfernung: Mittel (1200 m ü. NN) = 4.300 mm (3.450–5.500 mm). Winterstürme aus südlicher und westlicher Richtung sind mit heftigen Regenfällen verbunden. Oberhalb 1200 m kommt im Winter Frost vor.

Koa-Bäume gedeihen am besten in niederschlagsreichen Gebieten (1.900–5.100 mm). Unterhalb dieser Grenze geht das Wachstum zurück und die Stammform wird schlechter. Eine weitere Besonderheit des relativ wechselhaften, aber milden Klimas ist die fast gleichbleibende Tageslänge während des ganzen Jahres.

Acacia koa ist eine Lichtbaumart und reagiert in jedem Alter negativ auf Lichtentzug. Sie gedeiht auf Böden vulkanischen Ursprungs jeder Entwicklungsstufe und bevorzugt gut drainierte, saure Substrate. Gute Wuchsleistungen werden auf alluvialen Standorten und auf Böden mit hoher Kationen-Austauschkapazität registriert, selbst wenn diese nur geringe Basensättigung aufweisen [7].

Abb. 9: Junger, im Freistand erwachsender Einzelbaum

Wachstum und Entwicklung

Wuchsleistung, Stamm- und Kronenformen werden in gravierender Weise durch Standort und Beweidung geprägt. Wegen des Fehlens von Jahresringen läßt sich weder die Zuwachsentwicklung rekonstruieren noch das jeweilige Baumalter feststellen. Höchstwerte hinsichtlich Baumhöhe (43 m) und Stammdurchmesser (3,63 m) sind deshalb wenig informativ.

Flächenbezogene Ertragsdaten stehen kaum zur Verfügung. Die folgende Aufstellung ist aus Silvics [7] entnommen:

Abb. 10: Alter Einzelbaum, („Giant Koa", Volcanoes Nationalpark, Hawaii)

	natürlicher Bestand	künstlicher Bestand
Niederschläge pro Jahr	5080 mm	3810 mm
Alter (Jahre)	17	27
Stammzahl/ha	790	395
	Oberhöhenstamm	
BHD	23,1 cm	31,0 cm
Höhe	17,4 m	14,4 m

Pathologie

Unter zahlreichen tierischen und pflanzlichen Schädlingen haben sich die folgenden in den letzten Jahren als bedrohlich erwiesen:

– Die Koa-Motte Scotorythra paludicola (Geometridae) richtete seit der Jahrhundertwende in 4 Hauptepidemien erhebliche Schäden an. Allein auf Maui entstand Kahlfraß auf mehr als 1800 ha. Ein Drittel der Bäume starb ab [2].

– Unter den pilzlichen Pathogenen ist Uromyces koae, ein an Blättern und jungen Trieben parasitierender Rostpilz besonders häufig vertreten. Einer Inventur zufolge löst er an 36 % der 3-jährigen Sämlinge Hexenbesen und Blattdeformationen aus [3].

– Als häufig auftretender Kernfäule-Erreger erwies sich Phellinus kawakamii. Der Pilz hatte auf Kauai, Oahu und Hawaii 12 % der Bäume befallen. Er verursacht eine Weißlochfäule [4].

– Als wesentlich gravierender und folgenschwerer sind die durch Weidevieh hervorgerufenen Schäden einzuschätzen. Herden verwilderter, von den Weißen eingeführter Rinder, Schweine, Schafe und Ziegen haben durch Tritt- und Verbißschäden A. koa-Bestände großflächig vernichtet. Die Tiere verbeißen oder verzehren Wurzelbrut, Sämlinge, Früchte und Blätter in so intensiver Weise, daß selbst ältere Bäume stark deformiert werden und absterben.

Abb. 11: Sitzmöbel aus Koa-Holz

2) For. Abstr. **46**, 4331, 1985
3) For. Abstr. **43**, 3233, 1982; **40**, 1418, 1979
4) For. Abstr. **47**, 314, 1986

– Nach Abschuß von mehr als 250 000 Tieren begannen sich die K. koa-Bestände auf Hawaii allmählich zu erholen [1, 7]. Gleiches gilt für die durch Herden wilder Ziegen dezimierten Koa-Population im Vulcanoes Nationalpark, Hawaii.

Gemessen daran sind die von Ratten hervorgerufenen Schälschäden an 9–54 % der A. koa unter 7 Jahren kaum erwähnenswert[5].

Abb. 12: Extrem veränderte Stammform, ausgelöst durch Tritt- und Verbißschäden von Weidevieh

von Ausleger-Booten konkurrenzlos. Stämme der erforderlichen Güte, Stärke und Länge sind allerdings selten und teuer. Außerdem wurden speziell für die Könige von Hawaii Surfbretter aus Koa-Holz angefertigt.

Im Mittelpunkt steht heute jedoch die Nutzung als Möbelholz. Oft bestehen repräsentative Einrichtungen öffentlicher Räume vornehmlich aus Koa-Möbeln. Auch kunstgewerbliche Gegenstände aus Koa werden angeboten; in Koa-Gefäßen sollte man jedoch keine Lebensmittel aufbewahren, denn sie nehmen den strengen Geruch des Holzes an.

Weiterführende Literatur

[1] LAMB, S.H., 1987: Native trees and shrubs of the Hawaiian Islands, Sunstone Press, Santa Fé, NM, USA.

[2] LITTLE, E.L., Jr.; SKOLMEN, R.G., 1989: Common Forest Trees of Hawaii. USDA, For. Service, Agriculture Handbook 679, Washington, D.C.

[3] MUELLER-DOMBOIS, D., 1987: Forest dynamics in Hawaii. Trees **2**, 216–220.

[4] ST. JOHN, H., 1979: Classification of Acacia koa and relatives (Leguminosae). Hawaiian Plant Studies 93. Pacific Science **33**, 357–367.

[5] WALTERS, G.A.; BARTHOLOMEW, D.P., 1984: Acacia koa leaves and phyllodes: Gas exchange, morphological, anatomical, and biochemical characteristics. Bot. Gaz. **145**, 351–357.

[6] WALTERS, G.A.; BARTHOLOMEW, D.P., 1990: Adaptation of Acacia koa leaves and phyllodes to changes in photosynthetic photon flux density. Forest Sci. **36**, 1050–1060.

[7] WHITESELL, C.D., 1990: Acacia koa A. GRAY. In: Burns/Honkala (coord.), Silvics of North America, vol. 2, Hardwoods, 17–28, USDA, For. Service, Agriculture Handbook 654, Washington, D.C.

Nutzung

Seit eh und je erfreut sich das Holz des Koabaumes großer Wertschätzung. Die Ureinwohner der Inseln nutzten es zur Herstellung von Gebrauchsgegenständen und als Bauholz. Noch größere Bedeutung hatte es aber für den Bootsbau. Kriegs-Kanus bis zu 21 m Länge wurden inclusive der dazugehörenden Paddel ausschließlich aus Koa-Stämmen gefertigt. Und noch heute ist das Holz für die Herstellung

5) For. Abstr. 46, 464, 1985

Die Autoren:

Prof. Dr. PETER SCHÜTT
Lehrstuhl für Forstbotanik
Ludwig-Maximilians-Universität München
Hohenbachernstraße 22
D-85354 Freising

ULLA M. LANG
Schützenstraße 6
D-82383 Hohenpeißenberg

Acacia seyal DELILE

Seyal-Akazie   Familie: Mimosaceae

engl.:   Thirsty thorn
franz.:   Mimosa epineux
arabisch: Sayal, Talh (var. seyal), Sofar,
             Talh abiad (var. fistula)
masai: Olerai (var. seyal)
somali: Fulai (var. fistula)

Abb. 1: Acacia seyal var. seyal. Typischer Altbaum bei Assid Tisat, Prov. Goyam,
Äthiopien (Foto: H. Wolf)

Die in Trockengebieten Afrikas heimische Seyal-Akazie hat in der Sahel-Zone und im Sudan große Bedeutung als Brennmaterial. Darüber hinaus liefern Blätter und Früchte ein ausgewogenes Viehfutter und das sog. Talha-Gummi findet in bescheidenem Rahmen Verwendung in der Industrie.

Die Bäume wachsen in sehr lichten Reinbeständen, werden nicht höher als 17 m und die Stämme kaum stärker als 30 cm. Ihre Wurzeln können über die Symbiose mit *Rhizobium*-Arten Luftstickstoff binden.

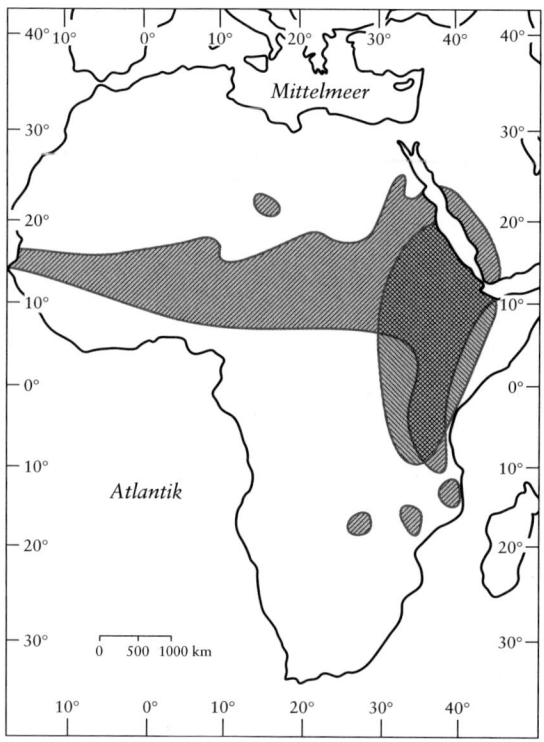

Abb. 2: Natürliches Verbreitungsgebiet von var. seyal und var. fistula

Taxonomie und Verbreitung

Von den annähernd 120 afrikanischen *Acacia*-Arten [24] gehören etwa 65 dem Subgenus *Acacia* an, darunter auch *A. seyal*. Ca. 50 weitere Arten zählen zum Subgenus *Aculeiferum*. Die in einigen lokalen Floren vorgenommene Untergliederung der Subgenera variiert in Abhängigkeit vom regionalen Artenspektrum und ist taxonomisch wenig verbindlich.

Als nützliche Ordnungskriterien haben sich die Struktur des Blütenstandes (kopfförmig/ährig, langgestielt/kurzgestielt) und die Blütenfarbe (lebhaft gelb oder orange gegenüber blasseren Farben) herausgestellt. Gemeinsam mit etwa 24 anderen afrikanischen Akazienarten besitzt *A. seyal* kopfförmige Infloreszenzen sowie hell orangefarbene bis gelbe Blüten. Innerhalb dieser Gruppe beruht die Arttrennung hauptsächlich auf Einzelheiten der Blatt- und Blütenstands-Morphologie. Die größte Ähnlichkeit mit *A. seyal* var. *seyal* haben *A. ehrenbergiana*, *A. hockii* und *A. karroo*. Der Varietät *fistula* ist *A. zanzibarica* var. *microphylla* besonders ähnlich.

Bei *Acacia seyal* unterscheidet man anhand der Rindenfarbe und der Dornenform zwei Varietäten: var. *seyal* und var. *fistula* [24].

Var. *seyal* hat gewöhnlich eine einheitlich rötliche oder rötlich marmorierte Borke. Rot sind vor allem die äußeren, alten Borkenteile, während unter den abgestoßenen Partien blaßgrüne Bereiche erscheinen. In einigen Populationen kommen kleine Bäume mit weißer oder grünlich gelber Borke vor, auch hier besteht aber die Tendenz zum Auftreten rötlicher Abschnitte. Die paarigen Stipular-Dornen der Varietät *seyal* sind an der Basis nicht verwachsen und nicht aufgetrieben.

Bei *A. seyal* DELILE var. *fistula* (SCHWEINFURTH) OLIVER ist die Borke i. a. glatt und weist keine auffälligen Schuppen auf. Sie bleibt weißlich oder blaßgrün und eine rötliche Verfärbung tritt selten auf. Bei vielen Nodien (i. a. 25 bis 30% [16], max. 80%) sind die paarigen Dornen an der Basis miteinander verwachsen und zu einer weißlichen Pseudogalle aufgetrieben. Ameisen können Pseudogallen bewohnen, lösen aber ihre Entstehung nicht aus [16].

In Äthiopien, Kenia, im Sudan sowie in Tansania und Uganda kommen beide Varietäten vor. Seyal-Akazien auf der Arabischen Halbinsel und in Erythrea werden der Varietät *seyal* zugeschrieben und westlich des Sudan ist nur noch var. *seyal* vertreten. Demgegenüber kommt südlich von Tansania allein var. *fistula* vor und zuverlässige Berichte aus Djibuti und Somalia sprechen ebenfalls von var. *fistula* [15].

Beschreibung

Seyal-Akazien werden – je nach den Standortsbedingungen – 9 bis 17 m hoch und erreichen Stammdurchmesser (BHD) von 30 cm und etwas mehr. Äste setzen bereits in den untersten 2 m des Stammes an, und ältere Bäume entwickeln eine offene, abgeflachte **Krone** mit aufstrebenden, dornigen Ästen.

Die wechselständig angeordneten, bipinnaten **Blätter** haben im Regelfall 4 bis 8 Seitenverzweigungen. Jede davon trägt 10 bis 20 dichtstehende, kahle oder spärlich behaarte, schmal elliptische und ganzrandige Fiederblättchen (5 bis 8 mm lang, 1 bis 1,5 mm breit).

Abb. 3: Grüne Stammborke von var. fistula (links) und rotbraune Stammborke von var. seyal (rechts) (Fotos: H. Wolf)

Abb. 4: Blütenstände (Foto: H. Wolf)

Abb. 5: Zweige mit reifen Früchten

Stets befinden sich extraflorale Nektarien auf den Blättern; eines an der Rhachis, knapp unterhalb des ersten Fiederpaares, ein oder zwei weitere zwischen den 1 bis 2 terminalen Fiederpaaren. Außerdem werden paarige, weiße Stipulardornen gebildet. Diese sind sehr kräftig, gerade, und werden bis 8 cm lang.

Die **Wurzeln** älterer Bäume erstrecken sich 8 bis 9 m in horizontaler Richtung und bis zu 8 m in die Tiefe. Die Mehrzahl der Wurzeln befindet sich aber nahe der Bodenoberfläche. Pfahlwurzeln entstehen selten.

A. seyal bindet Luftstickstoff. Die entstehenden Wurzelknöllchen (Länge 15 mm, Durchm. 10 mm) können verholzen [10]. Über die Menge des gebundenen Stickstoffs in natürlichen Beständen ist nichts bekannt. Bei einem Topfversuch in Senegal hatten 5 Monate alte Pflanzen im Mittel 6,6 g Wurzelknöllchen (Trockengewicht) gebildet und 1,6 g N_2 fixiert [19]. Über Mykorrhiza-Assoziationen liegen keine Informationen vor.

Die köpfchenförmigen **Blütenstände** entspringen den Blattachseln, sind 3 bis 4 cm lang gestielt und in Büscheln zu 3 oder 4 angeordnet. Manchmal stehen 4 oder 5 Infloreszenzen an einem kurzen Blütentrieb. Jedes Köpfchen hat einen Durchmesser von ca. 15 mm und enthält 60 bis 150 Blüten von 3 bis 4 mm Länge. Die Blütenkronen und zahlreiche Staubblätter verleihen der Infloreszenz während der Anthese eine hellgelbe Farbe. Die meisten Blüten sind zwittrig, einige nahe dem Infloreszenz-Stiel gelegene aber männlich. Typische **Blüten** sind fünfzählig und haben einen verwachsenblättrigen, 2 bis 2,5 mm langen (einschl. der dreieckigen, 0,2 bis 0,5 mm langen Zähne), manchmal schwach flaumig behaarten Kelch. Die kahle Blütenkrone ist etwas größer und weist an der Spitze der etwa 3 mm langen Kronröhre dreieckige Zipfel (0,5 mm) auf. Während der Anthese werden pro Blüte 50 bis 100 freie Staubblätter mit 6 bis 7 mm langen Filamenten exponiert.

In den Zwitterblüten befindet sich ein drüsiger, 1 bis 2 mm langer Fruchtknoten mit 10 bis 11 Samenanlagen und einem schlanken, 6 bis 7 mm langen Griffel mit sehr schmaler (0,05 mm) Narbe. Man nimmt an, daß die Bestäubung durch Insekten vollzogen wird, in der Hauptsache wohl von Bienen.

Die **Früchte**, flache, rötlich braune Hülsen, 5 bis 12 cm lang, 5 bis 10 mm breit und 2 bis 3 mm dick, enthalten 4 bis 8 in einer Reihe angeordnete Samen. Sie sind unbehaart, haben sehr dünne Adern an der Außenseite jeder Fruchtwand und sind zwischen den Samen ein wenig eingebuchtet. Bei Reife springen sie auf noch während sie sich am Baum befinden.

Die olivbraunen **Samen** sind 6 bis 9 mm lang, 4 bis 5 mm breit und annähernd 2 mm dick. Ein Kilogramm Saatgut enthält 20.000 bis 25.000 Samen (Tausendkorngewicht = 40 bis 50 g). Verbreitet werden die Samen hauptsächlich durch Vögel [25]. Außerdem findet auch Windverbreitung statt, denn die Samen haften nach dem Öffnen der Frucht für eine gewisse Zeit an der Fruchtwand.

|← 30 mm →|

Abb. 6: Samen von Var. seyal (Foto: Ulla M. Lang)

Abb. 7: Zweig mit Stipulardornen (Foto: H. Wolf)

Abb. 8: Bedornter Zweig mit Pseudogallen (var. fistula)

Das **Holz** von Acacia seyal ist grob strukturiert und relativ schwer (Rohdichte r_{12} = 0,65 g/cm³). Während sich Splint- und Kernholz gut voneinander abheben, nimmt man an, daß A. seyal keine Wachstumszonen ausbildet [8]. Mit neueren Methoden wurden derartige Wuchsringe jedoch bei anderen afrikanischen Acacia-Arten nachgewiesen [14]. Auch A. seyal sollte in derartige Untersuchungen einbezogen werden. Der Splint hat eine blaßgelbe bis mittelbraune Farbe. Ein dunkelroter Farbkern entwickelt sich nur bei großen, alten Bäumen. Kernholz ist dauerhaft, Splintholz nicht. Der Faserverlauf variiert, ist aber oft unregelmäßig. Trocknung bereitet Schwierigkeiten und insgesamt läßt sich das Holz schwer bearbeiten [13].

A. seyal gehört zu den laubabwerfenden Arten. Sie verbleibt in Äquatornähe für 1 bis 4 Monate, in höheren Breiten aber bis zu 7 Monaten ohne Blätter. Abgeworfen werden die Blätter zum Höhepunkt der Trockenzeit. Auch die Blüte fällt in die Trockenzeit. Die Bäume beginnen bereits im Alter von 2 bis 3 Jahren zu fruchten [21]. Die Hülsen reifen etwa 4 Monate nach der Bestäubung. Das Lebensalter der Seyal-Akazie beträgt zumindest 50 Jahre.

Anzucht und Entwicklung

Zur Saatgutgewinnung hat sich die Ernte reifer, noch geschlossener Früchte am Baum bewährt. Sofern die Samen nicht sogleich ausgesät werden, kann man sie nach Reinigung unter kühl-trockenen Lagerbedingungen mehrere Jahre keimfähig halten.

Aufforstungen mit var. seyal haben besonders im Sudan stattgefunden, wobei Direktsaaten zur Bestandesbegründung bevorzugt werden.

Sowohl die Keimraten wie die Keimschnelligkeit variieren deutlich. Der kleinere Teil einer Saatgut-Charge keimt bereits nach 7 Tagen, ein anderer erst im Laufe von 7 Monaten. Um die Keimruhe zu brechen und die Keimrate zu erhöhen, werden mechanische oder chemische Verfahren der Vorbehandlung durch Anritzen bzw. Säurebad empfohlen. Dadurch sind Keimprozente von 88 für var. seyal und 32 für var. fistula innerhalb einer Woche möglich [20].

Zur Bestandsbegründung wird plätzeweise, z. T. in vorbereitete Löcher, gesät. Im allgemeinen unterstellt man, daß Infektionen symbiontischer, N-bindender Bakterien von Natur aus stattfinden.

Unter günstigen Bedingungen weist die Varietät seyal ein für Savannen-Baumarten relativ rasches Jugendwachstum auf. Mit 4 Jahren können 3 m Höhe und 3 cm BHD erreicht werden [26]. Diese Wachstumsraten gehen aber nach wenigen Jahren deutlich zurück.

Im Sudan begründet man Mischkulturen mit var. seyal (1.000 Bäume/ha), Sorghum-Hirse und Sesam im Taungya-Verfahren durch maschinelle Pflanzung.

Die Pflege der landwirtschaftlichen Kulturpflanzen redu- ziert die Unkrautkonkurrenz und fördert das Baumwachs- tum. Mit 20 Jahren werden die Akazien für 10 cm starke Pfähle genutzt. Nach 10 und 15 Jahren hatte je eine Durchforstung die Stammzahl auf 675 Stämme/ha bzw. auf 450 Stämme/ha reduziert.

Unter kontrollierten Bedingungen, u.a. in geheizten Sprühbeeten gelingt es, bewurzelte Pflanzen aus Stecklin- gen anzuziehen. Der Bewurzelungserfolg war am größten (24%) bei der Verwendung 10 cm langer Grünstecklinge mit 5 bis 6 Nodien.

Ökologie

Acacia seyal kommt sowohl in Meereshöhe (Senegal, Mozambique) wie in Höhenlagen von 1.650 m (var. *fi- stula* in Kenia) und von 2.100 m (var. *seyal* im Jebel Mowa, Sudan) vor. Häufig wächst sie bei Jahresnieder- schlägen zwischen 500 und 1.200 mm, wobei 6 bis 8 Mo- nate Mittelwerte unter 50 mm aufweisen. Steht Süßwasser aus anderen Quellen zur Verfügung und sind auch die Bö- den geeignet, kommt die Art mit noch geringeren Nieder- schlägen aus.

In Westafrika beträgt das Jahresmittel der Lufttemperatur im Areal von *A. seyal* 25 bis 30 °C. Im Osten Afrikas fin- den sich viele der natürlichen Vorkommen in größeren Höhenlagen und das entsprechende Temperaturmittel liegt bei 20 bis 25 °C. Standorte im Landesinneren weisen oft Temperaturextreme auf, die sich vom Jahresmittel deutlich abheben. So beträgt das absolute Temperaturmaximum für var. *seyal* ca. 50 °C (in Mali) und das Mimimum < 2 °C (im Nil-Tal). Für var. *fistula* gelten > 45 °C bzw. < 5 °C, beide Werte wurden im Sudan gemessen. Beide Varietäten sind frostempfindlich, so daß ihr Vorkommen an der nörd- lichen Arealgrenze und an der oberen Höhengrenze wahr- scheinlich auf frostfreie Standorte beschränkt bleibt [15].

Acacia seyal gehört zu den wenigen afrikanischen Baum- arten, die sich gut auf nicht-salzhaltige Vertisole, das sind tiefgründige, sehr schwere, neutrale oder schwach ba- sische (pH 6 bis 8) Substrate, eingestellt haben. In vielen Gebieten erstreckt sich deren Vorkommen entlang von Entwässerungszonen oder auf Senken. Ausgedehnte *Seyal*- Vorkommen befinden sich auf tertiären und quartären Tonablagerungen im Tschad und am Oberen Nil sowie im Inland-Delta des Niger an der Südgrenze der Sahara.

Auf periodisch überschwemmten Tonen stellt *A. seyal* oft die zahlen- und größenmäßig dominierende Baumart dar. Sie ist gesellig und bildet oft geschlossene Bestände. Aber selbst in gut etablierten Beständen der var. *seyal* erreicht nur ein kleiner Teil der Population einen BHD von 20 cm. Pro Hektar dürften hingegen mehr als 50 Bäume – und damit die Mehrzahl des Bestandes – eine Stärke von > 10 cm einnehmen. Var. *fistula* scheint nicht in Populationen ähnlicher Dichte vorzukommen oder einen gleich hohen Anteil baumförmiger Individuen aufzuweisen [15].

Abb. 9: Bestand von A. seyal var. seyal in Bama, Nigeria

Abb. 10: Gummifluß und kleine, dunkle Schuppen an der Stammborke von Var. seyal

Abb. 11: Einzelbaum von A. seyal var. fistula (grüne Borke) im Awash Nationalpark, Äthiopien (Foto: H. Wolf)

Nutzung

Acacia seyal ist ein sehr geschätzter und vielseitig verwertbarer Baum, von dem besonders im Tschad und im Sudan ausgedehnte Bestände existieren. Er wird als Brennholz, als Viehfutter und zur Gewinnung von Talha-Gummi genutzt. Als Brennmaterial dienen beide Varietäten, var. *seyal* hat jedoch größere Bedeutung, weil sie in Teilen der Sahel-Zone viel häufiger ist als andere Baumarten. Oft wird das Holz der *seyal*-Varietät zu Holzkohle verarbeitet und in Städten vermarktet. In Beständen mit höheren Vorräten werden Brennholzerträge von 10 bis 35 m³/ha bei Umtriebszeiten von 15 bis 20 Jahren erzielt.

In den meisten Gebieten erneuern sich die Bestände nach der Ernte durch Naturverjüngung [26].

Blätter, Früchte und Samen liefern bei beiden Varietäten ein Viehfutter guter Qualität, welches eine ausgewogene Versorgung mit Mineralstoffen sicherstellt. Der Netto-Energiegehalt der Trockensubstanz ist relativ hoch (Blätter 6 bis 8 MJ/kg; Früchte 4 bis 7 MJ/kg.). Der nutzbare Proteingehalt beträgt 100 bis 150 g/kg. Außerdem sind Rohfaseranteile von 10 bis 20%, Rohproteine von meist 15 bis 20% und ein Äther-Extrakt von < 7% enthalten. Der Gehalt an Kieselsäure und sekundären, schwer verdaulichen Stoffwechselprodukten ist gering. In relativ leistungsfähigen Beständen der Varietät *seyal* beträgt der Vorrat an Futter über 100 kg/ha [7, 12, 17].

Wundgummi („gum talha") wird nur gelegentlich von *A. seyal* gewonnen und nicht – wie im Fall von gummi arabicum bei *A. senegal* – im Zuge systematischer Bewirtschaftung genutzt. Die *Acacia*-Arten *A. seyal* und *A. senegal* sind nicht eng verwandt und es bestehen erhebliche Unterschiede, z.T. sogar Gegensätze zwischen den Gummi-Exsudaten [1, 2, 5].

Talha-Gummi ist optisch rechtsdrehend, hat ein hohes Molekulargewicht, aber einen geringen Gehalt an Stickstoff (0,06 bis 0,24%) und an Rhamnose (< 4% des Gesamt-Zuckers). Der Tannin-Anteil beträgt 2%. Kennzeichnend ist weiterhin der hohe Gehalt an Aluminium (> 6.000 ppm) sowie die hohe Konzentration von Cobalt, Kupfer und Nickel [4]. Daraus resultiert, daß Talha-Gummi nicht in der Lebensmittel-Industrie verwendet werden kann [3]. Genutzt wird es vielmehr als Klebstoff in der Textilindustrie und als Bindemittel für Metallguß-Modelle.

Verschiedenes

– Ist der Standort stabil und der Boden geeignet, entsteht eine sehr vitale Naturverjüngung, nachdem oberflächliche Feuer die Keimruhe gebrochen und die Konkurrenzflora zerstört haben.

– In Überschwemmungsgebieten entstehen gleichalte *A. seyal*-Bestände, wenn die Böden nach Entwässerung oder in Trockenjahren aufs neue exponiert werden [9]. Man nimmt an, daß diese Bestände mit etwa 20 Jahren günstige Bedingungen für die Entwicklung des vermuteten Vektors (*Phlebotomus orientalis*) der Leishmaniose, einer tropischen Erkrankung der Haut („Orientbeulen"), der Schleimhäute und der Eingeweide darstellen [6].

– Die Art erholt sich nur schwer von intensivem Schneiteln und vom Kronenrückschnitt. Das Abschütteln und Abschlagen von Früchten und Blättern ohne Beschädigung der Knospen ist das pfleglichere Verfahren der Futtergewinnung [23].

– Samen oder Sämlinge können unter kontrollierten Bedingungen mit *Brachyrhizobium*- oder *Rhizobium*-Arten infiziert werden, um die Entwicklung von Wurzelknöllchen und das Wachstum zu fördern [11]. Neuere Arbeiten aus Senegal weisen für *A. seyal* eine höhere Potenz zur Stickstoffbindung nach als für *A. senegal*, *A. tortilis* subsp. *raddiana* und *Faidherbia albida*. Die Pfropfung von *F. albida* auf *A. seyal*-Unterlagen wird daher erwogen [19].

– Bei var. *fistula* entwickeln sich die Pseudogallen an den Dornen auch bei Abwesenheit von Insekten. Davon abgesehen können aber auch Pathogene an beiden Varietäten Gewebewucherungen und Gallbildungen auslösen [18].

– Ausfälle an Samen entstehen durch die Einwirkung von Samenkäfern (*Bruchidae*). Ernstere Schäden richtet aber der holzbewohnende Käfer *Sinoxylon senegalense* (*Bostrychidae*) an, der das frisch eingeschlagene Holz befällt [22]. Entrindung, Aufrechtstellen der Abschnitte und rasche Abfuhr stellen wirksame Vorbeugungsmaßnahmen dar.

Weiterführende Literatur

[1] ANDERSON, D. M. W., DEA, I. C. M., 1969: Light scattering studies of Acacia gum exudates. Carbohydrate Research, 10, 161-164.

[2] ANDERSON, D. M. W.; KARAMALLA, K. A., 1966: Studies on uronic acid materials. Part XII. The composition of Acacia gum exudates. J. Chemical Society, 1966 (C), 762-764.

[3] ANDERSON, D. M. W.; MORRISON, N. A., 1989: The characterization of four proteinaceous Acacia gums which are not permitted food additives. Food Hydrocolloids 3, 57-64.

[4] ANDERSON, D. M. W.; WANG WEIPING, 1990: The characterization of Acacia paolii gum and four commercial Acacia gums from Kenya. Food Hydrocolloids 3, 475-484.

[5] ANDERSON, D. M. W.; WANG WEIPING, 1991: Acacia seyal and Acacia sieberana – sources of commercial gum talha in Niger and Uganda. International Tree Crops Journal 7, 29-40.

[6] ASHFORD, R. W.; THOMSON, M. C., 1991: Visceral leishmaniasis in Sudan. A delayed development disaster? Annals of Tropical Medicine and Parasitology, 85, 571-572.

[7] BILLE, J. C., 1978: Role des arbres et arbustes en tant que sources de proteines dans la gestion des pâturages d'Afrique tropicale. In: Proceedings of the Eighth World Forestry Congress, Jakarta, Indonesia, 16-28 October 1978. Vol. 3, 1369-1384.

[8] BOLZA, E.; KEATING, W. G., 1972: African timbers – the properties, uses and characteristics of 700 species. Commonwealth Scientific and Industrial Research Organization, Melbourne.

[9] BUNTING, A. H.; LEA, J. D., 1962: The soils and vegetation of the Fung, east central Sudan. Journal of Ecology 50, 529-558.

[10] CORBY, H. D. L., 1988: Types of rhizobial nodules and their distribution among the Leguminosae. Kirkia 13, 53-123.

[11] DOMMERGUES, Y. R., 1987: The role of biological nitrogen fixation in agroforestry. In: Agroforestry: a decade of development (ed. by H.A. Steppler and P.K.R. Nair), 245-271. International Council for Research in Agroforestry, Nairobi.

[12] DOUGALL, H. W.; DRYSDALE, V. M., et al., 1964: The chemical composition of Kenya browse and pasture herbage. East African Wildlife Journal, 2, 86-121.

[13] Forest Products Research Laboratory, 1968: Report on two consignments of talh (Acacia seyal Del.) from the Republic of the Sudan. Reports on Overseas Timbers 8, 1-8. Princes Risborough.

[14] GOURLAY, I. D., 1995: Growth ring characteristics of some African Acacia species. J. Tropical Ecology 11, 121-140.

[15] HALL, J. B.; McALLAN, A., 1993: Acacia seyal: a monograph. School of Agricultural and Forest Sciences, University of Wales, Bangor.

[16] HOCKING, B., 1970: Insect associations with swollen thorn acacias. Transactions Royal Entomol. Soc. London 122, 211-255.

[17] HOUÉROU, H. N. le, 1980: Chemical composition and nutritive value of browse in West Africa. In: Browse in Africa: the current state of knowledge (ed. by H. N. le Houérou), pp. 261-289. International Livestock Centre for Africa, Addis Abeba.

[18] MONOD, T., 1974: Note sur quelques acacias d'Afrique et du Proche-Orient. Bulletin de l'Institut Fondamental d'Afrique Noir, Série A, 36, 642-669.

[19] NDOYE, I.; GUEYE, M., 1993. Les symbioses Acacia-Rhizobium: comparaison de la fixation biologique de l'azote chez quatre acacias sahéliens. Bois et Forêts des Tropiques 238, 31.

[20] NONGONIERMA, A., 1978: Contribution à l'étude biosystématique du genre Acacia Miller en Afrique occidentale. VII. Caractères biologiques des graines: la germination. Bulletin de l'Institut Fondamental d'Afrique Noir, Série A, 40, 480-511.

[21] NONGONIERMA, A., 1978: Contribution à l'étude biosysté-matique du genre Acacia MILLER en Afrique occidentale. VIII. Caractères morphologiques, biométriques et biologi-ques des jeunes plantes. Bulletin de l'Institut Fondamental d'Afrique Noir, Série A, **40**, 705-832.

[22] PEAKE, F. G. G., 1953: On a bostrychid wood-borer in the Sudan. Bull. Entomol. Res. **44**, 317-325.

[23] PIOT, J., 1980: Management and utilization methods for ligneous forages: natural stands and artificial plantations. In: Browse in Africa: the current state of knowledge (ed. by H. N. LE HOUÉROU), 339-349. Intern. Livestock Ctr. Africa, Addis Ababa.

[24] ROSS, J. H., 1979: A conspectus of the African Acacia species. Memoirs of the Botanical Survey of South Africa, **44**, 1-155.

[25] TYBIRK, K., 1991: Regeneration of woody legumes in Sahel. Aarhus Univ. Bot. Inst. AAU Report **27**, 1-81.

[26] VINK, A. T., 1987: Integrated land use plan for Rawashda Forest Reserve (Kassala Province, Eastern Region), 1987 - 1991. FAO Project GCP/SUD/033/NET Field Document 27, 1-100; Appendices 1-6.

Der Autor:

Dr. JOHN B. HALL
School of Agricultural and Forest Sciences
University of Wales
Bangor
Gwynedd LL57 2UW, U. K.

Aus dem Englischen übertragen von P. Schütt

Acacia tortilis (FORSK.) HAYNE

syn.: Mimosa tortilis FORSK.

Ringelhülsenakazie

engl.: Israeli babool (Indien)
Umbrella thorn (Südafrika)

Kisuaheli: Mgunga

Familie: Mimosaceae
Subgenus: Acacia
Reihe: Gummiferae

Abb. 1: Acacia tortilis ssp. heteracantha. Einzelbaum in Waterberg, Namibia

In Trockenwäldern, Savannen und Wüstengebieten Afrikas sind die Unterarten des *Acacia tortilis*-Komplexes weit verbreitet. Der Baum entspricht mit seiner weit ausladenden, schirmförmigen Krone dem Habitus des typischen Savannenbaumes. In Abhängigkeit von der Wasserversorgung wächst er zu einem Strauch oder einem bis 20 m hohen Baum heran.

Kennzeichnend sind neben den gedrehten, hellbraunen Früchten (Namen!) vor allem die teils geraden und schlanken, teils hakenförmig gekrümmten Stipulardornen an den Trieben.

Die Art ist dürrehart und mehr oder weniger frostempfindlich. Sie paßt sich selbst extremen Standortsverhältnissen an und wird wegen ihrer Genügsamkeit, wegen des Futterwertes von Blättern, Zweigen und Früchten sowie wegen des harten, hauptsächlich als Brennmaterial genutzten Holzes in Afrika, dem Nahen Osten und Indien angebaut.

Taxonomie und Verbreitung

Acacia tortilis gehört dem Subgenus *Acacia*, Reihe 4, *Gummiferae* an und umfaßt vier Subspecies, welche früher als eigenständige Arten betrachtet wurden:

- *A. tortilis* ssp. *tortilis* (FORSK.) HAYNE, ebenfalls aus dem Sahel stammend, früher *Acacia tortilis*

- *A. tortilis* ssp. *raddiana* (SAVI) BRENAN, aus der Sahelzone, früher *Acacia raddiana*

- *A. tortilis* ssp. *spirocarpa* (HOCHST. ex A. RICH.) BRENAN, aus den Savannen Ostafrikas, früher *Acacia spirocarpa*

- *A. tortilis* ssp. *heteracantha* (BURCH.) BRENAN, aus Südafrika, früher *Acacia heteracantha*.

Das wichtigste Merkmal zur Differenzierung der Unterarten ist die Behaarung der Hülsen, gefolgt von der Behaarung der vegetativen Teile. Diese und weitere Unterschiede hinsichtlich Verbreitung, Wuchsform und Morphologie gehen aus der folgenden Tabelle hervor.

	ssp. tortilis	ssp. raddiana	ssp. spirocarpa	ssp. heteracantha
Verbreitung	Ägypten, Sudan, Somalia, Äthiopien, Arabische Halbinsel	var. raddiana: Ägypten, Israel, Sudan, Sahel, Kenia, Arabische Halbinsel var. pubescens: Algerien, Sudan, Mali	var. spirocarpa: Äthiopien, Somalia, Kenia, Uganda, Tansania, Malawi, Zimbabwe var. crinita: Somalia, Kenia, Tansania, Namibia	Mozambique, Zimbabwe, Botswana, Südafrika, Namibia
Wuchsform	Großer Strauch oder kleiner (4-6 m), oft mehrstämmiger Baum, dichte, schirmförmige Krone	Baum geringer bis mittlerer Höhe (4-21 m). Krone anfangs schirmförmig, dann rund oder unregelmäßig. Stamm rel. dick und krumm	Kleiner Baum (4-12 m). Breite, schirmförmige Krone. Stamm dick und krumm	Baum geringer bis mittlerer Höhe (4-14 m), in Namibia bis 20 m. Erst runde, später schirmförmige Krone, Stamm dick und krumm
Hülsen	Kurz behaart, Durchm. 3,5 mm	Kahl (var. raddiana) oder angedrückt behaart (var. pubescens). Durchm. 7-9 mm	Abstehend (var. crinita) oder filzig behaart (var. spirocarpa). Im Haarfilz schwarzrote Drüsen. Durchm. 6-9 (-12) mm	Kahl oder fast kahl. Durchm. (4) 6-9 mm
Blätter	Fiederblättchen dicht bewimpert. Blattstiele und Spindeln dicht flaumhaarig	Kahl oder fast kahl (var. raddiana). Spindeln kurz behaart (var. pubescens)	Spindeln und Stiele flaumhaarig	Spindeln und Stiele flaumhaarig

Abb. 2: Langtrieb mit geraden, weißen Stipulardornen (var. heteracantha) (links), beblätterter Zweig (Mitte) und Blütenstände in situ (rechts)

Acacia tortilis ssp. *raddiana* wird von einigen Autoren weiterhin als eigene Art betrachtet, was sich anhand der chemischen Zusammensetzung der Gummiharze nicht bestätigen läßt, aber durch eine abweichende Chromosomenzahl (ssp. *raddiana*: 2n = 104; ssp. *spirocarpa* und ssp. *heteracantha*: 2n = 52) gestützt wird [1, 5, 6, 14, 21].

Von anderen *Acacia*-Arten hebt sich *A. tortilis* durch spiralig oder andersartig gedrehte Hülsen sowie durch das gemeinsame Auftreten von langen/geraden und kurzen/hakenförmigen Dornen an den Trieben älterer Bäume ab. Dieses Merkmal kann allerdings bei einzelnen Individuen fehlen.

Beschreibung

Acacia tortilis ist ein kleiner bis mittelgroßer, krummschäftiger Baum, 4 bis max. 21 m hoch, BHD um 20 cm, max. 60 cm, der meist schirmförmige Kronen bildet und 300 Jahre alt werden kann. Auf besonders trockenen Standorten, nach starkem Verbiß oder nach Rückschnitt nimmt er Strauchform an. Höhe und Wuchsform variieren zwischen den Unterarten (vgl. Tabelle).

Das Zweigsystem besteht aus Lang- und Kurztrieben. Kurztriebe entstehen in den Blattachseln junger Langtriebe und tragen 3 bis 5, maximal 8 Blätter. Wird die Spitze des Langtriebs beschädigt, wächst einer der distalen Kurztriebe zum neuen Langtrieb aus.

Blätter und Dornen

Blätter stehen bei *A. tortilis* an Lang- und an Kurztrieben. Sie sind doppelt paarig gefiedert, wechselständig, von blaugrüner bis graugrüner Farbe und haben einen kurzen (0,1 bis 1,4 cm) Blattstiel, der auf der adaxialen Seite eine Drüse aufweist. Pro Blatt werden ein bis fünf (max. 7) Fiederpaare von 0,3 bis 1,7 cm Länge gebildet, von denen jedes 6 bis 22 schmale, 0,5 bis 4 mm lange Fiederblättchen trägt. Der Blattrand kann bewimpert sein. Die kleinsten Blättchen kommen bei ssp. *heteracantha* vor. *A. tortilis* entwickelt zahlreiche Stipulardornen, bei denen man zwischen geraden Langdornen (weiß, im Mittel 6,2 cm, maximal 10 cm lang, sehr schlank) und gekrümmten, spitzen Hakendornen (braun, ca. 5 mm lang) unterscheidet. Die beiden Formen sind häufig gleichmäßig am Trieb verteilt. An jungen Bäumen und an Stockausschlägen sind die Dornen nicht differenziert.

Blüten, Früchte und Samen

Blütenbildung findet in der Regel an einjährigen, unbeblätterten Kurztrieben statt. Blätter werden an diesen Trieben erst nach der Blüte gebildet und 6 bis 7 Monate später – kurz vor der Trockenzeit – wieder abgeworfen.

A. tortilis entwickelt sehr kleine, weißliche, hellgelbe oder cremefarbene, köpfchenförmige Blütenstände. Diese stehen einzeln oder in Büscheln an Stielen von 0,4 bis 2,4 cm Länge.

Abb. 3: Stark gedrehte, unreife Hülsen (Foto: P. Schütt)

Abb. 4: Samen (Foto: H. Gilge)

Im unteren Drittel des Blütenstandstieles befindet sich ein Ring von Hüllblättern. Von der großen Zahl der Blütenköpfchen (im Mittel 384 Influreszenzen pro Meter Trieblänge) entwickeln sich etwa 95 % nicht zu Früchten, sondern werden zuvor abgestoßen. Die Blütenstände stellen Pinsel- oder Bürstenblumen dar, enthalten viel Nektar und werden von Insekten (u. a. Bienen) bestäubt. Die Pollen bilden Polyaden mit 16 Pollenkörnern.

Die spiralig oder andersartig gekrümmten, graugelben bis hellbraunen, längsnervigen Hülsen sind zwischen den Samen ein wenig eingeschnürt. Ihr Durchmesser beträgt 0,6 bis 1,3 cm, die Länge etwa 10 cm und das Gewicht 880 mg ± 118 mg (für ssp. *heteracantha*). Die Art der Behaarung (unbehaart bis filzig, flaumhaarig oder drüsig) stellt das wichtigste Differentialmerkmal zur Trennung der Unterarten dar. Jede Hülse enthält 11 ± 3 elliptische bis fast runde und ein wenig zusammengedrückte, 4 bis 7 mm große Samen mit einer harten und glatten Testa [12]. 43,4 ± 9,5 % des Frischgewichts fallen auf die Samen. Unter günstigen Bedingungen produziert ein Baum (ssp. *heteracantha* in Botswana) zwischen 30 000 und 150 000 Samen (pro Jahr)[1]. Das Tausendkorngewicht schwankt mit der Herkunft und der Unterart:

ssp. *tortilis* in Indien und ssp. *raddiana* im Sudan	85 - 90 g
ssp. *heteracantha* in Botswana	27 - 37 g
ssp. *tortilis* in Israel	20 g
	[24, 25, 26, 46]

Rinde und Holz

Die Stammrinde von *A. tortilis* hat eine graue, graubraune bis schwarze, selten auch rotbraune Färbung und enthält große Mengen Tannin. An jungen Bäumen ist sie glatt, an alten Stämmen entstehen durch tiefe, schwarzbraune Längsrisse begrenzte, erhabene Leisten.

Auf dem Stammquerschnitt hebt sich der rotbraune Farbkern deutlich von dem weißlichen bis hellbraunen Splint ab. Das Holz ist hart und schwer. Die Dichte frischen Holzes (64 % Wasser) beträgt bei ssp. *heteracantha* 1,18 g/cm^3, bei lufttrockenem Holz (r_{10}) liegt sie zwischen 0,769 (ssp. *tortilis*) und 0,86 bis 0,99 g/cm^3 (ssp. *heteracantha*) [41, 44, 46].

In dem zerstreutporig aufgebauten Holz sind die Gefäße einzeln oder in Gruppen zu 2 bis 4 verteilt. Ihr tangentialer Durchmesser beträgt 250 μm; die Länge der Tracheen-Glieder liegt zwischen 50 und 300 μm (Maximum: 400 μm). In den Lumina sind Einlagerungen gummiartiger Substanzen zu erkennen.

Die Innenwände der sehr dickwandigen Holzfasern sind mit einer gelatinösen Schicht verkleidet. Die Längen der Fasern betragen: 0,7 bis 1,4 mm bei ssp. *tortilis*, 1 bis 1,7 mm bei ssp. *raddiana*. Das Holzparenchym ist aliform-konfluent [15].

Zuwachsringe entstehen nur an Standorten mit regelmäßig wiederkehrendem Wasserstreß. Bei reduzierter oder gänzlich eingestellter Kambiumtätigkeit werden schmale Parenchymbänder gebildet, deren Zellen mit Kristallen gefüllt sind. An Bäumen auf Standorten mit eingipfeliger, streng saisonaler Niederschlagsverteilung können diese Bänder zu dendrochronologischen Untersuchungen herangezogen werden. Auf Standorten mit ganzjähriger Wasserversorgung fehlen die Zuwachsringe oder sie sind sehr undeutlich ausgeprägt [16, 45].

Wurzelsystem

A. tortilis entwickelt ein Wurzelsystem mit tiefgehender Pfahlwurzel und zahlreichen, oberflächlich weitstreichenden Seitenwurzeln, die einen dichten Wurzelfilz bilden.

---

[1] Nach Berechnung aus Daten von A. tortilis in Israel und Indien

Untersuchungen an ssp. *raddiana* belegen eine Wurzeltiefe von 35 m und eine laterale Ausdehnung von 15 bis 20 m.

Alle Unterarten bilden Wurzelknöllchen aus. Unter ariden Bedingungen werden jedoch nur 20 % des N-Gehaltes der Blätter durch N_2-Fixierung gewonnen (ssp. *heteracantha*, Namibia). Dieser Anteil steigt mit zunehmenden Niederschlägen an, weil N_2-Fixierung mit erhöhtem Wasserverbrauch bzw. abnehmender Effizienz der Wassernutzung verbunden ist [2, 40].

Bei spp. *tortilis* (Indien) und ssp. *heteracantha* (Namibia) sind VA-Mykorrhizen nachgewiesen (Pilzpartner: *Glomus mosseae*, Inf.-Rate: 80 %). Die kombinierte Infektion durch *G. mosseae* und *Rhizobium*-Stämme führt in phosphorarmen Substraten zur Steigerung des Sproßwachstums um 170 % und zu einer Erhöhung der Knöllchengewichte um das Zehnfache (Vergleichsbasis: nur mit Rhizobien infizierte Pflanzen). Außerdem steigt das Wurzelgewicht und die Trockenresistenz wird erhöht [11].

Abb. 6: Stammquerschnitt (Foto: P. Schütt)

Phänologie

Der Baum blüht und fruchtet vom zweiten Lebensjahr an. Blütenbildung und Fruchtansatz hängen stark von der Niederschlagsmenge ab.

Untersuchungen an ssp. *tortilis* und ssp. *raddiana* in der Sahelzone zeigen, daß die Bäume während der winterlichen Trockenzeit zumindest partiell entlaubt sind. Wachstum und Blütenbildung setzen noch vor dem Ende der Trockenzeit ein und die Blattentfaltung fällt mit dem Beginn der Sommerregen zusammen. Die Früchte werden im Laufe der Trockenzeit abgeworfen. Ähnliche Verhältnisse finden sich in den anderen Arealteilen mit Sommerregen, so z. B. im südlichen Afrika.

Dieser Rhythmus ist bei ssp. *raddiana* endogen fixiert und wird in Israel, einem Gebiet mit Winterregen, trotz der abweichenden klimatischen Gegebenheiten beibehalten. Im Gegensatz dazu ist ssp. *tortilis* stark an die jeweiligen Klimaverhältnisse adaptiert, was zu unterschiedlichen Blüh- und Fruchtzeiten und damit zu einer Isolierung von ssp. *raddiana* in ihrem israelischen Verbreitungsgebiet führt [20].

Verjüngung und Wachstum

Der allergrößte Teil der abfallenden, reifen Hülsen wird von Schafen, Ziegen, Rindern sowie vom Wild aufgenommen. Die wieder ausgeschiedenen Samen bleiben keimfähig, werden weniger häufig von Bruchiden-Larven befallen [8] und haben höhere Keimraten [17]. Insgesamt verschafft diese Form der endozoischen Verbreitung *A. tortilis* ein sehr hohes Ausbreitungspotential.

Abb. 5: Borke eines alten Stammes (Foto: P. Schütt)

Autochore Verbreitung findet nur dort statt, wo es weder Weidevieh noch Wild gibt. In diesen Fällen finden sich die Samen hauptsächlich im unmittelbaren Bereich des Kronentraufs.

Infolge der sehr dicken Samenschale besteht eine intensive Keimruhe („seed coat dormancy"), welche durch Skarifizierung oder H_2SO_4-Behandlung überwunden werden kann [31]. Entsprechend vorbehandelte Samen keimen innerhalb 4 bis 20 Tagen zu max. 85 bis 90 %, unbehandelte zwischen 1,3 und 40 % [37].

A. tortilis keimt epigäisch. Die Keimlinge weisen einfach und unpaarig gefiederte Primärblätter auf und das Wurzelwachstum übersteigt das Sproßwachstum bei weitem [42]. Unter Baumschulbedingungen rechnet man mit einer Überlebensrate der Keimlinge von 35 % für ssp. *raddiana* und 42 % für ssp. *tortilis*. Nach 9 bis 12 Monaten erreichen in Containern oder Töpfen angezogene Pflanzen Höhen von 0,5 bis 1 m und werden dann auf die Freifläche gebracht. Unkrautbekämpfung vorausgesetzt, sind Überlebensraten von 90 bis 100 % zu erwarten [26, 34].

Verfahren der Vegetativvermehrung, z. B. Stecklingsbewurzelung sind noch nicht praxisreif [11].

Die Unterarten *tortilis* und *raddiana* gelten als raschwüchsig. Untersuchungen aus Indien (Jodhpur) ermittelten für ssp. *tortilis* einen jährlichen Höhenzuwachs von 78 cm und einen Durchmesser-Zuwachs von 1,1 cm. Auch ssp. *raddiana* zeigte bei Versuchen in Rajasthan (Indien) hohe bis höchste Wuchsleistungen:

Biomasse bei Beregnung:	167 t/Jahr/ha
Biomasse ohne Beregnung:	15,6 t/Jahr/ha
Höhe nach 5 Jahren:	4,8 m
Höhe nach 10 Jahren:	6,4 m
BHD nach 10 Jahren:	14,1 cm

Ssp. *spirocarpa* weist am natürlichen Standort in der Serengeti (Tansania) einen jährlichen Höhenzuwachs zwischen 0,1 m (ältere Bäume) und 0,33 m auf. Im Norden Tansanias (Lake Manyara Ntl. Park) lagen die entsprechenden Werte für Jungwuchs bei fast 0,6 m, wiesen allerdings eine erhebliche individuelle Streuung auf. Ssp. *heteracantha* wird in der Literatur als langsam wachsend beschrieben [36]. Daten liegen uns nicht vor.

Ökologie

Acacia tortilis kommt als dominantes oder beigemischtes Element in 5 afrikanischen Vegetationszonen vor: (1 und 2): „Zambesi and Somali-Massai-regional centres of endemism", (3): „Kalahari Highveld", (4 und 5): „Sahel and Sahara regional transition zone". Ihre Verbreitung erstreckt sich auf die afrikanischen Sommerregengebiete

(humido-arides Klima trockener Ausprägung) und die Übergangszone (unregelmäßige Sommerniederschläge) zu den ariden subtropischen Klimaten. In diesen Gebieten bildet sie ein wichtiges Element der Savannen (Dornbuschsavanne) und Trockenwälder. Ihr Verbreitungsgebiet reicht aber bis in die Wüsten der ariden subtropischen Zonobiome. Hier besiedelt sie Trockentäler und Abflußrinnen, also Standorte mit Grundwasseranschluß (kontrahierte Vegetation).

Die von ihr bevorzugten Böden sind nährstoff- und basenreich. Sie gedeiht auch auf alkalischen Böden und Böden mit hoher Salinität, und mit Ausnahme von extrem sauren Substraten kommt sie auf fast allen oligotraphenten Bodentypen vor: tiefgründige Sandböden, Sanddünen, erodierte Kiesböden (erg-Wüsten), skelettreiche Böden (z. T. mit Kalkkrusten im Untergrund), lateritische Böden, sandige Lehme und tiefgründig verwitterte, basische Böden (schwarze fossile Tonböden).

Ssp. tortilis: Im Vergleich mit den anderen Unterarten erträgt sie die höchsten Temperaturen und die trockensten Standorte, ist aber wenig frosttolerant. Ihre Siedlungsgebiete erhalten zwischen 200 und 450 mm Niederschlag pro Jahr, die nördliche Verbreitungsgrenze in Israel fällt mit der 32°C-August- und der 14°C-Januar-Isotherme zusammen. Sie bildet überwiegend Gebüsche, z. B. mit *Maerua crassifolia* (Sudan) oder anderen Akazien (Äthiopien) [14, 19].

Ssp. raddiana: Die Unterart toleriert größere Temperaturspannen als ssp. *tortilis* (32-45 °C heißester und 2-10 °C kältester Monat) und erträgt auch Frost. Ihre nördliche Verbreitungsgrenze in Israel wird durch die 20 °C-Jahresisotherme und eine durchschnittliche Luftfeuchtigkeit von max. 57 % beschrieben. Die Niederschläge im Verbreitungsgebiet erreichen 800 mm. In Israel findet der Übergang von diffuser Verbreitung (Savannen und Trockenwälder) zu kontrahierter Vegetation auf begünstigten Standorten (Wadis, Depressionen) bei Jahresniederschlägen unter 200 mm statt. Ansprüche an die Wasserversorgung sind höher als bei ssp. *tortilis*. Dementsprechend werden in der ariden Negev bevorzugt die großen Wadis (*Anabasis articulata/Acacia tortilis*-Ges., *Acacia raddiana/Tamarix nilotica*-Ges., *Hammada salicornia/A. raddiana*-Ges.) bzw. Abflußrinnen oder Quellgebiete (*Zygophyllum dumosum/Nitraria retusa*-Ges.) mit hohem Grundwasserspiegel besiedelt [14, 19, 27].

Spp. spirocarpa: Die Ansprüche an Temperatur und Wasserversorgung sind mit denen von ssp. *raddiana* vergleichbar. Sie bildet offene Wälder, Gebüsche und Savannen in Gebieten mit Niederschlägen zwischen 330 und 610 mm. Auf gut drainierten, tiefgründigen Böden erreichen die Bäume eine Höhe von 20 m. Bei geringeren Niederschlägen und auf flachgründigen Sanden ist nur noch ein buschförmiges Wachstum möglich [18, 34].

In Tansania und Botswana bildet ssp. *spirocarpa* häufig Galeriewälder entlang der Wasserläufe.

Ssp. *heteracantha*: Die Unterart gilt in Namibia als Indikator für tiefe, basenreiche, fruchtbare Lehmböden und günstige Weidestandorte. Im Transvaal dominiert sie in kleinblättrigen Dornsavannen (auf kalkig, tonigen Tieflandböden) und gemischten, laubabwerfenden Savannengesellschaften auf nährstoffreicheren Sandböden (über 600 mm Niederschlag/Jahr). Die dichtesten Bestände und größten Exemplare sind wiederum entlang von Abflußrinnen mit ganzjährig hohem Grundwasserstand zu finden [7, 10, 30].

A. tortilis wird in den afrikanischen Savannen von Giraffen, Elefanten, Nashörnern, zahlreichen Antilopenarten und Büffeln beweidet. Gefressen werden Hülsen, junge Zweige und Blätter (Giraffen und Antilopen), aber auch ganze Zweige (Nashörner und Elefanten). Nach Verbiß kommt es zu einer raschen Regeneration. Zwischen wenig und stark verbissenen Exemplaren besteht kein wesentlicher Unterschied im jährlichen Trieblängenzuwachs und selbst nach mehrjährigem, starkem Verbiß ist ein – wenn auch geringer – Zuwachs an Stammdurchmesser und -länge zu verzeichnen. Die Ersatztriebe sind dicker, dornenreicher und haben mehr Blätter [32, 35].

Pathologie

Die bedeutendsten Schädlinge für *A. tortilis* sind samenbewohnende Käfer aus der Familie *Bruchidae*. Sie kommen im gesamten Verbreitungsgebiet sowie in Indien vor und befallen 10 bis 99,5 % aller Samen eines Baumes, wobei die Befallsrate von Jahr zu Jahr schwankt.

Entlaubung durch blattfressende Insekten ist nur aus Indien an ssp. *raddiana* bekannt geworden [22]. Häufig sind hingegen Schäden durch holzbohrende Insekten an eingeschlagenem und verarbeitetem Holz, die u. a. in Brennholz-Plantagen wirtschaftliche Bedeutung erhalten.

Die an *A. tortilis* vorkommenden Schadinsekten sind in der folgenden Tabelle aufgeführt.

Abb. 7: Mistelbefall (Tapinanthus spec.) in Namibia

Nutzung

Acacia tortilis ist eine der am vielfältigsten genutzten Bäume der Trockengebiete Afrikas und des Nahen Ostens.

Ssp. *tortilis* und ssp. *raddiana*, in geringerem Umfang auch ssp. *spirocarpa* werden zur Pflanzung von Windschutzstreifen, Fixierung von Sanddünen, zur Wiederherstellung und Erhaltung der Bodenfruchtbarkeit, zum Schutz vor Bodenerosion und Versteppung, als Quelle für Brennholz und Futter und nicht zuletzt auch als Schattenspender gepflanzt. Die Eignung dafür verdankt sie u. a. der hohen Toleranz (auch im Keimlings- und Jugendstadium) gegen Wasserstreß, ihrer Fähigkeit auf erodierten, skelettreichen Böden, über Laterit- und Kalkkrusten zu wachsen sowie ihrer Raschwüchsigkeit. Darüber hinaus verfügt sie über ein hohes Regenerationsvermögen bei Schneitelung für die Futtergewinnung und nach Einschlag für Brennholz. Aufgrund dieser Eigenschaften werden die Unterarten ssp. *raddiana* und ssp. *tortilis* seit 1958 in Indien für Pflanzungen in Gebieten mit weniger als 300 mm Niederschlag verwendet und haben sich in zahlreichen Versuchen gegenüber anderen Arten als überlegen erwiesen. Auch im westlichen und zentralen Sahel, in Äthiopien, Somalia und auf der arabischen Halbinsel (Abu Dhabi 7000 ha [28]) haben größere Pflanzungen stattgefunden [34, 42].

Das Holz hat einen hohen Brennwert (4400 kcal/kg [33]) und wird im gesamten Verbreitungsgebiet als Brennholz genutzt und zur Holzkohlegewinnung herangezogen. Die Produktionsleistung hängt von den Niederschlägen ab: unter extrem ariden Bedingungen werden in Indien (< 100 mm N; ssp. *tortilis*) innerhalb von 8 Jahren 19,7 kg Brennholz/Baum erzeugt. Bei besserer Wasserversorgung (zwischen 300 und 600 mm N) produzieren ssp. *spirocarpa* und ssp. *raddiana* zwischen 55 und 100 kg/Baum innerhalb von 8 bis 10 Jahren [23].

In Samen und Hülsen	Caryedon gonagra, C. serratus, Bruchus albonotatus, B. elnairensis, Bruchidius spadiceus, B. albosparsus, B. rubicundus, B. petechialis, Callosobruchus chinensis, Pseudopachymerus laillemanti
Blätter	Beralade similis, Cryptothelea crameri
Entlaubung	Julodis spec.
Triebe und Wurzeln	Acmaeodera aurifera
Rinde	Indarbela quadrinotata
Pflanzensauger	Oxyrhachis tarandus, Tachardina albida
Holzbohrer (Totholz, geschlagenes und verarbeitetes Holz)	Sinoxylon anale, S. crassum, Stromatium barbatum, Compsomera elegantissima, Lyctus africanus [13, 38]

Die Produktivität für Viehfutter hängt von den Niederschlagsverhältnissen und der Subspecies ab. Als Minimalertrag gilt 0,4 kg Trockenmasse/Baum/Jahr (Sprosse, Blätter und Hülsen) in Südafrika. Maximale Erträge von 14 bis 18 kg/Baum/Jahr (4 bis 6 kg Blätter und 10 bis 12 kg Hülsen) werden für ssp. *tortilis* in Indien angegeben. Der Nährwert von Blättern und Sprossen liegt bei einem Nettoenergiegehalt von 5,552 bis 6,212 MJ/kg (11 bis 12 % verwertbarer Stickstoff; 10 bis 20 % Rohprotein; 0,15 bis 0,18 % verwertbares P). Die Werte für Hülsen und Samen liegen bei 4,14 bis 5,522 MJ/kg (9,8 bis 14,1 % verwertbarer Stickstoff, 0,2 bis 0,28 % verwertbares Phosphat; 15,4 bis 18,8 % Rohprotein; 2,4 % Fett; 46,2 % Kohlenhydrate, 5,1 % Mineralstoffe und 20,1 % Rohfasern). Der geringe Phenolgehalt macht das Futter als Proteinlieferant für Wiederkäuer geeignet [3, 36, 43, 46].

---

[2] Agroforestry: Anbau von Feldfrüchten unter Bäumen, die vielfältig genutzt werden: Brennholz, Baumaterial, Früchte etc.

[3] Silvopastorale Systeme: Weide und Holznutzung auf derselben Fläche: Beweidet werden sowohl die Bäume als auch der Unterwuchs, gleichzeitig liefern Bäume Baumaterial, Brennholz etc.

Abb. 8: Adulter Baum mit freigespültem Wurzelsystem in einer Erosionsrinne des Rift Valley, Kenia (Foto: U. M. Lang)

Das Stammholz, in Somalia und Indien in geringerem Umfang für Stützen, Zaunpfosten und Werkzeugstiele verwendet, ist heute aber wenig geschätzt, da es sich beim Trocknen stark verwirft und anfällig gegen holzbohrende Insekten ist.

Traditionell liefert *Acacia tortilis* Stricke und Tauwerk aus der Rinde, Heilmittel (Gummi gegen Augenleiden, Gelbsucht und Lungenkrankheiten, pulverisierte Rinde [hoher Tanningehalt] zur Wunddesinfektion, als Wurmmittel und als Asthmaheilmittel, Samen gegen Durchfall), Früchte verarbeitet man zu Halsketten. Darüber hinaus ist der Baum auch als Bienenweide geschätzt [4, 36, 42].

Durch den hohen Futterwert von Blättern und Hülsen und die Möglichkeit, die Äste als Brennholz oder für den Zaunbau zu verwenden, ist *Acacia tortilis* ein bestens geeigneter „multipurpose“-Baum in Agroforestry-Anbausystemen[2]) und für silvopastorale Landnutzung[3]).

Weiterführende Literatur

[1] ATCHINSON, E., 1948: Studies in the Leguminosae II. Cytography of Acacia. American J. Botany **35**, 651–655.

[2] BASAK, M.K.; GOYAL, S.K., 1975: Studies on tree legumes. 1. Nodulation pattern an characterization of the symbiont. Annals Arid Zone **14**, 367–370.

[3] BONSMA, J.C., 1942: Useful bushveld trees and shrubs. Their value to the stock farmer. Farming in South Africa **17**, 226–239.

[4] BOULOS, L., 1983: Medical plants of North Africa.; Igonac, Michigan.

[5] BRENAN, J.P.M., 1957: Notes on Mimosidae III. Kew Bulletin **12**: 75ff.

[6] BRENAN, J.P.M., 1983: Manual on taxonomy of Acacia species. Present taxonomy of four species of Acacia (A. albida, A. senegal, A. nilotica, A. tortilis). 47 S.; FAO, Rom.

[7] COATES PALGRAVE, K., 1984: Trees of Southern Africa. C. Struik, Cape Town.

[8] COE, M.; COE C., 1987: Large herbivores, Acacia trees and bruchid beetles. South African J. Science **83**, 624–635.

[9] CORNET, F.; DIEM, H.G., 1982: Étude comparative de l'efficacité des souches de Rhizobium d'Acacia isolées des sols du Sénégal et effet de la double symbiose Rhizobium-Glomus mosseae sur la croissance de Acacia holoserica et A. raddiana. Bois et Forêts des Tropiques **198**, 3–15.

[10] COETZEE, B.J. et al., 1976: A phytosociological classification of the Nylsvley Nature Reserve. Bothalia **12**, 137–160.

[11] DETREZ, C., 1994: Shoot production through cutting culture and micrografting from mature tree explants in Acacia tortilis (Forsk.) Hayne subsp. raddiana (Savi) Brenan. Agroforestry Systems, **25**, 171–179.

[12] ERNST, W.H.O.; TOLSMA, D.J., 1990: Dispersal of fruits and seeds in woody savanna plants in southern Botswana. Beiträge Biol. Pflanzen **65**, 325 – 342.

[13] ERNST, W.H.O.; TOLSMA, D.J.; DECELLE, J.E.: Predation of seeds of Acacia tortilis by insects. Oikos **54**, 294–300.

[14] FAGG, C.W.; GREAVES, A. (Coord.), 1990: Acacia tortilis 1925–1988. Annotated Bibl. – CAB-International No. F41.

[15] FAHN, A., 1959: Xylem structure and annual rhythm of development in trees and shrubs of the desert. Bull. Res. Coun. Israel 7D (1), 23–28.

[16] GOURLAY, I.D.; KANOWSKI, P.J., 1991: Marginal parenchyma bands and crystalliferous chains as indicators of age in African Acacia species. IAWA-Bulletin, **12**, 187–194.

[17] HALEVY, G., 1974: Effects of gazelles and seed beetles (Bruchidae) on germination and establishment of Acacia species. Israeal J. Botany **23**, 120–126.

[18] GREENWAY, P.J.; VESEY-FITZGERALD, D.F., 1969: The vegetation of Lake Manyara National Park [Tanzania]. J. Ecol. 57, 127–149.

[19] HALEVY, G.; ORSHAN, G., 1972: Ecological studies on Acacia species in the Negev and Sinai. I. Distribution of Acacia raddiana, A. tortilis and A. gerrardii spp. negevensis as related to environmental factors. Israel J. Botany **21**, 197–208.

[20] HALEVY, G.; ORSHAN, G., 1973: Ecological studies on Acacia species in the Negev and Sinai. II. Phenology of Acacia raddiana, A. tortilis and A. gerrardii ssp. negevensis. Israel J. Botany **22**, 120–138.

[21] HAMANT, C.; LESCANN, N.; VASSAL, J., 1974: Sur quelques nombres chromosomiques nouveaux des la genre Acacia. Taxon **24**, 667–670.

[22] HARISH CHANDRA, 1983: Julodis spec. (Coleptera: Buprestidae) a new record on Israeli babool (Acacia totalis [tortilis] from north-west part of Rajasthan. Indian Forester **113**, 454–455.

[23] KALLA, J.C. et al., 1978: Techno-economic felling cycles for selected energy plantation species in the arid areas of western Rajasthan. Annals of Arid Zone, 17, 42–51.

[24] KARSCHON, R., 1961: Contribution to the arboreal flora of Israel: Acacia raddiana SAVI and Acacia tortilis HAYNE. La Yaara 11 (3/4/4).

[25] KARSCHON, R., 1975: Seed germination of Acacia raddiana SAVI and A.tortilis HAYNE as related to infestation by bruchids. Leaflet, Division of Forestry, Agricultural Res. Organization, Israel, No. 52, 10 S.

[26] KAUL, R.N; GANGULI, B.N., 1965: Trials in the introduction of acacias in the arid zone of Rajasthan. I, Seed studies. Indian Forester **91**, 554–558.

[27] KENNENNI, L., 1991: Geography and phytosociology of Acacia tortilis in the Sudan. African J. Ecology 29, 1–10.

[28] KHAN, M.I.R., 1981: Afforestation and agricultural development in the western region of Abu Dhabi. Pakistan J. Forestry 31, 4–11.

[29] KIRAN-BALA, RAO, A.V.; TARAFDAR, J.C., 1989: Occurrence of VAM associations in different plant species of the Indian desert. Arid Soil Research and Rehabilitation 3, 3191–3196.

[30] LE ROUX, C.J.G. et al, 1988: A classification of the vegetation of the Etosha National Park. South African J. Botany, 54, 1–10.

[31] MASAMBA, C., 1994: Presowing seed treatments on four African Acacia species: appropriate technology for use in forestry for rural development. Special Issue: Agroforestry research in the African miombo ecozone. Forest Ecology and Management, **64**, 105–109.

[32] MILTON, S.J., 1988: The effects of pruning on shoot production and basal increment of Acacia tortilis. South African J. Botany 54, 109–117.

[33] MUTHANA, K.D.; ARORA, G.D., 1980: Acacia tortilis (FORSK.) HAYNE – a promising fast growing tree for Indian arid zones. Techn. Bull, Central Arid Zone Research Institute, No. 5, 19 S.

[34] MUTHANA, K.D.; ARORA, G.D., 1980: Performance of Acacia tortilis (FORSK.) HAYNE under different habitats of the Indian arid zone. Annals of Arid Zone 19, 110–118.

[35] MWALYOSI, R.B.B., 1990: The dynamic ecology of Acacia tortilis woodland in Lake Manyara National Park, Tanzania. African J. Ecology 28, 189–199.

[36] PALMER, E.; PITMAN, N., 1972: Trees of Southern Africa, 3 Vols. Balkema, Cape Town.

[37] PATHAK, P.S. et al., 1976: Effect of reduced moisture levels on seed germination of fodder trees. Forage Research 2, 179–182.

[38] PRATAP-SINGH; BHANDARI, R.S., 1987: Insect pests of Acacia tortilis in India. Indian Forester, **113**, 734–743.

[39] SAHNI, K.C., 1986: Important trees of the Northern Sudan (A. tortilis (FORSK.) HAYNE). United Nations Development Programme & FAO, Rome.

[40] SCHULZE, E.-D. et al.,1991: Estimates of nitrogen fixation by trees on an aridity gradient in Namibia. Oecologia **88**, 451–455.

[41] SHUKLA, N.K.; SANGAL, S.K., 1986: Preliminary studies on strength properties in some exotic timbers. Indian Forester **112**, 459–465.

[42] TROUP, 1983: The silviculture of Indian trees. Vol. IV: Leguminosae. Delhi

[43] US NATIONAL ACADEMY OF SCIENCES, 1980: Firewood crops, shrubs and tree species for energy production (Acacia tortilis). S. 106–107; Washington.

[44] VANVUUREN, J.J.J.; BANKS, C.H.; STOHR, H.P., 1978: Shrinkage and density of timbers used in the Republic of South Africa. Bulletin, Dept. of Forestry, South Africa No. 57.

[45] WYANT, J.G.; REID, R.S., 1992: Determining the age of Acacia tortilis with ring counts for South Turkana, Kenya: a preliminary assessment. African J. Ecology 30, 176–180.

[46] WYK, P. VAN, 1972: Trees of the Kruger National Park (Acacia tortilis ssp. heteracantha). S. 165–167; Kapstadt.

Der Autor:

Dipl.-Biologe ULRICH KOHLER
Ignaz-Kögler-Straße 1
D-86899 Landsberg/Lech

Acacia xanthophloea BENTH., 1875

syn.: Acacia songwensis HARMS, 1901

Fieberbaum   Familie: Mimosaceae

engl.:   Fever Tree, Naivasha Thorn

Kikuyu: Murera
Africaans: Koorsboom

Abb. 1: Acacia xanthophloea. Einzelbaum im Serengeti Nationalpark, Tansania

Unter den afrikanischen *Acacia*-Arten nimmt *Acacia xanthophloea* in verschiedener Hinsicht eine Sonderstellung ein. Sie wächst zu einem 25 m hohen Waldbaum mit einem wipfelschäftigen Stamm bis zu 75 cm Brusthöhendurchmesser heran, ist strikt an grundwassernahe Standorte gebunden und weist in ihrem Verbreitungsgebiet sehr unterschiedliche Blütenfarben auf.

Obwohl für Holz, Rinde, Blätter und Früchte viele traditionelle Verwendungen bestehen, findet eine geregelte forstliche Nutzung nicht statt und der unmittelbare wirtschaftliche Nutzen ist gering. Wegen ihrer attraktiven grünlich-gelben Borke baut man die raschwüchsige, laubabwerfende Art aber gern als Zierbaum an.

Der artbeschreibende Name „*xanthophloea*" setzt sich aus den griechischen Wörtern für gelb „xanthos" und Haut bzw. Rinde „phloos" zusammen. Die umgangssprachliche Bezeichnung „Fieberbaum" beruht darauf, daß Malaria übertragende Moskitos und *A. xanthophloea* den selben Lebensraum besiedeln. Die ersten weißen Einwanderer waren sich jedoch sicher, daß der Baum die Ursache für das Auftreten der Fieberanfälle ist. Ein literarisches Denkmal wurde dem Fieberbaum durch den englischen Schriftsteller Rudyard Kipling in der Novelle „The Elephant´s Child" gesetzt, der seine Titelfigur am Ende einer langen Wanderung „...to the banks of the great, greygreen, greasy Limpopo River, all set about with fever trees" gelangen läßt.

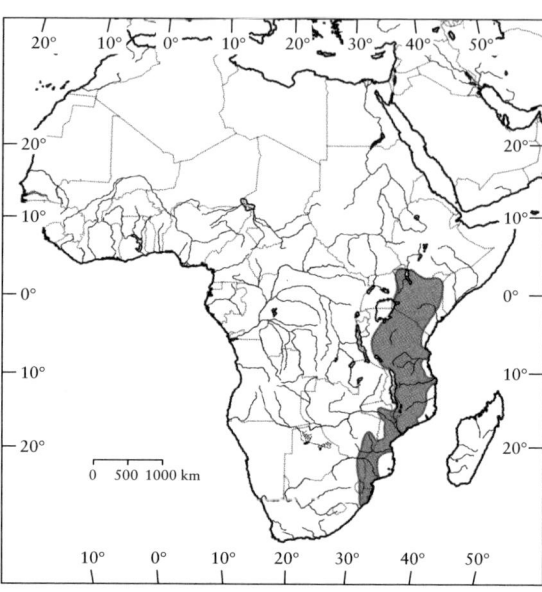

Abb. 2: Natürliches Areal, nach [7, 9, 17, 23]

Verbreitung

Die Gattung *Acacia* ist mit 129 Arten auf dem afrikanischen Kontinent vertreten [10]. *A. xanthophloea* ist in der Hauptsache im östlichen Afrika heimisch. Ihr natürliches Areal erstreckt sich vom Norden Kenias (Nordgrenze etwa 4° n. Br.) über Tansania, Mosambik und Swaziland bis in den Norden der südafrikanischen Provinz Natal (Südgrenze etwa 29° s. Br.). Im südlichen Afrika wird die Arealgrenze durch Fröste bestimmt. Die Westgrenze des Verbreitungsgebietes verläuft im östlichen Afrika entlang einer Linie durch den Lake Turkana, Lake Victoria, Lake Tanganyika und Lake Malawi (etwa 30° ö. L.). Im südlichen Afrika bilden das östliche Lewveld in der südafrikanischen Provinz Transvaal und das Lowveld in Simbabwe die Westgrenze des Areals [10, 26]. Im Osten grenzt das Verbreitungsgebiet an den Indischen Ozean. Die vertikale Verbreitung reicht in den genannten Gebieten von 700 bis 2.100 m ü.NN [10]. Bekannteste Vorkommen von *A. xanthophloea* sind die Bestände rund um den Lake Naivasha, Kenia, um den Lake Manyara, Tansania und der Lerai Forest im Ngorogoro Krater, Tansania, außerdem die flußbegleitenden Waldungen an den Flüssen Seronera (Serengeti National Park, Tansania), Sambesi (Mosambik) und Limpopo (Südafrika/Simbabwe) sowie das Vorkommen im Krüger National Park, Südafrika.

A. xanthophloea ist ein charakteristischer Bestandteil vieler fluß- und seenbegleitender Waldungen. Auf zusagenden Standorten bildet sie oft kleinere, gleichaltrige Reinbestände. In Ostafrika tritt die Art auch gemeinsam mit *Acacia clavigera* E. MEY. (= *Acacia robusta* BURCH ssp. *usambarensis* (TAUB.) BRENAN), *Acacia hockii* DE WILD, *Acacia senegal* (L.) WILLD., *Acacia tortilis* (FORSSK.) HAYNE, *Albizia harveyi* FOURN., *Balanites aegyptiaca* (L.) DEL., *Dichrostachys cinerea* (L.) WIGHT et ARN., *Ormocarpum trichocarpum* (TAUB.) ENGL. und *Phoenix raclinata* JACQ. auf [20]. In den Randbereichen reiner Bestände kann Mischung mit *Croton megalocarpus* HUTCH., *Diospyros abyssinica* (HIERN.) F. WHITE, *Teclea simplicifolia* (ENGL.) VERDOORN, *Warburgia ugandensis* SPRAGUE und anderen Arten beobachtet werden.

Beschreibung

Auf geeigneten Standorten wächst *A. xanthophloea* in dicht geschlossenen Beständen, erreicht Höhen von 25 m, ausnahmsweise sogar von 30 m und bildet starke, wipfelschäftige Stämme mit astfreien Abschnitten von mehreren Metern Länge. Nach Erreichen der oberen Kronenschicht entwickeln die Bäume breite, rundliche, im Einzelstand sogar weit ausladende, flache Kronen [27].

Dornen und Blätter

Die Art ist sommergrün, hat zarte, doppelt gefiederte, bis 10 cm lange Blätter sowie gerade oder fast gerade Nebenblattdornen, die im Extrem ebenfalls eine Länge von 10 cm erreichen können. Die paarigen, an der Basis konisch verbreiterten Dornen sind hart, spitz und von blasser Farbe. Sie treten bei jungen Bäumen besonders zahlreich auf und bleiben meist lange erhalten [10, 27]. Länge und Dichte der Dornen scheinen bei anhaltendem Verbiß z.B. durch Giraffen zuzunehmen [17]. Im Gegensatz zu anderen *Acacia*-Arten fehlen die sogenannten „Ameisen-Gallen" sowie andersartig geformte Dornen vollständig [8].

A. xanthophloea bildet zunächst ein Pfahlwurzelsystem aus. Wird die Entwicklung der Pfahlwurzel z.B. durch anstehendes Grundwasser behindert, entwickelt sich ein flachstreichendes Wurzelsystem. Die Art besitzt die Fähigkeit zur symbiontischen Stickstoffbindung [12].

Aus unscheinbaren, lanzettförmigen, bräunlichen bis silberfarbigen, behaarten Knospen entwickeln sich Triebe mit feingliedrigen, doppelt gefiederten Blättern. An der 3 bis 7 cm langen, kahlen oder spärlich behaarten Blattspindel, die im Querschnitt u-förmig ist, stehen 3 bis 6, gelegentlich 8 Fiederpaare, an Trieben junger Pflanzen bis zu 10 Fiederpaare 1. Ordnung [8]. Diese weisen wiederum 8 bis 17 Fiederblättchen-Paare auf. Die ganzrandigen, unbehaarten Fiederblättchen von 2,5 bis 6,5 mm Länge und 0,8 bis 1,8 mm Breite sind länglich, leicht bogenförmig geschwungen und haben eine stachelige Blattspitze. Nahezu auf der gesamten Oberseite der Fiederblättchen sind Stomata vorhanden. Unterseits fehlen sie auf der Mittelrippe [3]. Ihre Anzahl beträgt im Durchschnitt 39,4 je mm^2 [2]. Die scheinbar an der Oberseite der Spindel ansetzenden Blättchen haben eine asymmetrische, breitkeilige Basis mit einem unauffälligen Stiel. Die Mittelrippe ist an der gelbgrünen bis dunkelgrünen Oberseite mehr oder weniger deutlich, an der graugrünen Unterseite nicht erkennbar [8]. Der 0,1 bis 1,5 cm lange Stiel des gesamten Blattes trägt eine kleine, rundliche Drüse. Weitere Drüsen befinden sich an den Basen der obersten beiden Fiederblättchen-Paare [10].

Blüten, Früchte und Samen

Im Freistand kann *A. xanthophloea* bereits mit 4 Jahren zu blühen beginnen [13]. In ihrem ostafrikanischen Verbreitungsgebiet blüht sie einmal im Jahr von August bis September nach der großen Regenzeit [4], im südlichen Afrika von September bis November [19]. Die duftenden Zwitterblüten stehen zu vielen in runden, radial-symmetrischen Köpfchen von ca. 1 cm Durchmesser. Die zentralen Blüten sind nicht vergrößert oder modifiziert. Die spärlich bis mäßig behaarten Stiele der Blütenstände entspringen gewöhnlich einzeln oder in kleinen Gruppen kurzen Seitentrieben mit gestauchten Achsen, die dicht mit dunklen Schuppen besetzt sind.

Abb. 3: Beblätterter Zweig mit langen, hellen Stipulardornen

Abb. 4: Blütenstände (Foto: R. Schulzke)

Abb. 5: Fruchtstand mit unreifen Früchten

Abb. 6: Samen

Die Infloreszenzen scheinen daher seitlich an älteren, oft gelb-rindigen Zweigen angeordnet zu sein, deren Blätter abgefallen sind [8]. Die Stiele werden an der basalen Hälfte von ringförmig angeordneten, 3 bis 3,5 mm langen Hüllblättern umgeben.

Der 1 bis 1,5 mm lange Blütenkelch besteht aus 5 miteinander verwachsenen Sepalen, welche die 5 Blütenblätter zwar berühren, aber nicht überlappen [15]. Der oberständige Fruchtknoten trägt einen Griffel, der die Kronblätter nicht überragt. Die zahlreichen Staubblätter, deren lebhaft gefärbte Filamente frei angeordnet sind, sind dagegen deutlich länger als die Kelch- und Blütenblätter und bilden den auffälligsten Teil der Blüte. Die Blütenfarbe ist regional unterschiedlich. In Kenia und im ehemaligen Tanganyika sind die Blüten weiß über pinkfarben bis rötlich [8], im Verbreitungsgebiet südlich dieser Regionen gelb bis goldgelb [8, 19, 26]. Die Staubbeutel tragen an der Spitze Drüsen.

Abb. 7: Stammquerschnitt

Die Pollen sind in Verbänden von jeweils 16 Körnern zusammengeschlossen, die gemeinsam verbreitet werden. Diese Polyaden bestehen aus einem zentralen Teil mit 8 Pollen, die in zwei Lagen angeordnet sind und einen rechteckigen Block bilden. Um diesen herum sind die anderen Pollen peripher angeordnet. Der Durchmesser der bikonvex scheibenförmigen Polyade ist ca. 70 µm, die Dicke beträgt ca. 42 µm [1].

Nach Bestäubung durch Insekten entwickeln sich innerhalb von 4 bis 6 Monaten drüsenlose oder nur spärlich mit Drüsen besetzte, 0,5 bis 0,8 cm lang gestielte Hülsenfrüchte, die einen büschelartigen Fruchtstand bilden. Die geraden oder leicht gekrümmten, pergamentartigen Hülsen sind 0,7 bis 1,4 cm breit, an Basis wie Spitze verjüngt, 3 bis 13,5 cm lang sowie mit unregelmäßigen, diagonalen Adern und einem leicht welligen Rand versehen [8, 10, 11]. Bei den Früchten handelt es sich um Gliederhülsen. Jedes Segment enthält einen Samen. Die Farbe der Hülsen wechselt mit zunehmender Reife von grün zu blaß-gräulich-braun oder grau. Jede Frucht enthält 5 bis 10 elliptische, abgeflachte Samen von blaß-grüner bis dunkelgrüner Farbe. Die Hülsen springen bei Reife nicht auf, sondern zerfallen gewöhnlich in einzelne Segmente, die meist länger als breit sind. Allerdings werden die Samen sehr oft unmittelbar nach der Reife von Insekten befallen [4].

Borke und Holz

Kennzeichnend für *A. xanthophloea* ist die grünlich-gelbe, zunächst glatte Stammborke, die sich mitunter in papierdünnen Schuppen ablöst, bei alten Bäumen grau, manchmal auch rissig wird und sich nach Verletzung schwarz färbt [10]. Junge Triebe sind hellgrün und verfärben sich mit zunehmendem Alter hellbraun bis braun. Sie sind fast kahl und mit wenigen rötlichen Drüsen versehen.

Über die Holzeigenschaften afrikanischer *Acacia*-Arten liegen nur sehr spärliche Angaben vor. Nach Wyk [26, 27] bildet das Holz keinen Farbkern und ist von blaß brauner Farbe mit einem rötlichen Stich. Eigene Beobachtungen weisen zumindest bei älteren Bäumen auf die Bildung eines rötlich-braunen bis grau-braunen Farbkerns hin. Das Splintholz ist blaß hellbraun. Das ringporige Holz weist deutlich erkennbare Wachstumszonen auf. Die zahlreichen Holzstrahlen sind schmal und unscheinbar.

Das Holz ist hart und schwer. Vor der Verarbeitung sollte es gründlich abgelagert werden, da es sonst zum Brechen neigt [19]. Es lassen sich bei entsprechender Bearbeitung seidenglatte Oberflächen erzielen. Über Dauerhaftigkeit sowie Biege- und Druckfestigkeit liegen keine Informationen vor. Die Rohdichte (r_{15}) beträgt 0,91 g/cm³ [27].

Abb. 8: Borke eines jungen, mittelalten und alten Stammes (von links nach rechts)

Anzucht und Verjüngung

Die 4,5 bis 6,5 mm langen und 3,5 bis 5 mm breiten Samen werden von den sonnengetrockneten Hülsen durch Zerstoßen der Früchte in einem Mörser getrennt. Danach wird das Saatgut durch Sieben und Ausblasen von den Resten der Hülsen gereinigt. Von Insekten befallene Samen sondert man in einem Wasserbad ab. Nach Extraktion und Säuberung wird das Saatgut 3 bis 5 Tage in der Sonne getrocknet [4]. Das Tausendkorngewicht bewegt sich zwischen 33,3 g und 41,7 g [12] und beträgt im Durchschnitt 37,0 g [4]. *A. xanthophloea*-Saatgut kann bei einem Wassergehalt von 4,5 bis 9,0 % in luftdichten Gefäßen bei Raumtemperatur ein Jahr, bei 10 °C mehrere Jahre ohne erhebliche Keimverluste gelagert werden. Die Einlagerung des Saatgutes mit Insektiziden wird empfohlen [4].

Das Saatgut weist physikalische Keimhemmung (hartes Endokarp) auf. Zur Erzielung ausreichender Keimraten können verschiedene Vorbehandlungsverfahren verwendet werden:

– 30 bis 40 Minuten Vorbehandlung in 50 % H_2SO_4, Waschen, 24 Stunden in Wasser einweichen [22];
– Einkerben der Samenschale am distalen Ende mit einem Skalpell, scharfen Messer oder Nagelschneider [4];
– Übergießen mit kochendem Wasser, 24 Stunden im Sud einweichen [21].

Die Keimdauer beträgt 5 bis 15 Tage [4]. Durch Säure-Vorbehandlung können Keimraten von 80 % [22], durch Verletzung der Samenschale sowie durch die Heiß-Naß-Behandlung Keimraten zwischen 60 und 80 % erzielt werden [4, 21].

Nach epigäischer Keimung erscheinen zwei ca. 9 bis 13 mm lange, kurzgestielte, ganzrandige Kotyledonen von elliptischer Form mit einer deutlich eingekerbten und abgeflachten Keimblattbasis. Das Hypokotyl ist grünlich und wird zur Basis hin weißlich. Die bräunliche Radicula setzt sich deutlich vom Hypokotyl ab. Die hellgrünen, wechselständigen Primärblätter sind im Gegensatz zu den Blättern älterer Pflanzen nur einfach gefiedert. An der 1,1 bis 2,8 cm langen, unbehaarten Blattspindel stehen 4 bis 7 Fiederpaare. Die ganzrandigen Fiederblättchen von 5 bis 7 mm Länge und 1 bis 2 mm Breite sind länglich bogenförmig geschwungen und weisen einen stachelspitzigen Apex auf. Die scheinbar auf der Oberseite der Spindel sitzenden Blättchen haben eine asymmetrische, breitkeilige Basis. Die Mittelrippe ist an der Unterseite deutlich, an der Oberseite nur schwach erkennbar. Wenige Monate nach der Keimung bilden sich dann die doppelten Fiederblätter aus.

Ökologie und Wachstum

Im ostafrikanischen Verbreitungsgebiet von *A. xanthophloea* variieren die Jahresniederschläge von durchschnittlich 450 mm in den semi-ariden Lagen bis zu 1.700 mm in den humiden Zonen. Die Jahresdurchschnittstemperatur schwankt zwischen 12 °C und 24 °C [4].

A. xanthophloea ist eine an grundwassernahe Standorte gebundene Baumart semi-arider Klimabereiche des tropischen und subtropischen Afrika. An Fluß- und Bachläufen, an Seeufern und auf grundwassernahen Standorten bildet sie z.T. lichte Reinbestände.

Vegetationstyp	Stamm-zahl/ha	Relative Häufigkeit in der Höhenklasse (in %)					
		1 m	2 m	3 m	4 m	5 m	>5 m
Offener Savannenwald	117	43,8	35,0	8,8	1,7	1,2	9,6
Flußbegleitender Wald	43	33,3	20,1	14,1	6,7	3,5	22,2
A. xanthophloea-Wald	41	32,9	24,1	14,5	5,3	2,5	20,7

Entlang des Flusses Seronera im Serengeti National Park stellte man Anteile von A. xanthophloea zwischen 74 % und 100 % bei einer durchschnittlichen Stammzahl zwischen 16 und 116 Stämmen pro Hektar in den flußbegleitenden Wäldern fest [20]. Die durchschnittliche Stammzahl reiner Fieberbaum-Bestände betrug mit 41 Stämmen/ha nur ca. 35 % der Dichte der offenen Savannenwälder. Im Gegensatz zu den Savannenwäldern weisen die flußbegleitenden Wälder mit hohen Fieberbaum-Anteilen sowie die reinen A. xanthophloea-Bestände ein ausgeglicheneres Verhältnis zwischen den einzelnen Höhenklassen mit einem vergleichsmäßig großen Anteil hoher Bäume auf [20], siehe Tabelle ↑.

Neben grundwassernahen Standorten kommt der Fieberbaum auch auf Standorten vor, die regelmäßig überflutet werden. Wenn etabliert, kann die Art Überschwemmungen für kurze Zeit überleben. Allerdings gedeiht sie nicht auf nassen Standorten [13]. Sandige Böden begünstigen das Wachstum von A. xanthophloea. Im Arusha-Nationalpark (Tansania) stockt sie auf dunkelbraunen, nähr-stoffreichen, lehmigen Sanden vulkanischen Ursprungs im Bereich von pH 6 bis pH 10 [23]. In Kenia gedeiht sie selbst auf den sehr problematischen „Black Cotton"-Böden [7].

A. xanthophloea ist in der Jugend raschwüchsig. In den ersten drei Jahren nach der Keimung können Höhen bis zu 7 m erreicht werden [27]. Ein durchschnittlicher jährlicher Höhenzuwachs von 1 m gilt als normal. Nach Erreichen der Kronenschicht setzt eine Steigerung des Durchmesserzuwachses und eine Verbreiterung der Krone ein.

Über das Höchstalter gibt es keine Angaben. Für den Arusha-Nationalpark ist das Vorkommen 70- bis 80jähriger Bäume belegt [23].

A. xanthophloea ist frostempfindlich und – als Folge ihres flachen Wurzelsystems – gerade auf den typischen, grundwassernahen Standorten in hohem Maße windwurfgefährdet. Die Art ist empfindlich gegenüber Dürre und reagiert mit sofortigem Blattverlust auf Wassermangel. Alte Bäume erleiden oft Stamm- und Astbrüche.

Abb. 9: A. xanthophloea – Bestand im Lerai Forest, Ngorongoro Krater, Tansania, dem Lebensraum der Schwarzen Nashörner

Nutzung

Das Holz liefert Bauholz, Pfosten und Stangen und ist gut für allgemeine Tischlerarbeiten zu verwenden [12, 26]. Im ländlichen Raum spielt die Nutzung als Brennholz und als Holzkohle eine wichtige Rolle. Die Blüten dienen als Bienenweide. Das Laub und die Fruchthülsen können als Viehfutter verwendet werden.

In der kombinierten Wald-Feld-Bewirtschaftung wird der Fieberbaum als lebender Zaun verwendet. Für eine Mischung mit Feldfrüchten (intercropping) ist die Art wegen ihrer weit ausladenden Krone aber nicht geeignet [12]. Vor allem die Rinde spielt in der traditionellen Medizin eine wichtige Rolle: Wirkungen gegen Krebs, Malaria, Sichelzellenanämie, Lungenentzündung, Wundverletzungen, Unterleibsschmerzen, Magenverstimmung sowie Durchfall werden beschrieben [7, 9, 12]. Die antibakterielle Wirkung eines Rohextraktes aus der Stammrinde wurde nachgewiesen [9].

Wäßrige Rindenextrakte von A. xanthophloea sind reich an Tanninen und darin der in Ostafrika zur Gerbstoffgewinnung angebauten australischen Art Acacia mearnsii DE WILD. vergleichbar. Die nachgewiesene Menge wäre für eine kommerzielle Nutzung ausreichend. Die stark ätzende Wirkung des gewonnenen Extraktes steht allerdings der Herstellung von hochwertigem Leder entgegen [18].

A. xanthophloea produziert einen eßbaren Gummi. Die beste, „Falli" genannte Sorte, entspricht in der Qualität einem guten Gummi arabicum. Die Gummigewinnung erfolgt durch das Ablösen von 0,6 bis 1,0 m langen und 5 bis 8 cm breiten Rindenstreifen [6].

Mit Ausnahme der Pflanzung als Zier- bzw. Gartenbaum [13] sind keine Berichte über einen planmäßigen Anbau bekannt.

Verschiedenes

– Die regional unterschiedlichen Blütenfarben von A. xanthophloea-Populationen weisen auf eine genetische Differenzierung innerhalb der Art hin. Die weißblühenden Fieberbäume ähneln Acacia kirkii OLIV. ssp. mildbraedii, während gelbblühende A. xanthophloea-Individuen der Art Acacia seyal DEL. var. seyal ähnlich sehen [8]. Chemotaxonomische Untersuchungen der Gummiharze ergaben keinerlei Unterschiede zwischen weiß/rötlich und gelb blühenden A. xanthophloea-Individuen, wohl aber zwischen den genannten Arten mit diesen Blütenfarben [5].

– Seit den 70er Jahren wird im Ngorogoro Krater, Tansania, ebenso wie seit den 50er Jahren im Amboseli Nationalpark, Kenia, ein dramatischer Rückgang von A. xanthophloea beobachtet [14, 24, 28]. An dem Absterben sind weder Krankheitserreger noch Insekten vordergründig beteiligt. Das Syndrom ist oft mit massiven Stammschäden und mit der Entwurzelung der Bäume durch Elefanten verbunden. Als Ursachen werden diskutiert:

– Grundwasseranstieg im Aboseli Nationalpark nach einer langanhaltenden Periode mit überdurchschnittlich hohen Niederschlägen und zunehmender Versalzung der Böden. Der Prozeß wird durch Fraßschäden von Elefanten beschleunigt, die von den geschwächten Bäumen nicht mehr regeneriert werden können [24].

– Überalterung der meist gleichaltrigen Reinbestände und altersbedingte Disposition gegen biotische und abiotische Stressoren [28].

Untersuchungen zum Fraßverhalten von Elefanten im Ngorogoro Krater zeigen, daß Elefanten v.a. in der Trockenzeit hauptsächlich Schäden an Jungpflanzen verursachen. Das Abschälen der Rinde spielt nur eine untergeordnete Rolle, da die Elefanten anscheinend nicht auf Baumrinde als Hauptquelle für Mineralien, vor allem Calcium, angewiesen sind [14].

– Im Krüger Nationalpark, Südafrika, wächst die parasitäre Blütenpflanze Sarcophyte sanguinea auf den Wurzeln von A. xanthophloea. Hülsen, Blätter, Äste und Gummi werden von einer Vielzahl von Tierarten genutzt [27].

Abb. 10: Gummifluß

Literatur

[1] AKETCH, C.A.; KOKWARO, J.O., 1990: A comparative study of the Kenyan Acacia species based on their pollen morphological characters. Mitt. Inst. Allg. Bot. Hamburg, Bd. 23b, 665-676.

[2] ASAKAWA, S.; MAKINO, M., 1989: Growth response of Acacia seedlings to soil moisture conditions. Bull. Fac. Agric. Tamagawa Univ. 29, 1-10.

[3] ASAKAWA, S.; MOGI, M., 1991: Leaf stomata in the seedlings of six African species in Acacia. Bull. Fac. Agric. Tamagawa Univ. 31, 1-10.

[4] ALBRECHT, J., 1993: Tree Seed Handbook of Kenya. GTZ Forestry Seed Centre Muguga, Nairobi, Kenya.

Abb. 11: Rand eines lockeren Altbestandes im Lerai Forest, Ngorongoro Krater, Tansania

[5] ANDERSON, D.M.W.; BRIDGEMAN, M.M.E.; DE PINTO, G., 1984: Acacia gum exudates from species of the series Gummiferae. Phytochemistry **23**, 575-577.

[6] BÄRNER, J., 1942: Die Nutzhölzer der Welt. Verlag J. Neumann, Neudamm.

[7] BEENTJE, H., 1994: Kenya Trees, Shrubs and Lianas. National Museums of Kenya, Nairobi, Kenya.

[8] BRENAN, J.P.M., 1959: Leguminosae, Subfamily Mimosoideae. In: HUBBARD and MILNE-REDHEAD (Eds.): Flora of Tropical East Africa. A.A. Balkema Publishers, Rotterdam.

[9] CHHABRA, S.C.; UISO, F.C., 1991: Antibacterial activity of some Tanzanian plants used in traditional medicine. Fitoterapia **62**, 499-503.

[10] COE, M.; BEENTJE, H., 1991: A Field Guide to the Acacias of Kenya. Oxford University Press, Oxford, New York.

[11] DALE, I.R.; GREENWAY, P.J., 1961: Kenya Trees and Shrubs. Buchanan's Kenya Estates Ltd., Nairobi, Kenya.

[12] ICGRAF, 1992: A Selection of Useful Trees and Shrubs for Kenya. Nairobi, Kenya.

[13] JOHNSON, D.; JOHNSON, S., 1993: Gardening with Indigenous Trees and Shrubs. Southern Book Publishers Ltd., Cape Town, South Africa.

[14] KABIGUMILA, J., 1993: Feeding habits of elephants in Ngorogoro Crater, Tanzania. Afr. J. Ecol. **31**, 156-164.

[15] KOKWARO, J.O., 1994: Flowering Plant Families of East Africa. East African Educational Publishers, Nairobi, Kenya.

[16] MAYDELL, H.-J. VON, 1990: Trees and Shrubs of the Sahel: Their Characteristics and Uses. 2. Aufl., GTZ, Eschborn.

[17] MILEWSKI, A.V.; YOUNG, T.P. et al., 1991: Thorns as induced defenses: experimental evidence. Oecologia **86**, 70-75.

[18] MUGEDO, J.Z.; WATERMAN, P.G., 1992: Sources of tannin: Alternatives to Wattle (Acacia mearnsii) among indigenous Kenyan species. Economic Botany **46**, 55-63.

[19] PALGRAVE, K.C., 1993: Trees of Southern Africa. 7. Aufl., Struik Publishers, Cape Town, South Africa.

[20] RUESS, R.W.; HALTER, F.L., 1990: The impact of large herbivores on the Seronera woodlands, Serengeti National Park, Tanzania. Afr. J. Exol. **28**, 259-275.

[21] SCHÄFER, CHR., 1989: Number of Seeds per Kilogram and Preliminary Recommendations for the Pretreatment of Tree Seeds - Results of Experiments at the Kenya Forestry Seed Centre. GTZ Forestry Seed Centre Muguga, Nairobi, Kenya, unveröffentlichtes Manuskript.

[22] SINGH, CH.; KHAJRIA, H.N.; RALHAN, P.K., 1990: Acta Botanica Indica **18**, 38-40.

[23] VESEY-FITZGERALD, D.F., 1974: The changing state of Acacia xanthophloea groves in Arusha National Park, Tanzania. Conservation **6**, 40-47.

[24] WESTERN, D.; PRAET, C. VAN, 1973: Cyclical Changes in the Habitat and Climate of an East African Ecosystem. Nature **241**, 104-106.

[25] WIMBUSH, S.H., 1957: A Catalogue of Kenya Timbers. The Governmental Printer, Nairobi, Kenya.

[26] WYK, P. VAN, 1993: Southern African Trees: A Photographic Guide. Struik Publishers, Cape Town, South Africa.

[27] WYK, P. VAN, 1994: Field guide to the Trees of the Kruger National Park. 3. Aufl., Struik Publishers, Cape Town, South Africa.

[28] YOUNG, T.P.; LINDSAY, W.K., 1988: Role of even-age population structure in the disappearance of Acacia xanthophloea woodlands. Afr. J. Ecol. **26**, 69-72.

Der Autor:

Dr. HEINO WOLF
Sächsische Landesanstalt für Forsten
Bonnewitzer Straße 34
01827 Graupa

Acrocomia aculeata (JACQUIN) LODDIGES

syn.: Acrocomia media O.F. COOK, Acrocomia mexicana KARW. ex
    MARI, Acrocomia vinifera OERST.

Macauba-Palme

engl.: Macauba palm, Prickly palm
span.: Corozo

Familie:	Arecaceae
Unterfamilie:	Arecoideae
Tribus:	Cocoeae

Abb. 1: Acrocomia aculeata. Adulter Baum in einem Park auf Puerto
Rico

Diese attraktive, fiederblättrige Palmenart der Neotropen wird meistens nicht viel höher als 10 bis 12 m. Sie wächst vorwiegend auf trockneren Standorten Süd- und Mittelamerikas sowie der Westindischen Inseln und fällt durch zahlreiche, relativ lange und sehr spitze Stacheln am Stamm, an den Blattspindeln und den Blattstielen auf.

Die essbaren, ölreichen Samen werden kommerziell genutzt.

Acrocomia aculeata ist in vielen Teilen ihres sehr ausgedehnten Areals unter verschiedenen Namen beschrieben worden, sodass mehr als 30 Synonyma bestehen [2]. Die taxonomische Situation ist dementsprechend unübersichtlich.

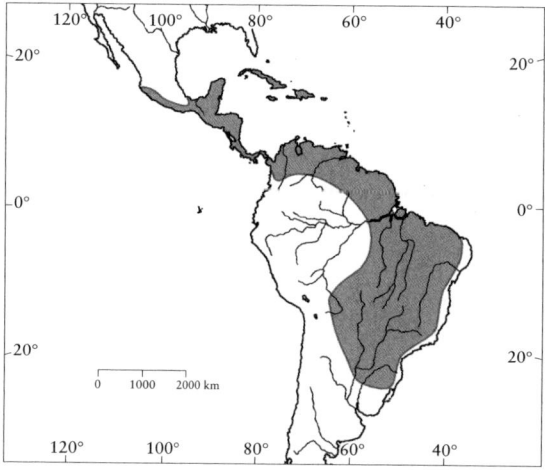

Abb. 2: Natürliches Verbreitungsgebiet, nach [2]

Verbreitung und Taxonomie

Das natürliche Areal der Macauba-Palme erstreckt sich über weite Teile des tropischen Amerika von Mexiko über Bolivien und Paraguay nach Brasilien und Argentinien. Auch die Westindischen Inseln schließt es ein, nicht aber Ecuador und Peru [2]. In präcolumbianischer Zeit soll die Art nach Costa Rica [3] und von den Mayas nach Mexiko eingeführt worden sein. Obwohl generell ein Baum tieferer Lagen, kommt A. *aculeata* in den columbianischen Anden bis in 1200 m Höhe, auf Puerto Rico bis 400 m [1] und in Costa Rica bis 500 m ü. NN vor [3].

Das ausgedehnte Areal und die damit einhergehende große morphologische Variabilität der Art führte ohne Abstimmung zur Ausscheidung zahlreicher regional begrenzter Taxa. HENDERSON [2] hat alle diese Taxa (37 mit Artstatus, 1 Varietät) als Synonyma von A. *aculeata* eingestuft. Ihm zufolge besteht der Genus *Acrocomia* lediglich aus 2 Arten: A. *aculeata* und die wesentlich kleinere, im Süden Brasiliens und in Paraguay heimische *Acrocomia hassleri* (BARB. RODR.) HAHN.

Beschreibung

Macauba-Palmen sind robuste Bäume mit dichten, bis zu 40 Blättern zählenden Kronen und geraden, oberhalb der Basis ein wenig angeschwollenen, grauen Stämmen. Auf den Westindischen Inseln und in Mittelamerika werden sie i.A. 13 m [4], in Brasilien bis 16 m [5], auf Puerto Rico 18 m hoch [1]. Der Stammdurchmesser (BHD) geht selten über 35 cm hinaus (Maximum 50 cm).

Kennzeichnend für die Art sind vor allem die ringförmig am Stamm angeordneten, dünnen, schwarzen **Stacheln**, die im oberen Stammbereich besonders zahlreich auftreten und unten allmählich abgestoßen werden. Sie erreichen Längen von 5 bis 7,5 cm, im Extrem sogar von 15 cm [4]. Abgestorbene, dornige Blattbasen können längere Zeit am Stamm verbleiben.

Die 3 bis 4 m langen, etwas ledrigen **Blätter** sind in zahlreiche schmale und zugespitzte Segmente geteilt. Diese stehen schräg oder unregelmäßig in verschiedene Richtungen weisend an der Rhachis [2, 3] und geben der Krone ein relativ kompaktes Aussehen. Oberseits sind sie glanzend grün, unterseits stumpf blaugrün. Ihre Länge kann 60 cm betragen, die Breite liegt bei nur 0,6 cm [4]. Stiele und Rhachis der *Acrocomia*-Blätter sind intensiv bestachelt – selbst bei jungen Sämlingen.

Normalerweise trägt die Krone etwa 20 grüne und mehrere braune, trockene, bald abfallende Blätter. Die Lebensdauer der grünen Blätter beträgt nur ca. 2 Jahre [1].

Acrocomia aculeata blüht und fruchtet während des ganzen Jahres und wird von diversen Käferarten bestäubt. In Brasilien liegt die Hauptblütezeit zwischen Mitte Oktober und Mitte November [2], in Costa Rica im April/Mai [3]. Fremdbestäubung überwiegt, aber Selbstbefruchtung ist möglich [1, 5].

Die eingeschlechtigen **Blüten** sind monoezisch verteilt und stehen zu vielen an hängenden, 0,9 bis 1,5 m langen, rispigen Infloreszenzen mit stacheligem Stiel, welche vom Vegetationskegel im Wechsel mit Laubblättern gebildet werden. Bis zur Blühreife werden die Blütenstände von zwei behaarten, mit Stacheln besetzten Spathen umschlossen, die sich erst kurz vor der Anthese mit einem Längsriss öffnen [4, 5]. Die äußere ist zugespitzt und 1,2 bis 1,5 m, die innere nur 0,6 m lang [4].

Männliche und weibliche Blüten stehen am selben Blütenstand: die ♂♂ zu vielen im Spitzenbereich der Infloreszenz, die ♀♀ zu wenigen an deren Basis. Die kleinen, blassgelben Einzelblüten sind 7 mm (♂) bzw. ca. 1 cm (♀) lang.

Männliche Blüten haben 3 kleine, eiförmige Sepalen, eine dreizipfelige Corolla, 6 an der Spitze der Kronröhre ansetzende Staubblätter und einen rudimentären Stempel; bei den weiblichen Blüten sind die Kelchblätter schuppenartig, die 3 Petalen überschneiden sich, und es sind 3 Griffel vorhanden.

In Costa Rica hatten kräftige Infloreszenzen 55 Rispen-
äste mit 52 500 männlichen und 449 weiblichen Blüten. In
Brasilien wurden 45 000 bis 90 000 ♂♂ und 646 ♀♀ ge-
zählt [5].

SCARIOT et al. [5] schildern den Ablauf der Anthese im
Detail.

Etwa ein Jahr nach der Blüte fallen die reifen, einsamigen
Steinfrüchte vom Baum. Sie sind dann von grünlich gelber
bis bräunlicher Farbe, kugelrund, nur am Apex punktför-
mig zugespitzt, 24 g schwer und haben einen Durchmesser
von 2,5 bis 5 cm. Kräftige, herrschende Bäume können bis
zu 2000 Früchte pro Jahr bilden, durchschnittlich sind es
jedoch nur 100 bis 200 [1].

Abb. 4: Stacheln auf den Blattnerven eines Sämlings
(links); stark bewehrter, zweijähriger Sämling
(ca. 20 cm hoch) (rechts)

Nach JANZEN [3] werden sie von Rindern aufgenommen,
welche dann die Steinkerne unverdaut ausscheiden und so
für die Verbreitung auf Viehweiden sorgen.

Zur Anzucht sollte man lange auf feuchtem Boden gelegene Früchte sammeln, weil sich bei ihnen das Mesokarp
leicht ablösen lässt. Nach hypogäischer Keimung entwickeln junge Sämlinge an der Sprossbasis eine Anschwellung, von der zahlreiche weiße, relativ starre Wurzeln ausgehen, die sich intensiv verzweigen. Voll entwickelte Wurzeln erreichen einen Durchmesser von 9 mm, sind braun
und werden zur Spitze hin weißlich [1]. In der Praxis werden oft 1 bis 3 Monate alte Wildlinge (Höhe ca. 16 cm)
ausgehoben und in die Baumschule verpflanzt. Nach 6
Monaten setzt so rasches Wachstum ein, dass (bei einer
relativ kleinen Probe) am Ende des ersten Jahres Höhen
um 1 m gemessen wurden [1]. Generell spricht man von
einem langsamen oder mäßigen Wachstum der Art. Konkrete Zuwachsdaten liegen nicht vor.

Abb. 3: Steinfrüchte, eingetrocknet

Das etwas faserige, mit einer gelatineartigen Matrix versehene, ölige Mesokarp schmeckt süßlich und umgibt einen
Steinkern mit sehr hartem, 3 bis 5 mm starkem Endokarp
[3].

Der einzige **Samen**, zur Zeit der Fruchtreife noch weich
und gallertartig, wird erst am Boden im Laufe eines weiteren Jahres hart [1]. Sein Tausendkorngewicht beträgt
dann etwa 9 kg [1].

Anzucht, Wachstum und Entwicklung

Die Vermehrung der Macauba-Palme gelingt derzeit nur
mit Samen, stellt aber ein sehr langwieriges Unterfangen
dar, denn zwischen Aussaat und Keimung (ca. 23%) liegen nach Erfahrungen in Puerto Rico 565 Tage [1]. Vorbehandlung des Saatgutes mit heißem Wasser oder durch
Skarifizieren bleibt ohne Wirkung.

Im natürlichen Habitat liegen die Früchte lange Zeit am
Boden und verrotten dort.

Abb. 5: Bis 5 cm lange Stacheln am Stamm eines
Sämlings (links); älterer Stamm mit ringförmig
angeordneten Stacheln (rechts)

Abb. 6: Krone mit leuchtend gelben Blütenständen und trockenen Hochblättern

Ökologie

Macauba-Palmen sind empfindlich gegen Beschattung – besonders in der Jugend. Ältere Exemplare vertragen Überschirmung nur durch Bäume mit sehr lockeren Kronen. Unterdrückte Palmen setzen keine Früchte an und sterben bald ab. Besonders günstig verläuft die Entwicklung in offenem Gelände, so auf Weideflächen oder auf Grasfluren nach Bodenfeuer. Nur wiederholte, intensive Brände verletzen den Stamm und bringen die Bäume in Gefahr [3].

Konkrete Angaben über die Standorts- und Klimaansprüche von *A. aculeata* sind uns nicht bekannt. Auf Puerto Rico wächst sie nahe der Küste auf frischen Sandböden, gemeinsam mit *Andira inermis*, *Calophyllum brasiliense*, *Roystonea borinquena*, *Morinda citrifolia* und *Terminalia catappa*.

Nutzung

A. aculeata wird auf den Westindischen Inseln gern als dekoratives Element in der Landschaftspflege eingesetzt. Wirtschaftliche Bedeutung kommt ihr dort aber nicht zu.

In Südamerika nutzt man den hohen Ölgehalt des Mesokarps und der Samen zur Herstellung von Seife. Er beträgt 56 bis 70 bzw. 55 bis 58 Gewichts-Prozent [1].

Nur 1 % der in Südamerika wachsenden Macauba-Palmen wird derzeit zur Ölgewinnung genutzt. Potentiell könnten ca. 100 000 t Öl pro Jahr gewonnen werden[1].

Die Samen sind essbar, schmecken wie zuckerfreie Kopra und stellten zumindest in Mittelamerika für eingeborene Stämme ein Nahrungsmittel dar [3]. Regional beliebt ist der so genannte Palmwein – der aus verletzten Stämmen austretende und vergorene Phloemsaft.

Verschiedenes

– *A. aculeata* ist weder durch Schadinsekten noch durch Pilzkrankheiten ernsthaft gefährdet. Die Art verträgt Salzwassergischt und wird selten vom Wind geworfen [1].
– Selbst größere Macauba-Palmen lassen sich problemlos verpflanzen. Entsprechende Verfahren werden in der Landschaftspflege häufig angewandt, weil die Anzucht aus Samen extrem langwierig ist.
– Der ca. 1 cm starke äußere Mantel des Stammes besteht aus sehr hartem Holz (r_{15} = 0,99 g/cm^3) mit dunkler Zeichnung, das für Dielungen und zur Herstellung von Spazierstöcken verwendet wird [4].

[1] For. Abstr. 47, 1451, 1986

Literatur

[1] FRANCIS, J. K., 1993: Acrocomia media O.F. COOK. USDA For. Serv., Intern. Inst. Trop. Forestry, Rio Piedras, PR. pp. 4.

[2] HENDERSON, A.; GALEANO, G.; BERNAL, R., 1995: Field guide to the palms of the Americas. Princeton Univ. Press, Princeton, N.Y.

[3] JANZEN, D. H., 1983: Costa Rica Natural History, p. 184–185. The University of Chicago Press. Chicago and London.

[4] LITTLE, E. L., JR.; WADSWORTH, F. H., 1964: Common trees of Puerto Rico and the Virgin Islands. USDA For. Serv., Agriculture Handbook 249, Washington, D.C.

[5] SCARIOT, A. O.; LIERAS, E.; HAY, J. D., 1991: Reproductive biology of the palm Acrocomia aculeata in Central Brazil. Biotropica, **23**, 12–22.

[6] SCARIOT, A. O., LIERAS, E., 1995: Flowering and Fruiting Phenologies of the Palm Acrocomia aculeata: Patterns and Consequences. Biotropica **27**, 168–173.

Die Autoren:

Prof. em. Dr. PETER SCHÜTT
Lehrstuhl für Forstbotanik
Technische Universität München
Am Hochanger 13
D-85354 Freising

ULLA M. LANG
Schützenstraße 6
D- 82383 Hohenpeißenberg

Adansonia digitata LINNÉ, 1753

syn.: Adansonia situla (LOUR.) SPRENG,
       Adansonia sphaerocarpa A. CHEV.

Affenbrotbaum   Familie: Bombacaceae

engl.:   Baobab, Monkey bread tree
franz.:   Baobab, Pain de singe
Kisuaheli: Mbuyu
Afrikaans: Kremetartboom

Abb. 1: Adansonia digitata. Alter Baum im Lake Manyara Nat. Park, Tanzania

Der Baobab, ein mächtiger, für Menschen und Tiere der afrikanischen Savannen ungemein wichtiger und die Landschaft prägender Baum, zählt gewiß zu den bizarrsten und lebenstüchtigsten Pflanzenarten überhaupt. Allein durch den bis zu 10 m dicken, oft flaschenförmigen, tief gefurchten, aber relativ kurzen Stamm und die aus kräftigen, eher unförmigen Ästen bestehende, weite Krone ist er unverkennbar.

A. digitata kommt im Extrem mit 90 mm Niederschlag pro Jahr aus, stellt äußerst geringe Bodenansprüche, ist aber frostempfindlich. Sein weiches, schwammiges Holz speichert Wasser, eine Eigenart, die sich außer den Menschen auch Elefanten zu nutze machen. Sie entfernen die Rinde mit den Stoßzähnen, holen das feuchte Holz mit dem Rüssel heraus und kauen es. Die Art hat keinerlei forstwirtschaftliche Bedeutung, es gibt aber kaum einen Teil des Baumes, der von der einheimischen Bevölkerung nicht als Nahrungsmittel, als Viehfutter, für die Anfertigung von Kleidung und Gebrauchsgegenständen oder als Medizin genutzt wird.

Die Blüten öffnen sich nur für 24 Stunden und werden von Fledermäusen bestäubt. Die großen Früchte haben ein süßliches, von vielen Tierarten geschätztes Fruchtfleisch. Das Höchstalter der Affenbrotbäume wurde oft überschätzt. Neuere, mit der Radiocarbon-Methode gewonnene Daten ergeben ein Alter zwischen 1100 und 2000 Jahren.

Aufgrund seines markanten Aussehens, seines vielfältigen Nutzens sowie seiner kulturellen und spirituellen Bedeutung gilt der Baobab als ein Wahrzeichen Afrikas.

Verbreitung

Die Gattung *Adansonia*, benannt nach dem französischen Botaniker und Zoologen Michel Adanson (1727-1806), setzt sich aus 8 relativ ähnlichen Arten zusammen [4, 26]. Sechs Arten sind endemisch in Madagaskar, eine ist im nordwestlichen Teil Australiens (*A. gregorii* F. MUELL.) und eine im kontinentalen Afrika beheimatet. Der Trivialname „Baobab" soll auf „bu hobab", die Bezeichnung für Adansonia-Früchte auf den Märkten Kairos im 16. Jahrhundert zurückgehen [26, 29]. Die Bezeichnung „bu hobab" soll von den arabischen Worten „bu hibab" („Frucht mit vielen Samen") abstammen [29].

A. digitata ist ein charakteristischer Bestandteil der trockenen Baumsavannen des afrikanischen Tieflandes südlich der Sahara. Die Art besiedelt ein weiträumiges, stark zerklüftetes Areal und ist am häufigsten in Höhenlagen zwischen 450 und 600 m verbreitet. Außerhalb des Hauptverbreitungsgebietes kommt der Baobab in Lagen zwischen Seehöhe und 1500 m Höhe vor. Das natürliche Areal erstreckt sich vom Sahel (Nordgrenze etwa 14° n. Br.) bis ins südliche Afrika (Transvaal). Im Süden wird die Arealgrenze durch Fröste bestimmt.

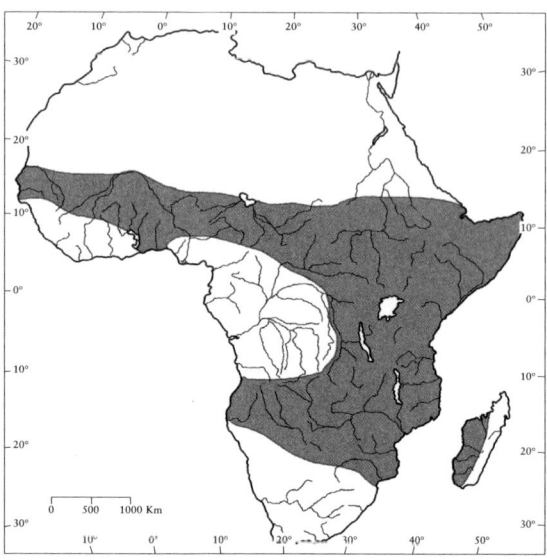

Abb. 2: Natürliches Areal (nach [27])

Der Affenbrotbaum fehlt jedoch im Bereich des zentralafrikanischen Regenwaldes. Eine detaillierte Übersicht über das Vorkommen in den verschiedenen Teilen des Areals geben WICKENS und WILSON [26, 27].

A. digitata ist selten in geschlossenen Beständen wie z.B. im Ruaha-Flußtal, Tansania [6], anzutreffen, häufiger dagegen in mehr oder weniger großen Gruppen. Im Bereich der trockenen Baumsavannen ist der Affenbrotbaum mit den Gattungen *Acacia* WILLD., *Albizia* DURAZZ., *Combretum* LOEFL., *Commiphora* JACQ., *Diospyros* L., *Terminalia* L., *Tamarindus indica* L. u.a. in wechselnden Anteilen vergesellschaftet. In Abhängigkeit von dem jeweiligen Teilareal treten weitere Baumarten hinzu: in Westafrika *Parkia clappertoniana* KEAY, *Butyrospermum parkii* (G. DON) KOTSCHY, *Balanites aegyptiaca* (L.) DEL., *Bauhinia rufescens* LAM. und *Indigofera* L.; in Ostafrika *Dalbergia melanoxylon* GUILL. et PERR. und *Brachylaena hutchinsii* HUTCH. Sowie im südlichen Afrika *Cordyla africana* LOUR. und *Kigelia africana* (LAM.) BENTH. [6, 26].

Entlang der Küste zum Indischen Ozean ist *A. digitata* Bestandteil der *Afzelia quanzensis*-Küstenwälder. Allerdings kann in dieser Region eine Verbreitung durch den Menschen nicht ausgeschlossen werden [27].

Außerhalb seines natürlichen Areals ist der Affenbrotbaum auf den Kapverdischen Inseln, Madagaskar, der arabischen Halbinsel, in Indien und Sri Lanka verbreitet. Allerdings ist nicht geklärt, ob die Vorkommen in Arabien und in Indien natürlich sind oder durch Einführung entstanden [27].

Viel spricht jedoch dafür, daß der Baobab schon zu Beginn des 13. Jahrhunderts durch arabische Händler, die generell viel zu seiner Verbreitung beigetragen haben, nach Indien gelangte. Es wird vermutet, daß die Händler Teile des Baumes als Medizin nutzten und den Baobab überall dort pflanzten, wo immer sie hinkamen [14].

Innerhalb und außerhalb des natürlichen Verbreitungsgebietes spielt *A. digitata* forstlich keine Rolle. Seit langem wird der Baobab als Ziergehölz angebaut und ist heute in vielen Parks und Arboreten vertreten, u.a. auf Java, Neu-Kaledonien und Hawaii, auf den Philippinen, auf Haiti sowie in Florida.

Beschreibung

Erscheinungsbild

Das ungewöhnliche Erscheinungsbild alter Affenbrotbäume ist zwar einprägsam, läßt sich aber wegen großer individueller Verschiedenheiten nur schwer zu einer verbindlichen, artspezifischen Beschreibung verdichten.

Durchweg kennzeichnend ist ein relativ kurzer, aber extrem dicker, oft geradezu abenteuerlich geformter Stamm, meist mit tiefen Furchen und kehligen Vertiefungen. Der BHD kann Maximalwerte von 10 m (!) erreichen bei einer Baumhöhe, die in der Regel nicht über 25 m hinausgeht. Der Stamm verjüngt sich aber oft abrupt in wenigen Metern Höhe. Flaschenförmige Stämme treten besonders in Ostafrika auf.

Auch die Kronenform variiert stark. Die Krone kann rundlich oder weit ausladend sein und baut sich aus relativ kurzen, dicken Ästen auf, die im jüngeren Alter zumeist behaart, selten kahl sind. In unbelaubtem Zustand erinnern die Kronen oft an ein intensiv entwickeltes Wurzelsystem.

Abb. 3: Kleinbestand im Tarangire Nat. Park, Tanzania

Abb. 4: Laubblätter an älteren Trieben (Foto: Ulla M. Lang)

Blätter

A. digitata ist ein periodisch laubabwerfender Baum, der einmal im Jahr neu austreibt. Der Austrieb erfolgt kurz vor der Regenzeit. Das volle Blattwerk entwickelt sich innerhalb von 4 Wochen und wird nach der Regenzeit wieder abgeworfen. Bei Ausbleiben oder geringer Intensität des Niederschlages verzögert sich die Entwicklung des Blattwerks [19]. Bis zu 9 Monaten ist der Baum kahl [16]. Nach SWANEPOEL [19] werden die Blattknospen vermutlich durch Änderungen der Tageslänge oder der Temperatur vor der Regenzeit aktiviert. Der Blattfall scheint ebenfalls an die Niederschläge und Temperaturen während der feucht-warmen Regenzeit gebunden zu sein, wird jedoch nicht direkt durch Wasserstreß verursacht [10]. Nach FENNER [10] ermöglicht eine Schicht von grünen Zellen unmittelbar unter der Rinde ein Mindestmaß an Photosynthese auch während der bis zu 9 Monate langen Zeit ohne Belaubung.

Es besteht Blattdimorphismus. Blätter von Sämlingen und jungen Bäumen sind von einfacher Form, ebenso die ersten Blätter des frischen Austriebes an älteren Bäumen. Nach und nach werden diese von 2- oder 3zähligen Blattorganen abgelöst, die recht bald abfallen. Die normalen, voll entwickelten, glänzend grünen Laubblätter sind 5- bis 7-, maximal 9zählig gefingert, haben einen Durchmesser von etwa 20 cm, sind wechselständig angeordnet und stehen gehäuft an den Triebspitzen. Der zunächst dicht behaarte, später verkahlende Blattstiel kann 16 cm lang werden. Die sitzenden oder kurz gestielten, 5 bis 15 cm langen und 1,5 bis 7 cm breiten Fiederblättchen haben 12 bis 18 Seitenadern-Paare [5], einen fein zugespitzten Apex sowie eine keilförmige, ein wenig am Stiel herablaufende Basis. Sie sind ganzrandig und unterseits anfangs mit Sternhaaren besetzt, verkahlen aber später. Die schon früh hinfälligen pfriemlichen oder schmal dreieckigen Nebenblätter (2 bis 5 mm lang) sind am Rand bewimpert [5]. Die Blätter weisen keine xeromorphen Strukturen auf. Die Dicke der Cuticula beträgt nur 20 µm. Die Stomata sind relativ dicht an der Unterseite der Blätter angeordnet und fehlen auf der Oberseite [10].

Abb. 5: Blüte in der späten Anthese (Foto: Ulla M. Lang)

Blüten, Früchte und Samen

A. digitata ist in Westafrika bereits mit 8 bis 10 Jahren mannbar, in Ost- und Südafrika mit 16 bis 17, anderen Arbeiten zufolge mit 22 bis 23 Jahren [26]. Blütenknospen erscheinen gleichzeitig oder kurz nach den vegetativen Knospen. Die Hauptblüte erfolgt ca. vier Wochen nach dem Blatt-Austrieb [19]. Die Blühdauer der Einzelblüte beträgt höchstens 24 Stunden, die eigentliche Bestäubungsperiode 16 bis 20 Stunden. Die Blüte öffnet sich in der Regel am späten Nachmittag. Kelch- und Kronblätter rollen sich über Nacht kontinuierlich nach oben auf, bis am Morgen die Staubblätter vollständig freiliegen. Im Laufe des Tages kehrt sich dieser Prozeß um bis sich die Kronblätter schlaff über die geschrumpften Staubblätter legen [7]. Die Bestäubung erfolgt zumeist nachts durch Fledermäuse (*Eidolon helvum* in Westafrika, *Rousettus aegyptiacus*, *Epomorphus wahlbergii* in Kenia) [26]. Die Tiere werden durch den Aasgeruch der Blüten angelockt und nehmen den im basalen Bereich der Kelchblätter abgesonderten Nektar auf.

Die sehr auffälligen, wachsig-weißen Blüten entspringen einzeln oder zu zweit den Blattachseln. Sie hängen an langen Stielen herab (Stiele in Ost- und Süd-Afrika bis 20 cm, in Westafrika bis 90 cm lang) und sind mit 2 kleinen, früh hinfälligen Vorblättern (Brakteolen) besetzt. Der Kelch ist tief 3- bis 5zipfelig (5 bis 9 cm lang, ca. 3,7 cm breit) und innen samtig behaart. Die 5 weißen Kronblätter überlappen sich ein wenig. Je nach der überlagerten Seite spricht man von links- oder rechtsdrehenden Blüten, wobei sich alle Blüten eines Baumes gleich verhalten. Die Form der Kronblätter wird als breit rundlich oder breit verkehrt eiförmig bezeichnet. Ihre Größe beträgt 5 bis 10 x 4,5 bis 12 cm [26]. Auffallend ist die sehr große Zahl von Staubblättern (720 bis 1600), welche an der Basis zu einer 1,5 bis 4,5 cm langen Röhre zusammenwachsen und mehr oder weniger nierenförmige Antheren von ca. 2 mm Länge aufweisen. Die Anzahl der Stamina liegt bei rechts-

drehenden Blüten etwas höher [9]. Die Pollen sind tri- oder tetraporat und ähneln eher dem typischen Malvaceen- als dem Bombacaceen-Pollen [24].

Der 5- bis 10fächerige oberständige Fruchtknoten enthält zahlreiche Samenanlagen in parietaler Placentation. Der Griffel überragt die Staubblätter um ca. 1,5 cm und die etwa 8 mm lange Narbe ist in 5 bis 8 papillöse Lappen geteilt. *A. digitata* ist autotetraploid und fällt durch sehr kleine Metaphasen-Chromosomen auf (0,4 bis 1,4 µm). Chromosomenzahl: $2n = 160$ [4].

Nach der Bestäubung entwickeln sich innerhalb von 8 Monaten sehr auffällige, an langen Stielen herabhängende Kapseln, die hinsichtlich Größe und Form stark variieren. Meist sind sie kugelig oder eiförmig, in Angola eher länglich. Auch ganz unregelmäßige Formen kommen vor. Der Apex kann sowohl zugespitzt wie stumpf sein. Das verholzende Perikarp wird von einer Schicht filziger, hellbrauner Haare bedeckt. Während des Reifeprozesses verfärbt sich die Frucht von grün über gelb in grau-braun. Reife Früchte enthalten ein süßliches Fruchtfleisch mehliger Konsistenz, das in frischem Zustand von leuchtend roter, trocken von grünlich-grauer Farbe ist. Wie die Form ist die Fruchtgröße nach WICKENS [26] in verschiedenen Arealteilen unterschiedlich (Südafrika: 25 cm, Westafrika: 40 cm; Angola: 54 cm).

Im Fruchtfleisch eingebettet liegen zahlreiche, mehr oder weniger nierenförmige, dunkelbraune bis schwarze Samen, die etwa 13 mm lang und 9 mm breit sind. Die holzige Testa ist glatt, ca. 1 mm dick und äußerst hart. Die reifen Früchte entlassen die Samen nicht. Nach Aufbrechen der Frucht und 12stündigem Einweichen der Teilstücke in Wasser kann man die Samen durch Waschen vom Fruchtfleisch trennen. Die gesäuberten Samen werden dann 3 bis 5 Tage in der Sonne getrocknet.

Abb. 6: Früchte am Baum

Abb. 7: Aufgebrochene, reife Frucht mit rotem Fruchtfleisch und Samen (Foto: Ulla M. Lang)

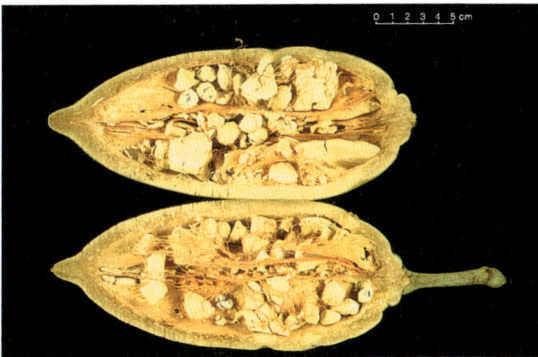

Abb. 8: Ausgetrocknete Frucht mit Samen im Längsschnitt
(Foto: Ulla M. Lang)

Das Tausendkorngewicht unterscheidet sich in Abhängigkeit von der Herkunftsregion:

Herkunftsregion	Tausendkorngewicht in g			Quelle
	ø	Minimum	Maximum	
Burkina Faso	420			[8]
Kenia	555	455	715	[1]
Indien		365	645	[2]
Indien		460	600	[9]

A. *digitata*-Saatgut mit einem Wassergehalt von 8 bis 11%
kann in luftdichten Gefäßen bei 3°C mehrere Jahre ohne
erhebliche Keimverluste gelagert werden.

Die Samen weisen physikalische Keimhemmung auf.
Ohne Vorbehandlung beträgt das Keimprozent ca. 8%[1].

Zur Erzielung ausreichender Keimraten können verschiedene Vorbehandlungsverfahren angewendet werden:

– Übergießen mit kochendem Wasser, 24 Stunden im Sud
  einweichen [1];
– Vorbehandlung mit 95% H_2SO_4, Waschen und Trocknen[2];
– 30 Minuten Vorbehandlung in H_2SO_4, Waschen, 24
  Stunden in Wasser einweichen [8]

Die Keimdauer beträgt 3 Wochen bis 6 Monate.

Affenbrotbäume besitzen die Fähigkeit zum Stockausschlag. Stammbürtige Triebe an umgeworfenen Stämmen
entwickeln sich oft zu neuen Bäumen. Bemerkenswert ist
auch die Fähigkeit zur völligen Überwallung frischer
Stockoberflächen. Aus dem Zentrum des überwallten
Stockes treibt mitunter ein neuer Schößling durch. Die dabei ablaufenden histologischen Vorgänge beschreibt
FISHER an abgeschnittenen Ästen[3].

Rinde und Holz

Die außen harte und innen faserige Borke ist relativ glatt,
etwas glänzend und von rötlich brauner, graubrauner bis
grauer Farbe. Die Oberfläche ist oft pockennarbig und
stark gefaltet.

Das leichte, schwammige Holz hat eine hellgelbe Farbe
und ist durch einen sehr hohen Anteil an Holzparenchym
gekennzeichnet. Dadurch ist es sehr elastisch und läßt sich
schwer mit der Axt bearbeiten.

Abb. 9: Stammborke, links mit stammbürtigem Trieb

---

[1] For. Abstr. 53, 6262, 1992
[2] For. Abstr. 53, 6262, 1992
[3] For. Abstr. 43, 2151, 1982

Abb. 10: Querschnitt eines relativ jungen Stammes (Durchm. ca. 60 cm)

treme innerhalb des natürlichen Areals reichen von 90 mm Niederschlag pro Jahr in Mauretanien bis zu 1400 mm pro Jahr in den Küstenwäldern Ostafrikas [26, 27]. Im zuletzt genannten Gebiet ist jedoch eine durch den Menschen unterstützte Verbreitung anzunehmen [27]. Baobab toleriert hohe Niederschläge nur auf gut drainierten Böden [13]. Die Niederschlagsverteilung im natürlichen Verbreitungsgebiet ist gekennzeichnet durch saisonale Regenzeiten mit einer Dauer zwischen 6 Wochen und 5 Monaten.

Die durchschnittlichen Jahrestemperaturen bewegen sich in Höhenlagen von 900 bis 1500 m zwischen 18 und 24°C, in Lagen unter 900 m gehen sie über 24°C hinaus [1]. In den wärmsten Monaten variiert die Maximaltemperatur zwischen 40 und 46°C [6]. Im Süden wird das natürliche Verbreitungsgebiet durch Frost begrenzt.

Das Holz ist hochanfällig gegen holzzerstörende Pilze und wenig dauerhaft. In Wasser löst es sich nach 2 Monaten auf. Es eignet sich nicht als Bau- oder Konstruktionsholz, und nur wenig als Brennholz sowie zur Herstellung von Holzkohle. Die Rohdichte lufttrockenen Holzes (r_{15}) liegt zwischen 0,21 g/cm³ und 0,32 g/cm³ [26, 28].

Wurzel

Sämlinge von *A. digitata* weisen eine rübenförmige Pfahlwurzel auf, die auch von jungen Bäumen beibehalten wird. Später wird sie durch ein relativ flachstreichendes Lateralwurzelsystem ersetzt [26]. Dieses erstreckt sich bis in 1,8 m Tiefe und dehnt sich in horizontaler Richtung weiter aus als der Baum hoch ist [10].

Genetische Differenzierung

Zwischen Populationen aus verschiedenen Teilen des natürlichen Verbreitungsgebietes bestehen erhebliche Unterschiede in der Stammform sowie in der Größe und Form der Früchte. Systematische Untersuchungen, ob diese morphologischen Abweichungen Ausdruck genetischer Unterschiede sind, fehlen bisher [26].

Klima- und Standortansprüche

Im natürlichen Verbreitungsgebiet wächst *A. digitata* auf sehr verschiedenen Böden. Die beste Entwicklung wird auf kalkhaltigen, tiefgründigen und gut drainierten Substraten beobachtet [15, 27]. Baobab toleriert keine zeitweise Überflutung auf schweren Tonböden [15].

Am weitesten verbreitet ist *A. digitata* in den semi-ariden Gebieten südlich der Sahara mit durchschnittlichen jährlichen Niederschlägen zwischen 300 und 500 mm. Die Ex-

Wachstum und Entwicklung

Unter natürlichen Bedingungen werden die Samen durch Termiten freigesetzt, welche in die abgefallenen, reifen Früchte eindringen und das süße Fruchtfleisch fressen. Menschen tragen ebenso wie Elefanten, Affen, Kleinsäuger und Vögel durch den Verzehr der Samen zur Verbreitung bei. Die natürliche Keimhemmung wird durch das Passieren des Verdauungstraktes gebrochen.

Die Keimung erfolgt epigäisch und in der Regel während der Regenzeit. Der Keimling weist zwei auffällig große, gegenständige Kotyledonen (4 cm lang, 3,5 cm breit) mit kräftigen Stielen auf. Tricotyle und tetracotyle Keimpflanzen kommen vor[4]. Die ganzrandigen, glänzenden Keimblätter sind von kräftig gelbgrüner, an der Unterseite silbrig-grüner Farbe. Die 5 Hauptnerven, die an der Blattbasis zusammenlaufen, sind an der Oberseite deutlich heller und leicht eingetieft, an der Unterseite treten sie stark hervor. Der Keimling ist nicht oder nur spärlich behaart. Die kurzgestielten, ganzrandigen Primärblätter sind noch nicht gefingert. Erste gefingerte Blätter beginnen sich erst nach mehreren Jahren zu bilden und treten in der Regel noch mit ein-, zwei- oder dreiteiligen Blättern gemeinsam auf. Die aufgelaufenen, extrem lichtbedürftigen Keimlinge und Sämlinge sind durch die Konkurrenz der Bodenflora, Lichtmangel und Trockenheit sowie Feuer, Verbiß oder Ackerbau gefährdet. Wegen der abweichenden Blattformen und des unterschiedlichen Erscheinungsbildes wird die Naturverjüngung oft verkannt [26].

Auf zusagenden Standorten wachsen die jungen Bäume im allgemeinen rasch, bei jährlichen Höhenzuwächsen zwischen 80 und 100 cm [15]. Auf weniger günstigen Standorten wurden bis zu 50 cm Höhenzuwachs pro Jahr beobachtet [13]. In der Jugend gehen die Äste spitzwinklig, vom Alter 30 bis 40 an jedoch eher rechtwinklig vom Stamm ab [26]. Sie werden dann auch deutlich länger. Insgesamt läßt das Wachstum ab einem Alter von 70 Jahren erheblich nach[5].

---

4) For. Abstr. 21, 1462, 1960
5) For. Abstr. 48, 2195, 1987

Abb. 11: Keimling, ca. 6 Wochen alt (nat. Größe). Kotyledonen mit helleren, unterseits hervortretenden Blattadern, Folgeblätter noch nicht gefingert

Die Stammbasis beginnt sich bereits nach wenigen Jahren stark zu verdicken. Schon mit 100 Jahren hat eine Zunahme des Stammdurchmessers auf 4 bis 5 stattgefunden. Maximalwerte von 6 bis 10 m werden mehrfach erwähnt [15, 16, 17]. So weist einer der stärksten Baobabs im Senegal (Präfektur Kedougou) einen Durchmesser von 6,7 m auf [15]. Der mächtigste Affenbrotbaum Südafrikas mit einem BHD von 10,64 m bei einer Höhe von 19 m steht im Letaba Distrikt [29].

Durch Wasserverluste während der Trockenzeit kann sich der Stammumfang um mehrere Zentimeter verringern [10, 12].

Angesichts der riesigen Ausmaße hat man von jeher angenommen, Baobabs würden ein biblisches Alter erreichen. Adanson schätzte das Alter zweier Bäume auf Cap Verde auf 5150 Jahre und David Livingstone zählte an einem Baobab in Shiramba, am unteren Lauf des Sambesi, angeblich über 4000 Jahrringe. Spätere Zählungen am selben Baum kamen auf etwas mehr als 2000 Ringe [26]. Tatsache ist, daß eine verläßliche Altersbestimmung wegen der sehr unregelmäßigen Form des Stammquerschnittes und seiner riesigen Ausmaße, wegen der extrem engen Zuwachszonen sowie der Unmöglichkeit, Zuwachsbohrer einzusetzen, auf große Schwierigkeiten stößt.

Erst die Anwendung der Radiocarbon-Methode ergab zuverlässigere Resultate. So wurde für den Kernbereich eines 4,5 m starken Baumes am Sambesi ein Alter von 1010 ± 100 Jahre ermittelt. Im äußeren, 1 m starken Stammbereich betrug die mittlere Ringbreite 1,5 mm [23]. Nach FRIEDE [11] könnten demnach Bäume mit einem BHD von über 10 m ca. 2000 Jahre alt sein. Generell scheinen Affenbrotbäume jedoch wesentlich jünger zu sein als es Ihre Dimensionen erwarten lassen. Bei einer in Mali, im Sudan, in Kenia, Tansania und Sambia durchgeführten Inventur waren nur wenige Bäume älter als 400 Jahre [27].

Pathologie und Gefährdungen

A. digitata wird weder durch Schadinsekte noch durch pathogene Pilze, Bakterien und Viren ernsthaft gefährdet. Verschiedene Insektenarten befallen das Holz, die Früchte und junge Triebe. In Westafrika wird die Käferart Aneleptes trifasciata F. durch das Ringeln junger Stämme in etwa 25 cm Höhe schädlich[6]. Pilz- und Virusbefall wird von Zeit zu Zeit beobachtet. Im Sudan tritt gelegentlich der blattparasitäre Pilz Phyllosticta spec., in Tanzania der Mehltau-Erreger Leveillula taunica (LEV.) ARNAUD auf [26].

Andererseits fungiert der Baobab oft als Wirt für Insektenarten, die landwirtschaftliche Kulturen schädigen; so ist er Nebenwirt für mehrere Baumwollschädlinge (Heliothis-, Diparopsis- und Earias-Arten) oder für Kakaobäume schädigende Pseudococcoidae- und Distantiella-Arten. Versuche, Baumwoll- und Kakaopflanzungen durch das Entfernen von Baobabbäumen zu schützen, erwiesen sich als wirkungslos, da die schädigenden Insekten auf eine Vielzahl anderer Nebenwirte aus den Familien Bombacaceae, Malvaceae, Sterculiceae u.a. ausweichen können [26].

Die Mistel Loranthus mechewii ENGL. kommt in Angola vor, ebenfalls ohne großen Schaden anzurichten [26].

Haben Baobabbäume die Gefährdungen der Anwuchsphase überstanden, sind sie aufgrund ihrer Wasserspeicherkapazität äußerst widerstandsfähig gegen Trockenheit und durch ihre Borke auch gegen Feuer geschützt. Alte Bäume werden gelegentlich durch Blitzschlag oder Sturm zerstört. Mächtige, alte Exemplare des Affenbrotbaumes widerstehen Rodungsversuchen mit schweren Räumgerät einschließlich Sprengungen [18].

Der Bestand von A. digitata ist zur Zeit durch drastische Veränderungen der Umwelt im natürlichen Areal gefährdet. Die rasch anwachsende Bevölkerung in vielen afrikanischen Staaten führt zu einer Ausweitung der landwirtschaftlichen Nutzfläche und der Viehhaltung. Der Lebensraum der Affenbrotbäume wird dadurch immer weiter eingeschränkt. Obwohl man Baobabbäume oft stehenläßt, wenn Land einer landwirtschaftlichen Nutzung zugeführt wird, ist eine natürliche Verjüngung dann nur noch in Ausnahmefällen möglich. Auch der zunehmende Weidedruck verhindert das Ankommen von Naturverjüngung. Die Folge ist eine Überalterung des Bestandes [27].

Vor allem im Osten und Süden Afrikas werden durch diese Entwicklungen die Beziehungen zwischen Affenbrotbaum und Elefant stark zu Lasten des Baobab verschoben. Elefanten nutzen in Trockenzeiten den hohen Wassergehalt des Holzes, indem sie mit den Stoßzähnen die Borke entfernen, das Holz kauen und es nach Aufnahme der Flüssigkeit incl. gelöster Salze wieder ausspeien. Dabei können große Hohlräume in den Stämmen entstehen, die zum Kollabieren des Baumes führen [3, 25]. Es wird berichtet, daß Elefanten durch zusammenstürzende Baobabs erschlagen wurden [25].

Die Konzentration von Elefanten auf kleinen Flächen wie in Nationalparks und die Vergrößerung der Elefantenpopulationen durch effektive Maßnahmen gegen Wilderei führen neben der Zerstörung der Naturverjüngung insgesamt zu einem sehr starken Druck auf die Baobab-Bestände, vor allem in Trockenzeiten [20, 21]. Elefanten verursachen eine durchschnittliche jährliche Mortalitätsrate zwischen 3 und 7,3% [3, 20]. Selbst in gut mit Wasser versorgten Nationalparks wie dem Lake Manyara-Park in Tansania liegt sie mit 1,1% signifikant höher als die auf Grundlage der geschätzten Altersklassenverteilung ermittelte natürliche Mortalitätsrate [25]. Um das Überleben der Baobab-Bestände langfristig sicherzustellen, wird in Simbabwe eine Reduktion der Elefantenpopulationen für notwendig erachtet [20].

_____

[6] For. Abstr. 23, 910, 1962

Abb. 12: Elefanten beim Aushöhlen eines Adansonia-Stammes, Tarangire Nat. Park, Tanzania

Nutzung

Der Affenbrotbaum hat für Menschen und Tiere in den Trockengebieten Afrikas eine zentrale Bedeutung. Er bietet Schutz und liefert Nahrung, Kleidung und Medizin sowie das Material für Gebrauchsgegenstände aller Art. Sein Nutzen ist allgemein anerkannt, was sich traditionell durch Schutz und Ehrfurcht ausdrückt. In Westafrika wird der Baobab „Mutter des Sahel" genannt [15].

Das Holz ist wegen seiner geringen Festigkeit und Dauerhaftigkeit als Konstruktionselement untauglich. Wegen seines hohen Wassergehaltes wird es in Zeiten extremer Trockenheit von Mensch und Tier gekaut. Lokal nutzt man es für den Bau leichter, besonders breiter Kanus sowie zur Anfertigung von Servierbrettern und von Schwimmern für Fischernetze. Die hölzernen Fruchtschalen dienen als Brennmaterial oder als Geschirr und Trinkgefäße [15, 26].

Natürliche oder künstlich geschaffene Höhlungen in alten, lebenden Bäumen haben Bedeutung als Wasserspeicher. Die Hohlräume werden mit Wasser gefüllt und dicht verschlossen. Das Wasser bleibt dann für mehrere Jahre genießbar und dient als Reserve für Trockenzeiten. Ein mittelstarker Baum faßt etwa 1800 l, starke Bäume zwischen 9000 und 10 000 l. Hohle Stämme finden aber auch Verwendung als Kornspeicher, Lagerräume, Ställe sowie als Schutzräume, manchmal auch als Versteck für Wilderer. In Westafrika dienen ausgehöhlte Baobabs als Grabstätten [15, 26].

Junge Blätter werden in der traditionellen afrikanischen Küche als Gemüse wie Spinat zubereitet, aber auch getrocknet und pulverisiert zum Anrichten von Soßen, Suppen und Brot genutzt. 100 g frische Blätter haben einen Brennwert von 69 Kalorien und enthalten folgende Nährstoffe [23]:

23 g Trockensubstanz
3,8 g Eiweiß
2,8 g Fasern
700 mg Kalzium
50 mg Ascorbinsäure

Der Faseranteil und der Geschmack der Blätter variieren zwischen verschiedenen Bäumen. Die Blätter stellen auch ein wichtiges Futter für Haustiere dar [23].

Die Samen sind ebenfalls eßbar. Die Nutzung ist allerdings eingeschränkt, da sich die dicke, verholzte Samenschale nur mit Mühe entfernen läßt. Die Samen können frisch oder getrocknet gegessen sowie zu einer Paste verarbeitet werden, um Suppen zu würzen. Mehl aus Samen enthält bis zu 48% Eiweiß und 2% Vitamin B1. Geröstete Samen dienen als Kaffee-Ersatz. Sie enthalten ein destillierbares Öl und eignen sich – wie das Fruchtfleisch – als Viehfutter [15, 16, 23, 26].

Nahezu jeder Teil des Baobab findet eine oder mehrere Verwendungen in der traditionellen Volksmedizin [15]:

Abb. 13: Stammschäden durch Elefanten

Blätter	Frucht	Samen
Wunde Stellen, verursacht durch Guinea-Wurm	Allgemeine Müdigkeit bei Kindern	Herzmittel
Insektenstiche	Pocken	Infektionen
Vorbeugung gegen Fieber	Masern	Zahn-schmerzen
Asthma	Ruhr	
Husten	Wunddesinfektion	
Harntreibendes Mittel	Augenlotion	**Wurzeln**
Ruhr	Malaria	Malaria
Diarrhöe	**Rinde**	Glatte Haut für Babies
Magen-Darm-Entzündung	Fieber	**Verschiedene Baumteile**
Magengeschwüre	Infektionen	Malaria
Entzündungen	Wunddesinfektion	Leber-infektionen
Koliken	Zahnschmerzen	
Müdigkeit	Gegenmittel gegen Pfeilgifte	Wundstellen
Zugpflaster		

Vielseitige Verwendung finden die Fasern, die aus der Stamm- und Wurzelrinde gewonnen werden können. Sie werden zur Herstellung von Seilen, Schnüren, Netzen, Matten, Körben und Kleidung, selbst als Saiten für Musikinstrumente genutzt. In Äthiopien verarbeitet man sie zu wetterfesten Kopfbedeckungen. Die Fasern des inneren Bastes haben sich als besonders kräftig und dauerhaft erwiesen [15, 16, 23, 26]. Durch das Schälen werden die Bäume nicht ernsthaft geschädigt, da sich die Rinde selbst nach wiederholter Nutzung regeneriert, so daß nach mehreren Jahren erneut geschält werden kann [23].

Aus der Wurzel kann ein roter Farbstoff extrahiert werden. Die Asche verschiedener Baumteile wird wegen des hohen Pottascheanteils (K_2CO_3) als Dünger oder zur Seifenherstellung verwendet. Die Rinde enthält – wie die Blätter – Tannine. Pollen können mit Wasser gemischt als Klebstoff verwendet werden. Der Rauch von brennendem Fruchtfleisch dient als Insektenrepellent. Das an den Vitaminen B1 und C reiche Fruchtfleisch ist eßbar. Es wird für die Zubereitung von Getränken, Süßspeisen, Soßen sowie als Zugabe zu Brot genutzt [23]. Das Fruchtfleisch hat einen ähnlich hohen Futterwert wie Früchte lokaler Leguminosenarten und wird zur Verfütterung an Haustiere vor allem am Ende der Trockenzeit herangezogen, wenn die Weidemöglichkeiten zurückgegangen sind [15, 16, 23, 26].

Abb. 14: Alter Baobab nach dem Laubaustrieb, Ruaha Nat. Park, Tanzania, ca. 1000 m ü. NN (Foto: H.-G. Zoch)

In vielen Dörfern Afrikas ist der Baobab Zentrum des täglichen Lebens. Er dient oft als besonderer Platz für Märkte, Verhandlungen oder andere soziale Ereignisse. Wie kein anderer Baum Afrikas steht er im Mittelpunkt von Legenden und Sagen. Als Sitz von Göttern und Geistern spielt er in der Mythologie verschiedener Völker eine wichtige Rolle [10, 17, 26]. Mit Ausnahme der Pflanzung als Zier- oder Gartenbaum [13] sind keine Berichte über einen planmäßigen Anbau bekannt.

Verschiedenes

Affenbrotbäume bieten zahlreichen Tierarten Schutz und Nahrung. Viele Vogelarten nisten in der Krone (u.a. Webervögel, Sperlingspapageien, Schleiereulen und Turmschwalben) oder in Stammhöhlungen (u.a. Eisvögel, Nashornvögel, Blauracken, Papageien). Die Früchte werden u.a. von Elefanten, Antilopen, Affen und Kleinsäugern gefressen. Affen und Paviane knacken zunächst die Frucht, um das Fruchtfleisch zu erreichen. Zu den schutzsuchenden Tierarten gehören unter anderem Schlangen und Busch-Babies (*Galago crassicaiidatus, Lorisidae*).

Weiterführende Literatur

[1] ALBRECHT, J., 1993: Tree Seed Handbook of Kenya. GTZ Forestry Seed Centre Muguga, Nairobi, Kenya.

[2] ANONYMUS, 1981: Troup's The Silviculture of Indian Trees. Vol. 3, Government of India Press, Delhi, India.

[3] BARNES, R.F.W., 1980: The decline of the Baobab tree in Ruaha National Park, Tanzania. African J. Ecology **18**, 243-252.

[4] BAUM, D.A.; OGINUMA, K., 1994: A review of chromosome numbers in Bombacaceae with new counts for Adansonia. Taxon **43**, 11-20.

[5] BEENTJE, H., 1989: Bombacaceae. In: Polhill, R.M. (Ed.): Flora of Tropical East Africa. A.A. Balkema Publishers, Rotterdam, Brookfield.

[6] BOROTA, J., 1991: Tropical Forests. Developments in Agricultural and Managed-Forest Ecology 22, Elsevier Publishers, Amsterdam, Oxford, New York.

[7] BREITENBACH, F. VON; BREITENBACH, J. VON, 1974: Baobab flower. Trees in South Africa 10-15.

[8] CENTRE NATIONAL DE SEMENCES FORESTIERES, 1992: Catalogue 1992-93. Ouagadougou, Burkina Faso.

[9] DAVIES, T.A.; GHOSH, S.S., 1976: Morphology of Adansonia digitata. Adansonia 15, 471-479.

[10] FENNER, M., 1980: Some measurements on the water relations of Baobab trees. Biotropica 12, 205-209.

[11] FRIEDE, H.M., 1964: Radiocarbon estimation of the age of indigenous trees. Trees in South Africa 16, 52.

[12] GUY, P.R., 1982: Baobabs and elephants. African J. Ecology 20, 215-220.

[13] JOHNSON, D.; JOHNSON, S., 1993: Gardening with Indigenous Trees and Shrubs. Southern Book Publishers, Cape Town, South Africa.

[14] MAHESHWARI, J.K., 1971: The Baobab tree: disjunctive distribution and conservation. Biol. Conserv. 4, 57-60.

[15] MAYDELL, H.-J. VON, 1990: Trees and Shrubs of the Sahel: Their Characteristics and Uses. 2. Auflage, Deutsche Gesellschaft für Technische Zusammenarbeit (GTZ) GmbH, Eschborn.

[16] NOAD, T.; BIRNIE, A., 1990: Trees of Kenya. 2. Auflage, Nairobi, Kenya.

[17] PALGRAVE, K.C., 1993: Trees of Southern Africa. 7. Auflage, Struik Publishers, Cape Town, South Africa.

[18] SCHOENWALD, H.R., 1969: Rodungs- und Räumungsversuche im Savannenwald am Blauen Nil. Forstarchiv 40, 21-25.

[19] SWANEPOEL, C.M., 1993: Baobab's phenology and growth in the Zambesi Valley. African J. Ecology 31, 84-86.

[20] SWANEPOEL, C.M., 1993: Baobab damage in Mana Pools National Park, Zimbabwe. African J. Ecology 31, 220-225.

[21] SWANEPOEL, C.M.; SWANEPOEL, S.M., 1986: Baobab damage by elephant in the middle Zambesi Valley, Zimbabwe. African J. Ecology 24, 129-132.

[22] SWART, E.R., 1963: Age of the Baobab tree. Nature 198, 708-709.

[23] SZOLNOKI, T.W., 1985: Food and fruit trees of the Gambia. Stiftung Walderhaltung in Afrika und Bundesforschungsanstalt für Forst- und Holzwirtschaft, Hamburg.

[24] VAISHAMPAYAN, N.; SHARMA, Y.N., 1981: On the pollen morphology of the genus Adansonia LINN., Current Science 50, 919.

[25] WEYERHAEUSER, F.J., 1985: Survey of elephant damage to Baobabs in Tanzania's Lake Manyara National Park. African J. Ecology 23, 235-243.

[26] WICKENS, G.E., 1982: The Baobab – Africa's upside-down tree. Kew Bulletin 37, 173-209.

[27] WILSON, K.T., 1988: Vital statistics of the Baobab (Adansonia digitata). African J. Ecology 26, 197-206.

[28] WYK, P. van, 1992: Field Guide to the Trees of the Kruger National Park. Cape Town, South Africa.

[29] WYK, P. van, 1993: South African Trees: A Photographic Guide. Struik Publishers, Cape Town, South Africa.

Die Autoren:

Prof. em. Dr. PETER SCHÜTT
Lehrstuhl für Forstbotanik
Ludwig-Maximilians-Universität München
Hohenbachernstraße 22
D-85354 Freising

Dr. HEINO WOLF
Sächsische Landesanstalt für Forsten
Bonnewitzer Straße 34
D-01827 Graupa

Adenium obesum (FORSK.) ROEM. et SCHULT., 1819

syn.: Nerium obesum FORSK., 1775, A. honghel A. DC., 1844,
A. arabicum BALF. F., 1888

Wüstenrose   Familie: Apocynaceae

engl.: Desert rose
franz.: Baobab des chacals

Kisuaheli: Wanja, Mdiga, Mndagu

Abb. 1: Adenium obesum. Blühender Altbaum im Rift Valley, Kenia, nahe Lake Baringo

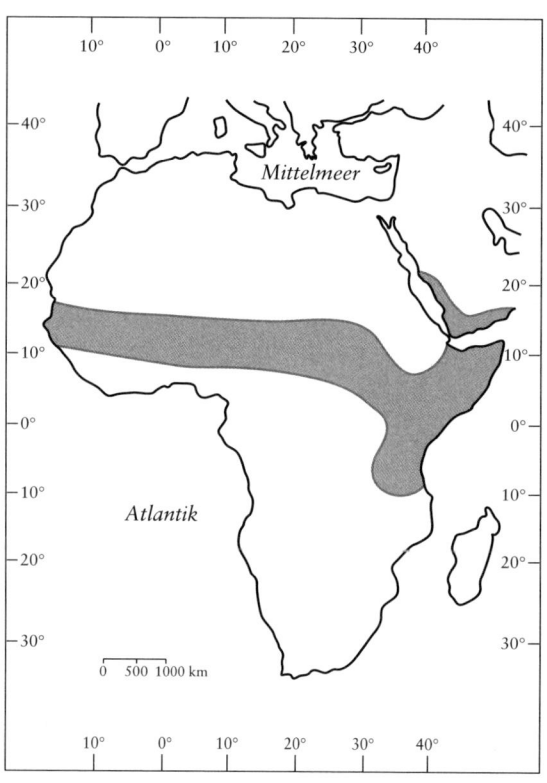

Abb. 2: Natürliches Verbreitungsgebiet, nach [15]

Die Wüstenrose ist eine in ihren blatt- und blütenmorphologischen Merkmalen sehr variable Art. Größe, Gestalt und Farbe der Blüten, die vereinzelt das ganze Jahr über auftreten können, verleihen ihr zusammen mit dem charakteristischen Stamm ein äußerst attraktives und markantes Erscheinungsbild. Die Art wächst zu einem sukkulenten, bis 6 m hohen Baum mit bis zu 2 m Durchmesser an der Stammbasis heran, der bevorzugt auf heißen, trockenen und wasserdurchlässigen Standorten der Trocken- und Dornbuschsavannen zwischen Dünen und Felsen im Sahel, im östlichen Afrika und im südlichen Teil der Arabischen Halbinsel anzutreffen ist.

Adenium obesum ist wie andere Arten der Gattung schon lange für die Nutzung von Pflanzenteilen als Pfeil- und Fischgift bekannt. Bei der ländlichen Bevölkerung spielt die Art eine relativ große Rolle im alltäglichen wie im spirituellen Leben. Für eine Reihe von Pflanzenteilen bestehen viele Verwendungen in der traditionellen Medizin. Eine geregelte Nutzung findet jedoch nicht statt, und der unmittelbare wirtschaftliche Gewinn ist gering. Wegen ihres charakteristischen, einem Affenbrotbaum ähnlichen Stammes und ihrer attraktiven Blüten baut man die raschwüchsige, laubabwerfende Baumart auch außerhalb ihres Verbreitungsgebietes als Zierbaum an.

Verbreitung

Die Gattung *Adenium* umfasst 5 Arten im tropischen und südlichen Afrika [15]. *A. obesum* besitzt im Vergleich zu den anderen Arten ein weiträumiges natürliches Verbreitungsgebiet. Die regengrüne Art ist in der Hauptsache im östlichen und nordöstlichen Afrika sowie im äußersten Süden der Arabischen Halbinsel heimisch. Im westlichen Afrika tritt sie selten auf. Ihr Verbreitungsgebiet erstreckt sich von Westafrika (15° w.L.) im nördlichen Sahel zwischen 5° und 15° n.Br. bis 50° ö.L. am Horn von Afrika. Im östlichen Afrika kommt die Art natürlich von 10° s.Br. 30° ö.L. in Tanganjika, Kenia, Uganda, Sudan, Äthiopien und Somalia bis an den Golf von Aden vor. Im Osten grenzt das Verbreitungsgebiet an den Indischen Ozean. Die Nordgrenze der Verbreitung befindet sich auf der Arabischen Halbinsel im wesentlichen bei 20° n.Br., einzelne Vorkommen sind aber bis 30° n.Br. zu finden. Auf der Insel Socotra im Roten Meer kommt *A. obesum* ebenfalls natürlich vor [15]. Die vertikale Verbreitung reicht in den genannten Gebieten von Seehöhe bis 2100 m ü. NN [12, 15]. Die sporadischen Vorkommen in Westafrika stellen möglicherweise eine eingeführte Form der weit verbreiteten und vielfältigen ostafrikanischen und arabischen Vorkommen dar [10].

A. obesum ist in ihrem Verbreitungsgebiet ein charakteristischer und auffälliger Bestandteil der Trocken- und Dornbuschsavanne sowie des offenen Waldes [15, 16]. Die Art ist nicht bestandesbildend und kommt selbst auf zusagenden Standorten nur einzeln oder in kleinen Gruppen vor.

Außerhalb des natürlichen Verbreitungsgebietes wird *A. obesum* als Zierstrauch und -baum in Zentralafrika und Südostasien angebaut. Einzelne Exemplare findet man in europäischen botanischen Gärten, z. B. in Amsterdam, Brüssel und Wageningen [15].

Beschreibung

A. obesum ist ein sukkulenter Baum, der sich gelegentlich, z. B. nach Störung, bereits im unteren Bereich strauchförmig verzweigen kann und Höhen zwischen 0,3 m bis 4 m, selten von 6 m erreicht. Der Stamm kann sich zwei- bis mehrfach verzweigen. An der Stammbasis werden Durchmesser bis zu einem Meter, selten bis zu 2 Metern erreicht [2, 6, 15]. Das Erscheinungsbild ähnelt einem zwergwüchsigen Affenbrotbaum (*Adansonia digitata* L.) [12].

A. obesum ist ein periodisch laubabwerfender Baum, der einmal im Jahr, nämlich unmittelbar vor sowie während der Regenperiode, neu austreibt [12, 16]. Mit zunehmender Dauer der Trockenzeit wirft *A. obesum* die Blätter nach und nach ab. Die für das Überleben der Art notwendige Photosynthese wird durch die grüne Rinde übernommen. Am Ende der Trockenzeit übersteigt die Rindenoberfläche die noch vorhandene Blattfläche um ein Vielfaches. Für eine Wasserlieferung aus den Wasservorräten des sukkulenten Stammes zu den Blättern gibt es keine Hinweise [16].

Blätter und junge Triebe

Die voll entwickelten, in ihrem Erscheinungsbild sehr variablen, fleischigen Laubblätter sind von einfacher Form, wechselständig angeordnet und stehen gedrängt an den Triebspitzen. Die ungeteilten Blätter sind entweder stiellos oder bis 4 mm lang gestielt. Die Form der Spreite variiert von länglich bis verkehrt-eiförmig. Längliche Blätter sind zwischen 3 bis 12 cm, in Einzelfällen bis 17 cm lang und 0,5 bis 6 cm breit. Verkehrt-eiförmige Blätter sind etwa so lang wie breit und messen 1,4 bis 19 cm, im Einzelfällen bis 22 cm. Die ganzrandigen Blätter haben eine blassgrüne Mittelrippe, bis zu 13 mehr oder weniger auffällige sekundäre Adernpaare und unauffällige tertiäre Blattnerven. Die Form des Apex variiert von abgerundet über spitzig oder stachelspitzig bis gekerbt. Die Spreitenbasis verjüngt sich. Die glatten bis gekräuselten Blätter sind auf beiden Seiten entweder behaart oder kahl; wenn kahl, dann selten in der Nähe des Blattstieles flaumig behaart. Die Blattoberseite ist schwach mattiert, blau-grün bis grün, an der Unterseite matt und blassgrün, insgesamt geringfügig heller als die Oberseite. Nebenblätter sind winzig oder fehlen vollständig. In den Blattachseln befinden sich Colleteren. Junge Zweige sind an der Basis behaart, verkahlen aber bald [2, 12, 13, 15].

Blüten, Früchte und Samen

Unter Gewächshausbedingungen beginnt A. obesum im Alter von 3 bis 5 Jahren zu blühen [8]. Über den Zeitpunkt der Hauptblüte im natürlichen Areal liegen unterschiedliche Angaben vor. Für den Sahel und Ostafrika wird die Hauptblüte während des blattlosen Stadiums am Ende der Trockenzeiten beschrieben [2, 12], in Äthiopien dagegen nach den Regenzeiten [7]. Einzelne Blüten können auch das ganze Jahr über auftreten [2, 7].

Die auffälligen, weißen oder leuchtend rosa bis roten Zwitterblüten stehen zu 2 bis 5 in lockeren Infloreszenzen an den Triebspitzen. Die Basis des Blütenstandes ist mit zahlreichen ganzrandigen, linearen bis länglichen Deckblättern von 3 bis 8 mm Länge und 1 bis 3 mm Breite umgeben. Die spitz zulaufenden Deckblätter sind außen wie innen behaart, die Haare innen dicht anliegend. Der Stiel des Blütenstandes ist sehr kurz oder fehlt vollständig [15].

Die in der Knospe gedrehte, mit rechts überlappenden Kronblättern versehene Blüte ist in allen Teilen fünfzählig, radiär bis schwach zygomorph und steht an einem behaarten, grünen, schwach rosa überlaufenen, 5 bis 9 mm langen Stiel. Die grünen bis weißen, ebenfalls schwach rosa überlaufenen Kelchblätter sind ganzrandig, an der Basis verwachsen, von nahezu länglicher bis fast ovaler Form und haben einen spitz zulaufenden Apex. Die Länge beträgt 0,5 bis 1,1 cm, die Breite 0,2 bis 0,3 cm. Sie sind außen wie innen flaumig behaart, wobei die Behaarung innen zur Spitze hin zunehmend dichter wird [15].

Die trichterförmige, oben verbreitete Kronröhre ist an der Außenseite behaart. Lediglich die Basis der Kronröhre kann kahl sein. Die Innenseite ist ebenfalls behaart und weist an den Hauptnerven samtartige Drüsenhaare auf. Die Kronröhre ist von rötlich-rosa bis weißer, schwach rose überlaufener Farbe, manchmal innerhalb der Röhre rot gestreift. Sie kommt in zwei Varianten vor, die sich in ihren Abmaßen unterscheiden. Die lange, schmale Variante der Kronröhre ist 3,0 bis 5,5 cm, im Extremfall bis zu 8 cm lang und 0,5 bis 1,1 cm breit. Die andere Variante ist kürzer und breiter ausgeformt, im Gesamten von 2,0 bis 4,5 cm Länge und 0,9 bis 1,7 cm Breite. Die Basis der Röhre ist dabei auf einer Länge von 0,9 bis 1,7 cm mit einer Breite von 0,4 bis 0,7 cm relativ deutlich vom oberen Teil der Kronröhre abgesetzt [15].

Die gewellten bis gekräuselten, ganzrandigen Kronzipfel sind von verkehrt-eiförmiger Gestalt und haben einen zugespitzten bis stachelspitzigen Apex. Die Länge beträgt 0,9 bis 2,8 cm, die Breite 0,5 bis 2,5 cm. Die im Zentrum sehr blass rosafarbenen bis blass roten, an den Rändern wesentlich dunkleren, rosa bis blutroten Kronzipfel sind an der Außenseite schwach und fein behaart, an der Innenseite kahl bis dicht anliegend behaart. Zwischen den Kronzipfeln befinden sich an der Kronröhre verkehrt-herzförmige, behaarte bis samtartige, an der Spitze gespaltene Schuppen von 3 bis 5 mm Länge und 2 bis 3 mm Breite [15].

Die fünf Staubblätter, die gelegentlich aus der Kronröhre herausragen können, sind an der Spitze des engen unteren Teiles der Kronröhre inseriert. Die 5 bis 7 mm langen und 1 bis 1,5 mm breiten Filamente sind schwach flaumig bis filzig behaart. Die Anthere ist an der Basis pfeilförmig geschwänzt und an der Spitze mit einem bis zu 5 mm langen, fadenförmigen Fortsatz verlängert. Die Fortsätze neigen sich gewöhnlich über dem Narbenkopf zusammen und sind an der Spitze zusammengedreht [15].

Der Stempel ist 11 bis 20 mm lang. Der zwischenständige, meist kahle, manchmal auch mit einigen angedrückten, steifen Haaren an Basis oder Spitze besetzte Fruchtknoten besteht aus zwei kugelförmigen Fruchtblättern, die stufenförmig bis abrupt verengt in den Griffel übergehen. Der zylindrische, 8,5 bis 17 mm lange und 0,5 mm breite Griffel ist nur an der Basis gespalten. Die annähernd zylindrische, 1 bis 1,5 mm lange und 0,5 bis 1 mm breite, auffällige Narbe ist zweispaltig und hängt mehr oder weniger mit den Fortsätzen der Staubfäden zusammen [15].

Nach der Bestäubung durch Insekten entwickeln sich innerhalb von 4 bis 6 Monaten zwei an der Außenseite behaarte, 1 bis 2,5 cm lang gestielte, balgartige Merikarpien. Die längliche, an den Enden leicht gekrümmte Spaltfrucht ist 0,9 bis 2 cm breit, an Basis wie Spitze verjüngt sowie 11 bis 25 cm lang [2, 13, 15]. Die Farbe der Früchte wechselt mit zunehmender Reife von rosa-grün zu grau bis blassgraubraun.

Abb. 3: Borke eines jungen (links) und eines alten Stammes

Abb. 4: Ausdifferenzierte Blüten

Abb. 5: Unreife Fruchtstände (links) und Laubblätter an älterem Trieb (rechts)

Jede Frucht enthält zahlreiche längliche, nahezu zylindrische, blassbraune Samen von 1 bis 1,4 cm Länge und 0,2 bis 0,4 cm Breite. Die Samen haben an beiden Enden auffällige, 2,5 bis 3,5 cm lange Büschel seidiger, schmutzig weißer Haare, die die Flugfähigkeit der Samen verbessern und die Verbreitung durch Wind fördern. Nach Trennung rollen sich die Merikarpien zurück, um die Samen zu entlassen [2, 13, 15]. Den Samen wird äußerste Giftigkeit nachgesagt [7].

Rinde und Holz

A. obesum hat eine glatte Rinde, die bei jüngeren Exemplaren blass gräulich-grün, bei älteren grau bis braun ist [2, 15]. Bei Verletzung wird sofort ein im frischen Zustand klarer oder weißer Latex ausgeschieden, der im getrockneten Zustand weiß und klebrig ist [12, 15]. Junge Triebe sind gräulich-grün und verfärben sich mit zunehmendem Alter ebenfalls grau bis braun. Die Triebspitze ist nach dem Austrieb mehr oder weniger behaart, verkahlt jedoch bald [15].

Über die Holzeigenschaften von *A. obesum* liegen keine Informationen vor.

Wurzel

A. obesum bildet in lockerem Boden eine Pfahlwurzel aus [12]. Wird die Entwicklung der Pfahlwurzel z. B. durch anstehendes Felsgestein behindert, entsteht ein flachstreichendes Wurzelsystem mit einer oder mehreren deutlich erkennbaren Hauptwurzeln. Nähere Angaben über das Wurzelsystem liegen nicht vor.

Taxonomie und genetische Differenzierung

Die relativ große Anzahl von Synonymen beruht auf der Tatsache, dass *A. obesum* eine sehr variable Art ist. Besonders stark variieren die Gestalt und Behaarung der Blätter sowie die Größe der Blüten. Da *A. somalense* BALF. F. einschl. der Varietäten *caudatipetalum* CHIOVENDA und *crispum* CHIOVENDA, *A. arboreum* EHRENBERG und *A. socotranum* VIERH. anhand blatt- und blütenmorphologischer Merkmale weder voneinander noch von *A. obesum* eindeutig getrennt werden können, werden sie *A. obesum* zugerechnet [5].

Adenium multiflorum KLOTZSCH, nach PLAIZIER [15] eine eigenständige Art, wird in Südafrika als Varietät *multiflorum* (KLOTZSCH) CODD von *A. obesum* angesehen [5].

Die beobachtete regionale Variation morphologischer Merkmale weist auf eine populationsgenetische Differenzierung innerhalb der Art hin. Untersuchungen hierzu liegen nicht vor.

Ökologie

Im natürlichen Verbreitungsgebiet wächst A. obesum hauptsächlich auf sehr heißen, trockenen Standorten, die sich zwischen Dünen oder Felsen befinden [12]. Für gutes Gedeihen benötigt die Art wasserdurchlässige Böden, da sie empfindlich gegen zeitweise Überflutung ist [13]. Weitere Angaben zu den Standortsansprüchen sind nicht bekannt.

Das Verbreitungsgebiet von A. obesum ist in weiten Teilen mit dem von Adansonia digitata L. identisch. In diesen Teilen variiert der durchschnittliche jährliche Niederschlag von 300 bis 500 mm. Die Extreme betragen 90 mm in Mauretanien und 1400 mm pro Jahr an der Küste Ostafrikas [17, 18]. Andererseits gibt es Hinweise, dass die Art Jahresniederschläge von mindestens 400 mm pro Jahr benötigt [7]. Hohe Niederschläge toleriert A. obesum nur auf gut drainierten Böden. Die Niederschlagsverteilung im natürlichen Verbreitungsgebiet ist gekennzeichnet durch den Gegensatz zwischen extremen Trockenzeiten und Regenperioden, die oft sehr große Mengen von Niederschlägen mit sich bringen [11].

Die durchschnittlichen Jahrestemperaturen bewegen sich in Höhenlagen von 1800 bis 2100 m ü. NN zwischen 12 und 18 °C, in Lagen von 900 bis 1800 m ü. NN zwischen 18 und 24 °C und unter 900 m ü. NN über 24 °C [1]. In den wärmsten Monaten variiert die Tageshöchsttemperatur zwischen 40 und 46 °C [3]. Das Auftreten von Frost begrenzt das Vorkommen von A. obesum.

Im Sahel ist die Art auf trockeneren Stellen zusammen mit Euphorbia balsamifera AIT. Bestandteil der Klimaxgesellschaft der Dornsavannen, für die Acacia senegal (L.) WILLD., Acacia tortilis (FORSK.) HAYNE, Commiphora africana (A. RICH.) ENGL., Bauhinia rufescens LAM. typische Gehölzarten sind [16]. Für den Sahel wird auch die Vergesellschaftung mit Boscia senegalensis (PERS.) LAM. ex POIR. beschrieben [12].

Zusammen mit den großen stammsukkulenten Vertretern der Gattung Euphorbia, den blattsukkulenten Aloe-Arten und den sproßsukkulenten Asclepiadaceen bildet A. obesum die an Sukkulenten reichen Felsfluren und Trockengehölzgesellschaften in den niederschlagsärmeren Gebieten Westafrikas. In den trockenen Lagen von Kenia und Tanganjika kommt A. obesum in den sehr artenreichen ostafrikanischen Sukkulenten-Felsfluren vor. Diese setzen sich außer aus den auch in Westafrika anzutreffenden Gattungen zusätzlich aus Monadenium- und Pyrenacantha-Arten sowie aus sukkulenten Gerrardanthus-, Senecio- und Dorstenia-Arten zusammen [11].

In den tiefen Lagen Somalias und Ogadens (300 bis 1200 m ü. NN) sowie in den tiefen Lagen Socotras (unter 500 m ü. NN) ist A. obesum in den an Sukkulenten reichen Halbwüsten-Vegetationsgesellschaften anzutreffen. Gekennzeichnet werden diese unter anderem durch sukkulente Adenia-, Aloe- und Euphorbia-Arten sowie durch stammsukkulente Asclepiadaceen der Gattungen Caralluma, Huernia und Edithcolea [11].

Vermehrung und Wachstum

Die künstliche Vermehrung erfolgt durch Aussaat von Samen oder durch Abstecken von Stecklingen in reinem Sand oder wasserdurchlässigem Boden [13]. Die Art ist in der Jugend raschwüchsig. In den ersten 18 Monaten nach der Keimung können unter Gewächshausbedingungen Höhen bis zu 2 m erreicht werden. Danach weisen die Pflanzen kaum noch Höhenwachstum auf, sondern beginnen vor allem die Stammbasis deutlich zu verdicken. Sie entwickeln zahlreiche dünne, horizontal ausgerichtete Blütenzweige [8].

Auf zusagenden Standorten kommen Stammdurchmesser bis zu 2 m vor [16]. Weitere Angaben über das Wachstum unter natürlichen Bedingungen oder über das Höchstalter sind nicht bekannt.

Nutzung

Holz fällt in keinen nutzbaren Dimensionen an. Die Art wird gelegentlich als Ziergehölz, Heckenpflanze oder lebender Zaun verwendet [12]. Die Blüten dienen am sehr frühen Morgen als Bienenweide (Nektar und Pollen). In semiariden Gebieten ist die Art wichtig für das Überleben von Honigbienen [7]. Der ausgehöhlte Stamm kann als Bienenstock verwendet werden [14]. In Trockenzeiten dient die Rinde Ziegen als Nahrung [14].

Aus verschiedenen Pflanzenteilen werden Gifte für Jagd und Fischerei sowie Mittel für die Bekämpfung von Schadinsekten gewonnen [2, 5, 12]. Als weiterer Wirkstoff wurde Somalin, ein Herzglucosid, isoliert, das trotz enger chemischer Verwandtschaft zu Digitoxin pharmakologisch dem Strophanthin näher steht [9]. Alle Pflanzenteile spielen in der traditionellen Medizin eine wichtige Rolle [14]:

Stammrinden-Extrakte weisen eine sehr starke Cytotoxizität auf, die auf einen potentiellen Wert der Pflanze für die Krebs-Bekämpfung hinweist [4].

Das intensive Kauen von Pflanzenteilen, insbesondere aber von Wurzelstücken, kann innerhalb eines Tages geistige Verwirrung herbeiführen. Ein Mittel zur Behebung dieser Zustände ist nicht bekannt [14].

Die Art wird in Kenia von den Stämmen der Pokot und Gallas benutzt, um die Lage von Gräbern zu markieren. Bei den Pokot herrscht der Glaube, dass, wenn der Stamm vergraben und gleichzeitig eine Person verflucht wird, die verfluchte Person stirbt und verrottet wie der Stamm. Bei den Samburu spielt A. obesum eine Rolle für die Rituale von Hexenmeistern. Im alltäglichen Leben meiden die Samburu dagegen die Art, da sie annehmen, dass die gesamte Pflanze äußerst giftig für Menschen und Haustiere sei [14].

Mit Ausnahme der Pflanzung als Zier- und Gartenbaum sind keine Berichte über einen planmäßigen Anbau bekannt.

	Anwendungsform	Verwendung
Frucht	Aufguss	Heilung von Ohrenschmerzen
Samen		Pfeilgift
Blätter	Aufguss	Heilung von Gonorrhöe, Erregungssteigerung
Stamm	Latex	Wundheilung, Schädlingsbekämpfung
	Aufguss	Schädlingsbekämpfung
	Zerquetschen von Stammstücken in Wasser	Heilung von Hautbeulen
Rinde	Kauen von Rindenstücken	Abtreibung
	Aufguss	Bekämpfung von Zecken und Läusen
Wurzel	Aufguss	Bekämpfung von Hühnerkrankheiten
	Pulver	Pfeil- und Fischgift
	Latex	Fischgift
	Aufguss	Heilung von Gonorrhöe, Erregungssteigerung
	Kauen von Wurzelstücken	Harntreibendes Mittel
	Gekochter Aufguss*	Heilung des Kalazar-Fiebers

* Gemischt mit Pflanzenteilen anderer Arten

Verschiedenes

– *A. obesum* ist empfindlich gegenüber Frost und anstehendem Wasser.

– Wie viele andere holzige Arten der ariden und semiariden Zonen Afrikas ist *A. obesum* trotz der Giftigkeit verschiedener Pflanzenteile dem zunehmenden Weidedruck durch Haustiere, v. a. Ziegen, ausgesetzt. Dieser verhindert das Aufkommen von Naturverjüngung und führt zu einer Überalterung der Vorkommen.

Literatur

[1] ALBRECHT, J., 1993: Tree Seed Handbook of Kenya. GTZ Forestry Seed Centre Muguga, Nairobi.

[2] BEENTJE, H., 1994: Kenya Trees, Shrubs and Lianas. National Museums of Kenya, Nairobi.

[3] BOROTA, J., 1991: Tropical Forests. Developments in Agricultural and Managed-Forest Ecology 22, Elsevier Publishers, Amsterdam, Oxford, New York.

[4] CEPLEANU, F.; HAMBURGER, M. O. et al., 1994: Screening of Tropical Medicinal Plants for Molluscicidal, Larvicidal, Fungicidal and Cytotoxic Activities and Brine Shrimp Toxicity. Int. J. Pharmacog. 32, 294-307.

[5] COATES PALGRAVE, K., 1983: Trees of Southern Africa. Struik Publishers, Cape Town.

[6] DALE, I. R.; GREENWAY, P. J., 1961: Kenya Trees and Shrubs. Buchanan's Kenya Estates Ltd., Nairobi.

[7] FICHTL, R.; ADMASU, A., 1994: Honeybee flora of Ethiopia. Markgraf Verlag, Weikersheim.

[8] HANSON, CH.; DIMMITT, M. A., 1995: The genus Adenium in cultivation – Part 3: Adenium somalense. Cactus and Succulent Journal 67, 349-352.

[9] HARTMANN, M.; SCHLITTLER, E., 1940: Über afrikanische Pfeilgiftpflanzen I. Adenium somalense Balf. fil.. Helvetica Chimica Acta 23, 548-558.

[10] HUBER, H., 1963: Flora of West Tropical Africa 2, 76-77.

[11] KNAPP, R., 1973: Die Vegetation von Afrika. Gustav Fischer Verlag, Stuttgart.

[12] MAYDELL, H.-J. VON, 1990: Trees and Shrubs of the Sahel: Their Characteristics and Uses. 2. Aufl., GTZ GmbH, Eschborn.

[13] NOAD, T.; BIRNIE, A., 1989: Trees of Kenya. General Printers Ltd., Nairobi.

[14] OMINO, E. A.; KOKWARO, J. O., 1993: Ethnobotany of Apocynaceae species in Kenya. J. Ethnopharmacology 40, 167-180.

[15] PLAIZIER, A. C., 1980: A revision of Adenium ROEM. & SCHULT. and of Diplorhynchus WELW. ex FIC. & HIERN. (Apocynaceae). Mededelingen Landbouwhogeschool, Wageningen, 80-12, 1-40.

[16] STOCKER, O., 1971: Der Wasser- und Photosynthese-Haushalt von Wüstenpflanzen der mauretanischen Sahara. II. Wechselgrüne, Rutenzweig- und stammsukkulente Bäume. Flora 160, 445-494.

[17] WICKENS, G. E., 1982: The Baobab – Africa's upside-down tree. Kew Bulletin 37, 173-209.

[18] WILSON, K.T., 1988: Vital statistics of the Baobab (Adansonia digitata). African J. Ecology 26, 197-206.

Der Autor:

Dr. HEINO WOLF
Sächsische Landesanstalt für Forsten
Bonnewitzer Straße 34
D-01796 Pirna

Aleurites moluccana (Linné) Willd.

syn.: Aleurites triloba J. R. et G. Forst.

Lichtnußbaum

Familie: Euphorbiaceae

engl.: Candlenut tree
franz.: Noyer des Moluques

Hawaii: Kukui
Malaysia: Kemiri

Abb. 1: Aleurites moluccana. Einzelbaum auf Maui, Hawaii

Abb. 2: Laubblätter (links), Blütenstand (Mitte) und Stammborke (rechts)

Aleurites moluccana, 1959 zum ‚State Tree' von Hawaii erklärt, ist von den polynesischen Ureinwohnern in vielfacher Weise genutzt worden, unter anderem dienten die ölhaltigen Samen als Kerzen (Name). Heimisch ist der immergrüne, bis 20 m hohe und leicht zu erkennende Baum vermutlich in tropischen Regenwäldern des malaiischen Festlandes. Von dort gelangte er lange vor der Entdeckung durch Cpt. Cook nach Hawaii. Nennenswerte wirtschaftliche Bedeutung besitzt die Art heute nicht mehr, wohl aber wird sie als Parkbaum in vielen tropischen Ländern kultiviert.

Verbreitung

Man nimmt an, daß die Heimat von *A. moluccana* im heutigen Malaysia liegt [3] und daß die Art später als 1000 n. Chr., aber lange vor der Reise Cpt. Cooks (1778) von den frühen Besiedlern des Archipels nach Hawaii gebracht wurde. Der pollenanalytische Nachweis für ihr vorgeschichtliches Vorkommen in Hawaii fehlt. Dennoch äußert LAMB [2] Zweifel an der Einbürgerungs-Hypothese, denn angesichts der schweren Samen und fehlender Vektoren für ihre Verbreitung sei kaum zu verstehen, wie die Art in so kurzer Zeit auf steile, der Küste vorgelagerte Klippen gelangen konnte. Auf den Inseln Hawaiis kommt *A. moluccana* hauptsächlich in den flacheren Lagen der regenreichen Luvseiten (bis ca. 670 m Höhe ü. NN) vor. Trockene Lagen werden aber nicht ausgeschlossen [2]. Zu Beginn dieses Jahrhunderts setzten auf Hawaii die ersten größeren Aufforstungsvorhaben ein. Bei ihnen spielte neben *Acacia koa* auch *A. moluccana* eine wesentliche Rolle.

Beschreibung

A. moluccana ist schon von weitem an der unterseits silbergrauen Belaubung zu erkennen. Der immergrüne, breitkronige Baum wird maximal 24 m hoch und kann einen Stammdurchmesser von 90 cm erreichen. In engen Tälern entwickelt er besonders gerade und hohe Stämme, in exponierten Lagen bleibt er kleiner und bildet lange Äste. Die graubraune Rinde bleibt trotz vieler kleiner Risse relativ glatt.

Kennzeichnend für die Art sind die großen, handförmigen und langgestielten, 2- bis 5lappigen, wechselständigen **Blätter**. Länge der Spreite: 10 bis 20 cm; Länge des Blattstiels: 7 bis 15 cm. Ausnahmsweise werden sieben Lappen oder garkeine Lappen ausgebildet. Junge Blätter und junge Triebe sind dicht mit weißlichen oder rotbraunen Schuppenhaaren besetzt.

Die weißen, etwa 1 cm langen **Blüten** stehen zu vielen an terminal inserierten Infloreszenzen. Diese können 9 bis 15 cm lang und genauso breit werden. Männliche Blüten überwiegen in der Zahl, die wenigen weiblichen Blüten befinden sich an der Basis des Blütenstandes. Ausgebildet werden: ein 2- bis 3lappiger, behaarter Kelch, fünf weiße, ca. 8 mm lange, freie Kronblätter, 15 bis 20 Staubblätter, ein behaarter Fruchtknoten mit 2 Samenanlagen sowie ein gespaltener Griffel.

Nach der Befruchtung entwickeln sich kugelrunde, grünliche bis braune **Steinfrüchte** von 4,5 cm Durchmesser, die einzeln an kräftigen Stielen stehen. Eine ledrige Außenschicht (Exokarp) und eine fleischige Mittelschicht (Mesokarp) umschließen einen oder zwei Steinkerne mit fester schwarzer Schale (Endokarp) und je einem ölhaltigen Samen. Die Bäume fruchten Jahr für Jahr reichlich und tragen bis zu 45 kg Früchte [NEAL].

A. moluccana keimt epigäisch. Vorbehandlung des Saatgutes (Steinkerne) mit H_2SO_4, HCl oder HNO_3 erhöht die Keimrate. Gleiches gilt für das Knacken des Steinkerns und für längere Wässerung[1]. Den eiförmigen, etwas ungleichen, ganzrandigen Keimblättern folgen zunächst zwei dreilappige, gestielte Primärblätter [1].

Abb. 3: Früchte

Ökologie

Die Art ist an tropische Klimaverhältnisse mit gleichbleibenden, milden Temperaturen und hohen, aber regional stark wechselnden Regenfällen angepaßt. Frost kommt am natürlichen Standort nicht vor.

Literaturangaben über Nährstoff- und Standortsansprüche sind uns nicht bekannt geworden. Eigenen Beobachtungen zufolge werden frische Standorte bevorzugt und Naturverjüngung kommt im Halbschatten auf.

Nutzung

Das weiße bis gelblich weiße, sehr leichte (Rohdichte = 0,35 g/cm³) und weiche Holz eignet sich wegen seiner Anfälligkeit gegen Pilzbefall (u.a. Bläue) und Termitenfraß [2] für keine dauerhafte Verwendung. Die Ureinwohner Hawaiis nutzen es zum Bau leichter Kanus, die nur kurze Zeit in Betrieb bleiben [3].

Abb. 4: Steinkerne

Der für eine lange und vielseitige Nutzung am besten geeignete Teil des Baumes waren die Samen. Sie entstehen in großen Mengen (bis 45 kg pro Baum) und dienten ganz allgemein für die Herstellung von Kerzen und Fackeln. Dazu wurden sie geröstet, von der Schale befreit und auf die Rhachis eines Palmenblattes gesteckt. Durch Pressen der Samen gewann man ein Öl, welches mit Ruß gemischt als Farbe von Bedeutung war und zur Beleuchtung diente. Die Preßrückstände („Ölkuchen") nutzte man als Viehfutter oder als Dünger. Im rohen Zustand wirkt das Öl stark abführend und ist schwach giftig. Durch Rösten oder Kochen verliert es diese Eigenschaften. Geröstete und gesalzene Samen werden von der polynesischen Bevölkerung Hawaiis in Mischung mit Tang als Gewürz (mit leichtem Erdnuß-Geschmack) verwendet.

---

[1] For. Abstr. **40**, 1024, 1979
[2] For. Abstr. **31**, 3553, 1970

Abb. 5: Keimling

Von erheblicher volksmedizinischer Bedeutung war der zumeist aus den inneren Rindenschichten gewonnene Milchsaft[3]. Rinde, Blüten und Samen haben Heilwirkung gegen Asthma, Geschwüre, Erschöpfung und Verstopfung. Auf eine weitere Verwendung hatten sich zu Beginn des vorigen Jahrhunderts chinesische Einwanderer spezialisiert. Sie nutzten liegende Stämme als Substrat für die Anzucht des holzbewohnenden Pilzes *Auricularia polytricha*, der in China als Delikatesse geschätzt wird und exportierten so große Mengen der Fruchtkörper, daß es zwischenzeitlich zu einem erheblichen Rückgang der Kukui-Bestände kam.

Noch heute stellt man aus den polierten Samen Halsketten her, welche Einwohnern beiderlei Geschlechts als Schmuck dienen, ähnlich wie die aus *Plumeria*-Blüten bestehenden Blütenkränze.

---

[3] For. Abstr. **48**, 3594, 1987

Abb. 7: Halsketten (Leis) aus polierten Steinkern-Schalen

Abb. 6: Naturwald bei Waimea auf Oahu, Hawaii. Einzelne A. moluccana heben sich durch ihre vom Wind bewegten, hellen Blattunterseiten deutlich ab

Weiterführende Literatur

[1] BURGER, D., 1972: Seedlings of some tropical trees and shrubs mainly of South East Asia. Ctr. Agric. Publ. Document., Wageningen.

[2] LAMB, S. H., 1981: Native trees and shrubs of the Hawaiian Islands. Sunstone Press, Santa Fé, NM.

[3] LITTLE, E. L., Jr.; SKOLMEN, R. G., 1989: Common Forest Trees of Hawaii. USDA, Forest Service, Agric. Handbook, No. 679. Washington, D.C..

[4] NEAL, M. C., 1961: In Gardens of Hawaii, 6. Aufl., Bishop Museum Press, Honolulu.

Die Autoren:

Prof. em. Dr. PETER SCHÜTT
Lehrstuhl für Forstbotanik
Ludwig-Maximilians-Universität München
Am Hochanger 13
D-85354 Freising

ULLA M. LANG
Schützenstraße 6
D-82383 Hohenpeißenberg

Anacardium occidentale LINNÉ

Kaschubaum, Acajubaum   Familie: Anacardiaceae

engl.: Cashewnut tree
franz.: Anacarde

Abb. 1: Typischer Solitär in Malindi, Kenia (Foto: Ulla M. Lang)

Abb. 2: Borke (Foto: P. Schütt)

Anacardium occidentale ist eine immergrüne, breitkronige, gut 10 m hohe Baumart von hohem wirtschaftlichen Wert aber ohne forstliche Bedeutung. Sie ist in vielen tropischen Ländern verbreitet und wird hauptsächlich wegen ihrer schmackhaften Samen angebaut. Kaschubäume tolerieren nährstoffarme Standorte und temporäre Trockenheit und finden deswegen auch als Wind- und Erosionsschutz Verwendung. Die Fruchtschale enthält ein technisch vielseitig verwendbares, ätzendes Öl und die sog. „Kaschu-Äpfel", das sind die fleischig verdickten, bei Reife süßen Fruchtstiele, nutzt man in einigen südamerikanischen Ländern als Obst.

Kaschubäume werden zumeist in Plantagen angebaut. Sie gelten als eine der anspruchslosesten Kulturpflanzen schlechthin.

Verbreitung

Die Heimat des Kaschubaumes liegt im nordöstlichen Brasilien. Von dort aus haben ihn portugiesische Eroberer in weitere tropische Regionen verbreitet, speziell in den Nordteil Südamerikas, nach Mexiko und auf die Westindischen Inseln. Darüber hinaus aber auch ins tropische Asien (Indien, Malaysia, Sri Lanka, Andamanen, Seychellen) sowie an die Ost- und Westküste Afrikas. In allen diesen Regionen hat sich die Art weitgehend aus der Kultur verselbständigt. Nach Indien hatte man sie vor etwa 400 Jahren ursprünglich für den Erosionsschutz im Küstenbereich eingeführt [9].

Beschreibung

A. occidentale ist ein immergrüner, intensiv beasteter, kleiner Baum von 10 bis 12 m Höhe und einem Stammdurchmesser (BHD) um 30 cm, dessen sonst symmetrische Krone in windexponierten, küstennahen Lagen sehr unregelmäßige Formen annimmt.

Kaschubäume entwickeln 1 bis 2 m tiefe Pfahlwurzeln sowie ein relativ weitstreichendes Seitenwurzelsystem. Über Mykorrhizierung ist nichts bekannt.

Abb. 3: Blätter und Blütenstand (Foto: Ulla M. Lang)

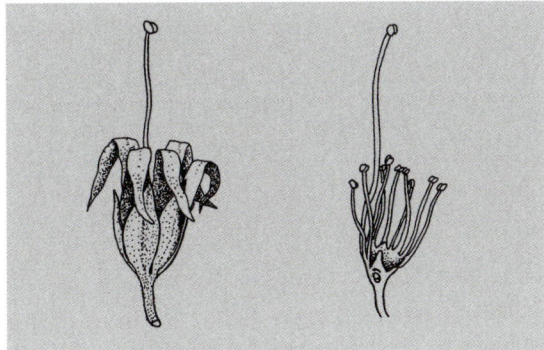

Abb. 4: Blüte (3x nat. Größe); rechts ohne Kelch und Corolla (nach BLACKWELL & DODSON, 1967)

tern besetzt sind, an deren Unterseite die Blattadern hervortreten.

Cashew-Blüten duften sehr aromatisch, produzieren Nektar und werden gerne von Bienen besucht.

Männliche Blüten und Zwitterblüten befinden sich in der selben Infloreszenz. Die 4 bis 5 mm langen, lanzettlichen Kelchblätter sind an der Außenseite behaart. Länglich lanzettlich sind auch die 5 etwa doppelt so langen, gelblichen, rosa gestreiften Kronblätter. Eines der 9 Staubblätter ist länger als die anderen und ragt über die umgebogenen Kronblätter hinaus. Der ca. 2 mm lange, oberständige Fruchtknoten geht in einen pfriemlichen, etwa 4 mm langen Griffel über [4].

A. occidentale kann aneuploid sein, hat aber i. a. Chromosomenzahlen von 2n = 24, 40 oder 42 [8, 11, 15].

Die rauhe **Borke** ist bei alten Bäumen braun und tief gefurcht und aus den walzenförmigen, kahlen Zweigen tritt nach Verletzung eine ätzende, dickflüssige, harzige Flüssigkeit aus [2, 4].

Die ledrigen, wechselständig angeordneten, lang eiförmigen, manchmal schwach obovaten **Blätter** erreichen eine Länge von 10 bis 20 cm und eine Breite von 5 bis 10 cm. Sie haben einen 15 bis 20 mm langen Stiel, eine am Apex abgerundete Spreite, die oberseits eine feine Netznervatur, unterseits aber eine deutlich hervortretende Mittelrippe und 10 bis 12 Aderpaare aufweist. Die Spreitenbasis läuft keilförmig aus [2].

Die **Blüten** stehen in terminalen, 12 bis 25 cm langen Rispen, deren Stiele sich mit dem Alter verlängern und mit spitz auslaufenden, bis 1 cm langen, eiförmigen Deckblät-

Abb. 6: Früchte in verschiedenen Entwicklungsstadien (Foto: P Schütt)

Abb. 5: Blüten in verschiedenen Stadien

Auf dem birnenförmig verdickten, 5 bis 11 cm langen, fleischigen Fruchtstiel („cashew apple") steht eine ca. 2,5 cm lange, nierenförmige **Steinfrucht**, die im Deutschen gelegentlich als „Elefantenlaus" bezeichnet wird. Der „Kaschuapfel" ist gelb bis scharlachrot gefärbt und besitzt ein nach Moschus riechendes, fleischiges Gewebe, welches anfangs adstringierend wirkt, dann säuerlich und bei Reife süßlich schmeckt. Das harte Perikarp der graugrünen Steinfrucht umschließt einen gekrümmten, weißen, eßbaren **Samen**, der von einer rötlichbraunen, papierartigen Testa umgeben wird [2, 4].

Das graue bis rötlichbraune, sehr dichte **Holz** ist hart und schwer (0,608 g/cm³), widerstandsfähig gegen Termiten und entläßt bei Verletzung ein gummiartiges, braunes Exsudat mit bakterizider und fungizider Wirkung [7]. Zwischen Splint und Kern treten kaum Farbunterschiede auf.

Abb. 7: Früchte mit gelben und mit roten, fleischigen Fruchtstielen („cashew apple") (Foto: J. P. Singhal)

Anzucht

A. occidentale wird vornehmlich durch Samen (Kerne der Steinfrüchte) vermehrt [16]. Unbeschädigte Steinkerne mittlerer Größe, deren Samen sich beim Schütteln nicht in der Schale bewegen, werden für die Aussaat bevorzugt. Sie bleiben – je nach Art der Lagerung – 8 bis 14 Monate lang keimfähig und keimen 15 bis 20 Tage nach Aussaat zu 80 bis 100 %.

Pro Pflanzstelle (45 x 45 cm) werden 2 oder 3 Kerne ca. 5 cm tief in ein nährstoffreiches Substrat gelegt [3, 13]. In Indien erfolgt die Aussaat zu Beginn des Monsuns. Zwischen den Pflanzstellen hält man Zwischenräume von 5 bis 7,5 m, auf guten Böden bis 15 m frei. In anderen Ländern begründet man Cashew-Plantagen trotz ihres relativ empfindlichen Wurzelsystems mit verschulten Sämlingen [9]. Vereinzelt und nachgebessert wird nach einem Monat. Schutz vor Weidevieh, Vögeln und Nagern ist erforderlich. I. a. bestehen Cashew-Plantagen aus 75 bis 300, im Optimum aus 200 Bäumen pro Hektar [2].

Abb. 8: Cashew-Samen (Perikarp entfernt) (Foto: H. Gilge)

A. occidentale läßt sich mit Hilfe mehrerer Pfropf- und Ableger-Verfahren auch vegetativ vermehren. Methoden der Luftableger-Vermehrung haben sich an der Westküste Indiens besonders gut bewährt [2]. Die so entstandenen Bäume blühen früher und haben höhere Erträge als Kernwüchse [2].

Nach dem Anwachsen fallen nur wenige Pflegemaßnahmen an. Astung ist nicht erforderlich [2, 12]. Oft findet Zwischenkultur mit Cayenne-Pfeffer, Ingwer, Süßkartoffeln, im südlichen Indien auch mit Pfeffer oder Cardamon statt. In diesen Fällen wird organischer Dünger (7 bis 11 t/ha) in Kombination mit Bewässerung empfohlen. In reinen Cashew-Plantagen reduziert man die hohen Bodentemperaturen durch Mulchen oder durch die Ausbringung von Kompost.

Tote Äste sollten entfernt werden, um die Feuergefahr zu reduzieren [2, 6].

Abb. 9: Cashew-Plantage in Kerala, Indien (mit freundlicher Erlaubnis des Directorate of Cashewnut Development)

Kultursorten

Der hohe Heterozygotiegrad des Kaschubaumes erklärt seine erhebliche Variationsbreite hinsichtlich Wuchsform, Nuß- und Fruchtqualität und er erschwert die züchterische Bearbeitung. Neue Sorten entstehen durch die vegetative Vermehrung besonders leistungsfähiger Einzelbäume. Im allgemeinen liefern Bäume mit weit ausladenden Ästen oder nach Terpenen riechenden Blättern höhere Erträge. Große Früchte enthalten gewöhnlich geringerwertige Samen. Je nach Fruchtfarbe unterscheidet man zwischen gelben und roten Sorten. Als Ergebnis langer Züchtungsarbeit baut man heute in verschiedenen Regionen der sehr langen indischen Küste etwa 20 Sorten an, eine davon hat sich auch in Sansibar bewährt [9].

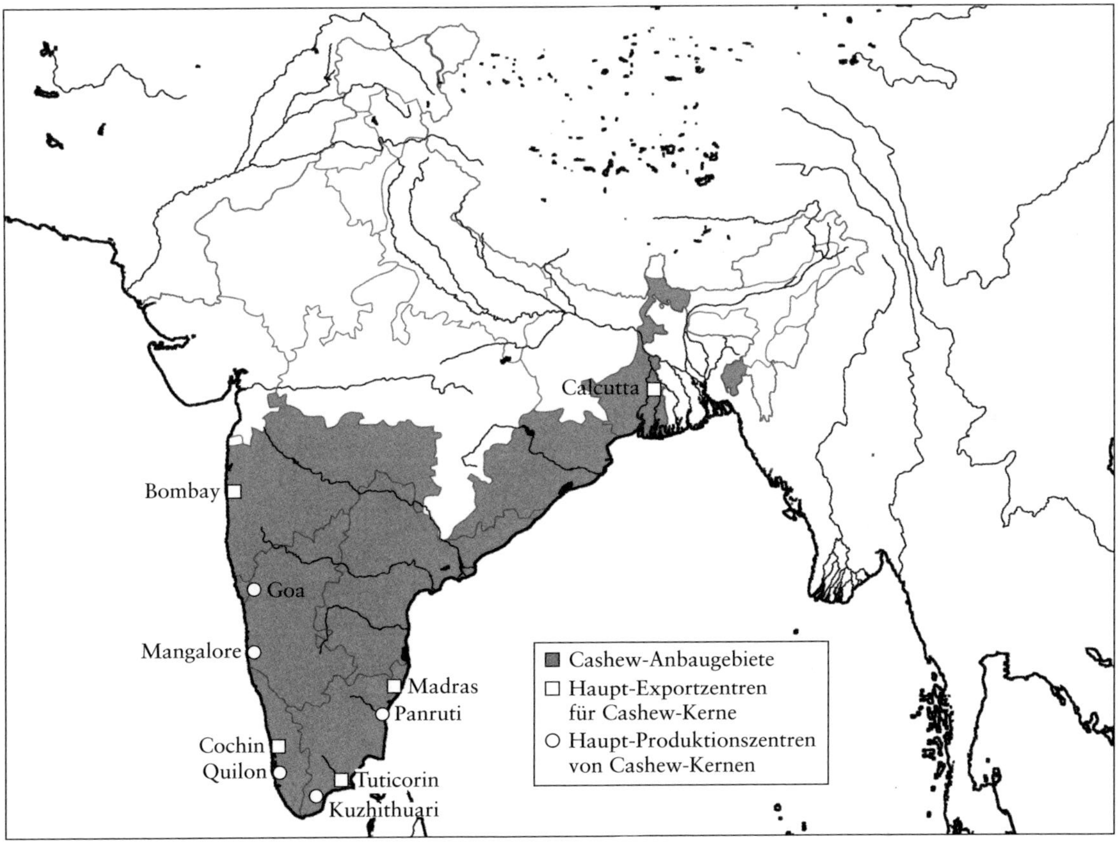

Abb. 10: Anbaugebiete, Verarbeitungs- und Handelszentren von A. occidentale in Indien

Legende im Bild:
- Cashew-Anbaugebiete
- Haupt-Exportzentren für Cashew-Kerne
- Haupt-Produktionszentren von Cashew-Kernen

Ökologie

A. occidentale ist eine sehr widerstandsfähige, dürreresistente Art, die auf unterschiedlichen Standorten gedeiht und sich hervorragend für die Kultivierung von Ödland eignet. Tiefgründige Lehmböden gelten als optimal, salzhaltige und tonige Substrate als schädlich.

Kaschubäume sind in der Jugend kälteempfindlich. Alte Bäume ertragen kurzfristig -5 °C. Sie wachsen in Höhenlagen bis 1000 m. ü. NN, bevorzugen aber Höhen um 300 m. Bei Jahresniederschlägen von 500 bis 3.500 mm herrschen gute Wachstumsbedingungen. Insgesamt gilt die Art als eine der am leichtesten zu kultivierenden Kulturpflanzen.

Nach JULIA MORTON [9] stellt Cashew ein besonders gutes Beispiel für eine weit verbreitete Art dar, die in fremden Regionen zu einer wichtigen Kulturpflanze wurde, in ihrer Heimat jedoch ein kleiner Baum von völlig untergeordneter Bedeutung blieb.

Fruchtproduktion und -verarbeitung

In der Plantage beginnt *A. occidentale* mit 2 Jahren zu blühen und setzt mit 3 oder 4 Jahren die ersten Früchte an. 10jährige Bäume bringen bereits volle Erträge und behalten diese Leistung 30 bis 40 Jahre lang, auf nährstoffreichen Böden sogar bis zum 70. Lebensjahr bei.

In Indien blühen die Kaschubäume von November bis Februar und die Früchte reifen von März bis Mai. Zwischen Bestäubung und Fruchtreife liegen i. a. 62 Tage. Das Abblühen erfolgt in 2 oder 3 Schüben. Starke Monsunregen fördern den Fruchtansatz.

Normalerweise findet pro Jahr eine, selten zwei Ernten statt. Geerntet wird, wenn sich die Früchte grauschwarz verfärbt haben. Im allgemeinen sammelt man die zu Boden gefallenen Steinfrüchte täglich auf. Das ist billig und stellt sicher, daß nur reife Früchte erfaßt werden, setzt sie andererseits aber der Beschädigung durch Vögel und Nagetiere aus. Deswegen erntet man auch vor der Vollreife mit Hilfe an Stangen befestigter, gebogener Messer.

Die Erntezeit dauert 45 bis 70 Tage. Pro Baum rechnet man mit Erträgen zwischen 2 und 5 kg, pro Hektar zwischen 175 und 770 kg. Im indischen Küstenbereich betrachtet man eine Ernte von 330 kg/ha als befriedigend. Außer den Steinfrüchten fallen pro Baum und Jahr ca. 35 kg „Kaschuäpfel" an [2].

Nach der Ernte werden die Nüsse von den Kaschuäpfeln getrennt und ein oder zwei Tage an der Sonne getrocknet. Durch den Wasserentzug verlängert sich die Haltbarkeit. Das mühsame Lösen der Samen aus den Früchten nehmen in Afrika, Indien und anderen tropischen Ländern speziell ausgebildete Hilfskräfte in ca. 400 Fabriken vor. In Indien besteht diese Industrie seit 70 Jahren.

Im einzelnen geht es bei den Arbeitsschritten um (a) das Rösten, (b) das Entfernen der Fruchtschale, (c) das Entfernen der häutigen Samenschale und das Sortieren sowie (d) das Verpacken. Das Rösten bestimmt den Geschmack der Kerne, macht die Schale spröde und setzt das sog. Kaschu-Schalenöl frei, eine Substanz von großem technischen Wert. Der Röstprozeß bedarf einer sorgfältigen Steuerung, denn er beeinflußt die Qualität der Nüsse. Rauch und Schalenöl gefährden überdies die Gesundheit der Arbeitskräfte. Neuere Verfahren der Dampfdestillation vermeiden dieses Risiko jedoch.

Das Entfernen der Fruchtschale ohne Beschädigung des Samens erfordert große Geschicklichkeit und wird zumeist von erfahrenen Arbeiterinnen in Handarbeit vorgenommen [2, 9]. Auch die papierartige, rote Samenschale wird von Hand entfernt. Danach erfolgt die Sortierung der Samen nach Richtlinien, die das jeweilige Importland vorgibt.

Im Durchschnitt enthalten 5.000 kg Nüsse 1.000 kg Samen (70 % unbeschädigte, 20 % Bruch, 8 % minderwertige, 2 % Abfall) [2].

Pathologie

In Indien werden mehrere blattfressende Insektenarten an Kaschubäumen schädlich. So die Raupen von *Acrocercops syngrammae* M., welche junge Triebe befallen und die Blätter minieren. Vorzeitiger Blattfall ist die Folge. Die mit giftigen Haaren besetzten Larven der „wild silk-moth" *Cricula trifinestrate* treten zeitweise in Schwärmen auf und können Bäume völlig entblättern. Bekämpfung mit Insektiziden (Parathion oder Arsen-Präparaten) ist möglich [9]. Stamm- und Wurzelschäden rufen hingegen die Larven des Cashew-Rüsselkäfers (*Mococerynus coreceps*) und des Cashew-Bohrers (*Plocaiderus ferrugineus*) hervor. Der Baum reagiert mit Gummifluß, was ihn schwächt und sogar töten kann [6].

Unter den pilzlichen Schädlingen ist der Welkerreger *Pellicularia salmanicolor* von Bedeutung. Die nach Befall rosafarbenen Zweige müssen entfernt und die gesunden Teile mit Bordelaiser Brühe behandelt werden.

Nutzung

Der Kaschubaum wird oft zur Aufforstung küstennaher, tropischer Trockenstandorte herangezogen. Das gilt vor allem für Lagen, auf denen andere Baumarten versagen und die durch Dürreperioden gekennzeichnet sind. Dort dient die Art auch als Wind- und Erosionsschutz [10].

Holz, Rinde, Knospen und Blätter werden gelegentlich für die Herstellung von Kisten und Booten, wegen des Gerbstoffgehaltes (Rinde), als Zusatznahrung in Notzeiten (Knospen) bzw. als Gründüngung genutzt [2].

In früheren Zeiten verwendete man alkoholische Extrakte von Rinde (Cortex Anacardi occidentalis) und Früchten zum Schwarzfärben von Seide und Leinen, wie auch zum Haarfärben [14].

Die mit Abstand größte Bedeutung haben jedoch die Früchte, insbesondere die eßbaren Samen und das Schalenöl. Die Samen werden als Leckerei verzehrt oder als Zutaten zu Backwaren verwendet. Sie werden geröstet und gesalzen, lassen sich bis zu 6 Monate aufbewahren und haben einen hohen Nährwert (596 kcal./100 g).

Fett:	46,9 %	Wasser:	5,9 %
Kohlenhydrate:	22,3 %	Salze:	2,4 %
Eiweiß:	21,2 %	Fasern:	1,3 %

Das „Nußöl" stellt ein wirksames Mittel gegen Reizgifte dar [2].

Die Fruchtschale (Perikarp) enthält neben 38,6 % Holocellulose und etwa 15 % Lignin eine phenolreiche Flüssigkeit. Man gewinnt daraus das sog. Kaschu-Schalenöl, ein wertvolles Rohmaterial für die Herstellung zahlreicher hitzebeständiger Industrieprodukte, von Konservierungsmitteln für Holz, Boote und Fischnetze. Mit Säure polymerisiert es zu einer gummiartigen Substanz, welche z. B. für Bremsbeläge, Isolieranstriche, Bindemittel, Kunstharze, Schmiermittel und Bodenbeläge Verwendung findet. Aus der Anacardsäure, dem Hauptbestandteil des Schalenöls, stellt man Spezialharze her.

Früher nutzte man das Öl sowohl zur Behandlung mehrerer Tropenkrankheiten, u. a. von Lepra und Elephantiasis als auch für kosmetische Zwecke. Wegen der stark ätzenden Wirkung ist diese Anwendung jedoch gefährlich.

In Teilen des tropischen Amerika und auf den Westindischen Inseln nutzt man den Kaschubaum eher beiläufig und die Steinkerne werden zugunsten der „Äpfel" verworfen. So stellen Kaschuäpfel in Brasilien ein beliebtes, auf vielen Märkten vertretenes Obst dar. Demgegenüber werden in Indien fast 85 % der geernteten „Äpfel" vernichtet.

Kaschuäpfel haben die Farbe überreifer Äpfel. Sie bestehen aus einem faserigen, exotisch riechenden Gewebe mit angenehmem Aroma. Gelbe „Äpfel" sind deutlich süßer als rote. Kaschuäpfel sind reich an Ascorbinsäure und Zucker (hauptsächlich Dextrose).

Nach Gärung und Destillation gewinnt man aus dem Saft ein populäres Getränk („Feni"), eine Art von Brandy mit spezifischem Geruch, der auch von der pharmazeutischen Industrie genutzt wird. Nach Entfernung der adstringierenden Stoffe stellt man auch Fruchtsirup und Süßigkeiten aus den „Äpfeln" her.

Derzeit wird *A. occidentale* in folgenden Ländern angebaut: Australien, Brasilien, Benin, Costa Rica, Elfenbeinküste, El Salvador, Guinea, Guatemala, Honduras, Indien, Indonesien, Kenia, Madagaskar, Malaysia, Mozambique, Nigeria, Panama, Philippinen, Sri Lanka, Tansania, Thailand, Togo, Venezuela und Vietnam. Weitere afrikanische und lateinamerikanische Länder bauen Cashew nur in geringem Umfang an [1].

Die Produktion roher Cashew-Nüsse betrug 1991 weltweit 310.000 t. Davon entfielen auf

Brasilien	110.000 t
Indien	14.200 t
Mozambique, Tansania, Kenia je	1.500 t

Indien importierte 1992/93 ca. 43.000 t rohe Cashew-Nüsse zur weiteren Bearbeitung und exportierte 1991 46.800 t (Export weltweit 75.000 t).

Die Exportziffern von Schalenöl schwanken jährlich in weitem Rahmen: Brasilien: 20.500 t, Tansania 15.000 t, Indien 5.500 t für 1991 [1].

Weiterführende Literatur

[1] ANONYMUS, 1994: Indian Cashews – Facts and figures, 1- 185, Cashew export Promotion Council, Cuchin l8, India.

[2] ANONYMUS, 1985: Wealth of India, Raw materials, 2 (revised): 236 – 248, (original ed.) 1948 70 – 74, Council of Scientific & Industrial Research, New Delhi, India.

[3] CADIZ, R. T.; DALMACIO, M. V., 1978: Direct seeding of cashew (Anacardium occidentale LINNAEUS, Sylvatrop 3 (1), 41 – 45, For. Res. Inst. DNR. College Laguna 3720, Philippines.

[4] COOKE, T., 1967: Flora of Bombay Presidency (Original 1902). Reprinted by Botanical Survey of India, Calcutta l, 292 – 293.

[5] FRANKE, W., 1981: Nutzpflanzenkunde. Georg Thieme-Verlag, Stuttgart.

[6] MAHESHWARI, P.; TANDON, S. C., 1959: Agriculture and Economic Development in India, Econ. Bot. **13**, 205 – 242.

[7] MARQUES, M. R.; ALBUQUERQUE, L. M. B.; XAVIER-FILBO, I., 1992: Anti-microbial and insecticidal activities of cashew tree gum exudate, Ann. appl. Biol. **121**, 371 – 377, Fortuleza, Ceara, Brazil.

[8] MEHRA, P. N.; KHOSLA, P. K., 1969: Chromosome number report XX, Taxon **18**, 213 – 221.

[9] MORTON, J. F., 1961: The Cashew's brighter future, Econ. Bot. **15**, 57.

[10] OHLER, J. G.: Cashew. Royal Trop. Inst. Amsterdam, Netherlands.

[11] RAI, R., 1979: Cytological studies in Cashew; Proc. 66th India Sc. Congress 3, 84.

[12] RAO, V. N., 1953: Cashew nut cultivation in India; Indian Council of Ag. Res., rev. sr.

[13] SAPLACO, S. R.; REVILLA, A. V., Jr., 1973: Comparative seed germination and seedling height growth of cashew (Anacardium occidentale). Philippin. Lumberman **19** (10), 16 – 18.

[14] SCHWEPPE, H., 1996: Lexikon der Naturfarbstoffe. ecomed Verlagsgesellschaft, Landsberg.

[15] SIMMOND, N. W., 1954: Chromosome behaviour in some tropical plants. Heredity 8, 139 – 145.

[16] SZOLNOKI, T. W., 1985: Food and fruit trees of Gambia; Hamburg

Der Autor:

Professor P. V. BOLE
A-15-58, Siddarth Nagar-2
Goregaon, Bombay 400 062
Indien

Aus dem Englischen übertragen von P. Schütt

Artocarpus altilis FOSB.

syn.:   A. communis J. R. et G. FORST.
syn.:   A. incisus (THUNB.) L. f.

Brotfruchtbaum   Familie: Moraceae

engl.:   Breadfruit
franz.: Chataignier
span.:   Fruta de pan
port.:   Fruta pao

Abb. 1: Artocarpus altilis. Adulter Einzelbaum auf Jamaica
(Foto: P. Schütt)

Artocarpus altilis gehört zu den immergrünen tropischen Weltwirtschaftspflanzen. Es handelt sich um einen i.a. bis zu 20 m hohen, breitkronigen Baum mit großen, glänzenden, meist tief gelappten Blättern und mehr oder weniger runden, bis zu 3 kg schweren Fruchtständen, den sog. Brotfrüchten.

Die in allen Teilen Milchsaft führende Art ist in Polynesien heimisch und wird seit langem mit zahlreichen Cultivaren in den feuchten Tropen Asiens, z.T. auch in Mittelamerika und der Karibik angebaut.

Früchte[*] und Samen stehen im Mittelpunkt der Nutzung. Beide sind sehr nährstoffreich und dienen in vielen tropischen Ländern nach sehr variierender Zubereitung als wichtiges Nahrungsmittel.

A. altilis stellt recht hohe Bodenansprüche, bildet fertile und samenlose Formen und wird vornehmlich vegetativ vermehrt.

Herkunft und Verbreitung

A. altilis stammt aus dem tropischen Südostasien, wahrscheinlich aus einem Gebiet, das sich von Neuguinea über den Indo-Malaiischen Archipel bis zum westlichen Mikronesien erstreckt. Von dort soll die Art durch Einwohner Polynesiens im pazifischen Raum verbreitet worden sein, u.a. im 12. Jahrhundert von Samoa nach Hawaii [5].

Europäer lernten Brotfrüchte erstmals 1595 auf den Marquesas-Inseln und 1605 auf Tahiti kennen. Aufgrund der Empfehlung britischer Forschungsreisender baten Plantagenbesitzer von den Westindischen Inseln König Georg III. um 1780, samenlose Brotfruchtbäume zur Ernährung der Sklaven einführen zu dürfen [5], und bereits 1772 brachte der französische Seefahrer Sonnerat samentragende Bäume von den Philippinen nach Französisch-Westindien. Weitere Pflanzen erreichten Jamaica, nachdem die Briten ein französisches Schiff gekapert hatten, das nach Martinique segelte.

Weltweit bekannt wurde der Brotfruchtbaum, nachdem Captain Bligh mit der „Bounty" 1787 nach Tahiti reiste, um von dort 1015 Pflanzen nach Jamaica zu bringen, die jedoch alle bei einer Meuterei verlorengingen. Vier Jahre später gelang es Bligh aber doch, mehr als 2000 Brotfruchtpflanzen in Jamaica einzuführen. Zumeist samenlose Sorten wurden von dort über den karibischen Raum bis nach Mittelamerika und ins nördliche Südamerika verbreitet. Jamaica stellt noch heute das Anbauzentrum für samenlose Brotfrüchte dar. Im Süden Floridas haben hingegen nur wenige, vor Austrocknung geschützte Exemplare überlebt [5].

Nach Afrika gelangte der Baum erst 1899 über den Botanischen Garten Camayenne in Guinea, woher praktisch alle Brotfruchtbäume stammen, die heute in Afrika vorkommen.

Beschreibung

Artocarpus altilis ist ein mittelgroßer, breitkroniger Baum mit weit ausladenden, z.T. starken Ästen und einem geraden Stamm, manchmal mit Brettwurzeln an der Basis. Die Gesamthöhe kann 20 m, im Extrem 26 m betragen, und der Stammdurchmesser (BHD) erreicht 60 bis über 100 cm [5]. Auf Hawaii ist der größte Brotfruchtbaum 16,5 m hoch und 98 cm stark [3].

Die graubraune Stammborke ist relativ glatt und mit zahlreichen Lenticellen besetzt. Alle Pflanzenteile enthalten einen weißen, etwas bitter schmeckenden Milchsaft, der bei Verletzungen aus den Wunden austritt. Auch der Bast ist von weißlicher Farbe.

Blätter und Zweige

Die sehr großen, wechselständigen Laubblätter sind ledrig und befinden sich vornehmlich am Ende langer Zweige. Sie haben einen elliptischen Umriß, sind meist beiderseits in 5 bis 8 Lappen geteilt, werden i.a. 35 bis 55 (max. 90) cm lang sowie 20 bis 30 (max. 50) cm breit und stehen an einem kräftigen, gelblichen Stiel bis zu 4 cm Länge [5]. Auf der glänzend dunkelgrünen Oberseite fallen die gelben Blattadern auf. Die Unterseite ist hingegen stumpf hellgrün und mit kurzen, steifen Haaren besetzt.

Blüten und Früchte

Die in großer Zahl gebildeten, kleinen, eingeschlechtigen Blüten sind monözisch verteilt und erscheinen während des ganzen Jahres. Sie stehen in blattachselständigen Infloreszenzen.

Der ährige, gelbliche, 2,5 cm lang gestielte, männliche Blütenstand hat einen Durchmesser von ca. 2,5 cm bei einer Länge von 13 bis 30 cm. Die Einzelblüten (1,5 mm lang) bestehen aus einem zweilappigen Kelch und einem Staubblatt.

Weibliche Blütenstände sind hellgrün, elliptisch bis rundlich, etwa 6 cm lang und gut 4 cm breit. Sie bestehen aus Hunderten miteinander verwachsener, in das Infloreszenz-Gewebe eingesenkter Blüten. Die Einzelblüten samentragender Varietäten haben mit 10 mm etwa die zehnfache Länge der sterilen Blüten samenloser Varietäten. Sie weisen einen röhrenförmigen, zugespitzten, behaarten Kelch von etwa 6 mm Länge und einen Fruchtknoten mit zweinarbigem Griffel auf. Am Grunde des Perianths werden von normalen Zellen geringe Mengen Nektar sezerniert.[1]

---

[*] Hier wie an anderen Stellen des Textes werden Fruchtstände („Brotfrüchte") als „Früchte" bezeichnet.

[1] Acta Bot. Neerl. 1989, 345-352

A. altilis bildet große, kugelige Fruchtstände (Synkarpien) von hellgrüner Farbe, die 2,5 bis 12,5 cm lang gestielt sind sowie einen Durchmesser von 20 bis 30 cm und ein Gewicht von 500 bis 3000 g haben. Sie stehen meist einzeln, aber auch zu zweit oder zu dritt an den Astspitzen.

Auf den Fruchtständen zeichnen sich die vier- bis sechsseitigen Umrisse zahlreicher einzelner Nußfrüchte ab, in deren Mitte oft eine schwarze, punktförmige Erhebung oder ein grüner, biegsamer Dorn steht.

Die Kolbenachse ist fleischig verdickt und reich an Stärke [7].

Holz

Das Holz des Brotfruchtbaumes ist in einen schmalen, hellgelben bis gelblich braunen Splint und einen goldgelben, mit orangefarbenen Flecken versehenen Kern differenziert. Kern und Splint heben sich aber nicht immer klar voneinander ab. Das Holz weist zahlreiche großlumige Gefäße auf. Jahrringe werden nicht gebildet [4].

Das leichte, aber feste, zähe und dauerhafte Holz hat eine gleichmäßig feine Textur. Es ist geradfaserig, läßt sich gut per Hand und mit Maschinen bearbeiten (Ausnahme: Bohren [4]), ist aber anfällig gegen dry-wood-Termiten und – bei feuchter Lagerung – gegen Bläue-Pilze [2].

Die Rohdichte (r_{15}) liegt bei 0,27 g/cm³, nach anderen Quellen zwischen 0,32 und 0,45 g/cm³ [2]. Bruchfestigkeit und Druckfestigkeit betragen < 57 MPa bzw. < 34 MPa (bei 12 % Wassergehalt). Als Schwindungswerte (12 % Wasser) werden angeführt

radial	2,1 bis 4,0 %
tangential	2,6 bis 5,5 %.

Splint- und Kernholz nehmen Holzschutzmittel auf [2].

Vermehrung und Anzucht

Samenbildende Einzelbäume oder Sorten vermehrt man stets generativ. Geerntet wird kurz bevor die Früchte vollreif sind. Weil die Samen rasch ihre Keimkraft verlieren, muß unmittelbar nach der Ernte ausgesät werden.

Bei den zahlreichen wirtschaftlich wichtigen Cultivaren mit sterilen Früchten kommen mehrere Verfahren der Vegetativvermehrung zur Anwendung. Bewährt hat sich u.a. die Nutzung von Wurzelbrut, z.T. durch Verletzung induziert, weiterhin die Verwendung von Wurzelstecklingen (2,5 bis 6,3 cm dick und 22 cm lang + 300 ppm α-Naphthylessigsäure[2]), die sich bei Schattierung und täglicher Bewässerung nach 2 bis 5 Monaten bewurzeln, sodann eingetopft werden und später bei einer Höhe von 60 cm auf die Freifläche gelangen. Auch die Vermehrung durch Absenker hat sich gut bewährt.

In Indien hatten Freiland-Pfropfungen auf adulten, natürlichen Jackfrucht-Bäumen *(A. heterophylla)* Erfolg [5].

Zur Begründung von Brotfrucht-Plantagen pflanzt man junge Bäume in 40 cm tiefe, etwa 90 cm breite Löcher, welche zuvor mit brennendem Reisig keimfrei gemacht werden. Dem Boden mischt man Insektizide bei [5]. Der Pflanzabstand beträgt 7,5 bis 12 m (= 85 Bäume pro Hektar).

Ökologie

A. altilis ist ein Baum der feuchten Tropen, wo er vornehmlich in tieferen Lagen bei Jahresniederschlägen von 1500 bis 2500 mm und Temperaturen zwischen 21 und 32 °C (16 bis 38 °C) vorkommt [1].

Besonders gut wächst die Art auf tiefgründigen, nährstoffreichen und gut drainierten Böden. Auf den Pazifik-Inseln baut man sie aber auch auf Sand und auf kalkhaltigen Substraten an. Unter den zahlreichen Cultivaren gibt es auch dürrefeste (z.B. 'Manitarvaca' auf Tahiti) oder salztolerante ('Mejwaan' auf den Marshall-Inseln) [5].

In Polynesien ist der Brotfruchtbaum häufig aus Kultur verwildert und kommt dann bis in Höhen von 700 m ü.NN vor [1].

A. altilis benötigt zur Fruchtbildung volles Sonnenlicht, verträgt aber in der Jugend Halbschatten [1].

Beerntung und Erträge

Der raschwüchsige Baum kann bereits nach 5 Jahren Früchte tragen und fruktifiziert etwa fünf Jahrzehnte lang. Die Reifezeit liegt in Indien im Sommer (Juni/August), auf den Bahamas im Juni bis November, in der Südsee findet man hingegen zu jeder Zeit des Jahres alle Entwickungsstadien, incl. Vollreife; es gibt jedoch zwei oder drei Haupt-Reifeperioden [5].

Die Ernte setzt ein, wenn kleine Latex-Tropfen auf der Fruchtschale erscheinen. Im allgemeinen werden die Bäume bestiegen und die Fruchtstiele durchgetrennt, so daß die Fruchtstände zu Boden fallen.

Im Südpazifik tragen Brotfruchtbäume normalerweise 50 bis 150, in Südindien 150 bis 200 reife Früchte pro Jahr, und auf Barbados erzielt man Erträge von 16 bis 32 t/ha/a [5].

Früchte eines sechsjährigen Baumes auf Trinidad enthielten 12 bis 151, durchschnittlich 59 Samen mit einem mittleren Gewicht von 348 g pro Frucht[3].

2) Orissa J. Hort. 1991, 332-336
3) Econ. Bot. 1987, 370-374

Abb. 2: Laubblatt, Ober- (links) und Unterseite

Abb. 5: Stacheliger Fruchtstand und reifer männlicher Blütenstand (links), sich entfaltendes Laubblatt (rechts)

Abb. 3: Längsschnitt durch den Fruchtstand eines fertilen Cultivars

Abb. 6: Längsschnitt durch den Fruchtstand eines sterilen Cultivars

Abb. 4: Geröstete Samen („breadnuts")

alle Fotos von Ulla M. Lang

Abb. 7: Zweigspitze mit 2 jungen Fruchtständen

Genetische Differenzierung

Die Gattung *Artocarpus* FORST. besteht aus etwa 50 milchsaftführenden Baumarten, deren Heimat in tropischen Gebieten Asiens, vor allem aber in Polynesien liegt.

A. altilis wird in ihrem, auf zahlreiche Inseln verteilten Areal seit Jahrtausenden kultiviert, so daß Hunderte von traditionellen Cultivaren entstanden, die sich in ihren ökologischen Ansprüchen und morphologischen Merkmalen wie Fruchtform und -farbe, Blattgestalt, Lagerfähigkeit oder Samenbildung, aber auch hinsichtlich des Geschmacks voneinander unterscheiden [6][4]. Allein 70 teils fertile, teils sterile Cultivare werden auf den Fidji-Inseln registriert [5]. MORTON [5] beschreibt einen Teil dieser Sorten und berücksichtigt dabei deren Blatt- und Fruchtform sowie ihre Obst- oder Gemüse-Qualität. Danach gehören zu den besonders bewährten Cultivaren:

'Balekana' Früchte oval, 10 cm lang, von bester Qualität, Blätter tief gelappt, Bäume 21 bis 24 m hoch

'Havana' Die ovalen bis runden Fruchtstände haben eine stachelige, gelbgrüne Schale und ein goldgelbes, teigartiges, angenehm süß schmeckendes Fruchtfleisch. An der ovalen Fruchtstandsachse befindet sich eine Reihe abortiver Samen. Die Früchte stehen zu zweit oder dritt am Zweig, verfallen sehr schnell und müssen innerhalb zweier Tage zubereitet werden.

'Pei' Eine früh reifende Sorte mit großen, elliptischen, hellgrünen Früchten und einem sehr wohlschmeckenden, süß-aromatischen Fruchtfleisch. Als Vorrat für Notzeiten lagerte man einen Brei, hergestellt aus vollreifen Früchten und zu etwa 50 cm großen Kugeln geformt, in Erdlöchern und deckte diese mit Steinen ab.

Eine umfassende Sammlung mit mehr als 170 kultivierten Sorten und Klonen des Brotfruchtbaumes aus 17 pazifischen Inselgruppen enthält der Botanische Garten von Kahanu auf Maui, Hawaii [6].

Artocarpus altilis hat einen Chromosomensatz von $2 n = 56 (x = 14)$, ist also tetraploid. Für sterile Sorten gilt jedoch die Chromosomenzahl von $2 n = 84$ (hexaploid) [8].

Pathologie

Fruchtfäule, verursacht durch *Phytophthora palmivora* BUTL., hat in Teilen Indiens und auf Samoa wiederholt Ernteverluste hervorgerufen. Reife, grüne Früchte sind besonders anfällig[5]. Als erste Befallssymptome treten kleine, bräunliche Punkte auf, die sich später flächig erweitern. Sehr kurze Inkubationszeiten sind typisch. Zweimaliges Sprühen mit Bordelaiser Brühe (1 %) hat sich zur Bekämpfung bewährt[6].

Andere pathogene Pilze befallen die Blätter des Brotfruchtbaumes. So der Rostpilz *Uredo artocarpi*, dessen Uredolager auf der Blattunterseite auftreten, und der sowohl in Indien wie auf den Philippinen, auf Hawaii und den Inseln des Süd-Pazifik Blattfall auslöst[7]. Zu erwähnen ist außerdem ein durch *Colletotrichum gloeosporioides* PENZ. verursachtes Zweigsterben in Kerala (Indien)[8].

Auf den Gilbert- und Marshall-Inseln und auf den Marianen grassierte um 1960 unter dem Namen „Pingalap Disease" eine Welkekrankheit, die Tausende von Bäumen tötete, deren Erreger aber nicht identifiziert wurde [5].

Konkrete Berichte über das Vorkommen von Schadinsekten fehlen.

Nutzung

Sowohl die fertile wie die samenlose Form von *A. altilis* hat in Polynesien, aber auch in anderen, nicht zum natürlichen Areal zählenden tropischen Regionen eine erhebliche wirtschaftliche Bedeutung. Das gilt auch für Teile Mittelamerikas und für den Norden Südamerikas (u.a. Mexiko, Panama bzw. Guyana, Kolumbien), insbesondere aber für die Karibischen Inseln, wo Jamaica seit dem Ende des 18. Jahrhunderts das Zentrum der weiteren Verbreitung darstellt [5].

Gegenstand der Nutzung sind reife und unreife Früchte, mitunter auch die Samen. Erstere werden roh verzehrt, gekocht oder gebraten. Die Samen röstet man. Mit zunehmender Reife nimmt der Stärke- zugunsten des Zuckergehaltes ab. Aus getrocknetem Fruchtfleisch gewonnenes Mehl hat einen hohen Nährwert. Es enthält[9]:

53,4 – 75,7 %	Stärke
10,0 – 31,8 %	Gesamt-Zucker
2,9 – 5,1 %	Proteine
2,9 – 6,6 %	Fasern
1,9 – 4,1 %	Asche
0,8 – 1,9 %	Fett

In unreifen Früchten dominiert bei den Zuckern die Fruktose, bei reifen hingegen Glukose und Saccharose.

Die Samen setzen sich wie folgt zusammen[10]:

76,2 %	Kohlenhydrate
13,3 %	Proteine
6,2 %	Fett
2,5 %	Fasern.

Außerdem enthalten sie relativ große Mengen an Ca, K und Fe.

[4] Acta Hort. 1995, 93-98
[5] Alafua Agric. Bull. 1984, 21-26
[6] South. Ind. Hort. 1987, 397
[7] Plant Dis. 1991, 968
[8] Ind. Phytopath. 1988, 629-630
[9] J. Food Sci. 1984, 1396-1397
[10] Caribb. J. Sci. 1983, 27-32

Brotfrüchte lassen sich in Polyäthylen-Tüten bei tiefen Temperaturen längere Zeit lagern, dabei bleibt der Reifezustand ohne Einfluß, Kältegrade unter 12 °C führen aber zu Schäden[11]. Für frische Fruchtscheiben gelten ähnliche Bedingungen, gekochte Scheiben bleiben bei –15 °C elf Wochen erhalten[12].

Unreife Früchte geringer Qualität liefern gekocht ein Futter für Schweine, sind aber als Geflügelfutter weniger gut geeignet. Reife Früchte stellen demgegenüber in allen Anbaugebieten ein exzellentes, uneingeschränkt einsetzbares Viehfutter dar [5]. In Indien werden überdies auch die Blätter des Brotfruchtbaumes an Rinder und Ziegen verfüttert.

Eher als Nebennutzungen sind schließlich die Herstellung von Surfbrettern auf Hawaii sowie Anpflanzungen als schattenspendender Park- und Gartenbaum zu betrachten. Die Verwendung des klebrigen Milchsaftes zum Vogelfang geht auf frühere Zeiten zurück.

Verschiedenes

– Frische wie gekochte Brotfrüchte geben etwa 40 volatile Stoffe ab, von denen Alkohole (hauptsächlich cis-3-Hexanol) bei den frischen und Azetate (Äthyl-Azetat) bei den gekochten Fruchtständen überwiegen[13].

---

[11] Trop. Agric. 1974, 407-415
[12] Trop. Sci. 1981, 67-74
[13] J. Agric. Food Chem. 1994, 975-976

Weiterführende Literatur

[1] ANONYMUS, 1982: Fruit-bearing forest trees. FAO Forestry Paper 34, FAO, Rome.
[2] KEATING, W. G.; BOLZA, E., 1982: Characteristics, Properties and Uses of Timbers. vol. 1. South-east Asia, Northern Australia and the Pacific. Inkata Press, Melbourne, Sidney, London.
[3] LITTLE, E. L., Jr.; SKOLMEN, R. G., 1989: Common Forest Trees of Hawaii (Native and Indtroduced). USDA Forest Serv. Agric. Handb. 679, Washington, D.C.
[4] LITTLE, E. L., Jr.; WADSWORTH, F. H., 1989: Common Trees of Puerto Rico and the Virgin Islands. USDA Forest Serv., Agric. Handb. 249, Washington, D.C.
[5] MORTON, J. F., 1987: Fruits of Warm Climates. Creative Res. Syst., Inc., Winterville, N.C.
[6] RAGONE, D., 1997: Conservation of Breadfruit Germplasm. Public Garden 12, 2.
[7] RAUH, W., 1994: Morphologie der Nutzpflanzen, 2. Aufl. Verlag Quelle und Meyer, Heidelberg.
[8] ROHWER, J. G., 1993: Moraceae. In: KUBITZKI et al. (edt.): The Families and Genera of Vascular Plants. Vol. II. Springer-Verlag, Berlin und Heidelberg.

Abb. 8: Rinde eines mehrstämmigen, adulten Baumes

Der Autor:

Dipl.-Forstwirt L. MARAZ
Pro Regenwald
Frohschammerstr. 14
D-80807 München

Aspidosperma cruentum WOODSON

syn.: Aspidosperma spruceanum BENTH. ex MUELL. ARG.

Quillobordon   Familie: Apocynaceae

Costa Rica:	Manglillo, Amargo
Panama:	Alcaretto
Guatemala:	Mylady
Mexiko:	Colorado, Volador
British Honduras:	Red Malady

Abb. 1: Aspidosperma cruentum. Freigestellter Altbaum mit annähernd runder Krone (Costa Rica, Halbinsel Osa). Im geschlossenen Bestand sind die Kronen eher schirmförmig und die Äste gehen im spitzen Winkel vom Stamm ab. Von Anbeginn im Freistand erwachsene Bäume können in der Form sehr variieren.

Aspidosperma cruentum ist ein typischer Vertreter des Primärwaldes und kommt überwiegend in sehr feuchten Regenwäldern des mittelamerikanischen Tief- und Hügellandes vor. Der Baum zählt zu den Arten der obersten Kronenschicht und überragt mit Höhen bis zu 55 m oftmals das Kronendach [2, 17]. Andere Autoren nennen Maximalhöhen von 35 m [6]. Das Holz der Art wird regional sehr geschätzt (Hausbau) und daher in großem Umfang in den Primärwäldern eingeschlagen.

Der Gattungsname *Aspidosperma* geht auf die Gestalt der flachen, kreisrunden bis ellipsoiden Samen zurück (lat.: aspidos = Schild), während der Zusatz „*cruentum*" den blutroten Latex des Baumes beschreibt (lat.: cruentus = blutig, blutrot).

Abb. 3: Blutroter Latex in der Rinde und im Mark von Ästen und Zweigen

Verbreitung

Das natürliche Verbreitungsgebiet von *Aspidosperma cruentum* erstreckt sich von Mexiko (Veracruz) über Zentralamerika bis nach Kolumbien, Venezuela und Guyana [8, 21]. In Costa Rica kommt die Art hauptsächlich auf der Halbinsel Osa und im Gebiet des Golfo Dulce vor, nördlich davon wurden einzelne Exemplare bei Quepos (Playa Manuel Antonio) beschrieben. Besonders große Individuen (55 m Höhe) finden sich im Corcovado Nationalpark bei Sirena am Río Claro und 5 km südwestlich von Ríncon [2, 17]. Die Häufigkeit des Vorkommens von Altbäumen wird für Costa Rica mit 1 bis 10 Individuen pro Hektar angegeben und die Art damit als „häufig" eingestuft [10].

Morphologie

Die Baumart zeichnet sich durch eine schirmförmig, manchmal auch pyramidal bis rundlich ausgebildete **Krone** und einen geraden, zylindrischen Stamm mit BHD bis 1 m aus, der zwei Drittel der Länge ausmacht [5]. Bei Bäumen im Freistand setzen die Äste rechtwinklig, bei Individuen im Bestand spitzwinklig zum Stamm an.

Die äußere **Rinde** („outer bark") ist dünn, weißlich-grau, besitzt Lenticellen, bei Altbäumen eine auffällige Ringelung und weist seichte Einbuchtungen auf. Die innere Rinde („inner bark") ist dick, granular, und von gelblich-hellbrauner Farbe [6]. Bei Jungbäumen zeigt die äußere Rinde oft eine wabenartige Strukturierung.

A. cruentum ist eindeutig durch den sauren, dickflüssig-klebrigen, blutroten **Latex** zu identifizieren, der reichlich in der Rinde und im Mark von Ästen und jungen Zweigen vorhanden ist, im unteren Stammbereich jedoch fehlt. In Blättern und in Sämlingen zeigt der alkaloidhaltige, leicht aromatische Milchsaft weiße Färbung. Dem bitteren Geschmack des Milchsaftes sowie des Holzes verdankt der Baum die Bezeichnung „Amargo" (span.: bitter). Weitere Namensgebungen stehen meist im Zusammenhang mit der Rotfärbung des Milchsaftes (z.B. „colorado", „red malady").

Jungbäume besitzen eine tiefreichende **Hauptwurzel**, von der kräftige Seitenwurzeln abzweigen, die oberflächennah (0 bis 20 cm) verlaufen und sich fächerförmig ausbreiten. Brettwurzeln wurden bei den costaricanischen Individuen nicht beobachtet [17], sollen aber bei Bäumen Panamas angedeutet sein [6].

Die einfachen, ganzrandigen **Blätter** stehen wechselständig an den längsgefurchten Zweigen, erreichen eine Länge von 26 cm und eine Breite von 7 cm [18, 19].

Abb. 2: Borke eines 3jährigen (links) und eines 11jährigen Baumes

Die Oberseite der wachsig-ledrigen, sehr robusten Blätter ist glänzend grün, die Unterseite blasser, seidig-matt und manchmal mit einem „mehligen Belag" bedeckt [6]; die gewellten Blattränder sind nach unten eingerollt. Bei Jungbäumen treten oft sehr große Blätter auf, während Blätter aus der obersten Kronenregion von Altbäumen eher klein sind. Die Blattstiele sind 2 bis 4 cm lang und kahl, die Spreite ist oval-elliptisch, der Apex breit abgerundet oder spitz zulaufend, die Basis keilförmig abgerundet bis spitz. Jüngere Blätter sind eher lanzettförmig, später apikal abgerundet bis eiförmig. Die Nerven enden frei am Blattrand und treten besonders auf der Blattunterseite deutlich hervor. Die zahlreichen (> 22), dicht gedrängten Sekundärnerven verlaufen flach ansteigend, wobei jeweils eine kräftige Ader mit einer schwächeren Ader abwechselt; dazwischen verzweigt sich die Nervatur netzartig.

Ein Großteil der Blätter verbleibt auch während der Trockenzeit am Baum. Im Gegensatz zu den Blättern der meisten anderen Baumarten verfärbt sich nach dem Fall die Oberseite schwarz, die Unterseite silbrig. Der ledrigen

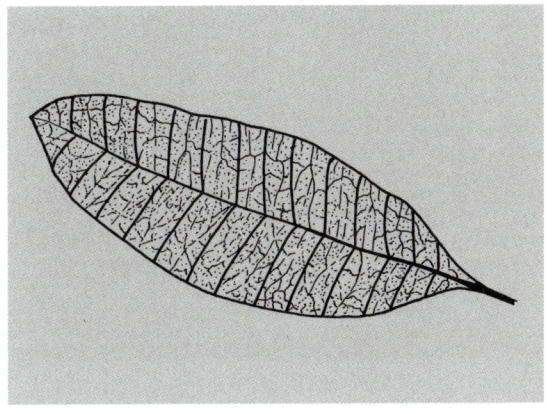

Abb. 5: Laubblatt (nat. Größe), nach [17]

Beschaffenheit der Blätter verdankt der Baum seinen Namen „Manglillo"; sie erinnern ein wenig an die Blätter von *Rhizophora mangle*.

Die zahlreichen aktinomorphen, monoezisch verteilten **Blüten** sind in endständigen oder subterminalen Thyrsen angeordnet. Die Teilinfloreszenzen sind 1,0 bis 1,5 cm, die Stiele der Einzelblüten 1 bis 2 mm lang. Der grünliche Kelch hat 5 eiförmige, 2 bis 3 mm lange und dicht bräunlich-weiß behaarte Zähne. Die 5 gelblich-weißen Kronblätter sind zu einer 3 bis 4 mm langen Röhre verwachsen; die freien, lanzettförmigen Enden werden bis zu 4 mm lang und sind in der Knospe spiralig linkswindend gedreht. Von anderer Seite werden Maximallängen der freien Kronblattenden mit 1,5 bis 2,0 mm angegeben [6]. Die Tubus-Innenseite ist behaart, die 5 Staubblätter entspringen auf halber Länge der Kronröhre; die bis zu 1 mm langen Antheren sind frei und genauso lang wie die Filamente. Eine Besonderheit der Gattung stellen longitudinale Spalten in der Kronröhre dar, die sich hinter den Staubblättern befinden [20]. Das oberständige Gynoeceum besteht aus 2 freien Karpellen, die sich zu Balgfrüchten entwickeln. Die Blüten bleiben auch nach dem Öffnen in sich verdreht, so daß der Blütenkelch nahezu geschlossen ist. Dies läßt vermuten, daß die Bestäubung von langzüngigen Bienen oder Schmetterlingen durchgeführt wird [6].

Die hängende, vielsamige **Balgfrucht** ist mit einem kurzen Stiel (1 bis 3 cm) am Zweig befestigt, besitzt asymmetrisch-birnenförmige Gestalt und kann Längen bis 20 cm und Breiten bis 13 cm erreichen. Andere Autoren führen Maximalgrößen von 16 cm Länge und 11 cm Breite an [6, 19]. In gewisser Weise gleicht sie dem Kopf eines Golfschlägers, der apikal eine kleine Spitze ausgebildet hat. Die Frucht ist seitlich stark zusammengedrückt und hellbraun gefärbt. Die filzige Oberfläche zeigt seidig-schimmernden Glanz und weist mehrere erhabene Leisten auf, wobei die Mittelrippe bei einzelnen Früchten besonders stark ausgeprägt sein kann.

Abb. 4: Blütenstände mit gelblich-weißen Zwitterblüten

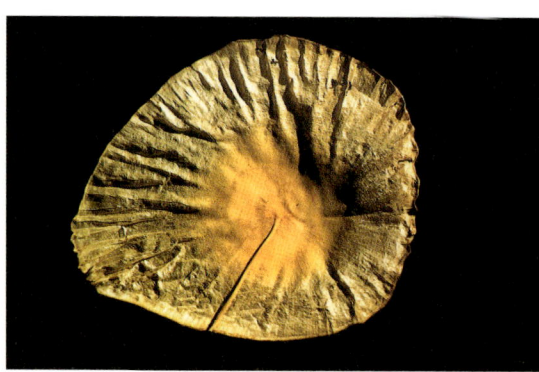

Abb. 6: Flugsamen. Im Zentrum sind die Kotyledonen zu erkennen

Das Perikarp ist verholzt, das Endokarp zeigt gelblich-beige Färbung und ist tief gefurcht. Die Balgfrüchte platzen bei der Samenreife an der Bauchnaht auf und entlassen pro Frucht zwischen 20 und 25 Samen. Der flache, weißliche **Samen** hat einen Durchmesser von 8 bis 14 cm und wird von einem pergamentartig dünnen Flügel umgeben, der aus der Sklerotesta hervorgeht. In anderen Beschreibungen wird der Samendurchmesser mit maximal 10 cm angegeben [6, 19]. Die Samen liegen fächerförmig angeordnet in der Frucht und sitzen mit einem Stiel der Fruchtwand an.

Taxonomie

Hinsichtlich der Nomenklatur und der Abgrenzung zu anderen Arten bestehen bei *Aspidosperma cruentum* erhebliche Unsicherheiten. Mehrfach wurde auf diese Problematik hingewiesen und anfangs vorgeschlagene Artnamen teilweise wieder revidiert [20]. Zu der großen Diversität in der Gattung kommt erschwerend die Variabilität der Merkmalsausprägung innerhalb des Individuums hinzu.

Am häufigsten tritt eine Verwechslung mit *Aspidosperma megalocarpon* auf oder der Name wird als Synonym verwendet. So werden Eigenschaften beider Arten vermischt, *A. cruentum* wird mit *A. megalocarpon* gleichgesetzt [14, 19] oder es werden unter beiden Namen lediglich die Charakteristika von *A. cruentum* angeführt [21]. Ferner existieren Artbeschreibungen, die sich ausschließlich mit *A. megalocarpon* befassen [1, 10]. Vergleicht man jedoch die angeführten Merkmale mit denen anderer Artbeschreibungen, die beide Arten voneinander abgrenzen [6] und zieht zusätzlich die Habitatansprüche der Arten in Betracht, so wird klar, daß es sich um *A. cruentum* handeln muß. Diese Vermutung wird auch durch andere Quellen gestützt [2, 8]. Es existieren nur wenige Arbeiten, die beide Arten klar voneinander unterscheiden [6, 8] oder

die Verwechslungsproblematik ansprechen [15]. Neben diesen Anhaltspunkten aus der Literatur lieferten Aussagen von Mitarbeitern des Staatsherbars Costa Ricas, sowie des INBIO = „Instituto Nacional de Biodiversidad" nützliche Hinweise zur Einordnung der Arten.

Eine Gegenüberstellung arttypischer Merkmale von *A. cruentum* und *A. megalocarpon* zeigt nachfolgende Tabelle (nach [6, 15, 19]; ZAMORA und AGUILA, 1992, pers. Mitt.):

	A. cruentum	A. megalocarpon
Blattstiele	2 – 4 cm	0,6 – 1,5 cm
Blütenstand	Thyrsus	Rispe
Einzelblüte	4 mm lang	> 1 cm lang
Stamina	auf halber Höhe der Kronröhre angewachsen	nahe der Öffnung der Kronröhre angewachsen
Früchte	„Golfschlägerform" mit Spitze, leicht asymmetrisch ohne Lenticellen	stark asymmetrisch mit Lenticellen
Milchsaft	–weiß in Blättern und Keimlingen –dickflüssig und orangefarben in jungen Zweigen und Früchten –blutrot in Ästen des oberen Stammes –unterer Stamm ohne Latex	weißer Latex
Habitat	Tieflandregenwälder	Trockenwälder
Blattwurf	± immergrün, wirft höchstens einen Teil der Blätter ab	während der Blüte

Ökologie

Die Art bevorzugt mittelmäßig bis gut drainierte Standorte, gedeiht sowohl auf nährstoffarmen, sandigen Böden als auch auf schweren, lehmigen Roterden (pH-Bereich 4,9 bis 5,4) und ist bis auf Anhöhen von 700 m ü. NN zu finden [10, 13].

Wenn die Holzdichte (nach [3]) ein Indikator für die Wüchsigkeit und den Sukzessionsstatus einer Art ist, zählt *A. cruentum* ($r_{12} = 0{,}95$ g/cm³) eher zu den langsamwachsenden „Spätbesiedlern". Im Freistand gepflanzte Jungbäume zeigten jedoch große Wuchskraft [17] und nach Aussagen einheimischer Förster kann die Art unter optimalen Lichtbedingungen hohe Zuwachsraten erreichen.

Naturverjüngung ist stets reichlich vorhanden und auch ältere Exemplare sind relativ häufig anzutreffen, während mittlere Altersstufen meist weniger stark vertreten sind.

Bezüglich der Lichtansprüche weist *A. cruentum* einen breiten Toleranzbereich auf, der sich allerdings in den verschiedenen Entwicklungsstadien etwas verschiebt. Keimlinge und Sämlinge gedeihen im dichten Bestand wie auf Freiflächen. Unter halbschattig-feuchten Bedingungen kann sich die Verjüngung offenbar am besten entwickeln. Ältere Stadien profitieren hingegen von erhöhten Strahlungsintensitäten. Im Bestand findet man neben zahlreichen Keimlingen auch mehrjährige, schattentolerante Jungpflanzen (10 % der Gesamtverjüngung im Umkreis der Altbäume). Ältere Bäume trifft man sowohl im Primärwald als auch auf Freiflächen an, wobei die Wuchsformen stark differieren.

Die Samen werden häufig von der blaßgrünen Larve des Zünslers *Noorda esmeralda (Pyralidae)* befallen, während verschiedene Rüsselkäferarten Gangsysteme in die holzigen Früchte bohren [10].

Phänologie und Reproduktion

Die Blüh- und Fruchtzeiten der Art sind äußerst variabel und hängen stark vom Einzelindividuum und dessen Standort ab.

In Blüte stehende Bäume wurden in Costa Rica (Halbinsel Osa) im August, September, Februar und März angetroffen [17], ferner werden die Monate Juli und Dezember als Blühperioden angegeben [2]. Für Panama (Barro Colorado Island) werden Blühzeiten von Mai bis Juli angeführt [6].

Reife Früchte sind auf Osa zwischen August und Ende November an Bäumen verschiedener Standorte [17], aber auch Mitte Dezember und Ende Februar zu beobachten

Abb. 7: Keimende Samen ohne Flügel. Untere Reihe: Samen ohne äußere Testa

[2]. Der Samenflug setzt Mitte September ein und dauert bis Ende November an, wobei es zeitliche Unterschiede in der Samenentlassung zwischen benachbart stehenden Individuen gibt [17]. Von anderer Seite werden auch Februar, Mai, Juni und Juli als Monate der Samenproduktion angegeben [3, 13]. In Panama (Barro Colorado Island) fallen die Samen zwischen März und April [6].

Die Bäume Costa Ricas blühen und fruchten in der Regen- wie in der Trockenzeit. Die Individuen blühen in zweijährigen Abständen, d.h. die Bäume stehen in den Jahren, in denen sie fruchten, nicht in Blüte [6, 17]. Der Baum produziert daher im Zweijahres-Rhythmus reichlich Früchte und Samen, letztere werden durch den Wind oft über weite Strecken verbreitet. Der Flugfähigkeit der Samen verdankt der Baum die Bezeichnung „Volador" (span.: volador = fliegend).

Keimung und Keimlingsentwicklung

Die kreisförmigen, seitlich zusammengedrückten Flugsamen besitzen kein spezielles Nährgewebe, die Speicherung der Reservestoffe erfolgt in den rundlich-ovalen Kotyledonen (Durchmesser 3 cm). Die äußere, pergamentartig dünne, lichtdurchlässige Samenschale läuft in der Randzone zum Flügel aus. Die innere Samenschale ist stark reduziert und besteht aus einem membranösen Häutchen, das die Kotyledonen überzieht. Keine der beiden Samenschalen hindert die fleischigen Kotyledonen daran, bereits vor dem Keimbeginn zu ergrünen, falls Lichtkontakt gegeben ist.

Die Keimfähigkeit der frischen Samen liegt mit 86 bis 96 % sehr hoch, läßt jedoch nach wenigen Tagen bereits nach und sinkt innerhalb von 4 Wochen auf 53 % ab. Die Keimung erfolgt 3 bis 8 Tage nach der Aussaat und ist nach maximal 3 Wochen abgeschlossen. Die Keimung verläuft epigäisch, die Keimlinge sind cryptocotylar. Die sessilen Kotyledonen werden durch die Streckung des sehr stabilen Hypokotyls über den Boden gehoben und nehmen eine vertikale Stellung ein. Die Samenschale bleibt dabei mit den Kotyledonen verbunden und es erfolgt keine Entfaltung der Kotyledonen. Diese verbleiben mindestens 3 Monate am Keimling und fallen meist im Laufe des 4. Monats ab.

Die Primärwurzel weist 11 Tage nach der Keimung einen dichten Pelz aus Wurzelhaaren auf, 30 Tage nach Keimbeginn beginnt die Bildung von Sekundärwurzeln.

Das kräftige, runde Hypokotyl ist von beige-bräunlicher Färbung und erreicht eine Länge von ca. 9 cm.

Das Epikotyl bildet sich in der Regel erst nach Beendigung der Hypokotylstreckung aus. Die kleinen (0,5 cm), lanzettförmigen Primärblätter sind bereits entwickelt, wenn die Hauptwachstumsphase des Epikotyls beginnt.

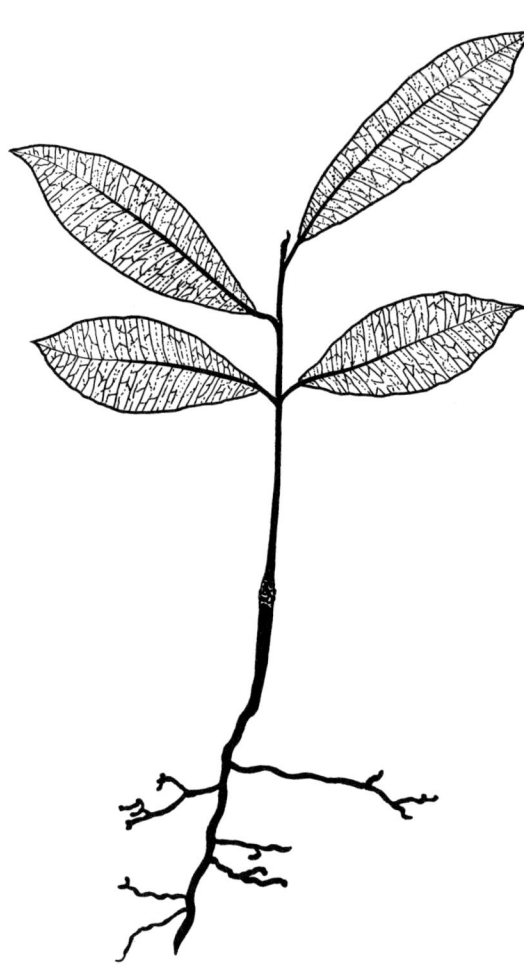

Abb. 8: Keimling (nat. Größe) mit 2 Primär- und 2 Folge-blättern, die Kotyledonen sind bereits abgefallen (nach [17])

Die ersten Folgeblätter erscheinen 1,5 bis 2 Monate nach der Keimung. 4 Monate alte Keimlinge besitzen durchschnittlich 3 bis 4 Folgeblätter.

Bemerkenswert ist die große Regenerationsfähigkeit der Jungpflanzen. Bei Fraßschäden durch Herbivore (z.B. Blattschneiderameisen) bildet sich ein „Ersatzsproß", sofern die Verletzung oberhalb der Kotyledonen erfolgte [17].

Anzucht

Für die Anzucht der Keimlinge ist Halbschatten (ca. 40 % der vollen Sonneneinstrahlung) gut geeignet. In der Sonne aufgezogene Pflanzen bleiben im Wachstum zurück. Im Halbschatten und Schatten sind während der ersten drei Entwicklungsmonate Ausfälle von 14 bis 37 %, in der Sonne aber von 53 % zu verzeichnen. Mit dem Alter von zwei Monaten geht die Sterblichkeit stark zurück. 3 bis 5 Monate alte Pflanzen reagieren auf erhöhte Lichtintensität mit gesteigertem Wachstum und können auf sonnige Flächen (> 40 % der vollen Sonneneinstrahlung) verpflanzt werden [17].

Holz

Das Holz von Arten der Gattung *Aspidosperma* wird aufgrund des Erscheinungsbildes und der Verarbeitungsmöglichkeiten in Costa Rica sehr geschätzt, besitzt allerdings keine Bedeutung für den Export.

Hölzer der Arten *A. cruentum*, *A. desmanthum* MUELL. ARG., *A. woodsonianum* MGF. und *A. megalocarpon* MUELL. ARG. (= Araracanga-Gruppe) stimmen weitgehend in ihren Eigenschaften (anatomische Charakteristika, Härte, Dichte und Gewicht) und ihrem Aussehen überein [6, 18].

Die mechanischen Eigenschaften des Holzes von *A. cruentum* zeigt die folgende Tabelle (Werte basieren auf ASTM D 143 (1-Zoll-Probestücke) (nach [5, 7, 18]).

Wasser-gehalt	Statische Biegefestigkeit (psi)	Elastizität (1000 psi)	Maximale Bruchfestigkeit bei Belastung parallel zur Faser (psi)
waldfrisch	14 100	2 500	6 650
12%	20 790	2 760	11 110

Das Holz von *A. cruentum* ist hart, schwer und fest, dabei aber extrem elastisch [12]. Die Rohdichte (r_{12}) beträgt 0,95 g/cm³. Im Vergleich zu anderen Arten ähnlicher Dichte zeichnet es sich durch eine außergewöhnlich hohe Biege- und Bruchfestigkeit aus [11].

Frisch geschnittenes Kernholz zeigt hellorange-rote bis rötlich-braune Färbung, im getrockneten, exponierten Zustand verfärbt es sich blaßgelb bis bräunlich. Der Splintholzmantel ist schmal, weiß-gelblich, dunkelt im exponierten Zustand nach und läßt sich dann nicht mehr deutlich vom Kernholz unterscheiden [5, 7].

Das Holz schwindet mäßig [9], ist äußerst dauerhaft und sehr widerstandsfähig gegen Insektenbefall und marine Bohrwürmer [7, 18]. Ferner zeichnet es sich durch die Resistenz gegen Weiß- und Braunfäulepilze aus [1].

Die Maserung verläuft geradlinig bis unregelmäßig; die Textur ist gleichmäßig und ziemlich fein. Das Holz trocknet sehr gut, ohne daß die Gefahr des Werfens oder Reißens besteht [4]. Im getrockneten Zustand weist es keinen ausgeprägten Geruch, aber bitteren Geschmack auf. Es läßt sich trotz seiner hohen Dichte ausgezeichnet verarbeiten, ist einfach zu glätten und nimmt starken Glanz an ([5], JENKINS, 1992, pers. Mitt.).

Die anatomischen Charakteristika sind innerhalb der Araracanga-Gruppe fast identisch [18]. Besonders die Hölzer von *Aspidosperma cruentum* und *Aspidosperma megalocarpon* sind sich sehr ähnlich und werden unter gleichem Handelsnamen (My Lady) geführt.

Die mikroskopischen Charakteristika von *A. megalocarpon* werden wie folgt angegeben [16]:

Zuwachszonen: undeutlich.

Gefäße:

zahlreich (durchschnittlich 4,7 pro mm²), einzeln stehend, Form elliptisch bis rund.

Durchmesser (tangential):	84 bis 190 µm, im Mittel 145 µm.
Durchmesser (radial):	122 bis 244 µm, im Mittel bei 185 µm.
Länge:	395 bis 760 µm, im Mittel bei 580 µm.

Holzstrahlen:

zweireihig,	7 bis 30 Zellen hoch (im Mittel 18)
einreihig,	3 bis 12 Zellen hoch (im Mittel 7,5).

Fasern:

lange, vielfach septierte Libriformfasern (2 bis 6 Septen pro Faser)

Länge:	1107 bis 1816 µm, im Mittel bei 1552 µm.
Durchmesser:	zwischen 16 und 31 µm.
Wände:	sehr dick (mittlere Dicke: 12 µm).
Mittlerer Durchmesser des Lumens:	1 µm.

Nutzung

Aspidosperma cruentum zählt aufgrund der guten Holzqualität zu den wirtschaftlich nutzbaren Arten und wird vor allem als Bau- und Konstruktionsholz für stärkere Beanspruchungen verwendet. So benutzt man es vorwiegend beim Hausbau für tragende Konstruktionen und Innenausbauten, Furniere, Vertäfelungen, Fußböden und als Parkett. Es eignet sich außerdem für die Herstellung von Eisenbahnschwellen und für den Floßbau, da es nur sehr langsam verwittert [1]. Häufig findet das Holz im Bereich des Kunsthandwerkes in Form von Einlege- und Drechselarbeiten Verwendung.

Ferner werden daraus Schiffsbaugerüste, Möbel, Werkzeugstiele sowie Sport- und Spielzeugartikel gefertigt [5, 14, 18]. Auf der Halbinsel Osa wird es auch als Brennholz genutzt. Die Innenseiten der verholzten Früchte werden gelegentlich bemalt und als „Artesanía" (Kunsthandwerk) verkauft.

Weiterführende Literatur

[1] ALLEN, P.H., 1956: The rain forests of Golfo Dulce. Stanford University Press, Stanford, California.

[2] ANONYMUS, 1992: Aufzeichnungen des Staatsherbars im Museo Nacional de Costa Rica, Beleg-Nr. 79959, 18759, 150418.

[3] AUGSPURGER, C.K.; KELLY, C.K., 1984: Pathogen mortality of tropical tree seedlings: experimental studies of the effects of dispersal distance, seedling density, and light conditions. Oecologia **61**, 211–217.

[4] BEGEMANN, H.F., 1963: Lexikon der Nutzhölzer. Verlag und Fachbuchdienst Emmi Kittel, Mering, S. 417.

[5] CHUDNOFF, M., 1980: Tropical timbers of the world. US Forest Products Laboratory, USDA, Madison, Wisconsin, 31–32.

[6] CROAT, T.B., 1978: Flora of Barro Colorado Island. Stanford University Press, Stanford, California, 6–8, 17–18, 700–703, 892–894.

[7] DICKINSON, F.E.; HESS, R.W.; WANGAARD, F.F., 1952: Properties and uses of Tropical Woods, I. Yale University School of Forestry, Connecticut, 33–37.

[8] GOMEZ-POMPA, A., 1966: Estudio del género Aspidosperma para la flora de Misantla, Vera Cruz. Ciencia **24**, 217–222, Mexico.

[9] HUERTA-CRESPO, J.; BECERRA-MARITNEZ, J., 1976: Anatomía macroscopica y algunas características fisicas de diecisiete maderas tropicales Mexicanas. Boletin Divulgativo, Instituto Nacional de Investigaciones Forestales **46**, 9–11.

[10] JANZEN, D.H., 1983: Costa Rican Natural History. The University of Chicago Press, Chicago.

[11] KELLOGG, R.M.; WANGAARD, F.F., 1964: Influence of fiber strength on sheet properties of hardwood pulps. TAPPI **47**, 361–367.

[12] LAMB, A.F.A., 1946: Forty-two secondary hardwood timbers of British Honduras. Forest Department Bulletin **1**, 68–70.

[13] NICHOLS, D.; GONZALEZ, E., 1991: Especies nativas y exóticas para la reforestación en la zona su de Costa Rica. Universidad Estatal a Distancia. 73 p.

[14] NIEMBRO, R.A., 1986: Arboles y arbustos utiles de Mexico. Editorial Limusa, Mexico, p. 39.

[15] PENNINGTON, T.D.; SARUKHAN, J., 1968: Arboles tropicales de México. Instituto Nacional de Investigaciones Forestales, 354–355.

[16] PERALTA, C.G., 1981: Caratteristiche anatomiche ed usi di 25 specie legnose provenienti dalla Republica

di Panama. Revista di Agricoltura Subtropicale e Tropicale **75**, 325–329.

[17] PICKL, S., 1993: Aspidosperma cruentum – Beschreibung einer Baumart des lateinamerikanischen Regenwaldes und Untersuchungen zu ihrer generativen Vermehrung. Diplomarbeit an der LMU München.

[18] RECORD, S.J.; HESS, R.W., 1943: Timbers of the new world. Yale University Press, New Haven, 58–61.

[19] STANDLEY, P.C.; WILLIAMS, L.O., 1969: Flora of Guatemala. Fieldiana: Botany **24**, 334–340.

[20] WOODSON, R.E., 1951: Studies in the Apocynaceae. VIII. An interim revision of the genus Aspidosperma MART. & ZUCC. Annals Missouri Bot. Garden **38**, 119–206.

[21] WOODSON, R.E.; SCHERY, R.W., 1970: Flora of Panama. Annals Missouri Bot. Garden **56/57**, 59–63, 82–84.

Die Autorin:

Dipl.-Biol. SUSANNE PICKL
Karl-Hromadnik Str. 13a
D–81241 München

Aspidosperma myristicifolium (MGF.) WOODSON

Naranjo

Familie: Apocynaceae

Costa Rica: Cara de tigre
Ecuador: Naranjo, Naranjo de monte

Aspidosperma myristicifolium ist vorwiegend in den sehr feuchten Primärwäldern des mittelamerikanischen Tief- und Hügellandes verbreitet. Bevorzugte Standorte sind gut drainierte Abhänge oder Bergrücken.

Der Baum erreicht Höhen bis ca. 35 m und zählt zu den Arten des Kronendaches, kann aber wie *A. cruentum* auch zum Überständer heranwachsen [2, 4]. Jungbäume kommen im Bestand und auf Freiflächen vor. Die Flugsamen stimmen in Aussehen und Größe mit jenen von *A. cruentum* überein.

Die wirtschaftliche Bedeutung der Art ist gering.

Verbreitung

Die Art ist in Costa Rica äußerst selten (< 0,01 Individuen pro Hektar) und kommt nur noch auf der Halbinsel Osa, im Gebiet des Corcovado Nationalparkes vor [2, 4]. In den Primärwäldern 5 km südwestlich von Rincón de Osa ist sie allerdings relativ häufig anzutreffen und bei der Bevölkerung gut bekannt [4]. In Panama soll die Art aufgrund übermäßiger Nutzung (Brennholz) bereits ausgerottet sein (AGUILA, 1992, pers. Mitt.).

In der Literatur konnten keine Hinweise auf weitere Vorkommen gefunden werden, die einzigen Beschreibungen stammen aus Ecuador [3, 5].

Morphologie

A. myristicifolium weist eine rundliche bis länglich-ovale **Krone** auf.

Der auffällig gewundene, bizarr anmutende **Stamm** ist lamellenartig durchbrochen und erreicht Brusthöhendurchmesser bis 1 m. Aufgrund seiner Form entstand auch der Lokalname „Cara de tigre" (span. = Gesicht des Jaguars).

Die Rinde ist hellgrau; Stamm, Äste und Blätter besitzen klebrig weißen Milchsaft. Die Äste sind relativ schlank, bei jungen Bäumen noch braun behaart, später glatt und besitzen Lenticellen [5].

Abb. 1: Laubblätter von Aspidosperma myristicifolium. Kennzeichnend sind die steiler ansteigenden Seitennerven als bei A. cruentum.

Die wechselständigen **Blätter** können eiförmig bis umgekehrt lanzettförmig sein und weisen eine kurz ausgezogene Spitze auf. Die Basis ist abgerundet, der Ansatz ungleich. Sehr charakteristisch sind die stark gewellten, nach unten eingerollten Ränder.

Jungbäume im Freistand weisen Blattgrößen bis zu 35 cm Länge und 14 cm Breite auf [4], von anderer Seite werden maximale Längen von 20 bis 25 cm und Breiten von 7 bis 10 cm angegeben [5].

Die Oberseite der ledrigen Blätter ist matt-grün, die Unterseite heller gefärbt. Die unterseits deutlich hervortretenden Sekundäradern (12 bis 14) liegen relativ weit voneinander entfernt, die Tertiärnervatur verläuft planar. Die Sekundärnerven verzweigen sich verstärkt zum Blattrand hin, um dann eine gemeinsame Randader zu formieren, die bogenförmig verläuft.

Die **Infloreszenzen** sind achselständig, dichasial verzweigt, vielblütig und filzig-braun behaart. Die orbicularen Kelchblätter sind 2 mm lang und wie die Außenwand der Kronröhre dicht braun behaart. Der Tubus der Kronröhre ist 6 mm lang, 2 mm breit, die rechteckigen Kronblätter besitzen die gleichen Maße. Die 5 Stamina setzen auf halber Höhe der Kronröhre an, die Antheren sind mindestens 0,5 mm lang. Das kugelförmige Ovarium ist 1 mm groß und dicht weiß behaart [5].

Die sitzenden **Balgfrüchte** sind sehr breit, wie ein „D" geformt und weisen einen samtig braunen Überzug aus feinen Härchen auf. Die Länge beträgt ca. 12 cm, die Breite 9 cm. Die Oberfläche der Außenseite ist nicht gerippt und auch das Endokarp ist im Gegensatz zu A. *cruentum* kaum strukturiert. Ferner fehlt die bei A. *cruentum* ausgeprägte Spitze am distalen Ende der Frucht. Die Frucht enthält ca. 20 **Samen** (Durchmesser ca. 10 cm), die von einem Flügel umgeben sind und den Samen von A. *cruentum* zum Verwechseln ähnlich sehen. Darüber hinaus erfolgt der Samenflug nahezu zeitgleich (Mitte Oktober bis Mitte Dezember), so daß eine Unterscheidung der beiden Arten allein anhand der Samen nicht möglich ist.

Abb. 2: Geöffnete Früchte

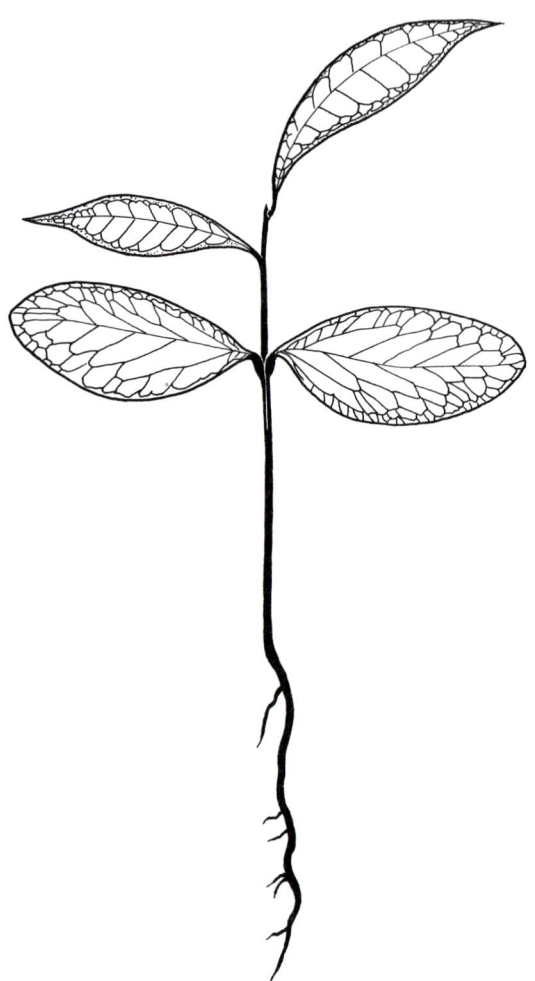

Abb. 3: Keimling (nat. Größe), nach [4]

Holz und Nutzung

Die Holzqualität von A. *myristicifolium* wird als mäßig bis gut eingestuft [1]. Stämme junger Bäume werden in Costa Rica (Halbinsel Osa) wegen ihrer dekorativen, gewundenen Form gern und häufig als Stützsäulen für Veranden verwendet [4]. Im übrigen wird die Art als Brennholz genutzt [1] und vereinzelt im Bereich des Kunsthandwerkes verwendet.

Vergleich der Keimlinge von A. myristicifolium und A. cruentum

Keimlinge von *Aspidosperma myristicifolium* weichen in ihrem Aussehen deutlich von Keimlingen der Art *Aspidosperma cruentum* ab. Das Hauptunterscheidungskriterium ist die Form der Primärblätter.

Die Primärblätter von *A. myristicifolium* zeigen rundlich-eiförmige Gestalt und besitzen keine Spitze. Die Oberseite ist tief dunkelgrün, die Unterseite heller, die Blattränder sind nach unten eingerollt. Die Mittelrippe und die Sekundärnervatur treten auf der Ober- und Unterseite deutlich hervor. Die sekundären Blattadern verzweigen sich auf halber Strecke zwischen Mittelrippe und Blattrand bäumchenförmig und vereinigen sich in der Nähe des Randes zu einer gemeinsamen Ader. Der Stiel ist stengelumfassend, am Blattansatz verbreitert und reicht bis ca. 2 cm unter die Blattansatzstelle.

Auch in der Morphologie der ersten Folgeblätter gibt es Unterschiede zu *A. cruentum*: Die lanzettförmigen Blättchen besitzen eine meist länger ausgezogene Spitze, die Sekundärnerven gabeln sich in den Randbereichen, nehmen dadurch Kontakt mit den benachbarten Adern auf und bilden eine bogenförmige Randader. Eine zweite Reihe von Bögen spannt sich über diese Gabelungen. Kurze, unscheinbare Verzweigungsstücke ziehen von dort zum Blattrand. Die Tabelle faßt die wichtigsten Unterschiede zusammen:

	A. cruentum	A. myristicifolium
Primärblätter	länglich-lanzettförmig	rundlich-eiförmig
Folgeblätter	Sekundärnerven ziehen bis zum Blattrand	Sekundärnerven verzweigen sich
	Blattstiel nicht stengelumfassend	Blattstiel stengelumfassend
	Sekundärnerven ziehen bis zum Blattrand	Sekundärnerven verlaufen steiler und verzweigen sich

Weiterführende Literatur

[1] ANONYMUS, 1992: Planes de manejo. Centro Boscosa, Fundacíon Neotropica, Costa Rica.

[2] JANZEN, D.H., 1983: Costa Rican Natural History. The University of Chicago Press, Chicago.

[3] MARKGRAF, F., 1933: Geissospermum myristicifolium MGF. Notizblatt des Botanischen Gartens und Museums zu Berlin-Dahlem, Nr. 108, 11,187.

[4] PICKL, S., 1993: Aspidosperma cruentum – Beschreibung einer Baumart des lateinamerikanischen Regenwaldes und Untersuchungen zu ihrer generativen Vermehrung. Diplomarbeit an der LMU München.

[5] WOODSON, R.E., 1951: Studies in the Apocynaceae. VIII. An interim revision of the genus Aspidosperma MART. & ZUCC. Annals Missouri Bot. Garden 38, 119–206.

Die Autorin:

Dipl.-Biol. SUSANNE PICKL
Karl-Hromadnikstr. 13a
D–81241 München

Avicennia germinans (Linné) Linné, 1764

syn.: Avicennia nitida Jacq.

Schwarze Mangrove   Familie: Avicenniaceae

engl.:   Black mangrove
franz.: Manglier noir
ital: Mangle prieto

Abb. 1: Avicennia germinans. Einzelbaum auf Long Key, Florida

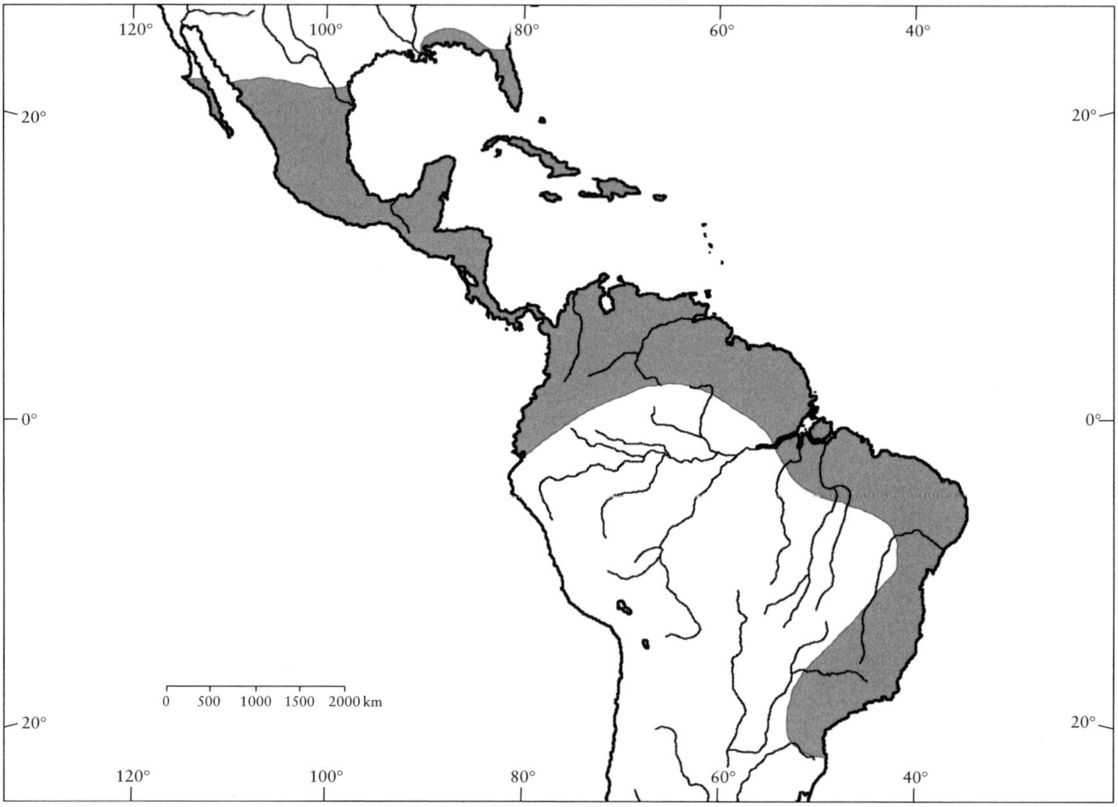

Abb. 2: Natürliches Verbreitungsgebiet (nach CHAPMAN [1])

Avicennia germinans gehört neben *Rhizophora mangle,* der roten, und *Laguncularia racemosa,* der weißen Mangrove zu den dominierenden baumförmigen Vertretern der neotropischen Mangrove-Vegetation, einer artenarmen, aber individuenreichen, an Salz- und Brackwasser angepaßten Pflanzengesellschaft höchster ökologischer Bedeutung.

Anders als *Rhizophora mangle,* besiedelt *A. germinans* nicht die am weitesten ins Meer hinausreichenden, sondern ein wenig höher gelegene, nicht dem gesamten Tidenhub ausgesetzte Teile des Mangrovegürtels. Zum Land hin wird sie von *Laguncularia racemosa* und *Conocarpus erectus* abgelöst.

Kennzeichnend für die immergrüne Art sind in großer Zahl gebildete, bleistiftstarke Atemwurzeln, sogenannte Pneumatophoren, welche das überschwemmte Wurzelsystem mit Sauerstoff versorgen. Das mit dem Meereswasser aufgenommene Kochsalz kristallisiert an den Blattoberflächen aus.

A. germinans bildet ein farbiges, steinhartes und sehr schweres Holz, hat aber dennoch keine wirtschaftliche Bedeutung.

Verbreitung

A. germinans ist eine Art der Neotropen. Ihr Areal umfaßt die Westindischen Inseln (einschließlich Bahamas, aber ohne Dominica), beide Küsten Mittelamerikas, die Pazifikküste Südamerikas bis Ecuador und NW-Peru (einschließlich Galapagos-Inseln und anderer vorgelagerter Inselgruppen) sowie die südamerikanische Atlantikküste bis Brasilien (ca. 27° s.Br.).

Die Art kommt auch in Texas, im Süden Floridas (Cedar-Key an der Karibikküste bis St. Augustine, Atlantikküste) sowie im Mississippi-Delta natürlich vor [3, 12].

An der südamerikanischen Ostküste überschneidet sich das *A. germinans*-Areal mit dem natürlichen Verbreitungsgebiet von *Avicennia schaueriana* und an der Pazifikküste Mittelamerikas zwischen San Salvador und Panama mit jenem von *Avicennia bicolor.* Das Vorkommen der Art ist strikt an Meeresküsten oder an Salzseen (Galapagos-Inseln) gebunden. Standorte in 15 m ü. NN an der Küste San Salvadors gelten als Ausnahme [1].

Abb. 3: Bestand am Rande des Areals (South Padre Island, Texas)

In Florida ist das Wachstum im Winter stark eingeschränkt; es entstehen häufig sylleptische, aber keine normalen Seitentriebe [2, 12]. Von den oberen Ästen starker Bäume hängen zahlreiche lange Luftwurzeln herab [3].

A. germinans ist immergrün. Die ledrigen, schmal elliptischen **Blätter** stehen dekussiert gegenständig. Sie werden 4,5 bis 15 cm lang, 1,8 bis 4,5 cm breit und sind kurz gestielt (2 bis 27 mm). Der eher flache Blattstiel ist oberseits rinnig vertieft und unterseits konvex [5]. Auffällig ist der Farbunterschied zwischen der glänzend sattgrünen (manchmal gelbgrünen) Ober- und der silbrig graugrünen, mit einem dichten Mantel feiner Haare bedeckten Unterseite der ganzrandigen Blätter. Das Blatt kann am Apex spitz oder stumpf auslaufen, die Spreitenbasis ist hingegen keilförmig verjüngt [5], und der Blattrand ist leicht verdickt, ebenso wie die Basis der relativ breiten Mittelrippe [8].

Morphologie

A. germinans kann unter günstigen Bedingungen zu einem schlanken, symmetrisch aufgebauten, bis 25 m hohen Baum heranwachsen, der einen Stammdurchmesser (BHD) von 40 cm erreicht [5]. Auf Sanibel Island, FL. wuchs bis 1973 ein Baum von knapp 17 m Höhe und einem Stammdurchmesser von 56,6 cm [14].

Oft sind die Abmaße geringer, so in Puerto Rico mit 3 bis 13 m Höhe und 30 cm BHD und insbesondere nahe der nördlichen Arealgrenze in Florida, wo die Art Strauchform annimmt [5, 13]. Der oft krumme Stamm trägt im allgemeinen eine tief ansetzende, weit ausladende Krone. Die im Querschnitt fast viereckigen Zweige sind in deutlich verdickte Knoten und 1 bis 9 cm lange Internodien gegliedert [5]. Auf der bräunlichen Rinde sind vereinzelte Lenticellen zu erkennen.

Abb. 5: Atemwurzeln

Kennzeichnend sind schließlich auch die auf beiden Blattseiten ausgeschiedenen Salzkristalle [12].

Zumindest in weichen Substraten bildet *A. germinans* lange, flachstreichende **Wurzeln** aus, die i.a. weit über den Kronendurchmesser hinausreichen. Besonders auffällig sind die aus dem Boden herausragenden, für *Avicennia*-Arten typischen Atemwurzeln (Pneumatophoren). Sie entstehen in großer Zahl und in ziemlich regelmäßigen Abständen als aufrechte Seitenwurzeln an den langen Hauptwurzeln, erreichen eine Höhe von gut 30 cm, sind etwa bleistiftstark, zugespitzt und verzweigen sich nur selten. Pneumatophoren dienen der Sauerstoffversorgung des submersen Wurzelsystems. Dieses besteht neben horizontal verlaufenden aus einer großen Zahl positiv geotrop wachsender Seitenwurzeln, welche den Baum im Boden verankern und die Aufnahme von Wasser und Nährsalzen übernehmen [12].

Stelzwurzeln kommen bei *A. germinans* nicht vor [5].

Abb. 4: Grüne Blattober- und graugrüne Blattunterseite

Abb. 6: Luftwurzeln

Das sehr harte, etwas ölige und sehr schwere **Holz** hat einen dunkelbraunen Kern, einen hellbraunen, rel. breiten Splint [3] und weist einen unregelmäßigen Faserverlauf auf.

Leicht festzustellen sind sehr regelmäßige Zuwachszonen, die aber nicht mit Jahrringen identisch sind. Die Zahl der Zonen korreliert eng mit dem Stammdurchmesser. Jeder Ring besteht aus Xylem, Phloem und einem Übergangsgewebe. Letzteres hebt sich als weißer Streifen von den schwach gelben Xylembändern ab. An seiner Innenseite befindet sich eine schmale Zone mit leitenden Phloem-Elementen [2]. Die Breite der Zuwachsringe wird nicht von Klima- oder Umweltfaktoren beeinflußt; die Zahl der Ringe pro Jahr variiert [2].

Die Rohdichte (r_{15}) liegt bei 0,95 g/cm³. Das Holz ist zwar sehr dauerhaft, aber nicht termitenfest [3, 5]. Frisch eingeschlagen riecht es nach Pilzen.

Die Borke des Stammes kann mehrere Farben annehmen: von schwarz über dunkelbraun bis rötlichbraun oder grau. Sie ist schwach längsrissig oder löst sich in dünnen Schuppen ab. Als kennzeichnend gilt die gelbe bis orangefarbene innere Rinde [3].

A. germinans blüht recht unauffällig. Die meist weißen, aber auch cremefarbenen bis gelblichen, kleinen **Blüten** stehen manchmal locker, manchmal dicht gedrängt in terminalen oder blattachselständigen, ährigen Infloreszenzen (Länge: 1,5 bis 6,5 cm; Breite: 1 bis 1,5 cm). In den Achseln von dekussiert angeordneten Deckblättern steht jeweils eine zygomorphe, 1 bis 2 cm lange, süßlich duftende Zwitterblüte. Pro Infloreszenz kommen 1 bis 15 Blüten vor [5]. Diese bestehen aus einem krugförmigen, tief 5zähnigen, hellgrünen Kelch (3 bis 5 mm lang), einer glockigen, vierzipfeligen Blütenkrone (12 bis 20 mm lang), die zu Beginn der Anthese eher gelb ist, später in Teilen weiß wird [5] und dann die Kronblattzipfel zurückbiegt, vier an der Basis der Kronblätter ansetzenden Staubblättern sowie einem Stempel mit zweilappiger Narbe.

Abb. 8: Blütenstand

Die Blüten sind proterogyn und bleiben mehrere Tage fängisch [12]. In der Karibik und in Florida fällt die Hauptblütezeit in die Monate Mai bis Juli, die Zeit der Samenreife schwerpunktmäßig in den Sept./Okt. [3, 12].

A. germinans liefert reichlich Nektar und ist eine wichtige Honigpflanze. Die aufgeblühten Infloreszenzen locken sehr viele Insekten an.

Avicennia-**Früchte** sind rundliche bis elliptische, dünnwandige, hellgrüne Kapseln, 2,5 bis 3,8 cm lang und 7 bis 13 mm breit. Sie öffnen sich an zwei Längsnähten und enthalten einen einzigen, rel. großen **Samen**. Dieser wiederum entbehrt der Samenschale und des Endosperms. Er besteht allein aus dem Embryo mit zwei großen, grünlichen, gefalteten Speicherkotyledonen, einer dicken Radicula mit vielen Wurzelhaaren, einem fast auf ganzer Länge behaarten Hypokotyl sowie einer mit bloßem Auge nicht erkennbaren Plumula [5].

Abb. 7: Borke eines alten Stammes

Abb. 9: Unreife Früchte am Zweig (links) und Beblätterung (rechts)

Im Regelfall keimt der Samen bereits am Baum, sprengt dadurch die Fruchtschale und fällt in den Schlamm, wo die Keimlingsentwicklung rasch fortschreitet. Ins Wasser fallende Embryonen werden mit der Strömung verbreitet.

Avicennia-Samen sind in gekochtem Zustand eßbar, roh aber giftig [3, 5].

Taxonomie

Die früher zu den *Verbenaceae* gestellte Gattung *Avicennia* betrachtet man nach einer von MOLDENKE [5] vorgenommenen taxonomischen Revision heute als separate Familie *(Avicenniaceae)*. Sie setzt sich aus elf Arten zusammen, welche ohne Ausnahme zu den Brack- und Salzwasser tolerierenden Komponenten der tropischen Mangrove-Vegetation zählen. Sechs Arten sind in der Alten Welt beheimatet (Indischer Ozean und West-Pazifik), eine *(A. africana)* an der westafrikanischen Küste und vier in den Neotropen.

Letztere lassen sich durch folgende Merkmale kennzeichnen (nach CHAPMAN [1]):

– *A. germinans:* Blätter meist mit spitzem Apex; Blüten weiß mit gelbem Grund. Atlantik- und Pazifikküste.

– *A. schaueriana:* Blattspreite zwei- bis dreimal so lang wie breit. Blütenstand ährig, dicht. Atlantikküste.

– *A. bicolor:* Blattspreite zwei- bis dreimal so lang wie breit. Blütenstand rispig, locker, rel. weit ausladend. Pazifikküste.

– *A. tonduzii:* Blattspreite länglich; drei- bis fünfmal so lang wie breit. Pazifikküste.

Vermehrung und Anzucht

A. germinans gehört zu den sog. viviparen Arten. Die Keimung vollzieht sich bereits in der noch am Mutterbaum befindlichen Frucht. Als Verbreitungseinheit fungiert somit kein Samen, sondern ein in Entwicklung befindlicher, etwa 3 cm langer Keimling mit großen Kotyledonen und kräftiger Keimwurzel. Die Streckung des Hypokotyls und die Ausbildung des Wurzelsystems setzen nach dem Fußfassen im Substrat ein.

An der Golfküste in Texas fallen die meisten viviparen Samen im Januar zu Boden. Der Salzgehalt des Substrates spielt für die Wurzelbildung keine entscheidende Rolle. In Laborversuchen faßten *Avicennia*-Keimlinge sowohl im Seewasser normaler (32 bis 37‰) wie stark erhöhter (65‰) NaCl-Konzentration Fuß, nicht aber in bewegtem Wasser und nicht in Wassertiefen über 5 cm [4].

Auch Pflanzungen gelingen nur in geschützten Bereichen mit geringer Wellenbewegung. Als Pflanzmaterial eignen sich angeschwemmte Keimlinge, welche man in Container setzt (organisches Substrat : Sand im Verhältnis 1 : 2) und feuchthält, bis sich das Wurzelsystem gut entwickelt hat.

Wässerung kann auch mit Leitungswasser erfolgen. Ein- bis zweijährige, im zeitigen Frühjahr ausgepflanzte Sämlinge wachsen zu etwa 50% an [11].

Unter natürlichen Bedingungen entstehen *Avicennia*-Keimlinge in großer Zahl. Sie fassen schnell Fuß, bilden schon im ersten Jahr kleine Bestände, haben aber – verglichen mit *Rhizophora mangle* und *Pelliciera rhizophora* – sehr hohe Abgänge [6].

8 cm

Abb. 10: Reife, getrocknete Früchte

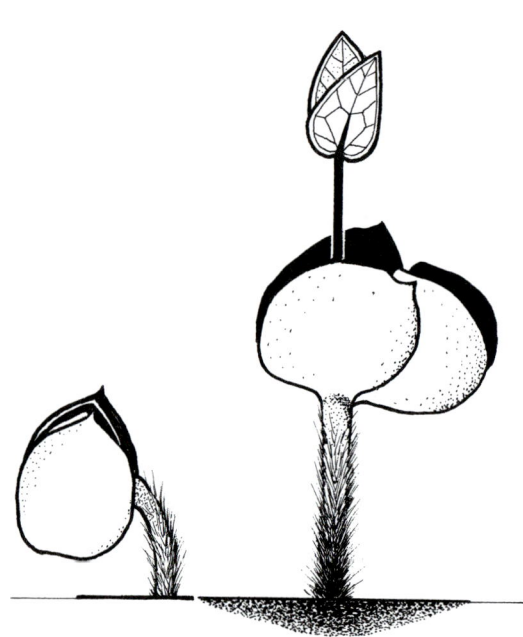

Abb. 11: Keimling in zwei Entwicklungsstadien (nat. Größe). Zwei große, grüne, gefaltete Kotyledonen stehen an der Spitze eines behaarten Hypokotyls

Ökologie

Ähnlich wie die anderen Arten der neotropischen Mangrove, wächst *A. germinans* vornehmlich im Brackwasserbereich geschützter, schlammiger Küsten, insbesondere an Flußmündungen. Nur selten bildet sie Reinbestände.

Frosthärter als *Rhizophora, Pelliciera, Laguncularia* und die anderen amerikanischen *Avicennia*-Arten dringt sie an der Atlantikküste (in Strauchform) auch in außertropische Regionen vor und wächst entlang der Flüsse landeinwärts [3].

Die ökologische Bedeutung dieser und anderer Mangrove-Arten liegt in der Stabilisierung der Küsten und damit in deren Schutz vor Sturmschäden. Vielen Fisch- und Crustaceen-Arten dient die Mangrove als Brutstätte, denn die Laubstreu bietet ihnen ein vorzügliches Futter, die dichten Wurzelsysteme den erforderlichen Schutz. Viele wichtige Speisefische verbringen Abschnitte ihrer Entwicklung in der Mangrove. Ibis, Pelikan und Reiherarten haben dort ihre Nistplätze.

Avicennia germinans besiedelt nach *Rhizophora mangle* die nächst höher, d.h. landeinwärts gelegene Zone, welche

nur von sehr hohen Fluten erreicht wird. Das eingedrungene Meerwasser stagniert und lagert einen sauerstoffarmen, salzreichen Schlamm ab.

Nur durch die Entwicklung spezieller morphologischer und physiologischer Einrichtungen vermag die Art diesen Extrembedingungen zu widerstehen.

So übernehmen die aus dem Schlamm herausragenden Atemwurzeln (Pneumatophoren) die Sauerstoffversorgung des Wurzelsystems, und ein großer Teil des mit den Wurzeln aufgenommenen Kochsalzes wird durch spezifische Drüsen an den Blattorganen ausgeschieden. Die Salzkonzentration der zumeist während der Tageszeit abgegebenen Flüssigkeit ist oft höher als die des Meerwassers. Der Xylemsaft enthält 0,2 bis 0,5% NaCl. Das entspricht etwa dem Zehnfachen des entsprechenden Wertes von nicht salzausscheidenden Arten des gleichen Standortes und dem Hundertfachen der Kochsalzkonzentration des Xylemsaftes normaler Landpflanzen [9].

Abb. 12: Verjüngung im Brackwasser

Nutzung

Das sehr schöne, dunkle Holz läßt sich wegen seiner Härte nur schwer bearbeiten. Überdies ruft der Holzstaub Hautentzündungen hervor. Dennoch nutzte man es früher zur Herstellung von Möbeln.

Heute verwendet man *Avicennia*-Holz allenfalls als Bauholz, als Telegraphenmast oder stellt Stege, Molen und Eisenbahnschwellen daraus her. Überdies nutzt man es als Brennholz, und es läßt sich zu Holzkohle verarbeiten [3].

A. germinans stellt eine hervorragende Bienenweide dar und liefert einen reinen, weißen Honig hoher Qualität, der unter der Bezeichnung „Mangrove Honey" verkauft wird [3].

Verschiedenes

– Der Gattungsname *Avicennia* geht auf Avicenna (980 bis 1037), einen persischen Philosophen und Arzt zurück, dessen Lehren die Geistes- und Naturwissenschaften des Mittelalters nachhaltig beeinflußten.

– Das auf beiden Seiten der Blätter ausgeschiedene und in Kristallen vorliegende Kochsalz läßt sich zum Salzen von Speisen verwenden. Das Salz zweier Blätter reicht aus, um eine Tasse Brühe zu würzen (J.Ray, nach [14]).

Weiterführende Literatur

[1] CHAPMAN, V.J., 1976: Mangrove vegetation. J. Cramer, Vaduz.

[2] GILL, A.M., 1971: Endogenous control of growthring development in Avicennia. Forest Sci. **17**, 462 – 465.

[3] LITTLE, E.L.; WADSWORTH, F.H., 1964: Common trees of Puerto Rico and the Virgin Islands. USDA, Forest Service, Agriculture Handbook, N° 249, Washington, D.C.

[4] MCMILLAN, C., 1971: Environmental factors affecting seedling establishment of the Black Mangrove on the Central Texas Coast. Ecology **52**, 927 – 930.

Abb. 13: Alter Solitär an einer Lagune auf St. Lucia, Karibik

[5] MOLDENKE, H.N., 1960: Materials towards a monograph of the genus Avicennia. Phytologia **7**, 179 – 232, 259 - 293.

[6] RABINOWITZ, D., 1978: Dispersal properties of Mangrove propagules. Biotropica **10**, 47 – 57.

[7] RABINOWITZ, D., 1978: Mortality and initial propagule size in mangrove seedlings in Panama. J. Ecology **66**, 45 – 51.

[8] SARGENT, C.S., 1965: Manual of the Trees of North America. vol. 2, Dover Publ. Inc., New York.

[9] SCHOLANDER, P.F.; Hammel, H.T.; HEMMINGSEN, E.; GAREY, W., 1962: Salt balance in Mangroves. Plant Physiol. **37**, 722 – 729.

[10] STEARN, W.T., 1958: A key to West Indian Mangroves. Kew Bull. 33 – 37.

[11] STEVELY, J.; RABINOWITZ, L., 1982: Mangroves. A guide for planting and maintenance. Marine Advisory Bull., Florida Cooperative Extension Serv. Gainesville, FL.

[12] TOMLINSON, P.B., 1980: The biology of trees native to tropical Florida. Harvard Univ. Print. Office, Allston MA.

[13] UPHOF, J.C.T., 1935: Dendrologische Notizen aus dem Staate Florida, Teil V. Mitt. Dt. Dendrol. Ges. **47**, 39 – 53.

[14] WORKMAN, R.W., 1980: Growing native. Sanibel – Captiva Conversation Foundation, Inc. Sanibel, FL.

Die Autoren:

Prof. em. Dr. PETER SCHÜTT
Lehrstuhl für Forstbotanik
Ludwig-Maximilians-Universität München
Hohenbachernstraße 22
D-85354 Freising

ULLA M. LANG
Schützenstraße 6
D-82383 Hohenpeißenberg

Azadirachta indica A. Juss.

syn.: Melia azadirachta (Linné), Antelaea azadirachta (L.) Adelbert

Niembaum, Indischer Zedrach   Familie: Meliaceae

engl.:   Neem, Neem-tree
franz.:   Margousier
span.:   Margosa

Indien: Nim
Malaysia: Mambu, Sadu

Abb. 1: Azadirachta indica als Straßenbaum in
Maharashtra, Indien

Kaum eine Baumart hat in den letzten Jahrzehnten mehr Aufmerksamkeit erfahren, so viele Forschungsaktivitäten ausgelöst und konkretere Hoffnungen für die Landwirtschaft, den Vorratsschutz und die Volksmedizin erweckt als Azadirachta indica. Niem ist ein Baum der Tropen und dennoch war er selbst in Deutschland das Thema internationaler wissenschaftlicher Tagungen. Anlaß zu dieser hohen Wertschätzung geben die Inhaltsstoffe aus Blättern, Rinde und Samen, welche gleichermaßen für die Menschen in Entwicklungsländern wie für chemisch-pharmazeutische Konzerne der Industriestaaten von hohem Interesse sind. Ebenso wichtig ist aber die Kombination von Anspruchslosigkeit, Dürrehärte, Raschwüchsigkeit und Bodenpfleglichkeit, die den Baum in tropischen Trockengebieten wie der Sahel-Zone zu einer fast konkurrenzlosen Komponente der ‚Agro-Forestry‘ und des Landschaftsschutzes machen.

Die Art stammt aus den Trockengebieten Indiens und Burmas und wird von mehreren Glaubensgemeinschaften des Subkontinents als heiliger Baum verehrt. Schon lange vor unserer Zeitrechnung war ihre human- und veterinärmedizinische Bedeutung bekannt. Man schätzt, daß es in Indien heute etwa 18 Millionen Niembäume gibt, die in der Hauptsache als Straßenbäume und im Ortsinnern angebaut wurden.

Wichtiger als das harte, recht ansehnliche, unter anderem zur Möbelherstellung genutzte Holz war für die Bevölkerung von jeher die Heilwirkung verschiedener Pflanzenteile. Diese richtete sich unter anderem gegen Lepra und gegen Hautkrankheiten. Niem-Präparate sind auch als Desinfektionsmittel weit verbreitet. Seit neuestem gilt das Interesse eher der insektiziden Wirkung der Inhaltsstoffe. Diese sollen gegen zahlreiche Insekten- und Nematodenarten toxisch wirken, und die aus dem Öl der Samen auf industrieller Basis gewonnenen systemischen Präparate Azadirachtin und Margosan werden für den Einsatz in gemäßigten Klimazonen vorbereitet.

erfolgreich angebaut – teils in Plantagen, teils als Windschutz und Schattenspender in und um Ortschaften. Das trifft vor allem für Ghana (eingeführt um 1920), für die Sahel-Zone, für Nigeria (1928), den Sudan (1916), aber auch für die afrikanische Ostküste (Kenia, Tansania) zu. Gemessen daran blieben die Anbauten auf den karibischen Inseln (hauptsächlich Haiti und Dominik. Rep.) und in Mittelamerika (Nicaragua) an Ausdehnung zurück [2, 13].

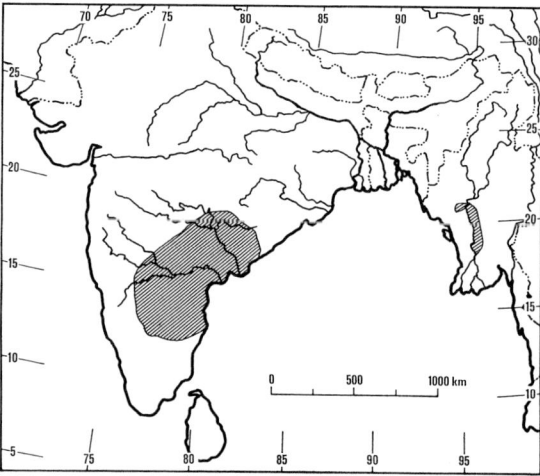

Abb. 2: Verbreitung von Azadirachta indica auf dem indischen Subkontinent, nach LITTLE [8]

Verbreitung

Wegen des seit Jahrhunderten betriebenen Anbaus in Trockengebieten Indiens und Südostasiens und der oft folgenden Einbürgerung ist das natürliche Verbreitungsgebiet des Niembaumes nur schwer zu rekonstruieren. Die meisten Autoren halten die Siwalik-Berge in der indischen Provinz Uttar Pradesh für einen Teil des Areals, andere zählen auch die Trockenwälder in Andhra Pradesh, Karnataka und Tamil Nadu dazu [13]; wieder andere schließen Burma und Assam, darüber hinaus auch Sri Lanka, Pakistan, Teile Indonesiens, Malaysia und Thailand ein [2, 13].

Auch außerhalb des indischen Subkontinents wird A. indica in vielen Trockengebieten der Tropen und Subtropen

Beschreibung

Erscheinungsbild

A. indica wird zu einem mittelgroßen, immergrünen Baum mit kurzem, kräftigem, zumeist geradem Stamm und einer verhältnismäßig tief ansetzenden, dicht verzweigten, hellgrün belaubten Krone. Als durchschnittliche Höhe wird ziemlich einheitlich 12–15 m, als maximale Höhe teils 25 m [1, 13], teils 30 m [2] angegeben. Die Länge des astfreien Schaftes variiert zwischen 3 und 7,5 m [13], der maximale Durchmesser (BHD) zwischen 0,55 und 0,8 m. Kennzeichnend für die Art ist das starke Austriebsvermögen aus Stamm und Wurzeln, das insbesondere unter Trockenstreß zur Wirkung kommt [2, 8]. Wurzelbrut entsteht ohne vorherige Verletzung der Wurzeln. Zahlreiche Stockausschläge machen eine niederwaldartige Bewirtschaftung möglich.

Beblätterung

Normalerweise tragen Niembäume während des ganzen Jahres grüne Blätter. Nur bei lang anhaltender Trockenheit kann es zum totalen Blattfall kommen. Auch unter normalen Bedingungen wird während der Trockenzeit (Februar/März) ein Teil der Blätter abgeworfen [1]. Die ein wenig herabhängenden, relativ großen (20–35 cm) Niem-Blätter sind unpaarig gefiedert und von glänzend zartgrüner Farbe. Sie stehen wechselständig am Trieb und treten an den Triebspitzen gehäuft auf. Form und Anordnung der Fiederblättchen prägen sich leicht ein. Sie sind lanzettlich, oft auch sichelförmig, beiderseits kahl, haben eine schiefe oder einseitige Basis, eine weit ausgezogene Spitze, einen grob gezähnten Blattrand und einen sehr kurzen (<3 mm) Stiel. Die Mittelrippe verläuft nicht gerade, sondern bogig.

Die Abmaße der Fiederblättchen: 4–8 cm lang, 12–22 mm breit [8]. Insgesamt stehen 9–17 [8] (9–13 nach TAWERI [13]) Fiederblättchen annähernd gegenständig an der Rhachis. Spaltöffnungen kommen auf der Blattoberseite (adaxial) nur ausnahmsweise vor. Unterseits beträgt ihre Dichte 360–500 Stomata pro mm^2 [13].

Blüten, Früchte, Samen

A. indica blüht relativ unauffällig. Die zahlreichen, deutlich nach Honig duftenden, kleinen, weißen Blüten stehen an 10–30 cm langen, rispigen Blütenständen, welche in den Achseln von Laubblättern dem Trieb entspringen. Die Einzelblüten sind kurz gestielt, haben einen fünfzähligen, hellgrünen Kelch und 5 rundlich-eiförmige, ca. 5 mm lange, freie Kronblätter, die dachziegelartig übereinandergreifen. 10 Staubblätter sind zu einer am Ende gezähnten Röhre verwachsen [8].

Abb. 4: Steinkerne

Der Stempel hat einen sehr schlanken Griffel und eine dreilappige Narbe. Zwitterblüten und rein männliche Blüten finden sich am selben Baum [13]. Chromosomenzahl: 2n = 28, nach anderen Autoren: 2n = 30 [13].

Bestäubt werden die Blüten von Bienen. Niem-Honig ist in Teilen Asiens sehr beliebt und enthält keine insektiziden Substanzen [2].

Niembäume beginnen im Alter von 3–5 Jahren zu fruktifizieren. Volle Erträge sind aber erst ab zehn Jahren zu erwarten; danach rechnet man mit jährlichen Erträgen bis zu 50 kg pro Baum [2]. Die zahlreichen länglichen (13–20 mm) Steinfrüchte werden 10–12 Wochen nach der Blüte reif [13]. In ostafrikanischen Anbaugebieten dauert die Reifezeit etwa 6 Monate [3]. Bei Reife nehmen die Früchte eine gelbe bis schwach rötliche Farbe an. Sie enthalten einen relativ großen, elliptischen Steinkern mit zumindest einem, selten zwei Samen [1, 8] und werden durch Vögel verbreitet. Tausendkorngewicht (Steinkerne): ca. 200 g [3].

Abb. 3: Blätter (links), Fruchtstände (rechts)

Abb. 5: Zwitterblüte, nach BEDDOME, 1869-74

Abb. 6: Borke eines jungen Stammes

Abb. 7: Borke eines alten Stammes

Rinde und Holz

Junge Niembäume haben eine glatte, grünliche, etwas rötlich schimmernde Borke, die bei Bäumen mittleren Alters 1,25–2,5 cm dick ist, grau und stark rissig wird und sich in Schuppen ablöst [13]. Nicht selten treten Gummisubstanzen aus, die an der Oberfläche zu kleinen, gelben Tropfen („Neem Gum") eintrocknen [13].

Das Holz des Niembaumes ist auf dem Stammquerschnitt in einen grauweißen bis graugelben Splint und einen roten bis rotbraunen Kern differenziert, der bei Luftzutritt nachdunkelt und ein wenig glänzt. Im Erscheinungsbild besteht Ähnlichkeit mit Mahagoni-Holz.

Die Rohdichte schwankt zwischen 0,56 und 0,85 g/cm^3 [2, 6], anderen Angaben zufolge beträgt sie für lufttrockenes Holz (r_{12}) = 0,833 g/cm^3 [1]. Biegefestigkeit: 804 kg/cm^2 [13]. Niem-Holz ist zerstreutporig aufgebaut und läßt deutliche Wachstumszonen erkennen, die allenfalls durch Holzparenchym-Bänder verdeckt werden. Sehr langsam wachsende Bäume entwickeln einen Trend zum ringporigen Aufbau.

Holzstrahlen lassen sich gerade noch mit bloßem Auge erkennen. Die Gefäße sind oft mit braunen Gummisubstanzen gefüllt; ihr Durchmesser beträgt etwa 200 µm. Nach Verwundung entstehen traumatische Harzkanäle [13].

Niem-Holz läßt sich leicht bearbeiten. Es ist dauerhaft, sehr widerständsfähig gegen holzzerstörende Pilze und wird kaum von Insekten angegriffen [8].

Bewurzelung

Wenn es der Boden zuläßt, bildet A. indica ein tiefreichendes Wurzelsystem aus [2]. Die Pfahlwurzel selbst bleibt allerdings relativ kurz, von ihr gehen aber weitreichende, stark verzweigte Horizontalwurzeln aus. Die Wurzelrinde ist von zahlreichen, oft in mehr oder weniger deutlichen Reihen angeordneten, 2–5 mm langen Lenticellen bedeckt.

Deren gelblich braunes Korkgewebe hebt sich deutlich von der rotbraunen Wurzelrinde ab [13]. Die Feinwurzeln bilden bis 2,5 m Tiefe mit Glomus- und Gigaspora-Arten eine VA-Mykorrhiza[1]).

Genetische Differenzierung

In Thailand überschneidet sich das Anbaugebiet von A. indica mit dem natürlichen Areal von Azadirachta excelsa (JACK.) JACOBS, einer Baumart, die wegen ihrer gutgeformten Stämme und ihres wertvollen Holzes sehr geschätzt wird. Neben der reinen A. indica wird A. indica var siamaensis VALENTON beschrieben, eine besonders robuste und vitale Varietät mit längeren Blättern [7]. Beim Holotyp unterscheidet man in Thailand eine Form mit weiß austreibenden von einer Form mit rot austreibenden Infloreszenzen. Letztere wird für die Möbelherstellung bevorzugt [7]. Die schon früh einsetzenden Niem-Anpflanzungen in Indien und anderen Ländern Süd- und Südostasiens sowie die spontane, keineswegs planmäßige Einführung der Art in fremde Länder und Erdteile haben zur Folge, daß die Niem-Populationen in aller Welt aus einem denkbar heterogenen genetischen Material bestehen. Wiederholt festgestellte morphologische Unterschiede zwischen diesen Populationen können daher kaum überraschen. Überdies bleibt in vielen Fällen offen, ob derartige Unterschiede genetisch verankert sind oder Modifikationen darstellen. So z.B. bei Verschiedenheiten im Tausendkorngewicht [13]:

105 g in Maharashtra: 347 g in Orissa

oder im Azadirachtin-Gehalt der Samen[2]):

Nicaragua und Indonesien	4,8 %
Togo, Burma, Indien	3,3 bis 3,9 %
Sudan	1,9 %
Niger	1,5 %

[1]) For. Abstr. **51**, 5251, 1990
[2]) For. Abstr. **51**, 3701, 1990

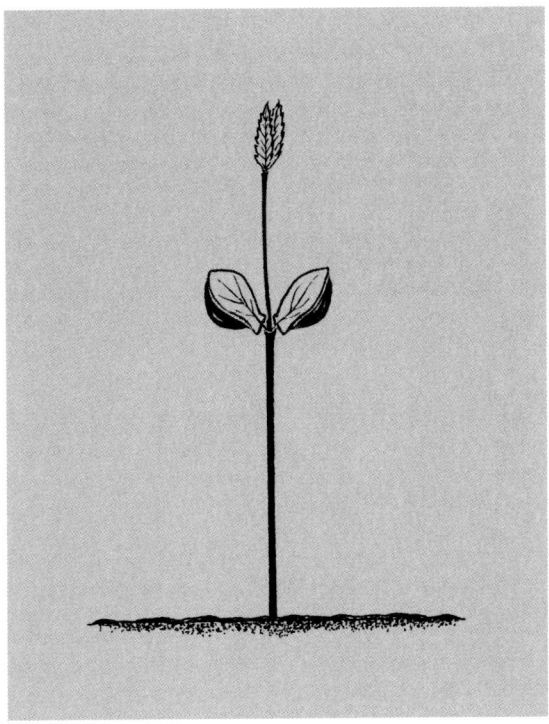

Abb. 8: Keimling, ca. 10 Tage alt (nat. Größe)

In Dehra Dun (Indien) an Sämlingen ermittelte Unterschiede in der Länge der Fiederblättchen (Herkünfte Orissa = 2,3 cm: Herkünfte aus Maharashtra bis 7,2 cm) dürften indessen genetisch bedingt sein.

Daß bei A. indica bisher keine nennenswerten züchterischen Aktivitäten stattfanden, wird u.a. mit den bisherigen Schwierigkeiten bei der Saatgutlagerung erklärt.

Anzucht

Kaum eine andere Baumart tropischer Trockengebiete läßt sich so mühelos generativ und vegetativ vermehren wie A. indica. Schwierigkeiten bereitet allenfalls die Lagerung des Saatgutes, denn die Keimkraft fällt bereits nach 2 Wochen erheblich ab [2, 13]. Normalerweise erfolgen Anzucht und Bestandesbegründung mit Sämlingen oder durch Direktsaat, sehr viel seltener durch Wurzelbrut oder mit Wurzelstecklingen.

Die Fruchtreife fällt in die Regenzeit. Zu Boden gefallene Früchte keimen im allgemeinen innerhalb von 2 Wochen. Zur Saatgutgewinnung werden sie entweder gepflückt [3] oder nach Schütteln aufgesammelt. Das Fruchtfleisch

sollte sogleich (mechanisch) entfernt, die Steinkerne sodann gewaschen und 3–4 Tage im Schatten getrocknet werden. Keimfähigkeit: bis zu 86 %. Die derzeit gebräuchlichen Methoden der Saatgutlagerung sind recht verschieden:

– In geschlossenen, aber belüfteten Gefäßen, bei 15 °C: 15 % Keimung nach 6 Monaten [13].

– In verschlossenen Polyäthylen-Tüten, wöchentlich neu zu belüften, bei 16 °C. Steinkerne mit natürlichem Wassergehalt (40 %): Normale Keimung nach 5 Monaten [3].

– Bei -20 °C. Voraussetzung: sehr schnelles Trocknen auf 4 % Wassergehalt unmittelbar nach Entfernung des Fruchtfleisches. Keimkraft bleibt >10 Jahre erhalten [3].

– Aufbewahrung der Steinkerne in geschlossenen Gefäßen bei +4 °C und ca. 30 % Feuchte. Keimung in feuchtem Sand bei 25 °C; zuvor Endokarp entfernen; Wassergehalt der Samen: 5–8 %. 42 % Keimung nach 5 Jahren; 75 % nach 17 Monaten [10]. Einkerben des Endokarps kann dessen Entfernung ersetzen [3].

Mehrfach wird berichtet, daß sich die Passage durch den Vogeldarm keimfördernd auswirkt. Ähnliche Effekte treten nach der Aufnahme der Steinfrüchte durch Säugetiere auf. So keimten in Pavian-Kot enthaltende Niem-Samen signifikant besser als frische[3]. Ein zuverlässiges Indiz für die Keimfähigkeit des Samens soll dessen Knoblauchgeruch nach Anfeuchten mit Wasser sein[4].

In der Praxis führt man die Aussaat sicherheitshalber innerhalb von 2–3 Wochen nach der Ernte durch. Saattiefe: 2,5 cm; Abstand im Saatbeet: 2,5 cm [13]. A. indica keimt epigäisch. Die Keimlinge haben ein 2–4 cm langes Hypokotyl und 2 dicke, fleischige, sitzende oder kurz gestielte Keimblätter, deren rel. große (1–2 cm x 6–8 cm), elliptische Spreite an der Spitze abgerundet ist. Das 1. Blattpaar ist i.a. gegenständig angeordnet.

Niem-Sämlinge erreichen in der 1. Vegetationsperiode eine Höhe von 10–20 cm. Verschult wird i.a. im 15x15 cm-Verband. Der Boden sollte locker und unkrautfrei gehalten werden [1, 13, [5]].

TROUP [1] gibt als Wuchsleistung 3jähriger bewässerter und unkrautfrei erwachsener Sämlinge 150–210 cm an. Generell können die Sämlinge Trockenheit gut vertragen, neigen aber bei feuchten Substraten zum Verfaulen der Pfahlwurzel.

Luftabsenker (mit 0,1 % IBS-Zusatz), Grünstecklinge (2-Knoten-Stadium; Bewurzelung nach 28 Tagen im Sprühbeet), Kallus-Kulturen und Wurzelstecklinge haben sich als zuverlässige Verfahren der Vegetativvermehrung herausgestellt [13].

[3] For. Abstr. **43**, 3420, 1982
[4] For. Abstr. **50**, 1064, 1989
[5] For. Abstr. **14**, 3346, 1953

Abb. 9: Habitus eines jungen Baumes auf St. John, Virgin Islands

Klima- und Standortansprüche

Niem ist eine Baumart tropischer und subtropischer Trockengebiete, die in einem ungewöhnlich breiten Temperaturbereich gedeiht, Maximaltemperaturen von 40–47,5 °C erträgt, andererseits recht frostempfindlich ist [1, 8]. Die Art gedeiht bei Jahresniederschlägen zwischen 450 und 1200 mm, kommt im Extrem sogar mit 250 mm aus [1] und überlebt längere Trockenperioden ohne Schaden. In den indischen Anbaugebieten liegt die relative Luftfeuchte im Juli bei 60–90 %, im Januar bei 40–70 %. Der Niembaum wird zwar als Lichtbaumart bezeichnet [1, 13], verträgt aber durchaus Schatten in den ersten Jahren.

Auch hinsichtlich der Standortansprüche ist die Art genügsam und wenig wählerisch. Sie toleriert trockene, steinige, salzhaltige und flachgründige Böden und gedeiht sogar auf „Black Cotton Soil". Voraussetzung ist eine ausreichende Durchlüftung des Bodens. Wechselfeuchte Standorte sind daher ungeeignet. Toleriert wird der pH-Bereich von 5,0 bis ≈ 10; das pH-Optimum liegt aber eindeutig im neutralen bis alkalischen Bereich (pH 6,2 und darüber). Selbst auf sauren Sanden entwickelt A. indica eine nährstoffreiche, alkalische Streu (pII 8,2). Ihre bodenverbessernde Wirkung wird stets hervorgehoben [13].

In Westafrika wurden Kalium-Mangelsymptome (Gelbspitzigkeit, Wuchsstörungen, chlorotische Blattränder) bei einem K-Gehalt von 0,17 % (normal ≈ 0,65 %) und Zink-Mangelsymptome bei 7 ppm Zn (normal = 18–26 ppm) festgestellt[6].

Wachstum und Entwicklung

Unter fruktifizierenden Altbäumen stellt sich häufig eine dichte Naturverjüngung ein, die allerdings während der Trockenzeiten der beiden folgenden Jahre oft stark dezimiert wird. Obwohl die Sämlinge den weitaus größten Teil der produzierten Stoffe in die Wurzelentwicklung investieren, erliegen sie ohne künstliche Bewässerung zumeist dem Wassermangel. Einmal fußgefaßt, sind sie infolge ihres erstaunlichen Regenerationsvermögens schwer zu eliminieren und setzen sich selbst gegen die Konkurrenz von Dornbüschen durch [2]. Ertragskundliche Aufnahmen forstlich bewirtschafteter Bestände liegen bisher kaum vor. TROUP [1] spricht von einem raschen Jugendwachstum, das schon nach 5 Jahren wieder abklingt:

4 m Höhe mit 5 Jahren   10 m Höhe mit 21 Jahren

Ein 10 Jahre alter Bestand im indischen Karnataka hatte eine Mittelhöhe von 6,58 m und einen mittleren BHD von 21,7 cm erreicht.

Im Sudan wird Niem zur Erzeugung von Brennholz und Masten im Niederwaldbetrieb mit 8jährigem Umtrieb bewirtschaftet. Für das gleiche Alter liegen aus dem nördlichen Nigeria Angaben über einen Vorrat von 119–169 m³/ha und dGZ-Werte zwischen 3 und 19,67 m³ pro Hektar und Jahr vor [6]. Während der ersten 3 Jahre wurde in Nigeria ein jährlicher Höhenzuwachs von 2 m und danach (bis zum Alter 19) von 1,5 m registriert [13].

Zur Samenproduktion baut man 100 bis 200 Bäume pro Hektar an. Die jährlichen Fruchterträge liegen zwischen 5.000 und 10.000 kg.

Pathologie

Ernstzunehmende Kulturhindernisse stellen Fröste dar sowie Verbiß durch Weidevieh, Ziegen und Kamele. Oft genügt das konsequente Fernhalten von Rindern und Ziegen, um eine ausreichende Verjüngung aufkommen zu lassen.

---

[6] For. Abstr. **46**, 1354, 1985

Abb. 10: Schattenspendende Altbäume mit tief ansetzenden Kronen in Malindi, Kenia

Große praktische Bedeutung hat die Unempfindlichkeit des Niembaumes gegen trockene Winde. Überdies bleibt er frei von Mistelbefall (Lauranthus-Arten).

Trotz der vielfach nachgewiesenen bioziden Wirkung ihrer Inhaltsstoffe wird die Art von zahlreichen pathogenen Pilzen, Bakterien und Insektenarten angegriffen. Zu großflächigen Verlusten oder zu einer Gefährdung der Art kommt es jedoch nicht.

Unter den pilzlichen Pathogenen können Erreger der Umfallkrankheit wie Fusarium oxysporum in Baumschulen gefährlich werden. Örtlich ist auch die ebenfalls bodenbürtige Art Rhizoctonia solani von Bedeutung. Sie ruft „Rhizoctonia leaf web blight" hervor, dessen Symptome sich von den untersten zu den oberen Blättern fortsetzen. Chemische Bekämpfung ist möglich. Schließlich sei Alternaria alternata, ein weit verbreiteter, keineswegs auf A. indica spezialisierter Blattparasit genannt, der Punktnekrosen und Blattfall hervorruft.

In Indien können allein 38 Insektenarten an Niem schädlich werden. Wenige davon sind allerdings bedrohlich wie z.B. [13]:

– Laspeyresia koenigiana FABR. (Lepidoptera, Tortricidae), ein blattfressender Falter, dessen Larven sich in den Trieb einbohren.

– Helopeltis antonii SIGN. (Homoptera, Miridae) saugt u.a. an den Terminaltrieben junger Pflanzen und induziert Gummifluß. Es entstehen braune bis schwarze Nekrosen. Absterben junger Triebe.

– Aonidiella orientalis (NEWSTEAD), „tea mosquito" (Homoptera, Coccidae). Eine polyphage Laus, die durch Saugen an zartem, sukkulentem Gewebe schädlich wird, Wachs ausscheidet und Sämlinge gefährdet.

Nutzung

Als den größten Segen des Jahrhunderts bezeichnet die FAO die Einführung des Niembaumes nach Afrika [9], denn wegen seiner ungewöhnlichen Standort- und Klimatoleranz hemmt er das Vordringen der Wüste in der Sahel-Zone; er spendet Schatten und schützt gegen trockene Winde, er produziert Holz und Viehfutter, liefert Heilmittel für Mensch und Tier und bietet schließlich einen biologisch unbedenklichen Schutz gegen Pflanzenkrankheiten, Schadinsekten und Vorratsschädlinge.

Alle diese Eigenschaften sind der indischen Bevölkerung seit vielen Jahrhunderten bekannt.

Die Zahl der Veröffentlichungen über die biologische, neuerdings auch über die pharmazeutische Wirkung von A. indica ist kaum noch zu überschauen.

Holz

Viele verschiedene Nutzungsarten sind möglich. In Indien wird Niem-Holz als Bauholz, für den Schiffs- und Bootsbau, für Möbel und Paneele und – als Besonderheit – für die Herstellung von Truhen verwendet, in denen Textilien und andere Gegenstände insektensicher aufbewahrt werden können [1, 13]. Weitere Verwendungszwecke: Räder, Radfelgen, Zigarrenschachteln, Spielzeug.

Trotz relativ hoher kalorischer Werte (6943 kcal./kg) stellt Niem-Holz wegen der Rauchentwicklung kein ideales Brennmaterial dar [13]. Die Rindenfasern lassen sich zu Seilen verarbeiten.

Öl

Niem-Samen enthalten etwa 20 Gewichtsprozent eines grünlich gelben bis braunen Öls von bitterem, scharfem Geschmack und deutlichem Knoblauch-Geruch. Dieses sog. Margosa-Öl (Zusammensetzung bei RADWANSKI [9] ist als Speiseöl ungeeignet, wird aber in großem Umfang zur Seifenherstellung (Indien, 1975: 18.000 t), in geringe-

rem Maße für Kosmetika (Creme, Shampoo) genutzt. Bestandteil des Öls ist neben vielen anderen Komponenten das Azadirachtin, ein hochoxidiertes Triterpenoid, welches strukturelle Ähnlichkeit mit verschiedenen Insekten-Hormonen aufweist, deswegen insektizide Wirkung hat und als Grundsubstanz für die Herstellung von Bioziden verwendet wird.

Als wichtigstes Beiprodukt der Ölherstellung sind die als „Ölkuchen" („seed cake") bezeichneten Preßrückstände anzusehen. Ihr hoher Gehalt an organischen und mineralischen Nährstoffen macht sie zu einem wichtigen Düngemittel. 1000 kg Ölkuchen enthalten 35,6 kg N, 8,3 kg P, 16,7 kg K, 7,7 kg Ca und 7,5 kg Mg [9]. Diese Zahlen liegen über den Vergleichswerten für Stallmist.

Bei einigen Baumarten steigert die Düngung mit Ölkuchen erheblich die Biomasse, so bei Acacia nilotica (32 % Mehrleistung), Dalbergia sissoo (63,6 %), Tectona grandis (232 %) und Pinus elliottii (943 %) [13]. Als Viehfutter sind Niem-Ölkuchen nicht geeignet [13].

Humanmedizin

Fast alle Pflanzenteile des Niembaumes spielten in der Vergangenheit eine Rolle in der Volksmedizin. So wurden Rindenextrakte gegen Malaria, Furunkulose und Ekzeme verwendet. Einige Stämme nutzten wässrige Extrakte zarter Blätter als Mittel gegen Ruhr, Tuberkulose und Hautkrankheiten und selbst als Virizid gegen Pocken. Aus Früchten extrahierte Stoffe wirken gegen Hämorrhoiden und zerriebene, trockene, in Wasser aufgeschwemmte Früchte helfen wiederum gegen Hautkrankheiten [13].

Biozide

Alkoholische Extrakte der Niem-Rinde enthalten neben Nimbin, Nimbidin und Nimbidiol eine Anzahl weiterer Triterpenoide und zahlreiche, erst unlängst erstmals beschriebene weitere Verbindungen. Besondere Beachtung fand das Azadirachtin, dessen Struktur dem Aufbau mehrere Insekten-Hormone nahekommt und das nach Aufnahme zur Blockade des insekteneigenen Enzymsystems führen kann. Dieser Effekt tritt bei mehr als 200 vorwiegend tropischen Insektenarten ein (Aufstellung bei TEWARI [13]) und macht sich unter anderem in der Ei-, Larven- oder Puppenentwicklung, der Hemmung der Chitinbildung oder der Sterilisation von Imagines bemerkbar.

SKATULLA und MEISNER [12] konnten zeigen, daß diese Wirkungen in vivo auch bei miteleuropäischen Schadinsekten wie dem Schwammspinner Lymantria dispar entstehen, dessen Häutung durch Azadirachtin gehemmt wird. Besonders zuverlässig wirken Extrakte des Steinkerns, der Blätter und selbst des Fruchtfleisches gegen Heuschrecken. Lösungen von 1 kg Blätter in 45 l Wasser bieten ausreichenden Schutz für Obst, Gemüse und Getreide.

Zahlreiche Publikationen belegen die Schutzwirkung gegen Vorratsschädlinge bei Weizen, Hirse, Erbsen und Bohnen allein durch das Beimischen getrockneter Blätter, pulverisierter Samen oder Steinkerne [13, 7)]. Die Wirkung hält mehrere Monate an. Vereinzelt liegen auch positive Meldungen über den Einsatz von Niem-Präparaten gegen pflanzenpathogene Pilze und Viren vor [2]. Das trifft unter anderem für die Bekämpfung von Mehltau-Erregern, von Rhizoctonia solani und Sclerotium rolfsii zu.

Ökologie

Übereinstimmend wird in vielen Arbeiten die landschaftsökologische Bedeutung des Niem-Anbaus herausgestellt. Das trifft vor allem für Trockengebiete zu, wo die Art besonders vor Wind und starker Sonneneinstrahlung schützt und gleichzeitig den Boden festhält[8]. Wegen des hohen pH-Wertes der Streu wirkt A. indica überdies der Bodenversauerung entgegen. In gleicher Richtung macht sich die Düngung mit Ölkuchen bemerkbar, der in der Regel in Mischung mit P_2O_5 und Harnstoff verabreicht wird und ertragssteigernde Auswirkungen auf Reis-, Weizen-, Zuckerrohr- und Baumwoll-Kulturen ausübt [6].

Verschiedenes

– Täglich verwenden Millionen Menschen in Indien und Afrika Niem-Zweige als Zahnbürste einschließlich Zahnpasta. Die vorbeugende Wirkung gegen Zahnfleischerkrankungen ist belegt, offen bleibt jedoch, ob diese auf den antiseptischen Effekt der Inhaltsstoffe oder auf die Massage des Zahnfleisches zurückgeht.

– Während der Trockenzeit werden im indischen Bundesstaat Gujarat täglich 15–20 kg Niem-Blätter pro Rind und Wasserbüffel verfüttert. Neben dem reinen Futterwert und dem Vitamin A-Gehalt ist hier auch die Wirkung als Wurmmittel von Belang.

– In Topfversuchen 9) erhöhte der Boden aus einem 12jährigen A. indica-Bestand die Trockensubstanz von Mais, Erdnuß und Sorghum-Hirse nach 60 Tagen signifikant stärker als Boden unter Eucalyptus- und Prosopis-Arten.

– Aufgrund von Tierversuchen und der Erfahrung von Testpersonen übt die Applikation von Niem-Öl-Präparaten sowohl eine weitreichende spermatizide als auch eine contrazeptive Wirkung (als Mittel „am Morgen danach") aus [2].

---

7) For. Abstr. **30**, 3325, 1969
8) For. Abstr. **43**, 1433, 1982
9) For. Abstr. **49**, 905, 1988

Weiterführende Literatur

[1] ANONYMUS, 1981: Troup's Silviculture of Indian Trees, Delhi, India.

[2] ANONYMUS, 1992: Neem: A Tree for Solving Global Problems. National Acad. Press, Washington, D.C.

[3] ANONYMUS, 1992: Neem (Azadirachta indica). Seed collection and handling. Tree Seed Information, Kenya Forestry Seed Centre.

[4] BURMAN, U.; KATHJU, S.; GARG, B.K.; LAHIRI, A.N., 1991: Water management of transplanted seedlings of Azadirachta indica in arid areas. Forest Ecol. Managem. 40, 51–63.

[5] DREYER, M.; HELLPAP, C., 1991: Niem – ein vielversprechendes natürliches Insektizid für kleinflächige Gemüseproduktion in tropischen und subtropischen Ländern. J. Plant Dis., Protection 98, 428–437.

[6] KOUL, O.; ISMAN, M.B.; KETKAR, C.M., 1990: Properties and uses of neem, Azadirachta indica. Can. J. Bot. 68, 1–11.

[7] LAURIDSEN, E.B.; KANCHANABURAGURA, C; BOONSERMSUK, S., 1991: Neem (Azadirachta indica A. Juss.) in Thailand. FAO Forest Genetics Resources, Information 19, 25–33, Rom.

[8] LITTLE, E.L., Jr.: Common Fuelwood Crops. A Handbook for Their Identification, Morgantown, WV.

[9] RADWANSKI, S.A.; WICKENS, G.E., 1981: Vegetative fallows and potential value of the Neem Tree (Azadirachta indica) in the Tropics. Econ. Bot. 35, 398–414.

[10] ROEDERER, Y.; BELLEFONTAINE, R., 1989: Can Neem seeds be expected to keep their germinative capacity for several years after collection? FAO Forest Genetic Resources, Information 17, 30–33, Rom.

[11] SCHMUTTERER, H.; ASCHER, K.R.S.; REMBOLD, H. (Hsg.), 1981: Natural Pesticides From The Neem Tree (Azadirachta indica A. Juss). Proc. 1. Intern. Neem Conf., Rottach-Egern, June 16–18, 1980.

[12] SKATULLA, U.; MEISNER, J., 1975: Labor-Versuche mit Neem-Samenextrakt zur Bekämpfung des Schwammspinners, Lymantria dispar L. Anz. Schädlingskd., Pflanzenschutz, Umweltschutz 48, 38–40.

[13] TEWARI, D.N., 1992: Monograph on Neem (Azadirachta indica A. Juss). Intern. Book Distributors, Dehra Dun, India.

Die Autoren:

Prof. em. Dr. PETER SCHÜTT
Lehrstuhl für Forstbotanik
Ludwig-Maximilians-Universität München
Hohenbachernstraße 22
D-85354 Freising

ULLA M. LANG
Schützenstraße 6
D-82383 Hohenpeißenberg

Baikiaea plurijuga HARMS

Zambesi-Teak

Familie: Caesalpiniaceae

engl.: Zambezi Teak, Rhodesian Teak

Sambesi: lozi Mukusi

Abb. 1: Reinbestand in Ost-Caprivi, Namibia

Der bis 20 m hohe, laubabwerfende Baum bildet in der sambesischen Florenregion (südliches Zentralafrika) im Bereich von Uferwällen fossiler Flußläufe Reinbestände [11]. Außerhalb dieser besonderen edaphischen Bedingungen ist er mit anderen regengrünen Trockenwaldarten vergesellschaftet, hat jedoch auch dort wesentlichen Anteil an der Oberschicht. Auffallend sind die in traubigen Infloreszenzen angeordneten, leuchtend roten Blüten. Die relativ großen, flachen Samen werden ausgeschleudert; Vegetativvermehrung über Stockausschläge ist häufig. Seit Beginn des 20. Jahrhunderts wurde B. plurijuga stark exploitiert und als Schwellenholz genutzt. Der Anbau bereitet – auch durch langsames Wachstum – Schwierigkeiten.

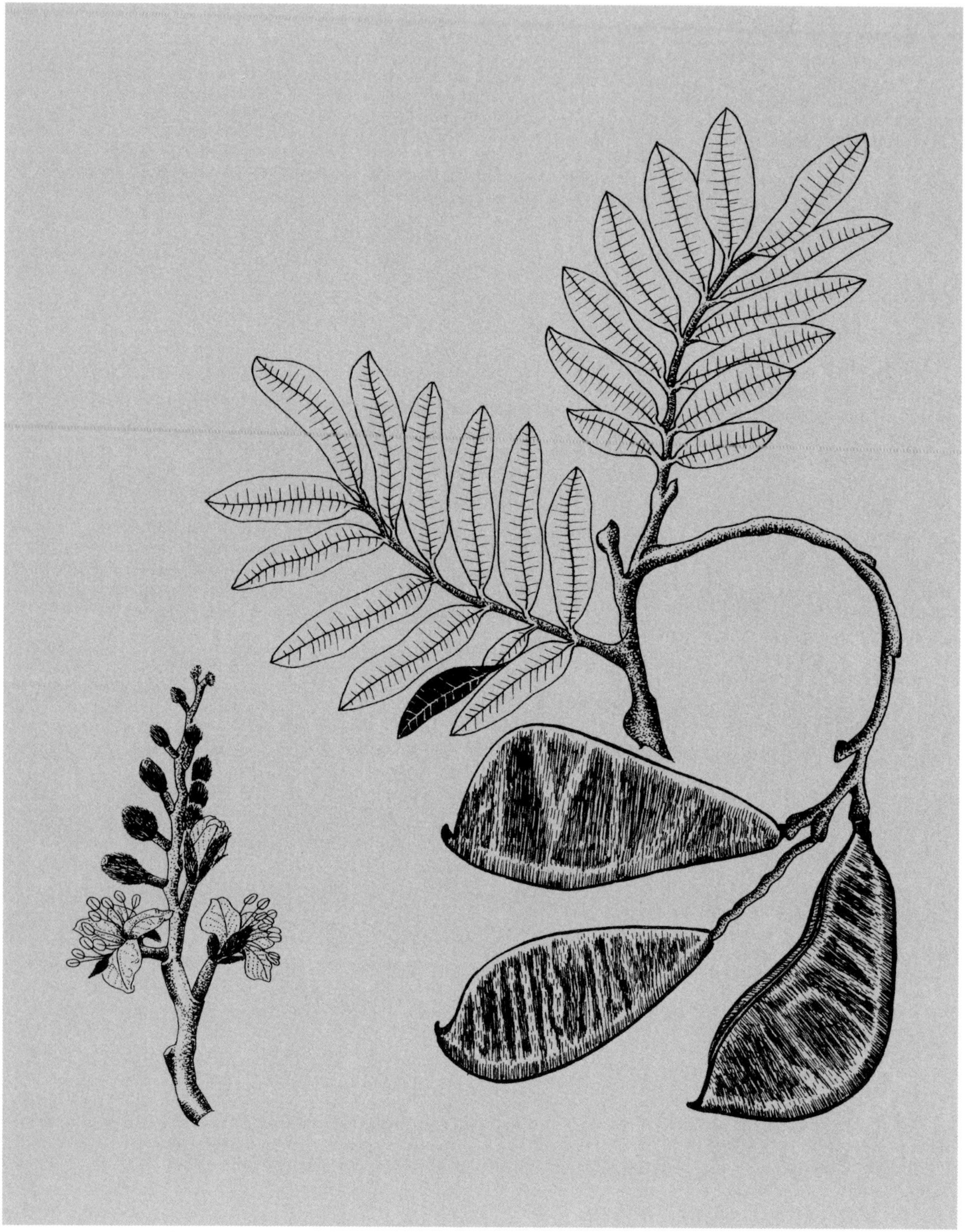

Abb. 2: Blätter, Blütenstand und Fruchtstand ($^1/_2$ nat. Größe)

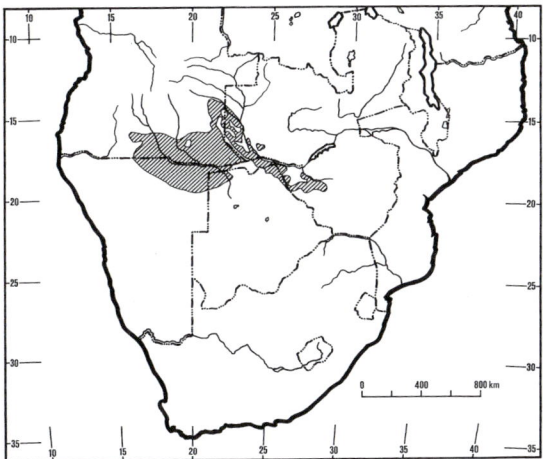

Abb. 3: Natürliches Verbreitungsgebiet im südlichen Afrika

Verbreitung

Verbreitungsschwerpunkt der Gattung Baikiaea ist die Guinea-kongolesische Florenregion Afrikas. Im äquatorialen, immergrünen Feuchtwald sind vier Baikiaea-Arten vertreten [2]: Baikiaea insignis BENTH. (Verbreitung von Nigeria entlang des Äquators bis Uganda), Baikiaea zenkeri HARMS (lokale Verbreitung an der Westküste Kameruns), Baikiaea robynsii GHESQ. (Westküste Kameruns und Zentral-Zaire) und Baikiaea suzannae GHESQ. (nordöstliches Zentral-Zaire). Neben Baikiaea plurijuga ist nur noch Baikiaea ghesquiereana J. LEONARD im regengrünen Trockenwald vertreten; letztere erreicht in den von Brachystegia-Arten dominierten „Miombo"-Wäldern jedoch nur eine sehr untergeordnete Position und ist nicht wie Baikiaea plurijuga in der sambesischen Florenregion bestandesbildend.

Im Norden wird die Verbreitung von Baikiaea plurijuga durch die von Cryptosepalum pseudotaxus BAK. f. (Caesalpiniaceae) geprägten regengrünen Feuchtwälder in Sambia (entlang 13° S) begrenzt. Die südliche Verbreitungsgrenze liegt bei ca. 20° S im nördlichen Botswana und im angrenzenden südwestlichen Simbabwe und folgt etwa der 500-mm-Isohyete. Die Westausdehnung in Angola und Namibia sowie die Ostausdehnung in Sambia und Simbabwe werden von tiefen, äolischen Kalaharisanden begrenzt.

Die Verbreitung ist darüber hinaus an mittlere Jahresniederschläge von ca. 500 bis 1.080 mm gebunden, wobei im Verbreitungsgebiet etwa 5,5 Monate Regenzeit auf 6,5 Monate Trockenzeit folgen [11].

Morphologie

Im Freistand tief beastet und mit breit ausladender **Krone**, bildet der Stamm im Dichtstand astfreie, zylindrische Schäfte bis 11 m Länge. Als größten Brusthöhendurchmesser (BHD) gibt MARTIN [9] 146 cm an; ein BHD von 75 cm ist häufig. Die helle Rindenfarbe junger Bäume dunkelt mit zunehmendem Alter nach, wobei die relativ dünne **Borke** aufreißt und vorwiegend vertikale, schuppige, braun- bis graufarbige Zonen bildet.

Abb. 4: Reife Frucht mit Samen

Die 15 – 18 cm langen, wechselständig angeordneten **Blätter** setzen sich aus 4 bis 6 Paaren eiförmiger bis elliptischer Fiederblättchen zusammen (3,5 bis 7 x 2 bis 2,5 cm). Deren Blattspitze ist breit zulaufend bis abgerundet, häufig ausgerandet, die Spreitenbasis herzförmig, der Blattrand ganzrandig und der Blattstiel kurz und rotbraun behaart. Die dunkelgrün glänzende Blattoberseite kontrastiert zur heller graugrünen, matten Unterseite.

Die Blüten stehen an kräftigen, bis 30 cm langen, achselständigen Trauben; Blütenaufbau: 4 Kelchblätter mit dunkelbrauner, samtiger Behaarung, 5 leuchtend rote Blütenblätter (2 bis 3 x 1 bis 1,5 cm), 10 Staubblätter [5]. Die Blütezeit fällt in die Regenzeit (Dezember bis März).

Als Frucht wird eine flache, verholzte Hülse (bis 13 x 5 cm) gebildet, die dunkel- bis goldbraun samtig behaart ist. Plötzliches Aufreißen befreit die zwei bis drei ca. 2,5 cm großen, flachen schwarzbraunen Samen, die durch abruptes Aufspiralisieren der beiden Hülsenhälften ausgeschleudert werden.

Baikiaea plurijuga bildet eine lange **Pfahlwurzel** aus, die sich mit weitstreichenden Lateralwurzeln ergänzt, sobald sie eine Tiefe von 7,5 m erreicht hat. MALAYA [8] gibt den Durchmesser des Wurzeltellers als 1,5-fachen Kronendurchmesser an. Nachgewiesene Endomykorrhizierung findet mit Pilzpartnern aus der Familie der Endogonaceae statt [7].

Abb. 5: Borke

Abb. 6: Stammscheibe mit Zuwachszonen

Der 2,5 bis 5 cm breite, gelbweiße Splint kontrastiert stark mit dem unter Lichteinfluß nachdunkelnden, rotbraunen Kernholz. WAND [13] gibt 914 kg/m³ als mittleres Lufttrockengewicht für Holzproben aus Namibia und Simbabwe an. Die Rohdichte, gemessen bei 45% Feuchte, beträgt 1,02 - 1,09 - 1,22 g/cm³, die Volumenschwindung von frisch bis ofentrocken 7,8% (radial 3,0%, tangential 4,5%, longitudinal 0,54%) [13]. Das **Holz** gilt als sehr dauerhaft und widerstandsfähig gegen Pilz-, Insekten- und besonders auch Termitenbefall. Lediglich der Splint kann von Bostrychiden angegriffen werden [1]. Zuwachszonen sind nur selten durch dunkle Abgrenzungen erkennbar.

Anzucht

Die Samenernte erfolgt am Ende der Trockenzeit (August und September) [10]. Bei einer Saattiefe von 4 cm erreichten CHINGAIPE und JAIN [4] experimentell ohne Samenvorbehandlung hohe Keimprozente: 90% bei sandigem Boden, 85% bei tonigem Substrat.

Nach MBUGHI [10] bewähren sich in der Praxis folgende Verfahren der Samenvorbehandlung:

a) 24 Stunden Einweichen in kaltem Wasser
b) Einweichen des Samens in ca. 80 °C heißem Wasser für knapp 2 Minuten
c) Anritzen der Samenschale, was die Dauer des Keimvorgangs um zwei Drittel verkürzt.

Die Keimdauer in der Baumschule liegt bei 7 – 10 Tagen.

Die Anzucht wird durch das schon früh ausgeprägte, ungünstige Sproß-Wurzel-Verhältnis erschwert. 1,5 Monate nach seiner epigäischen Keimung ist der Sämling ca. 6 – 7 cm hoch, die Pfahlwurzel jedoch schon ca. 40 cm lang. Nach 12 Monaten hat sich der Sämling oberirdisch nur unwesentlich auf 10 cm verlängert, während die Pfahlwurzellänge schon 120 - 150 cm beträgt. Baikiaea plurijuga verträgt jedoch keinen Wurzelschnitt [10].

Baikiaea hat ein ausgeprägtes Stockausschlagsvermögen in allen Durchmesserklassen, besonders jedoch zwischen 2,5 und 20 cm BHD [10].

Abb. 7: Austrieb nach Schaden durch Elefanten

Nach der Auswertung von Verbandsversuchen in Sambia empfehlen SARAMÄKI et al. [12] Pflanzverbände von 2,70 m x 0,90 m als besten Kompromiß zwischen der Ausschaltung von Unkrautkonkurrenz und dem Erhalt eines relativ günstigen Durchmesserzuwachses.

Ökologie

Baikiaea plurijuga bildet innerhalb seines Verbreitungsgebietes Reinbestände mit einem Grundflächenanteil bis zu 75 %. Diese stocken zumeist auf den weitflächigen Uferwällen fossiler und rezenter Flüsse. Außerhalb dieser Landschaftsteile nimmt die Art einen deutlich geringeren, wechselnden Anteil an der Oberschicht ein, bleibt aber ökologisch im Bestandesgefüge wichtig [11]. Sie stockt immer auf tiefen, lockeren, z.T. fluviatil modifizierten, fast humusfreien Kalaharisanden in einem pH-Bereich von 5 bis 5,5.

Nach MBUGHI [10] ist Baikiaea im Jugendstadium sehr schattentolerant, während an der Durchmesserverteilung eine weitgehend einheitliche Stammzahl in allen Durchmesserklassen erkennbar wird [11].

Gegen Ende der niederschlagsfreien Zeit ist die Art trockenkahl. Häufig wird nach Trockenstreß ein Ausfall der Naturverjüngung bis 90% beobachtet [7]. Ob B. plurijuga Luftstickstoff über Rhizobien bindet, ist nicht bekannt. Die Art ist sehr feuerempfindlich [6].

Nutzung

Ab 1911 wurde die Baumart in größerem Umfang exploitiert, wobei der Schwerpunkt des Einschlags und der Schnittholzproduktion auch heute noch im südwestlichen Sambia liegt. Bei einem nutzbaren Stammholzvolumen zwischen 2,8 und 6,2 m³ pro ha schwankte der jährliche Einschlag in diesem Gebiet zwischen 31.400 m³ (1931) und 96.600 m³ (1933). Baikiaea diente vornehmlich dem Bahnschwellenbedarf Simbabwes und Südafrikas. Zu einem geringen Teil wurde es als Parkett nach England exportiert [9], weil der Abrieb splitterfrei erfolgt. Darüber hinaus findet es als schweres Konstruktionsholz für alle Innen- und Außenbauten Verwendung, wird in der Möbelindustrie genutzt und spielt eine Rolle im Werft-, Wasser-, Schiffs- und Karosseriebau [1].

Baikiaea wächst sehr langsam, wie die Auswertung einer nach 41 Jahren erfolgten Wiederaufnahme der Gwaii-Versuchsfläche in Simbabwe belegt. CALVERT [3] errechnete, daß zur Erreichung der Zielstärke 35 cm BHD 160 Jahre und für 50 cm BHD 300 Jahre notwendig sind. Maximale Baumalter sind nicht bekannt, weil noch offen ist, ob erkennbare Zuwachszonen Jahrringcharakter haben.

Weiterführende Literatur

[1] ANONYMUS, 1966: Teak (Rhodesian). Holzzentralblatt 92 (80), 1469.

[2] BRUMMITT, R.K., 1986: A taxonomic perspective of the genus Baikiaea. In: PIEARCE, G.D. (ed.), The Zambezi Teak Forests. Proc. First Intern. Conf. on Teak Forests of South Africa, 18 – 24th March 1984, Livingstone, Zambia.

[3] CALVERT, G.M., 1986: Growth summaries, Sample plot 1, Gwaii. In: PIEARCE, G.D. (ed.), The Zambezi Teak Forests. Proc. First Intern. Conf. on Teak Forests of South Africa, 18 – 24th March 1984, Livingstone, Zambia.

[4] CHINGAIPE, T.M.; JAIN, M.K., 1986: Propagation, management and protection of Zambezi Teak in Zambia. In: PIEARCE, G.D. (ed.), The Zambezi Teak Forests. Proc. First Intern. Conf. on Teak Forests of South Africa, 18 – 24th March 1984, Livingstone, Zambia.

[5] COATES PALGRAVE, K., 1990: Trees of Southern Africa. Cape Town.

[6] GELDENHUYS, C.J., 1977: The effect of different regimes of annual burning on two woodland communities in Kavango. South African Forestry 103, 32 – 42.

[7] HÖGBERG, P., 1986: Rooting habits and mycorrhizas of Baikiaea plurijuga. In: PIEARCE, G.D. (ed.), The Zambezi Teak Forests. Proc. First Intern. Conf. on Teak Forests of South Africa, 18 – 24th March 1984, Livingstone, Zambia.

[8] MALAYA, F.M., 1986: A review of silvicultural research in the Zambian Teak Forests. In: PIEARCE, G.D. (ed.), The Zambezi Teak Forests. Proc. First Intern. Conf. on Teak Forests of South Africa, 18 – 24th March 1984, Livingstone, Zambia.

[9] MARTIN, D.J., 1940: The Baikiaea Forests of Northern Rhodesia. Empire Forestry. 19, 8 – 18.

[10] MBUGHI, R.J., 1986: The habitat and regeneration of Zambezi Teak in Zambia. In: PIEARCE, G.D. (ed.), The Zambezi Teak Forests. Proc. First Intern. Conf. on Teak Forests of South Africa, 18 – 24th March 1984, Livingstone, Zambia.

[11] MITLÖHNER, R., 1993: Regengrüne Baikiaea-Trockenwälder in Ost-Caprivi, Namibia. Forstarchiv **64**, 264 – 274.

[12] SARAMÄKI, J.; SEKELI, P.M.; KAMWI, E.M., 1986: Early development of mukusi in plantation trials. In: PIEARCE, G.D. (ed.), The Zambezi Teak Forests. Proc. First Intern. Conf. on Teak Forests of South Africa, 18 – 24th March 1984, Livingstone, Zambia.

[13] WAND, E.K.E.C., 1990: Timbers of commercial value. Dept. of Wood Science, University of Stellenbosch, South Africa.

Der Autor:

Dr. RALPH MITLÖHNER
Institut für Waldbau, Abt. II:
Waldbau der Tropen und Naturwaldforschung
Georg-August-Universität Göttingen
Büsgenweg 1
D 37077 Göttingen

Balanites aegyptiaca (LINNÉ) DELILE

Zachunbaum   Familie: Balanitaceae

engl.: Desert date, Egyptian balsam
franz.: Dattier de Desert

Abb. 1: Balanites aegyptiaca. Alter Baum nahe Mkaba, Tanzania (Foto: E. Shanks)

Balanites aegyptiaca, ein kleiner bis mittelgroßer, immergrüner Baum mit langen Dornen, stellt eine wichtige und häufige Baumart der Sahel-Zone dar. Er ist in den frostfreien Trockengebieten Zentralafrikas zuhause, meidet den tropischen Regenwald und tritt nur in lichten Beständen auf.

Neben dem Holz nutzt man das Laub (Viehfutter), die Früchte, die Steinkerne (reich an Öl und Proteinen) sowie mehrere pharmazeutisch bedeutsame Inhaltsstoffe.

Morphologie

Je nach den Wachstumsbedingungen entwickelt sich B. ae-gyptiaca zu einem Strauch oder zu einem kleinen bis mit-telgroßen Baum von 6 – 17 m Höhe und einem maxima-len Stammdurchmesser von 40 – 50 cm. Ältere Exemplare haben eine dichte, bis zu 8 m breite, kugel- oder halbku-gelförmige **Krone**. Diese baut sich aus zahlreichen bedorn-ten Zweigen auf, deren Enden herabhängen. Die derben, bis zu 12 cm langen, geraden und unverzweigten **Dornen** sind spiralig angeordnet. Junge Bäume haben eine grünli-che, relativ glatte Stammrinde, die mit zunehmendem Al-ter zu einer tief gefurchten, grauen Borke wird. Der Stamm ist oft drehwüchsig und spannrückig.

Sofern es die Bodenstruktur zuläßt, entwickelt die Art ein tiefreichendes **Wurzelsystem** mit einer kräftigen Pfahlwurzel.

Die zusammengesetzten **Blätter** bestehen aus zwei dunkel-grünen, ledrigen, ganzrandigen, 0,5 bis 2 cm lang gestiel-ten Fiederblättchen von eiförmiger bis elliptischer Gestalt. Maximale Länge der Fiederblätter: 6 cm, maximale Breite: 4 cm. In der Sahara und in Palästina liegen die ent-sprechenden Werte deutlich tiefer [9].

Die Blattspreite ist von Anbeginn kahl oder verkahlt spä-ter. Sie läuft am Apex abgerundet oder keilförmig aus. Auf jeder Blattseite sind bis zu neun Nervenpaare zu er-kennen.

Abb. 2: B. aegyptiaca. Blühender, mit starken Dornen besetzter Zweig ($^2/_3$ x nat. Größe) (nach Engler, 1896)

Abb. 3: Borke eines alten Stammes (Foto: E. Shanks)

Das relativ dicke, faserige und ölhaltige Mesokarp umschließt ein dickwandiges, holziges, etwas zugespitztes Endokarp mit einem eiförmigen Samen.

Das Tausendkorngewicht (Samen ohne Endokarp) variiert zwischen 660 und 2.000 g [12].

Das schwere, harte und zähe **Holz** der „Desert date" ist von relativ feiner Struktur und hat eine Rohdichte (r_{15}) von 0,65 bis 0,80 g/cm³. Es ist recht dauerhaft, läßt sich leicht bearbeiten und hat eine blaßgelbe bis gelblichbraune Farbe. Zwischen Splint und Kern bestehen keine deutlichen Farbunterschiede. Zuwachszonen lassen sich in der Regel gut erkennen. Die Markstrahlen treten im Radialschnitt als silbergraue Spiegel hervor [7].

Immergrün in den humiden Teilen des Areals, wirft B. aegyptiaca in Trockengebieten die Blätter zum Höhepunkt der Trockenzeit ab. Auch eine überall gültige, klar fixierte Blütezeit gibt es nicht [12]. Fruchtansatz tritt erstmals bei 5 – 7 Jahre alten Bäumen auf; die Fruchtentwicklung bis zur Reife dauert ein Jahr und endet in der Trockenzeit.

Abb. 4: Steinfrüchte

Die **Blüten** stehen an Infloreszenzen von unterschiedlicher Größe. Die Blütenstände variieren zwischen einzelnstehenden, ungestielten, wenigblütigen Wickeln und Thyrsen mit mehreren 4- bis 6-blütigen, seitenständigen Wickeln. Die grünlichgelben, radiären, fünfzähligen Einzelblüten stehen auf ca. 10 mm langen, behaarten Stielen. Die ledrigen, ebenfalls behaarten und ebenfalls nicht miteinander verwachsenen Kelchblätter sind hinfällig, die linearen Kronblätter (7,2 bis 9,5 mm lang) bleiben meist kahl. Die Filamente der zehn Staubblätter stehen in der Vertiefung eines fleischigen Diskus, von dem auch der basale Teil des oberständigen Fruchtknotens umschlossen wird. In jeder der fünf Ovar-Kammern entsteht nur eine Samenanlage. Von diesen entwickelt sich wiederum nur eine zum Samen.

Nach Befruchtung entsteht eine gelbliche, manchmal auch etwas rötliche Steinfrucht, die von einem kurzen, dicken Stiel getragen wird. Hinsichtlich Größe und Behaarung können reife **Früchte** erheblich variieren. In den trockenen Teilen des Areals sind sie kahl und nur 1 – 2 cm lang, können aber in Simbabwe und Sambia bis 5 cm lang werden und mehr oder weniger behaart bleiben.

Abb. 5: Steinkerne

Die meisten Früchte werden von ca. 25jährigen Bäumen produziert [1], und das maximale Lebensalter schätzt man auf 100 Jahre [12].

Klare Vorstellungen über die Bestäubungsbiologie fehlen bisher. Die eng verwandte indische Art Balanites roxburghii wird von Fliegen und Bienen bestäubt [2]. Die Verbreitung der Früchte erfolgt durch Vögel und Säugetiere, welche nur das Fruchtfleisch verzehren, die Steinkerne incl. Samen jedoch unversehrt ausscheiden. Kamele knacken die Steinkerne und tragen daher nicht zur Verbreitung bei [5].

Verbreitung

Man unterscheidet etwa zehn Balanites-Arten; acht davon sind afrikanischer Herkunft [9].

Das natürliche Areal von B. aegyptiaca erstreckt sich von der Atlantikküste Mauretaniens ostwärts bis zum Horn von Afrika (Somalia). In Nord-Süd-Richtung reicht es vom Beat-Shean-Tal in Israel bis ins Gebiet um Budi (Simbabwe), wobei die äquatornahen Feuchtwälder ausgespart bleiben.

Außerhalb des natürlichen Areals findet man Anbauten auf den Kapverdischen Inseln, auf Curaçao, in der Dominikanischen Republik und auf Puerto Rico [5].

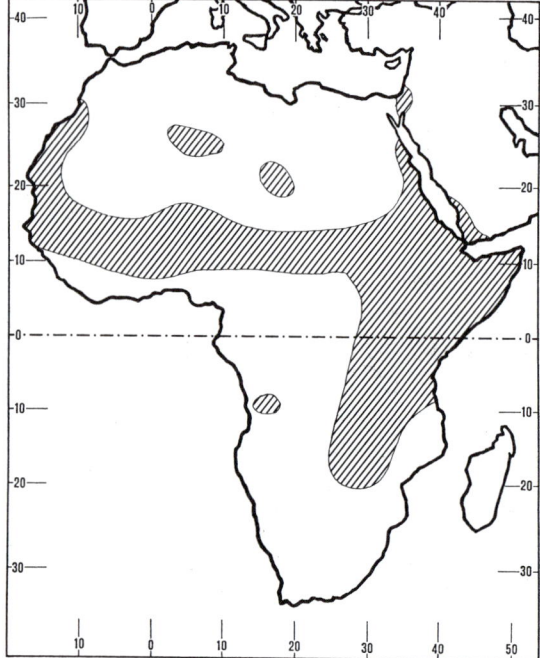

Abb. 6: Natürliches Verbreitungsgebiet

Anzucht

Abb. 7: Wurzelbrut **Abb. 8:** Sämling

Innerhalb des natürlichen Verbreitungsgebietes ist Saatgut leicht erhältlich. Hält man es trocken und fern von Insekten, läßt es sich mindestens ein Jahr lagern – vorausgesetzt, das Mesokarp wurde entfernt. Das Endokarp kann hingegen verbleiben. Insbesondere nach Lagerung findet üblicherweise eine Vorbehandlung durch mehrstündiges Tauchen der Steinkerne in warmes Wasser statt [12]. Die Steinkerne werden mit dem zugespitzten Ende nach unten ausgesät und mit einer dünnen Bodenschicht bedeckt. Die Angaben über Keimraten variieren: 33% nach 52 Tagen [10]; 61% in 1 – 4 Wochen [15].

Vor der Keimung reißt das Endokarp an seinen fünf Nahtstellen auf und ermöglicht so das Auswachsen der Radicula. Der Keimling bildet sogleich eine Pfahlwurzel aus, wozu ein zumindest 12,5 cm tiefes, möglichst lehmiges Keimsubstrat erforderlich ist.

Die Sämlinge brauchen anfangs Schatten und sollten drei bis sechs Monate in der Baumschule verbleiben. Vegetativvermehrung gelingt über Wurzelbrut [13] und Stecklinge. Letztere bewurzeln sich am besten, wenn sie aus vier Internodien langen, distalen Abschnitten junger Triebe bestehen [13].

B. aegyptiaca-Sämlinge wachsen am natürlichen Standort nur langsam. Sie benötigen mehrere Jahre, um 1 m Höhe zu erreichen [3, 6, 10]. Wesentlich rascher (bis 1 m/Jahr) wachsen Stockausschläge [14]. Der Durchmesserzuwachs von Bäumen mit einem BHD über 10 cm schwankt in weitem Rahmen, erreicht aber nicht selten 0,5 cm pro Jahr. In einem 23-jährigen, künstlich begründeten Bestand wurde eine Mittelhöhe von 6 m und ein mittlerer Stammdurchmesser von 20 cm registriert [4].

Ökologie

Auf ausgedehnten innerafrikanischen Flächen mit Jahresniederschlägen von 400 bis 800 mm ist B. aegyptiaca eine häufig vertretene und für die Sahelzone typische Baumart [11]. Sofern der betreffende Standort nicht im Regenschatten liegt, entwickelt sich die Art in Gebieten mit 250 bis 400 mm Jahresniederschlag zu einem bis 2 m hohen Strauch. Sie gedeiht dort trotz extrem geringer Luftfeuchte und trotz des fehlenden Grundwasseranschlusses.

B. aegyptiaca hat sich in Regionen mit Jahresniederschlägen bis 1.300 mm ausgebreitet und besiedelt dort gestörte Standorte mit geeigneten Boden- und Feuchtigkeitsbedingungen, insbesondere entlang von Viehwegen. Stabilisierend wirkt die hohe Toleranz der Art gegen Feuer (nach dem Sämlingsstadium).

Neben der weiten Nord-Süd-Ausbreitung ihres Areals (35° N bis 19° S) verfügt B. aegyptiaca auch über eine ausgedehnte vertikale Verbreitung (0 – 2.000 m). Überall herrschen jedoch mittlere Jahrestemperaturen über 20 °C vor. Im Bereich höherer Breitengrade kommt die Art zumeist in Höhenlagen unter 1.000 m ü. NN vor. Fast das gesamte Areal ist frostfrei [8].

Viel Aufmerksamkeit wurde den für B. aegyptiaca optimalen Standortverhältnissen geschenkt [5]. Neueren Arbeiten zufolge ist die Art auf lehmigen und sandig-tonigen Lehmen häufiger anzutreffen als auf leichten Böden [8]. Das gilt nicht für die sandigen, niederschlagsarmen Regionen nördlich der Sahelzone.

Abb. 9: Dichtes, intensiv bedorntes Zweigsystem eines jungen Baumes (Mafiga, Morogoro, Tanzania)

Charakteristisch ist das Vorkommen auf Vertisol-Böden, insbesondere in Verbindung mit der Besiedelung flacherer Landschaftsteile.

Besonders günstig entwickelt sie sich auf tiefer gelegenen, alluvialen Standorten mit tiefgründigen Sanden und ständiger Wasserzufuhr. Wo wüchsige Bestände vorkommen, ist der Nährstoffgehalt des Bodens relativ hoch – teils infolge hoher Nährstoffvorräte (Lehme, Vertisole), teils wegen periodischer Nährstoffzufuhr auf Schwemmland oder entlang von Flüssen und Bächen.

B. aegyptiaca wächst nicht im Dichtstand; totaler Freistand ist typisch, und eine dichtere Bestockung als 25 Bäume mit > 5 cm Stammdurchmesser pro Hektar ist ungewöhnlich. Dennoch deckt die Art mehr als 40% aller auf diesem Standort wachsenden Bäume über 10 cm Stammdurchmesser ab. In Regionen unter 500 mm Jahresniederschlag ist B. aegyptiaca oft die höchste dort vertretene Baumart.

Nutzung

In weiten Teilen ihres Areals stellt B. aegyptiaca einen wertvollen Baum mit vielen Nutzungsmöglichkeiten dar: Das Holz eignet sich als Bau-, Möbel- und Brennholz (19,3 kJ/g), die Früchte dienen der menschlichen Ernährung, mehrere Pflanzenteile eignen sich als Viehfutter sowie für diverse medizinische Verwendungen [5, 9, 14]. Das Interesse an dieser Art als Resource der Trockengebiete südlich der Sahara hat Tradition. Hier haben sich die einheimischen Pflanzenarten an die charakteristischen, nicht vorherzusehenden Niederschlagsschwankungen angepaßt. In Entwicklungsprogrammen für den ländlichen Raum spielt B. aegyptiaca zumeist eine Rolle als Obstbaum. Sowohl das frische oder in der Sonne getrocknete Mesokarp wie auch der Steinkern haben Bedeutung als Nahrungsmittel. Die Früchte entwickeln sich sogar in extremen Trockenjahren und stellen eine übliche Handelsware dar. Die Steinkerne haben einen hohen Zuckergehalt (> 30% des Frischgewichtes) sowie einen mittleren Gehalt an Mineralstoffen (Ca, P, Fe) und Vitaminen. Insgesamt stellen die Samen in einigen Gebieten eine normale, proteinreiche Nahrung, in anderen Teilen Afrikas eine Zusatz- oder Notnahrung dar.

Mehrere Balanites-Arten enthalten hohe Konzentrationen von pharmazeutisch interessanten Inhaltsstoffen. Bei B. aegyptiacum werden seit langem Emulsionen aus der Rinde und aus den Früchten als Fischgift und als Molluskizid zur Bekämpfung der Tropenkrankheit Bilharziose verwendet [5].

Kommerzielle Bedeutung hat die Gewinnung von Diosgenin und Yamogenin als Grundsubstanz für die Herstellung von Cortison und Corticosteroidin, wiederum als Grundlage für die Produktion von Molluskiziden. Für den Sudan liegt ein erfolgversprechendes Konzept für die Nutzung dieser Stoffe vor [1].

Überall dort, wo genügend Früchte anfallen, gilt auch die mit der Herstellung von Steroiden verbundene Produktion von Viehfutter als wirtschaftlich interessant. An Schafe und Geflügel wird ein Preßkuchen (Rückstände aus der Ölgewinnung) mit hohem Futterwert verfüttert.

Durch Pressen der zermahlenen Samen (48,3% Fett) erhält man ein hochwertiges, hitzebeständiges Speiseöl. Der Ölgehalt entspricht dem von Sesam und Erdnuß und liegt sogar höher als bei Soja, Baumwolle und Sonnenblume.

Verschiedenes

– B. aegyptiaca gehört zu den ersten afrikanischen Pflanzenarten, die wissenschaftlich erwähnt wurden (PROSPER ALPINUS, 1592). Die Nutzung der Art geht weit zurück, denn in ägyptischen Gräbern wurden mehr als 4.000 Jahre alte Steinkerne gefunden.

– Das sehr ausgedehnte natürliche Areal und die damit verbundenen ökologischen Verschiedenheiten haben zu innerartlicher Differenzierung geführt [8].
So gibt es neuerdings Hinweise für das Vorkommen zweier Varietäten (mdl. Mitt. M. SANDS, 1993):
– var. quassii für die Region südlich des Äquators
– var. pallida für Nordost-Afrika

– Über nennenswerte Gefahren durch Schadinsekten und pathogene Pilze liegen keine Berichte vor.

– B. aegyptiacum ist für die Menschen der Sahelzone in Notzeiten eine wichtige Nahrungsquelle. Noch fehlt es allerdings angesichts der bekannten abführenden Wirkung nach dem Verzehr vieler Früchte an Informationen über das Vorkommen unerwünschter Inhaltsstoffe wie Saponine oder andere Verbindungen [5].

Weiterführende Literatur

[1] ABU-AL-FUTUH, I.M., 1983: Balanites aegyptiaca: an unutilized raw material potential ready for agro-industrial exploitation, UNIDO Report TF/INT/77/021, Vienna.

[2] AMALRAJ, V.A., 1986: Floral biology of Balanites roxburghii PL. J. Econ. Taxon Bot. 8, 203 – 208.

[3] ARAP-SANG, F.K.; HOEKSTRA, D.A.; MWENDANDU, R., 1985: Rehabilitation of Balanites aegyptiaca, Acacia tortilis and Commiphora africana in the grazing land: preliminary results. Dryland Agroforestry Res. Proj. Res. Report No. 2, Kikuyu, Kenya.

[4] AUBRÉVILLE, A., 1950: Flore Forestière Soudano-Guinéenne, Société d'Éditions Géographiques, Maritimes et Coloniales, Paris, pp. 336 – 368.

[5] BOOTH, F.E.M.; WICKENS, G.E., 1988: Non-timber uses of selected arid zone trees and shrubs in Africa, FAO Conservation Guide No. 19, 18 – 27.

[6] DELWAULLE, J.C., 1979: Plantations forestières en Afrique tropicale sèche; techniques et espèces à utiliser. Bois et Forêts des Tropiques 187, 3 – 30.

[7] GOLDSMITH, B.; CARTER, D.T., 1981: The indigenous timbers of Zimbabwe. Zimbabwe Bull. Forest Research Nr. 9, 47.

[8] HALL, J.B., 1992: Ecology of a key African multipurpose tree species, Balanites aegyptiaca (Balanitaceae): the state-of-knowledge. Forest Ecol. Managem. 50, 1 – 30.

[9] HALL, J.B.; WALKER, D.H., 1991: Balanites aegyptiaca: a monograph. School Agric. Forest Sci., University of Wales, Bangor.

[10] HERLOCKER, D.J.; BARROW, E.G.C.; PAETKAU, P., 1981: A preliminary report on trial plantings of woody species in arid and semi-arid northern Kenya. In: Proc. Kenya National Seminar on Agroforestry (ed. by L. Buck), pp. 511 – 577, ICRAF/University of Nairobi, Nairobi.

[11] HOUÉROU, H.N., le, 1980: The role of browse in the Sahelian and Sudanian zones. In: Browse in Africa: the current state of knowledge (ed. by H.N. le Houérou), pp. 83 – 100, ILCA, Addis Abeba.

[12] MAYDELL, H.-J., von, 1986: Trees and shrubs of the Sahel: their characteristics and uses. Deutsche Ges. Techn. Zusammenarbeit, Eschborn, pp. 178 – 182.

[13] MBAH, J.M.; RETALLICK, S.J., 1992: Vegetative propagation of Balanites aegyptiaca (L.) Del. Commonwealth Forestry Rev. 71, 52 – 56.

[14] National Research Council, 1983: Firewood crops: shrubs and tree species of energy production, Vol. 2, 54 – 55, National Academy of Sciences, Washington.

[15] WEBER, F.R.; STONEY, C., 1986: Reforestation in arid lands, 2nd edn., Appendices A, B, Vita, Arlington, Virginia.

Der Autor:

Dr. JOHN B. HALL
School of Agricultural and Forest Sciences
University College of North Wales
Bangor, Gwynedd LL57 2UW, Wales

Aus dem Englischen übertragen von P. Schütt.

Bixa orellana (LINNÉ)

Orleansstrauch, Annattostrauch   Familie: Bixaceae

engl.:   Anatto-tree, Annattoo
franz.: Roucon
span.:   Achiote

![Bixa orellana Plantage im Südwesten Costa Ricas]

Abb. 1: Bixa orellana Plantage im Südwesten Costa Ricas (Foto: Ulla M. Lang)

Der Gattungsname Bixa ist identisch mit der alten indianischen Bezeichnung für einen kleinen mittelamerikanischen Baum (oder großen Strauch), aus dem von jeher ein orangeroter Farbstoff gewonnen wurde. Unter dem Handelsnamen „Annatto" hat dieser Stoff noch heute weltweite Verbreitung und wird insbesondere für die Färbung von Nahrungsmitteln verwandt [8, 10].

B. orellana ist immergrün und tritt in zwei Formen auf: die eine mit weißen Blüten und grünen Samenkapseln, die andere mit schwach rosafarbenen Blüten und bräunlichroten Kapseln [1].

„Annatto" oder „Annatta" wird seit Jahrhunderten von den Ureinwohnern Südamerikas zum Färben benutzt. Schon für 6000 v. Chr. ist die Verwendung belegt.

So wurden Samen und getrocknetes Fruchtfleisch in Grabstätten um Ancon gefunden und den Arbeiten Antuniz de Mayolos über peruanische Farbpflanzen zufolge fand man auch in den Gräberfeldern von Cahuachi Pflanzenreste von Bixa. Zahlreiche weitere ethnobiologische Untersuchungen haben die prähistorische Verwendung von Bixa-

Abb. 3: Stammborke mit Lenticellen und ersten Längsrissen (Foto: Ulla M. Lang)

Farbstoffen für große Teile Südamerikas zweifelsfrei nachgewiesen [2, 5, 11].

Heute wird die Art in großem Umfang kultiviert. So in Brasilien, Guayana, Mexico, Peru, in Indonesien und auf den Westindischen Inseln. Das trifft ebenfalls für einige Länder Afrikas (Kenia, Tansania), für Samoa und für Indien zu, wo insbesondere über Anbauten in Laubwaldgebieten von Karnataka, Kerala, Andhra Pradesh und Maharashtra sowie in einigen Regionen Bengalens und Assams berichtet wird [1, 3, 8].

Morphologie

Meist wird B. orellana zu einem kleinen Baum von höchstens 10 m Höhe und einem BHD von nicht mehr als 10 cm, manchmal auch nur zu einem kräftigen Strauch.

Die hellbraune, vorwiegend glatte Rinde ist mit Lenticellen besetzt, kann aber auch längsrissig werden [12].

Die einfachen, oberseits dunkelgrünen, recht großen Blätter (10–20 x 5–10 cm) sind lang gestielt (5–7 cm), von

Abb. 2: Kapseln vor der Reife (Foto: B. Wilczek)

Abb. 4: Blätter (Foto: Ulla M. Lang)

men werden von einem scharlachroten, fleischigen Arillus bedeckt.

Blütezeit: August bis Oktober; Fruchtreife: Dezember/Januar.

Das Holz des Orleansstrauches ist weich und wenig dauerhaft. Es besteht aus einem weißlichen Splint und einem gelblichen bis hellbraunen Kern. Die Rohdichte wird mit 0,4 g/cm³ angegeben [12].

Abb. 5: Einzelblüte der rosablühenden Form (Foto: B. Wilczek)

eirunder Form mit deutlich zugespitztem Apex und beiderseits kahl. Die Blattstellung ist wechselständig, die netzartige Blattnervatur tritt hervor.

Die weißen oder rosafarbenen Blüten sind im frischen Zustand sehr ansehnlich, werden jedoch beim Verblühen schwarz. Sie sind etwa 5 cm breit und stehen zu 7 bis 10 an rispigen Blütenständen mit behaarten Stielen [6, 9].

Von den 5 bräunlich grünen, bald abfallenden Kelchblättern sind die beiden kleineren etwas konkav geformt. Die 5 verkehrt eiförmigen Kronblätter haben eine Länge von 2,5 cm und greifen dachziegelartig übereinander. Die zahlreichen Staubblätter stehen auf einem Wulst. Ihre langgestreckten, rötlichen Antheren öffnen sich mit 2 kurzen Schlitzen. Der Griffel ist schlank und gekrümmt, die Narbe leicht zweilappig.

Als Frucht wird eine rundliche Kapsel (Durchmesser: 2,5–3,7 cm) gebildet, die bei Reife eine rötlichbraune Farbe annimmt und in 2 Teile aufspringt. Sie ist dicht mit weichen Stacheln besetzt und enthält etwa 50 kleine, im Querschnitt dreieckige, oberseits rinnige Samen (Samenlänge ca. 0,5 cm, Tausendkorngewicht: 25–30 g). Die Sa-

Vermehrung und Ökologie

Am natürlichen Standort vermehrt sich B. orellana durch Samen. Zur Anzucht wird sowohl generativ (Keimung in 8–10 Tagen; zu > 90 %) wie vegetativ (Stecklingsbewurzelung) vermehrt. Die Samen verlieren ihre Keimfähigkeit sehr rasch. Schon im zweiten oder dritten Jahr nach der Pflanzung werden Früchte gebildet, wobei die vegetativen Nachkommen blühender Bäume besonders früh fruktifizieren. Aus Saat entstandene Bäume fruchten weniger reichlich. In Sri Lanka erntet man in Plantagen ca. 630 kg Samen pro Hektar und Jahr [15].

B. orellana verträgt keinen Frost, benötigt etwa 1000 mm Niederschläge pro Jahr und gedeiht am besten auf nährstoffreichen Tonböden [1, 3, 15].

Die Annatto-Farbe des Handels ist bräunlichrot und variiert in ihrer Konsistenz von weich bis spröde. Gehandelt wird sie in Form von festen Stücken, Tabletten, als Paste

Abb. 6: Gesichtsbemalung aus dem Samenextrakt von Bixa orellana; Kayapokind aus dem Amazonasgebiet   (Foto: B. Wilczek)

Gewinnung und Verwendung des Farbstoffes

Die Annatto-Farbe gewinnt man durch Extraktion der Samen in heißem Wasser, nachdem die Samenschale zerstört oder entfernt worden ist. Die Samen werden mehrere Tage in Wasser gelegt, bis die Farbsubstanz eine Suspension bildet. Nach Entfernung der Samen wird der Rückstand eine Woche lang fermentiert, die Farbe schlägt sich nieder und wird danach getrocknet. Dieser Prozess fördert die Färbefähigkeit, verleiht dem Produkt jedoch einen unangenehmen Geruch. Mitunter wird die Farbsubstanz auch gefiltert und angesäuert oder durch Kochen in einer Kochsalzlösung zum Koagulieren gebracht [5, 10, 13].

Verschiedenes

– Bei südamerikanischen Indianerstämmen war „urudu", der rohe Extrakt aus Bixa-Samen zum Färben von Gesicht und Körper weit verbreitet. Das gilt noch heute für die Choko-Indianer, die den Extrakt außerdem der Nahrung zusetzen und pro Tag 2–3 g davon aufnehmen [9].

Abb. 7: Aufgesprungene, reife Kapsel mit vielen kleinen, von einem roten Arillus bedeckten Samen (Foto: Ulla M. Lang)

oder als Farblösung. In Abhängigkeit vom Jahrgang und von der Herkunft treten Qualitätsunterschiede auf.

Carotine (70–80 %), vornehmlich Bixin und Norbixin, stellen die färbeaktiven Substanzen des Annatto dar, wobei Bixin zu den rel. stabilen, natürlichen, gelben Farbstoffen zählt. Annatto-Farben verlieren einen großen Teil ihrer Aktivität bei der Lagerung, insbesondere bei Hitze und im Licht. Aus diesem Grund achten die Hersteller auf die Extraktion frischen Materials. Im schwach alkalischen pH-Bereich ist die Stabilität rel. groß. Sie nimmt von pH 8 nach pH 4 ab. Bixin und Norbixin sind ungiftig. Norbixin löst sich in Wasser [5, 10, 13].

Annatto hat keinen Eigengeschmack und eignet sich deswegen gut als Farbstoff für Lebensmittel wie Butter, Margarine, Käse, aber auch für alkoholische und nichtalkoholische Getränke, Fleisch und Fleischprodukte. In Öl lösbare Extrakte färben Salatöle. Am häufigsten wird Annatto zum Färben von Backwaren verwendet. Der entsprechende Anteil beträgt etwa 25 % [1, 6].

- In Columbien gilt Annatto als Aphrodisiacum, auf Hawaii wird es als Medizin gegen Ohnmacht, Erkrankungen der Mundhöhle und unreines Blut empfohlen.
- Vielfältig sind die Anwendungsarten in Mittelamerika [14]:
    - als Mittel gegen landwirtschaftliche Schädlinge und gegen Ungeziefer im Haus.
    - Umschläge mit Bixa-Blättern zur Heilung von Schnittwunden.
    - Zur Verhinderung der Narbenbildung (Chinantee-Indianer).
    - Verwendung von Rindenfasern für die Herstellung von Seilen und Tauen.
    - Nutzung der Wurzelrinde für medizinische Zwecke.
- In Indien findet B. orellana als Heckenpflanze Verwendung und wird überdies für die Anlage von Feuerschutzstreifen herangezogen [15].

Abb. 8: Keimling, 8 Tage alt (nat. Größe)

Weiterführende Literatur

[1] AHONYMUS, 1958: Wealth of India, C.S.I.R. New Delhi.
[2] ANTUNIZ DE MAYOLO, 1989: Peruvian dye plants. Econ. Bot. 43, 186.
[3] BAILEY, L.H., 1928: The Standard Cyclopedia of Horticulture, Vol. 1, Macmillan Co., New York. (Reprinted 1958).
[4] BAMBDAI, G.K., 1940: Vanaspati Srushti Vol. 1, published by the author, at Mandvi, Cutchh, Gujarat (India).
[5] BURDICK, E.M., 1956: Extraction and Utilization of Carotines and Xanthophylls. Econ. Bot. 10, 267–279.
[6] COOKE, T., 1901: Flora of the Presidency of Bombay Vol. 1, p. 55. (Reprinted by Botanical Survey of India, Calcutta, 1958).
[7] DUKE, J. A., 1970: Ethnobotanical observations on the Choco Indians. Econ. Bot. 24, 344–366.
[8] HILL, A. F., 1986: Economic Botany. Tata McGrow Hill, New Delhi.
[9] HOOKER, J.D. (Edt.), 1875: Flora of British India, Vol. 1. L. Reeve and Co., Kent. (Reprinted 1961).
[10] LEUNG, A.Y., 1980: Encyclopedia of common natural ingredients used in food, drugs and cosmetics. A Wiley-Inter Science Publication. John Wiley & Sons, New York.
[11] LIPP, F. J., 1971: Ethnobotany of Chinantee Indians. Econ. Bot. 25, 234–244.
[12] LITTLE, E.L., Jr.; WADSWORTH, F.H., 1964: Common Trees of Puerto Rico and the Virgin Islands, USDA, Forest Service, Agriculture Handbook Nr. 249, Washington, D.C.
[13] NAGATA, K., 1971: Hawaiian Medicinal Plants. Econ. Bot. 25, 247.
[14] SECOY, D.M.; SMOTH, A.E., 1983: Use of plants in control of agricultural and domestic pests. Econ. Bot. 37, 28–57.
[15] TROUP, R.S., 1931: The Sylviculture of Indian Trees. Oxford Univ. Press, Oxford.

Der Autor:

Prof. P.V. BOLE
A-15-58, Siddarth Nagr 2
Goregaon (West)
Bombay 400 062 India

Aus dem Englischen übertragen von P. Schütt.

Bombacopsis quinata (JACQ.) DUGAND, 1938

syn.: Bombax quinatum JACQ., 1760, Bombacopsis sepium PITTIER, 1923

Pochote

Familie: Bombacaceae
Tribus: Adansonieae

engl.: Red ceiba
franz.: Mahot coton

Costa Rica: ⎫
Nicaragua: ⎬ Pochote
Honduras: Cedro espino
Kolumbien: Tolũa, cedro espinoso, ceiba roja
Panama: Ceiba, cedro espino
Venezuela: Saquisaqui, cedro colorado, cedro dulce

Abb. 1: Bombacopsis quinata. Natürliches Habitat am Rio Yucca (Barinas, Venezuela)

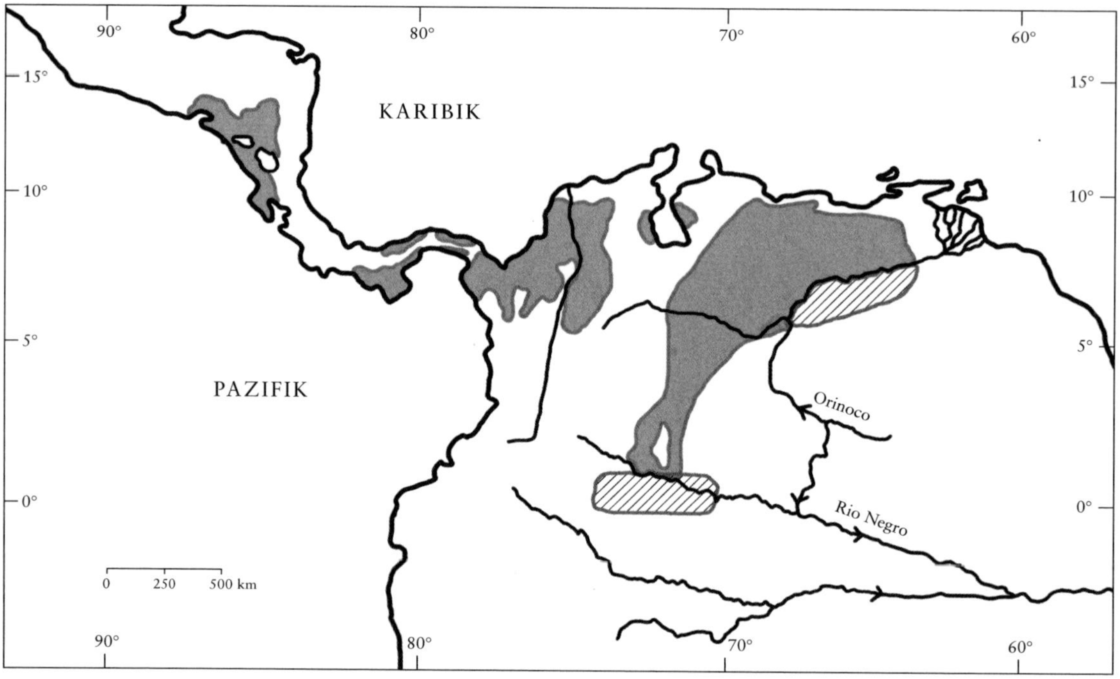

KARIBIK

PAZIFIK

Orinoco

Rio Negro

0   250   500 km

Abb. 2: Natürliches Areal (▨ gesichert, ▨ noch zu bestätigen)

Bombacopsis quinata ist eine weit ausladend wachsende Laubbaumart der Oberschicht in den regengrünen Feuchtwäldern zwischen El Salvador und Honduras im Norden und den kolumbianisch-venezolanischen Llanos im Süden. Sie wächst von Natur aus auf fruchtbaren und weniger fruchtbaren, gut und weniger gut durchlüfteten und drainierten, sandigen bis tonigen Böden und meidet steile Hänge sowie nasse und dichte Böden. *B. quinata* erreicht große Dimensionen, ist grobastig und in ihrer Brettwurzel- und Stachelbildung auffällig variabel. Hervorzuheben ist die leichte Vermehrbarkeit der Art über Samen, Stecklinge und Pfropfungen.

Das leichte Holz ist u.a. als Konstruktionsholz wertvoll. Heute gehört *B. quinata* in den amerikanischen Tropen zu einer der wenigen einheimischen Arten, die auf größerer Fläche ohne große Probleme angebaut werden können. Aufforstungen werden in allen Ländern des natürlichen Verbreitungsgebietes auf unterschiedlich großen Flächen durchgeführt; Züchtungsversuche haben begonnen.

Die Landnahme von Waldböden im natürlichen Verbreitungsgebiet, der z.T. ungehemmte Einschlag in den Primärwäldern, die Art der Saatgutgewinnung in wenigen Samenplantagen und die ungeprüfte Verwendung solchen Saatgutes im gesamten Areal lassen eine Einengung der genetischen Variabilität befürchten und machen intensive Maßnahmen zur Erhaltung notwendig.

Verbreitung

Das Verbreitungsgebiet der Art erstreckt sich in den amerikanischen Tropen zwischen etwa 2° und 14° n.Br. Es reicht im Norden (wahrscheinlich) vom südlichsten Teil El Salvadors und von Nicaragua zur pazifischen Küste von Costa Rica, umschließt Panama, das einzige Land, in dem die Art sowohl an der atlantischen wie an der pazifischen Küste wächst, wie auch das nordwestliche karibische Kolumbien sowie im Süden einen langen kolumbianischen Gebietsstreifen östlich der Anden, der in die westlichen Hochllanos und Llanos Zentralvenezuelas übergeht.

Danach können vier getrennte Teilareale unterschieden werden:

(1) das pazifisch-zentro-amerikanische Teilareal im Norden, mit El Salvador [11, 20], Honduras [13], Nicaragua [72] und Costa Rica [11, 45],
(2) das panamaisch-nordwestkolumbianische Teilareal, westlich der Anden [11, 20, 47, 81],
(3) zwei kleinere Gebiete in der Maracaibo-Niederung zwischen der Sierra de Perijá und der Ostkordillere der Anden in Venezuela [20, 32, 80] und
(4) die kolumbianisch-venezolanischen Llanos östlich der Ostkordillere der Anden bis zur Macarena und zum Orinoco im Süden oder darüber hinaus [32, 80, 81].

Die nördliche Verbreitungsgrenze der Art im Ostzipfel von El Salvador bedarf ebenso weiterer Untersuchungen wie die südliche in Kolumbien, östlich der Ostkordillere und südlich des Orinoco in Venezuela [11, 20]. Doch konnten Vorkommen an einigen Standorten südlich des Orinoco nachgewiesen werden [80, 84].

In ihrem natürlichen Areal wächst B. quinata von Meereshöhe bis 800 und 900 m ü. NN [11, 32, 35].

Beschreibung

Bombacopsis quinata ist eine laubabwerfende Baumart mit Stammdurchmessern bis 300 cm und Maximalhöhen von 50 m. Die mittleren Baumhöhen liegen je nach Standort zwischen 15 und 35 m, der mittlere Stammdurchmesser (BHD) zwischen 30 und 100 cm. Sie bildet mehr oder weniger waagrechte, grobe Äste. Die breit ausladende, lockere Krone gehört in der Regel der oberen Baumschicht an [35, 80].

Abb. 3: Altstamm mit starken Brettwurzeln (links) und Stacheln am Stamm eines jungen Baumes (Foto: U. M. Lang)

Stamm und Rinde

Der meist geradschaftige Stamm ist oft abholzig und hat ausgeprägte Brettwurzeln bis in drei Meter Höhe und darüber. Astfreie Stammlängen zwischen 10 und 20 m sind keine Seltenheit. Der Stammquerschnitt ist oft asymmetrisch. Die 10 bis 18 mm dicke Borke ist anfangs von weißlich-grauer Farbe und wird mit zunehmendem Alter dunkel und rissig. Innen ist sie rötlich bis weißlich [33, 64]. Meist ist der Stamm mit kräftigen Stacheln bewehrt, die oft, besonders bei Sämlingen, senkrecht verlaufende Leisten, sog. „Sägen" bilden. Aber auch fast unbewehrte Bäume sind nicht selten. Brettwurzel- und Stachelbildung variieren erheblich [48].

Abb. 4: Querschnitt eines alten Stammes

Holz

Bombacopsis quinata-Holz hat eine Darrdichte von $r_0 = 0,40$ g/cm^3, welche mit der Stammhöhe zwischen 0,35 und 0,45 variieren kann. Es hat weder einen charakteristischen Geruch noch Geschmack. Es ist schwierig zu trocknen, leicht zu bearbeiten, für sein spez. Gewicht aber relativ fest. Das Kernholz ist von rötlicher bis braun-roter Farbe, das Splintholz hellgrau. Es weist keine Jahrringe auf, höchstens etwas dichtere und dunklere Zonen, es ist sehr dauerhaft, nicht hygroskopisch, hat günstige mechanische Eigenschaften.

Die maximale Biegefestigkeit beträgt im trockenen Zustand 751 kg/cm^2, die Druckfestigkeit (parallel zur Faser) 392 kg/cm^2. Eine Zusammenstellung einschlägiger Daten findet man bei OJEDA [51].

Abb. 5: Frischer Blattaustrieb (Foto: U. M. Lang)

Abb. 6: Sproßbildung am liegenden Stamm (links) und austreibender Wurzelstock

Blätter

B. quinata verliert das Laub zu Beginn der Trockenzeit, Ende Oktober bis Anfang November, und bildet im März/April des Folgejahres neue Blätter. Der Austrieb erfolgt Tage bis Wochen vor dem Beginn der Regenzeit; der Zeitpunkt ist klonspezifisch.

Die wechselständig angeordneten Blätter mit abfallenden Nebenblättern an 4 bis 15 cm langen Blattstielen sind fingerförmig geteilt und setzen sich aus 3 bis 7, in der Regel 5 Blättchen zusammen, die an 1,5 bis 8 mm langen Stielchen stehen.

Abb. 7: Blüte eines am frühen Nachmittag aufgeblühten Klons

Die Spreiten der Blättchen sind 4 bis 17 cm lang und 2 bis 7 cm breit. Sie sind länglich eiförmig oder verkehrt eiförmig und haben leicht gewellte Ränder. Ihre Basis ist in der Regel keilförmig, der Apex zugespitzt. Die Blättchenoberseite ist blaßgrün, die Unterseite matt bläulichgrün mit stark vorspringendem Mittelnerv. Die 12 bis 16 paarigen Lateralnerven springen auf der Ober- und Unterseite leicht vor [64, 65].

Wurzeln

B. quinata entwickelt eine wohlausgebildete Pfahlwurzel von konischer Form, die bis 2,2 m tief in den Boden eindringen kann. Sie verzweigt sich in größerer Tiefe in zwei bis drei Wurzeln. In oberflächlich tonartigen Böden verdickt sich die Hauptwurzel oder sie wächst in Windungen weiter, in günstigeren Bodenschichten stellt sich wieder normales Wachstum ein. Die Seitenwurzeln wachsen oberflächlich und haben Durchmesser von 1 bis 11 cm, wie in Pflanzungen festgestellt wurde. 70 % des Wurzelsystems befindet sich in einer Tiefe von 10 bis 30 cm [66].

Blüten und ihre Bestäubung

B. quinata ist eine monoezische Art, die ab Oktober, dem Beginn der Trockenzeit, Blütenknospen entwickelt, etwa ab November zu blühen und ab Januar des Folgejahres zu fruchten beginnt. Schon Sämlinge können im Alter von etwa 6 Wochen männlich blühen, wenn das Epikotyl zurückgeschnitten wird. In der Regel tritt die erste Blüte aber zwischen dem 4. und 8. Jahre ein (TRIVIÑO, URUEÑA, pers. Mitt.). Die Samen reifen gegen Ende der Trockenzeit und keimen zu Beginn und während der Regenzeit.

Die langgestielten, im Querschnitt fünfeckigen Blütenknospen stehen einzeln oder gehäuft an kleinen Stielen am entblätterten, diesjährigen Holz. Sie wachsen mit dem Beginn der Trockenzeit etwa in drei Wochen bis zu 7 bis 14 cm Länge heran. Die maximale Länge am Tage vor der Anthese ist klonspezifisch. Viele Insekten schädigen die Blütenknospen, um an Nektar und Blütenstaub zu gelangen. Etwa 75 % der Blütenknospen entwickeln sich zu Blüten.

Die fünfzählige Blüte mit außen rötlichen und innen rahmweißen Kronblättern öffnet sich zwischen 18 h und 3 h nachts, wenn die Temperatur auf 25 °C gefallen und die Luftfeuchte über 60 % gestiegen ist. Der Höhepunkt der Anthese liegt in Venezuela bei etwa 21 h.

Mehr als 100 Staubgefäße umgeben einen etwa um 1 mm längeren Stempel, dessen Narbe während der Anthese bereits fängisch ist. Dies wird ebenso als Vermeidung von Selbstbestäubung angesehen wie die Eigenart, daß der anfangs klebrige Pollen erst nach dem Öffnen der Blüte vom Wind getrocknet und transportiert werden kann [54, 55, 77]. Für Kreuzungen läßt sich Pollen bis 30 Tage im Exsikkator über $LiCl_2$ und $CaSO_4$ keimfähig halten [75, 76].

Die Blüten bleiben während der ganzen Nacht geöffnet und die Narbe bleibt für den Pollen empfänglich. Kron- und Staubblätter fallen i.a. am folgenden Morgen ab. Der Pollen wird hauptsächlich von Fledermäusen, Nachtfaltern und Hummeln transportiert [55, 73], die von extra- und intrafloralen Nektarien angelockt werden. Nach kolumbianischen Untersuchungen führt hauptsächlich die Fledermaus-Art *Glossophaga soricina* die Bestäubung durch; sie kann in anderen Gebieten durch andere Arten vertreten werden. Etwa 1 bis 4 % der Blütenknospen und 2 bis 7 % der Blüten entwickeln sich zu reifen Früchten. Der Erfolg der natürlichen Bestäubung ist bei einer relativ großen Blütenproduktion gering und liegt bei meist weniger als 10 % [32, 55], eine Vermehrungsstrategie, wie sie vielen tropischen, von Tieren bestäubten Baumarten eigen ist [77].

Abb. 9: Offene Kapseln mit „Wolle" und Samen

Früchte und Samen

Die Zeitspanne zwischen Blüte und Fruchtreife kann mehrere Wochen (in Kolumbien etwa 45 Tage) betragen. Sie variiert zwischen Individuen, aber auch am gleichen Baum

Abb. 8: Fast reife Samenkapsel mit verholztem Rest des Stempels

und zwischen Regionen. Zur Reifezeit hängt das vertrocknete Pistill als Anhängsel an der Spitze der grünlich-braunen bis hell-kaffeefarbenen Kapsel, die im unreifen, grünen Zustand oft von Insekten beschädigt wird. Die Kapsel ist bis 14 cm lang, von verkehrt eiförmiger Gestalt, im Querschnitt pentagonal und am Apex abgestumpft. Sie öffnet sich vom Apex her in 5 Längsspalten und enthält bis zu 30 (freie Bestäubung im Bestand) und 140 Samen (freie und Hand-Bestäubung in Samenplantagen) und eine große Menge der Kapsel-Innenwand entspringender brauner Haare (Kapok), welche der Samenverbreitung dienen [11, 54, 55, 69, 77].

Die Zahl der bräunlichen, glatten, 4 bis 5 mm langen und 3 bis 5 mm dicken Samen variiert pro kg zwischen 12 000 und 49 000. Das Tausendkorngewicht streut dementsprechend zwischen 20 und 87 g [49, 55, 61]. Die Samengröße wird in hohem Maße durch den Mutterbaum bestimmt. Auch die mittlere Zahl der Samen pro Kapsel schwankt in weitem Rahmen [55]. *B. quinata*-Samen verlieren ihre Keimfähigkeit rasch, wenn sie zu früh geerntet werden. Samen aus reif geernteten Kapseln behalten dagegen ihre Keimfähigkeit 2 bis 3 Jahre lang bei, wenn sie kühl gelagert werden [32, 48]. Über Schwefelsäure im Exsikkator, die nach jeweils 6 Monaten gewechselt wurde, blieb die Keimkraft über 2 Jahre erhalten [55].

Von größerer Bedeutung für die Lagerung des Saatgutes ist der Wassergehalt der Samen. Er beträgt bei frischen Samen etwa 25 % und konnte bei Lufttemperaturen um 14 °C auf 9,1 %, bei 25 °C auf ca. 7,2 % vermindert werden. Die Lagerung der Samen (Keimprozent 83 und 90) im hermetisch geschlossenen Alu-Beutel unter Zusatz von Bioziden erbrachte bei 5°, 14° und 20 °C auch nach 360 Tagen noch ein Keimprozent von 69 bis 77 % bei 7,2 % Gehalt an Restwasser (23 bis 59 % Keimung bei 9,1 % Restwasser). In Costa Rica ermittelte man eine viermonatige Lagerungszeit für frisches Material, aber eine weit darüber hinausgehende Lagerfähigkeit, wenn Samen mit 20 % Wassergehalt bei 5 °C aufbewahrt wird [14, 61, 70, 7].

Taxonomie und genetische Differenzierung

Bombacaceen zeichnen sich durch das Bestehenbleiben des Nucleolus während der mitotischen Teilung und durch eine hohe Chromosomenzahl aus. (*B. quinata* aus Cuba: n = 36 [3]; aus Costa Rica: n = 46 [4]). Vermutet wird Polyploidie bei einigen *Bombacaceen* einer Tieflandgesellschaft in Costa Rica und eine decaploide Serie bei *Bombacopsis quinata*.

Am natürlichen Standort fallen innerhalb des gleichen Bestandes sehr unterschiedliche Phänotypen hinsichtlich der Ausbildung von Brettwurzeln auf. Teils bilden die Bäume keine, teils aber „Bretter" bis in Höhen von mehr als 10 m aus. Ähnlich auffällig sind die Unterschiede in der Ausbildung von Stacheln, die einerseits fast ganz fehlen oder vereinzelt stehen, andererseits als den Stamm entlanglaufende Stachelleisten („Sägen") ausgebildet sind oder in großer Zahl und ohne ein erkennbares Muster auftreten.

Die Individual-Unterschiede reichen von morphologischen Merkmalen bis zu Unterschieden in der vegetativen Vermehrbarkeit. Möglichkeiten zur praktischen Nutzung gewünschter Ausprägungen, z.B. bei der Stachelbildung, werden wegen der niedrigen Heritabilität i.e.S. (nahe 0) in der vegetativen Vermehrbarkeit gesehen [32].

Auffällig ist überdies die Streuung hinsichtlich der Blüten- und Samenproduktion, der Blühdauer, dem Anthesetermin, der Menge der Kapseln bei freier Abblüte, der Anzahl Samen pro Kapsel, dem Samengewicht und der Keimung [55, 56, 60, 61].

Eine Nachkommenschaftsprüfung mit 23 aus freier Bestäubung und aus kontrollierten Kreuzungen hervorgegangenen Absaaten wurde im Staate Barinas/Venezuela angelegt. Mit sechs Jahren zeigten sich deutliche Familienunterschiede im Jugendwachstum. Für hohe Überlebensfähigkeit (z.B. 98 %) und gutes Jugendwachstum scheinen im Alter von knapp zwei und neun Jahren jedoch genetische Komponenten wenig bestimmend. Die additive Genwirkung ist gering. Es wird vermutet, daß Dominanz und Epistasis eine bedeutende Rolle spielen [32, 56, 57]. Die Geradheit des Stammes ist in einigen Familien besonders ausgeprägt und spiegelt die Eigenschaften der Mutterbäume wider [19].

Provenienzunterschiede im Höhenwachstum während des Jugendstadiums [7] und in der Überlebensfähigkeit konnten in Venezuela zunächst nicht bestätigt werden. Doch ist die Zahl der Stacheln in diesem Alter sehr wohl provenienzabhängig. Stacheln werden als eine Art Anpassungsstrategie gegen Rindenschädigungen durch Tiere angesehen [57].

In der Bewurzelungsfähigkeit von Stecklingen wurden Provenienzunterschiede zwischen feuchten und weniger feuchten Ursprungsgebieten festgestellt [44]. Stecklinge aus der trockeneren Region bewurzelten sich schlechter als die aus der feuchteren.

Groß angelegte Provenienz-/Nachkommenschafts-Versuche, z.T. mit mehr als 200 Nachkommenschaften aus verschiedenen Ländern des gesamten natürlichen Verbreitungsgebietes, sind erst in jüngster Zeit, dank der Zusammenarbeit mehrerer internationaler Institutionen, in Angriff genommen worden [32, 49]. Erste Ergebnisse weisen auf Unterschiede im Höhenwachstum und in der Zwieselbildung hin. Die Stachelbildung in 11 Familien wird durch nicht-additive Genwirkung kontrolliert.

Wie bei anderen tropischen Arten treten auch bei *B. quinata* herausragende wie stark zurückbleibende Mutterbäume in ein und derselben Provenienz auf. Deshalb ist es notwendig, möglichst viele überlegene Mutterbäume aus allen Provenienzen in natürlichen Beständen auszulesen, um überragende Genotypen festzustellen, bevor sie zerstört werden [32].

Abb. 10: Etwa 6 Wochen alte Sämlinge in einem Kamp bei Cartagena, Kolumbien

Keimung und Sämlingsentwicklung

In Venezuela wurde bei einem Keimprozent von ca. 90 eine Keimgeschwindigkeit von 75 % nach etwa 9 Tagen erreicht. Es fiel auf, daß sich aus Samen von mehr als 100 Bäumen aus Samenplantagen und natürlichen Beständen nie Pflanzen mit Zwergwuchs oder Albinismus entwickelten [55]. In Costa Rica wurde die maximale Keimung im Gewächshaus bereits nach 2 Tagen erreicht [14, 61]. Die Keimung kann bis 4 Wochen andauern; sie erfolgt ohne Vorbehandlung der Samen und epigäisch. Die Keimlinge entwickeln eine Hauptwurzel aber kaum Nebenwurzeln [11]. Nach etwa 7 Tagen erscheinen zwei große, herzförmige, ganzrandige Kotyledonen (4 cm lang und 2,5 cm breit) mit gut entwickelten Blattnerven.

Etwa nach 11 Tagen haben sich die gegenüberstehenden Keimblätter voll entfaltet. Am Epikotyl erscheinen lanzettliche Primärblätter, die nur wenig größer sind als die Keimblätter, aber von der Blattbasis zur Spitze einen zunehmend tiefer gesägten Rand aufweisen. Nach etwa 2 Monaten beträgt die Höhe der Pflanzen um 25 cm. Im allgemeinen sind die Folgeblätter auf der Oberseite heller als auf der Unterseite und bereits dreizählig gefingert. Die Nebenblätter sind hinfällig. Am Stämmchen entstehen die ersten Stacheln [36]. Eine detaillierte Beschreibung der Keimung und der Sämlingsentwicklung findet man auch bei RICARDI et al. [63].

Ökologie

B. quinata ist eine Baumart der Tierra caliente im trockenen Tropenwald. Diese auch als regengrüne Feuchtwälder periodisch laubabwerfende, trockenkahle, Passat- und Tropophil-Wälder bezeichnete Formation, stellt das eigentliche Verbreitungsgebiet der Art dar. Gelegentlich kommt sie auch in den sehr trockenen und den feuchten Tropenwäldern vor.

Die mittleren Jahresniederschläge im natürlichen Areal liegen zwischen 800 und 3000 mm. Die extrem feuchte Region an der Pazifikküste Costa Ricas ist jedoch durch eine ausgeprägte Trockenzeit gekennzeichnet [45]. Die mittlere Jahrestemperatur liegt zwischen 22 und 28 °C mit Minima zwischen 14 und 21 und Maxima bis zu 40 °C. Im Gebiet des sommergrünen Trockenwaldes treten zwischen Oktober und April ausgeprägte Trockenzeiten auf. Sie können ein bis sechs Monate betragen [11, 32, 35, 79, 80].

B. quinata findet ihre optimale Entwicklung auf ebenen, leicht sandigen und gut drainierten Böden mit einem pH von 6 bis 9. Dort werden bis in 2 m Tiefe reichende Wurzeln ausgebildet [20, 48, 83]. Sie wächst auch auf zeitweise überschwemmten, tonigen Niederungsböden und auf Böden mit ungenügender Drainage [21], erreicht dort aber nur geringe Dimensionen [35]. Zu finden ist sie ebenfalls auf schlecht durchlüfteten Böden [20] und auf Höhenrücken mit Böden geringer Mächtigkeit, felsigen und übermäßig drainierten Böden [45]. Hanglagen in Trockengebieten, die heftige jahreszeitliche Regengüsse erhalten und keine Wasserreserven aufweisen, begrenzen ihr Gedeihen ebenso [11] wie undurchlässige, kompakte Böden. Im sehr bewegten Hügelland Venezuelas mit 10 bis 70 % Hangneigung und kleinen, ebenen Flächen in Höhenlagen um 230 m, allerdings mit erheblichen Wasserreserven, erreicht *B. quinata* noch Höhen bis zu 30 m und stellt eine der Arten mit dem größten Stammvolumen dar [80].

Die noch unberührten Klimaxwälder der regengrünen Feuchtwälder im Areal von *B. quinata* werden durch zunehmende Einschläge und landwirtschaftliche Aktivitäten weiter zurückgedrängt, denn ihre Böden eignen sich auch zur landwirtschaftlichen Nutzung. Die Waldgesellschaft

dieses Klimagebietes enthält in den venezolanischen, westlichen Llanos oft weit mehr als 100 laubabwerfende und immergrüne Baumarten, wie z.B. *Anacardium excelsum, Bulnesia arborea, Cedrela odorata, Ceiba pentandra, Centrolobium paraense, Couroupita guianensis, Didymopanax morototoni, Enterolobium cyclocarpum, Erythrina poeppigiana, Hura crepitans, Hymenaea courbaril, Ochroma pyramidale, Samanea saman, Spondias mombin, Swietenia macrophylla* und verschiedene Palmenarten [34, 78, 80]. In Mittelamerika kommen weitere Arten wie z.B. *Acacia* spp., *Cedrela mexicana, Prosopis juliflora* hinzu [12, 20].

Im regengrünen Feuchtwald Venezuelas bildete *B. quinata* die dominante oder codominante Art auf verschieden stark intervenierten Flächen.

So betrug ihre Stammzahl pro Hektar (Bäume >20 cm BHD) [80]:

in den Klimaxwäldern	7–15
in mäßig genutzten Wäldern	4–10
in stark genutzten Wäldern	0,6–4

In der Kronen-Oberschicht gehörte sie mit zu den vier häufigsten Baumarten [34, 35]. *B. quinata* wird deshalb zu Recht als „die wirkliche Art des tropischen Trockenwaldes, besonders in den westlichen Hochllanos Venezuelas angesehen, wo ihre Abundanz durch keine andere wirtschaftlich wichtige Art, am wenigsten durch die seltenen Werthölzer *Swietenia macrophylla* und *Cedrela odorata* übertroffen wird". Auch bezüglich des Stammvolumens gehört sie zu den dominanten Arten [80].

Die natürliche Verjüngung der Art ist meist gleich Null. Dies wird auf das hohe Lichtbedürfnis während des Jugendwachstums und auf eine beträchtliche Laubstreuschicht zurückgeführt, die den Kontakt der leichten Samen mit dem Mutterboden verhindert. Es wird vorgeschlagen, den Boden vor der Samenreife offenzuhalten und Naturverjüngung mit Schneisenpflanzung zu kombinieren [23, 53]. In den Reliktwäldern von Honduras werden die Bedingungen für Naturverjüngung hingegen als günstig bezeichnet [13].

Saatgutversorgung, Vermehrung und Züchtung

Aufforstungen haben die Gewinnung, Extraktion und Lagerung des Saatgutes sowie Techniken der Pflanzenproduktion zur Voraussetzung. Bei *B. quinata* besteht die Schwierigkeit der Ernte im Bestand darin, daß die an den äußersten Enden der bestachelten Zweige hängenden reifen Früchte die Samen mit dem Kapok bei der geringsten Berührung entlassen [42]. Die Kapseln müssen deshalb vor ihrer vollständigen Reife geerntet und so getrocknet werden, daß sie sich öffnen, ohne daß die Samen wegfliegen. Diese werden per Hand ausgelesen [14]. Ernte und Extraktion sind deshalb teuer [50].

Empfohlen wird u.a. die Ernte in Samenerntebeständen [8] und an ausgelesenen Samenbäumen [69]. Der Ankauf genetisch ungeeigneten Saatgutes, z.B. von Bäumen, die auf Viehweiden aus Zaun-Stecklingen entstanden sind, sollte vermieden werden [48].

Weit einfacher ist die Samenernte in Samenplantagen [41, 82], die heute den größten Teil der Produktion ausmacht. Die Extraktion der Samen aus den Kapseln, die Trennung vom Kapok und die Trocknung auf 7 % Restfeuchte, konnte durch weitgehende Mechanisierung verbilligt werden [73, 76].

Individualunterschiede in der Blüten- und Samenproduktion, Unterschiede in der klonalen Verteilung, Verschiedenheiten in der Anzahl ramets pro Klon und die Niederschläge zur Zeit der Fruchtreife spielen für die Effizienz von Klon-Samenplantagen eine wichtige Rolle. Für die Anlage werden 15 bis 25 phänotypisch gute Klone mit einer hohen allgemeinen Verträglichkeit im Kreuzungsverhalten empfohlen [11, 56]. Ihre Zufallsverteilung in der Plantage, die Pflanzung von mindestens 5 Stecklingen (und/oder Pfropflingen) pro Klon und Pflanzweiten von 7 x 7 m werden angestrebt.

Abb. 11: Klon-Samenplantage, ca. 10 Jahre nach Rückschnitt

Richtlinien für die Bewirtschaftung von *B. quinata*-Samenplantagen werden in Costa Rica vorgestellt [46]. Nicht kontrollierbar sind jedoch hohe Niederschläge zur Zeit der Kapselreife, welche die Zahl keimfähiger Samen pro Kapsel erheblich mindern können.

In allen Ländern des natürlichen Areals sind Klonsamenplantagen unterschiedlicher Größe mit meist mehr als 25 Klonen entstanden [10, 46, 47]. Oft fehlen jedoch die bestäubenden Tierarten, so daß die Fruchtbildung gering ist. Handbestäubung erhöhte in Kolumbien die Fruchtbildung um fast das Sechsfache [73, 75, 76].

Der Ertrag einer Klonsamenplantage erster Generation in Kolumbien stieg mit zunehmendem Alter und nach Auslese auf höhere Fruchtbildung von 0,4 kg/ha im ersten Jahr auf 57 kg/ha im 8. Jahr. Eine Plantage der 2. Generation erbrachte im 4. Jahr bereits 75 kg [76]. Der Ertrag achtjähriger Plantagen liegt in Costa Rica dagegen bei nur 1 kg/ha. Dieses Manko wird auf die geringe Populationsdichte der bestäubenden Fledermäuse zurückgeführt [32].

Zur Nutzung der gesamten genetischen Variabilität bietet sich bei *Bombacopsis* die Vegetativvermehrung an, zumal entsprechende Verfahren für mehrere tropische Baumarten Routine geworden sind [37]. Stecklingsbewurzelung kann bei *B. quinata* sowohl mit krautigem wie mit verholztem Material durchgeführt werden [11, 32, 39 a].

Zwischen 3jährigen Sämlingen und Stecklingspflanzen traten Unterschiede in der Wurzel-Morphologie auf. Bei ähnlicher oberirdischer Entwicklung wiesen Stecklingspflanzen eine höhere Zahl von Pfahlwurzeln auf, die aber nur bis zu einer geringeren Tiefe vordrangen [30].

Versuche zur Vegetativvermehrung wurden für *B. quinata* 1961 in Venezuela begonnen. Es war aufgefallen, daß starke Ast- und Stammrollen in den Llanos als lebende Zaunpfähle benutzt wurden und der Austrieb von gefällten Stämmen und von Wurzelstöcken die Regel darstellte. Ast- und Stammrollen von frisch gefällten Bäumen mit Durchmessern bis 25 cm bewurzelten sich zu Beginn der Regenzeit sehr unterschiedlich [38, 41]. Es bestehen erhebliche Klon-Unterschiede in der Bewurzelungsintensität. Viele angewachsene Stecklinge blühten bereits 1 bis 3 Jahre nach dem Stecken. Das Verfahren wurde zur Begründung von Samenplantagen verwendet [39]. Aus Primärstecklingen gewonnene Sekundärstecklinge lassen sich leichter zur Bewurzelung bringen als Primärmaterial [44, 58, 59]; auch sie blühen zwei bis drei Jahre nach dem Abstecken. Weiterführende Ergebnisse bestätigten die o.a. Befunde und die Brauchbarkeit der Methode für die Praxis [2, 31, 62].

Die Vermehrung durch Luftableger an kürzlich bewurzeltem Material ist ebenfalls leicht möglich. Die Anwendung von Wuchsstoffen erwies sich als unnötig [58].

Pfropfung gelingt ohne Schwierigkeiten am Ende der Trockenzeit auf gerade angetriebenen Sämlingsunterlagen durch glatte Kopulation ohne Gegenzunge, wenn die noch nicht angetriebenen, aber ständig feucht gehaltenen Pfropfreiser nicht länger als 96 Stunden in den Llanos aufbewahrt werden. Provenienzunterschiede bei der Pfropfung von Primärreisern kommen vor [43]. Pfropflinge blühen und fruktifizieren später als Stecklinge [58].

Sekundäre Pfropfreiser von Stecklingen einer Samenplantage wuchsen mehr als doppelt so gut an wie Primärreiser (etwa 93:41 %). Auch hier gibt es im Pfropferfolg Unterschiede zwischen Herkünften aus trockeneren und feuchteren Gebieten. Unterlage und Klon blieben ohne Einfluß auf den Pfropferfolg [43].

Kontrollierte Kreuzungen wurden bei *B. quinata* erstmals 1969 durchgeführt und hatten eine erhöhte Samenausbeute zur Folge. Selbst- und Fremdbefruchtung erbrachten Nachkommen im Verhältnis 0,4 zu 6. Hinsichtlich der Samenausbeute gab es überdies (a) erhebliche Unterschiede zwischen Klonen, (b) bessere Erfolge bei der Kombination zwischen Klonen verschiedener Provenienzen und (c) eine auffällige Variabilität zwischen Ernte-Jahren, die auf die Niederschläge im Zeitraum der Kapselreife am Ende der Trockenzeit (März/April) zurückgehen. Es wurden manuelle Kreuzungstechniken zur Verbesserung der Samenproduktion entwickelt [54, 55, 60]. Auch die Aufbewahrungsdauer des Pollens beeinflußte den manuellen Bestäubungserfolg; 24 Stunden aufbewahrter Pollen hatte (unverständlicherweise) die doppelte Erfolgsquote von frischem Pollen [75].

Die Erhaltung von *Bombacopsis quinata* als wertvolle Baumart ist aufgrund des Verschwindens ganzer Wälder durch kontrollierten und unkontrollierten Einschlag bereits zu Beginn der siebziger Jahre gefordert worden [24]. Das Schwergewicht lag dabei in der Erhaltung in situ in nationalen Waldreservaten und ex situ in nationalen Samenbanken. Vor allem wurde eine strikte nationale Kontrolle des Einschlags und der Landnahme gefordert. Inzwischen wurde *Bombacopsis quinata* durch die FAO auf die Liste der gefährdeten Baumarten in Central- und Südamerika gesetzt und Prioritäten zu ihrer Erhaltung festgelegt [1]. Durch die intensive Zu- und Zusammenarbeit nationaler und internationaler Institutionen und Konsortien konnten Maßnahmen zur Erhaltung der Art eingeleitet werden [9, 49].

Anzucht, Entwicklung und Waldbau

Die oft fehlende Naturverjüngung versucht man durch Schneisenpflanzung mit Stummelpflanzen auszugleichen, wobei voller Lichteinfall von oben unentbehrlich ist [22]. Für Pflanzungen auf der Freifläche hielt man die Art wegen ihrer starken Verzweigung in niedriger Höhe für ungeeignet [35]. Nachkommenschaftsprüfungen mit freien und kontrollierten Absaaten ließen nach 6 Jahren jedoch gerade Schäfte, geringe Verzweigung, eine breite Variation hinsichtlich der Stachelbildung und einen BHD zwischen 15 und 20 cm erkennen. Das Wuchsverhalten dieser Familien mit insgesamt etwa 400 Bäumen wird durch eine Pflanzung in Costa Rica bestätigt, die im Alter von 16 Jahren einen mittleren BHD von 26 cm erreichte [17].

Inzwischen ist *B. quinata* für das gesamte natürliche Verbreitungsgebiet zu einer Art ohne größere Pflanzprobleme geworden, mit der Aufforstungen bereits in allen Ländern dieser Region in unterschiedlich großem Maße durchgeführt werden. Anbauten außerhalb des natürlichen Verbreitungsgebietes sind bislang nicht bekannt.

Auch die technische Seite der Pflanzenanzucht bereitet keine Schwierigkeiten. Grundsätzlich ist die Vermehrung mit generativem wie vegetativem Material möglich. Die Vermehrung über die Bewurzelung von Stamm- und Astteilen hat sich als Methode zur Anlage von Samenplantagen bewährt, für Aufforstungen ist sie jedoch viel zu arbeits- und damit kostenaufwendig. Die Vermehrung über krautige, semiverholzte und verholzte Stecklinge geringerer Dimension wird für praktische Zwecke ebenfalls durchgeführt (Stecktiefe 5 cm, Applikation von Wuchsstoffen, Bewurzelungsdauer 25 Tage) [11, 32].

Die Pflanzenproduktion über Samen stellt für Aufforstungen die in großem Maßstab geübte Methode dar. Samen sind ohne Vorbehandlung im Gewächshaus und im Freiland keimfähig (Saattiefe <1 cm; Reihenabstand 20 bis 25 cm), bilden nach 8 Tagen Wurzeln und können nach Bildung der Primärblätter in Pflanzbeete verpflanzt werden [11, 14, 32, 48], um später als wurzelnackte Pflanzen, Stummelpflanzen, entblätterte Sämlinge oder Container-Pflanzen ins Freiland gepflanzt zu werden. Bodenbearbeitung in den Freilandbeeten und gute Drainage sind notwendig[1].

Zur Verbesserung der Pflanzenqualität wurde die Sämlingsdichte im Pflanzbeet auf 30 bis 60 Pflanzen pro m^2 optimiert. Der optimale Wurzelhalsdurchmesser beträgt 1,5 bis 3 cm [32, 48, 74].

Container-Pflanzen können nach 2 bis 3 Monaten ins Freiland gepflanzt werden, wurzelnackte Sämlinge oder Stummelpflanzen erst nach 6 bis 7 Monaten. Sie haben dann Wurzeln von fast 30 cm Länge und eine Höhe von 50 cm. Stummelpflanzen werden auf 15/15 cm, 20/20 oder im Wurzelbereich auch stärker zurückgeschnitten.

Bestände werden vorzugsweise auf ebenem, leicht gewelltem Land begründet. In Costa Rica bevorzugt man sandige bis sandig-lehmige Böden in Lagen mit mindestens 1500 mm Niederschlag und einer wenigstens 3 Monate langen Trockenzeit an der Westküste [48]. An der trockenen Nordostküste Kolumbiens werden auf Böden lehmiger bis toniger Beschaffenheit bei 1000 mm Niederschlag bepflanzt. In den westlichen Llanos Venezuelas wachsen ergiebige Aufforstungen noch auf mäßig drainierten, schlammig dichten Tonböden, die teilweise durch Weidewirtschaft verdichtet wurden; außerdem auch auf Böden von Sekundär- und gelegentlich auch Primärwäldern [32].

Die Bodenvorbereitung im ebenen Gelände besteht in der Beseitigung des Unkrauts sowie im Pflügen und Eggen, besonders bei verdichtetem Untergrund [32].

Tiefe Bearbeitung von Baumscheiben brachte besonders auf schlecht drainierten Böden verbessertes Wachstum und weniger Ausfälle [32 a]. Diese Maßnahme wird für gut drainierte Vertisole aufgrund geringerer Wasserverfügbarkeit in der Wurzelzone im ersten Jahr nach der Pflanzung jedoch nicht empfohlen [32].

---

[1] Urueña, pers. Mitt.

B. *quinata* übersteht kurze Überschwemmungsperioden, höhere Mortalität entsteht aber bei stagnierender Nässe von mehr als 1 bis 2 Wochen. Auf schlecht drainierten und periodisch überschwemmten Böden entstehen Windwürfe. Die Einbringung organischer Abfälle der Spanplatten-Produktion vermag das Jugendwachstum auf Gley-Böden zu verbessern [26].

Am Tag der Pflanzung ist eine gründliche Wässerung erforderlich. Der Transport des Pflanzgutes sollte in feuchten Jutesäcken oder unter feuchten Planen in geschlossenen LKWs erfolgen. In Kolumbien hat sich der Schutz des Wurzelsystems mit Kaolin bewährt [28]. Die Pflanzung erfolgt bis 2 Monate vor Beginn der Regenzeit und bis weit in die Regenzeit hinein mit Stummelpflanzen. Trockenzeit-Pflanzung ist also möglich. Ein Vorteil besteht darin, daß sich die Sämlinge vor der Keimung von Unkrautsamen entwickeln, zu Beginn der Regenzeit einen Wachstumsvorsprung aufweisen und zu diesem Zeitpunkt empfindlichere Arten ins Freiland gebracht werden können.

Die Pflanzabstände im Freiland variieren zwischen 2 x 2 bis 5 x 5 m, als optimal werden Abstände von 3 x 3 m empfohlen [11, 32, 48]. Ausschlaggebend für das Gelingen einer Pflanzung ist jedoch die Unkrautbekämpfung in den ersten Jahren nach der Pflanzung. In der Regel sind 4 bis 6 Durchgänge der Unkrautbekämpfung pro Jahr notwendig. In Abhängigkeit von den Standortsfaktoren kann sich diese Zahl auf 10 und mehr erhöhen. Herbizideinsatz resultierte in Nordkolumbien in 46 % mehr Höhenzuwachs gegenüber mechanischer Bekämpfung mit der Machete [27, 29]. Im ersten Jahr war die chemische Bekämpfung auf der Baumscheibe genauso wirksam wie das Spritzen der ganzen Reihe; wenn kontinuierlich gutes Wachstum erfolgen soll, ist die Vernichtung des Unkrauts auch im 2. Jahr in der ganzen Reihe notwendig.

Unter normalen Bodenbedingungen ist Düngung mit Mikro- und Makronährstoffen nicht notwendig; sie verbesserte zwar etwas das Wachstum auf Gley-Böden in Kolumbien, ist aber ökonomisch nicht vertretbar [32].

In Kolumbien und in Costa Rica ist die Astung der Kulturen notwendig, weil besonders die Stummelpflanzen Vielfachzwiesel bilden. Astungen werden deshalb bereits in der ersten Trockenperiode nach der Pflanzung, auf guten Böden mit schnellem Wachstum aber bereits 3 bis 4 Monate nach der Pflanzung empfohlen. Für die Furnierproduktion in Kolumbien sind Astungen bis 6 m Höhe vorgesehen; doch sollte nur etwa 50 % der Krone geastet werden [32]. Die nach der Astung abgestellten und gebündelten, daumendicken Zweige hatten in einer Pflanzung in Huetar Norte/Costa Rica nach etwa einem Monat wieder Wurzeln gebildet und ließen sich als Vermehrungsgut verwenden.

Über Durchforstungen wird in Kolumbien die Stammzahl bis zum 5. bis 7. Jahr von 1111 auf 550 und im 11. bis 13. Jahr auf 300 Bäume pro ha reduziert. Für die Ernte nach 16 bis 18 Jahren werden Mitteldurchmesser von 40 bis 45 cm erwartet [32].

Feuer in der Trockenzeit stellt eine weitere Gefahr für das Gelingen von Aufforstungen dar. Sie werden durch trockenen Wind und Bodenstreu gefördert [32]. Auch die rel. starke Borke bietet gegen die hohen Temperaturen keinen ausreichenden Schutz.

Als potentielles Aufforstungsareal der Art darf das gesamte wechselfeuchte Verbreitungsgebiet angesehen werden. Dies gilt insbesondere für die aus Land- und Viehwirtschaft brachfallenden Flächen. Umfangreiche Aufforstungsprogramme werden besonders im Nordwesten Kolumbiens (etwa 7500 ha) und in Guanacaste/Costa Rica (etwa 800 ha) vorangetrieben. Nach eigener Schätzung dürften bislang insgesamt 8500 ha Aufforstungen auf größeren und kleineren Flächen im natürlichen Verbreitungsgebiet entstanden sein.

Auf geeigneten Böden ist ein jährlicher Volumenzuwachs zwischen 10 und 20 m³ pro Hektar und Jahr zu erwarten, wie Vergleiche zwischen 4- bis 40jährigen Aufforstungen in Costa Rica, Kolumbien und Venezuela auf verschiedenen Böden und in Höhenlagen von 50 bis 570 m Höhe ü. NN deutlich machen [32, 48].

Entwickelt wurden ein Standort-Index mit Hilfe einer Serie von Baumhöhen-vs. Alterskurven von 10 und 20 m hohen, dominanten Bäumen im Alter 10 Jahre sowie vorläufige Modelle für die Voraussage des Ertrages in Pflanzungen (1600 Bäume pro ha auf mittleren Böden in Dauerparzellen in Costa Rica und Panama), und für junge Bäume mit und ohne Rinde in Kolumbien [11, 25, 30 a].

In der Agroforstwirtschaft hat auch *Bombacopsis quinata* einen Platz gefunden. In Honduras wird sie als Schattbaum in Kaffeeplantagen [13, 49] und im Taungya-System mit Mais und Bohnen in Honduras genutzt [68]. Darüber hinaus läßt sich die Verwendung als lebende Zaunpfähle von etwa 2 m Länge in 5 m Abstand gleichzeitig mit der Nutzung als Schattbaum in der Weidewirtschaft kombinieren [20 a, 48]. Auch ein Unterbau von Zierpflanzen, Bohnen, Kürbisgewächsen und Passifloren wurde bei jungen Pflanzungen in Costa Rica praktiziert[2].

Pathologie

Ihre Robustheit läßt *Bombacopsis quinata* eine große Zahl von Schädigungen ertragen und überstehen. Neben Vertebraten sind es vor allem Insekten und Pilze, welche Blüten, Früchte, Samen, Sämlinge, Bäume, aber auch das Holz angreifen. Eine Auflistung für Zentralamerika wurde von CATIE [11] zusammengestellt. Die Schäden reichen von Wurzelschädigungen über Blattfraß, Holzzerstörung und Entrindung bis zur Deformation von Sämlingen und Bäumen sowie Schäden an Blüten und Samen.

---

[2] GUERRERO, pers. Mitt.

Blütenknospen und Blüten, speziell deren reproduktive Organe, werden von Nektar und Pollen sammelnden Insekten an- und z.T. leergefressen. Auch *Archips-* (*Tortricidae*), *Schistocera-* und *Tinema*-Arten [76] spielen dabei eine Rolle. Samen werden vor allem durch eine Papageienart (*Botrogeris jugularis*) geplündert; Kapseln und Samen werden von *Dysdercus bimaculata* und *D. fasciatus* (*Hemiptera*) leergefressen [21, 70, 77]. Vor allem an der Atlantikküste Kolumbiens können die verursachten Schäden bis zu 100 % betragen. Es wird angenommen, daß es sich bei den Insekten z.T. um Vektoren von phytopathogenen Pilzen handelt, welche die Mittelachse der Frucht zersetzen, Anomalien in der Färbung der „Wolle" sowie die teilweise oder vollkommene Zerstörung der Samen verursachen. Starker Befall wird u.a. auf industriell verursachte Umweltveränderungen zurückgeführt. Die Bekämpfung der Hemipteren ist für die nachhaltige Samenproduktion unabdingbar [32].

An den Samen in der Kapsel wurden mehrere Pilzarten festgestellt: *Nectria* sp. (in 100 % der Samen), der auch Krebs an *Cordia alliodora* verursacht, *Botrydiplodia* sp. (100 %), *Fusarium* sp. (80 %), *Aspergillus* sp. (40 %), *Chaetomium* sp. (20 %). Es fällt auf, daß die zuletzt angeführten Arten zu denjenigen gehören, die in der Anzuchtphase bei hoher Luftfeuchtigkeit an verschiedenen Baumarten die Umfallkrankheit verursachen [50, 52]. Bei *B. quinata* wurden bislang *Rhizoctonia-*, *Fusarium-* und *Phytophthora*-Arten als Verursacher gefunden. Eine chemische Bekämpfung ist möglich [11], doch sollte primär die Luft- und Bodenfeuchtigkeit reguliert werden [48].

In Zentralamerika sind es *Diabrotica*-Arten, welche die Knospen von Sämlingen schädigen und die Larven von *Arsenura armida*, die nachts ganze Bäume kahlfressen können. Bekämpfung mit Insektiziden ist möglich [6]. Die Entrindung des Stammes durch *Sciurus variagatoides*, einen Verwandten unseres Eichhörnchens, beeinflußt Form und Wachstum in Costa Rica [15]. Eine Schlingpflanze der Gattung *Ipomoea* (*Convolvulaceae*), die den ganzen Baum bedecken kann, verursacht erhebliche Deformationen [48].

Das Holz der Art ist hoch resistent gegen Pilze [67] und marine Bohrmuscheln [16], aber anfällig für die Attacken von terrestrischen Bohrern, Insekten [83], insbesondere Termiten sowohl am stehenden Stamm wie in trockenem Zustand.

Nutzung

Die breit ausladende Krone macht die Art als Schattbaum fürs Weidevieh geeignet [32] und wegen der besonders leichten vegetativen Vermehrbarkeit lassen sich Ast- und Stammrollen als lebende Zaunpfosten nutzen. Die Wertschätzung von *B. quinata* als Konstruktionsholz, zur Innenverkleidung in Wohnräumen, für die Herstellung von Möbeln, für Drechsler- und Schreinerarbeiten, zur Herstellung von Rumfässern und Kisten, als Substitut für *Cedrela-* und *Swietenia*-Holz, als Füllung für Span- und Zementplatten und viele andere Verwendungsmöglichkeiten mehr [5, 18, 41] haben die Übernutzung und den vermehrten Einschlag der Art im gesamten natürlichen Verbreitungsgebiet zur Folge gehabt.

Abb. 12: Entrindetes 6- bis 8jähriges Durchforstungsmaterial

Weiterführende Literatur

[1] ANONYMUS, 1975: Forest genetic resources priorities. In: Proposals for a global programme for improved use of forest genetic resources. Forest genetic resources info. 4, 1–54. FAO, Rome.

[2] ARAYA M., V., 1983: Propagación vegetativa de Bombacopsis quinatum (JACQ.) DUGAND (pochote) con miras al establecimiento directo de un jardín semillero. Tesis, Escuela de Ciencias Ambientales UNA, Heredia/Costa Rica.

[3] BAKER, H.G.; BAKER, I., 1968: Chromosome numbers in the Bombacaceae. Bot. Gaz. **129**, 294–296.

[4] BAWA, K.S., 1973: Chromosome numbers of tree species of a lowland tropical community. J. Arnold Arbor. **54**, 422–434.

[5] BENITEZ R., R.F.; MONTESINOS L., J.L., 1988: Catálogo de cien especies forestales de Honduras: Distribución, propiedades y usos. Esc. Nac. Cienc. For. Siguatepeque/Honduras.

[6] BRICEÑO, A.; RAMÍREZ, J., 1976: Arsenura armida: Una plaga potencial de saquisaqui (Bombacopsis quinata). Rev. For. Venez., Mérida/Venezuela, No. 26, 127–132.

[7] BRUNE, A.; MELCHIOR, G.H., 1976: Ecological and genetical factors affecting exploitation and conservation of forests in Brazil and Venezuela. S. 203–215. In: BURLEY/STYLES. (Hrsg.): Tropical trees, variation, breeding and conservation. Linn. Soc. Symp. Ser., No. 2. Academic Press. London.

[8] CALDERÓN S., I.; MURILLO G., O., 1992: Metodología para la identificación de Pochote (Bombacopsis quinata (JACQ.) DUGAND) en Costa Rica. II. Congr. For. Nac. pp. 13–15. San José/Costa Rica.

[9] CAMCORE, 1987: Conservación y evaluación de los recursos genéticos forestales de América Central y Mexico. In: Noticiero. Mejoramiento Genético y Semillas Forestales para América Central (MGF), No. 1, S. 3–6, CATIE, Turrialba/Costa Rica.

[10] CASTILLO R., O.; BERMÚDES R., F., 1987: Huerto semillero experimental de Bombacopsis quinata (JACQ.) DUGAND (Pochote). In: ROJAS R.F. (Hrsg.): Memoria primer Taller Nacional Semillas y Viveros Forestales, S. 69–95. Inst. Tecn. Costa Rica (ITCR), CATIE, San José 1985.

[11] CATIE, 1991: Pochote. Bombacopsis quinatum (JACQ.) DUGAND. Especie de árbol de uso multiple en America Central. Serie Técnica. Informe Técnico No. 172, Turrialba/Costa Rica, 44 S.

[12] CHANG, T.B.Y., 1984: Comportamiento inicial de 23 especies forestales en suelos vertizoles y verticos de una zona semiárida en Nicaragua. Tesis Mag. Sc. Turrialba/Costa Rica, UCR/CATIE 144 S.; zit. n. CATIE 1991.

[13] CHAPLIN, G.; PONCE, E., 1991: Pograma de conservación e investigación en Bombacopsis quinata (JACQ.) DUGAND en Honduras-CONSEFORH. S. 8–11. In: Noticiero GMF No. 6, CATIE/Turrialba.

[14] CHAVARRÍA, M.I.; QUIROS Q., L., 1986: Aspectos importantes para la planificación en viveros de dieciocho especies forestales nativas del pacífico seco. Dirección General Forestal. Minist. Agric. San José, 46 S.

[15] CHAVES, S.E.; CHINCHILLA, O., 1988: Especies nativas, aptas para la reforestación. Guia Agropecuaria de Costa Rica 6, 29–32, CATIE, Turrialba.

[16] CHUDNOFF, M., 1984: Tropical timbers of the world. USDA For. Serv., Agric. Handb. 607, Washington, D.C.

[17] COMBE, J.; GEWALD, N.J., 1979: Guia de campo de los ensayos forestales del CATIE en Turrialba, Costa Rica. CATIE, Turrialba/Costa Rica, 378 S.

[18] DELGADO, A.G., 1977: Utilización de la madera de ramas de saquisaqui (Bombacopsis quinatum) en la fabricación de tableros de pajilla de madera y cemento. Rev. Forestal Venez., Mérida 17, 115–121.

[19] DÍAZ L., R.A., 1984: Evaluación de un ensayo de progenies de saqui-saqui (Bombacopsis quinata (JACQ.) DUGAND) en la Reserva Forestal de Guarapiche, Estado Monagas. Trabajo de Investigación. Universidad de los Andes, Facultad de Ciencias Forestales, Centro de Estudios Forestales de Postgrado.

[19a] DIJK, K. VAN; VENEGAS T., L.; MELCHIOR, G.H., 1978: Proyecto con el fin de asegurar el suministro de semillas de ceiba tolúa „ex situ" para plantaciones y su conservación. S. 13–39. In: El suministro de semillas como base de reforestaciones en Colombia.

[20] DVORAK, W.S.; DONAHUE, J.K., 1991: Programa de conservación y mejoramiento de Bombacopsis quinata (JACQ.) DUGAND en Centro y Suramérica de la cooperativa CAMCORE. S. 22–25. In: Noticiero MGF. No. 6. CATIE, Turrialba/Costa Rica.

[20a] ENCINAS, O.; GUTIERREZ, L.R., 1991: Saqui Saqui. Bibliografía Seleccionada, 37 S. IFLA, Mérida.

[21] FINOL U., H., 1964: Estudio silvicultural de algunas especies comerciales en el bosque universitario „El Caimital" – Estado Barinas. Rev. Forestal Venez., Mérida/Venezuela, No. 10/11, 17–64.

[22] FINOL U., H., 1969: Posibilidades de manejo silvicultural para las reservas forestales de la región occidental. Rev. Forestal Venez., Mérida/Venezuela, No. 17.

[23] FINOL U., H., 1976: Métodos de regeneración natural en algunos tipos de bosques Venezolanos. Rev. Forestal Venez., Mérida/Venezuela, No. 26, 17–44.

[24] FINOL U., H.; MELCHIOR, G.H., 1970: Unos apuntes sobre la conservación de reservorios de genes de especies forestales indígenas de actual valor comercial en Venezuela. Rev. Forestal Venez., Mérida/Venezuela No. 19/20, 73–82.

[25] HUGHELL, D., 1991: Modelo preliminar de rendimien to para pochote (Bombacopsis quinata (JACQ.) DUGAND) en Costa Rica y Panamá. Silvoenergía No. 39, Turrialba/Costa Rica. 4S.

[26] KANE, M., 1989 a: Aumento del crecimiento de Bombacopsis quinatum con la incorporación al suelo de residuos de la producción de tableros aglomerados. Monterrey Forestal (Col.). Informe de Investigación No. 6, 7 S.

[27] KANE, M., 1989 c: Control de malezas por la aplicación de herbicidas pre y postemergentes en plantaciones de Bombacopsis quinatum. Monterrey Forestal (Col.). Informe de Investigación No. 4, 13 S.

[28] KANE, M., 1989 e: La supervivencia y el crecimiento inicial son buenos para Bombacopsis quinatum plantado antes de la estación lluviosa. Monterrey Forestal (Col.). Informe de Investigación No. 7. 8 S.

[29] KANE, M., 1989 f: Efecto del control químico de malezas en el crecimiento de Bombacopsis quinatum durante los primeros quinze meses de plantación. Monterrey Forestal (Col.). Informe de Invest. No. 9.

[30] KANE, M., 1989 g: Supervivencia, altura y forma de plantaciones juveniles de Bombacopsis quinatum de orígen de semilla y de estacas enraizadas. Monterrey Forestal (Col.). Informe de Investigación No. 3, 5 S.

[30a] KANE, M., 1989 h: Ecuaciones de volumen y peso verde para árboles de Bombacopsis quinatum. Monterrey Forestal (Col.). Informe de Invest. No. 2.

[31] KANE, M.; URUEÑA, H., 1991 b: Efecto de la densidad de siembra y el método de cosecha en la producción de estacas de Bombacopsis quinata en el área de reproducción clonal. Monterrey Forestal (Col.). Informe de investigación No. 13, 10 S.

[32] KANE, M.; URUEÑA, H., 1993: The potential of Bombacopsis quinata as a commercial plantation species. Forest Ecol. Managem. 56, 99–112.

[32a] LADRACH, W.E., 1984: Preparación de sitio en la costa de caribe con Gmelina arborea, Bombacopsis quinata y Cassia siamea. Cartón de Colombia. Investigación Forestal. Informe de Invest. No. 99.

[33] LAMPRECHT, H., 1954: Saquisaqui. Boletín Ingeniería Forestal. Mérida/Venezuela No. 6, 37–38.

[34] LAMPRECHT, H., 1964: Ensayo sobre la estructura florística de la parte sur-oriental del Bosque Universitario „El Caimital", Estado Barinas. Rev. Forestal Venez., Mérida/Venezuela, No. 10/11.

[35] LAMPRECHT, H., 1986: Waldbau in den Tropen. Paul Parey, Hamburg und Berlin.

[36] LAMPRECHT, H.; HUECK, K., 1959: Estudios morfológicos y ecológicos sobre la germinación y el desarollo en la primera juventud de unas especies forestales en Venezuela. Instituto Forestal Latino-Americano, Mérida/Venezuela. Boletín No. 3, 1–21.

[37] LEAKY, R.R.B.; MESÉN, J.F., et al., 1990: Low-technology techniques for the vegetative propagation of tropical trees. Comm. For. Rev. 69, 247–257.

[38] MELCHIOR, G.H., 1965: Über die Vegetativvermehrung von Bombacopsis quinata (JACQ.) DUGAND. Silvae Genetica 14, 148–154.

[39] MELCHIOR, G.H., 1970: Die Vegetativvermehrung von Bombacopsis quinata (JACQ.) DUGAND als Grundlage für seine Saatguterzeugung in Venezuela. IUFRO Sekt. 23, Tropischer Waldbau, Ljubljana.

[39a] MELCHIOR, G.H., 1972: La propagación vegetativa de Bombacopsis quinata (JACQ.) DUGAND (Saqui-Saqui) por estacas de epicótilos. Inst. Forestal Latino-Americano, Mérida/Venezuela, Bol. 39/40, 53–62.

[40] MELCHIOR, G.H., 1978 a: Preservation of forest tree species by branch and stem sets. Voluntary Paper FOL/26-2, 6 S. In: Eigth World Forestry Congr. 1978. Djakarta/Indonesia.

[41] MELCHIOR, G.H., 1978 b: Un hallazgo para la industria maderera. Informe al proyecto INDERENA-FAO-CONIF COL 74/005, anexo 8, 8 S.

[42] MELCHIOR, G.H., 1986 b: Probleme der Saatgutversorgung in Aufforstungsprojekten in Südamerika. S. 203–218. In: Nather, J. (Hrsg.): Proc. Intern. Symp. Seed Problems under Stressfull conditions. IUFRO, P.G.: P 2.04.00. Seed Problems. FBVA, Berichte No. 12. Vienna and Gmunden, Austria, 1985.

[43] MELCHIOR, G.H.; CARROZ, R, et al., 1971: Propagación agámica de Saqui-Saqui (Bombacopsis quinata (JACQ.) DUGAND) por injertos. Rev. Forestal Venez., Mérida/Venezuela, 14, No. 21, 57–64.

[44] MELCHIOR, G.H.; QUIJADA R., M., 1972: Results of nine year trials on vegetative propagation of Bombacopsis quinata (JACQ.) DUGAND by branch sets. Silvae Genetica 21, 164–166.

[45] MESÉN, F.; CORNELIUS, J.; COREA, E., 1991 a: Programa de conservación y mejoramiento de Bombacopsis quinata (JACQ.) DUGAND en Costa Rica. S. 14–18. In: Noticiero MGF. 6. CATIE, Turrialba.

[46] MESÉN, F.; CORNELIUS, J.; COREA, E., 1991 b: Propuesta de manejo del huerto semillero clonal de Bombacopsis quinata, establecido por la Dirección General Forestal en la Estación Experimental Enrique Jimenez Núñez, Cañas, Guanacaste. CATIE, Turrialba/Costa Rica, 21 S.

[47] MORÁN, B., 1991: Programa de mejoramiento genético de Bombacopsis quinata (JACQ.) DUGAND en Panama. S. 19–21. In: Noticiero MGF. No. 6. CATIE, Turrialba/Costa Rica.

[48] NAVARRO P., C.M.; MARTÍNEZ H., H.A., 1989: El Pochote (Bombacopsis quinatum) en Costa Rica. Guia silvicultural para el establecimiento en plantaciones. Serie Técnica. No. 142, CATIE, Turrialba.

[49] NOTICIERO, 1991: Mejoramiento Genético y Semillas Forestales para América Central (MGF), No. 6, 25 S. CATIE, Turrialba/Costa Rica.

[50] OCHOA M., O., 1988: Banco de Semillas, Siguatepeque/ Honduras. In: Primera Convención Centroamericana sobre Semillas Forestales Tropicales, Costa Rica.

[51] OJEDA, S., 1990: Maderas comerciales de Venezuela. Serie, Ficha Técnica No. 18, 26 S. IFLA, Mérida.

[52] OROZCO, C., 1985: Determinación y control de las principales enfermedades que afectan viveros y plantaciones forestales en Colombia. Subgerencia de Bosques y Agua. INDERENA. Bogotá/Kolumbien; zit. n. TRIVIÑO et al. 1990.

[53] PETIT, P.M. 1969: Resultados preliminares de unos estudios sobre la regeneración natural espontánea en el bosque „El Caimital". Rev. Forestal Venez., Mérida/Venezuela No. 18, 9–21.

[54] QUIJADA R., M., 1971: Èvaluación preliminar de tres clones de Bombacopsis quinata del jardín clonal El Irel en sus habilidades como árboles semilleros. Inst. Silvic., Fac. Ciencias Forest., Univ. de los Andes. Mérida/Venezuela. 46 S.

[55] QUIJADA R., M., 1980: Floración, producción de semillas y polinización artificial en Bombacopsis quinata en Venezuela. S. 288–290. In: Mejora genética de árboles forestales. Estudio FAO: Montes 20. FAO Roma. 341 S.

[56] QUIJADA R., M., 1981: Análisis cuantitativo comparativo de jardines clonales balanceados y no balanceados de Saquisaqui (Bombacopsis quinata (JACQ.) DUGAND). Trabajo de ascenso. Inst. Silvic., Fac. Ciencias Forest., Univ. des los Andes, Mérida.

[57] QUIJADA R., M., 1988: Variación de progenies de polinización libre de saquisaqui (Bombacopsis quinata (JACQ.) DUGAND) en la Reserva Forestal de Caparo, Barinas, Venezuela a los 21 meses de edad. Rev. Forestal Venez., Mérida No. 30, 7–20.

[58] QUIJADA R., M.; GUTIÉRREZ, V., 1971: Estudios sobre la propagación vegetativa de especies forestales venezolanos. Rev. Forestal Venez., Mérida/Venezuela, No. 21, 43–55.

[59] QUIJADA R., M.; SALINAS, J.R.; GUTIÉRREZ, V., 1973: Propagación vegetativa de Bombacopsis quinata por estaquillas secundarias. Inst. Forestal Latino Americano, Mérida/Venezuela, Boletín No. 43, 29–37.

[60] QUIJADA R., M.; TORRES, G., 1972: Resultados preliminares de la variación en habitos de floración y fructificación de clones de Saqui-Saqui (Bombacopsis quinata (JACQ.) DUGAND. Rev. Forestal Venez., Mérida/Venezuela, 15, No. 22, 37–52.

[61] QUIROS L., M.; CHAVARRÍA M., I., 1990: Almacenamiento y germinación de semillas y desarrollo de plántulas en vivero de catorce especies forestales nativos del Pacífico seco de Costa Rica. Noticiero MGF No. 5, 8–14. CATIE/Turrialba/Costa Rica.

[62] RICHMOND, A., 1984: Estudio de cuatro métodos de propagación de cinco especies forestales. Tesis Mag. Sc. Turrialba/Costa Rica. URC/CATIE, 109 S.

[63] RICARDI, M.; TORRES, E., et al., 1979: Morfología de plántulas de árboles venezolanos. Rev. Forestal Venez., Mérida/Venezuela 27, 15–56.

[64] ROBYNS, A., 1963: Essai de monographie du gene Bombax s.l. (Bombacaceae). Bull. Jardin Bot. de l'état, Bruxelles 33, 1–316.

[65] ROBYNS, A., 1964: Bombacaceae. In: WOODSON, R.E., Jr.; et al. (Hrsg.): Flora of Panama. Part VI. Ann. Missouri Bot. Gard. 51, 37–68.

[66] SALDARRIAGA, J., 1979: Estudio del sistema radicular de cuatro especies plantadas en la selva decídua del banco de la Reserva Forestal de Caparo. Venezuela. Tesis Mag. Sc., Fac. Ciencias Forest., Univ. de los Andes, Mérida. 120 S.; zit. n. CATIE 1991.

[67] SILVERBORG, S.B.; MAYORGA, L.D., et al., 1970: Durabilidad relativa de algunas maderas venezolanas. Rev. Forestal Venez., Mérida No. 19/20, 61–72.

[68] SUAZO S., 1989: Evaluación de los sistemas agroforestales usados en Honduras. El Tatascan, Siguatepeque/Honduras No. 2, 87–94.

[69] TRIVIÑO D., T., 1990: Algunos sitios de recolección de semillas forestales nativas en Colombia: Bombacopsis quinata (JACQ.) DUGAND, Tabebuia rosea (BERTOL) DC y otras especies. Mejoramiento de semillas y fuentes semilleras en Colombia. Serie de Divulgación No. 1, Bogotá/Colombia.

[70] TRIVIÑO D., T.; de ACOSTA, R., et al., 1990 a: Investigación de los componentes sanitarios y fisiológicos en semillas de seis especies forestales tropicales en Colombia. S. 119–138. In: TRIVIÑO D., T.; JARA N., L.F. (Hrsg.): Memorias Seminario-Taller sobre investigaciones en semillas forestales tropicales. Serie Docum. No. 18, Bogotá/Colombia 1988.

[71] TRIVIÑO D., T.; de ACOSTA, R., et al., 1990 b: Técnicas de manejo de semillas para algunas especies forestales neotropicales en Colombia. Mejoramiento de semillas y fuentes semilleras en Colombia. Serie Docum. No. 19, Bogotá/Colombia.

[72] URBINA M., M., 1991: Programa de conservación de Bombacopsis quinata (JACQ.) DUGAND en Nicaragua. S. 12–13. In: Noticiero MGF No. 6. CATIE, Turrialba/Costa Rica.

[73] URUEÑA L., H., 1991 a: Siete años de manejo del huerto semillero clonal de Bombacopsis quinata de primera generación. Investigación Forestal. Monterrey Forestal. Investig. No. 10. Cartagena/Colombia.

[74] URUEÑA L., H., 1991 b: Efecto de diferentes densidades de siembra, espaciamiento y calidad de semilla en el desarollo de plántulas de Bombacopsis quinata en el vivero. Monterrey Forestal. Informe de Investigación No. 11. Cartagena/Colombia. 7 S.

[75] URUEÑA L., H., 1991 c: Diferentes sistemas de polinización manual en el Bombacopsis quinata. Monterrey Forestal. Investig. No. 14. Cartagena/Colombia.

[76] URUEÑA L., H., 1992: Production and management of Bombacopis quinata (red ceiba) seed. IUFRO Section S2.02–08. Breeding tropical trees. Cartagena & Cali/Colombia. 5 S.

[77] URUEÑA L., H.; RODRIGUEZ M., M.A., 1988: Contribución al conocimiento de la biología reproductiva de Bombacopsis quinata (JACQ.) DUGAND (Malvales: Bombacaceae). Trianea (Acta Cient. Tecn. INDERENA) 2, 265–275.

[78] VEILLON, J.-P., o.J.: Estudio de la masa forestal de los bosques de las zonas bajas de Venezuela con el factor climático: humedad pluvial y ensayo de representación gráfica y matemática de las correlaciones. Univ. de los Andes, Mérida/Venezuela; zit. n. Lamprecht 1986.

[79] VEILLON, J.-P., 1989: Los bosques naturales de Venezuela. Parte I. El Medio Ambiente. Inst. Silvic., Univ. de los Andes. Mérida/Venezuela. 118 S.

[80] VEILLON, J.-P., 1992: Los bosques naturales de Venezuela. Parte III. Los bosques tropófitos, o veraneros, de la zona de vida: Bosque seco tropical. Inst. Silvic., Univ. de los Andes. Mérida/Venezuela.

[81] VENEGAS T., L., 1978: Distribución de once especies forestales en Colombia. Proyecto COL/74/005. PIF No. 11. Bogotá.

[82] VENEGAS T., L., 1990: Huerto semillero de Bombacopsis quinata, Tabebuia rosea y Cariniana pyriformis. S. 64. In: TRIVIÑO D., T.; JARA N., L.F. (Hrsg.): Memorias. Seminario-Taller sobre investigaciones en semillas forestales tropicales. Bogotá/Colombia 1988. Serie Documentación No. 18, 176 S.

[83] WEBB, D.B.; WOOD, P.J. et al., 1980: A guide to species selection for tropical and subtropical plantations. Tropical Forestry Papers No. 15. Commonw. Forestry Inst., Oxford, 342 S.

[84] WILLIAMS, L., 1942: Bombacaceas. S. 300 ff. In: Exploraciones botánicas en la Guayana Venezolana. I. El medio y bajo Caura. Serv. Bot. MAC 1942.

Der Autor:

Dr. G.H. MELCHIOR
Ltd. Dir. und Prof. i. R.
Christian-Rinck-Straße 11
D–35392 Gießen

Bombax malabaricum DC., 1824

syn.:   Bombax ceiba L., 1753, Bombax heptaphyllum CAV.,
        Salmalia malabarica (DC.) SCHOTT et ENDL.

Asiatischer Kapokbaum, Semul   Familie: Bombacaceae

engl.:   Tree cotton, Red silk cotton

Indien: Simal, Semal

Abb. 1: Bombax malabaricum. Ca. 10 cm große Einzelblüte an der Spitze eines Zweiges

Bombax malabaricum ist ein vielfältig genutzter, raschwüchsiger Waldbaum des tropischen Südasiens. Sein Areal reicht von Indien über Vietnam und Indonesien bis in den Norden Australiens. Er bildet mit Dornen besetzte, gerade Stämme und kann 25 m hoch werden.

Die handförmig gelappten Laubblätter, die sehr hübschen, leuchtend roten, bis zu 10 cm breiten Blüten und die zahlreichen, mit langen Haaren besetzten Carpelle in den winzigen Samen fallen besonders auf.

B. malabaricum ist in weiten Teilen Chinas ein beliebter Park- und Straßenbaum. Das leichte, weiche Holz dient u.a. der Papierherstellung, die Haare des Endokarps nutzt man als Kissenfüllung.

Die Art ist nicht winterhart und fehlt daher in mitteleuropäischen Sammlungen.

Verbreitung

Das natürliche Areal von *B. malabaricum* liegt im Süden Asiens. Es erstreckt sich über weite Teile Indiens, Sri Lankas, Vietnams, Kambodschas, Malaysias und Indonesiens (südwärts bis Sumatra und Java), erfasst außerdem die Philippinen (Luzon, Mindoro, Mindanao) und den vom Monsun beeinflussten Norden Australiens.

Heimisch ist die Art außerdem in Flusstälern (u.a. Jinsha, Lancang, Honghe) Süd- und Südwestchinas, sowie in heißen Bergkesseln der Provinz Yunnan. Der chinesische Teil des Areals erstreckt sich weiterhin auf die Provinzen Sichuan, Guizhou, Guangxi, Jiangxi und Fujan, auf den zentralen und den südlichen Teil von Guangdong und besonders auf den Westen von Hainan. Auch auf Taiwan ist die Art autochthon.

Oft wird *B. malabaricum* an Wegrändern und als Zierelement in Parks und Gärten angebaut. Das gilt auch für die Stadt Guangzhou, welche die Bombax-Blüte zu ihrem Wahrzeichen erkoren hat. [9, 11]

Beschreibung

B. malabaricum wächst zu einem geradschäftigen, bis 25 m hohen Baum mit horizontal abstehenden Ästen heran. Oft ist die Stammbasis durch kräftige, mehr als 1 m hohe Wurzelanläufe deutlich verbreitert. Die in jungen Jahren grünliche und mit einigen bis vielen relativ großen, pyramidenförmigen Dornen besetzte **Rinde** wird später zu einer grauen **Borke.**

Beblätterung

Die handförmig gelappten, 10 bis 20 cm lang gestielten Laubblätter haben zwei kleine Nebenblätter und 5 bis 7 längliche bis länglich lanzeolate, ganzrandige Fiederblättchen mit zugespitztem Apex und stumpfer oder verschmälerter Basis.

Die Fiedern sind 10 bis 16 cm lang, 3,5 bis 5,5 cm breit und beiderseits kahl; sie haben 15 bis 17 eng netzartig verzweigte, zarte Seitennervenpaare und 1,5 bis 4 cm lange Stiele.

Zur Trockenzeit wirft *B. malabaricum* die Blätter ab.

Blüten, Früchte und Samen

Die kurz gestielten Blüten stehen einzeln in Blattachseln an den Zweigspitzen. Meist sind sie rot, manchmal auch orangerot und ihr Durchmesser beträgt etwa 10 cm. Die becherförmige, 2 bis 3 cm lange, lederige Kelchröhre ist außen kahl, innen aber dicht mit kurzen, gelblichen Haaren besetzt. Die 3 bis 5 Kelchzähne (1,5 cm lang; 2 cm breit) sind hingegen auf beiden Seiten mit Sternhaaren besetzt.

Die Blüte besteht ferner aus zahlreichen Staubblättern, die am Grunde zu einer kurzen Röhre verwachsen. Die Filamente des inneren Staubblattkreises sind im oberen Teil gegabelt, die 10 Filamente des mittleren Kreises sind kürzer und nicht gegabelt, und jene des äußeren Kreises treten in 5 Bündeln zu je 10 zusammen.

Die Antheren sind einzeln und nierenförmig, und der Fruchtknoten enthält in jedem seiner 5 Fächer zahlreiche Samenanlagen. Der relativ dünne, keulige Griffel überragt die Staubblätter und trägt eine fünflappige Narbe.

Die Frucht, eine hellbraune, längliche (10–15 x 4,5–5 cm), mit grauen Haaren (teils Sternhaare) besetzte, verholzte Kapsel, springt bei Reife an den dorsalen Nähten auf und entlässt zahlreiche schwarze, eiförmige, mit baumwollähnlichen Haaren besetzte Samen. Diese haben ein Tausendkorngewicht von ca. 0,018 g (57 000 Samen wiegen 1 kg).

Die Blütezeit liegt im März/April und die Samenreife fällt in den Sommer des selben Jahres [10].

Holz

Das hell graubraune, zerstreutporige Holz zeigt keine Farbunterschiede zwischen Splint und Kern, lässt aber die 5 bis 10 mm breiten Jahrringe deutlich erkennen. Es ist wenig dauerhaft und mit einer mittleren Rohdichte von 0,30 bis 0,35 g/cm^3 (0,38 bei 12 % Wasser) sehr leicht. Die wenigen, relativ weiten Poren kann man mit bloßem Auge gut erkennen und das reichlich vorhandene Längsparenchym erscheint im Tangentialschnitt wellig. Der durchschnittliche Porendurchmesser beträgt 336 µm; für Vietnam werden 396 µm angegeben [8].

Die Holzstrahlen können einreihig und entsprechend schmal oder mehrreihig und breit sein; der Faseranteil ist – wie bei vielen *Bombacaceae* – verhältnismäßig gering (ca. 24 %); die mittlere Faserlänge beträgt 1870 µm und die Wanddicke der Holzfasern 9 µm [8].

Hervorzuheben sind schließlich der niedrige Schwindungskoeffizient und der geringe Spaltwiderstand. Die totale Volumenschwindung beträgt nur 7 % [8].

Abb. 2: Blüten und Knospe

Abb. 3: Stark bewehrte Borke eines jungen Stammes (links), glatte Stammborke eines älteren Baumes (rechts)

Abb. 4: Stammquerschnitt

Vermehrung und Anzucht

Zur Samengewinnung erntet man die reifen Kapseln kurz bevor sie sich öffnen, legt sie in die Sonne und klopft gleich nach dem Aufspringen die Samen mit einem Stock aus. Das Keimprozent liegt normalerweise bei 85 %. Die Samen verlieren schnell ihre Keimfähigkeit. Wegen der Gefahr des Verschimmelns sollten sie nur kurz und an einem luftigen Ort gelagert werden.

Die Saat erfolgt unmittelbar nach der Ernte oder im Frühjahr danach. Nach Aussaat im Juni sind die Keimraten wegen der feucht-warmen Witterung besonders hoch und die Keimlinge wachsen besonders schnell.

Ausgesät wird breitwürfig oder in Reihen (Abstand 20 cm, Tiefe 5 cm), sodann mit 1,5 cm Boden abgedeckt und eine Grasschicht aufgelegt, um die Evaporation zu verringern. Bei Temperaturen von 25 °C bis 33 °C setzt nach 6 oder 7 Tagen die Keimung ein und endet nach 13 bis 15 Tagen. Während dieser Zeit sollten Bodenlockerung, Unkrautbeseitigung, Vereinzelung der Pflanzen und Düngung stattfinden.

Einjährige Sämlinge erreichen maximal eine Höhe von 80 cm und eignen sich bereits für Aufforstungen, wobei Wurzelverletzungen vermieden werden müssen. Auf einer Baumschulfläche von 1 ha lassen sich 225 000 einjährige Sämlinge anziehen.

Aufgeforstet wird entweder durch Direktsaat, mit Sämlingen oder bewurzelten Stecklingen, letztere zumeist im 3 x 2 m-Verband (ca. 1.665 Pflanzen/ha). Verwendung finden Ballenpflanzen (in feuchtem Lehm) in Pflanzlöchern von 60 x 60 x 50 cm.

Um hohe Ausfälle zu vermeiden, muss nach dem Pflanzen bewässert und gepflegt werden. Pflanzungen im Juli/August, im September und im zeitigen Frühjahr sind besonders erfolgversprechend.

Saaten können außerdem zu Beginn der Regenzeit (Frühjahr) vorgenommen werden, indem man 3 bis 5 Samen in ein Pflanzloch legt und später die 10 cm hohen Sämlinge vereinzelt. Auch Stecklinge sollten zu dieser Zeit – aber noch vor dem Austreiben – geerntet werden. Kräftige 1- oder 2-jährige Triebe teilt man dafür in 80 bis 100 cm lange Abschnitte, steckt sie zur Hälfte in den Boden und tritt den Boden fest. Als Setzstangen eignen sich 7–15 cm starke, auf 1,5 bis 2 m Länge verkürzte Äste. Deren apikale Schnittstellen sollten mit Schlamm und Reisstroh bedeckt werden.

Bewurzelte Stecklinge verschult man in Abständen von 30 x 15 cm, hält sie während der Vegetationszeit feucht und entfernt unerwünschte Zweige und Seitenknospen. Schädlich werden in diesem Stadium stammbohrende Insekten, die von der Terminalknospe in den Spross vordringen, aber durch Sprühen einer 0,1 % Rogor-Emulsion zu bekämpfen sind [6].

Abb. 5: Blühender Solitär im Campus der Universität Guangzhou

Ökologie

Bombax malabaricum ist eine dürreresistente, extrem lichtbedürftige tropische Baumart. In ihrem natürlichen Areal herrscht eine Jahres-Mitteltemperatur von 20 bis 23 °C, für den wärmsten Monat wird ein Mittelwert von 24 bis 27 °C angegeben, und das Temperaturminimum beträgt –4 °C. Die jährlichen Niederschläge schwanken zwischen 540 und 1800 mm, und die Luftfeuchte liegt bei 50 bis 80 %. Baumschulpflanzen und Jungwuchs werden bereits bei Temperaturen von 3 °C geschädigt, wachsen allerdings bei nachfolgender Erwärmung normal weiter. Die Art ist standörtlich nicht festgelegt und wächst u.a. auf fetten, rotbraunen sowie roten, kalkreichen Tonen wie auch auf alluvialen Substraten. Sie besiedelt saure, neutrale und alkalische, aus Sandstein, Kalkstein oder Schiefer hervorgegangene Böden, wächst aber sehr schlecht auf stark versauerten Standorten und auf kargen Bergkuppen. Temporäre Überflutungen verträgt die Art nicht.

B. malabaricum kommt oft sehr verstreut vor, kann aber auch kleinflächige Reinbestände bilden.

Wachstum und Ertrag

B. malabaricum ist eine raschwüchsige Art. Aus der Provinz Yunnan (Xinpin County) liegen folgende Wachstumsdaten von Einzelbäumen vor:

– 30-jährig, auf Sand in Flussnähe (570 m ü. NN): Höhe 21,6 m; BHD 48,1 cm; Stammvolumen 1,58 m³

– 21-jährig (600 m ü. NN): Höhe 15,2 m; BHD 40 cm; Volumen 0,82 m³

Im Allgemeinen verlaufen Höhen- und Durchmesserzuwachs in den ersten 5 Jahren langsam, zwischen 9 und 25 Jahren jedoch sehr rasch.

Zur Holzproduktion natürlicher Reinbestände werden für das selbe Gebiet folgende Beispiele genannt:

– 25-jährig: Höhe 9 bis 27 m; BHD 20,1 bis 76,7 cm; Volumen 96,1 m³/ha. Stammzahl 76 Bäume/ha.

– 30- bis 40-jährig: Höhe 20,5 bis 30 m; BHD 42 bis 83,4 cm; Volumen 203,6 m³/ha. Stammzahl 76 Bäume/ha.

Die angeführten Bestände weisen einen unterständigen Jungwuchs von 3000 bis 17 000 einjährigen Sämlingen pro Hektar auf. Naturverjüngung dieser Intensität ist allerdings ungewöhnlich [6].

Bombax malabaricum verjüngt sich nahe der Stammbasis und an exponierten Seitenwurzeln reichlich durch Wurzelbrut.

Abb. 6: Geöffnete, reife Kapseln mit lang behaarten Samen

Nutzung

Das leichte und weiche Holz lässt sich leicht trocknen, ohne dass es sich wirft oder dreht; es wird aber von Insekten angegriffen und ist wenig dauerhaft [3].

Man verwendet es zur Herstellung von Flaschenkork, Bojen, Kisten, Streichhölzern, Teedosen und als Rohmaterial für die Zellstoff- und Papierindustrie. Außerdem wird es zu hochwertiger Holzkohle verarbeitet.

In abgelegenen Gebieten nutzt man die starken, leicht zu bearbeitenden Stämme seit jeher zur Herstellung von Kanus [3].

Die baumwollähnlichen, weißen Haare des inneren Endokarps sind fein, weich, nehmen nur schwer Feuchtigkeit auf und eignen sich daher gut als Kissen- und Matratzenfüllung.

Das extrahierte Samenöl lässt sich als Speise- oder Schmieröl und zur Seifenherstellung verwenden. Den Wachsgehalt der Samenschale nutzt man zur Anfertigung von Kerzen.

Gekochte *Bombax*-Blüten haben in China volksmedizinische Bedeutung. Man verwendet sie als Mittel gegen Magenschmerzen und Diarrhoe, ausgelöst durch Gastroenteritis [16]. Auch die Borke stellt ein traditionelles chinesisches Heilmittel dar („Guangdong Haitongpi"). Sie wird gegen Hexenschuss und Abszesse eingesetzt [16].

Bombax malabaricum hat wegen der großen, sehr attraktiven Blüten einen beträchtlichen Zierwert. Im Frühjahr, noch vor dem Blattaustrieb, hüllen sie die gesamte Oberfläche des Baumes in ein leuchtendes Rot. Die Art wird deshalb gern an Straßen- und Wegesrändern angepflanzt. Wegen der beträchtlichen Größe nennt man sie in China auch „Heldenbaum" [17].

Verschiedenes

– Verspinnen lassen sich die Samenhaare von Semul nicht, aber schon die Soldaten Alexanders d. Gr. verwendeten sie zum Polstern von Sätteln [3].

– In früheren Zeiten importierte China trockene Semul-Blüten als Mittel gegen Furunkel und Juckreiz sowie zur Heilung von Wunden. Die junge Rinde wurde in Notzeiten gegessen, und die aus der Rinde austretende wundgummiartige Flüssigkeit hat Heilwirkung gegen Ruhr und Diarrhoe [3].

Literatur

[1] BENTHAM, G.; MUELLER, F., 1863: Flora Australiensis, vol. 1. Ranunculaceae to Anacardiaceae, Lovell Reeve and Co, London.

[2] BRANDIS, D., 1911: Indian Trees. 3.ed. Constable and Co., Ltd., London.

[3] BURKILL, I. H., 1966: A dictionary of the economic products of the Malay Peninsula, vol. 1. Ministry Agriculture Kuala Lumpur, Malaysia.

[4] COWEN, D. V., 1984: Flowering trees and shrubs in India. Thacker and Co., Ltd., Bombay.

[5] ELLIOT, W. R., 1985: Encyclopaedia of Australian plants suitable for cultivation, vol. 2. Lothian Publ. Comp., Ltd., Melbourne.

[6] FORESTRY INSTITUTE OF YUNNAN PROVINCE, 1985: Silvicultural Technology of Important Trees in Yunnan. 265-268. Yunnan People's Press.

[7] GUPTA, B. L., 1969: Forest Flora of the Chakrata, Dehra Dun and Saharanpur Forest Divisions, Uttar Pradesh, 3. ed. Dehra Dun.

[8] HARZMANN, L. J., 1988: Kurzer Grundriss der allgemeinen Tropenholzkunde. S. Hirzel Verlag Leipzig.

[9] HSUE, HSIANG-HAO, 1981: Plant Ecology and Geography of Guangdong Province, China. 100. Guangdong Science and Technology Press.

[10] LI, HEN, 1984: Bombacaceae. Flora Reipublicae Sinicae 49 (2), 106-108. Science Press.

[11] LI, HUI-LIN, 1963: Woody Flora of Taiwan, 554-555. Livingston Publishing Company, Narbenth, Pennsylvania.

[12] LO, HSIEN SHUI, 1994: Coloured Icones of Chinese Medicine, vol.1, 296-297, Guangdong Science and Technology Press.

[13] MERRILL, E. D., 1923: An enumeration of Philippine flowering plants, vol. 3. Bureau of Science, Manila.

[14] SANTAPAU, H., 1995: Common Trees. 6. ed. In: India – The Land and the People. National Book Trust, India, New Delhi.

[15] TROUP, R. S., 1986: The Silviculture of Indian Trees, vol. 1. Oxford Univ. Press, London, New York, Bombay etc.

[16] XU XIANGHAO et al., 1994: Chinese Traditional Medicine of Guangdong Province, China, vol. 402-406. Guangdong Science and Technology Press.

[17] XU XIANGHAO et XU SONGJUN, 1994: Strange and Precious Plants. 157-159. New Century Press.

Die Autoren

Prof. HSUE HSIANG-HAO
Department of Biology
South China Agriculture University
Guangzhou, P.R. China

Assoc. Prof. XU SONGJUN
Department of Geography
South China Normal University
Guangzhou, P.R. China

Aus dem Englischen übertragen von P. Schütt

Borassus flabellifer L.

syn.:   B. flabelliformis RoxB.

Palmyrapalme

engl.: Palmyra palm, toddy palm
franz.: Borasse
hindi: tal

Indonesien: Lontar Palm

Familie: Arecaceae
Unterfamilie: Borassoideae

Abb. 1: Borassus flabellifer. Typische, sehr locker verteilte Bäume im Süden Indiens

Abb. 2: Längs gefaltete Blattsegmente (links), Basen gezähnter Blattstiele (Mitte) und schlanke, meist gerade Stämme mit geringelter, grauer Rinde

Borassus flabellifer, eine schlanke, bis 30 m hohe Fächerpalme der Tropen und Subtropen, hat vor allem auf trockenen, sandigen Standorten Südindiens eine erhebliche wirtschaftliche Bedeutung. Sie gehört zu den sog. Zuckerpalmen, d.h. der reichlich fließende, wohlschmeckende Phloemsaft ist süß und lässt sich zu Zucker eindampfen. Nutzbar sind auch Holz, Blätter und Samen. Überdies finden fast alle Pflanzenteile seit altersher eine breite volksmedizinische Anwendung.

Die Art wächst einzeln oder in kleinen Gruppen. Die Blüten sind zweihäusig verteilt, und die mit kräftigen Stielen versehenen Blätter erreichen Gesamtlängen bis zu 4 m.

B. flabellifer ist der „State Tree of India".

Verbreitung

Borassus flabellifer ist vornehmlich ein Baum der trockenen tropischen Regionen Südindiens, Sri Lankas und Burmas. Dort kommt er natürlich vor, dort wird er angebaut und dort ist er aus Kultur verwildert [6].

Diese Aussage ist in den meisten einschlägigen Publikationen enthalten. Sie wird ergänzt durch folgende Angaben:

– In Indien verläuft das natürliche Areal vom oberen Ganges südwärts bis zum Kap Camorin, und die Zentren des Anbaues liegen im Raum Bombay und Madras.

– Umfangreichere Anbauten befinden sich außerdem im gesamten südöstlichen Asien einschließlich Malaysia, solche geringeren Umfangs auf Hawaii und im Süden Floridas [7].

Dissens besteht hinsichtlich der großräumigen natürlichen Verbreitung der Palmyrapalme. Zum einen wird angenommen, sie sei ausschließlich asiatischen Ursprungs und komme vom Persischen Golf bis zur Grenze Kambodscha/Vietnam natürlich vor [1 (856), 4, 7]. Andere Autoren sehen die Heimat der Art im tropischen Afrika. Sie betrachten die indischen Bestände als Anbauten und daraus verwilderte Populationen afrikanischer Herkünfte [3, 9]. Schließlich wird sogar ein Areal angenommen, das von Westafrika quer durch den tropischen Teil des Kontinents bis nach Südostasien reicht [5].

Zu berücksichtigen ist überdies, daß *B. flabellifer* von Indien nach Westafrika eingeführt wurde [1 (410)]. Dort war sie am Anfang des 20. Jahrhunderts in Senegal, Niger, der Elfenbeinküste und Benin häufig vertreten [1 (318)].

In Berichten aus Afrika scheint allerdings nicht immer zwischen *Borassus flabellifer* und der einheimischen *B. aethiopium* differenziert zu werden.

Beschreibung

B. flabellifer ist eine auffallend schlanke, 20 bis 30 m hohe Fächerpalme mit durchgehend geradem Stamm (BHD 50 bis 75 cm, max. 1 m) [4, 8]. An der verdickten Stammbasis entspringen zahlreiche, relativ lange Adventivwurzeln.

Während die Stämme junger Bäume mit abgestorbenen Blättern und Blattstielbasen besetzt sind, weisen ältere Stämme zahlreiche schmale, schwarze Blattnarben auf [2, 4, 9].

Im Gegensatz zu *B. aethiopium* ist der Stamm nicht in halber Höhe verdickt [4].

Das Lebensalter von Palmyrapalmen wird auf 100 Jahre geschätzt.

Blätter

Ausgewachsene Palmen tragen i.A. einen Schopf von 30 bis 40 derben, lang gestielten, handförmig gefiederten Fächerblättern, welche einschließlich des kräftigen, verholzten, mit gezähnten Rändern versehenen Stiels eine Länge bis zu 4 m erreichen, 1 bis 1,5 m breit sind und aus 60 bis 80 Segmenten bestehen. Diese werden 50 bis 70 cm lang, sind in der Mitte gefaltet und an der Basis 3 cm breit [6].

Die jüngsten Blätter stehen an der Spitze des Schopfes dicht zusammen und schützen so das Scheitelmeristem. Pro Jahr bildet *B. flabellifer* z.B. in Coimbatore, Indien, 12 bis 16 neue Blätter [9].

Blüten und Früchte

B. flabellifer blüht erstmals im Alter von 12 bis 20 Jahren [4]. Fruchtbildung setzt im feuchten Klima mit 19, im trockenen Klima erst mit 35 Jahren ein [9].

Die Blüten sind dioezisch verteilt und stehen an kräftigen, ca. 2 m langen, verzweigten, kolbenartigen Infloreszenzen, die den Blattachseln entspringen und von einer großen, kahnförmigen Spatha umgeben werden. Die Achsen des Blütenstandes enden in 2, 3, selten auch 4 zylindrischen, blütentragenden Rispen, in denen die kleinen, sitzenden männlichen Blüten in kompakten, von Brakteen umgebenen, kleinen Ähren stehen. Weibliche Infloreszenzen sind ebenfalls verzweigt und haben 4 bis 10 blütentragende Ähren [4].

Männliche Blüten weisen 6 Staubblätter auf, deren Filamente mit der Corolla zu einer Säule verwachsen.

Die kreisrunden weiblichen Blüten messen im Durchmesser ca. 2,5 cm. Sie haben dachziegelartig angeordnete Sepalen, convolute Petalen und einen 3- bis 4-kammerigen Fruchtknoten.

Etwa 4 Monate nach der Blüte sind die fast runden, schwarzroten, bis 1,5 kg schweren Früchte (Durchm. 15 – 20 cm) reif, an deren Basis die persistenten Kelchblätter haften. Sie enthalten ein saftiges, orangefarbenes, etwas faseriges, essbares Mesokarp mit 1 bis 3, selten 4 hartschaligen Steinkernen. Das süße Endosperm ist im unreifen Zustand gelatinös, bei Reife aber hart wie Elfenbein [4].

Adulte Bäume tragen im Jahr 200 bis 300 Früchte [4].

Vermehrung und Anzucht

Normalerweise fallen die reifen Früchte als Ganzes vom Baum, brechen beim Aufschlagen auseinander und dringen mitunter mehrere Zentimeter in den Boden ein.

Zur künstlichen Vermehrung legt man die gesamte Frucht in ein Pflanzloch entsprechender Tiefe und erhält i.A. drei dicht zusammenstehende Keimlinge [7].

Schwieriger ist es, die Samen aus der faserigen, saftigklebrigen Pulpa herauszulösen. Deswegen röstet man zuvor die Früchte über dem offenen Feuer, was die Keimkraft der Samen nicht beeinträchtigt [7].

Die Keimung erfolgt 45 bis 60 Tage nach der Aussaat und das Keimprozent liegt i.A. nahe 90 % [4]. Das von einer Kotyledonarscheide geschützte Hypokotyl verlängert sich positiv geotrop bis in eine Bodentiefe von 90 bis 120 cm; es ist an der Spitze stark verschmälert und verdickt sich an der Basis auf einen Durchmesser von ca. 2,5 cm. Polyembryonale Samen kommen vor [7].

Abb. 3: Zerbrochene Frucht mit gelbem, essbarem Mesokarp (links) und Sämling

Nach 9 bis 12 Monaten erscheinen die ersten Blätter am Licht, aber erst 6 bis 7 Jahre später der bereits zum endgültigen Durchmesser herangewachsene Stamm.

Das Verpflanzen der Sämlinge ist heikel, denn man müßte sie bis in 1,2 m Bodentiefe ausgraben. Bei der Anlage von Plantagen wählt man Pflanzenabstände von mindestens 6 m [7].

Ökologie

B. *flabellifer* ist eine Baumart der Tropen und Subtropen. In ihrem Optimum auf Sri Lanka wächst sie bei einer Jahres-Mitteltemperatur von 22 °C in Höhenlagen zwischen 0 und 750 m ü.NN. Hier ist sie zumeist auf tiefgründigen Küstensanden über Kalk und erreichbarem Grundwasser anzutreffen und löst auf den trockeneren Standorten die Kokospalme ab. In Florida bleibt sie bis in die Höhe von Daytona Beach (29°11' n.Br.) ohne Frostschäden [7].

Palmyrapalmen sind extrem lichtbedürftig, verjüngen sich reichlich und bevorzugen Sandstandorte. Sie wachsen einzeln oder gruppenweise in offenem Gelände, häufig auch auf ebenen oder hügeligen Grasflächen. Schwere Böden und feuchtes Klima werden gemieden.

Nutzung

B. *flabellifer* wird auf dem indischen Subkontinent seit vielen Jahrhunderten in vielfältiger Weise genutzt. Fast alle Teile des Baumes sind für die Ernährung der Landbevölkerung von großer Bedeutung. Oft werden sie auch handwerklich oder industriell genutzt.

Nur selten ist die Nutzung des Baumes mit dem Abtrieb verbunden. Meistens klettern sehr geschickte Steiger bis in die Kronen, um die folgenden Stoffe oder Teile zu ernten:

– Phloemsaft (in Indien „neera" genannt), gewonnen durch das Abtrennen der Infloreszenz-Spitzen. Pro Tag fließen aus einem Blütenstand während 5 Monaten des Jahres 2,7 bis 3,6 l Saft. Weibliche Infloreszenzen sind etwas ergiebiger als männliche. Trotz des Eingriffes kommt es zur Entwicklung von Früchten.

Innerhalb weniger Stunden setzt die natürliche Fermentation des Saftes ein, und es entsteht ein milder Palmwein (5 bis 6 % Alkohol), der als „toddy" in Indien weit verbreitet ist und zu Arrak destilliert werden kann. Verhindert man die Fermentierung, entsteht „sweet toddy", ein sehr beliebtes, in vielen Geschäften und Verkaufsständen angebotenes, Vitamin B-reiches Erfrischungsgetränk.

Ein erheblicher Teil des gewonnenen Rohsaftes (neera) wird zu Zucker eingedampft.

In Zentral-Burma decken Palmyrapalmen die Hälfte des Zuckerbedarfs der Bevölkerung. Bei industrieller Nutzung rechnet man mit 7 bis 8 kg Zucker pro 100 kg Rohsaft.

Borassis-Zucker setzt sich zusammen aus:

1,04 % Protein	76,86 % Saccharose
0,19 % Fett	1,66 % Glukose
3,15 % Mineralstoffe	

– Keimlinge speichern reichlich Stärke. Sie werden geschält, in der Sonne getrocknet und dann roh oder gekocht verzehrt. Im Raum Madras erntet man in vielen der kleinen Dörfer pro Jahr etwa 8000 kg davon.

– Früchte und Samen. Hühnerei-große Steinfrüchte legt man in Essig ein. Unreife, auf den Märkten angebotene Steinkerne röstet man, knackt dann die Schale und entnimmt das appetitlich anzusehende und wohlschmeckende, süße, gelatinöse Endosperm. Es wird als Dessert angeboten, zu Marmelade verarbeitet oder als Konserve exportiert. Zu Boden gefallene, nicht mehr frische Früchte dienen als Viehfutter.

Verzehrt wird auch das frische, häufiger jedoch das sonnengetrocknete oder gebackene Fruchtfleisch.

– Palmherzen, mitunter auch „Palmkohl", nennt man die inneren, zarten Partien des Scheitelmeristems. Sie sind eßbar und schmecken angenehm süß. Ihre Entnahme hat aber zwangsläufig den Tod des betr. Baumes zur Folge.

– Holz. 60- bis 100jährige Palmyrapalmen liefern ein dauerhaftes Holz, das u.a. im Hochbau (Gerüste, Pfeiler, Pfosten, Dachsparren) Verwendung findet. Allerdings schwanken die Holzeigenschaften mit der Baumhöhe und mit dem Stammdurchmesser. So sind die unteren 3 m am härtesten, nur der Bereich um 10 m Höhe ist nagelfest, und die äußeren 10 bis 12 cm sind erheblich härter als das weiche Zentrum. Letzteres erklärt die Verwendung der Stämme als Dachrinnen, Abflussrohre, Tröge und Wannen. Früher verarbeitete man den äußeren, sehr dunklen, gelbgemusterten Mantel zu Speerschäften.

Palmyrapalmen liefern in Indien einen erheblichen Teil des Brennmaterials für Ziegeleien.

– Blätter und Blattstiele, incl. deren stammumfassende Basen liefern bis zu 45 cm lange Fasern unterschiedlicher Stärke und Qualität, die man zu Matten, wasserdichten Kübeln, Körben, Feldbetten und Hüten verarbeitet.

Junge, noch nicht entfaltete Blätter enthalten ein besonders feines, Blattbasen ein sehr grobes, zur Bürstenherstellung geeignetes Fasermaterial.

Entstielte Blätter haben sich in Tamil Nadu (Indien) seit eh und je zum Abdecken der Hütten bewährt (Lebensdauer: 2 bis 3 Jahre). Sehr weit zurück reicht auch ihre Verwendung als „Schreibpapier".

Dazu werden junge Blätter in einem langen, komplizierten Verfahren wiederholt getrocknet und wieder gewässert, die Segmente abgetrennt, auf gleiche Länge zugeschnitten, mit diversen Zusätzen gekocht, um sie termitenfest zu machen, anschließend wiederum gespült, getrocknet, gepresst sowie abschließend mit Bimsstein poliert und (mitunter) gefärbt.

Die Schrift ritzt man mit einem scharfen Messer ein und hebt sie mit Hilfe einer schwarzen Flüssigkeit aus Cocos-Öl und Candlenut-Asche (*Aleurites moluccana*) hervor.

Alte Blätter dienen zur Düngung von Reisfeldern.

– <u>Volksmedizin.</u> Besonders in Indien werden wohl alle Teile der Palmyrapalme zu einer breiten Palette medizinischer Anwendungen eingesetzt. Das trifft besonders für die Landbevölkerung zu und wurzelt in alten Traditionen. Als Beispiele seien angeführt: Junge Pflanzen lindern Gallenentzündungen, wirken fiebersenkend und heilen Gonorrhoe. Junge Wurzeln eignen sich als Wurmmittel, wirken harntreibend und reduzieren (als Dekokt) Erkrankungen der Atemwege. Die Asche der Infloreszenzen beseitigt Sodbrennen und wird gegen Leber- und Milzerweiterung verabreicht. Rinden-Dekokt mit Salz verwendet man als Mundwasser. Frischer Phloemsaft aus der Blütenstandsachse („neera") wirkt als Tonicum, Diureticum sowie als Stimulans und als Abführmittel. Nach Fermentierung soll er auch der Entstehung von Diabetes entgegenwirken [1 (491)]. Kandierter Palmyra-Zucker wird schließlich gegen Erkältungen und Lungenleiden verabreicht, das Mesokarp reifer Früchte lindert Dermatitis und durch Erwärmung fermentierte „toddy" setzt man Verbänden gegen alle Arten von Geschwüren zu.

Verschiedenes

– *B. flabellifer* hat einen diploiden Chromosomensatz von 2 n = 36. Das die Geschlechtsausprägung bestimmende Chromosomenpaar ist auffallend klein und heteromorph [1 (772, 923)].

– Auf einem Relief aus dem 2. Jahrhundert v.Chr. in Madhya Pradesh findet sich eine präzise Darstellung der Palmyrapalme. Sollte diese in Afrika heimisch sein, müßte demnach die Einführung in Indien schon vor >2000 Jahren stattgefunden haben [1 (885)].

– *B. flabellifer* wird in Südasien von *Pythium palmivorum* befallen. Der Pilz dringt in den Vegetationskegel ein und kann zum Totalausfall führen [9]. Feuchte, nährstoffreiche Böden und temporäre Überflutungen fördern den Befall [7].

– Nashornkäfer (*Oryctes rhinoceros*, *Scarabaeidae*) bohren sich in das Scheitelmeristem ein, und Larven des „Red palm weevil" *Rhynchophorus ferrugineus* (*Curculionidae*) fressen im Stamm- und Kronenbereich.

– Ob Palmyrapalmen gegen „Lethal Yellowing", eine durch MLO ausgelöste, extrem gefährliche Palmenkrankheit anfällig sind, lässt sich trotz einiger in Florida aufgetretener Schadensfälle nicht mit Sicherheit sagen [7].

Literatur

[1]   BALICK, M. J.; BECK, H. T., 1990: Useful Palms of the World. Columbia University Press, New York.

[2]   BRANDIS, D., 1911: Indian Trees. 3.ed. Constable and Co., London

[3]   COWEN, D. V., 1984: Flowering Trees and Shrubs in India. Thacker and Co., Ltd., Bombay.

[4]   DAVIS, T. A.; JOHNSON, D. V., 1987: Current Utilization and Further Development of the Palmyra Palm (Borassus flabellifer L., Arecaceae) in Tamil Nadu State, India. Economic Bot. **41**, 2, 247-266.

[5]   FRANKE, G., 1977: Borassus L. spp. und andere Zuckerpalmen. Beitr. Tropische Landw. und Vet. Medizin **15**, 3, 249-256.

[6]   FRANKE, W., 1981: Nutzpflanzenkunde, 2. Aufl., Thieme-Verlag Stuttgart-New York.

[7]   MORTON, J. F., 1988: Notes on Distribution, Propagation, and Products of Borassus Palms (Arecaceae). Economic Bot. **42**, 3, 420-441.

[8]   SANTAPAU, H., 1995: Common Trees; in: India – The Land and the People, 6. Aufl. National Book Trust, India, New Delhi.

[9]   TROUP, R. S., 1986: The Silviculture of Indian Trees, vol. III. Oxford Univ. Press, London, Edinburgh, New York.

Die Autoren:

Prof. em. Dr. PETER SCHÜTT
Lehrstuhl für Forstbotanik
Ludwig-Maximilians-Universität München
Am Hochanger 13
D-85354 Freising

ULLA M. LANG
Schützenstraße 6
D-82383 Hohenpeißenberg

Brachylaena huillensis O. HOFFM., 1902

syn.:   Brachylaena hutchinsii HUTCH.

Muhugu (Handelsname)   Familie: Asteraceae

engl.:   Silver oak
Kisuaheli: Muhuhu

Abb. 1: 50-jähriger degradierter Brachylaena huillensis-Bestand.
Karura-Hochebene, Kenia

Abb. 2: Borke eines alten Stammes, zum Teil beschädigt. Auf der rechten Seite eine stammbürtige Wurzel von Ficus thonningii

Infolge lange währender Übernutzung zählt Brachylaena huillensis zu den vom Aussterben bedrohten Baumarten Ostafrikas. Sie hat ein begehrtes, sehr hartes, wohlriechendes und dauerhaftes Holz, entwickelt sich unter günstigen Standortsbedingungen zu einem über 30 m hohen, oft krummschaftigen Baum, bleibt aber auf ärmeren und trockenen Böden strauchförmig.

Die Art ist der einzige zur Holznutzung herangezogene Korbblütler im östlichen Afrika [6]. Der artbeschreibende Name „huillensis" bezieht sich auf einen in Angola gelegenen Ort namens Huilla [18].

Verbreitung und Ökologie

Außer B. huillensis kommen 7 weitere, meist strauchförmige Brachylaena-Arten auf Madagaskar [21] und in einigen Regionen Südafrikas [18] vor.

B. huillensis ist hauptsächlich in den semi-immergrünen, tropischen Trockenwäldern der zentralen Hochebene und im trockenen Küstengürtel Kenias sowie in den Wäldern Nord-Tansanias verbreitet. Das natürliche Areal dürfte sich im Süden bis nach Transvaal und im Norden bis ins äthiopische Hochland erstrecken [7].

Entlang der ostafrikanischen Küste findet sich die Art in den Resten des Maluganji-Waldreservates (im Süden), in den Cynometra-Trockenwäldern des Arabuko-Sokoko-Reservates (im mittleren Bereich) sowie in den Witu-Wäldern bis zur Grenze nach Somalia (im Norden) [8]. In Tansania wächst sie in der Nähe von Umba, Bomba (Distrikt Handeni) und Mafi, ursprünglich auch bei Daressalam [3]. In den semi-immergrünen Croton/Brachylaena-Bergwäldern Kenias tritt B. huillensis um Nairobi (Karura, Ngong, Dagoretti [14, 15]) sowie um Nyeri (Central Province) bis in Höhenlagen von 2000 m ü. NN auf. In diesen Wäldern erreicht die Art ihre größten Dimensionen (35 m Höhe, 85 cm BHD). In Uganda wurde sie nur in der Nähe von Jinja und in den südlichen Busoga-Bergen festgestellt [6, 16].

Südlich dieses Zentrums der natürlichen Verbreitung ist B. huillensis meist kleiner und wächst oft strauchförmig. Das sehr unregelmäßige Muster von Kleinvorkommen setzt sich an der Ostküste bis Zululand und Transvaal fort. An der Westküste Afrikas kommt die Art in Angola vor [18].

In diesen Gebieten benötigt B. huillensis tiefgründige, frische, rote Lateritböden und Jahresniederschläge von mindestens 1.500 mm. Obwohl die Art tiefe Temperaturen gut verträgt, kann sie nicht als frostresistent gelten.

Überall wo B. huillensis in großen Zahlen vorkam, wurde sie stark genutzt. Insbesondere in den küstennahen Wäldern war die Nutzung so intensiv, daß sie heute nicht mehr als eine nachhaltig zu bewirtschaftende Baumart betrachtet werden kann. Nach neueren Inventuren hat die andauernde Übernutzung zum totalen Ausfall kompletter niedriger Durchmesserklassen geführt [10].

Morphologie

„Silver oak" ist ein langsam wachsender, laubabwerfender Baum mittlerer Größe [3, 5, 14, 15, 16], der auf besseren Standorten 30 m (max. 35 m) hoch werden kann und einen Stammdurchmesser (BHD) von 60 cm (bis 85 cm) erreicht. Der mit einer grauen, längsrissigen Borke versehene Stamm ist meist krumm und spannrückig. Frische Schnittflächen verfärben sich binnen kurzem von einem hellen Braun in ein schmutziges Grau. Der Baum entwickelt eine schmale, tief ansetzende Krone. Die silbrig graubraune Rinde junger Zweige ist dicht mit kurzen, weißen Haaren bedeckt. Die ovalen bis breit-lanzettlichen, am Apex stark zugespitzten **Blätter** haben einen ca. 1 cm langen Stiel, werden etwa 10 cm lang und 2,5 cm breit. Der Blattrand kann glatt oder (bei anderen Individuen)

gezähnt sein. Die oberseits glänzend grünen Blätter sind auf der Unterseite dicht samtig weiß behaart.

Männliche und weibliche **Blüten** sind in kopfartigen Infloreszenzen dioezisch verteilt. Sie bestehen aus schmutzigweißen Röhrenblüten. Zungenblüten fehlen. Die etwas kleineren männlichen Blütenstände setzen sich aus etwa 12 kurz gestielten Einzelblüten mit je 5 Staubblättern und einem zurückgebildeten Stempel zusammen. Weibliche Blüten sind länger, fast sitzend und stehen meistens zu fünft in einem Blütenstand.

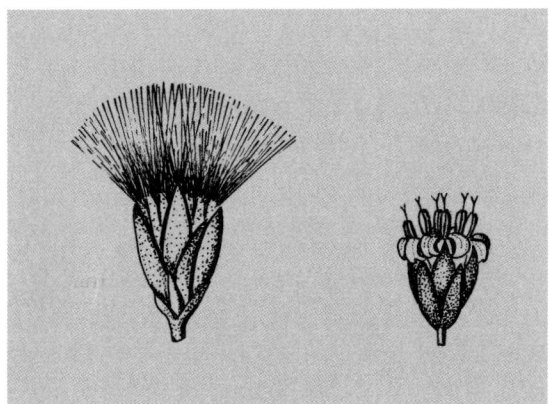

Abb. 3: Weibliches (links) und männliches Blütenköpfchen mit 5 bzw. 12 Einzelblüten (4 x nat. Größe) (nach CILLIERS/KRUGER, 1993)

Blütenknospen entstehen fast während des ganzen Jahres. Die eigentliche Blütezeit fällt aber mit der Regenzeit zusammen und die Höhe der Niederschläge bestimmt, ob sich die Blütenknospen öffnen oder abgestoßen werden [9]. B. huillensis-Blüten sind geruchlos und werden von Insekten bestäubt.

Zwischen Blüte und Samenreife liegen nur ca. 6 Wochen. Während der Blüte sind männliche von weiblichen Bäumen vom Boden aus leicht zu unterscheiden. Die Art fruchtet normalerweise zweimal im Jahr: 1.) zwischen Mitte April und Ende Juli und 2.) von Mitte November bis Anfang Januar [8].

Die nur 5 mm große **Frucht,** eine trockene Achäne, trägt terminal einen Haarkranz (Pappus) als Flugorgan. Das Tausendkorngewicht liegt bei 1 g (10 % Wassergehalt) [9].

Im trockenen Zustand hebt sich das braune bis grünlich braune Kernholz gut von dem schmalen, gelblich weißen bis gräulich weißen Splint ab. Am frisch eingeschlagenen **Holz** bestehen zwischen Kern und Splint nur geringe Farbunterschiede.

B. huillensis-Holz weist deutliche Zuwachszonen auf. Es ist dicht und hart. Die Rohdichte (r_{15}) des Kernholzes liegt bei 0,885 bis 0,918 g/cm³ [17, 19], nach anderen Autoren bei 0,83 bis 1,00 g/cm³ [2]. Es riecht ein wenig nach Sandel

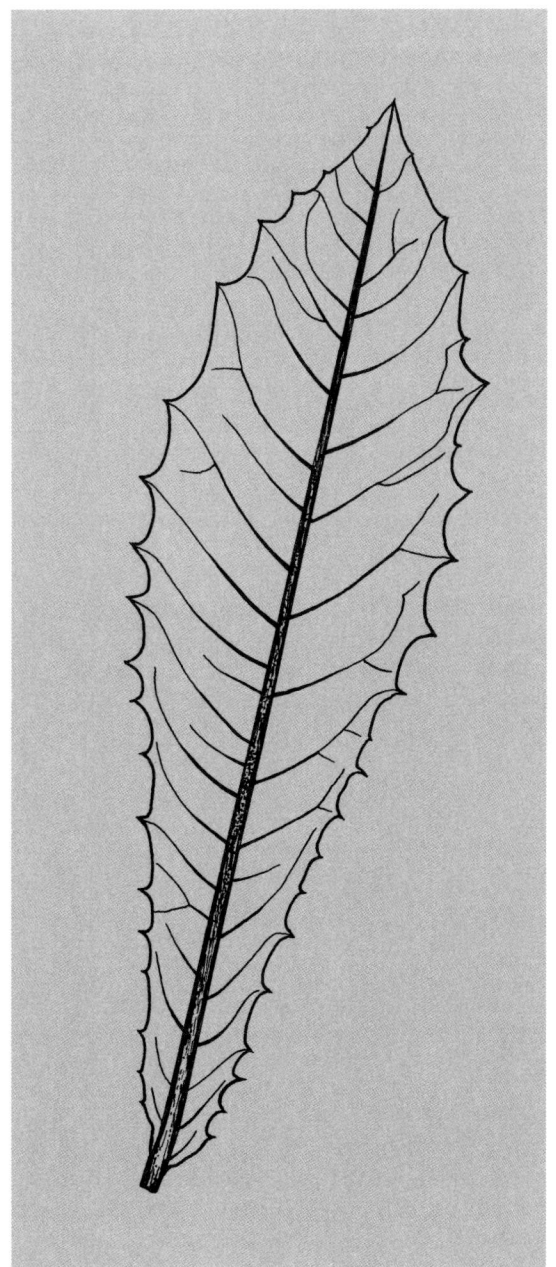

Abb. 4: Unterseite eines gezähnten Blattes (nat. Größe)

holz, läßt sich problemlos schleifen und polieren, mit schonenden Verfahren auch gut trocknen, wegen des manchmal unregelmäßigen Faserverlaufes aber schwer sägen und spalten. Es hat eine mäßige Neigung zum Verwerfen.

Weitere physikalische Kenngrößen [7, 20]:

Volumenschwindung:	12–19 %
Biegefestigkeit:	890 kp/cm²
Zugfestigkeit:	516 kp/cm²
Elastizitätsmodul:	10.700 N/mm²

Die Holzfasern verlaufen oft unregelmäßig; die Gefäße treten gruppenweise, manchmal auch zu schmalen, tangentialen Bändern zusammen [2, 20]. Holzstaub kann Dermatitis hervorrufen.

Vermehrung und Anzucht

Nach Eintritt der Reife werden die Früchte in kurzer Zeit abgeworfen, insbesondere nach Regenschauern [9]; daher ist eine sorgfältige Vor-Überwachung nötig. Geerntet wird durch Aufsammeln der Achänen vom Boden oder durch Schütteln der Äste. Das geschieht am besten während der frühen Morgenstunden, wenn die Früchte noch schwer

Abb. 5: Sämlinge in Polyäthylen-Tüten. Links 10 Monate, rechts 6 Monate alt.

vom Tau sind. Nach der Entfernung grober Verunreinigungen ist es zweckmäßig, das Saatgut in windgeschützter Schattenlage langsam zu trocknen. Es wurde beobachtet, daß bis zu 90 % der reifen Früchte am Baum wie am Boden von Insekten (vornehmlich Trupanea albicans [Tephrididae], seltener Aprostocetus spec. und Eupelmus spec.] bewohnt sind [11]. Über die Lagerfähigkeit des Saatgutes ist wenig bekannt. Praktischen Erfahrungen in Kenia zufolge ist die Keimfähigkeit nach sechsmonatiger Aufbewahrung bei Raumtemperatur nur noch sehr gering.

Das Saatgut keimt ohne Vorbehandlung. Zur Aussaat sollte man es mit feuchtem Sand mischen, um ein Verwehen durch den Wind zu vermeiden [9]. Die Keimung dauert 7–10 Tage. Bedingt durch den Insektenbefall liegt die mittlere Keimrate bei ca. 7 % [9].

Wenig Erfahrungen hat man mit der Sämlingsanzucht, denn künstliche Bestandesbegründungen finden nur in sehr geringem Umfang statt. Neuere Untersuchungen zeigen, daß in Polyäthylen-Tüten angezogene Sämlinge dem normalen Baumschul-Material überlegen sind [12]. Anfangs sollte Schatten (2 Monate bei 25 % des vollen Sonnenlichtes), später Halbschatten (50 % Licht) geboten werden und die Anpassung an Freilandbedingungen sollte allmählich erfolgen. Nach 11 Monaten erreichten Sämlinge in Kunststoff-Tüten bei 100 % Licht 25 cm Höhe, bei 50 % Licht 27 cm Höhe; normale Baumschulware aber nur 20 cm Höhe. Im vollen Licht angezogene Sämlinge waren erheblich stärker verzweigt.

Junge, bis 10 cm starke Bäume bilden in begrenztem Umfang Stockausschläge. Versuche zur Stecklingsvermehrung erbrachten nur 16 % Bewurzelung. IES-Behandlung wirkte leicht fördernd [21].

Wachstum und Entwicklung

Obwohl man den Wert des Brachylaena-Holzes recht früh erkannte, wurde die Art bis heute nicht in die waldbaulichen Planungen integriert. Auf der zentralen Hochebene Kenias sowie im Norden Tansanias waren in den dreißiger Jahren versuchsweise einige kleinere Bestände begründet worden – meist in Mischung mit anderen Arten. Erste Auswertungen machen deutlich, daß die Art unter den Bedingungen der Hochebene nur langsam wächst: 0,13 bis 0,44 cm Durchmesserzuwachs pro Jahr [13].

Etwa 60-jährige, künstlich begründete Reinbestände hatten einen mittleren BHD von 24 cm. Die Kronen waren viel länger als breit – ein Indiz für Schattentoleranz, zumindest in der Jugend. Die besseren Stammformen scheinen im Reinbestand aufzutreten. Als Mischbaumarten haben sich Croton megalocarpus, Juniperus procera und Olea europaea var. africana bewährt, nicht aber mehrere Eucalyptus-Arten, welche B. huillensis recht bald überwachsen und unterdrücken [8].

Nutzung

B. huillensis, unter dem Handelsnamen „Muhugu" bekannt, liefert ein sehr wertvolles Nutzholz [1, 3, 4, 5, 8, 14, 15, 16, 17]. Das ansehnliche, hellbraune, wellig gemaserte Kernholz ist hart und selbst im Boden und im Meerwasser dauerhaft (widerstandsfähig gegen Pilze und Insekten, Termiten und Bohrmuscheln), allerdings nicht sehr bruchfest.

Wegen der Widerstandsfähigkeit gegenüber Termitenfraß verwendet man es häufig für Zaunpfähle. Sehr begehrt ist es auch als Ausgangsmaterial für Holzschnitzereien und für die Herstellung kunstgewerblicher Artikel. Derzeit ist die Versorgung allerdings recht unsicher.

Früher, als die Art noch häufiger vorkam, verwendete man ihr Holz vor allem für stark strapazierte Dielungen und Parkettböden, z.B. in Hotel-Foyers und Werkstätten. Außerdem diente das aus dem Holz extrahierte, wohlriechende Öl als Ersatz für Sandelöl. Alten tansanischen Beschreibungen zufolge wurde Brachylaena-Holz zeitweise nach Indien ausgeführt und fand dort – wiederum als Sandelholz-Ersatz – Verwendung bei rituellen Einäscherungen [3]. Schließlich liefert Brachylaena ein vorzügliches Brennholz, welches bereits im alten Nairobi Verwendung fand und hohe calorische Werte aufweist.

Verschiedenes

In den natürlichen Wäldern Kenias ist die Nutzung von B. huillensis nur noch einzelstammweise erlaubt. Lizenzträger dafür ist eine Genossenschaft der Holzschnitzer. Wegen zahlreicher illegaler Einschläge bleibt diese Schutzmaßnahme jedoch ohne durchgreifende Wirkung.

Weiterführende Literatur

[1] BATTISCOMBE, E., 1926: A description catalogue of some of the common trees and woody plants of Kenya colony. Crown Agents, London.

[2] BEGEMANN, H.F., 1963: Lexikon der Nutzhölzer, Band 1. Verlag Emmi Kittel, Mering.

[3] BRENAN, J.P.M.; GREENWAY, P.J., 1949: Check-list of the Forest Trees and Shrubs of the British Empire, No. 5: Tanganyika Territory. Imperial Forestry Institute, Oxford.

[4] DALE, I.R., 1954: Fence Posts. Uganda For. Tech. Note 11.

[5] DALE, I.; GREENWAY, P., 1961: Kenya Trees and Shrubs. Buchanans Ltd., Nairobi, Kenya.

[6] EGGELING, W.J.; DALE, I.R., 1951: The indigenous trees of the Uganda Protectorate. University Press, Glasgow.

[7] GRÜN, K.; HURDA, B., 1972: Lexikon tropickych drevin cast 2. (Lexicon of tropical timbers, part II.), VVUD Prag.

[8] Kenya Forestry Dempartment: Compartment Registers; continuous records.

[9] Kenya Forestry Seed Centre: Continuous seed collection, testing and storage records.

[10] KIFCON: Tree species distribution in Arabuko-Sokoko Forest; (unpublished).

[11] KIGOMO, B.: Phenological Patterns and Some Aspects of Reproductive Biology of Brachylaena huillensis; In: Proc. from the 1st National Tree Seed Workshop, 1–5 July 1991, Nairobi, Kenya.

[12] KIGOMO, B., 1992: Influence of shade on the growth of Brachylaena huillensis in forest and nursery conditions. E. Afr. Agr. For. J. 56 (in press).

[13] KIGOMO, B., 1992: The rates of diameter increment and age-diameter relationships of Brachylaena huillensis in semi-deciduous forests of Central Kenya. Afr. J. Ecology (in press).

[14] KIGOMO, B., et al., 1990: Forest composition and its regeneration dynamics; a case study of semi-deciduous tropical forests in Kenya. Afr. J. Ecology 28, 174–188.

[15] KIGOMO, B., et al., 1991: The pattern and distribution of Brachylaena huillensis in semi-deciduous dry forests in Kenya. Afr. J. Ecology 29, 275–288.

[16] LIND, E.M.; MORRISON, M.E.S., 1974: East African Vegetation. Longman, London, U.K.

[17] McCOY-HILL, M., 1954: Timbers of Tanganyika. Timber Tech. 62, 559.

[18] PALMER, E.; PITMAN, N., 1972: Trees of Southern Africa, Vol. III. A.A. Balkema, Cape Town, South Africa.

[19] RENDLE, B.J., 1969: World timbers, Vol. 1 – Europe and Africa. Ernest Benn Ltd., London.

[20] SACHSSE, H., 1991: Exotische Nutzhölzer. Verlag Paul Parey, Hamburg und Berlin.

[21] UNCOVSKY, S., 1993: Trial on vegetative reproduction of Brachylaena huillensis. Ken. For. Seed Centre (unpublished).

[22] WILD, H., 1969: The Compositae of the Flora Zambensiae area. Kirkia Salisbury 7 (1).

Die Autoren:

Dr. BERNARD N. KIGOMO
Kenya Forestry Research Institute
P.O. Box 20412
Nairobi
Kenia

STEPAN UNCOVSKY
GTZ, Abt. 424
Postfach 5180
D-65726 Eschborn

Aus dem Englischen übertragen von P. Schütt

Brachylaena rotundata S. MOORE, 1903

Bergsilber

engl.: Mountain silver oak,
Transvaal silver tree,
Mountain silver tree

Südafrika: Bergvaalbos

Familie: Asteraceae
Unterfamilie: Cichorioideae
Tribus: Mutisieae

Abb. 1: Brachylaena rotundata. Adulter Baum im Botanischen Garten
Pretoria, S.A.

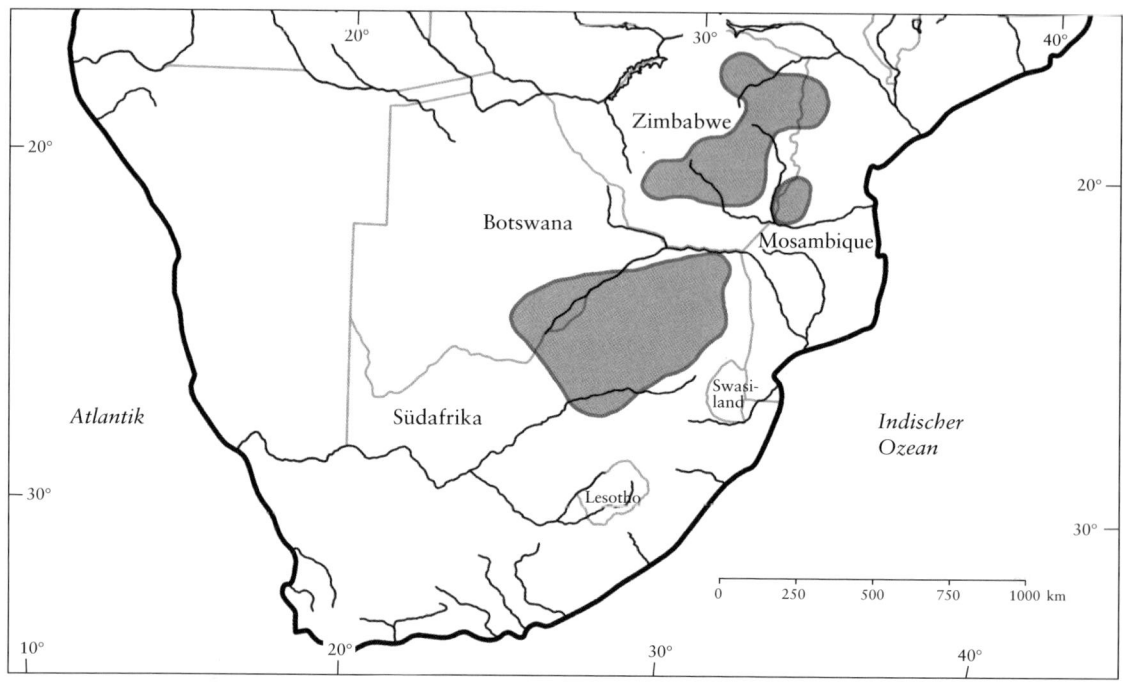

Abb. 2: Natürliches Areal

Brachylaena rotundata, ein halb-immergrüner, allenfalls mittelgroßer Baum aus dem nördlichen Südafrika, hat trotz seines sehr schönen, ungemein schweren Holzes keine forstwirtschaftliche Bedeutung.

Wegen der dichten, unterseits silbrigen Belaubung und der recht harmonischen Kronenform findet er aber in Südafrika seit neuerem Beachtung als Park- und Gartenbaum.

Die Art verträgt milde Fröste und ist nicht an nährstoffreiche, gut mit Wasser versorgte Böden gebunden.

Taxonomie und Verbreitung

Die Gattung Brachylaena gehört zur Familie der Asteraceae (Compositae), die überwiegend krautige Arten umfaßt. Selten treten auch baumförmige Arten auf [2].

In Südafrika gehören diese den Gattungen Brachylaena (8 Taxa), Chrysanthemoides (eine Art), Didelta (eine Art), Oldenburgia (eine Art), Tarchonanthus (3 Taxa) und Vernonia (3 Arten) an [1].

Die Tribus-Stellung des Genus Brachylaena innerhalb der Asteraceae ist noch problematisch. Ursprünglich wurde Brachylaena einem Subtribus im Tribus Inuleae zugeord-

net. Analysen der Chloroplasten-DNS sprachen jedoch für die Einrichtung eines neu zu schaffenden, eigenen Tribus [8], und aufgrund von Ergebnissen chemotaxonomischer Arbeiten mit Sesquiterpen-Laktonen wird schließlich die Einordnung in den Tribus Mutisieae empfohlen [13].

Brachylaena ist eine tropische, nur in Afrika und auf den Mascarenen-Inseln vorkommende Gattung. B. rotundata, von Natur aus in Südafrika, Botswana, Zimbabwe und Mosambique vertreten [12], ist in Südafrika am besten dokumentiert. Dort wächst sie vornehmlich in den nördlichen Teilen von 3 der 9 Provinzen, nämlich in Nort West, Gauteng und Nord-Transvaal. Gelegentlich ist sie auch in der Free State-Provinz zu finden.

Von den acht in Südafrika auftretenden Brachylaena-Taxa hat allein B. rotundata eine ausschließlich auf den Norden des Landes beschränkte Verbreitung. B. discolor subsp. transvaalensis, B. huillensis und B. ilicifolia sind zwar ebenfalls im Norden vertreten, kommen aber auch in den östlichen Teilen Südafrikas, in der Provinz Kwazulu-Natal vor [5].

B. rotundata besiedelt Höhenlagen zwischen 1300 und 1800 m ü. NN. Im sogenannten Highveld wächst sie zwischen 1439 und 1732 m, im sog. Lowveld zwischen 1296 und 1661 m.

Beschreibung

B. rotundata ist ein Großstrauch oder ein kleiner, bis mittelgroßer, oft mehrstämmiger Baum von 3 bis 8 m Höhe, der gelegentlich auch 15 m hoch wird [5]. Der Stammdurchmesser (BHD) beträgt 15 bis 25 cm.

Die Art kann Kronendurchmesser von 5 m und Kronenlängen bis zu 6 m einnehmen. Wegen der häufigen Grasbrände am natürlichen Standort fehlen oft die bodennahen Äste. Ihre Äste sind generell sehr schlank und hängen manchmal ein wenig herab [10].

Die **Borke** von *B. rotundata* unterscheidet sich von allen anderen *Brachylaena*-Arten durch ihre sehr dunkle, braune bis schwarze Farbe. An älteren Stämmen ist sie mit tiefen Rissen versehen [3].

Gleichmäßig aufgewachsene Exemplare haben wegen ihrer dichten, silbrigen Belaubung und dem damit kontrastierenden, dunklen Stamm einen hohen Zierwert [11].

B. rotundata wirft die **Blätter** normalerweise in jedem Jahr ab, benötigt dazu aber eine längere Zeit, so daß die Bäume praktisch niemals kahl sind. Die Laubblätter sind wechselständig angeordnet und variieren erheblich in den Abmaßen. So schwankt die Länge der Blattspreite zwischen 2,5 und 10 cm, die Breite von 1,5 bis 5 cm. Blätter an Stockausschlägen können sogar bis 16 cm lang und bis 9 cm breit werden. *Rotundata*-Blätter sind kurz gestielt (0,3 bis 1 cm), an Stockausschlägen fast sitzend.

Auch die Form der Spreite kann in weitem Rahmen schwanken (von elliptisch über schmal obovat bis länglich). Das gilt auch für den Apex, die Basis und den Blattrand:

Apex: spitz bis stumpf, manchmal sogar rundlich
Basis: stumpf bis rund (Gegensatz zu *B. discolor*)
Rand: ganzrandig bis schwach gekerbt, an Stockausschlägen mitunter gezähnt [5].

Desweiteren sind die recht aromatischen Blätter steif und ledrig, oberseits von stumpf-dunkelgrüner Farbe und unterseits dicht weiß behaart. Die Adern treten auf der Blattunterseite hervor und sind ebenfalls von einem dichten, weißen Haarfilz bedeckt. Filzig weiße Behaarung mit einem rosafarbenen Schimmer tragen schon die frisch ausgetriebenen Blätter, und zwar beidseitig [3].

Die brachyparacytischen Spaltöffnungen [9] befinden sich an der Blattunterseite. Ihre Schließzellen erheben sich wegen der ein wenig angeschwollenen Nebenzellen etwas über die Epidermis-Oberfläche [6].

Die köpfchenartigen Blütenstände sind in offenen, blattachselständigen oder terminalen, 5 bis 30 cm langen Trauben oder Rispen angeordnet. Männliche und weibliche Infloreszenzen stehen an verschiedenen Bäumen. Besonders attraktiv sind die männlichen Bäume, wenn die **Blüten** im Frühjahr mit Pollen bedeckt sind und der gesamten Krone eine kräftige Gelbfärbung verleihen [3].

Abb. 3: Stammborke

Abb. 4: Laubblätter, Variation in Größe und Form. Obere Reihe: Blattunterseiten (weiß behaart).

Abb. 5: Achäne mit Pappus

Obwohl in dieser Zeit große Pollenmengen entlassen werden, ist bislang keine allergetische Wirkung bekannt geworden. Normalerweise setzt die Blüte nach dem Abwurf der Blätter ein; in geschützten Lagen blühen männliche Bäume mitunter auch im beblätterten Zustand. Die Blütezeit liegt im Frühjahr, meist im August/September, manchmal auch erst im Oktober/November [3].

Die 6 bis 8 mm langen weiblichen Blütenstände (Köpfchen) sind gewöhnlich kurz gestielt (0,5 bis 3,0 mm). Männliche Köpfchen: 3,7 mm bzw. 1 bis 2 mm. Die Involukralblätter stehen in 4 bis 10 Reihen und ihre Gestalt wechselt von oval an der Außen- bis lanzettlich an der Innenseite.

Jeder männliche Blütenstand enthält 13 bis 31, jeder weibliche 11 bis 27 Einzelblüten [5]. Der aus sehr rauhen Grannenhaaren bestehende Pappus ist 3 bis 6,5 mm lang und bei männlichen Infloreszenzen spärlicher ausgebildet als bei weiblichen. Zum Perianth gehört außerdem eine 4 bis 6 mm lange, schmal zylindrische, kahle oder spärlich behaarte, gelbe oder cremefarbene Kronröhre. Die 5 Staubblätter haben 1 bis 3 mm lange, mit den Petalen verwachsene Filamente und 2 bis 3 mm lange Antheren.

Die bei anderen *Brachylaena*-Arten beschriebenen rudimentären Fruchtknoten in männlichen sowie die Staminodien in weiblichen Blüten wurden bei *B. rotundata* bisher nicht gefunden.

Die radiärsymmetrischen, isopolaren **Pollen** haben eine subprolat, manchmal auch prolat sphäroidale Gestalt. Sie sind tricolpat und haben ein Tectum mit relativ großen, dornigen Erhebungen [4].

Als **Früchte** entstehen dunkelbraune, 1,6 bis 3,8 mm lange, schmal elliptische, behaarte Achaenen, mit 5 bis 6 längs verlaufenden Rippen und stets mit einem gelblich-braunen Pappus versehen.

Das sehr harte und schwere **Holz** der *B. rotundata* hat einen breiten, dunkelbraunen Farbkern und einen gelben Splint. Die Rohdichte (r_{12}) beträgt 1,048 g/cm^3.

Anzucht

B. rotundata ist leicht durch Saatgut zu vermehren und die Sämlinge lassen sich problemlos verpflanzen. Sie wachsen allerdings sehr langsam. Stecklingsbewurzelung ist ebenfalls möglich, sofern die Stecklinge im zeitigen Frühjahr geerntet und nach dem Stecken regelmäßig gewässert werden. Der Boden darf nicht austrocknen.

Um den Baum ansehnlich zu halten, sollten die herabhängenden Äste von Zeit zu Zeit gekappt werden.

Ökologie

Das Klima im natürlichen Areal von *B. rotundata* ist durch Jahresniederschläge von 500 bis 700 mm gekennzeichnet, welche hauptsächlich im Sommer fallen (September bis März). Die durchschnittlichen monatlichen Höchstwerte der Lufttemperatur liegen im Juni bei 18 °C und im Januar bei 30 °C. Entsprechende Minimaltemperaturen werden mit 0 °C bzw. 15 °C angegeben. Die höchste, bisher registrierte Temperatur beträgt 42 °C (Januar).

Im natürlichen Vebreitungsgebiet können Wintertemperaturen bis zu -9 °C vorkommen und im Juni/Juli ist Frost nichts Ungewöhnliches. Viele der meist felsigen Standorte sind jedoch wärmer und weisen weniger strenge Fröste auf. Dennoch kann man *B. rotundata* insgesamt nicht als frosthart bezeichnen.

Die Art kommt nur selten in geschlossenen Beständen vor. Wenn, dann sind diese nur klein und liegen an den Nordseiten felsiger Quarzit-Ketten. Normalerweise sind die Bäume zerstreut in gemischten Laub- und Schluchtwäldern verteilt. Einzeln oder in kleinen Gruppen kommen sie häufig in Mischung mit *Englerophytum magalismontanum* („Transvaal Milkplum") und *Mimusops zeyheri* („Transvaal Red Milkwood") vor [11].

Als Standorte dominieren blockreiche Quarzite in geringen und mittleren Höhenlagen. Generell entwickelt sich die Art auf wohldrainierten Böden, gedeiht aber auch am Rande trockener Schluchten, auf Sandböden und sogar auf Termitenhügeln.

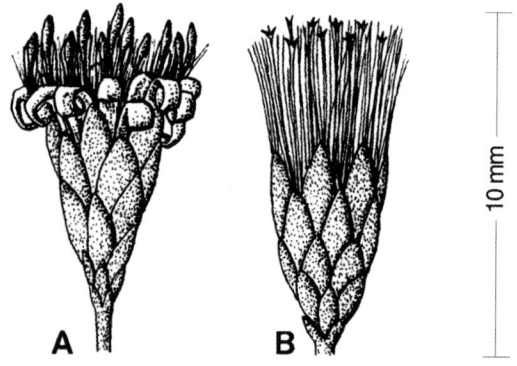

Abb. 6: Männliche (A) und weibliche (B) Infloreszenz

Abb. 7: Ungleichaltriger Reinbestand am Nordhang eines Quarzit-Kammes, nahe Johannisburg, S.A.

Nutzung

Brachylaena rotundata wird weder als Waldbaum noch für den Erosionsschutz künstlich angebaut. Und die wegen ihrer silbrigen Blätter, der üppigen Blüten und des relativ moderaten Wasserbedarfs in Südafrika populäre Verwendung als Park- und Gartenbaum ist nicht älter als 10 bis 15 Jahre [7].

Das ungemein attraktive, weitgehend termitenfeste, sehr harte und leicht zu bearbeitende Holz kann wegen der geringen Stamm-Abmaße (selten > 30 cm) nur für die Herstellung von Kleinmöbeln verwendet werden. Darüber hinaus nutzt man es als Brennmaterial, für Zaunpfähle sowie für Griffe und Stiele. Früher stellte man aus den langen und schlanken Ästen Bögen her.

Während andere *Brachylaena*-Arten (z.B. *B. discolor*, *B. elliptica* und *B. ilicifolia*) recht bekannt sind für ihre volksmedizinische Verwendung, liegen für *B. rotundata* keinerlei Erfahrungen in dieser Hinsicht vor.

[4] CILLIERS, S.S., 1991: Pollen morphology and its taxonomic value in Brachylaena (Asteraceae) in southern Africa. S. Afr. J. Bot. **57**, 325 – 330.

[5] CILLIERS, S.S., 1993: Synopsis of the genus Brachylaena (Asteraceae) in southern Africa. Bothalia **23**, 175 – 184.

[6] CILLIERS, S.S.; KRUGER, H., 1993: Leaf anatomy of the Southern African species of Brachylaena (Asteraceae). Bot. Bull. Acad. Sin. **34**, 335 – 346.

[7] JOFFE, P., 1993: The Gardener's Guide to South African Plants. Delos, Cape Town.

[8] KEELEY, S.C.; JANSEN, R.K., 1991: Evidence from chloroplast DNA for the recognition of a new tribe, the Tarchonantheae, and the tribal placement of Pluchea (Asteraceae). Syst. Bot. **16**, 173 – 181.

[9] METCALFE; CHALK (Hrsg.), 1979: Anatomy of the Picotyledons. 2. Aufl., Bd. **1**, Claredon Press, Oxford.

[10] PALGRAVE, K.C., 1977: Trees of southern Africa. Struik, Cape Town.

[11] PALMER, E.; PITMAN, N., 1972: Trees of southern Africa. Vol. **3**, p. 2151, A.A. Balkema, Cape Town.

[12] POPE, G.V., 1992: Compositae. Flora Zambesiaca **6**, 7 – 8.

[13] ZDERO, C.; BOHLMANN, F., 1987: Sesquiterpene lactones from the genus Brachylaena. Phytochemistry **26**, 2597 – 2601.

Weiterführende Literatur

[1] BREITENBACH, F. VON, 1987: National List of Indigenous Trees. Dendrological Foundation, Pretoria, South Africa.

[2] BREMER, K., 1994: Asteraceae, Cladistics and Classification. Timber Press, Portland, Oregon.

[3] CILLIERS, S.S., 1990: Taksonomiese ondersoek van die Suider-Afrikaanse verteenwoordigers van die genus Brachylaena R. Br. (Asteraceae). M. Sc. thesis. Potchefstroomse Universiteit vir CHO, pp. 251.

Der Autor:

Dr. SAREL CILLIERS
Potchefstroom University
Dept. Plant and Soil Sciences
Private Bag X 6001
Potchefstroom 2520
Südafrika

Aus dem Englischen übertragen von P. Schütt

Bucida buceras LINNÉ, 1759
syn.:   Terminalia buceras C. WRIGHT

Schwarzer Olivenbaum   Familie: Combretaceae

engl.:   Black Olive-tree, Oxhorn bucida
span.:   Ucar

Abb. 1: Bucida buceras. Solitär im Nordwesten Puerto Ricos

Abb. 2: Verdickter Zweigabschnitt mit vielen Blattnarben

Als immergrüner, breitkroniger, allezeit Schatten spendender Park- und Straßenbaum ist *Bucida buceras* vielen Menschen in Süd-Florida und in den dichter besiedelten Gebieten der Westindischen Inseln wohlbekannt.

Auch von Natur aus kommt die Art auf den Karibik-Inseln und darüber hinaus in Mittelamerika vor, besiedelt dort zumeist trockene, küstennahe Standorte, kann unter günstigeren Bedingungen aber auch zu einem bis 30 m hohen Waldbaum werden, dessen hartes, schweres und dauerhaftes Holz hoch geschätzt wird. *B. buceras* erträgt Salzwassergischt und übersteht milde Fröste.

Der Name „Oxhorn bucida" bezieht sich auf eine sehr häufige, von Gallmilben ausgelöste, krankhafte Vergrößerung der Früchte. Die normalerweise nur 15 mm großen Früchte schwellen nach der Eiablage der Milben zu fast 10 cm langen, gekrümmten Gallen an, die entfernte Ähnlichkeit mit Ochsenhörnern aufweisen.

Abb. 3: „Oxhorn" – Galle an einem reifen Fruchtstand (links). Abgefallene orangerot gefärbte Blätter (rechts)

Verbreitung

Das natürliche Areal von *B. buceras* umfaßt große Teile Mittelamerikas von Süd-Mexiko über Panama sowie die Küsten Kolumbiens und Venezuelas bis nach Guyana. Es erstreckt sich von 25° n.Br. bis 5° n.Br. und schließt die Bahamas, Cuba, Jamaika, Hispaniola, Puerto Rico sowie die Kleinen Antillen incl. Guadaloupe ein [1]. Die ältere Annahme, auch Bestandesreste auf den Florida-Keys (Elliott's Key) seien autochthon [2, 4] ließ sich nicht bestätigen [1, 5].

Beschreibung

B. buceras wird übereinstimmend als ein meist bis 20 m hoher Baum mit maximal 1 m starkem Stamm (BHD) beschrieben, der eine symmetrisch aufgebaute Krone und fast waagerecht abstehende Äste ausbildet. Extremwerte von 30 m bzw. 1,8 m kommen vor [6]. Nach eigenen Beobachtungen wachsen Exemplare dieser Höhe auf nährstoffreichen Standorten im NW Puerto Ricos. Einen völlig abweichenden Aufbau erwähnt SARGENT [4]. Danach werden auch kurze, niederliegende Stämme gebildet, von denen mehrere 13 bis 17 m hohe, aufstrebende Sekundärstämme von 30 bis 40 cm Durchmesser (BHD) ausgehen.

Einzelne Bäume weisen Zweige mit 0,6 bis 1,8 cm langen, paarigen Dornen auf [2, 4]. Die Zweige sind anfangs grau und fein behaart. Sie bestehen aus relativ dünnen, blattfreien sowie aus kräftigen, kurzen, mit zahlreichen Blättern oder Blattnarben versehenen Abschnitten.

B. buceras ist dicht und immergrün belaubt [4, 5]. LITTLE [2] nennt die Art allerdings „immergrün oder laubabwerfend" und dürfte sich damit auf natürliche Standorte mit langer Trockenzeit beziehen.

Die wechselständig angeordneten, anfangs behaarten, später kahlen, ganzrandigen **Blätter** sind oberseits frisch grün, unterseits gelblich grün und haben spärlich behaarte, 6 bis 18 mm lange Blattstiele. Sie stehen gehäuft an der Spitze kurzer, aufrechter Triebe, haben einen elliptischen bis rundlichen Umriß und sind i. a. oberhalb der Mitte am breitesten. Die Abmaße [2]: 2,5 bis 7,5 cm lang, 1,5 bis 5 cm breit. Der Apex kann kurz zugespitzt oder gekerbt sein.

Die zumeist im Frühsommer erscheinenden, kleinen, grünlich weißen **Blüten** stehen an ährigen Infloreszenzen, die den Achseln der jüngsten Blätter an senkrecht orientierten, kurzen Trieben entspringen [2, 5]. Die Blütezeit variiert von Baum zu Baum in weitem Rahmen [1] und erstreckt sich bei der Art praktisch über das ganze Jahr [5].

Entlang der fein graugrün behaarten Blütenstandsachse oder nur an ihrer Spitze befinden sich zahlreiche ungestielte, 6 bis 9 mm lange und 6 bis 12 mm breite, zwittrige oder rein männliche Einzelblüten.

Jede von ihnen entspringt der Achsel eines kleinen Tragblattes. Die Basis bildet ein bräunliches Hypanthium, auf dem ein 5-zähniger, spärlich behaarter Kelch, 10 in zwei Kreisen angeordnete Staubblätter, ein 5lappiger Diskus sowie ein Stempel mit einfächerigem Fruchtknoten und einem schlanken, behaarten Griffel stehen. Kronblätter fehlen. *Bucida*-Blüten sind protogyn [5]. Zwischen Blüte und Fruchtreife vergehen 3 Monate.

Die harten, nur 3 mm langen, unregelmäßig fünfkantigen **Steinfrüchte** tragen den Rest des Kelches. Sie enthalten nur einen Samen, haben ein trockenes oder schwach fleischiges Exokarp und fallen einzeln oder mit dem gesamten Fruchtstand zu Boden. Das Tausendkorngewicht der Steinfrüchte beträgt ca. 26,3 g.

Bucida buceras bildet ein hartes, schweres und zähes **Holz** von mittlerer Textur, das sehr dauerhaft ist [2, 3]. Gegen Termiten (*Cryptokermes brevis* WALKER) erweist es sich als resistent, nicht aber gegen marine Bohrmuscheln. Es zeichnet sich u. a. durch geringe Schwindung (radial: 1,3 bis 3 %, tangential: 2,3 bis 6,6 %) und durch eine glänzende Oberfläche aus [1]. Sein Darrgewicht liegt bei r_o = 0,98 g/cm^3 [2], nach anderen Untersuchungen bei 0,85 und 0,75 g/cm^3 [1]. Für die Rohdichte (r_{12}) werden Werte zwischen 1,01 und 1,10 g/cm^3 genannt. Der Elastizitätsmodul beträgt ca. 140 000 kg/cm^2 [1].

Das gelbliche oder hellbraune Splintholz hebt sich von dem grünlich dunkelbraunen, manchmal mit orangefarbenen Streifen versehenen Farbkern ab [2, 4]. Nachteilig ist, daß es sich schwer bearbeiten läßt und beim Schrauben leicht splittert.

Die graubraune bis braune, lange Zeit sehr dünne (1,2 bis 2,2 cm) **Borke** wird erst im Alter dick, rissig und schuppig. Schon die Sämlinge entwickeln rasch ein intensiv verzweigtes Feinwurzelsystem. Ältere Bäume haben mitunter kleine Brettwurzeln und stets mächtige, flachstreichende Seitenwurzeln.

Ökologie

Bucida buceras gedeiht unter einer breiten Amplitude von Klima- und Standortbedingungen der feuchten und der trockenen Subtropen und ist an Trockenzeiten von 2 bis 4 Monaten und an Jahresniederschläge von 750 – 2 000 mm angepaßt. Das jährliche Mittel der Lufttemperatur variiert im natürlichen Areal zwischen 24 und 28 °C und die täglichen Temperaturschwankungen übertreffen die Schwankungen zwischen den Jahreszeiten [1].

Die meisten natürlichen Vorkommen liegen auf trockenen, oft auf salzhaltigen Standorten sowie auf Sand- und Kalkkuppen in Küstennähe. Auf dem mittelamerikanischen Festland werden Höhenlagen bis in mehrere hundert Meter ü. NN besiedelt [1].

Abb. 4: Blütenstände

Abb. 5: Stammborke

Abb. 6: Kleinbestand auf Puerto Rico

Optimale Wachstumsbedingungen findet die Art auf feuchten, aber gut drainierten, nährstoffreichen und tiefgründigen Böden mittlerer Textur, bleibt hier allerdings wegen ihres relativ langsamen Wachstums konkurrenzschwach. Eine ökologische Nische findet sie indessen am Rande von Mangrovesümpfen auf Cuba und in Guyana, wo sie u. a. in Mischung mit *Rhizophora mangle* L., *Avicennia germinans* (L.) L., *Conocarpus erectus* L. und *Laguncularia racemosa* (L.) GAERTN. vorkommt [1, 4].

Im trockenen Hügelland Puerto Ricos ist sie u. a. mit *Bursera simaruba* L. SARG., *Acacia farnesiana* (L.) WILLD. und *Prosopis pallida* (H. B. ex WILLD.) H. B. K. vergesellschaftet.

Bucida buceras ist eine ausgeprägte Lichtbaumart. Sämlinge können unter der Krone ihres Mutterbaumes nicht überleben. Andererseits fördert leichter Schatten die Ausprägung gerader Stämme[1] Für Altbäume und Jungwuchs gleichermaßen nachteilig ist außerdem die Konkurrenz um Bodenwasser. Die wüchsigsten Bäume stehen immer an relativ feuchten Stellen.

Hervorzuheben ist noch die Unempfindlichkeit der Art gegen Wind und Sturm; in Florida werden auch leichte Fröste schadlos überstanden.

Wachstum und Entwicklung

B. buceras wird allgemein als langsam wachsende, generativ nur schwer zu vermehrende Art bezeichnet [2, 6]. Diese Auffassung trifft jedoch nicht uneingeschränkt zu.

Im allgemeinen macht es Mühe, keimfähiges Saatgut zu gewinnen. Die Keimrate liegt unter 6 % und die Keimung setzt erst 12 bis 17 Tage nach der Aussaat ein. Feuchter Sand hat sich als Keimsubstrat gut bewährt [1]. *B. buceras* keimt epigäisch.

Während Sämlinge wie ältere Bäume in Florida nur langsam wachsen, berichtet FRANCIS [1] aus Puerto Rico von 47 cm hohen, nur 6 Monate alten, in der Baumschule angezogenen Pflanzen. Zum Verpflanzen eignen sich Sämlinge von 10 cm Höhe am besten, aber nur 10 bis 17 % der wurzelnackten Pflanzen oder Wildlinge überlebten. Ballenpflanzen sind daher vorzuziehen[2]. Vegetativvermehrung durch Stecklingsbewurzelung und Absenkerbildung ist leicht möglich.

---

[1] For. Abstr. **17**, 2681, 1956
[2] For. Abstr. **11**, 1003, 1949/50

Auf nährstoffreichen Böden Puerto Ricos wurden beträchtliche Höhenzuwächse gemessen [1]:

   3 Jahre: 1,8 m
   5 Jahre: ca. 4,0 m
 10 Jahre: 9,1 m

Hier hatte sich als günstigster Pflanzverband ein Abstand von 3 x 3 m herausgestellt. Bei ihm tritt in 10 bis 20 Jahren Kronenschluß ein.

Bucida buceras wächst allerdings selten in Reinbeständen sondern meist einzeln oder in Gruppen auf feuchten Partien trockener Standorte. Folgende Wachstumsdaten liegen vor [1]:

aus Pflanzung entstanden, 43jährig: Mittl. BHD 21,0 cm, Höhe 15 m,

natürlicher Bestand, 45jährig: Mittl. BHD 12,3 cm, Höhe 11 m.

Auf flachgründigen, trockenen Böden über durchlässigem Kalkstein und bei Niederschlägen von ca. 1400 mm rechnet man mit Umtriebszeiten von 80 Jahren, bei einem Zieldurchmesser von 40 cm.

Nutzung

Mindestens zwei Verwendungen machen *Bucida buceras* trotz geringer Wuchsleistungen zu einer wirtschaftlich interessanten Baumart:

1. Das wertvolle, schwere und harte Holz findet Verwendung im Schiffs-, Wagen- und Brückenbau und als strapazierfähige Dielung. Es wird für die Herstellung von Toren, Zaunpfählen, Rammpfählen, Werkbänken genutzt und ergibt eine hervorragende Holzkohle.

2. Die dichte, weit ausladende Krone wie auch die Unempfindlichkeit gegen Wind, Dürre und Salzwassergischt erklären die Bedeutung der Art als schattenspendender Park-, Straßen- und Gartenbaum, der vor allem in Florida und auf den Westindischen Inseln häufig kultiviert und wegen seiner Windfestigkeit sogar in unmittelbarer Nähe von Gebäuden gepflanzt wird [1, 2, 6]. Auf Cuba kommt der Art auch forstwirtschaftliche Bedeutung zu. 1951 wurden etwa 61 000 m³ als Sägeware eingeschlagen [1].

Verschiedenes

– Bodenfeuer und Waldbrände nehmen unter den Schadursachen die mit Abstand wichtigste Position ein. Hauptursache für die Empfindlichkeit ist die dünne Borke. Durch Feuer entstandene Wunden an der Stammbasis sind oft Infektionsorte von Stock- und Kernfäule-Erregern.

– *B. buceras* ist ungewöhnlich sturmfest. Oft übersteht sie sogar tropische Wirbelstürme.

– In Florida rufen Infektionen des Ascomyceten *Cristulariella depraedens* (CKE.) HOEHN. orangefarbene bis braune Blattflecken hervor. Bekämpfung mit Fungiziden ist möglich[3].

---

[3] For. Abstr. 40, 2151, 1979

Weiterführende Literatur

[1] FRANCIS, J. K., 1989: Bucida buceras. USDA Forest Service. Inst. Tropical Forestry, Rio Piedras, Puerto Rico., SO-ITF-SM-18.

[2] LITTLE, E. L. Jr.; WADSWORTH, F. H., 1989: Common Trees of Puerto Rico and the Virgin Islands. USDA Forest Service, Agric. Handb. 249, Washington, D. C.

[3] LONGWOOD, F. R., 1961: Puerto Rican Woods. USDA, Forest Service. Agric. Handb. 205, Washington, D. C.

[4] SARGENT, C. S., 1965: Manual of the Trees of North America. Vol. 2, 2. ed., Dover Publ., New York.

[5] TOMLINSON, P. B., 1986: The Biology of Trees Native to Tropical Florida. Harvard Univ., Allston, Mass.

[6] WORKMAN, R. W., 1980: Growing native. Sanibel-Captiva Conservation Foundation, Inc., Sanibel, FL.

Die Autoren:

Prof. em. Dr. PETER SCHÜTT
Lehrstuhl für Forstbotanik
Ludwig-Maximilians-Universität München
Am Hochanger 13
D-85354 Freising

ULLA M. LANG
Schützenstraße 6
D-82383 Hohenpeißenberg

Bursera simaruba (LINNÉ) SARG.

syn.: Elaphrium simaruba (LINNÉ) ROSE

Terpentinbaum   Familie: Burseraceae

engl.:   Gumbo-limbo, Turpentine-tree
span.:   almácigo

Costa Rica: jinote, carana
Guatemala: chino
Mexiko: chacah
Panama: carate

Abb. 1: Bursera simaruba auf St. Lucia

mal ist die weiche, rotbraune **Rinde**, deren äußerste Schicht sich in papierdünnen Partien ablöst. Junge **Triebe** graugrün, später rötlichbraun, reich an Lenticellen und bedeckt mit herzförmigen, gelblichen Blattnarben (3 Bündelspuren). **Knospen** klein und rundlich, mit dunkelroten, breit eiförmigen Schuppen.

Gumbo-limbo trägt bis 20 cm lange, unpaarig gefiederte, wechselständige **Blätter**, die gegen Ende der Trockenzeit erscheinen und im Regelfall gegen Anfang des Winters abgeworfen werden. Die 5 bis 7 (selten 3) länglich-eiförmigen, leicht verdickten Fiederblätter stehen an einer sehr dünnen Rhachis, sind 3 bis 7,5 cm lang und 2 bis 3,7 cm breit, laufen am Apex spitz zu und gehen mit einer breiten oder schief zugespitzten Basis in den Blattstiel über. Oberseits sind sie glänzend, unterseits stumpf grün. Der Blattrand ist glatt, gelegentlich auch leicht wellig.

Abb. 2: Ca. 30 m hoher Baum im Regenwald, Jamaika

Ein durch seine rote Borke auffallender, im Freistand breitkroniger, laubabwerfender Baum aus Mittelamerika und der Karibik mit großer ökologischer, aber geringer wirtschaftlicher Bedeutung.

Die sehr lichtbedürftige, raschwüchsige Art ist in subtropischen Trockenwäldern weit verbreitet und bildet in Mischbeständen oft sehr intensive Stammkrümmungen aus.

Morphologie

Zumeist 10 bis 20 m hoher Baum, der im Freistand auf rel. kurzem, kräftigem **Stamm** (dm, max ≈ 1 m) eine weit ausladende **Krone** mit starken, fast waagrecht ansetzenden Ästen ausbildet, im geschlossenen Bestand jedoch geradschäftig und bis 28 m hoch werden kann. Unter wechselndem Lichteinfall entstehen intensive Stammkrümmungen.

B. simaruba verfügt über ein so starkes Austriebsvermögen, daß in den Boden getriebene Pfähle i.d.R. zu neuen Bäumen heranwachsen. Zuverlässigstes Erkennungsmerk-

Abb. 3: Rinde

Die Blütenverteilung ist dioezisch, Zwitterblüten kommen aber vor. Die unscheinbaren, nur ca. 5 mm großen, weißlichen bis gelbgrünen **Blüten** sitzen zu vielen an terminal inserierten, 5 bis 15 cm langen ♀ oder ♂ Blütenständen (Rispen). Männliche Blütenstände sind deutlich länger als weibliche. Einzelblüte radiärsymmetrisch, mit Diskus.

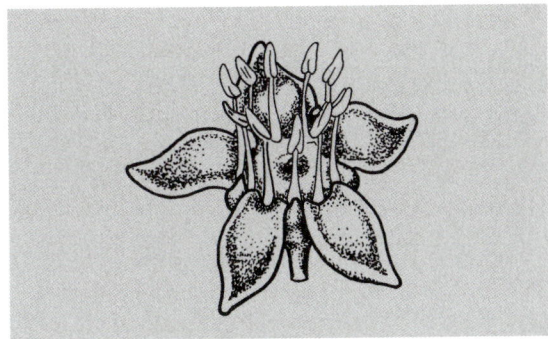

Abb. 4: Männl. Blüte, 6 x nat. Größe (nach TOMLINSON 1986)

Kelch: fünfzählig, verwachsen; 5 Kronblätter, frei; 10 (8 bis 12) Staubblätter; drei- (bis fünf-)fächriger Fruchtknoten; dreilappige Narbe.

B. simaruba bildet ledrige, rundliche, oft an beiden Enden zugespitzte, 1 bis 1,5 cm lange, rötliche **Steinfrüchte** aus, die bei Reife in 3 Teile zerfallen und von zahlreichen Vogelarten verbreitet werden. Jede Teilfrucht enthält einen dreieckigen, rötlichen Samen, ausnahmsweise auch zwei. Blüten und Früchte erscheinen i.a. im Frühjahr mit oder vor den neuen Blättern.

Abb. 5: Fruchtstand

Das weiße bis gelbliche, manchmal leicht bräunliche **Holz** von B. simaruba ist farblich nicht in Splint und Kern differenziert. Es besteht zu ≈60 % aus Fasern, zu ≈20 % aus Gefäßen und zu ≈20 % aus Markstrahlparenchym [6]. Als mittl. Faserlänge wird ≈1,17 mm, als mittl. Wassergehalt ≈90 % und als mittl. Rohdichte $r_o = 0,30$ bis $0,40$ [4] bzw. 0,29 [2] genannt. Angaben über den Geruch des Holzes gehen weit auseinander.

Je nach den regionalen Klimabedingungen werden Jahrringe gebildet oder sie fehlen.

Weitere Eigenschaften: Leicht, aber fest und zäh, rel. dauerhaft, wenngleich in frischem Zustand hoch anfällig gegen holzbewohnende Pilze, insbes. Bläuepilze. Abhilfe: rasche Trocknung nach dem Einschlag. Gumbo-limbo-Holz ist leicht zu bearbeiten, nagelfest und gut zu hobeln; trotz des rel. unregelmäßigen Faserverlaufs läßt es sich leicht spalten.

Abb. 6: Samen

Ökologie und Verbreitung

Als Baum des subtropischen Trockenwaldes kommt B. simaruba in ganz Mittelamerika vor. Sein natürliches Areal erstreckt sich von Venezuela bis in die küstennahen Bereiche des südlichen Florida (incl. Florida Keys), wo er u.a. als Komponente der artenreichen Hammock-Vegetation auftritt. Auf den westindischen Inseln, einschl. der Bahamas, stellt die Art auf exponierten sandigen oder felsigen Standorten oft die dominierende Holzart dar und gilt allgemein als ein Baum der trockenen, flachgründigen Hänge. Andererseits hält er sich in frischen, geschützten Lagen auch als eine von vielen vitalen Mischbaumarten.

Abb. 7: Typisches, flachstreichendes Wurzelsystem mit rotbrauner Rinde

Abb. 8: Ca. 2 Monate alter Keimling mit dreilappigen Keimblättern; Primärblätter einfach, erst das 12.–15. Folgeblatt trägt 7 Fiederblättchen (nat. Größe)

Auf Puerto Rico werden Kalkverwitterungsböden besiedelt. Ansonsten stehen keine konkreten Angaben über arttypische Licht-, Boden- und Nährstoffansprüche zur Verfügung.

Nutzung

B. simaruba ist als Besiedler exponierter Trockenlagen regional von großer ökologischer Bedeutung. Sein ökonomischer Wert tritt demgegenüber deutlich zurück. Das gilt sowohl für das Holz, das allenfalls für Kisten, Verschläge, für Streichhölzer (Jamaica) oder Eisenbahnschwellen (Haiti) Verwendung findet, wie auch für ein nach Rindenverletzung aus schizogenen Ölgängen austretendes Harz (= Chibou). Letzteres wird örtlich als Klebstoff, Anstrichfarbe und Duftstoff verwendet. Daneben wird Gumbolimbo als Brennholz und Holzkohle genutzt. Die Herstellung von bleichfähigem Zellstoff im Sulfat-Verfahren und damit die Produktion von Schreibpapier ist möglich. Aus Bursera hergestelltes Packpapier ist wenig reißfest.

Besonderheiten

– Bursera simaruba reagiert photoperiodisch neutral.

– Das Holz ist hochanfällig gegen Termitenfraß (Cryptotermis brevis). Behandlung mit einer Mischung von Kupfer-Sulfat ($CuSO_4$), Zink-Chlorid ($ZnCl_2$) und Barium-Chlorid ($BaCl_2$) erhöht die Widerstandsfähigkeit allerdings erheblich.

– Auf Cuba und anderen westindischen Inseln verwendet man Gumbo-limbo als lebenden Zaun. Die sogleich einsetzende Bewurzelung der Pfähle verhindert die bei anderen Arten ablaufende rasche Zersetzung durch holzzerstörende Pilze.

Weiterführende Literatur

[1] HARRER, E. S.; HARRER, J. G., 1962: Guide to Southern Trees. Dover Publ. Inc., New York.

[2] LITTLE, E. L., Jr.; WADSWORTH, F. H., 1964: Common Trees of Puerto Rico and the Virgin Islands. USDA Agric. Handbook No. 249, Washington, D. C.

[3] PORTER, D. M., 1974: The Burseraceae in North America. Madroño **22**, 273–276.

[4] RECORD, S. J.; HESS, R. W., 1943: Timbers of the New World. Yale Univ. Press.

[5] SARGENT, C. S., 1965: Manual of the Trees of North Amerika, Vol. 2.; Dover Publ. Inc., New York.

[6] SCHULZ, H.; GROTTHUS, O. K. N., van, 1968: Investigacion de Algunas Especies Arbóreas de los Bosques Tropicales de Mexico. Mexico y sus Bosques, 13–16.

Die Autoren:

Prof. Dr. PETER SCHÜTT
Lehrstuhl für Forstbotanik
Ludwig-Maximilians-Universität München
Hohenbachernstraße 22
D-85354 Freising

ULLA M. LANG
Schützenstraße 6
D-82383 Hohenpeißenberg

Butea monosperma (LAM.) TAUB., 1894

syn.:   Butea frondosa KOENIG EX ROXB., 1792

Malabarischer Lackbaum   Familie: Fabaceae

engl.:   Flame of the forest
ind.:   Palas, Dhak

Abb. 1: Junger, blühender Einzelbaum

Butea monosperma, ein eher kleiner und meist krumm-schäftiger Baum vorwiegend trockener Standorte des indischen Subkontinents, ist berühmt wegen seiner überwältigenden Fülle prächtiger, orangeroter Schmetterlingsblüten, die als Vorboten des Frühlings gelten. Wirtschaftlich genutzt wird die von der Lackschildlaus *Kerria lacca* auf der Oberfläche junger Triebe ausgeschiedene Grundsubstanz für Schellack, wozu die Bäume zweimal im Jahr intensiv beschnitten werden.

Wegen ihrer ausgeprägten Standortstoleranz und Dürrehärte besiedelt die Art Extremstandorte, auf die ihr kaum andere Baumarten folgen können.

In der indischen Mythologie ist *B. monosperma* tief verwurzelt; bei den Hindus gilt sie als heiliger Baum.

Mit dem Gattungsnamen wird John Stuart, Earl of Bute [4], für die Förderung botanischer Studien geehrt.

Verbreitung

Butea monosperma ist in den Ebenen Indiens, Burmas und Sri Lankas heimisch und kommt dort als Element des Graslandes, von Buschwäldern und des offenen, schwach bewaldeten Geländes vor. In den Vorbergen des Himalaya trifft man die Art bis in Höhenlagen um 1200 m ü. NN, in West- und Südindien bis 1100 m Höhe an.

Beschreibung

Der bestenfalls mittelgroße Baum wird normalerweise 6 bis 12 m hoch und erreicht auf nährstoffreichen Böden Stammdurchmesser (BHD) von höchstens 60 cm. Auf ärmeren, trockenen Felsstandorten bleibt der Stamm kurz und krumm, die Äste setzen tief an und sind sehr unregelmäßig geformt. Auf den ärmsten Böden wächst die Art fast strauchartig [1, 5, 19].

Die aschgraue bis braune, manchmal auch schwärzliche **Borke** ist rissig, 1 bis 1,5 cm dick und löst sich in unregelmäßigen Teilen vom Stamm. Tiefere Rindenschichten haben eine weißliche oder rosa Farbe und sind rot geadert; der jüngste Bereich des Phloems enthält einen roten, klebrigen Saft.

Junge Triebe werden von einem dichten Haarfilz bedeckt [19].

Die relativ großen, unpaarig gefiederten **Blätter** sind langgestielt (10 bis 23 cm) und haben drei ledrige, breit obovate, ganzrandige Fiederblättchen mit keilförmiger Basis. Diese sind zu Beginn unterseits dicht seidig behaart und haben eine verkahlende Oberseite. Das breit eiförmige und gestielte terminale Fiederblättchen mißt von der Spreitenbasis bis zum Apex 13 bis 20 cm und in der Breite 11 bis 18 cm.

Die Seitenfiedern sind kleiner (10 bis 15 cm x 8 bis 10 cm), haben eine schief abgerundete Basis, einen mehr oder weniger deutlich zugespitzten Apex und sind 1 bis 2 cm lang gestielt.

Abb. 2: Stammborke mit austretendem Saft („Benghal Kino") (Foto: J. P. Singhal)

Abb. 3: Fiederblatt (Foto: P. Schütt)

Die Blattadern treten unterseits deutlich hervor und an den Blattstielen fallen die relativ großen Gelenkpolster (Pulvini) auf. Die pfriemlichen Nebenblätter fallen bald ab [5]. Die jungen, zartgrünen Blätter erscheinen im April oder Anfang Mai. Der Blattfall setzt mit Beginn der kalten Jahreszeit (November/Dezember) ein. Etwa bis Ende Januar sind viele Bäume kahl, wobei der Einzelbaum kaum länger als 5 bis 11 Tage völlig entblättert ist, einige Exemplare auch die Blätter an den unteren Ästen halten.

Die außerordentlich attraktiven, orangeroten, nektarreichen Schmetterlingsblüten stehen zu dritt an einem samtig behaarten, dunkel olivgrünen Stiel. Sie sind in großer Zahl in relativ starren, rispigen, ca. 15 cm langen Blütenständen zusammengefaßt. Jede **Blüte** ist 2 bis 3 cm lang gestielt. Der etwa halb so lange, ungleichmäßig krugförmige Kelch ist außen samtig und innen seidig behaart. Die tiefdunklen Farbtöne der Stiele und der Kelche kontrastieren stark mit dem flammenden Orangerot der Kronblätter. Außen und unterseits haben die Petalen einen lachs- bis rosafarbenen Ton. Die Corolla besteht aus einer 2,5 cm breiten Fahne, etwas kleineren, wie ein Papageienschnabel geformten Flügeln und einem Schiffchen, das Stamina und Pistill umgibt. Die weißen bis gelblichen Staubblätter sind etwa so lang wie die Petalen, stehen in zwei Kreisen ([9]+1) und tragen bräunliche Antheren. Der flache, aus nur einem Carpell entstandene Stempel hat einen langen Griffel und wird von den Filamenten umgeben [5].

Die Blüte beginnt mit dem Erscheinen schwärzlicher Blütenknospen an kahlen Ästen und dauert vom Januar/Februar bis zum Einsetzen hoher Temperaturen im März/April. In dieser Zeit bedeckt eine überwältigende Menge leuchtend orangeroter Blüten die gesamte Krone, so daß Lackbäume den einzigen Blickfang in der sonst recht kahlen Landschaft darstellen („Flame of the forest"). Gleich nach der Blüte entwickeln sich die jungen, grünen **Früchte** so rasch und in so großen Mengen, daß man meint, die Krone sei von neuen Blättern bedeckt. Die Reifezeit der Früchte fällt in den Mai/Juni.

Die gestielten, 15 bis 20 cm langen und 3,5 cm breiten Hülsen sind anfangs samtig behaart, bei Reife (Mai/Juni) aber verholzt und von blaß gelbbrauner Farbe. Nach dem Reifen fallen sie rasch zu Boden. An ihrem verbreiterten Ende enthält jede Frucht nur einen runden bis ovalen, aber flachen Samen, 2 bis 3 cm im Durchmesser, glänzend, ölig und von bitterem Geschmack [5].

B. monosperma entwickelt eine tiefreichende Pfahlwurzel, die sich intensiv lateral verzweigt und selbst in felsige Substrate eindringt. Die Wurzelrinde ist außen grau, weiter innen rot, ganz innen weiß, faserig und nach Luftzutritt rötlich. Frische **Wurzeln** strömen einen deutlichen Geruch aus, schmecken anfangs süß, später bitter, adstringierend und schleimig [10].

Das eher weiche, zerstreutporige **Holz** des Lackbaumes (Handelsname: Dhak) ist gleich nach dem Einschlag cremig weiß, später blaß gelbbraun, geradfaserig, aber von grober Struktur. Zuwachsringe sind nur undeutlich ausgebildet, und die Rohdichte (r_{12}) beträgt 0,545 g/cm³. Das Holz läßt sich gleich gut per Hand und mit Maschinen bearbeiten.

Abb. 4: Teil einer Krone in voller Blüte (Foto: B. D. Bhawe)

Abb. 5: Teilblütenstand (Foto: D. Kehimkar)

Abb. 6: Unreife Früchte am Baum

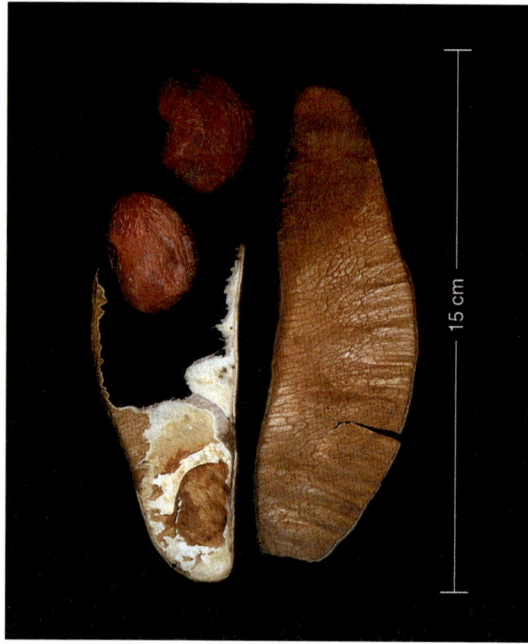

Abb. 7: Reife Frucht und reife Samen
(Foto: Ulla M. Lang)

Ökologie

Im natürlichen Verbreitungsgebiet liegen die Maximaltemperaturen zwischen 35 °C und 47,5 °C, die Minima zwischen 2,5 °C und 17,5 °C. Die mittlere tägliche Höchsttemperatur wird für den wärmsten Monat (Mai) mit 30 bis 42,5 °C, für den kältesten Monat (Januar) mit 17,5 bis 32,5 °C angegeben.

Als optimal gelten für die weitgehend dürreharte Art Jahresniederschläge von 750 bis 1500 mm. In den trockenen Regionen Westindiens liegen die entsprechenden Werte bei 500 bis 750 mm, in den Feuchtgebieten Ostindiens bei 1900 bis 3800 mm.

In der Jugend ist *B. monosperma* empfindlich gegen strenge Fröste; mit steigendem Alter nimmt die Frosthärte aber zu.

Besonders hervorzuheben ist die Dürrehärte der Art und ihre Anspruchslosigkeit in der Standortswahl. Sie überlebt sowohl auf staunassen „black cotton"-Böden wie auf stark salzhaltigen Standorten. Ihr Vorkommen ist gesellig. Oft stellt sie sich in aufgelassenen Kulturen ein, und sie wächst sowohl in tropischen Trocken- und Feuchtwäldern wie in den indischen Dornsteppen.

Je nach dem Klima und dem Standort des jeweiligen Vorkommens tritt *B. monosperma* in Mischung mit ganz verschiedenen Baumarten auf:

In tropischen Feuchtwäldern insbesondere mit *Shorea robusta*, *Anogeissus latifolia*, *Terminalia alata*, *Mallotus philippensis* und *Pterocarpus marsupium*.

In tropischen Trockenwäldern unter anderen mit *Tectona grandis*, *Boswellia serrata*, *Diospyros tomentosa*, *Acacia nilotica* und *Phoenix sylvestris*.

In den tropischen Dornwäldern Nord-Indiens mit *Acacia senegal*, *A. leucophloea* und *Prosopis cineraria*.

Obwohl zu den Lichtbaumarten zählend und zumeist im offenen Gelände wachsend, verträgt der Lackbaum halbschattige Lagen.

Anzucht und Entwicklung

B. monosperma läßt sich leicht durch Samen und durch Wurzelbrut vermehren, und Naturverjüngung ist im gesamten Areal reichlich vorhanden. Weil die Art weder von Rindern noch von Ziegen verbissen wird, überlebt sie selbst auf stark beweideten Flächen und baut dort Reinbestände auf.

Die Samen werden nicht aus der Hülse entlassen, bleiben bei trockener Lagerung ein Jahr lang keimfähig und sollten noch vor Beginn der Regenzeit gesammelt werden. Ca. 635 Früchte oder 900 bis 1500 Samen wiegen 1 kg (Tausendkorngewicht = 0,66 bis 1,1 g). Die Keimrate schwankt zwischen 52 und 100 % [19].

Die hypogäische Keimung beginnt innerhalb der an der Spitze aufbrechenden Frucht. An den Keimlingen fällt die sehr dicke, fleischige, zunächst hellgelbe, später braun behaarte Primärwurzel auf. Die Sämlinge entwickeln eine Pfahlwurzel, die nach 3 Monaten eine Länge von 60 cm erreichen kann [19]. Vor den dreizählig gefiederten Folgeblättern erscheinen einfache Primärblätter.

Besonders kennzeichnend für *B. monosperma*-Sämlinge ist das sogenannte „dying-back"-Phänomen. Mehrfaches Absterben des Sprosses durch Dürre und Frost ist mit einer knollenförmigen Anschwellung der Wurzel dicht unter der Bodenoberfläche verbunden. Es entwickelt sich ein sehr kräftiges Wurzelsystem, und aus der Schwellung erfolgt immer wieder ein neuer Austrieb.

Künstlich vermehrt man *B. monosperma* nur, um sie als Wirtspflanze für *Kerria lacca*, die Lackschildlaus, zu nutzen. Das geschieht entweder durch Direktsaat oder durch Verpflanzen auf den Stock gesetzter, einjähriger Sämlinge (2 bis 2,5 cm Durchmesser). Praktischer und billiger ist die Saat (Reihenabstand im Saatbeet 15 cm, Samenabstand 7,5 cm), die i. a. im Mai erfolgt. Die Keimung setzt schon in der 1. Woche ein, und das Auspflanzen der Sämlinge erfolgt bereits in der ersten Regenzeit (Juni/Juli).

Bewirtschaftung

Butea monosperma unterliegt keiner planmäßigen forstlichen Bewirtschaftung. Alle Kulturmaßnahmen dienen der Anzucht der Lackschildlaus. Dazu werden plantagenähnliche Bestände mit geeigneten Klonen (u. a. 'Kareya', 'Rangini') begründet, in denen Bäume ab 15 bis 20 cm BHD 15 bis 20 Jahre lang zweimal jährlich zurückgeschnitten werden, um die mit Lack bedeckten jungen Triebe zu gewinnen und gleichzeitig den Neuaustrieb anzuregen. Äste über 4 cm Durchmesser bleiben i. a. erhalten. Der Rückschnitt im Februar fördert die Ernte im Juni/Juli, jener zu Anfang April die Ernte im Oktober/November [19].

Für eine nachhaltige Lackproduktion wurden Bewirtschaftungsformen entwickelt, welche die Abfolge von Rückschnitt, Lausbesatz und Beerntung in Umtrieben festlegen [9].

Von den beiden durch die Borkenfarbe unterschiedenen, taxonomisch irrelevanten Formen 'Charka' (graue Borke) und 'Kareya' (dunkle Borke) wird letztere von den Läusen besser angenommen [19].

Nutzung

Weit an der Spitze aller Nutzungen steht die Gewinnung der Lackabsonderungen an den jungen Trieben kultivierter Bäume. Der Rohlack ist ein traditioneller Exportartikel Indiens. Nach der Ernte der Triebe wird der sogenannte Stocklack mechanisch abgelöst, zerkleinert, gewaschen, geschmolzen und als Roh-Schellack weiterverarbeitet.

Ausführliche Beschreibungen des Verfahrens bei SCHWEPPE [18]. Endprodukte sind u. a. Firnisse, Dichtungen, Möbellacke, früher auch Schallplatten.

Das leicht zu trocknende, aber stark schwindende Holz sollte wegen rascher Verfärbung sogleich nach dem Fällen verarbeitet werden. Der Witterung ausgesetzt oder in Bodenkontakt verbaut, beträgt die Dauerhaftigkeit des Holzes nur 5 Monate, unter Wasser jedoch weit mehr. Holzschutzmittel nimmt es gut auf [15]. Als Nutzholz eignet es sich bestenfalls für billige Brettware, für Brunnenschächte, für Schöpfräder, außerdem als Brennholz (4925 cal.).

Es liefert andererseits eine zur Schießpulverherstellung geeignete Holzkohle guter Qualität (6,4 % Wasser, 6,5 % Asche, 62,2 % Kohlenstoff, 31,3 % flüchtige Komponenten).

Aus Rindenverletzungen tritt eine Flüssigkeit aus, die zu einer glasartigen, rubinroten, als Butea- oder Bengalisches Kino („Bengal Kino") bekannten Substanz verhärtet. Sie dient oft als Ersatz für das von *Pterocarpus marsupium* ROXB. stammende Malabarkino und wird normalerweise in heißem Wasser aufgefangen. Verwendung findet sie als Färbemittel für Wolle, Leder, Portwein und Burgunder [18]. Außerdem nutzt man sie in der Volksmedizin als Adstringentium und als Mittel gegen mehrere Formen chronischer Verstopfung [1, 2].

Butea-Blätter verwendet man nicht selten als Futter für Wasserbüffel und Elefanten. Oft stellt man auch Gefäße, wie Tassen oder Schüsseln daraus her; in einigen Teilen Indiens verwendet man sie als „Zigarettenpapier".

Einen wenig dauerhaften, hellgelben Farbstoff kann man aus einem Dekokt trockener Blüten gewinnen [11]. Die Blüten enthalten mehrere Flavanon-Farbstoffe, Chalkone und Aurone, welche in Indien zur Färbung von Baumwolle in ein leuchtendes Gelb genutzt wurden [18].

Aus der Wurzelrinde lassen sich braune Fasern zur Herstellung relativ grober Seile und zum Abdichten von Booten gewinnen.

Fast alle Teile des Baumes verwendete man volksmedizinisch gegen unterschiedliche Leiden [1, 6]. Unter anderem wird den zermahlenen Samen helminthizide Wirkung zugesprochen.

Verschiedenes

– *B. monosperma* leidet kaum unter pilzlichen Krankheitserregern, wird nicht verbissen und übersteht Dürreperioden, temporären Wasserstau und toleriert salzreiche Böden. Blattfressende, saugende und holzbohrende Insekten kommen zwar vor, richten aber nur geringen Schaden an [19]. Gravierender sind die Verluste im Jungwuchs, ausgelöst durch Ratten, Schweine und Stachelschweine, welche die dicken, fleischigen Sämlingswurzeln fressen.

– Die Lackschildlaus *Kerria lacca* KERR. (syn. *Laccifera lacca* KERR.) ist auf bestimmte Wirtspflanzen, u. a. *B. monosperma*, angewiesen, an denen die befruchteten Weibchen die Rinde junger Triebe anstechen und erhebliche Mengen Phloemsaft aufnehmen. Das von ihnen ausgeschiedene Sekret erstarrt und bildet Krusten auf der Zweigoberfläche, in welche die toten, stark angeschwollenen Läuse letztlich eingeschlossen werden. Einige Wochen später erfolgt das Ausschwärmen der Jungläuse [18].

– In der alten indischen Literatur wird *B. monosperma* stets in Verbindung mit Freude und Liebe erwähnt. Bei den Hindus findet sein Holz Verwendung zum Speisen des heiligen Feuers, und in buddhistischen Schriften vergleicht man am Boden liegende *Butea*-Blüten mit knienden, safranfarbene Roben tragenden, den Herrn anbetenden Mönchen.

Weiterführende Literatur

[1] ANONYMUS, 1948: Wealth of India – Raw materials. C. S. I. R. N. Delhi. Vol. 1. p. 251-2. Vol. II, Revised ed. 1988, 340-346.

[2] BIRDWOOD, G. T., 1936: Practical Bazar Medicines.

[3] CELUARD, 1891: J. Bom. Nat. Soc. **26**, 305-306.

[4] CHIBBER, H. M, 1916: Natural orders and genera of Bombay Plants. J. Bom. Nat. His. Soc. **24**, 275.

[5] COOKE, T., 1958: The Flora of Bombay Presidency (reprint ed.). Botanical survey of India, Calcutta, Vol. 1, 395-396.

[6] DYMOCK, W.; WARDEN, C. J. H.; HOOPER, D., 1890-99: Pharmacographia India. Vol. 1, 454.

[7] GAMBLE, J. S., 1922: A Manual of Indian Timbers. 2nd reprint Ed. Sampson, Low, Masslon & Co. 243-244.

[8] GARG, R. K.; RANAWAT, M. P. S.; VYAS, L. N., 1972: Studies on the production relations of deciduous forests and semiarid zone of Rajasthan, India – Plant Biomass and net production of Butea monosperma (LANK.) Taub. Forwiss. Cbl. **91**, 357-364.

[9] GLOVER, P. M., 1937: Lac cultivation in India. 75 pp.

[10] INDRAJI, J., 1910: 'Vanaspati Shastra' (Gujarati). Gujarati Press, Bombay. 256.

[11] KRISHNA, S.; Ramaswamy, 1932: India For. Bull. N. S. Chem. **79**, 13.

[12] MITRA, K.; DATTA, N., 1967: IOPB Chromosome number reports. No. XIII. Taxon **16**, 445-461.

[13] MURTI; SESHADRI, 1940: Proc. Ind. Acad. Sciences, B'lore. Vol. 12 A. 477.

[14] OMMANNEY, H. T., 1891: J. Bom. Nat. Soc., Vol. 6, 107.

[15] PEARSON, R. S.; BROWN, H. B., 1932: Commercial Timbers of India, Vol. 1., 359.

[16] SAGREIYA, M., 1939: Indian Forester, **65**, 506.

[17] SANJAPPA, M.; BHATT, R. P., 1976: IOPB Chromosome numbers reports No. LVI. Taxon **26**, 257-274.

[18] SCHWEPPE, H., 1992: Handbuch der Naturfarbstoffe. ecomed Verlagsgesellschaft, Landsberg.

[19] TROUP, R. S., 1921: The Silviculture of Indian Tress. Clarendon Press Oxford, Vol. 1. 257-264 (revised ed.). Vol. IV, 240-252.

[20] TULZAPURKAR, V. B., 1995: Hornbill, Vol. 2, 426. Bom. Nat. Hist. Soc., Bombay.

Der Autor:

Prof. P. V. BOLE
A-15-58, Siddarth Nagar 2
Goregaon West
Bombay-400 062
Indien

Aus dem Englischen übertragen von P. Schütt

Calophyllum inophyllum LINNÉ, 1753

Punnaga   Familie: Clusiaceae

engl.:   Alexandrian laurel, Beauty leaf

Hawaii: Kamani
Indien: Punnaga

Abb. 1: Calophyllum inophyllum. Adulter Einzelbaum auf Bali (Indonesien)

Trotz seines langsamen Wachstums, der tief ansetzenden Krone und der meist krummen Stämme ist *Calophyllum inophyllum* in seiner Heimat, den Küstenbereichen des Indischen Ozeans und des westlichen Pazifiks eine geschätzte, als immergrüner Park- und Straßenbaum häufig kultivierte Art.

Die Gründe dafür liegen in der schattenspendenden Wirkung der glänzend dunkelgrünen, ledrigen, dicht geaderten Blätter, in seiner Unempfindlichkeit gegen Salzwassergischt und permanente Seewinde und in der volksmedizinischen Bedeutung. Fast alle Pflanzenteile werden als Heilmittel genutzt. Die Samen sind giftverdächtig.

In vielen Teilen Polynesiens wird *C. inophyllum* als heiliger Baum verehrt und in der Nähe von Tempeln angepflanzt.

Der Gattungsname *Calophyllum* und das Epitheton *inophyllum* leiten sich aus dem Griechischen ab und bedeuten „schönes Blatt" bzw. „Blatt mit auffälliger Aderung".

Abb. 3: Infloreszenz mit offenen und geschlossenen Blüten. Frucht

Verbreitung

C. inophyllum ist in den Tropen der Alten Welt zu Hause, und zwar bewohnt er die Küsten des Indischen und des westlichen Pazifischen Ozeans. TROUP [1] spricht von einem littoralen Baum der Tropen und zählt u. a. Indien incl. Andamanen, Ceylon, Burma, Madagaskar, die Nordküste Australiens, Java und die Philippinen zu seinem Areal. Häufig ist er auch auf Neu-Guinea vertreten [5]. Darüber hinaus wird die Art in weiteren Ländern der Tropen angebaut. Stets konzentriert sich ihr Vorkommen aber auf die unmittelbare Küstennähe.

Abb. 2: Borke eines alten Stammes. Laubblätter

Beschreibung

Von dem dominierenden Bild eines kleinen (4 bis 10 m nach [9]), krummen und starkastigen [6] Baumes weichen einige Beschreibungen deutlich ab. So nennen COWEN [3] und LAMB [6] Höhen von 21 bzw. 19 m und TROUP [1] berichtet von 15 m langen, geraden und astfreien Schäften auf den Andamanen. Dennoch dürften die Bäume mit sehr tief ansetzenden und unregelmäßigen Kronen bei weitem überwiegen.

Als mittlere Stammdurchmesser (BHD) geben LITTLE et al. [7] 0,3 bis 0,5 m an. Auf Hawaii werden Maximalwerte von 1,2 bis 1,5 m [6], auf den Andamanen sogar von 2,15 m gemessen [1] .

Offensichtlich handelt es sich um eine Baumart, die hinsichtlich Form und Größe erheblichen regionalen Schwankungen unterliegt.

Alte Stämme haben eine rauhe, längsrissige **Borke** von hell- oder dunkelgrauer, manchmal auch brauner Farbe. Die inneren Rindenschichten sind rosa [7] und enthalten eine cremefarbene, milchsaftähnliche Flüssigkeit. Selbst die Zweige sind relativ derb. Sie haben anfangs eine schwach längsgestreifte, hellgrüne Rinde, die später braun wird.

Geprägt wird der Baum durch seine auffällige Beblätterung, insbesondere durch die glänzend dunkelgrüne Oberseite der ledrigen, relativ dicken, ovalen **Blätter.** Unterseits sind sie gelbgrün. Die Blätter sind dekussiert gegenständig angeordnet und 1,5 bis 2 cm lang gestielt. Ihre Länge schwankt zwischen 10 und 20 cm, die Breite zwischen 6 und 9 cm [7].

Besonders charakteristisch ist die Blattaderung. Von einer etwas erhabenen, gelblichen Mittelrippe gehen sehr viele gerade, streng parallel orientierte Adern zweiter Ordnung ab, die so schmal sind, daß man sie mit bloßem Auge nur schwer erkennt (nach STEVENS [8] 1 bis 2 Adern pro mm). Die mit einem leicht welligen Blattrand versehene Spreite ist an dem rundlichen Apex leicht eingekerbt; die Basis ist ebenfalls abgerundet.

C. inophyllum hat schmale, ca. 6 mm lange, zugespitzte, dunkelbraune **Knospen** ohne Tegmente.

Die Art blüht und fruchtet in verschiedenen Teilen ihres Areals und in verschiedenen Anbaugebieten zu unterschiedlichen Zeiten, oft auch zweimal (Mai/Juni + November in Indien) oder nahezu das ganze Jahr [1, 3, 4].

Die weißen, stark duftenden **Blüten** erinnern an Citrus-Blüten. Sie stehen zu viert bis fünft an kleinen, 5 bis 15 cm langen, axillären, traubigen Infloreszenzen, sind radiär aufgebaut, lang gestielt (4 cm) und haben einen Durchmesser von ca. 2,5 cm. Der Kelch besteht aus vier rundlichen, weißen, paarig angeordneten Sepalen (6 bis 10 mm lang), die Blütenkrone aus 4 bis 8 elliptischen bis länglichen, ausgebreiteten Petalen (13 bis 15 mm), sehr vielen (255 bis 355 nach [9]), ca. 8 mm langen Staubblättern mit orangefarbenen Antheren und weißen Filamenten sowie einem einfächerigen, runden, roten Ovar, einem gekrümmten Griffel und einer schildförmigen Narbe.

Männliche Blüten und Zwitterblüten befinden sich am selben Blütenstand [3]. Eine sehr detaillierte Blütenbeschreibung findet man bei STEVENS [9].

Die kugelrunden, langgestielten, zuerst hellgrünen, dann gelben oder braunen **Steinfrüchte** mit glattem Exokarp (Durchmesser ca. 2,5 cm) sind infolge einer Korkschicht im Endokarp schwimmfähig [6]. Sie stehen zu wenigen an Fruchtständen und enthalten nur einen runden, braunen Samen.

Das sehr schöne, in einen weißlichen (manchmal rosabräunlichen [5]) Splint und einen rotbraunen, etwas rötlich schimmernden Kern differenzierte **Holz** bildet keine echten Jahrringe aus. Es hat eine Rohdichte von 0,6 g/cm³ [7], nach anderen Quellen von 0,65 bis 0,8 g/cm³ [5] bzw. $r_{12} = 0,655$ g/cm³ [1]. Es ist anfällig gegen Termiten und marine Bohrmuscheln und bei Bodenkontakt wenig dauerhaft [5].

Die Gefäße sind zerstreutporig verteilt und enthalten rote Einlagerungen [5]. Holzstrahlen lassen sich mit bloßem Auge kaum erkennen [6].

Anzucht

Die schwimmfähigen Früchte werden am Meer durch das Wasser, im Lande durch Fledermäuse verbreitet, welche das fleischige Mesokarp verzehren [4].

In Indien findet die Samenernte im März statt. Das Tausendkorngewicht der Früchte beträgt etwa 7230 g, das der Steinkerne ca. 4720 g [1].

Das sehr harte Endokarp behindert die Keimung. Entfernt man es, erhöht sich die Keimrate von 63 auf 93 % und die Keimschnelligkeit von 57 auf 22 Tage[1]. Eine Lagerung des Saatgutes ist nicht möglich [1].

C. inophyllum keimt hypogäisch. Der Keimling entwickelt ein extrem kurzes Hypokotyl und ein etwa 4 cm langes Epikotyl. Der Sproß ist an der Basis mit vielen kleinen, länglichen, grünlich gelben Lenticellen besetzt [2].

Vermehrt wird über Samen, wobei sowohl Direktsaat möglich ist als auch die Verwendung wurzelnackter Pflanzen oder Ballenpflanzen. Stockausschläge sind normal.

---

[1] For. Abstr. **1**, 40, 1939

Abb. 4: Früchte unterschiedlicher Reifestadien mit grünem Exokarp und freigelegtem, braunem Meso- und Endokarp

Abb. 5: Naturverjüngung

Abb. 6: Extrem krummschaftiger Bestand unmittelbar an der Südküste von Big Island (Hawaii)

Ökologie

C. inophyllum ist eine Lichtbaumart, anfällig gegen Frost und Feuer, aber widerstandsfähig gegenüber Trockenheit und Salzwassergischt [1, 4]. Häufig ist sie den ungebrochenen Seewinden sowie der starken Reflektion der Einstrahlung durch den hellen Sand ausgesetzt.

Auf den natürlichen Standorten, direkt an der Küste, werden Maximaltemperaturen zwischen 37,5 und 47,5 °C und Minima von 7,5 bis 17,5 °C gemessen, wobei die Wirkung der Extreme allerdings durch die unmittelbare Nähe des Meeres gemildert wird. Im indischen Teil des Areals (südlich Bombay im Westen und südlich Orissa im Osten) liegen die Jahresniederschläge zwischen 750 und 5000 mm.

Die zumeist tiefgründigen, oberflächlich ausgetrockneten Böden haben in geringer Tiefe Grundwasseranschluß. Brackwassereinfluß kann bestehen. Auch Sanddünen werden besiedelt, in denen außer Ca (durch zahlreiche Muscheln) der Nährstoffgehalt gering ist [4].

Bisweilen ziehen sich die strandnahen Bestände entlang von Flußtälern landeinwärts [1]. In den littoralen Wäldern kommt *C. inophyllum* u. a. in Gesellschaft von *Manilkara littoralis*, *Casuarina equisetifolia*, *Terminalia catappa*, *Pongamia pinnata*, *Barringtonia asiatica* und *Erythrina variegata* vor. KADAMBI [4] nennt für die Andamanen weiterhin *Mimusops littoralis*, *Hibiscus tiliaceus*, *Morinda citrifolia* und *Thespesia populnea* als begleitende Baumarten.

Nutzung

C. inophyllum gehört nicht zu den wirtschaftlich wichtigen Baumarten. Dennoch pflanzt man sie im Küstenbereich tropischer Länder gern an, und zwar als anspruchsloser, schattenspendender, gegen Wind und Salzwassergischt unempfindlicher Park- und Straßenbaum. So u.a. in Indien, auf Puerto Rico, Hawaii und sogar in Taiwan.

Das Holz wird trotz der attraktiven, rotbraunen Färbung wenig genutzt; allenfalls als Sperrholz, für Eisenbahnschwellen, Masten, Schiffs- und Bootsteile [4].

Aus den Samen extrahiert man ein dunkelgrünes, viskoses Öl, das sich wegen des unangenehmen Geschmacks und Geruchs nicht für die menschliche Ernährung eignet. Es findet aber Verwendung bei der Seifenherstellung und dient als Lampenöl. Die Preßrückstände eignen sich als Dünger [1].

Einst wurde das Öl als „dilo-oil" auf den Fiji-Inseln, auf Hawaii, auch in Indien zur Körperpflege verwendet (Hautcreme, Haaröl). Noch größer ist die volksmedizinische Bedeutung. Äußerlich wendet man es gegen Rheumatismus und Gicht [4], gegen Geschwüre und Hautkrankheiten an. Außerdem soll es Krätze heilen. Intramuskulär appliziert, lindert es die Schmerzen bei Lepra [4].

Die Rinde enthält 11,9 % Gerbsäure [1], wirkt adstringierend, findet Anwendung bei inneren Blutungen und stellt überdies ein wirksames Abführmittel dar. Ergebnisse pharmakognostischer Studien über Früchte und Samen sowie über Inhaltsstoffe finden sich bei MEHROTRA und SHARMA [8].

Verschiedenes

– *C. inophyllum* wächst langsam [7]. In einer 8jährigen Pflanzung an der Küste des Golfs von Bengalen (Orissa), die 6 bis 7 Jahre lang gewässert worden war, hatten die Bäume nur eine Höhe von 1,2 bis 1,8 m [1] und sie gediehen allein unter dem Schirm von *Casuarina equisetifolia* [4].

– Auf den Seychellen wird in *C. inophyllum*-Plantagen Vanille kultiviert[2].

– Über Abgänge durch Pilzbefall berichten Arbeiten aus Chittagong, wo eine *Pestalotia*-Art in Baumschulen eine Blattkrankheit verursachte[3] sowie von Mauritius, wo der Pilz *Haptographium* spec. das Splintholz besiedelte und plötzliche Welkeffekte hervorrief[4].

– In Bangkok gehört *C. inophyllum* zu den wenigen Baumarten, die unter starker Immissionsbelastung keinen Rückgang des Höhenzuwachses erleiden[5].

– Preßrückstände aus der Gewinnung des Samenöls wirken im Boden toxisch auf Nematoden (*Meloidogyne incognita*). Die Giftwirkung der Exsudate nahm bis zum Ende der 3. Woche kontinuierlich zu und dann ab[6]. Die Wurzelrinde enthält Inhaltsstoffe mit antibiotischer Wirkung auf gram-negative Bakterien[7]. Blatt-Inhaltsstoffe sind giftig für Fische[8].

Weiterführende Literatur

[1] ANONYMUS, 1975: TROUP's 'The silviculture of Indian Trees', vol. 1, Delhi.

[2] BURGER Hzn., D., 1972: Seedlings of some tropical trees and shrubs mainly of South East Asia. Ctr. Agric. Publishing and Documentation, Wageningen.

[3] COWEN, D. V., 1984: Flowering trees and shrubs in India. Thacker and Co., Bombay.

[4] KADAMBI, K., 1957: The silviculture of Calophyllum inophyllum LINN. Indian Forester, 559 – 562.

[5] KEATING, W. G.; BOLZA, E., 1982: Characteristics, Properties and Uses of Timbers, vol. 1. South-east Asia, Northern Australia and the Pacific. Inkata Press, Melbourne, Sidney, London.

[6] LAMB, S. H., 1981: Native Trees and Shrubs of the Hawaiian Islands. Sunstone Press, Santa Fe, N. M.

[7] LITTLE, E. L., Jr.; SKOLMEN, R. G., 1989: Common Forest Trees of Hawaii. USDA For. Serv., Agriculture Handbook 679, Washington, D. C.

[8] MEHROTRA, S.; SHARMA, H. P., 1986: Pharmacognostic studies on fruit and seed of Calophyllum inophyllum LINN. J. Plant Anat. Morph. 3, 99 – 111.

[9] STEVENS, P. F., 1976: The old world species of Calophyllum (Guttiferae), 1. The Mascarense Species. J. Arnold Arb. 57, 167 – 184.

Die Autoren:

Prof. em. Dr. PETER SCHÜTT
Ludwig-Maximilians-Universität München
Lehrstuhl für Forstbotanik
Am Hochanger 13
D-85354 Freising

ULLA M. LANG
Schützenstraße 6
D-82383 Hohenpeißenberg

2) For. Abstr. 20, 4596, 1959
3) For. Abstr. 51, 5885, 1990
4) For. Abstr. 52, 42, 1991
5) For. Abstr. 45, 1137, 1984
6) For. Prod. Abstr. 50, 1111, 1989
7) For. Abstr. 33, 1804, 1972
8) For. Abstr. 30, 1616, 1969

Calotropis procera (Aɪᴛ.) R. Bʀ., 1811

Sodomapfel   Familie: Asclepiadaceae

engl.:   Giant milkweed, Sodom apple
span.:   Algodon de seda

Jamaica: French cotton
Puerto Rico: Bomba

Abb. 1: Calotropis procera. Adulte, ca. 5 m hohe Bäume auf Puerto Rico

Calotropis procera kommt als kleiner, bis 6 m hoher Baum, häufiger als aufrechter Strauch auf vielen ariden und semiariden Standorten Afrikas und Asiens natürlich vor – zumeist einzeln oder in kleinen Gruppen.

Wegen der auffälligen, das ganze Jahr über erscheinenden weißlichen Blüten und der attraktiven Blätter, aber auch wegen ihrer Unempfindlichkeit gegen Dürre und Salzwassergischt baute man die Art in subtropischen Regionen der Neuen Welt als Ziergehölz an. Von dort aus verwilderte sie oft.

C. procera ist frostempfindlich, führt Milchsaft in allen Pflanzenteilen und kann – je nach Klima – immergrün, halb-immergrün oder laubabwerfend sein. Sie hat nur geringe wirtschaftliche Bedeutung. Interesse könnte jedoch die nematizide Wirkung einiger Inhaltsstoffe gewinnen.

Verbreitung

C. procera ist eine Art der tropischen und subtropischen Wüsten, Halbwüsten und Savannen. Die Nordgrenze ihrer Verbreitung verläuft vom Nahen Osten (u.a. Halbinsel Sinai, Oasen an der Küste des Toten Meeres, Gebiete um Jericho), wo sie relativ häufig auftritt [3] bis nach Nordafrika. Nach Süden erstreckt sich das Areal über den Sudan, Arabien und das östliche Sahara-Gebiet, weiter über Persien, Afghanistan und das nördliche Indien (u.a. im Punjab) bis nach Burma [1, 3].

Die Höhenverbreitung reicht von 350 m unter NN am Toten Meer bis 1800 m ü. NN in der Sahara [3]. Nach Einführung und Verselbständigung ist die Art heute auch an den Leeseiten mehrerer Westindischer Inseln (z.B. Bahamas, Puerto Rico, Virgin Islands), darüber hinaus auf dem amerikanischen Festland (Mexiko bis Brasilien) und sogar in Australien [6] anzutreffen – stets aber in Trockengebieten [5].

Beschreibung

C. procera wird zumeist als großer Strauch beschrieben, der aber gelegentlich baumförmig wächst und dann 3 bis 6 m Höhe und einen Durchmesser (BHD) von 7,5 bis 25 cm erreicht [3, 5, 6]. Oft setzen die wenigen, starken und relativ weit ausladenden Äste so tief an, daß man nicht von einer klar abgegrenzten Krone sprechen kann [5].

Die dicke und tief gefurchte, weißliche bis karamelfarbene Borke ist reich an parenchymatischem Gewebe [3]. Die ebenfalls weißliche sekundäre Rinde (Bast) führt reichlich Milchsaft [5].

Über das Wurzelsystem liegen nur wenige Informationen vor. In Indien soll die Art eine Pfahlwurzel ausbilden sowie ein Wurzel-Sproß-Verhältnis von 2:1 auf schweren

und von 3:1 auf leichten Böden aufweisen. Angaben zur Mykorrhizierung fehlen [3].

C. procera behält die **Blätter** etwa ein Jahr lang am Baum. Je nach den Klimabedingungen am Standort erfolgt der Neuaustrieb vor, während oder nach dem Blattfall. Dementsprechend wird die Art teils als immergrün, als semi-immergrün (Israel) oder als laubabwerfend (Somalia) bezeichnet. Anderen Beobachtungen zufolge können sommer- und wintergrüne Individuen unmittelbar nebeneinander wachsen, was vermutlich auf Unterschiede im Wassergehalt des Bodens zurückgeht [3].

Die gegenständig angeordneten Laubblätter fallen durch ihre Größe, die leichte Sukkulenz und die anfangs dichte, weiße Behaarung auf. In Asien wachsende Pflanzen haben i.a. kleinere Blätter als afrikanische:

– Asien [6] Spreitenlänge 9 bis 15 cm (max. 20 cm)
        Breite 5,5 bis 10 cm (max. 15 cm)
– Afrika [3] Spreitenlänge bis 30 cm
        Breite bis 22 cm

Die Blattform wird teils als elliptisch bis fast rund [5], teils als länglich bis breit obovat [6] beschrieben. Am Grunde läuft die Spreite schmal herzförmig, manchmal sogar ein wenig stengelumfassend aus [5]. Der zunächst stumpfe Apex geht abrupt in eine kleine Spitze über. Spaltöffnungen befinden sich auf beiden Seiten der ganzrandigen Blätter [3].

Auffallend ist die relativ breite, hellgelbe Mittelrippe. Ebenfalls gelb sind der extrem kurze Blattstiel und die Seitennerven 1. Ordnung. Oberseits ist die Farbe der etwas fleischigen *C. procera*-Blätter blaß gelbgrün, unterseits infolge der dichten Behaarung weißlich grün. Eine weiß-filzige Behaarung ist auch an jungen Trieben und an den frisch ausgetriebenen Blattorganen zu beobachten [3, 6].

In geringem Umfang blüht und fruchtet *C. procera* das ganze Jahr hindurch. Im Nahen Osten setzt die Hauptblütezeit nach dem Laubaustrieb im März bis Mai ein und dauert bis in den Spätherbst (Okt./Nov.) [3].

An den Triebspitzen werden (teils lateral, teil terminal) drei- bis zehnblütige doldenartige Infloreszenzen (Cymen) gebildet, deren kräftige, 6 bis 8 cm langen Stiele mit wenigen eiförmigen bis länglichen Brakteen besetzt sind [6]. Die weißlichen, mit deutlichen violetten, purpurroten oder blauen Flecken versehenen **Zwitterblüten** haben einen Durchmesser von 1,9 bis 2,5 cm und sind 1 bis 2 cm lang gestielt [3]. Eine breite glockenförmige Kronröhre setzt sich in fünf ca. 1 cm langen, abstehenden und ein wenig fleischigen Kronzipfeln fort. Fünfzählig ist auch der innen drüsig behaarte Kelch. Dessen weißlich grüne, zugespitzte und mit einem rötlichen Punkt versehene Sepalen werden 5 bis 6 mm lang und 3 bis 4 mm breit [6]. Alternierend zu jedem der fünf Kronzipfel steht 1 Staubblatt, welches der Kronröhre nahe dem Grunde anhaftet. Jede Anthere enthält 2 flache, gelbe Pollinien [5]. Nach RAHMAN [6] gehören zu jeder Blüte hingegen fünf hängende Pollinarien, welche bei afrikanischen Pflanzen kleiner sind als bei asiatischen.

Abb. 2: Stammborke (links), junger Trieb mit anfangs grüner, später brauner Rinde (Mitte), reife, geöffnete Balgfrucht und dachziegelartig angeordneten Samen mit weißem Haarschopf (rechts)

Die Staubblätter verwachsen mit den Fruchtblättern zu einem Gynostegium.

Außerdem sind vorhanden: ein Stempel mit 2 gelblichen Fruchtknoten sowie 2 schlanke Griffel mit flachen, breiten Narben.

Die Bestäubung erfolgt durch Hymenopteren.

Innerhalb weniger Monate entstehen aus den befruchteten Blüten relativ große, rundliche bis schief eiförmige, auffällige **Balgfrüchte** (Länge 7,5 bis 11 cm; Durchmesser 5 bis 6 cm) mit einem dicken, schwammig erweiterten Perikarp [3]. Bei Reife werden sie glänzend gelblich grün und springen an einer Seite auf [3, 5].

C. procera weist generell einen relativ starken Fruchtansatz auf und fruktifiziert in jedem Jahr. Im Nahen Osten beginnt die Zeit der Fruchtreife im August/September und dauert bis Februar/März [3]. In einer Frucht sind 170 bis 440 graubraune, flache, eiförmige Samen enthalten. Der Corpus ist etwa 7 mm lang, 5 mm breit und trägt an der Spitze einen 2 bis 3 cm langen Haarschopf, welcher der Windverbreitung dient. Das Tausendkorngewicht beträgt 11,9 g [3].

Nach der Samenentlassung schrumpft die Balgfrucht, verfärbt sich zunächst gelb, dann schwarz und verbleibt noch für mehrere Wochen am Zweig.

Abb. 3: Infloreszenz mit offenen und geschlossenen Blüten

Abb. 4: Unreife Balgfrüchte

In dem zerstreutporigen, weichen und leichten **Holz** sind Zuwachszonen nur schwer zu erkennen oder sie fehlen völlig. Das Holzparenchym ist diffus verteilt, die Gefäße stehen meist zu 2 bis 7 in radialen Reihen oder in Gruppen. Ihr radialer Durchmesser beträgt 30 bis 170 μm, der tangentiale Durchmesser maximal 250 μm. Die sehr kurzen Holzfasern haben dünne Wände, die relativ schmalen Holzstrahlen sind bis zu 3 Zellen breit und bis zu 25 Zelllagen hoch [2, 3].

Vermehrung

Bei Raumtemperaturen läßt sich *Calotropis*-Saatgut mehrere Monate aufbewahren, ohne die Keimkraft zu verlieren. Es benötigt keine Vorbehandlung, um Keimraten bis 85% im Labor oder bis 48% im Freiland zu erreichen.

Die Keimung erfolgt epigäisch, wobei die blaß gelblich grünen Kotyledonen gleich nach dem Erscheinen der Primärblätter schrumpfen. In der Baumschule sollten Saat- und Verschulbeete gegen Frost abgedeckt werden.

Ökologie

C. procera, eine Art des semiariden und ariden Klimas, kommt nur selten in dichten Reinbeständen vor. Im Regelfall ist sie in ebenem oder schwach geneigtem Gelände einzeln oder in kleinen Gruppen unregelmäßig verteilt [3].

KARSCHON [3] bezeichnet sie als Bewohner tropischer und subtropischer Wüsten, Halbwüsten und Savannen. Im Nahen Osten findet man sie in Regionen geringer bis sehr geringer Niederschläge, geringer Luftfeuchte, milder Winter, sehr hoher Sommertemperaturen, oft auch großer Temperaturdifferenzen.

In Jericho (31°51´n. Br.; 35°27´östl. L.) beträgt:
die mittl. Höchsttemp. des wärmsten Monats   38,8 °C
die mittl. Tiefsttemp. des kältesten Monats   9,8 °C
die mittlere Relative Luftfeuchte   49%
das Jahresmittel der Niederschläge   143 mm

Auf einigen Inseln der Karibik ist die Art aus Kultur verwildert und bewohnt nun Öd- und Weideland an den Küsten der trockenen Leeseiten (bis 200 m ü. NN) [5].

C. procera gilt zwar als dürrehart, bevorzugt aber Standorte mit fließendem Grundwasser in erreichbarer Tiefe. Steht genügend Bodenwasser zur Verfügung, spielen Nährstoffgehalt und Struktur des Bodens eine untergeordnete Rolle. Kalk- und Basalt-Verwitterungsböden kommen als Substrat ebenso vor wie Sand [3].

Insgesamt wird die Art als eine lichtbedürftige, nitrophile Ruderalpflanze bezeichnet, die neben Ödland und Weideflächen auch aufgelassene Äcker und verlassene Nomadenlager besiedelt [3].

Sämlinge in Kultur sind empfindlich gegen Kälte, selbst oberhalb des Gefrierpunktes. Ausgewachsene Exemplare frieren bei -2,5 °C zurück, treiben aber oft aus der Stammbasis wieder aus [3].

In Israel ist *C. procera* eine Komponente des *Zizyphus spina-christi/Balanites aegyptiaca*-Waldes, zu dem als weitere Baumarten u.a. *Abutilon muticum*, *Acacia reddiana*, *A. tortilis* und *Cassia obovata* zählen.

Abb. 5: Querschnitt einer unreifen Frucht mit schwammig erweitertem Perikarp, austretendem Milchsaft und Samen.

Nutzung

Eine unmittelbare wirtschaftliche Bedeutung hat *C. procera* weder in ihrem natürlichen Areal noch in den Neotropen, wo man sie als Ziergehölz anpflanzte und heute u.a. auf Weideflächen antrifft. Wie es heißt, sei die Art ungenießbar für Schafe und Rinder und verbreite sich deshalb sehr rasch [5]. Demgegenüber sollen in Israel Ziegen und Schafe Blüten und welke Blätter, aber keine frischen Blätter fressen [3]. Anderen Quellen zufolge nehmen Rinder sehr wohl die Blätter auf, nicht aber Kamele. Wieder andere Arbeiten betonen, daß selbst Ziegen nur die Früchte und Samen verzehren [3]. Nach Erfahrungen im Sudan wird Mischfütterung mit trockener Luzerne oder trockenem Gras gut vertragen. Schattengetrocknete Blätter enthalten der gleichen Quelle zufolge u.a. 19,6% Protein, 2,2% Öl, 5,1% Magnesium, 0,6% Phosphor und 0,02% Calcium.

Abb. 6: Sämling

Weitere Formen der Nutzung werden nur kurz angedeutet, so die Verwendung der Samenhaare als Kissenfüllung, die Verarbeitung der Phloemfasern zu Seilen, neuerdings auch zu Garn[1] sowie die Herstellung von Holzkohle u.a. für die Produktion von Schießpulver. Ohne Einzelheiten zu nennen, wird überdies die vielfältige volksmedizinische Nutzung des Latex erwähnt.

Verschiedenes

– Infolge der dicken Stammborke und des intensiven Austriebsvermögens ist *C. procera* nur wenig durch Bodenfeuer gefährdet [3].
– Mehrere Insektenarten schädigen durch Fraß an Blättern und Früchten. In Indien tritt *Colletotrichum dematium* als Blattparasit auf, läßt sich aber mit Fungiziden (u.a. Zineb, Manozeb) leicht bekämpfen.
– Die Behandlung mit Blattextrakten von *C. procera* setzte den Befall durch *Meloidogyne incognita*, einen wurzelpathogenen Fadenwurm, an Tomate und Gemü-

sepaprika erheblich herab. Ähnliche Wirkungen erzielte man durch Samenbehandlung mit *Calotropis*-Latex an anderen tropischen Kulturpflanzen. Auch zerkleinerte Blätter üben nematizide Wirkungen aus[2] und alkoholische Blütenextrakte hemmen die Entwicklung gram-negativer wie gram-positiver Bakterien[3].
Latex von *C. procera* hemmte in vitro sogar die Aktivität von Tabak-Moaik-Virus und reduzierte die Infektionsrate, wenn es vor der TMV-Suspension auf die Blattoberfläche appliziert wurde[4].
– Die dichte Behaarung und die körnige Cuticularwachs-Strukturen der Blattoberflächen von *Calotropis* verändern sich stark unter der Einwirkung von Kraftfahrzeug-Immissionen. Desweiteren verringert sich die Größe der Epidermiszellen [4].

[1] Agroforestry Abstr. **3**, 437, 1990
[2] For. Prod. Abstr. **15**, 827, 1992
[3] For. Prod. Abstr. **11**, 1987, 1988
[4] For. Abstr. **36**, 8174, 1975

Weiterführende Literatur

[1] BRANDIS, D., 1911: Indian Trees, Constable and Co, London.
[2] FAHN, A.; WERKER, E.; BAAS, P., 1986: Wood anatomy and identification of trees and shrubs from Israel and adjacent regions. Israel Acad. Sci., Humanities, Jerusalem.
[3] KARSCHON, R., 1970: Contributions to the arboreal flora of Israel: Calotropis procera (WILLD.) R. BR. La-Yaaran 20, 41–48.
[4] KULSHRESHTHA, K.; SRIVASTAVA, K.; AHMAD, K.J., 1994: Effect of automobile exhaust pollution on leaf surface structures of Calotropis procera L. and Nerium indicum L. Feddes Repertorium **105**, 185-189.
[5] LITTLE, E.L., Jr.; WOODBURY, R.O.; WADSWORTH, F.H., 1974: Trees of Puerto Rico and the Virgin Islands. 2. vol. USDA Forest Service, Agriculture Handbook 449, Washington, D.C.
[6] RAHMAN, M.A.; WILCOCK, C.C., 1991: A taxonomic revision of Calotropis (Asclepiadaceae). Nordic J. Bot. **11**, 301–308.

Die Autoren:

Prof. em. Dr. PETER SCHÜTT
Lehrstuhl für Forstbotanik
Ludwig-Maximilians-Universität München
Am Hochanger 13
D-85354 Freising

ULLA M. LANG
Schützenstraße 6
D-82383 Hohenpeißenberg

Carica papaya L., 1753

syn.: Euphoria nephelium DC., Dimocarpus crinita LOUR.

Melonenbaum, Papaya   Familie: Caricaceae

engl.: pawpaw
franz.: papaye, papayer

Abb. 1: Carica papaya. Fruchtender alter Baum mit einigen trockenen Blättern

Carica papaya, eine immergrüne Weltwirtschaftspflanze aus dem tropischen Amerika, wird wegen der wohlschmeckenden, süßen Beerenfrüchte häufig in Plantagen angebaut. Hier wird sie kaum älter als 7 Jahre, erreicht maximal Höhen von 10 m sowie Stammdurchmesser von 40 cm.

Kennzeichnend ist neben den stammbürtigen, bis zu 9 kg schweren Früchten besonders der glatte, grüne, zunächst krautige, mit großen Blattnarben besetzte und erst im Alter verholzende Stamm.

Papaya blüht und fruchtet während des ganzen Jahres und wird nur durch Samen vermehrt. Die Art ist raschwüchsig, und ihre Bewirtschaftung erfolgt vornehmlich in Plantagen. Die wenig dauerhaften Früchte eignen sich nicht für lange Transporte.

Lange bevor sie 1526 erstmals beschrieben wurde, war *C. papaya* in Panama und Kolumbien als Nahrungsmittel wohlbekannt [17].

In mitteleuropäischen Sammlungen ist Papaya nur unter Glas vertreten.

Verbreitung

Die Heimat von *C. papaya* liegt im tropischen Amerika. Grenzen und Schwerpunkte der natürlichen Verbreitung sind zwar nicht genau bekannt [12], es gilt aber als sicher, dass die Art vom Süden Mexikos bis in das nördliche Südamerika [17], speziell in mittleren und tieferen Höhenlagen Costa Ricas, autochthon ist [22].

Bereits in vorkolumbianischer Zeit wurde Papaya von den Indianern Mittelamerikas und Brasiliens angebaut. Spanische und portugiesische Seeleute brachten sie von dort aus in andere tropische Regionen [17], und gegen Ende des 18. Jahrhunderts gelangte sie nach Asien [4, 13]. Heute bestehen Papaya-Plantagen u.a. auf Hawaii [9], im Süden Floridas, auf den Bermudas und den Westindischen Inseln [12].

Beschreibung

Melonenbäume erreichen unter günstigen Bedingungen Maximalhöhen von 10 m [18], nach LITTLE [12] nur von 6 m, und Stammdurchmesser (BHD) von höchstens 40 cm; Durchschnittswerte liegen unter 20 cm. Sie werden selten älter als 6 bis 7 Jahre [7], haben einen glatten, kaum verzweigten, krautigen Stamm, der mit charakteristischen Blattnarben besetzt ist [13], erst im Alter verholzt und dann Sekundärstämme aus der Stammbasis bildet. Erst wenn man deren Kronen entfernt, verzweigt sich der Stamm von der Spitze her [18].

Zur ungehinderten Entwicklung benötigen die Bäume einen Standraum von etwa 3 m Durchmesser [18].

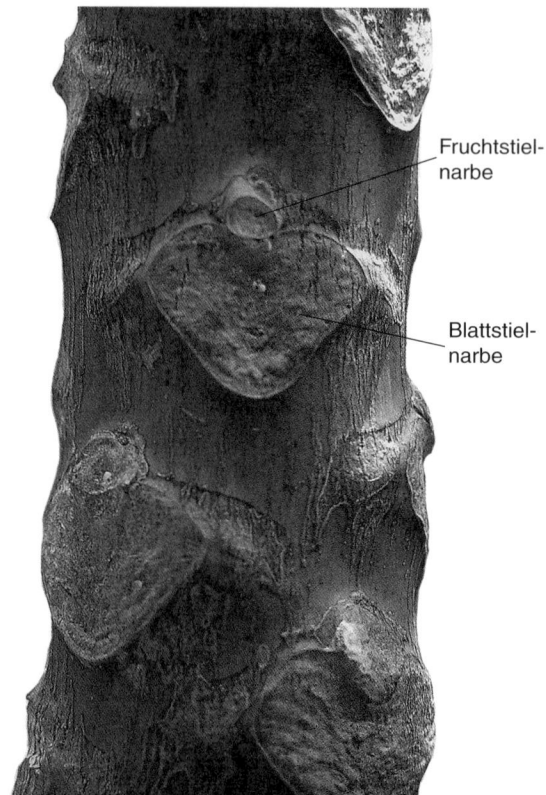

Fruchtstiel-narbe

Blattstiel-narbe

Abb. 2: Blatt- und Fruchtstielnarben an einem jungen Stamm

25 mm

Abb. 3: Samen mit eingetrocknetem Arillus

Blätter

Die immergrüne Art bildet wechselständige, sehr große, langgestielte Laubblätter, die in einem Schopf an der Spitze des Stammes stehen und nur 4 bis 6 Monate alt werden. Apikale Blätter sind aufwärts gerichtet, tiefer ansetzende zeigen nach unten [12].

Die im Umriss runde, handförmig gelappte Spreite misst in der Breite 20 bis 60 cm. Sie ist etwas verdickt, hat eine stumpfgrüne Ober-, eine blassgrüne, wenig bereifte Unterseite sowie kurz oder lang zugespitzte, ganzrandige Lappen [12]. Die auffälligen hellgelben, ebenfalls behaarten Blattadern treten unterseits deutlich hervor [22], und das Mesophyll enthält zahlreiche Ca-Oxalat-Kristalle [17].

Der auffallend lange, mit mehrzelligen Drüsenhaaren besetzte Blattstiel (40–60 cm) ist hohl und im Querschnitt herzförmig. Auf der Stammrinde hinterlässt er charakteristische Narben [4, 7, 13, 18].

Blüten, Früchte und Samen

Die weißen Papaya-Blüten sind zumeist trioezisch verteilt [7, 22], nach BÄRTELS [4] jedoch vorwiegend zwittrig aufgebaut. Es kommen aber auch Individuen vor, die sowohl ♂, wie ♀ und ⚥ Blüten tragen. Auch Bäume mit ausschließlich zwittrigen Blüten werden beschrieben [17]. Bei ihnen wird die Fertilität des Gynoeceums durch kühle Witterung gefördert, durch Wärme aber reduziert [22].

MORTON [18] zufolge bildet die Art Individuen mit (a) ausschließlich weiblichen, (b) ausschließlich männlichen, (c) männlichen und weiblichen, (d) jahrweise wechselnd ♂ oder ♀ sowie (e) ♂ Infloreszenzen, die an der Spitze kleine Zwitterblüten ausbilden, welche sich zu anomal kleinen Früchten entwickeln.

♂ und ⚥ Pflanzen können nach Entfernung der Krone zum weiblichen Geschlecht umschlagen.

Die Bestäubung erfolgt in der Morgendämmerung durch relativ große Fluginsekten (sog. „sphinx moths") und durch *Thrips*-Arten [13, 17, 22]. Auch Windbestäubung kommt vor, und isoliert wachsende weibliche Bäume setzen noch Früchte an, wenn der Pollenspender 800 m weit entfernt ist [22].

Die Art blüht und fruchtet während des ganzen Jahres. Männliche Blüten duften stark, sind lang gestielt und stehen zu vielen an herabhängenden, bis zu 1,8 m langen [18], gelbweißen Rispen, welche den Achseln von Laubblättern entspringen.

Die Einzelblüten haben einen kurzen (0,16 cm), fünfzähnigen Kelch und 5 gelblich weiße, am Grunde zu einer engen, 1,8 bis 3,1 cm langen Kronröhre zusammengewachsene Petalen. Bei weit ausgebreiteten Kronblättern beträgt der Blütendurchmesser 2,5 cm und mehr [12]. Dem apikalen Bereich der inneren Kronröhrenwand entspringen 5 lang- und 5 kurzgestielte, gelbe Staubblätter [17].

Vorhanden ist weiterhin ein schmales, ca. 9 mm langes, rudimentäres Pistill.

Anordnung und Position der weiblichen Blüten weichen deutlich davon ab. Diese stehen einzeln oder in kurzen, gabelig verzweigten Infloreszenzen (Dichasien) in den Blattachseln und können bis 6,2 cm lang werden. Der oberständige Fruchtknoten besteht aus 3 bis 5 Carpellen und enthält zahlreiche wandständige Samenanlagen [4, 7, 13].

Auch die weiblichen Blüten sind weißlich oder blassgelb gefärbt. Sie haben aber einen grünen, 4 bis 9 mm langen Kelch und 5 lanzettliche, etwa 5 mm lange, rasch abfallende Petalen. Der ebenfalls blassgelbe Stempel (Länge: 1,8–3,3 cm) besteht aus einem relativ großen, ungekammerten Ovar und 5 mehrlappigen Narben.

Perfekte Blüten werden selten gebildet.

Wenige Monate nach der Bestäubung werden die charakteristischen, etwa kopfgroßen, meist ei- bis birnenförmigen, länglichen Früchte reif. Es handelt sich um Beeren mit kurzem, kräftigem Stiel, deren Größe und Gewicht in weitem Rahmen schwanken. BÄRTELS [4] und LÖTSCHERT [13] nennen eine Variationsbreite von 500 bis 1000 g und Extremwerte von 10 kg bzw. 5 kg. MORTON [18] führt einen Schwankungsbereich von 15 bis 50 cm für die Länge und von 10 bis 20 cm für die Breite der Früchte sowie ein Höchstgewicht von 9 kg an. In Venezuela dominiert die längliche Form, und das Gewicht variiert zwischen 1 und 6 kg.

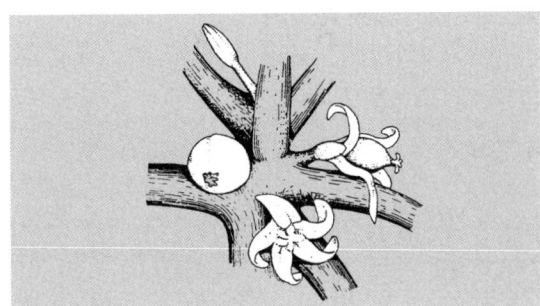

Abb. 4: Blüten, verändert nach [17]

Die stammbürtigen, einzeln hängenden Früchte findet man ausschließlich im Kronenraum. Mitunter wachsen sie an den schlanken Stämmen so dicht, dass sich Druckschäden ergeben [17]. Unreife Früchte haben ein grünes bis gelbgrünes Exokarp, sind von fester Konsistenz und enthalten das Verdauungsenzym Papain (= Protease). Mit zunehmender Reife werden sie gelb, das Fruchtfleisch wird weich und nimmt eine kräftig gelbe oder orangefarbene bis lachsrote Farbe an. Das reife, Milchsaft führende 2,5 bis 5 cm dicke Mesokarp ist sehr süß. Es enthält 82 % Wasser, 9 % Kohlenhydrate (vornehmlich Zucker), 0,6 % Eiweiß, außerdem Beta-Carotin und Vitamin C [13]. Fruchtsäuren fehlen [7].

Abb. 5: Laubblätter (links), unreife Früchte mit Latex-Spuren (Mitte) und Krone mit Früchten

Im zentralen Hohlraum der Frucht befinden sich zahlreiche, ca. 0,5 cm große, ovale Samen, die von einem gelatinösen Arillus umgeben sind, rasch keimen und bei trocken-kühlen Bedingungen 2 bis 3 Jahre keimfähig bleiben [17]. Sie schmecken wie Kresse, werden aber verworfen [7].

Das Tausendkorngewicht liegt bei 56,7 g (8000 Samen pro amer. Pfd.).

C. papaya-Bäume fruktifizieren 20 Jahre und länger [17]. In Äquatornähe tragen sie ganzjährig Früchte.

Rinde und Holz

C. papaya hat eine glatte, grüne bis hellgraue Stammborke, besetzt mit auffällig herzförmigen Blattnarben. Die innere, bitter schmeckende Rinde ist von grünlicher oder gelblicher Farbe [12] und besteht hauptsächlich aus Kollenchym [15].

Im Inneren des Stammes befindet sich anfangs ein umfangreiches, weißes Markgewebe, später ist das Zentrum hohl – ausgenommen die Nodien-Bereiche.

Das weiße oder blassgelbe Holz ist sehr weich und sehr leicht [12]. Angaben zur Holzphysik liegen nicht vor. RECORD/HESS [21] sprechen von einem keilförmigen, „wässerigen Xylem", welches aus weichem Holzparenchym und zahlreichen Gefäßen besteht.

Diese stehen meist zu 5 oder mehr in annähernd radialen Reihen, haben einen Durchmesser von ca. 200 μm und –

in Kontakt mit dem Holzparenchym – netzartig verstärkte Seitenwände mit großen, einfachen Tüpfeln. Intervasculäre Tüpfel sind fast rund. Holzfasern fehlen [15].

Anzucht, Wachstum und Ertrag

C. papaya ist eine kurzlebige, aber raschwüchsige, zumeist in Plantagen bewirtschaftete Art [12, 22]. Dort beginnt sie schon am Ende des 1. Jahres Früchte zu tragen [4].

Die Vermehrung erfolgt ausschließlich generativ, weil Pfropfung auf den nicht verholzten Sprossen fehlschlägt [17]. Das Saatgut gewinnt man von reifen Früchten. Es wird sogleich gewaschen, um den klebrigen Arillus zu entfernen und dann in Torftöpfen ausgesät.

In vollem Sonnenlicht erfolgt die Keimung in 10 bis 14 Tagen. Nach gründlicher Bodenbearbeitung verpflanzt man die ca. 15 cm hohen Sämlinge in 60 cm tiefe, mit Kompost gefüllte Löcher. Mulchen mit Stroh oder Laub, regelmäßige Düngung und Windschutz fördern die Entwicklung [17].

Die jährlichen Frucht-Erträge liegen bei 34 kg pro Pflanze, im Extrem bei 136 kg. In Großplantagen rechnet man mit 30 bis 50 t/ha/Jahr, hinzu kommen in 18 bis 24 Monaten ca. 150 kg Latex/ha [7, 13].

Hohe Erträge sind nur für 2 Jahre zu erwarten. Deswegen erneuert man die Pflanzen in den Plantagen alle 3 bis 4 Jahre [18].

In Indien liefern Papaya-Plantagen im 1. Jahr durch-
schnittlich 13,5 t Früchte pro Hektar, im 2. Jahr 8,3 t/ha.
Lassen sich Plantagenbäume nicht mehr vom Boden aus
beernten, werden sie entnommen [25].

Die Welt-Produktion von Papaya-Früchten belief sich
1998 auf insgesamt 4 801 000 t [3]. Davon entfielen auf

Chile	1 700 000 t
Nigeria	500 000 t
Mexiko	498 000 t
Kongo	205 000 t
Peru	165 000 t

Nach Anbau-Ergebnissen in Nigeria reduziert der Zwischenanbau von *Ipomoea batatas*, *Corchorus olitorius*
oder *Solanum gilo* die Papaya-Erträge beträchtlich [1].

Auf den Philippinen machte man mit der Kultursorte
„Smooth Cayenne" jedoch gegenteilige Erfahrungen. Hier
waren die Bäume in Mischung mit Ananas und Bananen
deutlich höher (um 71,4 cm) und stärker (4,7 cm) als in
Monokultur; außerdem hatten sie größere Blätter, längere
Blattstiele und größere Früchte [2].

Ökologie

Papaya gehört zu den anspruchsvollen Kulturpflanzen.
Das gilt gleichermaßen für Klima- wie für Bodenbedin-
gungen, denn wichtige Voraussetzungen für eine optimale
Entwicklung sind:

– ein warmes, frostfreies, regenreiches Klima, verbunden
  mit relativ windstillen Lagen

– nährstoffreiche, gut drainierte und gut durchlüftete Böden im pH-Bereich 5,5 bis 6,5

Temperaturen unter –1 °C führen zu starken Schäden
oder zum Absterben der Pflanzen. Kühle Temperaturen
hemmen bereits die Entwicklung der Früchte und verhindern deren angenehmen Geruch.

Schädlich sind auch Unregelmäßigkeiten in der Wasserversorgung, u.a. ausgelöst durch Störungen der Wurzelentwicklung. Künstliche Bewässerung sollte daher vorgesehen
werden [17]. Nach Erfahrungen aus Thailand wird dadurch
das Höhen- und das Dickenwachstum gesteigert [23].

Abb. 6: Stammquerschnitt eines jungen Baumes
(Durchm. ca. 12 cm)

Abb. 8: Reife Früchte

Abb. 7: Stammlängsschnitt

Abb. 9: Längs geschnittene, reife Frucht mit Samen

Abb. 10: Papaya-Plantage auf Big Island, Hawaii. Alter: 6 Jahre, Höhe: ca. 2,5 m

Starke Winde bedeuten für die kronenlastigen Bäume ein hohes Windwurf-Risiko, und befriedigendes Wachstum erreicht *C. papaya* nur in voller Sonne. Im Schatten findet keine Verjüngung statt [22].

Pathologie

Papaya-Pflanzen sind sehr krankheitsanfällig, insbesondere gegen Viren [12].

So tritt „Papaya Ringspot Virus" in der Dominikanischen Republik, in Florida und Venezuela sowie in trockenen Regionen Hawaiis (Waianae auf Oahu) als durchaus nennenswerter Schadfaktor auf. Befallene Früchte schmecken 2 bis 3 Monate nach der Infektion bitter [18]. Übertragung erfolgt weder über den Boden noch über die Samen[1].

Starke Blattverformungen und Fruchtschäden verursacht ein in Florida, auf Cuba, Puerto Rico und Trinidad grassierendes Mosaik-Virus, das seit 1959 auch auf Hawaii vorkommt und u.a. durch die Grüne Pfirsichlaus *Myzus persicae*, auf Puerto Rico durch die Grüne Citruslaus *Aphis spiraecola* verbreitet wird [18].

In feuchtem Klima spielen pathogene Pilze, wie Mehltau und Anthraknose auslösende Arten, speziell aber *Phytophthora parasitica* DAST., eine wirtschaftliche Rolle. Wurzelfäule durch *Phytophthora palmivora* BUTL. tritt auf Hawaii und in Costa Rica auf, *Pythium*-Arten rufen Schäden in Afrika und Indien hervor [18]. Eine *Colletotrichum*-Art löst Anthraknose-Symptome, hauptsächlich in Baumschulen, aus [11], und in der indischen Provinz Tamil Nadu entstehen Ertragsverluste bis zu 60 % infolge Wurzelfäule durch *Macrophomina phaseolina* [16].

Unter den Schadinsekten sind vor allem die Fruchtfliege *Toxotrypana curvicauda* sowie *Homolapalpia dalera* („Papaya webworm") zu nennen, deren Larven sich in die Früchte einbohren. [18].

Die wurzelpathogene Nematodenart *Meloidogyne incognita* hält man in künstlich bewässerten Maulbeerplantagen Indiens durch das Mulchen mit grünen *Carica*-Blättern zurück [20].

---

[1] Forestry Abstr. **10**, 718, 1948/49

Nutzung

Verwendung finden Früchte und Milchsaft. Erstere sind wenig haltbar und sehr druckempfindlich, eignen sich demnach kaum für längere Transporte und für den Export. Hauptsächlich verzehrt man sie am Anbauort – entweder mit Zitronensaft und Zucker als Fruchtsalat oder gekocht als Gemüse [4, 8]. Beliebt und viel weiter verbreitet ist eisgekühlter Papayasaft als Erfrischungsgetränk [7]. „Baumsaft" wird auf Bali zur Linderung von Insektenstichen und von Brandwunden eingesetzt [5].

Zwischen Ernte und Konsum werden die Früchte für kurze Zeit gelagert, um nachzureifen und das typische Aroma zu entwickeln [7]. Dabei sollte die Temperatur nicht unter 7 °C liegen.

Durch Anritzen der grünen Rinde und des grauen Exokarp gewinnt man Milchsaft. Er enthält Papain, dessen eiweißspaltende Wirkung zur Zahnreinigung, als Waschmittel und zum Zartmachen von Fleisch genutzt wird. Für wenige Stunden in Blätter eingewickeltes oder mit Fruchtsaft eingeriebenes Fleisch wird deutlich zarter [12]. Außerdem hilft Papain bei Verdauungsstörungen, und es verhindert das Einlaufen von Wolle und Seide [4]. In Pulverform ist es sogar im Handel [7][2].

Verschiedenes

– In Papaya-Plantagen mischt man ♂ und ♀ Bäume im Verhältnis 1 : 20 – 50 [4, 7].

– *C. papaya* gehört zu den züchterisch intensiv bearbeiteten Kulturpflanzen. MORTON [18] beschreibt zahlreiche Hochleistungssorten aus Afrika, Asien, Mittel- und Südamerika, Süd-Asien, Hawaii und Florida.

– Beim Erntepersonal treten Hautreizungen nach Kontakt mit frischem Latex auf. Empfindliche Personen reagieren darüber hinaus allergisch bei der Berührung mit verschiedenen Pflanzenteilen und beim Verzehr von Früchten. Das Einatmen von Papaya-Pollen kann Atembeschwerden auslösen [18].

– Extrakte aus dem Mesokarp und den Samen unreifer Früchte werden auf den Philippinen traditionell als Mittel gegen Darm- und Atemwegserkrankungen verwendet. Bakteriostatische Wirkung besteht gegenüber *Staphylococcus aureus, Escherichia coli, Pseudomonas aeruginosa, Salmonella typhi, Klebiella pneumoniae, Bacillus subtilis* und anderen Arten [19].

– Wässrige Extrakte grüner Pflanzenteile des Melonenbaumes wirken toxisch auf Larven der Mückenart *Culex quinquefasciatus* [6]. Des Weiteren behindern Spross-Extrakte die Populationsentwicklung mehrerer Nematoden-Arten (u.a. *Meloidogyne incognita*) [24].

– *C. papaya* gehört zu den Pflanzenarten, die an der Elfenbeinküste traditionell zur Linderung von Zahnschmerzen verwendet werden [14].

– Auf Bali setzt man Papaya-Saft zur Linderung von Insektenstichen und Brandwunden ein [5].

Literatur

[1] AIYELAAGBE, I. O. O.; JOLAOSO, M. A., 1992 : Growth and yield response of papaya to intercropping with vegetable crops in south-western Nigeria. Agroforestry Systems 19, 1, 1–14.

[2] ANGELES, D. E.; MENDOZA, D. B., Jr., 1988: Performance of papaya grown as monocrop and as intercrop with pineapple and banana. Philippine Agriculturist 71, 2, 173–177.

[3] ANONYMUS, 1998: FAO Production Yearbook, Rome.

[4] BÄRTELS, A., 1989: Farbatlas Tropenpflanzen. Zier- und Nutzpflanzen. Verlag Eugen Ulmer, Stuttgart.

[5] EISEMAN, F.; EISEMAN, M., 1996: Die Früchte Balis. Periplus Editions, Singapore.

[6] EVANS, D. A.; RAJ, R. K. et al., 1998 : Extracts of Indian plants as mosquito larvicides. Indian J. Medical Res. 88, 38–41.

[7] FRANKE, W., 1981: Nutzpflanzenkunde, 2. Aufl., Georg Thieme Verlag Stuttgart, New York.

[8] GRANDJOT, W., 1981: Reiseführer durch das Pflanzenreich der Tropen, 2. Aufl. Kurt Schröder Verlag, Leichlingen bei Köln.

[9] KEPLER, A. K., 1990: Trees of Hawaii (a Kolowalu book). Univ. of Hawaii Press, Honolulu.

[10] KHURANA, S. M. P.; SINGH, S., 1972: Studies on Calotropis procera latex as inhibitor of tobacco mosaic virus. Phytopath. Zeitschrift 73, 4, 341–346.

[11] KOBAYASHI, T., 1986: Diseases of tropical forest nurseries. (7). Anthracnose. Tropical Forestry 7, 64–66.

[12] LITTLE, JR., E. L.; WADSWORTH, F. H., 1989: Common Trees of Puerto Rico and the Virgin Islands, 2. Aufl. USDA Forest Service, Agric. Handbook 249, Washington D.C.

[13] LÖTSCHERT, W.; BEESE, G., 1984: BLV Bestimmungsbuch Pflanzen der Tropen, 2. Aufl. BLV Verlagsges. München, Wien, Zürich.

[14] LOROUGNON, G.; ASSI, L. A. et al., 1998: The fight against toothache by the Betes of the Daloa region, Cote d' Ivoire. Bull. de la Societé Botanique de France – Actualités Botaniques 136, 3–4, 41–48.

[15] METCALFE, C. R.; CHALK, L., 1950: Anatomy of the Dicotyledons. Clarendon Press, Oxford.

[16] MOHAN, S.; LAKSHMANAN, P., 1989: Occurrence of dry root rot of Carica papaya L. caused by Macrophomina phaseolina (Tassi) Goid. in Tamil Nadu, India. Current Science 58, 3, 147–149.

[17] MOHLENBROCK, R., 1982: You can grow tropical fruit trees. Great Outdoors Publishing Co., St. Petersburg, Fl.

[18] MORTON, J. F., 1987: Fruits of Warm Climates. Media, Inc., Greensboro, N.C.

[19] OSATO, J. A.; SANTIAGO, L. A. et al., 1993: Antimicrobial and antioxidant activities of unripe papayas. Life Sciences 53, 17, 1383–1389.

---

[2] Forestry Abstr. 9, 2491, 1947/48

[20] PHILIP, T.; GOVINDAIAH, 1993: Effect of certain leaf extracts on hatching and mortality of the root-knot nematode Meloidogyne incognita, infesting mulberry. Indian J. Sericulture **32**, 1, 37–41.

[21] RECORD, S. J.; HESS, R. W., 1949: Timbers of the New World, New Haven, Yale University Press.

[22] RISCH, S., 1983: Papaya. In Janzen, D.H., Costa Rican Natural History. The University of Chicago Press, Chicago and London.

[23] RUNGSIMANOP, C.; SUKSRI et al., 1987: Some irrigation methods which influence the growth of custard apple and papaya when intercropped in northeast Thailand. Proc. Intern. Symposium on Agricultural Mechanization etc. Univ. Tokyo, p. 472–478.

[24] SIDDIQUI, M. A. ; HASEEB, A. et al., 1987 : Evaluation of nematicidal properties in some latex bearing plants. Indian J. Nematology **17**, 1, 99–102.

[25] TAN, C. H.; CHAN, C. L.; TAY, S.P., 1991: Commercial establishment of papaya intercropping with cocoa – Asiatic experience. Planter **67**, 784, 301–313.

Die Autoren:

Prof. em. Dr. PETER SCHÜTT
Lehrstuhl für Forstbotanik
Technische Universität München
Am Hochanger 13
D-85354 Freising

ULLA M. LANG
Schützenstraße 6
D-82383 Hohenpeißenberg

Cassia fistula LINNÉ, 1753

Indischer Goldregen   Familie: Caesalpiniaceae

engl.:   Indian Laburnum, Golden shower
ind.:   Amaltas

Abb. 1: Cassia fistula. Alter Solitär auf Maui, Hawaii (Foto: Ulla M. Lang)

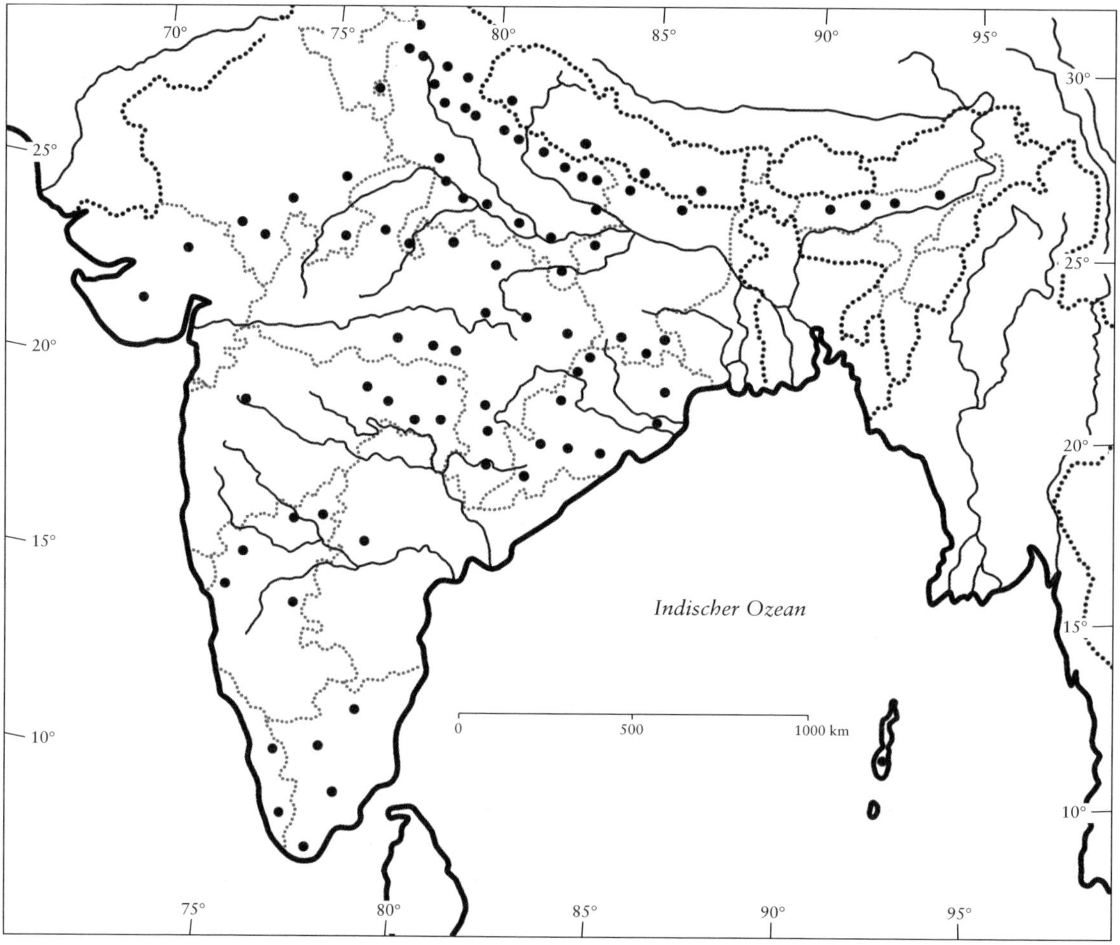

Abb. 2: Natürliche Vorkommen auf dem Indischen Subkontinent

Cassia fistula, ein hauptsächlich in Indien heimischer, relativ kleiner, sommergrüner Baum, ist wegen seiner zahlreichen goldgelben, hängenden Blütenstände von großem Zierwert und wird deswegen in tropischen und subtropischen Ländern gern kultiviert. Er steht gerade dann in voller Blüte, wenn die laubabwerfenden Wälder Indiens fast kahl sind.

Nach den leuchtend gelben Blüten fallen die sehr langen, dunkelbraunen, geschlossen bleibenden Früchte auf, deren Pulpa seit langem in vielfältiger Weise volksmedizinisch genutzt wird. Im natürlichen Habitat vermehrt sich die Art überwiegend durch Wurzelbrut und Stockausschläge. Planmäßig bewirtschaftet wird sie nicht.

Für das sehr harte und zähe Kernholz bestehen viele Verwendungsmöglichkeiten.

Verbreitung

C. fistula gehört zu den weit verbreiteten Baumarten in sommergrünen Laubmischwäldern des indischen Subkontinents, allerdings ist sie dort nicht bestandesweise, sondern als Einzelbaum vertreten. Im Norden ist sie häufig mit *Shorea robusta*, im Süden mit *Santalum album* vergesellschaftet. Außerhalb Indiens kommt die Art in Burma und auf Sri Lanka natürlich vor, in den Vorbergen des Himalaya ist sie bis in Höhenlagen um 1220 m ü. NN vertreten.

In tropischen und subtropischen Ländern aller Kontinente erfreut sich *C. fistula* als Ziergehölz in Parks und Gärten großer Beliebtheit.

Beschreibung

C. fistula, ein allenfalls mittelgroßer, i.a. bis 10 m hoher Baum hat einen geraden Stamm (BHD ca. 40 cm) und eine offene Krone mit schlanken, aber weit ausladenden, etwas herabhängenden Ästen.

Die sommergrüne Art ist im Februar/März für kurze Zeit kahl, kann zwischen März und Mai spärlich beblättert sein und treibt in der Zeit von April bis Juli neu aus.

Die 20 bis 40 cm langen, paarig gefiederten, wechselständigen **Laubblätter** weisen eine behaarte Rhachis, sehr kleine, lineare, ebenfalls behaarte Stipeln und 4 bis 8 Fiederblättchen-Paare auf. Jedes Blättchen ist oberseits glatt und hellgrün, unterseits anfangs silbrig behaart und stets mit einer dichten Behaarung auf der Mittelrippe versehen. Die Länge beträgt 5 bis 12 cm, die Breite 4 bis 9 cm, außerdem ist ein 5 bis 10 mm langer Stiel vorhanden. Die großen, hellgelben, wohlriechenden **Zwitterblüten** sind in 30 bis 45 cm langen, hängenden Infloreszenzen (Trauben) angeordnet, die den Blütenständen des Goldregens *(Laburnum)* ähnlich sehen. Die Blütezeit dauert von April bis Juni.

Einzelblüten haben einen 3 bis 5 cm langen, sehr schlanken Stiel, einen behaarten, 4- bis 5zipfeligen Kelch (1 cm lang), 5 verkehrt eiförmige, tief zweispaltige, geaderte Petalen und 10 Staubblätter, von denen die 3 ventralen sehr lange, gebogene Filamente und langgestreckte Antheren aufweisen, die sich an der Längsseite öffnen. Vier laterale Stamina haben hingegen kurze, gerade Filamente und gedrehte Antheren, die sich an basalen Poren öffnen. Bei den verbleibenden 3 (dorsalen) wesentlich kleineren und aufrecht stehenden Staubblättern bleiben die Pollensäcke geschlossen.

Der freistehende, nicht gestielte Fruchtknoten enthält zahlreiche Samenanlagen und hat einen relativ langen Griffel.

Die geraden, zylindrischen, deutlich gestielten und glatten **Früchte** (Hülsen) bleiben geschlossen. Mit 30 bis 100 cm sind sie auffallend lang und haben einen Durchmesser von 2 bis 3 cm. Mit zunehmender Reife wechselt ihre Farbe von Grün in Dunkelbraun. Sie enthalten 40 bis 100 flache, rundliche, hellbraune **Samen** (4 bis 8 x 4 bis 6 mm [13]), welche in einem dunklen, süßlichen Fruchtfleisch eingebettet sind. Sie liegen – wie Münzen in einer Geldrolle – hintereinander, sind jedoch durch Septen der Fruchtwand getrennt. Das Tausendkorngewicht beträgt etwa 180 g [13], nach anderen Angaben 143 bis 176 g.

Die Samen haben eine helle, dünne Testa und enthalten in der Hauptsache ein farbloses, nach Austrocknung hartes, hornartiges Endosperm. Zu dem relativ großen Embryo gehören 2 flache, fleischige Kotyledonen und eine sehr kurze, kräftige, hellgelbe Radicula, in einer Höhlung des Endokarps gelegen [8].

C. fistula-Keimlinge haben ein spärlich behaartes, 4 bis 6 cm langes Hypokotyl und kurz gestielte, längliche Kotyledonen (ca. 2,4 cm lang) mit rundlichem Apex.

Abb. 3: Blütenstand (links, Foto: Ulla M. Lang) und Einzelblüte (rechts, Foto: I. D. Kehimkar)

Abb. 4: Stammborke (Foto: P. Schütt)

Abb. 5: Unreife Früchte und Laubblatt (Foto: Ulla M. Lang)

Abb. 6: Reife, ungeöffnet zu Boden gefallene Früchte (Foto: P. Schütt)

Borke und Holz

Junge Bäume bilden eine glatte, hellgraue, innen rötlich braune Borke. Diese wird bei älteren Stämmen bis 6 mm dick, reißt in harten Schuppen auf und nimmt auch außen eine rotbraune Farbe an [13].

Das Holz ist hart und dauerhaft, hat einen schmutzig-weißen Splint und einen Farbkern, der gelblich rot bis ziegelrot, auch hell rotbraun sein kann und oft von dunklen Streifen durchzogen wird. Im Alter kann er sogar dunkel purpurbraun, manchmal fast so schwarz wie bei *Swietenia mahagoni* werden. Die Rohdichte liegt bei 0,8 g/cm³.

Angaben zur Holzanatomie und -physik fehlen.

Anzucht und Entwicklung

In Indien reifen die Früchte während der Wintermonate und beginnen im April ungeöffnet zu Boden zu fallen. Zu dieser Zeit werden sie gesammelt, um Samen und Pulpa zu gewinnen. Andere werden an einem kühlen, trockenen Ort in Jute-Säcken gelagert. Die Samen bleiben selbst nach 30 Jahren Lagerung keimfähig; ein Jahr altes Saatgut keimt besser als frisches [13].

Aus einem Kilogramm Samen lassen sich 1000 bis 2500 Pflanzen anziehen. Die Keimrate von 14 % kann man durch Vorbehandlung (5 min. in kochendem Wasser oder Tauchen in konz. H_2SO_4[1]) auf 35 % erhöhen. In anderen Experimenten führte das mechanische Skarifizieren zu den besten Ergebnissen (> 90 %) [12]. Meistens beginnt die Keimung 52 Tage nach der Aussaat, oft aber erst im 2. Jahr. In der Baumschule hat sich Reihensaat (Abstand 25 cm) und Wässerung bewährt. 15 bis 30 cm hohe Sämlinge eignen sich während der Regenzeit gut zum Auspflanzen. Containerpflanzen (in Bambuskörben oder Polyäthylentüten) haben sich besonders auf trockenen Standorten gut bewährt, andernorts praktiziert man auch Ballenpflanzung und selbst Direktsaat mit gutem Erfolg.

Sowohl in Baumschulen wie auf der Freifläche reagieren *Cassia*-Sämlinge empfindlicher auf Unkrautkonkurrenz als auf Dürre. Unkrautbekämpfung ist daher unabdingbar. Sie sollte erst eingestellt werden, wenn die Cassien das Unkraut überwachsen haben, i.a. nach etwa 3 oder 4 Jahren.

Naturverjüngung durch Samen kommt relativ selten vor. Reife Früchte liegen während der heißen Jahreszeit und Regenperioden ungeöffnet am Boden. Erst nachdem die harte Fruchtschale von Ameisen angefressen wurde, können Affen, Schakale, Bären, Schweine und andere Tiere das süßliche Fruchtfleisch erreichen und die darin eingebetteten Samen verbreiten.

Die Keimung mit Boden bedeckter Samen tritt nach 2 bis 3 Jahren ein. Sämlingsverluste durch Frost, Konkurrenz der Bodenflora, pathogene Pilze und Tierfraß (Vögel, Nager, Insekten) kommen hinzu. Überdies ist das Sämlingswachstum mit 1,9 cm pro Jahr extrem langsam [13]. Aus diesen Gründen scheidet die natürliche Verjüngung über Samen als wirtschaftlich relevante Form der Vermehrung aus.

Alternativen stellen zum einen die üppige Vermehrung durch Wurzelbrut dar, die in bergigem Gelände auftritt, wenn oberflächennahe Wurzeln freiliegen. Zum anderen entstehen reichlich Stockausschläge, welche im Niederwaldbetrieb mit 30- bis 40jährigem Umtrieb genutzt werden – im Süden Indiens erntet man die Rinde zur Gerbstoffgewinnung sogar alle 5 Jahre.

---

[1] For. Abstr. 43, 5595, 1982

Planmäßige Aufforstungen mit Pflanzgut lohnen sich nicht, weil C. fistula nur eine dienende Rolle als Mischbaumart spielt [13].

Die Art wächst als Kernwuchs relativ langsam (18 cm BHD mit 30 Jahren). Stockausschläge entwickeln sich anfangs sehr rasch (in Maharashtra: 1,9 m Höhe und 0,5 cm Durchm. pro Jahr), gehen aber später im Wachstum deutlich zurück [6].

Ökologie

Im natürlichen Areal schwanken die Maximaltemperaturen zwischen 35 °C und 47,5 °C und die Minima zwischen 0 °C und 17,5 °C. Im wärmsten Monat (Mai) liegen die mittleren Tagesmaxima bei 35 bis 42,5 °C, im kältesten Monat (Januar) bei 7,2 bis 23,9 °C.

Die Summe der Jahresniederschläge variiert in weitem Rahmen (500 bis 3000 mm). Das Optimum für die Art befindet sich im Bereich von 750 bis 1900 mm.

C. fistula ist standörtlich nicht festgelegt, kommt auf Substraten verschiedener geologischer Herkunft vor und gedeiht sowohl auf nährstoffarmen, flachgründigen Böden wie auf den Trockenhängen der Himalaya-Vorberge. Besonders gut entwickelt sie sich auf Basalt sowie auf Granit- und Sandstein-Verwitterungsböden, und häufig findet man sie auf Laterit [1].

Pathologie

C. fistula wird im Freistand vom Frost geschädigt, kaum aber innerhalb des Bestandes.

Unter den pathogenen Pilzen können die Blattparasiten Phliospora cassiae und Colletotrichum spec. sowie die Holzzerstörer Polyporus bicolor und Trametes incerte schädlich werden.

Blattfressende Insekten, besonders die Catospilia-Arten (Pieridae) C. crocale und C. pyranthe, manchmal auch C. pomona attackieren den Jungwuchs so heftig, daß Bekämpfungsmaßnahmen notwendig werden. 6,2 g Blei-Arsenat auf 1 l Wasser haben sich als Insektizid bewährt. Ähnliche, aber weniger intensive Schäden richtet Margarania conclusalis (Pyralidae) an.

Das Laub von C. fistula wird i.a. nicht vom Weidevieh gefressen, selbst von Ziegen nicht; generell leidet die Art nicht unter starkem Verbiß [13].

Nutzung

Das sehr harte, schwere und dichte Holz ist von mittlerer Textur, läßt sich im frischen Zustand schwer, nach Trocknung aber gut bearbeiten und ergibt eine glatte, leicht zu polierende Oberfläche. Schwierigkeiten bereitet die Trocknung. Ohne Ringelung des Stammes vor dem Einschlag splittert das Holz, und es treten tiefe Risse auf. Andererseits ist das Kernholz sehr dauerhaft (ca. 10 Jahre), und schneidet hinsichtlich mehrerer physikalischer Eigenschaften (u.a. Scherfestigkeit und Härte) günstiger ab als Teak. Verwendung findet es als Pfeiler und Pfosten im Haus- und Brückenbau, als Material in der Kunstschreinerei, zur Herstellung von Rädern, Deichseln, Zuckerrohr- und Öl-pressen. Generell eignet es sich gut für Gegenstände, die hohe Anforderungen an Härte und Zähigkeit stellen. Genutzt wird es überdies als Möbelholz, im Bootsbau, als Brennmaterial (kalorischer Wert: 5,104 cal.) und zur Herstellung einer hochwertigen Holzkohle [6].

Die bis 1,5 cm dicke Borke mit einem Tannin-Gehalt von 3 bis 8 % wird nur im Süden Indiens (Tamil Nadu, Andhra Pradesh) zum Gerben verwendet. In letzter Zeit ist ihr Anteil zugunsten von Acacia-Rinde zurückgegangen. Andererseits setzt man sie gemeinsam mit Acacia arabica-Rinde zum Gerben und Färben von Fischnetzen ein.

Abb. 7: Reife Samen (Foto: Ulla M. Lang)

Abb. 8: Samen in einer geöffneten, reifen Frucht (Foto: Ulla M. Lang)

Mit mehreren Pflanzenteilen liegen umfangreiche volksmedizinische Erfahrungen vor. So wirkt das Fruchtfleisch reifer Hülsen schwach abführend (Trivilaname: "Purging Cassia"). Es wird mit Wasser extrahiert, dann filtriert und im Wasserbad bis zu einer weichen Konsistenz eingedampft. Aus einem Kilogramm Früchte gewinnt man 250 g einer dunkelbraunen, unangenehm riechenden, süßen, klebrigen Substanz, die in Mischung mit Sennesblättern, Feigen, Kirschen, Tamarinde, Lakritze und Zucker als "Senna-Konfekt" weit verbreitet ist. Mit dem unveränderten Fruchtfleisch wie auch mit Blättern und zerkleinerten Samen setzt man Erfrischungsgetränke an. Die Pulpa enthält außer 20 % Protein und 26,3 % Kohlenhydraten unter anderem Rhein und dessen Glukoside, Aloin, Ameisen-, Butter- und Oxalsäure. Medizinisch wird es als mildes Purgativum für Kinder und Schwangere eingesetzt. Außerdem wirkt es gegen Leber- und Gallenleiden, Rheumatismus und Gicht. Ein Dekokt hilft gegen Heiserkeit.

Volksmedizinische Anwendung finden außerdem:

Blätter: gegen Gelbsucht, Hämorrhoiden, Rheumatimus, Ulcera, Ringelflechte und Ekzeme. Innerlich angewendet sollen Blattsäfte Paralyse und Entzündungen mildern. Blätter und Rinde in Öl helfen bei Insektenstichen.

Blüten: Sie sind eßbar und haben fiebersenkende, purgative Wirkung. C. fistula-Pollen können Allergien hervorrufen [6].

Samen: fiebersenkend und abführend. Eingesetzt gegen Hautkrankheiten und (als Pulver) gegen Amoebenruhr.

Rinde: wirkt kräftigend und wird gegen Ruhr eingesetzt. Pulverisiert oder als Dekokt gegen Gelbsucht und Herzleiden. Dem Extrakt aus der Stammborke schreibt man Interferon-ähnliche Wirkung gegen das Ranikhet- und das Vaccinia-Virus zu [1].

Holz: Eingesetzt zur Bekämpfung der Ruhr und als Kräftigungsmittel. Die Asche soll bei kaustischen und offenen Abszessen helfen.

Weiterführende Literatur

[1] ANONYMUS, 1992: Wealth of India - Raw materials. C. S. I. R., N. Delhi 2 (revised Vol. 3). p 337-343.

[2] BIR, S. S.; SIDHU, S., 1966: I. O. P. B. Chromosome numbers reports IV. Taxon 15, 112-128.

[3] BOLE, P. V.; YOGINI, VAGHANI, 1986: Field Guide to Common Trees of India. Oxford Univ. Press, Bombay. p 57.

[4] COOKE, T., 1958: The Flora of the Presidency of Bombay (2nd reprint). Botanical Survey of India, Calcutta 1, 445.

[5] DATTA, R. M.; JENA, P. K., 1974: Chiasma frequencies and chromosome numbers in two cultivated spp. of Cassia in garden ornamentals. Plant Science 6, 89-90.

[6] GAMBLE, J. S., 1922: A manual of Indian timbers (2nd reprint). Sampson, Low, Masslon & Co. London. pp. 243-244.

[7] IRWIN, H. S.; TURNER, B. C., 1960: Chromosomal relationships and taxonomic considerations in the genus Cassia. Amer. J. Bot. 47, 309-318.

[8] LUBBOK, Y., 1892: Contribution to our knowledge of seedlings. London. pp. 461-463.

[9] MEHRA, P. N., 1972: Cytological evolution of hardwoods. Nucleus 15, 64-83.

[10] NAIRNE, A. K., 1894: The flowering plants of Western India. The Education Society's Press, Bombay. p. 90.

[11] SARKAR, A. K. et al., 1973: Science & Culture, 39, 95-96 and Taxon 23, 801-802.

[12] TODARIA, N. P.; NEGI, A. K., 1992: Pretreatment of some Indian Cassia seeds to improve their germination. Seed. Sci. Technol. 20, 583-588.

[13] TROUP, R. S., 1921: The Silviculture of Indian Trees. Clerendon Press, Oxford 1, 257-264 (revised ed.).

Der Autor:

Professor P. V. BOLE
A-15-58 Siddarth Nagar - 2
Goregaon, Bombay 400 - 062
Indien

Aus dem Englischen übertragen von P. Schütt

Casuarina equisetifolia J.R. et G. Forst

Casuarina

Familie: Casuarinaceae

engl.: Horsetail tree, Beefwood,
Beach she-oak

Abb. 1: Windschutzstreifen mit unterschiedlich alten Casuarinen am Golf von Mexiko, Florida USA

Morphologie

Schnellwachsender, bis 30 m hoher, immergrüner Laubbaum mit dem Erscheinungsbild einer Kiefer („Australian
Pine"). Die rutenförmigen Äste tragen viele junge **Triebe**
mit nadelförmigem Aussehen. Diese vollziehen den
Hauptteil der Photosynthese, hängen herab und tragen
winzige, quirlständige, schuppenförmige Blätter. Stomata
befinden sich in den Rinnen der regelmäßig längsgefurchten Triebe. Ein Teil dieser Triebe überdauert, ein anderer
Teil wird nach 1 bis 3 Jahren abgestoßen. Der meist stark
und unregelmäßig beastete **Stamm** ist selten gerade, der
Stammquerschnitt variabel. Kennzeichnend ist das starke
Austriebsvermögen an Ästen, Stämmen und Stöcken sowie die starke Lichtwendigkeit des Wachstums. An der
Küste starke Veränderung der Kronenform durch Windschur (Abb. 6).

Die glatte, helle **Rinde** junger Bäume wird abgelöst von einer dicken, braunen, faserigen **Borke**, die sich in Streifen
vom Stamm löst.

_____
*) r_{15} = Rohdichte des Holzes bei einem Wassergehalt von 15%.

6 bis 7 sehr kleine, dreieckige, an der Basis miteinander
verwachsene **Blätter** stehen an jedem Knoten der schach-
telhalmähnlichen Triebe.

Casuarina-**Holz** ist hart und schwer (r_{15}* ≈ 0,95 g/cm³), es
schwindet stark, reißt und spaltet leicht, ist wenig dauerhaft, läßt sich aber gut imprägnieren. Sein Aufbau: rel.
schmaler, weißlicher Splint, rötlich brauner Kern, durchzogen von breiten, dunkler gefärbten Markstrahlen.

Bewurzelung intensiv, aber flach, daher Windwurf-Ge-
fährdung. VA-Mykorrhizierung mit Glomus fasciculatum
und Scutellospora calospora wurde nachgewiesen [8].

Blüten stets eingeschlechtig. Es kommen männlich und
weiblich blühende Bäume vor; gelegentlich herrscht auch
Monoezie. C. equisetifolia ist anemogam und blüht i.a.
zweimal im Jahr.

Die männlichen Blüten sitzen quirlig an terminal oder lateral inserierten ährigen Ständen. Jede Blüte besteht aus
nur einem Staubblatt mit 2 Vorblättern. Gemeinsam mit 2
Schuppenblättern unterhalb der Blütenbasis umhüllen
diese das Staubblatt vor der Anthese.

Weibliche Blüten befinden sich in kompakten, rundlichen
Köpfchen an der Spitze kurzer Seitentriebe. Jede in der

Abb. 2: Stammbürtige Triebe und Stockanschläge

Abb. 3: Weibliche Blütenstände

Abb. 4: Männliche Blüten

Achsel eines Tragblattes stehende Einzelblüte besteht aus 2 Fruchtblättern und wird von 2 Vorblättern umschlossen. Ein Perianth fehlt. Zur Blütezeit fallen die langen, roten Narbenäste besonders auf.

Nach der Befruchtung entsteht aus den Blütenköpfchen durch Verholzung von Vor- und Tragblättern ein reich gekammerter „Zapfen" (dm bis 2,5 cm) mit zahlreichen, winzig kleinen, geflügelten, einsamigen Schließfrüchten ohne Nährgewebe. Tausendkorngewicht um 2,5 g; Keimprozent ca. 70 %.

Abb. 5: Reifer Zapfen (2 x nat. Größe)

Verbreitung

Früher auf etwa 50 Arten beziffert [2], besteht die Gattung Casuarina nach neuerer Auffassung nur aus 16 Species, heimisch in küstennahen Regionen Australiens, Melanesiens und SO-Asiens [5]. In diesem Bereich liegt auch das natürliche Areal von C. equisetifolia (etwa zwischen 22 °S und 22 °N). In klimatisch vergleichbaren Lagen wird C. equisetifolia von China über Indien, Afrika, Süd- und Mittelamerika bis in die Karibik und das Mittelmeergebiet künstlich angebaut, darüber hinaus im Bergland Ostafrikas und in den Anden (> 2000 m ü. NN).

Anzucht

C. equisetifolia wird i.a. generativ vermehrt. Bei −6° bis +3°C läßt sich das Saatgut (6 bis 16 % Wassergehalt) zwei Jahre lagern. Größere Zapfen enthalten i.a. größere Früchte; die Keimfähigkeit bleibt davon unberührt.

Verschulung der 20 cm hohen Sämlinge hat sich gut bewährt. Mit 60 cm Höhe Auspflanzen im Verband 2,5 x 2,5 m oder 3 x 3 m. Sehr starke Wuchsförderung durch Bewässerung; hohe Empfindlichkeit gegen Wuchsstoffherbizide (2,4 – D). Auf den Philippinen gute Erfolge mit der Verwendung von Wildlingen (11,3 m Höhe mit 6 Jahren).

Auch mehrere Formen der Vegetativvermehrung verlaufen reibungslos: Absenker, Luftabsenker, Stecklingsbewurzelung (in Sprühbeeten bis 90 % Erfolg).

Abb. 6: Windschur. Barbados, Nordküste

Nutzung

Dünenbefestigung, Windschutz und Brennholzerzeugung heißen die wichtigsten Gründe für den weitverbreiteten Anbau von C. equisetifolia.

Selbst unter extrem ungünstigen Standortbedingungen zeigt die Art erstaunliche Wuchsleistungen, insbesondere in den ersten sieben Lebensjahren. Der durchschnittl. jährl. Volumenzuwachs beträgt 6 bis 18 fm/ha/a [6]. Ab 20 Jahren: Rückgang des Massenzuwachses. Höchstalter 50 Jahre (Indien). Zur Brennholzerzeugung im Plantagenbetrieb wird eine Umtriebszeit von 7 bis 12 Jahren empfohlen.

Beispiele für Wuchsleistungen in der Plantage:

	Alter	Höhe	Durchm.
TAIWAN	5 Jahre	4,9 m	9,2 cm
CAP VERDE	9 Jahre	13 bis 14 m	35 cm

Die rel. dichten Kronen machen die Art zu einem schattenspendenden Park- und Alleebaum, die enorme Regenerationsfähigkeit zu einer robusten Heckenpflanze.

Casuarina-Holz findet wegen seiner schönen Maserung für Möbel und Paneele Verwendung. Es eignet sich überdies für die Herstellung von Zeitungs- und Packpapier von rel. hoher Reißfestigkeit (Aufschluß im Sulfat-Verfahren). Wegen seines hohen Brennwertes wurde es in den Tropen und Subtropen zu einem wichtigen Faktor der Energiegewinnung (Brennholz und Holzkohle).

Die Rinde läßt sich zur Gewinnung von Gerb- und Farbstoffen nutzen.

Ökologie

Auf Sandstandorten in unmittelbarem Bereich tropischer und subtropischer Küsten ist C. equisetifolia von großer Wuchskraft und ohne Konkurrenz. Extrem genügsam hinsichtlich Nährstoff- und Wasserversorgung gedeiht sie selbst auf Flugsanden. Beste Leistungen auf Ca- und humusreichen Standorten mit hohem pH ($\approx$ 7,0 bis 9,5). Die Art ist widerstandsfähig gegen Salzgischt, aber nicht sturmfest.

Durch Symbiose mit Luftstickstoff bindenden Bakterien kommt es unter Casuarina-Beständen zur N-Anreicherung (13j. Bestand: ca. 60 kg/ha/a). In der Fähigkeit zur N-Bindung bestehen deutliche individuelle Unterschiede.

C. equisetifolia ist eine extreme Lichtbaumart, die sich nicht zum Unter- oder Zwischenbau eignet; sie ist frostempfindlich und in ihrer Heimat an Jahresniederschläge zwischen 700 und 2000 mm gewöhnt.

Besonderheiten

– Unter den Kronen kommt es zur Bildung einer mächtigen, aus Trieben bestehenden Streuschicht, die das Aufkommen der Bodenflora verhindert und die Waldbrandgefahr erhöht.

– Casuarina-Pollen wirkt als Allergen (Reizung der Schleimhäute).

– Trotz sehr vieler tierischer und pflanzlicher Krankheitserreger, deren Zusammensetzung von Region zu Region erheblich schwankt, ist der Casuarina-Anbau nirgends ernsthaft durch Schädlinge gefährdet. Auch Termiten stellen kein gravierendes Problem dar.

Die Autoren:

Prof. Dr. Peter Schütt
Lehrstuhl für Forstbotanik
Ludwig-Maximilians-Universität München
Hohenbachernstraße 22
D-85354 Freising

Ulla M. Lang
Schützenstraße 6
82383 Hohenpeißenberg

Weiterführende Literatur

[1] Anonymus, 1984: Casuarinas: Nitrogen-fixing trees for adverse sites. USA, Board on Science and Technol. for Intern. Developm., Washington, D.C. Natl. Acad. Press.

[2] Boland, D. J.; Brooker, M. I. H.; Chippendale, U. M., et al., 1984: Forest Trees of Australia, Melbourne, p. 687.

[3] Brandis, D., 1911: Indian Trees, London

[4] Cowen, E. V., 1984: Flowering Trees and Shrubs in India, 6. Aufl., Thacker and Co. Ltd., Bombay.

[5] Dilcher, D. L.; Christophel, D. C.; Bhagwandin, H. O., Jr., et al., 1990: Evolution of the Casuarinaceae: Morphological comparisons of some extant species. Amer. J. Bot. 77, 338–355.

[6] Lamprecht, H., 1986: Waldbau in den Tropen. Verlag Paul Parey, Hamburg und Berlin.

[7] Midgley, S. J., et al. (edts.), 1983: Casuarina ecology, management and utilization. CSIRO, Camberra, ACT, Australia.

[8] Sidhu, O. P.; Behl, H. M., et al., 1990: Occurrence of vesicular-arbuscular mycorrhiza in Casuarina equisetifolia L. Current Sci. 59, 422–423.

Cedrela fissilis VELLOZO, 1825

syn.: Cedrela brasiliensis ADR. JUSSIEU,
      C. macrocarpa DUCKE, C. tubiflora BERTONI

Cedro

Familie: Meliaceae
Unterfamilie: Cedreloideae

Brasilien: Cedro-branco, Cedro-rosa,
         Cedro-vermelho, Cedro-batata
Paraguay: Cedro real

Abb. 1: Cedrela fissilis. Junger Baum am Rande einer Plantage

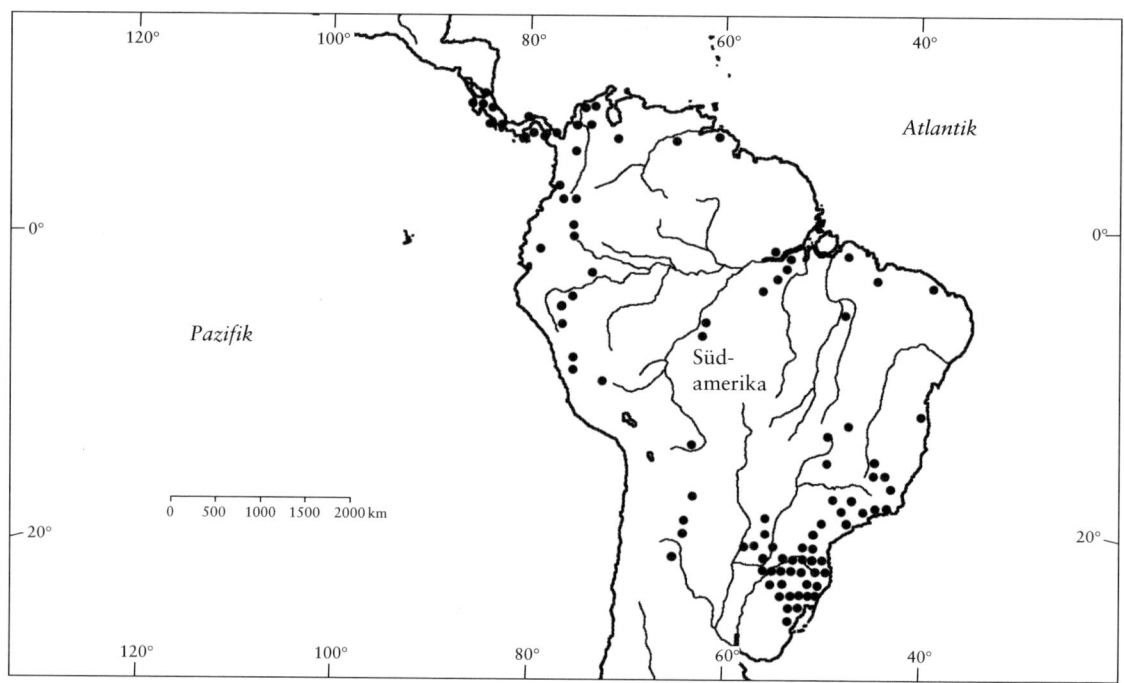

Abb. 2: Natürliche Verbreitung in Süd- und Mittelamerika

C. fissilis gehört zu den vielgenutzten, in den Tropen und Subtropen Südamerikas heimischen Waldbäumen. Die größte Verbreitung hat sie in Brasilien. Sie wird bis 30 m hoch, bildet gerade Schäfte und hat ein sehr geschätztes, relativ leichtes, wohlriechendes Holz, das hauptsächlich im Innenausbau Verwendung findet. Die Art ist sommergrün und verträgt leichte Fröste. Als typische Mischbaumart kommt sie einzelbaum- oder gruppenweise verteilt in natürlichen Wäldern vor, eignet sich aber nicht für großflächige Aufforstungen auf Freiflächen. Starke Ausfälle verursachen die knospenzerstörenden Larven des Schmetterlings *Hypsipyla grandella*.

Wegen ihres wirtschaftlichen Wertes wurde *C. fissilis* in Brasilien unter Schutz gestellt. Die Übernutzung hält dennoch an.

Verbreitung

Das natürliche Areal erstreckt sich von Costa Rica (12° n.Br.) bis in den Süden Brasiliens (33° s.Br.). Mit unterschiedlicher Häufigkeit kommt die Art auch in Panama, NO-Argentinien, Süd-Bolivien, Kolumbien, Ekuador, O-Paraguay, Peru, Uruguay und Venezuela vor. In Brasilien ist sie von Rio Grande do Sul (33° s.Br.) bis Pará (1° s.Br.),

d.h. in den südlichen, südwestlichen, mittleren und nordöstlichen Staaten des Landes vertreten. In Paraná stellt *C. fissilis* in allen Waldgesellschaften eine der am häufigsten vorkommenden Baumarten dar, ausgenommen die tiefer gelegenen Wälder des Küstengebirges. Sie geht in warmen Regionen bis in Höhenlagen um 1800 m ü. NN hinauf, kommt aber im Normalfall zwischen 700 m und 1500 m Höhe vor. Angebaut wird die Art nur innerhalb der Grenzen ihres natürlichen Areals.

Beschreibung

C. fissilis wächst zu einem hohen (25 bis 30 m), meist geradschäftigen Baum mit Stammdurchmessern (BHD) von 60 bis 150 cm heran. Die im Freistand runde bis schirmförmige, relativ hoch ansetzende Krone ist dicht verzweigt und hat aufwärts gebogene, dichotom verzweigte Äste mit glatter, grauer oder brauner Rinde. An den Zweigen sind kleine, runde bis ovale Lenticellen zu erkennen.

Der Stamm kann ca. 15 m lang werden, ist etwa bis zur Hälfte astfrei und hat nur unbedeutende Wurzelanläufe. Das ausgeprägte Herzwurzelsystem erreicht eine Tiefe von 1,2 bis 1,5 m und eine horizontale Ausdehnung bis zu 5 m.

Blätter

Die wechselständigen, sehr großen und dichtstehenden, paarig gefiederten Blätter werden im Herbst abgeworfen.

Die Blattlänge schwankt i.a. von 25 bis 65 cm, maximal von 20 bis 120 cm und die 12 bis 18 (8 bis 14) meist sitzenden, nur selten bis 6 mm gestielten, ganzrandigen Fiederblättchen sind meist gegenständig, gelegentlich auch etwas gegeneinander versetzt angeordnet. In der Regel haben sie eine lanzettliche, seltener eine ovale Form sowie eine leicht zugespitzte bis abgerundete, aber symmetrische Basis und einen Apex, der mit einer feinen Spitze ausläuft.

Die basale Hälfte der Blättchen ist dicht und fein behaart; mitunter beschränkt sich die Behaarung auf die Mittelrippe oder auf Haarbüschel in den Winkeln der Blattadern.

Die Blattoberseite ist glänzend graugrün, die Unterseite grau und nach Austrocknung dunkelbraun. Die Abmaße der Fiederblättchen betragen 9 bis 15 cm (8 bis 21) in der Länge und 3 bis 5 cm (2,5 bis 5,5) in der Breite.

Blüten, Früchte und Samen

Cedrela fissilis blüht in der Zeit von August bis März; es bestehen allerdings deutliche regionale Unterschiede:

Goias:	August/September
Rio Grande do Sul:	September/November
Minas Gerais und Santa Catarina:	September/Dezember
Paraná und Sao Paulo:	September/Januar
Espirito Santo:	Januar/März

Die 7 bis 12 mm langen, eingeschlechtigen, von Insekten bestäubten Blüten stehen in sehr dichten, aufrechten, terminalen Thyrsen, die mit 5 bis 30 cm i.a. etwas kürzer bleiben als die Blätter. Die Infloreszenzachse ist spärlich bis dicht behaart. Männliche und weibliche Blüten befinden sich in verschiedenen Abschnitten derselben Infloreszenz.

Bei den männlichen, generell etwas später reifenden Blüten sind die Stempel, bei den ♀♀ die Antheren zurückgebildet. Stets ist eine fünfzählige, 7 bis 12 mm lange Blütenkrone und ein kurzer (1,5 bis 2,5 mm), becherförmiger Kelch mit fünf ungleich langen Sepalen vorhanden. Die freiblättrigen, gelben Kronblätter haben mitunter rosafarbene Spitzen. Sie stehen auf einem gelblichen, mit fünf länglichen Drüsen versehenen Gynophor zwischen Nektarien. Die fünf Staubblätter sind frei und tragen jeweils eine große, spitz zulaufende Anthere, die etwa so lang ist wie das Filament. Der eiförmige Fruchtknoten ist fünffach gekammert und enthält in jeder Kammer 8 bis 12 in zwei Reihen angeordnete Samenanlagen. Der zylindrische, nur

1 bis 1,5 mm lange, gewöhnlich graue Griffel trägt eine scheibenförmige, fünfteilige Narbe.

Die verholzten, hängenden Früchte, 5-fächerige, längliche bis eiförmige Kapseln von 4,5 bis 8,5 cm (4 bis 11 cm) Länge, werden im Sommer nach der Blüte, d.h. zur Zeit völliger Entlaubung, reif. Sie haben außen graue, mit etwas erhabenen, hellen Lenticellen besetzte Wände (4 bis 7 mm stark) und springen bei Reife an der Spitze mit 5 Klappen auf. In jedem Fach befinden sich 8 bis 12 dunkelbraune, 2,5 bis 4,5 cm lange, einseitig geflügelte Samen. Der Samencorpus mißt 3,5 x 1,5 cm. Die Verbreitung erfolgt vorwiegend durch den Wind. Das Tausendkorngewicht schwankt zwischen 17,2 und 62,5 g [6]. 16 000 bis 58 000 Samen wiegen 1 kg.

Abb. 3: Keimling, 16 Tage alt (nat. Größe)

Holz und Rinde

Das Stammholz hat einen hellen, beigefarbenen Splint, der sich klar von dem bräunlich beigefarbenen Kern abhebt. Es ist von rauher Struktur und hat einen geraden oder leicht gewellten Faserverlauf. Kennzeichnend ist der angenehme, aromatische Geruch des frischen Holzes sowie die glänzende, etwas golden schimmernde Oberfläche.

Die Rohdichte (r_{15}) liegt zwischen 0,47 und 0,60 g/cm^3, die Darrdichte (r_0) bei 0,44 g/cm^3 [6]. Das Holz schwindet gleichmäßig, weist eine mittlere Druck- und eine ausgezeichnete Zugfestigkeit auf, hat aber nur geringe Dauerhaftigkeit wenn es außen verbaut wird. Holzschutzmittel dringen auch unter Druck nur wenig ein. Demgegenüber bereitet die künstliche wie die natürliche Trocknung keine Probleme.

Abb. 4: Austreibende, rot gefärbte Laubblätter
(Foto: Ulla M. Lang)

Abb. 5: Gefiedertes Laubblatt

Abb. 6: Zweig mit Blattansätzen und Lenticellen (links)
und Stammborke (Foto: Ulla M. Lang)

C. fissilis-Holz läßt sich sowohl mit der Hand wie mit Maschinen leicht bearbeiten; es ist gut zu nageln und zu schrauben. Durch Schleifen entsteht eine glatte und gleichmäßige Oberfläche. Streichen und Polieren ist ebenfalls gut möglich.

Typisch für die Art ist die braungraue bis graue, durch tiefe, bis 40 mm breite Risse in rechteckige Platten aufgeteilte Borke alter Stämme. Die inneren Rindenschichten sind gelblich und riechen angenehm.

Taxonomie

Die Gattung *Cedrela* umfaßt acht in Lateinamerika heimische Baumarten, die sich im Holz ähnlich sind. Die meisten kommen von Argentinien bis Mexiko (ausgenommen Chile) natürlich vor.

In Brasilien sind außer *C. fissilis* zwei weitere *Cedrela*-Arten autochthon: *C. angustifolia* im Süden des Landes sowie *C. odorata* (syn. *C. mexicana*) in tropischen Feuchtwäldern (Amazonas-Gebiet). Letztere hat von allen *Cedrela*-Arten die größte Verbreitung (Argentinien bis Mexiko).

Cedrela odorata L. (syn. *C. velloziana* ROEM., syn. *C. mexicana* ROEM.) ist die „Cedrela" des Amazonasgebietes und wächst dort in den höheren Teilen der Varzea, des Überschwemmungsgebietes sowie in den nicht überfluteten Wäldern der Terra firma. Ihre Verbreitung erstreckt sich bis in den Norden Mexikos. Sporadisch kommt sie auch in den Gebirgswäldern Nordostbrasiliens, Bahias und Espirito Santos vor.

C. odorata L. var. *xeirogeiton* RIZZ. et HER. unterscheidet sich vom Typus durch feste, ledrige Fiederblättchen mit stark hervortretenden Nerven und behaarten Blattstielen.

Cedrela angustifolia S. et MOC. (syn. *C. glaziovii* C. DC., syn. *C. huberi* DUCKE, syn. *C. paraguariensis* MART.) kommt in den Regenwäldern des atlantischen Küstengebirges, vor allem zwischen Espirito Santo und Paraná, weiterhin auch auf feuchten, kalkreichen Standorten (z.B. in Brasilia) vor. Ihr Areal reicht vom Norden Mexikos über Brasilien bis nach Argentinien.

Cedrela fissilis unterscheidet sich von den anderen Arten der Gattung hauptsächlich in der Länge der Früchte und in der Form der Fiederblättchen.

Von den insgesamt acht *Cedrela*-Arten sind *C. fissilis* VELL., *C. odorata* L. und *C. angustifolia* S. et MOC. von wirtschaftlichem Gewicht. In der Literatur werden sie oft unter dem Sammelnamen *C. fissilis* zusammengefaßt. Sie ähneln sich morphologisch, haben vergleichbare Holzeigenschaften, sind gleichermaßen gefährdet durch *Hypsipyla grandella* und kommen im natürlichen Habitat oft nebeneinander vor.

Unterschiede gibt es in den Standortsansprüchen, in der Verbreitung und in der Ausprägung einiger morphologischer Merkmale:

	C. fissilis	C. odorata	C. angustifolia
Blätter	25 bis 65 cm	kleiner	60 bis 100 cm
Fiederblättchen	6 bis 9 Paare meist sitzend Apex fein zugespitzt 9 bis 15 cm lang	5 bis 9 Paare kurz gestielt Apex stumpf	5 bis 12 Paare kurz gestielt Apex spitz ausgezogen bis 18 cm lang
Infloreszenzen	etwas kürzer als Blätter	kürzer als Blätter	länger als Blätter
Kelch	5 ungleich lange Sepalen	5 kleine Zähne	gleichmäßig bis zur Hälfte gezähnt
Blüten	7 bis 12 mm lang gelb über die gesamte Infloreszenz verteilt	8 mm lang grünlich-weiß über die gesamte Infloreszenz verteilt	kurz gestielt am Ende der Infloreszenz
Kapseln	4,5 bis 8,5 cm lang	2 bis 4 cm lang	2,5 bis 4,5 cm lang

Abb. 7: Aufgesprungene, reife Früchte mit Samen
(Foto: Ulla M. Lang)

Abb. 8: Einseitig geflügelte Samen

Ökologie und Waldbau

Im natürlichen Areal von *C. fissilis* liegen die mittleren Jahrestemperaturen zwischen 15 und 25 °C. Die Mitteltemperatur des kältesten Monats variiert von 12 bis 22 °C, die des wärmsten Monats von 20 bis 28 °C. Die Art übersteht bis zu 50 (einzelne) Frosttage zwischen –1 und –6 °C; zusammenhängende Frostperioden rufen jedoch beträchtliche Schäden hervor.

Die jährliche Summe der Niederschläge bewegt sich zwischen 850 und 2200 mm. Im äußersten Süden des Areals fallen sie hauptsächlich im Winter, in den Staaten Santa Catarina und Paraná verteilen sie sich gleichmäßig auf das ganze Jahr und von Nord-Paraná bis zur Nordgrenze Brasiliens dominieren Sommerregen.

Bei relativ geringem Wasserdefizit erträgt *C. fissilis* Trockenperioden von 3 Monaten im östlichen Zentral-Brasilien und von 6 Monaten im SO des Landes. Insgesamt ist die Art hinsichtlich ihrer Anforderungen an den Wasserhaushalt recht flexibel.

Cedrela fissilis bevorzugt tiefgründige, frische und gut durchlüftete, nährstoffreiche Böden mit einem pH-Wert um 5. Wechselfeuchte oder staunasse Standorte meidet sie und geschiebereiche, oberflächlich verdichtete Substrate sind nachteilig für ihre Entwicklung. Stärkere Bäume wachsen hauptsächlich auf feuchteren Standorten, in Talsenken und an Flußniederungen.

„Cedrella" ist eine typische Mischbaumart, die infolge ihrer weiten Verbreitung gemeinsam mit vielen verschiedenen Baumarten vorkommt:

Brasilianisches Küstengebirge: *Euterpe edulis, Aspidosperma polyneuron, A. ramiflorum, Nectandra puberula, Ocotea preciosa, Cecropia* spec., außerdem in Einzelmischung mit mehreren *Canella*-Arten.

Subtropischer Regenwald (IV): *Aspidosperma* spec., *Holocalyx glaziovii*, *Piptadenia* spec., *Peltophorum* spec., *Cassia* spec., *Myrocarpus frondosus*, *Machaevium stipulatum* und *Enterolobium contortisiliquum*.

Mischwälder mit *Araucaria* (II): *Araucaria angustifolia*, *Ocotea preciosa*, *Dalbergia brasiliensis*, *Acacia polyphylla* und andere.

Unter Schirm und in Mischbeständen zeigt *C. fissilis* die besten Wuchsleistungen. Demgegenüber ist die Begründung von Reinbeständen meist fehlgeschlagen: zum einen weil die Art in der Jugend Halbschatten benötigt, zum anderen wegen des wesentlich höheren Befallsrisikos durch *Hypsipyla grandella*. Für den Nordosten Brasiliens wird als Prophylaxe gegen diesen Schädling die Mischung mit *Syzygium cumini* oder *Melia azedarach* empfohlen.

Pflanzung in natürlichen Wäldern wird mit Erfolg in nicht zu dicht beschirmten Kleinflächen, aber auch in Buschwäldern und exploitierten Wäldern in Reihenpflanzung (50 bis 100 Stck./ha) vorgenommen.

Weil die natürliche Astreinigung wenig befriedigt, sollte mehrfach geastet werden.

Anzucht und Entwicklung

Zur Saatgutgewinnung werden die noch geschlossenen, reifen Früchte direkt vom Baum beerntet und danach zum Öffnen trocken und luftig gelagert. Aufbewahrung des Saatgutes bei Raumtemperaturen reduziert den Wassergehalt um 20 % und verringert nach 60 Tagen die Keimfähigkeit. Bei trockener Lagerung in Kühlkammern bleibt hingegen die Keimkraft bis zu 3 Jahren erhalten. Samen mit 86 % Keimfähigkeit, in luftdicht verschlossenen und in Alu-Folie verpackten Gläsern (4 % Luftfeuchte), bei Raumtemperatur gelagert, hatten nach 520 Tagen noch Keimraten von 65 %.

Vorbehandlung des Saatgutes ist nicht erforderlich. Zur Anzucht wird empfohlen, jeweils 2 entflügelte Samen in einen Plastik-Container (20 cm Höhe, 7 cm Durchmesser) zu säen. Die Keimung setzt zwischen 5 und 75 Tagen nach der Aussaat ein. 4 bis 6 Monate alte Sämlinge werden verschult und bei einer Höhe von 40 bis 80 cm bringt man sie auf die Freifläche. Auch wurzelnackte Pflanzen können mit befriedigendem Erfolg verpflanzt werden.

Vegetativvermehrung durch Stecklingsbewurzelung gelingt ohne Schwierigkeiten. 10 bis 30 cm lange, in feuchtem Sand gelagerte Stecklinge bewurzeln sich zu über 80 % [6]. In natürlichen Beständen entsteht Wurzelbrut.

Unter günstigen Bedingungen wächst *C. fissilis* in der Jugend relativ rasch und bildet Höhentriebe von 40 bis 50 cm. In 30 Jahren können etwa 20 Höhenmeter erreicht werden und der Kulminationspunkt des Höhenwachstums liegt bei ca. 20 Jahren.

Insgesamt bestehen aber erhebliche Unterschiede in der Wüchsigkeit – nicht zuletzt ausgelöst durch *Hypsipyla grandella*-Befall.

Die Tabelle auf Seite 7 stellt Aufforstungsergebnisse mit *C. fissilis* in verschiedenen Teilen Brasiliens zusammen.

Pathologie

Das weitaus größte Problem nach Aufforstungen, in Jungwüchsen, in Stangenhölzern und auch in Naturverjüngungen sind Trieb- und Knospenschäden durch *Hypsipyla grandella* ZELL. Die Larven dieser Schmetterlingsart minieren die Triebe und zerstören die Knospen, was zu buschartigem Wachstum, oft auch zum Absterben führt. Die Schäden fallen um so geringer aus, je kleiner die verjüngten Flächen sind.

Im Süden Brasiliens, wo die Art nur mit 1 bis 3 Bäumen pro Hektar in den natürlichen Wäldern vertreten ist, spielt *Hypsipyla* keine Rolle. Im Gegensatz dazu sind Kulturen auf Kahlflächen extrem gefährdet. Befallene Bäume müssen jährlich durch Gipfelschnitt behandelt werden.

Auch in künstlichen Mischbeständen treten erhebliche Schäden auf. In Paraná (Santa Helena) war *C. fissilis* zu 80 % befallen, wenn in Ost-West-Richtung reihenweise mit *Leucaena* spec. gemischt wurde, aber nur zu 31 % bei Mischung in Nord-Süd-Richtung.

Gemessen daran ist der Schaden durch mehrere Käferarten gering. *Oncideres dejeani* setzt sich in Astgabeln fest, *Antaeotricha dissimilis* frißt an Blättern, und die weißen Larven von *Diploschema rotundicolle* fressen an Zweigen und Stämmen.

Nutzung

Im Mittelpunkt der Nutzung steht das Holz. Es findet unter den leichten Hölzern Brasiliens nach *Araucaria angustifolia* die breiteste Verwendung. Rein äußerlich ähnelt es Mahagoni *(Swietenia macrophylla)*.

Aufgrund seines relativ geringen Gewichtes und der geringen Schwindung wird es zur Herstellung von Schubladen, Meßtischen, Dübeln und Bleistiften genutzt. In der Hauptsache dient es aber als Furnier sowie für den Innenausbau (Decken, Wandverkleidungen, Jalousien) im Haus- und Bootsbau.

Geeignet wäre es auch zur Energiegewinnung; es wird aber weder als Brennholz genutzt noch für die Zellstoff- und Papierherstellung (Faserlänge bis 82 mm, Cellulose-Anteil 29 %) herangezogen. Besonders bekanntgeworden ist es als Material für Zigarrenkisten und für Gegenstände des Kunsthandwerks.

Ort	Alter (Jahre)	Pflanz- abstand (m)	Pflanzen lebend (%)	Höhe Mittel (m)	BHD Mittel (cm)	Bodentyp
Cascavel-PR	10	3 x 2	90	5,3	10,2	Latossolo roxo distrófico
Colombo-PR (d)	6	10 x 10	100	2,52	-	Cambissolo húmico
Colombo-PR (c)	8	7 x 1,5	81,6	2,91	-	Cambissolo húmico
Cosmópolis-SP	20	-	-	14,3	18	Latossolo roxo distrófico
Foz do Iguaçu-PR	4	4 x 4	100	2,87	6,1	Latossolo roxo distrófico
Illha Solteira-SP (b)	1	3 x 3	-	1,58	-	Latossolo roxo distrófico
Marinagá-PR (c)	5	4 x 4	33,7	1,04	-	Latossolo roxo distrófico
Moji Mirim-SP (a)	8	2 x 2	78	2,51	2,4	Latossolo vermelho amarelo
Paranaguá-PR	9	3 x 2	48	2,42	4,3	Latossolo verm.amar. álico podzolizado
Quedas do Iguaçu-PR (b)	2	3 x 3	84	0,88	-	Latossolo roxo distrófico
Santa Helena-PR	4	4 x 3	100	2,7	6,4	Latossolo roxo eutrófico
Santa Helena-PR (e)	5	4 x 2	47,2	2,51	4,4	Latossolo roxo eutrófico
Santa Helena-PR (f)	5	4 x 2	66,6	2,72	3,5	Latossolo roxo eutrófico
Santa Helena-PR	6	4 x 4	87,5	4,37	8,9	Latossolo roxo eutrófico
Santa Rita do Passa	24	2 x 2	-	22,67	41,1	Latossolo vermelho escuro

a) Streifenpflanzung in Kiefernbeständen
b) Pflanzung zusammen mit *Cupressus lusitanica*
c) Streifenpflanzung in hohem Buschwald
e) Streifenpflanzungen in Ost-Westrichtung in *Leucaena leucocephala*-Beständen

f) Streifenpflanzung in *Leucaena*-Beständen in Nord-Süd-richtung
Der mittlere jährliche Volumenzuwachs beträgt 3,25 m³/ha/Jahr, berechnet nach Mittelhöhe und BHD auf Versuchs-flächen in Cascavel/Paraná/Brasilien.

Die Rinde hat eine tonische, adstringierende Wirkung. Ein Absud wird heute noch gegen fiebrige Erkrankungen und zur Heilung von Vereiterungen empfohlen. Kleine Rinden-stücke, in Zuckerrohrschnaps eingelegt, haben einen sehr angenehmen Geschmack und Geruch.

In Städten pflanzt man *C. fissilis* wegen der schönen Farbe und der harmonischen Form seiner Krone gern als Straßen- und Parkbaum an.

Verschiedenes

– INOUE [10, 11] berichtet über Herkunftsunterschiede im Höhenwachstum, in der Frostempfindlichkeit und in der Widerstandsfähigkeit gegen *Hypsipyla grandella*.

– *C. fissilis* ist eine geschützte Wertbaumart, die dennoch intensiv exploitiert wird, weil ein wirksamer aktueller Schutz wegen ihrer weiten Verbreitung nicht gesichert ist.

Weiterführende Literatur

[1] AMARAL, L. G.,1981: Meliaceae. Goiania: Univ. Fed. de Goiás.
[2] ANDRADE, D. X., 1957: Considerações sobre a cultura do cedro. An. Brasil. de Econ. Flor., Rio de Janeiro 9, 9, 122-130.
[3] BIGARELLA, J. J., 1978: Aspectos florísticos. In: Bigarella, J. J. A Serra do Mar e a porção oriental do Estado do Paraná, Curitiba: Sepl-Adea, 57-59.
[4] CARVALHO, A. L., de.; Oliveira-Filho, A. T., de. et al., 1992: Flora arbustivo-arbórea das matas ciliares do Alto Rio Grande (MG). 1-Mata de Macaia (Bom Sucesso). In: Congr. Nacion. Essênc. Nativ., 2, Anais. São Paulo, Inst. Flor., 274-282.
[5] CARVALHO, P. E. R., 1994: Espécies florestais brasileiras. Recomendações silviculturais, potentialidades e uso da madeira. Empr. Brasil. de Pesq. Agropec., EMBRAPA-CNPF/SPI.
[6] CARVALHO, P. E. R.; COSTA, J. M., 1983: Comportamento de essências nativas e exóticas em condições de arboreto em quatro locais do Estado do Paraná. Curitiba: EMBRAPA-URPFCS, 161-170.

Abb. 9: Baumgruppe im Arcadia State Arboretum, Los Angeles (Foto: Ulla M. Lang)

[7] CEDRO, 1991: Globo Rural, São Paulo, **68**, 72-75.

[8] CORDES, M. P., 1984: Dicionario das Plantas Utas do Brasil e das Exoticas Cultivadas. Min. Agric. IBDF, vol. II.

[9] FIRKOWSKI, C., 1990: Avalicação da variação genética e fenotípica entre procedências e progênies de Cedrela fissilis. Floresta, Curitiba, **20**, 1/2, 3.

[10] INOUE, M. T., 1977: A auto-egologia do gênero Cedrela: efeitos na fisiologia do crescimento no estágio juvenil em função da intensidade luminosa. Floresta, Curitiba, 7, 2, 58-61.

[11] INOUE, M. T., 1983: Bases edofisiológicas para a silvicultura de espécies nativas. In: Inoue, Reichmann Neto. A silvicultura de espécies nativas. Curitiba: FUPEF, 1-18.

[12] KLEIN, R. M., 1966: Árvores nativas indicadas para o reflorestamento no sul do Brasil. Sellowia, Itajaí, **18**, 18, 29-39.

[13] KLEIN, R. M., 1969: Árvores nativas da Ilha de Santa Catarina. Ínsula, Florianópolis, **3**, 3-93.

[14] KLEIN, R. M., 1982: Contribuição à identificação de árvores nativas nas florestas do sul do Brasil. In: Congr. Nat. Sobre Essências Nativ., Anais. Silvicultura em São Paulo, **16 A**, 1, 421-440.

[15] KLEIN, R. M., 1984: Meliáceas. Itajaí: Herbário Barbosa Rodrigues, 138.

[16] MARTINS, S. S. M.; Takahashi, L. Y.; Borges, R. de C.G., 1991: Desenvolvimento de algumas espécies florestais nativas em plantio de enriquecimento. In: Congr. Flor. Brasil., 6., Anais. São Paulo, 3, 239-242.

[17] REITZ, R.; KLEIN, R. M.; REIS, A., 1983: Projeto madeira do Rio Grande do Sul. Sellowia, Itajaì, 34/35, 1-525.

[18] RIZZINI, C. T., 1971: Árvores e madeiras úteis do Brasil; Manual de dendrol. bras. São Paulo: Edgard Blucher, 294.

[19] ROTTA, E., 1977: Identificação dendrológica do Parque Municipal da Barreirinha, Curitiba, PR. Curitiba: Univ. Fed. do Paraná, Tese Mestrado, 271.

[20] ROTTA, E., 1981: Composição florística da Universidade Regional de Pesquisa Florestal Centro-Sul, Colombo, PR. Curitiba: EMBRAPA-URPFCS, 33.

Der Autor:

Prof. Dr. FREDO RITTERSHOFER
Veit-Adam-Straße 14
D-85354 Freising

Ceiba pentandra (LINNÉ) GAERTN.

syn.: Bombax pentandrum L., Eriodendron anfractuosum DC.

Kapokbaum, Wollbaum   Familie: Bombacaceae

engl.:   Silk-cotton tree
franz.: Arbre à bourre, Fromager,
         Kapokier
ital.:   Ceiba
span.:   Ceibo

Mittelamerika: Pocote

Abb. 1: Typischer Altbaum auf einer Weidefläche in Costa Rica

Ceiba pentandra, einer der mächtigsten Bäume des tropischen Amerika ist heute zwischen 16° N und 16° S weltweit verbreitet. Die mit hohen Brettwurzeln versehenen, bis zu 60 m hohen und 3 m starken Stämme liefern ein leichtes, wenig dauerhaftes Holz. Wirtschaftlich wichtiger sind die in den Samenkapseln enthaltenen, kaum zu benetzenden Haare, die als Kapok auf dem Weltmarkt gehandelt werden und u.a. ein wichtiges Material zur Füllung von Matratzen, Schlafsäcken, Rettungsringen und Schwimmwesten darstellen, sich aber nicht verspinnen lassen.

Ökologisch spielt *C. pentandra* eine wichtige Rolle als raschwüchsige Pionierbaumart bei der Entstehung und dem Aufbau von Sekundärwäldern.

Kennzeichnend für die zu Beginn der Trockenzeit ihre Blätter abwerfende Art ist der lange, astfreie, oft mit vielen kräftigen, kegelförmigen Stacheln besetzte Stamm. Auch die Äste sind dicht bewehrt.

Abb. 3: Brettwurzeln an einem alten Stamm
(Foto: L. Maraz)

Zwischen den in Amerika, Afrika und Südostasien vorkommenden Populationen bestehen Unterschiede in der Beastung, der Intensität der Bewehrung sowie hinsichtlich Blütenfarbe und Kapselgröße.

Verbreitung

Geschlossene Samenkapseln von C. pentandra werden von Meeresströmungen transportiert, ohne daß die Samen Schaden erleiden. Deswegen ist es schwierig, die Herkunft der Art exakt zu fixieren. Vieles spricht dafür, daß ihre Heimat im tropischen Südamerika liegt und daß sie in prähistorischer Zeit über den Atlantik nach Westafrika gelangte. Viel später dürfte sie von Menschen in Äquatorial-Afrika verbreitet und im 10. Jahrhundert durch arabische Händler weiter nach Südostasien gebracht worden sein. Die dort angebaute, stachellose Form entstand wahrscheinlich bereits in Afrika [2].

In Amerika kommt die Art heute von Mexiko bis Ekuador und Brasilien sowie auf den Westindischen Inseln natürlich vor [9]. Insgesamt ist sie pantropisch verbreitet (16° N bis 16° S). Insbesondere auf Java und in Indien nutzt man vorwiegend das Holz. Das gilt auch für die Staaten innerhalb des natürlichen Areals, wo es bereits zu starken Übernutzungen kommt [6]. Künstliche *Ceiba*-Vorkommen gibt es überdies auf Ceylon, im tropischen Australien und in vielen Teilen Indonesiens.

Beschreibung

Erscheinungsbild

Sowohl am natürlichen Standort wie in Kultur gehört C. *pentandra* zu den eindruckvollsten Bäumen der Tropen.

Abb. 2: Variation der Borke hinsichtlich Form und Anzahl der Stacheln

Der mächtige, graue Stamm trägt eine flache, weit ausladende Krone, die sich aus wenigen, starken, horizontal vom Stamm abgehenden Ästen mit geringer Verzweigungsintensität aufbaut.

Kennzeichnend sind zum einen die relativ schmalen, mehrere Meter am Stamm emporreichenden Brettwurzeln, zum anderen die große Zahl von kräftigen, kegelförmigen Stacheln (bis 2,5 cm lang), welche Äste und junge Stämme dicht bedecken, bei älteren Bäumen aber nur noch an der Stammbasis und an den Brettwurzeln vorkommen [9]. In Afrika (Togo) existieren Populationen ohne Stacheln [1, 8] und auch die in SO-Asien zur Kapokerzeugung kultivierte Form bildet keine Stacheln aus [2].

Höhe und Stammdurchmesser variieren mit dem Standort und mit der geographischen Herkunft:

Tropisches Amerika: 40 bis 50 m hoch (max. 60 m). BHD = 130 bis 180 cm (max. 2,4 m). Astfreie Schäfte bis $^2/_3$ der Baumhöhe. Brettwurzeln reichen bis 8 m am Stamm empor [2, 8].

Afrika: Höhe bis 50 m, BHD bis 2,5 m [1, 8].

Indien: Höhe 25 m, ca. 12 m langer, astfreier Schaft [1].

Java (in Kultur): Höhe bis 20 m, BHD ca. 0,6 m[1].

Blätter

Die unverkennbaren, wechselständig angeordneten Blätter des Kapokbaumes stehen gehäuft am Ende von Langtrieben.

Abb. 5: Blüten

Sie sind fingerförmig geteilt und auffallend lang gestielt (10 bis 22 cm). Die Zahl der fast sitzenden Fiederblättchen schwankt zwischen 7 und 9, ihre Länge zwischen 10 und 18 cm (Breite: 2,5 bis 4 cm).

Die Spreite der ganzrandigen oder schwach gezähnten Fiederblättchen läuft an der Basis und am Apex spitz zu. Die Unterseite ist blasser grün als die Oberseite.

Blüte

C. pentandra blüht während der Trockenzeit, also nach dem Laubabwurf (Jan./Febr. in Mittelamerika). Die Art ist selbstfertil, blüht aber nicht in jedem Jahr. Mitunter bleibt die Blüte 5 bis 10 Jahre aus [2].

Die 2,5 bis 4 cm langen, weißlichen oder schwach rosafarbenen Zwitterblüten stehen büschelig gehäuft in der Nähe der Triebenden.

Abb. 4: Laubblätter

---

[1] For. Abstr. 5, S. 134, 1943

Sie sind kurz gestielt, haben einen krugförmigen, ca. 1,5 cm langen, fünfzähnigen Kelch, 5 außen seidig braun behaarte, längliche Kronblätter und 5 Staubblätter, welche die Petalen überragen. Die Filamente sind in der unteren Hälfte zu einer Röhre verwachsen.

Der Fruchtknoten ist halbunterständig. Chromosomenzahl: $2n = 80$ oder $2n = 88$ in Amerika; $2n = 72$ bis $2n = 88$ in anderen Regionen [2].

Ceiba-Blüten enthalten viel Nektar (Zuckergehalt: 15 bis 18 %), öffnen sich am Abend und werden durch Fledermäuse bestäubt (Afrika: Arten der Untergattung *Megachiroptera*, in Brasilien: *Microchiroptera* [2]). Auch Kolibris, Bienen, Wespen, Käfer und Eichhörnchen besuchen die Blüten, oft jedoch erst am Morgen, wenn die Bestäubung vollzogen ist. Die Befruchtung erfolgt i.a. innerhalb von 12 Stunden nach der Bestäubung, vorausgesetzt, die Lufttemperatur liegt nicht unter 20 °C [2].

Früchte und Samen

Vier bis fünf Wochen nach der Befruchtung sind die Früchte reif [2]; nach LAMPRECHT [8] vergehen 2 bis 3 Monate. Es entstehen 10 bis 25 cm lange und bis 6 cm breite, gelbbraune, spindelförmige Kapseln, welche herabhängen und sich bei Reife an 5 Nähten öffnen, bei einigen Populationen auch geschlossen bleiben.

Voll entwickelte Bäume tragen zu gleicher Zeit 500 bis 4000 Früchte. Jede davon enthält mindestens 200 (anderen Autoren zufolge 120 bis 175 [8] oder bis zu 100 [5]) etwa 5 mm dicke, schwarze Samen. Tausendkorngewicht: ca. 142 g [9], [2]. Keimprozent (in SO-Asien) $\approx$ 70 % [3].

Diese werden von einer dichten Masse gelblich weißer Haare umgeben, welche der Innenseite der Fruchtwand (Endokarp) entspringen, von der sie sich bei Fruchtreife ablösen.

Abb. 6: Geschlossene Kapselfrucht

Abb. 7: Offene Kapsel mit Samen und Haaren

Sie ermöglichen die Windverbreitung der Samen über weite Entfernungen, sind hohl, 1,5 bis 3 cm lang und sehr geschmeidig. Ein Wachsbelag verleiht ihnen einen seidigen Glanz und macht sie für Wasser fast unbenetzbar.

Holz und Rinde

Ceiba-Holz ist leicht, weich und wenig dauerhaft. Es hat eine schmutzig-weiße bis gelblich graue Farbe und dunkelt nach. Der Splint läßt sich farblich vom Kern nicht unterscheiden. Zuwachszonen sind aber erkennbar.

Die Gefäße sind zerstreutporig verteilt. Sie stehen meist einzeln, selten in kleinen Gruppen, haben einen auffallend großen Durchmesser (140 bis 280 µm) und machen insgesamt nicht mehr als 7 bis 8 % der Holzelemente aus [12]. Den Hauptanteil nehmen das Holzparenchym (ca. 41 %) und die Holzfasern (ca. 30 %) ein.

Die physikalischen Kenngrößen liegen bei:

$$r_0: \quad 0,20...0,26...0,40 \text{ g/cm}^3$$
$$r_{15}: \quad 0,25...0,32...0,45 \text{ g/cm}^3$$

(Indien [1]: 0,14 bis 0,27 g/cm³)

Druckfestigkeit δ_{dB}: 175 – 250 kp/cm²
Biegefestigkeit δ_{bB}: 350 – 500 kp/cm²
Zugfestigkeit δ_{zB}: 11,5 – 13,3 kp/cm² [12].
(senkrecht zur Faser)

Das Holz läßt sich gut bearbeiten, sofern scharfe Werkzeuge verwendet werden; Nägel und Schrauben halten jedoch schlecht und die Widerstandsfähigkeit gegen holzzerstörende Pilze, Insekten und Bohrmuscheln ist gering.

C. pentandra gehört mit Werten um 50 % zu den tropischen Baumarten mit besonders hohem Celluloseanteil [7].

Die anfangs dünne, kräftig grüne Rinde wird später zu einer aschgrauen Borke.

---

[2] Für Ekuador werden 22 g, für Costa Rica 100 g genannt [8].
[3] For. Abstr. 48, 253, 1987

Anzucht, Wachstum und Ökologie

Ceiba pentandra gehört zu den lichtbedürftigen Pionier-
baumarten, deren Höhenwachstum schon früh kulminiert.
Häufig fliegt sie auf Freiflächen an, keimt epigäisch innerhalb einer Woche nach der Aussaat, entwickelt rasch eine
tiefreichende Pfahlwurzel und spielt so eine wichtige Rolle
bei der Entstehung von Sekundärwäldern. Voraussetzung
für das Zustandekommen dieser Entwicklung ist das Fehlen einer verdämmenden Bodenvegetation.

In den ersten 10 Lebensjahren wächst die Art pro Jahr
etwa 1,2 m in die Höhe. An der Westküstel Indiens erreicht sie mit 6 Jahren 5,5 m Höhe und einen Stammdurchmesser von 17,8 cm; unter günstigen Bedingungen
wird sie in 3 bis 4 Jahren 9 m hoch [1]. Das Höchstalter
wird mit ca. 50 Jahren angegeben [1].

Verpflanzt werden zumeist in Containern angezogene, ca.
50 cm hohe, 5 bis 6 Monate alte Sämlinge. In Sri Lanka
und auf den Philippinen verwendet man oft bewurzelte
Stecklinge [1]. Zumindest für die beiden ersten Jahre wird
Unkrautbekämpfung angeraten.

C. pentandra kommt von Natur aus sowohl in immergrünen und regengrünen Feuchtwäldern als auch in Trocken-
und Galeriewäldern vor. Die Jahresniederschläge liegen
zwischen 800 und 2500 mm (in Indien: 740 bis 3010 mm
[1]), das jährliche Mittel der Lufttemperatur liegt zwischen 20° und 27°C [8]. Die Art toleriert eine relativ
lange Trockenzeit, welche sie im blattlosen Zustand überdauert. Auch kurze, milde Fröste werden i.a. überstanden
[1].

Kapokbäume gedeihen besonders gut auf wohldrainierten,
alluvialen Standorten mit schwach saurer bis neutraler
Bodenreaktion. Tiefgründige, lockere, sandige Lehme sind
ebenfalls gut als Substrat geeignet. Insgesamt stellt die Art
aber keine hohen Standortsansprüche.

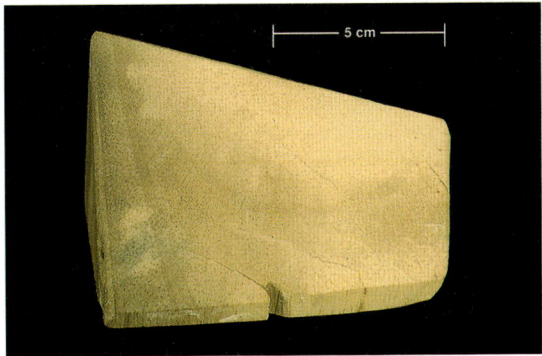

Abb. 9: Stammholz, quer

Nutzung

C. pentandra wird wegen seiner zahlreichen Verwendungsmöglichkeiten in vielen tropischen Ländern genutzt
und kultiviert. Dabei bleibt das Holz hinsichtlich der wirtschaftlichen Bedeutung hinter den Samen (Ölgewinnung),
vor allem aber hinter den Fasern (Kapok) zurück.

Ein erwachsener Baum trägt in Indien pro Jahr 1500 bis
2000 Samenkapseln, die im Frühjahr (März bis Mai) mit
hakenförmigen Messern an langen Bambusstangen geerntet werden [1]. Aus 200 Kapseln kann man etwa 1 kg Fasern gewinnen. Diese sind hohl, mit 1,5 bis 3,3 cm aber zu
kurz, wegen einer Wachsauflage auch zu glatt, um ver-
sponnen werden zu können. Wegen ihres geringen Gewichtes (nur $1/_8$ so schwer wie Baumwollfasern) und ihrer
geringen Benetzbarkeit eignen sie sich jedoch vorzüglich
als Füllmaterial sowohl für Kissen, Matratzen und Schlaf-
säcke als auch für Rettungsringe und Schwimmwesten.
Hochwertiges Kapok entsteht u.a. auf Java, wo *C. pentandra* einen Teil der Kulturlandschaft prägt und die Faser
keineswegs nur in Plantagen geerntet wird.

Die Samen des Kapokbaumes enthalten 20 bis 25 % Öl,
welches in Südostasien und in Afrika zu Seife verarbeitet
oder als Lampenöl verbraucht wird. Nach Reinigung liefert es ein schwach trocknendes Speiseöl mit einem Linol-
säure-Anteil von 31 % [5].

Die Preßrückstände werden als eiweißreiches Viehfutter
genutzt (26 % Protein).

Gemessen am Öl und am Kapok ist das Holz nur von geringer Bedeutung. Nutzen läßt es sich für die Sperrholz-
produktion und als Konstruktionsholz geringer Beanspruchung im Innenbau [12]. In Afrika werden Streichhölzer,
in Indien wird Spielzeug daraus hergestellt [1,4)]. Außerdem dient es zur Herstellung von Kisten.

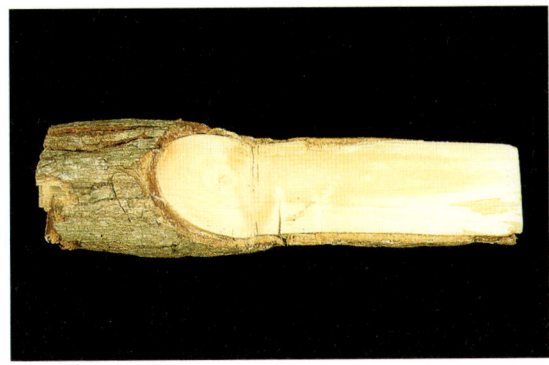

Abb. 8: Astholz im Anschnitt

---

4) For. Abstr. **19**, 144, 1958

Die Indianer höhlten besonders lange und starke Stämme aus und bauten sie zu Kanus um. Häufig nutzten sie die Stämme auch zum Floßbau und das Holz zur Herstellung von Trommeln [9].

In Teilen Afrikas stellt die Art eine wichtige Bienenweide dar[5] und in vielen tropischen Ländern nutzt man sie als dekorativen Parkbaum, der in manchen Orten den zentralen Marktplatz beherrscht [9].

Verschiedenes

– In der indischen Provinz Tamil Nadu stellt *C. pentandra* eine wichtige Komponente des Wald-Feldbaus (Taungya-System) dar. Erfolgreich ist vor allem die Kombination Kapok/Baumwolle[6]. *Ceiba* wird im 8 x 8 m-Verband begründet, dazwischen stehen Feldfrüchte wie Sesam, Sonnenblumen oder Sorghum-Hirse [11]. Mischung mit Baumwolle erhöht den Zuwachs von *Ceiba*.

– *C. pentandra* ist empfindlich gegen Wind und Feuer. Infektionskrankheiten und Insektenfraß spielen keine wesentliche Rolle.

– Auf Samoa ist *C. pentandra* selbstfertil. Sie kann dort allein durch Fledermäuse der Art *Pteropus toriganus* (*Megachiroptera*) („flying fox") bestäubt werden. Die Tiere stehen in starker Konkurrenz zueinander und verteidigen ihr Revier, einen Teil des Kronenraumes, heftig. Zwischen 20.30 h und 6.30 h wurde ein einziger Baum von 258 dieser Fledermäuse besucht. Ihr Ziel ist der intensiv nach Mandeln schmeckende Nektar [4].

– Im peruanischen Amazonasgebiet entstanden 1975 mehrere Sperrholzwerke, die ausschließlich auf die Nutzung der natürlichen *Ceiba*-Vorkommen und den Export des Sperrholzes nach Venezuela und in die USA ausgerichtet waren. Bereits 1983 hatte die Nutzung zum völligen Verschwinden der Art und zur Schließung der Werke geführt [6].

Weiterführende Literatur

[1] ANONYMUS, 1981: Troup's Silviculture of Indian Trees. Delhi, India.
[2] BAKER, H.G., 1983: Ceiba pentandra. In: Janzen, D.H.: Costa Rican Natural History, 212–215, Univ. Chicago Press, Chicago, London.
[3] BAVENDAMM, W.; FRANCKE, A.; MIEDLER, K., et al., o.J.: Westafrikanische Ceiba. Merkblatt Nr. 6 über koloniale Nutzhölzer. Verlag Neumann, Neudamm.
[4] ELMQUIST, T.; COX, P.A.; RAINEY, W.E.; PIERSON, E.D., 1992: Restricted pollination on oceanic islands: pollination of Ceiba pentandra by flying foxes in Samoa. Biotropica 24, 15–23.
[5] FRANKE, W., 1981: Nutzpflanzenkunde. 2. Aufl., Georg Thieme Verlag Stuttgart, New York.
[6] GENTRY, A.H.; VASQUEZ, R., 1988: Where have all the Ceibas gone? A case history of mismanagement of a tropical forest resource. For. Ecol. Managem. 23, 73–76.
[7] HARZMANN, L.J., 1988: Kurzer Grundriß der allgemeinen Tropenholzkunde. S. Hirzel Verlag, Leipzig.
[8] LAMPRECHT, H., 1986: Waldbau in den Tropen. Verlag Paul Parey, Hamburg und Berlin.
[9] LITTLE, E.L., Jr.; WADSWORTH, F.H., 1964: Common trees of Puerto Rico and the Virgin Islands. USDA, Forest Service, Agric. Handbook Nr. 249, Washington, D.C.
[10] RECORD, S.J.; HESS, R.W., 1943: Timbers of the New World. Yale Univ. Press. New Haven.
[11] SURESH, K.K.; VINAYA RAI, R.S., 1991: Studies on intercropping with silk cotton trees (Ceiba pentandra [L.] GAERTN.). Trop. Agric. 68, 37–40.
[12] WAGENFÜHR, R.; SCHEIBER, C., 1974: Holzatlas. VEB Fachbuchverlag, Leipzig.

---

[5] For. Abstr. 52, 6960, 1991
[6] For. Abstr. 52, 9356, 1971

Die Autoren:

Prof. em. Dr. PETER SCHÜTT
Lehrstuhl für Forstbotanik
Ludwig-Maximilians-Universität München
Hohenbacherstraße 22
D-85354 Freising

ULLA M. LANG
Schützenstraße 6
D-83383 Hohenpeißenberg

Cinnamomum camphora (LINNÉ) J. S. PRESL, 1825

Kampferbaum

engl.: Camphor tree
franz.: Camphrier
ital.: Canfora
span.: Alcanfor

Familie:	Lauraceae
Unterfamilie:	Lauroideae
Tribus:	Cinnamomeae
Subtribus:	Cinnamominae

Abb. 1: Im Freistand wachsender Einzelbaum

Kampferbäume gehören zu den gesuchten und in vielfacher Weise genutzten Holzgewächsen subtropischer Regionen. Die relativ unscheinbare Art ist in Ostasien beheimatet und wird in vielen Ländern teils in Plantagen, teils als Park- und Straßenbaum kultiviert. Sie ist raschwüchsig, wird aber im Freistand breitkronig, kurzstämmig und selten höher als 20 m. Fast alle Teile des Baumes werden genutzt, denn sie enthalten Kampferöl, ein wichtiges Ausgangsmaterial für die Herstellung zahlreicher medizinischer, kosmetischer und industrieller Produkte. Wegen der günstigen technischen Eigenschaften und seiner abstoßenden Wirkung auf Schädlinge verarbeitet man das Holz in China gern für Möbel und kunstgewerbliche Gegenstände. Kennzeichnend ist der beim Zerreiben der Blätter wahrnehmbare intensive Kampfergeruch.

Verbreitung

Der Kampferbaum ist ein typischer Vertreter des immergrünen, subtropischen Laubwaldes in China. Er hat seine Verbreitung zwischen 10 und 30 °n. Br. und kommt u.a. in den Provinzen Fujian, Jiangxi, Guangdong, Guangxi, Hunan, Hubei, Yunnan, Sichuan, Zhejiang und Jiangsu natürlich vor. Das Schwergewicht seines Vorkommens liegt auf Taiwan; daneben findet man die Art auch in Vietnam, Korea und Japan [1].

Im allgemeinen ist C. camphora ein Baum der Ebene und des Hügellandes, der zumeist in Höhenlagen zwischen 500 und 600 m, in der Grenzregion zwischen den Provinzen Giuzhou und Hunan aber auch bis 100 m ü. NN. heimisch ist. Als Ausnahme kann das mittlere und das nördliche Taiwan gelten, wo autochthone Bestände bis in Höhenlagen von 1800 m vorkommen und die Art schon unterhalb 1500 m gut gedeiht.

Künstlich begründete Bestände findet man normalerweise unter 100 m Meereshöhe [1, 3]. Solitäre stehen in vielen Dörfern und entlang vieler Flußläufe.

In natürlichen Beständen des chinesischen Areals kommt der Kampferbaum zumeist in Mischung mit immergrünen Laubbaumarten wie Schima superba, Machilus thunbergii, Castanopsis chinensis, Sterculia lanceolata oder Syzygium spec. vor und ist stets in der oberen Kronenschicht vertreten.

Abb. 2: Borke eines alten Baumes

Beschreibung

Kampferbäume werden bis 30 m hoch und erreichen im Extrem einen Durchmesser (BHD) von 3 m. Im Freistand löst sich der meist kurze **Stamm** schon früh in eine dichte, breit eiförmige Krone auf. Im Bestand entwickelt sich hingegen ein gerader, weniger stark beasteter Schaft. Die relativ dicke, gelblich braune Stammborke wird im Alter tief und unregelmäßig längsrissig; demgegenüber ist die unbehaarte Rinde junger Triebe hellbraun bis gelbgrün und glatt.

Die eiförmigen bis kugeligen **Knospen** werden von abgerundeten Tegmenten umschlossen. Terminalknospen können 6 mm lang werden und sind von zugespitzt eiförmiger Gestalt. Ihre überlappenden, ebenfalls rundlichen Schuppen hinterlassen ringförmige Narben [5].

Die immergrünen, mit einem dünnen, 1–3 cm langen Stiel versehenen ledrigen **Blätter** sind gegen- oder wechselständig angeordnet. Sie werden 6–12 cm lang, 2,5–5,5 cm breit, laufen am Apex spitz, an der Basis keilförmig oder schwach abgerundet aus und sind ganzrandig. Kennzeichnend sind ferner:

a) 3 (bis 4) Blattadern-Paare 1. Ordnung, wovon das unterste nahe der Mittelrippen-Basis ansetzt,
b) in den Achseln der Blattadern angeordnete Drüsen (Blattunterseite),
c) der starke Kampfergeruch beim Zerreiben der Blätter.

Voll entwickelte Blätter sind auf der Oberseite glänzend dunkelgrün, unterseits aber stumpf hellgrün. Die frisch austreibenden Blätter sind jedoch rötlich.

Die kleinen, unscheinbaren **Zwitterblüten** stehen in 3,5–7 cm langen, den Blattachseln entspringenden, rispigen Blütenständen mit kahlen oder schwach behaarten Achsen. Sie haben einen Durchmesser von ca. 3 mm, sind von grünlich oder gelblich weißer Farbe und 1–2 mm lang gestielt. Die 6 elliptischen, ca. 2 mm langen Perigonblätter sind auf der Innenseite dicht behaart. Die 9 ebenfalls 2 mm langen Staubblätter stehen in 3 Kreisen, haben Antheren mit 4 Pollensäcken und behaarte Filamente. In einem vierten (inneren) Kreis sind 3 pfeilförmige, ca. 1 mm lange Staminodien angeordnet. Chromosomenzahl: 2n = 24.

Blütenformel: $*P3+3 \ A3+3+3+3^{st} \ G-1-$

Abb. 3: Blätter kurz nach dem Austrieb
(Foto: P. Schütt)

Abb. 5: Blütenstände

Als **Früchte** werden eiförmige bis runde Beeren mit verstärktem Stiel und grünlicher Basis (becherförmig vertiefter Blütenboden) gebildet, die zur Reifezeit eine rötlich schwarze Farbe annehmen und nur einen kugelförmigen, dunkelbraunen **Samen** enthalten. Durchmesser der Frucht: 6–8 mm; Durchmesser des Samens: ca. 6 mm. Blütezeit: April bis Mai; Fruchtreife: Oktober bis November.

Kampferbäume bilden ein intensives, tiefreichendes Pfahlwurzelsystem aus, das durch kräftige, weitstreichende Horizontalwurzeln ergänzt wird. Nach Wurzelverletzungen entsteht reichlich Wurzelbrut.

Holz

Auf dem Stammquerschnitt hebt sich das gelblich braune oder hellbraune, 20–30 Jahrringe umfassende Splintholz

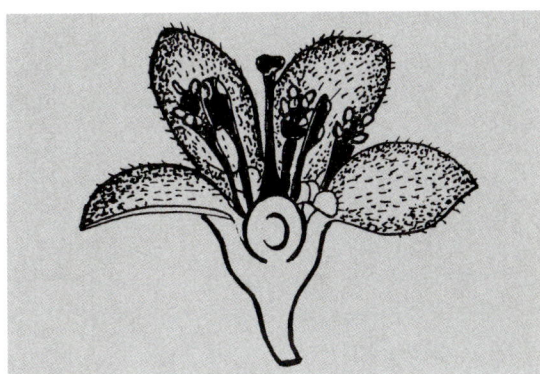

Abb. 6: Einzelblüte, Längsschnitt (stark vergrößert) nach Vorlage des Autors

deutlich vom rötlichbraunen, mitunter purpurrot getönten Kernholz ab, welches in Faserrichtung eine rote oder dunklere Streifung aufweist und nach dem Einschlag intensiv nach Kampfer riecht. Die Jahrringe heben sich durch ein im Spätholz befindliches Band dichter gelagerter Holzfasern deutlich voneinander ab.

Die vielen, relativ kleinen Tracheen sind gleichmäßig in dem zerstreutporigen Holz verteilt. Thyllen lassen sich mit bloßem Auge, das die Tracheen umgebende Holzparenchym und die schmalen Holzstrahlen nur mit einer Lupe erkennen.

Im Hirnschnitt weisen die einzeln oder in Gruppen zu 2–5 angeordneten Gefäße einen rundlichen oder ovalen Querschnitt auf. Ihr tangentialer Durchmesser beträgt 70–145

Abb. 4: Fruchtstand mit reifen und unreifen Früchten

Abb. 7: Holz, Querschnitt und Fladerschnitt

µm, ihre Länge 326–661 µm, spiralförmige Wandverdickungen fehlen, Gefäßdurchbrechungen einfach, selten leiterförmig (skalariform). Das paratracheale Holzparenchym ist teils in Einzelzellen (spärlich), teils in geschlossenen Scheiden (vasizentrisch) um die Gefäße angeordnet.

Die Abmaße der Holzfasern betragen 15–25 µm im Durchmesser; 916–1521 µm in der Länge. Die Holzstrahlen sind in der Regel 2–3 Zellen breit und 10–20 Zellreihen hoch. Kristall-Einlagerungen fehlen, Ölzellen kommen rel. häufig vor.

Das Holz des Kampferbaumes hat eine Rohdichte (r_{15}) zwischen 0,53 und 0,58 g/cm^3 und eine Druckfestigkeit von 40–45 MPa. Es trocknet schwer und langsam, läßt sich leicht verformen, leicht bearbeiten sowie gut polieren und färben. Nägel und Schrauben halten gut. Überdies ist es dauerhaft und sogar furnierfähig [2].

Anzucht

Ende Oktober, wenn sich die Früchte rötlichschwarz verfärben, werden die Samen reif und können geerntet werden. 2–3 Tage andauerndes Wässern löst das Fruchtfleisch. Nach 24stündiger Aufbewahrung in einer Aschemischung, anschließendem Spülen in Wasser und Trocknen im Schatten ist das Saatgut transport- und lagerfähig.

Das Tausendkorngewicht liegt zwischen 125 und 140 g, das Keimprozent bei 70 bis 90 %. C. camphora keimt hypogäisch. Die beiden halbkreisförmigen Keimblätter bleiben von der schwarzen Samenschale umschlossen.

Die Aussaat erfolgt gleich nach der Ernte oder im nächsten Frühjahr. Streifensaat wird bevorzugt; flächiges Aussäen verspricht aber ebenfalls Erfolg. Voraussetzung ist allerdings eine gewisse Feuchtigkeit des Saatbeetes; im Sommer und während der Trockenzeit sollte daher gewässert werden [4].

Aufforstungen werden sowohl durch Saat, durch Pflan-

zung ein- oder zweijähriger Sämlinge sowie durch Nutzung von Stockausschlägen und Wurzelbrut vorgenommen. Die günstigsten Pflanztermine liegen wegen der hohen Bodenfeuchtigkeit im Winter oder im zeitigen Frühjahr. Auch Saaten finden meist im Spätwinter statt. 3–5 Samen werden in ein Pflanzloch gesät und mit 3 cm Boden bedeckt [5].

Ökologie

C. camphora ist eine Lichtbaumart, die im Sämlingsalter mäßige Beschattung vorzieht, ab 2 bis 3 m Höhe jedoch hohe Lichtansprüche stellt.

Unter folgenden Klimabedingungen ist der Anbau ohne Risiko möglich:

Jahresmittel der Lufttemperatur	>16 °C
Januar-Mittel der Lufttemperatur	>5 °C
Minimum der Lufttemperatur	-7 °C
Jahresniederschläge	>1000 mm, gleichmäßig über das Jahr verteilt.

Ein- und zweijährige Sämlinge sind frostempfindlich. Mit steigendem Lebensalter nimmt die Frosthörte jedoch zu. Im natürlichen Areal ist die Art an frische, nährstoffreiche und tiefgründige Substrate gebunden. Sie kommt vor auf sandigen Lehmen, leichten, gelben Sanden, Roterden sowie auf sauren und neutralen alluvialen Standorten.

Wachstum und Entwicklung

C. camphora gehört in ihrer Heimat zu den schnellwüchsigen und relativ langlebigen Baumarten. In der Region Lechang (Prov. Guangdong) werden 5jährige Bäume unter günstigen Standortbedingungen 5 m hoch und erreichen einen Stammdurchmesser (BHD) von 12 cm. In einem 25 Jahre alten, natürlichen Bestand (Xinfeng-Distrikt, Prov. Jiangxi) wurden Mittelhöhen von 15 m und Durchmesser (BHD) von 18–24 cm gemessen.

Der Stammanalyse eines 101jährigen Baumes zufolge verläuft das Höhenwachstum zwischen 10 und 30 Jahren besonders rasch und nimmt danach allmählich ab. Auch der Durchmesserzuwachs liegt im Alter 10 bis 40 am höchsten. Der Volumenzuwachs kulminiert hingegen im Alter 50–60. Je nach Verwendung wird die Art in Umtriebszeiten von 30–50 Jahren bewirtschaftet.

In künstlich begründeten Mischbeständen entwickelt C. camphora gerade, rel. feinastige Stämme und wächst schneller als im Freistand. Neuere Untersuchungen ergaben, daß 6jährige Kampferbäume in Mischung mit Acacia confusa Merr. und Casuarina equisetifolia L. mit 4,3 m Höhe und 5,3 cm BHD die Leistung in einem gleichalten Reinbestand um 46 % bzw. 39 % übertrafen.

Abb. 8: Keimlinge in verschiedenen Stadien (nat. Größe) nach Vorlage des Autors

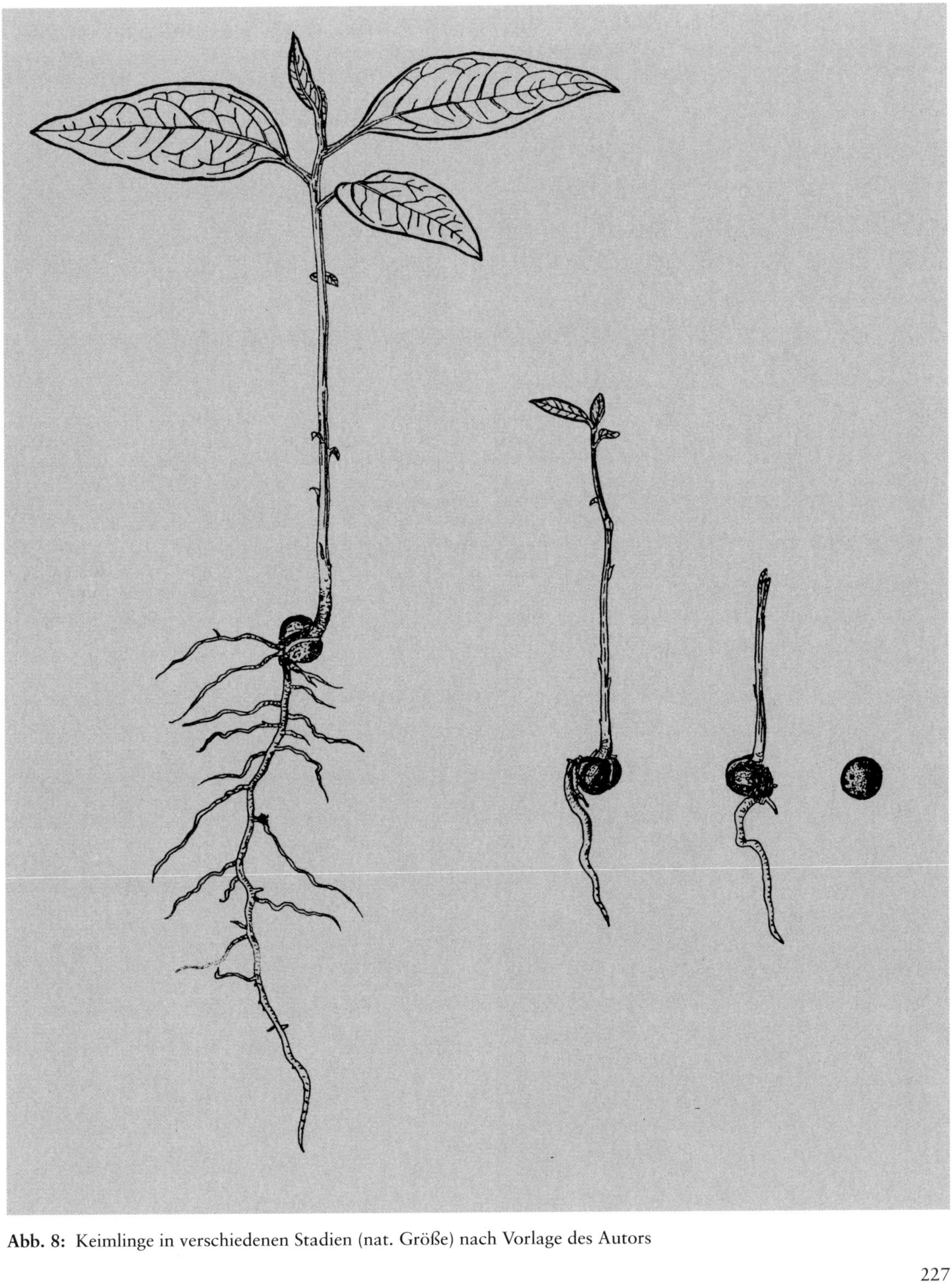

Oft entstehen an der Stammbasis zahlreiche stammbürtige Triebe, welche das Wachstum des Hauptstammes hemmen und seine Holzqualität verringern. Sie sollten im Spätwinter oder im zeitigen Frühjahr entfernt werden.

Pathologie

Der Kampferbaum wird weder in seiner Heimat noch in überseeischen Anbaugebieten durch Krankheiten ernsthaft bedroht. Nennenswerte Schäden richtet allenfalls „Black Spot", Glomerella cingulata (STONEM.) SPAULD. et SCHRENK., ein pilzlicher Blattparasit an, der bei Keimlingen und Sämlingen Blattverluste und Triebschäden, bei älteren Bäumen auch Rindennekrosen hervorruft und sowohl in China und Japan wie in den USA grassiert [2]. Als Abwehrmaßnahmen in Baumschulen kommen Bodensterilisation und Sprühen mit KMnO$_4$-Lösungen infrage.

In warmen, luftfeuchten und windstillen Lagen wird die Anzucht durch einen Mehltau (Microsphaera alni var. cinnamomi) erschwert, der nahe der Mittelrippe graubraune Flecke auslöst und Blätter, Triebe und Stämme ektoparasitisch überwächst. Abhilfe: Behandlung mit Schwefelkalk-Verbindungen.

Unter den tierischen Schädlingen ist die Blattwespe Mesonura rufonota KOHWER, („Camphor sawfly") herauszustellen, die pro Jahr mehrere Generationen entwickelt, Welkesymptome hervorruft und mit Insektiziden bekämpft wird.

Nutzung

Das Holz des Kampferbaumes gilt wegen seiner kompakten Textur, seiner Widerstandsfähigkeit gegen holzzerstörende Pilze und seiner abstoßenden Wirkung gegen In-

Abb. 9: Stammbasis eines starken Altbaumes

sekten, z.T. auch wegen seines aromatischen Geruchs als das überlegene Material für den Bootsbau sowie für die Herstellung spezieller Möbel und kunstgewerblicher Gegenstände. Aus allen Pflanzenteilen, insbesondere aus dem Holz, extrahiert man Kampferöl, zusätzlich aber auch Linalol, Safrol und Terpineol, allesamt Grundsubstanzen für die Parfumherstellung.

Kampfer selbst wird in großem Umfang medizinisch genutzt. Darüber hinaus ist es Ausgangsstoff für die Herstellung von Isoliermaterial. Das aus dem Samen extrahierte Öl dient zum einen als Schmiermittel, zum anderen stellt es einen wichtigen Ausgangsstoff für die Seifenproduktion dar.

Schließlich ist noch eine indirekte Nutzung zu erwähnen: Die Blätter des Kampferbaumes werden von der Kampfer-Seidenraupe gefressen, aus deren Kokons man Naturseide für die Herstellung von Angelschnüren und Operationsgarn gewinnt.

In den subtropischen Regionen vieler Länder wird C. camphora als Zierelement in Ortschaften und Parks, als Windschutz und als schattenspendende Art kultiviert. In den Südost-Staaten der USA und in Californien hat sich der Kampferbaum inzwischen verselbständigt und gilt als eingebürgert [5]. Kurze Fröste bis zu -10 °C hat die Art ohne Schaden überstanden, nicht aber Dauerfrost von -11 °C [2].

Verschiedenes

– Kampfer (C$_{10}$H$_{16}$O), das Keton-Derivat eines bizyklischen Terpens, wird zumeist durch Destillation von Holzschnitzeln des Kampferbaumes gewonnen. Daneben spielen mehrere Verfahren der synthetischen Herstellung aus Pinen eine Rolle. Gehandelt wird Kampfer als weißes, kristallines Pulver. Er verdampft bei normalen Raumtemperaturen und ist leicht entzündlich.

– Schon Paracelsus lobt die kühlende Wirkung von Kampfer bei Gehirnerkrankungen. Andere Autoren des Altertums erwähnen seine Heilkraft gegen Kopfschmerzen, Geschwüre und Akne, empfehlen Kampfer als schlafbringendes Mittel und als Aphrodisiacum [6]. Noch in der medizinischen Literatur der ersten Hälfte dieses Jahrhunderts findet sich eine lange Liste von Indikationen.
MADAUS [6] faßt die wichtigsten Heilwirkungen des Kampfers zusammen und stellt folgende Anwendungsbereiche in den Vordergrund:

– Wichtiges Mittel bei Kollaps und erlahmender Herztätigkeit (so u.a. bei Cholera, Typhus, Scharlach, Lungenentzündung).

– Entzündungshemmende Wirkung bei akuten Infektions-
und Erkältungskrankheiten (Prophylacticum gegen
Grippe).

– Homöopathische Applikation bei Krämpfen (selbst bei
Epilepsie).

– Äußere Anwendung bei neuralgischen und rheumati-
schen Gliederschmerzen.

Weiterführende Literatur

[1] CHENG, WAN-CHUN, 1983: Woody Flora of China.
Vol. 1. China Forestry Press
[2] HEPTING, G.H., 1971: Diseases of Forest and Shade
Trees of the United States. USDA, For. Serv., Agric.
Handbook No. 386, Washington, D.C.
[3] HUANG, MUSHENG, 1984: Recognition and uses of
Timber. Hunan Science and Technology Press
[4] LI, HSI-WEN et al., 1982: Lauraceae. Flora Reipublicae Sinicae **31**, 182–184
[5] LITTLE, E.L., Jr.; SKOLMEN, R.G., 1989: Common Forest Trees of Hawaii. USDA, For. Serv., Agric Handbook No. 679, Washington, D.C.
[6] Nanking Forest Industrial College, 1978: Illustration
of the Important Tree Seedlings, Agriculture Press
[7] SUN, SHIXUAN et al., 1987: A Handbook of Forest
Seedlings. Agriculture Press
[8] MADAUS, G., 1979: Lehrbuch der biologischen Heilmittel. Bd. 1, 791–800. Georg Olms Verlag, Heidel-
berg-New York.

Die Autoren:

Prof. HSUE HSIANG-HAO (XU HIANGHAO)
Department of Biology
South China Agricultural University
Guangzhou, VR China

Lecturer XU SONGJUN
Department of Geography
South China Normal University
Guangzhou, VR China

Aus dem Englischen übertragen von P. Schütt.

Clusia rosea JACQ., 1760

Balsamapfel   Familie: Clusiaceae

engl.:   Balsam apple, Autograph tree,
         Pitch apple
span.:   Cupey, Copey

Abb. 1: Clusia rosea als Parkbaum im Süden von Puerto Rico

Anders als es der Trivialname vermuten läßt, ist *Clusia rosea* kein Obstgehölz, sondern ein immergrüner Waldbaum, der im karibischen Raum auf trockenen, meist armen Standorten vorkommt und wegen seiner glänzend grünen, ledrigen Blätter, der großen, weißbunten Blüten und der auffälligen, exotisch wirkenden Früchte gern in Florida, auf Hawaii und auf den Westindischen Inseln als anspruchsloses Ziergehölz angebaut wird. Der Name „Autograph tree" beruht auf der Besonderheit, daß künstlich hergestellte Risse auf der Blattoberfläche vernarben und dadurch lange sichtbar bleiben. Früher wie heute hat man diese Eigenart benutzt, um Namen und Mitteilungen zu hinterlassen.

C. rosea wird höchstens 20 m hoch, hat eine auffallend breite Krone und bildet Luftwurzeln aus, welche herunterhängen und sich – analog zu vielen *Ficus*-Arten – nach dem Erreichen des Bodens zu säulenartigen Sekundärstämmen entwickeln können. Unter bestimmten Bedingungen besteht Ähnlichkeit mit der Lebensweise von Würgefeigen. Allerdings stellt dieses Verhalten beim Balsamapfel eher die Ausnahme dar.

C. rosea wird als zweihäusig beschrieben. Weil männliche Bäume jedoch selten sind, in Florida sogar völlig fehlen sollen, andererseits aber viele fruchtende Bäume vorkommen, wird die Fähigkeit zur apomiktischen Vermehrung angenommen. Die bei Reife krallenartig aufspringenden, attraktiven Früchte sind nicht eßbar.

Verbreitung

Clusia rosea ist eine Art der Karibischen Inselwelt und der Florida Keys. Verbreitet ist sie von den Bahamas über Kuba und Puerto Rico bis nach Trinidad/Tobago. Ältere Berichte über natürliche Vorkommen auf dem mittel- und südamerikanischen Festland (S-Mexico bis Columbien und Venezuela) beruhen offenbar auf Verwechslungen mit anderen *Clusia*-Arten [1]. Die Zahl der kultivierten dürfte über die Zahl der autochthonen Bäume hinausgehen.

Beschreibung

Die breite und dichte Krone, der relativ kurze Stamm mit grauer, glatter, allenfalls etwas warziger Borke sowie die Luftwurzeln an Stamm und Ästen, das sind auf den ersten Blick die auffälligen Kennzeichen im Erscheinungsbild von *Clusia rosea*. Der Baum wird maximal 20 m hoch, hat weit ausladende, waagrecht orientierte Äste und erreicht Stammdurchmesser (BHD) bis zu 60 cm [3]. Meist bleiben die Abmaße geringer, so in Florida (10 m) und auf den Trockenstandorten der Karibischen Inseln. Die innere Rinde führt einen gelblichen Latex, der bei Verletzungen austritt.

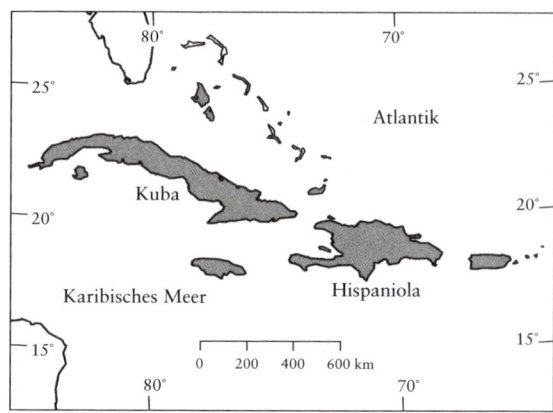

Abb. 2: Natürliches Verbreitungsgebiet, nach FRANCIS [1]

An der Stammbasis entstehen oft Stützwurzeln und sowohl den Ästen wie dem Stamm entspringen **Luftwurzeln** [5]. Diese hängen zunächst wie Schnüre herab (Durchmesser = 6 bis 8 mm), haben einen orange-rötlichen Vegetationskegel und eine graubraune, mit Lenticellen besetzte Rinde. Nachdem sie in den Boden eingedrungen sind, nehmen die Luftwurzeln schnell an Durchmesser zu.

Auch epiphytisch wachsende Sämlinge, die sich in den Astgabeln des Mutterbaumes oder anderer Bäume entwickeln, bilden Luftwurzeln. Diese wachsen nach dem Erreichen des Erdbodens schnell in die Breite und können – nach Art der Würgefeigen – ihren Wirt umwachsen und schließlich töten. Derartige Fälle sind allerdings selten und treten, ebenso wie die Bildung von Luftwurzeln, besonders im Freistand auf [1]. FRANCIS [1] berichtet von einem 40jährigen, besonders großen, Banyan-ähnlichen Exemplar im Botanischen Garten von Rio Piedras (Puerto Rico) mit 150 Stämmen, der eine Fläche von 600 m² bedeckt.

Abb. 3: Stammborke (links) und Luftwurzel

Abb. 4: Laubblatt mit eingeritzten Schriftzeichen

Über die normale Bewurzelung ist kaum mehr bekannt als daß sie flach verläuft, daß (wahrscheinlich) keine Pfahlwurzel gebildet wird und daß keine Brettwurzeln entstehen.

Die **Triebe** wachsen nicht kontinuierlich in die Länge, sondern in mehreren Wachstumsschüben pro Jahr, wobei diese Perioden bei verschiedenen Zweigen desselben Baumes nicht synchron verlaufen [5]. Junge Triebe bilden zunächst ein Paar basale, rasch hinfällige Schuppen, sodann 2 bis 3 Paar reduzierte Blätter [5]. Die Triebe sind grün und weisen an den Nodien ringförmige Verdickungen auf [3].

Die relativ dicken, verkehrt eiförmigen **Blätter** sind kreuzweise gegenständig angeordnet und haben einen kurzen (1,2 bis 2,5 cm), abgeflachten Stiel, dessen Basis röhrenartig verbreitert ist und die blattachselständigen Seitenknospen schützend umschließt. Die Lebensdauer der oberseits

glänzend grünen bis dunkelgrünen, unterseits matt gelbgrünen Blätter beträgt etwa 15 Monate. Die Spreite ist ganzrandig, 7,5 bis 15 cm lang und 5 bis 11 cm breit, am Apex abgerundet oder schwach gekerbt und läuft zur Basis deutlich keilförmig aus.

Clusia rosea blüht vorwiegend in den Sommermonaten. Die auffallenden, sehr hübschen, etwa 7,5 cm breiten **Blüten** stehen einzeln, zu zweit oder zu dritt an den Zweigen und sind ca. 1,2 cm lang gestielt. Nach FRANCIS [1] blühen nur herrschende und mitherrschende Bäume.

Die weißen, oft rosa gezeichneten und mit einem rötlichen Zentrum versehenen Blüten bestehen u. a. aus 4 oder 6 rundlichen, grünlichweißen Kelchblättern und 6 bis 12 (meist 7) etwas fleischigen, ca. 3 cm langen, sich überlappenden, verkehrt eiförmigen, am Apex gekerbten Petalen. Anfangs umschließt das äußere Kronblatt alle folgenden [5].

Abb. 6: Frucht, an der Basis mit Resten der Kelchblätter

Weibliche Blüten enthalten einen Kreis von Staminodien, die eine für Bienen attraktive, klebrige Flüssigkeit absondern [5], ferner ein aus 7 Carpellen bestehendes Ovar. Männliche Blüten tragen zahlreiche, ebenfalls kreisförmig angeordnete, funktionsfähige Staubblätter.

In Florida kommen nur Bäume mit weiblichen Blüten vor. Dennoch werden Früchte mit keimfähigen Samen gebildet, was auf apomiktische Vermehrung hindeutet[1].

Die fleischigen, zunächst gelbgrünen, später braunen, annähernd kugeligen Kapselfrüchte (Durchm.: 5 bis 6,3 cm; Gewicht: ca. 71 g) spalten bei Reife in 7 bis 9 Klappen auf. An der Basis der Kapsel haften die trockenen Kelchblätter. Balsamapfel-**Früchte** sind nicht eßbar, nach anderen Quellen unbekömmlich oder sogar giftig [1]. Sie werden von Fledermäusen gefressen.

Abb. 5: Blütenknospe (links) und weibliche Blüte

---

[1] For. Abstr. 38, 157, 1977

Abb. 7: Geöffnete Frucht. In jedem Samenfach sind mehrere, von einem orangefarbenen Arillus umgebene Samen erkennbar.

Jedes der Samenfächer enthält bis 12 rote, etwa 5 mm lange Samen, die von einem klebrigen, orangefarbenen Arillus umgeben werden. Die in großer Zahl entstehenden Samen werden von Vögeln verbreitet und enthalten mehrere Embryonen. Dieses wird als weiterer Hinweis auf ihre apomiktische Entstehung gedeutet. FRANCIS [1] ermittelte an einer Stichprobe ein Tausendkorngewicht von 11,9 g (84 000 Samen pro kg).

Das harte und relativ schwere **Holz** von C. rosea (r_{15} = 0,74 g/cm³) hat einen regelmäßigen, geraden Faserverlauf und ist von mittlerer bis feiner Textur. Der rötlichbraune Kern hebt sich vom etwas helleren Splint ab. Jahrringe werden nicht gebildet.

Die Verwendung wird durch geringe Dauerhaftigkeit und durch fehlende Abwehrkraft gegen Termitenfraß [3] sowie Schwierigkeiten bei der Bearbeitung und bei der Trocknung beeinträchtigt [1].

Ökologie

Clusia rosea wird als Baumart des feucht-warmen Klimas bezeichnet, die in ihrem natürlichen Areal bei Jahres-Mitteltemperaturen zwischen 25,5 und 27,0 °C und Niederschlagsmengen zwischen 600 und 3000 mm gedeiht. Zu ergänzen sind diese Daten insofern als die Art oft auf grundwassernahen Standorten wächst und dann mit geringeren Niederschlägen auskommt. Weiterhin ist sie durchweg an eine 2 bis 3 Monate dauernde Trockenzeit angepaßt [1].

C. rosea stellt keine speziellen Bodenansprüche, das gilt sowohl für den Säuregrad (pH 5,0 bis 8,0) wie für die Textur (Sande bis Tone). Gemeinsam mit *Guajacum sanctum* L. und *Dendrocereus nudiflorus* (ENGELM.) BRITT. ex ROSE kommt sie häufig auf trockenen Kalkfelsen vor, ist allerdings erheblich wüchsiger auf frischen Kalkverwitterungsböden, und zwar in allen Expositionen. Anzutreffen ist sie außerdem auf anmoorigen Standorten, wo sie bis 81% der Bestandesgrundfläche einnehmen kann und u.a. mit *Syzygium jambos* (L.) ALST. und *Ocotea leucoxylon* (SW.) MEZ. vergesellschaftet ist [1]. Im Süden Floridas wachsen einzelne Exemplare des Balsamapfels in der Hemmock-Vegetation.

C. rosea gilt als eine mäßig schattentolerante Lichtbaumart. Die Verjüngung kann sich in Sekundärwäldern auf frischen Böden jahrelang im Unterstand halten, hat aber wegen durchweg langsamen Wachstums wenig Aussicht, sich später am Kronendach zu beteiligen.

Die arterhaltende ökologische Besonderheit von *C. rosea* besteht in der Fähigkeit, auf exponierte, trockene, salzreiche Felsstandorte auszuweichen und so dem Konkurrenzdruck anderer autochthoner Baumarten zu entgehen.

C. rosea verträgt Salzwassergischt, ist aber empfindlich gegen kalte Winterwinde und gegen Frost.

Anzucht und Entwicklung

Vermehrt wird *C. rosea* mit Samen oder durch Stecklingsbewurzelung [6].

Die epigäische Keimung tritt rasch und auf feuchten Substraten zu ca. 85% ein [1]. Zu geringen Anteilen können die Samen schon in der Frucht keimen. Das Sämlingswachstum wird teils als schnell [6], teils als relativ langsam [1] geschildert. Für Puerto Rico liegen Daten vor: 12 Monate: 26 cm; 15 Monate: 43 cm [1]. Die Anzucht sollte in voller Sonne oder im leichten Schatten erfolgen. Düngung ist nicht erforderlich; auch Wässerung nicht, denn Trockenheit führt nicht zu Schäden [6].

Die Sämlinge können bei jeder Größe ohne Schaden verpflanzt werden. Wegen ihres langsamen Wachstums ist jedoch Unkrautbekämpfung erforderlich [1].

Clusia rosea läßt sich ohne Schwierigkeiten vegetativ vermehren. Als Methoden haben sich Absenkerbildung und Stecklingsbewurzelung am besten bewährt. Auch abgetrennte und gesteckte Luftwurzeln können Blätter bilden; zur kommerziellen Nutzung ist dieses Verfahren jedoch zu unsicher. Das gilt aber keineswegs für die regelmäßig und reichlich erscheinenden Stockausschläge.

Clusia rosea unterliegt keiner forstlichen Bewirtschaftung. Flächenbezogene Daten über ihre Wuchsleistung liegen daher nur vereinzelt vor. In natürlichen Beständen auf besten Standorten wächst die Art monokorm und entwickelt mit ca. 60 Jahren gerade Schäfte bis zu 50 cm BHD [1].

Nutzung

C. rosea zählt gewiß nicht zu den wirtschaftlich wichtigen Baumarten der Neotropen. Aber es kommt ihr auf den weitläufigen, trockenen und salzhaltigen Kalkstandorten an den Leeseiten mehrerer Westindischer Inseln eine erhebliche walderhaltende Bedeutung zu. Außerdem stellt sie – zumindest im südlichen Florida – ein beliebtes, in unmittelbarer Küstennähe häufig kultiviertes Zierelement dar: schattenspendend, unempfindlich gegen Salzwassergischt und sehr hübsch anzusehen.

Gemessen daran sind weitere Nutzungsmöglichkeiten von geringem Gewicht. Das Holz liegt nur selten in Dimensionen vor, die es für etwas anderes als Brennmaterial, Holzkohle oder Zaunpfähle tauglich machen. Gelegentlich wird es zu Herstellung einfacher Möbel und Geräte, einschließlich Werkzeuggriffen verwendet.

Nachteilig sind auch die Schwierigkeiten bei der Trocknung.

Die Luftwurzeln sollen einst den Indianern als Lanzenschäfte gedient haben und der rasch trocknende Milchsaft (Latex) aus Rinde, Blättern und Früchten soll beim Bootsbau zum Abdichten verwendet worden sein.

Verschiedenes

– Der Gattungsname *Clusia* bezieht sich auf den französischen Arzt und Botaniker Charles de l'Ecluse (1526-1609), der Zeichnungen von Pflanzen der Westindischen Inseln anfertigte [2].

– Soldaten der spanischen Eroberer „beschrifteten" die Blätter und nutzen sie u.a. als Spielkarten [6].

– Die Anfälligkeit gegen mehrere Termitenarten gefährdet *C. rosea* weniger als die häufigen Windwürfe und Stammbrüche bei tropischen Wirbelstürmen. Beschädigte Bäume regenerieren sich allerdings relativ schnell.

– *Clusia rosea* gehört zu den sog. CAM-Pflanzen[2], welche nachts CO_2 aufnehmen und dieses in Form von Äpfelsäure in den Vakuolen speichern. Am Tage wird die Äpfelsäure bei geschlossenen Stomata wieder zu CO_2 abgebaut. Dieser sog. Crassulaceen-Säurestoffwechsel verhindert Transpirationsverluste bei der CO_2-Assimilation und stellt so eine Anpassung an trockene Standorte dar[3] [4].

[2] Crassulacean Acid Metabolism
[3] For. Abstr. **52**, 6479, 1991

Weiterführende Literatur

[1] FRANCIS, J.K., 1993: Clusia rosea JACQ., Cupey. USDA, Forest Service, Inst. Tropical Forestry, Rio Piedras, PR. SO-ITF-SM-69.

[2] LITTLE, E.L., Jr.; 1979: Checklist of United States Trees. USDA, Forest Service, Agriculture Handbook 541, Washington, D. C.

[3] LITTLE, E.L., Jr.; WADSWORTH, F.H., 1989: Common Trees of Puerto Rico and the Virgin Islands. USDA Forest Service, Agriculture Handbook 249, Washington, D. C.

[4] LÜTTGE, U.; KLUGE, M.; BAUER, G., 1988: Botanik. VCH-Verlagsges. Weinheim.

[5] TOMLINSON, P. B., 1986: The Biology of Trees Native to Tropical Florida. Harvard Univ. Printing Office, Allston, Mass.

[6] WORKMAN, R.W., 1980: Growing Native. Sanibel-Captiva Conserv. Found., Inc. Sanibel, FL.

Die Autoren:

Prof. em. Dr. PETER SCHÜTT
Lehrstuhl für Forstbotanik
Ludwig-Maximilians-Universität München
Am Hochanger 13
D-85354 Freising

ULLA M. LANG
Schützenstraße 6
D-82383 Hohenpeißenberg

Coccoloba uvifera (LINNÉ) LINNÉ, 1759

Meertraube, Seetraube Familie: Polygonaceae

engl.: Seagrape
franz.: Raisin-Bord-de-Mer
span.: Uva de Playa

Abb. 1: Coccoloba uvifera, Virgin Islands

Ein immergrüner, an den Küsten Mittelamerikas, Süd-Floridas und auf den Karibischen Inseln häufig vorkommender und gern angebauter, kleiner Baum mit tief ansetzenden Ästen.

Die Art toleriert Salzwassergischt, gedeiht selbst auf armen Dünensanden und bildet in unmittelbarer Meeresnähe dichte Gebüsche. Die schmackhaften Früchte werden zu Gelee und Wein verarbeitet.

Morphologie

Höhe, Stamm- und Kronenform sowie das gesamte Erscheinungsbild von C. uvifera wechseln stark mit den Standorts- und Umweltbedingungen. Unmittelbar an der Küste oft zu einem Dickicht stark beasteter, breiter Sträucher zusammenwachsend, kann die Art auf nährstoffreichen, windgeschützten Standorten zu einem Baum von 15 m Höhe heranwachsen. Der kurze, selten gerade **Stamm** erreicht einen BHD von 50 cm (im Extrem 70 cm), und die weit ausladende, runde **Krone** bildet schon in Bodennähe die ersten kräftigen Äste aus.

Abb. 3: Blätter

laufen in einen abgerundeten oder schwach gekerbten Apex aus. Mittelrippe und Hauptadern sind rötlich und heben sich von der glänzend dunkelgrünen, glatten Blattoberseite ab. Auffallend ist die breit herzförmige Blattbasis, unscheinbar hingegen die für Polygonaceen charakteristische Ochrea, eine tütenförmige Ausformung der Nebenblätter an der Basis des ca. 1,2 cm langen Blattstiels, die die Sproßachse umgibt. Sie ist rötlich-braun und wird nur knapp 1 cm lang.

Abb. 2: Borke eines alten Stammes

Die **Borke** ist anfangs grau und glatt, später blättert sie in kleinen Schuppen ab, nimmt dann eine eher bräunliche Farbe an und weist hellere Flecken auf. Die jungen, rel. kräftigen **Triebe** sind anfangs schwach behaart und grün, später grau und kahl. Im Knotenbereich treten deutlich die Blattnarben hervor.

Die fleischigen bis ledrigen, ganzrandigen **Blätter** sind wechselständig angeordnet, rundlich oder etwas nierenförmig. Sie werden 8 bis 15 cm lang, bis 20 cm breit und

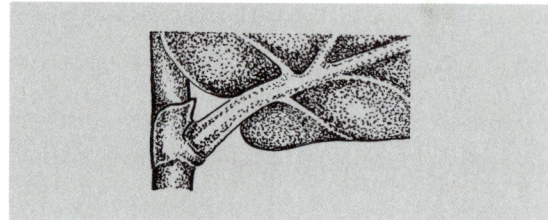

Abb. 4: Ochrea (nach TOMLINSON, 1986) (nat. Größe)

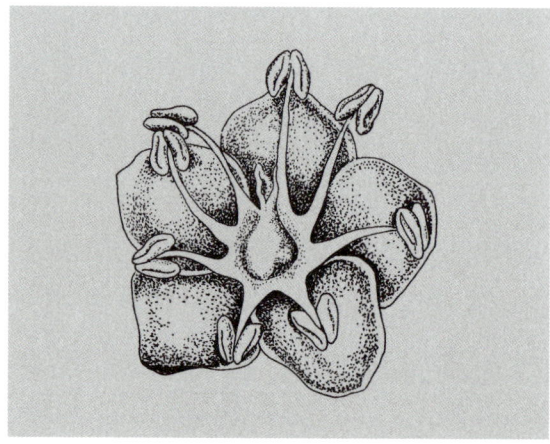

Abb. 5: Männliche Blüte (nach TOMLINSON, 1986)
(8 x nat. Größe)

Abb. 6: Trauben mit unreifen Früchten

Die **Blüten** von C. uvifera stehen zu vielen an 15 bis 30 cm langen, traubigen, aufrechten Infloreszenzen und sind zweihäusig verteilt. Sie haben einen Durchmesser von ca. 5 mm, sind kurz gestielt und riechen angenehm. Männliche und weibliche Einzelblüten besitzen beide ein unscheinbares, gelblich-weißes bis grünliches, fünfblättriges Perigon.

♀ Blüten enthalten rudimentäre Staubblätter und einen einfächerigen Fruchtknoten mit drei Griffeln. Männliche Blüten stehen hingegen zu Gruppen von 2 bis 5 an der Blütenstandsachse. Sie setzen sich aus acht, an der Basis miteinander verwachsenen Staubblättern mit gelben Filamenten zusammen, die dem Grunde einer auch bei weibl. Blüten ausgebildeten Blütenröhre (Hypanthium) entspringen. Außerdem ist ein rückgebildeter Stempel vorhanden. In der Karibik blüht und fruchtet Seagrape das ganze Jahr über [5], im Inneren Floridas offenbar nur im Frühjahr [7].

Die etwa 2 cm langen, elliptischen bis eiförmigen, mit einer rel. dünnen, saftigen Schicht (dem fleischig gewordenen Hypanthium) umgebenen einsamigen Nüsse reifen nicht zur gleichen Zeit.

Reife rötliche und eine große Zahl viel kleinerer, grüner **Früchte** stehen dicht gedrängt am selben, etwas herabhängenden Fruchtstand.

Auf dem Querschnitt des rel. harten Stammholzes von C. uvifera hebt sich der hellbraune Splint deutlich vom rotbraunen Kernholz ab. Die Rohdichte liegt bei 0,7 g/cm³. Es besteht hohe Anfälligkeit gegen Termiten [5].

Verbreitung und Ökologie

Die etwa 180 Arten der Gattung Coccoloba sind teils auf den westindischen Inseln incl. Süd-Florida, teils in Mittel- und Südamerika (bis Paraguay) beheimatet. Manche dieser Arten kommen nur auf den kleinen Antillen endemisch vor. C. uvifera hat demgegenüber ein weites, die Küsten Floridas, Mittelamerikas und des nördlichen Südamerika umfassendes Areal [3, 5] mit einem Optimum auf Cuba und Jamaica.

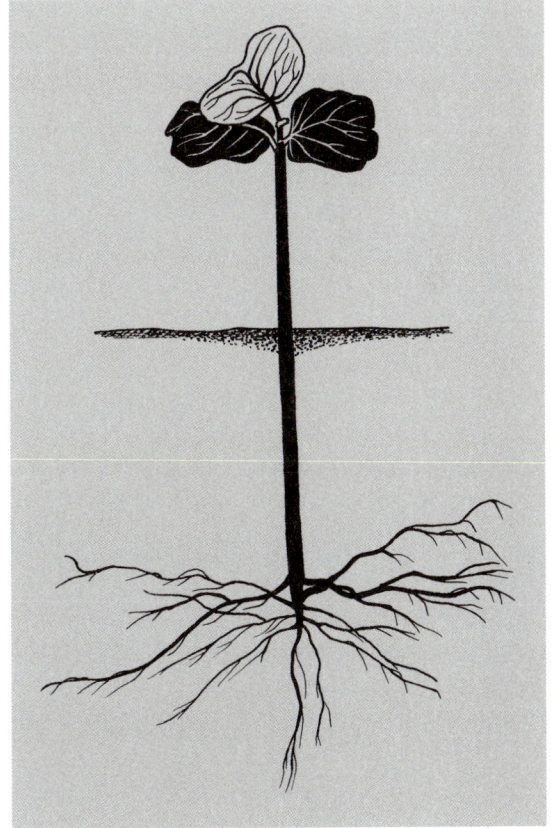

Abb. 7: Keimling (Keimblätter schwarz gezeichnet)
(3/4 nat. Größe)

Die Abgrenzung zu anderen Coccoloba-Arten ist schwierig; das gilt besonders für den Bereich der Karibischen Inseln, wo mehrere, recht ähnliche Arten nebeneinander wachsen. In Florida sind hingegen kaum Verwechslungen möglich, denn außer C. uvifera kommt hier nur noch die „Pigeon Plum" (C. laurifolia JACQU., syn.: C. diversifolia JACQU.), ein geradstämmiger, bis 23 m hoher Waldbaum vor, der u.a. in Taxodien-Sümpfen wächst und hellgrüne, ganz verschieden geformte Blätter ausbildet.

C. uvifera kann man in Kurzform als eine gegen Salzgischt und Seewind wenig empfindliche Pionierart auf sandigen und felsigen Küstenstandorten charakterisieren. Unter diesen Bedingungen ist sie sehr konkurrenzstark – unter anderem auch wegen der ganzjährigen Schattwirkung ihrer dichten Beblätterung [4]. Gelegentlich behauptet sich die Art aber auch in der sehr artenreichen Hammock-Vegetation Süd-Floridas [8].

Nutzung

C. uvifera ist in vielen Küstenbereichen der Neotropen eine gerngesehene, oft für Windschutz- und Zierzwecke genutzte Art. Das trifft in besonderem Maße für Florida zu, wo sie zu den häufigsten Elementen der Landschaftsgestaltung gehört.

Die unmittelbare Nutzung des Holzes oder anderer Teile tritt demgegenüber an Bedeutung zurück.

Die früher regional übliche Verwendung als Möbelholz, gelegentlich sogar als Material für Kunsttischler, ist vorüber. Und auch die aus der Rinde gewonnene und als Grundsubstanz des westindischen „Kino-Harzes" sowie als Farbstoff genutzte, adstringierende, rote Flüssigkeit ist nicht mehr im Handel.

Reife Uvifera-Früchte eignen sich roh zum Verzehr. Sie sind von süßsaurem Geschmack und werden gern zu Gelee verarbeitet. Auch weinähnliche Getränke lassen sich daraus herstellen.

Seagrape verträgt wiederholtes Beschneiden und eignet sich gut als Heckenpflanze.

Verschiedenes

– C. uvifera läßt sich leicht durch Stecklinge vermehren. Anwendung findet auch eine Methode der Absenkerbildung, bei der man die Rinde bodennaher Zweige verletzt und mit Erde überdeckt, worauf sich an der Wundstelle nach wenigen Monaten reichlich Wurzeln bilden [8].

– An der Küste der Karibik stellt die Art während des Frühjahrs neben der schwarzen Mangrove eine wichtige Bienenpflanze dar [5].

– Coccoloba uvifera leidet unter einer Reihe botanischer und zoologischer Schädlinge, von denen jedoch keiner die Existenz der Art ernsthaft bedroht. Cephaleuros virescens, eine unter warm-humiden Klimaverhältnissen vorkommende parasitäre Grünalge kann durch Blattfleckung, vorzeitige Blattvergilbung und Blattfall C. uvifera erheblich schwächen. Als Blattflecken-Erreger spielt außerdem der Hyphomycet Alternaria alternata eine gewisse Rolle. Sehr viel gefährlicher ist Cassytha filiformis, eine hochspezialisierte, windende parasitäre Blütenpflanze aus der Familie der Lauraceae, die besonders auf trockenen, armen Böden vorkommt und die Wirtspflanzen oft abtötet [6].

– Unter den holzzerstörenden Basidiomyceten ist Ganoderma applanatum zu nennen, und auf den Virgin Islands stellt Coccoloba uvifera für den Prachtkäfer Polycesta porcata F. (Buprestidae) eine wichtige Fraßpflanze dar.

Abb. 8: C. uvifera als Parkbaum

Abb. 9: C. uvifera – Dickicht (Foto: W. Zängl)

Abb. 10: C. uvifera-Windschur (Foto W. Zängl)

Weiterführende Literatur

[1] ANONYMUS, 1982: Fruit-bearing forest trees. FAO, Rome, Techn. Note Nr. **34**.

[2] HARRAR, E. S.; HARRAR, J. G., 1962: Guide to Southern Trees. 2.ed., Dover Publ. Inc., New York.

[3] HOWARD, R. A., 1957: Studies in the genus Coccoloba, IV. The species from Puerto Rico and the Virgin Islands and from the Bahama Islands. J. Arnold Arb. **38**, 211–242.

[4] KNAPP, R., 1980: Über die Vegetation der Bermuda-Inseln. II. Pflanzengesellschaften von Wäldern, Rasen und in Hackfruchtbeständen mit einem Vergleich mit entsprechenden Assoziationen anderer Gebiete. Phytocoenologia 7, 475–491.

[5] LITTLE, E. L., Jr.; WADSWORTH, F. H., 1964: Common trees of Puerto Rico and the Virgin Islands, UDSA, Agric. Handbook No. 249, Washington, DC.

[6] SINCLAIR, W. A.; LYON, H. H.; JOHNSON, W. T., 1987: Diseases of trees and shrubs. Cornell Univ. Press, Ithaka, London.

[7] UPHOF, J. C. T., 1930: Dendrologische Notizen aus dem Staate Florida. Mitt. Dt. Dendrol. Ges. **42**, 105–126.

[8] WORKMAN, R. W., 1980: Growing native. Native plants for landscape use in Coastal South Florida. Sanibel-Captiva Conservation Foundation, Inc.

Die Autoren:

Prof. Dr. PETER SCHÜTT
Lehrstuhl für Forstbotanik
Ludwig-Maximilians-Universität München
Hohenbachernstraße 22
D-85354 Freising

ULLA M. LANG
Schützenstraße 6
D-82383 Hohenpeißenberg

Cocos nucifera LINNÉ, 1753

Kokospalme

engl.: Coco palm
franz.: Cocotier
ital.: Coco
span.: Cocotero

Familie:	Arecaceae
Unterfamilie:	Arecoideae
Tribus:	Cocoeae

Abb. 1: Cocos nucifera an der Südküste von Big Island, Hawaii

Keine andere Baumart verbindet man so unmittelbar mit den Küsten tropischer Meere wie *Cocos nucifera*. „Baum des Himmels" nennen ihn die Einwohner dieser Länder, denn seit eh und je bietet er ihnen Früchte als Nahrung, Holz zum Bauen und Blätter zum Abdecken der Hütten, Fasern zum Flechten, trockene Fruchtschalen als Brennmaterial und Palmwein zum Trinken.

Kokospalmen stellen hohe Wärmeansprüche, sind frostempfindlich und fruktifizieren nur zwischen 26° s. Br. und 26° n. Br. Ihre Heimat dürfte in der malayisch-indonesischen Inselwelt liegen. Von dort haben Meeresströmungen die schwimmfähigen und gegen Salzwasser unempfindlichen Früchte über weite Entfernungen an ferne Küsten transportiert.

Heute stellt *Cocos nucifera* eine wichtige Weltwirtschaftspflanze dar. Kokosnüsse (botanisch sind es Steinfrüchte, keine Nüsse), Kopra, Kokosöl sowie Kokosfasern und deren Produkte werden in großem Umfang exportiert.

Kennzeichnend für die auch als Zierelement angebaute Art ist der schlanke, oft ein wenig schrägstehende, bis 20 m hohe Stamm sowie der eindrucksvolle Blattschopf, der sich aus ca. 30, bis 6 m langen, in viele Segmente geteilten Einzelblättern aufbaut.

In der Karibik, in Mexiko, Florida und Westafrika ruft eine durch Mykoplasmen verursachte Krankheit („Lethal Yellowing") seit Jahrzehnten erhebliche Abgänge in den *Cocos*-Populationen hervor.

Der Gattungsname *Cocos* leitet sich von dem portugiesischen und spanischen Wort „coco" = Nuß oder Samen ab. *Cocos nucifera* ist die einzige Art dieser Gattung.

Abb. 2: Basen der Blattsegmente

Verbreitung

Die Herkunft der heute pantropisch verbreiteten Kokospalme ist nicht mit Sicherheit zu bestimmen, denn die Früchte sind schwimmfähig, bleiben auch bei längerem Aufenthalt im Salzwasser keimfähig und werden von Meeresströmungen sehr weit verbreitet. Fossilfunde aus dem Miozän von Neu-Guinea und Australien machen es aber wahrscheinlich, daß die Heimat von *C. nucifera* in Melanesien (Sunda-Archipel) zu suchen ist [1, 2].

Nachweislich kultivierte man die Art bereits vor ca. 3.000 Jahren, hauptsächlich in Indien und Südostasien. Noch vor der spanischen Kolonialisierung baute man Kokospalmen an der Pazifikküste Panamas an [9]. Heute liegen die größten Anbauflächen in Südostasien, Malaysia, Indien, Sri Lanka, auf den Philippinen und in Indonesien [2, 9, 11].

Beschreibung

Kokospalmen sind Schopfbäume. Sie bilden somit keine Krone, sondern tragen einen dichten Schopf großer Blätter. Die meist 20 bis 25 m, im Extrem 30 m hohen Bäume haben auffallend schlanke (BHD: 20 bis 30 cm), graubraune Stämme mit etwas verdickter Basis (40 bis 50 cm) und sind unverzweigt. Das Wachstum geht von einem Scheitelmeristem aus, welches sowohl das Stammgewebe wie auch Blätter und Blütenstände bildet.

Das Höchstalter soll bei 100 bis 120 Jahren liegen [3].

Blätter

Cocos nucifera, eine immergrüne Fiederpalme, entwickelt aus dem Scheitelmeristem jährlich 12 bis 19 sehr große, in viele Segmente geteilte Laubblätter. Deren Länge schwankt bei adulten Bäumen zwischen 3,5 und 7 m, die Breite beträgt etwas mehr als 1 m und das Gewicht liegt bei 10 bis 15 kg.

Die Blätter bleiben meist 3 Jahre am Baum. Im 1. Jahr stehen sie aufrecht, im 2. mehr oder weniger waagerecht und im 3. hängen sie herab. Der gelbliche, kräftige, 1 bis 1,7 m lange Blattstiel ist an der Basis verbreitert, umfaßt den Stamm etwa zur Hälfte seines Umfangs und hinterläßt deutliche, horizontale Blattnarben.

Jedes Blatt ist in 200 bis 250 schmale Segmente geteilt (Länge: 60 bis 90 cm, Breite: 2 bis 3 cm), an deren Unterseite sich Gelenkzellen befinden, welche über Turgoränderungen die Position der Segmente zur Mittelrippe verändern. Bei Wasserverlusten können sich so die mit Spaltöffnungen besetzten Oberflächen gegenüberliegender Segmente aneinanderlegen und dadurch die Transpiration verringern. Die Länge der etwas ledrigen, parallelnervigen Segmente nimmt zur Blattspitze hin ab.

Junge Blätter werden anfangs von einer bis 60 cm langen, basalen Blattscheide umgeben, deren Reste noch lange nach der Blattentfaltung braun und faserig am Stamm verbleiben.

Abb. 3: Blütenstand, am Grunde von einer Spatha umgeben (links) und Rispenäste mit wenigen, noch geschlossenen weiblichen und zahlreichen männlichen Blüten

Blüten, Früchte und Samen

Unter günstigen Bedingungen beginnt C. nucifera mit 6 Jahren zu blühen. Danach sind die monoezisch verteilten Blüten zu allen Jahreszeiten vorhanden. Erst ab ca. 60 Jahren geht die Blütenbildung zurück [9].

Cocos-Blüten stehen an auffälligen, reich verzweigten Infloreszenzen mit verdickter Hauptachse, die anfangs von einer bis 1,2 m langen, kahnförmigen, weißlichen Spatha umgeben und – wie die Blätter – vom Scheitelmeristem des Stammes gebildet werden. Die Rispen werden 0,9 bis 1,2 m lang und tragen 10 bis 45 Äste (Länge: ca. 30 cm), an denen apikal bis 200 männliche und basal einige weibliche Blüten sitzen. Nur wenige davon entwickeln sich zu Früchten.

Abb. 4: Junger Stamm mit horizontalen Blattnarben (links) und junge Früchte

Cocos-Blüten sind ungestielt und duften ein wenig. Die 9 bis 12 mm langen und genauso [7] oder nur 3 bis 6 mm [9] breiten männlichen Blüten haben 3 längliche Petalen, 6 Nektarien, 6 weit abstehende Staubblätter sowie einen sterilen Stempel mit 3 Griffeln [7]. Sie öffnen sich am frühen Vormittag für 2 Stunden und fallen schon am Nachmittag des gleichen Tages ab [9].

Weibliche Blüten werden deutlich größer (30 bis 35 mm breit), öffnen sich erst 2 Wochen nach den männlichen und bleiben 2 bis 4 Tage fängisch. Deswegen dominiert Fremdbefruchtung, wobei die Bestäubung sowohl durch Wind wie durch Insekten (Bienen, Wespen, Käfer, Ameisen, Fliegen) vollzogen wird [9]. Die Form der ♀♀ Blüten ist rundlich oder dreieckig. 2 breite Schuppen stehen an der Basis; es folgen 3 runde Kelchblätter (Durchm. 1,8 bis 2,5 cm), 3 rundliche, weiße oder gelbliche Petalen und ein hellgrüner, 3 cm langer Stempel mit dreifächerigem Ovar und 3 kleinen Narben. Nach der Bestäubung kommt nur eine von drei Samenanlagen zur Entwicklung [3].

Abb. 5: Offene Frucht mit Mesokarp (braun), Endokarp (schwarz), Endosperm (weiß) und stark entwickeltem Embryo (Foto: L. Maraz)

Adulte Bäume produzieren 40 bis 80 Früchte pro Jahr, welche schon 5 bis 6 Monate nach der Bestäubung annähernd ihre Endgröße erreichen und nach insgesamt 10 bis 14 (in Indien 9 bis 12 [12]) Monaten reif sind [3, 9]. $^2/_3$ bis $^3/_4$ der angesetzten Früchte werden unreif abgestoßen.

„Kokosnüsse" („Coco nuts") sind 20 bis 30 cm lange, einsamige Steinfrüchte, deren Form von elliptisch oder oval über stumpf dreieckig bis fast rund schwanken kann. Sie bauen sich auf aus (a) einem dünnen, ledrigen Exokarp, (b) einem anfangs fleischigen, später faserreichen Mesokarp und (c) einem steinharten, etwa 5 mm dicken Endokarp, das den sehr großen Samen umschließt. Dieser besteht aus einer häutigen, mit dem Endokarp verwachsenen, braunen Testa und einem elfenbeinfarbenen, festen, etwa 1 bis 2 cm mächtigen Endosperm, das aber nicht den gesamten Embryosack ausfüllt, sondern im Inneren des Samens einen Hohlraum freiläßt, der weitgehend mit Flüssigkeit angefüllt ist („Kokoswasser").

Dieses wird im Zuge des Reifeprozesses allmählich abgebaut, verschwindet aber erst vollständig während der Keimung [9]. Im Kokoswasser schwimmen zahlreiche aus Teilung des sekundären Embryosackkerns hervorgegangene Zellkerne. Am Steinkern kann man die Verwachsungsnähte der 3 Karpelle erkennen. Eine der 3 Keimporen ist mit einer besonders dünnen Haut verschlossen, die der Keimling später durchstößt. Der winzige Embryo liegt – vom Endosperm umgeben – am stumpfen Ende der Frucht.

Reife Früchte variieren im Gewicht zwischen 900 und 2.500 g [2] und in der Farbe von grün über ocker bis orangerot, wechseln aber vor dem Abfallen in ein stumpfes Hellbraun [9].

Wurzeln

Das Wurzelsystem setzt sich in der Hauptsache aus zahlreichen etwa bleistiftstarken, sehr elastischen Adventivwurzeln zusammen, welche der verdickten Stammbasis entspringen und sich bis in 6 oder 7 m Entfernung vom Stamm erstrecken. Viele Lateralwurzeln zweigen nahezu rechtwinklig ab. Symbiosen mit VA-Mykorrhiza kommen vor[1].

Trotz des relativ geringen Tiefganges gewährleistet das System eine feste Verankerung der Bäume.

Holz

Infolge beträchtlicher Unterschiede zwischen juvenilem und adultem Holz[2] desselben Stammes ist es kaum möglich, von arttypischen Eigenschaften des Kokospalmenholzes zu sprechen. Dichte, Härte und Wassergehalt nehmen von der Spitze zur Basis und von innen nach außen deutlich zu. So schwankt die Rohdichte im äußeren Stammdrittel von 0,3 bis 0,9 g/cm³, im inneren Drittel aber von 0,1 bis 0,35 g/cm³ [9]. Die äußeren 5 cm des Stammes sind dickfaserig und weisen besonders viele, zudem dunkelbraun gefärbte Leitbündel auf, was sich auf Längsschnitten durch braune Streifen bemerkbar macht [5].

Generell liegen die Werte für Druck- und Biegefestigkeit sehr tief, die Textur ist rauh, die Dauerhaftigkeit bei Bodenkontakt gering und die Trocknung erfordert viel Sorgfalt, weil sich das Holz leicht wirft [5].

Anzucht und Kultur

Anders als zur Kopra- und zur Fasergewinnung verwendet man zur Anzucht vorwiegend vollreife, zumeist am Boden liegende Früchte. Voraussetzung für deren Keimung ist die weitgehende Wassersättigung des Mesokarps. Deswegen werden die kompletten Früchte vor der Aussaat mehrere Wochen in Wasser gelegt.

Ausgesät wird in Abständen von 20 bis 30 cm (Reihenabstand 20 cm) so, daß die Früchte nur wenig [2, 12] oder gar nicht [9] mit Boden bedeckt sind. Keimung tritt nach 6 bis 10 Wochen [9], anderen Autoren zufolge nach 4 [2] oder 3 bis 6 Monaten [12] ein. Noch innerhalb der Frucht ernährt sich der heranwachsende Keimling über die haustoriale Basis des Keimblattes lange Zeit aus den Reservestoffen des Endosperms [2, 9]. Währenddessen wächst die Plumula heran und durchstößt mitsamt mehrerer basaler Adventivwurzeln schließlich eine der Keimporen [9]. Die ersten Blattorgane des Keimlings sind Spatha-ähnlich, die folgenden einfach und gefaltet.

Zur Anlage von Plantagen werden ein- oder zweijährige Sämlinge als Ballenpflanzen mit 3 bis 4 Blättern 80 bis 100 cm tief in Abständen von 8 x 8 m bis 10 x 10 m verpflanzt. Das entspricht 180 bzw. 120 Palmen pro Hektar [2]. In Indien pflanzt man zu Beginn der Regenzeit und begründet Plantagen im 5,5 x 5,5 m bis 9 x 9 m-Verband. Junge Pflanzen werden schattiert und bei Trockenheit gewässert [12].

In zahlreichen Feldversuchen prüfte man in den meisten Anbauländern die Wirkung des Unterbaus von Feldfrüchten und von N₂-bindenden Baumarten auf den Ertrag von *Cocos*-Plantagen. Dabei haben sich u. a. *Acacia mangium*, *A. auriculiformis* und *Leucaena leucocephala* als bodenverbessernde Holzlieferanten und Futterpflanzen bzw. Sojabohnen, Kakao, Kaffee und Pfeffer als gewinnbringende Zusatzprodukte bewährt[3].

Ökologie

Cocos nucifera ist eine Baumart des feucht-warmen, tropischen Klimas, deren Hauptanbaugebiete in Küstenregionen zwischen 15° n. Br. und 15° s. Br. liegen und eine mittlere Jahrestemperatur von 27 °C aufweisen. Die Mitteltemperatur des kühlsten Monats sollte nicht unter 20 °C liegen.

Kokospalmen gedeihen im Niederschlagsbereich zwischen 1.000 und 5.000 mm/Jahr, wobei das Optimum für die Fruchtbildung bei 1.200 bis 2.300 mm liegt und eine gleichmäßige Verteilung über das Jahr sehr vorteilhaft ist. Kürzere Trockenperioden werden toleriert, längere (5 bis 6 Monate) führen noch Jahre später zu geringem Fruchtansatz [9]. Auch sehr feuchte Klimaverhältnisse haben eine geringe Fruchtproduktion zur Folge. Kokospalmen vertragen permanente, auch starke Seewinde, sie leiden aber unter trocken-warmen Luftströmungen [2].

Standorte in unmittelbarer Küstennähe überwiegen bei weitem. Damit findet das weitstreichende Wurzelsystem häufig Anschluß an den flachen Grundwasserspiegel. Wurzeln und oberirdische Teile vertragen Salzwasser. Aus Indien ist das Überleben von *C. nucifera* bei einer NaCl-Konzentration des Bodens von 0,638 % bekannt[4].

---

[1] Agroforestry Abstr. **1**, 832, 1988
[2] streng genommen handelt es sich um verholztes Primärgewebe
[3] u. a. Agroforestry Abstr. **2**, 832, 1989; **3**, 246, 1990
[4] For. Abstr. **24**, 255, 1963

Abb. 6: Verbreiterte Stammbasen mit typischer Bewurzelung

Abb. 7: Stammquerschnitte

Abb. 8: Keimling auf Lavaboden (Hawaii) und Keimlinge am Kiesstrand von St. Lucia (rechts)

Als optimal gelten frische, lockere Böden, die nährstoffreich und tiefgründig sein sollten. Sandige Lehme an der Küste und an Flüssen gehören dazu. An den pH des Bodens (in Puerto Rico: 5,5 bis 8,0) werden keine Ansprüche gestellt [9, 12]. Ungeeignet sind verfestigte oder zeitweise überflutete Substrate, wenig geeignet auch trockene, leichte Sande. Kalkgehalt ist vorteilhaft, aber nicht erforderlich, Kaliversorgung ist besonders wichtig [2].

Cocos nucifera gehört zu den Lichtbaumarten, der Jungwuchs verträgt allerdings Halbschatten [12].

Auf den Philippinen (Insel Samar) kommen *Cocos*-Populationen in Mangrove-Beständen, gemeinsam mit *Cariops tagal*, *Rhizophora apiculata*, *R. mucronata* und mehreren *Brughiera*-Arten vor [9].

Wachstum und Erträge

Kokospalmen bilden i. a. erst mit 5 Jahren einen echten Stamm und sie erreichen mit 6 Jahren Höhen von 2,5 bis 4,5 m [9]. Generell hängt ihr Wachstum in besonders starkem Maße von den jeweiligen Standorts- und Witterungsbedingungen ab, und in Plantagen spielen Pflege- und Düngungsmaßnahmen auch für die Erträge eine erhebliche Rolle.

Das Höchstalter liegt bei *C. nucifera* zwischen 100 und 120 Jahren [2] und als Maximalhöhe werden 30 m genannt [9]. In Indien stellen 18 bis 21 m hohe, 18jährige Palmen im Raum Bombay ein Beispiel für besonders gute Wuchsleistungen dar [12].

Unter günstigen Bedingungen beginnen die Bäume schon mit 6 oder 7 Jahren Früchte zu tragen. Sie liefern zwischen 15 und 60 Jahren volle Erträge, blühen und fruchten während des ganzen Jahres und stellen nach 80 Jahren die Fruchtbildung ein. Im Mittel sind pro Baum und Jahr 50 bis 80 reife Früchte zu erwarten [3]. Für Sri Lanka werden Durchschnittserträge von 30 bis 40 Früchten genannt. Höchstleistungen zwischen 70 und 150 Nüssen pro Baum sind aber nicht ungewöhnlich [12].

In gut gepflegten, 15jährigen Plantagen erntet man ca. 9.500, in 20jährigen Plantagen etwa 12.000 Früchte pro Jahr und Hektar [12].

Genetische Differenzierung

Cocos nucifera ist eine monotypische Art mit diploidem Chromosomensatz von 2 n = 32.

Sie unterliegt keiner intraspezifischen taxonomischen Differenzierung, läßt aber in den südostasiatischen Anbaugebieten als fremdbefruchtende, sehr heterozygote Art deutliche Individualunterschiede in morphologischen Merkmalen, z. B. Fruchtfarbe und -form sowie Mesokarp- und Endospermanteil erkennen. Diese werden teils züchterisch genutzt, teils direkt bei der Begründung neuer Plantagen berücksichtigt.

Besonders auffällig sind selbstbefruchtende und daher weitgehend homozygote Zwergformen, die mit normalen, hochwüchsigen Exemplaren kreuzbar sind. In der F_1 ist die hohe Wuchsform des väterlichen mit der Frühreife des mütterlichen Elters kombiniert [2].

Pathologie

Kokospalmen bleiben keineswegs von bedrohlichen Krankheiten verschont. Auf Jamaica, den Westindischen Inseln, in Teilen Mexikos und im Süden Floridas mußte ihr planmäßiger Anbau sogar eingestellt werden. Ursache dafür waren neben erheblichen Abgängen durch Hurrikane eine von Mykoplasmen (MLO) ausgelöste, tödliche Erkrankung mit dem Namen „Lethal Yellowing". Auf Jamaica starben daran in den 80er Jahren etwa 80 % der 4,3 Mio. Palmen. Erste Symptome sind vorzeitiger Fruchtfall, Nekrosen an Hüllblättern und Früchten und die auffällige Vergilbung eines einzigen Blattes in der Mitte des Schopfes. Teil der Krankheit ist zudem eine intensive Wurzelfäule. Im Endstadium fallen sämtliche Blätter ab.

Dieser Ablauf dauert 3 bis 6 Monate und wird von Mykoplasmen im Phloem ausgelöst. Einzelheiten der Entstehung und des Verlaufs der Krankheit sind nur unvollständig bekannt. Ansätze zur indirekten Bekämpfung bestehen (a) in der Nutzung einer gewissen individuellen Resistenz, (b) im Einsatz von Insektiziden gegen mögliche Vektoren und (c) in der direkten Bekämpfung von MLO mit Tetrazyklin-Präparaten. Erfolge haben sich nur selten eingestellt [13].

Totalausfälle ähnlichen Ausmaßes entstehen auf den Philippinen durch eine „Cadang-Cadang" genannte Krankheit. Auslösendes Agens ist ein Viroid.

Weit weniger gravierend sind die durch *Phytophthora cambivora* BUTL., den Erreger der sog. Herzfäule, ausgelösten Schäden. Das Pathogen befällt das Scheitelmeristem und der Verlauf ist ebenfalls tödlich. Anders bei *Ceratostomella paradoxa*, einem Wundparasiten, der das Austreten einer roten Flüssigkeit („Stammbluten") auslöst [2].

Unter den Schadinsekten ist in erster Linie der Nashornkäfer *Oryctes rhinoceros* L. *(Scarabaeidae)* zu nennen, dessen Fraß ebenfalls das Scheitelmeristem beschädigt und so zu mißgestalteten Blättern führt. Andere Folgen hat der Befall durch den Rüsselkäfer *Rhynchophorus ferrugineus* FABR. („Palmbohrer"). Aus den in Stammwunden abgelegten Eiern schlüpfen Larven, die 5 cm lang werden und tiefe Gänge in den Stamm bohren [2].

Nutzung

LITTLE et al. [7] zählen *Cocos nucifera* zu den 10 bedeutendsten Bäumen für die Menschheit. Den Bewohnern tropischer Küsten bietet sie Nahrung in fester und flüssiger Form. Weltweit liefert sie eines der wichtigsten Speisefette,

außerdem Rohfasern zur Herstellung von Matten, Seilen und grobem Gewebe; Holz und Blätter dienen der einheimischen Bevölkerung als Baumaterial, und schließlich haben ungezählte Nebenprodukte aus Früchten, Wurzeln, Stämmen und Blütenständen ebenfalls lokale Bedeutung.

Kopra

Ein hoher weltwirtschaftlicher Stellenwert kommt vor allem dem sehr fettreichen Endosperm und den daraus gewonnenen Produkten zu.

Das der Steinschale fest anliegende Nährgewebe (Endosperm) erreicht noch vor der Vollreife der Frucht die größte Mächtigkeit. Deswegen erntet man die Nüsse am stehenden Stamm, i.a. in Abständen von 2 bis 3 Monaten.

Nach mechanischer Entfernung des Mesokarps werden die Steinkerne halbiert und zum Trocknen in die Sonne gelegt. Dadurch schrumpft das Endosperm und löst sich von der Schale. Nach Zerkleinerung reduziert man durch weitere Trocknungsschritte – teils im Freien, teils in Trockenhäusern – den Wassergehalt von 50 % auf 5 bis 6 %. Dabei soll die Temperatur 55 °C nicht überschreiten. Als Endprodukt dieses Verfahrens entsteht Kopra, das Ausgangsmaterial für die Herstellung von Kokosöl und die wichtigste Transportform des Kokosfettes.

Kopra guter Qualität hat eine helle Farbe und einen glasigen Bruch. Sie enthält 63 bis 70 % Fett und keine freien Fettsäuren [3]. Als Faustzahl gilt, daß man von Einzelbäumen pro Jahr 5 bis 20 kg Kopra gewinnen kann.

Für die Süßwarenindustrie ist die sog. Raspelkopra von Interesse, das fein geraspelte, bei 80 °C vorsichtig getrocknete und anschließend gekühlte Endosperm.

Kokosöl und Kokosfett

Durch Pressen gewinnt man aus Kopra Kokosöl und – als Rückstand – sog. Ölkuchen, der ein vorzügliches Viehfutter abgibt. Der Preßvorgang wird zumeist in modernen Ölmühlen der Importländer (u. a. Niederlande, Frankreich, Deutschland) vorgenommen.

Rohes Kokosöl schmeckt scharf und wird erst durch Wasserdampf-Behandlung genießbar. Es hat eine gelbe Farbe, liegt bei Zimmertemperatur in fester Konsistenz vor und wird bei 23 bis 26 °C flüssig.

In gereinigter Form kommt Kokosfett als bekömmliches und energiereiches Koch- und Bratfett („Palmin") auf den Markt und dient als Grundsubstanz für die Margarineherstellung. Kokosfett ist reich an Myristin- und Laurinsäure [3]. Letztere stellt einen wichtigen Bestandteil von Detergentien dar und wird von der Seifen- und Kosmetikindustrie vor allem zur Herstellung von Shampoos und Rasierseifen verwendet.

Auch Kerzen werden aus Kokosfett hergestellt.

	Kokosnüsse (t)	Kopra (t)
Welt	44.723.000	4.774.000
Indonesien	13.058.000	1.150.000
Philippinen	10.000.000	1.800.000
Indien	8.700.000	635.000
Sri Lanka	2.000.000	58.000
Thailand	1.480.000	70.000
Mexiko	1.169.000	204.000
Vietnam	1.165.000	208.000
Malaysia	1.022.000	70.000
Papua/Neu-G.	700.000	120.000

Produktion an Kokosnüssen und Kopra, 1996, aus FAO Production Yearbook 50, 1996

Kokosfasern („Coir")

Zu Garnen verarbeitete Kokosfasern entstammen dem Mesokarp unreifer Früchte. Sie stellen sogenannte technische Fasern dar, d. h., es handelt sich nicht um einzelne Sklerenchymfasern sondern um Faserbündel, die durch einen Röstprozess (Pektin-Abbau durch Mikroorganismen) von dem umgebenden Gewebe getrennt worden sind.

Zur Fasergewinnung wird das Mesokarp zunächst vom Steinkern gelöst und sodann zum „Rösten" für mehrere Monate im Wasser aufbewahrt. Im Südwesten Indiens und in Sri Lanka, den Zentren der Kokosfaser-Produktion (Kerala: > 100.000 t Coir/Jahr) haben sich dafür die flachen Brackwässer von Lagunen gut bewährt. In anderen Großbetrieben röstet man künstlich und wesentlich kürzer in Tanks. Nach dem Rösten lassen sich die Fasern maschinell oder durch Klopfen herauslösen und werden noch in feuchtem Zustand nach Feinheit und Farbe sortiert. Sie bestehen zu 44 % aus Cellulose und zu 45 % aus Ligninen; die technische Faser ist 10 bis 30 cm, die Elementarfaser 0,4 bis 1 mm lang [11].

Kokosfasern (Handelsname: Coir) sind sehr dehnbar und lassen sich zu Garnen verarbeiten, aus denen u. a. Seile, Matten, Teppiche und Wandverkleidungen hergestellt werden.

Reife und vollreife Früchte enthalten stärker verholzte Fasern, die sich nicht verspinnen lassen, aber bei der Kopra-Gewinnung in großen Mengen anfallen. Sie werden in der Hauptsache als Füllmaterial für Polstermöbel und Matratzen genutzt.

Sonstiges

Andere Teile der Kokospalme werden in den Erzeugerländern entweder unverändert oder nach Bearbeitung genutzt und haben insbesondere in ländlichen Regionen eine erhebliche Bedeutung. Das gilt in erster Linie für die Früchte. Sie stellen für einen großen Teil der Bevölkerung an den Küsten Indiens, Indonesiens, Burmas und der Pazifischen Inseln das zentrale Nahrungsmittel dar. So wird für Sri Lanka angegeben, daß pro Einwohner jährlich 149 Kokosnüsse konsumiert werden, insgesamt knapp 50 % aller in diesem Land geernteten Früchte.

Stammholz läßt sich für Baukonstruktionen nur mit Einschränkung verwenden, denn es bestehen erhebliche Dichteunterschiede zwischen verschiedenen Teilen des Schaftes. Wohl aber nutzt man es als Pfosten sowie zur Herstellung von Möbeln[5]; und die deutlich leichteren, oberen Stammteile eignen sich zur Zellstoff-Produktion [6]. Generell läßt sich Kokosholz leicht mit Holzschutzmitteln tränken [6].

Die Blätter werden seit Alters her zum Abdecken der Hütten verwendet, zu Matten verflochten und zum Schattieren genutzt. Aus den Blattsegmenten stellt man Besen her.

Verwendung finden auch die Steinschalen – teils zur Herstellung von Krügen, Tassen, Löffeln, Vasen oder Spielzeug, teils auch als Brennholz und als Ausgangsmaterial für eine hochwertige Holzkohle [9].

In Kerala (Indien) benötigt eine 5köpfige Familie zum Kochen pro Tag 7 bis 10 kg Brennmaterial aus trockenen Blättern, Spathen oder Steinschalen (im Jahr: 2.500 bis 3.600 kg). Diese Menge wird von einer ca. 0,2 ha großen Plantage mit 35 Palmen produziert[6].

---

[5] For. Prod. Abstr. 7, 3068, 1984; 8, 2333, 1985
[6] Agroforestry Abstr. 5, 1469, 1992

Einiger Beliebtheit erfreut sich „toddy", die noch vor der Blütezeit aus angezapften Infloreszenzachsen gewonnene, wäßrige Flüssigkeit. Sie ist erfrischend, reich an Zucker und Vitaminen und läßt sich zu Palmwein vergären, woraus durch Destillation Arrak entsteht.

„Kokosmilch", ein anderes erfrischendes Getränk, entsteht durch Mischung von Kokoswasser mit frischem Endosperm und anschließender Filterung der weißen Emulsion [3]. Das Kokoswasser selbst stellte für die Bewohner kleiner Pazifikinseln in Trockenzeiten oft die einzige trinkbare Flüssigkeit dar.

Sehr verschiedenartig ist schließlich die volksmedizinische Anwendung der Kokospalme. PARROTTA [9] nennt u. a.:

Wurzeln: Wirken gegen Ruhr und werden zu Mundwasser verarbeitet

Kokosöl: Wirkt fiebersenkend und wird gegen Atembeschwerden angewendet

Trockenes, abgelagertes Endosperm: Nutzt man in SO-Asien als Bandwurmmittel und setzt es als Aphrodisiacum dem Konfekt zu.

Zahlreiche weitere medizinische Anwendungen erwähnt MADAUS[7]

Auch außerhalb der Klimazonen, in denen sie regelmäßig fruktifizieren, stoßen Kokospalmen auf wirtschaftliches Interesse, denn in der Kombination mit weißem Strand und blauem Meer dienen sie der Touristik-Industrie als vielgenutztes Symbol für den Urlaub in paradiesischer Landschaft.

---

[7] Madaus, G., 1979: Lehrbuch der biologischen Heilmittel, Bd. 3
G. Ohms Verlag, Hildesheim, New York.

Weiterführende Literatur

[1] BUCKLEY, R.; HARRIES, H., 1984: Self-sown wildtype coconuts from Australia. Biotropica **16**, 148 -151.

[2] FRANKE, G., 1967: Nutzpflanzen der Tropen und Subtropen, Band 1. S. Hirzel-Verlag, Leipzig.

[3] FRANKE, W., 1981: Nutzpflanzenkunde. 2. Auflage. Georg Thieme Verlag Stuttgart, New York.

[4] HENDERSON, A.; GALEANO, G.; BERNAL, R., 1995: Palms of the Americas. Princeton Univ. Press, New Jersey.

[5] KEATING, W. G.; BOLZA, E., 1982: Characteristics, Properties and Uses of Timbers, vol. 1. South-east Asia, Northern Australia and the Pacific. Inkata Press, Melbourne, Sidney and London.

[6] KILLMANN, W., 1983: Some physical properties of the coconut palm stem. Wood Sci. Technol. **17**, 167-185.

[7] LITTLE, E. L., Jr.; WADSWORTH, F. H., 1964: Common Trees of Puerto Rico and the Virgin Islands. USDA For. Serv., Agric. Handb. **249**, Washington, D. C.

[8] MAYDELL, H. J. VON; GOLZ, E., 1985: Palmen in agroforstlichen Nutzungssystemen der Sahel- und der Sudan-Zone. Mitt. Bundesanst. Forst- und Holzw. Reinbek **148**, 41 - 143.

[9] PARROTTA, J. A., 1993: Cocos nucifera L., Coconut, Coconut palm, Palma de coco. USDA For. Serv., Int. Inst. Trop. Forestry, Rio Piedras, PR. SO-ITF-SM-57.

[10] RAUH, W., 1950: Morphologie der Nutzpflanzen. 2. Aufl., Quelle & Meyer-Verlag, Heidelberg, Wiesbaden.

[11] SCHÜTT, P., 1972: Weltwirtschaftspflanzen. Paul Parey, Berlin und Hamburg.

[12] TROUP, R. S., 1921: The Silviculture of Indian Trees, vol. 3. Oxford Univ. Press, London, New York, Bombay (reprint 1986).

[13] TSAI, J. H., 1988: Lethal Yellowing of Coconut Palms. In: HIRUKI (edt.): Tree Mycoplasmas and Mycoplasma Diseases. Univ. Alberta Press, Edmonton.

Die Autoren:

Prof. em. Dr. PETER SCHÜTT
Lehrstuhl für Forstbotanik
Ludwig-Maximilians-Universität München
Am Hochanger 13
D-85354 Freising

ULLA M. LANG
Schützenstraße 6
D-82383 Hohenpeißenberg

Colophospermum mopane
(KIRK ex BENTH.), KIRK ex. J. LEONARD

syn.:   Copaifera mopane KIRK

Mopanebaum   Familie: Caesalpiniaceae

engl.: Mopane, Butterfly tree

Abb. 1: Colophospermum mopane bei Katima Moulilo, Ost Caprivi

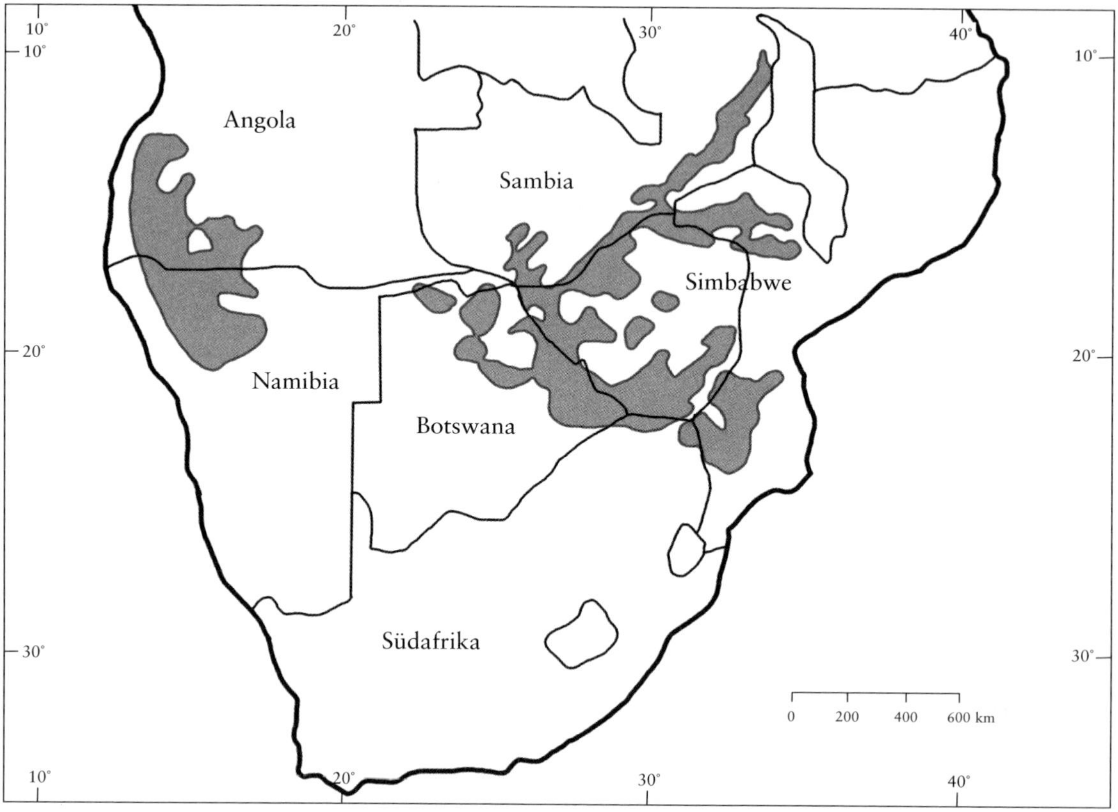

Colophospermum mopane

Abb. 2: Natürliches Verbreitungsgebiet

Verbreitung

Der bis 18 m hohe, laubabwerfende Baum ist in weiten Teilen des südzentralafrikanischen Sommerregengebietes landschaftsprägend. Die von ihm zu über 90% dominierten regengrünen Trockenwälder bilden weitflächig die trockenheits-, lokal auch die frostbedingte Baumgrenze. In Wüstennähe (Namib, Kalahari) nimmt die Art niedrige Wuchsformen an. Auf feuchten Standorten gilt sie als Indikator für alkalische Böden [9]. Hier, wie auch an der klimatischen Waldgrenze, ist sie praktisch ohne Konkurrenz.

Die generative Verjüngung bleibt hinter dem ausgeprägten Stockausschlagsvermögen weit zurück; Blüten- und Samenbildung kann mehrere Jahre lang ausfallen.

Der forstliche Anbau unterbleibt weitgehend, denn für das extrem harte Holz gibt es keine industrielle Verwendung. Für die lokale Bevölkerung ist es jedoch als Feuerholz und für Nebennutzungen von Bedeutung. Weite *Colophospermum*-Flächen wurden in Viehweiden umgewandelt.

Colophospermum-Vegetationsgesellschaften treten hauptsächlich in den relativ flachen Talsohlen und angrenzenden weiten Ebenen der großen südzentralafrikanischen Flüsse Sambesi, Luangwa, Shire, Save, Limpopo, Okavango und Cunene in Höhenlagen zwischen 100 und 1200 m auf [12]. Das natürliche Vorkommen ist auf das südwestliche Angola, das nordwestliche und nordöstliche Namibia (Caprivi), das südliche und südöstliche Sambia, West- und Südwestmozambique, Nord- und Nordostbotswana und Simbabwe sowie auf den äußersten nördlichen Teil Transvaals (Südafrika) beschränkt.

Die südliche Verbreitungsgrenze verläuft weitgehend parallel zur 5 °C-Isotherme der mittleren Minimumtagestemperatur des kältesten Monats (Juli) [4]. Mit den an der Südgrenze des Verbreitungsgebietes häufig beobachteten Frostschäden [6] wird auch die Aussparung im natürlichen Areal zwischen dem Otavi-Bergland und West-Caprivi in Namibia erklärt.

Beschreibung

Im feuchteren Bereich des Verbreitungsgebietes bildet die Art lange, schlanke, zylindrische Stämme mit einer hoch ansetzenden, dichten Krone. Die Astwinkel sind spitz, die Kronenweite kann bis 8 m betragen. Als größten Stammdurchmesser (BHD) gibt von BREITENBACH [1] 50 bis 53 cm an. Niedrige, etwa 2 m hohe Formen sind jedoch weit häufiger. Hier bildet ein Individuum etwa 10 bis 15 Stockausschläge, die Verzweigung setzt tief an, und die Kurztriebbildung nimmt mit schlechter werdenden Wuchsbedingungen zu. Die glatte **Rinde** junger Bäume dunkelt mit zunehmendem Alter dunkelbraun bis schwarz nach und bildet dann eine charakteristische, tiefe, vertikal gefurchte Borke. Die wechselständig angeordneten, bis 20 cm langen und mit einem 2 bis 4 cm langen Stiel versehenen **Blätter** setzen sich aus 2 Fiederblättchen zusammen, die wie Schmetterlingsflügel aussehen. Zwischen beiden Blättchen ist ein rudimentäres terminales Blättchen als Fortsatz erhalten.

Die Fiederblättchen haben bogenförmige, parallel verlaufende Hauptnerven, sind 4,5 bis 10 cm x 1,5 bis 5 cm groß [2] und mit durchscheinenden, punktförmigen Drüsen versehen. Die ganzrandige Spreite ist am Apex zugespitzt und insgesamt deutlich asymmetrisch. Die sattgrün glänzende Blattoberfläche unterscheidet sich von der etwas helleren, matten Unterseite. Generell zeigen die Blätter eine ledrige Konsistenz. Beim Austreiben sind sie glänzend rötlich braun, und vor dem Blattfall werden sie matt braun.

Die kleinen, blaßgrünen **Blüten** stehen in kurzen, blattachselständigen Trauben im Bereich der Terminaltriebe. Blütenaufbau: 4 grünliche Kelchblätter, Kronblätter fehlen, 20 bis 25 Staubblätter. Die Blütezeit von Oktober bis März liegt in der Regenzeit, aber unzeitgemäßes Blühen wird ebenso beobachtet wie mehrjähriges Ausbleiben der Blüte [2].

Die **Frucht**, eine flache, nicht aufplatzende, nierenförmige, 5 x 2 cm große Hülse, birgt nur einen Samen. Der flache, hellbraune, mit rötlichen Drüsen bedeckte, klebrige Samen reift im April/Mai. JARMAN und THOMAS [5] betonen die grundsätzlich anemochore Verbreitung, es wird aber auch Zoochorie durch Vögel und Säugetiere beobachtet [10].

C. *mopane* zeigt die Tendenz zur Ausbildung oberflächennaher, weitläufiger Wurzeln. Die Art bindet keinen atmosphärischen Stickstoff über Rhizobien [11].

Der weißlich hellbraune, 2 bis 4 cm breite Splint des attraktiven, harten und schweren Holzes kontrastiert stark mit dem unter Lichteinfluß nachdunkelnden, rotviolettbraunen Kernholz.

Die Raumdichte einzelner Proben aus Etosha und Caprivi, Namibia, schwankt zwischen 0,61 und 0,78 g/cm³, die Darrdichte zwischen 0,75 und 0,95 g/cm³. Zuwachszonen sind erkennbar, über deren eventuellen Jahrringcharakter ist nichts bekannt.

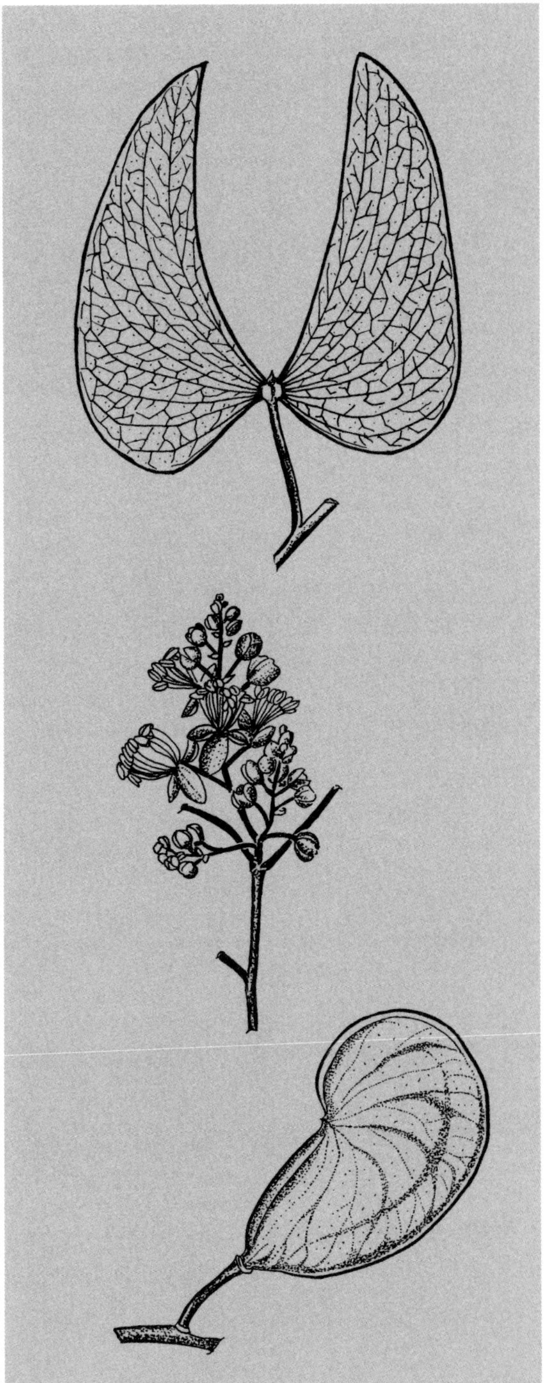

Abb. 3: Blatt, Blütenstand und Frucht (verändert nach ENGLER, 1910)

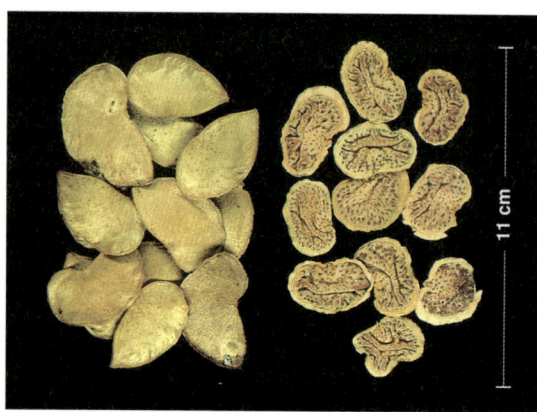

Abb. 4: Früchte (links) und Samen (Foto: U. M. Lang)

Ökologie

Im natürlichen Areal liegen die mittleren Jahresniederschläge zwischen 400 und 800 mm, mit folgenden Ausnahmen:

a) nördliches Luangwa-Tal mit 1000 mm
b) Übergang zur Karroo-Namib-Region an der Westküste bei 100 mm [12], hier allerdings in trockenen Flußbetten

Die nördliche Verbreitungsgrenze fällt mit höheren Jahresniederschlägen und dem Vorkommen regengrüner „Miombo"-Trockenwälder zusammen, die stark von *Brachystegia*-Arten geprägt sind. *C. mopane* wächst fast ausschließlich im Reinbestand (90% der Biomasse), in dem der Unterwuchs nur spärlich entwickelt ist. Bisweilen sind *Adansonia digitata* (Baobab), *Acacia*-Arten, *Commiphora* spec., *Combretum* spec. sowie Gramineen vertre-

ten. In klimatischen Grenzbereichen des natürlichen Vorkommens geht der aufrechte Wuchs in Strauchform über.

Die Art stockt auf feinkörnigen, sandigen, lehmig-tonigen Substraten, entstanden aus Basalt, Alluvialmaterial und Kalk. Häufig sind die Standorte periodisch stauwasserbeeinflußt. Fast konkurrenzlos ist die Art auf Alkali- (Solonez) [3] und Gipsböden. Die Baumhöhe soll auf Alkali-Böden schwerer Textur immer unter 15 m liegen.

Nach MYRE und ANTAO [7] variiert die Form der Bäume mit dem Bodensubstrat. Bestes Wachstum zeigt *Colophospermum* auf reichen, tiefen Alluvialböden; viel bedeutsamer jedoch ist das Vermögen, durch Trockenheit, Alkalität und schweres Gefüge geprägte Böden zu besiedeln, auf denen andere Baumarten nicht (mehr) wachsen. Deshalb wird stets die (potentielle) Bedeutung der Art zur Stabilisierung trockener, alkalischer Böden betont [8].

Feuer beeinflußt ebenfalls den Habitus und fördert offensichtlich die vegetative Verjüngung über Stockausschläge. Durch den hohen Gehalt an ätherischen Ölen, besonders auch in den Blättern und Früchten, brennt *Colophospermum* auch in frischem Zustand.

Anbau

C. mopane wird nur selten künstlich angebaut, u.a. weil die Art im natürlichen Verbreitungsgebiet sehr langsam wachsen soll. Die Anzucht selbst ist wegen der leichten Keimung problemlos. Vorbehandlung des Saatgutes ist nicht erforderlich [8].

Im Jahr 1965 in Rajasthan, Indien, angepflanzte Bäume gehören dort zu den wenigen Exoten, die sich unter den sehr ariden Bedingungen durch Samen natürlich verjüngen. Auf sandigen Böden erreicht *Colophospermum* hier in 10 Jahren 5 m Höhe [8].

Abb. 5: Stammbasen mit tiefrissiger, dunkler Borke

Abb. 6: C. mopane in Sonderkop, Etoscha-Pfanne, Namibia während der Trockenzeit

Nutzung

Colophospermum wird als bestes Feuerholz Afrikas bezeichnet [8] und von der lokalen Bevölkerung stets den anderen Baumarten vorgezogen. Andere Verwendungen des Holzes, z.B. als Möbel- oder Grubenholz, für Zaunpfähle, als Parkett oder als Bauholz treten stark zurück. Eine industrielle Nutzung ist nicht bekannt.

Der hohe Rohproteingehalt der Blätter von durchschnittlich 12,6% [11] macht das Laub zu einem guten, häufig verwendeten Viehfutter. Der strenge Terpentingeruch der Cholophospermum mopane-Blätter wirkt sich nicht auf den Geschmack und Geruch des Fleisches und der Milch von Rindern aus, selbst wenn diese sich ausschließlich von Colophospermum-Laub ernähren. Häufig ernähren sich viele Wildtiere im Verbreitungsgebiet fast ausschließlich vom Laub dieser Art. Als Wirtspflanze für die eßbare, eiweißreiche Schmetterlingslarve *Gonimbrasia belina* (Proteingehalt 47,5%) [11] hat sie indirekt auch lokale Bedeutung für die menschliche Ernährung.

In Ost-Transvaal wird der Rindenaufguß als Mittel gegen Syphilis und Augenentzündungen eingesetzt [11].

Weiterführende Literatur

[1] BREITENBACH, F. VON, 1968: Long term plan of forestry development in the Eastern Caprivi Zipfel. George, South Afrika, unveröffentlicht.

[2] COATES PALGRAVE, K., 1990: Trees of Southern Africa. Cape Town.

[3] DYE, P.J., 1979: Feasibility of reclaiming and improving sodic soils. Zimbabwe Rhodesia Agriculture Journal, **76**, 65–68.

[4] HENNING, A.C.; WHITE, R.E., 1974: A study of the growth and distribution of Colophospermum mopane (KIRK ex BENTH.) KIRK ex. J. LEON. The interaction of nitrogen, phosphorus and soil moisture stress. Proc. Grassld. Soc. Sth. Afr. **9**, 53–60.

[5] JARMAN, P.J.; THOMAS, P.I., 1969: Oberservations on the distribution and survival of Mopane (Colophospermum mopane (KIRK ex BENTH.) KIRK ex J. LEONARD) seeds. Kirkia **7**, 103–107.

[6] KNAPP, R., 1973: Die Vegetation von Afrika. Stuttgart.

[7] MYRE, M.; ANTAO, L.R., 1972: Reconhecimento pascicola ao Vale do Save. Instituto de Investigacao de Agronomica de Mocambique. Comunicacoes 75, 180.

[8] NATIONAL ACADEMY OF SCIENCES (ed.), 1980: Firewood Crops. Washington D.C.

[9] NYAMAPFENE, K., 1988: A note on some Zimbabwean soil-vegetation relationships of important indicator value in soil survey. Kirkia **13**, 1, 239–242.

[10] PALMER, E.; PITMAN, N., 1961: Trees of South Africa. Amsterdam, Cape Town.

[11] VOORTHUIZEN, E.G. VAN, 1976: The mopane tree. Botswana notes and records 8, 223–230.

[12] WERGER, M.J.A. (ed.), 1978: Biogeography and ecology of Southern Africa. The Hague.

Der Autor:

Dr. RALPH MITLÖHNER
Institut für Waldbau, Abt. II:
Waldbau der Tropen und Naturwaldforschung
Georg-August-Universität Göttingen
Büsgenweg 1
D-37077 Göttingen

Combretum imberbe WAWRA

Ahnenbaum

engl.:   Leadwood, Elephant tusk tree

Herero: Omumborombonga

Familie: Combretaceae
Subgenus: Combretum
Sektion: Hypocrateropsis

Abb. 1: Combretum imberbe am Waterberg, Namibia

Combretum imberbe ist in den Sommerregen-Gebieten des südlichen Afrika beheimatet und wächst bevorzugt entlang von Flüssen und in Trockentälern. Ausreichende Wasserversorgung vorausgesetzt, bildet die Art eindrucksvolle, wohlgeformte Baumindividuen, die i. a. bis 15 m hoch werden. Das extrem schwere und harte Holz ist als Brennholz und als Holzkohle hoch geschätzt. Weil der Ahnenbaum aber langsam wächst und schwer zu kultivieren ist, hat er nur eine beschränkte wirtschaftliche Bedeutung. Zumindest in Namibia ist er dennoch wohlbekannt, denn in der Mythologie des Herero- und des Ovambovolkes nimmt er die zentrale Stellung der Urmutter aller Lebewesen ein.

Taxonomie und Verbreitung

Die über 200 Arten umfassende, pantropische Gattung *Combretum* (sie fehlt nur in Australien) kommt in der zambesischen Region mit baum- und strauchförmigen Vertretern der Sektion *Hypocrateropsis* (Subgenus *Combretum*) vor. Zu den Merkmalen dieser Sektion gehören stark differenzierte Blattepidermis-Schuppen (Drüsenschuppen), vierzählige Blüten und ein kurzes Hypanthium (Sekt. *Combretum*). Der obere Teil der Blütenröhre ist deutlich scheibenförmig ausgebildet.

Das natürliche Areal des Ahnenbaumes erstreckt sich vom Norden Namibias (Kaprivi, Ovamboland, südl. bis zum Swakop-Rivier) und Botswanas sowie vom südlichen Angola bis zum Süden Sambias und Malawis. Es umfaßt

Zimbabwe und erreicht Mozambique. In Südafrika ist die Art in den nördlichen Provinzen Transvaal und Swaziland autochthon. In Natal ist sie selten [2]. Die Südgrenze des Areals verläuft bei etwa 26° s. Br.

Konkrete Angaben zur Höhenverbreitung liegen nicht vor. Die Rede ist von „mittleren bis niederen Höhenlagen" und von einem Vorkommen in Transvaal bis 1.200 m ü. NN [2, 4].

Beschreibung

C. imberbe, ein meist kleiner bis mittelhoher Baum, erreicht in Namibia durchschnittlich 7 bis 15 m Höhe; die größten Exemplare werden bei einem Stammdurchmesser (BHD) von 100 bis 150 cm 21 m hoch. Starke Hauptäste gehen in 3 bis 4 m Höhe bogenförmig vom Stamm ab und bilden eine runde, 18 bis 22 m breite Krone.

Ahnenbäume wachsen extrem langsam und werden sehr alt. C_{14}-Untersuchungen in Swaziland ermittelten Höchstalter von ca. 1000 Jahren [2, 11]. Kennzeichnend für alte Bäume sind die lange am Stamm verbleibenden, toten Äste, denn das dauerhafte Holz verrottet nur schwer. Unter ariden Bedingungen wächst die Art als dicht verzweigter, dorniger Strauch von knapp 3 m Höhe und 3 bis 4 m Durchmesser.

Das Zweigsystem ist in Lang- und Kurztriebe differenziert. An einjährigen Langtrieben entstehen blattachselständige Kurztriebe von 20 bis 70 mm Länge. Diese sind an der Basis des Langtriebs nur kurz und enden in einem spitzen Dorn. Zur Spitze des Langtriebs hin werden sie länger und stumpfer [2].

Blätter

C. imberbe wirft die Blätter während der Trockenzeit ab. Das geschieht allerdings nicht gleichzeitig. Daher sind nur selten vollständig entlaubte Bäume zu finden [2]. Die Blätter stehen an Langtrieben kreuzgegenständig, an Kurztrieben kommen auch endständige Blattquirle mit bis zu 7 Blättern vor.

Häufig hängen die dünnen, papierartigen bis ledrigen, im Querschnitt leicht V-förmigen Blätter schlaff herab. Sie sind zwischen 2,5 und 4 cm (max. 8 cm) lang, 0,8 bis 3 cm breit, haben einen 4 bis 10 mm langen, grünen Stiel und eine verkehrt eiförmige oder eilängliche bis ovale Spreite mit keilförmig verschmälerter Basis. Dem Apex sitzt häufig eine haarfeine Spitze auf. Der gewellte Blattrand ist an der Spreitenbasis manchmal ausgerandet [2]. Die Blattoberseite ist von charakteristisch graugrüner, die Unterseite von gelbgrüner Farbe. In der für Combretaceen typischen, fiedrigen Nervatur verschmelzen die äußeren Nerven am Blattrand. Pro Blatthälfte sind 6 bis 7 Nerven vorhanden.

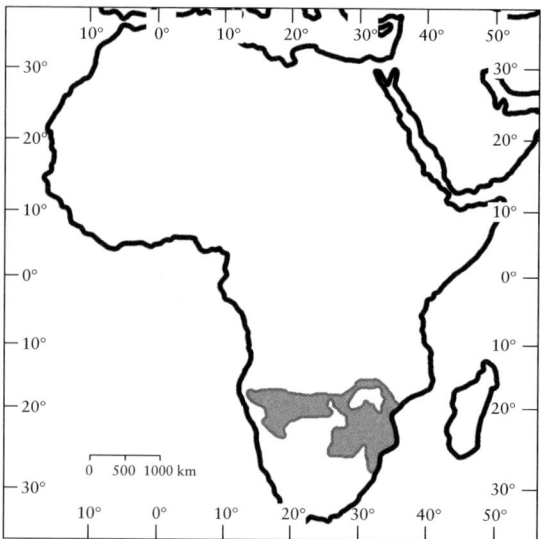

Abb. 2: Natürliches Areal (verändert nach [2])

Die gestielten, schuppenförmigen Drüsen auf der Epidermis, dem Blattstiel, dem Mittelnerv und auf jungen Zweigen haben diagnostischen Wert. Form und Farbe variieren wie folgt:

auf der Blattoberseite:	napfförmig, fahl gelbgrün
auf der Blattunterseite:	gelblich bis weiß, flach gewölbt
auf der Mittelrippe:	groß, schüsselförmig
am Blattstiel:	weiß bis rotbraun

Die im Umriß runden Drüsen (Durchm.: 120 bis 300 µm) sekretieren klebrige Substanzen unbekannter Funktion.

C. imberbe verfügt nicht über die typischen *Combretaceen*-Haare auf beiden Blattseiten und am Blattstiel [13, 14] [1].

Blüten, Früchte und Samen

C. imberbe blüht und fruchtet oft so intensiv, daß der gesamte Baum gelb erscheint. Die bisexuellen, 4zähligen Blüten sind in schlanken, lockeren und zylindrischen, 4 bis 8 cm langen Ähren angeordnet, welche überwiegend den Blattachseln diesjähriger Langtriebe entspringen und einzeln oder paarweise an Stielen stehen. Mitunter befinden sie sich auch terminal an diesjährigen Kurztrieben (einzeln oder in Rispen).

Die unauffälligen, gelblichen bis cremefarbenen Blüten duften stark süßlich. Vorhanden sind mehrere kleine, braune, schuppige Brakteolen [2]. Der untere, ca. 1,5 mm lange Teil des Hypanthiums ist in der Mitte leicht verdickt. Der im oberen Teil glockenförmige, grün-braune, schuppige Blütenbecher hat in der Höhe der Kelchzipfel-Spitzen einen Durchmesser von 3,5 mm und ist 1,75 mm lang. Weiterhin sind zu erwähnen: Dreieckige, 0,5 mm lange Kelchblätter; spatelförmige, gelbe und kahle, 1 mm lange Kronblätter; ein unterständiger, einfächeriger Fruchtknoten mit anatroper Samenanlage; ein hellgelber, 1,5 mm langer Griffel; 2 Kreise mit je 4 kahlen, gelben, etwas über 3 mm langen Staubblättern und ein Diskus mit einem randständigen Kranz feiner, hellbrauner Haare.

Von den 30 bis 60 Blüten einer Infloreszenz gelangen nur wenige zur Fruchtreife. Die vierflügeligen, einsamigen Schließfrüchte (Größe: 1,5 x 1,5 cm) sind die kleinsten der südafrikanischen Arten dieser Gattung. Sie sind 1 bis 2,5 mm lang gestielt. Eine Frucht wiegt im Mittel 86 mg, davon entfallen ca. 45 % auf den Samen. Bei Reife schimmern die gelblichen, unbehaarten Früchte hellbraun bis rötlich. Sie sind mit weißlichen Schuppen besetzt, die bis auf die Flügelflächen reichen. Die Fruchtwand verholzt nicht oder nur wenig, die Flügel bestehen aus einem lockeren Parenchym, eingebettet in ein zweischichtiges Sklerenchym.

Die rotbraunen, zigarrenförmigen, bis 9,5 mm langen Samen laufen spitz zu und haben eine mit 4 bis 8 Längsfurchen versehene Testa. Das Tausendkorngewicht beträgt ca. 38 g [2,6].

Abb. 3: Blütenstände (Ähren) in den Blattachseln diesjähriger Langtriebe und Teil eines Fruchtstandes mit reifen, einsamigen Schließfrüchten (verändert nach [2])

---

[1] einzellig, lang, scharf zugespitzt, dickwandig, mit konischem Hohlraum an der Basis

(a) mit weitem Lumen: einzeln oder in radialen Gruppen verteilt, 3 bis 5 pro mm²; Durchm., tangential: 126 bis 193 μm; Durchm., radial: 208 bis 235 μm. Wanddicke: 3 bis 7 μm; Länge: 290 bis 310 μm. Doppelt behöfte, runde bis viereckige, skulpturierte Tüpfel in Gruppen, Durchm.: 5 bis 7 μm.

(b) mit engem Lumen: oft in Kontakt mit (a) oder mit Tracheiden. In Gruppen an der Grenze der Wachstumsringe; Durchm., tangential: 19 bis 31 μm; Durchm. radial: bis 51 μm; Länge: 310 bis 450 μm.

Die 850 bis 980 μm langen Holzfasern haben dünne bis mittelstarke Wände mit spärlich behöften Tüpfeln von 1 bis 3 μm Durchmesser. Es treten (als Ausnahme bei den *Combretaceen*) keine zusammengesetzten Holzstrahlen auf. Das paratracheale Holzparenchym ist vasicentrisch-aliform bis aliform-konfluent. Als weitere Besonderheiten treten Markflecken sowie zahlreiche, mit rhombischen oder länglichen Kristallen gefüllte Idioblasten auf [15].

Anzucht und Vermehrung

Die Hauptblütezeit liegt zwischen November und Januar. Bei ausreichendem Regen ist eine zweite Blüte im April möglich. Im Februar beginnen die Früchte reif zu werden, und die Reifezeit dauert bis zum April. Bis zur nächsten Blütezeit fallen die vom Wind verbreiteten Früchte nach und nach vom Baum. Sie erreichen eine maximale Ausbreitungsdistanz von 50 m, wobei sie nur einen Teil der Strecke in taumelnden Flugbewegungen (tumblers) zurücklegen. Eine mindestens gleich große Strecke werden sie vom Wind über den nackten Boden geblasen (rotating roller) [6].

In den reifen, am Boden liegenden Früchten werden bis zu 35 % der Samen durch Käferfraß zerstört. Insgesamt wirft die Anzucht Probleme auf, denn die Keimrate liegt mit 3 bis 5 % (Ausnahme: 37 %) sehr tief, viele Keimlinge sterben nach kurzer Zeit ab, und die Überlebenden wachsen in Kultur zunächst extrem langsam (ca. 85 mm in 5 bis 6 Monaten). Unter besonders günstigen Bedingungen werden 15jährige Bäume allerdings 6 bis 7,5 m, in anderen Fällen mit 12 Jahren 2 bis 3 m hoch.

Ökologie

Das natürliche Areal liegt in den trockenen, tropischen Sommerregengebieten. Das Klima ist humido-arid, gekennzeichnet durch eine feucht-heiße Vegetationszeit (750 mm Niederschläge; Mitteltemp. bei 25 °C) sowie eine trockene, kühlere Jahreszeit (Mitteltemp. etwa 10 °C). Die Art wächst vorwiegend in frostfreien Lagen und gilt als frostempfindlich. Sie wird außerdem leicht durch Buschfeuer geschädigt.

Abb. 4: Borke eines alten Stammes

Borke und Holz

Die mittel- bis hellgraue, manchmal fast weiße Borke alter Stämme ist längs- und querissig und löst sich in schmalen, rechteckigen, 5 bis 10 mm starken Schuppen ab. Äste unter 2 bis 3 cm Durchmesser haben eine glatte, rotbraune Rinde; von ein- und zweijährigen Zweigen blättern rotbraune Schuppen ab [2].

Geradezu kennzeichnend für *C. imberbe* ist das extrem harte, dauerhafte und schwere Holz, das im lufttrockenen Zustand eine Rohdichte von 1,18 g/cm³ aufweist [3] und weder von holzbohrenden Insekten noch von Termiten angegriffen wird. Der schmale, bräunlich gelbe Splint setzt sich deutlich vom purpur-schwarzen, sehr attraktiv gemaserten Farbkern ab. Wachstumsringe sind nur schwer zu erkennen.

Das Holz ist zerstreutporig aufgebaut und weist als typisches Merkmal der Gattung *Combretum* zwei Typen von Gefäßen auf:

C. imberbe besiedelt fruchtbare, auch flachgründige Böden über Dolomit und Marmor, auch sandige Lehme, Kalahari-Sande und alluviale Standorte. In Namibia gilt sie als Indikator für gutes, fruchtbares Weideland, in Etoscha wächst sie auf Böden mit hohem N – (2300 ppm) und P-Gehalt (57 ppm) [10].

C. imberbe gehört entweder den gemischten Trockenwäldern (Marula-Gesellschaften, *Terminalia prunioides-Spirostachys africana*-Wälder in Etoscha/Namibia), den Savannen tiefer und mittlerer Höhenlagen (bis ca. 1200 m ü. NN in Transvaal [2]) oder den Galeriewäldern entlang der Wasserläufe an. Bei geringeren Niederschlägen besiedelt sie hauptsächlich Standorte mit Grundwasseranschluß, Mulden oder luvseitige Berghänge (Waterberg/Namibia).

Nutzung

Das sehr dauerhafte Holz des Ahnenbaumes fand für Werkzeuge, Eisenbahnschwellen, Grubenholz und Zaunpfähle, selten auch im Möbelbau Verwendung. Weiterhin liefert es ein hervorragendes, langsam brennendes Brennmaterial und es läßt sich zu Holzkohle bester Qualität verarbeiten.

Durch die andauernde, intensive Nutzung ist *C. imberbe* in Südafrika in seinem Bestand bedroht und steht inzwischen unter Schutz. Die Art wird heute praktisch nicht mehr genutzt.

Die fast weiße Holzasche ist sehr kalkreich und findet Verwendung als Tünche und als Zahnpasta. Weitere Angaben zur Nutzung bei [1, 5, 11].

Abb. 6: Einzelbaum in Namibia

Abb. 5: Verbißschaden

Verschiedenes

- In Namibia verehren die Völker der Herero und der Ovambo „Omumborombonga" als Stammutter allen Lebens. Dem Baum wird schützende Kraft zugesprochen, seine Blätter und Früchte verwendet man als Schutzspender. Aus diesem Grund, aber auch wegen seiner Dauerhaftigkeit nutzt man das Holz zum Bau von Hütten und Umfriedungen.
- Es ist Tradition, die Blätter als Hustenmittel zu rauchen oder sie zu Hustensaft zu verarbeiten.
- *C. imberbe* wird von Kudu, Impalas, Giraffen, Elefanten und Nashörnern befressen. Die drei zuletzt genannten äsen auch Zweige [1].

Weiterführende Literatur

[1] BERRY, C., o. J.: Bäume und Sträucher des Etoscha-Nationalparks. Multi Services, Windhoek.

[2] CARR, J.D., 1988: Combretaceae in Southern Africa. Tree Society of Southern Africa.

[3] CARR, J.D., ROGERS, C.B., 1987: Chemosystematic studies of the genus Combretum (Combretaceae). I. A convenient method of identifying species of this genus by a comparison of the polar constituents extracted from leaf material. South-African J. Botany 53, 173–176.

[4] COATES PALGRAVE, K., 1984: Trees of Southern Africa. C. Struik, Cape Town.

[5] CRAVEN, P.; MARAIS, C., 1989: Waterberg Flora. Gamsberg Macmillan; Windhoek.

[6] ERNST, W.H.O.; TOLSMA, D.J., 1990: Dispersal of fruits and seeds in woody savanna plants in southern Botswana. Beiträge Biol. der Pflanzen 65, 325–342.

[7] EXELL, A.W., 1968: Notes on the Combretaceae of Southern Africa. Bol. Soc. Broteriana (Ser. 2) 42, 5–14, Coimbra.

[8] EXELL, A.W.; STACE, C.A., 1966: Revision of the Combretaceae. Bol. Soc. Broteriana (Ser. 2) 40, 5–25, Coimbra.

[9] HEGNAUER, R., 1989: Chematoxonomie der Pflanzen. Bd. VIII. Birkhäuser; Basel, Boston, Berlin.

[10] LE ROUX, C.J.G. et al., 1988: A classification of the vegetation of the Etosha National Park. South Afr. J. Botany 54, 1–10.

[11] PALMER, E.; PITMANN, N., 1972: Trees of Southern Africa, Vol. III. A. A. Balkema, Cape Town.

[12] ROTH, I., 1977: Handbuch der Pflanzenanatomie, X. 1: Fruits of Angiosperms. Borntraeger, Berlin, Stuttgart.

[13] STACE, C.A., 1965: The significance of the leaf epidermis in the taxonomy of the Combretaceae. I. A general review of tribal, generic and specific characters. Journ. Linn. Soc. Bot. 59, 229–252.

[14] STACE, C.A., 1969: The significance of the leaf epidermis in the taxonomy of the Combretaceae. II. The genus Combretum subgenus Combretum in Africa. Journ. Linn. Soc. Bot. 62, 131–168.

[15] VAN VLIET, G. J. C. M., 1979: Wood anatomy of Combretaceae. Blumea 25, 141–223.

Der Autor:

Dipl.-Biol. ULRICH KOHLER
Ignaz-Kögler-Straße 1
D-86899 Landsberg/Lech

Conocarpus erectus LINNÉ

Knopfmangrove   Familie: Combretaceae

engl.:   Buttonwood, Button mangrove
span.:   Mangle botón

Brasilien: Mangue
Costa Rica: Marequito
Haiti: Palétuvier
Mexiko: Mangle negro

Abb. 1: Sehr alter Baum auf Lignum Vitae Island,
Florida Keys (USA)

Buttonwood gehört zwar zu den Holzpflanzen der neotropischen und afrikanischen Mangrove-Vegetation, wächst aber nur am Rande von Standorten, die regelmäßig überflutet werden und bildet weder Pneumatophoren noch vivipare Früchte aus. Ihre wirtschaftliche Bedeutung ist gering.

Die immergrüne Art entwickelt sich meist zu einem mehrstämmigen, kleinen Baum mit krummen Schäften, kann aber auch strauchförmig bleiben. C. erectus ist raschwüchsig und salztolerant. Die Borke enthält reichlich Gerbstoffe. Eine Varietät mit silbrig behaarten Blättern (C. erectus var. sericeus) findet in Florida gärtnerisches Interesse.

Der Name „Buttonwood" geht auf die in großer Zahl gebildeten, kugelrunden und wie kleine Lederknöpfe aussehenden Fruchtstände zurück.

Abb. 2: Einblick in einen natürlichen Conocarpus-Bestand

Morphologie

Das sehr variable Erscheinungsbild von C. erectus reicht von der Strauchform über den breitkronigen, meist mehrstämmigen und krummschäftigen kleinen Baum (meist 3 bis 5 m hoch) bis zum aufrechten Baum von maximal 20 m Höhe und 70 cm Durchmesser (BHD). Stets ist der **Stamm** tief beastet und fast immer entspringen der Stammbasis zahlreiche Sprosse. Auch Stockausschläge werden reichlich gebildet [2]. Das sehr starke Ausschlagvermögen der Art äußert sich überdies in der großen Zahl sylleptischer und proleptischer Triebe. Die dicke, rissige, graubraune **Borke** wird gern von Epiphyten besiedelt.

Das im Splintbereich hellbraune, im Kern gelbbraune Conocarpus-**Holz**[1)] bildet keine Jahresringe aus. Es ist hart, schwer (Rohdichte ca. 1,0 g/cm³) und dauerhaft, wenn auch anfällig gegen Termiten [5]. Die jungen, zunächst gelbgrünen **Triebe** werden später braun. Unterhalb jedes

Blattansatzes weisen sie eine flügelartige Verdickung auf. Blattknospen werden nicht ausgebildet. Statt dessen umgeben mehrere distale Laubblätter schützend den Vegetationskegel während der Winterruhe.

Die ledrigen, ganzrandigen und an beiden Enden lang zugespitzten Buttonwood-**Blätter** sind wechselständig angeordnet. Sie sind von elliptischer Form, 3 bis 8 cm lang, 1,2 bis 3 cm breit, haben einen leicht geflügelten Blattstiel mit 2 kleinen, kaum auffallenden Drüsen und eine relativ breite, orangefarbene Mittelrippe. Die Spaltöffnungen befinden sich auf beiden Blattseiten; sie sind nicht eingesenkt. Das reichlich ausgebildete Schwammparenchym dient auch der Wasserspeicherung [1].

In Florida und der Karibik steht C. erectus von März bis September intensiv in **Blüte**. Die winzigen, grünlichen, aromatisch duftenden Einzelblüten stehen zu vielen in köpfchenförmigen Blütenständen am Ende von Sproßachsen, insbesondere von kräftigen, sylleptischen Trieben.

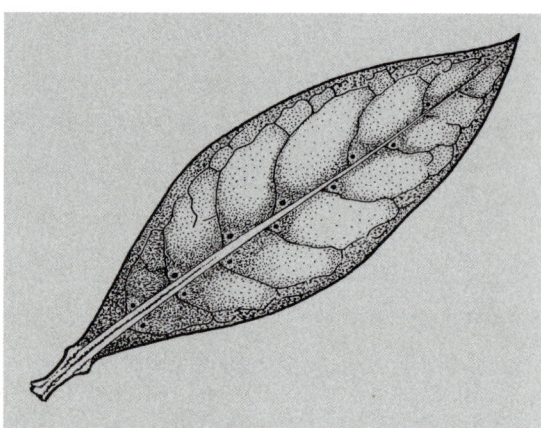

Abb. 3: Blatt mit Domatien an der Mittelrippe und 2 Drüsen am Blattstiel (nach TOMLINSON. 1986) (nat. Größe)

I.a. sind die Blüten dioezisch verteilt; ♂ Blütenstände sind kleiner als ♀ [8]. In der selben Inflorescenz können Zwitterblüten mit verbreiterter Blütenbasis (Hypanthien) wie rein männliche Blüten vorkommen. Letztere enthalten 5 bis 10 Staubblätter, die weit aus der einfachen Blütenhülle herausragen. Der Griffel ist an der Basis behaart, der Fruchtknoten unterständig, Kronblätter fehlen.

Nach Befruchtung entwickeln sich kugelige, rotbraune, zapfenartige Fruchtstände von maximal 1,2 cm Durchmesser, die sich aus zahlreichen schuppenförmigen Steinfrüchten zusammensetzen.

Jede dieser ledrigen, bei Reife braunen, mit 2 Flügeln versehenen, schwimmfähigen **Früchte** enthält nur einen Samen und nur 3 bis 10 % der Früchte sind fertil [3]. Die Keimkraft der sehr kleinen **Samen** ist gering.

---

1) Nach Gooch [2] ist das Kernholz in Mexiko von dunkel-olivbrauner Farbe. Record [6] hält das generell für zutreffend.

Abb. 4: Borke

Taxonomie und Verbreitung

Die Gattung Conocarpus L. enthält nur zwei Arten: Neben der hier beschriebenen C. erectus die nur in einigen Flußtälern des nördlichen Somalia (O-Afrika) vorkommende C. lancifolius ENGL.

Untersuchungen über eine rassische Differenzierung von C. erectus liegen nicht vor. Einige Autoren trennen allerdings von der reinen C. erectus zwei Varietäten ab:

– var. procumbens DC, eine niederliegende Form und

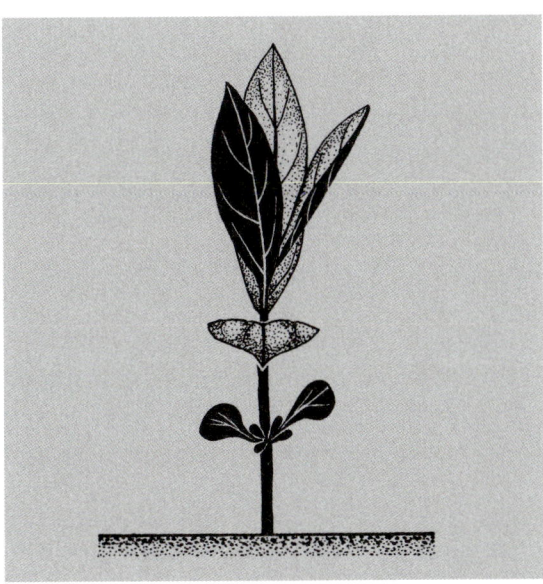

Abb. 5: Keimling, ca. 1 Monat alt. Kotyledonen mit Nebenblättern (nat. Größe).

– var. sericeus GRISEB. (syn.: C. pubescens SCHMACH) mit silbriger Behaarung der Blätter, die nur im nördlichen Teil des Areals und oft in Mischung mit der unbehaarten (grünen) Form vorkommt. Indessen wurde beobachtet, daß grüne wie graue Blätter am selben Baum und am selben Zweig auftreten können[2].

Das natürliche Areal des Buttonwood umfaßt die tropischen Küsten Amerikas und Westafrikas (Senegal bis Angola) sowie die Inseln der Karibik (ausgenommen Dominica). Im amerikanischen Verbreitungsgebiet liegt die Südgrenze in Ecuador (einschließlich Galapagos-Inseln) und in Brasilien; im Norden dringt die Art bis Hernando County an der Westküste und bis Brevard County an der Ostküste Floridas vor [3].

Ökologie und Wachstum

C. erectus besiedelt vorwiegend den landeinwärts gelegenen Rand von Mangrove-Sümpfen sowie tiefere Lagen des Hammock-Buschwaldes. Ihr Vorkommen ist somit auf flache, sandige Küsten beschränkt. Unmittelbar vom Tidenhub erfaßte Standorte meidet sie. Salzhaltige Böden stellen kein Hindernis dar und selbst Salzwassergischt wird ertragen.

Konkrete Wachstumsdaten wie auch Angaben über den Holzertrag fehlen in der Literatur weitgehend. Nach GOOCH [2] können aus Pflanzungen entstandene Bäume mit 20 Jahren ca. 20 cm Durchmesser erreichen; einjährige Sämlinge werden in S-Florida 45 cm hoch und ca. 2,5 cm stark.

C. erectus ist eine Lichtbaumart. Schatten behindert die vegetative Entwicklung. In Süd-Florida hat die silbergraue Varietät sericeus Bedeutung für die Landschaftsgestaltung erlangt. Sie ist ein beliebtes Ziergehölz und eignet sich auf feuchten Standorten gut als Heckenpflanze [10].

Abb. 6: Reife Fruchtstände

2) For. Abstr. 33, 255, 1972

Nutzung

Eine überregionale wirtschaftliche Bedeutung besitzt C. erectus nicht, wenngleich die sehr gerbstoffreiche Borke (Tanningehalt 20 % [6]) auf industrieller Basis genutzt werden kann. Die Gerbstoffe sind leicht zu extrahieren und haben sich für das Gerben von Leder bewährt. Auch Holz (8 %) und Blätter enthalten reichlich Gerbstoffe. Buttonwoodholz ist nicht leicht zu bearbeiten. Wegen seiner Dauerhaftigkeit eignet es sich gut für Zaunpfähle und Masten. Es ist zudem ein Brennholz von hohem Heizwert und

Abb. 7: Conocarpus erectus var. sericeus mit silbergrauen Blättern und blauroten Fruchtständen

liefert eine hervorragende Holzkohle. Gemessen daran tritt seine Verwendung im Bootsbau und als Bauholz deutlich an Bedeutung zurück. Für die Zellstoffproduktion eignet sich das Holz nicht, wohl aber zum Räuchern von Fischen.

Verschiedenes

– Buttonwood ist genauso leicht über Samen wie über die Bewurzelung von Zweigstecklingen zu vemehren.

– Die Art entwickelt ein sehr flaches Wurzelsystem und wird daher leicht vom Sturm geworfen.

– Weder pflanzliche noch tierische Schädlinge stellen für C. erectus eine ernste Gefahr dar. In Baumschulen tritt Cylindrocladium scoparium MORG. als pilzlicher Erreger einer Wurzelfäule auf und auf den Virgin Islands richtet der Schnellkäfer Chrysobothis tranquibarica GMEL. deutliche Schäden an[3].

– Die silbergraue Behaarung der Blätter von var. sericeus stellt möglicherweise einen Schutz gegen Herbivorie dar [7]. Auf der Inselgruppe der Bahamas werden die größeren Inseln hauptsächlich von silbergrauen Individuen besiedelt. Hier gibt es auch eine große Zahl von Pflanzenfressern. Demgegenüber dominiert auf kleinen Inseln die unbehaarte, also grünblättrige Form. Vorherrschend ist hier aber auch eine Eidechsenart, die sich von blattfressenden Arthropoden ernährt, so daß Herbivorie keine große Rolle spielt.

Weiterführende Literatur

[1] CHAPMAN, V. J., 1976: Mangrove Vegetation. J. Cramer-Verlag, Vaduz.

[2] GOOCH, W. L., 1945: Survey of tannin resources in Mexico. J. Forestry **43**, 56–58.

[3] GRAHAM, S. A., 1964: The genera of Rhizophoraceae and Combretaceae in the Southeastern United States. J. Arnold Arb. **45**, 285–301.

[4] HUECK, K., 1961: Die Wälder Venezuelas. Forstwiss. Forschungen **14**, Verlag Paul Parey, Hamburg und Berlin.

[5] LITTLE, E. L.; WADSWORTH, F. H., 1964: Common trees of Puerto Rico and the Virgin Islands. USDA, Forest Service, Agric. Handbook No. 249, Washington, D. C.

[6] RECORD, S. J.; HESS, R. W., 1943: Timbers of the New World, Yale Univ. Press.

[7] SCHOENER, T. W., 1987: Leaf pubescens in buttonwood: Community variation in a putative defense against defoliation. Proc. Natl. Acad. Sci. **84**, 7992–7995.

[8] TOMLINSON, P. B., 1986: The Biology of Trees Native to Tropical Florida. Harvard Univ. Printing Office, Allstone, Mass.

[9] UPHOF, J. C. Th., 1935: Dendrologische Notizen aus dem Staate Florida. Mitt. Dt. Dendrol. Ges. **47**, 51–52.

[10] WORKMAN, R. W., 1980: Growing native. Native plants for landscape use in Coastal South Florida. Sanibel-Captiva Conserv. Found., Sanibel, Fl.

Die Autoren:

Prof. Dr. PETER SCHÜTT
Lehrstuhl für Forstbotanik
Ludwig-Maximilians-Universität München
Hohenbachernstraße 22
D-85354 Freising

ULLA M. LANG
Schützenstraße 6
D-82383 Hohenpeißenberg

Cordia sebestena LINNÉ, 1753

Scharlachkordie   Familie: Boraginaceae

engl.:   Geiger tree, Geranium tree,
          Scarlet Cordia

Abb. 1: Cordia sebestena. Alter Baum auf St. John, Virgin Islands

Cordia sebestena gehört zu den häufig angebauten Zier-gehölzen der Tropen. Sie ist auf den Westindischen Inseln zuhause und besiedelt dort vor allem trockene, küsten-nahe Bereiche. Besonders attraktiv ist sie durch die zahl-reichen, relativ großen, leuchtend orange-roten Blüten, welche mit den bis 15 cm großen, dunkelgrünen Blättern auf angenehme Weise farblich kontrastieren. Patrick Brown, ein Botaniker aus der Mitte des 18. Jahrhunderts, der mehr als 1000 amerikanische Pflanzenarten beschrie-ben hat, schwärmte vom Geiger-tree als der schönsten und liebenswertesten Pflanze, die ihm in Amerika begegnet sei [4].

Die meist krummschaftigen Bäume übersteigen selten eine Höhe von 10 m sowie einen Stammdurchmesser von 20 cm und vertragen Salzwassergischt ohne Schaden. Sie sind immergrün und blühen fast das ganze Jahr. Wirtschaftli-che Bedeutung erlangen sie nur als Zierelement.

Verbreitung

C. sebestena wird übereinstimmend als eine Art der West-indischen Inseln bezeichnet, die auch an der Ostküste Flo-ridas natürlich vorkommt. Ihr Areal reicht von den Baha-mas im Norden bis nach Trinidad im Südosten. Von be-sonderer Wuchskraft soll sie auf Curacao und Aruba sein [4]. Die gleichen Autoren geben den Norden Mexicos und Columbien als die Westgrenze an. COWEN [1] schließt den Norden Südamerikas ein.

Kultiviert wird die Art in vielen Ländern der Neotropen sowie im tropischen Asien. Das gilt insbesondere für In-dien, Sri Lanka, die Philippinen und Hawaii [1, 4].

Beschreibung

C. sebestena, ein kleiner bis mittelgroßer Baum, wird sel-ten höher als 10 m [2], hat einen relativ kurzen, bis 20 cm dicken, oft krummen Schaft, kräftige, behaarte Zweige und bildet im Freistand eine rundliche, offene, weit ausla-dende, im Bestand eine eher eiförmige **Krone** mit aufstei-genden Ästen [2].

Die **Borke** ist dunkelbraun, manchmal fast schwarz, 1,2 bis 1,6 cm dick [6] sowie tief und unregelmäßig gefurcht.

Kennzeichnend ist die sympodiale Verzweigung. Entweder entwickelt sich die Terminalknospe zum Blütentrieb oder sie wird abgestoßen. In beiden Fällen entsteht – meist aus der Achsel des nächst tiefer inserierten Blattes – ein syllep-tischer Fortsetzungstrieb [7]. Die Knospen haben keine Tegmente.

Die großen, bis 15 cm langen und bis 10 cm breiten, herz-förmigen bis ovalen **Blätter** laufen am Apex kurz zuge-spitzt oder abgerundet aus. Sie sind mit einem kräftigen,

Abb. 2: Stammborke

Abb. 3: Blütenstand

Abb. 4: Laubblätter und unreife Steinfrucht mit Blütenrest

2,5 bis 3,7 cm langen Stiel versehen und fühlen sich infolge der kurzen, steifen Behaarung wie Sandpapier an. Selbst die ganz jungen, dicht rostrot behaarten Blätter sind rauh [1, 6]. Auf der Unterseite treten die Blattadern deutlich hervor [1], die relativ breite Mittelrippe ist unterseits deutlich behaart, insbesondere in den Aderwinkeln. C. sebestena-Blätter sind wechselständig angeordnet. Junge **Triebe** weisen ein rel. großes Markgewebe auf. Anfangs haben sie eine dunkelgrüne, später eine aschgraue Rinde mit großen, herzförmigen Blattnarben.

Die Art blüht praktisch während des ganzen Jahres, wobei der Höhepunkt der Anthese in den Juni/Juli fällt [8]. Bis zu 12 leuchtend orangerote, glockenförmige **Zwitterblüten** (dm: 2,5 bis 3,7 cm) stehen in flachen, locker aufgebauten, endständigen Infloreszenzen (Cymen) (dm: 15 – 17 cm [6]) ohne Brakteen. Aus dem röhrigen, olivbraunen, filzig behaarten Kelch (1,2 – 1,6 cm lang) mit kurzen, dreieckigen Zähnen ragt die etwa doppelt so lange Kronröhre hervor. Sie ist fein gefaltet und hat 5, manchmal 6, rundliche, waagrecht abstehende, am Rande unregelmäßig gewellte Zipfel. Die Einzelblüten stehen an rel. langen, schlanken Stielen [7].

Es kommen zwei verschiedene Blütenformen vor, welche die Selbstbestäubung erschweren:

a) **Blüten** mit kurzen Staubblättern und einem langen, über die Stamina hinausragenden Griffel,

b) Blüten mit kurzem Griffel, der von den deutlich längeren Staubblättern überragt wird.

Die beiden Narbenäste sind zweigeteilt, so daß pro Blüte 4 separate Narben auftreten.

Als **Frucht** wird eine etwa 3 bis 3,5 cm lange und gut 1,2 cm breite, etwa birnenförmige, abrupt zugespitzte Steinfrucht gebildet, die von dem weißlichen, fleischig-faserigen Rest des Kelches umgeben ist. Auch der Griffel persistiert.

Das dünne, korkige Fruchtfleisch läßt sich leicht von dem dickwandigen, eckigen Steinkern trennen. Nach COWEN [1] soll es einen bananenartigen Geruch entlassen. Jeder Steinkern enthält 2 – 4 länglich-lanzettliche, etwa 1,2 cm lange Samen mit dünner, weißer Samenschale.

Abb. 6: Blütenstand mit Früchten in verschiedenen Entwicklungsstadien

Abb. 5: Steinkerne

Vermehrung, Wachstum und Ökologie

C. sebestena vermehrt sich unter natürlichen Verhältnissen und in Kultur generativ. Die Samen keimen ohne Vorbehandlung. In Florida findet man bereits im Spätsommer zahlreiche Keimlinge unter den Bäumen. Diese lassen sich leicht verpflanzen oder eintopfen. Generell ist Verpflanzung in jeder Sämlingsgröße möglich. Zur Anzucht werden gut drainierte Substrate und Standorte empfohlen [8].

Vermehrung durch Stecklingsbewurzelung gelingt nicht [4]. Im allgemeinen wird die Art als trägwüchsig angesehen. Anders die Erfahrungen Workman's [8], der von 3 m hohen, zweijährigen Sämlingen berichtet.

C. sebestena ist eine Art des subtropischen Klimas, welche die Trockenzeit selbst auf leichten, schlecht mit Wasser versorgten Böden schadlos übersteht. Hinzu kommt ihre hohe Verträglichkeit gegen Salzwassergischt. Diese ökologischen Besonderheiten verschaffen der Art einen Lebensraum in küstennahen, sandigen Bereichen auf den Leeseiten der Karibischen Inseln [4]. Optimale Bedingungen findet sie auf Curacao und Akuba. Im südlichen Florida kommt sie vereinzelt auch in der artenreichen Hammock-Vegetation vor [7], wächst aber wegen Frostempfindlichkeit nicht immer zur vollen Größe heran [8].

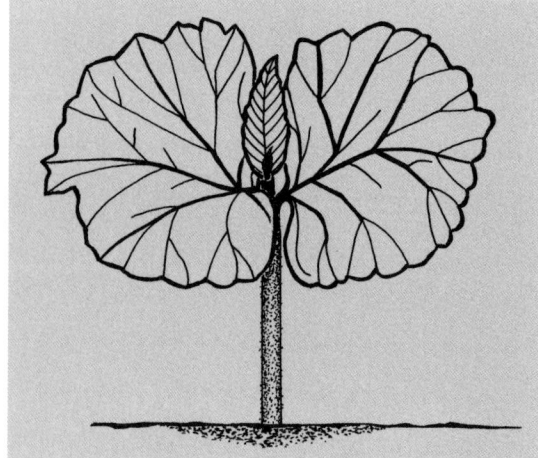

Abb. 7: Keimling (nat. Größe). Kotyledonen oberseits kurz behaart, unterseits mit stark hervortretenden, orangefarbenen Blattadern. Hypokotyl dunkelbraun.

Nutzung

In den Tropen stellt C. sebestena ein ideales Ziergehölz für trockene, küstennahe Standorte dar. Das trifft auch und gerade für private Gärten zu, denn sie benötigt außerdem wenig Platz. Ihr dunkles, hartes und schweres Holz ($r_0 \approx 0,8 - 0,9$ g/cm^3 [1]) hat hervorragende technische Eigenschaften und wird gelegentlich in Kunsttischlereien verarbeitet [5]. Es fällt aber zu selten und in zu geringen Dimensionen an um wirtschaftliche Bedeutung zu erlangen. Der relativ breite, gelbliche bis hellbraune Splint hebt sich deutlich vom dunkelbraunen Kern ab.

Verschiedenes

– Den Gattungsnamen Cordia wählte Linné zu Ehren des deutschen Botanikers und Naturwissenschaftlers Valerius Cordus (1515 – 1544), der das erste offizielle Arzneibuch verfaßte.

– Der artbeschreibende Name „sebestena" geht auf „Sebesten" (persisch „Sapistan"), den Trivialnamen für die indische Cordia myxa zurück, eine weißblühende Art, deren Früchte im Altertum als Heilmittel gegen Lungenleiden viel genutzt wurden. Ihr Holz soll zur Herstellung ägyptischer Mumien-Sarkophage verwendet worden sein [1].

– Geiger tree, der amerikanische Trivialname, wird James Audubon (1785 – 1851), einem sehr populären Ornithologen zugeschrieben, der C. sebestena in Key West, FL. erstmals sah, sehr begeistert war und sie nach seinem Freund und Gastgeber John Geiger benannte. In Wahrheit ist der Name fast 100 Jahre älter und stammt von dem britischen Naturforscher Mark Caterby („The natural history of Carolina, Florida and the Bahama Islands", 1747) [8].

———

1) Nach GOTTWALD, Holz-Zbl., 1983.

Weiterführende Literatur

[1] COWEN, D.V., 1984: Flowering trees and shrubs in India. Thacker and Co. Ltd., Bombay.

[2] HARRAR, E.S.; HARRAR, J.G., 1962: Guide to Southern Trees. Dover Publications, Inc., New York.

[3] LITTLE, E.L., Jr.; WOODBURY, R.O.; WADSWORTH, F.H., 1974: Trees of Puerto Rico and the Virgin Islands. Vol. 2, Agriculture Handbook No 449, USDA, Forest Service, Washington, D.C.

[4] PERTCHIK, B.; PERTCHIK, H., 1951: Flowering trees of the Caribbean. Rinchart and Co. Inc., New York, Toronto.

[5] RECORD, S.J.; HESS, R.W., 1943: Timbers of the New World. Yale Univ. Press.

[6] SARGENT, C.S., 1965: Manual of the trees of North America, vol. 2. Dover Publications, Inc., New York.

[7] TOMLINSON, P.B., 1980: The biology of trees native to tropical Florida. Harvard Univ. Printing Office, Allston, MA, USA.

[8] WORKMAN, R.W., 1980: Growing native. Sanibel-Captiva Cons. Found., Inc. Sanibel, FL.

Die Autoren:

Prof. em. Dr. PETER SCHÜTT
Lehrstuhl für Forstbotanik
Ludwig-Maximilians-Universität München
Hohenbachernstraße 22
D–85 354 Freising

Ulla M. LANG
Schützenstraße 6
D–82383 Hohenpeißenberg

Couroupita guianensis AUBL.

syn.: Couroupita surinamensis MART.

Kanonenkugel-Baum   Familie: Lecythidaceae

engl.:   Cannonball-tree
franz.: Boult de cannon, Arbre à bombes
span.:   Bala de canon
port.:   Castanha de Macazo

Abb. 1: Couroupita guianensis. Freistehender und daher bis zum
Boden beasteter Parkbaum auf Puerto Rico.

Abb. 2: Borke eines alten Stammes (links), Blütenstände an der Spitze herabhängender, fertiler Äste (Mitte) und Blütenstand mit geöffneter Einzelblüte (rechts)

LITTLE et al. [2] nennen *Couroupita guianensis* eine botanische Kuriosität, die wegen der Anordnung ihrer eigenartigen Früchte und wegen der großen, sehr exotisch wirkenden Blüten kaum in einem tropischen Arboretum fehlt, aber keineswegs ein weitverbreitetes, allgemeines Zierelement darstellt.

Die Art stammt aus dem Norden Südamerikas, wird freistehend 30 m hoch, ist schmalkronig und wirft in ihrer Heimat mehrmals im Jahr die Blätter ab. Trotzdem gilt sie als immergrün, denn nahezu zeitgleich mit dem Blattfall erscheinen schon wieder die neuen Blätter.

Kanonenkugel-Bäume wachsen zwar rasch, sind aber dennoch wirtschaftlich bedeutungslos. Ihr Holz ist wenig dauerhaft und technologisch unbefriedigend. Der wiederholte, intensive Blattfall fördert den Anbau in Gärten und Parks ebensowenig wie der üble Geruch der am Boden faulenden, reifen Früchte. Die Trivialnamen beziehen sich auf die zahlreichen, schon in geringer Stammhöhe ansetzenden, kugelrunden, an Kanonenkugeln erinnernden, fast kokosnußgroßen Früchte (Beeren).

Verbreitung

Das natürliche Areal von *C. guianensis* liegt im nördlichen Südamerika. Es reicht von Guyana bis Trinidad, Venezuela und Kolumbien und erstreckt sich nach Süden bis Peru und Brasilien. Genauere Angaben fehlen. Reinbestände werden offenbar nicht gebildet.

Beschreibung

Von den natürlichen Standorten liegt uns keine Beschreibung des Baumes vor. Gegenstand der morphologischen Angaben sind vielmehr dicht beastete, freistehende Parkbäume mit relativ schmalen Kronen und Höhen bis zu 30 m. Besonders auffallend sind die kurzen, entweder Blüten oder Blätter tragenden **Äste**, die bei Solitären dicht über dem Boden ansetzen und dem Baum ein struppiges Aussehen verleihen. Die fertilen Äste werden kaum länger als 1,8 m, setzen hauptsächlich an der unteren Hälfte des Stammes an, sind unregelmäßig gebogen und hängen herab. Die Blüten befinden sich an dem distalen, etwa 30 cm langen Bereich der Äste.

Die blatttragenden Äste gehen fast waagrecht vom Stamm ab und verzweigen sich in anfangs grüne Triebe, die mit einer rotbraunen, spitz zulaufenden, behaarten Terminal**knospe** (Länge: ca. 0,6 cm) enden [2]. Blütenknospen sind hingegen breiter als lang und von hellgelber Farbe mit rötlichem Schimmer.

C. guianensis bildet einen geraden Stamm mit brauner, zunächst glatter, später leicht rissiger **Borke**. Der maximale BHD wird mit 65 cm angegeben [4].

Die relativ dünnen, wechselständig angeordneten **Blätter** haben gelbgrüne, behaarte, kurze Stiele (ca. 1 cm) und sind unterhalb der Spreitenmitte am breitesten. Ihre Abmaße: 9 bis 20 cm lang, 3 bis 8 cm breit. Sie stehen gehäuft an den Zweigenden, sind von elliptischer Form, haben einen kurz zugespitzten Apex, eine abgerundete Basis und sind entlang der Mittelrippe etwas erhaben.

Die zahlreichen, parallel verlaufenden Seitennerven sind ein wenig eingesunken.

Blattfall findet mehrmals im Jahre statt. Weil die neuen Blätter jedoch zu eben dieser Zeit austreiben, bleibt der Baum de facto immer grün.

Die großen, mehrfarbigen und stark duftenden **Blüten** haben einen ungewöhnlichen Aufbau. Die 6 etwas fleischigen, nach außen gewölbten, 5 bis 6,5 cm langen Kronblätter sind an der Oberseite von rosaroter oder orangeroter, unterseits von hellgelber Farbe und haben leicht eingerollte Ränder. Wie die 6 rundlichen, rot getönten Kelchblätter entspringen sie einem gelbgrünen, 1,2 cm breiten Hypanthium [2] und umschließen einen breiten Ring steriler Staubblätter sowie den Fruchtknoten. Als Besonderheit wird ein schaufelförmiges Anhängsel (Androecialauswuchs) gebildet, auf dem fertile Staubblätter stehen, und der sich über den Stempel beugt. Bleibt Fremdbestäubung durch Insekten aus, beginnt die Blüte zu welken. Dabei berühren die fertilen Antheren die Narben und vollziehen Selbstbestäubung [1]. Der Stempel wird fast von einem 3 bis 4 cm breiten, die sterilen Staubblätter tragenden Diskus verdeckt [2].

Normalerweise entsteht 9 bis 11 Monate nach der Bestäubung nur eine kugelrunde, braune Frucht pro Zweig. Die **Früchte** (Beeren von ca. 20 cm Durchmesser) haben eine etwas schuppige Oberfläche und tragen Reste der persistenten Kelchblätter. Sie bleiben bei Reife geschlossen, fallen zu Boden und geben die zahlreichen Samen nach Zersetzung des gelbgrünen, sich bei Luftzutritt rot verfärbenden und säuerlich riechenden Fruchtfleisches frei.

Die ca. 1,1 cm langen, ovalen, flachen, braunen **Samen** haben eine harte Schale und enthalten kein Endosperm. Die rosaweißen Speicherkotyledonen füllen den größten Teil des Samens aus und die ungewöhnlich lange Radicula legt sich noch um die Keimblätter [3].

Verschiedenes

– Das leichte, hellbraune *Couroupita*-Holz ist wenig dauerhaft und nicht sehr belastbar. Weder makro- noch mikroskopisch kann man es von dem Holz anderer *Couroupita*-Arten unterscheiden. Wohl aber gelingt die holzanatomische Trennung von der hinsichtlich Nutzung und technischen Eigenschaften sehr ähnlichen Gattung *Couratari* Aubl.[1]

– Das Holz wird als Bauholz, für Innenausbau und Kisten verwendet [2].

– *C. guianensis* läßt sich sowohl vegetativ durch Schößlinge als auch generativ vermehren.

– Helle Samen aus noch grünen Früchten keimen besser als braune Samen aus abgefallenen Früchten. 90 Minuten bei 50 °C getrocknete Samen keimen zu 83 bis 90 %. 30 °C hat sich als optimale Keimtemperatur erwiesen[2]. Die Samen enthalten 29,4 % Öl. Hauptkomponente ist Linolensäure (82,7 %)[3].

– Kanonenkugel-Bäume wachsen als Kuriosa in vielen tropischen Sammlungen, spielen aber weder als Ziergehölz eine wirtschaftliche Rolle noch sind sie forstlich von Bedeutung.

– Im Amazonas-Gebiet soll man aus dem Fruchtfleisch Getränke herstellen und die Fruchtschalen als allerlei Gebrauchsgegenstände verwenden. In Guyana dient das Fruchtfleisch als Viehfutter und für Affen stellen die Früchte eine beliebte Nahrung dar [1].

[1] For. Abstr. **43**, 4775, 1982.
[2] For. Abstr. **53**, 5427, 1992.
[3] For. Abstr. **50**, 252, 1989.

Abb. 3: Fast reife Frucht

Abb. 4: Ende eines beblätterten (sterilen) Astes

Weiterführende Literatur

[1] COWEN, D. V., 1984: Flowering Trees and Shrubs in India. 6. ed., Thacker and Co., Ltd., Bombay.

[2] LITTLE, E. L., Jr.; WOODBURY, R. O.; WADSWORTH, F. H., 1974: Trees of Puerto Rico and the Virgin Islands. 2. vol., USDA Forest Service. Agriculture Handbook Nr. 449, Washington, D. C..

[3] LUBBOCK, J., 1982: Contribution to our knowledge of seedlings. London.

[4] RODRIGUES, R. M., 1989: A flora da Amazonia. Belém: CEJUP.

Die Autoren:

Prof. em. Dr. PETER SCHÜTT
Lehrstuhl für Forstbotanik
Ludwig-Maximilians-Universität München
Am Hochanger 13
D-85354 Freising

ULLA M. LANG
Schützenstraße 6
D-82383 Hohenpeißenberg

Crescentia cujete LINNÉ

Kalebassenbaum   Familie: Bignoniaceae

engl.:   Calabash tree
franz.: Calebassier
port.:   Cuiciva
span.:   Higüero

Abb. 1: Alter Baum auf St. John, Virgin Islands

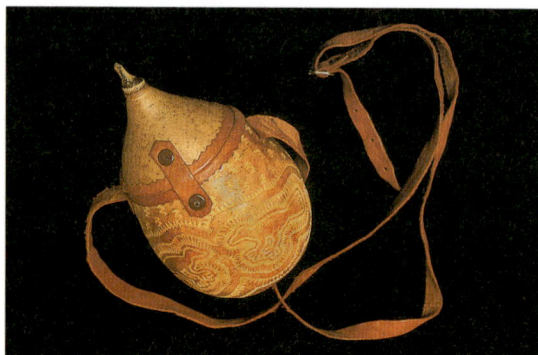

Abb. 2: Reich verziertes Gefäß, hergestellt aus einer ausgehöhlten Frucht

Crescentia cujete kommt auf den Westindischen Inseln natürlich vor. Darüber hinaus reicht das Areal von Südmexiko bis Peru und Brasilien. Anbauten gelingen auch in anderen Ländern mit tropischem Klima. Größere, rein auf wirtschaftlichen Gewinn ausgerichtete Plantagen existieren weder innerhalb noch außerhalb des natürlichen Areals. Calabash-Produkte werden im allgemeinen nicht exportiert.

Morphologie

Kalebassenbäume sind nicht schwer zu erkennen. Charakteristisch ist ein kurzer Stamm mit graubrauner, rissiger Borke und relativ wenigen, weit bogig ausladenden Ästen, die eine breite, offene Krone bilden.

Als maximale Höhe werden 13 m genannt [3], als Norm 8 – 10 m. Kennzeichnend ist auch die Anordnung und Form der **Blätter**.

C. cujete ist ein frostempfindlicher, etwa 10 m hoch werdender Baum des tropischen Amerika, der hauptsächlich wegen seiner großen, stammbürtigen Früchte, aber auch wegen der volksmedizinischen Bedeutung auf den Karibischen Inseln, in Mittel- und Südamerika kultiviert wird. In trockenen, küstennahen Regionen kommt noch die Wildform vor.

Aus Calabash-Früchten hergestellte Gefäße werden von den Einheimischen seit jeher als Gebrauchsgegenstände genutzt und auch kunstgewerblich bearbeitet.

Meist wird der Kalebassenbaum als immergrün bezeichnet. Das trifft aber nur zu, wenn am Anbauort keine deutlich ausgeprägten Trockenzeiten auftreten [2]. Im anderen Fall wirft die als sehr dürrefest bekannte Art zu Beginn der Trockenzeit das Laub ab.

Abb. 4: Blätter

Die meisten stehen in Büscheln zu 3 – 5 an etwas verdickten Kurztrieben. Lediglich an einjährigen Langtrieben sind sie vor allem im Spitzenbereich wechselständig inseriert. Ihre Form ist verkehrt eiförmig bis spatelförmig; stets befindet sich die breiteste Stelle nahe dem abgerundeten Apex. Zur Basis hin verschmälert sich die Spreite nur allmählich.

Calabash-Blätter sind ganzrandig, oberseits etwas glänzend sattgrün, unterseits stumpfer und blasser. Sie haben einen kurzen Stiel und variieren stark in Länge und Breite.

	Länge	Breite
nach LITTLE [2]	5 – 17 cm	2 – 5 cm
nach MORTON [3]	7,5 – 17,5 cm	–
nach ZAMORA [5]	3,5 – 26 cm	1 – 7,6 cm

Abb. 3: Rinde eines jungen Sprosses (links) und Borke eines älteren Stammes (rechts)

Junge **Triebe** sind von hellgrauer bis hellbrauner Farbe [5] und fallen durch rel. lange Knotenbereiche auf [2].

Abb. 5: Stammbürtige Blüte

Die **Blüten** des Kalebassenbaumes stehen einzeln oder auch zu mehreren am Stamm und an starken Ästen. Sie sind glockenförmig, rel. groß (ca. 5 x 7,5 cm), blühen erst bei Dunkelheit auf und fallen schon am nächsten Morgen ab. Fünf, ein wenig fleischige Kronblätter verwachsen zu einer wellig gelappten Röhre, welche vier Staubblätter umschließt. Die Blüten sind von grünlichgelber Farbe und mit purpurfarbenen Streifen versehen. Sie riechen unangenehm. Blütezeit ist während des ganzen Jahres.

Als Früchte werden rundliche bis elliptische, zunächst grüne, später gelbe und bei Reife braune Beeren ausgebildet, die im Extrem 50 cm lang werden [2]. Sie sind mit einer dünnen, aber harten und dauerhaften Schale (Exokarp) versehen, welche ein lockeres, saftiges, weißes Fruchtfleisch umschließt. Darin eingebettet sind zahlreiche flache, bis 0,6 cm lange, dunkelbraune Samen. Eine Öffnungsvorrichtung ist nicht ausgebildet.

Nach MORTON [3] werden die Früchte der Wildform im Durchmesser selten größer als 10 cm, in Kultur erreichen sie hingegen 45 cm Länge und 30 cm Durchmesser.

Abb. 7: Reichlich blühender und fruchtender Stamm

Abb. 6: Blüten in Seitenansicht

Abb. 8: Unreife, ausgewachsene Frucht

Abb. 9: Reife Frucht, aufgeschnitten

Die uns bekannte Literatur enthält keine Details über die Struktur, die Anatomie und die Chemie des Calabash-**Holzes**. Generell handelt es sich um ein geruchloses, leicht zu bearbeitendes Material, das sich in einen rosafarbenen bis rötlichbraunen Splint und einen hellbraunen Kern differenziert [2], eine Trennung, die offenbar nicht immer deutlich ausgeprägt ist [4].

Die Rohdichte (r_{15}) liegt zwischen 0,60 und 0,71 g/cm³ [4] (0,6 bis 0,8 nach LITTLE [2]). Die Dauerhaftigkeit, insbesondere die Widerstandsfähigkeit gegen Holzfäule, wird als gering eingestuft [4].

Ökologie

Crescentia cujete ist eine Art der tropischen Trockengebiete: dürrefest und frostempfindlich. Sie wächst sehr langsam und ist mühelos über Samen und Stecklinge vermehrbar.

Auf natürlichen Standorten der Karibik dominiert sie gemeinsam mit baumförmigen Kakteen der Gattung *Lamaireocereus*. Auf Puerto Rico werden ebene, küstennahe Kalkstandorte bevorzugt [2]. In Costa Rica kommt sie von der Küste bis in Höhenlagen um 1.200 m vor [5].

Nutzung

Calabash-Holz findet heuzutage vorwiegend als Brennmaterial Verwendung [2]. Früher wurden die rel. starken, bogigen Äste gern für Spanten und andere Teile beim Bau kleiner Boote genutzt [3]. Werkzeuggriffe und Holzkohle sind weitere, eher marginale Produkte.

Deutlich größere Bedeutung haben die bereits vor der Reife geernteten, ausgehöhlten und polierten Früchte. Sie fanden bei der einheimischen Bevölkerung Verwendung als Trinkgefäße, Kochtöpfe sowie als Behälter für Lebensmittel, einschließlich Flüssigkeiten. Häufig verzierte man die polierte Oberfläche der Gefäße mit symbolischen Darstellungen. Das gilt sowohl für Haushaltsgegenstände wie

für die „maracas", Percussionsinstrumente (Rumba-Rasseln), die insbesondere in der Karibik Verbreitung fanden.

Durchlöcherte Calabash-Früchte dienen Goldsuchern zum Sieben des Flußsandes.

Schnürt man die heranwachsende Frucht ein, so führt das zu dauerhaften Formveränderungen.

Großer Wertschätzung und weiter Verbreitung erfreuten sich die Früchte und Blätter des Kalebassenbaumes wegen mannigfacher pharmazeutischer (offizineller) Wirkungen. Obwohl man dem Fruchtfleisch eine gewisse Giftwirkung nachsagt [2], erlangte es in vielen Ländern und gegen unterschiedliche Leiden eine erhebliche volksmedizinische Bedeutung. Dabei scheint der Wildform mehr Gewicht zuzukommen als den kultivierten Formen [3].

Auf Jamaica und Haiti wird aber das Fleisch junger Früchte nicht nur aus medizinischen Gründen gegessen. Auf Curaçao entfernt man einen Teil des Fruchtfleisches, füllt mit Ziegenmilch und etwas Muskat auf, kocht das Ganze und trinkt es als Mittel gegen Asthma. Dabei handelt es sich um keine Therapie „for weak people" [3]. Generell betont wird die abführende Wirkung von Fruchtfleischpräparaten [5].

Ein aus dem Fruchtfleisch gewonnener Sirup, drei- bis viermal täglich eingenommen, soll sichere Heilung bei Husten, Erkältungen und Lungenkrankheiten bewirken. Eine Mischung von Calabash-Fruchtfleisch und Pockholzblättern (*Guajacum officinale*) wird als Mittel gegen Diabetes empfohlen. Darüber hinaus sind zahlreiche weitere Rezepturen aus Peru, Brasilien, Indien, Venezuela, Mexiko und Cuba bekannt. Eine davon betrifft die Bekämpfung der Hunde-Räude durch Einreiben der Tiere mit der Schnittfläche einer reifen Frucht.

Im allgemeinen scheint die offizinelle Bedeutung von Blättern geringer zu sein als die des Fruchtfleisches. In Südafrika hat sich darüber hinaus eine aus gerösteten und dann pulverisierten Samen angesetzte Paste als Mittel gegen die Folgen von Schlangenbissen bewährt. [3].

Abb. 10: Alte, aufgelassene Calabash-Plantage auf Puerto Rico

Abb. 11: Ca. 50jähriger Baum

Verschiedenes

– Nahe verwandt mit *C. cujete* ist „Mexican calabash",
Crescentia alata, eine in Mittelamerika beheimatete Art
mit dreigeteilten Blättern und geflügelten Blattstielen.
Die Früchte sind kleiner, und die Samen werden in ländlichen Gebieten Mittelamerikas als Nahrungsmittel gehandelt [3].

– Auf der Oberfläche heranwachsender Früchte befinden
sich winzige, aus der Epidermis hervorgegangene Drüsen (Nektarien), die gern von Ameisen besucht werden.
Man nimmt an, daß die Gegenwart der Ameisen Affen
vom Verzehr dieser Früchte abhält [1].

– Zwei indische Populationen hatten nach intensiver
Blüte teils keine, teils viele Früchte angesetzt. Vermutlich gehen diese Unterschiede auf Verschiedenheiten im
Phenolgehalt (0,024 : 0,043 mg/g Trockensubstanz), in
der Papillengröße und in der Feuchte des Narbengewe-
bes zurück. [1)]

Weiterführende Literatur

[1]   ELIAS, T.S.; PRANCE, G.T., 1978: Nectaries on the fruit of
       Crescentia and other Bignoniaceae. Brittonia **30**, 175 – 181.

[2]   LITTLE, E.L., Jr.; WADSWORTH, F.H., 1964: Common Trees of
       Puerto Rico and the Virgin Islands. USDA, Forest Service,
       Agriculture Handbook No. 249, Washington, D.C.

[3]   MORTON, J.F., 1968: The Calabash (Crescentia cujete) in
       Folk Medicine. Econ. Bot. **22**, 273 – 280.

[4]   RECORD, S.J.; HESS, R.W., 1954: Timbers of the New World.
       New Haven.

[5]   ZAMAORA, N., 1989: Flora Arborescente de Costa Rica **I**.
       Editorial Tecnologica de Costa Rica.

Die Autoren:

Prof. em. Dr. PETER SCHÜTT
Lehrstuhl für Forstbotanik
Ludwig-Maximilians-Universität München
Hohenbachernstraße 22
D-85354 Freising

ULLA M. LANG
Schützenstraße 6
D-82393 Hohenpeißenberg

[1)]   For. Abstr. **47**, 4208, 1986

Cyathea arborea (L.) J. E. SMITH

Baumfarn   Familie: Cyatheaceae

engl.: Tree fern
span.: Helecho gigante, Helecho arboreo

Abb. 1: Cyathea arborea. Bestand im El Yunque State Park, Puerto Rico. Dem Stamm liegen zurückgetrocknete Blätter an.

Abb. 2: Kronenbasis (links), oberer Stammabschnitt (Mitte) und unterer, bereits verkahlter Stammabschnitt (rechts)

Cyathea arborea, eine der mehr als 600 tropischen und subtropischen Arten dieser Gattung, wurde 1793 erstmals beschrieben und war der erste bekannt gewordene Baumfarn überhaupt. Sein Verbreitungsgebiet liegt in der Karibik. Dort werden die immergrünen Bäume im Allgemeinen bis 9 m hoch und bilden bis 3 m lange, doppelt gefiederte Blätter.

Die Art lässt sich problemlos kultivieren, spielt aber als Zierpflanze keine Rolle. Sie ist frostempfindlich, hat keinerlei wirtschaftliche Bedeutung und fehlt in mitteleuropäischen Sammlungen.

Verbreitung

C. arborea ist hauptsächlich auf einigen Inseln des Karibischen Meeres heimisch. Dazu gehören St. Thomas und Tortola von den Großen sowie u.a. Guadeloupe, Dominica, Martinique, St. Lucia, St. Vincent und Grenada von den Kleinen Antillen. Autochthon sind auch Vorkommen auf Trinidad, in der Ebene des östlichen Mexiko, in Venezuela [3] und in den Bergen Puerto Ricos. Hier nimmt die Art im „dwarf forest" am Pico del Este einen flächenbezogenen Artenanteil von 3 % und im Tabanuco Forest bei El Verde von 0,1 % ein [1]. Gut zu beobachtende Kleinbestände liegen entlang der Straße über die Luquillo Mts. im El Yunque Nat. Park.

C. arborea lässt sich problemlos verpflanzen, wird aber auf Puerto Rico selten kultiviert [4].

Beschreibung

Der kleine, selten mehr als 9 m hoch werdende, immergrüne Baum hat einen schlanken, unverzweigten, braunen Stamm (BHD 7,5 bis 12,5 cm), dessen verbreiterter Basis viele kleine, schwarze Wurzeln entspringen. Borke wird nicht gebildet und sekundäres Dickenwachstum fehlt.

Auf dem Querschnitt lässt sich eine relativ harte, etwa 3 mm dicke, schwarze Außenschicht und ein zentrales, weißes, weiches Mark mit ringförmig angeordneten, braunen Bündeln erkennen. Im apikalen Bereich weist der Stamm dicht unterhalb der 10 bis 18 großen, ausladenden Blätter zahlreiche ovale Blattnarben auf [4].

C. arborea gehört zu den dornlosen *Cyathea*-Arten.

Blätter

Die 1,8 bis 3,0 m langen, doppelt gefiederten und lang zugespitzten Blätter haben dunkelbraune bis schwarze Stiele und Spindeln. Ihre lang auslaufenden Spitzen zeigen nach unten. Kennzeichnend sind ferner die 1 bis 4 am Ende des Sprosses stehenden, in typischer Weise eingerollten jungen Blätter.

Adulte Laubblätter bauen sich aus 12 bis 20 Seitenachsen mit zahlreichen, höchstens 9 mm langen, sehr gleichmäßig angeordneten, leicht sichelförmigen und beiderseits gelbgrünen Segmenten auf, die einen rundlichen Apex und

einen wellig gezähnten, nach unten umgebogenen Rand aufweisen [2, 4]. Ihre relativ helle Mittelachse ist an der Basis mit Schuppen besetzt [4].

Auf der Unterseite adulter Blätter können kleine, braune Sori entstehen. Sie sind stets auf der unteren Hälfte der Fiedersegmente in zwei Reihen angeordnet, haben einen Durchmesser von 1,6 mm und enthalten pro Sorus mehrere Sporangien. Die Schleier der Sori bleiben nach der Sporenentlassung erhalten [4].

Borke und Holz

Wie bei allen Farnen, ist auch bei *C. arborea* der Stamm nicht in Xylem und Phloem gegliedert. Holz im engeren Sinne wird nicht gebildet, dennoch sind die Stämme hart und dauerhaft sowie widerstandsfähig gegen Fäule und Termiten [4].

Abb. 3: Doppelt gefiedertes Laubblatt (links) und Blattunterseite mit zahlreichen Sori (rechts)

Ökologie

C. arborea wächst in tieferen und höheren Lagen der Bergwälder Puerto Ricos vornehmlich in halb offenem bis offenem Gelände, so an Flussufern, Bestandes- und Wegrändern [4]. Mischbaumarten im El Verde-Gebiet sind i.A. *Dacryodes excelsa* VAHL, *Euterpe globosa* GAERTN. und *Sloania berteriana* CHOISY [1].

Über Bodenansprüche liegen keine Informationen vor.

Verschiedenes

– Die Art wird im wissenschaftlichen Schrifttum kaum behandelt. Zur Pathologie, genetischen Differenzierung und Wurzelmorphologie, wie auch zur Anzucht und zum Wachstum gibt es gar keine Informationen.

– Indianer des karibischen Raumes verwendeten einst die Stämme, um Feuer zu bewahren und zu transportieren, ohne dass es zur Rauchentwicklung und zum Entstehen offener Flammen kam [4].

– Cyathea (griech. Cyathos = Becher) [5].

Literatur

[1] BROWN, S.; LUGO, A. E., 1983: Research History and Opportunities in the Luquillo Experimental Forest. USDA, Forest Serv., Southern For. Expt. Stn., Gen. Techn. Rep. SO-44.

[2] KRÜSSMANN, G., 1976: Handbuch desr Laubgehölze, Band I, 2. Aufl. Verlag Paul Parey, Berlin und Hamburg.

[3] LIOGIER, H. A.; MARTORELL, L. F., 1982: Flora of Puerto Rico and Adjacent Islands; A Systematic Synopsis. Edit. de la Universidad de Puerto Rico, Rio Piedras.

[4] LITTLE, E. L., Jr.; WADSWORTH, F. H., 1989: Common Trees of Puerto Rico and the Virgin Islands. USDA, Forest Serv. Agriculture Handbook 249, Washington, D.C.

[5] Schroeders Reiseführer durch das Pflanzenreich der Tropen, 1981. Kurt Schroeder Verlag, Leichlingen.

Die Autoren

Prof. em. Dr. PETER SCHÜTT
Lehrstuhl für Forstbotanik
Technische Universität München
Am Hochanger 13
D-85354 Freising

ULLA M. LANG
Schützenstraße 6
D-82383 Hohenpeißenberg

Delonix regia (BOJ. EX HOOK.) RAF.

syn.: Poinciana regia BOJ. ex HOOK.

Flammenbaum   **Familie:**   Caesalpiniaceae

engl.: Royal poinciana, Flame-tree
franz.: Flamboyant

Mittelamerika: Arbol de fuego

Abb. 1: Blühende Delonix regia auf Hawaii

Dieser breitkronige, keineswegs geradstämmige und nur selten über 15 m hohe Baum wird in tropischen Siedlungen häufiger als jede andere Baumart gepflanzt. Anlaß dazu gibt sein geradezu spektakulärer Zierwert. Er wird hervorgerufen durch den eindrucksvollen Farbkontrast zwischen den zartgrünen, doppelt gefiederten jungen Blättern und den in großer Zahl etwa zur gleichen Zeit er-scheinenden, leuchtend roten, orchideenähnlichen Blüten. Auch die sehr langen, bei Reife dunkelbraunen Früchte wirken sehr exotisch.

D. regia stammt aus Madagaskar, ist recht frostempfindlich und kann selbst in wärmeren Lagen Europas nicht überleben.

Morphologie

Delonix regia zu erkennen, bereitet keinerlei Schwierigkeiten – zumindest nicht, wenn es um ausgewachsene Exemplare geht. Sowohl der Habitus des Baumes wie auch die Blätter, Blüten und Früchte sind nahezu unverwechselbar.

Arttypisch ist die flache, weit ausladende, reichlich Schatten werfende, hauptsächlich sympodial verzweigte **Krone** [6] mit langen, fast waagrecht abstehenden Ästen. Gemessen daran wirkt der **Stamm** kurz und meist ein wenig knorrig. Nur selten werden die Bäume höher als 18 m (i.a. 7 bis 15 m) und kaum stärker als 90 cm [4, 5].

Abb. 2: D. regia während der Trockenzeit

Alte Exemplare neigen zur Verbreiterung der Stammbasis und zur Brettwurzelbildung, was bei Straßenbäumen oft zum Aufreißen des Pflasters führt [4].

Abb. 3: Borke

Delonix-**Borke** ist graubraun, dünn und glatt, allenfalls leicht aufgerissen. An der Borke junger Bäume treten zahlreiche Lenticellen auf. Auf dem Stamm-Querschnitt hebt sich der hellgelbe Splintbereich vom gelblich braunen bis hellbraunen Kern ab. Das recht spröde, vorwiegend als Brennmaterial genutzte **Holz** ist sehr anfällig gegen Termitenfraß. Es hat eine Rohdichte von ≈ 0,8 g/cm³ [4].

Abb. 4: Fiederblatt

Die zartgrünen, sehr fein doppeltgefiederten **Blätter** des Flammenbaumes erscheinen zu Beginn der Regenzeit. Sie können bis 60 cm lang werden, sind wechselständig angeordnet und setzen sich aus 11 bis 18 Fiederpaaren zusammen, von denen jede einzelne Fieder wiederum 20 bis 30 Paare länglicher (6 bis 8 mm lang, bis 3 mm breit), ganzrandiger Blättchen (Sekundärfiedern) trägt.

Die Blätter sind mit einem kräftigen, 6 bis 13 cm langen Stiel versehen, an dessen Basis zwei rasch hinfällige, mit langen, kammartigen Zähnen versehene Nebenblätter stehen. Zu Beginn der Trockenzeit werden die Blätter abgeworfen.

Abb. 5: Nebenblätter

Abb. 6: Blüten

Die Hülsenfrüchte von D. regia sind allein schon wegen ihrer Größe und Vielzahl bemerkenswert. Überdies verbleiben sie sehr lange am Baum und bestimmen dadurch das Erscheinungsbild des Baumes gerade während der blatt- und blütenlosen Jahreszeit. Die flachen, 30 bis 50 cm langen, ca. 5 cm breiten, ein wenig gekrümmten Hülsen sind bei der Reife dunkelbraun bis schwarz und stark verholzt. Sie enthalten 30 bis 40 längliche, gelbliche, braun gefleckte **Samen**, die in zwei Reihen angeordnet sind und u.a. von Mäusen verbreitet werden.

Samenlänge: 1,8 bis 2 cm; Samenbreite: 0,5 bis 0,7 cm.

Tausendkorngewicht: ca. 500 g [nach 3]; 300 bis 457 g [nach 1].

Chromosomenzahl: 2n = 28 [2].

Abb. 7: Geöffnete Hülsen (Foto: W. Zängl)

Abb. 8: Samen

Die leuchtend roten, schwach duftenden, ca. 10 cm breiten Delonix-**Blüten** stehen zu mehreren in bis zu 25 cm hohen Doldentrauben. Im allgemeinen setzt die Blüte einheitlich gegen Ende der Trockenzeit ein. Im ganzjährig humiden Klima variiert der Blühbeginn jedoch von Baum zu Baum in so weitem Rahmen, daß blühende und fruchtende Exemplare während des ganzen Jahres vorkommen. D. regia blüht erstmals mit 4 oder 5 Jahren. Die Bestäubung wird von Vögeln und Bienen vorgenommen [6].

Die Einzelblüte besteht u.a. aus:

– Einem fünfzähligen Kelch, dessen relativ dicke, etwa 2,5 cm lange, spitz zulaufende, behaarte Sepalen innen rot und außen grün gefärbt sind.

– 5 annähernd löffelförmigen, sehr lang genagelten Kronblättern. 4 davon sind von karmesin-, orange- oder zinnoberroter Farbe und haben einen gekrausten, gelblichen Rand; das fünfte, deutlich längere und schmalere Kronblatt ist innen weiß und rötlich gezeichnet.

– 10 an der Basis behaarten Staubblättern mit langen, roten Filamenten und unterseits gelben, oberseits rot gefleckten Antheren [5].

Die beinharte Samenschale verursacht bei einem Teil der Samen Keimverzögerungen von 1 bis 2 Jahren. Dennoch rechnet man in Venezuela mit Keimprozenten zwischen 10 und 40 % nach der Aussaat unbehandelten Saatgutes. Durch Aufenthalt der Samen in siedendem Wasser (1 bis 5

Minuten) wird die Keimrate auf 75 bis 92 % erhöht [3]. Skarifizieren (u.a. mit heißen Drähten) führt zu ähnlichen Resultaten[1], ebenso Tauchen in konz. H_2SO_4 (nach [1] von 10 % auf 31 %).

Im Normalfall setzt die Keimung 7 bis 14 Tage nach der Aussaat ein. Die länglich-ovalen, fleischigen und reichlich mit Reservestoffen ausgestatteten Keimblätter erscheinen oberhalb des Bodens. Die ersten Folgeblätter sind einfach, die späteren doppelt gefiedert [3].

Verbreitung und Ökologie

Beheimatet in einem relativ kleinen Areal auf der Insel Madagaskar, wird D. regia seit mehr als 150 Jahren in vielen Ländern der Neotropen (Karibik, S-Florida, Mittel- und Südamerika bis Rio de Janeiro), Afrikas und Asiens häufig kultiviert. In Indien und Birma gedeiht sie besonders gut auf trockenen, nährstoffreichen Böden in Küstennähe. Hier wie u.a. auch in den Vorbergen des Himalaya kommt sie sowohl angepflanzt wie verwildert vor [1].

Strenge Fröste begrenzen den Anbau.

Typisch für die Art ist ein rasches Jugendwachstum. Beschattung und Seitendruck verträgt sie allerdings nicht. Hohen Lichtansprüchen stehen geringe Ansprüche an den Nährstoffgehalt und den pH des Bodens gegenüber (pH 4,5 bis 7,5).

Abb. 9: D. regia als Schattenspender in Trockengebieten, Indien

D. regia bildet ein sehr intensives, wenn auch flaches Wurzelsystem aus und verhindert dadurch das Aufkommen einer konkurrierenden Kraut- und Strauchflora im Bereich der Kronenprojektion. Ihre Flachwurzeligkeit führt aber andererseits zu häufigen Windwürfen.

Abb. 10: Kronendach, Aufsicht

Nutzung

Flammenbäume haben große Bedeutung als beliebte, jedermann vertraute, in vielen tropischen Ländern kultivierte, schattenspendende Park-, Garten- und Alleebäume.

Gemessen daran sind alle anderen Verwendungen marginal. So werden neben dem Holz gelegentlich auch die reifen Hülsen als Brennmaterial genutzt. Noch seltener verwendet man die Stämme als lebende Zaunpfähle.

Verschiedenes

– Die Fähigkeit zur Bindung von Luftstickstoff durch Symbiose mit wurzelbewohnenden Knöllchen-Bakterien ist – wenn überhaupt – nur schwach ausgebildet. Untersuchungen aus China kamen zu negativen, Untersuchungen aus Singapur zu schwach positiven Resultaten[2].
– Schaderreger, die D. regia im gesamten Anbaugebiet in Gefahr brächten, sind nicht bekanntgeworden. Örtliche Bedeutung haben allerdings:
  – Ganoderma lucidum als Holzzerstörer in Indien und Taiwan
  – Cerneura delonixia, eine Heuschrecken-Art. Starke Schäden auf Mauritius und Reunion
  – der holzbewohnende Käfer Sinoxylon anale; sein Auftreten führte in Israel zu erheblichen Verlusten[3].
– Geradezu kennzeichnend und von allgemeiner Bedeutung ist demgegenüber die hohe Anfälligkeit des D. regia-Holzes gegen die Termite Cryptotermes brevis.
– Versuche zur Nutzung von Delonix-Früchten als Viehfutter führten zu recht vielversprechenden Ergebnissen. So wurden auf den Virgin Islands ca. 13,3 t Trockensubstanz pro Jahr und Hektar geerntet, was einem Rohprotein-Ertrag von ca. 6970 kg entspricht[4].

---

1) For. Abstr. 50, 2923, 1989

2) For. Abstr. 39, 1620, 1978
3) For. Abstr. 49, 8532, 1988
4) For. Abstr. 24, 2070, 1963

Weiterführende Literatur

[1] ANONYMUS, 1983: Troup's The Silviculture of Indian Trees. Vol. **IV**, Leguminosae.

[2] GILL, L. S.; HUSAINI, S. W. H., 1982: Cytology of some arborescent Leguminosae of Nigeria. Silvae Gen. **31**, 117–122.

[3] LAMPRECHT, H.; HUECK, K., 1959: Estudios morfologicos y ecologicos sobre la germinacion y el desarrollo en la primera juventud de unas especies forestales en Venezuela. Bol. No 3, Inst. Forestal Latino Amer. de Invest. y Capacitacion, Merida, Venez., 13–14.

[4] LITTLE, E. L., Jr.; WADSWORTH, F. H., 1964: Common trees of Puerto Rico and the Virgin Islands. USDA Agric. Handbook, No 499, Washington, DC.

[5] PERTCHIK, B.; PERTCHIK, H., 1951: Flowering trees of the Caribbean. New York and Toronto.

[6] TOMLINSON, P. B., 1986: The Biology of Trees Native to Tropical Florida. 2. ed., Harvard Univ. Printing Office, Allston, Mass.

Die Autoren:

Prof. Dr. PETER SCHÜTT
Lehrstuhl für Forstbotanik
Ludwig-Maximilians-Universität München
Hohenbachernstraße 22
D-85354 Freising

ULLA M. LANG
Schützenstraße 6
D-82383 Hohenpeißenberg

Durio zibethinus MURRAY

syn.:   Durio acuminatissima MERR., 1926

Durian, Zibetbaum   Familie: Bombacaceae

engl.:   Durian tree
franz.: Durian

Malaysia: Durian puteh

Abb. 1: Durio zibethinus, Altbäume

Durio zibethinus ist ein populärer Baum im tropischen Südostasien. Die cauliflore Art wird großflächig in Obstplantagen kultiviert. Die großen, stacheligen Früchte enthalten eine cremige, gelbliche Pulpa, die im reifen Zustand einen markanten Geruch ausströmt und als Köstlichkeit gilt. Die Früchte erzielen auf dem Markt hohe Preise. Das Holz hat indessen nur geringe wirtschaftliche Bedeutung. Sumatra, Borneo und die Malaysische Halbinsel gelten als natürliches Verbreitungsgebiet des Waldbaumes.

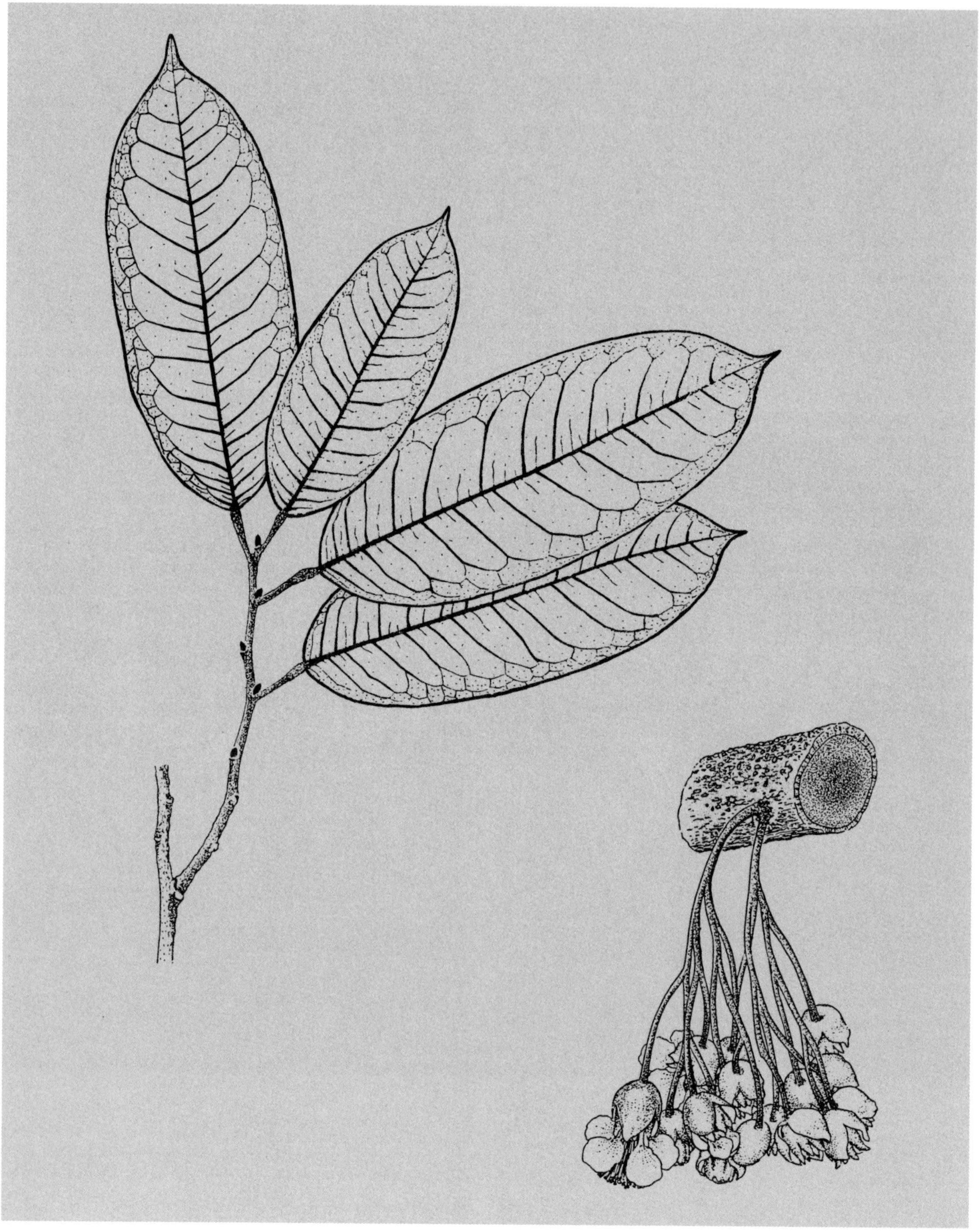

Abb. 2: Belätterter Zweig und stammbürtiger Blütenstand ($^2/_3$ x nat. Größe)

Verbreitung

Die Gattung Durio ist mit 28 Arten in Indonesien, Malaysia, Myanmar, auf den Philippinen und in Thailand vertreten und kommt in Regenwäldern bis etwa 800 m ü. NN natürlich vor. Beste Wuchsleistungen werden auf sehr gut wasserversorgten, alluvialen oder lehmigen Standorten erreicht [9]. Durio-Arten treten nicht bestandesbildend auf; im Primärwald sind sie nur weit verstreut zu finden; im Mittel wächst 1 Baum auf 4 Hektar [15]. Borneo mit 19 autochthonen Arten, davon 14 endemischen, wird als Genzentrum der Gattung angesehen.

D. zibethinus soll auf Sumatra, Borneo und der Malaysischen Halbinsel natürlich im Wald verbreitet sein [4]. Die Art wird wegen ihrer hochgeschätzten Früchte in weiten Teilen der asiatischen Tropen in Obstplantagen angebaut, häufig zusammen mit Mango (Mangifera indica), Speisebananen (Musa x paradisiaca) oder Mangosteen (Garcinia mangostana).

Morphologie

D. zibethinus ist ein großer, immergrüner Laubbaum, der im natürlichen Bestand Höhen bis zu 40 m und Durchmesser (BHD) von 120 cm erreicht. Typische Merkmale sind die hervortretenden, steilen Wurzelanläufe, der schlanke, hohe Stamm und die starken, hoch am Stamm waagrecht ansetzenden Äste. Alte Bäume zeigen eine blumenkohlartige Kronenperipherie mit weit ausladenden Ästen. In Plantagen kultivierte Bäume bleiben deutlich kleiner (max. 10 m) und entwickeln eine charakteristische, fast am Stammfuß ansetzende Krone mit breiter Basis, die nach oben konisch spitz zuläuft.

Die ganzrandigen und wechselständigen **Blätter** sind elliptisch oder elliptisch-lanzettlich geformt, haben eine runde Spreitenbasis und laufen in einer feinen Spitze aus. Sie sind 8–16 cm lang und 4–6 cm breit; der Blattstiel ist 1,5 bis 2 cm lang und weist am Ansatz der Spreite eine leichte Verdickung auf. Mit ihrer tief olivgrünen Oberseite verleihen die Blätter der Krone eine dunkel glänzende Farbe. Die Blattunterseite ist dicht mit silbrigen bis kupferfarbenen Schuppen bedeckt und verursacht bei Wind ein charakteristisches Farbenspiel.

D. zibethinus gehört zu den caulifloren Baumarten. Die weißen, cremefarbenen oder gelblichen **Zwitterblüten** hängen in 5–6 cm langen rispigen Blütenständen mit bis zu 30 Einzelblüten an dickeren Ästen oder am Stamm [4]. Die Einzelblüte hat einen 2-kreisigen Kelch. Die äußeren Kelchblätter umschließen die Knospe, die inneren Kelchblätter bilden einen 4–5lappig gezackten, glockenförmigen Kelch, der 4 oder 5 freie Blütenblätter umfaßt, die wiederum die zahlreichen in 4 oder 5 Bündel gegliederten Staubblätter einfassen [5]. Die Blüten strömen einen Geruch nach saurer Milch aus, öffnen sich am späten Nach-

Abb. 3: Blütenstand

mittag und sind am nächsten Tag bereits verblüht. Sie sind nur im Zeitraum zwischen etwa 17.00 Uhr nachmittags und 6.00 Uhr morgens bestäubungsfähig. Die Blüten werden von verschiedenen Insektenarten besucht, z.B. Honigbienen, Fliegen und Käfern, die aber zu früh am Tage erscheinen, um maßgeblich an der Bestäubung beteiligt zu sein. Den Hauptteil der Bestäubung vollzieht nachts die langrüsselige Fledermaus Eonycteris spelaea („Cave nectar bat"), ein wichtiger Bestäuber vieler Waldbaumarten Malaysias [11, 12].

Abb. 4: Früchte am Baum

Die grünen bis gelben, runden, eiförmigen oder elliptischen **Früchte** werden bis zu 20 cm lang und wiegen 2–4 kg. Die Oberfläche der dickwandigen, verholzten Fruchtkapsel ist mit kräftigen, pyramidenförmigen Stacheln bedeckt. Bei Fruchtreife fällt die Frucht vom Baum, einige Früchte spalten sich beim Aufprall längsseits entlang der Scheidewände in 4–5 Teile und geben die Samen frei.

Die Frucht enthält 10–15 bräunliche Samen, jedes Fruchtfach 2–5, die in Form und Größe an Zwetschgen erinnern. Sie besitzen gereinigt und lufttrocken ein Tausendkorngewicht von ca. 15,2 kg.

Abb. 5: Durianfrucht, geöffnet

Abb. 7: Kernholz-Bretter mit weißen, kristallinen Einlagerungen

Das **Holz** des Durian wird in Südostasien den leichteren Harthölzern zugeordnet. Es hat eine mittlere Rohdichte (r_{15}) von 0,69 g/cm³ [6, 8, 16].

Der schwach rosafarbene Splint geht allmählich in einen dunkelroten Kern über, dessen Textur als mittelgrob und ungleichmäßig beschrieben wird. Die Fasern sind überwiegend gerade; leichter Wechseldrehwuchs kommt vor. In Speicherzellen sind örtlich weiße, kristalline Einlagerungen erkennbar. Das Holz ist mäßig bis gut physikalisch belastbar, hat aber eine geringe natürliche Dauerhaftigkeit von 1 bis 8 Jahren. Es ist nicht resistent gegen Insektenfraß; insbesondere Schiffswerftkäfer (Lymexilidae) können beträchtliche Schäden hervorrufen. Die Behandlung mit Holzschutzmitteln ist ohne Schwierigkeiten möglich [6, 8, 16].

Die **Borke** alter Bäume ist graubraun, hat häufig einen rosafarbenen Schimmer und eine grobe, zerrissene Oberfläche, die in Schuppen abblättert.

Die **Samen** sind völlig in eine cremig-fleischige, gelbliche, süße Pulpa (Arillus) eingebettet, die als besondere Köstlichkeit gilt und meist frisch gegessen wird. Die gekochten oder gerösteten Samen sind ebenfalls eßbar.

Abb. 6: Samen

Abb. 8: Borke eines alten Stammes

Anzucht und Vermehrung

D. zibethinus läßt sich sowohl generativ als auch vegetativ (durch Okulieren) vermehren. Die Samen verlieren ihre Vitalität schon nach geringer Austrocknung und sind nur sehr kurz lagerfähig. Selbst bei kühler Aufbewahrung bleiben sie nur etwa 7 Tage keimfähig. Frische, gereinigte und 1–2 Tage getrocknete Samen keimen epigäisch nach 3–8 Tagen und zeigen ein Keimprozent von 77–80 [9].

Ernte-Saison ist zweimal im Jahr, und zwar im Dezember/Januar und Juni/Juli. Von der Blüte bis zur Fruchtreife vergehen 5–6 Monate, aber es ist unklar, ob jeder Baum regelmäßig zweimal im Jahr Früchte trägt [5]. Generativ vermehrte Bäume setzen im allgemeinen im 7. Jahr nach der Pflanzung Früchte an und erreichen die höchsten Erträge nach dem 15. Jahr [7].

In gewerblichen Obstplantagen wird heute allein die Pfropfung betrieben, um eine genetische Aufspaltung bei generativer Vermehrung zu vermeiden und so die geschmackliche Qualität der Früchte sicherzustellen. Die Pfropfung garantiert genetische Konstanz und führt überdies zu 2–3 Jahre früher eintretendem Fruchtansatz. Gepfropfte Pflanzen blühen bereits im 4. Jahr oder früher [9].

In Malaysia sind 193 verschiedene Durian-Klone in Kultur; der älteste war bereits in den dreißiger Jahren selektiert worden. Seitdem erfaßt das Malaysische Landwirtschaftsministerium systematisch jene Klone, die als zukünftige Gebrauchssorten infrage kommen. Sieben dieser Klone werden für den gewerblichen Großanbau empfohlen, womit der Durian-Fruchttyp für den Markt der

Zukunft weitgehend vorbestimmt ist. Die ausgewählten Klone, u.a. die sehr erfolgreiche, mittelgroße Sorte D 24 und die etwas kleinere D 99 werden hinsichtlich Fruchtform, -farbe, -geschmack, -struktur, Mächtigkeit der Pulpa und Lagerfähigkeit der Früchte sowie Wüchsigkeit und Fruchtansatz bewertet und kategorisiert [7].

Nutzung

Das Holz von D. zibethinus erscheint gemeinsam mit Holz der Bombacaceen-Gattungen Coelostegia und Neesia unter dem Handelsnamen Durian auf dem Markt [10]. Auf Sumatra und Borneo wird D. zibethinus zur Unterscheidung von anderen Arten als „True Durian" bezeichnet [6].

Durian-Holz läßt sich leicht bearbeiten und auch leicht hobeln. Gehobelte Flächen sind glatt bis mäßig glatt, auf radialen Flächen eher rauh. Es ist gut bis vorzüglich zu nageln, trocknet aber langsam und mit hoher Schwindung (von r_{frisch} bis r_{15}: radial 2,4 %; tangential 4,0 %) [8, 16]. Verwendung findet Durian als Konstruktionsholz im Innenausbau, so für Tür- und Fensterrahmen, Fußböden, aber auch für Sperrholz, Holzsandalen und Särge geringerer Güte.

Durian-Holz sieht äußerlich dem Red Meranti (Shorea spec.) ähnlich, erreicht aber den Holzmarkt nur in begrenzten Mengen. Die Art wird vorwiegend wegen ihrer Früchte angebaut, deren Ertrag den des Holzes weit übertrifft. Aus einem durchschnittlichen jährlichen Ertrag von 6.720 kg Früchten pro ha Plantage [9] lassen sich rd. 16.000 DM Erlös erzielen.

Abb. 9: Durio-Früchte auf einem Markt

Verschiedenes

– Das Fruchtfleisch der Pulpa enthält Proteine, Fette und verschiedene Zucker. Es ist von hohem Nährwert. In Asien schreibt man ihm überdies aphrodisierende Wirkung zu. Viele Tierarten, u.a. Elefanten, Orang Utans und Ratten verzehren die Früchte und verbreiten die Samen. Wurzeln, Rinde und Blätter haben eine volksmedizinische Bedeutung bei der Behandlung von Fieber und Hepatitis [14].

– Gattungs- und Artnamen gehen auf Besonderheiten der Frucht zurück. „Durio" leitet sich von „duri", dem malayischen Wort für Dorn, Stachel ab. Der Artname „zibethinus" bezieht sich auf den markanten Geruch, den Durian-Früchte nach der Reife ausströmen. „Zibethinus" ist die latinisierte Form von „Civet", einem in Asien wildlebenden, waschbärähnlichen Tier (Viverridae), das eine nach Moschus riechende Drüsensubstanz absondert.

Abb. 10: Keimlinge, 20 Tage alt

Weiterführende Literatur

[1] BÄRTELS, A., 1990: Farbatlas Tropenpflanzen. Zier- und Nutzpflanzen. 2. Aufl., Verlag Eugen Ulmer, Stuttgart.

[2] BURGESS, P.F., 1966: Timbers of Sabah. Sabah Forest Record No. 6, Sandakan.

[3] CHIN, H.F.; ENOCH, I.C., 1988: Malaysian trees in colour. Kuala Lumpur.

[4] COCKBURN, P.F., 1968: Trees of Sabah, Volume One. Sabah Forest Record No. 10, Forest Department Sabah.

[5] CORNER, E.J.H., 1988: Wayside Trees of Malaya in Two Volumes. Volume 1. Malayan Nature Society, Kuala Lumpur.

[6] DAHMS, K.-G., 1982: Asiatische, ozeanische und australische Exporthölzer, DRW-Verlag, Stuttgart.

[7] ISMAIL, N.A., 1993: Right attitude to ,king' and clones. New Straits Times 3/4/1993.

[8] Malaysian Timber Industry Board, 1986 (Hrsg.): 100 Malaysian Timbers, Kuala Lumpur.

[9] MORTON, J.F., 1993: Fruits of warm climates. Creative Resource Systems, Winterville.

[10] NATHAN, A.; WONG, Y.C., 1987: A guide to fruits and seeds. Singapore Science Centre, Singapore.

[11] PAYNE, J.; FRANCIS, C.M.; PHILLIPS, K., 1985: A field guide to the mammals of Borneo. Sabah Society/ World Wildlife Fund Malaysia, Kuala Lumpur.

[12] VEEVERS-CARTER, W., 1992: Riches of the rain forest. Oxford University Press, Singapore.

[13] VERHEIJ, E. W. M.; CORONEL, R. E. (Hrsg.) (1992): Plant Resources of South-East Asia; No. 2. Edible fruits and nuts. Bogor, Indonesia

[14] WEE, Y.C., 1992: A guide to medicinal plants. Singapur.

[15] WHITMORE, T.C., 1987 (Hrsg.): Tree Flora of Malaya. A manual for Foresters. Vol. 1. Kuala Lumpur.

[16] WONG, T.M., 1982: A dictionary of malaysian timbers. Malayan Forest Record No. 30. Forest Research Institute, Kepong.

Der Autor:

Dr. WALTER KOLLERT
Gesellschaft für Technische Zusammenarbeit (GTZ)
Forest Research Institute Malaysia (FRIM)
Kepong, Selangor
52109 Kuala Lumpur
Malaysia

Enterolobium cyclocarpum (WILLD.) GRISEB.

Guanacaste   Familie: Mimosaceae

engl.:   Ear fruit, Earpod-tree
span.:   Oreja de mono

Abb. 1: Enterolobium cyclocarpum. Adulter Solitär

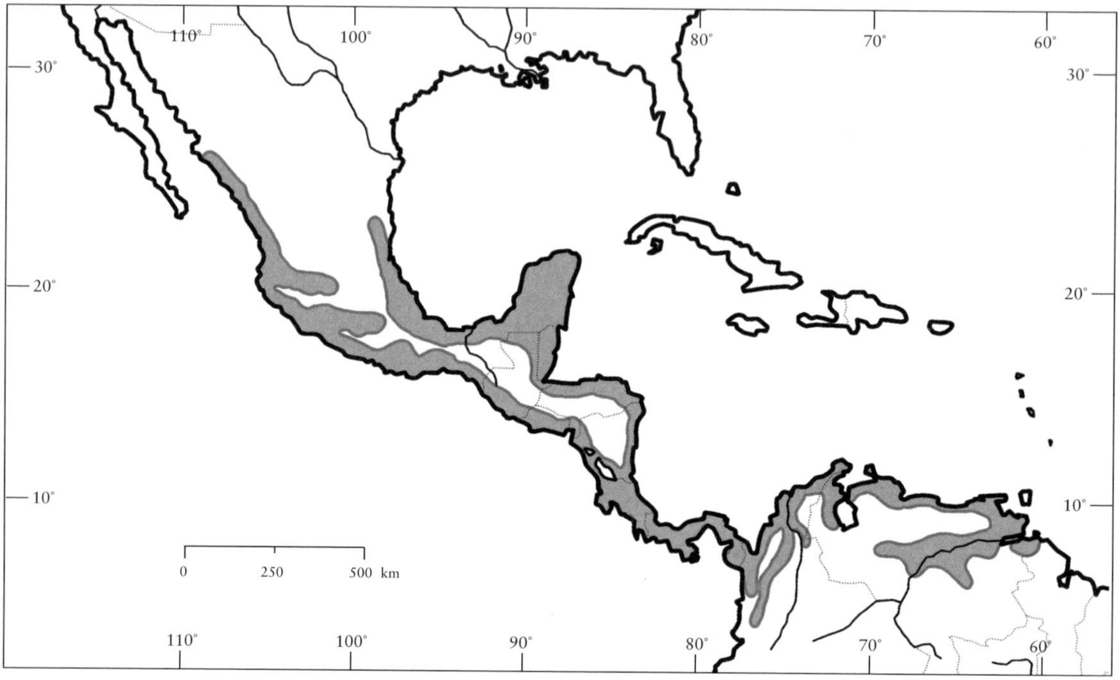

Abb. 2: Natürliches Verbreitungsgebiet, aus [2], verändert.

Enterolobium cyclocarpum ist eine von vielen eindrucksvollen Baumarten der Neotropen, die im Freistand mächtige, weit ausladende Kronen und einen relativ kurzen, unregelmäßigen, aber starken Stamm bilden. Während der Trockenzeit verliert sie die Blätter.

Anstoß für die englischen Trivialnamen gaben die eigenartig geformten, unverwechselbaren, an menschliche Ohren erinnernden Früchte.

Die Art ist vielen Menschen in Mittelamerika wohlbekannt, denn das relativ leichte Holz läßt sich in verschiedener Weise nutzen, die Kronen spenden Schatten für das Weidevieh, das auch Früchte und Blätter frißt, und schließlich bindet die Art über die Symbiose mit wurzelbewohnenden Bakterien Luftstickstoff.

E. cyclocarpum ist der Staatsbaum von Costa Rica. Der Provinz Guanacaste im Nordwesten Costa Ricas hat er ihren Namen gegeben.

Verbreitung

Das natürliche Areal von *E. cyclocarpum* findet in New Mexico (ca. 23°N) seine nördliche Begrenzung. Es erstreckt sich über Mittelamerika bis in den Norden Süd-

amerikas (ca. 7°N) und schließt Teile von Kolumbien, Venezuela, Guyana sowie das nördliche Brasilien ein.

In anderen Ländern der Neotropen wurde die Art als schattenspendender Parkbaum angebaut. Dazu zählen auch die Westindischen Inseln [1, 4].

Beschreibung

Inner- wie außerhalb ihres natürlichen Areals wächst *Enterolobium cyclocarpum* zu einem mächtigen Baum mit meist kurzem, dicken Stamm heran, der im Freistand eine weit ausladende Krone mit auffallend starken, waagrecht orientierten Ästen trägt.

Aus dem mittelamerikanischen Areal sind Höhen von 40 m und Stammdurchmesser (BHD) von 3,6 m bekannt. Auf Puerto Rico erreichen angepflanzte Bäume mit 50 bis 80 Jahren bis zu 39 m Höhe und 2,4 m BHD [1].

Die offene, durchsichtige Krone ist breiter als hoch und erreicht Durchmesser bis zu 45 m. Stämme und starke Äste haben eine graue bis bräunlichgraue, flach gefurchte, etwas rauhe, manchmal schwach schuppige **Borke**. Deren innere, hellbraune Bereiche scheiden braunen Wundgummi aus. Die jüngeren, meist kräftigen Zweige bilden anfangs eine grüne Rinde.

Guanacaste hat doppelt gefiederte, wechselständig angeordnete, 15 bis 25 cm lange **Blätter**, die zu Beginn der 1 bis 3 Monate langen Trockenzeit abgeworfen und 4 bis 8 Wochen vor der Regenzeit durch neue ersetzt werden. Von der hellgrünen, spärlich behaarten Blattspindel gehen 4 bis 9 Fiederpaare 1. Ordnung ab. Jedes davon trägt 20 bis 30 Fiederblättchen-Paare 2. Ordnung, und jedes der dünnen, sitzenden Fiederblättchen 2. Ordnung ist am Apex zugespitzt. Es weist eine asymmetrische Basis sowie zwei ungleich breite Spreitenhälften auf und hat eine stumpfgrüne Ober- und eine hellgrüne Unterseite. Die Abmaße: 10 bis 12 mm lang, 3 bis 5 mm breit. Während der Nacht legen sich die gegenüberstehenden Fiederblättchen aneinander [2].

Guanacaste-**Blüten** stehen zu vielen in relativ unauffälligen, weißlichen, kugeligen, lang gestielten Infloreszenzen, die den Blattachseln entspringen. Die Blüte setzt nach der Trockenzeit ein (März/April) und fällt mit dem Austrieb der Blätter zusammen.

Die röhren- bis trichterförmigen Zwitterblütten werden 1,2 cm lang und etwa 1 cm breit, haben einen ebenfalls trichterförmigen, hellgrünen, fünfzähnigen Kelch und eine 6 mm lange, hellgrüne Kronröhre. Die weiße Farbe der Blütenstände beruht auf den zahlreichen weißlichen, bis 1 cm langen, fädigen Staubblättern, die im basalen Teil zusammengewachsen sind. Der etwa 1,2 cm lange Stempel besteht aus einem kurzen, hellgrünen Fruchtknoten und einem schlanken, weißlichen Griffel.

Bei den unverwechselbaren „ohrenähnlichen" Früchten handelt es sich um annähernd kreisrunde Hülsen (Durchmesser: 7 bis 12 cm) mit einer ca. 1 cm weiten, im Zentrum befindlichen Durchbrechung. Die Früchte öffnen sich bei Reife nicht und fallen nach einer Entwicklungszeit von knapp einem Jahr zu Boden. Das geschieht im März/April, kurz vor Beginn der Regenzeit [3].

An den reifen, dunkelbraunen bis schwärzlichen, relativ flachen Hülsen sind nur die Samenfächer deutlich aufgewölbt. Jede **Frucht** enthält 8 bis 16, maximal 22 dunkelbraune, elliptische **Samen** (Länge: 1,3 bis 1,9 cm), die von einem süßlichen, sirupösen Fruchtfleisch umgeben werden [2]. Das Tausendkorngewicht variiert zwischen 300 und 1100 g. 63 % des Samengewichtes fallen auf die Testa [3]. Die Keimung setzt erst ein, wenn die Wasserundurchlässigkeit der Samenschale durch mechanische Verletzung, mikrobiellen Abbau oder Einwirkung von Verdauungssäften beseitigt wurde. Ist die Quellung des Samens sichergestellt, tritt in kurzer Zeit Keimung zu fast 100 % ein. Das Anritzen der Samen oder ein kurzer Aufenthalt in kochendem Wasser hat sich als Vorbehandlung bewährt. Im Mittel werden pro Baum und Jahr ein bis mehrere Kilogramm Samen produziert.

Das grobporige, relativ leichte **Holz** hat einen weißlichen Splint und einen davon scharf abgesetzten, dunkelbraunen Kern mit rötlicher Tönung. In der Kernfarbe soll Ähnlichkeit mit Walnußholz bestehen [3, 4].

Guanacaste-Holz (Kernholz) läßt sich gut bearbeiten, ist von mittlerer Dauerhaftigkeit (auch unter Wasser) und gilt als widerstandsfähig gegen Holzfäule und Termiten[1]. Es trocknet langsam, schwindet in radialer Richtung um ca. 2 % und tangential um ca. 5,2 %.

Abb. 3: Lang gestielte Infloreszenz mit vielen Zwitterblüten

Abb. 4: Reife Früchte

90 mm

Abb. 5: Samen, z.T. angekeimt

Abb. 6: Stammbasis eines alten Baumes auf Puerto Rico

Abb. 7: Starker Solitär im Foster Bot. Garden, Honolulu, Hawaii

Abb. 8/9: Laubblatt, doppelt gefiedert. Keimling mit Kotyledonen, Primär- und Folgeblättern

Die Rohdichte liegt zwischen r = 0,4 und 0,6 g/cm^3 [4], nach anderen Quellen [1] bei 0,37 g/cm^3.

Über die **Bewurzelung** ist nur so viel bekannt, daß Sämlinge eine Pfahlwurzel ausbilden, daß an älteren Bäumen kleinere Brettwurzeln vorkommen und daß Altbäume mit kräftigen, sehr flach verlaufenden Seitenwurzeln versehen sind [1].

Ökologie und Wachstum

Guanacaste wächst von Natur aus unter deutlich voneinander abweichenden Standorts- und Klimabedingungen. Er gehört als Klimaxart den subtropischen Regenwäldern an, ist aber auch auf gestörten Standorten des Regenwaldes zu Hause. 1 bis 6 Monate andauernde Trockenperioden werden vertragen.

Die Jahresmitteltemperaturen betragen im natürlichen Areal 23 bis 28 °C. Die Jahresniederschläge schwanken zwischen 1000 und 4000 mm [2]. Pflanzungen sollten im Niederschlagsbereich von 750 bis 2000 mm/Jahr stattfinden [1]. Milde Winterfröste werden offenbar vertragen, wie man aus ungeschädigten Pflanzungen nördlich der Frostgrenze in Florida ablesen kann [1].

E. cyclocarpum ist in erster Linie eine Baumart des Flachlandes [2], steigt aber in Costa Rica bis in Höhenlangen um 900 m an. In ungestörten Primärwäldern findet sie sich hauptsächlich in Küstennähe [2], am Rande von Mooren, Flüssen und Bächen, ist aber sporadisch in fast allen Standortformen vertreten. Die Art bevorzugt kalkhaltige, alkalische Böden. Tiefgründige Substrate mittlerer Textur gelten als optimal; gutes Wachstum ist aber auch auf tonigen Böden über durchlässigen Lehmschichten festzustellen [1]. Anbauerfahrungen aus Puerto Rico zufolge wird ein Boden-pH unter 5,0 nicht toleriert.

E. cyclocarpum ist in mehreren Waldgesellschaften vertreten und gehört stets der herrschenden Kronenschicht an. Auf tiefgründigen, nährstoffreichen Böden Süd-Mexikos ist sie u.a. vergesellschaftet mit *Ceiba pentandra* (L.) GAERTN., *Astronium graveolens* JACQ., *Brosimum alicastrum* SW., *Cedrela odorata* L. und *Spondias mombin* L. In den ausgedehnten Trockenwäldern an der Pazifik-Küste Mittelamerikas tritt sie in Mischung mit *Cedrela odorata*, *Swietenia humilis* ZUCC., *Samanea saman* (JACQ.) BENTH., *Hymenaea courbaril* L., *Chlorophora tinctoria* (L.) GAUD., *Sweetia panamensis* BENTH. und anderen Arten auf.

Guanacaste keimt epigäisch. Nach der Aussaat deckt man mit 2 cm feuchtem Sand ab. Schattierung ist nicht erforderlich, denn selbst Keimlinge sind relativ unempfindlich gegen Trockenheit. Nach 6 Monaten werden die etwa 50 cm hohen Sämlinge verpflanzt.

Übereinstimmend wird das außerordentlich rasche Jugendwachstum der Art hervorgehoben. Angaben über das Wachstum in Primärwäldern fehlen jedoch, und konkrete Zuwachsdaten von künstlich begründeten Beständen gehen hauptsächlich auf Untersuchungen in Puerto Rico zurück, deren Ergebnisse FRANCIS [1] zusammenfaßt.

---

[1] For. Abstr. 52, 6669, 1991

	Jahre	Höhe (m)	BHD (cm)
Costa Rica	7 – 8	11 – 16	8 – 11
Süd-Mexiko	8	8	12
Puerto Rico (Mittelwerte)	25	18	42
Puerto Rico (Maxima)	25	26	84

Als Umtriebszeiten werden 25 bis 35 Jahre veranschlagt.

E. cyclocarpum ist eine extreme Lichtbaumart, die auch in früher Jugend keine Beschattung verträgt, allenfalls bei starkem Dürrestreß Halbschatten toleriert.

Naturverjüngung ist eher selten. Das gilt aber nur für Weideflächen, auf denen Guanacaste gern als Schattenbaum eingebracht wird. Hier wird die aufkommende Verjüngung sowohl durch Viehtritt zerstört als auch vom Vieh gefressen und durch Gras-Konkurrenz niedergehalten.

E. cyclocarpum bildet reichlich Stockausschläge und ließe sich u. U. im Niederwaldbetrieb bewirtschaften.

Nutzung

Guanacaste-Holz hat nach wie vor eine gewisse lokale Bedeutung als Bauholz. Daneben nutzt man es für den Innenausbau und als Furnier für die Möbelherstellung. Eine wichtigere Rolle spielt die Art jedoch als Schattenspender. Das gilt sowohl für den (begrenzten) Anbau als Park- und Straßenbaum, in höherem Maße aber für Weideflächen, wo Rinder (auch Pferde) Schutz vor intensiver Sonneneinstrahlung finden und gerne die Früchte, aber auch die Blätter fressen.

Über die volksmedizinische Bedeutung der Art ist nur bekannt, daß Rindenextrakte als Mittel gegen Erkältung und Bronchitis Verwendung fanden. Im übrigen heißt es, daß geröstete Samen eßbar seien.

Verschiedenes

– JANZEN [3] erklärt das Ausbleiben der Guanacaste-Verjüngung in den Primärwäldern Mittelamerikas mit dem Fehlen der vor gut 10000 Jahren ausgestorbenen Großsäuger. Diese hätten die Früchte gefressen, die keimfähig gebliebenen Samen wieder ausgeschieden und so zur Erhaltung und Verbreitung der Art beigetragen. Peccaries (eine Wildschwein-Art) und Tapire knacken zwar auch Guanacaste-Früchte und fressen die Samen, verdauen sie aber größtenteils bzw. ausschließlich.

HUNTER [2] widerspricht dieser Hypothese und weist nach,

– daß die Samenkeimung bei günstigen Feuchtigkeits- und Temperaturverhältnissen auch ohne Einwirkung von Tieren einsetzt,

– daß kurzfristige Hitze (Bodenfeuer) die Keimung stimuliert,

– daß die Samen durchaus innerhalb der Frucht keimen können,

– daß die Früchte in Fließgewässern transportiert werden und dabei Wasser aufnehmen.

Säugetiere spielen nach seiner Einschätzung für die Verbreitung von *E. cyclocarpum* nur eine periphere Rolle.

– Ausgewachsene, noch grüne Samen werden in Mittelamerika gern und häufig von Papageien der Gattung *Amazona* aufgenommen. Die Vögel verzehren das Innere der Samen und lassen die Testa sowie die leeren Früchte zurück [3].

– Der Anbau als Straßen- und Parkbaum ist mit dem Risiko verbunden, daß die sehr kräftigen, waagrecht abstehenden Äste allein durch ihr Eigengewicht plötzlich abbrechen. Bei Stürmen ist dies ohnehin häufig der Fall.

– Sägespäne und Holzstaub können Hautreizungen hervorrufen und wirken toxisch auf Fische.

Literatur

[1] FRANCIS, J. K., 1988: Enterolobium cyclocarpum (JACQ.) GRISEB., USDA For. Serv., Southern For. Expt. Stn., Inst. Tropical Forestry SO-ITF-SM 15.

[2] HUNTER, J. R., 1989: Seed dispersal and germination of Enterolobium cyclocarpum (JACQ.) GRISEB. (Leguminosae: Mimosoidaea): are megafauna necessary? J. Biogeography **16**, 369 – 378.

[3] JANZEN, D. H., 1983: Enterolobium cyclocarpum. In: JANZEN, D. H.: Costa Rican Natural History. Univ. Chicago Press, Chicago and London.

[4] LITTLE, E. L., Jr.; WOODBURY, R. O.; WADSWORTH, F. H., 1974: Trees of Puerto Rico and the Virgin Islands, 2. vol. USDA Forest Service, Agric. Handbook No. 449, Washington, D.C.

[5] VAZQUEZ-YANES, C.; PEREZ-GARCIA, B., 1977: Notas sobre la morfologia, la anatomia de la testa y la fisiologia de las semillas de Enterolobium cyclocarpum. Turrialba **27**, 427 – 430.

Die Autoren:

Prof. em. Dr. PETER SCHÜTT
Lehrstuhl für Forstbotanik
Ludwig-Maximilians-Universität München
Am Hochanger 13
D-85354 Freising

ULLA M. LANG
Schützenstraße 6
D-82383 Hohenpeißenberg

Erythrina poeppigiana (WALPERS) O.F. COOK, 1901

syn.:   Erythrina micropteryx POEPP.

Korallenbaum

engl.:   Mountain immortelle, Anauca
Brasilien:
Venezuela: Bucare

Familie: Fabaceae
Tribus: Phaseoleae
Untergattung: Micropteryx

Abb. 1: Erythrina poeppigiana. Teil einer blühenden Krone

Abb. 2: Solitär in Blüte (San José, Costa Rica)

Der im nordwestlichen Südamerika und im südlichen Mittelamerika beheimatete, stattliche Baum wird auch außerhalb seines natürlichen Areals in mehreren Ländern der Neotropen angebaut. In Kaffee- und Kakaoplantagen dient er als schattenspendender, Stickstoff anreichernder Schirm; von dort aus verwildert er häufig und bildet später lichte, mit üppigem Unterwuchs versehene Reinbestände.

Die Art fällt durch wunderschöne, leuchtend orangerote Blüten auf und wird deswegen in Mittelamerika mitunter als Parkbaum kultiviert. Sie wirft periodisch die Blätter ab und bildet am Stamm oft kurze, kegelförmige Dornen mit breiter Basis aus. Die Samen sind giftig. Das wenig dauerhafte, helle Holz hat keine nennenswerte wirtschaftliche Bedeutung.

Verbreitung

Das natürliche Areal von *E. poeppigiana* reicht vom südlichen Mittelamerika (Panama: Darién) über Kolumbien, Venezuela und Ecuador bis zum westlichen Amazonasgebiet in Brasilien (Acre), Peru (San Martin, Loreto, Cuzco) und Bolivien (La Paz, El Beni) [3]. Sie ist eine Art der Ebene und des Hügellandes, die nicht über 1350 m ü. NN hinausgeht.

Außerhalb ihres natürlichen Verbreitungsgebietes wird *E. poeppigiana* in mehreren mittelamerikanischen und karibischen Ländern als Schattenpflanze in Kaffee- und Kakaoplantagen angebaut, so z.B. auf Puerto Rico, Martinique und Trinidad. In Costa Rica wurde sie zu Beginn des 20. Jahrhunderts eingeführt und noch heute baut man sie auf großen Teilen der zentralen Hochebene und nahe der Atlantischen Küste an[1]. In anderen tropischen Regionen kultiviert man *E. poeppigiana* gelegentlich als Park- und Alleebaum.

Beschreibung

Erythrina poeppigiana entwickelt sich im Freistand zu einem mächtigen Baum mit weit ausladender **Krone,** der 24 m hoch werden und einen Durchmesser (BHD) von 1,2 m erreichen kann [5]. Nicht selten setzt die Krone schon in geringer Stammhöhe an oder der Stamm gabelt sich. Der Stammquerschnitt alter Bäume ist selten kreisrund.

Die grünlich graubraune **Rinde** junger Bäume fällt durch unregelmäßig verlaufende, deutlich hellere, flache Längsrisse auf. An der Basis alter Stämme tritt eine tieffrissige, hellbraune bis graubraune Borke auf.

Abb. 3: Basis eines alten Stammes (links) und Stammdornen mit breiter Basis (Foto: L. Maraz)

---

[1] For. Abstr. 50, 2623, 1989

Sowohl der Stamm wie die relativ derben Zweige tragen kurze Dornen mit stark verbreiteter Basis, z.T. auch nur warzige Erhebungen von unregelmäßiger Gestalt. Die Stammdornen stehen an verschiedenen Bäumen unterschiedlich dicht.

Junge **Triebe** sind anfangs behaart, hellgrün und vom 2. Jahr an mit etwas erhabenen Blattnarben besetzt [5], später verkahlen sie und werden grünlich braun. Die wechselständig angeordneten, unpaarig gefiederten **Blätter** sind sehr lang gestielt und setzen sich aus 3 Fiederblättchen zusammen, von denen das terminale, meist etwas größere, rhombisch bis breit eiförmig gestaltet ist, 8,5 bis 19 (bis 24) cm lang und 5,5 bis 16 (bis 24) cm breit werden kann [2].

Abb. 5: Blütenstand mit offenen Blüten an der Basis und noch geschlossenen im Spitzenbereich

Blattfall, Austrieb und Blüte setzen unter den Klimabedingungen von Costa Rica (San José) bei verschiedenen Bäumen des selben Bestandes zu ganz unterschiedlichen Zeiten ein. Zu Beginn der Trockenzeit werden die Blätter der unter Wasserstreß stehenden Bäume zuerst abgeworfen, was eine Stabilisierung des Wasserzustandes bewirkt und den baldigen Neuaustrieb nach sich zieht. Bäume auf feuchten Standorten wechseln die Blätter bis zu 3 Monate später. Laubfall, Austrieb und Blüte laufen dann gleichzeitig ab [1].

Die leuchtend orangeroten, zygomorphen **Blüten** stehen an waagerecht orientierten, traubigen, 10 bis 20 cm langen Infloreszenzen: wenige offene Blüten an der Basis (sie fallen gleich nach dem Abblühen vom Baum) und kontinuierlich kleiner werdende, noch geschlossene Blüten zur Spitze hin.

Abb. 4: Typisches Laubblatt

Die lateralen Fiederblättchen sind ebenfalls gestielt (0,6 bis 1,3 cm lang). An der Basis des Stieles tragen sie je 2 grüne, becherförmige Drüsen – ein zuverlässiges Artmerkmal von E. poeppigiana. Die Spreite der Fiederblättchen ist ganzrandig, oberseits stumpf grün, unterseits etwas heller grün und bildet 3 von der Blattbasis ausgehende Hauptnerven.

Abb. 6: Reife, z.T. offene Früchte am Baum. Die braunen Samen haften am Rande der inneren Hülsenwand

Abb. 7: Samen

Das Tausendkorngewicht liegt bei etwa 250 g und die Keimrate beträgt i.a. ca. 40%, maximal 80%. *E. poeppigiana* keimt epigäisch [4].

Das helle, weiche **Holz** zeigt nur geringe Farbunterschiede zwischen dem hell ockerfarbenen Splint und dem schwach bräunlichen Kern. Es ist von geringer Dauerhaftigkeit und wird kaum genutzt.

Abb. 9: E. poeppigiana als schattenspendender Baum in einem tropischen Garten (Grenada)

E. poeppigiana bildet typische Fabaceen-Blüten aus. Sie sind i.a. 3,5 bis 5 cm lang und etwa halb so breit. Der krugförmige, am oberen Rand rote und unten grüne Kelch ist ungezähnt (Länge ca. 1 cm). Von den 5 orangeroten Kronblättern ist das größere, die Fahne, 3 bis 3,5 cm lang, elliptisch, kurz zugespitzt und gekielt. Die 2 ebenfalls elliptischen Flügel sind etwas kürzer, verfärben sich zur Basis hin gelblich und die zum Schiffchen verwachsenen beiden Kronblätter schließen die 10 Staubblätter ein; 9 von diesen sind mit den Filamenten zu einer oben offenen, hellgelben Röhre verwachsen. Die Antheren sind braun; der grünliche Stempel erreicht eine Länge von 3,5 cm.

Die **Frucht**, eine mehrsamige, braune Hülse, wird 13 bis 25 cm lang und 1,1 bis 1,4 cm breit. Sie läuft apikal mit einer versteiften Spitze aus [2] und enthält mehrere kaffeebraune, nierenförmige Samen (Länge 10 bis 17 mm, Breite: 5 bis 7 mm). Die Samen sind giftig. Zwischen den Samen ist die Hülse etwas eingeengt.

Abb. 8: Ast-Querschnitt mit Markhöhle und Wachstumszonen, aber noch ohne Differenzierung in Splint und Kern

Taxonomie und genetische Differenzierung

Von den insgesamt 104 *Erythrina*-Arten kommen 51 in Amerika vor [2]. KRUKOFF und BARNEBY [3] unterteilen die Gattung in 5 Subgenera und ordnen *E. poeppigiana* dem Subgenus *Micropteryx* zu. Dieser hebt sich von den anderen Untergattungen durch spezielle blütenmorphologische Merkmale, u.a. durch die Form des Kelches ab. Er wird hauptsächlich aus neotropischen Arten gebildet, gilt als relativ primitiv und besteht aus 3 Sektionen. *E. poeppigiana* gehört (gemeinsam mit *E. verna*, *E. ulei* und *E. dominguezii*) der Sektion *Micropteryx* an.

Kennzeichnend für die Art sind die relativ großen, becherförmigen Drüsen an der Basis der Fiederblättchen-Stiele. Über die innerartliche genetische Variation ist wenig bekannt. Herkunftsversuche, vornehmlich angelegt mit Absaaten inner-costaricanischer Populationen, ließen nach 4 Monaten eine größere Variation innerhalb als zwischen den Provenienzen erkennen[2]. Weitere Versuchsergebnisse sind uns nicht bekannt.

Ökologie

E. poeppigiana ist eine raschwüchsige Lichtbaumart mit geringen Standortsansprüchen. Sie wächst selbst auf armen Sanden, bevorzugt aber tiefgründige, schwere Böden [6]. Über die Symbiose mit Bakterien der Gattung Rhizobium ist sie in der Lage, Luftstickstoff zu binden und erlangt dadurch Bedeutung für einige Projekte der Agroforestry. Im Zuge derartiger Vorhaben wurde die Art vornehmlich vegetativ mit Setzstangen vermehrt. Bessere Ergebnisse bringt die Bewurzelung von Stecklingen, die während der Trockenzeit gewonnen werden. Auch hier ist aber mit erheblichen individuellen Unterschieden in der Bewurzelungsfähigkeit (0 bis 90 %) zu rechnen [6].

Nutzung

E. poeppigiana ist kein Waldbaum von forstwirtschaftlichem Interesse. Auch der Anbau als Park- oder Alleebaum trägt eher regionale Züge. Oft ist die Art aus der Kultur verwildert und bildet reichlich blühende Bestände, die zu auffälligen Elementen der Landschaft werden.

---

[2] For. Abstr. 50, 2623, 1989
[3] For. Abstr. 51, 7336, 1990

Als schattenspendende Zwischenpflanzung in Kaffee- und Kakaoplantagen erfuhr die Art innerhalb und außerhalb ihres natürlichen Areals größere Verbreitung. Das gilt insbesondere für Mittelamerika und die Karibik.

Etwa 250 Bäume pro Hektar werden durch zweimaliges Köpfen pro Jahr („pollarding") in einer Höhe von 4 bis 6 m gehalten. Dadurch erhalten Kaffee, Kakao, in einigen Fällen auch Bananen die für hohen Fruchtansatz nötige Schattierung. Weiterhin kommt es zur Stickstoffanreicherung und – durch das Mulchen der entnommenen Kronenteile – zur Zunahme der organischen Substanz im Boden [6]. Gelegentlich erfolgt die Schattierung durch reihenweise Mischung der Kulturpflanzen mit E. poeppigiana und Cordia alliodora[3].

Weiterführende Literatur

[1] BORCHERT, R., 1980: Phenology and ecophysiology of tropical trees: Erythrina poeppigiana O.F. Cook. Ecology 61, 1065–1074.

[2] KRUKOFF, B.A., 1939: The American species of Erythrina. Brittonia 3, 205–337.

[3] KRUKOFF, B.A.; BARNEBY, R.C., 1974: Conspectus of species of the genus Erythrina. Lloydia 37, 332–459.

[4] LAMPRECHT, H.; HUECK, K., 1959: Estudios morfologicos y ecologicos sobre la germinacion y el desarrollo en la primera juventud de unas especies forestales en Venezuela. Bol. No. 3, Inst. Forestal Lat. Amer. de Investigacion y Copaciacion Merida.

[5] LITTLE, E.L.; WADSWORTH, F.H., 1964: Common trees of Puerto Rico and the Virgin Islands. USDA Forest Service. Agriculture Handbook No. 249, Washington D.C.

[6] RODRICK, M.C.; ZSUFFA, L., 1990: Rooting trials with stem cuttings of Erythrina poeppigiana: Genotype and seasonal variation in rooting. In: BAKER, F.W.G. (edt.): Rapid propagation of fast-growing woody species. CASAFA Report Series 3, 98–101.

Die Autoren:

Prof. em. Dr. PETER SCHÜTT
Lehrstuhl für Forstbotanik
Ludwig-Maximilians-Universität München
Am Hochanger 13
D-85354 Freising

ULLA M. LANG
Schützenstraße 6
D-82383 Hohenpeißenberg

Erythrina sandwicensis Degener, 1932

syn.: Erythrina monosperma Gaud., non Lam.

Wiliwili　　　　　　　　　　　　　　Familie:　Fabaceae

engl.: Wiliwili, Hawaiian coraltree

Abb. 1: Erythrina sandwicensis. Einzelbaum auf der trockenen Leeseite von Big Island, Hawaii

Mindestens zwei Eigenarten sind es, die *Erythrina sandwicensis* unter den auf Hawaii autochthonen Baumarten zu etwas Besonderem machen:

– die Fähigkeit, auf den fast vegetationslosen, extrem trockenen, leeseitigen Lavafeldern zu überleben und

– die unglaublich knorrige Gestalt des kleinen, laubabwerfenden Baumes, welche jedes der nicht sehr zahlreichen Exemplare phänotypisch zu einem Unikat macht.

„Wiliwili" ist vielen der älteren Einwohner Hawaiis ein Begriff, obwohl der Baum wegen seines sehr weichen und leichten Holzes und wegen der geringen Abmaße nicht genutzt wird.

Heute besteht Gefahr, daß die Art trotz bescheidener Anpflanzungen verschwindet, zum Teil auch von der eingeführten, ebenfalls dürreharten und sehr konkurrenzstarken *Prosopis pallida* verdrängt wird.

Die feuerroten, bohnenförmigen Wiliwili-Samen sind giftverdächtig.

Abb. 2: Laubblatt vor der rauhen, gelbbraunen Stammborke

Verbreitung

E. sandwicensis ist auf den Leeseiten aller größeren Inseln des Archipels autochthon und zählte dort in Höhenlagen zwischen 150 und 600 m einst zu den häufigsten einheimischen Bäumen. Sie ist nur auf den Hawaii-Inseln vertreten und nicht – wie früher angenommen – mit *Erythrina tahitensis* NADEAU identisch [1], die allein auf Tahiti vorkommt.

Die *E. sandwicensis* verbliebenen Standorte liegen auf den wenig verwitterten Lavafeldern im Regenschatten der zentralen Gebirgsketten. Hier stellt bei jährlichen Niederschlägen von ca. 500 mm nur *Prosopis pallida* eine ernstzunehmende Konkurrenz für die wenigen, noch vorhandenen Wiliwili-Gruppen dar.

Abb. 3: Blütenstand

Beschreibung

Am natürlichen Standort wird die Art im allgemeinen 6 bis 10 m hoch und erreicht einen Stammdurchmesser von 50 bis 60 cm. Sie bildet kurze, dicke, oft auch krumme Stämme und eine weit ausladende Krone mit starken, knorrigen Ästen. Die fast waagrecht abstehenden Zweige sind mit relativ großen Blattnarben besetzt und haben gelb behaarte Spitzen.

Der bisher größte Baum auf Hawaii war 16,8 m hoch und hatte einen BHD von 1,2 m.

Die gelbbraune bis rotbraune **Borke** ist mit ungleichmäßig verteilten, kleinen Erhebungen sowie vereinzelt mit grauen oder schwarzen, bis 1 cm langen Stacheln besetzt und sie wird im Alter schwach rissig. Innere Borkeschichten sind von hellgelber Farbe.

Abb. 4: Offene, reife Hülsen mit orangeroten Samen

Die für *Erythrina*-Arten typischen dreiteiligen, unpaarig gefiederten **Blätter** haben einen 9 bis 25 cm langen, schlanken Stiel und sind wechselständig angeordnet. Die Spreiten der kurz gestielten Fiederblättchen haben einen breit dreieckigen Umriß, einen kurz zugespitzten Apex und eine fast waagrechte Basis. Sie sind 4 bis 10 cm lang und 6 bis 15 cm breit. Stets ist das endständige Fiederblättchen am größten. Während die Blattoberseite verkahlt, bleibt die Unterseite gelb behaart und hat deutlich hervortretende Adern.

Am Grunde jedes Fiederblättchens stehen 2 punktförmige Drüsen; 1 oder 2 weitere befinden sich an der Blattbasis. Die Blätter fallen im Spätsommer oder im Herbst vom Baum, und der Neuaustrieb erfolgt nach der Blüte im Frühjahr [2].

Die sehr hübschen, meist gelb- bis orangefarbigen **Blüten** stehen zu vielen dicht gedrängt in lang gestielten, bis 15 cm langen Infloreszenzen (Trauben) an den Triebspitzen.

Jede der an einem kurzen Stiel stehenden Einzelblüten besteht aus einem krugförmigen, dicht gelb behaarten, ca. 15 mm langen, gekrümmten, an einer Seite offenen Kelch sowie aus der entweder orangefarbenen, lachsfarbenen oder gelben Blütenkrone, die auch blaßgrüne oder weißliche Abschnitte aufweisen kann. Sie setzt sich aus einer ca. 4 cm langen Fahne und 4 weiteren, wesentlich kleineren (ca. 13 mm) Petalen (Flügel und Schiffchen) zusammen. Von den 10 gelben oder orangefarbenen, ca. 3 cm langen, gekrümmten Staubblättern sind 9 mit den Filamenten zusammengewachsen. Der Stempel hat ein gestieltes, schmales, dicht behaartes Ovar und einen schlanken Griffel.

Die Blütenfarbe kann zwischen verschiedenen Bäumen variieren. Die hartschaligen, dunkelbraunen, etwa 10 cm langen und 13 mm breiten **Früchte** (Hülsen) laufen an beiden Enden spitz zu und öffnen sich bei Reife an den Nähten. Zwischen den Samen sind sie ein wenig eingebuchtet. Sie enthalten 1 bis 5, meist aber 2 glänzend orangerote, bohnenförmige **Samen** (13 bis 15 mm lang), denen Giftigkeit nachgesagt wird, die aber wohl nur gefährlich werden, wenn man sie in größeren Mengen verzehrt [3].

Abb. 5: Kleinbestand auf etwas frischerem, tiefgründigem Boden im Koko Crater State Park, Oahu

Verschiedenes

– Die künstliche Vermehrung gelingt sowohl mit Samen wie durch Stecklingsbewurzelung.

– Angeritzte und anschließend kalt gewässerte Samen keimen nach eigener Erfahrung sehr rasch. 6 bis 8 Wochen nach der epigäischen Keimung tragen die 20 bis 30 cm hohen Keimlinge bereits die für *Erythrina*-Arten typischen, dreiteilig gefiederten Folgeblätter. Zuvor bilden sie etwa 6 cm lange und ebenso breite, herzförmige Primärblätter.

– Naturverjüngung ist unter den wenigen auf jungen Lavafeldern verbliebenen Altbäumen (Big Island) kaum zu finden. Etwas günstiger ist die Situation auf weniger flachgründigen Böden, wo sich auf Oahu (Coco Crater State Park) und auf Kauai (Kokee Rd.) 2 weitere kleine, autochthone Populationen erhalten haben.

– *E. sandwicensis* unterliegt keiner wirtschaftlichen Nutzung. Das Holz gilt als das leichteste aller Baumarten auf Hawaii. Es ist sehr weich, von blaßgelblicher Farbe, hat eine grobe Textur und weist nur wenige, zerstreut verteilte Gefäße auf [2]. Es läßt sich nur wenig belasten und schlecht bearbeiten. Bei den Einwohnern Hawaiis fand es Verwendung für Surfbretter, für Ausleger an Kanus und für Schwimmer an Fischnetzen [3].

– Bei seinem Besuch auf Hawaii (1778) wurde James Cook mit Kränzen (Leis) willkommen geheißen, die u. a. auch aus Wiliwili-Samen bestanden.

Weiterführende Literatur

[1] KRUKOFF, B. A.; BARNEBY, R. C., 1974: Conspectus of species of the genus Erythrina. Lloydia 37, 332 – 459.

[2] LAMB, S. H., 1987: Native trees and shrubs of the Hawaiian Islands. Sunstone Press, Santa Fe, NM.

[3] LITTLE, E. L., Jr.; Skolmen, R. G., 1989: Common Forest Trees of Hawaii. USDA Forest Service. Agric. Handbook 679, Washington, DC.

[4] NEAL, M. 1965: In: Gardens of Hawaii, Bishop Museum, Honolulu.

Die Autoren:

Prof. em. Dr. PETER SCHÜTT
Ludwig-Maximilians-Universität München
Lehrstuhl für Forstbotanik
Am Hochanger 13
D-85354 Freising

ULLA M. LANG
Schützenstraße 6
D-82383 Hohenpeißenberg

Erythrina variegata LINNÉ, 1754

syn.:   Erythrina indica LAM., 1788,
        Erythrina divaricata (ALPH.) DC., 1825

Indischer Korallenbaum

engl.: Indian coralbean, Indian coraltree
hindi: Mandara

Familie: Fabaceae
Subgenus: Erythraster
Sektion: Erythraster

Abb. 1: Erythrina variegata. Baumgruppe am Rande eines Dorfes in Süd-Indien

Erythrina variegata, eine wunderschön blühende, mittelgroße Baumart aus den Küstenregionen des tropischen und subtropischen Asien, ist im geeigneten Klima der Alten und der Neuen Welt ein überaus beliebtes Ziergehölz. Die raschwüchsige, laubabwerfende Art bindet Luftstickstoff, hat sich als wichtige Komponente in Windschutzpflanzungen bewährt und läßt sich leicht durch Steckhölzer vermehren.

Kennzeichnend sind neben der dünnen, grün/gelb längsgestreiften Borke die kleinen, dunklen an Ästen und Stämmen.

Der Gattungsname „*Erythrina*" geht auf das griechische Wort „erythrinos" = korallenrot zurück, das sich auf die Blütenfarbe bezieht. In mitteleuropäischen Sammlungen ist die Art wegen fehlender Winterhärte nicht vertreten.

Abb. 2: Blütenstand

Verbreitung

Erythrina variegata hat ihre Heimat in den Tropen und Subtropen der Alten Welt. Das sehr ausgedehnte natürliche Areal erstreckt sich von Madagaskar und Sansibar westwärts durch Indien, Burma, Indonesien (Sumatra, Java, Borneo, Neuguinea) über die Philippinen und Formosa bis nach China (Yunnan, Hainan) [5].

In der Hauptsache sind die Vorkommen auf küstennahe Lagen beschränkt. Das gilt unter anderem für Indien, wo die Art vor allem in den Provinzen Assam, Westbengalen, Myosore und Madras wächst und nur wenige autochthone Populationen im Inland (Thana, Konkan, N-Kamara) auftreten [2].

Seit langem wird *Erythrina variegata* wegen ihres hohen Zierwertes in vielen tropischen und subtropischen Ländern der Alten und der Neuen Welt künstlich angebaut, wo sie oft aus Kultur verwilderte. Unter anderem trifft das für die inneren Landesteile Indiens, für die USA (Süd-Florida, Los Angeles) sowie für Hawaii, Nord-Australien und Polynesien zu [1, 4, 7].

In warmen Küstenregionen kann *Erythrina variegata* bis in Höhen um 1500 m ü. NN vordringen [4].

Weil die Art schon frühzeitig und in erheblichem Umfang in anderen Ländern eingeführt wurde und weil die Samen selbst nach längerem Transport im Meerwasser keimfähig bleiben, fällt es schwer, die Grenzen ihrer natürlichen Verbreitung zweifelsfrei zu ermitteln. Entsprechende Angaben in der Literatur können daher stark variieren (z. B. KRUKOFF versus HEDGE). Unter anderem wird berichtet, daß *Erythrina variegata* bereits 1825 so häufig an der amerikanischen Küste vertreten war, daß DE CANDOLLE sie als eine dort heimische Species betrachtete [4].

Beschreibung

Erythrina variegata wird als mittelgroßer Baum mit geradem Stamm und breiter Krone beschrieben, der 7 bis 18 m (20 m) hoch wird [3, 6] und einen Stammdurchmesser (BHD) von 50 bis 60 cm erreichen kann [4]. Neben zahlreichen, relativ starken und fast waagerecht orientierten Ästen sind am Kronenaufbau mehrere von der Stammbasis ausgehende, senkrechte Äste beteiligt [4, 6]. Kennzeichnend ist auch der Besatz junger Äste und Stämme mit dunklen Stacheln, die nach wenigen Jahren abfallen können [2]. Die Zweige sind grau und knorrig [3].

Blätter und junge Triebe

Erythrina variegata ist eine sommergrüne Art, die zu Beginn des Winters die Blätter verliert und im März/April neu austreibt. Junge Bäume bleiben aber oft ganzjährig belaubt, und unter extrem feucht-warmen Klimaverhältnissen können die Blätter generell wesentlich länger am Baum verbleiben [4].

Die für *Erythrina*-Arten typischen, dreizählig gefiederten Laubblätter sind wechselständig angeordnet. Sie werden 20 bis 30 cm lang und haben lange (10 bis 15 cm), dünne Stiele. Von den drei ganzrandigen, breit dreieckigen, nur kurz gestielten Fiederblättchen ist das endständige am größten (6 bis 15 cm lang und breit). Die kahle Spreite ist meist etwas breiter als lang, am Apex kurz zugespitzt, und verläuft an der Basis fast waagerecht. Diese ist mit einer punktförmigen Drüse versehen, außerdem sind zwei lanzettliche, etwa 1 cm lange, früh hinfällige Nebenblätter vorhanden [1, 2, 6].

Die jungen Triebe sind mit Sternhaaren bedeckt [2].

Blüten, Früchte und Samen

Erythrina variegata wird bereits im ersten oder zweiten Lebensjahr mannbar [1].

Die ungemein attraktiven, orangeroten bis korallenroten Schmetterlingsblüten erscheinen nach dem Blattfall – meist zu Beginn des Winters. Sie werden von Bienen und Wespen, wegen des reichlichen Nektarangebotes aber auch von Vogelarten (u. a. Krähen, Sittiche, Stare) bestäubt [3][1].

Gut 15 cm lange, hängende, 7,5 bis 10 cm lang gestielte Infloreszenzen (Trauben) tragen zahlreiche, kurzgestielte Blüten, die in kleinen Gruppen waagerecht von der Infloreszenzachse abstehen [6].

Die nicht duftenden, 5 bis 6,3 cm langen und 2,5 bis 3,8 cm breiten Einzelblüten bestehen aus:

– einem roten, fein behaarten, schmalen, fünfzähnigen Kelch (Länge 2,5 bis 3 cm), der beim Öffnen der Blüte längs aufreißt, nach der Anthese erhalten bleibt und sich dann zurückbiegt [1],

– der tiefroten bis scharlachroten Corolla mit einer sehr großen, gekrümmten Fahne und vier kleinen (ca. 2 cm langen) Petalen (Flügel und Schiffchen).

– 10 leuchtend roten, etwa 6 cm langen Staubblättern, von denen 9 in der unteren Hälfte zusammengewachsen sind

– dem Stempel mit schmalem, gestieltem, behaartem Ovar und gebogenem, rotem Griffel.

Die Früchte, 15 bis 30 cm lange und 2,5 cm breite, lang geschnäbelte und zwischen den Samen etwas verengte Hülsen, werden im allgemeinen von Mai bis Juni reif und haben dann eine dunkelbraune bis schwarze Farbe. Sie sind kahl, haben einen 2 bis 2,5 cm langen Stiel und enthalten 6 bis 10 bohnenförmige bis elliptische, glänzend dunkel rötlichbraune Samen von 15 bis 20 mm Länge und 6 bis 10 mm Durchmesser [1, 4, 6].

Erhebungen in Tamil Nadu deuten – zumindest für diese Region – auf einen geringen Samenansatz hin. Aus 24 600 Blüten entwickelten sich nur 730 Samen (ca. 3 %)[1].

Borke und Holz

Die dünne und auffallend glatte Stammborke ist typischerweise mit grünen, gelblichen, lederfarbenen oder weißlichen Längsstreifen versehen. Anfangs sind auch kleine, spitze, dunkelbraune bis schwarze Stacheln vorhanden, die allerdings mit zunehmendem Stammdurchmesser abgestoßen werden und selten länger als 5 bis 8 Jahre erhalten bleiben [1, 4, 6].

[1] Indian Forester 1987, 640-647

Abb. 3: Dreizählig gefiedertes Laubblatt (links) und Spreitenbasis mit Drüsen

Abb. 4: Mit Stacheln versehene Rinde eines jungen Stammes (links oben), längsstreifige Stammborke mit kleinen, schwarzen Stacheln (rechts oben), Borke eines älteren Stammes (links unten) und Stammbasis eines alten Baumes (rechts unten)

Für das weiße, leichte, weiche und spröde Holz wird eine Rohdichte von 0,288 bis 0,401 g/cm³ angegeben [1]. Andere Quellen nennen 0,2 bis 0,3 g/cm³ [4]. Die mittlere Faserlänge beträgt 1,38 mm, der mittlere Faserdurchmesser 0,018 mm.[2]

Vermehrung und Anzucht

Erythrina variegata läßt sich mühelos durch Samen und durch Stecklinge vermehren. Sie fruktifiziert reichlich, und die Samen schwimmen monatelang im Meerwasser, ohne die Keimfähigkeit zu verlieren [4].

Nach der Ernte im Juni sollte sogleich ausgesät werden [1]. HEDGE et al. [4] empfehlen Vorbehandlung des Saatgutes durch zehn Minuten langes Tauchen in heißes Wasser (80 °C) und anschließendes, mehrstündiges Wässern (lauwarm). So behandeltes Saatgut keimt in 8 bis 10 Tagen. Im Labor betrug die Keimrate bei ca. 30 °C 80 %. Skarifizieren mit konz. H_2SO_4 (40 min) und darauf folgende Blaulicht-Exposition beschleunigten und erhöhten die Keimung auf 100 % innerhalb 3 Tagen.[3]

Regelmäßig gewässerte Sämlinge können nach 10 Wochen verpflanzt werden. Sie wachsen sehr schnell und erreichen im ersten Jahr Höhen bis zu 3 m [4]. Vor dem Verpflanzen sollten die Wurzeln in ca. 25 cm Tiefe und die Sprosse in etwa 2,5 m Höhe zurückgeschnitten werden [1].

Keinerlei Probleme bietet die Vegetativvermehrung der Art. Steckhölzer von 1,5 oder 1,8 m Länge und 7,5 bis 10 cm Durchmesser treiben zuverlässig nach 3 bis 4 Wochen aus und bewurzeln sich anschließend – eine Erfahrung, die in Indien bei der Anlage von Hecken und Windschutzstreifen in weitem Umfang Anwendung findet. Abgesteckt wird hier kurz vor Einsetzen des Monsuns [1, 4, 9].

Im allgemeinen entwickeln sich Steckhölzer rascher als Sämlinge, bilden aber mehr Seitentriebe und müssen daher beschnitten werden [4, 9].

Ökologie und Wachstum

Erythrina variegata ist eine Lichtbaum-Art der Tropen und Subtropen, die unter humiden bis semiariden Klimabedingungen vornehmlich in warmen Küstenbereichen wächst. Während einer 5 bis 6 Monate andauernden Regenzeit fallen 800 bis 1500 mm Niederschlag [4]. In einem Baumschulversuch reduzierte Beschattung das Trieb- und Wurzelwachstum, die Blattfläche und die Wachstumsrate.[4]

Abb. 5: E. variegata-Cultivar als Alleebaum auf Hawaii

Abb. 6: Kronenausschnitt mit Blüten und Früchten

[2] Indian Forester 1977, 60-63
[3] For. Abstr. 33, 2255, 1972
[4] For. Abstr. 53, 6599, 1992

In litoralen Wäldern Indiens gehört die Art der mittleren Kronenschicht an und wird u.a. von *Manilkara littoralis, Hibiscus tiliaceus, Thespesia populnea* und *Acanthus ilicifolius* begleitet. Auch in feuchten Laubmischwäldern Südindiens gehört *E. variegata* zur mittleren Kronenschicht. Mischbaumarten sind hier *Dalbergia latifolia, Pterocarpus marsupium, Adina cordifolia* und andere [1].

Erythrina variegata kommt nicht selten auf trockenen Böden vor, bevorzugt aber tiefgründige, wohldrainierte, sandige Lehme. Generell ist sie hinsichtlich Bodentextur und -pH recht anpassungsfähig und toleriert Sande bis Tone im Bereich von pH 4,5 bis pH 8 [4].

Infolge der Symbiose mit Luftstickstoff bindenden *Rhizobium*-Arten wirkt sie bodenverbessernd, und ihre Laubstreu zersetzt sich sehr rasch [4].

E. variegata ist relativ widerstandsfähig gegen Feuer und verträgt bis zu zwei Wochen andauernde Überflutungen. In der Jugendphase kann es zu Frostschäden kommen. Zurückgefrorene Pflanzen treiben im allgemeinen aber wieder aus [1].

Weil die Art keiner forstlichen Bewirtschaftung unterliegt, fehlt es an Wachstums- und Ertragsdaten. HEDGE [4] nennt lediglich die folgenden Richtwerte:

15 bis 20 m Höhe	in 20 bis 25 Jahren
50 bis 60 cm BHD	in 15 bis 20 Jahren

Im Süden Indiens weisen regelmäßig gewässerte Pflanzen am Ende des 1. Lebensjahres >30 t oberirdische Biomasse pro Hektar auf – etwa soviel wie *Samanea saman*, aber deutlich weniger als *Leucaena leucocephala*.[5]

Nutzung

Zwei Formen der Nutzung stehen bei *Erythrina variegata* im Vordergrund: (a) der Anbau als farbenprächtiges, schattenspendendes Ziergehölz in Gärten, Parks und Landschaft und (b) die Einbeziehung in Windschutzreihen und -hecken aufgrund der Widerstandsfähigkeit gegen Wind und Sturm.

Des weiteren bringt man die Art in Abständen von 8 bis 10 m als schattierenden Zwischenstand in Kaffee-, Tee- und Kakaoplantagen ein. Nach Rückschnitt verbleiben die Blätter zum Mulchen in der Plantage [1, 4]. In Bengalen werden auch Betelpalmen (*Areca catechu* L.) unter einem *Erythrina*-Schirm angezogen [1], und örtlich dient die Art als Stütze für „kletternde" Kulturpflanzen wie *Piper nigrum, Vanilla planifolia* und *Dioscorea* spec. [4].

Erythrina-Blätter stellen wegen ihres hohen Roh-Protein-Gehaltes (16 bis 18 %) ein exzellentes Viehfutter dar. Bäume normaler Größe werden pro Jahr drei- oder viermal zurückgeschnitten und liefern daraus 15 bis 50 kg Grünfutter [4].

Das Holz verwendet man zur Herstellung von Flößen, Kisten, Bilderrahmen und Spielzeug. Außerdem nutzt man es zum Bau von Katamaranen. Weniger gut eignet es sich als Konstruktions- und Faserholz[6], und auch als Brennholz ist es wegen des hohen Wassergehaltes und starker Rauchentwicklung wenig beliebt [4].

In Indien, China und Ostasien hat die Art seit eh und je eine beträchtliche volksmedizinische Bedeutung. Mit Honig versetzte Blatt-Preßsäfte stimulieren Laktation und Menstruation, wurden aber auch als Mittel gegen Band- und Fadenwürmer eingesetzt. Mit einem Zusatz von Rizinusöl verwendete man denselben Saft als Medizin gegen Ruhr. Schließlich sollen warme Umschläge mit *Erythrina*-Blättern rheumatische Gliederschmerzen lindern, und aus der Borke lassen sich abführende, harntreibende und schleimlösende Präparate herstellen [4].

Verschiedenes

– „Tropical Coral" heißt ein in Australien, Neu-Kaledonien, auf Hawaii und in Süd-Florida häufig als Windschutz und Ziergehölz angebauter Cultivar, dessen Blätter während der Blütezeit am Baum bleiben [4].

– Die Rinde enthält färbende Inhaltsstoffe (u.a. Erysotin, Erysodin, Hypaphoin und Cholin), welche Wolle nach Al-Beizung rot färben [10].

– Alkoholische Extrakte aus *Erythrina variegata*-Früchten hemmen die Entwicklung der Rosenlaus *Macrosiphum rosae*. Außerdem wirken wässrige Blattextrakte (5 g frische Blätter in 15 ml H_2O) toxisch auf die Nematoden-Arten *Meloidogyne incognita* und *Tylenchorhynchus mashhoodi*.[7]

– Zu den nennenswerten Schadinsekten gehört die in Kerala auftretende Käferart *Acanthophorus serraticornis* OLIVER, deren Larven sich in Wurzeln und Stämme der Steckhölzer einbohren sowie *Rhaphipodus* spec., ein weiterer Wurzelschädling.[8]

– *Polyporus anebus* BERK. ruft in Indien eine Weißfäule hervor [1].

---

[5] Leucaena Res. Rep. 1988, 9
[6] For. Abstr. 35, 386, 1974
[7] Indian J. Nematol. 1988, 1, 138
[8] Intern. J. Entom. 1982, 73-74 und J. Plantation Crops 1978, 97-98

Weiterführende Literatur

[1] ANONYMUS, 1983: Troup's Silviculture of Indian Trees. vol. 1, Delhi.

[2] BRANDIS, D., 1911: Indian Trees. Constable and Co., London.

[3] COWEN, D. V., 1984: Flowering Trees and Shrubs in India. 6. ed., Thacker and Co, Bombay.

[4] HEDGE, N. G.; DELLA ROSA, K., 1994: Erythrina variegata: more than a pretty tree. NFT Highlights NFTA 94-02.

[5] KRUKOFF, B. A.; BARNEBY, R. C., 1974: Conspectus of species of the genus Erythrina. Lloydia 37, 348-459.

[6] LITTLE, E. L., JR.; SKOLMEN, R. G., 1989: Common Forest Trees of Hawaii (Native and Introduced). USDA Forest Serv., Agric. Handb. 679, Washington, D.C..

[7] MACOBOY, S., 1979: What tree is that? Tiger Books Intern., London.

[8] MUKHERJEE, P., 1990: Common Trees of India. Oxford Univ. Press. Bombay, Delhi, Calcutta, Madras.

[9] SANTAPAU, H., 1995: Common Trees. National Book Trust India, New Delhi.

[10] SCHWEPPE, H., 1993: Handbuch der Naturfarbstoffe. ecomed Verlagsgesellschaft, Landsberg/Lech.

Die Autoren:

Prof. em. Dr. PETER SCHÜTT
Lehrstuhl für Forstbotanik
Ludwig-Maximilians-Universität München
Am Hochanger 13
D-85354 Freising

ULLA M. LANG
Schützenstr. 6
D-82383 Hohenpeißenberg

Eugenia malaccensis L.

syn.: Syzygium malaccense (L.) MERRIL et PERRY

Wasserapfel   Familie: Myrtaceae

engl.: Malay Apple, French cashew
franz.: Jamelae
span.: Pomarosa

Abb. 1: Eugenia malaccensis. Blüte (links oben), Blätter (links unten), Stammborke (rechts oben) und reife Früchte (rechts unten)

Eugenia malaccensis wird wegen seiner essbaren Früchte im tropischen Teil Südasiens plantagenmäßig angebaut. Seit dem Ende des 18. Jahrhunderts steht der laubabwerfende, höchstens 18 m hohe Baum auch in der Neuen Welt in Kultur.

Auffallend sind die quastenförmigen, rosafarbenen, ganzjährig erscheinenden Blüten. Sie machen die Art zu einem höchst attraktiven Ziergehölz. Planmäßig genutzt werden allein die birnenförmigen, wohlschmeckenden Früchte, welche man roh wie auch gekocht verzehrt und sogar zu Wein verarbeitet. Das Holz hat keine wirtschaftliche Bedeutung.

In europäischen Sammlungen ist die frostempfindliche Art nicht vertreten.

Verbreitung

Die Heimat von *E. malaccensis* liegt mit hoher Wahrscheinlichkeit im Gebiet des heutigen Malaysia [1, 4]. Weil Früchte aber schon früh in den Süden Indiens und in andere Teile des tropischen Asiens gelangten, sind die Grenzen der natürlichen Verbreitung nicht genau zu rekonstruieren.

Heute wird die Art von Java bis zu den Philippinen, in Vietnam, Bengalen und Süd-Indien angebaut [5], weiterhin auch auf den Westindischen Inseln und in Teilen des tropischen Amerika [4], u.a. in Brasilien [5].

Lange bevor die ersten Missionare nach Hawaii kamen, gab es dort neben Bananen und Kokosnüssen auch Malay-Äpfel [5].

Beschreibung

E. malaccensis wächst zu einem aufrechten Baum mit dichter, pyramidenförmiger oder zylindrischer Krone heran. Höhen- und Durchmesserangaben schwanken in weitem Bereich. LITTLE [4] nennt eine Höhe von 4,5 bis 12 m und einen BHD von 7,5 bis 20 cm. MORTON [5] spricht hingegen von 12 bis 18 m bzw. 140 cm. Beide Autoren machen allerdings keine Angaben zur standörtlich/geographischen Basis dieser Werte.

Blätter und Zweige

Die lederigen, immergrünen, elliptisch-lanzeolaten Laubblätter sind gegenständig angeordnet. Sie haben eine 17,5 bis 30 cm lange und 7,5 bis 12,5 cm breite, oberseits glänzend dunkelgrüne, unterseits stumpf hellgrüne Spreite sowie einen relativ dicken, 8 bis 12 mm langen Stiel.

Der Apex ist lang, die Basis kurz zugespitzt; beiderseits der Mittelrippe biegt sich die Spreite leicht aufwärts [4]. Andere Autoren geben die Spreitenlänge mit 15 bis 27 cm [1] oder 15 bis 45 cm [5] an. Mit einer Lupe und im Gegenlicht kann man auf der Blattunterseite kleine, unregelmäßig verteilte Drüsen erkennen [4].

Die Enden der unterseits hervortretenden 10 bis 12 Seitennerven laufen nahe dem Blattrand zusammen.

Auf den anfangs grünen, dann hellbraunen Zweigen kann man die ein wenig erhabenen Blattnarben erkennen.

Blüten, Früchte und Samen

Es sind die ungemein attraktiven, 5 bis 7 cm großen, leuchtend rosaroten Zwitterblüten, die *E. malaccensis* in ihrer Heimat fast während des ganzen Jahres zu einem beliebten Ziergehölz machen. Sie stehen meist zu dritt in kurzgestielten oder sitzenden cymösen Infloreszenzen, und diese wiederum an kurzen, verzweigten Seitentrieben. Oft finden sich die Blüten auch an blattfreien Abschnitten älterer Äste in Gruppen von 2 bis 8 [5].

Vorhanden sind vier breite, relativ dicke, rundliche Sepalen (3 bis 4 mm lang) sowie vier ausgebreitete, ebenfalls rundliche, konkave Kronblätter von rosaroter, orange- bis dunkelroter, manchmal auch von gelber oder weißer Farbe. Besonders hübsch sind die zahlreichen, weit herausragenden, 2,5 bis 3 cm langen Stamina mit gelben Antheren [5]. In fast allen Blüten sollen verzweigte Staubblätter vorkommen. Gelegentlich treten auch Übergangsformen zwischen Stamina, Petalen und Sepalen auf [2].

Die Bestäubung wird von Fledermäusen (*Eonycteus speleae, Macroglossinae*) vollzogen[1].

Das Gynözeum besteht aus zwei Carpellen, und das zweifächerige Ovar ist von einem trichterförmigen, rotgrünen, 18 mm langen und 11 mm breiten Hypanthium umgeben [4]; es hat einen persistenten, purpurroten, geraden Griffel von etwa 3 mm Länge [4].

In Indien tritt die Fruchtreife etwa 60 Tage nach der Blüte ein, sodass die Haupternte im Mai/Juni, eine zweite Ernte im November/Dezember stattfindet. Auch auf Puerto Rico sind zwei bis drei Haupt-Blühperioden pro Jahr zu erkennen, und stets während des ganzen Jahres findet man Blüten und Früchte am Baum. Anders auf Java, wo die Art im Mai und Juni blüht und im August/September fruchtet [5].

E. malaccensis-Früchte sind rote, seltener rosafarbene oder weißliche, birnenförmige Beeren von 5 bis 10 cm Länge und einem Durchmesser von 2,5 und 7,5 cm am Apex [5].

---

[1] For. Abstr. 37, 7332, 1976

Sie haben eine dünne, weiche Schale und ein festes, saftiges Fruchtfleisch mit angenehmem, etwas saurem, apfelähnlichem Geschmack. Jede Beere enthält i.A. nur einen relativ großen (Durchm. ca. 18 mm), runden, hellbraunen Samen. 96 Samen wiegen 1 engl. Pfund (453,6 g) [4]. Pro Baum rechnet man mit einem jährlichen Fruchtertrag von 21 bis 85 kg [5].

Borke und Holz

E. malaccensis hat eine hellbraune, glatte oder schwach rissige Stammborke. Die innere Rinde ist braun gestreift und wirkt schwach adstringierend [4].

Das harte und sehr schwere Holz neigt zum Werfen, ist schwer zu bearbeiten und hat einen hellbraunen Splint. LAMB [3] schildert es hingegen als weich und geradfaserig, seine Dichte als gering, die sehr zahlreichen Gefäße als „groß" und die Holzstrahlen als kaum sichtbar, selbst bei 14 facher Vergrößerung.

Vermehrung und Anzucht

E. malaccensis lässt sich mühelos durch Samen und Stecklinge, durch Pfropfung und mit Luftabsenkern vermehren [5].

Unter natürlichen wie künstlichen Bedingungen kann man bereits 2 bis 4 Wochen nach der Aussaat recht hohe Keimraten erwarten. Naturverjüngung unter Altbäumen ist daher nicht selten [5].

In Baumschulen sät man 4 cm tief aus und bringt die Pflanzen bereits nach 8 Monaten mit Ballen oder in Torftöpfen[2] auf die Freifläche. Direktsaat auf Freiflächen ist ebenfalls gebräuchlich.

In Malay-Apfel-Plantagen stehen die Bäume in Abständen von 8 bis 10 m und werden regelmäßig bewässert, gedüngt und von Unkraut befreit [5].

Besonders leistungsfähige Bäume vermehrt man durch Sämlingspfropfungen. Stecklinge werden schon 6 Wochen nach der Bewurzelung verpflanzt [5].

Ökologie

E. malaccensis ist eine Baumart des humiden tropisch/subtropischen Klimas und benötigt Jahresniederschläge von > 1520 mm. Auf Hawaii ist sie in Höhenlagen bis 2740 m, in Ceylon und Puerto Rico auf Standorten bis 610 m ü. NN eingebürgert. Wegen ihrer Frostempfindlichkeit machen die Klimaverhältnisse in Florida und Kalifornien den Anbau in diesen Bundesstaaten zu einem Risiko [5].

In Indien entwickelt sich die Art besonders gut an wohldrainierten Fluss-, See- und Teichufern, auf Hawaii besiedelt sie als eine der ersten Baumarten die jungen Lavaböden. Generell wächst sie auf Sanden bis Tonen, toleriert Böden mittlerer Säuregrade, nimmt aber Schaden auf stark alkalischen Substraten [5].

Nutzung

Im Zentrum der Nutzung stehen bei E. malaccensis die Früchte. Sie werden trotz ihres faden Geschmacks roh oder gekocht verzehrt und zu Konserven verarbeitet. Mit Sahne serviert man sie sogar als Dessert [5], aus unreifen Früchten macht man Gelee, und in Indonesien richtet man mit den Blüten Salate an [5]. Pro 100 g essbaren Fruchtfleisches entfallen auf

Wasser	90,3	–	91,6 g
Calcium	5,6	–	5,9 mg
Eiweiß	0,5	–	0,7 g
Phosphor	11,6	–	17,9 mg
Fett	0,1	–	0,2 g
Eisen	0,2	–	0,82 mg

[5]

Zu erwähnen ist noch, dass in Puerto Rico Malay-Äpfel zur Herstellung weißer und roter Obstweine verwendet werden.

Wegen ihrer höchst attraktiven, leuchtend rosaroten Blüten wird die Art auf den Westindischen Inseln (insbes. Puerto Rico) und in südamerikanischen Ländern (u.a. Venezuela) als Ziergehölz an Gebäuden, in Parks und Gärten angebaut. Gelegentlich bildet sie auch eine Komponente in Windschutz-Gehölzen [4, 5].

Das Holz fällt zu selten an, als dass man es planmäßig nutzen könnte [4].

Verschiedenes

– Der Anbau in der Neuen Welt geht auf Cpt. Bligh zurück. Er brachte E. malaccensis zusammen mit der Brotfrucht im Jahre 1793 von Tahiti nach Jamaica [4].

– In Indien wird E. malaccensis hauptsächlich durch Termiten geschädigt; außerdem treten minierende, saugende und blattfressende Schadinsekten auf [5].

– Die auf Oahu endemische E. malaccensis f. cericarpa bildet weiße Früchte [3].

---

2 For. Abstr. **11**, 1103, 1949/50

– In mehreren Ländern findet der Malay-Apfel noch heute vielfältige volksmedizinische oder hygienische Anwendungen:

Wurzel:	harntreibende und ödemverhindernde Wirkung. Außerdem Mittel gegen Juckreiz.
Wurzelrinde:	Mittel gegen Ruhr sowie Verwendung als Abtreibungsmittel, Dekokt aus Samen, Blättern und Früchten: fiebersenkend
Saft aus Blättern:	Zur Hautpflege und als Zusatz im Badewasser
Brasilien:	Verschiedene Pflanzenteile heilen oder lindern Verstopfung, Diabetes, Husten, Lungenentzündung und Kopfschmerzen.

Blätter, Samen und Borke üben antibiotische Wirkung aus [5].

Abb. 3: Aufgebrochene, reife Frucht mit beschädigtem Samen (Keimblätter sichtbar)

Abb. 2: Solitär in St. Georges, Grenada

Literatur

[1] BRANDIS, D., 1991: Indian Trees, 3. Aufl., Constable and Company, Ltd., London.
[2] JAYAWERRA, D. M. A., 1957: Variation in the flower of Eugenia malaccensis Linn. J. Linnean Soc. 362, 721-728.
[3] LAMB, S. H., 1987: Native trees and shrubs of the Hawaiian Islands. Sunstone Press, Santa Fe, New Mexico.
[4] LITTLE, E. L., JR.; WADSWORTH, F. H., 1964: Common Trees of Puerto Rico and the Virgin Irlands, 2. Aufl. USDA Forest Service, Agric. Handb. 249, Washington, D.C.
[5] MORTON, J. F., 1987: Fruits of Warm Climates. Media, Inc., Greensboro, N.C.

Die Autoren:

Prof. em. Dr. PETER SCHÜTT
Lehrstuhl für Forstbotanik
Technische Universität München
Am Hochanger 13
D-85354 Freising

ULLA M. LANG
Schützenstraße 6
D-82383 Hohenpeißenberg

Ficus altissima BLUME, 1825

syn.: Ficus laccifera ROXB.

Feigenbaum   Familie: Moraceae

malaiisch: Ara jelateh
chinesisch: gao rong, da rong shu, da qing shu
burmesisch: Nyaung

Assami: Bur
Dai: mai lung, guo lung

Abb. 1: Ficus altissima. Mächtiger Solitär nahe Xishuangbann, Südwest-China

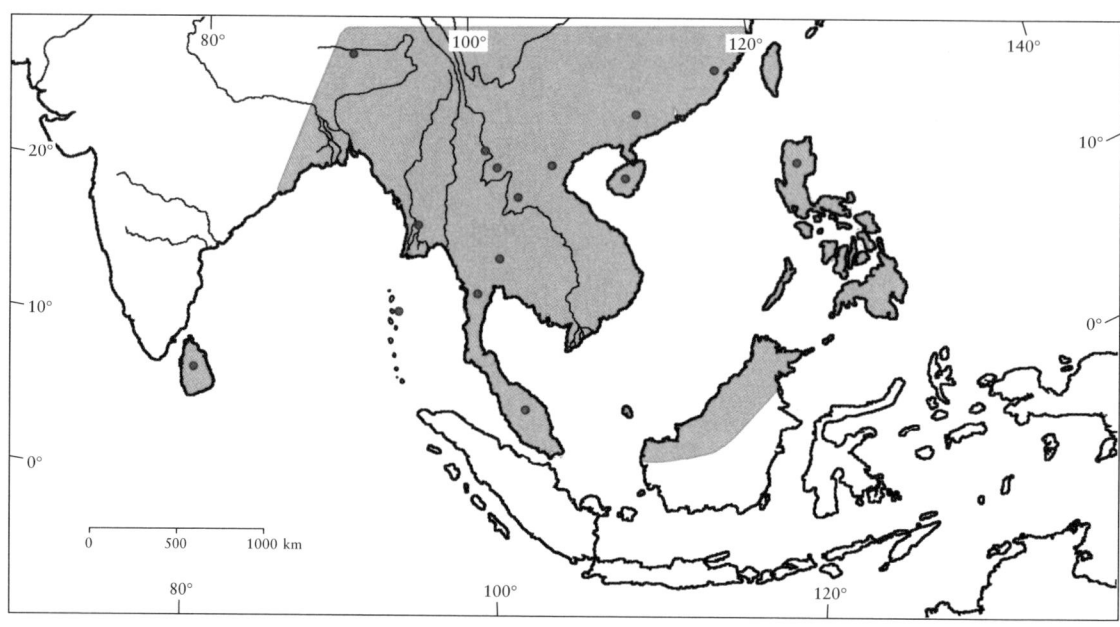

Abb. 2: Angenommenes natürliches Areal (● = belegte Einzelvorkommen)

Ficus altissima gehört zu den in Südostasien heimischen Würgefeigen, welche ihre Wirtsbäume dank des starken Dickenwachstums sproßbürtiger Wurzeln umklammern und schließlich töten.

Wie viele *Ficus*-Arten, unterliegt *F. altissima* einem komplizierten, auf die Mitwirkung einer spezifischen Wespenart angewiesenen Bestäubungsmechanismus und bildet große Mengen kleiner, von vielen Tieren gefressener „Hohlfrüchte" (Feigen).

Die Art hat keinerlei wirtschaftliche Bedeutung, wird aber von mehreren Volksstämmen als heiliger Baum verehrt.

Verbreitung

Zu der pantropisch verbreiteten Gattung *Ficus* gehören ca. 750 Arten [3], darunter *F. altissima* mit einem ausgedehnten natürlichen Areal. Dieses umfaßt in Südchina die Provinzen Guangdong, im besonderen die Insel Hainan sowie Guanxi und Yunnan, hier vor allem Xishuangbanna und Cang Yuan. Über Myanmar, Vietnam und Laos erstreckt es sich bis nach Thailand und Malaysia und schließt außerdem Assam, Ceylon, die Andamanen und die Philippinen ein [4].

Im allgemeinen ist *F. altissima* in Höhenlagen zwischen 100 und 2 000 m ü. NN anzutreffen.

Beschreibung

Die Art entwickelt sich zu einer immergrünen Würgefeige, die ihr Leben epiphytisch auf Ästen oder in Höhlungen anderer Bäume oder auf Stümpfen beginnt. Zunächst entwickelt sich der Epiphyt langsam und versucht, Luftwurzeln zum Boden zu senden. Ist dies gelungen, ernährt sich die jetzt als Semi-Epiphyt lebende Pflanze aus dem Boden und entwickelt sich auf das Üppigste. In dem Maße wie sich die Luftwurzeln verzweigen, verbreitern und zu einem „Stamm" entwickeln, erdrosselt die Würgefeige ihren Wirtsbaum und lebt schließlich als freistehender Baum weiter.

Der „Stamm" besteht aus den Hauptstützwurzeln und löst sich meist in geringer Höhe in mehrere starke „Äste" auf. Normalerweise zeigt *Ficus altissima* kein Höhenwachstum. Nur wenn die Samen in Bodenhöhe auf Totholz keimen, entwickelt sich ein Stamm von 5 bis 12 m Höhe, der sich dann in die typische, vielastige Krone auflöst. Von den Hauptästen kann die Art Luftwurzeln zu Boden senden, die sich zu Stützwurzeln entwickeln und ihrerseits Nachbarbäume würgen. Die Kronen alter Bäume können so einen erheblichen Durchmesser erreichen und den Eindruck eines kleinen Waldes erwecken.

Die **Borke** ist hellgrau, glatt und grobfaserig, bei Verletzungen tritt, wie aus allen Pflanzenteilen, der typische weiße Milchsaft aus.

Das **Holz** ist leicht, weich und grobfaserig; zwischen Splint und Kernholz besteht kein Farbunterschied.

Die wechselständig angeordneten, ganzrandigen und kahlen **Blätter** sind 8 bis 21 cm lang, 5 bis 12 cm breit, eiförmig, relativ dick und hart und haben eine kleine Träufelspitze. Die Blattoberseite ist glänzend dunkelgrün, die Unterseite hellgrün. Es werden 5 bis 8 Blattadern-Paare gebildet, wovon das basale Paar sehr lang ausfällt. Der Blattstiel erreicht eine Länge von 2 bis 5 cm. Die spitz zulaufenden Endknospen werden 2 bis 3 cm lang, sind grün bis bräunlich und haben ledrige, behaarte Tegmente.

Die Feigen stehen an den Zweigspitzen jeweils paarig in den Blattachseln, haben einen Durchmesser von 1,7 bis 2,8 cm und sind bei Reife gelb bis orangefarben [1].

Abb. 4: Stammbasis

Bestäubungsbiologie

Die Bestäubungsbiologie in der Gattung *Ficus* stellt ein interessantes und komplexes Beispiel für eine Koevolution von Bäumen und Insekten, den Feigengallwespen *(Agaonidae)* dar. Jede *Ficus*-Art ist auf eine bestimmte Gallwespenart angewiesen; der Bestäuber von *F. altissima* ist *Eupristina altissima* [11]. Das hat zur Folge, daß eine außerhalb des Lebensraumes ihres Bestäubers kultivierte Feige keinen Samen bilden kann [15].

Abb. 3: F. altissima, einen Wirtsbaum würgend

Abb. 5: Zweig mit Blättern und Feigen

Interessant sind Fälle, in denen *F. altissima* in Florida angebaut wurde, ihre spezifischen Bestäuber später zufällig dazukamen und die Bäume dann Samen produzieren konnten [11].

Die Gattung *Ficus* hat als kennzeichnenden Blütenstand (Synconium) eine flaschenförmige, fleischige Hohlfrucht (Scheinfrucht) mit vielen winzigen, dicht an den Innenwänden angeordneten Blüten, die somit von außen nicht sichtbar sind. Es gibt 3 Sorten von Blüten:

(a) **männliche** mit 1 bis 2, selten auch 3 bis 6 Staubblättern (*F. altissima*: 1),

(b) **weibliche, samenbildende Blüten** mit einem langen Griffel und

(c) **unfruchtbare** sog. **Gallblüten** mit kurzem Griffel. Diese stellen reduzierte weibliche Blüten dar, in deren Fruchtknoten sich die Larven der Gallwespe entwickeln.

Die männlichen Feigenwespen besitzen nur noch rudimentäre Flügel, verbringen ihr kurzes Leben von einigen Stunden innerhalb der Feige und begatten dort die Weibchen. Das befruchtete Weibchen verläßt die Feige durch die apikale Öffnung (Ostiolum), nimmt beim Passieren der dort befindlichen männlichen Blüten Pollen mit und fliegt damit zu einem anderen Baum. Dort dringt es wiederum durch das Ostiolum, welches mittels ineinandergreifender Schuppen verschlossen ist, mühsam in eine junge Feige ein, um die Eier abzulegen. Bei den weiblichen Blüten mit langem Griffel gelingt dies nicht; bei dem Versuch überträgt es jedoch den mitgebrachten Pollen auf die Narbe. Nur in die Gallblüten mit kurzem Griffel paßt die Legröhre der Wespe. Dort legt sie die Eier ab und stirbt alsbald.

Wie die meisten Würgefeigen entwickelt auch *F. altissima* Hohlfrüchte, in denen alle 3 Blütensorten zu finden sind. Die enorme Fruchtproduktion stellt sicher, daß viele Wespen ausfliegen können, bevor die Früchte von Tieren gefressen werden.

Die Wechselbeziehung zwischen Feigen und Gallwespen wird durch parasitische Gallmücken, die ihre Eier in die Larven der Feigenwespen legen, noch komplexer. Die Gallmücken senken ihre sehr langen Legestachel durch die Wand der wachsenden Feige direkt in eine Gallblüte.

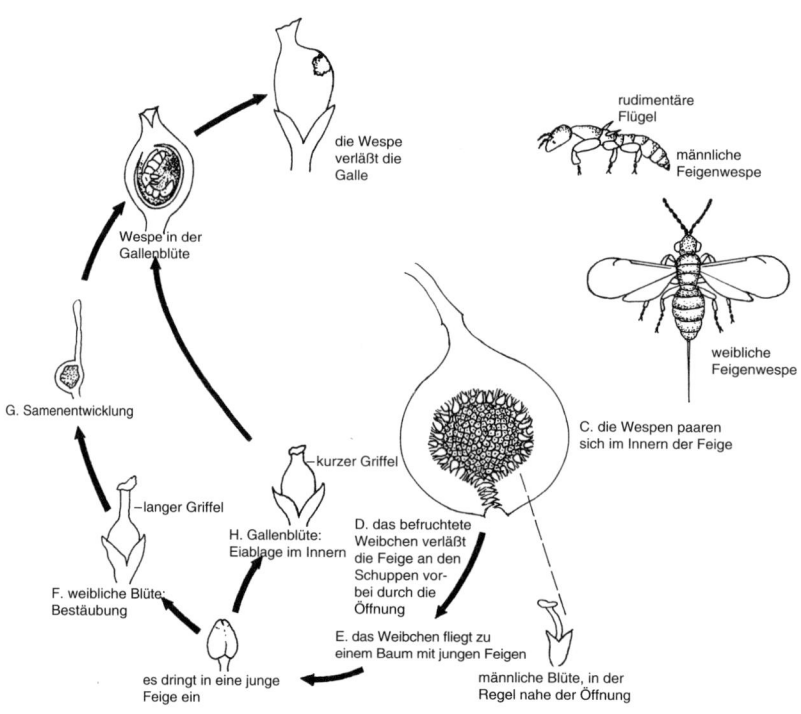

Abb. 6: Die Bestäubung von Feigenblüten (verändert nach [7], aus Whitmore, 1993)

Ökologie

Ficus altissima findet man häufig auf durch Nutzung gestörten, lichteren Standorten und offenen Plätzen. Oft siedelt sich die Art auf Bergkuppen und auf Felsformationen, vor allem aus zerklüftetem Kalkstein an.

Die Verbreitung der Nüßchen erfolgt durch Vögel und Kleinsäuger und ist sehr effektiv. Dennoch kommt *F. altissima* im Primärwald und auf wenig beeinflußten Standorten nicht so häufig vor wie auf gestörten Habitaten. Im unbeeinflußten Wald, vor allem bei geschlossenem Kronendach, hat es der junge Epiphyt ungleich schwerer sich zu entwickeln und mit seinen Wurzeln den Boden zu erreichen [14]. Auch verhindern viele Insektenarten als Samen-Predatoren eine stärkere Verbreitung [9].

Die Ansprüche von *F. altissima* gegenüber dem Boden und der Art des Wirtsbaums sind offenbar indifferent. Sein Vorkommen scheint sich vielmehr auf Orte zu konzentrieren, die häufig von den samenverbreitenden Vögeln und Kleinsäugern aufgesucht werden.

Dies sind vor allem Kopfbäume in Siedlungsnähe, Bäume mit Höhlungen sowie Stümpfe und Felspartien.

Durch die Symbiose zwischen Würgefeige und Feigengallwespe reifen die Früchte das ganze Jahr über. Aufgrund der massenhaften und stetigen Fruchtproduktion stellt *F. altissima* eine wichtige Nahrungsquelle für Vögel und Kleinsäuger bis hin zu Primaten dar. Untersuchungen in Peru [13], Sumatra [12] und Ost-Kalimantan [10] belegen, daß große Feigenbäume angesichts ihrer vitalen Funktionen sogenannte „keystone plant resources" darstellen. Sie bestimmen zusammen mit anderen Schlüsselarten die Tragfähigkeit des jeweiligen tropischen Ökosystems, da sie für viele Tierarten von lebenswichtiger Bedeutung sind. Es ist anzunehmen, daß *F. altissima* in seinem Verbreitungsgebiet ebenfalls als „keystone species" fungiert.

Zum Höchstalter von *Ficus altissima* lassen sich keine exakten Aussagen machen. Geht man von den Angaben über andere Würgefeigenarten aus, läßt es sich auf 200 bis 300 Jahre schätzen.

Im Verbreitungsgebiet der Art fallen Jahresniederschläge zwischen 1 200 und 2 500 mm. Die Jahresmittel der Lufttemperatur liegen zwischen 21 °C und 27 °C, das wärmste und das kälteste Monatsmittel bei 35 °C bzw. 10 °C. In ausgeprägten Trockenzeiten werden die Blätter abgeworfen.

Nutzung

Es gibt keine kommerzielle Nutzung von *F. altissima*. Das Holz ist nicht dauerhaft und weder Früchte noch Triebe sind eßbar. Als mögliche Nebennutzungen werden die Papierherstellung aus dem Bast und die Verwendung dünner Luftwurzeln als Stricke erwähnt. Außerdem dient *F. altissima* der Lacklaus *(Kerria lacca)* als Wirtsbaum [6].

Bei einigen ethnischen Minderheiten Südwest-Chinas hat der Baum Bedeutung als Heilpflanze. Aus seinen Luftwurzeln werden Arzneien mit fiebersenkender, entzündungshemmender, schmerzstillender sowie durchblutungsfördernder Wirkung hergestellt [2]. Die in Xishuangbanna lebenden Dai's verwenden diese vor allem bei Harnblasenentzündungen [8].

Ansonsten stellt die Art ein Element der Landschaftsgestaltung in Parks dar und dient als Ziergehölz an Tempeln und Pagoden.

Besonderheiten

Daß *Ficus religiosa* von Buddhisten und *Ficus benghalensis* von Hindus als heilig angesehen wird, ist wohlbekannt.

Abb. 7: Junger Epiphyt

Weniger geläufig ist es, daß *F. altissima* im gesamten Xishuangbanna-Gebiet (Provinz Yunnan, SW-China) für die Dai-Volksgruppe einen heiligen Baum darstellt. Aber auch andere Würgefeigen wie *Ficus microcarpa* und *F. benjamina* werden von der Fällung verschont und gelten in einigen Fällen als heilig.

BROWN [5] erwähnt *F. altissima* als heiligen Baum auf den Andamanen.

Diese Traditionen gehen auf uralte, polytheistische und animistische Glaubensvorstellungen zurück, die von den später entstandenen Religionen aufgegriffen und im Laufe der Zeit meist modifiziert wurden. So ist es nicht verwunderlich, daß sich in Dörfern traditionell lebender Volksgruppen im gesamten hinterindischen Raum diese Vorstellungen in der ursprünglichen Form erhalten haben und noch heute lebendig sind. Hier existieren besonders viele heilige Bäume und auch heilige Dorfwälder.

Große Würgefeigen sind aufgrund ihres exotischen Wuchses und ihrer Größe, ihrer Augenfälligkeit, Langlebigkeit und Konkurrenzkraft, auch wegen der Besonderheiten in der Bestäubungsbiologie (niemals sind Blüten zu sehen – trotzdem produziert der Baum Früchte) fast immer heilige Bäume, die nicht gefällt werden dürfen. Man glaubt, die Bäume werden von den Geistern der Ahnen bewohnt. Um diese zu beschwichtigen und so das Dorf vor Unglück zu bewahren, müssen regelmäßig Tieropfer und andere kleine Opfergaben dargebracht werden. Diese Kulthandlungen werden meist an nur einem heiligen Baum vollzogen, der sozusagen alle heiligen Bäume des Dorfes vertritt. Er ist an den Geisterhäuschen an seinem Stammfuß zu erkennen.

Heilige Bäume sind Zeichen einer soziokulturellen Beziehung des Menschen zum Wald; sie haben über ihre ökologischen Funktionen hinaus eine immense Bedeutung für das Verständnis der Menschen von ihrem Wald, in dem und von dem sie leben.

Weiterführende Literatur

[1] ANONYMUS, 1991: Iconographia Arbororum Yunnanicorum. Yunnan Science and Technology Press, Kunming (in Chinesisch).

[2] ANONYMUS, 1991: Index of medicinal plants in Xishuangbanna. Yunnan Branch of Medical Sciences, Kunming (in Chinesisch).

[3] BERG, C. C., 1989: Classification and distribution of Ficus. Experientia **45**, 650 – 661.

[4] BRANDIS, D., 1906: Indian Trees. Dehra Dun.

[5] BROWN, A. R., 1922: The Andaman Islanders. Zit. nach BURKILL, J. H., 1966.

[6] BURKILL, J. H., 1966: A Dictionary of the Economic Products of the Malay Peninsula. Vol. I, Kuala Lumpur.

[7] CORNER, E. J. H., 1951: Wayside Trees of Malaya. Vol. I, Singapore.

[8] DAO, ZHILING, 1991: Medico-Ethnobotany of Xishuangbanna Dai People – The preliminary study on traditional systematic knowledge of Xishuangbanna Dai medicine. Dissertation, Ethnobotanisches Institut, Kunming (in Chinesisch).

[9] JANZEN, D. H., 1979: How to be a Fig. Ann. Review of Ecology and Systematics **10**, 13 – 51.

[10] LEIGHTON, M.; LEIGHTON, D. R., 1983: Vertebrate responses to fruiting seasonality within a Bornean rain forest. In : SUTTON, S. L. et al. (eds.): Tropical Rain Forest: Ecology and Management. Blackwell Sci. Pub., Oxford. 181 – 196.

[11] McKEY, D., 1989: Population biology of figs: Applications for conservation. Experientia **45**, 661 – 673.

[12] RIJKSEN, H. D., 1978: A field study on Sumatran orang utans. Ecology, behavior and conservation. Meded. Landbouwhogesch. Wageningen 78-2. Zit. nach JACOBS, M., 1988: The Tropical Rain Forest – a first Encounter. Springer-Verlag, Berlin-Heidelberg.

[13] TERBORGH, J., 1986: Keystone Plant Resources in the Tropical Forest. In: SOULE, M. E. (ed): Conservation Biology, Sunderland, Massachusetts, S. 330 – 344.

[14] VARESHI, V., 1980: Vegetationsökologie der Tropen. Verlag Ulmer, Stuttgart.

[15] VEEVERS-CARTER, W., 1984: Riches of the Rainforest. Oxford University Press, New York.

Abb. 8: Zwei „Geisterhäuschen" unter einem heiligen Feigenbaum

Der Autor:

ULRICH APEL
Institut für Waldbau der Tropen
Büsgenweg 1
D-37077 Göttingen

Ficus benghalensis LINNÉ

syn.:   Ficus indica L.

Banyanbaum

engl.:   Banyan tree
franz.: Figuier banian

Familie: Moraceae
Untergattung: Urostigma
Sektion: Conosycea

Abb. 1: Teil eines alten Baumes mit zahlreichen Stütz- und Luftwurzeln, Ranthambore Sanctuary, Indien

Abb. 2: Riesiger, 1873 gepflanzter Banyanbaum im Zentrum von Lahaina auf Maui, Hawaii (Foto: P. Schütt)

Keine andere Baumart auf dem indischen Subkontinent ist von größerer mythologischer Bedeutung als F. benghalensis. Die auf eine große Zahl stammbürtiger, säulenförmiger Stützwurzeln zurückgehenden, fast unglaublichen Kronenabmaße machen die Art überdies zu einem unverwechselbaren Element der Landschaft. Der hohe Zierwert und die Fähigkeit, zu jeder Jahreszeit Schatten zu spenden, sind die Gründe für die Verbreitung des Banyanbaumes in vielen tropischen Ländern. Weder Holz noch Früchte haben eine unmittelbare wirtschaftliche Bedeutung.

Insbesondere für Hindus sind Banyanbäume heilig und werden deshalb an Tempeln und Kultstätten angepflanzt. Kein gläubiger Hindu wird einen Banyanbaum fällen, wohl aber verwendet er an Festtagen ein paar seiner Zweige für rituelle Handlungen.

Verbreitung

F. benghalensis ist nur in sub-himalayischen Wäldern, an den unteren Hängen der Deccan-Berge und in Süd-Indien autochthon. Kultiviert wird die Art jedoch in ganz Indien – sowohl in Waldgebieten, an Flüssen sowie als Straßen- und Parkbaum. Weit verbreitet ist sie darüber hinaus in den subtropischen Bereichen mehrerer südasiatischer Länder wie Thailand, Burma, Sri-Lanka und Malaysia [1, 15].

Beschreibung

Banyanbäume werden im allgemeinen 20 m, im Extrem auch 30 m hoch und entwickeln eine mächtige, weit ausladende Krone. Sie erreichen ein Alter von gut 200 Jahren. Besonders charakteristisch sind die zahlreichen, von starken Seitenästen herabhängenden Luftwurzeln, die sich nach Verankerung im Boden stark verdicken und die

Krone stabilisieren. Diese Eigenart der Gattung Ficus findet bei F. benghalensis ihre intensivste Ausbildung. Das berühmte Exemplar im Botanischen Garten Calcutta hatte 1886 (im Alter von 100 Jahren) 232 stammbürtige Wurzeln mit einem Umfang zwischen wenigen Zentimetern und 3,5 m ausgebildet, die alle den Boden erreicht hatten und als Sekundärstämme fungierten. Der Hauptstamm hatte zu dieser Zeit einen Umfang von 14 m, die Krone von 250 m. Einhundert Jahre später (1987) war die Zahl der im Boden verankerten Luftwurzeln auf 1825 gestiegen und die Krone bedeckte eine Fläche von 1,4 ha; der Hauptstamm war durch Pilze zerstört worden. Bäume gleichen Alters und gleicher Dimension wachsen in der Nähe von Madras sowie im südlichen und westlichen Indien [1].

Die graue, relativ glatte **Borke** des Banyanbaumes wird i.a. nicht von Epiphyten besiedelt; die Ausnahme stellen Krustenflechten an Fluß- und Bachufern dar. Der **Stamm** ist gefurcht und knotig. In den peripheren Geweben und in den unreifen Früchten befinden sich Milchröhren, deren weißer Milchsaft neben anderen Abwehrstoffen das Eiweiß abbauende Enzym Ficin mit anthelmintischer Wir-

Abb. 3: Borke an Stamm und Ästen (Foto: Ulla M. Lang)

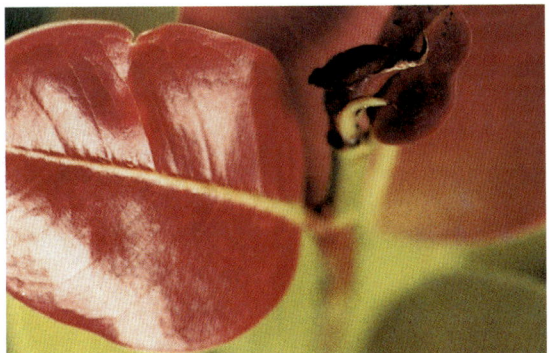

Abb. 4: Frischer Austrieb mit anfangs roten Blättern

kung enthält. Alle jungen Pflanzenteile sind weich behaart. Die ledrigen, wechselständigen, eiförmig oder elliptisch geformten, ganzrandigen **Blätter** sind stumpf zugespitzt und haben eine abgerundete oder halbherzförmige Basis. Die 10–20 cm lange und 5–12 cm breite Blattspreite ist oberseits stumpf grün und verkahlend und hat 3–7 Haupt- sowie 5–7 Seitennerven; unterseits ist sie kahl oder sehr kurz behaart und hat eine netzartige Aderung.

Die Blätter sind 1,5 cm lang gestielt. Zwei 2–2,5 cm lange Nebenblätter hüllen die Terminalknospe ein, fallen aber gleich nach der Blattentfaltung ab. Einmal im Jahr findet ein Wechsel der gesamten Beblätterung statt. Das geschieht in so kurzer Zeit, daß man meint, es handelte sich bei F. benghalensis um eine immergrüne Art. Die jungen Blätter sind rötlich, ergrünen aber innerhalb weniger Tage [6, 11].

Wie bei anderen Ficus-Arten befinden sich 3 verschiedene Blütenarten in gemeinsamen Blütenständen, an deren Entstehung auch das Gewebe der Blütenstandsachse beteiligt ist (Receptaculum). Die **Infloreszenzen** stehen meist zu zweit an jungen Trieben, sind schwach flaumig behaart, nicht gestielt und werden am Grunde von drei rundlichen, fast kahlen, ledrigen Hüllblättern umgeben.

Männliche **Blüten** stehen zu vielen an der Mündung (Ostiolum) des Receptaculums. Ihr Perianth besteht aus 4 relativ breiten Kronblättern und sie haben nur ein Staubblatt. Sterile Gallblüten bilden ein ähnliches Perianth sowie eine kurze Narbe aus; fertile weibliche Blüten hingegen ein kleines Perianth und eine deutlich herausragende Narbe.

Die Blütenstände öffnen sich am Apex mit einer von Schuppen bedeckten, schmalen Pore (Ostiolum). Pollentragende Wespen der Familie Agaonidae (Hymenoptera) vollziehen die Bestäubung [2, 9, 12].

Die bei Ficus carica, der Obstfeige, bekannten, recht komplizierten **Bestäubungsverhältnisse** sind bei F. benghalensis noch wenig untersucht. Bekannt ist indessen die bestäubende Wespenart Eupristina masonii SOUNDERS. Erst nach deren zufälliger Einführung produzierten die in Florida

angebauten Banyanbäume erstmals keimfähige Samen [19]. Die Wespen führen Pollen mit sich, dringen durch das Ostiolum in den Blütenstand ein, bestäuben hunderte weiblicher Blüten und legen durch die Narbe Eier in die Samenanlagen. Die Larven ernähren sich von den heranwachsenden Samen. Schätzungsweise die Hälfte der angelegten Samen wird auf diese Weise verbraucht. Wenige Wochen danach verlassen flügellose männliche Wespen die Samen, bohren Löcher in die Samenanlagen und begatten die Weibchen durch diese Öffnungen. Die geflügelten Weibchen folgen ins Freie, benutzen dazu das Ostiolum oder die von den Männchen geschaffenen Öffnungen, werden dabei von den ♂ Blüten mit frischem Pollen beladen und transportieren diesen zu bestäubungsfähigen weiblichen Blüten [5, 16, 21, 22]. Die Lebensdauer der Wespen schwankt zwischen 4–5 Stunden und 4–5 Wochen [12]. Es gibt Hinweise, wonach die Insekten durch eine arttypische, für sie attraktive Mischung volatiler Duftstoffe des Banyanbaumes angezogen werden und daß dadurch eine hohe Trefferquote bei der Bestäubung erreicht wird [23].

Chromosomensatz: 2n = 26 [20].

Pro Fruchtstand können 100 bis 1000 winzige Steinfrüchte, pro Baum 500 bis 1.000.000 Fruchtstände vorkommen. Die Früchte werden von zahlreichen Tierarten, insbesondere von Vögeln, Fledermäusen, Eichhörnchen und Affen verzehrt und auch verbreitet [7, 8]. Trotz der reichlichen Produktion von Steinfrüchten findet man unter den Mutterbäumen und in ihrer Nähe nur sehr wenige Sämlinge. Als Ursachen werden die Plünderung der Früchte und Samen durch viele Tiere sowie spezielle Ansprüche an die Keimbedingungen genannt.

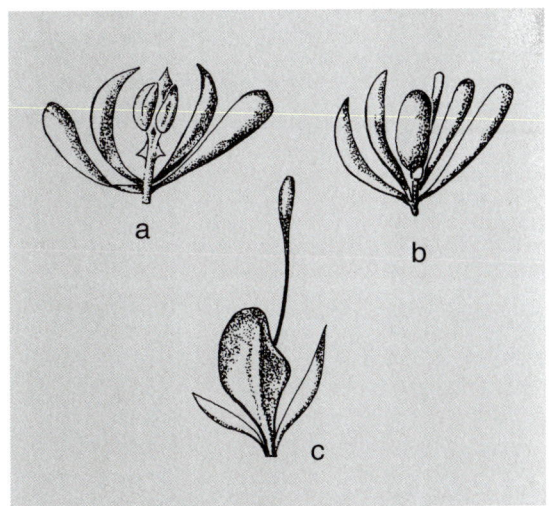

Abb. 5: Blütenformen (stark vergrößert): **a** männliche Blüte, **b** Gallblüte, **c** fertile weibliche Blüte, nach KING, 1888

Abb. 6: Reifer Fruchtstand (Foto: Ulla M. Lang)

Die Existenz relativ großer Reproduktionsgemeinschaften stellt nach Auffassung mehrerer Autoren eine populationsgenetische Voraussetzung für den Erhalt des Banyanbaumes dar, die infolge der Zersplitterung vieler Vorkommen verlorenzugehen droht. Damit wäre automatisch auch die Existenz mehrerer an F. benghalensis gebundener Tierarten gefährdet [7, 8].

Das graue bis weißlichgraue Stammholz des Banyanbaumes ist weich und wenig dauerhaft, eignet sich aber relativ gut für den Verbau unter Wasser (Rohdichte: 0,61 g/cm^3 [1]). Die Stützwurzeln haben ein etwas härteres und elastischeres Holz und werden gelegentlich als Masten genutzt. F. benghalensis wurzelt sehr flach mit weitstreichenden Seitenwurzeln.

Taxonomie und genetische Differenzierung

Ficus benghalensis gehört zu den Arten des Subgenus Urostigma KING, der sich u.a. durch blattachselständige Fruchtstände, das gemeinsame Vorkommen von männlichen, fertilen weiblichen und Gallblüten im selben Fruchtstand sowie durch wechselständige, ledrige Blätter von den anderen Untergattungen unterscheidet. Als eng verwandte Art gilt Ficus arnottiana BL. 1737 beschrieb Linné die Art unter dem Namen F. bengalensis, später nannte er sie F. indica, vergab diesen Namen aber an drei verschie-

dene Spezies[2]). Überdies setzte er die Art irrtümlich mit Rheede's „Katou alou" (F. mysorensis HEYNE) gleich [6].

Es werden mehrere morphologisch abweichende Formen beschrieben, die sich vom Art-Typus hauptsächlich in der Blattmorphologie und in der Ausbildung stammbürtiger Wurzeln unterscheiden. Eine davon ist gelegentlich als separate Art (F. krishnae C.DC.) bezeichnet worden. Sie ist durch stark vergrößerte und deutlich gewölbte Blattbasen gekennzeichnet [1]. Artbastarde sind nicht bekannt geworden.

Ökologie und Verjüngung

F. benghalensis ist eine Baumart, die volles Sonnenlicht und freie Luftzufuhr benötigt. Sie verträgt leichte Trockenheit, ist aber empfindlich gegen länger andauernde Winterfröste sowie gegen Sauerstoffmangel im Wurzelbereich und verträgt daher keine Überflutungen. Die flache Bewurzelung macht die Art sturmanfällig, insbesondere wenn die Krone nur unvollkommen durch stammbürtige Wurzeln abgestützt wird.

Abb. 7: Stelzwurzeln (Foto: P. Schütt)

[1] PEARSON/BROWN: Commercial Timbers of India, 1932
[2] Amoenitates 3, 27, 1785

Abb. 8: Unterseite eines typischen Blattes (nat. Größe)

Zwischen Bestäubung und Samenreife vergehen etwa 4–5 Wochen. Die Samen werden von Vögeln aufgenommen, meist auf Bäumen oder Gebäuden ausgeschieden, wo sie keimen, zunächst als Epiphyten oder Hemiepiphyten aufwachsen und oft die Wirtsbäume strangulieren (Würgefeigen). Gebäude in der Nachbarschaft „heiliger Banyanbäume" werden oft durch heranwachsende Sämlinge beschädigt.

Nutzung

F. benghalensis stellt in vielen Ländern der Subtropen einen beliebten, schattenspendenden Park- und Straßenbaum dar, dessen herabhängende, seilstarke Luftwurzeln

den Kindern zum Schaukeln dienen. Menschen und Tiere suchen unter dem dichten Kronendach Schutz vor heftigen Regenfällen. Für Vögel, Fledermäuse und Affen stellen die Früchte zu jeder Jahreszeit eine willkommene Nahrung dar und die Blätter werden von Huftieren, insbesondere von Ziegen, gefressen (Proteine, Ca, P) [1]. Getrocknete Feigen enthalten u.a. 12,9 % Wasser, 8,1 % Eiweiß, 6,1 % Fette, 35,3 % Kohlenhydrate, 31,1 % Fasern und 6,4 % Asche [1].

Von einer gewissen volksmedizinischen Bedeutung ist der Milchsaft. In sehr geringen Dosen verabreicht und mit Puderzucker versetzt hilft er gegen Rheumatismus und Hexenschuß. Weiterhin stellen die zarten, jungen Wurzelspitzen ein höchst wirksames Brechmittel dar [1]. Schließlich lassen sich Luftwurzeln und Rinde zu relativ groben Seilen verarbeiten [1].

Verschiedenes

– Gravierende Krankheiten kommen an F. benghalensis nicht vor. Zu erwähnen ist aber Trametes persoonii als häufiger holzzerstörender Pilz sowie einige Rüsselkäfer-Arten, die an reifen Früchten fressen.
Auch Luftverunreinigungen spielen trotz gelegentlicher Blattverluste keine nennenswerte Rolle. Gleiches gilt für die Salzwassergischt des Meerwassers.

– Der Name ‚Banyan tree' geht vermutlich auf Europäer zurück, welche damit einen spezifischen Baum am Persischen Golf bezeichneten, unter dem sich Banyas, das sind hinduistische Händler, aus geschäftlichen oder religiösen Anlässen versammelten [18].

– Der Banyanbaum wird bereits in den ältesten Hindu-Schriften, den Vedas, erwähnt. Sein Holz fand Verwendung für religiöse Rituale. Es wird erzählt, daß im Holocaust des Universums, bevor die Erde entstand, Vishnu, der Herr, schlafend auf einem Banyan-Blatt in den Wässern des „Pralaya" dahintrieb. Gott Brahma's Wohnsitz war der Banyanbaum. Der Baum symbolisiert alle drei Götter der Hindu-Dreieinigkeit [14]. Noch heute wird er in den mondhellen Tagen des Hindu-Monats „Jayestha", dem letzten Monat des Sommers, verehrt.

Weiterführende Literatur

[1] ANONYMUS, 1965: Wealth of India (Raw materials). Vol. 4, 24–26. CSIR, New Delhi.

[2] COOKE, T., 1906: The flora of the Presidency of Bombay. (Reprinted). Botanical Survey of India, Calcutta, 1958. p. 145.

[3] CORNER, E.J.H., 1958: An introduction to the distribution of Ficus. Reinwardtia 4, 325–355.

[4] CORNER, E.J.H., 1965: The classification of Moraceae. Gard. Bull. Singapore 19, 187–252.

[5] HILL, D.S., 1967: Figs (Ficus spp.) and fig-wasps (Chalcidoidea). J. nat. Hist. 1, 413–434.

[6] HOOKER, J.D. (Ed.); KING, K., 1888: Flora of British India. Vol. V, p. 499. L. Reeve & Co., Kent. (Reprint 1961).

[7] JANZEN, D.H., 1979: How to be a fig. A. Rev. Ecol. Syst. 10, 13–51.

[8] JANZEN, D.H., 1986: The eternal external threat, in Conservation Biology. The Science of Scarcity and Diversity, pp. 286–303. Ed. M.E. Soule, Sinauer, Sunderland, Mass.

[9] JOHRI, B.K.; KONAR, R.N., 1956: The floral morphology and embryology of Ficus religiosa Linn. Phytomorphology 6, 97–111.

[10] KANE, P.V. (Ed.), 1988: History of Dharmashastra, Vol. V, pp. 91–94. Bhandarkar Oriental Research Institute, Pune.

[11] KING, G., 1988: Annals of the Royal Bot. Gard. Calcutta, 1, 185.

[12] KJELLBERG, F.; DOUMESCHE, B.; BRONSTEIN., 1988: Longevity of a fig wasp (Blastophaga psenes). Proc. K. Ned. Akad. Wet. (C) 91, 117–122.

[13] LAMBERT, F., 1988: Fig eating and seed dispersal by birds in a Malaysian lowland rain forest. Trop. Biol. Newsletter (Aberdeen) 54, 2–3.

[14] MANEKA GANDHI; YASMIN SINGH, 1989: Brahma's hair, on the mythology of Indian plants. Rupa & Co., Delhi.

[15] NG, F.S.P., 1983: Ecological principles of tropical lowland rain forest conservation. In: Tropical Rain Forest: Ecology and Management, pp. 359–375. Eds. S.L. Sutton, T.C. Whitmore and A.C. Chandwick; Blackwell, Oxford.

[16] RAMIREZ, B.W., 1970: Host specificity of fig wasps (Agaonidae). Evolution 24, 680–691.

[17] RIDLEY, H.N., 1930: The Dispersal of Plants Throughout the World. Kent, England: L. Reeve & Co. 744 pp.

[18] SANTAPAU, H. 1966: Common trees. National Book Trust, N. Delhi, p. 39.

[19] STANGE, L.A.; KNIGHT, R.J., Jr., 1987: Fig pollinating wasps of Florida. Entomol. Circular No. 296, 4 pp. Florida Dept. of Agric. and Consumer Services, Div. Plant Industry, Tallahassee.

[20] VIRENDRA KUMAR; SUBRAMANIAN, B., 1986: The Chromosome Atlas of the Flowering Plants of the Indian Sub-continent. Botanical Surv. of India, Calcutta. Vol. 1. p. 279.

[21] WIEBES, J.T., 1979: Co-Evolution of figs and their insect pollinators. Ann. Rev. Ecol. 10, 1–12.

[22] WIEBES, J.T., 1968: Fig wasps from East African species (Hymenoptera, Chalcidoidea). 2. Agaonidae (concluded) and Sycophagini. Zool. Meded. Leiden 42, 307–30.

[23] WILDMAN, J.D., 1933: Notes on the use of micro-organisms for the production of odors attractive to the dried fruit beetle. J. Econ. Entomol. 26, 516–17.

Der Autor:

Prof. P.V. BOLE
A-15-58, Siddharth Nagar 2
Goregaon (West)
Bombay 400 062, Indien

Aus dem Englischen übertragen von P. Schütt

Guajacum officinale LINNÉ

Pockholz (Handelsname)

Familie: Zygophyllaceae

engl.:   Lignum vitae, Common lignum vitae
franz.: Gaiac officinal, Bois-saint
ital.:   Guaiaco vero, Legno santo
span.: Guayacan

Abb. 1: Guajacum officinale auf einer Weidefläche im Süden Puerto Ricos

Unter den sechs Pockholz liefernden neotropischen Guajacum-Arten ist G. officinale die wirtschaftlich wichtigste. Das liegt weniger an Qualitätsunterschieden als an den etwas größeren Abmaßen, in denen das extrem schwere, harte und dauerhafte Holz auf den Markt gelangt. Wie G. sanctum so wird auch G. officinale heutzutage hauptsächlich als Spezialholz für den Einsatz an Stellen höchster mechanischer Beanspruchung verwendet. Die schmierstoffartigen Eigenschaften des im Kernholz enthaltenen Harzgummis machen es dafür geeignet. Anders in früheren Jahrhunderten, als die Heilwirkung gegen zahlreiche Krankheiten, insbesondere gegen Syphilis, im Mittelpunkt des Interesses stand. G. officinale ist auf den Inseln der Karibik, in Teilen Mittelamerikas und im Norden Südamerikas zuhause. Sie wächst nur langsam und wird zu einem immergrünen, hübsch blühenden, kleinen Baum mit dichter, runder Krone und glänzend dunkelgrünen Blättern.

Morphologie

Nur selten wird G. officinale höher als 10 m und fast immer bildet der Baum zahlreiche, lange Äste und eine dichte, belaubte, abgerundete **Krone**. Der kurze, oft krumme oder gabelige **Stamm** erreicht in der Regel einen Durchmesser (BHD) von 25 bis 30 cm, ausnahmsweise von 45–75 cm [6]. Wie bei allen Guajacum-Arten sind die Triebe und Zweige im Knotenbereich deutlich verdickt. Kennzeichnend für die Art ist die platanenähnliche, sich in dünnen Schuppen vom Stamm lösende, hellbraune Borke (G. sanctum: Borke längsrissig). Die gegenständigen, paarig gefiederten, 3,5–7 cm langen **Blätter** tragen 4 oder 6 ungestielte, breit elliptische oder eiförmige, ledrige, an Basis und Spitze abgerundete Fiederblättchen. Deren Länge schwankt zwischen 2 und 5 cm, die Breite zwischen 1,2 und 3 cm. Beide Blattseiten sind von dunkelgrüner oder olivgrüner Farbe.

Abb. 3: Stammborke

Abb. 2: Starke Äste, Blätter und reife Früchte (links), offene, reife Frucht mit rotem Arillus (rechts)

Das distale Fiederpaar ist am größten (Gegensatz zu G. sanctum). An den jungen, graugrünen Trieben entstehen im Bereich der Knoten auffällige, ringförmige Verdickungen.

G. officinale blüht und fruchtet vom zeitigen Frühjahr bis in den Herbst hinein [2]. Zahlreiche sehr hübsche, radiär aufgebaute, blaue **Blüten** stehen büschelig gehäuft terminal oder lateral an jungen Trieben. Bald nach dem Aufblühen werden die Blüten blaßblau oder gar weißlich [4]. Sie stehen an etwa 2,5 cm langen, kurz behaarten Stielen, haben einen Durchmesser von knapp 2 cm und setzen sich aus 5 breit abgerundeten Kelchblättern, 5 außen behaarten Kronblättern mit abgerundeter Spitze und verschmälerter Basis sowie aus 10 Staubblättern mit blauen Filamenten und gelben Antheren zusammen. Chromosomenzahl: 2n = ca. 26 [5]. Die Bestäubung nehmen Bienen vor.

Als **Früchte** entstehen abgeflachte, knapp 2 cm lange Kapseln, die bei Reife eine orangebraune Farbe annehmen und einen etwas eingebuchteten Apex aufweisen (G. sanctum: Apex zugespitzt). Jede Kapsel enthält einen oder zwei ca. 1,2 cm lange, braune, von einem fleischigen, roten Arillus umgebene Samen.

Abb. 4: Blüten

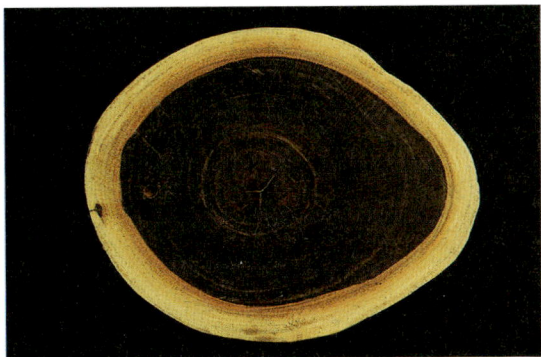

Abb. 6: Stammscheibe eines älteren Baumes

Abb. 5: Samen

Abb. 7: Stammscheibe eines jungen Baumes mit breitem Splint

Holz

Im Aufbau und der Anatomie des Holzes stimmen G. officinale und G. sanctum weitgehend überein. Ältere Stämme haben einen schmalen, hellgelben Splint und einen deutlich davon abgesetzten, an der Luft nachdunkelnden, olivgrünen bis braunen, oft annähernd schwarzen Kern. Im Übergangsbereich Splint/Kern sind grünliche Inhaltsstoffe eingelagert [9]. In jungen Stämmen und in starken Ästen nimmt der Splint den weitaus größten Teil des Querschnitts ein. Die Aussagen über das Auftreten von Jahresringen variieren zwischen „Jahrringe gut zu erkennen" [2 und 9] und „Zuwachszonen undeutlich" [8]. Infolge des hohen Gehaltes an Gummiharzen fühlt sich das Holz ölig an; im frischen Zustand riecht es angenehm aromatisch.

G. officinale-Holz zählt zu den härtesten, schwersten und widerstandsfähigsten Hölzern überhaupt. Überdies ist es von gleichmäßig feiner Textur. Diese Aussagen beziehen sich aber nur auf das Kernholz, dann aber ohne nennenswerte Einschränkungen auf alle Guajacum-Arten. Splintholz ist hingegen wenig dauerhaft. Als Rohdichte wird genannt [9]:

r_0: 0,95 .... <u>1,20</u> .... 1,30 g/cm³

r_{15}: 0,97 .... <u>1,23</u> .... 1,31 g/cm³

Wichtige physikalische Eigenschaften:

Druckfestigkeit σ_{dB} 88 .... <u>107</u> .... 123 N/mm²

Zugfestigkeit σ_{zB} 59 .... <u>102</u> .... 153 N/mm²

Biegefestigkeit σ_{bB} 117 .... <u>129</u> .... 141 N/mm² [nach 8]

Chemische Eigenschaften:

Lignin-Anteil: 35,2–39,5 %

Cellulose-Anteil: 32,2–42,6 %

Gehalt an Guajac-Harz: 15–27 %

G. officinale-Holz setzt sich zu 70–80 % aus Libriformfasern und Fasertracheiden zusammen. Ihre Länge liegt bei 440 .... <u>590</u> .... 830 µm. Die meist einzeln vorkommenden Gefäße sind zerstreut verteilt. Ihr Anteil beträgt 7–13 %. Markstrahlen (Anteil: 11–13 %) lassen sich selbst mit Lupe kaum erkennen. Sie sind einschichtig und 4–6 Zellagen hoch [8, 9].

Verbreitung und Taxonomie

G. officinale ist eine Baumart der Westindischen Inseln, der Küsten Mittelamerikas (Schwerpunkte in Honduras und Panama) sowie von Teilen des nördlichen Südamerika (Küsten Venezuelas und Kolumbiens). Auf den Großen Antillen überschneiden sich die natürlichen Areale von G. officinale und G. sanctum [5]. Unter den fünf oder sechs insgesamt vorkommenden Guajacum-Arten sind G. officinale und G. sanctum die wirtschaftlich wichtigsten. Sie lassen sich morphologisch leicht unterscheiden (vgl. Monographie G. sanctum). Die anderen Guajacum-Species sind ebenfalls im mittelamerikanischen Raum beheimatet:

– G. coulteri GRAY: Pazifik-Küste Mexikos. 3–7 Fiederpaare, schmale elliptische Fiederblätter; 4 oder 5 Samen pro Kapsel.
– G. guatemalense PLANCH.: Westl. Nicaragua [6]. Mutmaßlicher Artbastard unbekannter Herkunft.
– G. unijugum T. S. BRANDEGEE: Endemisch im südlichen Nieder-Californien.

Über innerartliche Differenzierungen liegen für keine dieser Arten konkrete Angaben vor.

Ökologie

Von Natur aus kommt G. officinale zumeist in regengrünen Trockenwäldern unterschiedlicher Standortsformen vor. Oft sind es auch Buschwälder oder beweidete Flächen in Küstennähe; so auf Puerto Rico, wo die Art ausschließlich in der Ebene oder im Hügelland des trockenen Südens oder Südwestens gedeiht [1]. Detaillierte Angaben über Standorts- und Klimaansprüche waren in der uns zugänglichen Literatur nicht enthalten.

Nutzung

Seit altersher war das Holz von G. officinale hoch angesehen, denn es diente zwei wichtigen Verwendungszwecken und war dafür – zumindest zeitweise – kaum zu ersetzen. Zum einen stellte es wegen seiner extremen Härte, seinem hohen Gewicht und seiner ganz großen Widerstandsfähigkeit gegen Witterungseinflüsse, Salzwasser und holzzerstörende Organismen **das** technische Material für hohe mechanische Beanspruchung dar. Zum anderen galt es wegen der offizinellen Wirkung der Inhaltsstoffe (Harzgummi) des Kernholzes als wirksames Therapeuticum gegen bislang unheilbare Krankheiten (u.a. gegen Syphilis). Während die technische Verwendung auch heute noch in gewissem Umfang von Bedeutung ist, wurde die medizinische Nutzung schon vor 200 Jahren weitgehend eingestellt. Bis zu diesem Zeitpunkt wurde Guajac-Holz (d.h. Holz von G. officinale und G. sanctum) zu extrem hohen

Preisen gehandelt und nach Gewicht verkauft. Einige Inhaltsstoffe werden heutzutage auch zu Liköressenzen verarbeitet.

Abb. 8: Altes Exemplar im Buschwald an der Südwestküste Puerto Ricos

Pockholz von G. officinale erscheint auf dem Holzmarkt als Blockware von 0,3 bis 3 m Länge und bis zu 50 cm Breite. Verwendet wird es für die Ausfütterung der Sternbuchsen von Schiffswellen, für Lager von Wasserturbinen, weiterhin für die Herstellung von Zahnrädern, Flaschenzug-Rollen, Hämmern, Kegelkugeln etc. [9]. Generell ist das Holz aller Guajacum-Arten (Pockholz) für die genannten Zwecke verwendbar. G. officinale wird jedoch in etwas größeren Abmaßen angeboten und dominiert deswegen auf dem Markt. Das Holz ist schwer spaltbar, schlecht zu beizen, wirft aber wegen seiner geringen Neigung zum Reißen keine grundsätzlichen Probleme bei der Trocknung auf und läßt sich gut polieren [8, 9].

Verschiedenes

– Zur Anzucht von G. officinale gibt es nur wenige Hinweise. So hat sich die Lagerung des Saatgutes bei tiefen Temperaturen als schädlich erwiesen[1]) und Direktsaaten im Halbschatten führten zu schlechter Keimung[2]). Samenreife liegt erst vor, wenn die Samen eine orangerote Farbe angenommen haben.

– Höhere Dosen der Droge Lignum Guajaci (Wirkstoffe: Saponine) rufen Magenbeschwerden (Gastroenteritis, Koliken, Diarrhoe) hervor. Sie führen überdies zu Schwindelgefühlen und Herzklopfen [7].

– Bereits am Anfang des 16. Jahrhunderts erschienen in Deutschland mehrere Abhandlungen über die Heilwir-

[1]) For. Abstr. 9, 231, 1947
[2]) For. Abstr. 7, 529, 1945

kung von ‚Lignum sanctum‘, dem „Franzosenholz", insbesondere gegen Syphilis. Eine davon stammte aus der Feder von Ulrich von Hutten, der sich selbst einer Guajak-Kur unterzogen hatte [3].

– MADAUS [3] zufolge wurde Guajakholz bis ins 19. Jahrhundert hinein unter anderem gegen Gliederschmerzen, Krätze, Rheumatismus, Gicht, Ischias, Karies und andere Leiden angewandt. Einer Umfrage zufolge war ‚Lignum Guajaci‘ sogar noch um 1980 als Rheuma- und Syphilismittel in Gebrauch. Als weiteres Indikationsgebiet werden Erkrankungen der Respirationsorgane und Tuberkulose genannt. ‚Lignum Guajaci‘ und ‚Resina Guajaci‘ sind in vielen Ländern officinell (Ausnahme B, DK, F, NL, USA). Rezepturen siehe MADAUS [3].

Weiterführende Literatur

[1] LIOGIER, H.A.; MARTORRELL, L.F., 1982: Flora of Puerto Rico and adjacent islands: a systematic synopsis. Univ. Puerto Rico.

[2] LITTLE, E.L., Jr.; WADSWORTH, F.H., 1964: Common Trees of Puerto Rico and the Virgin Islands. USDA, Forest Service, Agriculture Handbook 249, Washington, D.C.

[3] MADAUS, G., 1979: Lehrbuch der biologischen Heilmittel, Band **II**. Georg Olms Verlag, Hildesheim – New York.

[4] PERTCHIK, B.; PERTCHIK, H., 1951: Flowering Trees of the Caribbean. Rinchart & Co., Inc., New York – Toronto.

[5] PORTER, D.M., 1972: The genera of Zygophyllaceae in the Southeastern United States. J. Arnold Arb. 53, 531–552.

[6] RECORD, S.J.; HESS, R.W., 1943: Timbers of the New World, Yale Univ. Press. New Haven, CT.

[7] ROTH, L.; DAUNDERER, M.; KORMANN, K., 1984: Giftpflanzen – Pflanzengifte. ecomed, Landsberg/Lech.

[8] SACHSSE, H., 1991: Exotische Nutzhölzer. Pareys Studientexte 68. Verlag Paul Parey, Hamburg und Berlin.

[9] WAGENFÜHR, R.; SCHEIBER, C., 1974: Holzatlas, VEB Fachbuchverlag Leipzig.

Die Autoren:

Prof. em. Dr. PETER SCHÜTT
Lehrstuhl für Forstbotanik
Ludwig-Maximilians-Universität München
Hohenbachernstraße 22
D-85354 Freising

ULLA M. LANG
Schützenstraße 6
D-82383 Hohenpeißenberg

Guajacum sanctum LINNÉ, 1753

syn.:   Guajacum guatemalense PLANCH ex. RYDB., 1910

Pockholz (Handelsname)   Familie: Zygophyllaceae

engl.:   Lignum vitae, Roughbark lignum vitae
franz.: Gaiac
span.:   Guayacán

Abb. 1: Guajacum sanctum. Mehrstämmiger Altbaum in Fairchild Tropical
Gardens, FL

Abb. 2: Borke eines alten Stammes

Abb. 5: Stammbürtige Triebe (links) und reife, fünf-lappige Kapseln (rechts)

Abb. 3: Blätter und Blüten

Abb. 6: Dunkelrot austreibende Blätter

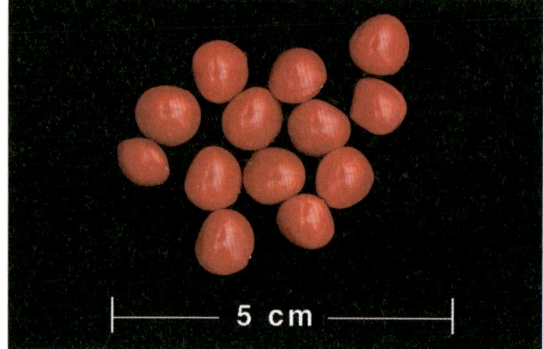

Abb. 4: Reife Samen, umgeben von einem roten Arillus

Abb. 7: Ein etwa 200 Jahre alter Solitär

Guajacum sanctum gehört zur Baumflora der Karibik. Die Art ist immergrün und recht unscheinbar. Trotz der geringen Abmaße zählte sie jedoch in den vergangenen Jahrhunderten zu den begehrtesten und am intensivsten genutzten Baumarten der Neotropen. Gleiches gilt für die eng verwandte *G. officinale.*

Anlaß zu der Beliebtheit gab das ungewöhnlich schwere, harte und dauerhafte Holz, welches unter dem Handelsnamen Pockholz in alle Welt exportiert wurde und für die Herstellung von Geräten mit hoher mechanischer Beanspruchung Verwendung fand.

Noch viel weiter verbreitet war die volksmedizinische Nutzung des ölreichen Kernholzes, dem man Heilwirkungen gegen Rheuma, Gicht und Syphilis zuschrieb. Der Artname ‚*sanctum*' bezieht sich auf diese Verwendung. Heute zählt *G. sanctum* zu den vom Aussterben bedrohten Arten.

Beschreibung

G. sanctum wächst sehr langsam und bleibt zeitlebens ein kleiner, allenfalls 10 m hoher, knorriger Baum mit dichter, breiter **Krone** und einem kurzen, kräftigen **Stamm** (BHD <1 m) [5]. Altersangaben beruhen auf Schätzungen, denn Jahrringe werden nicht gebildet [6]. Anderer Auffassung ist LITTLE [2], der von deutlicher Jahrringbildung spricht, aber ebenfalls keine Altersangaben macht. Die **Äste** stehen weit ab oder hängen herab [2], und die Triebe sind an den Knoten deutlich verdickt.

Junge Pflanzen verzweigen sich monopodial, ältere Zweige hingegen nach dem Abstoßen der Terminalknospe oder nach der Ausbildung von Blüten sympodial [6].

An jungen Trieben entsteht anfangs eine grüne, mit kurzen Haaren besetzte Rinde, die im 2. Jahr weißlich wird. Die **Borke** älterer Stämme ist tief senkrecht gefurcht, von grauer Farbe, im Inneren aber hellbraun [2].

G. sanctum ist immergrün und treibt im natürlichen Areal von März bis Anfang April neu aus.

Die paarig gefiederten, glänzend dunkelgrünen, gegenständig angeordneten, 6 bis 8 cm langen **Blätter** tragen an der Basis zwei kleine, behaarte Nebenblätter, die im Laufe des Sommers abgestoßen werden. Die 6 bis 10 ganzrandigen, 1,5 bis 2,5 cm langen und 1,3 bis 1,8 cm breiten, elliptischen bis verkehrt eiförmigen, schwach unsymmetrischen Fiederblättchen laufen am Grunde spitz zu und weisen am Apex eine winzige Spitze auf. Am breitesten sind sie oberhalb der Blattmitte. Die unteren und die mittleren Fiederpaare haben größere Blättchen als die oberen. Zur Zeit der stärksten Sonneneinstrahlung legen sich die gegenüberstehenden Fiederblättchen oft dicht aneinander [2].

Die nur kurze Blütezeit setzt gleich nach dem Austrieb der neuen Blätter ein und dauert von März bis April [5, 6]. Die hellblauen, radiär aufgebauten **Blüten** stehen einzeln oder zu wenigen in den obersten Blattachseln der Triebe, und zwar an schlanken, mit kurzen Haaren besetzten, 1,8 bis 2,5 cm langen Stielen. Sie setzen sich aus 5 rundlichen Kelchblättern (0,6 cm lang), 5 freien, am Grunde verschmälerten, schwach zweilappigen, ein wenig um die Längsachse gedrehten Kronblättern (1 bis 1,2 cm lang), 10 Staubblättern (0,6 cm) und einem etwa ebenso langen, fünfblättrigen Stempel mit mehreren Samenanlagen pro Loculament zusammen [6].

Als **Frucht** wird eine breit eiförmige, am Apex zugespitzte [3], fünflappige Kapsel gebildet, die relativ lange grün bleibt und meist zwischen September und November reif wird [6] (Länge: ca. 1,4 cm; Breite: ca. 1,2 cm [2]). Im allgemeinen enthält sie 4 oder 5 dunkelbraune oder schwarze, etwa 1 cm lange **Samen** [3]. Jeder Samen ist mit einem leuchtend roten, nur wenig fleischigen Arillus versehen.

Keimhemmende Substanzen im Arillus und in der Samenschale verursachen in natura das Überliegen des Saatgutes. Künstlich kann man die Keimhemmung durch Wässern des Samens in stark verdünnter Gibberellinsäure-Lösung (200 bis 2 500 ppm) aufheben [6]. Das sehr harte, schwere (Rohdichte ≈ 1,2 g/cm^3 nach [3]) und dauerhafte **Holz** hat einen auffallend breiten, hellgelben Splint und einen Kern, der bei Luftzutritt eine dunkelolivgrüne oder braune Farbe annimmt. Das Kernholz ist reich an harzähnlichen Inhaltsstoffen (Anteil bis 30 %), die einen charakteristischen Geruch ausströmen und im Holz bei mechanischer Beanspruchung wie ein Schmiermittel wirken. Markstrahlen sind makroskopisch kaum zu erkennen [1].

Die Inhaltsstoffe („Gum guaiac") sind auch an der offizinellen Wirkung des Guaiac-Harzes beteiligt. Pockholz von *G. sanctum* hat ähnliche Eigenschaften wie das noch etwas wertvollere Holz der ebenfalls im karibischen Raum heimischen *G. officinale.* In beiden Fällen besteht hohe Druck- und Biegefestigkeit, andererseits aber die Neigung zur Rißbildung beim Trocknen.

Pockholz ist hervorragend zum Drechseln geeignet, läßt sich sonst aber nur schwer bearbeiten und auch schlecht beizen, dagegen gut polieren. Das Kernholz ist termitenfest.

Verbreitung und Taxonomie

G. sanctum ist ein Baum Mittelamerikas und der Karibik. Er kommt auf den Westindischen Inseln, den Bahamas, auf Cuba und im südlichen Florida (Florida Keys) wie auch in Teilen Yukatans, Guatemalas, Honduras' und Costa Ricas natürlich vor [3]. Auf den Großen Antillen ist auch *G. officinale*, die zweite wirtschaftlich wichtige *Guajacum*-Art, heimisch. Sie läßt sich von *G. sanctum* u.a. anhand folgender Merkmale trennen:

G. sanctum: 6 (–8) Fiederblättchen, Apex der Fiederblättchen mit winziger Spitze, Kronblätter kahl, löffelförmig, Borke rissig.

G. officinale: 4 (–6) Fiederblättchen, Apex der Fiederblättchen rund, Kronblätter behaart, flach, Borke platanenartig.

Insgesamt unterscheidet man 6 bis 8 *Guajacum*-Arten, die allesamt in den Neotropen heimisch sind und durch ein sehr hartes und schweres Holz auffallen. Pockholz im weiteren Sinne liefern außer den genannten noch zwei weitere Species:

G. coulteri A. GRAY: Heimisch an der Pazifik-Küste Mexikos von Sonora bis Oaxaca. Genutzt von der regionalen Industrie, aber kaum exportiert.

G. guatemalense PLANCH.: Schwerpunkte in W-Nicaragua.

In Mittelamerika scheint es zur natürlichen Bastardierung zwischen *G. sanctum* und *G. coulteri* zu kommen [3].

Abb. 8: Keimling, etwa 4 Wochen alt (nat. Größe) mit ledrigen, hellgrünen Kotyledonen und gefiederten, lebhaft grünen Primärblättern

Ökologie

Konkrete Angaben über die Standorts- und Klimaansprüche von *G. sanctum* sind in der uns zugänglichen wissenschaftlichen Literatur nicht enthalten. Die Art bevorzugt offenbar trockene, küstennahe Lagen. Sie gehörte in Florida einst zur natürlichen Vegetation der Hemmock-Gebüsche und findet sich an der Küste Puerto Ricos im bergigen Gelände auf trockenen Kalk-Verwitterungsböden.

Nutzung

G. sanctum ist heute so selten geworden, daß der Art keine wirtschaftliche Bedeutung mehr zukommt. 400 Jahre lang traf eher das Gegenteil zu, denn seit 1508 wurde das Holz (zusammen mit *G. officinale*) zu hohen Preisen auf dem Weltmarkt gehandelt – zum einen wegen der handwerklichen und industriellen Nutzung des harten und widerstandsfähigen Holzes, zum anderen wegen seiner Verwendung als begehrtes, spezifisches Heilmittel gegen Geschlechtskrankheiten. Etwa 200 Jahre lang gab es einen sehr lebhaften Markt dafür – insbesondere in Europa, wo Pockholz („Lignum-vitae") für diesen Zweck nach Gewicht verkauft wurde [3]. Auch das aus Sägespänen mit Äther und Alkohol extrahierte Guaiac-Harz („Guaiaci Resin") hat offizinelle Bedeutung. Es ist von tief rotbrauner Farbe und wird nach Oxidation blau oder blaugrün [4]. Weitere Ausführungen über die industrielle, handwerkliche und medizinische Nutzung des Pockholzes finden sich in der Monographie über *Guajacum officinale*.

Wegen der recht ansehnlichen Blüten und der dichten, glänzend dunkelgrünen Belaubung hat *G. sanctum* im Süden Floridas eine gewisse gärtnerische Bedeutung als Ziergehölz gewonnen.

Weiterführende Literatur

[1] DURST, J., 1959: Handbuch der Nutzhölzer. Fachbuchverlag Leipzig.

[2] LITTLE, F.J., Jr.; WADSWORTH, F.H., 1964: Common Trees of Puerto Rico and the Virgin Islands. USDA, Forest Service, Agric. Handb. **249**, Washington, D.C.

[3] PORTER, D.M., 1972: The genera of Zygophyllaceae in the Southeastern United States. J. Arnold Arb. **53**, 531–552.

[4] RECORD, S.J.; HESS, R.W., 1943: Timbers of the New World. Yale Univ. Press, New Haven.

[5] SARGENT, C.S., 1965: Manual of the Trees of North America. Vol. 2, Dover Publ., Inc., New York.

[6] TOMLINSON, P.B., 1986: The biology of trees native to Tropical Florida, Harvard Univ. Printing Office, Allston, Mass.

Die Autoren:

Prof. em. Dr. PETER SCHÜTT
Lehrstuhl für Forstbotanik
Ludwig-Maximilians-Universität München
Am Hochanger 13
D-85354 Freising

ULLA M. LANG
Schützenstraße 6
D-82383 Hohenpeißenberg

Hagenia abyssinica (Bruce) J. F. Gmel., 1791

syn.:   Brayera anthelmintica Kunth, 1824
          Bankesia abyssinica Bruce, 1790

Kosobaum

engl.:   Hagenia

Kikuyu: Muhonde, Mumondo
Äthiopien: Koso, He`eto, Ha'bbi

Familie: Rosaceae
Unterfamilie: Rosoideae

Abb. 1: Hagenia abyssinica. Natürlicher Bestand im Hochland von Kenia (Foto: Ulla M. Lang)

Hagenia abyssinica gehört zu den autochthonen Baumarten der zentral- und ostafrikanischen Bergwälder. Sie dringt bis zur oberen Baumgrenze vor, verträgt kurze Frostperioden und kann auf feuchten, nährstoffreichen Standorten 25 m hoch werden.

Besonders auffällig sind die terminalen, bis zu 60 cm langen, cremefarbenen (♂) oder roten (♀), dioezisch verteilten Infloreszenzen.

Neben dem Holz nutzt man die weiblichen Blüten. Sie werden von der äthiopischen Bevölkerung seit altersher als Mittel gegen Bandwürmer verwendet, wirken aber infolge des Gehaltes an Kosin-Verbindungen in konzentrierter Form giftig.

Der Gattungsname *Hagenia* geht auf GOTTFRIED HAGEN (1749-1829), einen deutschen Arzt und Botaniker zurück.

Verbreitung

H. abyssinica, eine charakteristische Baumart der Bergwälder Zentral- und Ostafrikas, kommt in folgenden Ländern und Regionen vor [8, 9, 12, 16]:

Äthiopien:	Simien, Bale Mts.
Kenia:	Mt. Kenya, Elgon, Aberdares
Tanzania:	Mt. Meru, Kilimanjaro, Usambara, Hanang, Southern Highlands
Sudan:	Imatong Mts.
Uganda:	Ruwenzori Mt.
Ruanda:	Virunga
Burundi und Republ. Kongo:	Lacs Edouard und Kivu
Sambia:	Nyika Plateau
Malawi:	Mt. Mulanje, Nyika Plateau

Die vertikale Verbreitung erstreckt sich von 1500 bis 3750 m ü.NN [11].

Beschreibung

H. abyssinica wächst zu einem maximal 25 m hohen, weit ausladenden Baum mit kurzem, oft krummem Stamm heran, erreicht an der Höhengrenze der Verbreitung aber nur Gesamthöhen zwischen 10 und 15 m [16, 21]. Die aus starken Ästen aufgebaute Krone hat einen annähernd schirmförmigen Umriß.

Mit steigender Meereshöhe werden die Stämme kürzer. An der oberen Waldgrenze verzweigen sie sich dicht über dem Boden, und die unteren Äste bilden ein eigenes „Kronendach" [16].

Blätter und junge Triebe

Die gefiederten Blätter stehen büschelig gehäuft an den Zweigspitzen. 11 bis 13 exakt gegenüberstehende, hellgrüne Fiederblättchen haben eine abgerundete bis herzförmige Basis und einen fein gesägten, behaarten Rand. Sie messen 12 bis 15 cm in der Länge und 3,5 bis 5,2 cm in der Breite, haben unterseits eine hervortretende Mittelrippe sowie netzartig angeordnete Adern tieferer Ordnung. Beide Blattseiten sind mit weichen, silbrigen Haaren besetzt, und an der Rhachis befinden sich gewöhnlich 2,5 bis 11 mm lange, kreisrunde Blättchen. Der etwa 14 cm lange Blattstiel erscheint mehr oder weniger geflügelt weil auf seiner ganzen Länge die Nebenblätter angewachsen sind. [12, 13, 16].

Junge Triebe sind mit weichen, gelbbraunen, aufwärts gerichteten Haaren (Länge: 2,5 bis 3,5 mm), junge Äste mit behaarten, ringförmigen Blattnarben besetzt [12].

Blüten und Früchte

H. abyssinica ist eine anemogame Art, die während des ganzen Jahres blühen kann, gewöhnlich aber nach den großen Regenfällen (Äthiopien: Oktober bis Februar) ihre Haupt-Blütezeit hat [8], unterbrochen lediglich während des kältesten Monats [1].

Hagenia-Blüten sind dioezisch verteilt. Sie stehen in terminalen, sehr attraktiven, bis zu 60 cm langen und 30 cm breiten, aufrechten Infloreszenzen (Rispen). Männliche Blütenstände sind cremefarben bis weiß, die weiblichen etwas klebrig, dunkelrot und sperrig [7, 12].

Mitunter kommen auf demselben Baum neben männlichen Blüten auch scheinbare Zwitterblüten vor. Letztere enthalten neben fertilen Staubblättern auch hinfällige Fruchtknoten [10] und fungieren nur als Pollenspender. Petalen sind rudimentär entwickelt (♀ Blüten) oder fehlen völlig (♂).

Männliche Einzelblüten haben während der Anthese einen Durchmesser von 7 bis 8 mm. Die 3 mm lange Kelchröhre ist mit länglichen oder eiförmigen bis obovaten äußeren Zipfeln (1,5 mm lang, 0,8 mm breit) versehen. Die inneren Zipfel sind gewöhnlich zurückgebogen [13, 16].

Die sehr nektarreichen weiblichen Blüten messen im Durchmesser 1,8 cm. Ihre auffallend rote Farbe ist für eine windblütige Pflanze recht ungewöhnlich. Während die Zipfel des Außenkelchs hinsichtlich Größe und Form variieren, sind die insgesamt kleineren Zähne des Kelches einheitlich breit eiförmig. Alles in allem haben die weiblichen Blüten einen federartigen Aufbau, wodurch sich die Zahl der aufgefangenen Pollen erhöhen kann [3, 10].

H. abyssinica entwickelt kleine, trockene, einsamige Nußfrüchte (Durchm. 1-2 mm) mit einem dünnen, brüchigen Perikarp, die etwa einen Monat nach der Blüte reif sind und vom Wind verbreitet werden.

Abb. 2: Männliche (links) und weibliche Blütenstände

Abb. 3: Frischer Querschnitt eines starken Astes

Abb. 4: Laubblatt mit scheinbar geflügeltem Stiel (links, Foto: Ulla M. Lang) und Stammborke (Foto: P. Schütt)

Borke und Holz

Die hellbraune bis rotbraune Borke älterer Bäume löst sich in unregelmäßigen Schuppen vom Stamm [17].

Das Holz ist in einen cremefarbenen bis gelben Splint und einen zunächst dunkelroten, später rötlich- bis rotbraunen und schließlich kastanienfarbenen Kern differenziert, der im radialen Schnitt einige silbrige Streifen aufweist.

Es ist geradfaserig, von mittlerer Härte, nur wenig dauerhaft und wird stark von bohrenden Insekten angegriffen [5, 7, 21]. Die Rohdichte (r_{12}) liegt bei 0,55 g/cm^3.

Der Trocknungsprozeß benötigt sehr viel Zeit und die Schwindung hält mehrere Jahre an.

Vermehrung und Anzucht

Saatgut sollte nicht von isolierten Einzelbäumen geerntet werden, sondern von Beständen mit einer großen Zahl eng benachbarter männlicher und weiblicher Individuen. Der Wind trägt den Pollen i.a. nicht weiter als 100 m. Die Samenentwicklung kann u.a. durch Fröste beeinträchtigt werden. [13].

Geerntet wird unmittelbar nach dem Braunwerden der Früchte. Diese bleiben zwar bei Reife am Baum, ohne sich zu öffnen, werden aber binnen kurzem von Insekten gefressen.

Nach dem Abtrennen der Fruchtstände mittels Gartenscheren [1] werden die Früchte an einem windgeschützten Ort in der Sonne getrocknet. Standard-Methoden zur Extraktion und zur Lagerung des Saatgutes wurden noch nicht entwickelt. In der Praxis reduziert man vor dem Lagern den Wassergehalt und bewahrt das Saatgut bis zu einem Jahr in einem kalten Raum und in luftdicht verschlossenen Gefäßen auf [1, 3, 17]. Auch für die Trennung leerer von vollen Früchten und für die Reinigung des Saatgutes fehlen bewährte Methoden.

Durchschnittlich enthält 1 Kilogramm Saatgut – je nach Herkunft und den Klimabedingungen des Reifejahres 200 000 bis 400 000 Früchte [1, 3]. Das entspricht einem Tausendkorngewicht von 5 bzw. 2,5 g.

In Baumschulen zieht man *H. abyssinica* unter Beschattung als wurzelnackte Sämlinge, vorzugsweise als Topfpflanzen in Polyäthylenbehältern an. 5 bis 20 Tage nach der Aussaat setzt bereits die Samenkeimung ein [1, 3, 13], und bald danach beginnt ein rasches Sämlingswachstum. Im Flachland besteht bei feucht-warmen Bedingungen allerdings akute Infektionsgefahr durch Mehltau. Als Gegenmaßnahmen haben sich der Einsatz von Fungiziden sowie intensive Ventilation bewährt [13].

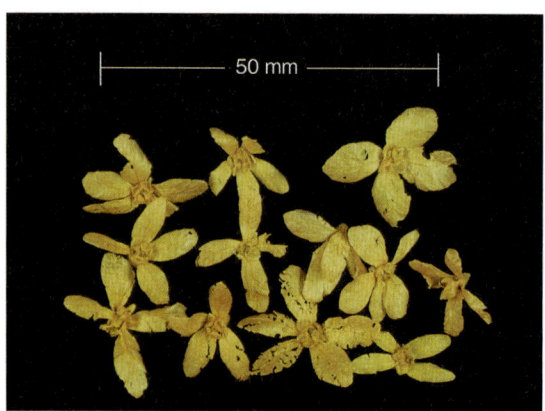

Abb. 5: Handels-Saatgut

– var. *psilanthera* BITTER, 1913. Herkunft Äthiopien, Tigré, Agonne
– var. *epirhagadotricha* BITTER, 1913. Herkunft Tanzania, Kilimandscharo, zwischen Marangu und Machame.
– *Hagenia abyssinica* (BRUCE) GMEL. var. *viridifolia* HAUMAN, 1952. Blätter kahl oder fast kahl. Herkunft Belgisch Congo, Mukule. Original-Belege in Brüssel
– *Hagenia abyssinica* (BRUCE) GMEL. var. *abyssinica*. Blätter behaart.

Es bleibt anzumerken, daß das Merkmal Behaarung bei *H. abyssinica* keinem geographischen Verbreitungsmuster folgt [6]. Auch zwischen den beiden zuletzt genannten Varietäten treten Übergangsformen in der Behaarung auf [6].

Ökologie und Wachstum

H. abyssinica, eine endemische, afromontane Art [9], ist auf permanente Wasserversorgung angewiesen, die entweder auf Niederschläge von mindestens 1000 mm/Jahr [8], auf hohe Luftfeuchte oder ausreichende Wasservorräte des Bodens zurückgeht. Die Art hat einen instabilen Wasserhaushalt und die stomatäre Transpiration beträgt das 15fache anderer Baumarten der selben Waldgesellschaft [13]. Andererseits ist sie widerstandsfähig gegen Feuer und sie verträgt kurze Frostperioden [16].

Die günstigsten Bedingungen findet *H. abyssinica* in anmoorigen Lagen sowie auf tiefgründigen Substraten an Bach- und Flußläufen. Im Halbschatten werden hier zwei Jahre (auf armen Böden 8 Jahre) nach dem Verpflanzen 2 m Höhe erreicht [2]. Auf flachen, trockenen und felsigen Böden bleibt das Wachstum generell gering.

In ihrem natürlichen Areal kommt *H. abyssinica* sowohl in Reinbeständen wie auch als dominierende oder mitherrschende Art in Mischbeständen vor. So ist sie gleichermaßen in den von *Juniperus procera* geprägten trockenen und den von *Podocarpus falcatus* dominierten feuchten afromontanen Wäldern vertreten. Weitere begleitende Baumarten sind: *Olea europaea* ssp. *africana*, *Croton macrostachys*, *Erica arborea*, *Hypericum revolutum*, *Schefflera abyssinica*, *S. volkensii* und *Arundinaria alpina* („Montain bamboo") [8, 9, 16].

In tieferen Lagen findet sich *Hagenia* oft an Waldrändern sowie an Fluß- und Bachläufen ein [8]. Mitunter werden Einzelbäume auf Äckern und Wiesen von den Bauern belassen, um die Blütenstände als Medizin und für die Honiggewinnung zu nutzen [9].

Die ökologische Bedeutung der Art liegt u.a. in der Produktion einer großen Menge sich rasch zersetzender Laubstreu, die den Boden vor Erosion schützt und Nährstoffe aus tiefen Bodenschichten für andere Pflanzen verfügbar macht. Die Blätter werden auch unmittelbar zum Mulchen und zur Gründüngung genutzt [1].

Hagenia-Sämlinge entwickeln sich am besten im leichten Schatten (< 50 %). Stärkere Beschattung führt zu etiolierten, empfindlichen Pflanzen, direkte Sonneneinstrahlung zur rötlichen Verfärbung der Pflanze aufgrund erhöhter Flavonoid-Synthese [13]. Regelmäßige, intensive Wässerung während der Anzuchtphase ist unerläßlich.

Je nach den Klimabedingungen am Anzuchtort benötigt *H. abyssinica* eine Zeit von 5 bis 12 Monaten, um Pflanzengrößen von 15 bis 25 cm zu erreichen. Zwei Monate vor dem Verpflanzen auf die Freifläche müssen die Pflanzen durch allmähliches Reduzieren der Schattierung und der Wässerung, 2 Wochen davor durch totale Freistellung und sehr seltene Wassergaben akklimatisiert werden.

Rasch treten bei *Hagenia*-Pflanzen Verluste durch Austrocknung und Welkeschäden ein, welche durch verbesserte Transportbedingungen und gut organisierte Pflanzarbeiten zu vermeiden wären. Am besten wachsen die Pflanzen im Halbschatten, so z.B. im Zwischenanbau nach Durchforstung oder beim Unterbauen degradierter Bestände. Die Art setzt sich gegen Unkrautkonkurrenz durch (Ausnahme: Lianen) und gedeiht gut an partiell beschatteten Stellen des natürlichen Buschwaldes.

Pflanzungen in offenem Gelände wachsen in den ersten 2 oder 3 Jahren nur sehr langsam.

Taxonomie

Hagenia abyssinica (BRUCE) J. F. GMEL. ist die einzige Art der monotypischen Gattung *Hagenia* J. F. GMEL. Ansätze zu ihrer intraspezifischen Differenzierung wurden mehrfach bekannt, setzten sich letztlich aber nicht durch:

Über die Wuchsleistung von *H. abyssinica* gibt es keine genauen Daten. Ersten Aufnahmen älterer Versuchsflächen wie auch eigenen Erfahrungen zufolge können 10jährige Reinbestände einen BHD von 15 bis 20 cm und eine Höhe von 10 bis 15 m einnehmen, was einem laufenden Jahreszuwachs von 10 bis 15 m³ entspricht. Aus der hochgerechneten Wuchsleistung jüngerer Plantagen läßt sich eine Umtriebszeit von 30 bis 50 Jahren für einen Zieldurchmesser von 40 bis 50 cm ableiten.

Nutzung

Hagenia-Holz wird zur Herstellung von Möbeln, Furnieren und Fußböden genutzt. Es eignet sich außerdem zum Schnitzen und für die Kunsttischlerei [1, 3, 8, 17]. In einigen Regionen ist es auch ein beliebtes Brennmaterial [1, 16].

Weibliche Blüten (Droge: Flores Koso) dienen als Bandwurm-Mittel für Menschen und Tiere [8, 12, 13]. Nach Berichten des portugiesischen Jesuiten-Paters Almeida und des Schotten Bruce war die taenizide Wirkung von „Koso" in Äthiopien bereits im 18. Jahrhundert bekannt [19]. Die Einwohner sind dort seit altersher gewohnt, rohes Rindfleisch zu essen. Weil dieses aber nicht selten Bandwurm-Larven (*Taenia saginata* Goeze) enthält, sind volksmedizinische Bekämpfungsverfahren, u.a. mit *Hagenia*-Blüten in Gebrauch.

Weibliche Blüten werden zunächst getrocknet, dann gemahlen und im hölzernen Mörser weiter zerkleinert. Das Pulver nimmt man als Suspension, Infusion oder in Form lockerer „Bällchen" ein (Dosis: 8 bis 16 g für Erwachsene). Hinzugefügt wird gewöhnlich *Croton macrostachys* Del. Wegen des bitteren, widerlichen Geschmacks werden die Blüten von Kindern zumeist erbrochen [13].

Zu den aktiven vermiziden Komponenten gehören die Phloroglucin-Derivate Protokosin, Kosotoxin, α- und β-Kosin, ähnlich den Inhaltsstoffen von *Dryopteris*-Arten [14, 15, 20]. Einige Forscher nehmen an, daß die traditionelle Verwendung von *Hagenia*-Blüten als Bandwurm-Mittel die weite Verbreitung von Leber-Erkrankungen in Äthiopien verursachte, und sie halten zumindest eine der vier Kosin-Verbindungen für leberschädigend [13]. Bei Mäusen hatten hohe Dosen dieser Stoffe eine Paralyse der Extremitäten und den plötzlichen Tod herbeigeführt. Auch die Nerven in Atmungsorganen erlitten Schäden [6]. Wegen ihrer angeblich hohen Toxizität sind männliche *Hagenia*-Blüten nicht als Taenizid genutzt worden. [4]. Überdosierungen lösen Lähmung der Nervenenden und Muskeln aus.

Starke Vergiftungen enden mit dem Tod durch Ersticken infolge Lungen-Paralyse [20].

Infusionen aus Rinde und Blättern sollen Diarrhoe heilen und Fieber senken. Die Blätter verwendet man zur Wundbehandlung. Angeblich soll selbst der Honig aus *Hagenia*-Pollen und -Nektar mitunter von Bandwürmern befreien [13].

Weitere, hauptsächlich in Äthiopien praktizierte Anwendungen sind:

– Mit den jungen, federartigen Blättern richtet man das Bett für Mütter nach dem Gebären her.

– Im Afrikanischen Hochland stellt *H. abyssinica* eine der wichtigsten Honigpflanzen dar [3, 8, 17].

– *Hagenia*-Blätter sind für die meisten Weidetiere sehr schmackhaft. Einige Hirten verfüttern sie während der Trockenzeit als Zusatzfutter [16].

Abb. 6: H. abyssinica am Mt. Kenya, ca. 3300 m ü.NN
(Foto: Ulla M. Lang)

Weiterführende Literatur

[1] ALBRECHT, J. (ed.), 1993: Tree Seed Handbook of Kenya. GTZ-KEFRI, Nairobi.

[2] ANONYMUS, 1986: Growth of Some Forest Trees in Ethiopia. Es. Note 2. Forestry Res. Ctr., Addis Ababa.

[3] AZENE BEKELE-TESEMMA, 1993: Useful Trees and Shrubs for Ethiopia. SIDA, Nairobi.

[4] BERHANU ABEGAZ; ERMIAS DAGNE, 1978: Comparative bioassay studies of some traditional anthelmintic plants, plant extracts and modern drugs. Ethiopian J. Sci. 1, 2, 117-122.

[5] BREITENBACH, F. v., 1963: The Indigenous Trees and Shrubs of Ethiopia. Ethiopian Forestry Ass., Addis Ababa.

[6] EDEMARIAM TSEGA; LANDELLS, J., et. al. , 1978: Kosso toxicity in mice. Ethiopian J. Sci. 1, 2, 99-106.

[7] EGGELING, W. J.; DALE, I. R., 1951: The Indigenous Trees of the Uganda Protectorate.Govt. Uganda Protectorate, London.

[8] FICHTL, R.; ADMASU ADI, 1994: Honeybee Flora of Ethiopia. DED – Margraf Verlag, Weikersheim.

[9] FRIIS, I., 1992: Forests and forest trees of Northeast Tropical Africa: their natural habitats and distribution patterns in Ethiopia, Djibouti and Somalia. Kew Bulletin, Additional series XV, London.

[10] GRAHAM, R. A., 1960: Rosaceae. In: HUBBARD, C. E.; MILNE-READHEAD, E. (eds.), Flora of Tropical East Africa. Crown Agents for Overseas Governments and Administrations, London.

[11] HEDBERG, O., 1951: Vegetation belts of East African mountains. Svensk Tidskr. 45, 104-202.

[12] HEDBERG, I.; EDWARDS, S. (eds.), 1989: Flora of Ethiopia, Vol. 3. Addis Ababa University.

[13] LEGESSE NEGASH, 1995: Indigenous Trees of Ethiopia. SLU, Umeå, Sweden.

[14] LOUNASMAA, M.; WIEDEN, C-J.; HUHTIKANGAS, A., 1973: Phloroglucinal derivatives of Hagenia abyssinica. Phytochemistry 12, 2017-2025.

[15] LOUNASMAA, M.; WIEDEN, C-J.; HUHTIKANGAS, A., 1974: Phloroglucinal derivatives of Hagenia abyssinica: II. The structure determination of Kosso toxin and protokosin. Acta Chem. Scandinavica B 28, 1200-1208.

[16] MIEHE, S. and G., 1994: Ericaceous Forests and Heathlands in the Bale Mountains of South Ethiopia. Stiftung Walderhaltung in Afrika, Warnke Verlag, Reinbek.

[17] NOAD, T.; BIRNIE, A., 1989: Trees of Kenya. Nairobi, Kenya.

[18] PALGRAVE, K. C., 1995: Trees of Southern Africa. Struik Publishers, Cape Town.

[19] PANKHURST, R., 1975: Historical anecdote: Dr. A. Brayer and Europe's discovery of Kosso. Ethiopian Medical J. 13, 29-34.

[20] ROTH, L.; DAUNDERER, M.; KORMANN, K., 1994: Giftpflanzen-Pflanzengifte. Ecomed, Landsberg/Lech.

[21] THIRAKUL, S., o.J.: Manual of Dendrology. WBISP Addis Ababa.

Die Autoren:

STEPAN UNCOVSKY
GTZ Abt. 45
Postfach 5180
65726 Eschborn, Deutschland

SILESHI NEMOMISSA
Faculty of Science, Biology Dept.
Addis Ababa University
P.O.Box 3434
Addis Ababa, Ethiopia

Aus dem Englischen übertragen von P. SCHÜTT.

Hevea brasiliensis (WILLD. ex A. JUSS.) MUELL.-ARG., 1865

Kautschukbaum, Parakautschukbaum   Familie: Euphorbiaceae

engl.: Para rubber tree
franz.: Hevea, Caoutchouc
span.: Caucho

Abb. 1: Hevea brasiliensis. Randbaum einer Kautschukplantage in Indonesien

Der im Amazonasgebiet heimische, und nur im Tropenklima gedeihende, laubabwerfende Baum wird unter günstigen Bedingungen bis zu 50 m hoch. Kennzeichnend ist u.a. die graue bis braun-schwarze, reichlich Milchsaft führende Rinde. Aus ihr gewinnt man durch parallel verlaufende Schnitte weißes, Kautschuk enthaltendes Latex – die Grundsubstanz zur Herstellung von Naturgummi.

Hevea-Saatgut gelangte gegen Ende des letzten Jahrhunderts nach England und – mit offizieller Unterstützung – weiter nach Südostasien, wo heute eine Plantagenfläche von ca. 8 Mio Hektar bewirtschaftet wird. Außer Latex nutzt man das Holz und das Samenöl.

H. brasiliensis ist frostempfindlich und benötigt reichliche, über das ganze Jahr verteilte Niederschläge. Der Trivialname „Kautschuk" wird mit der indianischen Bezeichnung „Ca-Hu-Chu" (=weinender Baum) in Verbindung gebracht. [8].

In Brasilien wächst die Art besonders häufig entlang des Madeira-, des Marmellos- und des Tapajoz-River (nahe Balterra), außerdem im Mündungsbereich des Amazonas und in der weiteren Umgebung von Manaos [31].

Genaue Angaben über die Grenzen des natürlichen Areals und über die Höhenverbreitung fehlen allerdings.

Die künstliche Verbreitung der Art erstreckt sich vor allem auf Länder in den tropischen Regionen Asiens und Afrikas. Sie setzte im Jahre 1876 ein, als es H. A. WICK-HAM angeblich unter Umgehung eines strengen brasilianischen Ausfuhrverbotes gelang, ca. 70.000 *Hevea*-Samen aus der Provinz Pará nach Kew Bot. Gardens zu bringen. 1700 der daraus angezogenen Pflanzen exportierte man nach Ceylon, geringere Mengen auch nach Singapur, Burma und Java. Von diesen Bäumen geerntetes Saatgut bildete das Ausgangsmaterial für die Anlage vieler Kautschuk-Plantagen Südostasiens [36].

Diese Plantagen stellen noch heute die weitaus größte Anbaufläche dar, denn 94 % des weltweit produzierten Naturkautschuks (ca. 6,77 Mio t) stammten 1997 aus diesem Teil der Welt, das meiste aus Thailand (2,1 Mio t), Indonesien (1,65 Mio t) und Malaysia (1,08 Mio t) [3].

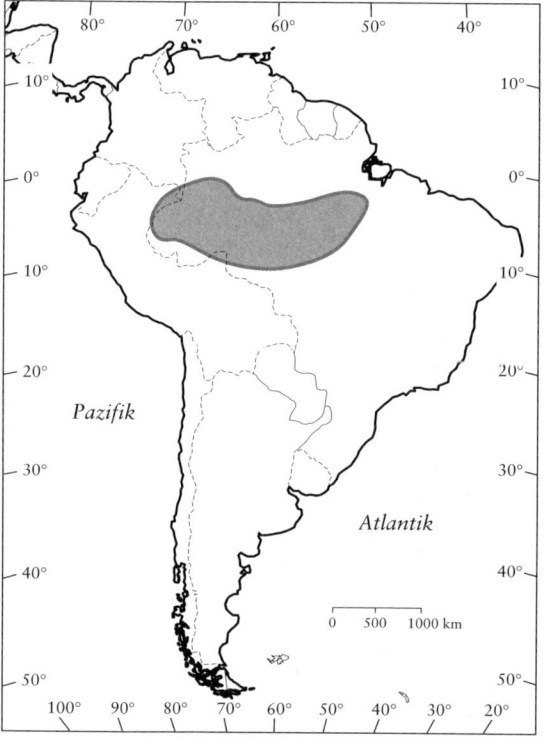

Abb. 2: Natürliches Verbreitungsgebiet, verändert nach [23]

Verbreitung

H. brasiliensis ist ein Baum des tropischen Regenwaldes, heimisch im unteren Amazonas-Tal (Brasilien) [23, 36], außerdem in Bolivien und Guyana [19]. Zum Verbreitungsgebiet gehören weiterhin die Madre de Dios- und die Iquitos-Region in Peru, sowie die Leticia-Region von Columbien.

Beschreibung

Unter günstigen Bedingungen nehmen Kautschukbäume Höhen bis zu 40 m [19], manchmal wohl auch von 50 m [8] und Stammdurchmesser (BHD) von maximal 1 m ein. Der normale Höhenbereich wird mit 17 bis 30 m angegeben [8].

Der gerade, gleichmäßig geformte Stamm ist oft etwas abholzig und hat eine glatte, graue bis bräunlich schwarze Borke [19].

Blätter

H. brasiliensis wirft die langgestielten, dreizählig gefingerten Laubblätter in der Trockenzeit ab. Diese sind wechselständig angeordnet, haben eine ca. 15 cm lange, kahle Spreite mit drei gestielten (2 – 3 cm), ganzrandigen Blättchen, deren Apex lang und fein zugespitzt ist und deren lang keilförmige Basis ein wenig am Stiel herablaufen kann. Die Mittelrippe tritt auf der Blattunterseite hervor und ist heller als oberseits. Die hypostomatisch verteilten Spaltöffnungen liegen meist ein bißchen tiefer als die Epidermis-Oberfläche, nur auf den Blattnerven ragen sie etwas hervor [29].

Der kräftige, rinnige Blattstiel nimmt mit ca. 15 cm ungefähr die selbe Länge ein wie die Spreite.

Diese Beschreibung geht auf Plantagenbäume und somit auf die Nachkommen weniger Individuen einer einzigen autochthonen Population zurück. Ein differenziertes Bild vermitteln Beschreibungen von *Hevea*-Blätter, die auf Forschungsreisen in verschiedenen Teilen des brasilianischen, kolumbianischen und peruanischen Amazonas-Gebietes verfaßt wurden [31]. Demnach bestehen nennenswerte Unterschiede vor allem in der Blattbreite (zeitweise trennte man var. *latifolia* von var. *angustifolia*) und in der Blattfarbe. Ober- und/oder Unterseite können glänzend grün sein. Mitunter schimmert die Blattunterseite bläulich.

Blüten, Früchte und Samen

Bei *H. brasiliensis* sind die unscheinbaren eingeschlechtigen Blüten monoezisch verteilt. Sie stehen an behaarten, 10 bis 15 cm langen, lateralen Rispen im oberen Kronendrittel – je eine gelbliche weibliche Blüte am Ende der Rispenäste, insges. ca. 12 pro Infloreszenz, und die ebenfalls gelblichen ♂♂ dicht gedrängt an kurzen Seitenachsen [10]. Petalen fehlen. Männliche Blüten enthalten noch Rudimente des Fruchtknotens.

Der glockenförmige, fünfzipfelige oder fünflappige Kelch umschließt entweder mehrere Staubblätter, deren Konnektive zu einer Säule verwachsen sind oder einen dreifächerigen, ovalen Fruchtknoten mit sehr kurzem Griffel und einer abgespreizten, zweilappigen Narbe.

Die Blütezeit fällt in den Juli/August.

Nach der Befruchtung entwickelt sich eine dreigeteilte, bis 7 cm lange, rundliche Kapsel. Sie enthält 3 ovale bis runde, hell bis dunkelbraun gefleckte Samen, die bei Reife 2 bis 3,5 cm lang und 3,6 bis 4 g schwer sind [8] und sich aus 49,4 % Kohlenhydraten, 21,8 % Fett, 18,2 % Proteinen (hauptsächlich Valin, Cystin, Methionin) und 1,2 % Fasern zusammensetzen [1]. Rispenäste mit nicht befruchteten weiblichen Blüten fallen ab [10]. *H. brasiliensis* entwickelt sowohl florale wie extraflorale Nektarien [7].

Holz und Rinde

Das leichte, etwas spröde und wenig dauerhafte Stammholz des Kautschukbaumes lässt sich leicht bearbeiten und gut färben [28].

Splint und Kern sind farblich kaum voneinander abgesetzt. Frisch eingeschlagen, ist es weißlich, bei Lichtexposition wird es hellbraun oder strohfarben und schimmert mitunter rosa. Kennzeichnend ist auch ein saurer Geruch [19].

Bei allgemein grober aber gleichmäßiger Textur tritt reichlich Zugholz auf. Die Rohdichte liegt im Durchschnitt bei 0,543 g/cm³, für Astholz bei 0,494 g/cm³ [4]. Die Schwindung zwischen waldfrischem und lufttrockenem Holz

beträgt radial 4 % und tangential 7 % [19], nach Untersuchungen in Kuala Lumpur jedoch nur 0,7 – 1,12 bzw. 1,1 – 1,7 %[1)].

Holztechnologische Kennziffern bei einem Wassergehalt von 12 % lauten [19]

Bruchfestigkeit	43,0 – 67,0 MPa
Druckfestigkeit	22,0 – 40,0 MPa
Scherfestigkeit	5,5 – 10,3 MPa

Für die Faserlänge werden Durchschnittswerte von 1,55 mm, für den Durchmesser und die Wanddicke der Fasern von 22 µm bzw. 2,81 µm angegeben [26].

Hevea-Holz lässt sich leicht sägen. Weil es nicht völlig schraub- und nagelfest ist, muß aber vorgebohrt werden. Nachteilig ist ferner die hohe Anfälligkeit gegen Bläue und mancherlei holzzerstörende Organismen wie marine Bohrmuscheln , Termiten und Käferarten der Gattungen *Lyctus* und *Gautholia* [19]. Im Freien verbautes Holz benötigt chemischen Schutz; andernfalls bleibt es bei Bodenkontakt nur 1 bis 8 Jahre stabil.

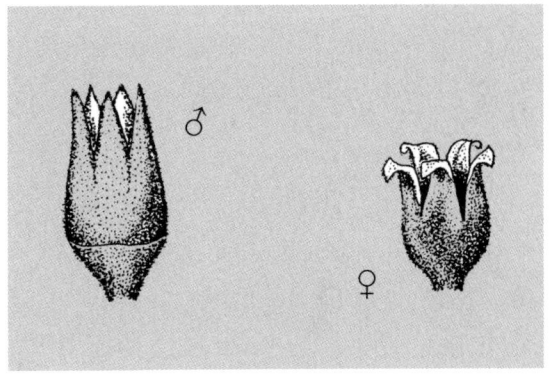

Abb. 3: Männliche (links) und weibliche Einzelblüte, verändert nach: WETTSTEIN, Handbuch der systematischen Botanik, 3. Aufl.

Rinde und Borke sind die wichtigsten Latex führenden Gewebekomplexe des Kautschukbaumes. Sie variieren stark hinsichtlich Farbe und Härte und werden in diesen Merkmalen seit langem als mögliche Indikatoren für die Latex-Qualität und -menge geprüft.

So heißt es, dass sich Bäume mit schwarzer Borke, die u.a. südwestlich des Amazonas vorkommen und dort Reinbestände bilden können, durch hohe Latex-Erträge bester Qualität auszeichnen. Im brasilianischen Regenwald kommen zumindest drei weitere Borkentypen vor, welche mit Verschiedenheiten in der Latexfarbe und -konsistenz verbunden sind [31]:

[1)] For. Abstr. 15, 1714, 1954

Abb. 4: Austretender Latex an abgebrochenem Zweig

Hevea brasiliensis – **Borkentypen** [32]

	Seringueira picta	Seringueira vermelha	Seringueira branca
Farbe	dunkelbraun	hellbraun innen: ziegelfarben	bräunlich grau innen: khakifarben
Stärke und Konsistenz	10 – 15 mm weich	dünn und glatt	etwas spröde schwer zu schneiden
Latex	dick	weiß bis cremefarben	rein weiß wässrig
Samen	klein. ovoid, ±flach 200 Stck/kg	etwas länglich 150 Stck./kg	groß, ovoid, rel. hell 160 Stck./kg

Innere Rindenschichten variieren in der Farbe von rosa über dunkelrot bis schwarzrot.

Latex

Kautschuk ist ein Bestandteil des Milchsaftes (Latex), einer reinweißen Flüssigkeit, welche in gegliederten oder ungegliederten Milchröhren des lebenden, assimilatleitenden Rindengewebes (Phloem) enthalten ist. Latex besteht aus folgenden Komponenten [8]:

Wasser	60 – 75 %	Proteine	1,5 – 2 %
Zucker	1,5 %	Kautschuk	20 – 36 %
Harze	1,5 – 2 %	Mineralstoffe	0,5 – 1 %

Chemisch handelt es sich bei Kautschuk um ein Polyterpen, das sich aus vielen kettenartig verknüpften Isopreneinheiten zusammensetzt.

Wurzeln

H. brasiliensis bildet ein kräftiges Pfahlwurzelsystem, das in lockere Böden bis in Tiefen um 4,5 m eindringt [8].

Die Feinwurzeln sind häufig mykorrhiziert. In Kerala (Indien) ermittelte man in einer *Hevea*-Plantage an 15 bis 65 % aller Wurzelproben eine typische VA-Mykorrhiza [34]. *Glomus clavum* und *Gigaspora margerita* erwiesen sich bei mehreren Experimenten als wachstumsfördernde Pilzpartner [15, 16].

Pflanzenanzucht und Anlage von Plantagen

Hevea-Samen müssen frühzeitig geerntet und sogleich transportiert werden, denn sie verlieren rasch an Keimkraft. Vier Wochen altes Saatgut keimt höchstens zu 45 %, und Wasserverluste setzen die Keimfähigkeit weiter herab. Bei einem Wassergehalt unter 15 – 20 %, bei Temperaturen über 45 °C und unter –5 °C bleiben die 2,5 x 2 cm großen, recalcitranten Samen nicht mehr am Leben [37].

Abb. 5: Beernteter Stamm mit parallel geführten Rindenschnitten

Unmittelbar nach der Ernte setzt die Keimung ohne Vorbehandlung des Saatgutes ein. Später hat sich 5tägige Wässerung bewährt, wodurch ein Wassergehalt der Samen von etwa 32 % erreicht wird.

Weit häufiger vermehrt man vegetativ – entweder durch Pfropfen, Okulieren oder Luftableger, seltener durch Stecklingsbewurzelung [8]. Die heterovegetativen Verfahren kommen bereits an Sämlingen zur Anwendung. Das Auspflanzen geschieht 1 oder 2 Jahre nach der Veredelung. Als Stecklinge verwendet man Gipfeltriebe junger Bäume. Sie werden für kurze Zeit in eine Wuchsstofflösung getaucht und dann in einer feuchten Grobsand/Sägemehl-Mischung abgesteckt. Die Erfolge bleiben generell hinter der Pfropfung zurück.

Kautschuk gewinnt man heutzutage fast ausschließlich in *Hevea*-Plantagen. Diese werden i.a. mit 8 oder 9 Monate alten Jungpflanzen im 4 x 4 m Dreiecks- oder Quadrat-Verband angelegt, wobei die anfängliche Zahl von 500 Bäumen pro Hektar allmählich auf 160 bis 200 reduziert wird [8]. Vor dem Pflanzen erfolgt stets ein Rückschnitt an Trieb und Wurzeln. Als besonders wirtschaftlich erweisen sich im sog. „Alley-System" begründete Plantagen. In ihnen wechselt eine *Hevea*-Reihe regelmäßig mit einer Reihe Kaffee oder Ananas, Sisal oder Pfeffer ab, und die Stickstoff-Versorgung verbessert man durch Zwischenanbau N-bindender Arten, u.a. *Leucaena leucocephala* und *Albizia lebbek*.

In Burma und Indien sind engere Pflanzverbände in Gebrauch als in Malaysia. Auf den Andamanen, dem Hauptanbaugebiet Indiens, pflanzt man *Hevea* im 6,7 x 6,7 m – Dreiecksverband [36].

Ökologie

Im natürlichen Verbreitungsgebiet der Art herrscht eine Jahresmitteltemperatur von 25 °C, wobei sich die Schwankungen zwischen den Tagen und innerhalb des Jahres in engen Grenzen halten. Die Extremwerte werden mit 35 °C (Maximum) und 23 °C (Minimum) angegeben [36]. Wichtig sind die hohen, über das Jahr verteilten Niederschläge. Sie betragen etwa 2000 mm und fallen hauptsächlich in der Zeit von Januar bis Juli [36]. Optimale Anbaubedingungen herrschen nach TROUP [36] bei Temperaturen von 24 bis 35 °C und einer Regenmenge von 1750 bis 3750 mm pro Jahr. Die Art verträgt Trockenperioden wenn Grundwasseranschluß besteht; sie ist aber frostempfindlich.

H. brasiliensis stellt hohe Standortsansprüche. Die Böden sollen tiefgründig und nährstoffreich, feucht, aber wohldrainiert sowie humusreich und gut durchlüftet sein. Schwere oder verfestigte Substrate werden gemieden, und auf Böden mit hohem Grundwasserspiegel ist die Wurzelentwicklung eingeschränkt.

Die Art gilt als pH-tolerant und gedeiht im Bereich von pH 3,6 bis 7,6. Stark alkalische Böden verträgt sie aber nicht [8].

Abb. 6: Beblätterter Zweig mit Blütenständen

Abb. 7: Keimling mit Latex führender, verletzter Wurzel

Abb. 8: Sämling aus Naturverjüngung

Taxonomie, Artbastarde und intraspezifische Differenzierung

Im brasilianischen Urwald kommen wuchskräftige Artbastarde der Kombination H. brasiliensis x H. spruceana ausschließlich auf nährstoffarmen, sauren Standorten vor, die von der reinen H. brasiliensis nicht besiedelt werden[2].

Kautschuk bester Qualität („Arce fino") stammt aus der Arce-Region in Brasilien, weiterhin aus dem Beni-Gebiet in Bolivien und Teilen des Departmento del Madre de Dios in Peru. Ansätze zur taxonomischen Abtrennung dieser Populationen als H. brasiliensis var. acreana wurden später verworfen. Augenscheinlich handelt es sich um die normale Variabilität innerhalb einer natürlichen Population. Gleiches gilt für ebenfalls im Acre-Gebiet heimische Bäume mit besonders großen Abmaßen [31].

Über die Anlage von Herkunftsversuchen und die Durchführung von Artkreuzungsexperimenten liegen keine Informationen vor.

Ernte und Ertrag

Die Latex-Gewinnung erfolgt nach Verletzung der Borke durch parallel geführte, nach unten spitz zulaufende Schnitte und das Auffangen des austretenden Milchsaftes in kleinen Gefäßen am tiefsten Punkt. Dafür haben sich Muster in V-, Gräten- oder Schraubenform durchgesetzt. Der Schnitt wird während der Erntezeit täglich oder alle zwei bis drei Tage erneuert.

Infolge des Wundreizes ist die Ausbeute am 2. und 3. „Zapftag" höher als am ersten [8]. Weiterhin wechselt sie mit der Tageszeit und ist vor Sonnenaufgang am höchsten.

Beerntet werden Bäume ab 5 bis 6 Jahren mit einem Stammdurchmesser über 16 cm. Im allgemeinen nutzt man eine 50 bis 60 cm hohe, über den halben Stammumfang reichende Fläche für 2 Jahre. In den anschließenden beiden Jahren wechselt die Entnahme auf die andere Stammhälfte [8].

Im Mittel rechnet man mit Tageserträgen von etwa 20 g Latex pro Baum, dem entsprechen 5 kg/ha für eine Plantage mit 250 Bäumen (=1,8 t/ha/Jahr). Spitzenleistungen von 3 t/ha kommen vor [9], und in Malaysia wachsen sogar Hochleistungsklone mit Erträgen von 3,9 t/ha/a [31]. Demgegenüber beläuft sich der weltweite Durchschnitt auf kaum mehr als 0,5 t/ha, und Troup [36] nennt für Plantagen in Burma ein Minimum von 0,39 – 0,45 t/ha.

Im Jahre 1997 wurden insgesamt 6,76 Mio t Kautschuk geerntet – 6,35 Mio t allein in Asien, wo wiederum Thailand (2,1 Mio t), Indonesien (1,65 Mio t) und Malaysia (1,08 Mio t) mit großem Abstand an der Spitze lagen [3].

Pathologie

Massive Ausfälle und bedrohliche Schäden werden in erster Linie durch pathogene Pilze und durch Nematoden hervorgerufen. Sie bestehen vor allem in Infektionen des Wurzelsystems, gehen aber in den verschiedenen Anbauregionen nicht immer auf dieselben Erreger zurück.

Große Bedeutung ist vor allem Rigidoporus lignosus (KLOTZSCH.) IMAZ. (syn. Fomes lignosus (KLOTZSCH.) BRES.) beizumessen. Der Pilz gilt bei den Pflanzern in allen Kautschuk liefernden Regionen der Welt als das am meisten zu fürchtende Pathogen [25]. Er ruft starke Ausfälle in Plantagen hervor, infiziert mit Rhizomorphen, dringt dann mit Infektionshyphen in die Pfahlwurzel vor und verursacht Weißfäule [24].

In Asien und in Westafrika haben sich ausschließlich Wurzelkrankheiten als gefährlich erwiesen – an der Elfenbeinküste ausgelöst durch R. lignosus, in Liberia durch Phellinus noxius (CORNER) G.H. CHUNN. (meist an Seitenwurzeln). Beide Arten treten (neben Ganoderma pseudoferreum (WAKEF.) OVER et STEINM. und Armillaria) in den nach Kahlschlag begründeten Beständen besonders stark auf. Gleiches gilt für die Ascomyceten Sphaerostilbe repens (BERKH. et BR.) und Ustulina zonata (LEV.) SACC. [27].

Nicht selten werden in den natürlichen Wäldern und den Hevea-Plantagen des Amazonasgebietes Schäden durch den Blattparasiten Microcyclus ulei (syn. Dothidella ulei = „South American leaf-blight") festgestellt. Sein Vorkommen ist auf Südamerika beschränkt; örtlich haben sich resistente Teilpopulationen entwickelt [21, 35].

Darüber hinaus enthält die Literatur mehrere Hinweise auf Krankheiten lokalen Ursprungs:

– In einer Baumschule auf Sri Lanka rief starker Befall durch Sclerotium rolfsii (syn. Corticium rolfsii) massive Verluste an drei Monate alten Sämlingen hervor [17].

– Das Aufreißen der Borke, verbunden mit dem Austreten von Latex geht nach serologischen Untersuchungen auf Virus-Infektionen zurück [27].

– Nematoden können in Baumschulen Seitenwurzeln besiedeln und dadurch Welke, Blattverfärbung und Blattfall wie auch Wuchsstörungen, Mangelsymptome (N, Zn, Mg) und beträchtliche Ausfälle hervorrufen.

Entsprechende Berichte liegen aus Sri Lanka, Indien (Kerala) [17] und Brasilien [22] vor. Die auslösenden Arten waren Meloidogyne incognita [17] bzw. Pratylenchus brachyurus und P. zeae [22].

---

[2] For. Abstr. 6, 15304, 1944/45.

Nutzung

Latex, Holz und Samen sind die drei wichtigsten, regelmäßig genutzten Teile des Kautschukbaumes.

Frischer, flüssiger Latex wird unmittelbar nach der Ernte zu Sammelstellen und von dort in weiterverarbeitende Fabriken transportiert. Nach Durchmischung erfolgt hier die Weiterverarbeitung

(a) zu 3 mm starken Kautschuk-Bahnen. Zuvor wird der Latex durch schwache organische Säuren zum Koagulieren gebracht, danach gewalzt, gewässert, erwärmt und geräuchert

(b) zu Crêpe, entstanden durch Koagulation des Latex mit $NaHSO_3$ in großen Sammelbecken, zu geringen Teilen auch aus verfestigten Latex-Resten an den Zapfflächen

(c) zu flüssigen Latex Konzentraten (ca. 60 %), die in Tankschiffen transportiert werden

(d) zu „rubber powder", i.e. fein zerstäubtes, in Heißluft getrocknetes Latex.

Der in diesen Formen vorliegende, relativ weiche Rohkautschuk kann durch Erhitzen auf 140 °C und Zusatz fein verteilten Schwefels (Vulkanisieren) zu Gummi von fester, zäher und elastischer Konsistenz verarbeitet werden. Je nach der zugesetzten Schwefelmenge entsteht Weichgummi (5 – 10 % S) oder Hartgummi (30 – 50 % S).

Erst wenn die Latex-Gewinnung eingestellt worden ist, beginnt der Einschlag des Stammholzes. Dieses eignet sich für die Zellstoff-Produktion im Sulfat-Verfahren und liefert ein Schreib- und Druckpapier hoher Qualität [12, 26]. Weiterhin nutzt man es für Verpackungen und als Brennholz, in neuerer Zeit auch zur Herstellung von Möbeln. Nachteilig ist hier allerdings der hohe, die Stabilität reduzierende Zugholz-Anteil von 15 bis 65 % [20].

Hevea-Samen enthalten Öl, das sich zur Herstellung von Seifen und Harzen eignet. Bei längerer Lagerung tritt allerdings Qualitätsverlust durch die Zunahme freier Fettsäuren ein (11,3 % auf 27 % innerhalb eines Jahres) [2]. In Indien werden jährlich 4500 t dieses Öls gewonnen, das zu 52 % aus essentiellen Fettsäuren besteht [11].

H. brasiliensis spielt in Indien eine beträchtliche Rolle als Honigpflanze. Ende der achtziger Jahre gingen 2750 t, das entspricht 42 % der indischen Honigernte, auf *Hevea*-Blüten zurück [13].

Verschiedenes

– *Hevea*-Samen sind für Menschen giftig, solange der Blausäure-Gehalt nicht durch Kochen entfernt wird [19].

– Über Latex berichteten spanische Amazonas-Reisende schon im 15. Jahrhundert. In Europa blieb die Nachricht jedoch mehr als 3 Jahrhunderte unbeachtet. Erst 1736 brachte De La Condamine Latex-Proben nach Frankreich.

– Späne aus *Hevea*-Holz, gemischt mit Reis-Spelzen haben sich in Malaysia – nach Zusatz von $CaCO_3$ – als Substrat für die Anzucht der Speisepilze *Pleurotus florida* und *P. cystidiosus* bewährt [14].

Literatur

[1] ACHINEWHU, S.C., 1986: Unconventional sources of food: chemical composition of rubber seed (Hevea brasiliensis). Food Chemistry 21, 1, 17-25 (als Referat gelesen).

[2] AIGBODION, A.I., 1994: Effect of storage of seeds on quality of rubber seed oil. Indian J. Natural Rubber Res. 7, 2, 141-143.

[3] ANONYMUS, 1997: FAO Production Yearbook 56, Rome.

[4] BHAT, K.M.; BHAT, K.V.; DHAMODAVAN, T.K., 1990: Wood specific gravity in stem and branches of eleven timbers from Kerala. Indian Forester 116, 7, 541-546.

[5] BERJAK, P., 1989: Storage behaviour of seeds of Hevea brasiliensis. J. Natural Rubber Res. 4, 3, 195-203.

[6] CHAPMAN, E.C., 1991: The expansion of rubber in southern Yunnan, China. Geograph. Journal 157, 1, 36-44.

[7] DEODASAN, A., 1972: Rubber plantation and bee-keeping. Indian Bee Journal 34, 1-2, 38-39.

[8] FRANKE, G., 1967: Nutzpflanzen der Tropen und Subtropen, Band 1. S. Hirtzel Verlag Leipzig.

[9] FRANKE, W., 1981: Nutzpflanzenkunde, 2. Aufl., Georg Thieme Verlag Stuttgart, New York.

[10] FREY-WYSSLING, A., 1969: Über den Fruchtansatz bei Hevea brasiliensis Müll. Arg. Beih. Zeitschr. Schweiz. Forstverein 46, 303-308.

[11] GANDHI, V.M.; CHERIAN, K.M.; MULKY, M.J., 1990: Nutritional and toxicological evaluation of rubber seed oil. J. Amer. Oil Chemists' Soc. 67, 11, 883-886 (als Referat gelesen).

[12] GUHA, S.R.D.; NEGI, J.S., 1969: Pulping of Rubber wood. Indian Pulp Pap. 24, 3, 187-189.

[13] HARIDASAN, V.; JAYARATNAM, K.; NEHRU, C.R., 1987: Honey from rubber plantation: a study of its potential. Rubber-Board Bull., India 23, 1, 18-21.

[14] HONG, L.T.; KILLMAN, W., 1989: Cultivation trials of edible mushrooms on logs and chippings of rubber tree, meranti and oil palm. Champignon 330, 28-31.

[15] IKRAM, A.; MAHMUD, A.W.; OTHMAN, H., 1993: Growth response of Hevea brasiliensis seedling rootstock to inoculation with visicular – arbuscular mycorrhizal fungal species in steam – sterilised soil. J. Natural Rubber Res. 8, 3, 231-242.

[16] JAYARATNE, A.H.R.; PERIES, O.S.; WAIDYANATHA, U.P., 1986: Effect of vesicular – arbuscular mycorrhizae on seedlings of Hevea and Pueraria phaseoloides. J. Rubber Res. Inst. Sri Lanka 62, 75-84 (als Referat gelesen).

[17] JAYASINGHE, C.K.; WARNAPURA, S.S.; FERNANDO, B.I., 1993: Sclerotium collar rot of Hevea seedling and its management. Indian J. Natural Rubber Res. 6, 1-2, 5-9.

[18] JAYASINGHE, C.K.; WETTASINGHE, D.S., 1993: Meloidogyne incognita, pathogen of Hevea brasiliensis in Sri Lanka. FAO Plant Protection Bull. 41. 1, 36.

[19] KEATING, W.G.; BOLZA, E., 1982: Characteristics, Properties and Uses of Timbers, vol. 1. South-east Asia, Northern Australia and the Pacific. Inkata Press, Melbourne, Sydney and London.

[20] KRISHNA-RAO, P.V.; KAMALA, B.S.; SRINIVASAN, V.V., 1993: A note on the suitability of rubberwood (Hevea brasiliensis) for handicrafts. Y. Timber Developm. Assoc. India 39, 3, 38-42 (als Referat gelesen).

[21] LANGFORD, M.H., 1945: South American leaf blight of Hevea rubbertrees. USDA, Techn. Bull. 882.

Abb. 9: Kautschuk-Plantage auf Bali/Indonesien

[22] LORDELLO, L.G.E.; VEIGA, A.S., 1983: Nematodes in rubber trees. Revista Agriculture Sao Paulo **58**, 3, 203-207 (als Referat gelesen).

[23] LÖTSCHERT, W.; BEESE, G., 1984: BLV Bestimmungsbuch Pflanzen der Tropen. BLV Verlagsges. München, Wien, Zürich.

[24] NANDRIS, D., 1985: Pathogenese et Epidemiologie des Pourides de L'Hevea brasiliensis. These de Doctorat de L'Université Pierre et Marie Curie, Paris VI.

[25] NANDRIS, D.; NICOLE, M.; GEIGER, J.P., 1987: Root rot diseases of rubber trees. Plant Disease **71**, 4, 298-306.

[26] PEEL, J.D.; PEH, T.B., 1960: Para Rubber wood (Hevea brasiliensis Muell.-Arg.) as a raw material for pulp: an account of laboratory experiments. Res. Pamphl. For. Res. Inst. Kepong, no. 34.

[27] PERIES, O.S.; BROHIER, Y.E.M., 1965: A virus as the causal agent of bark cracking in Hevea brasiliensis. Nature **205** (4971) 624-625.

[28] RECORD, S.J.; HESS, R.W., 1949: Timbers of the New World. Yale Univ. Press, New Haven.

[29] SANIER, C.; D'AUZAC, J., 1986: Anatomical study of the epidermis of the Hevea brasiliensis Kunth. (Müll.-Arg.) leaf. Compt. Rend. Acad. Sci. **303**, 8, 225-330 (als Referat gelesen).

[30] SCHÜTT, P., 1972: Weltwirtschaftspflanzen. Verlag Paul Parey, Berlin und Hamburg.

[31] SCHULTES, R.E., 1984: The tree that changed the world in one century. Arnoldia **44**, 2, 3-16.

[32] SCHULTES, R.E., 1987: Studies in the Genus Hevea. VIII. Notes on Infraspecific Variants of Hevea brasiliensis (Euphorbiaceae). Economic Botany **41**, 2, 125-147.

[33] SCHULTES, R.E., 1993: The domestication of the rubber tree: economic and sociological implications. Amer. J. Econ. and Sociol. **52**, 4, 479-485.

[34] SIVAPRASAD, P.; PILLAI, M.V.R.; NAIR, M.C., 1982: Occurrence of endotrophic mycorrhiza in rubber (Hevea brasiliensis Muell. Arg.). Agric. Res. Journ. Kerala **20**, 2, 101-102 (als Referat gelesen).

[35] SMITH, N.J.H.; SCHULTES, R.E., 1990: Deforestation and Shrinking Crop Gene – pools in Amazonia. Environmental Conservation **17**, 5, 227-234.

[36] TROUP, R.S., 1986: The Silviculture of Indian Trees, vol. 3. Oxford Univ. Press, London, New York, Bombay.

[37] YOUNG, J.A.; YOUNG, C.G., 1992: Seeds of Woody Plants in North America. Dioscorides Press, Portland, OR.

Die Autoren:

Prof. em. Dr. PETER SCHÜTT
Lehrstuhl für Forstbotanik
Ludwig-Maximilians-Universität München
Am Hochanger 13
D-85354 Freising

ULLA M. LANG
Schützenstraße 6
D-82383 Hohenpeißenberg

Hibiscus elatus Sw., 1788

syn.: Paritium elatum (Sw.) DON
syn.: Hibiscus tiliaceus var. elatus (Sw.) HOCHR.

Hoher Linden-Eibisch   Familie: Malvaceae

engl.:   Mahoe, Blue mahoe, Cuban bast
span.:   Majagua

Abb. 1: Hibiscus elatus. Borke und stammbürtige Triebe (oben links), offene Kapseln (unten links), Blüten und Blätter, Holz (Fladerschnitt), alle Fotos: Ulla M. Lang

Hibiscus elatus, ein sommergrüner, raschwüchsiger, aber kurzlebiger Baum der Karibischen Inseln, ist in den Bergwäldern Kubas und Jamaikas beheimatet. Fröste kommen im natürlichen Areal nicht vor.

Er wird normalerweise 25 m, auf günstigen, feuchten Standorten im Höchstfall 40 m hoch und unterliegt schon ab 6 bis 8 Jahren der planmäßigen forstlichen Nutzung.

Die Art fällt durch große, herzförmige Blätter und sehr hübsche, trichterförmige Blüten auf, die aber nur für einen Tag erblühen und in dieser Zeit ihre Farbe von gelb über orange bis rot verändern.

Das harte, sehr dauerhafte Holz wird wegen des relativ bunten Farbkerns gern zur Möbelherstellung benutzt. Nicht nur im karibischen Raum kultiviert man die Art auch als Park- und Straßenbaum.

Der englische Trivialname „mahoe" geht auf ein karibisches Wort mit der Bedeutung „faserliefernde Pflanzen" zurück [1].

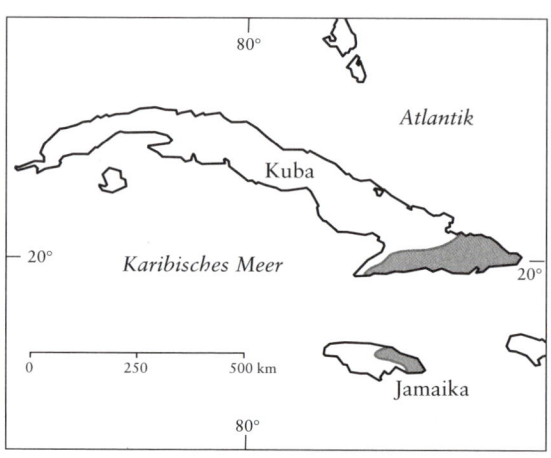

Abb. 3: Natürliches Areal, nach WEAVER/FRANCIS [29]

Abb. 2: Einzelbaum an der Küste Floridas
(Foto: P. Schütt)

Verbreitung

Hibiscus elatus ist im Osten Kubas und auf Jamaika heimisch. Indirekte Hinweise sprechen jedoch dafür, daß die Art noch vor den ersten Vegetationsaufnahmen nach Jamaika eingeführt wurde [6].

Auf beiden Inseln bestehen auch künstliche Anbauten. Gleiches gilt für andere feucht-warme Regionen wie Dominica, Hawaii, Martinique, Puerto Rico und Trinidad [15]. In Brasilien, Florida, Mexiko, Peru, auf Puerto Rico und den Westinischen Inseln gilt sie als eingebürgert [29].

Beschreibung

H. elatus wird als ein Baum mittlerer Größe beschrieben [17]. Dennoch kann die Art Gesamthöhen von 40 m [6] und Stammdurchmesser (BHD) von 95 cm [28] erreichen. Auf Puerto Rico wachsen nach eigenen Beobachtungen 30 m hohe und 60 cm starke (BHD) Exemplare. Ihre graue **Stammborke** ist glatt oder feinrissig. Innerhalb eines Bestandes sind die Bäume schlank und hoch, freistehend hingegen astig, relativ breitkronig, dickstämmig und an der Stammbasis mit zahlreichen stammbürtigen Trieben versehen.

Schlechte Stammformen – hauptsächlich Krümmungen – wurden auf puertoricanischen Versuchsflächen bei 6 bis 79 % der Bäume pro Wiederholung festgestellt [29].

Die tieferen, spitzwinkelig angesetzten **Äste** werden entweder sehr stark und bilden dann einen Teil der Krone oder sie stellen das Wachstum ein und sterben ab.

Äste der Oberkrone bleiben hingegen schlank und relativ kurz, bilden mit dem Stamm einen stumpfen, mitunter sogar einen rechten Winkel und hängen oft ein wenig über. Junge Triebe sind kräftig, grün und dicht mit kurzen, grauen Sternhaaren besetzt.

Die wechselständigen, herzförmigen **Laubblätter** werden 12 bis 18 cm lang und etwa ebenso breit. Sie haben einen im Querschnitt runden, 5 bis 10 cm langen Stiel sowie zwei längliche, kurz zugespitzte, hellgrüne Stipeln von ca. 3 cm Länge, die früh abfallen und eine ringförmige Narbe hinterlassen. Die mehr oder weniger ganzrandige Spreite läuft am Apex mit einer kurzen, manchmal auch mit einer langen Spitze aus. Von der herzförmigen oder eingeschnittenen Basis gehen i.a. 9 etwas verdickte Blattadern aus. Oberseits sind Mahoe-Blätter mittelgrün und kahl, unterseits grau behaart und mit 1 bis 3 Drüsen an der Basis starker Adern versehen [17].

H. elatus bildet große, trichterförmige **Zwitterblüten,** deren Anthese nur einen Tag dauert. Die Farbe der Corolla wechselt währenddessen von gelb über orange bis rot. Die Blüten stehen einzeln, zu zweit oder dritt an Zweigspitzen und haben kräftige, grüne Stiele, deren Basis von einem etwa 2 mm langen, hellgrüner Außenkelch mit 9 lang zugespitzten Lappen umgeben ist. Der ebenfalls hellgrüne, schwach behaarte Kelch (Länge: 4 bis 5 cm) ist röhrenförmig und mit 5 schmalen, langspitzigen Zähnen versehen. Die 5 zunächst gelben, 8 bis 12 cm langen, schmal elliptischen Petalen weisen nahe der Basis auf ihrer Innenseite einen relativ großen, rotbraunen Fleck auf.

Zahlreiche Staubblätter sind zu einer weißen, am Grunde mit der Corolla verwachsenen, säulenförmigen Achse vereint. Der Stempel besteht aus einem dicht behaarten, fünfkammerigen Fruchtknoten sowie einem relativ langen Griffel mit 5 rundlichen Narben.

Nachdem Corolla, Kelch und Hochblätter abgestoßen wurden, entwickeln sich 2,5 bis 3,5 cm lange, eiförmige, dicht gelb behaarte **Früchte** (Kapseln), die bei Reife in 5 Teile aufspalten und zahlreiche behaarte Samen freigeben [17]. Diese sind graubraun, bohnenförmig und etwa 3 mm lang.

Über das **Wurzelsystem** von *H. elatus* ist bekannt, daß

- die bei Sämlingen noch vorhandene Pfahlwurzel später durch Lateralwurzeln ersetzt wird;
- Sämlinge fleischige Wurzeln entwickeln;
- ältere Bäume i.a. keine Wurzelanläufe bilden, die Stämme aber im Bereich der oberflächennahen Wurzeln anschwellen;
- nahe der Bodenoberfläche wachsende Lateralwurzeln mitunter Senker entwickeln, insbesondere in nassen Lagen [29];
- in schlecht durchlüfteten Ultisolen die Wurzeln bei humiden Bedingungen bis in 0,5 m Tiefe eindringen können.

Mykorrhizierung wird in der Literatur nicht erwähnt.

Vermehrung und Anzucht

Auf Jamaika reifen die Samen im März und April, werden meist innerhalb einer Woche entlassen und fallen in der Nähe des Mutterbaumes zu Boden.

Das Saatgut gewinnt man durch Pflücken der reifen Kapseln und anschließendes Ausbreiten in der Sonne [25]. Nachdem sich die Früchte geöffnet haben, fallen die Samen bei intensivem Schütteln aus. Das Tausendkorngewicht liegt im Durchschnitt bei 18 bis 19 g, und die höchsten Keimraten erzielt man nach kubanischen Versuchen auf feuchtem Fließpapier bei 25 °C [21].

In Jamaika rechnet man mit 80 % Keimung gleich nach der Ernte und mit ähnlich hohen Werten bis 4 Monate danach. Die Abnahme der Keimkraft setzt nach 6 Monaten ein [25]. Aus Kuba wird hingegen berichtet, daß die endogene Keimruhe der Saatgutes das Schlüsselproblem für die generative Vermehrung von *H. elatus* darstellt [19]. Demnach findet unmittelbar nach der Samenentlassung gar keine Keimung statt – eine Erscheinung die allerdings standörtlichen Einflüssen unterliegt. Erst im Juni des selben Jahres geht die Intensität der Keimruhe zurück [19].

Im Zuge einer Erfassung der Blüten- und Samenproduktion in 35 puertoricanischen *H. elatus*-Beständen fanden vergleichende Aussaaten auf feuchtem Sand und feuchtem Torf statt. Nach 4 Monaten betrug die Keimrate auf Sand 20 %, auf Torf fand keine Keimung statt. Das Tausendkorngewicht lag hier bei 21 g [29].

Während auf Jamaika die Naturverjüngung trotz reichlicher Samenproduktion sehr spärlich ausfällt [1], verjüngt sich die Art auf zahlreichen Standorten Puerto Ricos reichlich – selbst im Schatten und in geschlossenen Beständen [9]. In Beständen unter 6 ½ Jahren fehlt der Jungwuchs, in solchen über 16 Jahren ist er regelmäßig vertreten.

Trockenheit fungiert als der begrenzende Wachstumsfaktor auf gut drainierten Standorten mit Jahresniederschlägen unter 1500 mm [29].

Auf Jamaika verpflanzt man in Baumschulen angezogene, etwa ein Jahr alte und 35 bis 60 cm hohe, wurzelnackte Sämlinge auf die Freifläche [26]. Während des Pflanzens entfernt man die Blätter. Danach stirbt die Spitze des Gipfeltriebes ab und es entsteht ein Ersatztrieb. 6 Monate nach dem Verpflanzen setzt rasches Wachstum ein.

In Puerto Rico hat man begonnen, Wildlinge einzutopfen, mehrere Wochen zu schattieren und dann auszupflanzen.

Vegetativvermehrung gelingt am besten mit Sproßstecklingen von Sämlingen und Jungwuchs, die im Frühjahr geschnitten und an einem leicht beschatteten Platz in lehmigem Boden abgesteckt werden [21]. Sie sollten 45 cm lang und 5 bis 15 mm dick sein sowie zu zwei Dritteln ihrer Länge in den Boden gesteckt werden; etwa 50 % bewurzeln sich dann innerhalb von 3 Monaten [29].

Jungwuchs einschließlich Sämlinge und Bäume im Stangenholzalter bilden nach Abtrieb reichlich Stockausschlag. Die Entstehung von stammbürtigen Trieben und Adventivwurzeln an Wunden nahe der Stammbasis kommt auf feuchten Standorten häufig vor [29].

Ökologie

H. elatus ist eine Baumart subtropischer Feuchtwälder. In ihrer kubanischen Heimat wächst sie im Bergwald der Provinz Oriente zwischen 150 und 1000 m ü. NN [24] bei Temperaturen von 20 bis 25 °C und Jahresniederschlägen von 1500 mm und darüber [3]. Vom Spätwinter bis in den Frühling herrscht eine 2 bis 3 Monate andauernde Trockenzeit, während der nur ca. ein Fünftel der normalen Regenmenge fällt. Fröste kommen in diesem Gebiet nicht vor.

Auch auf Jamaika besiedelt sie vorwiegend höher gelegene, niederschlagsreiche Lagen (1800 bis 3800 mm/Jahr), überlebt auf alluvialen Standorten aber auch bei Niederschlägen um 1000 mm [29]. Für die meisten im Flachland wachsenden Populationen liegt die kritische Regenmenge bei 1150 mm/Jahr [1].

Die Anbauten in Puerto Rico erstrecken sich auf Regionen mit Jahresniederschlägen zwischen 1500 und 3000 mm [9]. Diese entsprechen den subtropisch feuchten, den subtropisch nassen und den tief-montanen nassen Wäldern des Holdridge'schen Systems der Lebensräume [13].

Ausgangsgestein, Böden und begleitende Baumarten weichen auf Kuba, Jamaika und Puerto Rico erheblich voneinander ab.

Kuba: Auf Eruptivgestein [24] und ausgewaschenen, sauren roten Tonen. Begleitende Arten: *Andira inermis* (W. WRIGHT) DC., *Calophyllum calaba* L., *Carapa guianensis* AUBL., *Guarea guara* (JACQ.) P. WILS., *Manilkara sideroxylon* (HOOK.) DUB., *Oxandra laurifolia* (SW.) A. RICH., *Pithecellobium arborum* (L.) URB., *Terminalia intermedia* (RICH.) URB., einigen *Prunus*-Arten sowie den Palmen *Bactris cubensis* BURRET. und *Calyptrogyne* spec. [24].

Jamaika: In 150 m ü. NN auf feuchten Kalkstein-Verwitterungsböden und in Lagen bis 1200 m ü. NN auf Reliktböden über Schiefer und vulkanischem Gestein [25]. Unter natürlichen Bedingungen kommt *H. elatus* nicht in Gemeinschaft mit anderen heimischen Baumarten vor [1].

Puerto Rico: Bewährt auf vielen Bodentypen vom Ton bis zum sandigen Lehm im Bereich zwischen pH 4,3 und 7,6 [29]. Geplant ist die Aufforstung einer 60 000 ha großen, sandigen, wohldrainierten Granit-Hochfläche (1600 bis 2500 mm Regen pro Jahr) [11].

Wachstum und Entwicklung

Hibiscus elatus kann in sehr dichten Beständen aufwachsen. Auf St. Lucia (Kleine Antillen) wählt man einen Pflanzverband von 1,8 x 1,8 m [29], und in Puerto Rico enthalten die erwähnten Aufforstungen in humiden Regionen der Insel 300 bis 2170 Stämme/ha [9], deren Grundfläche mit 17 bis 27 Jahren zwischen 20 und 77 m²/ha schwankt.

Abb. 4: H. elatus – Bestand mit Naturverjüngung in Puerto Rico

Auf den gleichen Flächen lagen die Stammdurchmesser 6 1/2 bis 8 1/2 Jahre alter Bäume zwischen 10,0 und 21,4 cm, was einem mittleren Jahreszuwachs von 1,52 bis 2,52 cm entspricht. Die entsprechenden Höhenwerte betrugen 11,9 bis 21,9 m bzw. 1,8 bis 2,6 m/Jahr. Die größte Holzmasse ermittelte man mit 90 bis 154 m³/ha in einem 8 1/2 jährigen, durchforsteten Bestand (=14,4 bis 23,7 m³/ha/Jahr). Weiterhin wurde bekannt [29]:

Bestandesalter (Jahre)	BHD (cm)	Höhe (m)	Volumen (m³)
16 bis 27	11,5 bis 25	15 bis 25	
24 bis 27	15,4 bis 44,6	13,4 bis 24,7	97 bis 979 (= 4,5-36 m³/ha · Jahr)

Weitere Zuwachsdaten liegen aus Jamaika und St. Lucia vor. Hier schwankt der mittlere jährliche Durchmesserzuwachs von 0,9 bis 3 cm und der mittlere jährliche Höhenzuwachs von 0,9 bis 2,1 m.

Inzwischen werden in Puerto Rico sowohl Ertragstafeln auf standörtlicher Basis („site index curves") [5] als auch nutzungsorientierte Volumen- und Gewichtstabellen entwickelt [8].

Erste Aufnahmen von Anbauversuchen auf Hawaii lassen für *H. elatus* hohe Überlebensraten auf 6 Standorten, insgesamt aber ein geringeres Höhenwachstum als in Puerto Rico erkennen [30].

Häufig entwickelt die Art stammbürtige Triebe – selbst bei einem Pflanzverband von 1,8 x 1,8 m [25]. Durchforstungen sollten daher keinesfalls über einen Abstand von 3,5 m zwischen den Bäumen hinausgehen. Sofern die Mehrkosten gerechtfertigt erscheinen, kann geastet werden. Andererseits lassen sich die relativ hohen, kerzengeraden Stockausschläge später als Stangen, Pfähle oder Papierholz nutzen.

Pathologie

H. elatus leidet nur selten unter bedrohlichen Angriffen von Insekten oder pathogenen Pilzen.

Durchaus nennenswert sind allerdings die durch *Anomis illita* (GUÉN.) (*Noctuideae*) in Kuba verursachten Fraßschäden an Blättern [10]. Gleiches gilt für die zu den Schmierläusen (*Pseudococcoideae*) gehörende und auf den Westindischen Inseln verbreitete Art *Maconellicoccus hirsutus* GREEN („pink hibiscus mealybug") [4, 22].

Unreife Früchte werden auf Puerto Rico oft von Fledermäusen gefressen und am Boden liegende Samen von Ameisen aufgenommen [1].

Als pilzliche Pathogene sind in Jamaika *Septoria* spec. und *Pistalstia heterocornis* GUBA festgestellt worden. In durchforsteten Beständen soll Kernfäule auftreten [29].

Verbautes *H. elatus*-Holz ist gegen Fäuleerreger hoch resistent [7]. Über die Widerstandsfähigkeit gegen Termiten liegen keine Informationen vor. Anders bei der eng verwandten *H. pernambucensis*, welche stark von der Termitenart *Cryptotermis brevis* WALKER („dry-wood termite") angegriffen wird [31].

Erste Artbeschreibungen erwähnen Schäden durch Wind und Sturm [25]. Diese Befunde lassen sich inzwischen bestätigen. Bei Wirbelstürmen in Jamaika und Puerto Rico erwies sich *H. elatus* zwar als relativ sturmfest, erlitt aber viele Astbrüche [28].

Nutzung

Hibiscus elatus liefert ein Möbelholz hoher Qualität, das wegen seines rotbraun über blau bis olivgrün gestreiften Farbkerns hoch geschätzt ist [7, 18, 23, 26, 27]. Die Rohdichte (r_{12}) liegt in Puerto Rico bei 0,50 g/cm^3, in Trockengebieten etwas höher [9, 16].

Man verwendet es ferner zum Drechseln, für Fußböden, landwirtschaftliche Geräte und Rahmen, in Baukonstruktionen, beim Bootsbau sowie als Eisenbahnschwellen [2, 17, 18]. Allgemein gilt es als dauerhaft bis sehr dauerhaft [26]; mit Untersuchungsergebnissen wurde diese Aussage noch nicht belegt [7, 18].

In früheren Zeiten stellte man aus den inneren Rindenschichten Seile und Stricke her, die sogar im Brack- und Salzwasser überdauerten [18]. Zu erwähnen ist weiterhin der Anbau als Windschutz in Kuba, trotz Blattverlusten während der Trockenzeit [12] sowie die häufige Verwendung als Park- und Straßenbaum.

Verschiedenes

Hibiscus elatus ist eng verwandt mit *H. pernambucensis* ARRUDA („seaside mahoe") und wird gemeinsam mit dieser oft mit dem Artnamen *H. tiliaceus*[1] belegt [14]. Zur Trennung natürlicher Populationen beider Arten auf den Westindischen Inseln reichen morphologische Merkmale oft nicht aus. Die große Ähnlichkeit führte zu der Annahme, daß sich *H. elatus* aus *H. pernambucensis* oder einem gemeinsamen Vorfahren entwickelt haben könnte.

Ökologisch zählt *H. elatus* zu den Hochlagen-, *H. pernambucensis* aber zu den küstenbewohnenden Arten. *H. elatus* ist i.a. ein hoher, gerader Baum mit hervorragenden Holzeigenschaften und lockerer Beastung, *H. pernambucensis* hingegen eine oft strauchförmige Art mit weichem, wenig dauerhaftem Holz. Die Äste liegen dem Boden auf und schlagen Wurzeln.

Die Neigung von *H. elatus* zur Bildung epikormer Äste könnte ebenfalls auf *H. pernambucensis* oder einen gemeinsamen Vorfahren zurückgehen.

Artbastarde zwischen den beiden Arten kommen zumindest auf Jamaika vor [1].

---

[1] nicht zu verwechseln mit der ähnlichen *H. tiliaceus* L., einer Art der Alten Welt.

Weiterführende Literatur

[1] ADAMS, C. D., 1971: The blue mahoe and other bush: an introduction to the plant life of Jamaica. McGraw-Hill Eastern Publishers (S) Ltd., Singapore.

[2] ANONYMUS, 1946: Glimpses of Jamaican Natural History, vol. 1., Natural History Society of Jamaica, Kingston, Jamaica.

[3] ANONYMUS, 1970:. Atlas Nacional de Cuba. Academia de Ciencias de Cuba y Academia de Ciencias de la URSS, Habana, Cuba.

[4] ANONYMUS, 1997: Look out for the pink hibiscus mealybug. Program Aid No. 1606. USDA, Animal and Plant Health Inspection Service. Washington, DC.

[5] ASHTON, P. M. S.; LOWE, J. S.; LARSON, B. C., 1986: An interim site index for blue mahoe (Hibiscus elatus SW.) in the moist limestone region of Puerto Rico. Working Pap. 17. Tropical Resources Institute, Yale University.

[6] ASHTON, P. M. S.; LOWE, J. S.; LARSON, B. C., 1990: Some evidence for the cause of epicormic sprouting in blue mahoe (Hibiscus elatus SW.) in the moist limestone region of Puerto Rico. J. Tropical Forest Sci. 3, 2, 123-130.

[7] CHUDNOFF, M., 1984: Tropical timbers of the world. USDA, Forest Service. Agric. Handb. 607, Washington, DC.

[8] FRANCIS, J. K., 1989: Merchantable volume and weights of mahoe in Puerto Rican plantations. Res. Note SO-355. USDA Forest Service, Southern Forest Experiment Station. New Orleans, LA.

[9] FRANCIS, J. K; WEAVER, P. L., 1988: Performance of Hibiscus elatus in Puerto Rico. Commonw. Forestry Rev. 67, 4, 327-338.

[10] GARCIA, A.; VALDES, H.; TRIGUERO, N., 1990: Anomis illita (Lepidoptera: Noctuidae) defoliador importante de Hibiscus elatus (Majagua). Revista Forestal Baracoa 20, 2, 7-16.

[11] GEARY, T. F.; BRISCOE, C. B., 1972: Tree species for plantations in the granitic uplands of Puerto Rico. Res. Pap. ITF-14. USDA, Forest Service, Institute of Tropical Forestry, Rio Piedras, PR.

[12] GINDEL, I., 1972: Centro de Investigaciones y Capacitación Forestales, Cuba, métodos en el establecimiento de cortinas rompaviento y barreras. FAO Report No. FO:SF/CUB 3, Informe Técnico 2. FAO, United Nations. Rome.

[13] HOLDRIDGE, L. R., 1967: Life zone ecology. Tropical Science Center, San José, Costa Rica

[14] HOWARD, R. A., 1989: Flora of the Lesser Antilles, Leeward and Windward Islands. Vol. 5. Arnold Arboretum, Harvard Univ., Jamaica Plain, MA.

[15] KIMBER, C. T., 1970: Blue mahoe, a case of incipient plant domestication. Economic Botany 24, 3, 233-249.

[16] LAMB, F. B.; BRISCOE, C. B.; ENGLERTH, G. H., 1960: Recent observations in forestry in tropical America. Caribbean Forester 21, 46-59.

[17] LITTLE, E. L., JR.; SKOLMEN, R. G., 1989: Common Forest Trees of Hawaii. USDA, Forest Service, Agric. Handb. 679. Washington, D.C.

[18] LONGWOOD, F. R., 1962: Present and potential commercial timbers of the Caribbean, USDA, Forest Service, Agric. Handb. 207. Washington, D.C.

[19] LÓPEZ ALMIRALL, A., 1981: Germinación de las semillas de majagua. Ciencias de la Agricultura (Cuba) 10, 55-60.

[20] PANDEY, D. S.; VAISH, U. S., 1990: Season, media and type of wood for propagation of Hibiscus L. Indian J. Forestry 13, 4, 307-311.

[21] PEÑA, A.; MONTALVO, J. M., 1986: Condiciones ambientales para pruebas de germinación en cinco especies forestales. Revista Forestal Baracoa 16, 10, 7-20.

[22] POLLARD, G. V., 1997: Introduction and establishment of pink mealybug, Maconellicoccus hirsutus, in the Caribbean sub-region and implications for the agriculture and forestry sub-sectors. In: Yocum, C.; Lugo, A.E. (eds): Proc. 8. Meeting Caribbean Foresters at Grenada, USDA, Forest Service, Intern. Inst. Tropical Forestry, Rio Piedras, PR. p. 118-124.

[23] RECORD, S. J.; MELL, C. D., 1924: Timbers of tropical America. Yale University Press, New Haven, CT.

[24] SMITH, E. E., 1954: The forests of Cuba. Maria Moors Cabot Foundation Publ. No. 2. Harvard Forest, Petersham, MA.

[25] SWABEY, C., 1940: Blue mahoe of Jamaica. Caribbean Forester 1, 4, 11-12.

[26] SWABEY, C., 1941: The principal timbers of Jamaica. Bulletin No. 29 (new series). Dept. Science and Agriculture, Kingston, Jamaica.

[27] SWABEY, C., 1945: Forestry in Jamaica. For. Bull. 1. Forest Department of Jamaica. Kingston, Jamaica.

[28] THOMPSON, D. A., 1983: Effects of hurricane Allen on some Jamaican forests. Commonw. Forestry Rev. 62, 2, 107-115.

[29] WEAVER, P. L.; FRANCIS, J. K., O. J.: Hibiscus elatus SW. Res. Note SO-ITF-SM-14. USDA, Forest Service, Institute of Tropical Forestry, Rio Piedras, PR.

[30] WHITESELL, C. D.; WALTERS, G. A., 1976: Species adaptability trials for man-made forests in Hawaii. Res. Pap. PSW-118. USDA, Forest Service, Pacific Southwest Forest and Range Experiment Station, Honolulu, HI.

[31] WOLCOTT, G. N., 1957: Inherent natural resistance of woods to the attack of the West Indian dry-wood termite, Cryptotermis brevis Walker. J. Agriculture University of Puerto Rico 41, 259-333.

Der Autor:

Dr. JOHN K. FRANCIS
International Institute of Tropical Forestry
P.O. Box 25000
Rio Piedras, PR 00928-5000
U.S.A.

Aus dem Englischen übertragen von P. Schütt

Hibiscus tiliaceus L., 1753

syn.: Paritium tiliaceum (L.) St.-Hils., 1827
Pariti tiliaceum (L.) Britton

Meeres-Hibiskus   Familie: Malvaceae

engl.: Sea hibiscus, Mahoe, Tree hibiscus
span.: Majagua

Brasilien: Maho
Hawaii: Hau

Abb. 1: Hibiscus tiliaceus. Einzelblüte (links oben); Triebspitze mit jungen Blättern (links unten); Blattober- und Blattunterseite (rechts oben); bereits geöffnete, reife Kapsel (rechts unten)

Hibiscus tiliaceus, ein immergrüner, wunderschön gelb blühender, kleiner Baum ist oft an den tropischen Küsten der Alten und der Neuen Welt zu finden. Noch häufiger wächst er in Strauchform und kann dann undurchdringliche, ebenfalls küstennahe Dickichte bilden.

Die Art verträgt Brackwasser und zählt in vielen Regionen zu den Besiedlern der Randzonen von Mangroven.

Neben ihrer Schutzwirkung für exponierte Küstenstandorte hat *H. tiliaceus* eine gewisse wirtschaftliche Bedeutung als Zier- und Windschutz-Gehölz. In Teilen Asiens nutzt man die Rinde als Flecht- und Bindematerial, und man verzehrt junge Blätter und Blüten als Gemüse. Forstliche Bedeutung hat *H. tiliaceus* nicht.

Das Epitheton „*tiliaceus*" verweist auf die Ähnlichkeit in der Blattform mit Linden-Arten.

Abb. 2: Einzelbäume auf Puerto Rico

Taxonomie und Verbreitung

Hibiscus ist mit mehr als 200 meist tropischen oder subtropischen Arten die umfangreichste der Malvaceen-Gattungen, und *H. tiliaceus* stellt neben der auf Kuba und Jamaika heimischen *H. elatus* die einzige baumförmige Art des Genus dar. Von letzterer unterscheidet sie sich durch

– Sternhaare auf den Blättern
– längliche Nektarien auf den Hauptnerven der Blattunterseite
– deutlich geringere Gesamthöhe
– kleinere Blüten mit persistentem Kelch und Außenkelch

H. tiliaceus kommt heute – teils autochthon, teils eingeführt – an vielen tropischen Küsten Asiens, Afrikas und Amerikas vor. Ihr natürliches Areal dürfte in den Tropen der Alten Welt liegen, verlässliche Angaben darüber fehlen jedoch [1, 6, 7]. Diskutiert wird u.a. auch die Ursprünglichkeit des Vorkommens in Süd-Florida und auf den Florida Keys [10, 11].

Insgesamt ist *H. tiliaceus* eine Art der Küsten und der Flussmündungen, die auf Hawaii ausnahmsweise noch in Höhenlagen um 450 m ü. NN. vorkommt [6].

In vielen Fällen ist es aber unmöglich, die Ursprünglichkeit einer Population zu erkennen, denn zum einen wird die Art als Ziergehölz in vielen Ländern kultiviert, zum anderen sind ihre Samen unempfindlich gegen Salzwasser und werden durch Meeresströmungen weit verbreitet.

H. tiliaceus weist eine beträchtliche intraspezifische morphologische Varianz auf, ist eng mit *H. elatus* SW. verwandt und soll mit dieser bastardieren. Mitunter wird *H. elatus* als Varietät von *H. tiliaceus* betrachtet [6, 7].

Beschreibung

H. tiliaceus wird einerseits als kleiner Baum mit kurzem, krummem Stamm und relativ glatter, erst im Alter rauer und rissiger Borke beschrieben, andererseits aber als Strauch mit vielen aufrechten Ästen geschildert, der schwer zu durchdringende Dickichte aufbaut.

In Indien erreicht die Art Höhen von 10 bis 13 m [1], auf Puerto Rico von 3 bis 6 m [7], auf Hawaii von 4 bis 10 m [6] und im Süden Floridas bis zu 15 m [13]. Der maximale Stammdurchmesser (BHD) wird teils mit 15 cm [7], teils mit 30 cm [1] angegeben.

Für den Baum sind u.a. die langen, gedrehten Äste und die breite, weit ausladende Krone kennzeichnend [1, 5, 7, 13].

Blätter und junge Triebe

Die wechselständigen, herzförmigen Laubblätter haben eine dunkelgrüne, kahle Ober- und eine hell graugrüne, weißlich behaarte Unterseite. Sie sind dorsiventral aufgebaut, ca. 5 cm lang gestielt, ein wenig ledrig und besitzen eine wasserspeichernde Hypodermis [3].

Die 10 bis 18 cm breite und etwa ebenso lange Blattspreite läuft am Apex spitz zu und hat meist eine herzförmige Basis. Sie ist ganzrandig oder fein gekerbt [1]. Auf der dicht fein weißlich behaarten Unterseite heben sich die 7 bis 9 von der Basis ausgehenden und mit jeweils 3 schmalen Drüsen versehenen Blattadern durch ein helleres Grün vom Mesophyll ab [5, 7].

Ungewöhnlich für den Genus sind die bei *H. tiliaceus* gebildeten großen, breiten Nebenblätter. Diese sind weißlich behaart, 2,5 bis 4 cm lang, werden relativ früh abgestoßen und hinterlassen am Zweig eine ringförmige Narbe.

Die hellgrauen, später braun werdenden jungen Triebe sind anfangs mit einem dichten Filz weißgrauer Sternhaare bedeckt [5, 7, 11].

Blüten, Früchte und Samen

H. tiliaceus fällt durch sehr attraktive, große (Dm. bis 10 cm) Zwitterblüten auf, welche – zumindest sporadisch – während des ganzen Jahres vorhanden sind. In Indien erstreckt sich die Hauptblütezeit von November bis Januar [1]. Mahoe-Blüten stehen einzeln in Blattachseln [11, 12], LITTLE [7] zufolge auch zu wenigen in Rispen. Sie haben einen kurzen, kräftigen Stiel und verblühen innerhalb eines Tages. Morgens, beim Aufblühen, ist die Corolla von hellgelber, abends, beim Verblühen von rotbrauner Farbe. Sie fällt noch während der ersten Nacht zu Boden und wird dann beim Welken ziegelrot.

Der Aufbau entspricht einer typischen Malvaceen-Blüte: Vertreten ist ein Kelch mit getrennten Sepalen, an dessen Achse mehrere Hochblätter ringförmig angeordnet sind (Außenkelch). Weiterhin eine glockenförmige Corolla, deren 5 breite, sich überlappende Petalen am Grunde häufig ein dunkelrotes Saftmal aufweisen sowie zahlreiche zu einer Röhre verwachsene Staubblätter. Der Stempel ist mit relativ großen Drüsenhaaren besetzt und das Ovar ist 5-fächerig.

Bereits 3 bis 4 Monate nach der Bestäubung durch Insekten werden die Früchte reif. Dabei handelt es sich um länglich eiförmige, weißfilzig behaarte, geschnäbelte Kapseln von 2,5 cm Länge und 1,5 cm Breite, die sich mit 5 Klappen öffnen und pro Samenfach mehrere bräunlich schwarze, 3 bis 5 mm lange Samen freigeben.

Holz

Kennzeichnend für das leicht zu bearbeitende Holz von *H. tiliaceus* ist ein breiter, weißlicher bis cremefarbener Splint, der sich scharf von dem nur kleinen, hellbraunen bis grünlich braunen Farbkern abhebt. LAMB [5] spricht außerdem von einem weichen Mark. Die Rohdichte (r_{12}–r_{15}) des geradfaserigen Holzes von feiner bis mittlerer Textur schwankt zwischen 0,5 bis 0,73 g/cm³ [1]. Wachstumsringe sind nur schwer zu erkennen. Bei Verbau im Meerwasser ist hohe Dauerhaftigkeit gegeben, keineswegs aber im Kontakt mit dem Boden [1]. Frisch eingeschlagenes Holz soll nach Kokosnüssen riechen [7].

Anzucht

H. tiliaceus lässt sich durch Samen wie durch Sprossstecklinge und durch Absenker („air layering") leicht vermehren [13].

Das Saatgut keimt ohne Vorbehandlung innerhalb einer Woche. Die Keimung erfolgt epigäisch, und die von BURGER [2] detailliert beschriebenen Keimlinge bilden bereits gestielte Primärblätter mit Stipeln sowie einer herzförmigen Spreite mit gekerbtem oder welligem Rand aus.

Pflanzt man die Art als Ziergehölz, sollten der relativ große Platzbedarf und das rasche Wachstum berücksichtigt werden. Ein 2,5 cm starker Sprosssteckling kann nach 4 Jahren einen Durchmesser von 15 cm und eine Höhe von 6 m erreichen [13]. Astung und Formschnitt werden gut vertragen.

Abb. 3: Rinde eines jungen Stammes (links) und Stammborke

Ökologie und Wachstum

H. tiliaceus fällt durch sehr rasches Jugendwachstum auf. Konkrete Daten über die Höhen- und Durchmesserentwicklung in höherem Alter fehlen aber, weil die Art keiner geregelten Holznutzung unterliegt.

Mahoe verträgt leichte Fröste bis –4 °C, gedeiht aber am besten im warm-humiden Klima der Tropen und Subtropen [8]. Zwei ökologische Besonderheiten prägen ihre strikte standörtliche Fixierung: (a) die Unempfindlichkeit gegen Brackwasser und (b) die Widerstandsfähigkeit gegen starke, landwärts wehende Winde, incl. Monsunwinde. Dadurch kann sie sich in unmittelbarer Küstennähe sowie am Rande von Mangroven auch unter Konkurrenzdruck auf Dauer behaupten [1, 3, 12]. TOMLINSON [12] führt zahlreiche, ähnlich gelagerte Beispiele aus Süd- und Ostafrika incl. Madagaskar, aus Mittel- und Südamerika (u.a. Costa Rica, Brasilien, Trinidad) und dem tropischen Südostasien an, bei denen die Art stets im peripheren Bereich von Mangroven vorkommt. An Flussmündungen dringt sie nur so weit ins Innere vor, wie bei Flut das Meerwasser reicht.

Wie auf Hawaii[1], so gedeiht *H. tiliaceus* auch in anderen Regionen auf küstennahen Sanden, sofern es sich um niederschlagsreiche Lagen handelt.

Nutzung

Mahoe schützt windexponierte tropische Küsten vor Erosion und fördert die Bodenbildung in Mangrove-Gesellschaften. Insofern hat sie eine beträchtliche ökologische Bedeutung.

Ihr wirtschaftliches Gewicht bleibt indessen gering, obwohl auf lokaler Ebene mannigfache spezifische Arten der Nutzung bestehen. Dabei spielt die in langen Streifen abgezogene Rinde eine deutlich größere Rolle als das Holz.

Besonders auf den Pazifischen Inseln und in Indien stellt man aus den biegsamen, zähen und wasserbeständigen Bastfasern Fischnetze, Matten, Seile und Taue, auch Taschen, Sandalen, früher sogar gröbere Kleidungsstücke (Hosen und Schürzen) her. Selbst die Baströcke der Hula-Tänzerinnen, einst von Samoa nach Hawaii und in andere Pazifik-Inseln exportiert, stammen aus Mahoe-Fasern [6]. In der Karibik nutzt man die Seile zum Verschnüren von Tabakballen [13], in Indien u.a. zur Holzbringung durch Elefanten [1].

Das weiche Holz dient in der Hauptsache als Brennmaterial. Auf Hawaii verwendet man es auch zum Bau leichter Boote, insbesondere von Katamaranen und von Auslegern der typischen Kanus. Von den Westindischen Inseln ist außerdem bekannt, dass man das dunkle Kernholz zu Möbeln, als Dielung und zu Paneelen verarbeitet, seltener auch zu Spielzeug und Haushaltsgeräten; auf Hawaii werden auch kunstgewerbliche Gegenstände wie Armbänder und Schalen daraus hergestellt [5, 6].

Herauszustellen ist demgegenüber die Verbreitung der Art als Ziergehölz – zumindest auf den Westindischen Inseln und im Süden Floridas [13]. Auch in Hongkong zählt Mahoe zu den häufig gepflanzten, schattenspendenden Ziergehölzen [4].

Verschiedenes

– Einige Pflanzenteile sind essbar. So nutzt man die Blüten als schmackhafte Garnierung von Salaten, verzehrt sie als Gemüse oder brät sie in Eierteig aus. Auch junge Blätter werden gelegentlich gegessen. Borke und Wurzeln stellen demgegenüber nur eine Zusatznahrung in Notzeiten dar [1].
Blätter, Blüten, Rinde und Wurzeln finden auch volksmedizinisch Anwendung [1].

– Trockenes Mahoe-Holz lässt sich durch intensive Reibung entzünden. Für die Einwohner Hawaiis hatte diese Besonderheit praktische Bedeutung. Durch die schnelle Drehung eines Hartholz-Stabes in der Mulde eines Mahoe-Holzblockes gewannen sie Feuer [6].

– Azetonextrakte aus *H. tiliaceus*-Blättern wirken bakterizid auf *Staphylococcus aureus*[2].

– Unter günstigen Klimabedingungen neigt *H. tiliaceus* dazu, aus Kultur zu verwildern und wird zum Unkraut auf Weideland [6].

---

[1] For. Abstr. **35**, 2284, 1974
[2] Sci. New Guinea **14**, 1-7, 1988

Literatur

[1] ANONYMUS, 1975: Troup`s Silviculture of Indian Trees, vol. 1, FRI-Press, Dehra Dun.
[2] BURGER, D. HZN., 1972: Seedlings of some tropical trees and shrubs mainly of South East Asia. Ctr. Agric. Publ., Documentation, Wageningen.
[3] CHAPMAN, V. J., 1976: Mangrove Vegetation. J. Cramer, Vaduz.
[4] JIM, C. Y., 1991: Diversity of amenity-tree species in Hong Kong. Quart. J. Forestry **85**, 233-243.
[5] LAMB, S. H., 1987: Native trees and shrubs of the Hawaiian Islands. Sunstone Press, Santa Fe, NM.
[6] LITTLE, E. L., JR.; SKOLMEN, R. G., 1989: Common Forest Trees of Hawaii. USDA For. Service, Agric. Handb. 679, Washington, D.C.
[7] LITTLE, E. L., JR.; WADSWORTH, F. H., 1989: Common trees of Puerto Rico and the Virgin Islands, 2. Printing, USDA, For. Serv., Agric. Handb. 249, Washington, D.C.
[8] MACOBOY, S., 1986: What tree is that. Tiger Books Intern., London.
[9] RECORD, S. J.; HESS, R. W., 1943: Timbers of the New World. Yale Univ. Press.
[10] SCURLOCK, J. P., 1987: Native Trees and Shrubs of the Florida Keys. 2. ed., Laurel Press. Bethel Park, PA.
[11] TOMLINSON, P. B., 1980: The biology of trees native to tropical Florida. Harvard Univ. Printing Office, Allston, Mass.
[12] TOMLINSON, P. B., 1986: The Botany of Mangroves. Cambridge University Press.
[13] WORKMAN, R. W., 1980: Growing native. Sanibel-Captiva Conserv. Found., Sanibel, Fl.

Die Autoren:

Prof. em. Dr. PETER SCHÜTT
Lehrstuhl für Forstbotanik
Technische Universität München
Am Hochanger 13
D-85354 Freising

ULLA M. LANG
Schützenstraße 6
D-82383 Hohenpeißenberg

Hopea odorata ROXB., 1819

syn.: Hopea decandra BUCH.-HAM. ex WIGHT, 1840;
Hopea wightiana MIG. ex DYER, 1874;
Doona odorata BURCK., 1887

Merawan   Familie: Dipterocarpaceae

engl., franz.:   Merawan

Kambodscha: Koki
Laos: Khen
Malaysia: Merawan Siput Jantan
Myanmar: Thingan
Thailand: Takien

Abb. 1: Hopea odorata. Zwei etwa 60jährige Bäume

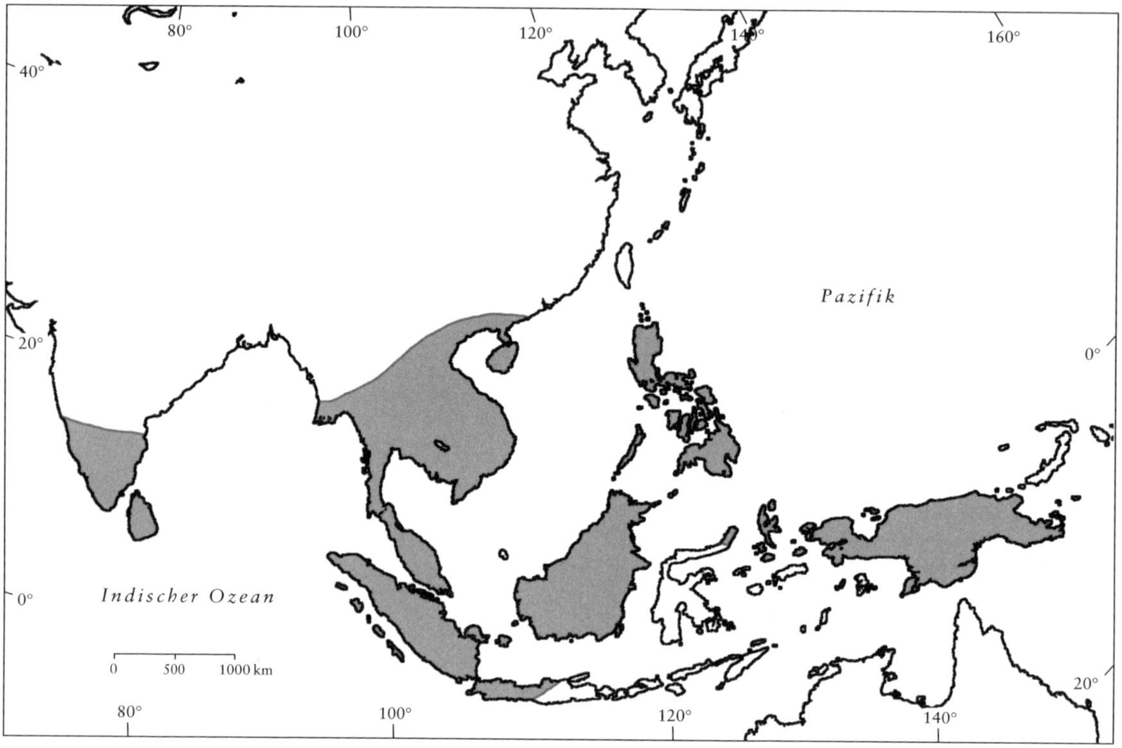

Abb. 2: Natürliche Verbreitung der Gattung Hopea (nach SYMINGTON [17])

Hopea odorata ist ein Waldbaum der immergrünen tropischen Tiefland-Regenwälder Südostasiens. Das mittelschwere, dauerhafte und witterungsbeständige Hartholz wird unter der Bezeichnung ‚Merawan' gehandelt und ist sehr vielseitig verwendbar, vorzugsweise als Bauholz, im Wasserbau und im Bootsbau.

Verbreitung

H. odorata ist die geographisch am weitesten verbreitete und häufigste Baumart der Gattung *Hopea*. Der Baum kommt vor in Bangladesch (beschränkt auf die Region um Chittagong), Myanmar, Laos, Kambodscha, Thailand, Vietnam, den Andamanen (selten), Nicobaren und der malaiischen Halbinsel. Er tritt vorwiegend in der mittleren Bestandesschicht der Tiefland-Dipterocarpaceen-Regenwälder auf und ragt nur selten aus dem Kronendach heraus. *H. odorata* tritt im Naturwald meist in kleinen Gruppen auf, die aber nur vereinzelt und weit verstreut im Bestand zu finden sind und geht bis 600 m Meereshöhe.

Beschreibung

Erscheinungsbild

H. odorata ist ein mittelgroßer bis großer Waldbaum, der bis zu 45 Metern Höhe und 120 cm Brusthöhendurchmesser erreicht. Er wird vermutlich 150 bis 200 Jahre alt. Der Stamm ist meist gerade, zylindrisch geformt, wenig abholzig und erreicht astfreie Höhen bis zu 30 m. Der Stammfuß zeigt nur geringe Brettwurzelanläufe.

Bäume der mittleren Bestandesschicht zeigen eine typisch monopodial verzweigte, länglich bis konisch geformte Krone mit schlanken, fast horizontal abstehenden Ästen und weit herabhängenden Zweigen. Bäume, die ausnahmsweise in die herrschende und vorherrschende Bestandesschicht einwachsen, bilden eine halbkugelige bis kuppelförmige Krone aus. Tief am Stamm ansetzende Verzweigungen und Zwiesel treten gelegentlich auf.

Blätter

Die dunkelgrünen, einfachen, wechselständigen Blätter sitzen an einem Blattstiel von ca. 1,5 cm Länge, sind 7 bis 14 cm lang und 3 bis 7 cm breit. Sie sind auf beiden Seiten kahl und fühlen sich ledrig-derb an. Das Blatt ist eiförmig bis lanzettlich geformt, an einer Seite zuweilen auch sichelförmig ausbauchend, hat eine breite, keilförmige Spreitenbasis und läuft am Ende in einer breiten, lanzettlichen, bis zu 1,5 cm langen Spitze aus. Die bogenförmigen, fiederig angeordneten Blattadern (9 bis 12) treten vor allem auf der deutlich helleren Blattunterseite hervor und sind durch ein feines Netz kaum sichtbarer, tertiärer Blattadern verbunden. Ein wichtiges Merkmal, das *H. odorata* klar von anderen Arten der Gattung *Hopea* unterscheidet, sind die auffälligen, mit Poren versehenen Domatien, die auf der Blattunterseite in den Winkeln der Blattadern mit der Mittelrippe sitzen, insbesondere in der Nähe der Spreitenbasis. Die Mittelrippe ist abgeflacht und leicht rinnenförmig.

Abb. 4: Beblätterte Zweige; links Oberseite, rechts Unterseite

Nebenblätter sind winzig klein und fallen frühzeitig ab.

Blattform und Farbe erinnern an das Blatt der Rotbuche (*Fagus sylvatica*).

Blüten

Die duftenden, weißlich-gelben Einzelblüten sind nur 2 bis 3 mm groß und stehen einzeilig an sehr kurzen Blütenstielen in bis zu 12 cm langen, end- oder blattwinkelständigen Rispen an der Kronenperipherie. Die sehr kleinen, herzförmigen Deckblätter sind nur vorübergehend vorhanden und fallen frühzeitig ab. Die Blütenknospe wird von fünf dachziegelartig übereinandergreifenden Kelchblättern umgeben: die zwei äußeren sind etwas größer, verdickt und lanzettlich-stumpf geformt, die drei inneren sind dünn, rundlich und laufen in einer kleinen Spitze aus. Die aktinomorphe Einzelblüte ist zwiegeschlechtig und besteht neben den Kelchblättern aus fünf länglichen, an der Basis verwachsenen Kronblättern, die sich in einer 5strahligen Rosette öffnen.

Abb. 3: Stammfuß eines ca. 60jährigen Baumes

Die 10 bis 15 sehr kleinen, unregelmäßig angeordneten Staubblätter sind an der Basis verbreitert, verjüngen sich zur Mitte hin und laufen in einem feinen Faden aus. Die Antheren sind oval und tragen zwei paarweise angeordnete Pollensäcke, von denen das außenliegende Paar etwas größer ist. Der kahle, eiförmige Fruchtknoten verjüngt sich konisch und läuft in einem säulenförmigen Griffel aus, der etwa so lang ist wie die Staubblätter.

Früchte, Samen

Die eiförmige, unbehaarte Nußfrucht ist ca. 5 bis 6 mm groß und läuft in einer kleinen Spitze aus (apikales Stylopodium). Sie wird von den fünf Kelchblättern eingefaßt, von denen sich die zwei äußeren zu spatelförmigen, deutlich geäderten und bis zu 6 cm langen und 2 cm breiten Fruchtflügeln entwickeln, während die drei inneren Kelchblätter klein bleiben und nur bis zu 4 mm lang sind.

Die Gattung *Hopea* ist eng verwandt mit der Gattung *Shorea*. Das trennende morphologische Merkmal ist die Entwicklung der Kelchblätter zu Fruchtflügeln. Bei *Hopea* werden nur zwei Kelchblätter zu Fruchtflügeln, bei *Shorea* gewöhnlich drei.

Die beiden Fruchtflügel sind im unreifen Zustand zartgrün und verleihen der sonst dunkelgrünen Baumkrone ein helleres Erscheinungsbild. Bei Samenreife werden sie braun. Es wird empfohlen, zu diesem Zeitpunkt mit der Samensammlung zu beginnen [16]. Das Tausendkorngewicht der lufttrockenen Nüsse beträgt 130 g [16, 20].

Der Zeitpunkt der Blüte und Samenreife ist regional unterschiedlich. Auf der malaiischen Halbinsel blüht *H. odorata* meist in Abständen von 2 bis 6 Jahren in den Monaten November bis Januar; in Myanmar im März und April. Viele *Hopea*-Arten werden von Thripsen (*Thysanoptera*) bestäubt [2, 16]. Dies ist aber nicht explizit an *H. odorata* nachgewiesen. Zwischen Blütenöffnung (Anthese) und Fruchtreife vergehen etwa 3 Monate. Die Samen reifen auf der malaiischen Halbinsel bis März/April, in Myanmar bis Mai/Juni.

MAURY-LECHON [14] hat für *H. odorata* wirkliche Polyembryonie nachgewiesen. Demnach können sich aus einer befruchteten Eizelle bis zu 12 Embryonen entwickeln.

Holz und Rinde

Das Holz von *H. odorata* wird unter dem Namen ‚Merawan' gehandelt und gehört zu den leichten bis mittelschweren Harthölzern in der Gattung *Hopea*. Die Holzdichte schwankt von 630 bis 860 g/cm³ und beträgt im Durchschnitt 750 g/cm³ bei 12 bis 15 % Holzfeuchte. Im waldfrischen Zustand beträgt die Rohdichte etwa 1100 g/cm³ [8, 16, 19, 21].

Abb. 5: Hopea odorata. Blütenstand, Einzelblüte (ca. ¹/₂ nat. Größe, verändert nach [16]) und Frucht. Gezeichnet nach Angaben des Autors.

Abb. 6: Holzproben, frisch geschnitten

Die zahlreichen, zerstreut über den Querschnitt verteilten, mittelgroßen, runden bis ovalen Gefäße (140 bis 260 µm tangentialer Durchmesser, 10 bis 20 je mm² Querschnitt) treten meist einzeln auf, seltener sind sie von kleineren Speichergefäßen umgeben. Sie besitzen einfache Wandtüpfel und sind häufig verthyllt. Der Gefäßanteil beträgt etwa 20 %. Tracheiden sind nur spärlich vorhanden. Die querwandfreien Holzfasern (Libriformfasern, Fasertracheiden) sowie die Gefäßtracheiden sind 1 bis 2,3 mm lang und weisen einfache, auf die Radialwände beschränkte Tüpfel auf. Der Anteil an Holzfasern beträgt etwa 57 %. Das sehr verschiedenartig angeordnete Holzparenchym (apotracheal-tangential, paratracheal-vasizentrisch, paratracheal-aliform), ist reichlich vorhanden und bildet ein netzartiges Muster, das die Harzkanäle in unregelmäßig angeordneten, tangentialen Bändern umgibt. Die vielreihigen Markstrahlen (140 bis 610 µm hoch, 5 bis 7 pro mm) sind häufig in bis zu sieben übereinanderliegenden Stockwerken angeordnet. Der Anteil an Holzstrahlen beträgt etwa 13 %. Markstrahlparenchym zeigt teilweise zitronengelbe Einlagerungen prismatischer Kristalle.

Abb. 7: Holzproben, im Licht nachgedunkelt

Das blaß-gelbe, leicht grünlich schimmernde, harzige Splintholz ist etwa 5 bis 10 cm breit und nur wenig vom Kern abgesetzt. Das Kernholz ist im frischen Zustand gelblich braun, unter Lichteinfluß dunkelt es nach und nimmt hellbraune bis rötlich braune Farbtöne und einen matten Glanz an. Das Holz hat eine schlichte, gleichmäßig nadelrissige Textur. Vertikal verlaufende und in unregelmäßigen konzentrischen Reihen angeordnete Gruppen von Harzkanälen (Durchm.: ca. 125 µm) sind zahlreich und als zarte weiße Linien mit dem bloßen Auge erkennbar. Sie verleihen dem Holz örtlich eine leicht gefladerte Oberfläche. Zuwachszonen sind nicht deutlich zu erkennen.

Abb. 8: Stammborke

Merawan hat gute Festigkeitseigenschaften. Bei 15 % Holzfeuchte wurden folgende Werte ermittelt [16, 19]:

Biegefestigkeit	94 – 117 N/mm²
Elastizitätsmodul	13000 – 14000 N/mm²
Druckfestigkeit parallel zur Faser	51 – 58 N/mm²
Druckfestigkeit senkrecht zur Faser	5 – 6 N/mm²
Scherfestigkeit	4 – 12 N/mm²
Spaltfestigkeit, radial	26 – 43 N/mm²
Spaltfestigkeit, tangential	31 – 66 N/mm²
Janka Härte (Tangentialschnitt)	3800 – 4870 N
Janka Härte (Querschnitt)	5150 – 6180 N

Das Schwindmaß ist gering bis mäßig. Es beträgt radial 2,9 bis 3,4 %, tangential 8,8 bis 9,9 % vom waldfrischen zu ofentrockenem Zustand. Das Volumen nimmt um 12,0 bis 13,5 % ab [19].

Gehobelte Flächen zeigen eine glatte Oberfläche mit seidigem Glanz und sind abriebfest. Das Holz eignet sich gut zum Drechseln. Radialschnitte zeigen oft eine streifige Struktur. Die Nagelfestigkeit wird jedoch als sehr gering eingeschätzt [21].

Die dunkelbraune, faserig rauhe Borke ist bei Altbäumen 1 bis 2 cm dick und zeigt tiefe Längsrisse. Bei Jungbäumen sind zahlreiche Lenticellen sichtbar. Die innere Rinde ist stumpf gelb mit einem Anflug von grün in der Nähe des Kambiums. In Malaysia gehören alle *Hopea*-Arten mit schuppiger Rinde zur Giam-Gruppe, alle Hölzer mit glatter oder rissiger Rinde zur Merawan-Gruppe.

Taxonomie

Handels-name	Gewichts-gruppe	Ausgewählte Holzarten in den Untersektionen			
		Dryobalanoides	*Sphaerocarpae*	*Hopea*	*Pierrea*
Giam	schweres bis sehr schweres Hartholz	*H. coriacea* *H. malibato* *H. pierrei*	*H. subalata*	*H. andersonii* *H. basilanica* *H. celebica* *H. depressinerva* *H. ferrea* *H. forbesii* *H. glabrifolia* *H. gregaria* *H. helferi* *H. iriana* *H. nutans* *H. pentanervia* *H. plagata* *H. semicuneata*	*H. apiculata* *H. cagayanensis* *H. polyalthioides*
Merawan	leichtes bis mittelschweres Hartholz	*H. altocollina* *H. beccariana* *H. cernua* *H. dryobalanoides* *H. dyeri* *H. ferruginea* *H. fluvialis* *H. foxworthyi* *H. griffithii* *H. johorensis* *H. latifolia* *H. mengerawan* *H. myrtifolia* *H. pedicellata* *H. pubescens* *H. sulcata* *H. treubii* *H. vesquei*	*H. bracteata* *H. montana* *H. nervosa* *H. sublanceolata*	*H. acuminata* *H. dasyrrhachis* *H. odorata* *H. papuana* *H. sangal*	*H. glaucescens* *H. pachycarpa* *H. philippinensis*

Die große pantropische Pflanzenfamilie der *Dipterocarpaceae* umfaßt heute 11 Gattungen und etwa 400 Arten. Ihre Taxonomie wurde seit der ersten Monographie A. P. DE CANDOLLE'S von 1858 mehrfach revidiert. Dies gilt insbesondere für die nach der Gattung *Shorea* artenreichste Gattung *Hopea*, mit derzeit 102 bekannten Arten. FOXWORTHY stellte bereits 1932 fest: „Die Gattung *Hopea* weist größere Schwierigkeiten in der Klassifizierung auf als jede andere Gattung der Familie" [10]. Er benutzte blatt- und blütenmorphologische Merkmale, um die damals etwa 60 bekannten Arten in die drei Sektionen *Euhopea*, *Petalandra* und *Dryobalanoides* einzuordnen [10]. SYMINGTON erweiterte 1943 das Ordnungssystem [17]. Er unterschied vier botanische Sektionen nach blattmorphologischen Merkmalen (*Euhopea, Pierrea, Dryobalanoides, Bracteata*) und kombinierte diese in Tabellenform mit vier Gruppen gleichen Rindenbildes (glatte Rinde, „Katzenaugen"-Rinde, längsrissige Rinde, schuppige Rinde), so daß insgesamt 16 Gruppierungen innerhalb der Gattung *Hopea* entstanden. ASHTON verzichtete später auf die Ausscheidung von Rindengruppen und schuf aus einer Synthese der früheren Ansätze das derzeit gebräuchliche Ordnungssystem [2]. Er teilte die Gattung nach blatt- und blütenmorphologischen Merkmalen in zwei Sektionen mit jeweils zwei Untersektionen auf:

Sektion 1: *Dryobalanoides*
Untersektion 1a: *Dryobalanoides*
Untersektion 1b: *Sphaerocarpae*

Sektion 2: *Hopea*
Untersektion 2a: *Hopea*
Untersektion 2b: *Pierrea*

H. odorata gehört zu den ‚wirklichen Hopeas' der Untersektion *Hopea*.

Die Holzeigenschaften der *Hopea*-Arten stehen mit diesem morphologischen Ordnungssystem zwar in Zusammenhang, Holzarten gleicher Untersektionen unterscheiden sich aber erheblich in der anatomischen Struktur und in makroskopischen Merkmalen des Holzes. Holzhandel und Holzgewerbe verwenden eine andere, vereinfachte Unterteilung der Gattung *Hopea*, die auf technischen Merkmalen des Holzes aufbaut und die folgenden zwei Gruppen homogener Holzeigenschaften unterscheidet:

← siehe Tabelle

Die meisten der unter dem Handelsnamen Giam bekannten schweren bis sehr schweren Harthölzer gehören zur Sektion *Hopea*, die meisten der unter dem Handelsnamen Merawan bekannten leichten bis mittelschweren Harthölzer zur Untersektion *Dryobalanoides*. Von den Merawan-Hölzern haben die 16 unterstrichenen Arten größere wirtschaftliche Bedeutung. *H. odorata* nimmt in diesem System insofern eine Sonderstellung ein, als diese Baumart eine der wenigen Merawan-Hölzer in der Untersektion *Hopea* bildet.

Ökologie

H. odorata ist eine der besonders wasserliebenden *Dipterocarpaceen*-Arten. Es ist ein Baum der Flußniederungen, der selten in großer Entfernung von Flüssen und Bächen vorkommt. Er wächst am besten auf tiefgründigen, fruchtbaren und gut drainierten Standorten mit Grundwasserbewegung und hoher Luftfeuchtigkeit [23]. Die Waldgesellschaften dieser Standorte sind heute in vielen Ländern gerodet und nur noch als Relikte vorhanden, auf der malaiischen Halbinsel z.B. das Naturwaldreservat ‚Belum' an der Grenze nach Thailand.

Verjüngung, Wachstum, Waldbau

H. odorata verjüngt sich unter natürlichen Bedingungen reichlich in der Nähe von Mutterbäumen. Die Früchte tragen zwei lange Fruchtflügel und scheinen an die Verbreitung durch Wind angepaßt zu sein. Dennoch fallen sie im windruhigen Regenwald meist direkt unter oder in einem Radius bis zu 40 m neben den Samenbaum.

Die Samen von *H. odorata* sind, wie bei fast allen Dipterocarpaceen, kaum lagerfähig. Sie besitzen einen Feuchtegehalt von etwa 50 % und sterben nach Austrocknung schnell ab. Im Freiland bei einer Lufttemperatur von 20 °C verlieren sie ihre Lebensfähigkeit bereits nach 5 Tagen. Samen, die bei konstant 35 °C auf einen Feuchtegehalt von 33 % heruntergetrocknet wurden, konnten in Malaysia für 1 bis 2 Monate bei 15 °C gelagert werden [7, 15]. Die Keimrate betrug dann noch 60 %. Die längste bekannte Lagerperiode betrug 3 Monate bei 4 °C in versiegelten Polyäthylen-Beuteln [8, 15, 16, 18].

Die Samen zeigen keine Keimruhe. In der Baumschule unter Schatten ausgesäte Samen keimen epigäisch nach 7 bis 14 Tagen mit einer Keimrate von 75 %. Es wird empfohlen, die Fruchtflügel vor der Aussaat zu entfernen. Die Keimblätter sind fast gleichlang. Das erste Blattpaar ist gegenständig, die Folgeblätter stehen spiralig oder in einem Wirtel zu dreien.

H. odorata zeichnet sich durch schnelles Jugendwachstum aus und kann mit 4 bis 6 Monaten bei einer Größe von 30 bis 50 cm von der Baumschule ins Freiland gepflanzt werden. Das Sämlingswachstum wird durch Ektomykorrhiza-Symbiosen gefördert. Die Pilze erhöhen die Aufnahme von Makro-Nährstoffen. Die Impfung mit *Scleroderma* sp. zeigt bessere Ergebnisse als mit *Russula* sp. und *Boletus* sp. [16].

H. odorata kann in der Jugend viel Schatten ertragen und wird in Bangladesch, Indonesien und Malaysia zur Wiederaufforstung von Flächen unter Schirm verwendet. Dazu werden Container-Pflanzen von ca. 50 cm Höhe im Abstand von 3 bis 5 m in 1 bis 2 Meter breite Streifen gepflanzt, die in den Sekundärwald im Abstand von 5 bis 8 m geschnitten wurden.

von vertikalen Sprossen 3 bis 4 Jahre alter Jungpflanzen, die mit Wuchsstoffen (Indolessigsäure, Indol-Buttersäure) behandelt worden waren, bildeten nur in 40 % der Fälle Wurzeln.

H. odorata zeigt gute Wuchsleistungen. Ein 35jähriger Pflanzbestand im Forest Research Institute Malaysia (FRIM) weist einen mittleren Brusthöhendurchmesser (BHD) von 63,9 cm auf, allerdings mit einer Streuung von 16,8 bis 89,2 cm. Das Abtriebsalter gepflanzter Bestände wird mit 45 bis 50 Jahren angegeben [20]. Es wird auch berichtet, daß *H. odorata* in 25 Jahren einen BHD von 53 cm erreichen kann [16].

Pathologie und Holzfehler

Für *H. odorata* werden keine schwerwiegenden Krankheiten angegeben. Die Samen können von Rüsselkäfern (*Nanophyes shoreae*) befallen werden. Gelegentlich richten Insekten, wie z.B. Heuschrecken, geringen Schaden an Jungpflanzen in der Baumschule an.

Abb. 9: Jungpflanze unter Schirm, 1 1/2 jährig

Die Sämlinge zeigen einen hohen Anwuchserfolg, wenn längere Zwischenlagerung vermieden wird und sie nach der Baumschule sofort ausgepflanzt werden. Der Baum ist phototropisch unempfindlich und bildet in der Regel gerade, aufrechte Schäfte aus. Die apikale Dominanz ist allerdings schwach ausgeprägt, tief ansetzende Steiläste und Zwiesel treten gelegentlich auf. Deswegen ist enge Bestandesbegründung erforderlich.

Wurzelnackte Pflanzen können verwendet werden, sofern die Seitenzweige der Sämlinge vor dem Pflanzen entfernt werden. Die Überlebensrate beträgt dann bis zu 100 %. Geästete Sämlinge können auch längere Zeit bei 25 °C in Polyäthylen-Beuteln gelagert werden; nach 7 Monaten beträgt die Überlebensrate noch über 50 % [16]. Für Nachbesserungen im Naturwald werden auch Wildlinge verwendet. Die jungen Pflanzen erweisen sich als besonders widerstandsfähig gegen Trockenperioden. In Bangladesch wurden erfolgreich Bestände aus Saatgut erzogen, das in Reihen mit 15 cm Abstand unter Schirm ausgebracht worden war [8].

H. odorata kann auch vegetativ vermehrt werden, allerdings nur mit mäßigem Erfolg. Versuche mit Stecklingen

Abb. 10: Container-Pflanze, 3 Monate alt

Rundholz sollte schnell vom Hiebsort abtransportiert werden. Das Splintholz kann durch Termitenfraß oder Splintholzkäfer (*Platypodidae*) schwer geschädigt werden und ist unter feuchten Bedingungen auch anfällig für holzzerstörende und Bläue auslösende Pilze.

Das Kernholz ist unter normalen Witterungsbedingungen resistent gegen Pilz- und Termitenbefall. Es werden aber Fraßschäden durch Nutzholzbohrer (*Ambrosia*), Bockkäfer (*Cerambycidae*), Schiffswerftkäfer (*Lymexylionidae*) und Bohrmuscheln erwähnt [7, 16, 19]. Bei alten Bäumen können Stammentwertungen durch Kernfäule auftreten.

Nutzung

Merawan ist ein vielseitig verwendbares Bauholz, das in seiner Dauerhaftigkeit und Witterungsresistenz den meisten Meranti-Hölzern (*Shorea* spp.) überlegen ist. Das Kernholz ist auch bei Verwendung im Freiland dauerhaft. Im Boden eingegrabene Pfähle erreichen eine Lebensdauer von 10 Jahren. Eisenbahnschwellen halten 16 bis 18 Jahre und Boote zeigen auf See eine Lebensdauer von 25 Jahren [4, 8, 16].

Das Holz widersteht leichteren bis mittleren Belastungen. Seine guten Eigenschaften machen es geeignet für Brückenkonstruktionen, Dachsparren, Balken, Dielenbretter, Treppen, Tür- und Fensterrahmen, Tischlerware und Drechslerarbeiten. Es eignet sich auch für Laufrollen in der Textilindustrie, Industrieparkett, Rammpfähle und als Alternative für Ahorn bei der Schuhherstellung. Weiterhin wird es für Möbel geringerer Preisklasse verwendet. Seine hohe natürliche Dauerhaftigkeit, auch im Kontakt mit Wasser, macht es gut geeignet für den Schiffsbau und für die Herstellung von Wasserfässern. Die Barkassen der siamesischen Könige wurden beispielsweise früher aus Merawan gezimmert [3].

Über die Bearbeitbarkeit und die Auswirkung auf Werkzeuge liegen widersprüchliche Angaben vor. Manche Autoren berichten, Merawan ließe sich nur schwer und unter hohem Kraftaufwand sägen und hobeln und mache die Schneidwerkzeuge schnell stumpf [4, 8, 19]. Es liegen aber auch Angaben vor, die die Säge- und Hobelfähigkeit als leicht bis mäßig leicht beurteilen [7, 12, 16, 21].

Bei der Herstellung von Schälfurnieren, Sperrholz und Spanplatten werden zufriedenstellende bis gute Ergebnisse erzielt. Furniere von 1,5 mm Stärke lassen sich mit einem Schälwinkel von 91 Grad herstellen. Qualitativ gutes Sperrholz läßt sich mit Harnstoff-Formaldehyd-Leimen erzeugen, die mit 20 % Weizenmehl gestreckt sind. Die Zellstoff- und Papierherstellung aus Merawan wird als zufriedenstellend bezeichnet [16].

Merawan trocknet verhältnismäßig langsam, bleibt aber formstabil. Es zeigt nur selten schwerwiegende Trocknungsfehler mit Ausnahme von leichten Verwerfungen quer zur Faser. Feine End- und Oberflächenrisse kommen vor, wenn das Holz in voller Sonne getrocknet wurde, insbesondere bei breiten Brettern. Bretter von 15 mm Stärke benötigen 4 Monate bis zum lufttrockenen Zustand, 40 mm Bretter benötigen 6 Monate. Bei Kammertrocknung brauchen 25 mm starke Bretter 5 Tage, um die Holzfeuchte von 50 auf 10 % herabzutrocknen [21].

Holzschutzmittel werden nur in sehr geringem Maß vom Kernholz absorbiert. Dennoch ist behandeltes Holz im Freiland und sogar bei Bodenkontakt sehr dauerhaft.

Rinde und Blätter haben einen hohen Gehalt an Gerbstoffen (10 bis 15 % des Trockengewichtes) [3]. Die Tannine werden zum Gerben von Leder und zur Herstellung von Tannin-Formaldehyd-Leimen verwendet. Die Rinde wird in ländlichen Gebieten auch zum Bau von Haus- und Trennwänden eingesetzt, in Indochina auch als ‚Kaugummi‘ verwendet [16].

Die Stammoberfläche scheidet ein glänzendes, glasigweißes, leicht duftendes Baumharz aus, das unter Lufteinfluß sehr hart wird. Gehärtet wird es unter der Bezeichnung ‚damar batu‘ (Steinharz), im frischen Zustand unter dem Namen ‚damar mata kuching‘ (Katzenaugenharz) gehandelt. Das Baumharz wird auch gewerblich gezapft, ohne daß die Bäume absterben [3]. In Myanmar dient es zur Herstellung von Farben und Lacken und zum Kalfatern von Booten. Eingeborenenstämme verwenden eine Mischung von Harz, Bienenwachs und rotem Ocker zur Befestigung von Speer- und Pfeilspitzen. Traditionell wird das pulverisierte Harz zur Förderung der Wundheilung eingesetzt.

H. odorata wird wegen seiner schattenspendenden Wirkung häufig als Straßenbaum in Ho-Chi-Minh Stadt (Saigon) und in Dörfern der nördlichen malaiischen Halbinsel angepflanzt [6].

Holzmarkt

Merawan hat in Europa und Amerika bisher keinen Markt und wird vor allem in den Erzeugerländern selbst genutzt. Wegen seiner guten technischen Eigenschaften wäre es geeignet, Meranti (*Shorea* spp.) für viele Verwendungszwecke zu ersetzen, aber Merawan ist nicht in großen Mengen verfügbar. Die größten Posten Merawan sind aus Myanmar und Thailand lieferbar. In Malaysia wird es nur selten als eigener Posten gehandelt, sondern gewöhnlich mit Hölzern der Gattung *Shorea* (*Dipterocarpaceae*) gemischt und gemeinsam als Meranti (Malaiische Halbinsel) oder Selangan Batu (Sabah, Nordborneo) angeboten.

Auf der malaiischen Halbinsel betrug der Einschlag an Merawan von 1989 bis 1993 rund 100.000 m^3 pro Jahr, knapp unter 1 % des Gesamteinschlages. Im Jahr 1991 wurden rund 30.000 m^3 Merawan-Schnittholz exportiert zu einem Durchschnittspreis von rund 134 US $ pro m^3.

Neuere Zahlen sind nicht bekannt, man kann aber davon ausgehen, daß der Exportpreis seither auf das Doppelte gestiegen ist.

Merawan ist eines der wichtigsten Exporthölzer von Papua Neu-Guinea und erzielte dort im Jahr 1992 einen Exportpreis von 50 US $/m³ Sägerundholz.

Abb. 11: Künstlich begründeter Bestand, ca. 50jährig

Verschiedenes

– Der Gattungsname *Hopea* geht zurück auf den schottischen Botaniker J. HOPE (1725-1786) [6]. Das Epitheton ‚odorata' bezieht sich auf die duftenden Blüten.

– Das älteste fossile Holz der Gattung *Hopea* wurde an der Ostküste Südindiens gefunden und stammt aus dem Miozän [16].

Weiterführende Literatur

[1] ASHTON, P.S., 1968: A Manual of the Dipterocarp Trees of Brunei State and of Sarawak. Kuching 1968.
[2] ASHTON, P.S., 1982: Dipterocarpaceae. Flora Malesiana, Series 1 - Spermatophyta, Flowering Plants, Vol. 9, Part 2. Bogor, Indonesien/ Leiden, Niederlande.

[3] BURKILL, I.H., 1935: A Dictionary of the Economic Products of the Malay Peninsula. 3rd reprint 1993, Kuala Lumpur.
[4] CHUDNOFF, M., 1984: Tropical Timbers of the World, USDA, For. Prod. Lab., Madison, WI.
[5] CORBINEAU, F.; COME, D.; 1989: Experiments on germination and storage of the seeds of two dipterocarps: Shorea roxburghii and Hopea odorata. Malaysian Forester 49, 371 – 381.
[6] CORNER, E.J.H., 1988: Wayside Trees of Malaya in Two Volumes. Volume 1, 3rd edition. Malayan Nature Society, Kuala Lumpur.
[7] DAHMS, K.G., 1981: Asiatische, ozeanische und australische Exporthölzer. DRW-Verlag, Stuttgart.
[8] FAO, 1985: Dipterocarps of South Asia. RAPA Monograph 4/85, FAO Regional Office for Asia and the Pacific.
[9] Forestry Department Peninsular Malaysia, 1993: Forestry Statistics, Peninsular Malaysia. Kuala Lumpur.
[10] FOXWORTHY, F.W., 1932: Dipterocarpaceae of the Malay Peninsula. Malayan For. Rec. 10, Singapur.
[11] KOSTERMANNS, A.J.G.H., 1992: A Handbook of the Dipterocarpaceae of Sri Lanka, Colombo.
[12] Malaysian Timber Industry Board, 1986 (Hrsg.): 100 Malaysian Timbers, Kuala Lumpur.
[13] Ministry of Primary Industries, 1992: Statistics on Primary Commodities, Forestry, Kuala Lumpur.
[14] MAURY-LECHON, G., 1978: Dipterocarpacées, du fruit à la plantule. Thesis, 2 Bände, Toulouse.
[15] SASAKI, S., 1980: Storage and germination of dipterocarp seeds. Malaysian Forester 43, 290 – 308.
[16] SOERIANEGARA, I.; LEMMENS, R.H.M.J. (Hrsg.), 1994: Plant Resources of South-East Asia (PROSEA) Vol. 5 (1), Timber trees: Major commercial timbers. Bogor, Indonesien.
[17] SYMINGTON, C.F., 1943: Foresters' Manual of Dipterocarps. Malayan For. Rec. 16, Kuala Lumpur.
[18] TANG, H.T.; TAMARI, C., 1973: Seed description and storage tests of some dipterocarps. Malaysian Forester 36, 38 – 53.
[19] WAGENFÜHR, R.; SCHEIBER, C., 1974: Holzatlas, VEB Fachbuchverlag, Leipzig.
[20] WEINLAND, G.; ZUHAIDI, A.; KOLLERT, W., 1996: Managing quality timber plantations in Peninsular Malaysia. Unveröffentlichter Entwurf.
[21] WONG, T.M., 1982: A Dictionary of Malaysian Timbers. Malayan For. Rec. 30. Forest Research Institute, Kepong.
[22] WOOD, G.H.S.; MEIJER, W., 1964: Dipterocarps of Sabah (North Borneo). Sabah Forest Record No 5, Forest Department, Sandakan.
[23] WYATT-SMITH, J., 1963: Manual of Malayan Silviculture for Inland Forests. Volume II, Chapter 7. Malayan For. Rec. 23, Kuala Lumpur.

Der Autor:

Dr. WALTER KOLLERT
Malaysian-German Sustainable Forest Management Project
Forestry Department
P.O.Box 68
90009 Sandakan
Sabah/Malaysia

Hura crepitans Linné

Sandbüchsenbaum   Familie: Euphorbiaceae

engl.:   Sandbox tree, Possumwood,
         Monkey-pistol
franz.: Sablier
span.:   Jabillo, Habillo, Molinillo

![Hura crepitans. Junger, breitkroniger Solitär auf St. John (Virgin Islands)]()

Abb. 1: Hura crepitans. Junger, breitkroniger Solitär auf St. John (Virgin Islands)

Abb. 2: Starker Altbaum

Abb. 3: Lange, freiliegende Wurzeln (links) und Laubblatt (rechts)

Hura crepitans, ein ansehnlicher, nahezu immergrüner Waldbaum der Neotropen, erreicht im Regenwald des Amazonas-Beckens Höhen von 45 m und Durchmesser (BHD) von 3 m [2]. Das gilt nicht in gleichem Maße für die Inseln der Karibik und für die Küste Floridas. Dort und in anderen tropischen Regionen wird die Art wegen ihrer dichten, schattenspendenden Krone, der hübschen, roten Blüten und der kleinen, kürbisförmigen Samenkapseln gern als Allee- und Parkbaum angebaut. Auffallend sind überdies die zahlreichen, dunklen Dornen am Stamm und an freiliegenden Wurzeln.

Die Borke führt einen giftigen Milchsaft und auch die Samen sind für Menschen und Tiere toxisch.

Verbreitung

Das natürliche Areal von *H. crepitans* schließt im Norden die Westindischen Inseln (Cuba und Jamaica bis Trinidad und Tobago) ein. Auf dem Festland erstreckt es sich von Costa Rica bis nach Peru und Bolivien sowie bis ins Amazonas-Becken im nördlichen Brasilien [4].

Waldbildend wächst die Art hauptsächlich in den Küstenebenen und entlang der Flußläufe [2]. Verbreitung als Zierbaum findet sie in den Tropen der Neuen Welt und auf Hawaii. In Westafrika gilt sie als eingebürgert [1].

Beschreibung

Übereinstimmend wird *H. crepitans* als ein hoher Baum beschrieben, dessen gerader, im Bestandesschluß weitgehend astfreier Stamm dicht mit schwärzlichen, 1,2 bis 2 cm langen, kräftigen Dornen besetzt ist und der zumeist eine große, dicht belaubte, rundliche Krone ausbildet. Hinsichtlich der Maximalwerte von Baumhöhe und Stammdurchmesser (BHD) gehen die Angaben allerdings weit auseinander:

LITTLE/WADSWORTH [4]   ca. 26 m hoch, 0,6 bis 1,2 m BHD
HARTSHORN [2]   ca. 45 m hoch,   ca. 3   m BHD
RECORD/HESS [5]   ca. 60 m hoch,   ca. 2   m BHD

Allem Anschein nach beziehen sich diese Daten auf verschiedene Teile des Areals (Puerto Rico – Mittelamerika – Amazonasbecken). Ähnliches gilt für den jährlichen Blattfall, denn die Art wird in trockenen Gebieten als laubabwerfend, sonst als immergrün bezeichnet [1]. Über die Bewurzelung enthält die Literatur keine Angaben.

H. crepitans bildet zumindest in der Jugend an der Spitze des letztjährigen Sprosses 3 Seitentriebe, von denen sich immer nur einer aufrichtet und die Sproßachse verlängert [2]. Die Stammbasis ist mitunter etwas verbreitert.

Abb. 4: Wurzeln mit Stacheln

Die herzförmigen, wechselständig angeordneten, manchmal ganzrandigen, manchmal schwach gekerbten **Blätter** werden in der Regel 12 bis 20 cm lang und 10 bis 12 cm breit [4]. Sie sind oberseits (schwach) glänzend dunkelgrün, unterseits etwas blasser und laufen am Apex mit einer langen Spitze aus. Die im Querschnitt runden Blattstiele erreichen etwa die Länge der Spreite. Die Adern auf der Blattunterseite sind behaart. Die jungen, relativ dicken Zweige haben zunächst eine grüne, später eine braune Rinde.

Die auffällig dunkelrot gefärbten **Blüten** sind bei *H. crepitans* einhäusig verteilt. Sie haben keine Kronblätter. Männliche Blüten stehen zu vielen in einer terminalen, traubigen Infloreszenz.

Diese ist 2,5 bis 5 cm lang, hat einen Durchmesser von ca. 1,8 cm und steht an einem schlanken, grünen Stiel (6 bis 10 cm lang). Die etwa 0,6 cm großen ♂ Einzelblüten haben einen krugförmigen Kelch und 8 bis 20, in zwei oder drei Kreisen angeordnete Staubblätter.

Weibliche Blüten stehen hingegen einzeln und lateral im Spitzenbereich junger Triebe. Auch sie sind deutlich gestielt (2,5 cm) und haben einen krugförmigen Kelch. Sehr auffällig ist der lange, röhrenförmige Griffel, an dessen Spitze eine schirmförmige, bis 3 cm weite, mit ca. 12 bis 20 Einbuchtungen versehene Narbe steht.

Chromosomenzahl: 2n = 44 (tetraploid).

Abb. 6: Weibliche Blüte mit langem Griffel und schirmförmiger Narbe

Auffällig sind weiterhin die 6 bis 9 cm breiten und 1,5 bis 2 cm hohen **Kapselfrüchte**. Sie haben die Form eines winzigen Kürbisses, sind in 12 bis 20 durch Einkerbungen erkennbare Fächer geteilt, werden bei Reife braun und verholzen. Bei Trockenheit öffnen sie sich explosionsartig mit lautem Knall und schleudern die **Samen** weit aus.

Jedes der Fruchtfächer enthält nur einen rundlichen, flachen Samen (1,5 bis 2,5 cm). *Hura crepitans*-Samen sind für Menschen und Tiere giftig. In Costa Rica gibt es nur eine Vogelart *(Ara macao)*, die sie verzehrt [2].

Die Früchte werden im Frühjahr und im Sommer reif.

Das relativ leichte und weiche **Holz** wird unter dem Namen Assacu gehandelt. Splint und Kern lassen sich nur schwer unterscheiden [6]. Allenfalls ist der Splint etwas heller als das meist gelblich braune, ausnahmsweise auch dunkelbraune Kernholz [4]. Zuwachszonen werden nur unregelmäßig ausgebildet.

Abb. 5: Männlicher Blütenstand

Abb. 7: Unreife Kapselfrucht

Die Rohdichte (r_{15}) liegt zwischen 0,37 und 0,44 g/cm³ [6].

Druckfestigkeit: 305 ...... 352 ...... 416 kg/cm²
Biegefestigkeit: 314 ...... 343 ...... 403 kg/cm² [6]
Elastizitätsmodul: 82 000 kg/cm² [1].

Das geradfaserige Holz ist von feiner Textur, läßt sich leicht hobeln, sägen und auch gut polieren. Andererseits ist es spröde, bricht leicht und hat sich als anfällig gegen Termiten und holzzerstörende Pilze erwiesen [6].

Anatomisch bemerkenswert ist der große Anteil verthyllter Gefäße. Die Holzstrahlen variieren stark in der Höhe und sind nur eine Zelllage breit.

Die rauhe, graubraune Borke enthält einen Milchsaft von hoher Giftigkeit, der unter anderem Hautentzündungen hervorruft und eine Gefahr für das Augenlicht darstellt.

Auch Holzstaub kann Hautreizungen hervorrufen [1].

Abb. 9: Junger Stamm mit kräftigen, dunklen Stacheln (links) und alter Stamm mit graubrauner, rauher Rinde und kräftigen Wurzelanläufen (Fairchild Tropical Gardens)

Ökologie und Wachstum

In Mittelamerika kommt die Art vornehmlich auf alluvialen Standorten sowie in Hanglagen tropischer Feucht- und Trockenwälder vor [2]. Junge Bäume benötigen zur Entwicklung volles Licht und sind intolerant gegen Schatten. Naturverjüngung ist daher nur an Bestandesrändern und in Bestandeslücken möglich. Nach Erfahrungen aus Panama reproduzieren sich geworfene oder gebrochene Bäume häufig durch Stamm- und Stockausschläge[1].

Angaben über die Höhen- und Durchmesserentwicklung sowie über das Höchstalter der Art fehlen. Betont wird lediglich ihr rasches Jugendwachstum.

9 cm

Abb. 8: Samen

[1] For. Abstr. **51**, 5578, 1990.

Nutzung

Obwohl von geringer Qualität, wird das Holz von *H. crepitans* (Handelsname: Assacu) viel verwendet. Es eignet sich für die Herstellung von Kisten, Sperrholz, Lattenverschlägen und Spanplatten, ist aber wegen geringer Belastungsfähigkeit nicht als Konstruktionsholz verwendbar [6].

In Puerto Rico nutzt man es für Zaunpfähle und als Brennholz [4]. Wegen der weiten, schattenspendenden Krone baut man die Art in mehreren Ländern der Neotropen als Allee- und Parkbaum an.

Abb. 10: Blätter eines Sämlings

Verschiedenes

– Bei Rindenverletzungen tritt ein ätzender Milchsaft aus, der Hautentzündungen auslöst und zu temporärer Erblindung führen kann. Die Art ist deswegen bei Holzfällern wenig beliebt [4]. Früher verwendete man den Latex als Betäubungsmittel für Fische.
Die Giftwirkung wird offenbar ausgelöst durch Huratoxin, einen Phorbol-Ester, der auch bei anderen Euphorbiaceen auftritt [3] sowie durch Hurain, eine Substanz mit proteolytischer Wirkung[2).

– Der englische und der deutsche Trivialname geht auf Zeiten zurück, in denen man die unreifen Samenkapseln aushöhlte und mit Sand füllte („sand-box"). Der Sand diente zum Trocknen von Tinte (Löschblatteffekt).

[2) For. Abstr. 23, 92, 1962.

Weiterführende Literatur

[1] Francis, J.K., 1990: Hura crepitans L. Inst. Tropical Forestry. South. For. Expt. Stn., Rio Piedras, Puerto Rico, SM-38.
[2] Hartshorn, G.S., 1983: Hura crepitans. In: Janzen, D.H. (edt.): Costa Rican Natural History, Univ. Chicago Press. Chicago and London.
[3] Hausen, B., 1981: Woods, injurious to human health. A manual. de Gruyter, Berlin–New York.
[4] Little, E.L., Jr.; Wadsworth, F.H., 1964: Common Trees of Puerto Rico and the Virgin Islands. USDA, For. Serv., Handbook No. 249, Washington, D.C.
[5] Record, S.J.; Hess, R.W., 1943: Timbers of the New World. Yale Univ. Press.
[6] Schmidt, E., 1951: Überseehölzer. Fritz Haller-Verlag, Berlin.

Die Autoren:

Prof. Dr. Peter Schütt
Lehrstuhl für Forstbotanik
Ludwig-Maximilians-Universität München
Am Hochanger 13
D–85 354 Freising

Ulla M. Lang
Schützenstraße 6
D–82 383 Hohenpeißenberg

Hymenaea courbaril Linné

Courbaril   Familie: Caesalpiniaceae

franz.:   Courbaril
span.:   Algarrobo

Mittelamerika: Guapinol

Abb. 1: Hymenaea courbaril. Solitär in einem Park auf Puerto Rico

Hymenaea courbaril gehört zu der großen Zahl stattlicher, breitkroniger, (fast) immergrüner Bäume der Neotropen, deren Areal von Mexiko bis ins nördliche Südamerika reicht und die Westindischen Inseln einschließt. Auffallend sind unter anderem die großen, geschlossen bleibenden, etwas unangenehm riechenden Hülsen, die ein mehliges, etwas süßliches Fruchtfleisch enthalten. Erwähnenswert auch das dunkelbraune, zu Möbeln verarbeitete, manchmal mit Mahagoni verglichene Kernholz.

Holz und Wurzeln enthalten Kopalharz, aus dem Lacke hergestellt werden und das in fossiler Form als neotropischer Bernstein bekannt wurde.

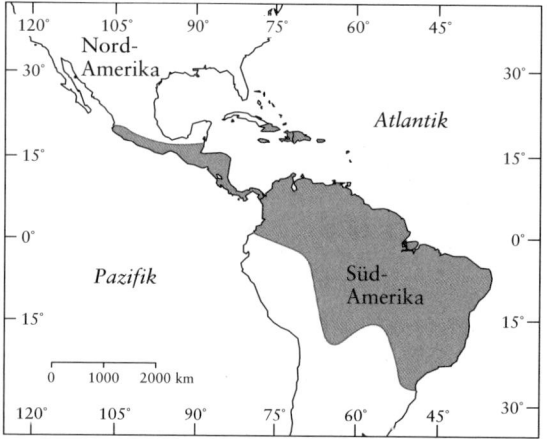

Abb. 2: Natürliches Verbreitungsgebiet, nach [2]

Taxonomie und Verbreitung

Die Gattung *Hymenaea* ist in den Neotropen mit 13 Arten vertreten, die teils im tropischen Regenwald Amazoniens, teils in den trockenen Savannen Mexikos vorkommen [5]. LEE und LANGENHEIM (zitiert nach [5]) unterteilen *H. courbaril* in 5 Varietäten, von denen var. *courbaril* im gesamten mittelamerikanischen Arealteil ebenso wie auf den Westindischen Inseln und im Norden Südamerikas allein vorkommt. Die anderen Varietäten besiedeln meist kleinere Teilareale im Zentrum und im Süden des Gesamt-Verbreitungsgebietes.

Insgesamt erstreckt sich das natürliche Areal der Art von der Westküste Mittel-Mexikos südlich bis Bolivien und Zentral-Brasilien, etwa von 23° n.Br. bis 25° s.Br. [2]. Einbezogen sind die Westindischen Inseln von Cuba und Jamaica bis Trinidad und Tobago [4]. In Costa Rica kommt die Art bis in Höhenlagen um 1000 m ü. NN vor (Cordillera de Guanacaste) [3].

Beschreibung

In mehreren Teilen des Areals wird Courbaril als ein großer Baum mit weit ausladender, runder Krone beschrieben, welcher im Bestand der oberen Kronenschicht angehört, mitunter sogar über diese hinausragt [2, 4, 5]. Angaben über Maximalhöhen variieren zwischen 40 und 50 m, über die stärksten Stammdurchmesser (BHD) zwischen 110 und 150 cm. LITTLE und WADSWORTH [4] nennen für Puerto Rico durchschnittliche Baumhöhen von 22 m.

Der zylindrische Stamm hat eine relativ glatte, graue, etwa 3 mm dicke **Borke**; die Farbe des inneren Bastbereichs ist hingegen rötlich. Brettwurzeln scheinen nur ausnahmsweise vorzukommen.

Courbaril bildet auffallend starke Äste, und auch die braunen, sehr rissigen Zweige sind relativ kräftig.

In den meisten Teilen ihres Areals eine immergrüne Art, wirft *H. courbaril* die **Blätter** binnen weniger Tage ab, treibt aber in den darauf folgenden ein, zwei Wochen wieder komplett aus. Setzt in diesem Zeitraum, der in Costa Rica von Ende Dezember bis Mitte Januar dauert, intensive Trockenheit ein, erreichen die Blätter nicht ihre volle Größe und die Krone bleibt für lange Zeit transparent [3].

Courbaril bildet unverkennbare, glänzend grüne, etwas ledrige, einfach gefiederte **Blätter** mit nur einem Fiederblattpaar. Die mehr oder weniger eiförmigen, aber deutlich asymmetrischen, ganzrandigen und kahlen Fiederblättchen sind kurz gestielt (2 bis 8 mm) und haben eine 5 bis 10 cm lange, etwa 2 bis 3,5 cm breite Spreite, deren Apex lang oder kurz zugespitzt und deren Basis rund ist [4]. Zahlreiche Harzdrüsen treten – gegen das Licht betrachtet – als helle Punkte hervor. Die stumpfgrüne Blattunterseite weist einen schwachen Braunton auf. Die Blätter sind wechselständig angeordnet und 1 bis 3 cm lang gestielt.

Die auffälligen, intensiv duftenden, 2 bis 4 cm breiten, weißen **Blüten** erscheinen im Frühjahr und im Sommer (Costa Rica: Dezember bis Juni). Sie öffnen sich nur während der Nacht, werden von Fledermäusen (*Glossophaga*) bestäubt und schon am nächsten Morgen fallen die Kelch- und Kronblätter zu Boden. Die Blühdauer eines Baumes beträgt etwa 6 Wochen. Zur gleichen Zeit sind etwa 100 Blüten (2 bis 5 pro Infloreszenz) geöffnet [3]. In manchen Jahren entwickeln sich überhaupt keine Blüten zur Frucht. Die Art ist offenbar selbststeril [3].

Hymenaea-Blüten sind zwittrig. Sie stehen zu vielen an aufrechten, terminal inserierten, 10 bis 15 cm langen und ebenso breiten Rispen mit relativ starren Ästen. Die 3 bis 10 mm lang gestielten, radiär-symmetrischen Einzelblüten bestehen u.a. aus einem glockenförmigen, graugrünen, spärlich behaarten Blütenbecher (Hypanthium), 5 verkehrt eiförmigen, auf der Innenseite gelb und seidig behaarten Kelchblättern (1,2 bis 1,5 cm lang), einem ringförmigen, nektarproduzierenden Diskus, 5 weißen, mit-

unter lila gestreiften, elliptischen, mit punktförmigen Drüsen bedeckten Kronblättern (ca. 1,8 cm lang) sowie zehn ca. 3 cm langen Staubblättern mit weißen Filamenten und roten Antheren. Der Stempel hat ein 1-fächeriges Ovar und einen schlanken, ca. 2,5 cm langen, gekrümmten Griffel.

Sehr auffallend und in den Abmaßen außerordentlich variabel sind die dickwandigen, 5 bis 18 cm langen, 3,5 bis 6 cm breiten, mehr als 2 cm dicken und 25 bis 125 g schweren **Früchte** (Hülsen). Sie erreichen schon 4 bis 6 Wochen nach der Blüte ihre volle Größe [3], werden aber erst nach 9 Monaten (im November/Dezember) reif. Ein Blütenstand von 50 bis 100 Blüten produziert normalerweise 1 bis 10 Früchte [3].

Zur Reifezeit nehmen die Hülsen eine rotbraune bis dunkelbraune Farbe an. Das verholzte, sehr harte Exokarp umschließt ein schmales, faseriges Mesokarp und ein gelbliches, mehliges Fruchtfleisch (Endokarp). Darin eingebettet sind 2 bis 6 (1 bis 15) rotbraune, flache (ca. 2,5 cm lange), elliptische **Samen** mit harter, sklerenchymreicher Testa.

Tausendkorngewicht (frisch): 4950 bis 5670 g (Werte aus Costa Rica) [5], (lufttrocken): 2105 g (Brasilien) bis 4370 g (Costa Rica) [2, 5].

Das Fruchtfleisch hat einen unangenehmen Geruch, ist aber süß und eßbar. Neben reichlich Stärke enthält es 3,2 % Zucker, 1,1 % Fett und 35,8 % Fasern [2]. Auch nach der Reife bleiben die geschlossenen Hülsen noch mehrere Wochen am Baum. Erst in der Zeit von Dezember bis April fallen sie ab und bleiben dann in geschlossenem Zustand am Boden liegen, bis sie im Verlauf der nächsten Regenzeit verrotten. An der Verbreitung der Samen beteiligen sich Säugetiere (in Costa Rica u.a. „Agouti", *Dasyprocta punctata*).

Courbaril-Saatgut läßt sich in geschlossenen Gefäßen bei 2 bis 4 °C ein Jahr lang ohne Verlust an Keimkraft aufbewahren [2].

Courbaril-**Holz** ist hart, zäh und schwer. Es hat einen weißlichen bis graubraunen Splint und einen dunkel- oder rötlich-braunen, manchmal mit dunklen Streifen versehenen Kern. Die einzeln stehenden Gefäße sind gleichmäßig (zerstreutporig) über den Querschnitt verteilt. Als Rohdichte-Werte werden für Guyana 0,70 g/cm³ [1)], für Puerto Rico 0,84 g/cm³ [1)] angegeben [2]. WAGENFÜHR und SCHEIBER [7] nennen:

r_0: 0,70.........0,90 g/cm³
r_{15}: 0,80.........0,98 g/cm³

Die gleichen Autoren führen für die mechanischen Eigenschaften folgende Daten an:

Druckfestigkeit	570 – 890 kp/cm²
Biegefestigkeit	950 – 1300 kp/cm²
Zugfestigkeit (parallel zur Faser)	1500 – 1800 kp/cm²

[1)] Keine Angaben über den Wassergehalt des Holzes

Abb. 3: Laubblätter (einfach gefiedert)

Abb. 4: Blütenstand, noch geschlossen

Abb. 5: Stammborke

Das Holz hat einen seidigen Glanz; es ist dauerhaft, schraubfest und resistent gegen Termiten, läßt sich aber schwer trocknen und nicht immer leicht bearbeiten.

Anzucht

H. courbaril keimt epigäisch. Die Speicherkotyledonen fallen zwischen dem 50. und 60. Tag ab. Zu dieser Zeit sind bereits die einfachen, mit schiefer Spreitenbasis versehenen, ledrigen Primär- und die ersten gefiederten Folgeblätter vorhanden [5]. Die Keimrate liegt bei 90 %, sofern das Keimbett feucht genug ist. FRANCIS [2] nennt Keimprozente zwischen 40 und 90. In beiden Fällen lagen die im vollen Licht erzielten Werte höher als im Schatten. Anritzen der Samenschale oder kurzes Eintauchen in H_2SO_4 fördern und beschleunigen die Keimung [2]. Auch die Keimlings- und Sämlingsentwicklung werden im Licht gegenüber Schatten und Halbschatten gefördert. Allgemeine Angaben zur Sämlingshöhe:

55 cm nach 75 Tagen: (Halbschatten; Puerto Rico) [2]
32 cm nach 75 Tagen: (Halbschatten; Costa Rica) [5].

Die Sämlinge entwickeln rasch eine Pfahlwurzel und ein reich verzweigtes Seitenwurzelsystem. Wurzelknöllchen als Zeichen der Symbiose mit Luftstickstoff bindenden *Rhizobium*-Arten kommen nicht generell vor. Belege dafür liegen aus den Philippinen und Hawaii, negative Befunde aus Venezuela und Trinidad vor [2]. Zum Verpflanzen verwendet man wurzelnackte, zurückgeschnittene oder in Containern angezogene Sämlinge. Pflanzung auf Freiflächen, verbunden mit Unkrautbekämpfung, hat sich am besten bewährt [2].

In Primärwäldern Costa Ricas verjüngt sich die Art sehr spärlich, zum Teil infolge massiven Befalls der Früchte und Samen durch Larven mehrerer Rüsselkäfer-Arten der Gattungen *Anthonomus* und *Rhinochenus* [5].

H. courbaril bildet reichlich Stockausschläge, allerdings nur aus relativ jungen Bäumen. Vegetativvermehrung durch Bewurzelung von Grünstecklingen im Sprühbeet ist möglich.

Ökologie und Wachstum

In Mittelamerika ist Courbaril sowohl ein Baum des prämontanen Regenwaldes wie auch der regengrünen, laubabwerfenden Wälder. Im Südwesten Costa Ricas wächst er vor allem an Flußufern und in schwach geneigtem Gelände, vornehmlich auf kalkfreiem Substrat. Als Niederschlagsminimum pro Jahr werden 1500 mm angegeben.

Hinsichtlich des Lichtbedarfs wechseln die Ansprüche mit dem Alter.

Abb. 6: Halbreife Früchte am Zweig

Abb. 7: Geschlossene und offene Hülsen. Die reifen Samen sind eingebettet in ein mehliges, gelbes Endokarp

Abb. 8: Reife Samen

Keimlinge und Sämlinge benötigen volles Licht und reagieren empfindlich gegen jede Überschirmung. Auch junge Bäume wachsen im Halbschatten nur langsam und können im tiefen Schatten nur wenige Jahre überleben. Andererseits ist belegt, daß im Halbschatten aufwachsende Bäume geradere und längere Schäfte ausbilden [2, 4]. Im Alter wiederum wird keinerlei Beschattung toleriert.

H. courbaril entwickelt keine Wasserreiser. Damit wird Freistellung ohne Wertminderung möglich.

Auch in den natürlichen Regenwäldern Mittelamerikas hängt das Höhenwachstum eng mit dem Lichtangebot zusammen. In Randstellung oder in Lücken werden 5 m in 25 bis 35 Jahren erreicht [3]. In diesem Stadium können die Bäume bereits blühen, aber noch nicht fruchten [3].

Für das Wachstum auf der Freifläche nennt FRANCIS [2] für Puerto Rico u. a. folgende Beispiele:

8 Jahre	3,6 m hoch
13 Jahre	11 m hoch
44 Jahre	20 m hoch, 38 cm BHD

Zum Erreichen eines Zieldurchmessers von 50 cm (BHD) veranschlagt man eine Umtriebszeit von 45 bis 65 Jahren. In Kepong (Malaysia) erreichte ein 22jähriger Baum 32,9 m Höhe, 49 cm BHD und bildete einen 9,8 m hohen, astfreien Schaft mit einer Holzmasse von 14,6 m^3 [2].

Nutzung

Das Holz von Courbaril steht in hohem Ansehen, fällt aber in so geringen Mengen an, daß es keine überregionale wirtschaftliche Bedeutung erlangt. Es eignet sich gut für die Herstellung von Möbeln und wird hinsichtlich Farbe und physikalischer Eigenschaften sogar mit Mahagoni verglichen. Weitere Verwendungen sind: Baukonstruktionen, Räder und Zahnräder, Eisenbahnschwellen, Schiffsbau, Pfähle, Webstühle, außerdem nutzt man es für den Innenausbau (Parkett, Treppen), als Sperrholz und zum Drechseln [4].

Die Indianer bauten Kanus aus der dicken und harten Borke, welche sie in einem langen, zusammenhängenden Stück vom Stamm trennten. Die Enden wurden mit Lianen zusammengenäht, die Nähte mit Courbaril-Harz abgedichtet und der Innenraum mit Holz abgestützt. Kanus dieser Art sollen bis zu 30 Personen aufgenommen haben.

Heute erfreut sich *H. courbaril* einiger Beliebtheit als schattenspendender Straßenbaum, der allerdings wegen des unangenehmen Geruchs der Früchte nicht in der Nähe von Wohnhäusern stehen sollte. Auch können die herabfallenden, schweren Früchte Schaden anrichten.

---

[2] For. Abstr. **12**, 1050, 1951/52

Abb. 9: Etwa 8 Wochen alter Sämling mit einfachen Primärblättern und gefiedertem Folgeblatt

Abb. 10: Kernholz, längs geschnitten

Verschiedenes

– Wie alle Arten der Gattung *Hymenaea* scheiden Wurzeln und Stämme von Courbaril ein hellgelbes oder rötliches, harzähnliches Gummi aus („Südamerikanisches Kopal", „Brazilian Copal"[3]). Der Stoff bildet an der Luft relativ harte Klumpen, die oft in der Nähe des Stammes im Boden verbleiben. Kopal nutzt man zur Herstellung von Lacken und verwendet es als Räucherwerk. In fossiler Form ist es als Südamerikanischer Bernstein bekannt.

– Courbaril hatte örtlich eine gewisse volksmedizinische Bedeutung. So verwendeten die Indios das Harz als Salbe gegen Bronchitis, Tees aus Rinde und Blättern halfen gegen Magenbeschwerden und das Fruchtfleisch fand Verwendung als Antidiarrhoeticum. Heute ist bekannt, daß einige Inhaltsstoffe bakteride Wirkung auf gram-negative Bakterien ausüben [2].

– Das Fruchtfleisch dient – trotz seines unangenehmen Geruchs – in roher und fermentierter Form zur Herstellung spezifischer Getränke, als Backzusatz und zum Süßen von Milchgetränken.

– Das Weidevieh rührt die am Boden liegenden Früchte, wie auch die Blätter nicht an. Es frißt aber die gemahlenen Samen plus Fruchtfleisch.

– In Abhängigkeit von der applizierten Photoperiode treten bei *Hymenaea*-Sämlingen deutliche herkunftsbedingte Unterschiede im Höhenwachstum auf, die auf eine von der geographischen Breite bestimmte Variation schließen lassen [6].

---

[3] Langenheim, J. H., J. Arnold Arb. **48**, 203-230, 1967

Weiterführende Literatur

[1] FLORES, E. M., 1990: Germinacion y morfologia de la plantula Hymenaea courbaril L. (Caesalpiniaceae). Revista Biol. Tropica **38**, 91 – 98.

[2] FRANCIS, J. K., 1990: Hymenaea courbaril (L.), Algarrobo, locust. USDA Forest Service, Inst. Tropical Forestry, Rio Piedras PR, SO-ITF-SM-27.

[3] JANZEN, D. H., 1983: Hymenaea courbaril (Guapinol, Stinking toe). In: JANZEN, D. H.: Costa Rican Natural History, pp. 253-256. The University of Chicago Press, Chicago.

[4] LITTLE, E. L., Jr.; WADSWORTH, F. H., 1989: Common trees of Puerto Rico and the Virgin Islands. USDA Forest Service. Agriculture Handbook Nr. **249**, Washington, D. C.

[5] OPPAWSKY, T., 1994: Hymenaea courbaril – Beschreibung einer Baumart des latein-amerikanischen Regenwaldes und Untersuchungen zu ihrer generativen und vegetativen Vermehrung. Diplomarbeit Forstwiss. Fak. Univ. München.

[6] STUBBLEBINE, W.; LANGENHEIM, H. H.; LINCOLN, D., 1978: Vegetative response to photoperiod in the tropical leguminous tree Hymenaea courbaril L. Biotropica **10**, 18-29.

[7] WAGENFÜHR, R.; SCHEIBER, C., 1974: Holzatlas. VEB Fachbuchverlag Leipzig.

Die Autoren:

Prof. em. Dr. PETER SCHÜTT
Lehrstuhl für Forstbotanik
Ludwig-Maximilians-Universität München
Am Hochanger 13
D-85354 Freising

ULLA M. LANG
Schützenstraße 6
D-82383 Hohenpeißenberg

Intsia palembanica MIQ.

syn.:   Intsia bakeri, Afzelia palembanica

Merbau   Familie: Caesalpiniaceae

engl.: Merbau
franz.: Merbau

Abb. 1: Intsia palembanica. Mächtiger Einzelbaum,
geschätzes Alter 80 Jahre

Abb. 2: Krone eines etwa 40jährigen Baumes

I. palembanica ist ein mächtiger, laubabwerfender Wald-baum der immergrünen tropischen Regenwälder Südost-asiens. Das schwere Hartholz ist wegen seiner hohen Festigkeit, der großen natürlichen Dauerhaftigkeit und seiner dekorativen Merkmale sehr gesucht und vielseitig verwendbar.

Verbreitung

Die kleine Gattung Intsia ist mit 7 Arten im tropischen Südostasien heimisch. Die beiden wichtigsten Arten sind Intsia palembanica und Intsia bijuga (COLEBR.) O. KUNTZE. Die mächtigen Waldbäume treten nicht bestandesbildend auf, sind aber regelmäßig am mehrschichtigen Bestandes-aufbau der immergrünen Tief- und Hochland-Regenwäl-der beteiligt, in denen die Dipterocarpaceen über die Hälfte der Bäume der vorherrschenden Bestandesschicht stellen [18].

I. palembanica ist die häufigere Art. Die geographische Verbreitung reicht von Thailand über die malaiische Halbinsel nach Sumatra, Java und Borneo bis nach Papua Neu Guinea. Der Baum ist vor allem in den Dipterocarpa-ceen-Regenwäldern des Landesinneren bis zu einer Mee-reshöhe von 1000 m zu finden [2, 16].

I. bijuga hat ein größeres geographisches Verbreitungs-gebiet, ist ein charakteristischer Bestandteil der Indo-Pazi-fischen Küstenflora und wächst in küstennahen Regen-wäldern, die sich an den Mangrovengürtel anschließen [1, 7, 9, 14, 16].

Einen hohen Anteil an der natürlichen Bestockung neh-men Arten der Gattungen Intsia und Koompassia (Koom-passia malaccensis, K. excelsa) in den breiten Flußtälern der östlichen und nördlichen malaiischen Halbinsel ein. Dort können sie auch bestandesbildend auftreten [16]. WYATT-SMITH [18] berichtet von einem Intsia dominierten Bestandestyp in den Ausläufern der von Nord nach Süd streichenden Hauptgebirgskette der malaiischen Halbinsel.

Beschreibung

Erscheinungsbild

I. palembanica ist ein laubabwerfender Waldbaum, der Höhen bis zu 55 m und Durchmesser (BHD) bis zu 160 cm erreicht. Er wird vermutlich 150 bis 200 Jahre alt [5, 16]. Der Stamm ist vergleichsweise kurz und gedrungen und erreicht Höhen bis maximal 25 m.

Die Stammform ist meist unregelmäßig und weicht von der zylindrischen Idealform ab. Tief ansetzende Starkäste, Zwiesel und Hohlkehlen sind häufige Qualitätsmängel. Ältere Bäume tragen eine weit ausladende, kuppelartige Krone mit starken, aufsteigenden Ästen und weisen am Stammfuß mächtige Brettwurzeln auf, die bis zu 3 m hoch werden können, und deren Ausläufer am Stamm weit nach oben reichen.

Abb. 3: Stammfuß mit Brettwurzeln

Abb. 4: Blätter (links Oberseite, rechts Unterseite)

Blätter

Die unpaarig gefiederten Blätter sind 15 – 30 cm lang und haben 6 bis 8 gegenständige, 8 – 12 cm lange und 3 – 6 cm breite, kurz gestielte Fiederblätter. Sie sind elliptisch, kahl, haben eine runde Basis und laufen am Ende in einer stumpfen Spitze aus. Die Mittelrippe tritt auf beiden Blattseiten hervor.

Das kräftige, helle Grün der Blätter erleichtert die Identifikation des Baumes im Kronendach. Einmal jährlich, im Anschluß an die Samenreife in den Monaten November/ Dezember, verfärbt sich das Laub gelb bis braun und wird abgeworfen. Dabei verliert der Baum nicht alle Blätter gleichzeitig. Die verschiedenen Kronenteile werfen das Laub zu unterschiedlichen Zeitpunkten ab und treiben nach wenigen Tagen wieder aus. Derselbe Baum trägt gleichzeitig alte und neue Blätter in verschiedenen Kronenteilen, so daß die Krone nie vollständig entlaubt ist.

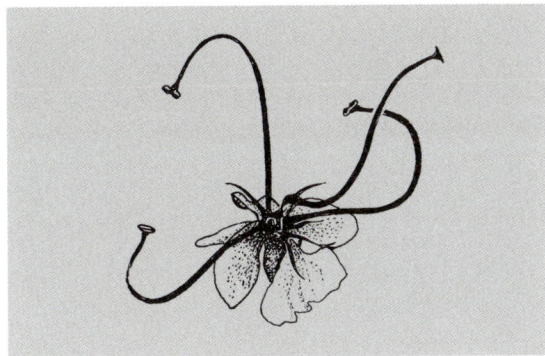

Abb. 5: Blüte (nat. Größe), nach [16]

Blüten

Die kleinen, weißen Blüten sitzen in terminalen Rispen an der Kronenperipherie. Die Einzelblüte besteht aus vier grünen, bis zu 5 mm langen, an der Basis verwachsenen Kelchblättern, einem großen, 1,5 cm langen und vier kleinen, reduzierten Blütenblättern. Des weiteren sind drei weit herausragende, 3 cm lange, Antheren tragende Staubblätter sowie 4 – 7 kürzere Staminodien vorhanden. Der Fruchtknoten trägt einen langen, roten, über die Antheren hinausragenden Griffel mit nur einer Narbe [16]. Die Blüten werden durch mehrere Insektenarten bestäubt.

Früchte und Samen

Die zunächst hellgrünen, im Reifezustand dunkelbraunen, 12 – 35 cm langen und 6 – 8,5 cm breiten Hülsen haben eine leicht geäderte, unbehaarte Oberfläche. Ihr Querschnitt ist flach, und die Fruchtwand ist verholzt. Bei Samenreife öffnen sich die Hülsen und entlassen drei bis fünf in einer Reihe angeordnete, ovale, flache und glatte Samen mit tief dunkelbrauner, harter Schale. Das Tausendkorngewicht gereinigter und lufttrockener Samen beträgt 7,3 kg.

I. palembanica blüht gewöhnlich einmal jährlich im März/April und fruchtet im darauffolgenden November/ Dezember.

Abb. 6: Hülsen unreif und reif (oben) dsgl. im Längsschnitt mit inliegenden Samen (unten)

[5, 6]. Das grobporige Holz zeigt eine gleichmäßige Textur. Die großen, runden, meist einzeln, aber auch in Paaren oder zu dreien angeordneten Gefäße (0,2 bis 0,35 mm Durchmesser, 2 bis 4 Stück je mm²) sind gleichmäßig über den Querschnitt verteilt und von breiten, augenförmigen paratrachealen Holzparenchymringen umgeben, wie es auch von Afzelia-Arten (z.B. A. borneensis, A. rhomboidea) bekannt ist. Der oft wellige Faserverlauf erzeugt auf Radialschnitten eine bandartige Struktur, auf tangentialen Flächen eine leichte Zick-Zack-Maserung oder Flammenzeichnung [5, 6, 7, 10, 16, 17]. Die auf dem Querschnitt gut erkennbaren, 0,1 bis 0,5 mm breiten Holzstrahlen sind bis 2 mm hoch und erscheinen auf radialen Flächen als Spiegel [5, 12].

Die Festigkeitswerte (Elastizitätsmodul, Biegefestigkeit, Druckfestigkeit, Härte) sind günstiger als bei Teak-Holz, allerdings treten erhebliche individuelle Streuungen auf. Im Durchschnitt hat heller gefärbtes Holz eine höhere Festigkeit als dunkleres Holz [5].

Das Holz von I. bijuga ist dunkler und schwerer als das von I. palembanica [10].

Die glatte, feste, in der Färbung rötliche bis grünbraune, auch graufleckige Borkenoberfläche von I. palembanica blättert vor allem am Stammfuß in länglichen Streifen oder rundlichen Schuppen ab und läßt die innere Rinde als hellrote bis rosafarbene Flecken sichtbar werden. Die Ausprägung der Borkenoberfläche ist ein gutes Erkennungsmerkmal von I. palembanica, das die Identifikation des Baumes im Bestand erheblich erleichtert.

Abb. 7: Borke eines mittelalten Baumes im Hochland-Dipterocarpaceen-Wald

Rinde und Holz

Das Holz von I. palembanica wird den schweren Harthölzern zugeordnet. Bei 12 % Holzfeuchte hat es eine Rohdichte (r_{12}) von 0,515 bis 1,040 g/cm³, im Mittel 0,83 g/cm³ [3, 17]; die Darrdichte (r_0) beträgt 0,77 g/cm³ [10].

Der blaß gelbe bis schwach gelbbraune, teils grünlich schimmernde Splint ist deutlich vom dunkleren Kernholz abgesetzt. Die Breite des Splints schwankt zwischen 5 bis 8 cm und kann bis zu 35 % des Stammvolumens ausmachen [5]; ältere Bäume haben einen schmäleren Splint als jüngere.

Das Kernholz ist im frischen Zustand gelblich bis orangebraun. Unter Lichteinfluß dunkelt es nach und nimmt nußbraune über bronzefarbene bis rotbraune Farbtöne an. Charakteristisch sind die gut sichtbaren, schwefelgelben und schwarzen Gefäßeinlagerungen, die dem Holz seine hohe natürliche Dauerhaftigkeit verleihen. Diese sauren Zellinhaltsstoffe sind leicht wasserlöslich und können bei Kontakt mit Wasser Verfärbungen des Holzes hervorrufen

Abb. 8: Merbau-Bretter

Verjüngung, Wachstum und Ökologie

I. palembanica blüht regelmäßig und erzeugt reichlich Samen. Naturwaldflächen, deren Kronendach geöffnet wurde, zeigen reiche Naturverjüngung [16].

Abb. 9: Container-Pflanzen

Die Samen keimen im natürlichen, feucht-warmen Bestandesklima erst nach etwa 3 bis 4 Wochen, wenn die harte Samenschale verrottet ist. Aus Sabah, Nordborneo, wird berichtet, daß 4 Jahre alte Samen noch keimfähig sind [7]; künstlich getrocknete Samen noch länger [4].

Die Samen keimen epigäisch, die Keimrate liegt bei 65 % [2]. Die Keimung kann beschleunigt werden, wenn die Samen mechanisch, chemisch oder thermisch vorbehandelt werden. Bewährt hat sich das Anschneiden des hartschaligen Samens auf der dem Embryo gegenüberliegenden Seite. Die Samen keimen dann bereits nach 5 bis 7 Tagen [4].

Junge Keimlinge wachsen schnell, solange die Keimblätter ausgebildet sind [2]. Später läßt die Wuchsleistung nach.

I. palembanica wurde wegen seines vorzüglichen Holzes und seiner reichlich verfügbaren, gut lagerfähigen Samen zur Anreicherung der Verjüngung von Naturwaldbeständen und in Versuchsplantagen angepflanzt. Verschiedene Quellen geben durchschnittliche Durchmesserzuwächse zwischen 0,6 bis 1,41 cm pro Jahr an. Von 44 Baumarten, deren Durchmesserzuwächse in den Versuchsplantagen des Forest Research Institute of Malaysia gemessen wurden, nimmt I. palembanica Platz 40 ein und gehört damit zu den langsam wachsenden Baumarten [2]. Daten über Volumenzuwächse sind nicht verfügbar.

Die geringe apikale Dominanz des Leittriebes kann zu gewundenen oder verzwieselten Sprossen und zu ungeraden Wuchsformen führen; schlechte Astreinigung begünstigt die Bildung von Starkästen und Hohlkehlen. Qualitativ hochwertige Bestände können daher nur durch intensive waldbauliche Pflegemaßnahmen erzielt werden.

I. palembanica wie auch I. bijuga wächst auf einem breiten Spektrum von Bodenarten, von sandig-kiesigen Substraten bis zu reinen Tonen. Ihr intensiv ausgeprägtes Pfahlwurzelsystem ermöglicht einen tiefen Bodenaufschluß und eine gute Ausnutzung des verfügbaren Nährstoffvorrates; Eigenschaften, welche die Dominanz über viele andere tropische Baumarten begründen, die nur flachstreichende Seitenwurzeln ausbilden [16].

Pathologie, Holzfehler

Das Holz der Intsia-Arten gehört zu den widerstandsfähigsten Hölzern im tropischen Südostasien. Ein Befall des Kernholzes mit Pathogenen oder Termiten ist nicht bekannt. Anfällig gegen Pilzbefall wird es jedoch, wenn die wasserlöslichen Zellinhaltsstoffe ausgewaschen sind.

Intsia-Stämme sind in der Regel durchgehend gesund und frei von Holzfehlern, haben aber oft kurze und nicht zylindrische Stammabschnitte. Überalterte Bäume zeigen mitunter Ringschäle und Brittleheart [5, 10].

Das Splintholz ist weniger dauerhaft, Befall durch Splintholzkäfer (Lyctidae) und Nutzholzbohrer (Platypodidae) wird erwähnt [5].

Für längerfristige Verwendungszwecke im Außenbereich sollte daher das Splintholz vom Kernholz abgetrennt werden.

Holzmarkt

Das Holz von I. palembanica kommt gemeinsam mit dem Holz von I. bijuga unter dem Namen „Merbau" auf den Markt. Auch „Moluccan Ironwood" oder „Malacca Teak" sind gebräuchliche Handelsnamen. Merbau ist Holz erster Qualität und hinsichtlich seiner Eigenschaften mit Doussié (Afzelia spp.), Iroko (Chlorophora excelsa), Teak (Tectona grandis) oder Dark Red Meranti (Shorea spp.) vergleichbar. In den meisten Ländern Südostasiens ist das natürliche Vorkommen von I. palembanica und I. bijuga durch Rodung und Übernutzung zurückgegangen.

Auf der malaiischen Halbinsel liegt der Einschlag von Merbau seit 1988 unter 2 % des Gesamtholzeinschlages mit weiter abnehmender Tendenz. Auch der Schnittholzexport ist rückläufig [13]. BURGESS stellte bereits 1966 fest, daß das Holz schwer zu bekommen sei [5]. Rundholzpreis und Schnittholzexportpreis sind seit 1975 um 300 % gestiegen.

Trotz des Mangels und trotz des guten Marktes werden nur wenige systematische Versuche unternommen, forstliche Plantagenbestände mit Intsia-Arten zu begründen [14].

Nutzung

Merbau ist wegen seiner großen Festigkeit und hohen natürlichen Dauerhaftigkeit ein sehr vielseitig verwendbares Konstruktionsholz. Es kann auch gut im Außenbereich eingesetzt werden, wenn es durch Holzschutzmaßnahmen vor Wasser geschützt wird. In Hausdächern und anderen Holzkonstruktionen, die nicht ständig mit Wasser

Abb. 10: Unreife Früchte am Baum

in Berührung stehen, zeigt Merbau-Kernholz eine natürliche Lebensdauer von 30 – 40 Jahren, ein besonders hoher Wert für die feuchten Tropen. Eisenbahnschwellen sind häufig aus Merbau, sie müssen im Durchschnitt alle 7 Jahre erneuert werden [5, 14].

Auf den Philippinen wird Merbau-Holz als Referenz-Standard für die Beurteilung der Dauerhaftigkeit anderer Holzarten herangezogen.

Die feine, gleichmäßige Struktur der Wachstumsringe, die kräftige Holzfarbe und die wellige Maserung machen Merbau auch sehr gut geeignet für dekorative Zwecke. Das Holz wird für Messerfurniere, Fenster und Türen, Paneele, Treppen, Dielen und Parkettböden, Kunsttischler-Arbeiten, hochwertige Möbel und Musikinstrumente verwendet. Es eignet sich auch für Spezialverwendungen im Schiff- und Fahrzeugbau.

Die Erzeugung von Schälfurnieren ist wegen der starken Abweichung der Rundhölzer von der zylindrischen Schaftform nicht wirtschaftlich.

Waldfrisches Merbau-Rundholz hat ein Landungsgewicht zwischen 1100 und 1300 kg/m³ und sinkt in Wasser [5]. Im frischen Zustand läßt es sich mäßig leicht einschneiden und sägen, getrocknet ist es nur schwer zu bearbeiten, insbesondere quer zur Faser.

Schnittholz läßt sich leicht bis mäßig schwer hobeln, die Hobelfläche ist in den meisten Fällen glatt, nur auf Radialflächen kann es zu Faserausbrüchen kommen [5, 17]. Gehobelte Flächen lassen sich gut polieren und zeigen einen matten Glanz.

Das Holz läßt sich nur sehr schwer nageln und spaltet gewöhnlich beim Nageln auf.

Merbau-Holz trocknet langsam. Bretter von 15 mm Stärke benötigen annähernd $4^{1}/_{2}$ Monate bis zum lufttrockenen Zustand, 40 mm Bretter benötigen 6 Monate. Das Holz schwindet bei Trocknung ausgesprochen wenig. Das Schwindmaß beträgt radial im Durchschnitt 0,9 %, tangential 1,6 % [9, 14] und liegt damit günstiger als beispielsweise Teak. Auch bei technischer Trocknung bleibt Merbau formstabil.

Merbau-Kernholz ist für Flüssigkeiten nicht durchdringbar und kann deshalb mit Holzschutzmitteln nicht behandelt werden. Nur der Splint ist tränkbar. Holzoberflächen ohne Lack- oder Farbauftrag neigen dazu, die Gefäßeinlagerungen auszuscheiden („das Holz blutet"). Bei Kontakt mit Eisen und Feuchtigkeit können diese Ausscheidungen das Holz schwarz färben [5]. Sie wirken auch auf die Aushärtung von Beton ein [1], verursachen aber keine Korrosionsschäden bei Eisen und Metallen.

Besonderheiten

– Der Gattungsname „Intsia" ist ein indischer Pflanzenname. Der Artname „palembanica" ist abgeleitet von der indonesischen Stadt Palembang auf Sumatra.

– Merbau darf nicht mit Merpauh (Swintonia floribunda, Anacardiaceae) verwechselt werden.

Abb. 11: Reife Früchte am Baum

Weiterführende Literatur

[1] ALSTON, A.S., 1982: Timbers of Fiji. Properties and Potential Uses, Department of Forestry, Suva, Fiji.

[2] APPANAH, S.; WEINLAND, G., 1993: Planting Quality Timber Trees in Peninsular Malaysia. Malayan Forest Record No. 38, Forest Research Institute Malaysia Kepong, Kuala Lumpur.

[3] Association Technique Internationale des Bois Tropicaux (Hrsg.): Atlas der tropischen Exporthölzer, Band II.

[4] BASKARAN, D.K., 1993: mündliche Mitteilung, Forest Research Institute Malaysia, Kepong, Kuala Lumpur.

[5] BURGESS, P.F., 1966: Timbers of Sabah, Sabah Forest Records No. 6, Sandakan, Sabah.

[6] CHUDNOFF, M., 1984: Tropical Timbers of the World, United States Department of Agriculture. Madison, Wisconsin.

[7] COCKBURN, P.F., 1968: Trees of Sabah, Volume One. Sabah Forest Record No. 10, Forest Department Sabah.

[8] CORNER, E.J.H., 1940: Wayside Trees of Malaya. 1. Edition. Government Printing Office, Singapur.

[9] CORNER, E.J.H., 1988: Wayside Trees of Malaya in Two Volumes. Volume 2. Malayan Nature Society, Kuala Lumpur.

[10] DAHMS, K.-G., 1982: Asiatische, ozeanische und australische Exporthölzer, DRW-Verlag, Stuttgart.

[11] FOXWORTHY, F.W., 1927: Commerical Timber Trees of the Malay Peninsula. Malayan Forest Record No. 3, Kuala Lumpur.

[12] Malaysian Timber Industry Board (Hrsg.), 1986: 100 Malaysian Timbers, Kuala Lumpur.

[13] Ministry of Primary Industries, 1992: Statistics on Primary Commodities, Kuala Lumpur.

[14] National Academy of Sciences (Hrsg.), 1979: Tropical Legumes: Resources for the Future, Washington.

[15] RIDLEY, H.N., 1922: The Flora of the Malay Peninsula, Vol. I, Reeve, London.

[16] WHITMORE, T.C. (Hrsg.), 1987: Tree Flora of Malaya. A Manual for Foresters. Volume One. Forest Research Institute, Kepong.

[17] WONG, T.M., 1982: A Dictionary of Malaysian Timbers. Malayan Forest Records No. 30. Forest Research Institute, Kepong.

[18] WYATT-SMITH, J., 1963: Manual of Malayan Silviculture for Inland Forests. Volume II, Chapter 7. Malayan Forest Records No. 23, Kuala Lumpur.

Der Autor:

Dr. WALTER KOLLERT
Forestry Department HQ
Locked Bay 68
90007 Sandakan
Sabah/Malaysia

Lagerstroemia speciosa (LINNÉ) PERS.

syn.:   Lagerstroemia flos-reginae RETZ.

Königinblume   Familie: Lythraceae

engl.:   Queen's flower, Pride of India
hindi: Jarul

Abb. 1: Blütenstand mit voll erblühter Einzelblüte (links oben), Laubblätter (links unten), leere Kapselfrüchte (rechts oben), Stammborke (rechts unten)

Lagerstroemia speciosa entwickelt sich auf feuchten Standorten Indiens, der Malayischen Halbinsel und auf den Philippinen zu einem raschwüchsigen, hohen Waldbaum mit hartem, dauerhaftem Holz. Wegen seiner breiten, schattenspendenden Krone, vor allem aber wegen der wunderschönen purpurroten oder malvenfarbenen Blüten kultiviert man ihn in vielen tropischen Ländern als Straßen- und Parkbaum. Er gehört zu den eindrucksvollsten Blütenbäumen Südostasiens.

In trockenem Klima angebaut, bleibt die Art relativ klein und wirft Blätter ab. Sie ist dürre- und frostempfindlich.

Verbreitung

L. speciosa ist in tropischen Feuchtgebieten West- und Südindiens, in tiefer gelegenen Landesteilen Sri Lankas sowie in Assam, Burma und in weiten Teilen der Malayischen Halbinsel heimisch. Natürliche Vorkommen gibt es außerdem in Süd-China, auf den Philippinen und in Nord-Australien [5, 7]. In den Western Ghats (Indien) wächst sie bis in ca. 650 m ü. NN [1]. Der genaue Verlauf der Arealgrenze geht aus der Literatur nicht hervor.

Weiterhin ist die Art als Straßen- und Parkbaum in vielen tropischen Ländern außerhalb des natürlichen Areals verbreitet. So vor allem auf den Westindischen Inseln, in Mittel- und Südamerika [5].

Beschreibung

Das Erscheinungsbild variiert in erheblichem Maße mit der Feuchtigkeit des Standortes: Bis 40 m hohen, geradstämmigen Bäumen auf grundwassernahen Böden und an Flussläufen in Indien, Indonesien und Burma stehen 10 (bis 15) m hohe, meist krummschäftige Exemplare mit dichter, runder Krone in trockenen Lagen außerhalb des natürlichen Areals gegenüber [5, 7].

Blätter

L. speciosa verliert im Februar/März die alten, zuvor rötlichbraun verfärbten Blätter, wird aber selten völlig kahl. Die frischen hellgrünen Blätter erscheinen ab Anfang April bis in den Mai hinein innerhalb weniger Tage [7].

Sie sind gegen- oder wechselständig angeordnet, haben kräftige, 6 bis 12 mm lange, meist gekrümmte Stiele und kahle, 12 bis 30 cm lange, 6 bis 12 mm breite, ganzrandige und etwas verdickte Spreiten [1, 5] mit elliptischem Umriss. Am Apex sind sie kurz zugespitzt, an der Basis laufen sie keilförmig aus. Austreibende Blätter haben anfangs eine rötliche Farbe; später ist die Unterseite heller grün als die Oberseite.

Abb. 2: Fruktifizierender, ca. 25 m hoher Solitär nach dem Blattfall, nahe Mayaguez, Puerto Rico

— 100 mm —

Abb. 3: Reife Früchte und Samen

Blüten, Früchte und Samen

L. speciosa blüht erstmals mit 3 Jahren [7]. Vom Mai bis in den Oktober hinein erscheinen terminal inserierte, 15 bis 45 cm lange, fein behaarte Infloreszenzen (Rispen) mit zahlreichen, ungemein attraktiven Zwitterblüten, deren Farbe bei verschiedenen Bäumen zwischen purpurrot über malvenfarben bis rosa variieren kann [3]. Die relativ großen, kurz gestielten Einzelblüten (Durchm. 5 – 7,5 cm; Länge ca. 3 cm) haben 6 runde Kronblätter mit deutlich gekräuseltem Rand, eine sehr große Zahl rötlicher, etwa 1,8 cm langer Staubblätter, einen 6fächerigen Fruchtknoten sowie einen schlanken, ebenfalls rötlichen Griffel (Länge ca. 2,5 cm), der sich später krümmt und eine rundliche, grüne Narbe trägt [5].

Die Petalen entspringen einem mit 12 Rippen versehenen, hellgrünen Hypanthium, ebenso wie die 6 zugespitzten, hellgrünen, etwas verdickten, ca. 7 mm langen und deutlich abgespreizten Sepalen.

Die rundlichen, 1,8 bis 2,5 cm breiten, verholzten Kapselfrüchte werden im unteren Drittel von Resten des Kelches und des Hypanthiums umschlossen. Sie reifen zwischen November und Januar des ersten Lebensjahres. Zu dieser Zeit sind sie graubraun bis schwarzbraun und öffnen sich mit 6 Klappen. Sie enthalten zahlreiche leichte, hellbraune Samen (Länge 1,2 bis 1,8 cm), die sehr oft taub sind [5, 7]. Das Tausendkorngewicht liegt bei 11,6 g [5]. Leere Früchte können noch lange am Baum verbleiben.

Die Chromosomenzahl beträgt 2n = 48[1].

Borke und Holz

Ältere Stämme von *L. speciosa* haben eine graue oder hellbraune, entweder glatte oder leicht rissige, am Stammanlauf etwas schuppige Borke. Innere Rindenpartien sind hellbraun und schmecken bitter [5].

Auf dem Stammquerschnitt hebt sich ein weißer bis gelblich brauner Splint nur undeutlich von dem blassroten Kern ab, welcher an Schnittflächen ein wenig nachdunkelt [4].

Das harte, ringporige Holz ist von ungleicher Textur. Es lässt sich schnell und problemlos trocknen; der Kern nimmt aber keine Holzschutzmittel auf. Die radiale Schwindung (von waldfrisch bis 12 % Wasser) wird für Hölzer der Gattung *Lagerstroemia* mit 2,1 bis 4 %, die Rohdichte (r_{12}) mit 0,6 bis 0,9 g/cm³ angegeben [4].

Vermehrung und Entwicklung

L. speciosa keimt epigäisch, entwickelt ein vierkantiges Hypokotyl und kurz gestielte, etwa 5 cm lange, etwas fleischige Kotyledonen mit hellerer Unterseite [2, 7].

Am natürlichen Standort erfolgt die Keimung zu Beginn der Regenzeit. Als Keimsubstrat eignet sich lockerer Mineralboden. Licht fördert die Keimung, Bodenflora behindert sie.

Generell wachsen die Sämlinge im ersten Lebensjahr sehr langsam, später erheblich schneller.

In der Baumschule erfolgt die Keimung zwei bis drei Wochen nach der Aussaat. Vorbehandlung des Saatgutes ist nicht erforderlich. Nach Erfahrungen in Dehra Dun werden 1-jährige Sämlinge nur 5 bis 15 cm, 3-jährige bereits ca. 2,5 m hoch. Unter sonst gleichen Bedingungen fördert Unkrautbeseitigung die Entwicklung beträchtlich (1-jährige Sämlinge: 90 cm hoch).

Wegen der sehr leichten Samen und wegen der Empfindlichkeit der relativ kleinen Sämlinge gegenüber Platzregen, Dürre und Frost eignet sich die Pflanzung besser zur Bestandesbegründung als die Saat. Wurzelschnitt hat sich nicht bewährt [7].

L. speciosa bildet leicht Stockausschläge, die sich rasch zu kräftigen Stämmen entwickeln. Gleichwohl besteht bislang kein praxisreifes Verfahren zur vegetativen Vermehrung. Ansätze dazu könnten die Ergebnisse erfolgreicher Experimente zur Gewebekultur auf Nähr-Agar nach MURASHIGE/SKOOG liefern[2].

Über die Wuchsleistung von Altbäumen und die Holzproduktion von Beständen liegen keine Angaben vor. Die folgenden Daten beziehen sich hauptsächlich auf die jüngste Altersklasse:

Assam: Höhe, 3 Jahre nach Pflanzung: 2,7 m [7]

Rangoon: 58 cm BHD mit 125 Jahren [7]

Sumatra: 1 Jahr alte Kulturen:
– auf tiefgründigen, K-reichem Boden 131 cm hoch
– auf flachgründigem Boden 51 cm hoch[3]

Ökologie

L. speciosa gedeiht unter sehr verschiedenen Standortsbedingungen. Zu einem wuchskräftigen, hohen Baum entwickelt sie sich aber nur in feuchten Lagen mit tropischem Klima.

Im natürlichen Areal liegen die Maximaltemperaturen bei 35 bis 43 °C, die Minimaltemperaturen bei 2 bis 18 °C, und die Jahresniederschläge variieren zwischen 1500 und 4500 mm [7].

[1] For. Abstr. 39, 39, 1992
[2] For. Abstr. 47, 4514, 1986
[3] For. Abstr. 52, 5394, 1991

Die Art kommt von Natur aus nicht in Trockengebieten vor. Sie wächst vornehmlich an Flussläufen und auf alluvialen Feuchtstandorten, in Burma auch in feuchten Partien tiefliegender alluvialer Laub-Mischwälder. Ihr Optimum liegt auf nährstoffreichen, tiefgründigen alluvialen Lehmen. Demgegenüber bleibt sie an schlecht drainierten, sumpfigen Orten klein und krummwüchsig.

L. speciosa stellt hohe Ansprüche an die Wasserversorgung, kommt mit einem mittleren Lichtangebot aus, verträgt aber keine starke Beschattung [7].

Nutzung

L. speciosa liefert in Indien und Burma ein wichtiges Nutzholz, das (gemeinsam mit anderen *Lagerstroemia*-Arten) den Handelsnamen Tabek führt [4]. Es findet im Haus- und Bootsbau Verwendung, wird zur Herstellung von Möbeln und Paneelen genutzt und lässt sich nach Aufschluss im Sulfat-Verfahren zu Schreibpapier verarbeiten[4].

Bekannt und beliebt wurde die Art aber durch ihren Anbau als schattenspendender Straßen-, Park- und Gartenbaum in Indien und vielen anderen tropischen Ländern der Alten und der Neuen Welt. Allein für diesen Zweck wird *L. speciosa* in zahlreichen Baumschulen angezogen.

Erwähnenswert ist schließlich die volksmedizinische Bedeutung der Art. Die Wurzeln wirken adstringierend, die Samen narkotisierend, Borke und Blätter abführend [3]. Auf den Philippinen nutzt man Auszüge aus trockenen Blättern in relativ großem Umfang als Mittel gegen Diabetes, Diarrhoe und Erkrankungen des Harntraktes[5].

Verschiedenes

– Die Art ist resistent gegen *Reticulitermes lucifugus*, eine in Indonesïen vorkommende, im Boden lebende Termitenart[6]. Etwas geringer ist ihre Widerstandsfähigkeit gegen die Termitenarten *Cryptotermes cynocephalus* und *Coptotermes curvignathus*[7].

– Erkrankungen durch pathogene Pilze werden nur einmal beschrieben. Danach ruft *Rhizoctonia solani* KUHN in Assam Blattverluste und Abgänge an Baumschulpflanzen hervor [6].

– Bei Freilandversuchen in Bangkok reagiert *L. speciosa* auf die Exposition gegen städtische Immissionen mit herabgesetztem Wachstum[8].

---

[4] For. Abstr. **34**, 1982, 1973
[5] For. Prod. Abstr. **13**, 1006, 1990 und For. Abstr. **10**, 601, 1948/49
[6] For. Prod. Abstr. **12**, 1779, 1989
[7] For. Prod. Abstr. **12**, 1776, 1989
[8] For. Abstr. **45**, 1137, 1984

Literatur

[1]   BRANDIS, D., 1911: Indian Trees. Constable Co., Ltd., London.

[2]   BURGER, HZN., D., 1972: Seedlings of some tropical trees and shrubs mainly of South East Asia. Ctr. Agric. Publ. and Docum., Wageningen.

[3]   COWEN, D. V., 1984: Flowering Trees and Shrubs in India. Thacker and Co., Bombay.

[4]   KEATING, W. G.; BOLZA, E., 1982: Characteristics, Properties and Uses of Timbers. Vol. 1. South-east Asia, Northern Australia and the Pacific. Inkata Press, Melbourne, Sidney and London.

[5]   LITTLE, E. L. Jr.; WADSWORTH, F. H., 1964: Common Trees of Puerto Rico and the Virgin Islands. USDA For. Serv., Washington, D. C.

[6]   MEHROTRA, M. D., 1990: Rhizoctonia solani, a potentially dangerous pathogen of khasi pine and hardwoods in forest nurseries in India. Europ. J. For. Path. **20**, 329-338.

[7]   TROUP, R. S., 1986: The Silviculture of Indian Trees. Vol. 2, Delhi.

Die Autoren:

Prof. em. Dr. PETER SCHÜTT
Lehrstuhl für Forstbotanik
Ludwig-Maximilians-Universität München
Am Hochanger 13
D-85354 Freising

ULLA M. LANG
Schützenstraße 6
D-82383 Hohenpeißenberg

Lecointea amazonica DUCKE, 1922

syn.: Lecointea tango (STANDL.) YAKOWLEW, 1976

Tango	**Familie:** Caesalpiniaceae
	Tribus: Swartzieae

Costa Rica: Costilla danto, Costilla de danta
Brasilien: Paracuuba da varzea (Ost-Amazonas),
Paracuhuba cheirosa da varzea (Ost-Paraná)

Honduras: ⎫
Belize: ⎭ Tango

Abb. 1: Lecointea amazonica. Links: Seitenansicht und Längsschnitt einer Blüte, rechts: Laubblatt (nach Angaben des Autors)

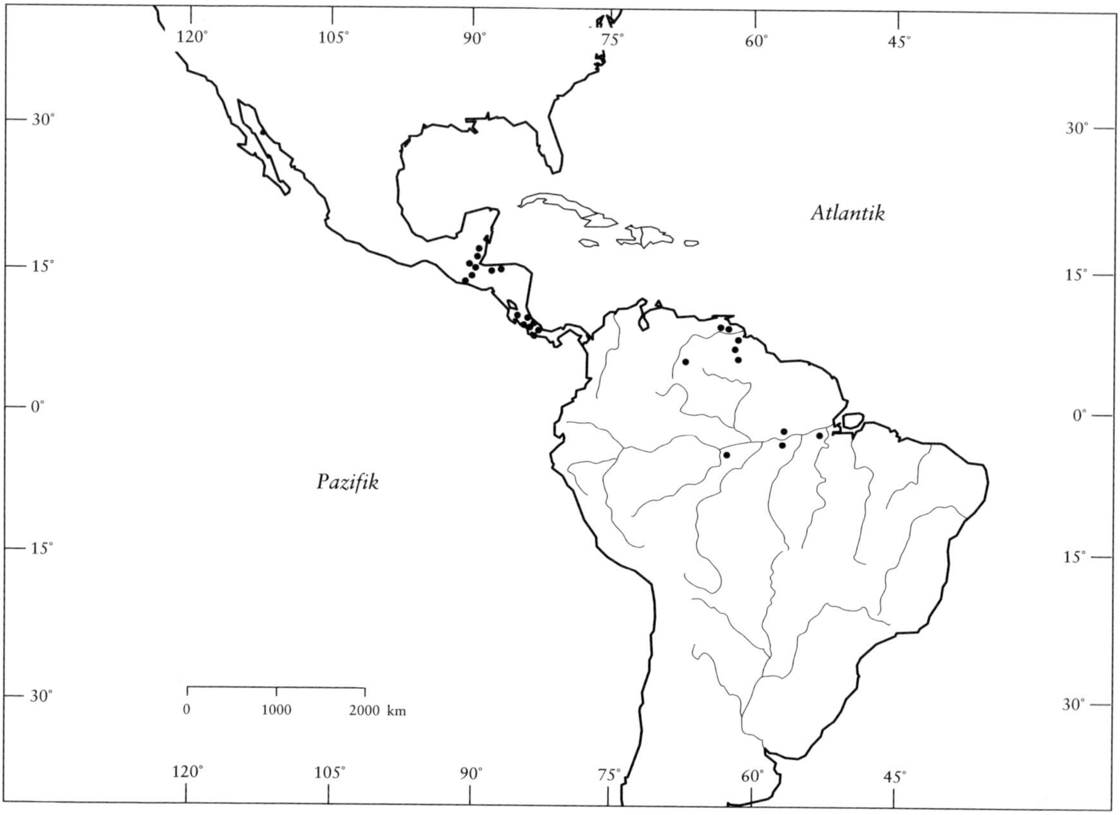

Abb. 2: Verbreitungskarte

Lecointea amazonica, eine wenig bekannte, immergrüne tropische Baumart, kommt im nördlichen Brasilien und in Mittelamerika natürlich vor. Unterschiedlichen Standortsverhältnissen paßt sie sich gut an.

Trotz Gesamthöhen um 40 m und exzellenten Holzeigenschaften wird sie nur in geringem Umfang genutzt, denn die zwar geraden und auch starken Stämme sind extrem spannrückig und werden bis zum Kronenansatz von mächtigen Brettwurzeln umgeben.

L. amazonica produziert enorme Samenmengen und unmittelbar unter dem Mutterbaum keimen Tausende von Sämlingen. Durch Insektenfraß überlebt die Verjüngung aber selten das 1. Lebensjahr.

Verbreitung und Taxonomie

Die natürliche Verbreitung von *L. amazonica* erstreckt sich auf Teile Süd- und Mittelamerikas. In Brasilien ist die Art am Unterlauf des Amazonas von der Mündung des Rio Solimoes abwärts sowie an den Unterläufen der Amazo-

nas-Zuflüsse in diesem Gebiet zu finden. In Venezuela kommt sie vor am Rio Monapiare und auf der Hochfläche von Nuria und Gran Sabana in Bolivar [1, 3, 7, 11].

Bei der für Mittelamerika beschriebenen Art *Beliceodendron tango* (STANDL.) LUNDELL [8], die 1976 von YAKOWLEW in *Lecointea tango* (STANDL.) YAKOWLEW umbenannt wurde, handelt es sich mit Sicherheit um *Lecointea amazonica* DUCKE. Demzufolge ist die Art in folgenden Ländern Mittelamerikas verbreitet: Honduras, Belize, Guatemala und Costa Rica.

Aus den Regionen zwischen Costa Rica und Brasilien bzw. Venezuela liegen keine Berichte über das Vorkommen von *L. amazonica* vor, möglicherweise weil sie in den teilweise schwer zugänglichen Gebieten bisher nicht gefunden wurde.

In der Höhenverbreitung deckt *L. amazonica* den Bereich bis 1000 m ü. NN ab [12].

L. amazonica zählt zum Tribus *Swartzieae* der *Caesalpiniaceae*. Dieser umfasst 11 Gattungen, darunter den Genus *Lecointea,* der mit 4 Arten in Lateinamerika vertreten ist [1, 9].

Beschreibung

L. amazonica ist als Baum der mittleren bis oberen Kronenschicht durch eine relativ breite, schirmförmige Krone gekennzeichnet; es werden Höhen von 45 m und Stärken von 130 cm erreicht [12]. Der unbewehrte, gerade, wenig abholzige und nur manchmal leicht drehwüchsige Stamm ist durch extreme Spannrückigkeit gekennzeichnet, die auch schon bei jungen Bäumen auftritt. Die Brettwurzeln ziehen sich bis zur Baumspitze fast senkrecht hoch, so dass der Schaft wie der Länge nach ausgekehlt erscheint. Diese, für eine Nutzung sehr ungünstige Form hat die Art trotz hervorragender Holzeigenschaften vor starkem Einschlag bewahrt.

L. amazonica ist auf flussnahen Standorten und bis zu 45° steilen Hängen zu finden. Die Wurzeln sind an zeitweilige Überflutung angepasst, sofern der Sauerstoffgehalt des Wassers nicht zu gering ist. Weder Mykorrhizierung noch Wurzelhaare konnten nachgewiesen werden, ebensowenig wurden Wurzelknöllchen beobachtet.

Sowohl oberirdische als auch unterirdische Teile können sich nach Verletzung oder Fraß i.A. sehr gut regenerieren [12].

Blätter und junge Triebe

L. amazonica besitzt einfache, länglich-elliptische, zweizeilig angeordnete Blätter mit spitzer Spreitenbasis (an blütentragenden Trieben zuweilen fast stumpf), die zum Teil vorne zu einer Tropfspitze ausgezogen sind. Die Basis der Blattspreite ist (ähnlich wie bei der Gattung *Ulmus*) oft asymmetrisch aufgebaut, wobei je nach Stellung am Zweig die linke oder rechte Blattseite höher ansetzt. Die kürzere Seite ist meist breiter und rundlicher, die längere Seite schmaler. Der leicht nach unten umgebogene Blattrand ist deutlich gezähnt, die gleichförmigen Zähne sind nach vorne gerichtet. Oberseits ist die Mittelrippe, unterseits die Hauptnervatur deutlich hervorgehoben; zwischen der Hauptnervatur befinden sich viele kleine Nerven, die das Blatt netzartig überziehen. Die zahlreichen Spaltöffnungen sind mit bloßem Auge sichtbar.

Der sehr kurze Blattstiel (im Durchschnitt 3 mm, max. 8 mm lang) ist oberseits gefurcht. Die Verdickung zu einem Pulvinus ermöglicht es, die Stellung des Blattes zum Licht zu verändern. Am Blattgrund sind Nebenblätter zu finden; sie vertrocknen nach einiger Zeit und fallen ab.

Die kahlen, oberseits deutlich und unterseits kaum glänzenden Blätter sind sehr derb, ledrig und relativ dick. Ihre xeromorphe Struktur stellt eine Anpassung an die extremen klimatischen Bedingungen im oberen Kronenraum dar, die den Verhältnissen im offenen Gelände vergleichbar sind [10]. In der Trockenzeit kann dort die relative Luftfeuchtigkeit tagsüber unter 60 % absinken [2]. Die Blätter sind 10 bis 30 cm lang und 3 bis 10 cm breit, an blütentragenden Trieben mitunter noch breiter.

Abb. 3: Blattgrund, stark vergrößert

Abb. 4: Früchte

78 mm

Abb. 5: Samen

Zerriebene Blätter riechen sehr stark nach Bittermandel, was auch für die Samen und für junge Triebe gilt. Sowohl an Altbäumen als auch an Keimlingen werden die Blätter von Blattschneiderameisen befressen [12].

Die jungen Triebe sind dunkelgrün und unbehaart; unterhalb des ersten vollständig ausgebildeten Blattes sitzen 4 bis 10 Niederblätter, die spiralig um den Trieb angeordnet sind. Nach einiger Zeit vertrocknen sie und fallen ab. Die jungen Triebe sind im Querschnitt drei- oder vierkantig, längs gefurcht und besitzen ein weißes Mark. Sie werden später gelbgrün, mehr oder weniger kreisrund und bilden Korkleisten. Ältere Triebe erscheinen wie dürr, die Triebspitzen hängen leicht über.

Blüten, Früchte und Samen

L. amazonica blüht in der Regenzeit [3], dann also, wenn nur wenige andere Arten blühen. Deswegen muss sie keine großen, auffälligen Blüten ausbilden, um Insekten anzulocken. Aus dem selben Grund kann auch die Zahl der Blüten relativ gering sein [5].

Die traubigen Blütenstände stehen zumeist einzeln, selten zu 2 bis 5 in Blattachseln. Sie enthalten nur wenige 5 bis 7 mm lange Blüten an 4 bis 5 mm langen Stielen. Die Stiele der Trauben sind 3 bis 8 mm lang und kurz graufilzig behaart. Die nicht geaderten Brakteen sind zugespitzt und 1 mm lang, die Brakteolen von pfriemlicher Form und kaum 1 mm lang.

Der behaarte, 3 bis 4 mm lange Blütenkelch ist glocken- bis trichterförmig und im Querschnitt kreisrund bis leicht fünfkantig (selten mit 5 kurzen Zähnchen). Zuweilen schlitzt eine Seite des Kelches bei der Blütenentfaltung auf.

L. amazonica besitzt eine aus ungleich gestalteten Petalen bestehende Blütenkrone, wodurch sie schwach dorsiventral erscheint. Die Seitenränder der fünf genagelten Kronblätter überlappen sich. Vier Petalen sind in Form und Größe sehr ähnlich gestaltet, während das dorsale Kronblatt außen doppelt so breit ist wie jene. Die kahlen, weißen Blüten sind sehr hinfällig.

Die 10 (oder 9) freien Staubblätter ähneln sich in der Form sehr und sind kürzer als die Blütenblätter. Sie haben 1 mm lange, zugespitzte Staubbeutel, die sich mit Längsrissen öffnen.

Der gestielte Fruchtknoten ist seidig behaart und weist 4 bis 6 Einschnürungen auf. Der bis 4 mm lange, kräftige Griffel dagegen ist unbehaart. Auf dem geraden oder leicht nach innen gebogenen Griffel sitzt schief endständig die Narbe.

Die dicke, eiförmige Hülsenfrucht von *L. amazonica* ist 2 bis 5 cm lang, 1,5 bis 3,5 cm breit und 1 bis 2 cm dick [12], in unreifem Zustand grün, bei Reife schmutzig-weiß bis gelblich. Sie besitzt einen kurzen Stiel, der asymmetrisch inseriert ist. Die Hülsen öffnen sich nicht, solange sie am Baum hängen. Beim Aufschlag auf den Boden zerbricht die Fruchtschale, und die Samen werden freigegeben.

Jeder der 1, 2 oder 3 Samen wird von einer dünnen, ledrigen Testa umgeben. Sie ruhen in einem weißen, saftigfleischigen, etwas faserigen Mesokarp. Dieses essbare Fruchtfleisch verströmt einen sehr intensiven, säuerlichen Geruch. Die Samen sind zunächst gelblich weiß, werden bei Luftzutritt hellbraun und nach der Keimung fast schwarz. Sie besitzen eine gefurchte Oberfläche, riechen stark nach Bittermandel und sind zwischen 0,4 und 6 g schwer. Die Länge liegt bei 2,0 cm (0,6 bis 3,2 cm), die Breite bei 1,6 cm (1,0 bis 2,2 cm) und die Dicke bei 1,2 cm (0,9 bis 1,9 cm). Abhängig von der Samenzahl pro Frucht besitzen die Samen verschiedene Formen. Der Wassergehalt liegt bei ca. 30 %; das Tausendkorngewicht beträgt 2918 g, dies entspricht 343 Samen pro kg [12].

Die Hülsen werden in der Trockenzeit reif und fallen innerhalb weniger Tage ab. Viele davon entwickeln sich nicht vollständig, noch Monate nach dem Samenfall hängen zahlreiche vertrocknete Früchte in der Krone.

Obwohl die Samen Lichtkeimer sind, können sich die Keimlinge auch im Dunkeln, z. B. unter einer dicken Streuauflage entwickeln, u.a. entstehen Keimlinge aus Samen, die von Nagetieren in Lager verschleppt und dort vergessen werden.

Das Keimprozent liegt bei ca. 85 % [12]; aufgrund der wenig harten Samenschale sinkt die Keimfähigkeit jedoch schnell ab [13].

Rinde und Holz

Die graugrüne bis rotbraune, von Flechten besetzte Rinde ist sehr glatt. Bei juvenilen Bäumen lösen sich Rindenschichten ab. An Altbäumen fällt die Querringelung der Borke auf, an den Brettwurzeln ist Längsrissigkeit zu beobachten.

Der Splint ist weiß bis leicht gelblich und sehr deutlich vom Kern abgesetzt. Das relativ einheitlich aufgebaute Kernholz ist von rötlichbrauner bis dunkeloranger Farbe und besitzt eine ölig erscheinende Oberfläche [11]. *L. amazonica* hat ein sehr schönes Holz, das sich durch Härte und eine hohe Rohdichte auszeichnet: $r_{15} = 0,92$ bis $1,10$ g/cm³ [7]. RECORD und HESS [11] nennen sogar den Wert von $r_{15} = 1,20$ g/cm³. Das Holz ist kompakt und homogen aufgebaut, von feiner Textur und hoher Festigkeit. Der Brennwert ist sehr groß, außerdem lässt sich Holzkohle von hohem Heizwert herstellen. Das Holz ist sehr widerstandsfähig gegen Fäulnis, selbst unter Wasser und bei Bodenkontakt. In trockenem Zustand geruchs- und geschmacklos, strömt es frisch und vor allem beim Sägen und Verbrennen einen leichten Geruch nach Rosen aus. Es ist leicht zu bearbeiten, und man erhält eine schöne, glatte Oberfläche mit hohem natürlichem Glanz.

Unter der Lupe sind im dunklen Kernholz deutlich hellere, wellenförmige Linien zu erkennen. Diese aus parenchymatischen Zellen bestehenden Bänder sind teils tangential, teils in schrägstehenden Gruppen angeordnet. Die zahlreichen, einzeln oder in Gruppen anzutreffenden Gefäße sind ganz oder teilweise leer und so klein, dass sie selbst mit Hilfe der Lupe kaum zu unterscheiden sind. Sie können auch in feinen, geraden Reihen angeordnet sein. Die zahlreichen, sehr dünnen Holzstrahlen sind homogen aufgebaut. Dunkle Faserbereiche, die durch Parenchym begrenzt sind, lassen im Querschnitt die einzelnen Wachstumszonen gut erkennen. Markflecken und Sekretkanäle sind nicht vorhanden [7].

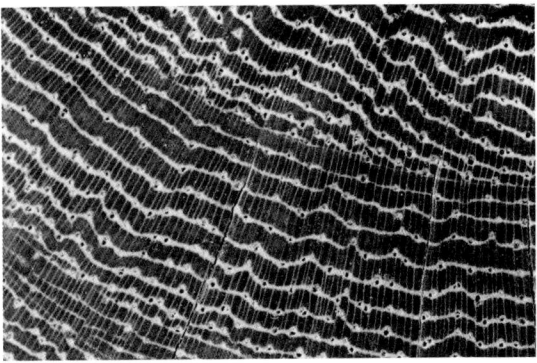

Abb. 6: Holz, Teil eines Stamm-Querschnitts

Ökologie

L. amazonica stellt im südamerikanischen Verbreitungsgebiet ein charakteristisches Element der Flußniederungswälder in der sogenannten „varzea" dar. Hierbei handelt es sich um periodisch überflutete Bereiche entlang eines Stromes. Die sandigen Böden erfahren durch die zeitweilige Überflutung einen Eintrag an Schwebstoffen und sind damit relativ nährstoff- und tonreich [2]. Die dort vorkommende Vegetation ist darauf eingestellt, mehrere Monate im Wasser zu stehen, wobei es sich allerdings oft um sauerstoffreiches Wasser handelt.

In Costa Rica ist *L. amazonica* fern von größeren Flüssen zu finden, allerdings immer auf gut wasserversorgten Standorten, deren Neigung bis 45° betragen kann, wobei zumeist steile, sonnige und sehr lichte Hänge bevorzugt werden. Diese Standorte sind gekennzeichnet durch außerordentlich starke Drainage, niedrige pH-Werte und sehr geringe Fruchtbarkeit.

L. amazonica scheint sich sehr gut an verschiedene Standorte anpassen zu können. Im Gegensatz zu Vorkommen in Brasilien gehört sie in Costa Rica sehr unterschiedlichen Pflanzengesellschaften und Vegetationszonen vom tropischen Feuchtwald bis zum tropischen Trockenwald an.

Sie scheint in der Regel der oberen Kronenschicht anzugehören. Dafür spricht:

– Die Kronen von Arten der oberen Schicht sind – wie bei *L. amazonica* – meistens schirmförmig ausgeprägt, um möglichst viel Licht aufzufangen [JANZEN, 1991].
– Die bekannten Baumhöhen liegen bei stärkeren, älteren Exemplaren deutlich über 30 m, teilweise bei 45 m [12].
– Die Blätter sind sehr ledrig und mit einer dicken Cuticula versehen und dadurch den extremen Bedingungen im oberen Kronenbereich gewachsen [10].

Über die Häufigkeit ihres Vorkommens in verschiedenen Ökosystemen ist wenig bekannt. DUCKE [3] bemerkt, dass dieses „charakteristische Element der Varzea" häufig zu finden sei. In Costa Rica wurde bei der botanischen Vollaufnahme einer 4 ha-Probefläche eine Dichte von einem Baum pro Hektar ermittelt [THOMSEN, pers. Mitteilung]. Eine typische Vergesellschaftung mit anderen Arten scheint nicht zu bestehen. Diese geringe Abundanz, die auf den ersten Blick nachteilig erscheint, könnte im tropischen Regenwald den Vorteil haben, dass dadurch die Möglichkeiten potentieller Fressfeinde verringert werden [8].

Vermehrung und Entwicklung

L. amazonica vermehrt sich hauptsächlich durch Sämlinge, obwohl auch die Fähigkeit zu vegetativer Verjüngung, v. a. über Stockausschläge gegeben zu sein scheint. Trotz Samendichten bis zu 1 Million/ha und Keimlingszahlen bis zu 900 000/ha ein halbes Jahr nach Samenfall findet man kaum einjährige Pflanzen [12]. Der Hauptgrund für die hohe Mortalität im ersten Jahr liegt vermutlich in Fraßschäden durch Blattschneiderameisen.

Die Früchte werden zu Beginn der Trockenzeit innerhalb weniger Tage verbreitet. Da *L. amazonica*-Samen nicht flugfähig sind, wachsen die Sämlinge im unmittelbaren Kronenbereich des Mutterbaumes auf. Die besten Überlebenschancen besitzen aber Keimlinge, die sich weit weg vom Mutterbaum entwickeln können. Die Keimung scheint im Schatten auf Mineralboden ohne Streuauflage am leichtesten möglich zu sein, allerdings keimen die Samen auch unter einer dicken Streuschicht. Die Keimung beginnt 1 bis 2 Wochen nach der Aussaat. Das Hypokotyl streckt sich nicht, die Keimblätter bleiben bodennah und ergrünen nicht, d. h., die Samen keimen hypogäisch. Fünf Wochen nach der Keimung erscheint das Epikotyl. An dem darauf folgenden Langtrieb sind zwischen 4 und 10 spiralig um den Trieb angeordnete Niederblätter zu finden. Bei sehr großen Samen erscheinen Radicula und Epikotyl fast gleichzeitig. Bereits einige Tage später wächst am inzwischen verlängerten Spross das erste voll ausgebildete Primärblatt. Es unterscheidet sich in der Form nicht oder nur sehr wenig von den Folgeblättern, ist jedoch etwas kleiner. Die einfachen, länglich-elliptischen Blätter sind zweizeilig angeordnet, im Mittel erscheint alle 2 Wochen ein neues Blatt.

Über Zuwachswerte gibt es keine Daten.

Nutzung

Die extrem spannrückige Schaftform macht es unmöglich, Holz von *L. amazonica* in größeren Dimensionen zu verwenden. Deswegen scheidet z. B. die Nutzung als Bauholz aus. DUCKE führt in seiner Erstbeschreibung von 1922 zwei Nutzungsarten an. Am Unterlauf des Amazonas verwendeten Fischer *L. amazonica*-Holz, um die Mittelteile von Pfeilen für die Jagd auf Schildkröten daraus herzustellen (sog. „Suumba" – Teil zwischen Eisenspitze und Schaft aus Schilf). Außerdem war das Holz wegen seines hohen Brennwertes als Brennmaterial für Dampfschiffe und Schmiedearbeiten begehrt.

Aufgrund seiner günstigen physikalischen Eigenschaften eignet sich *Lecointea*-Holz sehr gut für Konstruktionen aller Art, allerdings begrenzt die Schaftform die kommerziellen Möglichkeiten ganz erheblich. Andererseits hat gerade diese Form die Art bisher weitgehend vom Raubbau verschont. Trotzdem gäbe es bei geregeltem und nachhaltigem Anbau erhebliche Nutzungsmöglichkeiten als Brennholz und für stark beanspruchte Kleinteile (Lager, Holzgewinde, Spindeln, Ruder, Leitersprossen, Hobelsohlen).

Abb. 7: Stammbasis mit Brettwurzel-Anläufen

Verschiedenes

– Am geläufigsten ist in Costa Rica die Bezeichnung „Costilla de danto", was soviel bedeutet wie „Rippe des Tapirs".

– *L. amazonica* wurde erst 1922 im Amazonasgebiet Brasiliens von Walter Adolpho DUCKE (1876-1959) beschrieben: „... Die Blüten dieses Baumes sind sehr hinfällig und erscheinen in der Regenzeit; dies erklärt, wie ein sowohl bemerkenswerter wie auch häufiger Baum es bis jetzt schaffen konnte, von den Augen der Botaniker und der Sammler unbemerkt zu bleiben, die in der Region gearbeitet haben. Ich gebe dem neuen Genus den Namen meines Freundes Monsieur Paul LE COINTE, Ingenieur in Òbidos, denn er hat mir Muster mit genügend aufgeblühten Blüten verschafft, die ich ohne Erfolg seit mehreren Jahren versucht hatte, mir zu besorgen, und die es mir letztlich ermöglicht haben, der Art ihren Platz im System zuzuweisen" (Übersetzung durch den Autor).

Weiterführende Literatur

[1] BARNEBY, R. C., 1989: A review of Lecointea (Fabaceae: Swartzieae) in South America. Brittonia **41**, 351 - 355.

[2] BAZZAZ, F. A.; PICKETT, S. T. A., 1980: Physiological ecology of tropical succession: A comparative review. Ann. Rev. Ecol. System. **11**, 287 - 310.

[3] DUCKE, W. A., 1922: Le Cointea amazonica Ducke. In: Arch. do Jardin Botânico de Rio de Janeiro 3, 128.

[4] ENGLER, A., 1964: Syllabus der Pflanzenfamilien, Band 2, 12. Auflage. Berlin.

[5] GARWOOD, N. C., 1983: Seed germination in a seasonal tropical forest in Panamá: a community study. Ecol. Monographs 53, 159 - 181.

[6] JACOBS, M., 1988: The tropical rainforest. A first encounter. Springer-Verlag, Berlin.

[7] LOUREIRO, A. A.; SILVA, M. F. DA, 1973: Dendrological study of five leguminous species of Amazonica. Acta Amazonica 3, 17 - 31.

[8] LUNDELL, C. L., 1975: Beliceodendron, a new genus in the Leguminosae (Cercideae) from Central America. Wrightia 5, 186 - 188.

[9] POLHILL, R. M.; RAVEN, P. H. (eds.), 1981: Advance in Legume Systematics, part 1 & 2. Royal Botanic Press, Kew, England.

[10] POPMA, J.; BONGERS, F.; WERGER, M. J. A., 1992: Gap-dependence and leaf characteristics of trees in a tropical lowland forest in Mexico. Oikos 36, 207 - 214.

[11] RECORD, S. J.; HESS, R. W., 1943: Timbers of the New World. Yale University Press, New Haven.

[12] SCHMID, J., 1994: Lecointea amazonica – Beschreibung einer Baumart des lateinamerikanischen Regenwaldes und Untersuchungen zu ihrer generativen Vermehrung. Diplomarbeit an der Forstwiss. Fak. der Univ. München.

[13] WILLAN, R. L., 1985: A guide to forest seed handling with special reference to the tropics. FAO Forestry Papers 20/2. DANIDA Forest Seed Centre, Dänemark.

Der Autor:

Dipl.-Forstwirt JÜRGEN SCHMID
Weiherstraße 8
D-79232 March-Buchheim

Leucaena leucocephala (LAM.) DE WIT, 1961

syn.: Leucaena glauca (LINNÉ) BENTH.
Mimosa glauca LINNÉ, 1763 non 1753
Mimosa leucocephala LAM., 1783

Tantan   Familie: Mimosaceae

engl.:   Leucaena, Lead tree, Tantan
span.:   Guaje

Indien: Subabul
Indonesien: Lamtoro

Abb. 1: Leucaena leucocephala und Millet-Hirse (Pennisetum spec.) im Agro-Forestry-Anbau (Indien)

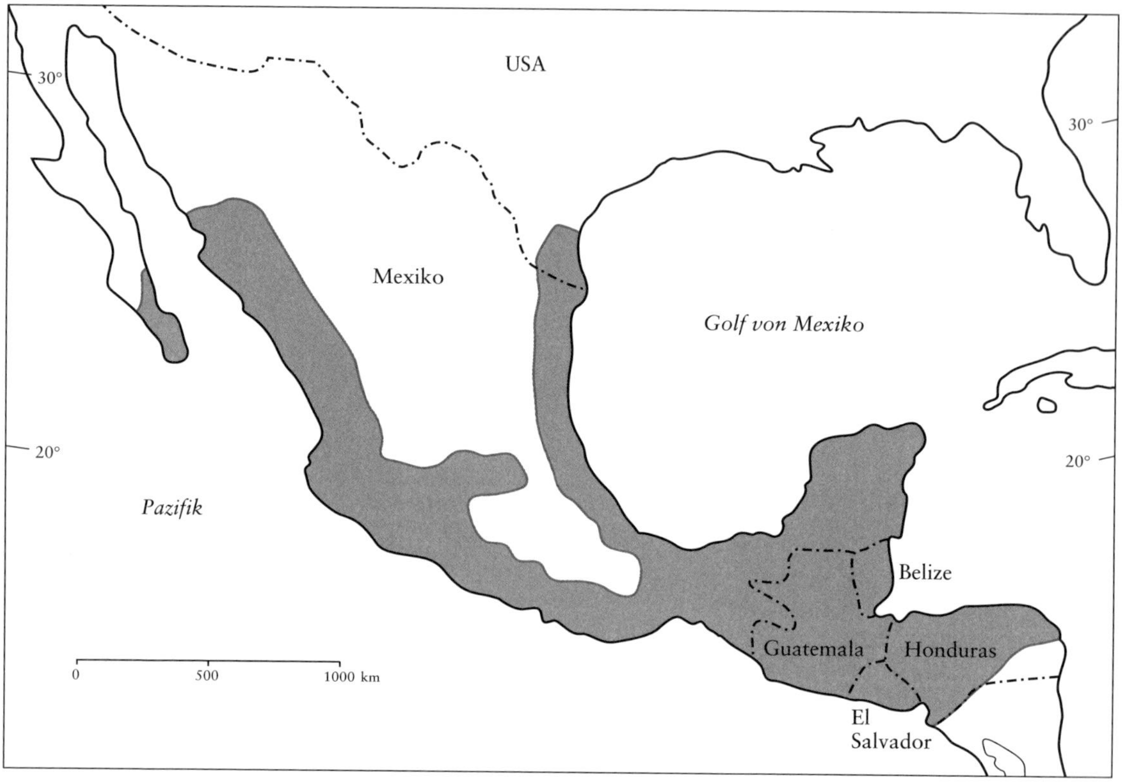

Abb. 2: Natürliches Verbreitungsgebiet, nach PARROTTA [16]

Leucaena leucocephala, eine raschwüchsige, aber frostge-fährdete, polyploide Leguminose, gehört wegen ihrer An-spruchslosigkeit und Dürrehärte, nicht zuletzt auch wegen ihrer zahlreichen Nutzungsmöglichkeiten zu den wichtig-sten Holzpflanzen tropischer Trockengebiete. Sie bindet Luftstickstoff, lockert und verbessert den Boden, das Laub wird verfüttert, und das Holz liefert in weiten, fast baum-losen Trockengebieten dringend benötigtes Brennmaterial.

Probleme entstehen durch den für mehrere Tierarten gifti-gen Inhaltsstoff Mimosin, der die Nutzung der Blätter als Rinderfutter jedoch nicht beeinträchtigt.

Leucaena kommt in bestimmten Regionen ihrer mittel-amerikanischen Heimat als Strauch, in anderen als 10 bis 20 m hoher Baum vor. Die entsprechenden Herkunfts-gruppen trennt man auch in den Anbauländern und bear-beitet sie dort züchterisch.

Sowohl der Gattungsname wie das Epitheton gehen auf das griechische Wort „leucos" = weiß zurück und verwei-sen auf die Farbe der Blütenstände.

Verbreitung

L. leucocephala gehört zu den weltweit am häufigsten angebauten strauch- oder baumförmigen Leguminosen-Arten. Mitte des 16. Jahrhunderts wurde sie von Mittel-amerika aus zunächst auf die Westindischen Inseln, nach Florida und Texas gebracht sowie in Brasilien und Chile eingeführt. Heute stellt sie zwischen 25° n.Br. und 25° s.Br. vor allem in Indien, Südostasien, Indonesien und N-Australien, aber auch auf Hawaii (seit 1864) sowie im Osten und Westen Afrikas auf großen Flächen eine vielfäl-tig genutzte, oft aus Kultur verwilderte Nutzpflanze dar [16]. Kultiviert wird sie fast nur im Flachland, auf Hawaii auch zwischen 500 und 750 m ü. NN [11, 12].

Das natürliche Areal ist auf Mittelamerika beschränkt [23]. Nach LITTLE [11, 12] liegt es in SO-Mexiko (Prov. Yukatan) in Höhen um 1500 m [16], nach PARROTTA [16] außerdem in Guatemala, Honduras und El Salvador, zwi-schen 12° und 20° n.Br.

Beschreibung

Je nach der geographischen Herkunft entwickelt sich *L. leucocephala* zu einem unbewehrten, dicht beasteten, bis zu 5 m hohen Strauch (ssp. *leucocephala,* Hawaii-Typ) oder zu einem kleinen bis mittelgroßen Baum (ssp. *glabrata,* Salvador-Typ), dessen Höhe mit 3 bis 9 m [23], 10 m [18, 21] oder 8 bis 20 m [16] angegeben wird. Auch die BHD-Werte schwanken in weitem Rahmen (10 cm [18, 23] bis 50 cm [16]) – wiederum in Abhängigkeit von Anbauort und Samenherkunft. Für die Subspecies *glabrata* wird einheitlich eine unregelmäßig aufgebaute, relativ breite Krone angeführt.

Blätter

L. leucocephala wird in der Literatur teils als laubabwerfend [12], teils als halbimmergrün [16], teils als immergrün [22] bezeichnet. Alle 3 Möglichkeiten können aber zutreffen, denn die Art wirft ihre Blätter bei Wassermangel ab, behält sie aber bei guter Wasserversorgung [25].

Die wechselständigen, bipinnaten Laubblätter werden 10 bis 20 cm lang, haben 3 bis 10 Paar Seitenachsen, von denen jede 10 bis 20 Paare ungestielter, schmal länglicher, graugrüner und ganzrandiger Fiederblättchen trägt. Letztere sind relativ dünn, 8 bis 15 mm lang, ca. 3 mm breit [12], haben einen kurz zugespitzten Apex und eine schiefe Basis. Um der direkten Sonneneinstrahlung zu entgehen, können sich gegenüberstehende Fiederblättchen aneinanderlegen [12]. Die Basen von Rhachis und Seitenachsen sind oft etwas verdickt.

Abb. 3: Beblätterung

Blüten, Früchte und Samen

Während die Strauchform fast das ganz Jahr hindurch blüht und fruchtet, sind bei den monokormen Gruppen zwei distinkte Blühzeiten vorgegeben [16, 23]. Die Mannbarkeit setzt schon im 2., mitunter sogar im 1. Lebensjahr ein [22, 25].

Die sehr hübschen, kugelrunden, 2 bis 3 cm lang gestielten, weißlichen Infloreszenzen stehen terminal an Seitenzweigen und haben einen Durchmesser von etwa 2,5 cm. Sie enthalten zahlreiche röhrenförmige Zwitterblüten von 8 mm Länge mit einem 5zipfeligen, grünlich weißen, behaarten Kelch (<2mm lang), 5 schmalen, ebenfalls grünlich weißen und behaarten Petalen (5 mm lang), 10 fädigen, weißen Staubblättern (8 mm lang) sowie einem Stempel mit grünem, behaartem, oberständigem Fruchtknoten und weißem Griffel [11, 12].

Von den hängenden, bei Reife rötlich braunen, 12 bis 18 cm langen Früchte (Hülsen) stehen meist 15 bis 20, im Extrem bis zu 60 büschelig gehäuft an Zweigenden. Sie sind flach, 1,2 bis 2 cm breit und an den Rändern verdickt, haben einen spitzen Apex und laufen an der Basis allmählich in einen kurzen Stiel aus.

Abb. 4: Blütenstände

Abb. 5: Reife Früchte in situ

Abb. 6: Reife Früchte mit verdickten Rändern, spitzem Apex und rel. kurzem Stiel

Abb. 7: Saatgut

Bei Reife springen sie an der Bauch- und Rückennaht auf und entlassen – noch am Baum – 15 bis 20 glänzend braune, elliptische, relativ flache Samen von etwa 8 mm Länge [11, 12, 25]. Zur Anatomie der Testa legen SERRATO-VALENTI et al. [19] umfangreiche elektronenmikroskopische Befunde vor.

Das Tausendkorngewicht schwankt innerhalb der Art zwischen 47,6 und 58,8 g [16], YOUNG [25] differenziert jedoch in 33,3 g für den Hawaii-Typ und 56 g für Salvador-Formen.

Rinde und Holz

Junge wie ältere Bäume bilden eine glatte, graue bis graubraune Borke, die anfangs mit zahlreichen hellen Lenticellen bedeckt sein kann [12]. Die inneren Rindenschichten sind hingegen hellgrün oder hellbraun.

Leucaena-Holz hat einen hellgelben Splint und einen Farbkern, der teils als gelb- bis dunkelbraun [11, 12], teils als hell rötlich [16] beschrieben wird. Auch die Angaben zur Rohdichte (r_{15}) variieren: 0,50 bis 0,59 g/cm³ [16] versus 0,7 g/cm³ [11, 12]. Für 4jähriges Holz mit einem Wassergehalt von 40 % werden 0,57 g/cm³ genannt [15]. Einheitlich wird das Holz als hart bezeichnet. Es ist von geringer bis mittlerer Dauerhaftigkeit, trocknet ohne sich zu werfen und weist eine Druckfestigkeit zwischen 297 und 340 kg/cm² auf [16]. Die mittlere Faserlänge beträgt 1,125 mm[1]).

Wurzeln

Die Art verfügt über ein extensives Wurzelsystem, bestehend aus einer starken, tief in den Boden eindringenden Pfahlwurzel und weitreichenden Lateralwurzeln. Auf lockeren, tiefgründigen Böden biegen die Seitenwurzeln scharf nach unten um, und die Feinwurzeln konzentrieren sich auf oberflächennahe Schichten nahe der Stammbasis. TOKY und BISHT [21] geben für Nordwest-Indien Wurzeltiefen von 1,5 m bei einem basalen Durchmesser von ca. 12 cm an.

L. leucocephala lebt in Symbiose mit Luftstickstoff-bindenden Bakterien *(Rhizobiaceae)* [2], wobei die Zahl der Wurzelknöllchen unterhalb eines Boden-pH von 5,5 deutlich zurückgeht. Außerdem kommen auch VA-Mykorrhizen vor. Sämlinge mit beiden Symbiose-Typen werden deutlich im Wachstum gefördert.

Leucaena bildet VA-Mykorrhizen mit *Gigaspora margarita* und mehreren *Glomus*-Arten *(G. deserticola, G. etunicatum, G. fasciculatum, G. interradiens, G. versiforme).* Für die Sämlinge ist die Mykorrhizierung stets mit Erhöhung der Biomasse, Vergrößerung der Blattfläche (bis auf das 5fache), mitunter auch mit längeren Wurzeln und erhöhter P-, K- und Ca-Aufnahme verbunden [5, 10]. Inokulationsversuche mit ektotrophen Mykorrhizapilzen schlugen fehl [5].

---

[1] Holz Roh-Werkst. 51, 353-356, 1993

Abb. 8: Stammborke

Abb. 9: Sämling

Vermehrung und Anzucht

L. leucocephala verjüngt sich reichlich durch Samen wie auch durch Stockausschläge. Das gilt selbst für stark vergraste Flächen [22].

Normalerweise werden die relativ hartschaligen Samen aus den noch am Zweig hängenden Hülsen entlassen und keimen in unmittelbarer Nähe des Mutterbaumes. Geschlossene oder halb geöffnete Früchte werden aber auch vom Wind verweht und nicht selten vom Weidevieh gefressen, womit man das häufige Vorkommen der Art auf Weideflächen erklärt [16].

Zur Anzucht erntet man die reifen, noch geschlossenen Hülsen per Hand, trocknet sie in der Sonne, füllt sie in Säcke und drischt sie sodann [25]. Bei Temperaturen von 2 bis 6 °C läßt sich das Saatgut bis zu 5 Jahre ohne Verlust an Keimkraft lagern [16].

Frisches Saatgut keimt zu 50 bis 98 %. Durch Stratifizieren und Skarifizieren (u.a. Ritzen der Testa, Tränken in konz. H_2SO_4) erhöht sich die Keimschnelligkeit von 6 bis 60 Tagen (ohne Vorbehandlung) auf 6 bis 10 Tage.

In Baumschulen erfolgt die Aussaat in nährstoffreiche Böden (pH 5,5 bis 7,5) mit hoher Wasserspeicherfähigkeit oder direkt in Container. Nach epigäischer Keimung benötigen die Sämlinge Halbschatten. Sie entwickeln rasch eine kräftige, weißliche Pfahlwurzel, haben kurz gestielte Kotyledonen mit fädigen, an der Spitze roten Nebenblättern und werden nach etwa 10 Wochen verpflanzt. Details zur Keimlingsmorphologie findet man bei BURGER [3].

Die Bestandesbegründung kann durch Direktsaat sowie durch das Einbringen von Containerpflanzen, wurzelnackten Pflanzen oder Stecklingen erfolgen. Vor dem Auspflanzen ist Wurzelschnitt und Rückschnitt des Stämmchens in 10 bis 20 cm Höhe üblich [16].

Leucaena läßt sich im Sprühbeet leicht durch Bewurzelung von Sproßstecklingen vermehren. Wuchsstoff-Applikation (IES, IBS) wirkt förderlich [16]. Nach Abtrieb und Feuer entwickelt sie sehr vitale Stockausschläge.

Taxonomie und genetische Differenzierung

Die Gattung *Leucaena* besteht aus zahlreichen, in tropischen und subtropischen Regionen Süd- und Mittelamerikas, Afrikas und des Süd-Pazifik beheimateten Spezies. Hinsichtlich der Artenzahl gehen die Angaben weit auseinander: 10 [11, 12, 25] versus 50 [16]. Bis zu 13 Arten sollen endemisch in Mexiko vorkommen [16].

L. leucocephala betrachtet man als allotetraploiden Bastard (2n = 104) zwischen *L. diversifolia* (SCHLECHT) BENTH. und *L. collinsii* BRITTON et ROSE.

Zahlreiche weitere Artbastarde sind durch gelenkte Kreuzungen entstanden und werden in Australien und Indonesien, auf Hawaii und Taiwan züchterisch bearbeitet [15].

Gemessen an der breiten genetischen Varianz innerhalb der Gattung ist die genetische Basis von *L. leucocephala* sehr schmal [7]. Die Art ist selbstfertil, und in Isoenzym- und DNA-Analysen an 24 Populationen fielen 76 % der Varianz auf Unterschiede zwischen den Beständen.

Von großer praktischer Bedeutung ist die innerartliche Differenzierung in Herkunftsgruppen. In der Hauptsache geht es dabei um die Trennung von Baum- und Strauchformen, die in der Literatur mit verschiedenen Namen belegt werden und nur selten auf Versuchsergebnisse zurückgehen. Aus den Arbeiten von HARRIS et al. [7], PARROTTA [16] und YOUNG [25] zeichnet sich die Existenz von 3 Herkunftsgruppen ab:

– „Hawaiian Type" [16, 25] oder „ssp. *leucocephala*" [7]. Sehr konkurrenzstarker, intensiv verzweigter, häufig blühender Strauch bis 5 m Höhe. Herkunft: Mexiko (Prov. Yukatan). Pantropisch angebaute, aggressive Pionierpflanze.

– „Salvador-Kultivare" [16, 25] oder „ssp. *glabrata*" [7]. Aufrechte, bis 20 m hohe Bäume mit relativ großen Blättern, Früchten und Samen. Herkunft: El Salvador (Prov. Morazan). Erst in den letzten 4 Dezennien nach Auslese entstanden. Hochleistungsklone „Hawaiian Giant", K8, K28, K67 etc. Weltweit als Nutzholz-Lieferant kultiviert.

– „Peru-Typ" [16]. Astige Bäume bis 10 m Höhe mit tief ansetzender Krone. Bewährt als Futterpflanze im „alley-cropping"-Verfahren.

Nach diallelen Kreuzungen zwischen den 3 Typen trat in der F$_1$ Heterosis im Futter- und Holzertrag auf [6].

Provenienzversuche mit 9 Herkünften der Strauchform fanden auf Cuba statt. Neben Unterschieden in der Blattmasse und in der Stammzahl pro Pflanze traten herkunftsbedingte Differenzen in der Samenproduktion auf. Die Samenzahl pro Strauch variierte im 1. Jahr von 110 g bis 391 g, im 2. Jahr von 61,5 bis 695 g[2].

Zwischen 40 baumförmigen Provenienzen, die in Feldversuchen auf Hawaii verglichen wurden, gab es keine Unterschiede in der Dürreresistenz, wohl aber in der Empfindlichkeit gegen *Heteropsylla cubana*. Resistente Provenienzen fehlten aber ebenfalls [24].

Ökologie und Wachstum

L. leucocephala ist eine raschwüchsige, ungemein konkurrenzstarke und dürrefeste, aber lichtbedürftige Pionierart, die auf neutralen bis basischen Böden leicht außer Kontrolle gerät. Ihre künstliche Verbreitung konzentriert sich auf frostfreie, aride, tropische Regionen mit Jahres-Mitteltemperaturen zwischen 20 und 30 °C (Optimum: 25 bis 30 °C), in denen das Minimum des kältesten Monats zwischen 16 und 24 °C und das Maximum des wärmsten Monats bei 24 bis 32 °C liegt. Kurze, milde Fröste werden vertragen, generell setzen tiefe Temperaturen aber das Wachstum herab [11, 12, 16]. In S-Texas froren die Triebe bei –7 bis –12 °C zurück, die Wurzeln blieben aber zu 80 bis 100 % ohne Schäden[3].

Jahresniederschläge zwischen 600 und 1700 mm gelten als besonders günstig. Dabei werden Trockenzeiten von 2 bis 6 Monaten toleriert, und selbst bei 250 mm Niederschlag pro Jahr kann die Art noch gedeihen [11, 12].

Die natürlichen Bestände in Mexiko stocken auf vulkanischen Substraten, andernorts wächst *Leucaena* auf Böden unterschiedlicher Textur und verschiedenen Nährstoffgehalts. Besonders gut verläuft die Entwicklung auf wohldrainierten Böden von pH 6,0 bis 7,0. Saure Substrate werden gemieden, wobei besonders der hohe Gehalt an austauschbarem Aluminium schadet. Demgegenüber fördert Phosphor das Wurzelwachstum.

Die Verträglichkeit salzhaltiger Böden wird unterschiedlich beurteilt. Einerseits heißt es, Böden mittleren Salzgehaltes werden toleriert, andererseits wird stark reduziertes Wachstum auf Salzböden mit verfügbarem Na und K beobachtet [16]. In Gewächshausversuchen hemmte NaCl die Ca- und die S-Aufnahme und reduzierte das Wachstum [8].

In ihrem natürlichen Areal ist *L. leucocephala* eine wichtige Komponente sekundärer semi-immergrüner und immergrüner Wälder. Im Westen Mexikos kommt sie gemeinsam mit *Bursera*- und *Lysiloma*-Arten vor, während auf den extrem trockenen, felsigen Buschwald-Standorten Westindischer Inseln die *Leucaena*-Bestände u.a. von *Psidium guajava* LINNÉ, *Tecoma stans* (LINNÉ) H.B.K., *Pisonia aculeata* LINNÉ und *Acacia farnesiana* (LINNÉ) WILLD. begleitet werden [16].

Anlaß für den transkontinentalen Anbau ist u.a. ihr rasches Wachstum selbst unter extremen Standort- und Klimabedingungen. Tausende von Originalarbeiten präsentieren entsprechende, auf regionaler Ebene gewonnene Daten, insbesondere aus Mittelamerika, Indien, Südostasien und den Philippinen. PARROTTA [16] faßt einen großen Teil dieser Ergebnisse für Bestände bis zum Alter 5 wie folgt zusammen:

Durchmesserzuwachs (BHD)	2,0 - 3,5	cm/Jahr
Höhenzuwachs	2,6 - 4	m/Jahr
Biomasse	5 - 55	t/ha/Jahr
Volumenzuwachs unter besten Bedingungen	30 - 55	m³/ha/Jahr

---

[2] Cuban J. Agric. Sci. **26**, 99-104, 1992 und **25**, 201-206, 1991
[3] Leucaena Res. Rep. 7, 1986

In Mittelamerika kann man bereits bei 1jährigen Sämlingen mit Höhen von 1,0 bis 5,5 m, nach 3 Jahren mit 3,5 bis 11 m rechnen. Die entsprechenden Werte für den Stammdurchmesser (BHD) liegen bei 1,5 bis 4,5 cm bzw. 2,5 bis 10,0 cm [16].

Generell wachsen Bäume aus Stockausschlägen rascher als Kernwüchse. Bereits nach einem Jahr können sie 5 m hoch und 5 cm stark sein [22].

Pathologie

Leucaena ist frostgefährdet und reagiert in der Jugend empfindlich auf Bodenfeuer. Sie wird aber weder durch abiotische Schadursachen noch durch pathogene Pilze oder Schadinsekten ernsthaft bedroht.

Wirtschaftliche Bedeutung hat *Heteropsylla cubana* CRAWFORD *(Psyllidae)*, ein Blattfloh, der seit den achtziger Jahren in Südostasien, Australien und auf Hawaii, danach auch in Indien und China großflächig starke Blattverluste hervorruft, im natürlichen Areal aber wegen natürlicher Feinde keine Bedeutung hat [1]. Die Larven saugen an jungen Blättern, welche dann vergilben und welken. Gipfeltriebe werden entblättert, insbesondere wenn eine Dürreperiode folgt. Durch die züchterische Nutzung resistenter Linien und durch die Einführung wirtsspezifischer Prädatoren oder Parasiten könnte eine Bekämpfung möglich werden [1].

Weitere Insekten rufen Schäden an Blättern, Trieben und Früchten auf Puerto Rico, den Philippinen und in Indonesien hervor, ohne aber ernste Probleme auszulösen [16].

Pilzliche Parasiten sind fast ausnahmslos auf bestimmte Anbauländer begrenzt. Auch hier nehmen die Schäden keine nennenswerten Ausmaße an. Beispiele:

- *Exosporium leucaenae* F. L. STEPHENS et DALBY als Blattparasit auf Puerto Rico.

- *Botryosphaeria ribes* var. *chromogena* SHEAR, STEPHENS et WILCOX verursacht Zweigdürre auf Hawaii. *B. obtusa* und *B. dothidea* kommen als Schwächeparasiten an der Rinde vor [20].

- *Colletotrichum gloeosporioides* (PENZIG) PENZIG et SACC. befällt Früchte auf Mauritius.

- *Fomes lignosus* (KLOTZSCH) BRES. und *Rosellinia arcuata* PETCH rufen Wurzelfäule im Pazifischen Raum und am Congo bzw. auf Java und Sumatra hervor.

- *Ganoderma lucidum* (FR.) KARST. löst Stammfäule auf den Philippinen aus.

- *Pythium*- und *Rhizoctonia*-Arten verursachen Umfallkrankheit in Baumschulen.

Nach SO$_2$-Begasung (4 ^{h} mit 2,37 ppm für 4 Tage) gehörte *Leucaena* zu den am stärksten geschädigten Baumarten[4].

Nutzung

L. leucocephala gehört wegen der vielfältigen Nutzungsmöglichkeiten zu den am weitesten verbreiteten und wirtschaftlich interessantesten Baumarten der ariden Tropen. Das gilt besonders für Grenzstandorte, auf denen die Art den Boden verbessert und aufschließt, als schattenspendende Futterpflanze angebaut wird und ein gesuchtes Brennholz liefert.

Das mittelharte Holz liefert vor allem ein gesuchtes, wenig rauchendes Brennmaterial und eignet sich zur Herstellung von Holzkohle guter Qualität [15, 16]. Auf den Philippinen wird es in großem Umfang als Energiequelle für Elektrizitätswerke und Industrieanlagen angezogen [16]. Holz der „Salvador"-Form verwendet man für Baukonstruktionen, als Parkett und als Masten. Außerdem liefert es einen kurzfaserigen, zur Papierherstellung geeigneten Zellstoff [11, 12, 15, 16], der nach indischen Untersuchungen 92 bis 94 % Alpha-Cellulose enthält[5].

Meist reihenweise in landwirtschaftliche Kulturen wie Mais, Sorghum-Hirse und Cassava oder in Kaffee- und Kakao-Plantagen eingebracht („alley-cropping"), spendet *Leucaena* Schatten, reichert den Boden über die Laubstreu (3 bis 4 % N) mit Stickstoff an und schließt verfestigte Bodenschichten auf. Vor allem liefern die grünen Blätter ein proteinreiches, nicht immer leicht verdauliches Viehfutter. Dafür werden die Bäume wiederholt auf etwa 50 cm Höhe zurückgeschnitten.

Nicht alle Tiere vertragen *Leucaena*-Blätter gleich gut. So sollten sie für Rinder, Wasserbüffel und Ziegen dem üblichen Gras-Futter nur zu 20 bis 30 % beigemischt werden [15]. Nicht-Wiederkäuer (Pferde, Esel, Schweine und Kaninchen) erleiden Haarverluste, Gewichtsabnahme und/ oder zeigen andere Krankheitssymptome, Hühner verlieren Federn, wenn *Leucaena*-Samen hauptsächlich und für längere Zeit verfüttert wird [11, 12].

Ausgelöst werden die Vergiftungen durch die Aminosäure Mimosin, einen Inhaltsstoff aus Blättern, Samen, Trieben und Wurzeln, der 0,3 bis 9 % [13], nach anderen Autoren [9] 0,3 bis 1,2 % der Trockensubstanz ausmacht.

Stärker differenzierte, in Nigeria ermittelte Werte lauten[6]:

reife Samen[*]	6,15 %
unreife Samen[*]	3,20 %
ältere Blätter	2,57 %
junge Blätter	5,10 %
gelbe Kotyledonen	12,30 %

[*] Die Samenschale enthält kein Mimosin

[4] Taiwan For. Rest. Inst. 349, 1981
[5] Adv. For. Res. India **11**, 205-233, 1994
[6] Animal Feed Sci Techn. 33, 349-353, 1991

Mikroorganismen im Rinder- und Ziegenmagen können Mimosin inaktivieren [16]. Chemisch gelingt die Inaktivierung durch $FeSO_4$ (12,6 g pro kg Blattmehl)[7].

Zahlreiche Arbeiten befassen sich mit den veterinärmedizinischen Aspekten der Verfütterung von *Leucaena*-Laub. So trat bei Kaninchen, die ausschließlich mit frischen Trieben gefüttert worden waren, schon nach 6 bis 8 Wochen der Tod ein[8]. Andererseits verbesserte der Zusatz von 50 % *Leucaena*-Heu zum normalen Futter die Menge und die Qualität von Ziegenmilch[9], und bei Schafen nahm das Körpergewicht wie der Haemoglobingehalt des Blutes zu, wenn 75 Tage lang *Leucaena*-Blätter verfüttert wurden[10].

Leucaena-Samen haben einen Fettgehalt um 8,8 %. Zu den wichtigen Fettsäuren gehören Stearin-, Palmitin-, Olein- und Linolensäure. Regional röstet man die Samen und verwendet sie als Kaffee-Surrogat [18], andernorts verzehrt man sie gekocht zu Reis [23]. In Sri Lanka nutzt man die Samen wegen ihres Selen-Gehaltes als Fischgift [16].

Junge Früchte und junge Triebe finden gelegentlich als Gemüse Verwendung, so z.B. in Ostasien [15, 18].

Abb. 11: Eine Gruppe von ca. 20 m hohen L. leucocephala im Koko-Crater auf Oahu, Hawaii

Abb. 10: Strauchförmiger Wuchs an einem Trockenhang

Verschiedenes

– In Feldversuchen war die in Indien eingeführte *Leucaena* der einheimischen (oder naturalisierten) *Acacia nilotica* im Wachstum und in der Holzproduktion derart überlegen, daß in entsprechenden Mischbeständen mit der Verdrängung der Akazie gerechnet wird [14].

– Wäßrige Extrakte aus frischen Blättern und Samen hemmen die Keimung und das Keimlingswachstum mehrerer Kulturpflanzen, u.a. von Reis und *Vigna unguiculata*. Unter den Baumarten war *Casuarina equisetifolia* deutlich betroffen, kaum aber *Acacia nilotica*. Die Hemmwirkung variiert mit dem Mimosin-Gehalt der Blätter [4].

---

[7] Indian J. Animal Nutr. **6**, 223-226, 1989
[8] Pasqu. Veter. Bras. **14**, 105-109, 1994
[9] Assiut. J. Agric. Sci **24**, 3-12, 1993
[10] Indian Vet. J. **70**, 921-924, 1993

Weiterführende Literatur

[1] ANONYMUS, 1988: Leucaena Psyllids – a review of the problem and its solutions. NFT Highlights 88-05 Paia, Hawaii.

[2] BASAK, M. K.; GOYAL, S. K., 1980: Studies on Tree Legumes. II. Further additions to the list of nodulating tree legumes. Plant and Soil 56, 33-37.

[3] BURGER; D. Hzn., 1972: Seedlings of some tropical trees and shrubs mainly of South East Asia. Ctr. Agric. Publ., Documentation, Wageningen.

[4] CHATURREDI, O. P.; IHA, A. N., 1992: Studies on allelopathic potential of an important agroforestry species. For. Ecol. Managem. 53, 91-98.

[5] DIXON R. K.; RAO, M. V.; GARG, V. K., 1994: Water relations and gas exchange of mycorrhizal Leucaena leucocephala seedlings. J. Trop. For. Sci. 6, 542-552.

[6] GUPTA, V. K.; PATIL, B. D., 1986: Heterosis and combining ability estimates in Leucaena leucocephala (LAM.) DE WIT. J. Tree Sciences 5, 67-73.

[7] HARRIS, S. A.; HUGHES, C. E., et al., 1994: Genetic variation in Leucaena leucocephala (LAM.) DE WIT., Silvae Gen. 43, 159-167.

[8] HELAL, H. M.; RAGAB, M., 1995: Growth and nitrogen yield of Leucaena/maize mixed culture as affected by salt stress and gypsum. Z. Pflanzenernähr. Bodenk. 158, 121-122.

[9] HOLZHEIMER, M. J.; VOIGTLÄNDER, G., 1988: Leucaena leucocephala in den feuchten Tropen. Entw. u. ländl. Raum 22, 16-19.

[10] HUANG, R. S.; SMITH, W. K.; YOST, R. S., 1985: Influence of vesicular-arbuscular mycorrhiza on growth, water relations, and leaf orientation in Leucaena leucocephala (LAM.) DE WIT. New Phytologist 99, 229-243.

[11] LITTLE, E. L., Jr., o.J.: Common fuelwood crops. Morgantown, W-Virginia.

[12] LITTLE, E. L., Jr.; WADSWORTH, F. H., 1964: Common trees of Puerto Rico and the Virgin Islands. USDA For. Serv., Agric. Handb. 249, Washington, D.C.

[13] MATHEWS, A., VITTAL RAI, P., 1985: Mimosine content of Leucaena leucocephala and the sensitivity of Rhizobiums to Mimosine. J. Plant. Physiol. 117; 377-382.

[14] NEELAM-BHATNAGAR; BHANDARI, D. C., et al., 1993: Competition in the early establishment phases of an even aged mixed plantation of Leucaena leucocephala and Acacia nilotica. For. Ecol., Managem. 57, 213-231.

[15] Nitrogen Fixing Tree Association, 1990: Leucaena: an important multipurpose tree. NFTA Highlight 90-01, Waimanalo, HI.

[16] PARROTTA, J. A., 1992: Leucaena leucocephala (LAM.) DE WIT, USDA For. Serv., Inst. Trop. For., SO-ITF-SM-52, Rio Piedras PR.

[17] SARGENT, C. S., 1965: Manual of the Trees of North America, vol. 2, 2. ed. Dover Publ., Inc., New York.

[18] SCURLOCK, J. P., 1987: Native trees and shrubs of the Florida Keys. Laural Press, Bethel Park, PA.

[19] SERRATO-VALENTI, G.; CORNARA, L., et al., 1994: Testa structure and histochemistry related to water uptake in Leucaena leucocephala (LAM.) DE WIT Annals Bot. 73, 531-537.

[20] SINCLAIR, W. A.; LYON, H. H.; JOHNSON, W. T., 1987: Diseases of Trees and Shrubs. Cornell Univ. Press, Ithaca and London.

[21] TOKY, O. P., BISHT, R. P., 1992: Observations on the rooting patterns of some agroforestry trees in an arid region of north-western India. Agroforestry Systems 18, 245-263.

[22] TROUP, R. S., 1986 (reprint): The silviculture of Indian trees, Vol. 2. Dehra Dun.

[23] VINES, R. A., 1976: Trees, shrubs, and woody vines of the Southwest. Univ. Texas Press, Austin and London.

[24] WHEELER, R. A.; BREWBARKER, J. L.; PECSON, R. C., 1987: New arboreal Leucaena leucocephala accessions. Leucaena Res. Reports 8, 77-78.

[25] YOUNG, J. A.; YOUNG, C. G., 1992: Seeds of woody plants in North America. Dioscorides Press, Portland, OR.

Die Autoren:

Prof. em. Dr. PETER SCHÜTT
Lehrstuhl für Forstbotanik
Ludwig-Maximilians-Universität München
Am Hochanger 13
D-85354 Freising

ULLA M. LANG
Schützenstraße 6
D-82383 Hohenpeißenberg

Mangifera indica LINNÉ

Mangobaum, Mango   Familie: Anacardiaceae

engl.: Mang tree
franz.: Mangue, Manguier
span.: Mango

Abb. 1: Alte Bäume am Rande eines Sekundärwaldes in Costa Rica
(Foto: Ulla M. Lang)

Der Mangobaum zählt zu den bekanntesten und beliebtesten Baumarten in den tropischen Regionen Südasiens, insbesondere in Indien. Er erfreut und beeindruckt die Menschen in vielen seiner Entwicklungsstadien; so als Sämling, zur Zeit des Blattaustriebs, als ausgewachsener Baum, durch seine Blüten, seine Früchte und besonders als alter Baum. Vögeln und anderen Tieren bietet er Schutz und Nahrung und zu keiner Zeit wird er lästig oder gar schädlich. In den Tropen, wo er besonders gut gedeiht, ist kaum eine andere Baumart in der Wohlfahrtswirkung und in der Nützlichkeit mit M. indica vergleichbar.

Mangobäume bilden eine besonders wohlgeformte, dunkel- und immergrüne, dichte Krone aus, deren Schatten zur Mittagszeit heißer Tage eine Wohltat für das Weidevieh darstellt. Mango-Blüten duften stark; die Früchte bedeuten für mancherlei Tiere eine gesuchte, mit viel Lärm aufgenommene Mahlzeit.

Verständlicherweise wird Mango in Literatur und Liedern geradezu gefeiert und auch in der bildenden Kunst sowie in der Architektur häufig dargestellt. Die romantische Dichtkunst Südost-Asiens verbindet Mango-Haine gern mit dem Frühling und der Umarmung von Liebenden.

Die Früchte des Mangobaumes spielen im Welthandel eine bedeutende Rolle. In Indien werden sie von Reichen und Armen gleichermaßen hoch geschätzt. Dem Baum selbst sagt man nach, er sei ein „Kalpa vriksha", d.h. ein Baum, der Wünsche erfüllen könne. In Indien wird er seit mehr als 4000 Jahren kultiviert. Es gibt Hinweise, daß seine Heimat im Raum Assam – Burma – Thailand liegt.

Obwohl M. indica im indischen Subkontinent ursprünglich als Waldbaum vorkam, ist die Art heutzutage nur noch selten in Wäldern anzutreffen. Ohnehin nur im Nordosten des Landes autochthon ist sie wegen ihrer Früchte frühzeitig weit über die Grenzen ihres natürlichen Areals hinaus angebaut worden. Somit kann ein erheblicher Teil der weit verstreuten, noch verbliebenen Waldbäume nicht als ursprünglich gelten.

Abb. 3: Borke (Foto: P. Schütt)

Heute wird der Mangobaum fast ausschließlich in Form züchterisch veränderter Kultursorten in Obstplantagen angebaut. Von der Wildform existieren nur noch wenige Exemplare in abgelegenen Gebieten oder sie stehen in Reservaten unter Schutz. Insgesamt nimmt die Population kontinuierlich ab.

Mango-Holz ist von hoher Qualität. Alte, gerade Stämme wurden wegen des hohen Holzpreises selbst in schwer zugänglichen Lagen konsequent genutzt.

Trotz reichlicher Naturverjüngung überleben die Sämlinge nur selten die ersten Monate; es sei denn, sie werden in der Trockenzeit mit Wasser versorgt.

Beschreibung

Mangobäume werden 10–25 m, seltener 40–45 m hoch und haben einen kräftigen, aufrechten **Stamm**. Die zahlreichen, weit ausladenden Äste bauen eine fast kugelförmige **Krone** auf. Die unteren, relativ starken Äste setzen mehr oder weniger waagrecht, die oberen zunehmend steiler an. Die **Rinde** ist anfangs hellgrün und weist deutlich ausgeprägte Blattnarben auf, die z.T. auf mehrere an der Triebbasis inserierte Schuppenblätter zurückgehen [20]. Auch junge Stämme sind grün berindet, später allerdings mit einer relativ dicken, braunen **Borke** versehen, die im hohen Alter zunächst Längsrisse aufweist und dann in rechteckigen Schuppen abblättert. Oft erscheinen in den Rissen Spuren eines weißen, gummiartigen Saftes.

Blattorgane

Die **Blätter** von M. indica sind wechselständig angeordnet und stehen gehäuft in der Nähe der Triebspitzen. Kennzeichnend ist das Herabhängen und die kupferne Färbung der gerade ausgetriebenen Blätter. Ältere Blätter sind steif, oberseits glänzend dunkelgrün, 10 bis 30 cm lang und 2

Abb. 2: Mischbestand mit M. indica (Maharashtra, Indien) (Foto: H. J. Schuck)

bis 9 cm breit, haben eine länglich-ovale Form und laufen zum Apex allmählich spitz zu. Sie sind ganzrandig und kahl und bilden 12 bis 30 auf der Blattunterseite hervortretende Aderpaare aus. Der runde, an der Basis verdickte, 2 bis 4 cm lange Blattstiel ist ebenfalls kahl.

Holz

Mango-Holz ist durchgehend von weißlich-gelber, graubrauner Farbe oder hell lederfarbig. Im allgemeinen bestehen keine Farbunterschiede zwischen Splint und Kern. Gelegentlich wird aber ein brauner, von helleren und dunkleren Streifen durchzogener Farbkern beobachtet [21]. Jahrringe fehlen zumeist oder sie sind nur sehr schwach ausgebildet.

Hinsichtlich Gewicht, Härte und Zähigkeit steht das Holz von M. indica dem Teakholz nahe. Bezüglich Schlag- und Scherfestigkeit verhält es sich eher günstiger als Teak. Es trocknet rasch, ohne sich zu werfen, ist hart, hat einen geraden, allenfalls leicht welligen Faserverlauf, ist aber recht grobfaserig. Die Rohdichte (r_{12}) beträgt 0,59 g/cm³ [20].

Mango-Holz ist in wetterexponierten Lagen von mittlerer Dauerhaftigkeit, verhält sich im Kontakt mit Wasser aber eher günstiger. Insgesamt können holzzerstörende Pilze und Insekten jedoch so schädlich werden, daß die Behandlung mit Holzschutzmitteln erforderlich wird.

Blüten, Früchte, Samen

Mango-Blüten stehen zu vielen in reich verzweigten, 10–15 cm langen Rispen, terminal, seltener auch lateral, an der Spitze einjähriger Triebe [20]. Die rötlichen oder grünen Rispenäste wie auch die ovalen bis elliptischen Deckblätter sind weich behaart. Die kleinen (0,5 bis 0,7 cm), gelblich-grünen, 4- bis 5-zähligen Blüten sind monoezisch verteilt und duften angenehm. Männliche Blüten und Zwitterblüten kommen in derselben Infloreszenz vor. Sie sind dicht behaart und mit einem kurzen, dicken Stiel versehen.

Abb. 4: Typischer Solitär mit dicht belaubter, abgerundeter Krone (Foto: Ulla M. Lang)

Abb. 5: Blätter und junge Blütenstände (Foto: Ulla M. Lang)

Die 4 oder 5 gelb-grünen oder hellgelben, länglich-ovalen Kelchblätter stehen frei, sind kürzer als die Kronblätter (0,3 bis 0,5 cm), dicht mit kurzen Haaren bedeckt und greifen dachziegelartig übereinander.

Auch die Grundfarbe der Kronblätter ist gelblich-weiß. Hinzu kommt aber eine rötliche Aderung an der Basis sowie orangefarbene, oft mit einem rosa Rand versehene Kanten.

Ein relativ großer, 4- bis 5-lappiger, fleischiger Diskus mit 5 ebenfalls fleischigen, gelben Nektarien befindet sich außerhalb des Staubblattkreises. Von den 4 oder 5 sehr ungleichen Staubblättern sind nur 1 oder 2 fertil und deutlich länger (0,2 bis 0,3 cm) als die rückgebildeten, kürzeren (<0,1 cm) und sterilen restlichen Stamen. Rein männliche Blüten entwickeln keinen rudimentären Fruchtknoten. In den Zwitterblüten reift das weibliche vor den männlichen Organen. Der gelblich-weiße Fruchtknoten ist oberständig; der aufwärts gekrümmte Griffel trägt eine sehr kleine Narbe.

Die fleischig-saftigen Steinfrüchte des Mangobaumes variieren hinsichtlich Form, Größe und Farbe in weitem Rahmen. Fruchtgröße: 4 bis 25 cm lang, 1,5 bis 10 cm breit. Fruchtform stets ungleichmäßig: eiförmig, schief-länglich oder birnenförmig. Und die Farbe reifer Früchte schwankt zwischen gelb-grün, gelb und rötlich. Die ziemlich dicke, ledrige Fruchtschale (Exokarp) umschließt das gelbe oder orangefarbene Fruchtfleisch (Mesokarp) sowie einen dicken, verholzten Steinkern mit faseriger Außenschicht. Dieser enthält nur einen großen, eiförmigen Samen mit dünner, papierartiger Testa.

Als Chromosomen-Grundzahl wird zumeist n = 20, für einige Sorten („Latra", „Safder Pasand") jedoch n = 21 angegeben. Polyploide Reihen existieren nicht.

meist ein Jahr stärkerer vegetativer Entwicklung. Diese Abfolge kann durch extreme Klimabedingungen, durch Krankheiten, aber auch unter ungünstigen Standortbedingungen verändert werden. Sie ist überdies bei einigen in jedem Jahr fruktifizierenden Zuchtsorten wie „Neelam" außer Kraft gesetzt [1]. Ringelung von Stamm oder Ästen kann die gleiche Wirkung haben.

Auf Java und auf den Philippinen blühen Mangobäume öfter als einmal im Jahr, sofern zu jeder Zeit reichlich Bodenwasser zur Verfügung steht. Ähnliches trifft für die Südspitze Indiens zu, wo die hohen Niederschläge gleichmäßig über das Jahr verteilt sind.

Vermehrung

Mango läßt sich leicht über Samen vermehren. Wegen der damit verbundenen genetischen Aufspaltung verwendet man jedoch keine Sämlinge für die Begründung von Plantagen. Hierfür stellen Pfropfungen die seit langem be-

Abb. 6: Blütenstand (Foto: I. D. Kehimkar)

Zwischen den Kultursorten bestehen Unterschiede in der Chromosomenmorphologie. So variiert die Zahl der Satelliten zwischen 8 und 16 [5]. Der Anteil von Zwitterblüten pro Blütenstand beträgt – je nach Sorte – 1 bis 16%. Bei der besonders ertragreichen Sorte „Neelam" liegt er z.B. bei 13 bis 16%. Wegen der engen Zusammenhänge zwischen Anzahl Zwitterblüten und Fruchtansatz ist man bemüht, den Anteil der Zwitterblüten auf züchterischem Wege zu erhöhen [15].

99% der nicht befruchteten Blüten fallen zu Boden. Gleiches gilt bis zu 5 Wochen nach der Befruchtung für einige kleine Früchte. Insgesamt entwickeln sich weniger als 0,5% aller Blüten zu reifen Früchten (Sorte „Alphonso" = 0,15 bis 0,2%). Mangoblüten werden zumeist von Fliegenarten der Gattungen Psychonosma und Pyrella im westlichen und der Gattungen Melipone, Musea sowie von Syrphiden-Gattungen im nördlichen Indien bestäubt [6]. Die meisten Blüten öffnen sich in der Nacht oder kurz vor Tagesanbruch, die Antheren stäuben vom Morgen bis zum Mittag.

M. indica beginnt vom zehnten Jahr an reichlich zu blühen. Allerdings unterliegt das Blühen einem relativ strikten Jahresrhythmus: Einem Jahr der Blüte folgt zu-

Abb. 7: Fruchtstände mit unreifen Früchten
(Foto: P. Schütt)

währte Methode der Wahl dar. Sowohl Luft-Absenker (air layering) wie Wurzelpfropfungen, Inokulieren und mehrere Formen des Anplattens führen zum Ziel. In Indien haben sich Lochpflanzungen (90 x 90 x 90 cm) im Abstand von 9–13 m für die Begründung von Mango-Plantagen gut bewährt. Pflanzzeit: Juli/August. In den ersten 3 bis 4 Jahren ist Bewässerung während der Sommermonate ratsam. Über die organische (Stallmist) und die anorganische (NPK) Düngung während der Regenzeit liegen lange positive Erfahrungen vor [6]. In 8 bis 10 Jahren erreichen die Pflanzen etwa 4 m Höhe. Die mittlere jährliche Erweiterung des Stammumfangs beträgt 1,3 bis 5,3 cm [21].

Mango-Samen bleiben nur für kurze Zeit keimfähig; 4 bis 8 Wochen nach der Reife müssen sie zum Keimen ausgelegt werden. In Indien setzt die Keimung zu Beginn des Monsuns in großem Umfang ein. M. indica keimt hypogäisch, d.h. die flachen, fleischigen, sich in der Form oft unterscheidenden Kotyledonen haben Speicherfunktion und verbleiben innerhalb des Steinkerns. Ihre Stiele umschließen röhrenartig die Sproßachse [21].

Die Keimlinge entwickeln eine lange Primärwurzel. Das dunkelrote oder grünlich-rote Epikotyl erreicht 20–30 cm Länge; die folgenden Internodien bleiben aber erheblich kürzer. Die lanzettlichen, zugespitzten Folgeblätter werden bis zu 15 cm lang und 3 bis 5 cm breit. Anfangs hängen sie etwas herab und sind kupferfarben.

Mango-Sämlinge wachsen rasch, ertragen Beschattung und überleben leichte, keineswegs aber strenge Fröste. Der direkten Sonneneinstrahlung ausgesetzt, sterben sie während der Trockenzeit in großer Zahl ab.

Taxonomie und genetische Variation

Von insgesamt 41 Arten der Gattung Mangifera kommen viele in verschiedenen Teilen der Tropen vor.

DE CANDOLLE [3] hielt Südasien und den Malayischen Raum für die Heimat des kultivierten Mangobaumes, POPENOE [17] stimmte ihm zu, erweitert aber das natürliche Areal auf Ost-Indien und Burma. MUCKERJEE und VAVILOV (1926) halten den Raum Assam-Burma für die Heimat von M. indica.

2 Mangifera-Arten sind in Indien autochthon: M. indica L. und M. sylvatica ROSET. Alle Kultur- und die meisten Wildsorten gehören zu M. indica.

Auf den Philippinen und in Indonesien gehen die angebauten Mango-Sorten auf polyembryonale Samen zurück. Demgegenüber sind indische Sorten meist monoembryonal.

Diese Verschiedenheiten und dazu die zahlreichen Kreuzungen zwischen den bestehenden Wild- und Kultursorten haben zur Entstehung zahlreicher neuer Sorten geführt. Deren über Jahrhunderte fortgesetzte vegetative Vermehrung und ihre Verbreitung über weite Gebiete hatte die Bewahrung von schätzungsweise >1500 wertvollen Kultursorten bewirkt, denen man oft sehr phantasievolle Namen gab. Oft sind für dieselbe Sorte mehrere Namen im Gebrauch, so daß generell eine erhebliche nomenklatorische Konfusion herrscht und die konsequente Standardisierung der Namensgebung zu einer vordringlichen Aufgabe wird.

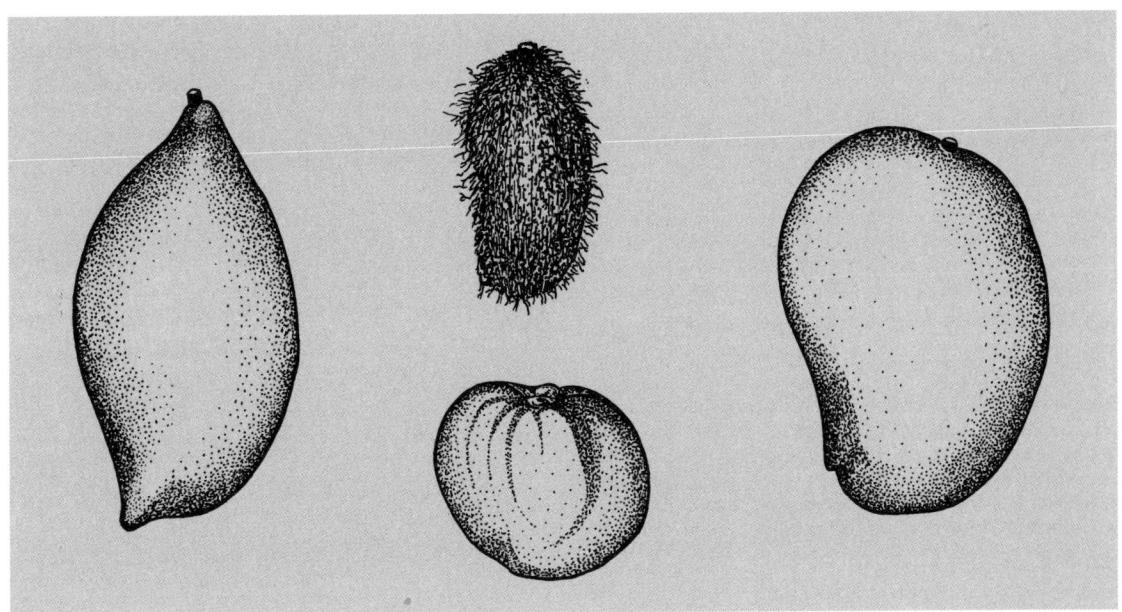

Abb. 8: Verschiedene Fruchtformen (ca. ¹/₂ nat. Größe) nach MUKHERJEE [15]

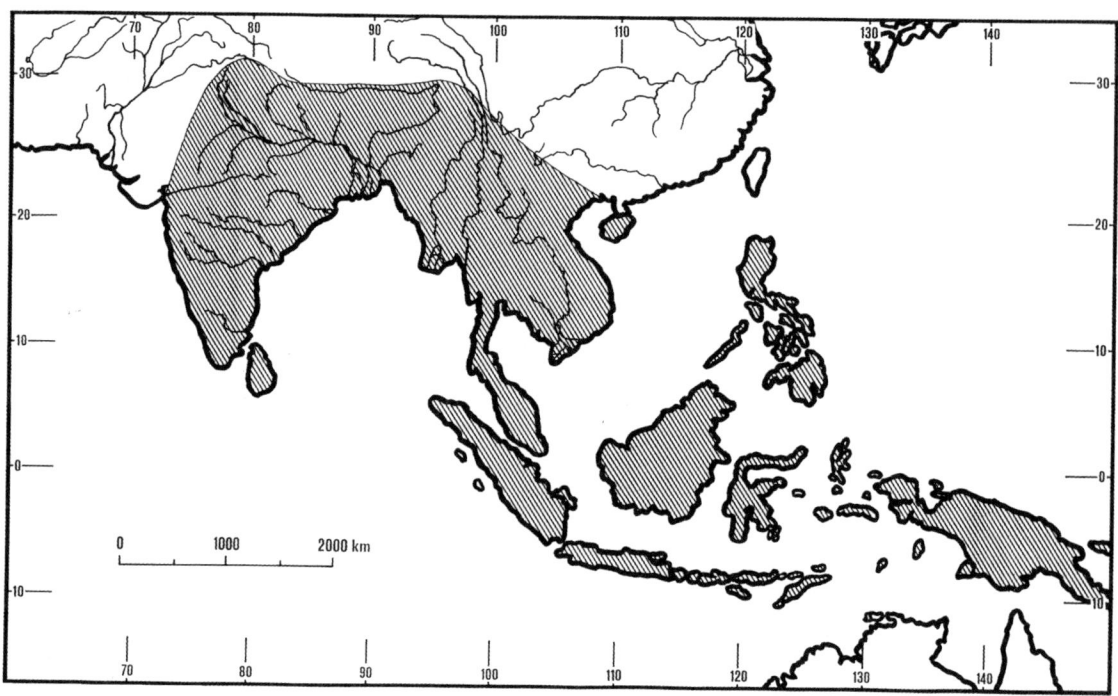

Abb. 9: Natürliches Areal der Gattung Mangifera nach MUKHERJEE [15]

Klima- und Standortverhältnisse

In Indien kommt Mangifera indica hauptsächlich unter tropischen Klimabedingungen vor. Sie wächst aber auch in subtropischen Regionen, sofern diese weitgehend frostfrei sind und die Maximaltemperaturen nicht wesentlich über +40 °C hinausgehen. Die Art gedeiht in humiden wie in lufttrockenen Regionen, gibt jedoch höhere Fruchterträge bei Niederschlagssummen von 700 bis 2000 mm von Juni bis Oktober. Regen oder Nebel während der Blütezeit begünstigen das Auftreten von Krankheiten und Schadinsekten, behindern Bestäubung und Befruchtung oder führen zu beschädigten Früchten.

Mango ist frostempfindlich und gedeiht daher in Indien nur schlecht in Höhenlagen über 900 m. An kühlen (nicht notwendigerweise frostfreien) Orten und in Gebieten mit einer ausgedehnten Regenzeit ist der Fruchtansatz vergleichsweise gering. Besonders wüchsig ist die Art in Lagen zwischen 0 und 200 m Meereshöhe.

An die Bodenqualität stellt M. indica keine besonders hohen Ansprüche. Die Art gedeiht auf tonigen Lehmen wie auf sandigen Kiesen, bevorzugt aber tiefgründige und gut drainierte Substrate. Mehr als 1 m tief in humus-, lehm-

und eisenreiche Böden gepflanzte Mangobäume weisen eine besonders üppige generative und vegetative Entwicklung auf [21].

Auf flachgründigen Felsstandorten bleiben die Bäume gestaucht und werden nicht alt.

Pathologie

Mehltau, Anthraknose und „Bunchy Top" sind die wirtschaftlich wichtigsten Krankheiten in Mango-Plantagen.

Oidium mangiferae BERTHET, ein Mehltau auslösender Pilz, befällt Blüten und junge Früchte, die daraufhin frühzeitig abfallen. Bis zu 20% Ertragseinbußen sind die Folge. Regenfälle während der Blütezeit fördern den Befall. Bekämpfung mit Stäubemitteln auf Schwefelbasis ist möglich.

Coletotrichum gloeosporioides PENZ. löst die Brennfleckenkrankheit (Anthraknose) an jungen Trieben, Blättern, Blütenständen und Blüten aus. Auffällige Symptome sind dunkle Flecke. Ideale Infektionsbedingungen herrschen bei feuchten Witterungsperioden.

Sehr häufig kommt auch „Bunchy Top", eine krankhafte, büschelige Häufung von Blüten vor. Die Krankheit wird vermutlich durch Viren ausgelöst, welche von verschiedenen Milben-Arten übertragen werden. Befallene Blüten setzen nur selten Früchte an.

Als Holzzerstörer ist Fomes conchatus (PERS.) GILLET zu nennen und einige Mistel-Arten der Gattung Loranthus rufen Anschwellungen an Ästen und deren Absterben hervor.

Unter den tierischen Schädlingen spielen einige Feldheuschrecken (Acrididae) der Gattung Idiocerus die größte Rolle. Sie saugen an den Blüten und sondern eine klebrige Substanz ab, welche wiederum Rußtaupilzen als Substrat dient. Erwähnenswert sind überdies stammbohrende Larven des Käfers Batocera rufomusculata DE GEER sowie einige Fruchtfliegenarten der Gattung Dacus.

Windexposition und Salzwasser-Gischt führen bei Mango-Sämlingen zur Entlaubung.

Nutzung

Die Früchte sind das wirtschaftlich wichtigste Produkt von M. indica. Sie gelangen als Frischobst auf örtliche und weit entfernte Märkte und werden in großem Umfang als Konserve exportiert.

Die reife Frucht enthält 85% Wasser, 11 bis 12% Kohlenhydrate, 0,6% Proteine, 0,3% Salze (Ca, K, P) und 0,1% Fette, daneben Karotine, Ascorbinsäure, Riboflavin und andere organische Substanzen. Das Fruchtfleisch wirkt stärkend, harntreibend und schwach abführend. Aus Blütenextrakten gewinnt man ätherische Öle für die Parfum-Herstellung. Getrocknete Blüten werden indessen zur Linderung von Darmkrankheiten empfohlen. Die Rinde enthält Tannine sowie Farbstoffe, welche sich (zusammen mit Kurkuma-Gelb) gut für eine zartgelbe Tönung von Baumwollstoffen und Wolle eignen.

Das graue oder grünlich-braune Holz des Mangobaumes läßt sich leicht bearbeiten. Genutzt wird es als Möbelholz, für Tür- und Fensterrahmen, für Ruderblätter und landwirtschaftliche Geräte.

Abb. 10: Reife Mangofrüchte, angeboten auf einem Markt in Kenia (Foto: Ulla M. Lang)

Verschiedenes

– Unter natürlichen Bedingungen aus Samen entstandene Mangobäume werden relativ alt. 100jährige Exemplare hat man weltweit an vielen Orten registriert. In Chandigarh, Indien, bedeckt die Krone eines ca. 3 m starken (BHD) Mangobaumes eine Fläche von 2250 m^2 (1, 9), auf den Philippinen tragen besonders große Bäume 10 000 bis 35 000 Früchte [1].

– Für Indien ist Mango der wichtigste und am weitesten angebaute Obstbaum. Wie archäologische Funde ausweisen, hatte die Art bereits 150 Jahre v. Chr. eine große Bedeutung. Zeuge dafür ist u.a. die „Stupa" in Sanchi, nahe Bhopal (M.P.), wo ein fruchtender Mangobaum oberhalb eines tanzenden Mädchens als Teil einer Säule dargestellt ist. Darüber hinaus existieren ungezählte schriftliche Belege in Sanskrit, Urdu und Pali, welche die Beliebtheit des Mangobaumes in alten Zeiten herausstellen.

– In Indochina und auf den Philippinen verzehrt man zarte Blätter im gekochten Zustand als Gemüse, mit der Blattasche behandelt man Brandwunden und das Einatmen des Rauches brennender Blätter soll gegen Schluckauf und Halsschmerzen helfen. Geröstete Steinkerne werden in einigen Teilen Indiens verzehrt oder zur Extraktion eines Speiseöls genutzt.

Weiterführende Literatur

[1] ANONYMUS, 1962: Wealth of India **6**, 265–285. C.S.I.R. New Delhi.

[2] BURNS, W.; PRAYAG, S.H., 1915: Mango classification. Agric. J. India **10**, 374.

[3] CANDOLLE, A.P., de, 1884: Origin of cultivated plants, New York (1959).

[4] CHEEMA, G.S.; BHATT, S.S.; NAIK, K.C., 1954: Commercial fruits of India II. Mango, p. 118–124. Mac Millan & Co. Ltd., Calcutta.

[5] DARLINGTON, C.D.; AMMAL, E.K.J., 1945: Chromosome Atlas of cultivated plants. George Allen and Unwin Ltd., London.

[6] GANGOLLY, S.R.; RANJIT SINGH; KATYAL, S.L.; DALJIT SINGH, 1957: The Mango. I.C.A.R., New Delhi.

[7] HEPTING, G.H., 1971: Diseases of Forest and Shade trees of the United States. USDA Forest Service, Agric. Handbook No. 386, Washington, D.C.

[8] LITTLE, E.L. Jr.; SKOLMEN, R.G., 1989: Common Forest Trees of Hawaii (Native and Introduced). USDA Forest Service, Agric. Handbook No. 679, Washington, D.C.

[9] MALLIK, P.C., 1951: Morphology and biology of the mango flower. Proc. Indian Sci. Congr. 155.

[10] MORTON, J.F., 1987: Fruits of warm climates, Winterville, N.C., USA.

[11] MUKHERJEE, S.K., 1948: The varieties of the mango (Mangifera indica L.) and their classification. Bull. Bot. Soc. Bengal. 2.

[12] MUKHERJEE, S.K., 1949: A monograph on the Genus Mangifera L., Lloydia 12 (2).

[13] MUKHERJEE, S.K., 1950: Cytological investigations on the mango (Mangifera indica L.) and the allied Indian Species. Proc. Nat. Inst. Sci. India, **16**, 287–303.

[14] MUKHERJEE, S.K., 1951: The origin of mango. Indian J. Genet. and Plant Breed. **II**, 49–56.

[15] MUKHERJEE, S.K., 1953: The mango – Its botany, cultivation, uses and future improvement, especially as observed in India. Econ. Bot. 7, 130–162.

[16] NAIK, K.C.; RAO, M.M., 1943: Studies in blossom biology and pollination in mangoes. Indian J. Hort. I, 107–119.

[17] POPENOI, W., 1918: The natural groups of mangoes cultivated in Florida. Amer. Pomol. Soc. Proc. 35, 70–81.

[18] SEN, P.K., 1943: The bearing problem of the mango and how to control it. Indian J. Hort. 1, 48–71.

[19] SINGH, L.A.L.; KHAN, A.A., 1942: Mango budding in situ – A new technique likely to revolutionize mango industry. Punjab Frt. J. 6.

[20] TOMLINSON, P.B., 1986: The Biology of Trees native to Tropical Florida. Harvard Univ. Printing Office, Allston, Mass., USA.

[21] TROUP, R.S., 1931: The Sylviculture of Indian Trees. Oxford Univ. Press, Oxford, p. 293–299.

[22] VAVILOV, N.I., 1926: The origin, variation, immunity and breeding of cultivated plants. Chronica Botanica, **13** ($^1/_6$), 1949–50.

Der Autor:

Prof. P.V. BOLE
A–15–58, Siddarth Nagar 2
Goregaon (West)
Bombay 400 062 Indien

Aus dem Englischen übertragen von P. SCHÜTT

Manilkara zapota (LINNÉ) V. ROYEN

syn.: Achras zapota LINNÉ, Manilkara zapotilla (JACQ.) GILLY

Breiapfel, Kaugummibaum, Sapodill   Familie: Sapotaceae

engl.: Sapodill, Chicle tree
franz.: Sapotier
span.: Nispero
port.: Sapoti

![Manilkara zapota. Alter Einzelbaum in Fairchild Bot. Gardens, Miami/FL]

Abb. 1: Manilkara zapota. Alter Einzelbaum in Fairchild Bot. Gardens, Miami/FL

Manilkara zapota, ein stattlicher immergrüner Waldbaum aus Zentralamerika, hat in vielen tropischen Ländern wegen seiner wohlschmeckenden Früchte, seines dauerhaften Holzes und seines Milchsaftes wirtschaftliche Bedeutung. Genutzt und angebaut wird er seit den Zeiten der Mayas bis in die Gegenwart.

Mit Zuchtsorten angelegte Sapodill-Plantagen liefern etwa mandarinengroße, süße Früchte mit gelblich-bräunlicher Schale – ein in den Tropen sehr beliebtes, zumeist roh verzehrtes Obst. Kennzeichnend für die Art ist außerdem der in den meisten Pflanzenteilen reichlich enthaltene, geschmackfreie, weiße Milchsaft, der seit dem Altertum als Grundsubstanz für Kaugummis dient.

Wegen seiner dichten, glänzend dunkelgrünen Belaubung und der sehr harmonischen Kronenform wird *M. zapota* in frostfreien Lagen gern als schattenspendendes Zierelement angebaut.

Verbreitung

M. zapota ist in den Feucht- und Trockenwäldern Mittelamerikas und der Westindischen Inseln autochthon und wird dort seit alters her kultiviert. Als Schwerpunkt der natürlichen Verbreitung werden das südliche Mexiko (Yukatan) und Nordost-Guatemala genannt [3, 4]. In Zentralamerika soll die Südgrenze des Vorkommens in Costa Rica liegen [3].

Wesentlich größer ist heute das Anbaugebiet der Art. Es liegt in vielen tropischen Ländern der Alten und der Neuen Welt, mit Zentren in Mexiko und Guatemala sowie an den Küsten Indiens (Maharashtra, Gujarat, Andhra Pradesh, Madras) [2, 4]. Weitere Anbauten befinden sich u.a. auf den Philippinen, im nördlichen Südamerika und selbst im Süden Floridas.

Beschreibung

In den mittelamerikanischen Feuchtwäldern gehört Sapodill zur obersten Kronenschicht, erreicht Höhen von 30 m [3] und Stammdurchmesser (BHD) von 80 cm [2]. Anders in Kultur, wo freistehende Bäume nicht höher als 17 m und nicht stärker als 50 cm werden und eine sehr dichte, rundliche Krone mit glänzend grüner bis dunkelgrüner Belaubung bilden. Die durchwegs kräftigen Äste sind weit gegabelt [3].

Blätter

M. zapota ist immergrün. Die einfachen, elliptischen bis länglich elliptischen Laubblätter sind wechselständig angeordnet und treten im Spitzenbereich der sympodial verzweigten Sprosse büschelig gehäuft auf [2, 3].

Sie haben einen bis 1,8 cm langen, gelbgrünen, spärlich braun behaarten Stiel und eine Spreite, die an beiden Seiten spitz zuläuft. Die sehr dichtstehenden, unauffälligen Blattadern gehen von der Mittelrippe fast rechtwinklig ab. Die Abmaße der etwas ledrigen Spreite betragen 7,5 bis 11,5 cm (lang) und 3 bis 3,7 cm (breit). Die Oberseite ist glänzend mittel- bis dunkelgrün, die Unterseite stumpf hellgrün.

Abb. 2: Blüte und unreife Frucht (links) und verletzte Borke mit austretendem Latex

Blüten, Früchte und Samen

Die glockenförmigen Zwitterblüten stehen einzeln. Mit 9 mm sind sie genauso lang wie breit, entspringen den Blattachseln und stehen an 1,2 cm langen, braun behaarten Stielen. Die 6 Kelchblätter stehen in zwei Kreisen, die äußeren 3 sind braun, die inneren blass bräunlich grün und elliptisch. Die hellgrüne Corolla bildet in der unteren Hälfte eine Röhre, im oberen Teil 6 elliptische Zipfel. Die 6 Staubblätter setzen an der Spitze der Kronröhre an, stehen epipetal und sind fast 9 mm lang. Etwa die selbe Länge hat der hellbraun behaarte Stempel mit einem 10- bis 12fächerigen Ovar und einem kräftigen, grünen Griffel [3].

4 bis 6 Monate nach der Blüte reifen die von einer rauhen, anfangs braunen, später gelblichen oder pfirsichfarbenen Schale umgebenen, rundlichen, mitunter auch eiförmigen Beerenfrüchte. Sie haben dann einen Durchmesser von 3,7 bis 7,5 cm, führen ebenfalls Milchsaft und enthalten ein gelbliches bis braunes, manchmal auch rotbraunes, bei Vollreife süßes und saftiges Fruchtfleisch sowie 3 bis 15 (nach anderen Quellen 1 bis 6) zentral angeordnete, glänzend schwarze oder dunkelbraune Samen [1]. Diese sind flach, ca. 1,8 cm lang und haben einen weißen Rand [4].

Reife Früchte faulen bei normalen Sommertemperaturen innerhalb zweier Wochen, und bei geringer Luftfeuchtigkeit schrumpfen sie bald nach der Ernte.

Borke und Holz

Ältere Stämme bilden eine dunkelbraune bis schwarze, etwa 2 cm dicke Borke mit schmalen, aber tiefen Längsrissen [6]. Die rosafarbene innere Rinde ist reich an weißem Latex.

Das dunkelrote, zähe Sapodill-Holz ist dauerhaft, hart und schwer (r_0=0,831 g/cm³). Es setzt sich zu 46 % aus Fasern (1,57 mm lang), zu 10 % aus Gefäßen, zu 22 % aus Holzparenchym und zu 22 % aus Markstrahlparenchym zusammen [5].

Die Schwindungswerte lauten: tangential 11,0 %, radial 7,2 %, Volumen 17,8 % [5].

Holzstaub kann bei Tieren zu Entzündung der Nasenschleimhäute führen [4].

Abb. 3: Triebspitzen, links: frisch mit Blütenknospen, rechts: älter, mit dunkelgrün glänzender Blattoberseite

Vermehrung und Anzucht

M. zapota vermehrt sich im natürlichen Habitat durch Samen, in der Plantagenwirtschaft wird hingegen vorwiegend vegetativ durch Pfropfung und Ablegerbildung vermehrt. Der erste Fruchtansatz erfolgt mit 5 bis 8 Jahren. Die Samen keimen durchwegs sehr gut und können bei trockener Lagerung jahrelang keimfähig gehalten werden [4].

Zur Anlage von Plantagen verwendet man im Regelfall Pfropflinge, wobei Unterlagen von *Mimusops hexandra* das Wachstum und den Fruchtansatz steigern. MORTON [4] vermittelt einen Überblick über die gebräuchlichen Pfropfverfahren.

Der Pflanzenabstand in Plantagen beträgt 9 bis 13,5 m. Organische Düngung und N, P, K-Gaben erhöhen die Erträge [4]. Diese liegen je nach Sorte zwischen 50 und 180 kg pro Baum und Jahr. Nach indischen Erfahrungen trägt ein leistungsstarker Baum im 10. Lebensjahr ca. 1000 und mit 35 Jahren ca. 2500 bis 3000 Früchte pro Jahr [4].

Abb. 4: Blattober- und Blattunterseite (unten) sowie reife Frucht mit aus dem Stiel austretendem Latex

Ökologie

M. zapota gedeiht von Natur aus in Mischbeständen des tropischen Feucht- und Trockenwaldes und wird in Höhenlagen bis 1220 m (Indien, Venezuela) angebaut. Die Art übersteht milde Fröste (−2 bis −3 °C), sofern diese nur wenige Stunden anhalten.

Im natürlichen Areal kommt sie vorwiegend auf Kalkböden vor, gedeiht aber auch auf lockeren, tiefgründigen organischen Substraten und auf leichten Tonböden. Gute Drainage ist Voraussetzung.

Bemerkenswert ist die ausgeprägte Widerstandsfähigkeit gegenüber Trockenheit und Salzwassergischt. Hinsichtlich der Toleranz gegen salzhaltige Böden erreicht Sapodill fast die Dattelpalme [4].

50 mm

Abb. 5: Reife Samen

Nutzung

Das Holz, die Früchte und der Milchsaft von *M. zapota* werden regelmäßig genutzt und haben zumindest regional seit langem eine beträchtliche wirtschaftliche Bedeutung.

Das Holz dient als dauerhaftes Bau- und Konstruktionsholz[1]. Es wird im Möbelbau, in der Kunsttischlerei und für die Herstellung von Weberschiffchen, Werkzeuggriffen und Linealen verwendet.

Die Früchte, oft in Plantagen gewonnen, werden frisch und gekühlt als Obst verzehrt oder zu Sirup und Marmelade verarbeitet. Durch Kochen und Zusatz von Zucker verändert sich die Farbe des Fruchtfleisches von braun nach rot [4]. Unreife Früchte sind reich an Gerbstoffen und daher stark adstringierend. Reife Früchte enthalten:

Vitamin C	8,9 – 41,4 mg pro 100 g	
Zucker, total	11,1 – 20,3 %	
Stärke	3 – 6,4 %	[4].

Die Samen sind unbekömmlich.

Den Milchsaft (mex. Chicle) gewinnt man in Süd-Mexiko, Brit. Honduras und Guatemala, indem man V-förmige Lachten in die Borke wilder Bäume schneidet und den Latex in kleinen Gefäßen auffängt. Pro Baum und Jahr können bis 7 l Latex gewonnen werden. Der Milchsaft koaguliert beim Erhitzen. Er enthält:

50 – 60 %	Harze
20 %	Kautschukartige Substanzen
17 %	Zucker und Stärke

Chicle war als wichtige Grundsubstanz für die Herstellung von Kaugummi lange Zeit ein bedeutendes Handelsprodukt. 1930 importierte die USA mehr als 6,3 Mio kg. Heute ist die Position von Chicle wegen der Nutzung anderer Latex-Arten und der Entwicklung synthetischer Stoffe weniger dominant.

Bereits die Mayas sollen getrockneten Sapodill-Latex gekaut haben und von den Azteken ist bekannt, dass sie kleine Statuen daraus formten [4].

In Yukatan ist das Fällen von Sapodill-Bäumen noch heute verboten.

Zu erwähnen ist außerdem die Position von *M. zapota* als Element der Landschafts- und Gartengestaltung.

Schließlich bleibt noch die z. T. weit zurückreichende volksmedizinische Nutzung der Art herauszustellen. So verwendete man in Mexiko einen Dekokt aus jungen Früchten als Antidiarrhoeticum, einen Aufguss aus alten, gelben Blättern gegen Erkältungen und einen Borken-Aufguss als fiebersenkendes Mittel.

Zermahlene Samen wirken harntreibend und sollen Nieren- und Blasensteine lösen. In Yukatan nutzte man sie als Beruhigungs- und Schlafmittel, und andernorts applizierte man eine Paste aus zermahlenen Samen bei Bissen und Stichen giftiger Tiere [4].

[1] For. Abstr. 50, 2296, 1989

Verschiedenes

– In Indien wurden Cultivare entwickelt, welche sich in der Größe, der Reifezeit und im Geschmack der Früchte unterscheiden. Ähnliche Selektionen fanden auch in Mexiko und in Florida statt. J. MORTON [4] führt mehr als 60 derartige Cultivare namentlich auf und skizziert ihre Besonderheiten.
– In Indien (Gujaret) liegen gute Erfahrungen mit dem Unterbau von Weizen, Reis und Zuckerrohr in Manilkara-Plantagen vor[2].
– In Mittelamerika fressen mehrere Insektenarten an den Früchten, so die Fruchtfliege *Anastrepha suspensa*, die Faltenwespe *Polistes crinitus* und der Rüsselkäfer *Conotrachelus* spec. Andere Arten, wie Läuse der Gattungen *Pulvinaria*, *Vinsonia* und *Asterolecanium* beschädigen Blätter und Zweige, und als besonders gefährlich erwies sich im Norden Costa Ricas *Phyllophaga vandinei*[3]. Über ernste Schäden durch pathogene Pilze ist uns nichts bekannt.
– Die ungewöhnliche Dauerhaftigkeit des „Zapota-Holzes" belegen gut erhaltene Balken in Tempelruinen der Maya-Zeit (100 – 900 n. Chr.) [5].

[2] Agrofor. Abstr. **8**, 1325, 1995
[3] For. Abstr. **49**, 598, 1988

Literatur

[1] FRANKE, W., 1981: Nutzpflanzenkunde. 2. Aufl. Georg Thieme Verlag, Stuttgart – New York.
[2] HARTSHORN, G. S., 1983: Manilkara zapota and chicle (Nispero, Chicle Tree) In: JANZEN, D. E., 1983: Costa Rican Natural History. The University of Chicago Press. Chicago and London.
[3] LITTLE, E. L., JR; WADSWORTH, F. H., 1989: Common Trees of Puerto Rico and the Virgin Islands. USDA Forest Service, Washington D. C.
[4] MORTON, J. F., 1987: Fruits of warm climates. Greensboro, N. C.
[5] SANDERMANN, W.; FUNKE, H., 1970: Termitenresistenz alter Tempelhölzer aus dem Mayagebiet durch Saponine. Naturwissenschaften **57**, 9, 407–414.
[6] SCHULZ, H.; GROTTHUS, VON, O. K. M., 1968: Descripcion del arbol y de la prueba No. 4, Chicozapote. Mexico y sus bosques **3**, 24, 7-10.
[7] YUNUS, M.; YUNUS, D.; IQBAL, F. L. S., 1990: Systematic bark morphology of some tropical trees. Bot. J. Linn. Soc. **103**, 367-377.

Die Autoren:

Prof. em. Dr. PETER SCHÜTT
Lehrstuhl für Forstbotanik
Ludwig-Maximilians-Universität München
Am Hochanger 13
D-85354 Freising

ULLA M. LANG
Schützenstr. 6
D-82383 Hohenpeißenberg

Melaleuca quinquenervia (CAV.) S. T. BLAKE, 1958

syn.: M. leucadendron auct. non (LINNÉ) LINNÉ
Metrosideros quinquenervia CAV., 1797

Myrthenheide

Familie: Myrtaceae
Unterfamilie: Leptospermoideae

engl.: Cajeput-tree, Paperbark-tree
span.: Cayeput

Indonesien: kajuputih

Abb. 1: Melaleuca quinquenervia. Zweig mit terminalen Blütenständen (links oben), Stammquerschnitte (links unten), Fruchtstände mit reifen Kapseln (rechts oben) und Stammborke (rechts unten)

Melaleuca quinquenervia ist eine immergrüne Baumart Ost-Australiens und Neuguineas, die in anderen Ländern punktuell als Ziergehölz angepflanzt wurde und oft aus Kultur verwilderte. Aufgrund ihres großen Reproduktionsvermögens und ihrer Konkurrenzkraft bildet sie auf vernäßten oder wechselfeuchten Standorten und auf ehemaligen Brandflächen ausgedehnte und dichte Bestände. So in Florida, wo man vergebens versuchte, sie mechanisch und chemisch zu bekämpfen.

Kennzeichnend für die Art sind die mächtige, sich in unregelmäßigen, papierdünnen Schichten ablösende Stammborke sowie die annähernd lanzettlichen, relativ derben, graugrünen Laubblätter.

Verwendung findet neben dem Holz und der Borke (Isolierung und Verpackung) auch ein aus Blättern und Zweigen gewonnenes ätherisches Öl. Es dient als Geruchskomponente in Parfums, Süßwaren und Getränken und wird volksmedizinisch genutzt.

Aus Blättern und Früchten freiwerdende volatile Stoffe wirken insektizid und können bei Menschen deutliche Reizungen der Atemwege hervorrufen.

Der Gattungsname „Melaleuca" geht auf das lateinische Wort „melaleucus" (schwärzlich-weiß) zurück und soll sich auf Farbunterschiede zwischen Stamm und Ästen bei einer der *Melaleuca*-Arten beziehen [9].

Verbreitung

M. quinquenervia ist im Osten Australiens, in Neu-Kaledonien sowie auf Papua-Neu Guinea zu Hause [4, 7]. Andere Autoren beziehen außerdem Burma, Malaysia und die Inselgruppe der Molukken in das natürliche Areal ein [10].

In Australien ist die Art zwischen 11° und 34° s.Br. (Sydney bis Cape York) an der Ostküste verbreitet – geht aber dort nur etwa 40 km weit ins Landesinnere und besiedelt Höhenlagen bis 165 m ü. NN [1].

Außerhalb des natürlichen Areals ist *M. quinquenervia* im Süden Floridas und auf Hawaii auf relativ großer Fläche vertreten – in Florida einzeln oder gruppenweise auf 170 000 ha [4], auf Hawaii von 0 bis 1400 m ü. NN [4]. Weniger ausgedehnte künstliche Vorkommen befinden sich in Südkalifornien und Texas, auf den Philippinen, in Indien und auf den Karibischen Inseln. In allen diesen Fällen ist die Art inzwischen aus Kultur verwildert [7].

Beschreibung

M. quinquenervia wächst vornehmlich in gleich alten Reinbeständen und bildet unter optimalen Verhältnissen (in Florida) bis 24 (31) m hohe, relativ schlanke Stämme, die im Alter Durchmesser (BHD) von 60 bis 100 cm aufweisen können [7, 10]. Für das natürliche Areal geben GEARY und WOODALL [4] Höhen von 25 m an.

Im Freistand entwickelt sich die Art zu einem kleinen bis mittelgroßen Baum (6 bis 16 m) mit kurzem, etwas kantigem, oft krummem und gedrehtem Stamm, einer schmalen, offenen Krone und unregelmäßigen, spröden, bei Sturm leicht brechenden Ästen.

Die Form des Wurzelsystems hängt eng mit der Höhe und den Schwankungen des Grundwasserspiegels zusammen. Parallel zur Bodenoberfläche orientierte Wurzeln bilden zahlreiche Senker, und bei Überflutungen entstehen aus unterirdischen Stammteilen neue Wurzeln [4][1]. An Feinwurzeln entstehen sowohl VA-Mykorrhizen wie Ektomykorrhizen, erstere vornehmlich auf sumpfigen Standorten, letztere auf Böden mit hohem Redox-Potential[2].

Besonders auffallend ist die für *Melaleuca*-Arten typische, korkig-schwammige, in dünnen Schichten abblätternde, weißliche Borke.

Knospen, Blätter, Zweige

Terminal- und Lateralknospen sind gleichermaßen rundlich bis zylindrisch, 3 bis 6 mm lang, grünlich braun und mit vielen, sich überlappenden, meist behaarten, abgerundeten Tegmenten versehen [7, 8].

Die wechselständig angeordneten, fein behaarten und relativ steifen Laubblätter haben einen lanzettlichen bis schmal elliptischen Umriss. Sie sind mit einem kurzen (ca. 3 mm), hellgrünen Stiel versehen, messen 4 bis 9 cm in der Länge, 6 bis 24 mm in der Breite, sind ganzrandig und an beiden Enden der Spreite lang zugespitzt. Die kahle Oberseite ist kräftiger graugrün als die oft schwach behaarte Unterseite, und die 5, seltener 7 von der Basis ausgehenden Blattadern laufen fast parallel bis zum Apex [7, 8, 10].

Beim Zerreiben riechen die Blätter des Cajeput-Baumes sehr aromatisch.

Die langen, schlanken, oft etwas herabhängenden Zweige sind anfangs hellbraun und schwach behaart, später werden sie grau und kahl [7].

Blüten, Früchte und Samen

M. quinquenervia ist monoezisch und wird von Insekten bestäubt.

Die kleinen, weißen, ungestielten Zwitterblüten stehen in Dreier-Gruppen (Dichasien) und relativ dicht beieinander an 3 bis 8 cm langen, terminalen Infloreszenzen (Durchm. 2,5 bis 4 cm). Sie sind etwa 1,6 cm lang, haben einen Kelch mit 5 halbrunden Zähnen, 5 konkave, annähernd 3 mm lange Petalen, ca. 30 fädige, weiße, an der Basis miteinander und mit den Petalen verwachsene Staubblätter

---

[1] For. Abstr. **26**, 4881, 1965
[2] Mycorrhiza 3, 31-38, 1993

(11 – 20 mm lang) sowie einen Stempel mit unterständigem, 2 bis 4-fächerigem Ovar (incl. zahlreicher Samenanlagen), langem, weißem, fädigem Griffel und brauner, punktförmiger Narbe. Sepalen und Petalen sind mit gut erkennbaren Nektarien besetzt [14].

Postfloral setzt die Blütenstandsachse das Längenwachstum des Zweiges fort und bildet an dem verlängerten Trieb abwechselnd Abschnitte mit Blättern und solche mit Blüten. Zwischen den generativen und den vegetativen Bereichen sind ca. 2 cm lange Abschnitte mit zahlreichen, deutlich ausgeprägten Knospenschuppen-Narben eingefügt [14].

Als Früchte entstehen zahlreiche ungestielte, dem Zweig dicht anliegende, graubraune, verholzte Kapseln, 3 mm lang und 4,5 mm breit, die sich bei Reife mit 3 oder 4 behaarten Schlitzen öffnen [7]. Sie enthalten 200 bis 350 winzige, braune Samen mit einem Tausendkorngewicht von 0,03 g (30 000 Samen pro g), die bis zu 10 Jahren in den Kapseln verbleiben können.

M. quinquenervia beginnt schon als dreijähriger, kaum 1 m hoher Sämling zu blühen. Auf Hawaii erstreckt sich die Blütezeit über das ganze Jahr, in Florida ist sie auf zwei Perioden während des Sommers beschränkt [4]. Benachbarte Individuen und verschiedene Bereiche derselben Krone stehen nicht immer zur selben Zeit in Blüte [14].

Holz und Rinde

Das zerstreutporige, auch unter Wasser dauerhafte Holz ist von feiner bis mittlerer Textur, kurzfaserig und von mittlerer Härte. Der schmale, gelbliche Splint geht allmählich in einen rosafarbenen bis grauen Kern über [10].

KEATING/BOLZA [6] nennen folgende holztechnologische Kennziffern:

Rohdichte[*]	725-800 kg/m³
Biegefestigkeit[*]	14,2 MPa
Bruchfestigkeit[*]	114,0 MPa
Druckfestigkeit[*]	62,0 MPa
Schwindung, radial[*]	> 4,1 %
Schwindung, tangential[*]	> 7,1 %

[*] Wassergehalt: 12%

Das häufige Werfen des Holzes lässt sich bei vorsichtiger Trocknung vermeiden. Die Spaltbarkeit wird als gering bezeichnet.

Die bis zu 7,5 cm dicke, weißliche Stammborke besteht aus zahlreichen papierdünnen Schichten, von denen sich die äußeren unregelmäßig ablösen [7]. In rascher Abfolge werden Peridermien gebildet, die mit Fasern enthaltenden Schichten des sekundären Phloems alternieren. In dem relativ breiten Phellem wechselt eine Lage verkorkter mit mehreren Schichten nicht verkorkter Zellen ab [3]. Das innere hellrosafarbene oder braune Rindengewebe besteht u.a. aus kollabierten Zellwänden ohne Suberin und aus Phloemfasern [3].

Verjüngung und Anzucht

M. quinquenervia hat ein immenses generatives Reproduktionsvermögen. Pro Ast entstehen i.A. 8 bis 12 Fruchtstände mit je ca. 30 Kapseln. Die reifen Samen werden erst nach Unterbrechung der Wasserversorgung, d.h. nach Feuer, Frost oder Verletzungen entlassen und sodann vom Wind oder Wasser verbreitet.

Insbesondere nach Bodenfeuern kommt es zu sehr dichten Naturverjüngungen. Im Extrem können bis zu 3,5 Mio. Sämlinge von 2 m Höhe pro Hektar vorkommen [4]. Dabei wird der Jungwuchs im 1. Jahr kaum höher als 1 m. Demgegenüber erreichen Pflanzungen (10 000 Sämlinge pro ha) auf drainierten, mit Stallmist gedüngten Flächen bereits in 6 Monaten 2 m Höhe [4].

Zur Aussaat klopft man die Kapseln über einem Blatt Papier aus, füllt die Samen in einen Salzstreuer, sät auf feuchtem, schattigem Boden aus und deckt mit feuchtem Moos ab [10].

Die epigäische Keimung findet im Laufe von 3 Tagen nach der Aussaat statt.[3]

Vegetativvermehrung gelingt mit Stecklingen aus diesjährigem Holz in Sand, außerdem mit dünnen Wurzeln, die man horizontal in den Oberboden legt und feucht hält [10]. In situ findet Vegetativvermehrung durch Stockausschlag statt. Auf nassen Standorten können sogar die Kronen umgefallener Bäume Wurzeln schlagen. [4].

Wachstum und Ökologie

M. quinquenervia ist eine raschwüchsige Baumart, die in 10 bis 12 Jahren monopodiale Stämme mit Durchmessern (BHD) von 45 cm produziert und deren Sämlinge einen jährlichen Höhenzuwachs von 90 bis 180 cm erreichen können [10].

Auf Hawaii weisen im 6 x 6 m-Verband begründete, 40jährige Bestände im Mittel Höhen von 18 m und BHD von 50 cm auf. Die Maxima liegen bei 25 m bzw. 90 cm [4].

Auf sumpfigen Standorten Floridas stocken 7000 bis 20 000 adulte Bäume pro Hektar. Sie nehmen eine Bestandesgrundfläche von 133 m² ein und liefern eine Holzmasse von 770 m³. Die durchschnittliche Höhe variiert hier zwischen 15 und 21 m, die Maximalhöhe beträgt 30 m [4].

Für den australischen Teil des natürlichen Areals nennen BOLAND et al. [1] Durchschnittshöhen von 8 bis 12 m, für ungünstige, trockene Standorte von 4 bis 5 m und für optimale Verhältnisse von 25 m.

---

[3] For. Abstr. **45**, 2380, 1984

M. *quinquenervia* ist in küstennahen Lagen des warm-humiden bis subhumiden Klimas (Süd-Australien, 900 – 1250 mm Niederschlag pro Jahr) sowie in Bereichen des feucht-heißen Tropenklimas (Nord-Australien) heimisch. Hier liegen die Mitteltemperaturen des wärmsten Monats bei 26 bis 32 °C, die des kältesten Monats bei 4,5 bis 21 °C [1]. Sommerregen dominieren, und im Frühjahr herrscht Trockenheit [4]. Nur im südlichsten Teil des Areals besteht Frostgefahr. Man rechnet hier mit 1 bis 5 strengen Frösten pro Winter [1].

Im Süden Floridas, wo es hauptsächlich von Juni bis September regnet, herrschen ähnliche Klimabedingungen wie in Süd-Australien; und auf Hawaii ist das Klima mit Jahresmitteltemperaturen von 18 bis 24 °C und gleichmäßig verteilten Jahresniederschlägen von 1020 mm im Flachland und 5080 mm in hohen Lagen a priori besonders günstig [4].

M. *quinquenervia*, eine genügsame, auf feuchte bis nasse Standorte angewiesene, wind- und dürreharte Lichtbaumart, toleriert sogar Salzwassergischt und Brackwasser. Beschattung verträgt sie nicht, wohl aber Bodenfeuer sowie Grundwasserschwankungen einschließlich temporärer Überschwemmungen.

Als Bestand trifft man sie in ihrer australischen Heimat vornehmlich auf nährstoffarmen, nassen bis sumpfigen Orten oder an Bach- und Flussläufen. Einzeln und in Gruppen kommt sie im offenen Grasland, in küstennahen Savannen und am Rand des Gezeitenstrandes vor [4]. Als begleitende Baumarten sind in erster Linie *Casuarina glauca*, *Eucalyptus robusta*, *E. botryoides* und *E. tereticornis* sowie *Melaleuca viridiflora* zu nennen [1, 4].

Außerhalb ihres natürlichen Verbreitungsgebietes ist M. *quinquenervia* vor allem in Florida (nördl. bis Gainesville) vertreten, wo sie nach punktuellen Anbauten als Ziergehölz in großem Umfang aus Kultur verwilderte, oder zur Entwässerung vernässter Standorte angebaut worden war. Begünstigt durch Bodenfeuer und Grundwasserschwankungen hatte sie sich bis 1980 auf einer Fläche von 16000 ha zu 17 % als Bestand und auf weiteren 170 000 ha einzeln oder in Gruppen ausgebreitet [4]. Dabei kam es oft zu Invasionen in künstliche oder natürliche *Pinus elliottii*- und *Taxodium distichum*-Bestände, welche nach Feuer der ungemein stammzahlreichen, konkurrenzstarken und früh fruktifizierenden *Melaleuca*-Verjüngung weichen mussten. Einmal etabliert, lässt sich die Art kaum wieder verdrängen.

Spezielle Bodenansprüche stellt die Art nicht. So wächst sie in Hawaii auf Basalt-Asche und Lava (pH 4,5 bis 5,5), in Florida auf Podsolen und braunen Lehmen, und sie wird zur Aufforstung alkalischer wie auch versalzener Standorte herangezogen [1, 5].

Abb. 2: Adulte Bäume

Taxonomie und genetische Differenzierung

Die etwa 100 Arten der Gattung *Melaleuca* L., 1767 wachsen zumeist als Großstrauch oder kleiner Baum in Australien, einige auch in Neuseeland.

Weil M. *quinquenervia* lange Zeit in die zumindest aus 9 Taxa bestehende Sammelart M. *leucodendron* (L.) L. einbezogen worden war, entstand zwangsläufig eine große Zahl von Synonyma, u.a.:

M. *leucadendra* L.	M. *minor* SM.
M. *viridiflora* GAERTN.	M. *cajaputi* ROXB.
M. *saligna* BLUME	*Cajuputi leucadendra* RUSBY [10].

BOLAND et al. [1] trennen davon die folgenden, in Australien autochthonen Taxa als echte Arten ab:

– M. *leucadendron* (L.) L.: längere, rasch verkahlende Blätter, längere, lockere Infloreszenzen (in Relation zu M. *quinquenervia*)

– M. *viridiflora* SOL. ex GAERTNER: Blätter mindestens 2,5 cm breit, Blattstiel 1 – 2 cm lang und bis 0,5 cm breit.

Hinweise auf eine innerartliche Variation beruhen auf Unterschieden in der Blattform sowie in der Blüten- und Holzfarbe und haben keine experimentelle Basis [10].

– var. *lancifolia*: 7,5 cm lange, zugespitzte Blätter, grünlich gelbe Blüten, grau-rosafarbenes Holz

– var. *minor*: Kleiner Baum mit schmalen Blättern

– var. *saligna* (syn. var. *mimosoides*): „Weeping tee-tree", mit langen, dünnen, herabhängenden Ästen. Blätter >15 cm lang, Einzelblüten locker an der Infloreszenz verteilt, Holz hellgrau

– var. *cunninghamii*: Große, breite Blätter, gelbe, locker verteilte Blüten an 12,5 cm langen Ständen, dunkles Holz

– var. *viridiflora* (syn. var. *flos-virida*): Bis 18 m hohe Bäume mit kompakten, steifen Blättern.

Mitunter werden die aufgeführten Varietäten als separate Arten betrachtet.

Pathologie

Sowohl in den natürlichen Beständen ihrer Heimat wie in den nordamerikanischen Anbauorten bleibt *M. quinquenervia* frei von gravierenden Erkrankungen durch pflanzliche und tierische Erreger [5]. Die Zahl der stets gegenwärtigen pathogenen Organismen ist dennoch beträchtlich.

So kommt es zu lokalen, eher harmlosen damping-off-Schäden durch *Rhizoctonia* spec. in einigen Baumschulen Floridas oder zu Blattflecken nach *Phyllosticta leucadendri* CKR.-Befall in Australien. Der Rostpilz *Puccinia camargoi* PUTTERMANS entwickelt rote Pusteln auf *Melaleuca*-Blättern in Brasilien, und Wurzelschäden entstehen durch den Fraß der Nematodenart *Hemicycliophora epicharis* RASKI, wiederum in Florida.

Auffälliger und von weit größerer Bedeutung sind Schäden durch strenge Fröste und durch Feuer. In beiden Fällen treiben aber selbst stark geschädigte Bäume am Stamm und am Wurzelhals wieder aus [4]. Überdies stellt sich auf der Brandfläche reichlich Naturverjüngung ein[4].

Nutzung

Raschwüchsigkeit, Anspruchslosigkeit und ein gewisser Zierwert waren die Gründe für den sporadischen, keineswegs großflächigen Anbau von *M. quinquenervia* außerhalb ihres natürlichen Areals. Oft verwilderte sie dann aus Kultur, widerstand allen Kontrollmaßnahmen und gilt heute als unerwünscht [4].

Bewährt hat sich die Art für die Anlage von Windschutzstreifen in Küstennähe sowie bei Aufforstungen alkalischer Problemstandorte [5, 8]. In den Regionen um Miami und Tampa verwendete man sie zur gruppenweisen Bepflanzung von Highway-Rändern [5].

Das dauerhafte, relativ schwere und termitenfeste Holz nutzt man beim Haus- und Bootsbau, als Eisenbahnschwellen und für Fußböden. Außerdem liefert es ein ausgezeichnetes Brennmaterial [7].

Die Borke verwendet man zum Isolieren und Verpacken, insbesondere von Früchten (z. B. Weintrauben), gelegentlich auch als Polstermaterial und zur Herstellung von Schwimmwesten. Überdies ist sie leicht zu entflammen und hat eine hohe Heizkraft [7, 10].

Aus Blättern und Zweigen lässt sich durch Destillation ein ätherisches Öl gewinnen, das dem sog. Cajeput-Öl (Teebaum-Öl) des Handels, gewonnen aus der indonesischen Art *Melaleuca cajeputi*, ähnelt und wegen seines erfrischenden Geruchs früher in der Parfum-, Süßwaren- und Getränkeindustrie Verwendung fand. In den fünfziger Jahren wurde die Nutzung eingestellt, weil sich Nerolidol, die maßgebende Komponente des Öls, nunmehr synthetisch herstellen lässt [1].

Breit ist der volksmedizinische Anwendungsbereich des Öls. Neben schweißtreibenden, krampflösenden und bakteriziden Eigenschaften sagt man ihm mildernde Wirkung bei Rheumatismus, Neuralgien, Gicht, Verstauchungen, Lungen- und Rippenfellentzündungen nach. Zudem ist es ein gängiger Bestandteil von Hustenbonbons.

Im Fernen Osten nutzte man das Öl in früheren Zeiten häufig als Heilmittel gegen Cholera und Diarrhoe [10].

M. quinquenervia produziert reichlich Nektar. Der Honig ist anfangs durch einen ausgeprägten, spezifischen Geruch und einen wenig angenehmen Geschmack gekennzeichnet. Genießbar wird er nach Verdünnung, langem Lagern und kräftigem Rühren. Roh verfüttert man ihn in kleinen Mengen an Pferde.

Verschiedenes

– Das aus Blättern und Zweigen extrahierte ätherische Öl hat insektizide Wirkung. Es befreit Tiere von Läusen und Flöhen und soll abschreckend auf Moskitos wirken. Örtlich hat man sogar das Vorkommen von Cajeput-Beständen mit dem Rückgang der Malaria in Verbindung gebracht. Allerdings scheinen nicht alle Moskito-Arten gleichermaßen empfindlich auf das Öl zu reagieren [10].

– Aus Blättern und Blüten freiwerdende volatile Substanzen können Reizungen der Atemwege im Bereich von Heuschnupfen-Symptomen bis zu Asthma-Anfällen auslösen sowie Entzündungen der Haut hervorrufen. MORTON [10] führt entsprechende Beispiele an, die zumeist auf dicht an Häusern (Schlafräume) stehende Bäume zurückgehen. Während der Blütezeit (Oktober/November und Juni/Juli) verbreitet sich außerdem ein unangenehmer Geruch nach saurer Milch, der mit dem Auftreten von Allergien einhergeht, aber nachweislich nichts mit dem Pollenflug zu tun haben kann.

---

[4] For. Abstr. **28**, 1108, 1967

Abb. 3: Konkurrenzstarke Naturverjüngung auf einem vernässten Standort im Corkscrew Swamp, FL.

Literatur

[1] BOLAND, D. J.; BROOKER, M. I. H. et al., 1984: Forest Trees of Australia. 4.ed. Nelson. CSIRO. East Melbourne.

[2] CHERRIER, J. F., 1981: Le Niaouli en Nouvelle-Calédonie (Melaleuca quinquenervia S.T. Blake). Revue Forstiére Francaise 33, 297-311.

[3] CHIANG, S. H. T.; WANG, S. C., 1984: The structure and formation of Melaleuca bark. Wood and Fiber Sci. 16, 3, 357-373.

[4] GEARY, T. F.; WOODALL, S. L., 1990: Melaleuca quinquenervia (Cav.) S.T. Blake - Melaleuca. In Burns/Honkala (techn. coord.): Silvics of North America. vol. 2. Hardwoods. USDA Forest Serv., Agric. Handb. 654, Washington, D.C.

[5] HEPTING, G. H., 1971: Diseases of Forest and Shade Trees of the United States. USDA Forest Serv. Agric. Handb. 386, Washington, D.C.

[6] KEATING, W. G.; BOLZA, E., 1982: Characteristics, Properties and Uses of Timbers. South-east Asia, Northern Australia and the Pacific. Inkata Press, Melbourne, Sydney, London.

[7] LITTLE, E. L., Jr., o.J.: Common Fuelwood Crops. Communi-Tech Assoc., Morgantown, W.V.

[8] LITTLE, E. L., Jr.; SKOLMEN, R. G., 1989: Common Forest Trees of Hawaii (Native and Introduced). USDA Forest Serv., Agric. Handb. 679, Washington, D.C.

[9] LITTLE, E. L., Jr., 1979: Checklist of United States Trees (Native and Naturalized). USDA Forest Serv., Agric. Handb. 541, Washington, D.C.

[10] MORTON, J. F., 1966: The Cajeput Tree - A Boon and an Affliction. Economic Botany 20, 1, 31-39.

[11] MYERS, R. L., 1982: Ecological compression of Taxodium distichum var. nutans by Melaleuca quinquenervia in Southern Florida. In: Cypress Swamps (K.C. Ewel / H.T. Odum edts), nr. 34, pp 358-364.

[12] MYERS, R. L., 1983: Site Susceptibility to Invasion by the Exotic Tree Melaleuca quinquenervia in Southern Florida. J.Appl. Ecol. 20, 645-658.

[13] SENA GOMES; A. R.; KOZLOWSKI, T. T., 1980: Responses of Melaleuca quinquenervia seedlings to flooding. Physiol. Plant. 49, 373-377.

[14] TOMLINSON, P. B., 1986: The Biology of Trees Native to Tropical Florida. Harvard Univ. Printing Office, Allston, Mass.

[15] WANG, S. C.; HUFFMANN, J. B.; ROCKWOOD, D. L., 1982: Qualitative Evaluation of Fuelwood in Florida – A Summary Report, Econ. Bot. 36, 4, 381-388.

Die Autoren:

Prof. em. Dr. PETER SCHÜTT
Lehrstuhl für Forstbotanik
Ludwig-Maximilians-Universität München
Am Hochanger 13
D-85354 Freising

ULLA M. LANG
Schützenstraße 6
D-82383 Hohenpeißenberg

Messerschmidia argentea (LINNÉ f.) I.M. JOHNSTON

syn.: Tournefortia argentea LINNÉ f.

Samtblatt

Familie: Boraginaceae
Unterfamilie: Heliotropioideae

engl.: Tree heliotrope, Velvetleaf
Hawaii: Tahinu

Abb. 1: Messerschmidia argentea. Solitär an der Küste von Kauai, Hawaii

Abb. 2: Stammborke und beblätterte Triebenden

Messerschmidia argentea, ein kleiner, wenig beschriebener tropischer Baum, oft auch nur ein breiter, aufrecht wachsender Strauch, kommt an sandigen Küsten des Indischen und des Pazifischen Ozeans natürlich vor und wird gelegentlich als Ziergehölz kultiviert. Wirtschaftliche Bedeutung hat er nicht.

Auffallend sind sowohl die großen, schon an jungen Exemplaren in großer Zahl auftretenden, weißen Blütenstände wie auch die dicht seidig behaarten Blätter.

Die Art ist immergrün, außerordentlich anspruchslos und standörtlich an Sandstrände gebunden. In Indien, heißt es, verzehrt man die Blätter roh [3].

Verbreitung

M. argentea ist auf den tropischen Inseln des Pazifik und des westlichen Indischen Ozeans heimisch. Im tropischen Asien wächst sie an den Küsten Indiens, der Malaiischen

Halbinsel, Polynesiens, weiterhin auch im tropischen Australien, auf Ceylon, Madagaskar und den Andamanen [1, 2]. Auffallend häufig kommt sie auf Koralleninseln vor [3].

Beschreibung

Im allgemeinen wird die Art bei Stammdurchmessern (BHD) von 30 bis 40 cm kaum höher als 6 m. Oft bleibt sie strauchig. Der höchste auf Hawaii registrierte Baum hatte eine Höhe von 9,8 m [2]. Exemplare ähnlicher Größe wachsen auch an den sandigen Küsten Mauis und Oahus.

Kennzeichnend für die Art ist u.a. die aus kräftigen Ästen aufgebaute, mitunter schirmförmige Krone mit Durchmessern bis zu 12 m [1, 2]. Der kurze Stamm hat eine dicke, tief gefurchte und in schmale, längliche Platten geteilte **Borke** von hellbrauner bis grauer Farbe. Die inneren Bereiche der Borke sind hellbraun und faserig.

M. argentea ist immergrün. Auf den kräftigen, zuerst graugrünen, später braunen Zweigen befinden sich erhabene, halbkreisförmige Blattnarben.

Die beiderseits graugrünen, mit kurzen, anliegenden Haaren bedeckten **Blätter** sind wechselständig angeordnet und stehen gehäuft an den Triebenden. Sie haben einen kurzen (ca. 1 cm), kräftigen Stiel und ein wenig sukkulente, schmal elliptische oder obovate, 7,5 bis 18 cm lange und 2,5 bis 6 cm breite Spreiten, die allmählich in eine lang zugespitzte Basis auslaufen, am Apex aber abgerundet sind.

Abb. 3: Triebspitze mit Blütenstand und terminal gehäuft stehenden, etwas sukkulenten Laubblättern

Messerschmidia-Blätter sind ganzrandig, unterhalb der Mitte am breitesten und haben nur wenige Seitennerven. Gleichermaßen kennzeichnend für Blätter und junge Triebe ist die seidige Behaarung.

Die sehr hübschen, 15 bis 20 cm langen, weißen **Blütenstände** sind terminal angeordnet oder sie stehen in den Achseln der oberen Blätter. Die zahlreichen, sehr dicht stehenden, weißen Einzelblüten werden nicht länger als 6 mm und sind etwa so breit wie lang. Sie bestehen aus einer 5zähligen, radiär-symmetrischen Corolla mit kurzer, behaarter Kronröhre und 5 abstehenden Kronzipfeln sowie 5 relativ kleinen Staubblättern. Der Stempel hat einen konischen Fruchtknoten und eine andeutungsweise zweilappige Narbe.

Messerschmidia-**Früchte** sehen aus wie kleine, braune Erbsen. Es sind rundliche, etwas abgeflachte, glatte und glänzende Steinfrüchte (Durchm. ca. 6 mm), die ein korkiges oder schwammiges Mesokarp aufweisen und dadurch schwimmfähig werden. Bei Reife zerfallen sie in 2 bis 4 halbrunde, braune Steinkerne.

Verschiedenes

Konkrete Angaben über die Anzucht, die Ökologie und das Wachstum der Art enthält die uns zugängliche Literatur nicht. Nur zur Verwendung wird erwähnt, daß die grünen Blätter eßbar sind und in Indien entweder roh verzehrt, als Salat angerichtet oder als Gemüse zubereitet werden. Sie sollen nach Petersilie schmecken [2, 3].

Literatur

[1]   BRANDIS, D., 1911: Indian Trees. Constable and Co. Ltd., London.
[2]   LITTLE, E. L., Jr.; SKOLMEN, R. G., 1989: Common Forst Trees of Hawaii. USDA Forest Service. Agriculture Handbook **679**, Washington, D. C.
[3]   NEAL, M. C., 1965: In: Gardens of Hawaii. 2. ed. Bishop Museum Press, Honolulu.

Die Autoren:

Prof. em. Dr. PETER SCHÜTT
Lehrstuhl für Forstbotanik
Ludwig-Maximilians-Universität München
Am Hochanger 13
D-85354 Freising

ULLA M. LANG
Schützenstraße 6
D-82383 Hohenpeißenberg

Metrosideros polymorpha GAUD., 1830

syn.: Metrosideros collina (J.R. et G. FORST.) GRAY subsp. polymorpha (GAUD.) ROCK.

Eisenholzbaum   Familie: Myrtaceae

hawaiisch: Ohia, 'Ohi'a lehua

Abb. 1: Metrosideros polymorpha. Altbaum im Vulcanoes Natl. Park, Hawaii, ca. 1400 m ü. NN

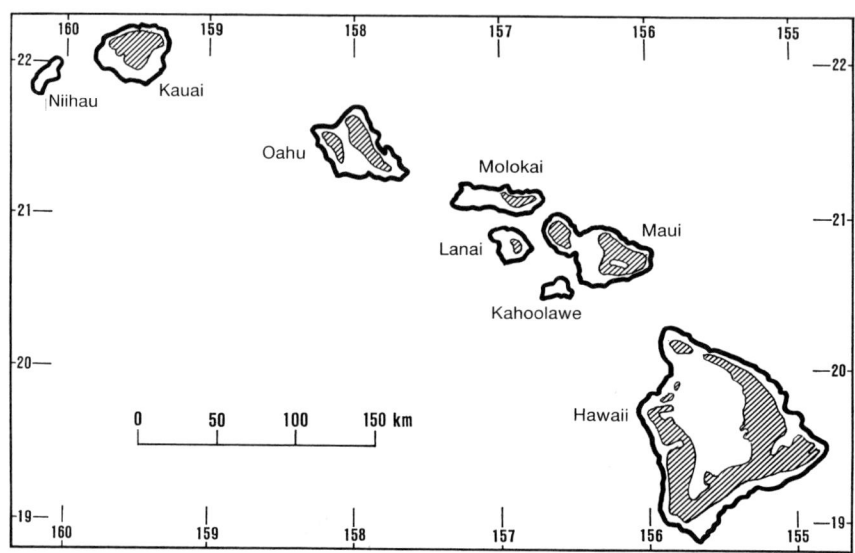

Abb. 2: Natürliches Verbreitungsgebiet, nach [1]

M. polymorpha, eine allein auf den Inseln Hawaiis vorkommende, dort aber weit verbreitete, immergrüne Baumart, hat keine Trivialnamen in europäischen Sprachen. Sie wächst langsam, ist sehr vielgestaltig und gedeiht – teils strauchförmig, teils als maximal 30 m hoher Baum unter ganz verschiedenen Standortverhältnissen. Unter anderem fungiert sie als Pionierbaumart auf jungen Lava-Substraten.

Die sehr attraktiven, fast ganzjährig erscheinenden, meist roten Blütenstände werden (neben den Blüten anderer Arten) für die traditionellen hawaiischen Blütenkränze (Leis) verwendet. Insgesamt tritt die wirtschaftliche Bedeutung der Art jedoch hinter der ökologischen zurück.

Seit Mitte der fünfziger Jahre sterben großflächig Altbestände ab. Bekannte Pathogene und Schadinsekten scheiden als Primärursachen aus. Angeblich handelt es sich um witterungsbedingte Störungen der normalen Bestandsentwicklung.

Verbreitung

M. polymorpha ist auf 6 der 8 großen Inseln des Archipels vertreten: Hawaii, Kauai, Lanai, Maui, Molokai und Oahu. Sie stellt dort die häufigste autochthone Baumart dar. Ihre vertikale Verbreitung reicht von der Küste bis zur Waldgrenze (ca. 2 600 m) [7]. Das Optimum liegt im Regenwald der Insel Hawaii („Big Island") [1].

Außerhalb Hawaiis ist M. polymorpha allenfalls in Sammlungen angepflanzt worden.

Beschreibung

M. polymorpha wird auf tiefgründigen, regenfeuchten Standorten zu einem eindrucksvollen, 24 m hohen Baum mit kompakter, meist unregelmäßiger Krone und oft krummem Stamm. Maximalhöhen von 30 m und Stammdurchmesser (BHD) von 120 cm sind belegt [7]. Nahe der Waldgrenze und auf exponierten Lavafeldern wächst die Art strauchförmig.

Junge **Zweige** sind schlank und variieren in der Behaarung von kahl bis dicht weiß behaart. Die gegenständig angeordneten, ledrigen **Blätter** stehen sehr dicht, sind kurz gestielt und variieren in der Form zwischen elliptisch, eiförmig und rundlich [7]. Auch die Größe der Spreite schwankt erheblich (Länge: 2 – 7,5 cm; Breite: 1,3 – 4 cm). Apex und Basis sind meist kurz zugespitzt, manchmal abgerundet, die Basis kann auch schwach herzförmig sein.

Die Oberseite der ganzrandigen Blätter ist glänzend grün oder stumpf grün und kahl. Die sehr dünnen Seitennerven kann man nur schwer erkennen. Verglichen damit ist die Blattunterseite heller grün und deutlich behaart [7].

Genaue Beschreibungen des Wurzelsystems fehlen. Offenbar ist es vorwiegend flachstreichend und dringt nur in tiefgründige Böden und zerklüftete Lava tiefer ein [1]. Berichtet wird aber vom Auftreten zahlreicher Luftwurzeln, die im Regenwald von starken Ästen herabhängen [1], offenbar aber nur geringe Dimensionen annehmen.

Außerdem stehen manche Bäume auf mehr oder weniger deutlichen „Stelzwurzeln". Deren Entstehung geht auf Samen zurück, die auf liegenden oder an stehenden Stäm-

Abb. 3: Blätter (var. incana)

men von Baumfarnen (Cibotium-Arten) sowie auf moosbedeckten, verrottenden Stämmen anderer Arten keimten. Die Wurzeln der daraus entstandenen Sämlinge wachsen entlang der Unterlage zum Boden, überdauern die allmählich verwitternden Stämme und bilden so die stelzenartige Basis für den jungen Baum.

Das **Holz** von M. polymorpha ist relativ schwer (Darrdichte: 0,70 g/cm³) und sehr hart, hat eine feine Textur, schwindet aber stark beim Trocknen. Der hellbraune Splint geht allmählich in einen rotbraunen Kern über [7]. Holzstrahlen sind selbst mit der Lupe schwer zu erkennen [6]. Als Nachteile werden herausgestellt: Es ist spröde, anfällig gegen holzzerstörende Pilze und läßt sich schwer bearbeiten [6].

Die hellgraue, rauhe **Borke** wird bei alten Bäumen sehr dick und tief längsrissig.

Die Mehrzahl der sehr auffälligen, meist roten **Blütenstände** erscheint nach dem Austrieb der jungen Blätter im Frühjahr oder im Sommer, bei anderen Populationen im

Herbst und Winter. Einige Bäume blühen sogar während des ganzen Jahres [1]. Die Bestäubung wird von Vögeln und Insekten vorgenommen.

Die doldentraubigen Infloreszenzen stehen an den Sproßspitzen. Sie haben einen Durchmesser bis zu 7 cm und enthalten 18 bis 24 kurz gestielte, in Dreiergruppen angeordnete Zwitterblüten. Kennzeichnend ist die große Zahl fädiger Staubblätter von scharlachroter, rosa, lachsroter, seltener auch gelber Farbe mit 2 – 3 cm langen Antheren. Das Ovar ist in die glockenförmige Blütenachse (Hypanthium) eingebettet. Die Blüten bestehen aus einem fünfzähnigen Kelch, 4 Kronblättern (4 – 6 mm lang) sowie einem Stempel mit 3fächerigem Ovar und langer, fädiger Narbe.

Abb. 5: Borke alter Stämme. In Küstennähe, ca. 200 m ü. NN (links) und im Regenwald, ca. 2000 m ü. NN (rechts)

Zwischen Blüte und Fruchtreife vergehen 4 bis 12 Monate. Als **Frucht** wird eine glockenförmige, braune, oft behaarte, 3klappige Kapsel gebildet, an der noch der Rest des Kelches erkennbar ist. Länge und Breite: 8 – 10 mm. Diese enthält eine große Zahl winziger, größtenteils steriler **Samen**, die vom Wind verbreitet werden. Das geschieht vornehmlich im Dezember/Januar. Zu dieser Zeit zählte man am Rande eines M. polymorpha-Bestandes fast 64 000 Samen pro Quadratmeter, von denen nur 8,7 % Embryonen enthielten. In 250 m Entfernung war die Samenzahl auf 20 zurückgegangen [4].

Unmittelbar nach der Reife keimen die Samen am besten. Allerdings schwankt das Keimprozent in weitem Rahmen (< 1 bis 78 %). Günstige Keimbedingungen herrschen bei 22 °C [5] und bei 14 – 15 % des vollen Sonnenlichtes [1]. In einem Experiment reduzierte das Abdecken fertiler Samen mit einer 5 mm starken Sandschicht die Keimung auf < 1 % gegenüber 90 % auf der Sand-Oberfläche [5]. 9 Monate bei Raumtemperatur gelagerte Samen bleiben keimfähig.

Abb. 4: Verbautes Kernholz

Abb. 6: Blütenstand

Genetische Differenzierung

Das Alter des Hawaii-Archipels wird auf maximal 20 Millionen Jahre geschätzt. Wie andere Elemente der autochthonen Flora erreichte M. polymorpha die Inseln durch den Ferntransport von Samen lange vor der menschlichen Besiedelung. Ob und wie oft sich dieser Vorgang wiederholte, ist offen [3].

Abb. 7: Unreife Fruchtstände

Zunächst betrachtete man „Ohia" als eine Subspecies von M. collina (J.R. et G. FORST.) GRAY, einer Art, die vom Südpazifik bis Neuseeland vorkommt, neueren Arbeiten zufolge aber auf Tahiti und Rarotonga beschränkt bleibt [7].

M. polymorpha gilt somit als eine distinkte, allein auf Hawaii vorkommende Art. Sie fällt durch extremen Formenreichtum auf, welcher einige Taxonomen veranlaßte, mehrere Unterarten, Varietäten, Rassen oder Ökotypen auszuscheiden. LITTLE und SKOLMEN [7] sprechen von mindestens 8 Varietäten, ADEE und CONRAD [1] von mehreren Ökotypen.

Durch Versuchsergebnisse belegt ist die Existenz von Höhenrassen (Ökotypen im Sinne von Turesson), welche sich in der Blattmorphologie und der Sämlingsgröße voneinander trennen lassen [3].

Abb. 8: Sämling als Erstbesiedler auf jungem Lavafeld

Ferner läßt sich eine Varietät mit behaarten Blättern (var. incana) auf jungen Lavafeldern tiefer Lagen von einer Varietät mit kahlen Blättern (var. polymorpha) auf alten Böden in höheren Lagen unterscheiden. Die kennzeichnenden Merkmale bleiben auch nach Auspflanzen auf verschiedenen Substraten erhalten. Var. incana scheint besser an Wassermangel adaptiert zu sein[1].

Vermehrung und Entwicklung

M. polymorpha keimt epigäisch und vermehrt sich hauptsächlich über Samen, wobei Mineralboden das günstigste Keimbett darstellt. Im Regenwald wachsen jedoch >70 % der Keimlinge auf liegenden, verrottenden Stämmen. Keimlings- und Sämlingswachstum verlaufen sehr langsam – im Mittel beträgt das Höhenwachstum weniger als 10 cm pro Jahr [1].

---

[1] For. Abstr. **46**, 351, 1985.

Abb. 9: Austreibende vegetative Knospe

In ihrem Optimum, den Regenwäldern in höheren Lagen der Inseln Hawaii und Maui steht die Art in Konkurrenz zu Acacia koa und Baumfarnen der Gattung Cibotium. Weitere Mischbaumarten sind u.a. Cheirodendron trigynum, Ilex anomala, Myrsine lessertiana und Psidium spec.

Ganz anders setzen sich die Metrosideros-Mischbestände auf trockenen Standorten zusammen. Hier gehören u.a. Species der Gattungen Diospyros, Erythrina, Osmanthus, Sophora und Xylosma zum Artenspektrum.

Wenig festgelegt ist M. polymorpha auch in bezug auf den Boden. Sie gedeiht – z.T. sogar als Pionierart – auf pleistozäner und rezenter Lava und zeigt die beste Entwicklung auf wohldrainierten Böden aus älteren vulkanischen Aschen.

„Ohia" ist eine Lichtbaumart, die schon als Sämling keine intensive Beschattung verträgt. 55 bis 60 % des vollen Sonnenlichtes gelten als Optimum für die Verjüngung [2].

In den Beständen des Regenwaldes entstehen an geworfenen Stämmen oft stammbürtige Triebe, die sich nach der Bildung von Adventivwurzeln verselbständigen. Auch an stehenden Stämmen entstehen derartige Triebe, wachsen an ihnen empor, nehmen an Durchmesser zu und ersetzen schließlich den Mutterstamm.

Pflanzenanzucht ist auch aus Sproßstecklingen möglich, die von jungen Trieben gewonnen werden und sich in 6 Monaten zu mindestens 60 % bewurzeln [1].

Daten über das Wachstum im Baumalter und über flächenbezogene Holzerträge liegen kaum vor. Insgesamt bleiben Höhen- und Durchmesserzuwachs gering. Auf guten Standorten werden i. a. Höhen von 20 – 24 m und BHD von 45 cm erreicht. Maximalwerte liegen bei 30 m bzw. 120 cm. Reinbestände haben Grundflächen bis zu 40 m²/ha [1].

Ökologie

Die Klimabedingungen im natürlichen Areal schwanken in Abhängigkeit von der Orographie, der Höhenlage und der Windrichtung in weitem Rahmen [1]:

– Mittl. jährliche Niederschläge   500–11 400 mm
– Mittl. Jahrestemperatur   10–24 °C
– Mittl. rel. Luftfeuchte (in Luv-Lage)   70–80 %
– Mittl. rel. Luftfeuchte (in Lee-Lage)   60–70 %

Im Bereich der Waldgrenze kommt es zu Frost und zu kurzfristigen Schneefällen.

„Ohia" kommt im Regenwald und im Trockenwald in Rein- und Mischbeständen vor. In Mooren sowie auf stark exponierten Graten und auf steilen Hängen wächst sie strauchförmig [7].

Abb. 10: Alter Einzelbaum auf der trockenen Leeseite (Big Island)

Abb. 11: Bestand nahe der oberen Verbreitungsgrenze (Mauna Loa, ca. 2800 m ü.NN)

Nutzung

In heutiger Zeit ist die wirtschaftliche Bedeutung der Art gering. Das Holz – einst in großen Mengen als Eisenbahnschwellen in den Westen Nordamerikas exportiert – wird auf den Inseln für Dielungen, Paneele, Unterwasserbauten, Zaunpfähle und als Brennholz verwendet.

Die Blüten sind reich an Nektar und werden intensiv von Bienen besucht, so daß „Ohia" eine wichtige Honigpflanze darstellt. Teil des alten Brauchtums ist es, Ohia-Blüten (neben Plumeria-Blüten) in die bekannten Blütenkränze einzubeziehen.

Erheblich größer als die wirtschaftliche ist die ökologische Bedeutung von M. polymorpha, denn als klima- und standorttolerante Pionierart trägt sie Entscheidendes zur Stabilisierung des regionalen Wasserhaushaltes bei.

Abb. 12: „Waldsterben"

Pathologie

M. polymorpha wird von zahlreichen Insektenarten attackiert. Besonders gravierend sind die Schäden durch den Bockkäfer Plagithmysus bilineatus, dessen Larven Fraßgänge in Holz und Rinde anlegen, vornehmlich in geschwächten Altbäumen auftreten und massive Kronenschäden hervorrufen[2].

Ausfälle verursachen auch die wurzelpathogenen Pilze Phytophthora cinnamomi, Pythium vexans und Armillaria mellea s.l.

Abb. 13: M. polymorpha in Schwefeldämpfen aus Fumarolen (links) und Reinbestand in ca. 200 m ü.NN (Luvseite, Big Island)

Die genannten Schädlinge werden (unter anderem) als mögliche sekundäre Ursachen für ein großflächiges waldsterbenähnliches Syndrom angesehen, das seit Mitte der fünfziger Jahre an den Osthängen des Mauna Kea und des Mauna Loa (Insel Hawaii) auftritt. Betroffen sind vornehmlich schlecht drainierte Standorte[3]. Nährstoffmangel scheidet für einige Autoren als Ursache aus[4], stellt nach älteren Untersuchungen aber einen Teil des Problems dar[5]. Kennzeichnend für das Syndrom ist das Absterben der Baumschicht. Unterstand und Naturverjüngung bleiben unversehrt erhalten.

MUELLER-DOMBOIS und Mitarbeiter halten das Phänomen für einen natürlichen Vorgang. Sie argumentierten: Der nur von einer Baumart (M. polymorpha) beherrschte tropisch-montane Regenwald setzt sich aus Beständen unterschiedlichen Alters zusammen. Alte Bestände („Seneszierende Kohorten") sterben „synchron unter dem Einfluß fluktuierender Standortfaktoren ab". Dabei spielen Austrocknung und Überflutung als Folge von Witterungsereignissen die auslösende Rolle [8, 9, 10].

[2] For. Abstr. **49**, 5470, 1988.
[3] For. Abstr. **46**, 6356, 1985.
[4] For. Abstr. **51**, 5111, 1990.
[5] For. Abstr. **36**, 2087, 1975.

Abb. 14: M. polymorpha als Erstbesiedler auf vulkanischen Aschen (Vulcanoes Natl. Park, „devastation trail")

Weiterführende Literatur

[1] ADEE, K.; CONRAD, C.E., 1990: Metrosideros polymorpha GAUD. In: BURNS/HONKELA (Techn. Coord.) Silvics of North America. Vol. 2. Hardwoods. USDA, Forest Service, Agric. Handbook 654. Washington, D.C.

[2] BURTON, P.J.; MUELLER-DOMBOIS, D., 1984: Response of Metrosideros polymorpha seedlings to experimental canopy opening. Ecology **65**, 779–791.

[3] CORN, C.A.; HIESEY, W.M., 1973: Altitudinal variation in Hawaiian Metrosideros. Amer. J. Bot. **60**, 991–1002.

[4] DRAKE, D.R., 1992: Seed dispersal of Metrosideros polymorpha (Myrtaceae): A pioneer tree of Hawaiian lava flows. Amer. J. Bot. **79**, 1224–1228.

[5] DRAKE, D.R., 1993: Germination requirements of Metrosideros polymorpha, the dominant tree of Hawaiian lava flows and rain forests. Biotropica **25**, 461–467.

[6] LAMB, S.H., 1981: Native Trees and Shrubs of the Hawaiian Islands. Sunstone Press. Santa Fé, NM.

[7] LITTLE, E.L., Jr.; SKOLMEN, R.G., 1989: Common forest trees of Hawaii (Native and Introduced). USDA, Forest Service. Agriculture Handbook 679. Washington, D.C.

[8] MUELLER-DOMBOIS, D., 1983: Canopy dieback and successional processes in Pacific Forests. Pacific Sci. **37**, 317–325.

[9] MUELLER-DOMBOIS, D., 1985: 'Ohi'a Dieback in Hawaii: 1984 Synthesis and Evaluation. Pacific Science **39**, 150–170.

[10] MUELLER-DOMBOIS, D., 1987: Waldsterben auf Hawaii. Geogr. Rundschau **39**, 39–44.

Die Autoren:

Prof. em. Dr. PETER SCHÜTT
Lehrstuhl für Forstbotanik
Ludwig-Maximilians-Universität München
Hohenbachernstraße 22
D–85354 Freising

ULLA M. LANG
Schützenstraße 6
D–82383 Hohenpeißenberg

Morinda citrifolia LINNÉ

Noni   Familie: Rubiaceae

engl.:   Indian mulberry, Painkiller
Hawaii: Noni

Abb. 1: Morinda citrifolia. Adulter, ca. 4 m hoher Baum in einem Park auf Puerto Rico

Morinda citrifolia gehört zu den immergrünen, kleinen Bäumen, die unter rauhen Standortsbedingungen gedeihen, forstlich ohne Belang sind, aber von der einheimischen Bevölkerung seit eh und je volksmedizinisch genutzt werden.

Die frostempfindliche Art stammt aus Südindien und dem Malaiischen Archipel, kommt oft in unmittelbarer Küstennähe vor, wird als Baum etwa 6 m hoch, wächst aber oft strauchig. Wegen der hübschen, dunkelgrünen Blätter, der zahlreichen, das ganze Jahr über erscheinenden weißen Blüten und des eigenartigen, ananasähnlichen Fruchtstandes fand sie als Ziergehölz Eingang in zahlreiche Länder der Neotropen.

Abb. 2: Stammborke

Verbreitung

M. citrifolia hat ihre Heimat in den Tropen der Alten Welt. Sie besiedelt vorwiegend küstennahe Bereiche von Südindien (Darjeeling und Terai, einschließlich der Andamanen) über den Malaiischen Archipel bis in das tropische Australien [1, 3].

Noch bevor die Europäer und Amerikaner die Inseln erreichten, soll sie auf Hawaii eingeführt worden sein [2]. Heute ist sie in vielen Ländern der Neotropen vertreten und dort oft aus Kultur verwildert, so u.a. auf den Westindischen Inseln.

Abb. 3: Infloreszenz mit einer offenen Blüte, daneben unreife Frucht

Beschreibung

Je nach Standortsbedingungen entwickelt sich *M. citrifolia* zu einem aufrechten Strauch oder einem bis 6 m hohen Baum, dessen BHD nicht über 13 cm hinausgeht. Die etwas warzige oder leicht schuppige Borke ist von grauer oder brauner Farbe, die inneren Rindenschichten sind hellbraun.

Kennzeichnend sind auch die kräftigen, oft vierkantigen, zumindest aber auf einer Seite abgeflachten, anfangs hellgrünen und mit ringförmigen Blattnarben versehenen Äste [2, 3].

Die dekussiert gegenständig angeordneten, relativ großen, aber dünnen **Blätter** fallen durch ihre glänzend dunkelgrüne, etwas wellige Oberseite, den kräftigen, grünen Stiel (ca. 13 mm lang) und durch rundliche Stipeln auf. Die ganzrandige Blattspreite wird 13 bis 28 cm lang und 6 bis 16,5 cm breit, läuft an beiden Enden spitz zu und hat auf der hellgrünen Unterseite entlang der Mittelrippe winzige Haarbüschel in den Aderwinkeln [3].

M. citrifolia blüht und fruchtet fast während des ganzen Jahres. Viele kleine, weiße radiäre **Zwitterblüten** stehen in etwa 2,5 cm breiten, büschelig gehäuften, rundlichen Infloreszenzen, die den Blattachseln entspringen.

Abb. 4: Beblätterte Triebe mit einer reifen und zwei unreifen Früchten

Die ca. 13 mm langen, fünfzähligen Einzelblüten setzen sich aus einer 4- bis 6zipfeligen Kronröhre (10 bis 13 mm), 4 bis 6 Staubblättern sowie einem Stempel mit zweifächerigem Ovar, schlankem Griffel und einer zweilappigen Narbe zusammen. Die Staubblätter entspringen dem Rand eines über 3 mm breiten Hypanthiums mit kurzem, blaßgrünem Kelchsaum [2,3].

Nach Befruchtung entwickeln sich die Blütenstände zu fleischigen, eiförmigen, bis 10 cm langen, bei Reife hellgrünen bis weißlichen Sammelsteinfrüchten, an deren Oberfläche sich die Grenzen der einzelnen **Steinfrüchte** abzeichnen. Letztere haben einen Durchmesser von etwa 13 mm und enthalten 2 sehr leichte Steinkerne (ca. 3 mm), die mit einer Luftblase versehen und dadurch hydrochor sind [3]. Reife *Morinda*-Früchte riechen unangenehm.

Das hellgelbe bis gelbbraune **Holz** ist weich, hat weitporige, ungleichmäßig auf dem Querschnitt verteilte Gefäße und zahlreiche, sehr schmale Holzstrahlen. Es ist von geringer Qualität [2, 3].

Ökologie

Konkrete Daten über Klima- und Standortsansprüche der Art fehlen. Aus Hawaii, Puerto Rico und anderen Gebieten, in die man *M. citrifolia* als Ziergehölz oder als Nutzpflanze im weitesten Sinne einführte, wird berichtet, daß sie nach Verselbständigung häufig auf küstennahen Sandstandorten auftritt und nicht zum Waldbaum wird. Auf Hawaii bleibt sie im Flachland (bis 450 m ü. NN) und findet sich dort vor allem in schmalen, engen Tälern und auf kleinen, mit Boden gefüllten Senken im Lavagestein.

Nach eigenen Beobachtungen erträgt *Morinda* Seewind und Salzwassergischt ohne Schaden und hält sich als eine von wenigen Arten auf der mächtigen Streuschicht unter *Casuarina*-Beständen. Auf Hawaii wächst sie auf jungen Lavaböden.

Nutzung

Es bestehen zahlreiche Belege, daß *M. citrifolia* bei den Einwohnern polynesischer Inseln, der Philippinen und Hawaiis, vor allem auch Indiens zum einen volksmedizinisch und zum anderen als Färbemittel in erheblichem Umfang Verwendung fand.

In Notzeiten wurden die Früchte trotz ihres wenig ansprechenden Geruchs und des sehr faden Geschmacks roh oder gekocht verzehrt [2, 3]. Wichtiger ist jedoch die bis heute andauernde volksmedizinische Nutzung von Blättern, Wurzeln und Rinde. So sind *Morinda*-Blätter auf Hawaii gleich nach *Aleurites moluccana* und vor allen anderen einheimischen Pflanzen als Hausmittel gegen eine lange Reihe von Krankheiten in Gebrauch[1].

---

[1] For. Abstr. 48, 3594, 1987

Abb. 5: Reife Frucht mit Samen, längs geschnitten

Abb. 6: M. citrifolia auf einer dicken Streuschicht von Casuarina equisetifolia (Hilo, Hawaii)

Abb. 7: Als Pionierholz auf Vulkanasche (nördl. Kona, Hawaii)

Der in der Karibik gebräuchliche Trivialname „painkiller" geht u.a. auf die schmerzstillende Wirkung der auf Schwellungen gelegten, welken oder über dem Feuer erhitzten Blätter zurück. Heiße Umschläge mit Blättern reduzieren Wundschmerz sowie Kopfweh und die Applikation zerriebener, in Schmalz oder Kampferöl verteilter Blätter als Gesichtscreme lindert neuralgische Schmerzen und wiederum Kopfweh [3].

In mehreren Teilen des natürlichen Areals gewann man Farbstoffe aus der Wurzelrinde, in geringerem Maße auch aus der Stammrinde von *M. citrifolia* [5]. Das geschah z. B. in Australien, auf den Philippinen, vor allem aber in Indien. Dort waren 1 bis 12 mm dicke und 5 bis 10 cm lange Wurzelstücke einst eine wichtige Handelsware. Von dem gelben Wurzelholz ließ sich die außen braunrote und innen dunkelbraune Rinde leicht ablösen. Sie enthält den Hauptfarbstoff Morindon 54 und wurde nach Beizung mit Alaun vor allem zum Rotfärben von Baumwollstoffen verwendet. Auch auf Wolle erzeugt Morindon je nach dem Beizverfahren stumpfe oder tiefe Rottöne [6].

Verschiedenes

– Der Fruchtsaft hat insektizide Wirkung [3].

– Aceton-Extrakte der Blätter wirken bakterizid auf *Staphylococcus aureus*, *Escherichia coli* und *Pseudomonas* spec.[2].

– Nach Hawaii wurde die Art von den Polynesiern eingeführt. Die Einwohner nutzten die Borke (rote Farbe), die Wurzeln (gelbe Farbe) und in Notzeiten aßen sie die Früchte. Blätter, Früchte und Borke fanden volksmedizinische Verwendung [5].

---

[2] For. Prod. Abstr. **12**, 878, 1989

Weiterführende Literatur

[1] BRANDIS, D., 1911: Indian Trees. Constable and Company Ltd., London
[2] LAMB, S. H., 1987: Nature Trees and Shrubs of the Hawaiian Islands. Sunstone Press, Santa Fe, NM.
[3] LITTLE, E. L. Jr.; SKOLMEN, R. G., 1989: Common Forest Trees of Hawaii. USDA Forest Service. Agric. Handbook 679, Washington, D. C.
[4] LITTLE, E. L. Jr.; WADSWORTH, F.H., 1964: Common Trees of Puerto Rico and the Virgin Islands. USDA Forest Service, Agric. Handbook 249, Washington, D. C.
[5] NEAL, M., 1965: Gardens of Hawaii. Bishop Museum Press, Honolulu, HI.
[6] SCHWEPPE, H., 1992: Handbuch der Naturfarbstoffe. ecomed Verlagsgesellschaft, Landsberg/Lech

Die Autoren:

Prof. em. Dr. PETER SCHÜTT
Lehrstuhl für Forstbotanik
Ludwig-Maximilians-Universität München
Am Hochanger 13
D-85354 Freising

ULLA M. LANG
Schützenstraße 6
D-82383 Hohenpeißenberg

Myristica fragrans HOUTT., 1774

syn.:   Myristica officinalis L. f., 1781;
          Myristica aromatica LAMK., 1788

Muskatnußbaum   Familie: Myristicaceae

engl.:   Nutmeg tree
franz.: Muscadier
ital.:   Noce muscata
span.:   Nuez moscada

Abb. 1: Myristica fragrans. Rand einer Muskatnuß-Plantage auf Grenada

Abb. 2: Alte und frisch ausgetriebene Laubblätter

„Muskatnüsse" werden seit mindestens 1000 Jahren als Gewürz weltweit gehandelt. Dabei geht es um die von der Testa befreiten Samen von *Myristica fragrans*, einem immergrünen, bis etwa 20 m hohen, diözischen Baum des tropischen Regenwaldes, der auf den Molukken-Inseln beheimatet ist, heute aber in mehreren tropischen Ländern plantagenmäßig angebaut wird.

Verwendung findet außerdem der leuchtend rote, unregelmäßig zerschlitzte, den Samen umgebende Arillus, und zwar als „Muskatblüte", auch Macis genannt, bei der Herstellung von Parfums und Likören.

Einige der ätherischen Öle, die als Inhaltsstoffe den Gewürzcharakter der Muskatnuß ausmachen, wirken in größeren Mengen giftig auf Menschen.

Verbreitung

Myristica, eine von ca. 15 Gattungen der Myristicaceen, besteht aus etwa 125 Arten, die zumeist im tropischen Südostasien und auf der Inselwelt um Neu-Guinea verbreitet sind.

Abb. 3: Weibliche Blüte (links) und aufgesprungene, reife Frucht incl. Samen mit Arillus (rechts)

Wenige Arten (z. B. *M. sebifera, M. argentea*) erlangten eine gewisse regionale Bedeutung. Zur Weltwirtschaftspflanze wurde allein *Myristica fragrans*.

Die Heimat des Muskatnußbaumes ist auf die Inselgruppe der Molukken und auf die Banda-Inseln (beide zwischen Celebes und Neu-Guinea) begrenzt. Von dort wurde die Art – gegen den Widerstand der holländischen Kolonialmacht (ehem. Niederl. Indien) – in mehrere tropische Länder der Alten und der Neuen Welt gebracht. Heute baut man sie in großem Umfang in Indonesien und auf der Antillen-Insel Grenada (ca. 70 % des Welthandels), weiterhin auch in Indien, auf Sri Lanka und in Brasilien an.

Abb. 4: Graue, schwach längsrissige Stammborke (links) und reifende Früchte in situ (rechts)

Beschreibung

Adulte Muskatbäume erreichen i. a. Endhöhen von 18 bis 20 m, werden aber in Plantagen kleiner gehalten [2, 4, 6]. Aus den pyramidenförmigen Kronen junger Bäume entwickeln sich nach Rückgang des Höhenwachstums und des Fruchtansatzes (ab ca. 80 Jahren) die dicht verzweigten, sehr homogen aufgebauten großen, runden Kronen alter Exemplare.

M. fragrans ist immergrün und trägt wechselständige, länglich ovale, ledrige **Blätter** von 6 bis 14 cm Länge und 3 bis 6 cm Breite. Diese sind kahl, etwa 1,2 cm lang gestielt, ganzrandig und haben keine Nebenblätter. Die dunkelgrüne Spreite läuft am Apex und an der Basis spitz zu und hat 6 bis 11 Seitennervenpaare 1. Ordnung [6].

Muskatnußbäume werden mit 8 Jahren mannbar und tragen bis zum 80., gelegentlich bis zum 100. Lebensjahr reichlich Früchte. Sie blühen und fruchten während des ganzen Jahres; dennoch bestehen i. a. drei Perioden stärkeren Blütenansatzes. Die diözisch verteilten, recht unauffälligen **Blüten** stehen in Infloreszenzen, die den Achseln von Laubblättern entspringen. Sie sind dreizählig und haben ein einfaches Perianth:

♂♂: An einem traubigen Blütenstand befinden sich 3 bis 20 kleine, weiße, gestielte Blüten mit einem flach-urnenförmigen, 3zipfeligen, 3 bis 7 mm langen Perigon [6]. Die Filamente der bis zu 20 Staubblätter verwachsen zu einer Säule [2].

♀♀: Weiße, meist einzeln (1 bis 3) stehende, 5 bis 15 mm lang gestielte, kleine, glockige Blüten mit einem einblättrigen Gynoeceum mit einer Samenanlage und 2 rel. großen Narbenlappen.

Die fleischigen, an Bauch- und Rückennaht aufspringenden, kurz gestielten **Früchte** werden 5 bis 6 Monate nach der Blüte reif. Sie sind dann gelb, von rundlicher bis ovaler Form, messen 3 bis 6 cm in der Länge, 2,5 bis 4,5 cm in der Breite [6] und enthalten nur einen, relativ großen **Samen** (1,5 bis 4,5 cm lang). Dieser wird von einem sehr auffälligen, leuchtend roten, unregelmäßig zerschlitzten Arillus umgeben, einer Bildung des Funiculus [3, 7]. Die harte, dunkelbraune Samenschale schließt ein mächtiges, durch Wucherung des Nucellus marmoriertes, („ruminiertes") Endosperm und einen winzigen Embryo ein [7]. Die streifigen Nucellus-Teile sind dunkler als das Endosperm.

Samen ohne Testa nennt man „Muskatnüsse". Sie enthalten neben 30 % fetten Ölen und 30 % Stärke auch 7 bis 16 % ätherische Öle[1]. Zu letzteren gehören u. a. Eugenol, Isoeugenol, Geraniol und Borneol, weiterhin aber auch die giftigen Verbindungen Myristicin (4%), Elemicin und Safrol[2].

Verbreitet werden die Samen u. a. durch Muskat-Tauben (*Ducula*-Arten), die den Arillus abpicken, den restlichen Samen aber unverändert und keimfähig ausscheiden sollen [2].

Aufbereitung und Nutzung

Gegenstand der Nutzung sind ausschließlich die Samen, und zwar werden in getrennten Prozessen aufbereitet: (a) der Samen ohne Schale, (b) der Arillus und (c) das Öl aus (a) und (b).

Durch Pflücken erntet man die reifen Früchte, entfernt dann das fleischige Perikarp und löst den Arillus per Hand. Letzterer wird getrocknet, ändert dabei die Farbe von rot in bräunlich gelb und nimmt eine hornige Konsistenz an. Gemahlen oder stark zerkleinert gelangt er als „Muskatblüte" oder „Macis" auf den Markt.

In weiteren Vorgängen werden die vom Arillus befreiten Samen längere Zeit getrocknet. Danach knackt und entfernt man die Testa und erhält so die „Muskatnüsse". Diese werden meist vor dem Versand zum Schutz vor Insekten in Kalkmilch getaucht und erhalten dadurch eine weiße Farbe [2, 4].

Aus minderwertigen, kleinen oder beschädigten Samen gewinnt man durch Pressen und Erhitzen ein Öl, die sog. „Muskatbutter", das für die Herstellung von Salben genutzt wird.

Bei der Vewendung der verschiedenen Muskat-Produkte steht das Würzen von Speisen nach wie vor im Vordergrund. Muskatnüsse wie auch Muskatblüte werden häufig zum Würzen von Saucen, Suppen und Fleischgerichten herangezogen. Das durch Destillation der Macis gewonnene „Macis-Öl" verwendet man ebenfalls als Aroma, weiterhin aber auch bei der Herstellung von Likören und Parfums.

Erwähnenswert ist noch die pharmazeutische Anwendung von Muskat-Präparaten. So nutzt man Macis-Produkte als Aromaticum sowie als Mittel gegen Verdauungsstörungen und Koliken, muß aber beachten, daß es – in größeren Mengen verabreicht – toxisch wirkt. Gefährlich ist auch der Verzehr von 5-30 g Muskatnuß, denn er löst Darmentzündungen, Kopfschmerzen sowie Spasmen aus und hat narkotische Wirkung. Als auslösend erwiesen sich die ätherischen Öle Myristicin, Elemicin und Safrol.

Abb. 5: Geöffnete Frucht einschließlich Samen mit rotem, unregelmäßig zerschlitztem Arillus

Verschiedenes

– Muskatnüsse wurden bereits im frühen Mittelalter durch arabische Händler nach Europa gebracht, wo sie anfangs eher als Medizin denn als Gewürz Verwendung fanden.

[1] Lötschert, W.; Beese, G.: Pflanzen der Tropen. Bayer. Landw.-Verlag, 1981
[2] Frohne, D.; Jensen, U.: Systematik des Pflanzenreiches. Verlag G. Fischer

Abb. 6: Phasen der manuellen Aufbereitung: Entfernte Arilli – gelöste Samenschalen (Material zum Mulchen) – „Muskatnüsse" (von oben nach unten)

Weiterführende Literatur

[1] DE WILDE, W. J. J. O., 1990: Conspectus of Myristica (Myristicaceae) indigenous in the Moluccas. Blumea 35, 233-260.

[2] DE WIT, H. C. D., 1964: Knaurs Pflanzenreich in Farbe, Bd. 1, Droemer, Zürich.

[3] ENDRESS, P. K., 1973: Arils and aril-like structures in woody Ranales. New Phytol. **72**, 1159-1171.

[4] FRANKE, W., 1981: Nutzpflanzenkunde, 2. Aufl. Georg Thieme Verlag, Stuttgart-New York.

[5] KRUSE, J., 1993: Magnoliales. In: Urania Pflanzenreich. Blütenpflanzen 1. Urania-Verlag Leipzig, Jena, Berlin.

[6] LIOGIER, H. A., 1985: Descriptive Flora of Puerto Rico and Adjacent Islands, vol. 1. Univ. de Puerto Rico, Rio Piedras.

[7] RAUH, W., 1950: Morphologie der Nutzpflanzen. Quelle u. Meyer, Heidelberg.

[8] ROTH, L.; DAUNDERER, M.; KORMANN, K., 1984: Giftpflanzen – Pflanzengifte, 2. Aufl. ecomed-Verlagsges. Landsberg.

Nachdem Vasco da Gama um 1500 den Seeweg nach Indien entdeckt hatte, errichteten die Portugiesen ein Monopol über die Lieferung von Muskat, das später (1607) von den Holländern übernommen, sehr strikt durchgesetzt und auf den Anbau ausgedehnt wurde [2]. Franzosen (1709) und Engländer durchbrachen es und bauten *M. fragrans* erstmals außerhalb der Molukken und der Banda-Inseln, nämlich auf Mauritius, auf den Westindischen Inseln und auf der Malayischen Halbinsel an. Erst 1863 hoben die Holländer das Monopol offiziell auf.

– Wässrige Extrakte der ätherischen Komponenten des Muskatöls zeigen schon in geringer Konzentration insektizide Wirkung (LD_{50} = 1,47 %) wenn sie dem Futter von *Epiphyas postvittana*-Larven *(Tortricidae)* zugesetzt werden[3].

Die Autoren:

Prof. em. Dr. PETER SCHÜTT
Lehrstuhl für Forstbotanik
Ludwig-Maximilians-Universität München
Am Hochanger 13
D-85354 Freising

ULLA M. LANG
Schützenstraße 6
D-82383 Hohenpeißenberg

---

[3] Proc. 44th New Zeald. Weed and Pest Control Conf., 1991

Neocallitropsis pancheri (CARRIÈRE) DE LAUBENFELS

comb. nov., 1972

syn.: Eutacta pancheri CARRIÈRE, 1867;
Callitropsis araucarioides COMPTON, 1922;
Neocallitropsis araucarioides (COMPTON) FORIN, 1944

Neocallitropsis

engl.: Pancher cypress pine
franz.: Neocallitropsis

Familie: Cupressaceae
Unterfamilie: Callitroideae
Tribus: Libocedreae

Abb. 1: Neocallitropsis pancheri. Altbaum, Mt. des Sources, Neukaledonien

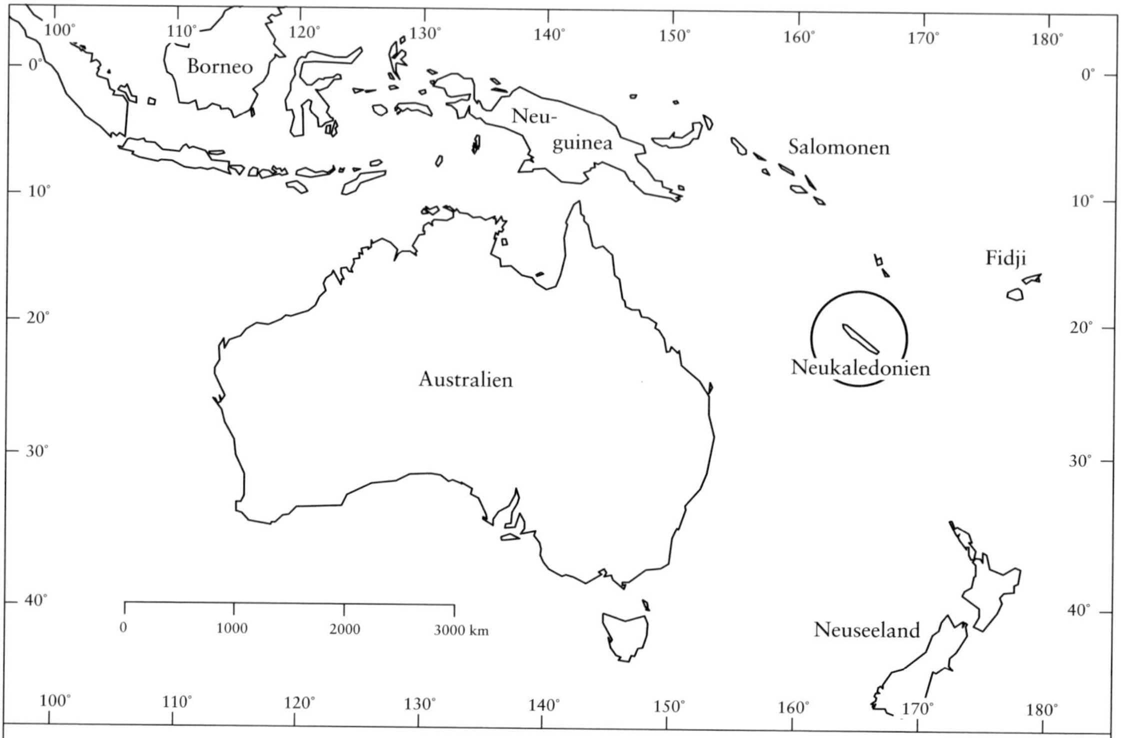

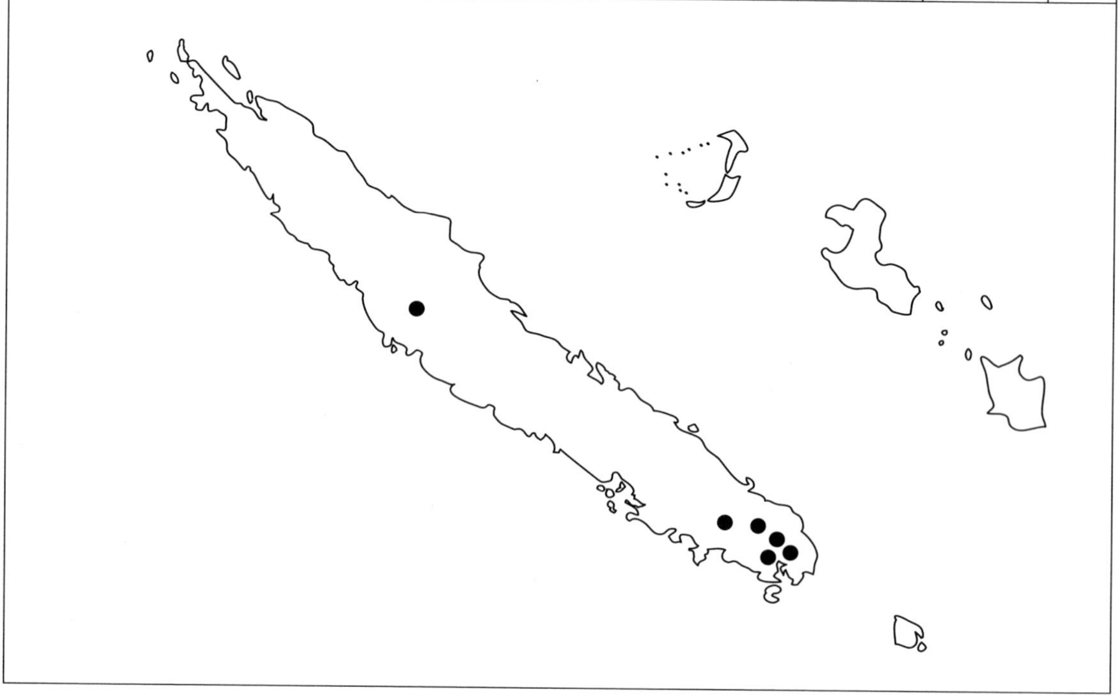

Abb. 2: Natürliches Areal, (a) Übersicht, (b) auf Neukaledonien

Die Gattung *Neocallitropsis* besteht aus nur einer Art, welche in Neukaledonien heimisch ist und erst 1972 den jetzt gültigen Namen erhielt. Sie ist Teil einer (u.a.) aus zahlreichen archaischen Koniferen bestehenden Reliktflora und überlebt unter extremen ökologischen Bedingungen.

N. pancheri wird bestenfalls 12 m hoch, hat stark beastete, oft drehwüchsige Stämme und unterscheidet sich deutlich in der Benadelung zwischen jungen und alten Bäumen. Wirtschaftlich ist sie von geringer Bedeutung, wird aber trotz eines Nutzungsverbotes eingeschlagen, als Brennholz verwendet oder wegen des Gehaltes an verschiedenen Ölen exportiert.

Neocallitropsis ist frostgefährdet und kommt in europäischen Sammlungen (incl. Kew Gardens) nicht vor. Ohne strikte Unterschutzstellung ist ihr Fortbestand in Neukaledonien gefährdet.

Abb. 3: Kronenausschnitt

Verbreitung

Das natürliche Areal der monotypischen Gattung *Neocallitropsis* ist auf die Pazifik-Insel Neukaledonien (Nouvelle-Caledonie), 19° bis 23° s.Br. und 164° bis 167° ö.L., ca. 1500 km östlich von Australien, beschränkt. Hier wächst sie in etwa 10 begrenzten Populationen. Die vier größten liegen im Süden der Insel: Montagne des Sources (ca. 122 ha), in der Madeleine (17,5 ha), in der Plaine des Lacs (3,5 ha) und bei Yaté Sud (0,5 ha). Das gesamte Verbreitungsgebiet ist nicht größer als 2,5 km².

Noch in jüngster Zeit sind weitere Standorte bekannt geworden [6] so im Paéoua-Massiv ein kleines Vorkommen in Waldlage, einem Rückzugsgebiet für viele archaische Koniferen-Arten Neukaledoniens. Kein anderes Vorkommen der *Neocallitropsis* kann so viele Gymnospermenarten auf gleichem Standort vorweisen.

Die vertikale Verbreitung reicht von ca. 150 m ü. NN bis in Höhenlagen um 1140 m ü. NN (Paéoua-Massiv).

Abb. 4: Zweig mit männlichen (endständig, braun) und weiblichen Blüten (zentral, gelbgrün) und adulter Benadelung

Beschreibung

Der 2 bis 10 m (max. 12 m) hohe Baum hat eine breite und lockere, kandelaberartige Krone, die ihm ein araukarienartiges Aussehen verleiht und bei der die Zweige an der Peripherie büschelig gehäuft sind. Der kurze, astige Stamm erreicht kaum Durchmesser über 50 cm. Der Höchstwert liegt bei 67 cm [11].

In windexponierten Hochlagen wächst *N. pancheri* strauchartig oder mehrstämmig mit Ästen, die dem Boden aufliegen. Stamm und Äste sind oft drehwüchsig. Das Erscheinungsbild adulter Bäume wird nicht zuletzt von den in 8 Reihen angeordneten Nadeln geprägt.

N. pancheri kann sehr alt werden. Jahrringzählungen an einem gut 10 cm starken Stamm mußten bei 400 Jahren wegen zu enger Ringe abgebrochen werden. In Hochrechnungen kam man auf ein Alter von 800 bis 1000 Jahren.

Abb. 5: Offener Zapfen nach Entlassung der Samen

Nadeln

Junge Pflanzen haben ein dichtes, gelbgrünes Nadelkleid, bei dem noch keine Anordnung in Reihen festzustellen ist. Die spitz-lanzettlichen, kantigen, 8 bis 14 mm langen und 0,8 mm breiten Nadeln haben eine konkave Oberseite und sind rings um den Zweig angeordnet.

Die dunkelgrünen Nadeln adulter Pflanzen laufen hingegen stumpf zu, sind ca. 10 mm lang, etwa 2 mm breit und haben einen scharfkantigen Rücken. Vor allem sind sie deutlich in 8 Reihen angeordnet. Allein bei alten Bäumen stehen die Nadeln in der Spitzenregion der Zweige.

Die Knospen sind unter den dichtstehenden, mehrere Jahre am Zweig verbleibenden Nadeln verborgen.

Blüten, Zapfen und Samen

Neocallitropsis ist einhäusig. Männliche Blüten stehen terminal an langen Zweiglein und bauen sich aus 8 Reihen von Mikrosporophyllen mit jeweils einem Pollensack auf.

Die sehr unscheinbaren, kugeligen und kurzgestielten weiblichen Zapfenblüten befinden sich hingegen an kurzen Zweiglein, haben eine Länge von 8 bis 10 mm, einen Durchmesser von 6 mm und setzen sich aus 2 Quirlen mit je 4 Samenschuppen zusammen. Zur Reife nehmen die schnabelartig verlängerten Zapfenschuppen eine graubraune Farbe an, spreizen auseinander und geben 1 bis 4 in einer becherartigen Mulde liegende, kaum geflügelte, kantige Samen frei.

Wurzeln

Auf den von ihr besiedelten, skelettreichen oder felsigen Standorten bildet *Neocallitropsis* zahlreiche flachstreichende, oft gedrehte Wurzeln, die aber den Baum trotz des geringen Tiefganges fest verankern. Mitunter werden sie durch Erosion oberflächlich freigelegt.

Abb. 7: Mindestens 30jähriger Baum auf typischem Standort (Plaine des Lacs, N.C.)

Abb. 8: Längsstreifige Stammrinde

Holz und Rinde

Der relativ schmale, einheitlich hell cremefarbene Splint hebt sich von dem rötlichen, mit der Zeit blasser werdenden Kern ab. Beim Trocknen entstehen im Splintholz breite und tiefe Risse. Es werden sehr enge Jahrringe gebildet, und die Holzdichte r_{12} liegt bei 0,9 g/cm³. Das Holz läßt sich leicht bearbeiten. Über die Holzanatomie von *N. pancheri* liegen bislang keine Informationen vor.

Die Borke des Baumes ist graubraun, harzig und löst sich in langen, schmalen Streifen ab.

Verjüngung und Ökologie

Sporadisch entsteht Naturverjüngung, wobei der Jungwuchs in den Gebirgslagen bessere Bedingungen vorfindet als auf den felsigen, sonnenexponierten und gelegentlich überschwemmten Standorten der Plaines des Lacs.

Künstliche Vermehrung findet nicht in nennenswertem Umfang statt.

Auf Neukaledonien herrscht tropisch-ozeanisches Klima. Für die Hauptstadt Noumea wird eine durchschnittliche Jahrestemperatur von 22 bis 24 °C angegeben. Die Minimum-Temperatur liegt bei 5 bis 6 °C und im Verbreitungsgebiet fallen Jahresniederschläge zwischen 2000 und 4000 mm.

Peridotite mit einem Silikatanteil unter 45 % bilden das Ausgangsgestein für die besiedelten Böden. Sie verwittern zu ultrabasischen, eisen- und manganreichen Substraten mit hohen pH-Werten und einem hohen Gehalt an Schwermetallen (Nickel, Kobalt, Chrom, Mangan). In der sehr geringen Humusauflage kann der pH-Wert allerdings unter 5 sinken.

N. pancheri wächst hier – wie andere Koniferen-Arten – auf Reliktstandorten, die durch hohe Niederschläge, intensive Sonneneinstrahlung und starke Winde gekennzeichnet sind und auf denen sich die Art ohne Konkur-

renzdruck entwickeln kann. Größere zusammenhängende Waldgebiete mit dominierenden Gymnospermenarten wie auf der nördlichen Hemisphäre gibt es in Neukaledonien nicht. Sämlinge, Jungpflanzen und alte Bäume stellen die gleichen, hohen Lichtansprüche.

Neocallitropsis kommt – wie andere auf Neukaledonien heimische Koniferen – nur kleinflächenweise, gruppenweise oder einzeln verteilt in verschiedenen Pflanzengesellschaften vor. In den Plaines des Lacs wächst sie in Mischung mit *Dacrydium araucarioides, D. guillauminii, Callitris neocaledonica, Agathis ovata*, verschiedenen *Casuarina*-Arten und anderen Laubgehölzen. Während sie hier entlang von Flüssen und Seen auf basischen Serpentin-Böden in offenem, locker bewachsenem Gelände (keine Wälder) vorkommt und gelegentlich bis 10 m hoch wird, erreicht sie in den Hochlagen der Gebirge infolge starker Windbelastung nur Höhen von 2 bis 3 m und wächst in dicht bestockten Beständen [11].

Im Paéoua-Massiv (1000 – 1142 m ü. NN) liegt ein unlängst entdecktes, kleines Vorkommen – über 250 km von den nächsten Standorten entfernt. Es stockt auf P-, K- und C-armen Chrysolith-Böden bei Niederschlägen zwischen 2500 und 3500 mm pro Jahr [6].

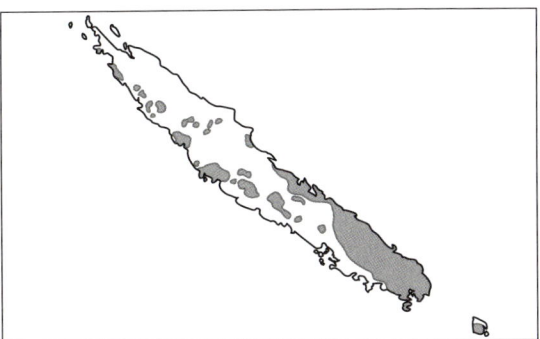

Abb. 9: Vorkommen ultrabasischer Gesteine (Peridotite) auf Neukaledonien (nach JAFFRÉ)

Pathologie

N. pancheri ist frostempfindlich, verträgt aber kurzzeitige Überschwemmungen. Gefährdet ist die Art durch die häufig auftretenden, kaum bekämpften Brände, welche außerdem die dünne Humusschicht zerstören und damit das Fußfassen der Naturverjüngung erschweren.

Generell ist der Fortbestand der kleinen, natürlichen Populationen durch mancherlei anthropogene Aktivitäten in Frage gestellt. Dazu gehören der Abbau von Nickel im Tagebau, der Straßenbau und die Übernutzung zur Holzgewinnung.

Über tierische Schädlinge und Krankheiten durch Mikroorganismen ist nichts bekannt. Vom Holz weiß man, daß es gegen Fäulepilze sehr widerstandsfähig ist.

Nutzung

Bedingt durch die Kürze, die Drehwüchsigkeit und die Astigkeit der Stämme verwendet man das Holz vornehmlich als Brennmaterial. Kern- und Wurzelholz, in geringerem Maße auch Astholz, enthalten ein Öl mit intensivem, angenehmem Geruch, aus dem halb-flüssige bis halb-gelartige Bindemittel für Seifen und Kosmetika hergestellt werden.

Verschiedenes

– Schon 1942 wurde (ohne Erfolg) ein Handelsverbot für waldfrisches *N. pancheri*-Holz erlassen. Dennoch betrug der Export im Jahre 1948: 60 000 kg, 1954: 1000 kg und 1958: 127 750 kg. 1958 wurde der Einschlag erneut verboten – wiederum wirkungslos. Noch heute verkauft man 1 cm starke Holzscheiben als Souvenir an Touristen.

– Die International Union for the Conservation of Nature (IUCN) stellt die Gattung *Neocallitropsis* mit dem Prädikat „Vorkommen gefährdet" in die zweithöchste Schutzstufe ihrer Roten Liste. Die Einrichtung von Schutzgebieten ist eine wichtige Voraussetzung zur Erhaltung dieser Art.

– Ein größeres natürliches Vorkommen wurde durch die Anlage des Stausees von Yate vernichtet. Noch heute ragen Baumwipfel aus dem Wasser, und die überfluteten *Neocallitropsis*-Stämme entlassen ein Öl, das örtlich eine irisierende Wasseroberfläche hervorruft.

– In der Plaine des Lacs wächst in unmittelbarer Nähe auf fast gleichem Standort wie *Neocallitropsis Dacrydium guillauminii*. Diese endemische, selbst in Neukaledonien seltene – nur an zwei kleinen Stellen vorkommende – Koniferenart hat die höchste Schutzstufe nach IUCN.

– Auffallend und prägend sind die am Naturstandort von *Neocallitropsis* herrschenden, durch unlösliche Eisenoxide rotbraun gefärbten Lateritböden.

Weiterführende Literatur

[1] ANONYMUS, 1992: Neocallitropsis pancheri, gymnosperme endémique de la Nouvelle-Calédonie, Action Biosphere, Mont Dore, Nouvelle-Calédonie, Noumea N.C.

[2] AUBRÉVILLE, A., 1964: Les reliques de la flore des coniféres tropicaux en Australie et en Nouvelle-Calédonie. Adansonia, sér. 2, 4, 481-492.

[3] CHERRIER, J. F., 1980: Le Neocallitropsis pancheri (Carr.) de Laubenfels, Rapport Multigr.

[4] ENRIGHT, N. J.; HILL, R.S., 1994: Ecology of the Southern conifers. Melbourne University Press.

[5] GAUSSEN, H., 1970: Les Gymnospermes actuelles et fossiles, XIII. Les Cupressacées, Toulouse.

[6] JAFFRÉ, T.; VEILLON, J.-M.; CHERRIER, J. F., 1987: Sur la présence de deux Cupressaceae Neocallitropsis pancheri (Carr.) Laubenfels et Libocedrus austrocaledonica Brong. et Gris dans le massif du Paéoua et localités nouvelles de Gymnospermes en Nouvelle-Calédonie.

[7] KRÜSSMANN, G., 1983: Handbuch der Nadelgehölze, Berlin und Hamburg.

[8] LAUBENFELS, D. J., de, 1972: Flore de la Nouvelle-Calédonie et Dependances. Paris, Muséum National d'Histoire Naturelle.

[9] SCHNECKENBURGER, S., 1991: Neukaledonien – Pflanzenwelt einer Pazifikinsel, Palmengarten Frankfurt.

[10] POOLE, A. L., 1987: Southern Beeches, Wellington.

[11] SUPRIN, B., 1997: Persönl. Mitteilungen.

Der Autor:

Dipl.-Ing. HUBERTUS NIMSCH
Städtisches Forstamt Freiburg
Baden-Württemberg
D-79104 Freiburg

Nephelium lappaceum L.

syn.: Euphoria nephelium DC.
syn.: Dimocarpus crinita Lour.

Rambutan   Familie: Sapindaceae

engl.: Rambutan
franz.: Ramboutan

Abb. 1: Nephelium lappaceum. Früchte, z.T. ohne Exokarp (links oben), unpaarig gefiedertes Laubblatt (links unten), Blütenstand (rechts oben), offene Frucht mit längs geschnittenen Samen (rechts unten)

Nephelium lappaceum, ein immergrüner, i.A. 10 bis 15 m hoher Baum der tropischen Inselwelt Malaysias, wird wegen seiner erfrischenden, süßsauren Früchte häufig als Obstbaum kultiviert und auch in Plantagen angebaut.

Auffallend sind vor allem die haarähnlichen, leuchtend roten oder gelben Stacheln auf der Fruchtoberfläche, daneben aber auch die bis 40 cm langen, gefiederten Laubblätter.

Das Fruchtfleisch sowie der süße, saftige Arillus werden roh verzehrt oder zu einer beliebten Marmelade verarbeitet. Das Holz hat keine wirtschaftliche Bedeutung.

Die Art ist an tropische Klimaverhältnisse gebunden und wird außerhalb ihres natürlichen Areals in mehreren südamerikanischen Staaten, vor allem auf den Philippinen angebaut.

Verbreitung

Von Natur aus wächst *N. lappaceum* in Malaysia und auf den Melanesischen Inseln [1, 7], unter anderem auch in mittleren und höheren Lagen Balis [2].

Künstliche Anbauten findet man u.a. in Indien sowie in einigen süd- und mittelamerikanischen Staaten wie Surinam, Kolumbien, Ekuador, Honduras, Costa Rica, Cuba und Trinidad. Größere Plantagen wurden auf indonesische Initiative ab 1912 in mehreren Regionen der Philippinen angelegt [7].

Über die Grenzen des natürlichen Areals enthält die Literatur keine Angaben.

Beschreibung

N. lappaceum entwickelt sich unter günstigen Bedingungen zu einem 15 m (max. 25 m) hohen Baum mit dichter, rundlicher, bisweilen ausladender Krone [6]. Der meist gerade Stamm kann Durchmesser (BHD) von 60 cm annehmen [7].

Blätter

Die wechselständigen, bis 40 cm [6], nach anderen Quellen [7] 7 bis 30 cm langen, unpaarig gefiederten Laubblätter sind anfangs hellgrün und behaart, haben eine rötliche Rhachis und weisen 5 bis 9 ganzrandige, relativ lederige Fiederblättchen auf. Diese haben einen elliptischen bis länglich elliptischen, mitunter auch obovaten Umriss, sind oberseits von gelblich grüner oder stumpf dunkelgrüner, unterseits von gelblich grüner bis bläulich grüner Farbe. Die Fiederblättchen-Paare sind nicht immer genau gegenständig. Die 6 bis 15 Nerven-Paare der Fiederblättchen treten auf deren Unterseite deutlich hervor [7].

Blüten, Früchte und Samen

Auf den Philippinen blüht Rambutan von Ende März bis Anfang Mai, und die Früchte sind von Juli bis Oktober reif. Anders in Malaysia, wo man zweimal im Jahr erntet: im Juni und im Dezember [7].

Die unscheinbaren, kleinen Blüten stehen in reich verzweigten, behaarten, rispigen Ständen. Sie sind grünlich weiß, messen im Durchmesser ca. 0,2 cm [1] und haben keine Petalen. Vorhanden sind aber ein aus 4 bis 6 Sepalen bestehender Kelch sowie ein oberständiger, synkarper Fruchtknoten, 6–8 Staubblätter und ein Diskus [9].

Es werden gebildet: (a) männliche Blüten, (b) Zwitterblüten mit nur männlicher oder (c) nur weiblicher Funktion [7].

Die meist leuchtend roten oder gelben bis orangefarbenen, kugelrunden oder annähernd elliptischen Nussfrüchte werden 3,4 bis 8 cm lang und haben einen Durchmesser von 3 bis 4 cm [6, 7]. Sie sind in hängenden Fruchtständen angeordnet. Das relativ dünne, lederige Exokarp ist in kleine Felder gegliedert, in deren Zentrum ein 0,5 bis 2 cm langer, weicher Stachel von roter oder gelber Farbe steht. Dadurch scheint es, als seien die Früchte lang behaart. Auch der malayische Trivialname „rambut" (= Haar) vermittelt diesen Eindruck.

N. lappaceum ist selbststeril, bildet aber nach Selbstbestäubung dennoch eine Zygote [4].

Das durchscheinend weißliche, mäßig saftige Fruchtfleisch (Mesokarp) ist 0,4 bis 0,5 cm dick, reich an Ascorbinsäure und schmeckt säuerlich bis süß [2].

Abb. 2: Stammborke

Die Frucht enthält nur einen, relativ großen, eiförmigen bis länglichen Samen (Länge 2,5 bis 3,4 cm [6]), der sich – je nach Sorte – leicht bis schwer vom Perikarp lösen lässt [2] und von einem essbaren, süß-saftigen, weißen Arillus umgeben ist [3, 60].

Holz

Rambutan-Holz hat eine rote, rötlich weiße oder bräunliche Farbe. Mit 1,01 g/cm^3 weist es einen sehr hohen Rohdichte-Wert auf und enthält dennoch wenig Extraktstoffe.

Auch der Cellulose-Gehalt (ca. 52 %) liegt über dem Durchschnitt anderer Hölzer. Zu erwähnen sind schließlich der hohe Spaltwiderstand [5] und die Gefahr des Reißens bei rascher Trocknung [7].

Vermehrung und Kultur

Zur Anzucht löst man zunächst die Samen aus den Früchten und wäscht sie gründlich. Ausgesät wird so, dass die flache Seite des Samens nach unten zeigt; nur dann wachsen die Sämlinge orthotrop und entwickeln ein normales, kräftiges Wurzelsystem [7].

Die Keimung erfolgt in 9 bis 25 Tagen. Allgemein gilt, dass sich die zuerst gekeimten Samen zu den kräftigsten Pflanzen entwickeln. Zwei Tage nach der Ernte liegt die Keimrate bei 87–95 %, eine Woche später nur noch bei 50–65 %. Achtstündige Trocknung des Saatgutes in der Sonne und künstliche Trocknung bei 30 °C haben den Verlust der Keimfähigkeit zur Folge [7].

Gewaschene Samen, in Sphagnum-Moos, feuchten Sägespänen oder Holzkohle aufbewahrt, bleiben hingegen 3 bis 4 Wochen lebensfähig.

Der Saft des Fruchtfleisches wirkt keimhemmend.

Aus Saat hervorgegangene Bäume tragen erstmals mit 5 oder 6 Jahren Früchte. In entsprechenden Nachkommenschaften besteht ein Geschlechterverhältnis von 4 bis 5 ♀ : 7 ♂ [7]. Zur Anlage von Rambutan-Plantagen verwendet man vorwiegend Klone, die durch Okulieren („patch budding") ca. 45 Tage alter Sämlinge, durch Stecklingsbewurzelung (nach Wuchsstoff-Behandlung) oder durch Luft-Absenker vermehrt wurden [7]. Sie differieren vor allem in der Dicke, der Süße und dem Saftgehalt des Fruchtfleisches [11].

Auf den Philippinen begründet man die Plantagen im 10 m-, auf besseren Boden im 12 m-Verband. Geringere Abstände reduzieren die Erträge.

Abb. 3: Solitär auf Bali/Indonesien

Ökologie

N. lappaceum entwickelt sich besonders gut in Höhenlagen der feuchten Tropen zwischen 500 und 600 m bei gleichmäßig über das Jahr verteilten Niederschlägen.

Optimale Entwicklungsbedingungen findet die Art auf den Philippinen (Oriental Mindora), einem Teil ihres Anbaugebietes. Dort herrscht eine Jahresmitteltemperatur von 27,3 °C, die relative Feuchte beträgt durchschnittlich 82 %; die Jahres-Niederschläge liegen bei 1800 mm, und pro Jahr zählt man etwa 165 Regentage [7].

Trockenperioden von mehr als drei Monaten sind schädlich, und starker Wind während der Blüte- und Fruchtzeit reduziert die Ernte erheblich.

Pathologie

Pilzerkrankungen spielen bei *N. lappaceum* keine gravierende Rolle. Es liegen nur wenige Informationen vor [7]:

– *Oidium*-Arten rufen Mehltau an Blättern hervor.

– Bedeutsamer sind Stammkrebse. Auf den Philippinen werden sie von *Fomes lignosus* (KLOTZSCH.) BRES., in Malaysia von *Ophioceras* spec. ausgelöst.

Erhebliche Ernteverluste entstehen hingegen durch Fraßschäden von Fledermäusen und mehreren Vogelarten an reifen Früchten. Gleiches gilt für *Dacus dorsalis*, eine Fruchtfliege („Oriental fruit fly"), die vornehmlich an vollreifen Früchten frisst.

Die Insektenarten *Pseudococcus lilacinus* („mealy bug") und *Tessaratoma longicorne* werden hingegen durch Blattfraß schädlich.

Nutzung

N. lappaceum wird ausschließlich wegen der Früchte angebaut. In Indonesien findet man die Art als Obstbaum in vielen Ortschaften und Gärten [11]. Außerdem bestehen Plantagen, in denen die Früchte durch Abtrennen des gesamten Fruchtstandes maschinell beerntet werden. Die Erträge schwanken von Jahr zu Jahr. Für 8-jährige Bäume werden 200 kg im ersten und 60 kg im folgenden Jahr angegeben. Auf den Philippinen liefern ausgewählte Klone 120 kg, andere nur 48 kg Früchte pro Jahr [7].

Frische, geerntete Früchte dürfen nicht gedrückt oder gequetscht werden. Man muss sie kühl, trocken und gut belüftet aufbewahren, damit sie nicht verderben. In verschlossenen Polyäthylen-Beuteln lassen sie sich bei 10 °C und 95 % Feuchte 12 Tage frischhalten.

Zumeist werden die Früchte – nach Entfernung der Schale – roh verzehrt oder als Kompott zubereitet. Gleiches gilt für den süßsauer schmeckenden, den Samen umgebenden Arillus [3]. In Malaysia werden Konserven, bestehend aus dem herausgelösten Fruchtfleisch, dem weichgekochten Samen und reichlich Zucker angeboten [7]. 100 g essbare Fruchtteile bestehen aus:

82,30 g	Flüssigkeit
16,02 g	Kohlenhydraten
8,70 g	Gesamtzucker
0,46 g	Proteinen

[7]

Nutzbar ist schließlich auch das zu 37–43 % in den Samen enthaltene Fett. Es ist von fester Konsistenz, setzt sich in der Hauptsache aus Olein- (45,3 %) und Arachinsäure (34,7 %) zusammen und wird zur Herstellung von Seife und Kerzen verwendet [7]. Geröstete Samen verzehrt man direkt.

Verschiedenes

– Von Rambutan sind mehrere volksmedizinische Anwendungen bekannt:
  – Die Früchte wirken fiebersenkend und magenstärkend, außerdem lindern sie Diarrhoe und Ruhr
  – Heiße Blatt-Kompressen an den Schläfen verringern Kopfschmerzen
  – Ein Wurzel-Dekokt senkt das Fieber

– Die Frucht enthält einen Farbstoff, mit dem man früher Wolle nach Eisenbeize rot, Seide aber schwarz färbte [10].

– Die Giftigkeit der rohen Samen geht auf Spuren eines Alkaloids im Endosperm sowie auf Saponine und Tannine in der Testa zurück [7].

– Bei einer Inventur in der indischen Provinz Kerala kam an 29,3 % der Rambutan-Bäume eine VA-Mykorrhiza vor (*Hevea*: 72 %; *Cocos* 62 %) [8].

Literatur

[1] BRANDIS, D., 1911: Indian Trees. Constable and Comp., Ltd., London.

[2] EISEMAN, F.; EISEMAN, M., 1992: Fruits of Bali. Periplus Edition (HK) Ltd., Singapore.

[3] FRANKE, W., 1980: Nutzpflanzenkunde. 2. Aufl., Georg Thieme Verlag, Stuttgart, New York.

[4] HA, C. O.; SANDS, V. E. et al., 1988: Reproductive patterns of selected understory trees in the Malaisian rain forest: the sexual species. Bot. J. Linnean Soc. 97, 3, 295-316.

[5] HARZMANN, L. J., 1988: Kurzer Grundriss der allgemeinen Tropenholzkunde. S. Hirzel Verlag, Leipzig.

[6] HSUAN KENG 1990: The Concise Flora of Singapore. Singapore Univ. Press.

[7] MORTON, J. F., 1987: Fruits of Warm Climates. Media Inc., Greensboro, N.C.

[8] NAIR, S. K.; GIRIJA, V. K., 1988: Incidence of vesicular-arbuscular mycorrhiza in certain tree crops of Kerala. J. Plantation Crops 16, 1, 67-68.

[9] RADLKOFER, L., 1896: Sapindaceae. In Engler/Prantl, Die natürlichen Pflanzenfamilien. Engelmann Verlag, Leipzig.

[10] SCHWEPPE, H., 1993: Handbuch der Naturfarbstoffe. ecomed Verlagsges. Landsberg/Lech.

[11] WHITTEN, T.; WHITTEN, J. (eds.), 1996: Indonesian Heritage. Plants. Grolier Intern., Inc. Singapore.

Die Autoren:

Prof. em. Dr. PETER SCHÜTT
Lehrstuhl für Forstbotanik
Ludwig-Maximilians-Universität München
Am Hochanger 13
D-85354 Freising

ULLA M. LANG
Schützenstraße 6
D-82383 Hohenpeißenberg

Ochroma pyramidale (CAV. ex LAM.) URBAN

syn.: Ochroma lagopus Sw., Ochroma grandiflora ROWLEE
Ochroma bicolor ROWLEE

Balsa, Korkholz   Familie: Bombacaceae

engl.: Balsa, Corkwood
franz.: Bois flot, Ochrome
span.: Balso

Abb. 1: Junger Baum

Einleitung

Balsa ist eine Holzart der Extreme. Beheimatet im tropischen Mittel- und Südamerika, wächst sie fast nur auf den besten Standorten, entwickelt dort in den ersten Lebensjahren ein erstaunliches Höhenwachstum, wird in Umtriebszeiten von 7 bis 8 Jahren bewirtschaftet, liefert das leichteste aller Handelshölzer und nahm deshalb lange Zeit auf dem Weltmarkt eine Sonderstellung ein.

Balsaholz besteht fast nur aus Cellulose, läßt sich schwer bearbeiten, war aber für spezielle Verwendungszwecke wie Flugzeugbau, Isoliertechnik und Modellbau nur schwer zu ersetzen. Trotz Übernutzung ist die Art aufgrund ihrer starken Reproduktionsfähigkeit nicht vom Aussterben bedroht.

Morphologie

Trotz ihres extrem raschen Jugendwachstums (> 5 m Höhe in den beiden ersten Lebensjahren) erreicht Balsa nur auf besten Böden Endhöhen über 25 m und Durchmesser (BHD) über 1 m.

Der keineswegs immer geradschäftige **Stamm** trägt eine weit ausladende, offene **Krone** mit wenigen, kräftigen Ästen. Alte Bäume haben mitunter eine verbreiterte Stammbasis.

Das in den ersten 10 Jahren sehr flache Wurzelsystem entwickelt später eine Pfahlwurzel. Etwa zu gleicher Zeit setzt die Kernholzbildung ein [13].

Die **Rinde** junger Triebe ist rostrot behaart und mit großen, braunen Blattnarben besetzt. Später entwickelt sich eine relativ weiche, grauweiß gesprenkelte Borke, die im Alter rissig wird. Die wechselständig angeordneten, herzförmigen, oft schwach 3- oder 5-lappigen und ganzrandigen **Blätter** sind 10 bis 20 cm lang und etwa ebenso breit. Sie haben einen kräftigen, rötlichen Blattstiel, wiederum von gleicher Länge wie die Spreite sowie 2 rundliche, ca. 1,2 cm lange Nebenblätter.

Abb. 2: Blätter

468

Die Blattspreite ist kurz zugespitzt, manchmal auch schwach dreispitzig, seltener schwach fünfspitzig. Die 7 bis 9 Hauptadern entspringen der Spreitenbasis. Die Blattoberseite ist frischgrün und kahl, die Unterseite gelblichgrün und mit winzigen Sternhaaren besetzt.

Junge Pflanzen bilden ganz besonders große Blätter aus; allein die Spreitenlänge kann 60 cm betragen.

Abb. 3: Geöffnete Blüte mit den säulenartig verwachsenen Staubblättern

Die sehr attraktiven, grünlich-weißen, 12 bis 15 cm langen, schmal glockenförmigen **Blüten** stehen einzeln an kräftigen Stielen. Ihre 5 nicht miteinander verwachsenen, etwas fleischigen und oben abgerundeten Kronblätter sind auf der Innenseite gelblich oder rötlich getönt. Sie umfassen 5 spiralig gedrehte, zu einer Säule verwachsene Staubblätter, welche ihrerseits den Fruchtknoten mit einem ca. 11 cm langen Stempel und 5 Narben umgeben. Die grünlich-braune, dickliche, etwa 5 cm lange Kelchröhre ist mit 5 weit abstehenden Zähnen versehen: zwei davon schmal und zugespitzt, 2 weitere breit und gekerbt und der letzte nur einseitig verbreitert.

O. pyramidale blüht in Mittelamerika vom Winter bis in den Sommer hinein. Die Zeit der Frucht- und Samenreife

fällt in die Frühjahrs- und Sommermonate. Als **Früchte** werden auffällige, langgestreckte, dunkelbraune Kapseln von 17,5 bis 25 cm Länge und $2^{1}/_{2}$ bis $3^{1}/_{2}$ cm Durchmesser gebildet. Diese sind auffallend leicht und sogar schwimmfähig. Bei Reife öffnen sie sich an den Nahtstellen der 5 Carpelle und geben eine bräunliche Wolle frei, die mit dem Wind verbreitet wird und je Kapsel etwa 400 [1], nach anderen Angaben > 1000 [2] kleine (4 x 1,5 mm), dunkelbraune, stark zugespitzte **Samen** enthält. Pro Baum und Jahr werden mehrere hunderttausend Samen produziert [1]. Das Tausendkorngewicht liegt bei 10 g [8].

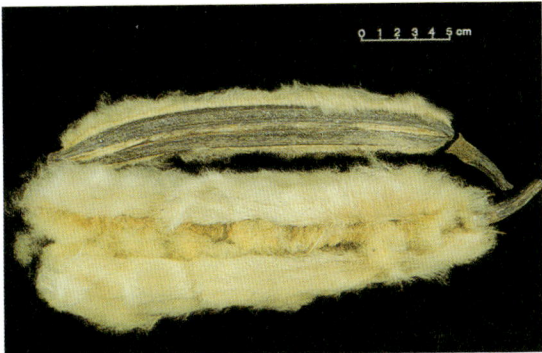

Abb. 4: Geöffnete Samenkapsel

Struktur, Gewicht und Farbe des Balsaholzes variieren mit dem Baumalter. Die hohe Wertschätzung als ein extrem leichtes, gleichmäßig strukturiertes und einheitlich helles Spezialholz erfüllt aber nur die Ware von sehr jungen, raschwüchsigen Bäumen. Hier geht es um reines, ligninfreies Splintholz mit Rohdichtewerten (r_o) zwischen 0,05 und 0,20 g/cm³. Nach Einsetzen der Kernbildung im Alter von 12 bis 15 Jahren steigen die Rohdichtewerte bis 0,41 g/cm³ an. Das leichteste **Holz** liefern schnellwachsende Bäume zwischen 4 und 6 Jahren. Es ist leichter als Kork und verformt sich bereits beim vorsichtigen Einspannen in eine Schraubzwinge.

Balsa hat relativ grobe, aber gerade und gleichmäßig orientierte Fasern. Das weiße Splintholz ist mitunter ein wenig bräunlich oder rötlich getönt, und der schwach rötlichbraune Kern setzt sich nicht sehr scharf davon ab. Auch die Grenzen zwischen den Zuwachszonen sind nicht immer präzise zu ziehen.

Die wenigen (2 je mm²), oft einzeln vorkommenden Gefäße verteilen sich gleichmäßig über den gesamten Querschnitt (zerstreutporig). Die sehr zahlreichen Holzstrahlen heben sich als helle Bänder ab. Sie sind bis 2 mm hoch und 7 Zellen breit [3]. 74 % des Holzes wird von Holzparenchym eingenommen.

Physikalische Eigenschaften:

Rohdichte (r_o)	0,05	**0,13**	0,41 g/cm³
Druckfestigkeit (dB)	3	9	26 N/mm²
Zugfestigkeit (zB)	63	**68**	73 N/mm²
Biegefestigkeit (bB)	5	**8**	38 N/mm²

(nach [13])

Der Anteil an Cellulose + Hemicellulose beträgt 75 bis 80 % [3].

Balsaholz läßt sich nur mit sehr scharfen Werkzeugen bearbeiten. Es ist schwierig zu hobeln, nicht schälbar, weder nagel- noch schraubfest, aber gut zu beizen, gut zu polieren sowie mühelos und rasch zu trocknen [13].

Wichtig zu erwähnen ist seine geringe Dauerhaftigkeit, denn es ist nicht wetterbeständig wie auch hochempfindlich gegen holzzerstörende Pilze, holzbewohnende Insekten, u.a. auch gegen Termiten.

O. pyramidale keimt epigäisch. Die sehr kleinen, anfangs rundlichen Keimblätter nehmen später einen eher herzförmigen Umriß an. Sie sind fast immer unbehaart. Die Primärblätter sind gegenständig angeordnet, unterschiedlich groß, haben einen unregelmäßig gesägten Blattrand und sind beidseitig behaart [8].

Abb. 5: Borke

Verbreitung

Als Baumart des tropischen Regenwaldes kommt Balsa in Mittel- und Südamerika zwischen 19° N und 20° S natürlich vor. Ihre Höhengrenze liegt bei etwa 1000 m ü. NN.

Das Areal reicht vom südlichen Mexiko (Yukatan) über Mittelamerika bis Bolivien, Peru und Ecuador. Auch die Antillen und die westindischen Inseln gehören dazu. Künstliche Anbauten, zumeist im Plantagenbetrieb, sind aus den südindischen Provinzen Kerala und Tamil Nadu,

aus Ceylon[1] (Exporte nach Australien), Malaysia, aus Ostafrika und Kamerun bekanntgeworden.

Auch in Ländern, in denen die Art von Natur aus vorkommt, wie Ecuador, Nicaragua oder Costa Rica, werden O. pyramidale-Plantagen begründet. In Guatemala ersetzen sie z.T. die aufgelassenen Bananen-Plantagen.

Anbauerfolge wurden sogar aus Süd-China bekannt, wo sich Herkünfte aus Cuba als relativ tolerant gegenüber tiefen Temperaturen erwiesen[2].

Taxonomie und genetische Differenzierung

Die Taxonomie der Gattung Ochroma hat sich in den letzten 100 Jahren wiederholt verändert. Ursprünglich als monotypischer Genus betrachtet, mit O. lagopus Sw. als einziger Art, wurde später die in Kolumbien vorkommende O. tomentosa WILLD. abgespalten. 1919 teilte ROWLEE den Genus in die folgenden 8 Arten auf:

– O. lagopus
  (syn. O. pyramidalis)   in Westindien
– O. concolor   in Guatemala, Honduras
– O. limonensis   in Costa Rica, Panama
– O. grandiflora   in Ecuador
– O. velutina   an der pazifischen Küste
                                Mittelamerikas
– O. bicolor   in Costa Rica, Honduras
– O. boliviana   in Bolivien
– O. obtusa   in Kolumbien

Unterschiede in der Holzqualität und im Marktwert existierten zwischen diesen Arten nicht. Später entstanden wohlbegründete Zweifel am Artstatus dieser Taxa und man nahm an, daß es sich um Standortformen oder verschiedene ontogenetische Stadien einer einzigen Art (O. lagopus) handele [12]. In neueren Arbeiten wird O. pyramidale anstelle von O. lagopus verwendet.

Konkrete Daten über die rassische Differenzierung von O. pyramidale liegen nicht vor.

Vermehrung und Anzucht

Balsa-Samen keimen unter natürlichen Bedingungen noch $3^{1}/_{2}$ Monate nach dem Anfliegen [1]. Andererseits bleibt die Keimfähigkeit selbst ohne optimale Lagerbedingungen 7 Jahre [1], nach TROUP [2] sogar 24 Jahre erhalten.

O. pyramidale ist ein obligater Lichtkeimer [1]. Auf Mineralboden setzt die Keimung bereits nach 8 bis 10 Tagen

ein. Allerdings geht die Keimrate kaum über 10 % hinaus [8]. Sie läßt sich aber durch verschiedene Verfahren der Saatgutvorbehandlung deutlich verbessern:

– Gibt man Wolle und Samen in ein Sieb, stellt darunter ein Gefäß mit Wasser und zündet dann die Wolle an, so fallen die Samen durch das Sieb ins Wasser. Hitze und Wässerung bewirken eine deutliche Keimförderung (19 bis 24 % Keimung).

– Samen 1 bis 3 Minuten in kochendes Wasser werfen, 15 min in dem sich abkühlenden Wasser belassen und sogleich aussäen (19 bis 24 % Keimung) [8].

Die Ernte der reifen Kapseln sollte bei feuchtem Wetter oder am frühen Morgen geschehen. Nur so kann das plötzliche Öffnen und das Ausfliegen der Samen vermieden werden.

Balsa entwickelt auf geeigneten Standorten – insbesondere nach Bodenfeuer – eine sehr üppige Naturverjüngung, die durch konsequente Vereinzelung (ca. 1,2 m Abstand) forstlich genutzt wird. Der außergewöhnliche Dichtstand hat Flachwurzeligkeit und erhöhte Windwurfgefährdung zur Folge.

Abb. 6: Jungpflanze

---

1) For. Abstr. 6, 161, 1944/45
2) For. Abstr. 46, 1115, 1985

Einjährige Sämlinge sind extrem empfindlich gegen jede Art von mechanischer Verletzung. Aus diesem Grunde sind Läuterungen, Verschulungen und Pflanzarbeiten mit einem erheblichen Risiko verbunden und die Direktsaat erhält oft den Vorzug. Nach LAMPRECHT [7] erfolgt die Aussaat auf Freiflächen im 3 x 3 m-Verband. Jeweils 15 Samen werden in kleine Pflanzlöcher gesät. Später wird vereinzelt. Konsequente Unkrautbekämpfung ist im ersten Jahr unabdingbar. In Indien hat sich u.a. die Bestandesbegründung mit Ballenpflanzen bewährt [2].

Die weniger häufige Anzucht in Baumschulen erfolgt in Containern. Nach 3 Monaten erreichen die Pflanzen 20 bis 25 cm Höhe. Die maximale Wurzeltiefe beträgt nach einem Monat 20 bis 25 cm, nach zwei Monaten 35 bis 38 cm [11].

Für das Auspflanzen auf Freiflächen hat sich ein 4 x 4 oder 5 x 5 m-Verband gut bewährt.

Java	Höhenzuwachs im	1. Jahr	8,5 m
		2. Jahr:	5,3 m
		3. bis 5. Jahr:	je 4,3 m
		6. bis 10. Jahr:	je 2,1 m

Im Durchschnitt werden auf guten Böden in 5 bis 6 Jahren 21 bis 30 m Höhe und 60 bis 75 cm BHD erreicht [13]. Mit 4 Jahren sollen etwa 400 Bäume auf dem Hektar wachsen.

Vom 7. bis 12. Jahr an geht das Höhenwachstum deutlich zurück, die Kernbildung setzt ein und die Rohdichte des Holzes nimmt zu. Aus diesen Gründen wirtschaftet man mit Umtriebszeiten von 7 bis 8 Jahren. Der durchschnittliche Volumenzuwachs für dieses Alter beträgt 17 bis 30 m³/ha/a [8]. Nach BAVENDAMM et al. [3] beläuft sich die Derbholzproduktion pro Hektar in 10 Jahren auf > 500 fm.

Die Angaben über Maximalhöhen schwanken zwischen 30 und 50 m und konkrete Zahlen zum Höchstalter fehlen.

Ökologie und Wachstum

O. pyramidale stellt auf optimalen Standorten wie Lichtungen, Brandflächen oder alluvialem Schwemmland eine flächendeckende Pionierbaumart dar, die jedoch im Sekundärwald nur in Einzelmischung vorkommt und sich infolge ihrer hohen Lichtansprüche nicht im geschlossenen Bestand verjüngt. Allenfalls in den ersten Lebensjahren wird seitliche Beschattung toleriert [8].

Die Art beansprucht ein warm-humides Klima mit 1500 bis 3000 mm Niederschlägen pro Jahr, welche möglichst gleichmäßig über das Jahr verteilt sein sollten. TROUP [2] gibt für Indien Mindest-Niederschläge von 2500 mm/Jahr an. Trockenzeiten werden nur ertragen, wenn die Luftfeuchte nicht unter 75 % absinkt. Als Temperatur-Amplitude nennt LAMPRECHT [8] für Amerika 22 bis 27 °C, Troup für Indien 18,3 bis 35 °C. Bei Anbauversuchen in Dehra Dun starb die Plantage bei + 5 °C, in Florida gingen ungeschützte Einzelbäume bei – 2 °C ein[3].

Balsa stellt sehr hohe Ansprüche an die Bodenqualität, ist aber hinsichtlich des Bodentyps nicht strikt festgelegt. Bevorzugt werden tiefgründige, sandige bis lehmige, gut drainierte alluviale Böden an Fluß- und Seeufern. Auch Verwitterungsböden basischer Gesteine bilden ein gut geeignetes Substrat, Staunässe ist schädlich, Brackwasser wird nicht toleriert.

Immer wieder hervorgehoben wird das ungewöhnlich rasche Jugendwachstum von O. pyramidale:

Ecuador 6 Monate: 3 bis 4 m hoch;   4 cm stark
        1 Jahr: 5 bis 6 m hoch;
        10 Jahre: 20 bis 30 m hoch; 70 bis 105 cm BHD

(nach [1])

Nutzung

Seine wirtschaftliche Bedeutung verdankt O. pyramidale allein dem extrem leichten, für einige Spezialzwecke nur schwer zu ersetzenden Holz. Es eignet sich vorzüglich zur Wärmeisolierung und zur Schalldämpfung und dient wegen seines starken Auftriebs als Ausgangsmaterial für Schwimmkörper aller Art (Rettungsringe, Bojen, Fischnetze, Teile von Rettungsbooten). Wegen der hohen Aufnahmefähigkeit für Wasser muß es zuvor allerdings präpariert werden. Lange Zeit hatte Balsa große Bedeutung im Flugzeugbau, wo es für Tragwerkskonstruktionen und Verblendungen Verwendung fand. Kaum zu ersetzen ist es nach wie vor als Material für den Modellbau.

Wenig geeignet ist Balsa als Brenn- und als Bauholz. Die Herstellung von Schäl- und Messerfurnieren scheitert daran, daß das weiche Material jedwedem Druck ausweicht; Schleifen ist deswegen die einzig praktikable Art der mechanischen Oberflächenbehandlung.

Im Sulfatverfahren läßt sich ein leicht bleichbarer Zellstoff guter Qualität gewinnen [3].

Verschiedenes

– Noch vor dem 1. Weltkrieg war Balsa auf dem Weltmarkt weitgehend unbekannt. Erst die Knappheit an Kork führte zu starker Nachfrage.

Später stieg der Bedarf als Ausgangsmaterial für Produkte der strategischen oder der unmittelbaren militärischen Nutzung weiter an. Es fand u.a. bei der Herstellung von Moskito-Jagdbombern Verwendung. 99 % des Balsaholzes für Großbritannien und die USA im Zeitraum 1935 bis 1941 lieferte Ecuador.

_____
3) For. Abstr. 9, 2144, 1947

– Ureinwohner Süd- und Mittelamerikas verwendeten Balsa-Stämme zum Bau von Flößen. Diese wurden angeblich nur einmal verwendet, weil sie infolge intensiver Wasseraufnahme ihre Schwimmfähigkeit eingebüßt hatten [3]. Im Widerspruch dazu stehen neben authentischen Berichten aus der Zeit der spanischen Eroberer und danach auch die Erfahrungen von THOR HEYERDAHL [6], der 1947 mit einem Floß aus frisch eingeschlagenen Balsastämmen von Peru nach Polynesien segelte. Rasche Wasseraufnahme ist offenbar nur bei trockenem Balsaholz gegeben.

– Die „Samenwolle" benutzte die Urbevölkerung zum Füllen von Kissen und Matratzen. Wegen der geringen Faserlänge kommt die Wolle für eine industrielle Nutzung zur Textilherstellung nicht in Frage.

– Das Holz stehender und liegender Balsastämme ist durch Angriffe holzzerstörender Pilze und zahlreicher Insektenarten im hohen Maße gefährdet. Hinzu kommt eine extreme Empfindlichkeit der Rinde gegen mechanische Verletzungen aller Art, die wiederum zu Pilzbefall führen. Waldbauliche Maßnahmen wie Vereinzelungen oder Läuterungen in jungen Balsa-Beständen sind daher riskant, denn „the careless workman is the chief cause of injury" [12]. Rindenschäden werden auch durch Bodenfeuer hervorgerufen. Berichte über das Auftreten von Schadinsekten und pathogenen Mikroorganismen in natürlichen Balsa-Beständen fehlen fast völlig. Anders in Plantagen, wo als Vorbeugung gegen Insektenfraß empfohlen wird, nicht mehr als zwei Balsa-Generationen in Folge anzubauen, sondern einen Wechsel mit Cordia alliodora oder Chlorophora tinctoria vorzunehmen[4]. In In-

dien treten an Sämlingen Verluste durch Erreger der Umfallkrankheit auf und es wird die konsequente Zäunung gegen Wild und Weidevieh empfohlen [2].

Weiterführende Literatur

[1] ANONYMUS, 1942: Balsa (Ochroma spp.) For. Abstr. 3, 273–277.
[2] ANONYMUS, 1981: Troup's The Silviculture of Indian Trees, Delhi.
[3] BAVENDAMM, W.; FRANCKE, A., et al., 1940: Merkblatt über koloniale Nutzhölzer, Nr. 12, Tharandt.
[4] DAHMS, K. G.: Forst und Holz in Mittel- und Südamerika, Holz-Zentralblatt-Verlag, Stuttgart.
[5] GREENHOUSE, S., 1941: Balsa wood – Its growth and manufacture. Wood Products 46, 16–18, 41–42.
[6] HEYERDAHL, T., 1975: Zwischen den Kontinenten. C. Bertelsmann Verlag München, Gütersloh, Wien.
[7] JAEGER, P., 1961: Morphologie et biologie florales du Balsa (Ochroma lagopus SW., Bombacacees). C. R. Acad Sci. Paris 253, 25, 3041–3043.
[8] LAMPRECHT, H., 1986: Waldbau in den Tropen. Verlag Paul Parey, Hamburg und Berlin.
[9] LAMPRECHT, H.; HUECK, K., 1959: Estudios morfologicos y ecologicos sobre la germinacion y el desarollo en la primera juventud de unas especies forestales en Venezuela, Inst. Forestal Latino Americano Invest y Capacit. Merida, Venezuela.
[10] LITTLE, E. L., Jr.; WADSWORTH, F. H., 1964: Common trees of Puerto Rico and the Virgin Islands. USDA, Forest Service, Agriculture Handbook No 249, Washington, D. C.
[11] OBERBAUER, S. F., 1990: Seed weight and rooting depth of seedlings of Costa Rican wet forest trees, Rev. Biol. Trop. 38 (2B) 473–476.
[12] PIERCE, J. H., 1942: An evaluation of the type material of Ochroma, the source of Balsa wood, Trop. Woods, Nr. 70.
[13] RECORD, S. J.; HESS, R. W., 1943: Timbers of the New World. Yale Univ. Press.
[14] SACHSSE, H., 1991: Exotische Nutzhölzer. Parey's Studientexte, Nr. 68. Verlag Paul Parey, Hamburg und Berlin.

Die Autoren:

Prof. Dr. PETER SCHÜTT
Lehrstuhl für Forstbotanik
Ludwig-Maximilians-Universität München
Hohenbachernstraße 22
D-85354 Freising

ULLA M. LANG
Schützenstraße 6
D-82383 Hohenpeißenberg

Abb. 7: Waschbär trinkt aus einer mit Regenwasser gefüllten Blüte

[4] For. Abstr. 80, 2358, 1946

Pandanus tectorius PARKINS., 1773

syn.: Pandanus pedunculatus R. BR., 1878
       Pandanus odoratissimus L. f.

Wohlriechender Schraubenbaum   Familie: Pandanaceae

engl.:   Screw-pine

Hawaii: Hala

Abb. 1: Pandanus tectorius. Typischer Solitär auf Kauai, Hawaii

Abb. 2: Stelzwurzeln (links), Stamm mit Blattnarben (Mitte) und Sproß mit Blattbasen (rechts)

Pandanus tectorius, eine von zahlreichen, vornehmlich in den tropischen Regionen des Pazifik vorkommenden Schraubenbaum-Arten, ist ein immergrüner, anspruchsloser, kleiner Baum, der oft unmittelbar an der Küste wächst und den für die Gattung typischen, unverwechselbaren Aufbau zeigt. Dem kurzen Stamm entspringen kräftige Stelzwurzeln, die langen, schraubig angeordneten Blätter (Name) sind dornig gesägt, und der Fruchtstand ähnelt in Größe und Form einer Ananas.

Die Ureinwohner der Pazifischen Inseln hatten für viele Teile des Baumes eine praktische Verwendung; heute besitzt die Art keine wirtschaftliche Bedeutung, wird aber gelegentlich als Zierform gärtnerisch kultiviert.

Verbreitung und Taxonomie

Die Art ist auf den tropischen Inseln des Pazifik weit verbreitet, ausgenommen die äquatornahen Bereiche.

Zum Areal zählen u. a. der tropische Norden Australiens, Neukaledonien, Neu-Guinea, Java und die Fiji-Inseln. Die Philippinen bilden die Ostgrenze. Auf Hawaii stellt *P. tectorius* die einzige *Pandanus*-Art dar und besiedelt küstennahe Standorte zwischen 0 und 600 m ü. NN [5].

P. tectorius gehört der Sektion *Pandanus* im Subgenus *Pandanus* an. Die Arten dieser Sektion sind u. a. durch hängende Blattspitzen, vornehmlich abaxiale Stomata und grüne bis blaugrüne Blattunterseiten gekennzeichnet. Die Zahl der Carpelle pro Steinfrucht liegt meist unter 12, und das Perikarp umschließt nicht mehr als ein Drittel des Samens [9].

Die taxonomisch/nomenklatorische Situation von *P. tectorius* wird so unterschiedlich beurteilt, daß STONE [8] von einem „*Pandanus tectorius* problem" spricht. Teils betrachtet man sie als eine von vielen auf den Pazifischen Inseln entstandenen endemischen Arten [7], teils als eine weit verbreitete Species, die sich in einzelne lokale Varietäten differenziert hat [9]. So werden für die Fiji-Inseln je nach Autor 29, 5 oder 1 autochthone Art angegeben [1]. Und STONE [8] scheidet in Australien, auf Neukaledonien und den Neuen Hebriden acht Varietäten aus.

Gegenstand der taxonomischen Differenzierung ist fast ausschließlich die extrem stark variierende Form und Länge der Steinfrucht (Streubreite innerhalb einer Population: Länge 3 bis 7 cm; Zahl der Carpelle 5 bis 12) [8].

Im Bereich ihres natürlichen Areals wird *P. tectorius* auch kultiviert. Durch Selektion entstanden mehrere, z. T. weit verbreitete Cultivare mit eßbaren Früchten, verschiedenfarbigen Fruchtständen oder panaschierten Blättern [5, 8].

Beschreibung

P. tectorius wächst rasch zu einem kleinen, attraktiven Baum heran, der eine Gesamthöhe von 11 m und einen Stammdurchmesser von etwa 31 cm erreichen kann [3]. Die wenigen, kräftigen Äste sind stets weit gegabelt und mit deutlichen, ungleichmäßig angeordneten Blattnarben besetzt. Besonders auffällig sind die für *Pandanus*-Arten typischen, rings um den kurzen, zunächst rotbraunen, später grauen Stamm angeordneten, mit kleinen Dornen besetzten Stelzwurzeln.

Sie erhöhen die Standfestigkeit des relativ breitkronigen Baumes. Gelegentlich entstehen sie auch an Ästen [1].

Blätter

P. tectorius ist immergrün. Die langen und schmalen, wechselständig angeordneten Blätter stehen gehäuft an den Triebenden, haben eine stark verbreiterte Basis und einen sägezahnähnlich bewehrten Rand. Sie sind relativ dick und ledrig sowie etwa 90 cm lang und 5 cm breit, wobei diese Maße gelegentlich erheblich überschritten werden können. Im Gegensatz zu den zahlreichen, parallel laufenden, aber schwer erkennbaren Blattadern tritt die Mittelrippe deutlich hervor.

Die oberseits glänzend grünen Blattspreiten haben eine stumpf hellgrüne Unterseite, die an der Mittelrippe mit Dornen besetzt ist. Kennzeichnend sind die überhängenden Blattspitzen. Alte, abgestorbene Blätter hängen am Stamm herab und fallen nach und nach ab. Auf den Fiji-Inseln verbleiben die Blätter 2 Jahre, an weniger wüchsigen Exemplaren in Australien (South Great Barrier Reef) 5 Jahre am Baum [1].

Blüten, Früchte und Samen

Den einfachen, kleinen, dioezisch verteilten Blüten fehlt eine Blütenhülle. Männliche Blüten sind zu vielen an her-

abhängenden, 30 bis 60 cm langen, traubigen Infloreszenzen angeordnet, welche terminal an den Sprossen entstehen. Sie duften stark und bestehen aus 3 bis 6 mm langen Staubblättern, deren Filamente im unteren Bereich miteinander verwachsen. Die Blütenstandsachse trägt mehrere hellgelbe, dornige, lang zugespitzte, ebenfalls wohlriechende Hochblätter.

Weibliche Blüten stehen terminal in kompakten Köpfen und haben Stempel, die dicht mit farbigen Schuppen besetzt sind [5].

An männlichen Bäumen entstehen etwa dreimal so viele Blüten wie an weiblichen gleichen Alters. Sie blühen jährlich, weibliche hingegen nur alle 2 Jahre [1]. Die Befruchtung findet von März bis Mai statt und die Reifezeit der Früchte liegt im Februar bis April des nächsten Jahres [1]. Auf Fiji beginnt die Art mit 10 bis 25 Jahren erstmals zu blühen [1].

Die kugelrunden Sammelfrüchte (Durchmesser 10 bis 20 cm, 15 bis 35 cm nach [1]) stehen einzeln an einem langen Stiel und setzen sich aus 40 bis 80 eckigen, etwas abgeflachten, harten Steinfrüchten zusammen, die in der Farbe von glänzend hellgelb über orange bis rot, in der Länge zwischen 4 und 7 cm und in der Breite von 1 bis 2 cm variieren [5]. An der Basis befindet sich ein fleischiges Perikarp, das intensiv nach Acetaldehyd riecht [1]. Normalerweise enthalten sie 5 bis 11 Samen, wobei die Zahl der Embryonen in den apikalen Früchten höher liegt als in den basalen [1]. Alte, trockene Früchte sind porös und schwimmfähig.

Abb. 3: Blattspreiten mit sägezahnähnlich bewehrten Rändern (links), männlicher Blütenstand mit Hochblättern (Mitte) und Sammelfrucht mit zahlreichen eckigen Steinfrüchten (rechts)

Abb. 4: Reife Steinfrüchte

Holz

Zwischen dem Stammholz männlicher und weiblicher Bäume bestehen deutliche Strukturunterschiede. So bilden männliche Exemplare über den gesamten Querschnitt hinweg ein hartes, verholztes Gewebe von gelblicher Farbe, das von braunen Bündeln durchzogen wird, schwer zu spalten ist und bei plötzlicher Belastung leicht bricht. In den Stämmen weiblicher Bäume sind nur die peripheren Bereiche hart, die zentralen Teile jedoch weich und faserig. Nach Entfernung der inneren Gewebe nutzte man sie daher früher als „Wasserrohre".

Abb. 5: Stammquerschnitt

Vermehrung und Entwicklung

Einige der angenehm riechenden Früchte werden auf Fiji durch Fledermäuse (*Pteropus tonganus* QUOY) verbreitet, welche das süße, fleischige Perikarp fressen. Mehr als 90 % der reifen, schwimmfähigen Steinfrüchte liegen aber unter den Bäumen, werden zu einem geringen Teil von Flutwellen erfaßt und durch Meeresströmungen weit verbreitet [1, 8]. Die Keimung erfolgt innerhalb von 4 bis 10 Wochen, sofern die Früchte mit Boden bedeckt werden. Aus einer Steinfrucht können bis zu 8 Keimlinge hervorgehen [1].

Aufgrund umfangreicher Untersuchungen unterscheidet ASH [1] auf den Fiji-Inseln drei Entwicklungsphasen bei *P. tectorius*:

1. Jugendphase: Stämmchen schräg oder niederliegend. Erst nach Bildung von Stelzwurzeln setzt stärkeres und orthotropes Wachstum ein.

2. Starke Entwicklung des Stammes (12 bis 24 cm Durchm., bis 9 m hoch) und Bildung der ersten Seitenzweige.

3. Abschluß des Stammwachstums. Blütenbildung setzt ein, die jährlich (♂) bzw. alle 2 Jahre (♀) wiederkehrt. Beginn sympodialer Verzweigungen.

Die Angaben über das Lebensalter schwanken zwischen 60 und 190 Jahren. Sie beruhen i. a. auf der Zahl der Blattnarben am Stamm. Alterungsprozesse sind verbunden mit einer Abnahme der Ast-Durchmesser und der Blattgröße.

Ökologie

P. tectorius gehört zur Küstenflora tropischer Pazifik-Inseln, wo sie z. T. einzeln oder in Gruppen, z. T. auch in kleineren Beständen auf sehr verschiedenen Standorten wächst. Mischung mit Straucharten, mit *Calophyllum inophyllum, Hibiscus tiliaceus* u. a. kommt vor [3]. Reinbestände treten im Sumpfgelände oder in Reichweite der Meerwassergischt auf jungen Lavafeldern auf [1]. Populationen fern der Küste gehen auf anthropogene, bis zu 3500 Jahre zurückliegende Aktivitäten zurück [1, 3].

Das Klima wird von einer trocken-warmen Periode (Mai bis November) und einer daran anschließenden feucht-heißen Zeit (Dezember bis April) geprägt.

Pandanus-Bestände mit dichter Bodenflora sind durch Bodenfeuer gefährdet. Weniger intensiven Feuern fallen bis 50 cm hohe Pflanzen zum Opfer; bei höheren Bäumen werden fast nur die Stützwurzeln und die äußeren Blätter beschädigt, nicht aber die Sproßmeristeme.

P. tectorius ist eine obligate Lichtbaumart, die im Schatten nicht blüht [1].

Abb. 6: Jungpflanze aus natürlicher Verjüngung auf Big Island, Hawaii

Nutzung

Die Ureinwohner Hawaiis und Melanesiens hatten für viele Teile der Schraubenpalme eine Verwendung. So fertigte man aus den Blättern die Dächer der Hütten. Sie hatten an den leeseitigen Küsten eine Haltbarkeit von 15 Jahren, Dächer aus Cocos-Blättern hingegen nur von 3 Jahren [5].

Weit verbreitet sind seit altersher die z. T. kunstvollen Flechtarbeiten aus Blättern. Als Material dienten bis zu 1,5 mm schmale, im Meereswasser gebleichte, dann geglättete und enthärtete Längsstreifen, die zu Schlafdecken, Fächern, Sandalen, Körben und anderem verarbeitet wurden [6]. Besonders feine und begehrte Stücke kamen aus Samoa. 2 x 3 m messende Decken erforderten Arbeitszeiten von mehreren Monaten. Für Touristen werden ähnliche Artikel (u. a. Hüte, Geldbörsen, Platzdecken, Körbe) noch heute hergestellt [5, 6].

In Indien nutzt man die stark duftenden Blüten als Ausgangssubstanz für Parfums [6].

Verschiedenes

– Nach NEAL [6] spielt die Schraubenpalme eine gewichtige Rolle in der Mythologie melanesischer Völker. Demnach entstanden die Urahnen des Menschengeschlechts aus den Blutstropfen einer Göttin, welche diese vergoß, als sie sich beim Teilen von Hala-Blättern verletzte.

– Teile von *P. tectorius* sollen volksmedizinisch genutzt worden sein, ohne daß dazu konkrete Angaben vorliegen. Aus Hawaii ist jedoch überliefert, daß Hala-Pollen, separat oder in Cocos-Öl verteilt, von jungen Mädchen als Aphrodisiacum verwendet wurde [2].

Weiterführende Literatur

[1] ASH, J., 1987: Demography, Dispersal and Production of Pandanus tectorius (Pandanaceae) in Fiji. Aust. J. Botany **35**, 313-330.

[2] KEPLER, A. K., 1990: Trees of Hawaii, Honolulu.

[3] LAMB, S. H., 1987: Native Trees and Shrubs of the Hawaiian Islands. Sunstone Press, Santa Fe, NM.

[4] LEE, M. A. B., 1989: Seed and seedling production in Pandanus tectorius. Biotropica **21**, 57-60.

[5] LITTLE, E. L., JR.; SKOLMEN, R. G., 1989: Common Forest Trees of Hawaii. USDA For. Serv., Agric. Handb. 679, Washington, D.C.

[6] NEAL, M. C., 1965: In Gardens of Hawaii. Bishop Museum Press, Honolulu, HI.

[7] ST. JOHN, H., 1979: Revision of the Genus Pandanus STICKMAN. Part 42. Pandanus tectorius PARKINS. ex Z. and Pandanus odoratissimus L. f.. Pacific Science **33**, 395-401.

[8] STONE, B. C., 1976: The Pandanaceae of the New Hebrides, with an essay on intraspecific variation in Pandanus tectorius. Kew Bulletin **31**, 47-70.

[9] STONE, B. C., 1982: Pandanus tectorius PARKINS. in Australia: a conservative view. Bot. J. Linnean Soc. **85**, 133-146.

Die Autoren:

Prof. em. Dr. PETER SCHÜTT
Lehrstuhl für Forstbotanik
Ludwig-Maximilians-Universität München
Am Hochanger 13
D-85354 Freising

ULLA M. LANG
Schützenstraße 6
D-82383 Hohenpeißenberg

Parkinsonia aculeata LINNÉ, 1753

Jerusalemdorn

Familie: Caesalpiniaceae

engl.:   Jerusalem thorn
franz.: Epine de Jerusalem
ital.:   Spina del Jerusalem
span.:   Retama

Abb. 1: Parkinsonia aculeata. Blühender Solitär im Süden von Texas

Abb. 2: Stammrinde, bedornt (links) und Borke eines
alten Stammes (rechts)

Parkinsonia aculeata, ein leuchtend gelb blühender, maximal 12 m hoher Baum oder relativ großer Strauch aus den
subtropischen Trockengebieten Mittel- und Südamerikas,
verdient in mancherlei Hinsicht Beachtung. So wegen der
Unempfindlichkeit gegen Trockenheit, wegen der Morphologie seiner Blattorgane, aber auch wegen der vielseiti-
gen Nutzung in zahlreichen tropischen Ländern außerhalb
seines Areals.

Die immergrüne Art wird unter anderem in Afrika und Indien, in den Südstaaten der USA und auf einigen der
Westindischen Inseln zur Bodenbefestigung und als Erosionsschutz angebaut, hat sich dort im Laufe der Zeit wiederholt aus der Kultur verselbständigt und gilt heute oft
als unerwünscht. Regional findet sie allerdings auch als
Ziergehölz Verwendung.

Der Trivialname „Jerusalemdorn" hat nichts mit der Stadt
im Nahen Osten zu tun sondern leitet sich ab von dem italienischen Wort „girasol" (= der Sonne zugewandt). Mit
dem Gattungsnamen *„Parkinsonia"* wird der britische Botaniker John Parkinson (1567 bis 1650) geehrt [4].

Verbreitung

Parkinsonia aculeata ist eine Gehölzart der Neotropen.
Die Nordgrenze ihres natürlichen Vorkommens liegt im
Süden der USA (SW-Texas [Williamson-County], Süd-Ari-
zona) und im Norden Mexikos. Das Areal erstreckt sich
über Mittelamerika und das nördliche Südamerika bis
nach Argentinien [5].

Angebaut wurde die Art auch in mehreren tropischen
Ländern Afrikas und Asiens, unter anderem in Indien (insbesondere Punjab, Deccan, Rajasthan, Gujarat [1]), in Somalia und im Jemen, darüber hinaus aber auch in Florida
und Georgia. LITTLE [4] gibt die Höhenverbreitung mit 0
bis 1300 m ü. NN an.

Beschreibung

Übereinstimmend wird die Art als kleiner Baum oder
großer Strauch mit unregelmäßiger, breiter Krone beschrieben. Die Höhenangaben variieren jedoch je nach
Wuchs- oder Anbaugebiet:

Generell [4]	4 bis 10 m	**Indien** [1]	6 bis 9 m
Südl. USA [2, 9]	bis 12 m	**Puerto Rico** [5]	3 bis 6 m
Nordamerika [8]	6 bis 10 m	**Somalia** [6]	4 bis 10 m

Ältere Exemplare haben kurze, oft krumme Schäfte mit
Durchmessern von höchstens 30 bis 40 cm und eine rötlich braune, glatte Borke, die später mit kleinen Schuppen
besetzt ist. Bei jüngeren Bäumen ist die Borke noch gelb-
lich-grün. Auffallend sind die etwas überhängenden, zickzack-artig wachsenden, bedornten, dünnen Zweige mit
zunächst gelblich-grüner, später orange-grauer, von Lenticellen besetzter Rinde.

Blätter

Auch die Mehrzahl der Blattorgane hängt über. *P. aculeata*
bildet doppelt gefiederte Blätter, stößt aber die sehr kleinen Fiederblättchen bald ab, so daß nur die extrem kurze,
braune Rhachis sowie die viel stärker ins Auge springen-
den, langen, grünen Blattachsen zweiter Ordnung erhalten
bleiben.

Abb. 3: Einzelblüte

Abb. 4: Laubblatt mit mehreren Seitenachsen und zahlreichen Fiederblättchen (links) und Blüten in situ
(rechts)

Abb. 5: Reife Früchte (links) und Stammquerschnitt
(rechts)

Der Aufbau im einzelnen: an einer sehr kurzen, persistenten Blattspindel, deren Spitze sich zu einem kurz zugespitzten, kastanienbraunen Dorn (Länge: 15 bis 30 mm) entwickelt, entspringen 1 oder 2 Paare 30 bis 45 cm langer
Seitenachsen, die ebenfalls mit einer dornigen Spitze enden
und jeweils 25 bis 30 Paare winziger, kurz gestielter, ovaler
Fiederblättchen tragen (1,5 bis 3 mm lang). Diese fallen
sehr bald ab, so daß die CO_2-Assimilation allein von den
an der Rhachis verbleibenden grünen Achsen übernommen
wird. An der Basis der Blattspindel befinden sich zwei Stipulardornen. *Parkinsonia* wirft demnach die Fiedern ab
und ist dennoch „immergrün".

Blüten und Früchte

Im tropischen Bereich des Areals blüht die Art das ganze
Jahr über, an der Nordgrenze der Verbreitung hauptsächlich im Frühjahr und Sommer [5, 8, 9]. Letzteres gilt
ebenso für Indien [1]. Sporadisch erscheinen die Blüten
aber auch hier ganzjährig.

In voller Blüte stehende Bäume ziehen wegen der großen
Zahl goldgelber, in aufrechten, traubigen Infloreszenzen
(7,5 bis 20 cm) angeordneten Blüten schon von weitem die
Blicke auf sich. Die wohlriechenden, bis 2,5 cm breiten,
annähernd radiären, fünfzähligen Zwitterblüten werden
von Insekten bestäubt. Sie stehen an 8 bis 12 mm langen
Stielen, haben einen Kelch mit kurzer Röhre und 5 schmalen, gelbbraunen, etwas umgebogenen Zipfeln sowie 5 fast
runde, 10 bis 13 mm lange Kronblätter von gelber, leicht
orange getönter Farbe, wovon eines etwas länger ausfällt,
nahe der Basis rote Punkte aufweist und sich während des
Welkens rot verfärbt. Weiterhin sind 10 grüne Staubblätter
mit braunen Antheren vorhanden, ein rötlicher Stempel
mit schlankem Griffel sowie ein einfächeriger Fruchtknoten.
Die Stamina bleiben kürzer als die Petalen.

Die 5 bis 10 cm langen und mindestens 6 mm breiten,
dunkel orangebraunen Früchte (Hülsen) hängen mit
knapp 2 cm langen Stielen an lockeren Fruchtständen. Sie
laufen an beiden Enden allmählich spitz zu, sind zwischen
den Samen deutlich verengt und enthalten 1 bis 5 länglich
bohnenförmige, 7 bis 10 mm lange, dunkelbraune Samen.
Tausendkorngewicht: 83 g (77 bis 133 g) [6].

Die Früchte bleiben zur Zeit der Samenreife geschlossen [6].

Holz

Das Stammholz ist durch einen sehr breiten, gelblichen
Splint und einen unregelmäßig rötlich braunen Kern gekennzeichnet. Es hat eine feine Textur, ist mäßig hart und
mäßig schwer, läßt sich jedoch leicht entzünden und
bricht leicht [4]. LITTLE [4] nennt eine Rohdichte von 0,6
g/cm³, TROUP (für Indien) von 0,83 g/cm³ [1].

Anzucht und Entwicklung

P. aculeata produziert reichlich Samen, läßt sich aber auch
mühelos mit Sproß- und Wurzelstecklingen sowie mit
Luftablegern vermehren [4, 6].

Das Saatgut ist am leichtesten durch Aufsammeln der
trockenen Hülsen vom Boden zu gewinnen und läßt sich
bei Raumtemperaturen mindestens bis zu einem Jahr aufbewahren. Die Keimung erfolgt nach 10 bis 14 Tagen zu
30 bis 70 % (in Indien zu 86 % [1]). Vorbehandlung
durch Anritzen der Samenschale, durch Einlegen in heißes
Wasser für eine Nacht oder in kaltes Wasser für 3 Tage erhöht das Keimprozent [6].

Keimhemmend wirkt die geringe Durchlässigkeit der Samenschale für Wasser. 45minütiges Tauchen in konzentrierte Schwefelsäure beseitigt die Hemmung und konstante Keimtemperaturen von 15 bis 35 °C verstärken diesen Effekt.

Für die Aussaat hat sich die 1 bis 7 cm starke Abdeckung mit Erde bewährt[1].

Während die ca. 2 cm langen Kotyledonen von einfacher Form sind, weisen die Primärblätter bereits Fiederung auf und haben stark reduzierte, punktartige Nebenblätter [1].

Die Anzucht in der Baumschule wirft keinerlei Probleme auf. Wurzelschnitt wird empfohlen [6].

P. aculeata ist eine raschwüchsige, kurzlebige Art. Diese oft wiederholte Aussage wird in der Literatur nicht mit Daten belegt.

Ökologie

P. aculeata besiedelt aride und semiaride Standorte in tropischen und subtropischen Klimabereichen mit Jahres-Niederschlägen zwischen 200 und 1000 mm. Sie übersteht bis zu 9 Monate andauernde Trockenperioden und ist für feuchte Klimaverhältnisse wenig geeignet [4]. Sie toleriert milde Fröste, wird aber in Texas gelegentlich von Kälteperioden geschädigt [7]. In Mittelamerika kommt sie auf Salzböden großflächig in Reinbeständen vor [3].

P. aculeata ist eine sehr konkurrenzstarke Lichtbaumart, die sich auf geeigneten Standorten auch außerhalb ihres Areals gegen konkurrierende Gehölzarten durchsetzt, so z. B. in Afrika (Somalia) gegen einheimische *Acacia*-Arten [6].

Hervorzuheben ist schließlich ihre Anspruchslosigkeit gegenüber dem Nährstoffgehalt des Bodens. Häufig werden sandige bis kiesige Substrate, selbst „black cotton"-Böden [1], erodierte Standorte und alkalische Böden mit hohem Salzgehalt besiedelt.

Die Art vermag über die Symbiose mit *Rhizobium*-Arten Luftstickstoff zu binden [3].

Nutzung

P. aculeata hat keine unmittelbare ökonomische, wohl aber eine beträchtliche ökologische Bedeutung. Sie wird wegen ihrer Anspruchslosigkeit und Dürrehärte in vielen ariden Gebieten Amerikas, Afrikas und Asiens zum Erosionsschutz und zur Bodenbefestigung angebaut und eignet sich hervorragend zur Aufforstung sandigen Ödlands [1].

In Indien und in Ländern der Karibik pflanzt man sie wegen des großen Ausschlagvermögens und der vielen Dornen als schwer zu durchdringende Hecke („lebender Zaun"), die durch Beimischung von *Caesalpinia pulcherrima* noch an Schönheit gewinnt [1, 4, 5] und auch als Bienenweide von Interesse ist. Das Holz stellt ein geschätztes Brennmaterial dar und dient als Ausgangsmaterial für eine Holzkohle von hoher Qualität [1, 4].

Verschiedenes

- Der Jerusalemdorn wird durch Krankheiten und Schadinsekten in seiner Vitalität nur wenig beeinträchtigt [9].

- Bei Anzucht in feuchten Substraten tritt die Umfallkrankheit auf und gelegentlich werden Sämlinge von Termiten angegriffen [6].

- In Indien treten Schäden durch *Enarmonia malesana*, einen Frucht- und Samenschädling auf [1], und nahe einer Papierfabrik wurden starke Immissionsschäden beobachtet, besonders nach Reduzierung der Bewässerung[2].

- In Mexiko heimische Indianer stellten aus Blättern und Zweigen des Jerusalemdorns einen Tee her, der als Medizin gegen Diabetes und Epilepsie sowie als schweißtreibendes und fiebersenkendes Mittel getrunken wurde [2]. Die reifen Samen zerstießen sie zu Mehl und buken Brot daraus [9].

- Blätter, junge Zweige und Hülsen werden vom Vieh, vom Schalenwild und sogar von Pferden gefressen – insbesondere in Notzeiten [7]. Ziegen und Schafe füttert man mit geschneitelten jungen Zweigen [4].

[1] For. Abstr. **45**, 4409, 1984
[2] For. Abstr. **48**, 864, 1987

Weiterführende Literatur

[1] ANONYMUS, 1983: Troup's „The Silviculture of Indian Trees", Vol. IV. Leguminosae, Delhi.

[2] COX, P. W.; LESLIE, P., 1991: Texas Trees. Corono Publ. Company, San Antonio, TX.

[3] HUGHES, C. E.; STYLES, B. T., 1984: Exploration and seed collection of multiple-purpose dry zone trees in Central America. Intern. Tree Crops J. 3, 1-31.

[4] LITTLE, E. L., Jr., o. J: Common Fuelwood Crops. A handbook for their identification. Communi-Tech. Assoc., Morgantown, WV.

[5] LITTLE, E. L.; WADSWORTH, F. H., 1989: Common Trees of Puerto Rico and the Virgin Islands. USDA Forest Service, Agriculture Handbook Nr. **249**, Washington, DC.

[6] MAHONY, D., 1990: Trees of Somalia. Oxfam, Oxford, GB.

[7] POWELL, A. M., 1988: Trees and Shrubs of Trans-Pecos Texas. Big Bend Natural History Ass., Inc., TX.

[8] SARGENT, C. S., 1965: Manual of the Trees of North America. Vol 2. Dover Publications, Inc., New York.

[9] VINES, R. A., 1976: Trees, Shrubs and Woody Vines of the Southwest. Univ. Texas Press, Austin and London.

Die Autoren:

Prof. em. Dr. PETER SCHÜTT
Lehrstuhl für Forstbotanik
Ludwig-Maximilians-Universität München
Am Hochanger 13
D-85354 Freising

ULLA M. LANG
Schützenstraße 6
D-82383 Hohenpeißenberg

Peltogyne purpurea PITT.

Amaranth

Familie: Caesalpiniaceae

engl.: Purpleheart
span.: Nazareno

Abb. 1: Peltogyne purpurea. Charakteristisches Kronenbild (Osa Peninsula, Costa Rica)

Peltogyne purpurea ist ein Baum des tropischen Regenwaldes, der nur in Panamá und Costa Rica vorkommt.
Das Hauptvorkommen befindet sich auf der Osa-Halbinsel im Südwesten Costa Ricas. Ausgewachsene Bäume
überragen dort in der Regel das Kronendach und sind
leicht zu erkennen. Das violettfarbene, harte Holz ist sehr
gesucht und wird in großem Umfang eingeschlagen. P.
purpurea ist in der Liste der gefährdeten und wenig verbreiteten Arten Costa Ricas vertreten. Sie ist im Nationalpark Corcovado und in der Reserva Biológica Carara
streng geschützt, wird aber außerhalb dieses Gebietes intensiv genutzt. Zur Aufforstung wird die Art kaum verwendet, ihre ökologischen Ansprüche sind wenig bekannt.

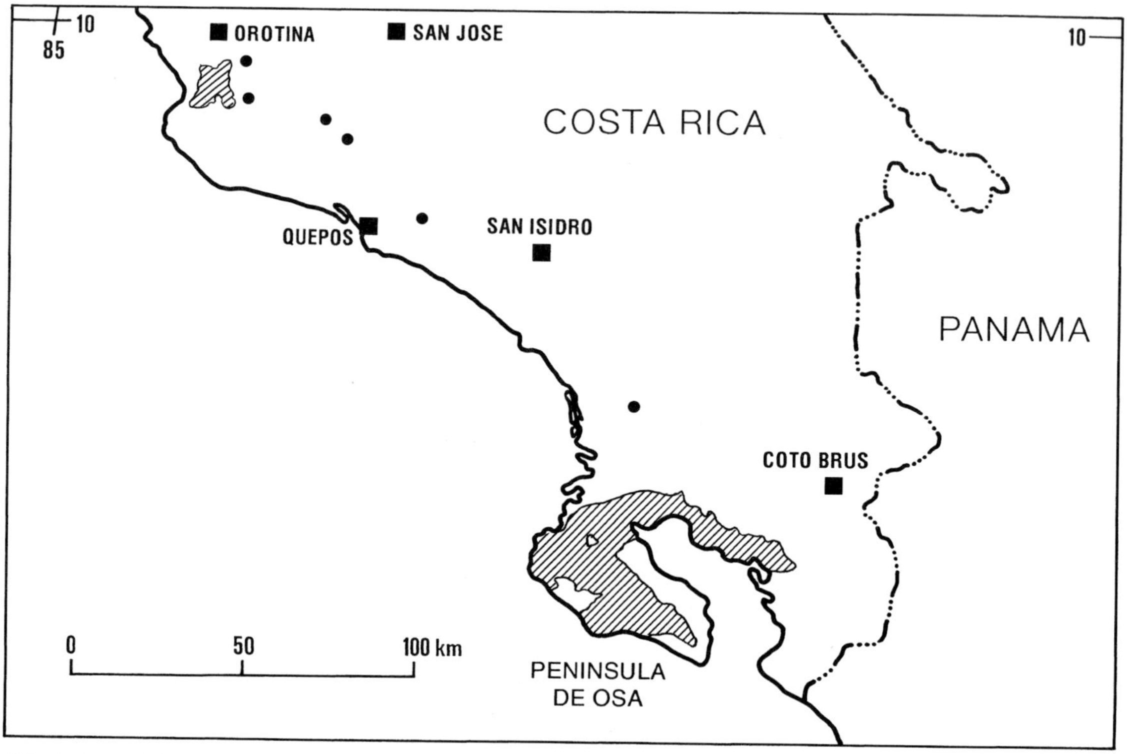

Abb. 2: Natürliche Verbreitung in Costa Rica (● = Einzelvorkommen)

Verbreitung

Die Gattung Peltogyne ist mit insgesamt 23 Arten, 3 Unterarten und 2 Varietäten in Brasilien (Verbreitungsschwerpunkt: nördliches Amazonien) und dem nördlichen Südamerika sowie in Panamá, Costa Rica, Trinidad & Tobago und Mexico verbreitet [2].

P. purpurea ist nur in Costa Rica und Panamá heimisch, etwa zwischen dem 7. und 10. Grad nördlicher Breite. Die Art kommt in Costa Rica nur in der Nähe der Pazifikküste vor. Nördliche Verbreitungsgrenze ist die Reserva Biológica Carara. In einigen Restwäldern des pazifischen Küstenvorgebirges bestehen ebenfalls Vorkommen: Orotina und Zapatón sowie Palmar Norte, Cerro Nara, Zona Protectora Cangreja-Puriscal und Santa Rosa de Puriscal [3]. Die Hauptvorkommen befinden sich aber auf der Halbinsel Osa und den westlich angrenzenden Gebieten bei Esquinas und bei Golfito. In Panamá ist die Art in der Provinz Darién (Osten Panamás, Grenzgebiet zu Kolumbien) verbreitet, möglicherweise auch in anderen Landesteilen.

Beschreibung

P. purpurea wird i.a. zu einem großen, bis 50 (60) m hohen Baum mit einem Stammdurchmesser (BHD) bis zu 1 m. Der **Stamm** ist gerade und zylindrisch. Seine Länge erreicht in der Regel die Hälfte bis zwei Drittel der Baumhöhe. Von da an gabelt er sich in zahlreiche Äste auf, die spitzwinklig ansetzen und dann bogenförmig nach außen wachsen.

Die Art bildet Brettwurzeln aus, die bei alten Individuen bis in 3 m Höhe ansetzen, aber recht schmal sind. Das **Wurzelsystem** von P. purpurea ist fächerförmig ausgebreitet, flach aber intensiv. Die Gattung Peltogyne scheint keine Wurzelknöllchen auszubilden.

Die **Borke** ist glatt bis rauh, mit runden Narben abgefallener Borkenschuppen besetzt und von hellgrauer bis gelblich-weißer Farbe. Die Rinde der Zweige weist zahlreiche weiße Lenticellen auf. Die flach abgerundete **Krone** besteht aus zahlreichen Teilkronen, die ihrerseits wieder nach oben abgerundet sind. Der Baum ist reichlich verzweigt und bildet auch Wasserreiser aus.

Abb. 3: Stammbasis mit Brettwurzeln

Die **Blätter** sind paarig gefiedert und bestehen aus nur zwei Fiederblättchen. Sie stehen wechselständig an schwach zickzackförmig gebogenen Zweigen. Die Länge der Fiederblättchen beträgt in der Regel 5 – 7 cm, ihre Breite 2 – 3 cm. In voller Lichtexponierung sind an frischen, nach Verletzung austreibenden Ersatztrieben auch sehr große Blätter zu beobachten (Blättchengröße bis 15 x 6 cm), während die Blättchen in der oberen Kronenschicht nur etwa 5 cm lang und 2 cm breit werden. Die Basis der Blättchen ist rund bis oval, sie sind elliptisch bis lanzettlich geformt und enden mit einer ausgezogenen Spitze. Jungpflanzen, die im Schatten des Altbestandes wachsen, haben schmälere Blättchen mit weitaus länger ausgezogenen Spitzen. Die Blättchen sind dünn, ledrig, glänzend und netznervig. Auf der Unterseite tritt der Mittelnerv deutlich hervor.

Nazareno-Blätter haben bis zu 2 cm lange Stiele. Auch die Fiederblättchen sind etwa 3 bis 4 mm lang gestielt. Kurz nach dem mitunter sehr raschen Austrieb (Laubausschüttung) sind die Blätter noch hellgrün gefärbt, später dann mittelgrün.

Abb. 4: Beblätterte Triebe, junge Blätter hellgrün

Sie verbleiben höchstens 8 Monate (bis zum Beginn der nächsten Trockenzeit) am Baum. Bevor sie abfallen, färben sie sich meist braun.

Die schwach gelblich-weißen **Blüten** stehen in endständigen oder subterminalen Rispen, welche 2 bis 15 Blüten tragen. Die Stiele der Infloreszenzen sind 5 – 7 cm lang und filzig behaart. Die Blüte ist radiär, 2 mm lang gestielt, hat drei 2,5 mm lange Kelchblätter, 5 Petalen von jeweils 3 mm Länge und einen kaffeebraunen Stempel.

Abb. 5: Stammborke (Stamm mit Verletzung)

Der Blütenstiel, die Kelchblätter und der Fruchtknoten sind filzig behaart. Die etwa 4 – 5 mm langen Staubblätter haben kugelförmige Antheren von etwa 0,3 mm Durchmesser. Die Blüten duften angenehm. Sie werden von Insekten bestäubt.

Auf der Osa-Halbinsel beginnt P. purpurea in dem Alter zu blühen, in dem sie die obere Kronenschicht erreicht, d.h. mit einem BHD ab etwa 25 cm.

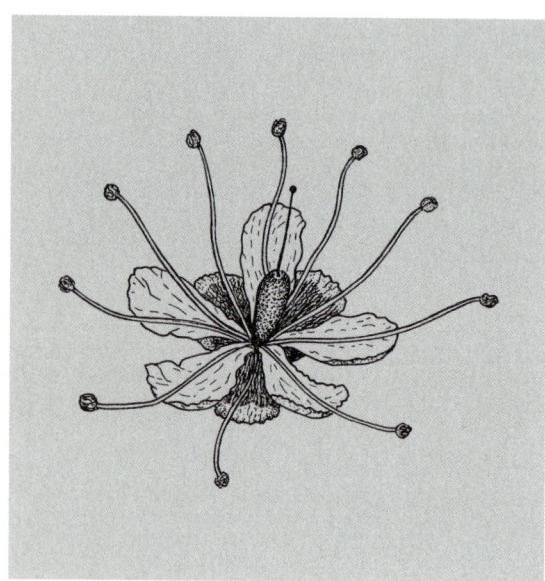

Abb. 6: Einzelblüte (10 x nat. Größe)

Unterständige Individuen scheinen nicht zu blühen. Nach ALLEN [1] liegt die Blütezeit auf der Halbinsel Osa zwischen August und Dezember. Die Blüten bleiben 3 Tage geöffnet. Danach fällt die Blütenhülle ab. Offenbar blüht die Art nicht alle Jahre [1]. Die Früchte reifen im Februar bis April, wenn die Bäume bereits ihr Laub verloren haben. Am Ende der Trockenzeit (April/Mai) findet der neue Austrieb statt.

Die **Früchte** (Hülsen) springen auf, sobald sie reif und trocken sind. Sie sind glatt und flach, 3 – 5 cm lang und 2 – 6 cm breit und enthalten nur einen Samen. Dieser ist 10

bis 12 mm breit, 17 – 20 mm lang und 2 mm dick, oval und flach. Er enthält einen Embryo mit zwei Speicherkotyledonen sowie einer gut sichtbaren, etwas helleren Radicula und wird von einer dunkelpurpurbraunen, sehr dünnen (0,1 – 0,2 mm) Samenschale umgeben, die sich nach dem Einweichen leicht entfernen läßt. Die geöffneten Hülsen verbleiben zunächst in der Baumkrone und die Mehrzahl der Samen fällt nach und nach zu Boden. Gleichzeitig oder kurze Zeit später werden auch die leeren Hülsen abgeworfen.

Abb. 8: Samen

Abb. 7: Samen, halbiert

Bei Luftkontakt nimmt das braune **Kernholz** eine violette Farbe an und riecht nach Erbrochenem. Das gelblich-hellgraue Splintholz ist vom Kernholz nicht entlang der Zuwachszonen getrennt. Diese sind durch porenärmere Bereiche angedeutet.

Rindenverletzungen bei stehenden und gefällten Bäumen fallen durch schwarze Verfärbung auf. Nach Untersuchungen auf Holzlagerplätzen bildet P. purpurea eine Borke von etwa 16 mm Dicke sowie einen Splintholzmantel von etwa 4 – 5 cm aus (Stammdurchmesser: 30 – 100 cm).

Abb. 9: Stamm-Querschnitt

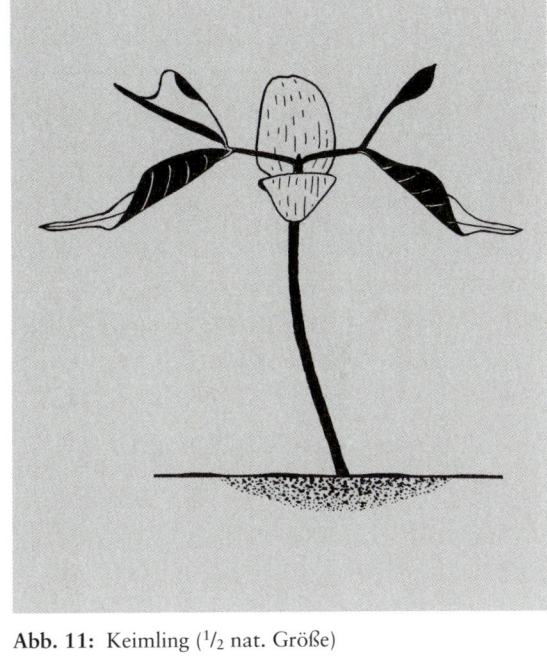

Peltogyne-Holz ist recht schwer und hart. Nach WAGEN-FÜHR und SCHEIBER [6] hat das Holz von Peltogyne venosa BENTH., einer südamerikanischen Art mit derselben Handelsbezeichnung, folgende physikalischen Eigenschaften:

Darrdichte (r_0):	0,76 ... 0,80 ... 0,89 g/cm^3
Rohdichte ($r_{12...15}$)	0,8 bis 0,92 g/cm^3
Rohdichte ($r_{grün}$):	1,0 ... 1,3 g/cm^3 (r)
Porenanteil (c):	etwa 47 %

Ähnlich konkrete Angaben über das Holz von P. purpurea sind in der Literatur nicht vorhanden.

Abb. 11: Keimling ($^1/_2$ nat. Größe)

Ökologie, Vermehrung, Wachstum

P. purpurea kommt in den sehr feuchten Regenwäldern des Tief- und Hügellandes vor (Tropical Wet Forest nach HOLDRIDGE [3]). Es handelt sich um Wälder bis 500 m Höhe ü.NN., deren Standorte durch Niederschläge über 3000 mm und eine mittlere Jahrestemperatur über 25 °C

charakterisiert sind. Die Art ist vor allem auf gut drainierten Abhängen verbreitet und tritt auf Höhenrücken und Graten gehäuft auf, nicht aber in Tiefebenen. Sie gedeiht vorwiegend auf armen, sauren und lehmigen Roterden.

P. purpurea verjüngt sich natürlicherweise durch Samen. Vegetativvermehrung durch Stecklinge gelingt mit verholzten Trieben junger Bäume. In der ersten Woche nach dem Samenfall ist die Keimrate sehr hoch, in Costa Rica keimen südliche Herkünfte schlechter als nördliche [4].

Abb. 10: Brettware

Abb. 12: Naturverjüngung

Abb. 13: Stamm- und Kronenaufbau eines randständigen Altbaumes

Bei frischen Samen setzt die Keimung innerhalb einer Woche ein, der gesamte Keimvorgang dauert etwa drei Wochen. Frische, unbehandelte Samen keimen mit etwa 70 – 85 %. Lagerung der Samen bei Raumtemperaturen führt zum Absinken der Keimraten auf 40 % (4 Wochen) bzw. 22 % (8 Wochen). Eine Vorbehandlung der Samen durch Wässerung (24 Std.) ist eher nachteilig. Die Abgänge während des Keimvorganges liegen bei 20 %, im Naturwald sogar bei etwa 30 %. Aufgrund der hohen Falldichte der Samen ist die Verjüngung unter den Altbäumen aber dennoch sehr dicht und liegt bei Werten zwischen zwei und sechs Pflanzen pro Quadratmeter.

Obwohl Naturverjüngung stets reichlich anzutreffen ist, findet man Individuen der mittleren Altersstufen nur selten. Die meisten Sämlinge wachsen direkt unter der Krone von Altbäumen. Im Halbschatten verjüngt sich die Art offenbar am besten, denn größere Jungpflanzen sind vor allem am Rand von Lichtungen und an Schneisen (Straßen) zu finden. Im Schatten gehen die meisten Sämlinge nach wenigen Jahren zugrunde.

Das Wachstum in den Sekundärwald ausgebrachter Wildlinge ist in den ersten drei Jahren gering, die Pflanzen erreichten maximal 30 cm Höhe (zwei Jahre) bzw. 42 cm (drei Jahre). An Schneisen und auf Lichtungen fand aber nach vier bis fünf Jahren eine deutliche Wachstumssteigerung statt.

Für den Anbau auf der Freifläche empfiehlt sich die Verwendung von größeren Pflanzen, da Sämlinge bereits während der ersten Trockenperiode austrocknen.

P. purpurea wächst recht schnell in die Höhe, wenn ein Lichtschacht Gelegenheit dazu bietet und überwächst dann andere Bäume. Ein vom Wind gefällter Baum hatte bei einem BHD von nur 25 cm bereits 50 m Höhe erreicht. Alte Bäume überragen oft das Kronendach um mehrere Meter und sind von weitem leicht an ihrer typischen Kronenform zu erkennen. Wasserreiser im unteren Stammteil können auftreten, allerdings nur bei stark bedrängten, zwischenständigen Bäumen. P. purpurea hat die Fähigkeit, aus dem Stock auszuschlagen, was zumindest für Individuen bis zu einem Stockdurchmesser von 15 cm zu beobachten ist. Auch abgebrochene Kronenteile werden rasch wieder ersetzt.

Man findet die Art vor allem in ungestörten bis wenig gestörten Primärwäldern. Meist ist sie vergesellschaftet mit Caryocar costaricense J.D. SMITH, Brosimum utile OKEN und Couratari guianensis AUBLET [4], außerdem mit Carapa guianensis AUBLET und Anthodiscus chocuensis PRANCE sowie mit den Palmenarten Socratea durissima WENDELL, Iriartea giganteа WENDELL ex BURRET und Asterogyne martiana WENDELL ex HEMSLEY.

Nutzung

Auf der Halbinsel Osa wird Peltogyne purpurea z.Zt. in großem Umfang eingeschlagen. Das Holz ist wegen seiner Farbe und Härte sehr begehrt. Man verwendet es vor allem zur Herstellung von Parkett, Möbeln, Sportartikeln, für kunsthandwerkliche Arbeiten und als Brennholz. Peltogyne-Holz ist gut zu bearbeiten, soll aber die Werkzeuge rasch stumpf machen. Auch als Konstruktionsholz für Schiffbau, Werften und Brückenbau ist es geeignet. Das Splintholz wird bei der Parkettherstellung oft mitverwendet, nach WAGENFÜHR und SCHEIBER [6] ist es aber wertlos und insektenanfällig. Nicht absetzbare Stämme und Stammstücke verrotten aber in der Regel ungenutzt auf den Brandrodungsflächen.

Abb. 14: Abfuhr selektiv genutzter Einzelbäume, Costa Rica, Osa Peninsula (Foto: N. v. Atzingen)

Verschiedenes

– Die in Costa Rica praktizierte Methode des Holzeinschlages (selektive Nutzung) führt zur systematischen Entnahme der Altbäume begehrter Arten, so auch von P. purpurea. Obwohl über Ökologie, Verjüngung und Wachstumsdynamik dieser Art kaum etwas bekannt ist, wird der Einschlag nach Vorlage eines „Nachhaltigen Bewirtschaftungsplanes" von den Forstbehörden genehmigt. Diese Praxis führt zwangsläufig zur Eleminierung seltener Baumarten.

– Auf Verletzungen stehender Stämme durch Maschinen oder Feuer reagiert die Art sehr empfindlich. Häufig tritt Pilzbefall ein, nach wenigen Jahren verlichtet die Krone und der Baum stirbt ab.

Weiterführende Literatur

[1] ALLEN, P.H., 1956: The Rainforest of Golfo Dulce. Gainesville, Fla. University of Florida Press.

[2] DA SILVA, M.F., 1976: Taxonomic revision of the genus Peltogyne. Inst. Nacional de Pesquisas da Amazonia, Manaus, Brazil.

[3] HOLDRIDGE, L.R., 1978: Ecología basada en zonas de vida. IICA, San José, Costa Rica.

[4] JIMENEZ, Q., 1992: Arboles maderables en peligro de extinción en Costa Rica. Instituto Nacional de Biodiversidad.

[5] MARAZ, L., 1993: Untersuchungen über Peltogyne purpurea PITT. und deren Regeneration im Südwesten Costa Ricas. Diplomarbeit an der Forstwissenschaftlichen Fakultät der Ludwig-Maximilians-Universität München.

[6] WAGENFÜHR, R.; SCHEIBER, C., 1974: Holzatlas. VEB Fachbuchverlag Leipzig.

Der Autor:

Dipl.-Forstwirt LASZLO MARAZ
„Pro Regenwald"
Frohschammer Straße 14
D–80807 München

Phoenix dactylifera L., 1753

Dattelpalme

Familie: Arecaceae

engl.:	Date palm
franz.:	Dattier
ital.:	Dattero
span.:	Palma datilera

Abb. 1: Phoenix dactylifera. Plantage mit Citrus – Unterbau im Coachella Valley, CA.

Phoenix dactylifera, eine an aride Klimaverhältnisse gebundene Fiederpalme von großer wirtschaftlicher Bedeutung, wird seit vorgeschichtlichen Zeiten in Afrika und in Westasien kultiviert. Die zweihäusige Art bildet an langen, rispigen Fruchtständen große Mengen einsamiger Beeren, welche als Trockendatteln oder Dattelbrot das Grundnahrungsmittel für die Nomadenstämme Nordafrikas und deren Lasttiere darstellen. Als Saftdatteln werden sie in großen Mengen nach Europa exportiert und dort als Obst verzehrt.

Dattelpalmen erreichen Höhen über 30 m, wurzeln sehr tief und bilden einen Schopf ungemein kräftiger, bis zu 6 m langer, graugrüner Blätter.

Im Mittelmeerraum ist *P. dactylifera* häufig als Ziergehölz vertreten, bildet dort aber nur ausnahmsweise reife Früchte. Wegen ihrer geringen Frosthärte läßt sie sich in Mitteleuropa nur unter Glas kultivieren.

Verbreitung

P. dactylifera kommt in den Wüsten Afrikas und Westasiens zwischen 15° und 30° n.Br. natürlich vor [3]. Als engere Heimat werden die Länder rings um den Persischen Golf angenommen [5, 7]. Aus vorgeschichtlicher Zeit ist ihr Vorkommen zwischen Nil und Euphrat bekannt, und für den Osten Arabiens gehen archäologische Befunde sogar auf das 4. Jahrtausend v.Chr. zurück [7].

Nomaden kultivierten die Art seit eh und je in den Oasen der Sahara, und Araber brachten sie gegen Ende des 19. Jahrhunderts nach Spanien. Allerdings haben die an der französischen Riviera, in Süditalien, auf Sizilien und in Griechenland begründeten Dattelhaine ausschließlich dekorative Funktionen und produzieren keine reifen Früchte. Selbst in den bekannten Dattelbeständen von Elche, südwestlich von Alicante, nutzt man allein die Palmwedel [4], obwohl hier infolge der trocken-heißen Sommer (280 bis 330 mm/Jahr) auch die Früchte ausreifen [2].

Die Zentren des künstlichen Dattelanbaues liegen heute im Irak und Iran, in Saudi-Arabien und der Vereinigten Arabischen Republik. Umfangreiche Plantagen findet man auch im Nordwesten Indiens (Punjab, Trans-Indus-Gebiet) [3, 11]. Kultiviert wird *P. dactylifera* außerdem in Argentinien und Brasilien, in Südafrika, Australien und Mexiko [5].

In den USA bestehen umfangreichere Anbauten im Süden Floridas, in Kalifornien und in Arizona. Erstere enthalten nur schwach fruchtende Bäume und dienen hauptsächlich als Ziergehölz. Demgegenüber fruktifizieren die ca. 250 000 Palmen des Südwestens reichlich und werden – u.a. im Coachella Valley – in Plantagen bewirtschaftet [7].

Abb. 2: Dattelpalmen-Oase in einem langgestreckten Wadi östlich von Quarzazate im Süden Marokkos (Foto: H. Dronja)

Beschreibung

Dattelpalmen sind gut 30 m, manchmal 36,5 m hohe Bäume, deren gerader Stamm in ganzer Länge mit aufwärts zeigenden, verholzten Blattbasen besetzt ist. Oft entstehen an der Basis stammbürtige Ableger („offshoots"), welche sich bewurzeln und zur vegetativen Vermehrung genutzt werden. *P. dactylifera* hat ein kräftiges, tiefreichendes Wurzelsystem [8].

Dattelpalmen zählen zu den Fiederpalmen, d.h. der unverzweigte Stamm endet in einem Schopf langer, fiederteiliger **Laubblätter.** Diese werden bis 6 m lang, haben einen starken, stachelig bewehrten Stiel, eine kräftige Mittelrippe, zahlreiche graugrüne bis bläulich grüne, längs gefaltete Fiedern (Blattsegmente) von 30 bis 40 cm Länge und bleiben 3 bis 7 Jahre lebend am Baum [5]. Die Blattbasen haben die Form einer faserigen Blattscheide.

Die ganzrandigen Segmente stehen in sehr spitzem Winkel zum Blattstiel. Sie weisen keine Mittelrippe auf, sondern sind in der Mitte längsgefaltet und haben zarte, parallel verlaufende Längsadern. Die Quernervatur ist mit bloßem Auge kaum zu erkennen [3].

Dattelpalmen sind zweihäusig. Aus Blattachseln entspringen rispige, von einem Hochblatt umgebene Infloreszenzen. Diese tragen zahlreiche kleine und unscheinbare, wohlriechende **Blüten:** entweder 400 bis 600 weißliche ♀♀ oder eine noch größere Zahl cremefarbener ♂♂. Die Blütenstände (verzweigte Kolben) sind bei weiblichen Bäumen länger (30 bis 75 cm) als bei männlichen (15 bis 22,5 cm). Mitunter werden auch zweigeschlechtige Infloreszenzen, ausnahmsweise auch Zwitterblüten gebildet [7].

Die stets ungestielten Einzelblüten haben einen dreizähnigen Kelch, 3 Petalen, die bei männlichen Blüten länglich geformt und erheblich länger sind als der Kelch, bei ♀♀ hingegen rundlich sind und weniger als die doppelte Kelchlänge messen. [6]. Vorhanden sind außerdem 6 fast sitzende Antheren bzw. 3 nicht verwachsene Karpelle [3]. Von den drei oberständigen Fruchtknoten entwickelt sich i.a. nur einer zur Frucht [5]. Der reichlich gebildete Pollen wird nur über relativ kurze Entfernungen vom Wind transportiert [7]. Stets enthalten die Blüten rudimentäre Organe des jeweils anderen Geschlechts.

In Indien fällt die Zeit der Blüte in den März/April, die Fruchtreife in den September/Oktober [11]. In Afrika kann die Art im Herbst mitunter ein zweites Mal blühen[1].

Im Verlauf der Fruchtentwicklung verlängern sich die Stiele der Blütenstände bis auf 1,8 m und biegen dann infolge des starken Gewichtes um. Die längliche **Frucht,** eine einsamige Beere, wird 2,5 bis 7,5 cm lang und nimmt bei Reife eine dunkelbraune oder rötlich- bis gelblichbraune Farbe an, kann sowohl ein dünnes wie ein derbes Exokarp aufweisen und enthält ein relativ mächtiges Fruchtfleisch sowie einen schlanken, längs gefurchten, zylindrischen Samen mit steinharter Testa, sowie einem Endosperm, dessen verdickte Wände Reservecellulose speichern [3, 7, 8, 10].

Der volle Fruchtansatz stellt sich erstmals bei 8 bis 10 Jahre alten Bäumen ein und hält dann für weitere 60 bis 80 Jahre an [7].

Abb. 3: Stamm mit verholzten Blattbasen und zahlreichen Epiphyten

Abb. 4: Schößlinge („off-shoots") an der Stammbasis

---

[1] Agrofor. Abstr. 5, 241, 1992

Abb. 5: Fruchtstände mit Datteln unterschiedlicher Reife (links) und reife Früchte in situ

Abb. 6: Reife Früchte, z.T. längs geschnitten, Samen und Exokarp

Vermehrung und Anzucht

Dattelpalmen vermehren sich in situ durch Samen wie durch Schößlinge aus der Stammbasis. Beide Wege werden auch bei der künstlichen Anzucht beschritten, allerdings hat die Vegetativvermehrung den Vorteil, daß die unerwünschte genetische Aufspaltung und damit der 50 %-Anteil männlicher Pflanzen entfällt.

3 bis 5 Jahre alte, 18 bis 34 kg schwere Schößlinge trennt man sorgfältig von der Stammbasis des Mutterbaumes, bringt sie zur Bewurzelung entweder in die Baumschule oder verpflanzt sie direkt in 0,9 m tiefe und ebenso breite Löcher der zu begründenden Plantage. Wichtig ist die Anlage eines kleinen Grabens rings um das Pflanzloch, denn i.a. müssen die Setzlinge pro Jahr 15 bis 40 mal bewässert werden [7]. Vor dem Pflanzen ist der Wassergehalt der Schößlinge durch 10- bis 15tägiges Ausbreiten auf dem Boden um 12 bis 15 % zu reduzieren.

Insgesamt gilt, daß man während einer Zeit von 10 bis 15 Jahren wenigstens 2 Stamm-Schößlinge pro Palme und Jahr gewinnen kann [7].

Als wichtige Voraussetzung für die generative Vermehrung wird herausgestellt, daß Saatgut und Sämlinge konsequent naßgehalten werden.

In den Plantagen begrenzt man die Zahl der männlichen Palmen auf ca. 1 % [7], in Indien auf 3 bis 4 % der weiblichen Bäume. Das genügt, um die erforderliche Pollenmenge für die künstliche Bestäubung zu gewinnen. Dazu trennt man Teile der männlichen Rispen ab, steckt sie in die noch aufrechten weiblichen Blütenstände und bindet sie fest. Getrockneter Pollen bleibt bei Zimmertemperatur 6 Monate keimfähig, und Pollen, der ein Jahr bei –13 °C aufbewahrt wird, führt noch zu einem Fruchtansatz von 58 % [7].

Ökologie

RAUH [8] bezeichnet *P. dactylifera* als Charakterart des Wüstengürtels vom Atlantik quer durch Afrika über Westasien bis zum Indus. Einerseits angepaßt an aride Klimaverhältnisse mit langen Trockenperioden, großer Tageshitze und leichten Nachtfrösten, benötigt sie andererseits reichlich Wasser für ein rasches Wachstum und einen reichen Fruchtansatz [7, 11]. Temperaturen unter –6,6 °C sind schädlich, und zur Blüte- und Fruchtzeit sollten sie mindestens 17,8 °C betragen. Zur kommerziellen Dattelproduktion eignen sich nur Lagen mit Tagesmaxima um 32 °C und mit Niederschlägen unter 12,5 mm während der Reifezeit. Künstliche Bewässerung deckt dann den Wasserbedarf [7, 11].

Als extreme Lichtpflanze verträgt *P. dactylifera* während ihrer gesamten Entwicklung keinerlei Beschattung.

Gute Drainage und Belüftung des Bodens sind wichtige Voraussetzungen für das Gedeihen, und sandige Lehme gelten als besonders günstige Substrate. Daneben kommt die Art auch auf reinen Sanden sowie auf Tonen und anderen schweren Böden vor. Sie toleriert auch alkalische Substrate; höhere Salzgehalte hemmen jedoch das Wachstum und reduzieren die Qualität der Früchte [7, 11].

Anbau, Wachstum und Ertrag

Dattel-Plantagen werden zumeist mit Pflanzenabständen von 9 bis 10 m begründet, und 120 Palmen pro Hektar gelten als Optimum [7]. Im Prinzip ist die Pflanzung zu jeder Jahreszeit möglich, meist findet sie jedoch im Frühjahr oder Herbst statt. Dabei fallen erfahrungsgemäß 25 % der Schößlinge aus [7].

In Indien wird hingegen von April bis August gepflanzt, und der Pflanzverband beträgt 6,5 x 6,5 oder 7,6 x 7,6 m [11].

Im Irak gelang das Verpflanzen 18 m hoher Bäume, sofern man sie genauso zur Sonne orientierte wie am ursprünglichen Standort, wenn man die verletzten Grobwurzeln versiegelte, und wenn man die Bäume 1 bis 2 m tiefer setzte[2].

Neue Wurzeln bilden sich erst 2 Monate nach dem Verpflanzen [7], und der jährliche Höhenzuwachs liegt bei 30 bis 45 cm. 15- bis 20jährige Palmen sind im Durchschnitt etwa 6 m hoch.

Die Literatur enthält folgende Ertragsdaten [7]:

5- bis 8jährig (1. Ernte)	8-10 kg pro Baum und Jahr
13jährig	60-80 kg pro Baum und Jahr
Hochleistungssorten	>100 kg pro Baum und Jahr

├─── 50 mm ───┤

Abb. 7: Deutlich längsgefurchte, reife Samen

Genetische Differenzierung

P. dactylifera ist eine von 17 in tropischen und subtropischen Regionen Afrikas und Asiens natürlich vorkommenden Arten der Gattung *Phoenix*. Wegen der seit vorgeschichtlichen Zeiten erfolgten circumpolaren Anbauten wären Untersuchungen über die Existenz von Klimarassen oder distinkten geographischen Varietäten a priori wenig sinnvoll.

Durch Vegetativvermehrung besonders ertragreicher Klone entstanden jedoch in allen Anbaugebieten optimal angepaßte Cultivare. Die Zahl der so begründeten und registrierten Sorten beträgt insgesamt etwa 1500 – allein im Irak liegt sie bei 450. Davon sind die folgenden besonders leistungsfähig und entsprechend weit verbreitet [7]:

– 'Zahdi': Die älteste bekannte Kultursorte, besonders häufig im Mittleren Osten angebaut. Die zuckerreichen Früchte können mehrere Monate aufbewahrt werden. Der Baum ist dürreresistent, raschwüchsig und bringt hohe Erträge, ist aber empfindlich gegen hohe Luftfeuchte.

– 'Deglet Noor': Die häufigste Sorte in Algerien und Tunesien, um 1900 in Kalifornien eingeführt. Dort macht sie 75 % der Ernte aus (11 bis 17 t/ha/a), liefert hohe Erträge, aber die Früchte sind wenig süß. Wenig tolerant gegen Regen und hohe Luftfeuchte.

– 'Sayer': Der am weitesten verbreitete Cultivar in der Alten Welt mit weichen, süßen Früchten mäßiger Qualität. Der Klon ist sehr salztolerant.

Beerntung und Aufbereitung

Datteln verschiedener Fruchtstände und verschiedener Bäume reifen oft zu ungleichen Zeiten. Deswegen wird die Ernte mehrfach wiederholt – im kalifornischen Coachella Valley z.B. 6- bis 8mal von Ende September bis Ende Dezember [7].

Die Beerntung erfolgt zumeist durch Abschneiden des gesamten Fruchtstandes, bei besonders hochwertigen Sorten pflückt man die Einzelfrüchte auch mit der Hand. Weiche Saftdatteln erntet man, solange sie noch eine hellbraune Farbe aufweisen. Trockendatteln werden hingegen bis zur Vollreife am Baum belassen. Dadurch laufen sie Gefahr, bei extremer Trockenheit zu schrumpfen, bei Regen aufzuplatzen, abzufallen oder sogar zu verfaulen. Vorzeitig geerntete Früchte läßt man künstlich nachreifen, wofür viele von Ort zu Ort variierende Verfahren in Gebrauch sind. Bereits die Aufbewahrung bei Temperaturen unter dem Gefrierpunkt ermöglicht aber eine längere Lagerung ohne Qualitätseinbußen [7].

Nutzung

Für viele Menschen in ländlichen Regionen Algeriens, Marokkos, Tunesiens, Ägyptens und dem Sudan stellen Trockendatteln (in gepreßter Form = „Dattelbrot") das Grundnahrungsmittel dar. Im Sahara-Gebiet spielen sie überdies eine wichtige Rolle als Futter für Kamele und Pferde.

Mit etwa 22 Millionen Palmen und einer jährlichen Ernte von ca. 600 000 t steht der Irak an der Spitze der Erzeugerländer [7].

In Europa verzehrt man getrocknete Saftdatteln als Trockenobst oder Süßware und verwendet sie als Zusatz im Brot, Gebäck, in Marmeladen, Säften und alkoholischen Getränken. Entfärbter, filtrierter Dattelsaft ergibt eine klare Invertzucker-Lösung [7].

---

[2] For. Abstr. **26**, 3705, 1965

Abb. 8: Ungleichaltriger Bestand der Oase Kebili im SW Tunesiens (Foto: H. Weisgerber)

Sie enthalten außerdem 6 bis 8 % gelbgrünes, nicht trocknendes Öl, das in der Seifen- und Kosmetikindustrie verwendet wird und u.a. aus 45 % Ölsäure, 25 % Palmitinsäure, 10 % Linolsäure und 8 % Laurinsäure besteht.

In einigen Anbauländern kocht man junge Blätter und Vegetationskegel und ißt sie als Gemüse. In Indien werden feingemahlene Samen in Notzeiten mit Mehl gemischt und zu Brot verbacken. Geröstet und gemahlen eignen sich die Samen als Kaffee-Ersatz.

Weit verbreitet sind sowohl auf dem Indischen Subkontinent wie in Nordafrika aus Dattelblättern geflochtene Matten, Körbe und Fächer. Die Stämme männlicher wie auch die nach dem Fruktifizieren eingeschlagener weiblicher Bäume finden als Bauholz Verwendung [11]. Das Holz ist allerdings weich im Zentrum und wenig dauerhaft.

Zu erwähnen ist noch der in Nordafrika sehr beliebte, aus dem süßen Stammsaft zubereitete Palmwein und schließlich die Nutzung der Blattstiele zu Spazierstöcken, Besen und Brennmaterial sowie als Ausgangsstoff für die Zellstoffproduktion.

Lang ist die Liste der offizinellen Anwendungen verschiedener Pflanzenteile. So helfen die Früchte wegen ihres hohen Tanningehaltes bei Darmerkrankungen. Als Absud, Sirup oder Paste appliziert, wirken sie auch lindernd bei Halsentzündungen, Erkältung und Bronchialkatarrh, weiterhin wird ihnen Heilwirkung bei Blasenentzündungen, Gonorrhoe, Leber- und Unterleibserkrankungen zugeschrieben und schließlich finden sie Anwendung als fiebersenkendes Mittel.

Die Wurzeln der Dattelpalme wendet man gegen Zahnschmerzen an.

Speziell dem Wundharz wird in Indien Heilwirkung gegen Diarrhoe und gegen Schmerzen im Urogenitaltrakt nachgesagt [7, 11].

Die in der folgenden Tabelle genannten Daten geben Auskunft über die Größenordnung der weltweiten Im- und Exporte von Dattelfrüchten für das Jahr 1995 *):

100 g Datteln enthalten:

	frisch	getrocknet
Kalorien	142	274-293
Wasser	32-78 g	7-26 g
Proteine	0,9-2,6 g	1,7-3,9 g
Fett	0,6-1,5 g	0,1-1,2 g
Kohlenhydrate	36,6 g	73-77 g
Calcium	34 mg	59-103 mg
Phosphor	350 mg	63-105 mg
Vitamin A	0,1-1,75 mg	15,6 mg

Die Samen der Dattelpalme setzten sich wie folgt zusammen [7]:

Wasser	7,2-9 %
Proteine	1,8-5,2 %
Fett	6,8-9,3 %
Kohlenhydrate	65,5 %
Fasern	6,4-13,6 %

Import		Export	
Frankreich	43,84	Welt	302,95
Indien	27,00	Algerien	79,12
Rußland	25,55	Tunesien	61,66
VAR	24,00	Iran	40,00
UK	16,80	Israel	19,15
Italien	15,99	Frankreich	18,92
Deutschland	11,33	USA	14,67

*) aus FAO Production and Trade Yearbook, Rom, 1996 (Angaben in Mio US $)

Verschiedenes

– In bewirtschafteten Plantagen dünnt man die Fruchtstände aus:

– auf 12 Fruchtstände pro Baum

– auf 30 Rispenäste pro Fruchtstand

Andernfalls würden die Bäume nur in jedem zweiten Jahr Früchte tragen.

– In der Alten Welt werden Dattelplantagen oft mit Gemüse, Getreide oder Futterpflanzen unterbaut, in hohem Alter auch mit Obstbäumen und Wein.

– Zu den wichtigsten Krankheiten zählt das als „Bayoud" bezeichnete Vergilben und Welken der Blätter (Erreger: *Fusarium albedinis*). In Algerien und Marokko führte es zum Ausfall bewährter Kultivare.

– Mehrere Insektenarten werden an Früchten, Blättern und Stämmen schädlich. Dazu gehören u.a. *Phoenicoccus marlatti* und *Parlatoria blanchardii*, zwei Lausarten, welche an den kräftigen Blattbasen junger Bäume saugen und fressen.

– Pollen der Dattelpalme wirkt als Allergen und löst bei Menschen „Heuschnupfen"-ähnliche Effekte aus. Pollenextrakte werden derzeit auf ihre klinische Verwendbarkeit getestet[3].

– In Kalifornien deckt man die reifen Fruchtstände vor der Ernte mit Papiertüten ab, um die Früchte vor Regen, Staub und Bioziden zu schützen.

[3] For. Abstr. **13**, 1723, 1951/52

Literatur

[1] BALICK, M. J.; BECK, H.T., 1990: Useful Palms of the World. A Synoptic Bibliography. Columbia Univ. Press, New York.

[2] BOXBERGER, L. v., 1937: Bemerkungen zur Verbreitung der Dattelpalme in Spanien. Mitt. Dt. Dendr. Ges. **49**, 51-54.

[3] BRANDIS, D., 1911: Indian Trees. Constable Co., London.

[4] EBERLE, G., 1975: Pflanzen am Mittelmeer. 2. Aufl., Verlag W. Kramer, Frankfurt a.M.

[5] FRANKE, W., 1981: Nutzpflanzenkunde, 2. Aufl., Georg Thieme Verlag. Stuttgart, New York.

[6] GRAF, J., 1975: Tafelwerk zur Pflanzensystematik. J. F. Lehmanns Verlag, München.

[7] MORTON, J. F., 1987: Fruits of Warm Climates. Media, Inc., Greensboro, N.C.

[8] RAUH, W., 1950: Morphologie der Nutzpflanzen. 2. Aufl., Quelle und Meyer, Heidelberg.

[9] SCHÜTT, P., 1972: Weltwirtschaftspflanzen. Verlag Paul Parey, Berlin und Hamburg.

[10] TROLL, W., 1954: Praktische Einführung in die Pflanzenmorphologie, 1. Teil: Der vegetative Aufbau. VEB Gustav Fischer Verlag, Jena.

[11] TROUP, R. S., 1986 (reprint): The Silviculture of Indian Trees. Vol. III, Oxford Univ. Press, London, Edinburgh, New York, etc.

Abb. 9: Abdeckung der reifen Fruchtstände zum Schutz vor Regen und Bioziden (Coachella Valley, CA)

Die Autoren:

Prof. em. Dr. PETER SCHÜTT
Lehrstuhl für Forstbotanik
Ludwig-Maximilians-Universität München
Am Hochanger 13
D-85354 Freising

ULLA M. LANG
Schützenstr. 6
D-82383 Hohenpeißenberg

Pinus kesiya ROYLE EX GORDON

syn.: Pinus khasya ROYLE, Pinus insularis ENDL., Pinus yunnanensis
FRANCH., Pinus khasyana GRIFF.

Khasya-Kiefer

engl.: Khasya-, Khasi-, Benguet-pine

Vietnam: Thông ba lá, Ngo, Thông thú
Laos: Pek, Khoua
China: Sung
Burma: Tinya
Indien: Dingsa, Uchal, Far

Familie: Pinaceae
Unterfamilie: Pinoideae
Subgenus: Diploxylon

Abb. 1: Pinus kesiya. Natürlicher Bestand bei Phonsavan, Prov. Xieng Khouang, Laos

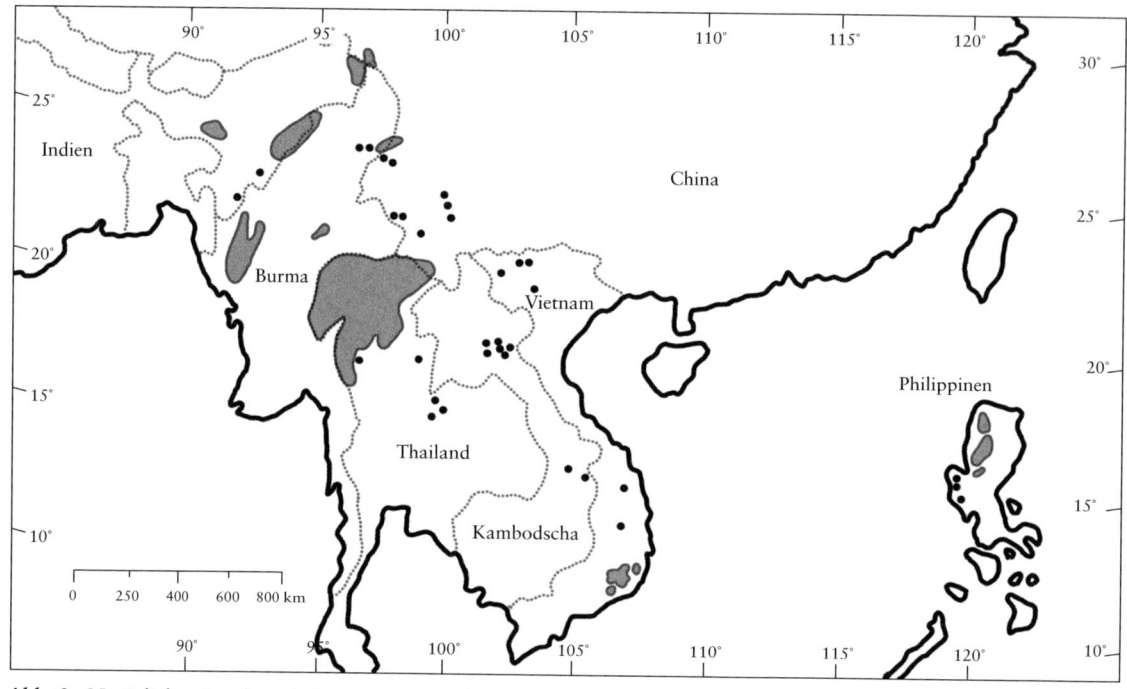

Abb. 2: Natürliches Areal, nach CRITCHFIELD et al. [3] (• = Einzelvorkommen)

Pinus kesiya kommt in humiden Gebirgslagen Südostasiens auf großen Flächen natürlich vor. Sie tritt sowohl in Reinbeständen als auch in Mischung mit anderen Koniferen und Laubbaumarten auf. Hinsichtlich Feuchtigkeit und Trophie der Böden stellt sie hohe Ansprüche. Sie bildet relativ gute Stammformen mit teilweise großer Nutzlänge aus. Das Holz findet vor allem als Baumaterial Verwendung. Auch Rohharz wird gewonnen. *P. kesiya* wird auch außerhalb ihres Naturareals erfolgreich angebaut (z.B. in Afrika), wobei die Herkunft des verwendeten Saatgutes von Bedeutung ist.

Verbreitung

P. kesiya weist, wie andere tropische Koniferen, ein stark disjunktes Verbreitungsgebiet auf, dessen Grenzen noch weitgehend unbekannt sind. Es reicht von N-Indien (Khasi- und Jayantia Hills) und N-Burma bis zu den Philippinen (Luzon), von SW-China (Yunnan, Szechwan und Tibet) bis N-Thailand, Laos und Vietnam. Die Arealgrenzen (N-S-Ausdehnung) liegen bei ca. 11 (12)° und 26 (30)° n. Br. sowie bei 90 bis 122° ö. L.. *P. kesiya* ist eine Baumart des tropischen Bergmonsunwaldes mit einem Wechsel von Regen- und Trockenzeit. Die Vertikalverbreitung geht aus folgender Übersicht hervor:

Indien	: (750) 1200 – 1500 (2300) m ü. NN
Burma	: 600 – 2900 m ü. NN
Thailand	: 1000 – 1500 m ü. NN
Laos	: 800 – 1500 m ü. NN
Vietnam	: (600) 900 – 1500 (2300) m ü. NN
Philippinen	: 600 – 1400 m ü. NN
China	: 1800 – 2100 m ü. NN

Zumeist findet man sie in höheren Berglagen über 1000 m. Die höchsten Vorkommen laufen in annähernd 3000 m ü. NN (Himalaya-Region) aus. Nur vereinzelt trifft man die Art unter 900 m ü. NN an.

Im Zentralhochland Tay Nguyen in Vietnam (Prov. Gia-Lai Kontum, Dac Lat, Lam Dong) bildet *P. kesiya* großflächige Reinbestände auf etwa 100 000 ha [1, 22]. Sie tritt auch in Mischung mit verschiedenen Laubbaumarten auf, aber seltener mit *P. merkusii* auf, wobei letztere nur bis etwa 1200 m ü. NN zu finden ist. Vereinzelt ist sie auch in N-Vietnam vertreten. In Thailand ist *P. kesiya* mit *Shorea* spp., *Dipterocarpus* spp. und *Quercus* spp., in Burma auch mit *P. merkusii* und *Keteleeria davidiana* vergesellschaftet. In Laos besiedelt sie vor allem die höhern Lagen bei Xieng Khouang, wo sie relativ lichte Bestände bildet. Der Unter- und Zwischenstand besteht aus *Quercus*- und *Castanopsis*-Arten. Exploitative Nutzungen, Beweidung und oft wiederkehrende Waldbrände führten zu starken Degradationen dieser Naturbestockungen bis hin

zu Strauch- und Grasformationen (Pseudosteppen) mit ver-
einzelten Solitärbäumen [11, 16, 25]. In typischen Brandstadien trifft man *P. kesiya* auch oberhalb (ü. 2000 m)
Fagaceen-reicher *(Castanopsis, Lithocarpus, Quercus, Pa-
sania)* tropischer Bergwälder Burmas an. In Indien verjüngt
sie sich gut nach „shifting cultivation" [14]. Es ist sehr
wahrscheinlich, daß ein enger Zusammenhang zwischen
den häufigen Feuereinwirkungen und dem *P. kesiya*-Vor-
kommen besteht, denn Sandstandorte und stark durch
Feuer beeinflußte Standorte der äquatorialen Zone werden oft von *Pinus*-Wäldern beherrscht [8].

Morphologie

P. kesiya erwächst im allgemeinen zu einem mittelgroßen
Baum, der aber auch Endhöhen um 30, in Burma sogar
von 40 m erreicht. Er ist geradschaftig, zeigt nur geringe
Neigung zur Starkastigkeit und erreicht astreine Nutzlängen von 10 bis 15 m sowie einen mittleren Durchmesser
von 40 bis 75 cm. Die Krone ist zunächst pyramidal, im
höheren Alter schirmartig abgewölbt. Es wurden Astwinkel von 45 bis 90° gemessen [4]. Die graubraune **Borke** ist
vielgestaltig, später dick, tief gefurcht und löst sich in
breiten Platten ab. Die Bewurzelung ist tiefgehend; auf
verdichteten und skelettreichen Böden löst sich die Pfahlwurzel bald in mehrere Vertikalwurzeln auf. *P. kesiya* ist
an eine Symbiose mit Mykorrhizapilzen gebunden [10, 12].

Die weichen **Nadeln** sind von hellgrüner bis graugrüner
Farbe und zumeist nur von einjähriger Lebensdauer. Sie
stehen zu dritt in einer 8 bis 18 mm langen Scheide, sind
sehr dünn (0,7 mm breit) und etwa 12 bis 17 (22) cm
lang. Ihr Rand ist fein gesägt. Im Nadelquerschnitt treten
marginale Harzgänge auf. Stomalinien kommen auf allen
Seiten vor. An den Triebenden stehen die Nadeln (ähnlich
wie bei *P. merkusii*) sehr dicht. *P. kesiya* unterscheidet sich
von anderen dreinadeligen Kiefern vor allem durch die feinen, grasartigen Nadelbüschel und die symmetrischen
Zapfen.

Die männlichen **Blüten** sind etwa 2,5 bis 3 cm lang und in
dichten Büscheln an der Basis der jüngsten Langtriebe angeordnet. Die weiblichen Blütenzapfen stehen einzeln
oder zu zweit, seltener zu dritt. Die Entwicklung bis zur
Samenreife dauert etwa zwei Jahre. Die hellbraunen **Zapfen** haben einen kurzen, kräftigen Stiel und sind von eiförmiger, symmetrischer Gestalt. Anfangs sind sie zur Basis
hin einwärts gekrümmt. Ihre Länge beträgt etwa 5 bis 8
(10) cm, ihr Durchmesser 3 bis 5 cm. Abweichend von *P.
merkusii* haben die etwa 2 cm langen Zapfenschuppen lediglich eine strahlenförmige Falte. Das Schuppenschild ist
quer gekielt und trägt eine verdickte Spitze. Die nur etwa
8 mm langen Samen haben einen an der Spitze abgerundeten Flügel. Das Tausendkorngewicht beträgt ca. 16 bis
20 g, die Keimkraft im frischen Zustand etwa 85%. Ein
Kilogramm Saatgut enthält zwischen 50 000 und 75 000
Samen [19].

Abb. 3: Borke eines alten Stammes

Abb. 4: Langtriebe mit typischen hellgrünen, grasartigen
Nadeln

Abb. 5: Paarweise angeordnete, geschlossene Zapfen

Das harzreiche, leichte bis mittelschwere **Holz** hat einen hellrotbraunen Kern und einen hellgelben Splint. Kristalline Einlagerungen sind nicht vorhanden. *P. kesiya* hat analog zu anderen tropischen *Pinus*-Arten ein besonders großes Intervall der Rohdichtevariation (r_{12} = 0,41 bis 0,90 g/cm³) [3]. Diese merkliche Differenzierung weist auf Abhängigkeiten der Rohdichte von Faktoren wie Herkunft, Alter, Wuchsbedingungen u.a. hin. So besitzt Holz aus natürlichen Vorkommen zumeist höhere durchschnittliche Rohdichten als solches aus Aufforstungsbeständen, die weitständig begründet und in Kurzumtrieben bewirtschaftet werden. Auch innerhalb von natürlichen *P.-kesiya*-Beständen und einzelner Stämme können erhebliche Dichtedifferenzierungen vorkommen. So wurden in Südvietnam Werte von r_{15} = 0,65 bis 0,75 g/cm³ und bei sehr harzreichen Proben bis zu r_{15} = 0,90 g/cm³ registriert [18]. Die Dichtevariation wird auch beeinflußt durch die Wuchsringbreiten und die Strukturen des Juvenil- und Adultholzes.

Die Länge der Tracheiden wird mit 3,6 bis 4 mm, die Breite mit <75 ≥ 100 µm angegeben, anderen Autoren zufolge (bei HARZMANN, 1976) liegt sie im Mittel bei 51,8 bzw. 49,5 µm. Bei *P. kesiya* kommen auch transversale (horizontal gerichtete) Tracheiden, oft in Gruppen von fünf bis sechs übereinandergeschichtet, an den Ober- und Unterseiten der Markstrahlen vor. Unterschiede in der Wanddicke der Tracheiden wurden bei Untersuchungen in Südvietnam auf die Klimabedingungen der Vegetationsperiode während der Zellbildung zurückgeführt. Die längsgerichteten Harzkanäle treten einzeln oder in Gruppen zu zwei bis drei auf. Ihre Häufigkeit ist im Spätholz größer, und die Durchmesser betragen zwischen 150 und 250 µm [6].

Taxonomie und genetische Differenzierung

Analog zu anderen tropischen Koniferen ist auch die Artabgrenzung von *P. kesiya* umstritten. So werden von einigen Autoren die dreinadeligen Kiefern SO-Asiens in drei unterschiedliche Arten unterteilt: *P. kesiya*, *P. yunnanensis* FRANCH. (Yunnan pine, SW-China) und *P. insularis* ENDL. (Benguet oder Luzon pine, Philippinen) [3, 14]. Es ist jedoch noch ungenügend geklärt, inwieweit es sich bei den beiden letztgenannten lediglich um Ökotypen, Rassen, Varietäten oder um Unterarten von *P. kesiya* handelt. Es unterliegt jedoch keinem Zweifel, daß bei dem stark disjunkten Verbreitungsgebiet von *P. kesiya* zahlreiche Standortrassen bestehen [19, 23].

Ökologie

P. kesiya ist als ausgesprochene Gebirgsbaumart in ökologischer Hinsicht weniger plastisch als *P. merkusii*. Aufgrund ihres großen natürlichen Verbreitungsgebietes werden aber verschiedene Herkunftsgebiete unterschieden [12]:

– Vorkommen in der Khasi- und Himalaya-Region sowie in Burma (Shan Hills und Hills of Martaban)
– Vorkommen in Yunnan (SW-China)
– Vorkommen in Zentral- und S-Vietnam
– Vorkommen auf den Philippinen (Luzon)

P. kesiya ist eine Lichtbaumart. Ihre Wärmeansprüche sind geringer als die von *P. merkusii*. So werden Temperaturen von -5 °C kurzfristig ertragen. Im allgemeinen gilt sie aber als frostempfindlich. Das mittlere Minimum des kältesten Monats wird mit 14 bis 18 °C angegeben. Die Jahresdurchschnittstemperaturen liegen in ihrem Naturareal zwischen (15) 17 und 22 (25) °C, die Dauer der Trockenperiode schwankt zwischen zwei und vier (fünf) Monaten. *P. kesiya* ist eine Baumart der Sommerregenzone [26].

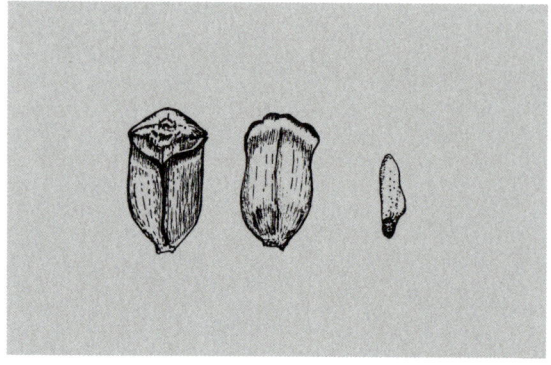

Abb. 6: Zapfenschuppen und Samen (nat. Größe)

Ihre Ansprüche an die Bodenfeuchtigkeit, Trophie und Gründigkeit des Standortes sind relativ hoch. Sie gedeiht auf gut drainierten Böden bei 1000 (1200) bis 2600 (3000) mm Jahresniederschlag und einer mittleren relativen Luftfeuchtigkeit von 80 bis 90%. In Da Lat (S-Vietnam) kommt sie bei deutlich ausgeprägter Trockenzeit (Oktober bis April) bei etwa 18 °C Jahresmitteltemperatur und 1500 mm Jahresniederschlag auf tiefgründigen, skelettarmen, ferrallitischen bis fersiallitischen Böden vor.

Auf günstigen Standorten kann *P. kesiya* über 150 Jahre alt werden [19].

Anzucht

P. kesiya wird generativ vermehrt. Sie fruktifiziert relativ früh (untere Altersgrenze etwa 10 bis 20 Jahre) und häufig. Die Zapfenernte und Saatgutaufbereitung erfolgt nahezu ohne technische Hilfsmittel. Gedarrt wird in der Sonne auf festem Untergrund. Das Saatgut kann kühl, trocken und luftdicht mehrere Jahre aufbewahrt werden. Eine ein- bis zweitägige Wässerung führt zur beschleunigten Keimung. Die Anzucht erfolgt entweder in Saatbeeten (Wurfsaat) oder durch Direktsaat in Container. Die Keimdauer beträgt etwa sieben bis zehn Tage.

In ihrem Naturareal verjüngt sie sich auch natürlich gut. Über Schirm- und Randstellungen können Naturverjüngungen eingeleitet werden. Jährlich wiederkehrende Waldbrände verhindern aber oft eine erfolgreiche natürliche Verjüngung. Auf besseren Standorten ist in aufgelichteten Beständen ein Voranbau zur Ertragssteigerung z.B. mit *Callitris obtusa* und anderen Baumarten möglich [1, 19].

Abb. 7: Offener Zapfen

P. kesiya ist gut für Freiflächen-Aufforstungen geeignet. Zur Aufforstung zu Beginn der Regenzeit werden vier (sechs) bis acht Monate alte Containerpflanzen verwendet, wobei auf geeigneten Standorten (Gebiete mit hohen Niederschlägen) auch wurzelnackte Pflanzen zum Einsatz kommen können (erprobt in Thailand und auf den Philippinen). Direktsaaten auf Freiflächen wurden u.a. in Indien (Khasi Hills) angewendet [24]. In Abhängigkeit vom Produktionsziel und von örtlichen Erfahrungen wird mit unterschiedlichen Pflanzverbänden (1,5 x 1,5 bis 3 x 3 m) und Ausgangspflanzenzahlen von etwa 1500 bis 3000 je Hektar gearbeitet. Die verwendeten Pflanzverbände sind vorwiegend empirisch ermittelt worden. In Ostafrika sind Quadratverbände von 6 x 6 bis 9 x 9 Fuß gebräuchlich. Generell sind manuelle Arbeitsverfahren bei der Aufforstung und Kultursicherung verbreitet [20].

P. kesiya ist stark auf eine frühe Mykorrhizabildung angewiesen. Bei Neuaufforstung kann fehlende oder erschwerte Mykorrhizierung zu hohen Pflanzenausfällen führen. Das trifft vor allem für Waldregionen zu, in der ektotrophe Baumarten und die zugehörigen Pilze natürlicherweise fehlen.

In Abhängigkeit von der Bodenvegetation und dem Entwicklungsstand der Kiefern kann Unkrautbeseitigung in den ersten drei Jahren notwendig werden. So wurden auf den Philippinen in „industrial plantations" in diesem Zeitraum 12 Kulturpflegeeingriffe durchgeführt. Im allgemeinen ist die Mortalitätsrate in der Jugend relativ gering.

Außerhalb ihres natürlichen Verbreitungsgebietes sind *P. kesiya*-Bestände u.a. in Süd- und Ostafrika, Australien und Südamerika in „man-made-forests" in 600 bis 1800 m Höhenlage mit Jahresniederschlägen über 700 mm erfolgreich begründet worden. Das mittlere Maximum des wärmsten Monats sollte nicht über 30 °C und das mittlere Minimum des kältesten Monats nicht unter 16 °C liegen.

Für den Anbau in den feuchtheißen tropischen Tieflagen ist *P. kesiya* nicht geeignet. Höhenlagen von 800 bis 1200 m ü. NN mit gut drainierten Böden und Trockenzeiten von zwei bis sieben Monaten sollten bevorzugt werden [10].

Die weltweiten Introduktionsversuche erfordern noch genauere Untersuchungen der Standortansprüche und der herkunftsbedingten Wuchsleistungen von *P. kesiya* unter verschiedenen Klimabedingungen [4].

Wachstum, Ertrag und Waldbau

P. kesiya gilt in der Jugend als raschwüchsig. Beste Wuchsleistungen zeigt sie in ihrem natürlichen Verbreitungsgebiet in Burma, wo Endhöhen von 40 m erreicht werden. Ertragskundliche Angaben liegen kaum vor. Für Vietnam wurde 1988 auf der Grundlage von Untersuchungsergebnissen in Naturbestockungen im Raum Da Lat eine Ertragstafel konstruiert [2].

In Abhängigkeit von drei Bodenfeuchtestufen liegen die Oberhöhen im Alter von 40 Jahren bei 31,5, 27 und 22,5 m. Die Werte entsprechen in der Größenordnung den bisher bekannten Ertragsangaben. In Kunstbeständen mit zuwachsoptimaler Stammzahlhaltung nach planmäßigen niederdurchforstungsartigen Eingriffen dürften aber die Vorratswerte höher liegen. Mit dieser Ertragstafel ist aber ein Leitmodell für die Bestandesbehandlung von P. kesiya vorgegeben.

Detaillierte Forsteinrichtungsarbeiten und Untersuchungen zur Standortgliederung und zu den Wachstumsbedingungen wurden im gleichen Herkunftsgebiet durchgeführt [1, 5, 7]. Die Untersuchungen zur Differenzierung der Wachstumsgrößen in Abhängigkeit vom Standort zeigen, daß die Beziehungen zwischen Durchmesser, Alter und Höhe von den drei abgestuften Standortsbereichen (Wasserhaushaltsstufen) – frisch, mittel, trocken – abhängig sind. Dabei ist die Abhängigkeit der Höhen-Alter-Beziehung von den Standortsbereichen am deutlichsten ausgeprägt. Die Beziehungen zwischen Wuchsklassen und Altersbereichen sind in nachfolgender Tabelle dargestellt:

Wuchsklassen – Alter – Beziehung von Pinus kesiya-Beständen (nach DIEN 1983)

Wuchsklassen nach ANDERS 1982	Ø 1,3 (cm)	Altersbereiche (Jahre) im Standortsbereich		
		frisch I	mittel II	trocken III
Jungbestände	<10	<10		<14
Schwaches Stangenholz	10–14,9	10–15	14–19	14–21
Starkes Stangenholz	15–19,9	15–21	19–25	21–28
Schwache mittelalte Bestände	20–24,9	21–28	25–31	28–36
Starke mittelalte Bestände	25–29,9	28–36	31–38	36–46
Annähernd hiebsreife Bestände	30–34,9	36–44	38–46	46–57
Hiebsreife Bestände	35	44	46	57

Bei einem mittleren BHD (Ø 1,3) über 35 cm gelten die Bestände als hiebsreif. In Naturverjüngungsbeständen sind vor allem Stammzahlregulierungen erforderlich, und es müssen räumliche und zeitliche Ordnungsbeziehungen hergestellt werden. Die ersten niederdurchforstungsartigen Eingriffe erfolgen im Höhenbereich von etwa 12 m, alle weiteren in Höhenintervallen von 3 m. Die Zielstammzahl liegt bei 440 St./ha.

Durchforstungsempfehlung für Pinus kesiya-Bestände im Raum Da Lat/Vietnam (nach ANDERS, 1982) (Durchforstungsintervall alle 3 m, Ausgangsstammzahl 3000 St./ha, Endstammzahl 440 St./ha):

Verbleibender herrschender Bestand

Höhe	Ø1,3	Stammzahl	Grundfläche	Vorrat	Höhenintervall v. 3 m entspricht einem Zeitintervall von
(m)	(cm)	(St./ha)	(m²/ha)	(m³/ha)	
12	12	2.260	25	150	–
15	16	1.560	31	230	4 Jahren
18	20	1.060	33	300	5 Jahren
21	24	750	34	360	6 Jahren
24	28	560	35	420	9 Jahren
27	33	440	38	510	10 Jahren

In Sambia werden in der Regel drei Durchforstungseingriffe in „industrial plantations", verbunden mit Wertastungen bis 7,5 m Höhe, durchgeführt.

Die Endstammzahl beträgt ca. 220 St./ha.

Generell wird mit Umtriebszeiten von etwa 18 bis 35 (60) Jahren gearbeitet. Je nach Standort und Produktionsziel sind Umtriebszeiten und Zieldimensionen zu differenzieren [2]:

Produktionsziele und Umtriebszeiten für Pinus kesiya-Bestände in Vietnam (nach NGUYEN VAN CAN, 1988):

Produktionsziele	Zieldurchmesser (cm)	Umtriebszeiten, gestaffelt nach Feuchtestufen		
		F 1	F 2	F 3
Exportholz	40 – 60	46 – 60	61	–
Starkholz (Bauholz)	40	46	62	–
Faserholz	25 – 30	27 – 34	33 – 41	41 – 56

Der dGZ-Bereich wird mit 10 bis 30 m³/ha/a angegeben. Nach Untersuchungen in Vietnam kulminiert der dGZ relativ früh, etwa im Alter von 20 bis 26 Jahren [1].

Pathologie

P. kesiya ist durch Krankheiten bisher kaum gefährdet. Es ist aber anzunehmen, daß sich mit der Anlage großflächiger Monokulturen auch das Risiko gegenüber biotischen und abiotischen Schadfaktoren erhöht. Krankheiten und Schadinsekten gelangen unter den ökologischen Bedingungen der Tropen in wesentlich kürzeren Zeitintervallen zu Massenvermehrungen. Neben dieser veränderten Dynamik der Populationsentwicklung ist auch das Artenspektrum der Schaderreger wesentlich breiter.

Cercospora pini-densiflorae verursachte in Vietnam Ausfälle in Baumschulen und Aufforstungen. Auch Armillaria

Abb. 8: Restbestockung von P. kesiya auf einer durch Beweidung und Reisanbau intensiv genutzten Hochebene bei Phonsavan (Prov. Xieng Khouang, Laos)

mellea tritt in Vietnam als Pathogen auf. Berichtet wird darüber hinaus über den Befall mit *Diplodia pinea*, *Dothistroma pini* und *Fomes annosus* [19, 24].

Rhizoctonia solani hat in indischen Forstbaumschulen Schäden an *P. kesiya* verursacht [13]. Als weitere pilzliche Schaderreger können genannt werden: *Pestalotia* spec., *Polyporus sulphureus* und *Pythium debaryanum*. Im hohen Alter sind die Stämme nicht selten kernfaul [1].

Als Schadinsekten treten *Ips interstilialis*, *Dioryctria* spec. und *Pineus laevis* auf.

Die Khasya-Kiefer gilt als termitenresistent, ist aber in jedem Alter waldbrandgefährdet.

Nutzung

Das Holz von *P. kesiya* ist leicht bis mittelschwer und gut zu bearbeiten. Es ist nur wenig dauerhaft, gilt aber in den Herkunftsländern als wertvoll für Furniere, Sperrholz, den Konstruktionsbau und die Tischlerei. Es läßt sich chemisch gut aufschließen und zeigt ein gutes Trocknungsverhalten.

In Vietnam wird Rohharz von *P. kesiya* seit 1978/79 gewonnen. Untersuchungen haben gezeigt, daß das Hobelverfahren höhere Harzerträge bringt (2,94 kg Baum/Jahr) als das Drechselverfahren (1,30 kg Baum/Jahr) [22]. Er-

tragssteigerungen wurden durch die Anwendung von Stimulationsmitteln (Hefeextrakte, *Saccharomyces*) erreicht. Obwohl *P. merkusii* höhere Harzerträge liefert als *P. kesiya*, kommt letzterer aufgrund der größeren Gesamtfläche höhere Bedeutung für die Harzproduktion zu.

Weiterführende Literatur

[1] ANDERS, S., 1982: Zur Klassifizierung und waldbaulichen Behandlung von Pinus khasya ROYLE-Beständen im Raum Da Lat/Sozialistische Republik Vietnam. Beitr. f. d. Forstwirtschaft 16, 188 – 192.

[2] CAN, NGUYEN VAN, 1989: Konstruktion einer Ertragstafel für die Baumart Pinus khasya (ROYLE) im südlichen Truongson-Gebirge. Diplomarbeit. Technische Universität Dresden, Sektion Forstwirtschaft.

[3] CRITCHFIELD, W.B. et al., 1966: Geographic distribution of the pines of the world. USDA, For. Serv., Misc. Publ. No. 991.

[4] DAS, B.L.; STEPHAN, B.R., 1984: Provenance trial of Pinus kesiya at Koraput, Orissa, India. In: Provenance and genetic improvement strategies in tropical forest trees. Mutare, Zimbabwe, p. 200 – 204. (Eds. BARNES, R.D. and GIBSON, G.L.)

[5] DIEN, T. et al., 1983: Zur Untersuchung von Wachstumsbedingungen der Kiefernart Pinus khasya auf standörtlicher Grundlage in den Waldgebieten der Provinz Lam Dong in der SR Vietnam. Soz. Forstwirtschaft 33, 186 – 189.

[6] HARZMANN, L., 1976, 1985: Kurzer Grundriß zur allgemeinen Tropenholzkunde. Studienmaterial, Technische Universität Dresden, Sektion Forstwirtschaft.

[7] KHANG, NGUYEN DUC et al., 1982: Forsteinrichtungsarbeiten in Pinus khasya-Wäldern in der Provinz Lam Dong, Sozialistische Republik Vietnam. Soz. Forstwirtschaft 32, 281 – 283.

[8] KLÖTZLI, F., 1975. Ökologische Besonderheiten Pinus-reicher Waldgesellschaften. Schweiz. Z. Forstwesen 126, 672 – 710.

[9] LÂM CÔNG DINH, 1977: Trông rùng thông (Kiefernaufforstung) Thông nhua, thông ba lá, thông duôi ngua. Hanoi.

[10] LAMPRECHT, H., 1986: Waldbau in den Tropen. Hamburg und Berlin.

[11] LANLY, J.P. et al., 1981: Tropical forest resources. Assessment Project. Forest Resources of Tropical Asia. FAO, Rome.

[12] LÖSCHAU, M., 1970: Pinus khasya ROYLE. Studienmaterial, Sektion Forstwirtschaft Tharandt, Bereich Tropische Forstwirtschaft.

[13] MEHROTRA, M.D., 1990: Rhizoctonia solani, a potentially dangerous pathogen of khasi pine and hardwoods in forest nurseries in India. Europ. J. For. Path. 20, 329 – 338.

[14] MIROV, N.T., 1967: The Genus Pinus. New York.

[15] MUNGKORNDIN, S. et al., 1978: Forestry in Thailand. Kasetsart University, Bangkok.

[16] OVINGTON, J.D. et al., 1968: Lao-Australien reafforestation project. Department of External Affairs, Canberra.

[17] PAQUET, J., 1969: Reconnaissance survey of lowland forests of Laos. Canadian Inventory Team. CIDA, Vientiane.

[18] POLGE, H. et al., 1966: Pinus khasya et Pinus merkusii. Le bois et ses caractéristiques physiques et mécaniques. Annal. d. Sc. Forest. XXIII, No. 2, S. 282 ff.

[19] REUNGCHAI POUSUJJA et al., 1986: Pinus kesiya ROYLE ex GORDON. Seed Leaflet Nr. 5. Humlebaek, Denmark.

[20] SCHORCHT, M., 1979: Aufforstung in tropischen Ländern. Teil 1: Koniferen. Internes Lehrmaterial. Technische Universität Dresden, Sektion Forstwirtschaft.

[21] SCHORCHT, M., 1988: Pinus kesiya ROYLE ex GORDON. Internes Studienmaterial. University College of Forestry Dong Dok, Vientiane.

[22] STEPHAN, G. et al., 1987: Die Harzgewinnung an Pinus khasya ROYLE der SR Vietnam. Soz. Forstwirtschaft 37, 62 – 63.

[23] STYLES, B.T. et al., 1972: The botanical name of the Khasi Pine (Pinus kesiya ROYLE ex GORDON). Commonw. For. Rev. 51, 241 – 245.

[24] UHLIG, S.K., 1973: Phytopathologie und Forstschutz. Zusammenstellung der wichtigsten Parasiten und Krankheitserreger an tropischen und subtropischen Waldbäumen. Internes Lehrmaterial, Technische Universität Dresden, Sektion Forstwirtschaft.

[25] UN/FAO, 1981: Forest resources of tropical Asia. Rome, UN 32/6. 1301-78-04. Technical Report 3, S. 257 ff.

[26] WEBB, D.B. et al., 1980: A guide to species selection for tropical and subtropical plantations. Tropical Forestry Papers No. 15, Univ. of Oxford.

Der Autor:

Dr. MANFRED SCHORCHT
Forstamt Jasnitz des Landes
Mecklenburg-Vorpommern
Lange Straße 21
D-19230 Jasnitz

Pinus merkusii JUNGH. et DE VRIESE, 1845

syn.:   Pinus finlaysoniana WALLICH, Pinus latterie MASON,
         Pinus sumatrana JUNGH.

Merkus-Kiefer

Familie:	Pinaceae
Unterfamilie:	Pinoideae
Untergattung:	Diploxylon

engl.:   Merkus-pine, Tenasserim-pine,
          Mindoro-pine

Vietnam:	Thong nhua
Kambodscha:	Stral
Laos:	Pek
Burma:	Pyek, Shja, Tsinshu

Abb. 1: Pinus merkusii in devastierten Naturwaldbestockungen auf der „Hochebene der Tonkrüge" bei Phonsavan, Laos

Das natürliche Verbreitungsgebiet der Merkus-Kiefer umfaßt weite Teile des Tief- und Berglandes Südostasiens. Sie ist dort zumeist als Mischbaumart anzutreffen und gedeiht auf Standorten aller Trophiestufen. Sie zeichnet sich durch gute Stammformen und beachtliche Dimensionen aus. Aufgrund ihrer hervorragenden Wuchsleistungen, der vielfältigen Holzverwendungsmöglichkeiten und des hohen Harzgehaltes sowie ihres breiten Standortsspektrums gilt sie als eine wirtschaftlich und ökologisch bedeutungsvolle Baumart der Tropen.

Beim Anbau außerhalb ihres Naturareals ist die Herkunftswahl zu beachten. Schädigungen können in großflächigen Reinbeständen durch pilzliche Schaderreger und nadelfressende Schadinsekten hervorgerufen werden.

Morphologie

Pinus merkusii ist ein mittelhoher bis hoher Baum (25 bis 35 m), der auf Sumatra auch Endhöhen von über 50 m erreicht. Der **Stamm** ist in der Jugend nicht selten leicht drehwüchsig (Sumatra-Herkünfte), erreicht im Schlußstand einen 10 bis 15 m astfreien Schaft und einen mittleren Durchmesser (BHD) von 50–80 cm. Anfangs ist die **Krone** dicht und kegelförmig ausgebildet, mit zunehmendem Alter lichter und schirmförmig abgewölbt (breit- oder rundkronig). Die **Borke** ist nach Stärke und Aussehen vielgestaltig, normalerweise aschgrau bis braun, später dick (4 bis 6 cm) und tiefrissig. Sie löst sich an der Oberfläche in breiten Platten ab. Die **Bewurzelung** ist tiefgehend. Je nach Standort (Skelettböden, verdichtete Böden, bei Staunässe und hohem Grundwasserstand) kann sich die Pfahlwurzel in mehrere Vertikalwurzeln auflösen. Pinus merkusii ist auf Mykorrhizabildung angewiesen [19].

Abb. 2: Terminaltrieb

Die plötzlich zugespitzten **Nadeln** sind von 1,5- bis zweijähriger Lebensdauer, stehen zu zweit in einer 12 bis 18 mm langen Scheide, sind von gelblich-grüner Farbe und stehen am Triebende besonders dicht. Ihr Rand ist fein gesägt. Sie sind etwa 16 bis 25 cm lang.

Die männlichen **Blüten** sitzen gehäuft am Grunde, die weiblichen Blütenstände stehen als rötliche, gestielte Zäpf-

chen an der Spitze diesjähriger Langtriebe. Die kurzgestielten, länglich-konischen, häufig gekrümmten, rötlichbraunen **Zapfen** sind etwa 5 bis 8 (13) cm lang und 2 bis 4 cm breit und reifen in zwei Jahren. Sie stehen einzeln oder zu zweit beisammen. Die Apophyse ist vielflächig, mit deutlich erhöhter Querrippe. Die geflügelten **Samen** sind etwa 7 bis 8 mm lang und 4 mm dick (Tausendkorngewicht: ca. 17 bis 35 g; Keimprozent etwa 80 % im frischen Zustand). Ein Kilogramm enthält zwischen 29 000 und 59 000 Samen [15].

Abb. 3: Borke eines alten Baumes mit Harzlachte

Die starke Variabilität in der Nadellänge, Zapfen- und Samengröße ist herkunftsabhängig.

Das harzreiche, leichte bis mittelschwere **Holz** hat einen hellrot-braunen Kern und einen hellgelben Splint. Es sind Zuwachszonen erkennbar. Auch die Merkus-Kiefer zeigt, wie andere tropische Kiefernarten, eine besonders große Rohdichtevariation (r_{12} = 0,44 bis 0,90 g/cm³). Jüngste Angaben weisen dabei die niedrigeren Dichten aus. Sie kennzeichnen aber letzthin die auffällige Differenzierung in Abhängigkeit von sehr verschiedenen Einflußfaktoren (Herkunft, Alter etc.). Holz aus Aufforstungsbeständen besitzt generell geringere durchschnittliche Rohdichten. Die Länge der Tracheiden wird mit 2 bis 6 mm (im Mittel 4 mm) angegeben. Die Durchmesser der längsgerichteten

Harzkanäle betragen 160 bis 300 µm. Die transversalen Harzgänge sind in die Parenchymzellen der Markstrahlen eingebettet und ihre Durchmesser sind wesentlich geringer (41 µm) als die der vertikalen. Die Zahl der Harzkanäle ist in Marknähe besonders groß (25 bis 40 St./cm²) [7].

Taxonomie und genetische Differenzierung

Die Artabgrenzung der Merkus-Kiefer ist noch nicht eindeutig geklärt. Nach der geographischen Verbreitung unterscheidet man zwischen kontinentalen Herkünften (Pinus merkusiana COOLING et GAUSSEN) und insularen Herkünften (Pinus merkusii) [3].

Im folgenden wird auf einige wichtige Unterschiede zwischen beiden „Taxa" näher eingegangen.

Die sogenannte Sumatra-Kiefer ist stärker angepaßt an ein jahreszeitlich ausgeglichenes Niederschlagsregime (Trok-

kenperiode 0 bis 2 Monate) mit 2000 bis 3000 mm Niederschlag und besiedelt Standorte besserer Nährstoffausstattung als die Festlandherkünfte. Sie ist schmalkroniger und gekennzeichnet durch größere Höhen, bessere Stammformen und dichtere Benadelung. Die rötlich-braunen Zapfen und die Samen sind kleiner und die Nadeln kürzer. Es fehlt das sog. „Grasstadium" (grass-stage) der Jungpflanzen, so daß die insularen Herkünfte in diesem Entwicklungsstadium raschwüchsiger sind als die Festlandherkünfte. Die genetische Differenzierung zeigt sich auch in der unterschiedlichen Rohdichte und Zusammensetzung des Rohharzes sowie in der höheren Wuchsleistung [15].

Das große und standörtlich sehr heterogene und disjunkte Naturareal führte darüber hinaus zur Ausbildung zahlreicher Standortsrassen, die sich hinsichtlich ihrer standörtlichen Ansprüche, Wuchsform und Wuchsleistung unterscheiden. So sind in Vietnam mindestens drei nach dem Phänotyp unterscheidbare Populationen von P. merkusii vorhanden [21].

Verbreitung

Die natürliche Verbreitung von P. merkusii ist noch nicht vollständig bekannt, das gilt insbesondere für das asiatische Festland. Die Kartierung ihres Areals ist schwierig, weil die ursprünglichen Wälder durch anthropogene Einflüsse devastiert und stark zurückgedrängt wurden. An ihre Stelle sind unterschiedliche Sukzessionsstufen der Sekundärvegetation getreten [9].

Pinus merkusii hat ein sehr großes natürliches Verbreitungsgebiet, dessen Schwerpunkt bei ca. 20° nördlicher Breite liegt. Es erstreckt sich vom Osten Burmas über die nördlichen Regionen von Thailand und Laos, weiter über Vietnam und die Insel Hainan (China) südwärts nach Kambodscha und bis Indonesien (Sumatra), wo die Merkus-Kiefer als einzige Pinus-Art den Äquator bis etwa 2 bis 5° südlicher Breite überschreitet. Ostwärts erstreckt sich das Vorkommen bis zu den Philippinen (Mindoro, Luzon). Nördlich erscheint sie noch vereinzelt bis Yunnan (China) und Nordostindien. Das gesamte Naturareal liegt etwa zwischen 45 und 122° östlicher Länge und 3° südlicher und 23° nördlicher Breite [4, 11].

In 0 bis 900 m ü. NN hat P. merkusii ihre Hauptverbreitung. Die höchsten Vorkommen befinden sich in etwa 1800–2000 m. Die Vertikalverbreitung geht aus folgender Übersicht hervor:

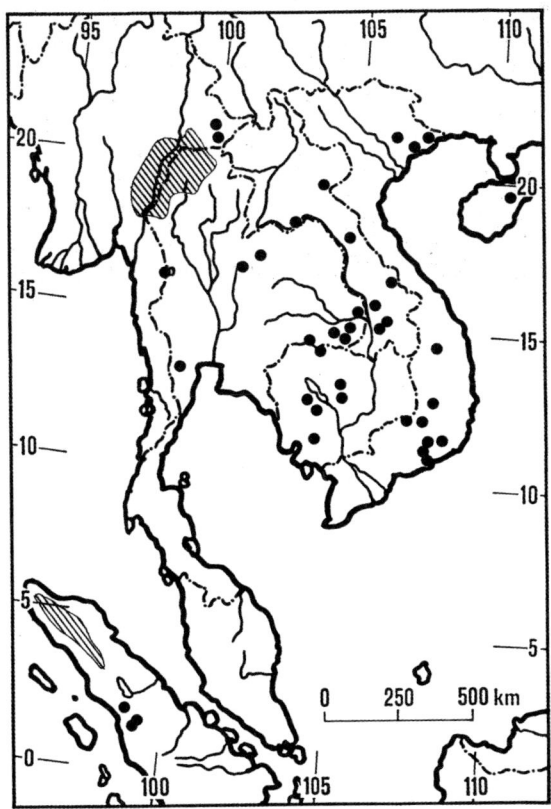

Abb. 4: Natürliches Areal nach [4] (• = Einzelvorkommen)

Burma	von 150 bis 750 (2000) m ü. NN
Thailand	von 200 bis 1000 m ü. NN
Laos	bis 800 m ü. NN
Vietnam	bis 1200 m ü. NN
Sumatra	von 800 bis 1600 (2000) m ü. NN
Philippinen	bis 300 m ü. NN.

Abb. 5: Zapfen

P. merkusii tritt im allgemeinen nur auf Extremstandorten in Reinbeständen auf. Zumeist findet man sie als Bestandteil artenreicher Laubmischwälder tropischer Berglagen. In Burma ist sie oft mit Shorea spp. und Dipterocarpus obtusifolius vergesellschaftet. Häufige Brände beeinflussen sowohl die Vegetationszusammensetzung als auch die Verjüngung. Eigentliche Brandstadien findet man in Burma auch oberhalb Fagaceen-reicher Bergwälder (über 2000 m). In Laos besiedelt P. merkusii vor allem die kolline und submontane Stufe. Hier wird sie begleitet von Dipterocarpus- und Pentacme-Arten. Generell erscheint ihr Vorkommen edaphisch bedingt zu sein, da sie vorrangig auf Standorten geringer Trophie, in steilen Hanglagen und auf exponierten Bergkuppen anzutreffen ist [14]. Sie wird in höheren Lagen von Pinus khasya abgelöst, deren Arealgrenzen bis etwa 1500 m reichen. Der Flächenanteil der lichten, einschichten Kiefernwälder wird in Laos auf insgesamt rd. 420 000 ha geschätzt. Häufige Brände in der Trockenzeit und Beweidung sowie illegale Holznutzungen tragen hier zur Verschlechterung des Waldzustandes bei [18].

Künstlich angebaut wird P. merkusii im Süden Afrikas und in anderen tropischen Regionen. Die Introduktionsversuche haben die Anbauwürdigkeit dieser Kiefernart in „man-made-forests" nachgewiesen.

Anzucht

Pinus merkusii wird generativ vermehrt. Sie fruktifiziert relativ früh und häufig. Für Nordvietnam wird eine untere Altersgrenze für die Beerntung von 12 bis 15 Jahren angegeben [21]. Die Saatguternte und -aufbereitung erfolgt in ihren Herkunftsländern weitestgehend ohne technische Hilfsmittel. Gedarrt wird 2 bis 5 Tage in der Sonne auf glattem und sauberem Untergrund. Das Saatgut muß kühl und trocken aufbewahrt werden. Der Samen kann über mehrere Jahre bei niedrigem Wassergehalt (5 bis 7%) und Temperaturen um 0 °C gelagert werden [24]. Zumeist wird aber unmittelbar nach der Ernte, nach Einquellen

der Samen in Wasser (12 bis 24 Stunden), ausgesät. Eine Abdeckung des Saatbeetes ist erforderlich [20]. Die Keimdauer beträgt etwa 8 bis 12 Tage. Ungefähr 6 bis 8 Wochen nach dem Auflaufen im Saatbeet ist die Verschulung vorzunehmen.

P. merkusii ist für Freiflächen-Aufforstung gut geeignet. Zur Aufforstung werden 6 bis 8 (12) Monate alte Containerpflanzen verwendet. Generell hängen die Forderungen nach Alter, Größe und Aussehen der Pflanze sehr stark von den örtlichen Bedingungen und Erfahrungen ab [1, 13]. Bei der Aufforstung wird mit Ausgangspflanzenzahlen von rd. 2500 bis 3500 je Hektar und mit Reihenabständen zwischen 2 und 3 m gearbeitet, auch Weitverbände (3 x 3 m, 4 x 4 m) sind üblich [17]. Bei der zumeist streifen- und plätzeweisen Bodenbearbeitung, der Herstellung von Hacklöchern und der Aufforstung zu Beginn der Regenzeit sowie der Kulturpflege finden überwiegend manuelle Arbeitsverfahren Anwendung. Im „taungya-system" wird Leucaena glauca als Hilfspflanze mit angebaut.

Abb. 6: Saatgut

P. merkusii ist obligat mykotroph. So werden Saat- oder Verschulbeete mit älteren mykorrhizierten Kiefern überpflanzt oder Kiefernstreu in die Beete eingearbeitet, um die Mykorrhiza einzuführen [6]. In Vietnam konnte durch Beigabe von Humus aus Kiefernbeständen in das Bodensubstrat der Containerpflanzen das sog. „Gelbsterben" bei P. merkusii wirksam bekämpft werden. Als Pilzpartner treten u.a. Pisolithus tinctorius, Scleroderma und Boletus spp. auf.

Als eine Wachstumsbesonderheit gilt das sog. „grassstage". Bei den kontinentalen Herkünften stagniert nach 4 bis 5 Monaten das Sproßwachstum, während das weitergehende sekundäre Dickenwachstum einen karottenförmigen Sproß, der dicht benadelt ist, entstehen läßt („Grasstadium"). Erst im Alter von einem Jahr oder später setzt das Höhenwachstum wieder stärker ein. Die Ausbildung einer dicken Borke und eines weitreichenden Wurzelsystems stellen Anpassungen an standörtliche Besonderheiten (saisonale Trockenheit, Feuer, Graskonkurrenz) dar [8].

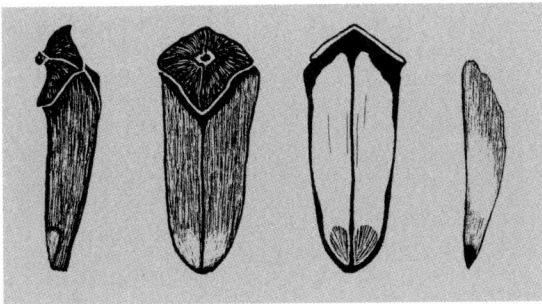

Abb. 7: Zapfenschuppe; Seiten-, Außen- und Innenansicht sowie Samen (nat. Größe)

Ökologie

Pinus merkusii ist eine Baumart des „dry deciduous forest" und „moist montane forest" und vermag sowohl im Bergland der Tropen als auch im tropischen Tieflandklima gut zu gedeihen. Das großräumige Naturareal hat die Herausbildung verschiedener Rassen zur Folge. Die Art hat somit eine große ökologische Plastizität.

Entsprechend der vom Äquator zu den Wendekreisen stetig abnehmenden Niederschlags- und Wärmesummen bevorzugt P. merkusii an der nördlichen Grenze ihres natürlichen Verbreitungsgebietes maritim beeinflußtes Klima. Sie gedeiht dort (z.B. im Gebiet von Quang Ninh, Nordvietnam) vorwiegend im küstennahen Gebiet, während sie landeinwärts nur in wenigen, isolierten Vorkommen in den Berggebieten anzutreffen ist [10].

P. merkusii ist eine ausgesprochene Lichtbaumart. Keimlinge und Sämlinge sind jedoch sehr empfindlich gegen Strahlungsschäden, so daß Beschattung bei der Pflanzenanzucht erforderlich ist. Mit zunehmendem Alter steigt das Lichtbedürfnis.

P. merkusii ist an einen ausgeglichenen Wärmehaushalt mit geringen jahreszeitlichen Schwankungen angepaßt. Die Jahresdurchschnittstemperaturen in ihrem Naturareal liegen bei 15 bis 26 (28)°C [22]. Sie fehlt von Natur aus in ausgesprochen subtropischen Regionen mit größeren jahreszeitlichen und täglichen Temperaturschwankungen.

In Bezug auf die Höhe der Niederschläge zeigt P. merkusii eine große Variationsbreite. Sie gedeiht sowohl in der Zone des Immergrünen Regenwaldes mit Jahresniederschlägen von 3000 bis 4000 mm (Philippinen) als auch im Monsunklima mit Trockenperioden von 2 bis 6 Monaten und durchschnittlich 1500 mm Niederschlag. Die untere Grenze ihres natürlichen Vorkommens liegt im kontinentalen Bereich bei etwa 1000 bis 1200 mm Niederschlag [12].

Der Nährstoffbedarf ist gering. In Laos wächst P. merkusii in den Berglagen auf armen und trockenen Böden quartärer Sande und Quarzite. Trotzdem korreliert die Ertrags-leistung mit der Nährstoffausstattung des Standortes. Als Pionierbaumart gedeiht sie auch auf feinerdearmen Skelettböden und auf lateritischen Böden mit tief anstehendem Grundwasserhorizont in nicht wurzelerreichbarer Tiefe. Sie eignet sich daher auch für die Aufforstung von entwaldeten Hang- und Kuppenlagen. Generell gilt sie als bodenvag. Aufgrund der guten Aufforstungserfolge ist P. merkusii außerhalb ihres natürlichen Verbreitungsgebietes für schwierige Gebirgsaufforstungen (z.B. auf Java) verwendet worden. Obwohl sie gut drainierte Böden vorzieht, kann sie infolge des geringen Sauerstoffbedarfs der Wurzeln auch auf undurchlässigen Böden gedeihen. Unter natürlichen Bedingungen wächst P. merkusii im sauren pH-Wert-Bereich. Ihre Überlegenheit gegenüber anderen tropischen Baumarten gilt vor allem für geringwertige Standorte. Beste Wuchsleistungen sind jedoch auf tiefgründigen, lehmigen Sanden bis sandigen Lehmen mit nicht zu flach anstehendem Grundwasser zu erwarten [10]. P. merkusii gilt als relativ sturmfest.

In kühleren Berglagen mit geringem Niederschlag zersetzt sich die Nadelstreu in undurchforsteten Reinbeständen relativ langsam, so daß sich eine starke Rohhumusauflage bildet.

Pathologie

Samen und Zapfen der Merkus-Kiefer werden von Dioryctria spp. befallen [15]. Viele Krankheitserreger treten vor allem in den ersten Lebensjahren künstlich begründeter Bestände auf (systeminhärente, juvenile Instabilität). Teilweise sind sie jedoch nur von lokaler Bedeutung. In Saatbeeten traten Rhizoctonia solani, Pythium sp. und Fusarium sp. als Erreger der Umfallkrankheit auf. Cercospora pini-densi-florae hat in Vietnam in Baumschulen und jüngeren Aufforstungen mit P. merkusii durch Nadelerkrankungen (Cercospora needle blight) erhebliche Ausfälle verursacht.

Die Vermehrung des Pilzes erfolgt hauptsächlich in der Regenzeit. In Saatbeeten kommt es zu platzweisem Absterben der Pflanzen, die umgehend entnommen werden sollten. Eine Behandlung mit Kupfer-Präparaten wird empfohlen.

Ein „Gelbsterben" führte in Vietnam zu hohen Pflanzenausfällen in Baumschulen. Ursache war fehlende Mykorrhizierung infolge ungünstiger Bodeneigenschaften (Bodenverdichtung, geringer Humus- und Stickstoffanteil, geringere Sorptionskapazität) [19]. 10- bis 15jährige Reinbestände sind vor allem in mehr kontinentalen Bereichen Nordvietnams durch den Käfer Dendrolimus punctatus (Lasiocampidae) gefährdet.

Die Angaben zum standörtlichen Bereich beziehen sich auf das natürliche Verbreitungsgebiet, zeigen aber dennoch einige, für „man-made-forests" gültige Wertebereiche auf. Die skizzierten Erfahrungen zur Anzucht, Bestandesbegründung und -behandlung von P. merkusii wurden in verschiedenen Ländern und unter ungleichen Bedingungen gewonnen, so daß ihre Verallgemeinerungsfähigkeit nur teilweise gegeben ist.

Die Merkus-Kiefer gilt als termitenresistent. Bei der Bestandesbegründung sind besondere örtliche Gefährdungen (z.B. durch Überweidung und Feuer, vor allem während der Trockenzeit) zu beachten.

Wachstum, Ertrag, Waldbau und Nutzung

Das Jugendwachstum von P. merkusii verläuft sehr rasch. Selbst gegenüber dichter Bodenvegetation (Imperata cylindrica, Gleichenia linearis) vermag sie sich leicht durchzusetzen. Als echte Pionierbaumart lassen sich mit ihr auf Imperata-Flächen ertragreiche Vorwälder begründen, denen Kulturen wertvoller Laubbaumarten folgen können [23]. Auch im Waldfeldbau-Verfahren (taungya-system) hat sich P. merkusii gut bewährt.

Nach einer Ertragstafel für Indonesien werden folgende Werte für die beste, mittlere und geringste von sieben Ertragsklassen ausgewiesen [5]:

Alter	VI. Bonität		IV. Bonität		II. Bonität	
	Ober-höhe	DGZ	Ober-höhe	DGZ	Ober-höhe	DGZ
	m	m³/ha·a	m	m³/ha·a	m	m³/ha·a
10	20	25,3	14,7	12,5	10,2	3,7
20	33	30,0	27,0	22,2	21	14,4
30	41	27,1	34,6	21,4	28	15,7

In Vietnam bilden Stammzahl-Leitkurven die Grundlage für die Durchforstung in Aufforstungsbeständen. Der Ersteingriff erfolgt etwa bei 8 bis 10 m Bestandeshöhe (Zieldurchmesser 10 bis 12 cm). Der Eingriffsturnus wird nach einem mittleren Höhenzuwachs (t = 2,5 bis 3 m bzw. ca. 5 Jahre) festgelegt.

Die Umtriebszeiten der Merkus-Kiefer liegen zwischen 30 und 50 Jahren. Der DGZ kulminiert um das 30. Lebensjahr mit Werten zwischen 8–27 m³/ha·a.

Das Holz ist mittelhart und leicht bearbeitbar. Es ist mäßig dauerhaft, gilt aber als wertvolles Bau- und Grubenholz (Vietnam) sowie als wichtiger Rohstoff für die Zellstoff- und Papierproduktion.

In einigen asiatischen Ländern (Indonesien, Vietnam, Laos) wird Rohharz von P. merkusii gewonnen. Der Ertrag wird mit 420 bis 750 kg/ha angegeben [8]. Er ist von zahlreichen Faktoren (Standorts- und Bestandesverhältnisse, Witterungsbedingungen, technologische Verfahren) abhängig. Nach STEPHAN wurden im Norden Vietnams etwa 5 kg je Baum geerntet (mündl. Mitteilung).

Es wurden Ausbeuten von 75% Kolophonium und 20% Terpentinöl erzielt [16]. Man harzt im allgemeinen nach dem Dechselverfahren.

Optimale Stammzahlhaltung

Durchforstungs-bereiche	Durchforstungs-turnus	Mittel-höhe	Ziel-stammzahl
1. Durchforstg.	3 m	8	1300
	oder	9	1150
	ca. 5 Jahre	10	1000
2. Durchforstg.	3 m	11	900
	oder	12	800
	ca. 5 Jahre	13	700
3. Durchforstg.	3 m	14	650
	oder	15	600
	ca. 5 Jahre	16	550
		17	500
		18	450

Abb. 8: Pinus merkusii verschiedenen Alters, Laos

Weiterführende Literatur

[1] ALPHEN DE VEER, E.J. VAN, 1953: Plantations of Pinus merkusii as a means of reafforestation in Indonesia. Tectona 43, 119–130.

[2] COOLING, E.N.G. et al., 1969: Pinus merkusiana sp. nov. Bull. Soc. Hist. Nat. de T. Toulouse 8 Art. VII, 3p., 5 let.

[3] COOLING, E.N.G., 1968: Pinus merkusii. Fast Growing Timber Trees of the Lowland Tropics No. 4, Commonw. For. Inst., Oxford.

[4] CRITCHFIELD, W.B. et al., 1966: Geographic Distribution of the Pines of the World. USDA, For. Serv., Misc. Publ. No. 991.

[5] FERGUSON, J.M.A., 1954: Growth and Yield of Pinus merkusii in Indonesia. Communs Forest Res. Inst. Nr. 43, Bogor.

[6] GRIFFITHS, D.A., 1965: The mycorrhiza of some conifers grown in Malaya. Malay. Forester 28, S. 118–121.

[7] HARZMANN, L., 1976, 1985: Kurzer Grundriß zur allgemeinen Tropenholzkunde. Studienmaterial, Technische Universität Dresden, Sektion Forstwirtschaft.

[8] LAMPRECHT, H., 1986: Waldbau in den Tropen. Verlag Paul Parey, Hamburg und Berlin.

[9] LANLY, J.P. et al., 1981: Tropical Forest Resoures Assessment Project. Forest Resoures of Tropical Asia. FAO. Rome.

[10] LÖSCHAU, M., 1970: Pinus merkusii Jungh. et de Vriese. Studienmaterial, Sektion Forstwirtschaft Tharandt, Bereich Tropische Forstwirtschaft.

[11] MIROV, N.T., 1967: The Genus Pinus. New York.

[12] MUNGKORNDIN, S. et al., 1978: Forestry in Thailand. Kasetsart University, Bangkok.

[13] NGUYEN THE TRAN, 1974: Waldbauliche Planung im staatlichen Aufforstungsbetrieb Dai Lai-Vinh Phu auf standorts- und vegetationskundlicher Grundlage. Dissertation, Technische Universität Dresden, Sektion Forstwirtschaft.

[14] PAQUET, J., 1969: Reconnaissence Survey of Lowland Forests of Laos. Canadian Inventory Team. CIDH, Vientiane.

[15] POUSUJJA, R. et al., 1986: Pinus merkusii Jungh. de Vriese. Seed Leaflet No. 7, Humlebaek, Denmark.

[16] SCHEIBER, Ch., 1965: Tropenhölzer. Fachbuchverlag, Leipzig.

[17] SCHORCHT, M., 1979: Aufforstung in tropischen Ländern. Teil I: Koniferen. Studentenmaterial, Technische Universität Dresden, Sektion Forstwirtschaft.

[18] SCHORCHT, M., 1990: Zu einigen Grundfragen der Entwicklung der Forstwirtschaft in Laos. Forstwirtschaft 40, 150–155.

[19] UHLIG, S.K., 1976: Das „Gelbsterben" von Pinus merkusii Jungh. et de Vriese. Beitr. trop. Landw. Vet.-med. 14, 249–255.

[20] UHLIG, S.K., 1980: Die Anzucht tropischer und subtropischer Kiefernarten (Pinus spp.). Technische Universität Dresden, Sektion Forstwirtschaft.

[21] WAGNER, H.-J., 1975: Richtlinie für die Saatgutwirtschaft bei der Baumart Pinus merkusii in der Provinz Quang Ninh. Hanoi.

[22] WECK, J., 1961: Plantagen von raschwüchsigen Koniferen in den Tropen. Allg. Forstz. 16, 601–603.

[23] WECK, J., 1955: Waldbau und Holzzucht. Allg. Forstz. 10, 117–121.

[24] ZENTSCH, W., 1979: Zu Problemen der forstlichen Saatgutwirtschaft in tropischen Ländern. Beitr. Forstw. 13, 108–111.

Der Autor:

Dr. MANFRED SCHORCHT
Forstamt Jasnitz des Landes Mecklenburg-Vorpommern
D-19230 Redefin

Pinus oocarpa SCHIEDE

Ocote-Kiefer

Honduras: Pino ocote
Mexiko: Ocote macho
Quitchè: Chah

Familie: Pinaceae
Unterfamilie: Pinoideae
Untergattung: Diploxylon

Abb. 1: Pinus oocarpa in Honduras

Pinus oocarpa gehört zum großen Kreis der mexikanischen Kiefern. Sie ist eine tropische Waldbaumart, die im allgemeinen Höhen bis zu 30 m und auf besonders guten Standorten bis zu 45 m erreichen kann. Wegen der ausgezeichneten Qualität ihres Holzes und der hohen Harzerträge hat sie eine große wirtschaftliche Bedeutung in Mittelamerika, vor allem in Honduras, wo sie in Höhenlagen von 600 bis 1600 m vorkommt sowie in Guatemala und in Mexiko, wo P. oocarpa zwischen 200 bis 2500 m ü. NN von Natur aus vertreten ist.

Die Art verjüngt sich leicht nach Bränden und wird in vielen tropischen Ländern angebaut.

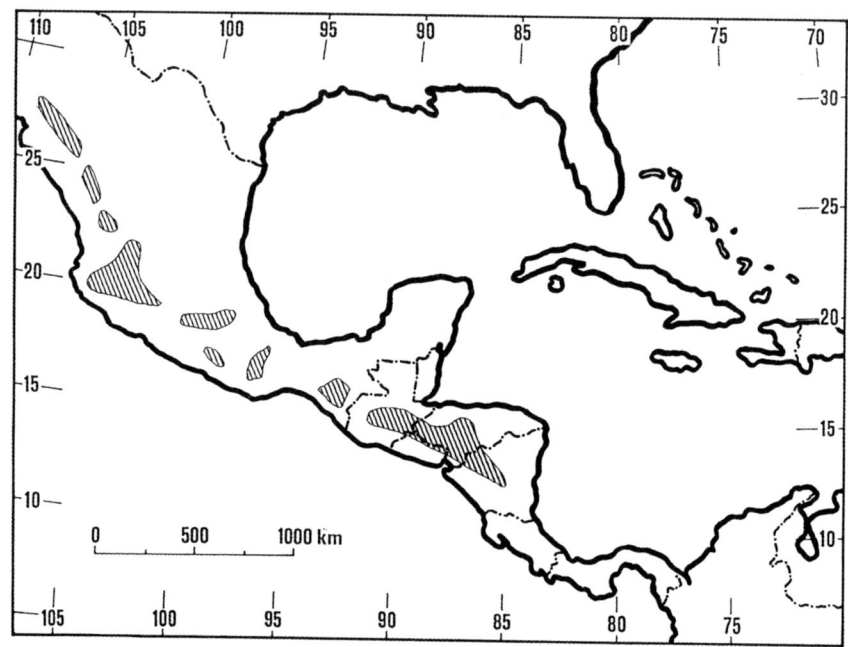

Abb. 2: Natürliches Areal nach Mirov [20].

Verbreitung

Das natürliche Areal von P. oocarpa liegt auf der mittelamerikanischen Landbrücke und reicht von 27° n.Br. in Mexiko bis zu einer nördlichen Breite von 12° 40' in Nikaragua [29].

P. oocarpa ist unter den in Mittelamerika heimischen Kiefern am weitesten verbreitet.

Der größte Teil des Areals befindet sich in den Gebirgen von Honduras, in denen die Art eine Fläche von 2,4 Millionen Hektar einnimmt. Oberhalb der erwähnten Meereshöhe wird P. oocarpa von Pinus maximinoi und unterhalb von Pinus caribaea und Laubhölzern unter Überschneidung der Areale abgelöst.

P. oocarpa wird in zahlreichen Ländern außerhalb des natürlichen Verbreitungsgebiets auf ihre Anbaueignung geprüft. Das Saatgut für die Anbauten kommt vorzugsweise aus Guatemala und Honduras [27]. Unter anderen erfolgten die Anbauten in:

– Brasilien [14], wo P. oocarpa auf allen Standorten eine größere Variation in den Wachstumsmerkmalen zeigte als Pinus caribaea.

– Malaysia [32], wo P. oocarpa den Küstenprovenienzen von Pinus caribaea var. hondurensis und P. caribaea var. bahamensis in der Rohdichte des Holzes überlegen war.

– Indien [4], wo schwere Böden sich als weniger günstig für den Zuwachs erwiesen haben als sandige Lehme.

– Südafrika [33], wo verschiedene Meereshöhen deutliche Unterschiede im erzeugten Holzvolumen und in der Höhe der Rohdichte bewirkten. Standorte in 945 m Meereshöhe erwiesen sich als günstiger als solche in 65 m ü. NN.

– Australien [5], wo die Wuchsleistung stark vom Standort abhing, die Art aber wegen ihrer auf einigen Standorten erzielten guten Stammform für den Anbau empfohlen wird.

– Nigeria [22, 23], wo P. oocarpa allen Pinus caribaea-Provenienzen deutlich überlegen war, selbst aber auch Herkunftsunterschiede zeigte.

Beschreibung

Erscheinungsbild

In den aus Naturverjüngung entstandenen Beständen bildet P. oocarpa geradschaftige Stämme aus, die im Dichtstand eine gute natürliche Astreinigung aufweisen.

Die Kiefer hat eine tief gefurchte Borke von graubrauner Farbe [29], die bei 30 Jahre alten Bäumen eine Dicke von

8 cm erreichen kann. Bei älteren Bäumen kann die Borke plattenförmig ausgebildet sein.

Junge Bäume sind verhältnismäßig schmalkronig. Solitärbäume können bei Brusthöhendurchmessern von 60 cm Kronenbreiten von 12 m erreichen.

Benadelung

Oocarpa-Nadeln haben eine Länge von 14 bis 25 cm [15]. Sie stehen zu fünft, selten zu viert oder zu sechst, in einem von einer Scheide umgebenen Bündel an Kurztrieben und sind an den Rändern fein gesägt. Die dreikantigen, 1 bis 1,5 mm breiten, flexiblen Nadeln haben einen spitzen Apex und enthalten vier bis acht, meist aber sieben Harzkanäle, die in der Mehrzahl mit der Epidermis (Hypodermis) oder der Endodermis Kontakt haben [29].

Die Benadelung der Kronen erscheint dicht, ist von grüner bis dunkelgrüner Farbe und durch mehr oder weniger aufwärts gerichtete Nadeln an den Triebenden charakterisiert.

Die breit eiförmigen, symmetrisch aufgebauten Zapfen haben eine Länge von 5 bis 10 cm und sind 5 bis 8 cm breit. Sie sitzen zumeist in Gruppen von zwei oder drei an den Trieben, und zwar an Stielen von ca. 3 cm Länge. Die etwa 3 cm langen Zapfenschuppen sind verhältnismäßig dick, eben oder leicht konvex ausgebildet und haben eine erhabene Apophysis [29].

Die Zapfen sind in der Zeit von Januar bis März reif, öffnen sich dann rosettenförmig und bleiben einige (meist drei) Jahre am Baum [21]. P. oocarpa produziert so reichlich Zapfen, daß das Erscheinungsbild der Kronen geradezu durch die vielen Zapfen geprägt wird und die Gewinnung von Saatgut verhältnismäßig leicht fällt.

Abb. 4: Zapfen (Foto: H. Bauer)

Die dreieckigen Samen sind einschließlich der Flügel 8 bis 17 mm lang. Das Tausendkorngewicht variiert von 17 bis 21 Gramm und 89 bis 95 % der frischen Samen sind keimfähig [7]. Sie enthalten als Speicherprotein unlösliche Kristalloide, die 15 bis 24 % des Frischgewichts reifer Samen ausmachen [11]. Die Samen können bei Temperaturen von 4 bis 6 °C bis zu einer Dauer von 20 Jahren unter kontrollierten Bedingungen gelagert werden [21].

Abb. 3: Männliche Blüten

Blüten, Zapfen, Samen

Die weiblichen Blütenstände haben eine dunkelrosa Farbe und sitzen in Gruppen von drei bis fünf an der Spitze von Langtrieben. Die Mannbarkeit setzt in einem Alter von sechs bis acht Jahren ein, wobei der Standort einen variierenden Einfluß ausübt [21].

Abb. 5: Saatgut (Foto: H. Bauer)

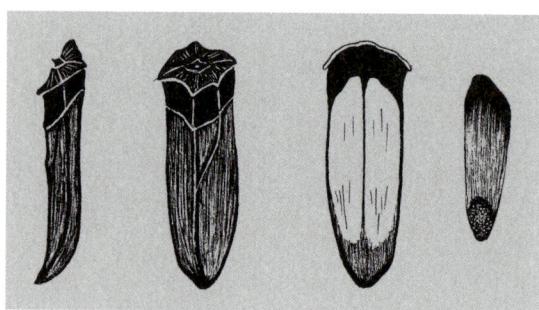

Abb. 6: Zapfenschuppe; Seiten-, Außen- und Innenansicht sowie Samen (nat. Größe)

Abb. 7: Borke

Rinde und Holz

Das Bastgewebe von P. oocarpa ist von weißer Farbe, hat zuweilen einen rötlichen Farbton und weist eine Dicke von 1 bis 3 mm auf. Die Dicke der Borke in Brusthöhe nimmt mit dem Brusthöhendurchmesser in einer linearen Beziehung in der Weise zu, daß der Brusthöhendurchmesser ohne Rinde im Durchschnitt 85,5% des Durchmessers mit Borke beträgt [24].

In Honduras weist das Holz von P. oocarpa deutlich ausgebildete Jahrringe und zahlreiche Harzkanäle auf. Der Harzgehalt ist relativ hoch, was in der Bezeichnung „Ocote" zum Ausdruck kommt. In der aztekischen Sprache wird mit „Ocotl" nämlich eine Kienholz liefernde Kiefer bezeichnet [26].

Der Extraktgehalt des Holzes schwankt zwischen 4 und 8%, und die Darrdichte (r_o) beträgt im unteren Stammbereich 0,47 bis 0,50 g/cm³ [12]. Die Rohdichte verändert sich mit dem Alter der Bäume. Auf dem Querschnitt des Stammes in Brusthöhe 28- bis 31jähriger Bäume sank die Rohdichte zunächst bis zum fünften Jahrring ab (juveniles Holz), um dann bis zum 18. Jahrring anzusteigen und weiterhin nahezu konstant zu bleiben [17].

Zwischen der Rohdichte und der Jahrringbreite sowie dem Spätholzanteil konnten keine Abhängigkeiten festgestellt werden [17].

Der pH-Wert des Kernholzes, der eine gewisse Bedeutung für die Korrosion an Bearbeitungsmaschinen hat, liegt bei P. oocarpa zwischen 4,3 und 4,7, steigt mit der Höhe am Stamm und ist negativ mit der Zuwachsrate korreliert [13].

Abb. 8: Holz

Genetische Differenzierung

Innerhalb des Subgenus Diploxylon wird P. oocarpa der Subsektion Insignes zugerechnet. Nahe verwandt sind u.a. Pinus rigida, Pinus serotina und Pinus patula.

Im Süden ihres Areals stellt P. oocarpa offenbar ein morphologisch relativ einheitliches Populationsgemisch dar, in Mexiko gibt es hingegen Differenzierungen, die zur Ausscheidung von Unterarten führten [20, 29]:

- Pinus oocarpa microphylla MARTINEZ, gekennzeichnet durch kurze, feine Nadeln

- Pinus oocarpa manzonoi MARTINEZ mit asymmetrischen Zapfen an sehr kurzen Stielen

- Pinus oocarpa ochoterenai MARTINEZ mit verhältnismäßig schlanken Zapfen

- Pinus oocarpa trifoliata MARTINEZ mit – im Unterschied zu den übrigen Unterarten – drei Nadeln pro Kurztrieb.

Fälle natürlicher Artbastardierung wurden an den Grenzen des Verbreitungsgebietes festgestellt. So kommen Hybriden mit Pinus caribaea an der unteren Grenze des Areals, d.h. unterhalb 800 m Meereshöhe vor, und Artbastarde mit Pinus maximinoi entstehen an dessen oberer Grenze (über 1300 m) [29].

Die Bastarde verhalten sich in der Zapfenform, in der Anzahl der Spaltöffnungsreihen, in der Nadelanatomie und in der Zusammensetzung der Terpene intermediär zu den Elternarten [30].

Klima und Standortansprüche

Im großen und ganzen ist P. oocarpa in Gebieten beheimatet, die durch eine Trockenperiode von mehr als fünf Monaten je Jahr charakterisiert sind und Höhenlagen zwischen 600 und 1600 m einnehmen. Die mittlere Jahrestemperatur liegt zwischen 19,3 und 22,3 °C und die jährliche Niederschlagsmenge beträgt im Mittel 1000 bis 1480 mm [6].

Unter diesen Klimabedingungen wächst P. oocarpa auf Böden verschiedenen Ausgangsmaterials und unterschiedlicher Entwicklung, wie auf Schmelztuffen (Ignimbrit), vulkanischen Aschen und vulkanischem Gestein mit pH-Werten zwischen 5,6 und 6,3.

Abb. 9: Naturverjüngung

Wachstum und Entwicklung

P. oocarpa regeneriert sich fast ausschließlich natürlich und dies vorzugsweise nach Waldbrand. Bodenfeuer legen den Mineralboden frei und schaffen dadurch eine der Voraussetzungen für das Fußfassen der Keimlinge. Nach der Keimung der Samen und der Verlängerung des Hypokotyls entwickeln sich 5 bis 7 ganzrandige Kotyledonen von hellgrüner Farbe [21].

P. oocarpa wird als Lichtbaumart angesehen. Während des ersten Jahres der Entwicklung können die Sämlinge jedoch Schatten ertragen, der bis zu 50 % des einfallenden Lichts zurückhält [21]. Waldbrände werden allgemein als Voraussetzung für die Verbreitung und die Fortdauer vieler mittelamerikanischer Kieferngesellschaften angesehen [20, 31]. In Abständen von 5 bis 20 Jahren wiederkehrende Brände lassen die Kiefer als Klimaxbaumart dominieren [20], und da die Brände seit der Zeit der Maya eine gängige Praxis zur Sicherung der Lebensbedingungen darstellen [2], sind die bestehenden Kiefernbestände im wesentlichen der Wirkung des Feuers zu verdanken. Den-

noch müssen Kiefern in der Region als natürliche Vegetationsform stark verbreitet gewesen sein, denn im Popol Vuh, dem heiligen Buch der Quichè, wird nach der Schilderung der Erschaffung der Gebirge und Täler erwähnt, daß sie sofort durch Kiefern und Zypressen bewachsen worden sind [26].

Ökologisch nachteilige Wirkungen des Feuers liegen in Nährstoffverlusten, hervorgerufen durch die Abschwemmung von Bodenpartikeln, und im Abtransport von Nährstoffen durch den Oberflächenabfluß in beträchtlicher Größenordnung [18]. Weiterhin wird der Humusvorrat stark verringert [6].

Die Entwicklung der Bestände von P. oocarpa wird gegenwärtig vielfach dadurch bestimmt, daß sie nach Holznutzungen durch eine flächenweise natürliche Verjüngung entstehen.

Eine Höhe von 1,3 m wird je nach Standortsklasse in zwei bis sechs Jahren erreicht. Für das Zentralgebiet von Honduras gibt Tabelle 1 die in verschiedenem Alter erreichbaren Höhen an [25].

Tabelle 1: Die Oberhöhe von P. oocarpa in Abhängigkeit von Alter und Standortsklasse

Alter	Oberhöhe (m) für die Standortsklassen				
(Jahre)	5	10	15	20	25
10	4	7	11	15	20
20	6	12	18	23	28
30	9	16	22	27	32
40	11	18	25	30	35
50	12	20	26	31	36

Anmerkung: Die Standortsklasse bezeichnet die im Alter von 15 Jahren erreichte Höhe.

Die Brusthöhendurchmesser variieren mit der auf verschiedenen Standorten erreichten Höhe der Kiefern, wie es Tabelle 2 zeigt [9].

Tabelle 2: Der Zusammenhang von Brusthöhendurchmesser (BHD) und Höhe für verschiedene Standortsklassen

BHD	Höhe (m) für die Standortsklassen		
(cm)	19,0	16,2	13,4
10	11,4	9,6	9,2
15	14,4	12,9	12,2
20	16,6	15,3	14,4
25	18,2	17,1	16,1
30	19,5	18,5	17,3
35	20,4	19,5	18,2
40	21,0	20,2	18,9

Anmerkung: Die Standortsklasse bezeichnet die im Alter von 15 Jahren erreichte Höhe.

Pathologie

Die natürlichen P. oocarpa-Bestände werden kaum von Pilz- und Insektenkalamitäten in ihrer Existenz bedroht. Infolge der häufigen Brände wird allerdings die Disposition für einen Dendroctonus-Befall erhöht [28]. Die befallene Fläche, einschließlich jener, in denen Borkenkäfer (Ips spp.) auftreten, ist relativ klein: Sie schwankte in Honduras in den Jahren von 1982 bis 1989 zwischen 283 und 8512 Hektar [9]. Örtlich kann der Dendroctonus-Befall – wie gegenwärtig in Guatemala – zu einer Gefahr werden, die Schutz- und Bekämpfungsmaßnahmen erfordert.

Junge Bäume zwischen 0,15 und 5 m Höhe werden vom Triebwickler Rhyacionia frustrana befallen, vor allem dann, wenn sie unter Bränden gelitten haben oder sehr dicht stehen. Der Befall führt zur Reduzierung des Höhenwachstums und zu Stammdeformationen [1].

Während der Anzucht von P. oocarpa in Kampanlagen besteht die Gefahr des Ausfalls durch „damping off". Die Samenproduktion kann infolge des Befalls der Zapfen durch Pilze (Cronartium cerebrum) beeinträchtigt werden [21].

Nutzung

P. oocarpa ist wegen ihres im Holzhandel als „Pitch Pine" bezeichneten Holzes von erheblicher wirtschaftlicher Bedeutung. Unter dem Begriff „Pitch Pine" wird Holz verschiedener amerikanischer Kiefernarten zusammengefaßt und als „ziemlich hart, grobfaserig, elastisch, beim Trocknen wenig schwindend, harzreich, gegen Witterungseinflüsse widerstandsfähig, sehr dauerhaft, gut polierbar, schwer bearbeitbar, zu Kernrissen neigend und von harzigem Geruch" beschrieben [3].

Der Einschlag an Kiefernsägeholz betrug in Honduras (1989) 798 700 Kubikmeter [9].

Das Holz von P. oocarpa findet Verwendung als Bauholz, in der Möbeltischlerei, als Sperrholz sowie für Pfähle und Masten. Die Bevölkerung verwendet es, obwohl Laubholz vorgezogen wird, in erheblichem Umfang als Brennholz, und Kienholz wird zu relativ hohem Preis auf den Märkten angeboten, weil es der Beleuchtung dient.

P. oocarpa liefert außer hochwertigem Schnittholz Kiefernharz als Rohstoff für Kolophonium und Terpentinöl in der Größenordnung von etwa 5000 Jahrestonnen in Honduras [9] und von etwa 950 Tonnen in Guatemala.

Das Harz von Pinus oocarpa ist qualitativ hochwertig: 95% des erzeugten Kolophoniums entsprechen den Sorten WW und WG[1]. Das Kolophonium kristallisiert nicht und enthält als Hauptbestandteile [19]:

Abietinsäure	22 %
Lävopimarsäure	21 %
Isopimarsäure	17 %
Dehydroabietinsäure	12 %
Neoabietinsäure	15 %
übrige Säuren	13 %

Abb. 10: Stockausschläge

Verschiedenes

– P. oocarpa gehört zu den wenigen Koniferen-Arten, die aus Stöcken wieder austreiben. Das Austriebsvermögen ist vorzugsweise bei kleinen Stockdurchmessern zu beobachten und läßt bei Durchmessern von mehr als 6 cm deutlich nach. Im Normalfall entstehen zunächst mehrere Triebe mit plagiotropem Wachstum. Innerhalb eines Jahres gewinnt meistens ein Trieb – seltener mehrere Triebe – die Oberhand, während die übrigen zugrunde gehen.

– Nach weiteren zwei Jahren haben die ausgetriebenen Stöcke einen orthotropen Schaft ausgebildet, der signifikant schneller wächst als generativ vermehrte Pflanzen vergleichbaren Alters [16].

---

1) Die Kolophoniumsorten werden nach Helligkeitsstufen klassifiziert, wobei WW = Waterwhite, WG = Windowglass bedeutet.

Weiterführende Literatur

[1] ALATORRE ROSAS, R., 1978: El Barrenador de los Brotes de Pino. Forestal 11, 16–22.

[2] ALLAN, P.H., 1955: The Conquest of Cerro Santa Barbara, Honduras. Ceiba 4, 253–270.

[3] BÄRNER, J., 1942: Die Nutzhölzer der Welt. Neumann-Neudamm.

[4] BARI, P.A.A.A., PRASAD, K.G., 1987: Growth of Tropical Pines in Tamil Nadu in Relation to Soil Properties. Indian Forester 113, 53–60.

[5] BRIDGEN, L.G., CRACIUM, C.C.J., WILLIAMS, E.R., 1986: Pinus oocarpa Provenance Testing in the Northern Territory, Australia, and a Comparison with P. caribaea. Malaysian Forester 47, 304–311.

[6] BUCH, M.W., von 1977: Degradation von Schmelztuffböden und Waldzerstörung im Kieferngebiet von Honduras. Mitt. Bundesforschungsanstalt Forst- und Holzwirtschaft 118, 146–163.

[7] Catalogo de Semillas Forestales. Banco de Semilla ESNACIFOR Siguatepeque, Honduras. o.J.

[8] CRITCHFIELD, W.E., LITTLE, E.L., 1966: Geographic Distribution of the Pines of the World. USDA, For. Serv., Misc. Publ. No. 991.

[9] Estadisticas Forestales, 1990: Boletin Estadistica No. 6, COHDEFOR.

[10] FERREIRA, O., 1989: Ecuaciones de Diametro – Altura para Pinus oocarpa Schiede en la Region de Comayagua, Honduras. El Tatascan 6, 49–57.

[11] GIFFORD, D.J., 1986: An Electrophoretic Analysis of the Seed from Pinus monticola and eight other Species of Pine. Can. J. Botany 66, 1808–1812.

[12] GUEVARA MONCADA, R., 1989: Calidad de la Madera de Pinus oocarpa Schiede en Honduras: Gravedad Especifica y Contenido de Extractivos. El Tatascan 7, 7–11.

[13] GUEVARA, R., JOHNS, W.E., 1981: Geographical and Within Tree Variation in Heartwood pH of Pinus oocarpa Wood. Wood Science 13, 220–224.

[14] GUIMARAES, D.P., LUDUVICE, M.L., 1983: Estudio Comparativo entre o Crecimiento de Pinus oocarpa Schiede y Pinus caribaea hondurensis Barr. et Golf. em cinco Localidades da Regiao Dos Cerrados. Boletin de Pesquisa, Centro de Pesquisa Agropecuaria Dos Cerrados EMBRAPA Brazil 18, 1–26.

[15] HERNANDES, D.O., 1984: Los Pinos de Honduras. Manual para Identificacion de Campo. ESNACIFOR/COHDEFOR.

[16] HOUKAL, D., PONCE, E., 1985: Basal Sprouting of Pinus oocarpa. Turrialba 35, 96–101.

[17] HOUKAL, D., PONCE, E., VILLALOBOS, D., 1988: Within Tree Variation of Wood Specific Gravity in Ocote Pine. Turrialba 38, 97–104.

[18] HUDSON, J., KELLMANN, M., SANMUGADAS, K., ALVARADO, C., 1983: Prescribed Burning of Pinus oocarpa in Honduras. Forest Ecology and Management 5, 283–300.

[19] KOHLER, R., 1991: Estudio de Mercado de Colofonia y Aguarras. Unveröffentl. GTZ-Bericht. (Zahlenangaben beziehen sich auf Daten von Prof. D. ZINKEL, USA.)

[20] MIROV, N.T., 1967: The Genus Pinus. New York.

[21] OCHOA, O., 1992: Persönliche Mitteilung.

[22] OTEGBEYE, G.O., 1985: A Comparative Analysis of the Growth of Pinus caribaea and Pinus oocarpa grown in some parts of the Savanna Zones of Nigeria. In: Proc. 15th Annual Conf. For. Assoc. Nigeria. 80–88.

[23] OTEGBEYE, G.O., 1991: Variation among Pinus oocarpa provenances tested in the Savanna Region of Nigeria. Forest Ecology and Management 43, 61–68.

[24] PEREZ, D.N., 1988: Relaciones de Corteza para Pinus oocarpa Schiede en la Zona Central de Honduras. El Tatascan 5, 59–65.

[25] PEREZ, D.N., STIFF, C.T., JOHNSON, F., 1990: Indice de Sitio y Curvas de Crecimiento en Altura para Pinus oocarpa Schiede en la Zona Central de Honduras. El Tatascan 7, 1–11.

[26] EL POPOL Vuh. Las Antiguas Historias del Quichè. Übersetzung des Originaltextes von A. RECINOS. Editoral Guayamuras, Honduras 1989.

[27] Provenance Regions for Pinus caribaea and Pinus oocarpa within the Republic of Honduras, 1983: Trop. For. Papers Commonw. For. Inst. Oxford, 18–91.

[28] SALAZAR, M.A., 1982: Historia del Dendroctonus frontalis Zimmer en Honduras. In: Actas de las LV Jornadas de Reforestacion, COHDEFOR 222–232.

[29] STYLES B.T., HUGHES, C.E., 1988: Variabilidad de los Pinos Centroamericanos. Centro Nacional de Investigacion Forestal Aplicada (CENIFA). Publ. Misc. 7.

[30] STYLES, B.T., STEAD, J.W., ROLPH, K.J., 1982: Studies of Variation in Central American Pines. Turrialba 32, 229–242.

[31] TAYLOR, B.W., 1962: The Status and Development of Nicaraguan Pine. Caribbean Forester 23, 21–26.

[32] WRIGHT, J.A., GIBSON, G.L., BARNES, R.D., 1986: Variation in Stem Volume and Wood Density of Pinus caribaea More. Provenances growing at Buki Tapah, Malaysia. Malaysian Forester 49, 176–180.

[33] WRIGHT, J.A., GIBSON, G.L., BARNES, R.D., 1987: Provenance Variation in Stem Volume and Wood Density of Pinus oocarpa and P. patula ssp. tecunumanii growing at two elevations in South Africa. South African For. J. 143, 46–48.

Der Autor:
Prof. Dr. GERHARD STEPHAN
c/o Institut für Tropische Forst- und Holzwirtschaft
Technische Universität Dresden
Weißiger Höhe, D-01737 Tharandt

Pithecellobium unguis-cati (LINNÉ) BENTH., 1844

Katzenkralle   Familie: Mimosaceae

engl.:   Catclaw, Blackbead

Abb. 1: Pithecellobium unguis-cati. Einzelbaum in Ponce, an der Südküste von Puerto Rico

Dieser unscheinbare, oft mehrstämmige, kleine Baum hat keinerlei wirtschaftliche Bedeutung. Beheimatet ist er in der Karibik, wo er auf trockenen, küstennahen Standorten auch strauchförmig wächst und mitunter Dickichte bildet, die man wegen der zahlreichen, spitzen Dornen nur schwer durchdringen kann.

Pithecellobium unguis-cati wird nur als annähernd immergrün bezeichnet, denn auf einigen Standorten trägt er für kurze Zeit keine Blätter. Recht auffallend sind die farbenfrohen, stark gekrümmten, reifen Hülsen. Deren rostbraune, innen rote Fruchtwände umschließen mehrere glänzend schwarzbraune Samen mit hellroter, arillusähnlicher Basis.

Das Epitheton 'unguis-cati' und der englische Trivialname „catclaw" (Katzenkralle) nehmen Bezug auf die sehr spitzen Doppeldornen an Blattbasen, Zweigen und Stämmen.

Taxonomie und Verbreitung

Die Gattung *Pithecellobium* MART. umfaßt mehr als 100 tropische und subtropische Arten. Viele davon sind im tropischen Amerika heimisch. Von den im Süden der USA und auf den karibischen Inseln vorkommenden vier Arten hebt sich *P. unguis-cati* hauptsächlich durch drei Merkmale ab:

– einpaarige Fiederblättchen,

– stark gedrehte Fruchtwände nach dem Öffnen der reifen Hülsen,

– reife Samen mit einem rötlichen, stark vergrößerten, „arilloiden" Funiculus.

P. unguis-cati gehört zur Baumflora der Westindischen Inseln. Ihr Areal erstreckt sich von den Bahamas über Kuba und Puerto Rico bis Trinidad/Tobago, meistens zwischen Meereshöhe und 600 m ü. NN.

Außerdem ist die Art im Süden Floridas heimisch, wo sie insbesondere von den Florida Keys sowie von Sanibel- und Captiva Island beschrieben wird. Weitere Vorkommen liegen in Mexiko (Yukatan, Tamaulipas, Sinaloa), Venezuela und Guyana [1].

Beschreibung

Je nach dem Wasser- und Nährstoffgehalt des Bodens wächst *P. unguis-cati* zu einem meist 6 bis 8 m hohen, oft mehrstämmigen Baum mit relativ breiter Krone oder zu einem Strauch von maximal 3 m Höhe heran [2, 3]. WORKMAN [4] erwähnt jedoch als „champion tree" ein ungewöhnlich großes Exemplar aus Manatee County, FL (Höhe 24,8 m, BHD 60 cm, Kronendurchmesser ca. 20 m). Der normale Stammdurchmesser (BHD) wird sonst mit 17 bis 20 cm angegeben.

Die **Äste** gehen anfangs spitzwinkelig vom Stamm ab, breiten sich aber später waagrecht aus [3] und bauen eine sehr unregelmäßige, breite Krone auf. SARGENT [3] erwähnt das Vorkommen lianenförmiger, fast niederliegender Stämme unter den strauchförmig wachsenden Exemplaren.

Die schlanken, jungen **Zweige** sind ein wenig gerieft und wachsen oft zickzack-förmig [3]. Ihre Farbe scheint zu variieren, denn SARGENT bezeichnet sie als hell graubraun oder dunkel rotbraun, LITTLE et al. [2] als braungrau.

Abb. 2: Von links nach rechts: beblätterter Trieb mit Stipulardornen und längsgeriefter Rinde, paarige Stipulardornen, Rinde mit waagerecht orientierten Erhebungen an den Stipulardornen und Lenticellen sowie Stammborke (querrissig)

Abb. 3: Laubblätter

Abb. 4: Reife, leuchtend rote Hülsenfrüchte

Gleiches gilt für die Borkenfarbe: grau (LITTLE) versus rötlich braun (SARGENT). Nach eigenen Beobachtungen dominiert bei jungen und mittelalten Stämmen auf Puerto Rico jedoch ein kräftiges Grün. Ansonsten ist die **Borke** ca. 6 mm stark [3], anfangs mit vielen hellen, waagrecht orientierten Lenticellen, später mit ebenfalls waagrechten Erhebungen und kleinen Schuppen besetzt.

P. unguis-cati ist dauerhaft bewehrt. Sowohl an den Blattbasen wie an Zweigen und am Stamm findet man sehr spitze, bis 1,2 cm lange, paarige Stipulardornen, die auch an älteren Stämmen erhalten bleiben.

Während die meisten Autoren von einer immergrünen Belaubung sprechen, erwähnen LITTLE et al. [2] Populationen, die für eine sehr kurze Zeit alle **Blätter** abwerfen.

Der Blattstiel ist sehr dünn und an jeder der beiden Fiederachsen zweiter Ordnung steht nur ein Fiederblättchen-Paar. Jedes der vier kahlen, fast sitzenden, breit ovalen und ganzrandigen Fiederblättchen ist 1,2 bis 5 cm lang und 1 bis 2,5 cm breit, hat einen rundlichen Apex, eine schiefe, kurz zugespitzte Basis und einen leicht welligen Blattrand [1]. Am Apex befindet sich eine winzige, punktförmige, grüne Drüse [1]. Die beiden Nebenblätter an der Basis des Blattstieles werden zu sehr spitzen, 0,6 bis 1,2 cm langen, dauerhaften Stipulardornen.

Die polygamen, kahlen **Blüten** stehen zu 10 bis 12 in hellgelben oder blass rosafarbenen, kugeligen Köpfchen von ca. 2 cm Durchmesser. Diese wiederum entspringen einzeln den Achseln distaler Blätter und sind dann langgestielt oder sie sind an terminalen, rispigen Blütenständen inseriert [3].

Die ungestielten Einzelblüten haben einen röhrenförmigen, 1,2 mm langen Kelch, eine fünflappige, 4,5 mm lange Kronröhre, zahlreiche fadenförmige, hellgelbe, ca. 1,5 cm lange, am Grunde zu einer rosafarbenen bis pupurroten Röhre zusammengewachsene Staubblätter und/oder einen langgestielten Stempel mit langem, fädigem Griffel.

Die Blütezeit liegt in Florida zwischen Anfang März und dem Hochsommer [3].

P. unguis-cati bildet auffällige, arttypische **Früchte**. Es sind bogig gekrümmte, zur Reifezeit rote bis dunkelbraune, 5 bis 12,5 cm lange, 0,6 bis 1,2 cm breite und zwischen den Samen nur wenig eingeschnürte Hülsen, die an Bauch- und Rückennaht aufplatzen und sich dann spiralig aufrollen. Die Fruchtwand ist netzartig geadert und an den Rändern verdickt. Von der roten Innenseite heben sich die glänzend schwärzlichen **Samen** deutlich ab. Diese sind etwa 8 mm lang, flach, von obovatem oder fast dreieckigem Umriss, haften an einem stark vergrößerten, hellroten „arilloiden" [3] Funiculus und haben eine relativ dünne, knorpelige Testa [3]. Das **Holz** wird als sehr hart und schwer bezeichnet. Es hat einen kräftig roten oder hellbraunen [1] Kern und einen schmalen, gelben Splint. Angaben zur Anatomie und Physik des Holzes liegen uns nicht vor.

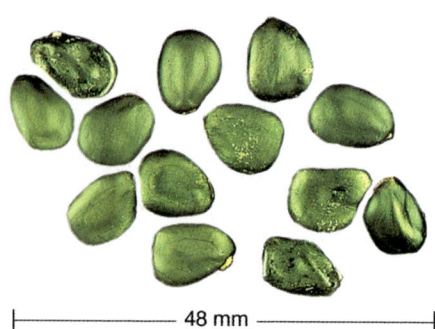

---|--- 48 mm ---|---

Abb. 5: Samen

Anzucht und Ökologie

P. unguis-cati wird weder forstlich angebaut noch in nennenswertem Umfang für die Landschaftsgestaltung genutzt. Allein in Florida hat sie eine gewisse Bedeutung als Zier- und Heckengehölz [4], denn sie treibt selbst nach starkem Beschnitt zuverlässig wieder aus.

Die natürliche und die künstliche Vermehrung erfolgen durch Samen, welche ohne Vorbehandlung rasch und reichlich keimen, wenn man sie auf feuchtem Substrat aussät. Trotz des sehr langsamen Jugendwachstums bereitet die Anzucht keine Probleme. Pflegemaßnahmen und Bewässerung fallen nicht an [4].

Die gleichermaßen anspruchslose und anpassungsfähige Art kommt auf trockenen, sandigen Standorten in Küstennähe natürlich vor. Auf Puerto Rico und anderen Westindischen Inseln liegen diese hauptsächlich auf den niederschlagsarmen Leeseiten. Dort stellt *P. unguis-cati* eine Komponente des trockenen Buschwaldes dar. Baumförmig wird sie vor allem auf nährstoff- und wasserreicheren Substraten. Daten über Wuchsleistungen und konkrete Informationen zu den Klima- und Standortansprüchen liegen uns nicht vor.

Verschiedenes

P. unguis-cati erleidet zwar Blattverluste durch den Fraß von Schmetterlingslarven sowie Rindenschäden durch eine spezifische Heuschreckenart, welche infolge ihres verlängerten Abdomens einem Zweigdorn der „catclaw" sehr ähnlich sieht (Mimikry); sie wird aber weder durch Insekten noch durch pathogene Pilze ernsthaft gefährdet. Empfindlich ist sie allerdings gegen Frost.

Weiterführende Literatur

[1] LITTLE, E.L., Jr., 1979: Checklist of United States Trees (Native and Naturalized). USDA Forest Service, Agriculture Handbook 541, Washington, D.C.

[2] LITTLE, E.L., Jr.; WOODBURY, R.O.; WADSWORTH, F.H., 1974: Trees of Puerto Rico and the Virgin Islands. 2. vol., USDA Forest Service, Agriculture Handbook 449, Washington, D.C.

[3] SARGENT, C.S., 1965: Manual of the Trees of North America. Vol. 2. Dover Publ., New York.

[4] WORKMAN, R.W., 1980: Growing Native. Sanibel-Captiva Conserv. Foundation, Sanibel, FL.

Die Autoren:

Prof. em. Dr. PETER SCHÜTT
Lehrstuhl für Forstbotanik
Ludwig-Maximilians-Universität München
Am Hochanger 13
D-85354 Freising

ULLA M. LANG
Schützenstraße 6
D-82383 Hohenpeißenberg

Platymiscium pinnatum (Jacq.) Dugand

syn.: Platymiscium polystachum Benth.

Macacauba   Familie: Fabaceae

Panama rosewood, vencola, trebol
(Handelsnamen)

Costa Rica: cristóbal, cachimbo
Ecuador: kaoba
Kolumbien: trébol
Nicaragua: coyote
Panama: sangrillo

Abb. 1: Platymiscium pinnatum. 12jähriger Baum, kurz nach dem
Austrieb (Osa-Peninsula, Costa Rica)

Abb. 2: Borke eines älteren Stammes (Foto: P. Schütt)

Platymiscium pinnatum, eine Art des tropischen Regenwaldes, ist ein Baum der mittleren Kronenschicht, der in sehr lockerer Einzelmischung vorkommt. Zu Beginn der Trockenzeit fällt der relativ schmalkronige Baum durch seine neuen, oberseits hellgrün glänzenden Blätter auf. Das Verbreitungsgebiet erstreckt sich von der mittelamerikanischen Landbrücke bis zu den nördlichen Regionen des südamerikanischen Kontinents. Aufgrund des wertvollen und harten Holzes wird die Art exzessiv genutzt. Die extreme Abholzung führte dazu, daß P. pinnatum mittlerweile zu den vom Aussterben bedrohten Baumarten gehört. Über ökologische Ansprüche und waldbauliches Verhalten ist bisher wenig Konkretes bekannt.

Verbreitung

P. pinnatum ist hauptsächlich in den feuchten Gebieten der Neotropen in Meereshöhen bis ca. 1000 m vertreten, so in den tropischen Feuchtwäldern und den tropischen Regenwäldern Mittel- und Südamerikas [8]. Außerdem kommt die Art auch in den Trockenwäldern Panamas natürlich vor [4].

An der Atlantikküste Mittel- und Südamerikas erstreckt sich das Verbreitungsgebiet von Honduras bis Guyana [1], auf der pazifischen Seite der mittelamerikanischen Landbrücke von Guatemala bis Panama. Weitere Vorkommen sind in Ecuador und auf Trinidad zu finden.

Morphologie

Cristobal ist ein langsam wachsender, mittelgroßer bis hoher Baum, dessen durchschnittliche Höhe 33 m bei einem BHD bis zu 1 m beträgt [1], der aber auch Höhen von 40 m und mehr erreichen kann. Der gerade, zylindrische **Stamm** hat eine hellbraune bis braungraue, relativ glatte oder leicht geschuppte, mit feinen Rissen versehene Borke. Bei jüngeren Bäumen ist die Borke dagegen weiß und glatt. Die hellgelb gefärbte innere Rinde hat einen bitteren Geschmack [12].

Die Kronenform variiert mit dem Standraum. Innerhalb des Bestandes aufwachsende Bäume haben eine schmale, nach oben zulaufende **Krone**, freistehende Exemplare eher eine weitausladende und kugelige. Auch der Kronenansatz wird vom Standraum geprägt. So gabeln sich die Stämme der im Bestand wachsenden P. pinnatum erst in ca. 20 m Höhe, freistehende Bäume verzweigen sich schon nach 3 – 4 m (bei einer Gesamthöhe von je 30 m) [13].

Die **Zweige** besitzen eine Markhöhle. Sie sind zu Beginn grün, verfärben sich mit zunehmendem Alter grau, und ihre Rinde weist viele Korkwarzen auf. Die spitz zulaufenden, etwa 5 mm langen Knospen werden von grauen Schuppen bedeckt [2].

P. pinnatum ist tief im Boden verankert und bildet im Oberboden nur selten stärkere **Wurzeln** aus. Ist der Wassergehalt des Bodens beständig hoch, entstehen kleine Brettwurzeln. Zumindest an Baumschulpflanzen treten Wurzelknöllchen auf [13].

Die unpaarig gefiederten **Blätter** sind meist gegenständig angeordnet. Es kann jedoch auch eine wirtelige Blattstellung mit drei Blättern pro Knoten vorkommen. Die Anzahl der Blättchen beträgt fünf bis sieben, selten drei, wobei drei Fiederblättchen bei jüngeren Bäumen öfter auftreten als bei älteren. Die Blätter erreichen eine Länge von 10 – 30 cm, die Fiederblättchen 5 – 11 cm, maximal 22 cm, bei einer Breite von 2 – 10 cm, maximal 15 cm [4].

Die schnell abfallenden Nebenblätter stehen ringförmig zwischen den Blattstielen und hinterlassen eine auffällige Narbe. Sie sind ziemlich dick, lanzettförmig und bis zu 1,2 cm lang [4]. An den Fiederblättchen findet man Stipeln, die sofort abfallen. Die gegenständig inserierten Blättchen sitzen mit kurzen (0,5 – 1 cm) Stielen der grünen, an der Blattbasis verbreiterten Rhachis an. Sie sind

dünn und weich oder ein wenig ledrig, nicht drüsig, oval-elliptisch, zugespitzt und an der Basis stumpf; der Rand ist glatt [4, 10]. An der Blattoberseite fallen die leuchtend grünen Leitbündel auf, die auf der Unterseite nur matt hellgrün gefärbt sind.

Die Blätter fallen am Ende der Regenzeit, kurz vor dem Erscheinen der Blüten, ab. Wenn die Bäume neu austreiben, fallen sie durch die leuchtend hellgrünen, stark glänzenden Blätter schon von weitem auf. Später werden die Blätter mittelgrün, die älteren Blätter erscheinen aus größerer Distanz bräunlich [13].

Die razemösen Blütenstände sind 7 – 15 cm lang und stehen zu mehreren in Blattachseln, an entlaubten Knoten oder an Knoten einjähriger Triebe. Sie enthalten eine Vielzahl von kräftig gelben **Blüten**, die zum Zentrum hin burgunderfarben getönt sind und zudem durch ihren aromatischen Duft auffallen. Oft stehen die bis 1,5 cm großen Blüten paarig an einem Knoten. Die schmalen, traubenförmigen Infloreszenzen haben einen langen (3 – 6 cm) und glatten Stiel, die Blüten selbst sitzen an dünnen,

Abb. 4: Reife Frucht

0,5 cm langen Stielen. Sowohl die Brakteen wie die Brakteolen sind oval und sehr klein.

Es wird ein 6 mm langes, grünes, glattes bis warziges und behaartes, glockenförmiges Hypanthium ausgebildet. Der an der Basis spitz zulaufenden Kelchröhre sitzen fünf kleine, spitze Zähne auf, die bis auf den ventral gelegenen gleich lang sind. Der ventrale Zahn ist etwas kürzer.

P. pinnatum bildet typische Schmetterlingsblüten aus, deren Krone in Fahne, Flügel und Schiffchen aufgeteilt ist. Während die Fahne rundlich-breit und an der Spitze eingekerbt ist, sind die Flügel schräg-länglich geformt. Die beiden ebenfalls rundlichen wie auch stumpfen Petalen, die das Schiffchen bilden, krümmen sich leicht nach innen.

Die insgesamt zehn weißlichen Staubblätter sind etwa 10 mm lang. Ihre Filamente bilden eine Röhre, deren dorsales Staubblatt fast frei ist. Die Antheren selbst bleiben frei, sind oval bis nierenförmig und genauso breit wie lang. Zwischen den Staubblättern ragt der viel längere Stempel (15 mm) aus der Blüte hervor. Auf dem weißen, dünnen und glatten Griffel, der sich scharf nach innen biegt, sitzt die schmale Narbe. Der grüne, flache Fruchtknoten enthält nur ein in der Mitte gelegenes Samenfach [2, 4, 9].

Die Bestäubung geschieht durch Insekten, in der Hauptsache Bienen, da die Blüten sowohl durch ihre intensiv gelbe Farbe als auch durch den intensiven Geruch für diese sehr anziehend sind.

Die Hülse ähnelt einem membranartigen Flügel, in dessen Mitte sich der Samen befindet. Auf dem Boden liegende **Früchte** sind nur schwer zu entdecken, da sie wie vertrocknete Blätter aussehen.

Die Flugfrucht ist hellbraun, flach und dünn. Sie ist von länglicher Gestalt, hat einen stumpfen, abgerundeten Apex und eine spitz zulaufende Basis. Die netzförmige Aderung endet in einem Randnerv, der den sehr feinen Rand der Frucht verdickt [9]. Die Hülse ist ca. 13 cm lang, etwa 3 cm breit und hat einen ca. 1 cm langen Stiel.

Abb. 3: Zweig mit jungen Blättern (Foto: P. Schütt)

Im Zentrum der Frucht liegt ein einziger, ebenfalls hell-brauner, zusammengedrückter, nierenförmiger Samen (3 cm lang, 1 cm breit) mit einer sehr dünnen Testa, zwei großen Speicher-Kotyledonen, zwischen denen man die nach innen gekrümmte, etwas hellere Radicula von außen erkennen kann. Ein Endosperm fehlt [15].

Die Frucht wird als Ganzes durch den Wind verbreitet und öffnet sich bei Reife nicht.

Holz

Das schmutzigweiße oder gelbliche Splintholz hebt sich gut von dem rötlichbraunen, mit einer unregelmäßigen, dunklen oder hellen Maserung versehenen Kern ab. Das Kernholz hat eine mittlere bis feine Textur. Es ist sehr zugfest, sehr hart und belastungsfähig (Rohdichte $[r_{12}] = 1,20$ g/cm^3). Diese Eigenschaften wie auch die rötliche Färbung führten in Ecuador zur Namensgebung Kaoba, ein Name, der eigentlich für Swietenia macrophylla KING (Mahagoni) verwendet wird [11].

Die Gefäße sind auf dem Querschnitt spärlich verteilt (3 pro mm^2) [12].

Länge der Gefäße:	176 – 320 µm
Durchmesser der Gefäße, radial:	120 – 232 µm
Länge der Holzfasern:	560 – 1200 µm
Durchmesser der Holzfasern:	10 – 24 µm.

Vermehrung und Keimlings-entwicklung

P. pinnatum blüht meist jedes zweite Jahr im Februar und März. Die Blütezeit kann sich jedoch bis in den Mai erstrecken [4]. Die Blätter fallen kurz vor dem Erscheinen der Blüten, selten früher, ab. Der Neuaustrieb erfolgt zur Zeit der Blüte. Schon fünf Meter hohe Bäume mit einem BHD von ca. 15 cm sind zur generativen Vermehrung befähigt [2], und bereits in diesem Alter, wie auch später, sind die Kronen blühender Bäume völlig von Blüten bedeckt. Die Früchte reifen 30 Tage nach der Blütezeit, werden aber erst ein Jahr später, zu Beginn der Regenzeit, verbreitet [4].

Die generative Vermehrung ist durch sehr hohe Keimraten gekennzeichnet, in der Folge treten allerdings hohe Sämlingsverluste durch die Trockenzeit und durch Schädlingsbefall auf. Trotz sehr intensiver Naturverjüngung sind zweijährige Pflanzen kaum zu finden, und auch adulte P. pinnatum kommen in Primärwäldern selten vor.

Die Sämlinge wachsen im unmittelbaren Kronenbereich und bis zu 40 m vom Mutterbaum entfernt [13].

Die Keimung der noch in der Frucht befindlichen Samen beginnt vier bis sieben Tage nach der Aussaat.

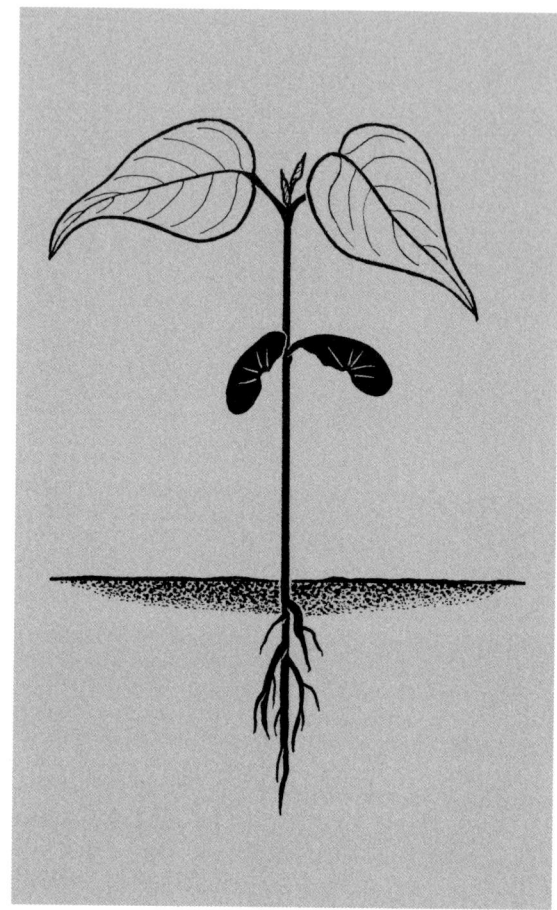

Abb. 5: Keimling (nat. Größe), Kotyledonen schwarz

Während der Verankerung der Radicula beginnt sich das Hypokotyl zu verlängern und krümmt sich bogenförmig nach oben. Vom siebten Tag an streckt sich das Hypokotyl und hebt so die noch in der Samenschale befindlichen Speicherkotyledonen über den Boden. Kurz danach sprengen die Kotyledonen die Testa. Es handelt sich somit um eine epigäische, phanerocotylare Keimung. Die ergrünten Kotyledonen treten schließlich ganz aus der Testa aus, erstarken und weichen auseinander. Spätestens zwei Wochen nach der Keimung ist der Keimling zur Photosynthese fähig.

Die beiden ersten Primärblätter entfalten sich zwei Wochen nach der Keimung und übernehmen die Stoffproduktion. Die Keimblätter welken, rollen sich ein und fallen ein bis zwei Wochen nach Erscheinen der Primärblätter ab. Etwa eine Woche später werden die ersten, einfachen Folgeblätter gebildet.

Im Gegensatz zu den gegenständigen Primärblättern sind sie wechselständig angeordnet. Selten kommt es auch bei ihnen zu einer gegenständigen Blattstellung. Die ersten zusammengesetzten Blätter (dreifiedrig) entstehen vier bis fünf Monate nach der Keimung [13].

Frisch geerntetes Saatgut keimt zu 90 – 100 %. Kurzfristige Lagerung sowie die Entfernung des Perikarps und die Bedeckung mit Laubstreu bewirken eine starke Verminderung der Keimrate. Keimlinge und Sämlinge entwickeln sich im Schatten besser als in der Sonne. Auch die Ausfälle sind im Schatten geringer [13].

Ökologie und Entwicklung

P. pinnatum wächst auf alluvialen Böden mit einem pH-Wert um 5,5 und bevorzugt leicht geneigte Hänge (5 %), die eine gute Drainage gewährleisten [7]. Die Art gehört im Regelfall der lückigen, mittleren Kronenschicht (25 – 30 m) an, d.h., sie wird von Bäumen des oberen Kronendaches überragt. Meist sind die Kronen der mittleren wie auch die der oberen Schicht schirmförmig ausgeprägt, um möglichst viel Licht aufzufangen. P. pinnatum dagegen hat eine eher schmale Krone, die es der Art möglich macht, auch in kleineren Lücken nach oben zu wachsen und derartige „light-gaps" zu nutzen. Für achtjährige Bäume wurden folgende Zuwachswerte pro Jahr ermittelt: BHD 1,4 cm, Höhe 1,0 m, Stamm-Grundfläche 0,6 cm²/ha und Volumen (wirtschaftlich nutzbarer Anteil des Stammes) 2,0 m³/ha [5].

In einer Inventur auf der Halbinsel Osa, Costa Rica, wurden alle P. pinnatum-Individuen mit einem BHD >30 cm erfaßt [6].

Es wuchsen im Mittel 4,71 Bäume pro Hektar, davon:

      0,63 Bäume mit BHD 50 – 59 cm
      1,41 Bäume mit BHD 60 – 69 cm
      1,10 Bäume mit BHD 70 – 79 cm
      0,64 Bäume mit BHD 80 – 89 cm
      0,93 Bäume mit BHD 90 – 99 cm.

Nutzung

Durch die hohe Festigkeit und Formbeständigkeit wird das Holz von P. pinnatum gerne für tragende Konstruktionen (z.B. Brücken) verwendet, ebenso im gesamten Hausbau. Da das Holz sogar bei Bodenkontakt sehr dauerhaft ist und nur sehr langsam verrottet, ist es für Eisenbahnschwellen gut geeignet. Neben kleinen Booten, Möbeln, Werkzeuggriffen, Pinselstielen und Billardstöcken werden auch Parkettböden und Furniere daraus hergestellt. Außerdem findet es Verwendung in der Kunsttischlerei, für die Herstellung kunstgewerblicher Gegenstände und als Klangholz für Marimbas [1, 14, 15].

In Venezuela wird P. pinnatum gerne wegen seiner Blütenpracht als Zierbaum angepflanzt [9]. Die Blüten ziehen durch ihre Farbe und durch den intensiven Geruch viele Bienen an und haben deshalb Bedeutung für die Imkerei.

Weiterführende Literatur

[1] ALLEN, P.H., 1956: The rainforest of Golfo Dulce. University of Florida Press, Gainesville.

[2] ANONYMUS, o.J.: Arboles comunes de la provincia de Esmeralda.

[3] BERNHARDT, K.G., 1991: Die Waldformationen in Costa Rica, Natur und Museum, 121.

[4] CROAT, T.B., 1978: Flora of Barro Colorado Island. Stanford University Press, Stanford, California.

[5] DOLAND; NICHOLS; STANDLEY; Mc GRODDY, 1982: Investigaciòn sobre el crecimiento anual de arboles de la zona sur de Costa Rica, DGf; San Isidro, Costa Rica.

[6] Forstwirtschaftspläne des Centro Boscosa, Fundacion Neotropica, San José, Costa Rica.

[7] HARTSHORN, G. et al., 1982: Costa Rica, Country environmental profile. Field Study, Tropical Science Center, San José, Costa Rica.

[8] HOLDRIDGE, L.R.; GRENNE, W.C.; HATHEWAY, W.H.; LIANG, T.; TOSI, J.A., 1971: Forest environments in tropical life zones. A pilot study. Pergamon Press.

[9] HOYOS, J., 1979: Los arboles de Caracas. Sociedad de Ciencia Naturales La Salle, Monografia núm 24, Caracas, Venezuela.

[10] HUTCHINSON, J., 1964: The Genera of Flowering Plants (Angiospermae), Volume I and II, Oxford University Press.

[11] LITTLE, 1947: Does Mahogany (Swietenia) occur in Ecuador? Tropical Woods 92.

[12] DE PERALTA, C.G.; EDLMANN ABBATE, M.L., 1983: Caratteristiche anatomiche di 16 specie legnose proveniente dalla Republica di Panama. Rivista di Agricoltura Subtropicale e Tropicale, 77, 4.

[13] RANK, I., 1993: Platymiscium pinnatum, Beschreibung einer Baumart des tropischen Regenwaldes und Untersuchungen zu ihrer generativen Vermehrung. Diplomarbeit, LMU München.

[14] RECORD, S.J.; HESS, R.W., 1943: Timbers of the New World. Yale University Press, New Haven.

[15] STANDLEY, P.C.; STEYERMARK, J.A., 1946: Flora de Guatemala, Band 5. Chicago Natural Museum, Chicago.

Die Autorin:

Dipl. Biologin INGRID RANK
Ackermannstr. 14
D-80797 München

Plumeria alba LINNÉ, 1753

syn.:   Plumeria hypoleuca GASP., 1833

Aleli   Familie: Apocynaceae

engl.: Aleli, Milktree

Abb. 1: Plumeria alba am natürlichen Standort
(Küstennaher Trockenhang auf Grenada)

Abb. 2: Borke (links), junger Trieb und Blattansatz (rechts)

Nicht alle der 5 aus Mittelamerika und dem karibischen Raum stammenden *Plumeria*-Arten haben unter den Namen Frangipani, Graveyard tree oder Pagoda tree als farbenfrohe, das ganze Jahr blühende und zudem anspruchslose, tropische Ziergehölze eine wichtige gärtnerische Bedeutung erlangt.

Plumeria alba wird kaum in Kultur genommen, sondern gehört als kleiner, weißblühender, immergrüner Baum zur natürlichen Vegetation warm-trockener, küstennaher Lagen auf den Karibischen Inseln. Sie hat keine wirtschaftliche Bedeutung.

Nicht selten wird die Art mit der weißblühenden Form von *Plumeria rubra* verwechselt.

Sicher ansprechen läßt sie sich durch 2 Merkmale:

– lange, schmale, an beiden Enden spitz zulaufende, derbe Blätter mit heller, dicht behaarter Blattunterseite und nach unten gebogenem Blattrand,

– relativ kleine, ausschließlich weiße Blüten mit gelbem Basisfleck an jedem der 5 Kronblätter und einem Durchmesser von maximal 5 cm.

Verbreitung

Plumeria alba hat ihre Heimat auf den Westindischen Inseln und wächst oft in küstennahen Dickichten auf kalkreichen, wärmeren Substraten.

Häufig vertreten ist sie auf Puerto Rico, auf den Virgin Islands (St. John, St. Croix, St. Thomas), ferner auf Antigua, Tortola, Guadaloupe und Martinique [4]. Die Südgrenze des Areals bildet Grenada.

In nennenswertem Umfang kultiviert wird die Art weder innerhalb noch außerhalb des natürlichen Areals.

Beschreibung

P. alba wird in der Regel zu einem kleinen, immergrünen, bis 5 m hohen Baum mit allenfalls 10 cm starkem Stamm, der – wie viele *Plumeria*-Arten – keine geschlossene Krone ausbildet. Vielmehr sind die relativ dicken, aber brüchigen Äste nur an der Spitze schirmartig beblättert.

Die Borke ist glatt und braungrau, die innere Rinde orangefarben. Bei Verletzungen tritt reichlich weißer Milchsaft aus, der im Verdacht steht, giftig zu sein. Junge, 1,5 bis 2 cm starke, grünliche Zweige werden später braungrau und sind mit fast runden Blattnarben bedeckt.

Als besonders charakteristisch können die ganzrandigen, oberseits dunkelgrünen, unterseits dicht weiß behaarten, schmal-lanzettlichen **Blätter** gelten. Sie laufen an beiden Enden allmählich spitz zu, haben nach unten umgebogene Ränder und sind wechselständig angeordnet. Ihre Länge wird mit 15 bis 37 cm, ihre Breite mit 1,3 bis 5 cm angegeben. Sie stehen an 1,8 bis 3,7 cm langen Stielen.

Abb. 3: Blätter

Abb. 4: Blüte

Die Primärblätter an Keimlingen entsprechen in der Form den Folgeblättern, sind aber gegenständig angeordnet [2].

Die intensiv duftenden, wachsig-weißen **Blüten** haben einen Durchmesser von 4 bis 5 cm. Sie stehen zu mehreren in flachen, bis 20 cm lang gestielten Infloreszenzen (Cymen) und setzen sich zusammen aus einem relativ kleinen, fünfzähnigen Kelch, einer Blütenkrone mit enger Kronröhre und 5 weit abstehenden, weißen, an der Basis gelb gefleckten Zipfeln, 5 relativ kleinen, am Grunde der Kronröhre ansetzenden Staubblättern sowie zwei Fruchtknoten mit einem gemeinsamen, kurzen Griffel.

Aus jeder Blüte entstehen 2 lang zugespitzte, weit abspreizende Balgfrüchte (10 bis 15 cm lang) mit vielen flachen, geflügelten Samen ohne Haarschopf.

Das zähe, relativ schwere Holz (r_{12} = 0,8 g/cm³) hat einen hellbraunen Splint [1].

Abb. 6: Typische Balgfrüchte an der Triebspitze

Ökologie

Die Art ist widerstandsfähig gegen Trockenheit und stellt nur geringe Bodenansprüche. Sie bevorzugt kalkhaltige Substrate.

An der Südküste Puerto Ricos wächst sie in Nachbarschaft mit *Guajacum sanctum* und *G. officinale, Bursera simaruba, Gymnanthus lucida, Pisonia albida* sowie den *Cactaceen Cephalocereus royenii* und *Opuntia rubescens*.

Weiterführende Literatur

[1] LITTLE E. L., Jr.; WADSWORTH, F. H., 1989: Common Trees of Puerto Rico and the Virgin Islands. 2. Printing. Agriculture Handbook No. 249, USDA For. Serv., Washington D. C.

[2] LUBBOCK, J. 1892: Contribution to our knowledge of seedlings. London.

[3] THORNTON, E. H.; THORNTON, S. H., 1985: The exotic Plumeria (Frangipani), Houston, Tx.

[4] WOODSON, R. E., Jr., 1938: Studies in the Apocynaceae. VII. An evaluation of the genera Plumeria L. and Himatanthus WILLD. Ann. Missouri Bot. Gard. 25, 189 – 224.

Die Autoren:

Prof. em. Dr. PETER SCHÜTT
Lehrstuhl für Forstbotanik
Ludwig-Maximilians-Universität München
Hohenbachernstraße 22
D-85354 Freising

ULLA M. LANG
Schützenstraße 6
D-82383 Hohenpeißenberg

Abb. 5: P. alba als Komponente eines sehr trockenen Buschwaldes im Süden Puerto Ricos, gemeinsam mit Cephalocereus royenii, Bursera simaruba, Pisonia albida etc.

Plumeria rubra LINNÉ, 1753

syn.:   Plumeria acutifolia POIR., Plumeria tricolor RUIZ et PAV.

Frangipani   Familie: Apocynaceae

engl.:   Frangipani, Temple tree, Pagoda tree
franz.: Frangipanier

Abb. 1:   Plumeria rubra. Typischer Baum in einem Park nahe Nairobi, Kenya

Abb. 2: Triebspitze

Abb. 3: Blattober- und -unterseite

Frangipani zählt gewiß zu den am häufigsten kultivierten und am weitesten künstlich verbreiteten Ziergehölzen der Tropen. Der kleine, mit einer ausladenden Krone versehene Baum blüht fast das ganze Jahr und läßt sich mühelos durch Stecklinge vermehren. Angebaut werden zahlreiche Zierformen, die sich vor allem durch Farbe und Form der wunderschönen, stark duftenden Blüten unterscheiden.

Bei Verletzungen tritt reichlich Milchsaft aus, dem einerseits Giftigkeit nachgesagt wird, der aber im tropischen Asien auch von volksmedizinischer Bedeutung ist.

Plumeria rubra stammt aus den trockenen Gebieten Mittelamerikas. Sie hat eine erhebliche gärtnerische Bedeutung und unterliegt der züchterischen Bearbeitung. Daher sind bei einigen kultivierten Formen die Merkmale der reinen Art schwer zu erkennen.

Von *Plumeria alba,* einer auf den Karibischen Inseln heimischen Art, unterscheidet sie sich durch:

– relativ große, 12 bis 40 cm lange, elliptische Blätter, deren Ränder **nicht** umgerollt sind.

– oft rote oder rosafarbene, aber auch gelbe, weiße oder mehrfarbige Blüten (*P. alba* blüht nur weiß), Durchmesser > 5 cm.

Verbreitung

Plumeria rubra ist eine mittelamerikanische Art. Ihr natürliches Areal reicht vom südlichen Mexiko bis nach Costa Rica (Prov. Guanacaste) [3]. WOODSON [5] gibt allerdings Panama (Taboga Island, Kanalzone) als Südgrenze an.

Die künstliche Verbreitung geht weit über diese Region hinaus und erstreckt sich in der Neuen Welt bis nach Peru und Brasilien, schließt die Westindischen Inseln ein und erfaßt überdies Florida, Kalifornien, Hawaii, die Philippinen, Indien, Indochina, Taiwan und weite Teile Afrikas [5].

Beschreibung

P. rubra ist ein kleiner, selten über 8 m hoher Baum (max. 11 m, nach THORNTON [4]) mit weiter, offener **Krone,** die aus wenigen, auffallend dicken, sich nach oben kaum verjüngenden Ästen aufgebaut ist. Blütentragende Äste werden zur Spitze hin sogar dicker [1]. Die glatte, graue **Borke** von Ästen und Stämmen kann schuppig werden.

Die Art gilt als immergrün, wirft aber die Blätter in Regionen mit ausgeprägter Trockenzeit während dieser Periode ab und blüht dann.

Die länglich elliptischen, wechselständig angeordneten **Blätter** stehen gehäuft an den Zweigspitzen, sind relativ groß (12,5 bis 40 cm lang; 3,5 bis 12,5 cm breit), oberseits glänzend grün, unterseits behaart und ganzrandig. Die Aderung der ziemlich dicken und ledrigen, bei manchen Sorten auch relativ zarten, an beiden Enden kurz zugespitzten Blattspreiten ist durch rechtwinklig von der Mittelrippe ausgehende Seitenadern und durch eine weitere, parallel zum Blattrand verlaufende, relativ dünne Ader gekennzeichnet. Auffallend ist ferner der kräftige, 2,5 bis 6,5 cm lange Blattstiel.

Fast während des ganzen Jahres tragen die Frangipani-Bäume eine Vielzahl höchst attraktiver, besonders wohlriechender **Blüten,** die nach der Anthese zu Boden fallen und selbst dort noch lange ansehnlich bleiben.

Plumerien beginnen schon mit 2, häufiger mit 3 oder 4 Jahren zu blühen [4]. Die meist roten oder rosafarbenen, aber auch gelben oder weißen, 5 bis 7 cm breiten, 5zähligen Zwitterblüten stehen zu vielen in lockeren, lang gestielten, abgeflachten Infloreszenzen (Cymen). Diese sind terminal oder scheinbar lateral an den jüngsten Trieben inseriert. Jede Blüte ist 1,8 bis 2,5 cm lang gestielt, hat einen 5zähnigen Kelch und eine Blumenkrone mit einer engen (0,3 cm), bis 2,5 cm langen Kronröhre und 5 breit-ovalen, sich schraubig überlappenden Kronzipfeln (Länge: 2,5 bis 5 cm). Die 5 kleinen, nicht sichtbaren Staubblätter entspringen dem Grunde der Kronröhre. In jeder Blüte befindet sich ein Stempel mit 2 separaten Fruchtknoten und einem gemeinsamen, kurzen Griffel.

Abb. 4: Infloreszenz mit roten Blüten (links), beblätterter Trieb mit weißen Blüten (Mitte) und Einzelblüten (rechts)

Nach der Befruchtung entstehen pro Blüte 2 auffallend lange (12,5 bis 25 cm) und 1,3 bis 3,5 cm breite, weit auseinanderspreizende Balgfrüchte, die sich nur an der ventralen Seite öffnen und 20 bis 40 geflügelte **Samen** enthalten, welche dachziegelartig übereinanderliegen. Reife **Früchte** sind dunkelbraun und von faseriger Struktur. Viele davon fallen noch vor der Reife ab [4]. Zwischen Bestäubung und Samenreife liegen 8 bis 10 Monate.

Chromosomenzahl: 2n = 36 (tetraploid).

Plumeria-Blüten enthalten keine Nektarien. Selbstbestäubung wird infolge der Position von Antheren und Narbe zum Normalfall, scheint aber unter natürlichen Bedingungen wenig effizient zu sein, denn der Fruchtansatz liegt unter 0,1 % [2].

Einzelbäume tragen i. a. 10 bis 200 Blütenstände, jeder davon hat ca. 100 Blüten. Die Anzahl der ausgebildeten Früchte pro Baum liegt indessen unter 70, wohingegen der Samenansatz pro Frucht bis 74 % wiederum relativ ausgewogen erscheint.

Insekten werden selten an *Plumeria*-Blüten beobachtet. Dennoch konnte HABER [2] auf experimentellem Wege nachweisen, daß einige Schwärmer-Arten *(Sphingidae)* als Bestäuber für *Plumeria rubra* zumindest gelegentlich in Frage kommen.

Abb. 5: Unreife, weit auseinanderspreizende Balgfrüchte in situ

Abb. 6: Samen

Abb. 7: Raupe des Frangipani-Schwärmers Pseudosphinx tetrio (Sphingidae), eines sehr häufigen, blattfressenden Schädlings an P. rubra

Genetische Differenzierung

Auf Haiti ist die weiß blühende *P. subsessilis* A. DC. beheimatet, die mit *P. rubra* und *P. alba* leicht bastardiert. Hybriden lassen sich anhand einfacher morphologischer Merkmale nicht sicher von den reinen Arten trennen [5].

Trotz des Vorkommens natürlicher Artbastarde und des reichlichen Angebots an Zierformen unterscheidet man bei *Plumeria rubra* aufgrund der Blütenfarbe mehrere Formen [5]:

– *P. rubra* f. *typica*: Blütenkrone rot bis rosa mit gelbem Fleck an der Basis.
– *P. rubra* f. *lutea* (R. et P.) WOODSON: Blütenkrone vorwiegend gelb und rosa.
– *P. rubra* f. *acutifolia* (AIT.) WOODSON: Blütenkrone weiß mit gelbem Fleck an der Basis.
– *P. rubra* f. *tricolor* (R. et P.) WOODSON: Dunkelrote Kronblätter mit halb rosafarbener, halb weißer Unterseite. Oberseits anfangs rosa, später weiß mit rosa Rand. Eingang zur Kronröhre leuchtend gelb [1].

Die Streuung in der Blütenfarbe bei reinen Arten, natürlichen Bastarden und Cultivaren erschwert die taxonomische Situation erheblich.

Anzucht

P. rubra läßt sich sowohl vegetativ wie über Samen vermehren.

Erfolgt die Anzucht gleich nach der Samenreife, beträgt die Keimrate etwa 95 %. Das Saatbeet sollte feucht, aber nicht naß gehalten werden und in der Sonne liegen, denn Lufttemperaturen um 24 °C sind vorteilhaft. Empfohlener Abstand zwischen den Samen: ca. 5 cm. Verpflanzt werden Sämlinge von ca. 7 bis 8 cm Höhe mit 5 bis 6 Folgeblättern [4].

Ganz unproblematisch verläuft auch die Vermehrung mit Sproßstecklingen. Triebe bis 60 cm bewurzeln sich leicht, wenn sie einige Tage vor dem Stecken welken und austrocknen.

Selbst große Bäume lassen sich verpflanzen, wenn man dafür die kältere Jahreszeit wählt [4].

Ökologie

Frangipani ist eine Baumart trockener, küstennaher Standorte, insbesondere von felsigen, windexponierten Lagen. Die Ansprüche an den pH-Wert des Bodens liegen im neutralen bis schwach sauren Bereich (Optimum: pH 6,4 bis 6,8). Auf zu sauren Substraten kommt es zu Wurzelschäden, ebenso auf Böden mit hohem Wassergehalt. *P. rubra* ist eine wärmeliebende, extreme Lichtbaumart. Selbst an den heißesten Tagen benötigt sie volles Sonnenlicht – zumindest während der halben Tageslänge. Rotblühende Sorten sollten jedoch nicht ganztägig der Sonne ausgesetzt werden [4].

Nutzung

P. rubra besitzt eine große Bedeutung als Ziergehölz. In den Tropen und Subtropen wird sie darin allenfalls vom Oleander *(Nerium oleander)* erreicht. Die Entstehung eines weiten Sortenspektrums war die Folge.

Auf den Pazifischen Inseln baut man die Art auf Friedhöfen, in Ostasien in der Nähe von Tempeln an und auf Hawaii bilden Frangipani-Blüten einen Bestandteil der traditionellen, besonders haltbaren Blütenkränze (Leis).

Bei den Indianern Süd- und Mittelamerikas waren Plumerien wegen ihrer Blütenfülle lange vor den spanischen Eroberern beliebt. Aus den Blüten stellte man Girlanden und Sträuße her und schmückte die Altäre damit.

Der unter Giftverdacht stehende Milchsaft wurde in Indien medizinisch genutzt. Zusammen mit Sandelöl und Kampfer diente er als Heilmittel gegen Krätze.

Abb. 8: Alter, blühender Solitär nach Blattabwurf in der Trockenzeit (Madras, Indien)

Aus *Plumeria*-Borke stellte man fiebersenkende und schmerzstillende Mittel her. In Form von Pflastern kurierte man mit der Borke Geschwülste, und allgemein bekannt war die Wirkung als starkes, bei Überdosis nicht ungefährliches Abführmittel.

Demgegenüber fand das leicht zu bearbeitende, gelbbraune Holz wegen der geringen Baum-Dimensionen kaum Beachtung.

Verschiedenes

– Zur Herkunft des Trivialnamens „Frangipani" gibt es zwei Erklärungen. Zum einen leitet man ihn vom französischen Wort „frangipanier" = koagulierte Milch ab und sieht dabei Zusammenhänge mit dem aus Wunden austretenden, weißen Milchsaft. Zum anderen führt man den Namen auf ein französisches Parfum gleichen Namens zurück, das im 12. Jahrhundert bei den wohlhabenden Familien Europas in hohem Ansehen stand

und von dem italienischen Haus Frangipani hergestellt wurde. Viel später stellten Reisende fest, daß es in der Duftkomposition auf das engste dem Blütenduft von *P. rubra* entsprach [1,5].

– Der von LINNÉ gewählte Gattungsname *Plumeria* ehrt den für die Systematik neotropischer Pflanzen hochverdienten französischen Botaniker Charles Plumier.

– Für Buddhisten und Mohammedaner stellt Frangipani ein Symbol der Unsterblichkeit dar und Hindus verwenden die Blüten als Weihegaben für ihre Gottheiten [1].

– In Kultur wird *Plumeria rubra* von Spinnmilben und Läusen angegriffen. Spezielle Insektizide schaffen Abhilfe.

– Unter den pilzlichen Schädlingen ist *Coleosporium domingense* zu nennen, ein Rostpilz, der in der Aecidiengeneration auf Kiefernnadeln parasitiert und dessen Uredolager Flecken an den Blattunterseiten von *P. rubra* hervorrufen. Schäden treten vor allem auf Hawaii, in Florida, Texas und Mexiko auf [4].

– Während der Sommermonate registrierte man wiederholt Blattvergilbungen durch Ozon-Einwirkungen [4].

Weiterführende Literatur

[1] COWEN, D. V., 1984: Flowering trees and shrubs in India. 5. ed. Thacker and Co. Ltd., Bombay.

[2] Haber, W. A., 1984: Pollination by Deceit in a Mass-flowering Tropical Tree, Plumeria rubra L. (Apocynaceae). Biotropica 16, 269 – 275.

[3] LITTLE, E. L., Jr.; WADSWORTH, F. H., 1964: Common trees of Puerto Rico and the Virgin Islands. USDA, Forest Service. Agriculture Handbook Nr. 249. Washington, D.C.

[4] THORNTON, E. H.; THORNTON, S. H., 1985: The exotic Plumeria (Frangipani), Katy, Texas.

[5] WOODSON, R. E., Jr., 1938: Studies in the Apocynaceae VII. An Evaluation of the Genera Plumeria L. and Himatanthus WILLD. Ann. Missouri Bot. Gard. 25, 189 – 224.

Die Autoren:

Prof. em. Dr. PETER SCHÜTT
Lehrstuhl für Forstbotanik
Ludwig-Maximilians-Universität München
Am Hochanger 13
D-85354 Freising

ULLA M. LANG
Schützenstraße 6
D-82383 Hohenpeißenberg

Prestoea montana (R. GRAH.) NICHOLS

syn.: Euterpe globosa GAERTN.

Sierra-Palme   Familie: Arecaceae

engl.: Sierra palm, Mountain palm
franz.: Palma de sierra

Abb. 1: Prestoea montana. Einzelbaum im El Yunque National Forest,
Puerto Rico

Bei *Prestoea montana*, einer im tropischen Regenwald mehrerer Westindischer Inseln natürlich vorkommenden Palmenart, handelt es sich um einen bestandesbildenden Waldbaum, der aber forstlich nicht genutzt wird. Die Art hat keine unmittelbare wirtschaftliche Bedeutung, festigt jedoch in labilem, steilem Gelände den Boden und wirkt so als zuverlässiger Erosionsschutz.

Wegen der großen, fiederteiligen Blätter und der zierlichen Stämme können Sierra-Palmen recht dekorativ wirken. Dennoch haben sie als Ziergehölz kaum Verbreitung gefunden.

Verbreitung

P. montana ist in höheren, regenreichen Gebirgslagen auf Cuba, Hispaniola, Puerto Rico und den Kleinen Antillen heimisch. Sie besiedelt steile Lagen über 550 m Höhe und wächst dort oft in relativ dichten Reinbeständen.

Beschreibung

Kennzeichnend für die Sierra-Palme ist ihr unverzweigter, grauer oder hellbrauner, schlanker und gerader Stamm, dessen Durchmesser (BHD) i. a. zwischen 10 und 20 cm liegt und der zahlreiche, dauerhafte, ringförmige Blattnarben aufweist. Die Bäume werden maximal 17 m hoch. Am Stammfuß entstehen hellorange- bis rosafarbene, dünne Wurzeln.

Die ausladenden, wechselständig angeordneten, bis 1,8 m langen, fiederteiligen **Blätter** werden von einer grünen Blattscheide umgeben (Länge: ca. 40 cm), deren Basis den Stamm umfaßt. Pro Jahr entstehen 1 bis 4 neue Blätter.

Stets ist die 1 bis 1,5 m breite Blattspreite in zahlreiche Segmente (scheinbare Fiedern) aufgeteilt, die annähernd rechtwinklig von der Blattachse abstehen und sich nicht überschneiden. Sie erreichen eine Länge von 50 bis 90 cm, werden 3 bis 5 cm breit, sind lang zugespitzt, parallelnervig und ledrig. Zur Spitze des Blattes hin werden die Segmente deutlich kürzer.

Die Blätter bleiben mehrere Jahre am Baum. Bevor sie abfallen, beugen sie sich nach unten.

P. montana blüht und fruchtet fast während des ganzen Jahres. Höhepunkte in der Blüte: Juni bis September, in der Fruchtreife: Oktober bis Februar. Zahlreiche kleine, monoezisch verteilte, weiße **Blüten** stehen in rispigen, bis 1,5 m langen Infloreszenzen. Diese entspringen den Blattachseln und werden von zwei spindelförmigen, lang zugespitzten Spathen umgeben, von denen die äußere kürzer ist als die innere.

Die weißen, höchstens 30 cm langen Rispenäste stehen anfangs waagrecht von der Blütenstandsachse ab, später orientieren sie sich etwa parallel zu ihr.

Männliche und weibliche Blüten befinden sich im selben Blütenstand. Beide haben drei sich überlappende Kelchblätter sowie drei längliche ♂ bzw. runde ♀ weißliche Petalen. Die männlichen Blüten bestehen u. a. aus 6 Staubblättern mit gelblichen Antheren und einem reduzierten Stempel; weibliche Blüten haben einen länglichen Fruchtknoten.

Die glänzend schwarzen, mit einem dünnen, fleischigen Perikarp versehenen **Steinfrüchte** (Durchm.: ca. 1,2 cm) enthalten nur einen rundlichen, braunen Samen. Außen haften oft noch Reste der Kelch- und Kronblätter an.

Zur Zeit der Reife stehen die Fruchtstände bereits unterhalb des ältesten Blattes. Eine Palme produziert während ihres Lebens schätzungsweise ca. 150.000 Samen [1].

Abb. 2: Alter (links) und junger Stamm mit ringförmigen Blattnarben

Abb. 3: Typische rötliche Wurzeln an der Stammbasis

Ökologie und Wachstum

P. montana, eine Art des montanen tropischen Regenwaldes, bildet auf Puerto Rico bei jährlichen Niederschlägen um 4.600 mm und einer Jahresmitteltemperatur von 22,5 °C geschlossene Reinbestände mit reichlicher Naturverjüngung. Auch in Mischbeständen ist sie in der oberen Kronenschicht vertreten. Häufige Mischbaumarten sind u.a. *Dacryodes excelsa* VAHL, *Croton poecilianthus* URBAN, *Sloania berteriana* CHOISY und *Manilkara bidentata* (A. DC.) CHEV. [1].

Besonders häufig kommt die Art an steilen Hängen, auf Graten, Kuppen und in Hochtälern über 500 m ü. NN vor.

Sierra-Palmen wachsen langsam. Aufgrund einer Inventur in Reinbeständen des Luquillo Natl. For., Puerto Rico, bei welcher unter anderem die Anzahl und die Verteilung der Blattnarben am Stamm erfaßt wurde, kann man von einem jährlichen Höhenwachstum zwischen 15 und 30 cm und einer jährlichen Zunahme des BHD von 0,01 bis 0,04 cm ausgehen. Junge Palmen haben ein stärkeres Höhenwachstum als solche, die schon das Kronendach erreicht haben. Auch das primäre Dickenwachstum ist anfangs intensiver. Individuelle Wachstumsunterschiede und Umsetzungsprozesse beruhen oft auf verschiedenen Lichtverhältnissen. Lichtexponierte Bäume weisen große, tiefgrüne Kronen auf und wachsen relativ rasch in die Höhe, insbesondere wenn schon in früher Jugend günstige Lichtbedingungen bestehen. Keimlinge und Sämlinge sind im Schatten jedoch durchaus lebensfähig [1]. Im höheren Alter bleiben Reaktionen auf Lichtstellung weitgehend aus.

Über das mögliche Höchstalter der Art lassen sich wegen der schwierigen und wenig zuverlässigen Altersbestimmung keine verbindlichen Aussagen treffen. Außerdem erweist sich *P. montana* wegen ihres flachen Wurzelsystems und der labilen Böden am natürlichen Standort als so anfällig gegen tropische Wirbelstürme, daß sie selten ihr Höchstalter erreichen dürfte. Wenn man annimmt, daß pro Jahr etwa 4 neue Blätter entstehen, dann hatten die ältesten Bäume des erwähnten Probebestandes auf Puerto Rico etwa 100 Jahre erreicht [4].

Verschiedenes

– In den bewirtschafteten Wäldern Puerto Ricos werden die trägwüchsigen Sierra-Palmen nach und nach durch leistungsfähigere Baumarten ersetzt [3].

– Früher nutzte man Blätter wie auch Hüllblätter als Material zum Dachdecken und das zu dünnen Brettern behauene äußere Stammholz als Verschalung für landwirtschaftliche Gebäude [3].

Abb. 4: Ansatz der Blattsegmente an der Blattachse

Abb. 5: Blütenstand

Abb. 6: Steinfrüchte, z. T. mit Blütenresten

– LITTLE [3] erwähnt ferner einen aus dem Vegetationskegel, genauer aus den zarten basalen Teilen der Hüllblätter angerichteten Salat, der allerdings keinen spezifischen Geschmack aufweist und eher für Touristen angeboten wird.

– Die Früchte stellen eine wichtige Nahrung für die puertoricanische Papageienart *Amazona vittata* dar.

– Die Früchte werden von den Sierra-Palmen des selben Bestandes innerhalb einer relativ kurzen Zeitspanne abgeworfen. Während die zuerst zu Boden fallenden Früchte vom Befall des Borkenkäfers *Cocotrypes carpophagus (Scolitidae)* stets verschont bleiben, werden die später abgestoßenen von der inzwischen stark gradierenden Käfer-Population fast zu 100 % vernichtet [2].

Abb. 8: Keimling

Abb. 7: Laubblatt

Weiterführende Literatur

[1] BROWN, S.; LUGO, A. E.; SILANDER, S.; LIEGEL, L., 1983: Research history and opportunities in the Luquillo Experimental Forest. USDA, Forest Service; Southern For. Expt. Stn., Gen. Techn. Rep. SO-44.

[2] JANZEN, D. H., 1972: Association of a rainforest palm and seed-eating beetles in Puerto Rico. Ecology 53, 258 – 261.

[3] LITTLE, E. L., Jr.; WADSWORTH, F. H., 1989: Common trees of Puerto Rico and the Virgin Islands. USDA Forest Service, Agriculture Handbook Nr. 249, Washington, D. C.

[4] LUGO, A. E.; RIVERA BATTLE, C. T., 1987: Leaf production, growth rate, and age of the palm Prestoea montana in the Luquillo Experimental Forest, Puerto Rico. J. Tropical Ecology 3, 151 – 161.

Die Autoren:

Prof. em. Dr. PETER SCHÜTT
Lehrstuhl für Forstbotanik
Ludwig-Maximilians-Universität München
Am Hochanger 13
D-85354 Freising

ULLA M. LANG
Schützenstraße 6
D-82383 Hohenpeißenberg

Prosopis alba GRISEB., 1874

syn.: Prosopis siliquastrum (CAV.) DC.
Prosopis atacamensis PHIL.

Weißer Algarrobo

Familie: Mimosaceae
Unterfamilie: Mimosoideae

engl.: White algarrobo
maká: Iningak
guarani: Ibope

Argentinien,
Bolivien, Paraguay: Algarrobo blanco

Abb. 1: Prosopis alba. Freistehender Einzelbaum im natürlichen Areal (Paraguay)

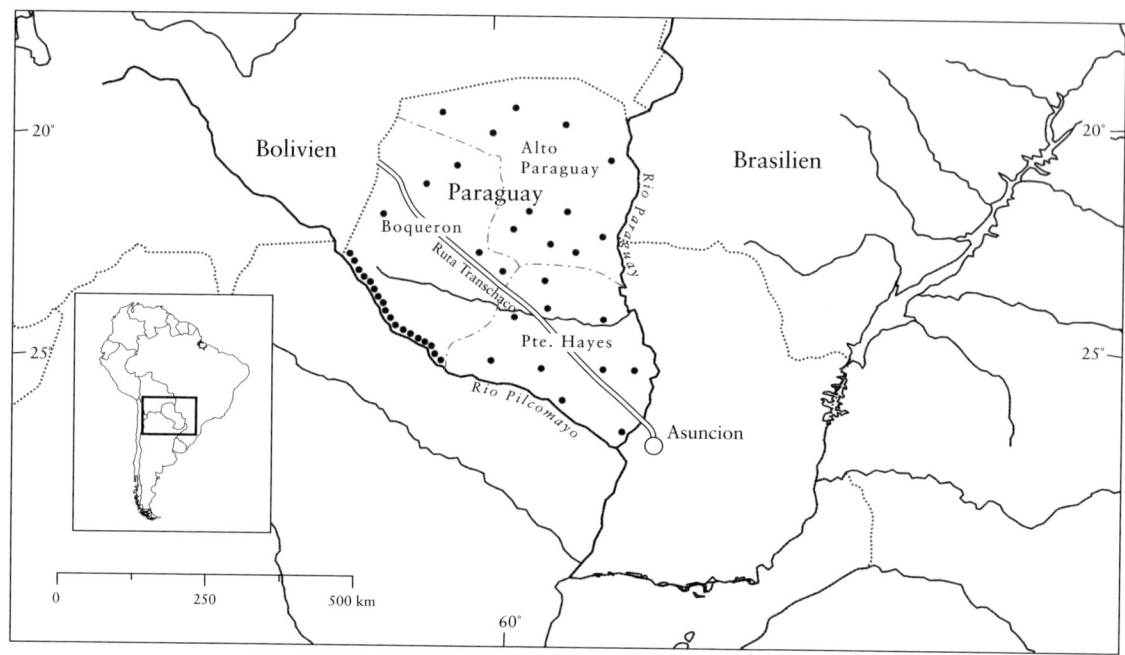

Abb. 2: Natürliche Prosopis alba-Vorkommen in Paraguay

Prosopis alba ist eine frostempfindliche, immergrüne Pionier-Baumart des trocken-warmen mittleren Südamerika, wo sie auf den relativ schweren Böden der weiten Ebenen zumeist in Gruppen vorkommt.

Die Bäume werden i. a. 12 bis 15 m hoch und haben einen relativ kurzen, oft drehwüchsigen Stamm. Sie sind bedornt und tragen auffällige, essbare Hülsenfrüchte.

Die Art unterliegt keiner planmäßigen forstlichen Bewirtschaftung.

Verbreitung

P. alba ist im Gebiet des Gran Chaco verbreitet, der den Süden Boliviens und Teile von Argentinien und Paraguay einnimmt. Das Areal ist zwischen 17° und 30° s.Br. [17] sowie zwischen 57° und 65° w.L. gelegen und wird im Westen von den Kordilleren, im Osten von den Flüssen Paraguay und Paraná begrenzt. Das Gelände ist vorwiegend eben, wobei die Höhen zwischen 500 m ü. NN in der Nähe der Anden und 50 m ü. NN im Osten des Areals variieren.

Außerhalb des Chaco tritt *P. alba* auf einigen Standorten des Rio de la Plata-Beckens auf. Schwerpunkte der Verbreitung liegen

– in Paraguay: im Westen des Landes auf den Flussbänken des Pilcomayo sowie in den flussbegleitenden

Schluchten. Isolierte Vorkommen gibt es in den Provinzen Presidente Hayes, Boquerón und Alto Paraguay [4];

– in Argentinien: Zwischen 57° und 65° w.L., vorwiegend auf Flussbänken des Bermejo, und im westlichen Teil von Uruguay;

– in Bolivien: Im Süden des Landes (Provinzen Santa Cruz, Chusquisaca und Tarija).

Beschreibung

P. alba erreicht eine Höhe von 15 m [3], zuweilen auch mehr. Schaftlängen von etwa 8 m und ein BHD bis zu 100 cm können vorkommen. Oft sind die Bäume aber krummschaftig und drehwüchsig. Häufig entwickeln sich neben dem Hauptstamm aus dessen Wurzelstock mehrere schwächere Stämme. Die breite, bei älteren Bäumen halbkugelförmige Krone setzt tief an, und die langen, leicht gedrehten Äste hängen an den Enden etwas über. Starke Äste weisen an verdickten Nodien mitunter paarige, gerade Dornen auf. An den jungen, biegsamen, etwas herabhängenden Zweigen stehen die 2 bis 4 cm langen Dornen an den Blattbasen.

Die faserige, harte innere Rinde ist weißlich, 10 bis 15 mm dick, nimmt mit zunehmender Entfernung vom Holzkörper einen braun-rötlichen Farbton an und lässt an Längsrissen Drehwuchs erkennen [12].

Blätter

Die gegenständigen, doppelt gefiederten und gestielten, 4,5 bis 12 cm langen Laubblätter haben 1 bis 2, zuweilen auch 4 Seitenachsen-Paare mit 23 bis 45 ungestielten Fiederblättchen-Paaren pro Seitenachse. Die linealischen, ganzrandigen Blättchen haben eine Länge von 5 bis 15 mm und eine Breite von 0,7 bis 1,8 mm. Sie laufen mehr oder weniger spitz zu, sind von graugrüner Farbe und etwas ledriger Beschaffenheit [5]. Während der Blüte verlieren die Bäume einen Teil der Blätter, werden aber als immergrün angesehen.

Blüten, Früchte und Samen

Die typischen, gelben bis cremefarbenen Blüten stehen dicht gedrängt zu 20 oder mehr in zylindrischen, 7 bis 10 cm langen, blattachselbürtigen Trauben. Die Einzelblüte besteht aus 5 Kronblättern (3–5 mm lang), einem becherförmigen, 1 mm langen Kelch, 10-fädigen, die Blütenkrone deutlich überragenden Staubblättern, einem Stempel mit unterständigem Fruchtknoten sowie einem dünnen Griffel mit behaarter Narbe [11].

Im Chaco boreal von Paraguay setzt die Blüte zu Frühjahrsbeginn, Anfang September, ein. Einige Bäume blühen noch Ende Oktober [13]. Die Blüten produzieren reichlich Nektar und werden hauptsächlich von Bienen bestäubt.

Bei Reife (Ende Dezember im Chaco boreal) sind die 6 bis 25 cm langen und 1,5 bis 2 cm breiten, fleischigen Hülsenfrüchte gelblich/strohfarben. In der Form variieren sie von langgestreckt über leicht gekrümmt bis halbkreisförmig. Sie sind 4 bis 5 mm dick und haben leicht abgerundete Enden. Die stoffliche Zusammensetzung ist durch einen hohen Anteil an Kohlenhydraten und Zuckern gekennzeichnet:

Wasser	14,3 %
Cellulose	16,3 %
Proteine	8,3 %
Fette	1,9 %
Gerbstoffe	0,4 %
Glucose	3,1 %
Saccharose	31,4 %
andere Kohlenhydrate	20,8 %
Mineralsalze	3,5 %

Im Inneren der Hülsen befinden sich eine süßliche Pulpa sowie 5 bis 25 kastanienbraune Samen, lokalisiert in 12 bis 30 rechteckigen Samenfächern. Die Samen sind elliptisch, ein wenig abgeflacht und etwa 7 mm lang. Das Tausendkorngewicht liegt bei 100 g.

Holz

Der gelblich weiße Splint hebt sich gut vom rötlich braunen, gemaserten Farbkern ab. Das harte und dauerhafte, halbringporige Holz hat relativ große Gefäße und undeutliche Wachstumszonen. Wegen des unregelmäßigen Faserverlaufs ist es schwer zu bearbeiten.

Die mittlere Darrdichte wird mit 0,75 bis 0,85 g/cm^3 angegeben [11].

Entwicklung und Wachstum

Die gegenwärtigen Populationen von *P. alba* sind zumeist aus Naturverjüngung entstanden, und der Jungwuchs setzt sich leicht gegen die Konkurrenz von Gräsern, Kräutern und Sträuchern durch.

Zur Behandlung des Saatgutes und zum Keimverhalten liegen keine Untersuchungsergebnisse vor. Künstliche Verjüngung durch Saat ist aber leicht möglich, denn die Keimfähigkeit ist hoch, wenn das Saatgut mit heißem Wasser vorbehandelt wird.

Auch über Zuwachs und Ertrag fehlen konkrete Informationen. Aus Argentinien ist lediglich bekannt, dass im 2 x 2 m-Verband begründete Bestände pro Jahr und Hektar etwa 7 m^3 Holz liefern. Plantagen zur Fruchtproduktion sollten im doppelt so weiten Verband angelegt werden.

Ökologie

P. alba ist eine sehr lichtbedürftige, tiefwurzelnde Pionier-Baumart, die sich hervorragend zur Festlegung erodierter Standorte eignet. Sie erreicht auch tief anstehendes Grundwasser und übersteht dadurch Perioden langer Trockenheit [10].

Das Gelände im natürlichen Habitat ist vorwiegend eben bis leicht wellig und die Vegetation ähnelt der einer Parklandschaft [9]. Es herrscht semiarides Klima mit Sommerregen, und in den trockenen Teilen des Areals fallen weniger als 500 mm Niederschlag pro Jahr [7]. Im Chaco boreal (Paraguay und S-Bolivien) schwanken die Jahres-Niederschläge zwischen 400 mm im äußersten Nordwesten und 1300 mm in der Nähe von Asunción. Die Zeit von Mai bis September ist mit etwa 5 % der Jahresniederschläge extrem trocken, während von Oktober bis März 69 % der Niederschläge fallen.

Die monatlichen Durchschnittstemperaturen variieren zwischen 20 und 33,4 °C und sind in der Zeit von Oktober bis März am höchsten.

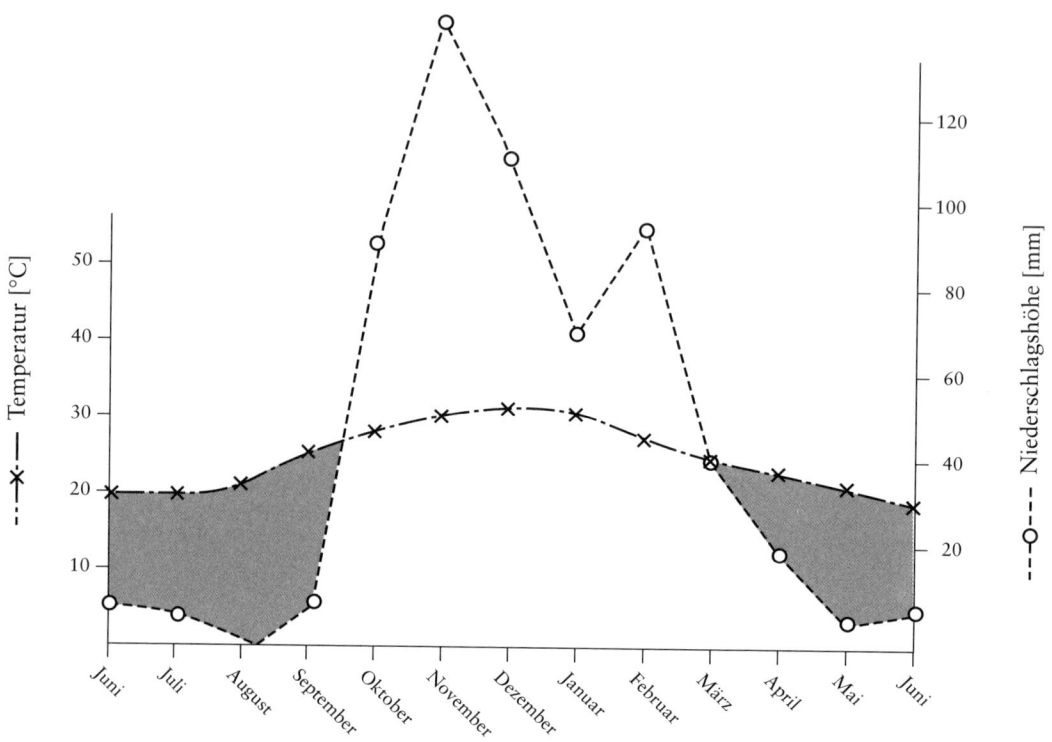

Abb. 3: Jahresverlauf der Lufttemperatur und der Niederschläge 1994 im Chaco boreal

P. *alba* kommt auf vielen verschiedenen Böden vor: Im Westen des Chaco boreal auf Lehmen mit geringem Tonanteil (Regosol, Cambisol), im mittleren und südlichen Chaco boreal auf tonreichen Substraten (Luvisol, Planisol), im Nordwesten auf Dünen und gelegentlich auch auf salzhaltigen Solonetz- und Solontschak-Böden.

Im Chaco boreal ist P. *alba* Teil einer xerophytischen Strauchgesellschaft mit Niederschlägen zwischen 400 und 700 mm, der u. a. folgende Baumarten angehören: *Chorisia insignis*, *Ruprechtia triflora*, *Ziziphus mistol* sowie Species der Gattungen *Aspidosperma*, *Schinopsis*, *Geoffroea* und *Bulnesia*.

In den Algarrobo-Wäldern, die zeitweilig unter Hochwassereinfluss stehen, kommen *Schinopsis balansae*, *Astronium urundeuva* und *Syagrus romanzoffiana*, vor allem aber *Valleria glabra*, als begleitende Baumarten vor. Auf hydromorphen Savannen treten Palmenbestände mit *Copernicia alba* auf.

Taxonomie und genetischen Differenzierung

Die Gattung *Prosopis* besteht aus 45 Arten [5], die zur Hauptsache in Amerika heimisch sind und 2 n = 28 Chromosomen besitzen [5]. Aufgrund von Verschiedenheiten in der Fruchtmorphologie und der Dornen-Form unterteilt man sie in 5 Sektionen und acht Reihen [4]. P. *alba* zählt zur Sektion *Algarrobia* DC. und zur Reihe *Chilensis* BURKART mit folgenden Charakteristika: Axilläre Dornen, Blüten in langen Trauben mit fast freien Kronblättern, fleischige, gebogene Früchte, hartes oder ledriges Endokarp sowie kleine, niemals dornige Nebenblätter [4].

Als Typus für die Gattung wird *Prosopis cinerea* (L.) DRUCE (syn. P. *spicigera* L.) angesehen.

8 *Prosopis*-Arten treten in den Trocken- und Halbtrockengebieten der südöstlichen USA und Mexikos auf, 33 Arten sind in Südamerika verbreitet und kommen von Kolumbien und dem äußersten Norden Chiles bis zum Gran Chaco und bis Patagonien vor. 2 Arten sind in Südostasien, 2 weitere Arten in Nord- und Zentralafrika heimisch [2].

In Paraguay wurden bisher 11 einheimische Arten beschrieben, von denen 2 als endemisch anzusehen sind: *Prosopis rojasiana* BURK. und *Prosopis rubriflora* HASSL. Sie sind im Norden der Ostregion, in den Provinzen Concepción und San Pedro verbreitet. Weiterhin kommen natürliche Artbastarde der Kombinationen *Prosopis hassieri* x *P. alba* und *Prosopis chilensis* x *P. alba* vor.

Von *P. alba* wird die Varietät *P. alba* var. *panta* GRISEB. abgetrennt [4, 5], die sich durch Form und Größe der Früchte (> 30 cm lang, 1,8 cm breit und gerade) von der Art unterscheidet. Weiterhin sind die Laubblätter länger (> 20 cm) und auch die stumpf auslaufenden Fiederblättchen weichen hinsichtlich Länge (3–5 cm) und Breite (2,5–3 cm) ab.

Var. *panta* kommt in NW-Argentinien und in SO-Bolivien häufig vor [4], tritt aber auch in Paraguay auf [4, 5].

Nutzung

Das gegen Fäule recht widerstandsfähige Holz eignet sich gut zur Herstellung von Pfählen. In geringem Umfang wird es auch zur Produktion von Fässern, Fensterrahmen, Parkettstäben, Türzargen und im Bootsbau verwendet [6].

Der hohe Heizwert (5000 kcal/kg) macht es zu einem guten Brennholz und zu einem so gesuchten Material für die Herstellung von Holzkohle, dass örtlich Anzeichen von Übernutzung zu beobachten sind.

Weiterhin verwendet man die Gerbstoffe des Kernholzes, die sich zur Herstellung eines hochwertigen juchtenähnlichen Leders eignen. Gleiches gilt für Gerbstoffe, die in Blättern der Varietät *panta* enthalten sind [16].

Frische, reife Früchte werden direkt verzehrt. Nach Trocknung und Reinigung gewinnt man aus ihnen ein Mehl, das verbacken wird, als Grundlage für viele Gerichte und auch als Futtermittel dient. In Argentinien wird es vergoren und dann zur Herstellung alkoholischer Getränke wie „Chicha" oder „Aloja de Algarrobo" verwendet.

Aus Verletzungen des Stammes und der Äste tritt ein dunkles Harz aus, das zur Schwarzfärbung von Fasern aus den breiten Blattstielen der einheimischen Strauchart *Deinacanthon urbaniosum* verwendet wird. Sie werden von der Bevölkerung zu Hängematten, Säcken und Seilen verarbeitet.

Schließlich produzieren die Bäume – wie auch *Prosopis pallida* [15] – reichlich Nektar, der wohlschmeckenden Honig liefert [7].

Verschiedenes

– Wie andere Holzgewächse des Chaco, sind Jungpflanzen von *P. alba* relativ widerstandsfähig gegen Brände. Nach Bodenfeuern schlagen sie wieder aus.

Abb. 4: Beblätterte Zweige mit reifen Früchten

Literatur

[1] ARENAS, P., 1981: Etnobotànica Lengua-Maskoy. Fundaciòn para la Educaciòn, la Ciencia y la Cultura. Buenos Aires.

[2] BERNARDI, L., 1984: Contribuciòn a la Dendrologia Paraguaya Parte I. Boissiera 35, 159-160.

[3] BURKART, A., 1940: Materiales para una Monografia del Genero Prosopis (Leguminosae). Darwiniana 4 (1), 58-128.

[4] BURKART, A., 1976: A Monograph of the Genus Prosopis (Leguminosae Subfam. Mimosoideae). J. Arnold Arboretum 57 (3), 220-221 / 520-522.

[5] BURKART, A., 1987: Leguminosae. In: Burkart, A. (1969-1978) Troncoso de Burkart & N. M. Bacigalupo. Flora Ilustrada de Entre Rios, III, Colección Científica del INTA 3 u. 6, 475-477.

[6] CARNEVALE, J. A., 1955: Arboles Forestales. Descripciòn, Cultivo, Utilizaciòn. Ed. Hachette, Buenos Aires.

[7] DEGEN, R; MERELES, F., 1996: Check-List de las plantas colectadas en el Chaco Boreal, Paraguay.

[8] DIGILIO, A. P.; LEGNAME, P., 1966: Los Arboles Indigenas de la Provincia de Tucumàn. Opera Lilloana 15.

[9] HUECK, K., 1966: Die Wälder Südamerikas. In: Walter, H.: Vegetationsmonographien der einzelnen Großräume, Bd. II. Stuttgart u. Jena.

[10] INSTITUTO DE CULTURA POPULAR, 1987: El Monte nos da Comida. Incupo & Programa Federal de Solidaridad (PRO-SOL), 1, 10-17.

[11] LITTLE, E. L., Jr., o. J.: Common Fuelwood Crops. Communi-Tech Assoc. Morgantown, WV.

[12] LOPEZ, J. A.; LITTLE, E. et al., 1987: Arboles Comunes del Paraguay. Nande ybyga mata cuera. Cuerpo de Paz, Asunciòn, Paraguay.

[13] MERELES, F.; DEGEN, R., 1993: Aspectos Fenològicos de Arboles y Arbustos del Chaco Boreal. Rojasiana 1 (2), 49-78.

[14] MERELES, F.; DEGEN, R., 1994: Los Nombres Vulgares de los Arboles y Arbustos del Chaco Boreal, Paraguay. Rojasiana 2 (2), 67-101.

[15] SCHÜTT, P.; LANG, U. M., 1999: Prosopis pallida (Humb. et Bonpl. ex Willd.) H. B. K. Enzyklopädie der Holzgewächse, 15. Erg.Lfg., ecomed, Landsberg.

[16] TORTORELLI, L., 1956: Maderas y bosques argentinos. Ed. ACME, Buenos Aires.

[17] WALTER, H., 1973: Vegetation der Erde, Bd. I. Jena.

Die Autoren:

Ma. FATIMA MERELES H.
Universidad Nacional de Asuncion
Facultad de Ciencias Quimicas
P. O. Box 11001-3291
Campus UNA - Paraguay

Prof. Dr. G. STEPHAN
Dorfstraße 7a
D-18320 Tribohm

Prosopis pallida (HUMB. et BONPL. ex WILLD.) H.B.K.

syn.: Prosopis limensis BENTH.

Mesquite   Familie: Mimosaceae

engl.:   Mesquite
span.:   Algarroba

Hawaii: Kiawe
Peru: Huarango

Abb. 1: Prosopis pallida. Typischer, breitkroniger Altbaum auf Puerto Rico

Prosopis pallida, zumeist ein bedornter, mittelgroßer und krummschäftiger Baum mit breiter, unregelmäßiger Krone, stammt aus Trockengebieten an der südamerikanischen Pazifik-Küste. In vielen ariden und semiariden Ländern hat man ihn als Brennholz und Viehfutter liefernde, vor Bodenerosion schützende Art angebaut, und oft hat er sich aus Kultur verselbständigt. An den Küsten Hawaiis, wo man die Art zur Aufforstung von mehr als 35 000 ha Ödland herangezogen hatte, können die flachwurzelnden Bäume infolge des Windes geradezu bizarre Formen annehmen.

P. pallida verträgt Dürre, stellt nur geringe Standortsansprüche, wächst selbst auf salzhaltigen Böden, ist aber frostempfindlich. Auffällig sind die in großen Mengen produzierten, fast geraden, hellgelben Hülsen, die in geschlossenem Zustand vom Baum fallen und oft als Viehfutter genutzt werden.

Der artbeschreibende Name „*pallida*" (lat.: pallidus = bleich, blaß) bezieht sich auf die graugrüne Farbe der Blätter.

Taxonomie und Verbreitung

Die für lange Zeit verwirrende Taxonomie der Gattung *Prosopis* hatte besonders dann zu Mißverständnissen geführt, wenn es um die Zuordnung südamerikanischer Taxa wie *P. juliflora*, *P. chilensis* und *P. pallida* ging. Erst nach der 1976 erfolgten taxonomischen Neubearbeitung durch BURKART [1] begann sich die Situation zu stabilisieren.

Demnach besteht die Gattung *Prosopis* aus 44 Arten, von denen 40 in Süd-, Mittel- und Nordamerika heimisch sind. Grundlage für die Unterteilung in 5 Sektionen sind in erster Linie Verschiedenheiten in der Fruchtform und in der Bedornung.

P. pallida gehört zusammen mit 28 weiteren Arten aus trocken-warmen Gebieten Amerikas zur Sektion V. *Algarobia* DC., 1825, welche wiederum in mehrere Reihen unterteilt wird. Kennzeichnend sind die einzeln oder paarig stehenden Dornen sowie unverdornt bleibende Nebenblätter. Die Früchte sind gerade oder sichelförmig, die Fruchtklappen nach der Öffnung leicht spiralig gedreht (1 bis 3 Drehungen).

Reihe *Pallidae* BURKART umfaßt 7 Arten, darunter *Prosopis pallida*, gekennzeichnet durch relativ kleine, stets bipinnate Blätter und behaarte Blüten.

Andere, außerhalb ihres Areals angebaute Arten wie *P. juliflora*, *P. glandulosa*, *P. chilensis* oder *P. velutina* gehören der zur gleichen Sektion zählenden Reihe *Chilensis* BURKART an. Sie zeichnen sich durch größere und schlaffe Blätter aus.

Prosopis pallida bewohnt extreme Trockengebiete nahe der Pazifik-Küste in Ecuador, Peru und Chile und hat eine Höhenverbreitung bis 300 m ü. NN. Sie kommt außerdem im Inneren Kolumbiens vor.

Anbauten außerhalb des natürlichen Areals gehen bis zum Jahre 1828 zurück, in dem die Art erstmals auf Hawaii kultiviert wurde. Später baute man sie in Australien und Südafrika, auf Puerto Rico, in Indien und in weiten Teilen Afrikas an.

Merkmalsvergleich zwischen 4 häufig kultivierten *Prosopis*-Arten:

	Blätter		Fieder-blättchen	Dornen	Blüten-stände	Früchte	
	Länge	behaart	Länge	Anzahl pro Nodium	Länge	Länge	Einschnü-rungen
P. pallida	2–6 cm	ja	3–8 mm	1–2 (bis 3), auch ohne	8–15 cm	8–25 cm	ohne
P. juliflora	3–11 cm	nein	8–23 mm	1–2 (0), gerade, bis 5 cm	7–15 cm	8–25 cm	ohne
P. glandulosa	7,5–20 cm	nein	10–30 mm	meist 2	5–7,5 cm	9–20 cm	ja
P. velutina	13–15 cm	ja, samtig	6–12 mm	meist 2, gelb, derb	5–7,5 cm	10–20 cm	ja, stark

Beschreibung

P. pallida unterscheidet sich im Habitus kaum von anderen baumförmigen Mesquite-Arten. Sie wird 8 bis 20 m hoch, hat einen relativ kurzen, sehr unregelmäßig geformten, oft krummen und gedrehten Stamm (max. BHD 60 cm) und entwickelt eine breite, abgeflachte Krone.

Die graubraune **Borke** ist je nach dem Alter des Stammes fein und flach oder grob und tief längsrissig, die innere Rinde orangebraun. Die kahlen, leicht zickzack-artig wachsenden Zweige fallen durch ihre grüne Rinde auf. Sie haben leicht verdickte Nodien, von denen ein oder zwei bis zu 3 cm lange Dornen ausgehen. Es gibt allerdings auch Individuen ohne Dornen.

Dort, wo das Grundwasser relativ flach ansteht, entwickelt *P. pallida* ausschließlich ein flaches, weitstreichendes Wurzelsystem und ist dadurch sturmwurfgefährdet. Das trifft u.a. für viele Küstenstandorte auf Hawaii zu. Auf trockenen, grundwasserfernen Böden wird hingegen schon früh eine Pfahlwurzel gebildet, welche – wie auch bei anderen *Prosopis*-Arten – oft bis in große Bodentiefen vordringt. Nur so kann die Art auf windexponierten Trockenstandorten überleben, erreicht hier allerdings nur geringe Höhen [8].

Abb. 2: Borke eines alten Stammes

Blätter

Die nur 2 bis 6 cm langen, doppelt gefiederten Blätter stehen alternierend an Langtrieben oder gebüschelt an Kurztrieben und sind oft spärlich behaart. Von einer nur 1 bis 2 cm langen Rhachis gehen 2 bis 4 Seitenachsen-Paare ab (2 bis 6 cm lang), welche jeweils 6 bis 15 Fiederblättchen-Paare tragen. Das einzelne, stets ganzrandige, hellgrüne Fiederblättchen nimmt eine Länge von 3 bis 8 mm und eine Breite zwischen 1 und 3 mm ein. Die Spitze ist abgerundet, die Basis ebenfalls rundlich, aber unsymmetrisch.

Blüten, Früchte und Samen

Wie andere *Prosopis*-Arten, so bildet auch *P. pallida* hängende, relativ lange, traubige Blütenstände, die zu wenigen in den Achseln von Laubblättern stehen. Kennzeichnend ist, daß die Infloreszenzen länger sind als die Blätter [6]. Ihre Länge beträgt 8 bis 15 cm, der Durchmesser 1,5 cm; sie sind von zylindrischer Form und spärlich behaart.

An jedem Blütenstand stehen dicht gedrängt 200 bis 250 kurzgestielte, hellgelbe, etwa 6 mm lange Zwitterblüten, bestehend aus einem becherförmigen, grünen, 5zähnigen Kelch (Länge: ca. 1 mm), 5 schmalen, auf der Innenseite behaarten Petalen (3 mm lang), 10 freien, fädigen Staubblättern (6 mm) sowie einem Stempel mit schmalem, behaartem Ovar, gebogenem, fädigem Griffel und punktförmiger Narbe.

Abb. 3: Stammquerschnitt

Abb. 4: Blütenstand und unreife Frucht

Auf Hawaii fällt die Hauptblütezeit in das Frühjahr und in den Sommer. Oft blühen die Bäume zweimal im Jahr (Jan./März und Sept./Okt.).

P. pallida wird von Insekten bestäubt. Chromosomenzahl: 2n = 28 (diploid).

6 Monate nach der Bestäubung sind die kurzgestielten, 8 bis 25 cm langen, 1 bis 1,5 cm breiten und 5 bis 9 mm dicken, fast geraden Früchte (Hülsen) reif. Sie haben dann eine gelbe, manchmal auch braune Farbe, sind lang zugespitzt und enthalten außer den Samen ein süßliches, etwas klebriges Fruchtfleisch von weißlicher Farbe. Die reifen Früchte öffnen sich nicht, sondern fallen ab Juli zu Boden und geben die Samen nach Zersetzung der Hülsenwand frei. Ein Teil der Früchte wird von Tieren gefressen, welche die Samen unverdaut ausscheiden.

Jede Hülse enthält 10 bis 30 längliche, ca. 6 mm lange, leicht abgeflachte, glänzend hellbraune Samen, welche einzeln in einem weißlichen, rechteckigen Samenfach liegen.

Anzucht

Das nur mühsam aus den abgefallenen Hülsen zu lösende Saatgut läßt sich ohne gravierende Keimverluste 9 Monate lang bei Raumtemperaturen aufbewahren. Kurzer Aufenthalt in heißem Wasser oder 10minütiges Tauchen in konzentrierte Schwefelsäure erhöht die Keimrate von 64 auf 88 % [8]. Das Tausendkorngewicht schwankt zwischen 31,3 und 35 g.

Prosopis pallida keimt epigäisch. Viele Samen finden sich während und nach der Regenzeit im Tierkot, keimen dort, und die Sämlinge entwickeln sich aus diesem Substrat sehr rasch (30 cm in 3 bis 4 Monaten). Entscheidend für die weitere Entwicklung ist die Wasserversorgung in den ersten vier bis sechs Wochen. Unter günstigen Niederschlagsverhältnissen werden einjährige Pflanzen 1 m hoch. *P. pallida*-Sämlinge sind empfindlich gegen Beschattung.

Ökologie

P. pallida, eine Lichtbaumart der semiariden Tropen, ist an eine lange Trockenzeit angepaßt. Sie ist daher dürrehart und gedeiht noch bei Jahresniederschlägen von 250 bis 600 mm. Wässerung führt zu deutlicher Wachstumssteigerung[1]. Im natürlichen Areal variieren die jährlichen Niederschlagsmittel zwischen 250 und 1250 mm [5]. Auf Hawaii wächst die Art auf den Leeseiten der Inseln bei Jahresniederschlägen zwischen 250 und 760 mm. Leichte Fröste (−1,5 °C, −2 °C) werden überstanden, Kältegrade von −5° und −6,1 °C nicht [3, 8].

— 60 mm —

Abb. 5: Saatgut

[1] For. Abstr. 52, 5310, 1991

Abb. 6: Bestand an der Küste von Maui, Hawaii

Obwohl die Art häufig in unmittelbarer Küstennähe wächst, ist sie als empfindlich gegen Salzwassergischt einzustufen. Auf Hawaii verliert sie bei Winterstürmen, verbunden mit hoher Brandung, oft die Blätter („chloride burn"). Die so geschädigten Bäume treiben in den weitgehend sturmfreien Sommermonaten wieder aus [7].

P. pallida stellt nur geringe Standortsansprüche. Sie wächst auf Dünensand und Geröll, auf Korallenkalk und Basalt, sogar auf alluvialen Standorten wie auch auf Lavagestein und vulkanischen Tuffen. Geschiebereiche Böden werden toleriert, neutrale bis schwach alkalische Substrate bevorzugt. *P. pallida* bindet mit Hilfe von *Rhizobium*-Arten Luft-Stickstoff.

Während Salzwasser-Gischt erhebliche Schäden hervorruft, ist ein Kochsalzgehalt des Bodens bis zu 6000 mg/l mit keinerlei Wachstumseinbußen verbunden. Landwirtschaftliche Kulturen sind bei dieser Konzentration nicht mehr lebensfähig [3]. Selbst 18 000 mg NaCl/l reduzierten das Wachstum von *P. pallida* nur wenig und sogar bei einer dem Kochsalzgehalt des Meerwassers entsprechenden Konzentration von 36 000 mg/l blieben die Pflanzen am Leben [3].

Wachstum und Entwicklung

Prosopis pallida ist kein Waldbaum, bildet keine langen, geraden Schäfte und hat somit keine forstwirtschaftliche Bedeutung. Wachstums- und Ertragsdaten liegen daher kaum vor.

Auf Hawaii nimmt das höchste, im Freistand erwachsene Exemplar eine Höhe von 27,7 m ein und hat einen BHD von 130 cm [5, 8]. Andere, ebenfalls auf relativ niederschlagsreichen Standorten (940 mm) wachsende, 70jährige Mesquites sind ebenfalls bis zu 26 m hoch bzw. 104 cm stark. Gemessen daran bleiben die Wuchsleistungen 21-jähriger Bäume auf einem trockenen, kiesigen Standort Puerto Ricos (760 mm Niederschlag) deutlich zurück [8]: 4,6 bis 7,6 m Höhe und 25 bis 30 cm BHD. In windexponierten, trockenen Lagen wächst die Art zumeist als mehrstämmiger, 3 bis 5 m hoher Baum, manchmal sogar als niederliegender Strauch, der sich durch Absenker vermehrt [8].

Nutzung

P. pallida gehört zu den wichtigsten Brennholz liefernden Baumarten arider und semiarider Regionen. Zwar schränkt der unter diesen Klimabedingungen meist kurze und krumme Stamm weitere Verwendungsmöglichkeiten ein, liefert aber neben einem Brennholz mit hohen kalorischen Werten, welches langsam und ohne Rauchentwicklung brennt, das Ausgangsmaterial für eine erstklassige Holzkohle und außerdem Zaunpfähle, welche selten faulen, aber anfällig gegen Termiten sind. Das Holz hat einen schmalen, hellgelben Splint und einen dunkelrotbraunen Kern.

Es ist hart, zäh, schwer (r = 0,85 g/cm³), leicht zu bearbeiten und schwindet wenig.

Auch die Rinde läßt sich nutzen, denn sie ist reich an Gerbstoffen und produziert ein bräunliches Wundgummi, das man zur Herstellung von Klebstoffen und Lacken heranzieht und das in Südamerika als Mittel gegen Ruhr Verwendung fand.

Die ökologische Bedeutung der Art liegt im Erosionsschutz auf sehr warmen und trockenen, salzhaltigen Standorten. Hier wird sie auch zu Aufforstungen eingesetzt [8], verselbständigt sich jedoch gelegentlich und ist dann wegen zahlreicher, vitaler Stockausschläge nur schwer zu beseitigen.

Mesquite-Früchte sind als Viehfutter geeignet. Sie enthalten 9 % Eiweiße, die Samen sogar 34 %. Weil die Samenschalen jedoch nicht verdaulich sind, werden Früchte und Samen gemahlen und nur als Zusatzfutter verabreicht. Ein ausgewachsener Baum erzeugt pro Jahr 91 kg Früchte [8].

In Südamerika setzt man das süße Fruchtfleisch gelegentlich den Suppen oder dem Maismehl zu, stellt einen Sirup daraus her („algarrobina") und verwendet es zum Ansetzen von Getränken [5].

Sehr geschätzt ist der Mesquite-Honig, von dem Hawaii jährlich mehr als 200 t exportiert.

Verschiedenes

– Feuer stellt die mit Abstand größte Gefährdung für *P. pallida* dar. Brände kommen häufig vor und sind meist tödlich, weil die Bäume danach nicht mehr ausschlagen.

– In verschiedenen Arealteilen und Anbaugebieten rufen blattfressende Lepidopteren gelegentlich totale Entblätterung hervor, der aber in den meisten Fällen ein unmittelbarer Neuaustrieb folgt. *Melipotis indomita* WALKER auf Hawaii ist dafür ein Beispiel[2], *Vaga blackburnii* ein weiteres [8].

– Viele Jahre lang hat man die in Hawaii eingeführten Mesquites irrtümlich als *P. juliflora* (Sw.) DC. beschrieben, später auch als *P. chilensis* (MOL.) STUNTZ. Permanente Selbstbestäubung soll zum Auftreten einer dornlosen Form geführt haben.

– Der umfangreiche Anbau auf Hawaii geht angeblich zurück auf Saatgut eines aus Peru stammenden Einzelbaumes im Botanischen Garten von Paris. Father Bachelot hat es 1828 am katholischen Missionsgebäude in Honolulu ausgesät und schon 1840 war die Art in Honolulu als Schattenbaum weit verbreitet. Nicht ernstnehmen sollte man die auf dieser Überlieferung beruhende, wiederholt publizierte Auffassung, die auf einer Fläche von ca. 35 000 ha wachsenden *P. pallida* seien ausschließlich auf Selbstungsnachkommen eben jenes ersten Baumes zurückzuführen.

– *P. pallida* in der Nähe von Gebäuden, insbesondere von Wohnhäusern anzubauen ist nicht ratsam, denn

(a) werden die Bäume wegen ihres flachen Wurzelsystems bei Sturm leicht entwurzelt und
(b) führen die Dornen an den zu Boden gefallenen Zweigen nicht nur beim Barfußlaufen zu schmerzhaften Verletzungen.

---

[2] For. Abstr. 37, 3966, 1976

Weiterführende Literatur

[1] BURKART, A., 1976: A monograph of the genus Prosopis (Leguminosae, Subfam. Mimosoideae). J. Arnold Arboretum 57, 219–249.

[2] FAGG, C. W.; STEWART, J. L., 1994: The value of Acacia and Prosopis in arid and semi-arid environments. J. Arid. Environ. 27, 3–25.

[3] FELKER, P.; CLARK, P. R. et al., 1981: Salinity tolerance of the tree legumes: Mesquite (Prosopis glandulosa var. torreya, P. velutina and P. articulata), Algarrobo (P. chilensis), Kiawa (P. pallida) and Tamarugo (P. tamarugo) grown in sand culture on nitrogen-free media. Plant and Soil 61, 311–317.

[4] FELKER, P.; CLARK, P. R.; NASH, P. et al., 1982: Screening Prosopis (Mesquite) for Cold Tolerance. Forest Sci. 28, 556–562.

[5] LITTLE, E. L., JR., o. J.: Common Fuelwood Crops. Communi-Tech Assoc., Morgantown, WV.

[6] LITTLE, E. L., JR.; SKOLMEN, R. G., 1989: Common Forest Trees of Hawaii. USDA Forest Service. Agriculture Handbook 679, Washington, D. C..

[7] RICHMOND, T. de A.; MUELLER-DOMBOIS, D., 1972: Coastline Ecosystems on Oahu, Hawaii. Vegetatio 25, 367–400.

[8] SKOLMEN, R. G., 1990: Prosopis pallida (HUMB. et BONPL. ex WILLD.) H.B.K., Kiawe. In: BURNS/HONKALA: Silvics of North America. Vol. 2, Hardwoods. USDA, Forest Service. Agriculture Handbook 654, Washington, D. C.

Die Autoren:

Prof. em. Dr. PETER SCHÜTT
Lehrstuhl für Forstbotanik
Ludwig-Maximilians-Universität
Am Hochanger 13
D-85354 Freising

ULLA M. LANG
Schützenstraße 6
D-82383 Hohenpeißenberg

Pterocarpus officinalis JACQ.

syn.: Pterocarpus draco L.

Sangre   Familie: Fabaceae

engl.: Swamp bloodwood
span.: Palo de pollo
port.: Mututi

Abb. 1: Pterocarpus officinalis. Bäume mit typischen Brettwurzeln in Puerto Rico

Abb. 2: Altbäume unterschiedlicher Vitalität

Abb. 3: Infloreszenz mit geschlossenen und offenen Blüten

Pterocarpus officinalis, ein großer, immergrüner und sehr exotisch aussehender Waldbaum der Neotropen, gehört auf stark vernässten Standorten meist der oberen Kronenschicht an. Bereits auf größere Entfernung fällt er durch kräftige, weit am Stamm emporreichende Brettwurzeln und durch ungemein starke, an der Bodenoberfläche wachsende Lateralwurzeln auf. Kennzeichnend ist ferner der im Phloem lokalisierte, in früheren Jahrhunderten medizinisch genutzte, bittere, rote Latex („bloodwood").

Heute hat die Art keinerlei wirtschaftliche Bedeutung, zumal ihr sehr leichtes, wenig belastbares Holz nicht dauerhaft ist.

Auf den Westindischen Inseln und im südlichen Florida trifft man *P. officinalis* vereinzelt als Parkbaum an.

Verbreitung und Ökologie

Das natürliche Areal von *P. officinalis*, einer von mehr als 70 in den Tropen der Alten und der Neuen Welt vorkommenden *Pterocarpus*-Arten, erstreckt sich von den Westindischen Inseln (incl. Jamaica, Puerto Rico bis Trinidad/Tobago) und von Mittelamerika (ab SO-Mexiko) bis nach Südamerika, wo die Art in Kolumbien, Ecuador, Venezuela und im nördlichen Brasilien autochthon ist. Auf Kuba und im südlichen Florida baut man sie vereinzelt als Parkbaum an [4].

Die weit verstreute Literatur stimmt darin überein, dass die Art in stark vernässten oder sumpfigen Lagen teils in kleinen Reinbeständen [3], häufiger aber in Mischung vorkommt. Mitunter schließen diese Standorte unmittelbar an Mangrovengürtel an und erstrecken sich dann an Flussläufen landeinwärts [4]. Häufig werden ebene Lagen in Küstennähe besiedelt [1], und die Höhenverbreitung geht i.A. nicht über 500 m ü. NN hinaus [4].

HUECK [1] berichtet, dass die Art im schwer zugänglichen tropischen Regenwald des Orinoco-Deltas starke Dimensionen erreicht und dort gemeinsam mit *Symphonia globulifera*, *Terminalia obovata*, *Carapa guianensis* und *Manilkara globosa* in stark versumpftem Gelände wächst. In den Sumpfwäldern westlich des Maracaibo-Sees (Venezuela) besiedelt sie gemeinsam mit *Ceiba pentandra*, *Spondias mombin*, *Inga spuria* und *I. nobilis* die etwas trockeneren Stellen [1].

Auf Sumpfflächen des costaricanischen Schutzgebietes La Selva (Prov. Heredia) gehört *P. officinalis* neben *Asterocaryum alatum*, *Carapa guianensis* und *Pentaclethra macroloba* mit einem Anteil von 3,5 % an der Stammzahl und 16,6 % an der Bestandesgrundfläche zu den dominierenden Baumarten [2].

Auf Puerto Rico gedeiht die Art in den im Westen und Nordosten der Insel gelegenen „moist coastal forests", wie außer ihr auch *Calophyllum brasiliense*, *Genipa americana*, *Hymenaea courbaril* und *Mammea americana* [4].

Beschreibung

Bei Gesamthöhen von 17 bis 30 m und Stammdurchmessern (oberhalb der Brettwurzeln) von 60 bis 90 cm bildet *P. officinalis* oft kehlig vertiefte Stämme, die selten kerzengerade sind und durch stattliche **Brettwurzeln** auffallen. Diese können bis über 6 m am Stamm emporreichen [3], an der Stammbasis 60 bis 150 cm breit sein und erst in 3 m Entfernung vom Stamm auslaufen. Oft werden rings um den Stamm 4 große und dazwischen mehrere kleine Brettwurzeln gebildet [4]. Auch bei älteren Bäumen bleiben die offenen Kronen relativ schmal.

Die wechselständig angeordneten, unpaarig gefiederten, 10 bis 40 cm langen **Laubblätter** weisen anfangs eine rötliche, später eine bräunlich grüne Rhachis auf. Sie sind in 5 bis 9 elliptische, mitunter lang zugespitzte, glänzend grüne Fiederblättchen geteilt. An der Basis stehen 2 schmale, früh hinfällige Stipeln.

Die 3 bis 4 mm lang gestielten Fiederblättchen haben relativ dünne, ganzrandige Spreiten von 5 bis 15 cm Länge und 3 bis 6 cm Breite mit rundlicher Basis und sind unterseits heller.

Die ledrigen Blätter werden später glänzend dunkelgrün und haben dann einen welligen Blattrand.

P. officinalis blüht in der Karibik von Februar bis September und trägt von April bis November reife Früchte [4]. Die gelben, duftenden Schmetterlings**blüten** stehen in lockeren, rispigen, den Blattachseln entspringenden Infloreszenzen. Sie sind kurz gestielt, etwa 1,5 cm lang und ebenso breit, haben einen glockenförmigen, ca. 6 mm langen Kelch mit 5 ungleichen, zugespitzten Zähnen sowie 5 gelbe Petalen (Länge ca. 1,2 cm) mit schmalem Grunde. Fahne wie auch Schiffchen und Flügel sind an der Basis rötlich, manchmal auch violett getönt. Die 10 Staubblätter (ca. 7 mm lang) verwachsen in der unteren Hälfte zu einer Röhre. Der 6 mm lange Stempel besteht aus einem lang gestielten Fruchtknoten und einem kurzen, schlanken Griffel.

Die **Früchte**, anfangs grüne, später dunkelbraune, flache, unregelmäßig runde und etwas asymmetrische Hülsen, springen bei Reife nicht auf. Sie sind am Rande geflügelt, kurz gestielt, haben einen Durchmesser von 3,7 bis 5 cm und enthalten nur einen Samen. An der Basis der Hülse ist der Rest des Kelches zu erkennen. Über den Aufbau, das Keimverhalten und die Lagerung des Samens liegen uns keine Informationen vor.

Die anfangs grüne oder rötlich grüne Zweigrinde nimmt allmählich eine braune Farbe an. Die **Borke** an Stämmen und Brettwurzeln ist lange Zeit glatt und hellgrau; im Alter wird sie dunkler, feinrissig und schuppig [4].

Das leichte und sehr weiche **Holz** hat einen weißen bis hellgelben Splint und einen gelben bis rötlichen Kern [1, 4]. Es ist hoch anfällig gegen Fäule und Termiten. Seine Rohdichte wird mit ca. 0,3 g/cm^3 [4], nach anderen Quellen [6] mit 0,48 g/cm^3 angegeben.

Abb. 4: Beblätterter, junger Zweig

Abb. 5: Geflügelte, reife Frucht

Abb. 6: Kurz zugespitzte Fiederblättchen

Abb. 7: Junger, etwa 1 m hoher Baum am natürlichen
Standort (Grenada)

Nutzung

Gegenwärtig spielt das Holz von *P. officinalis* keine
wirtschaftliche Rolle. Im Süden Puerto Ricos gilt es als
wertlos, mitunter verwendet man es aber als Ersatz für
Balsa *(Ochroma pyramidale)*[1]. Früher wurde es auf
dem Holzmarkt unter dem Handelsnamen „Corkwood"
und „Drago" angeboten und fand u.a. Verwendung für
Schwimmer an Fischnetzen.

Weit größere Bedeutung hatte das sich vom Latex abson-
dernde Harz. Es wurde als „saugre de drago" in relativ
großen Mengen von Kolumbien nach Spanien exportiert
und dort als haemostatisches und adstringierendes Mittel
in der Humanmedizin eingesetzt [4].

Verschiedenes

– Die meisten der im gleichen Habitat lebenden, samen-
fressenden Nagetier-Arten weisen *P. officinalis*-Samen
als Nahrung zurück. Grund dafür dürfte das in den
Samen lokalisierte Indol-Alkaloid Hypophorin sein, das
sich in Fütterungsversuchen als abschreckend erwies[2].

– Abweichend von anderen Baumarten wird die Position
der Brettwurzeln am Stamm weder von der Himmels-
richtung noch von der Hauptwindrichtung bestimmt.
Positive Korrelationen bestehen jedoch zwischen der
Brettwurzelhöhe und der Länge des Kronenradius an
der betreffenden Seite des Stammes [3].

[1] For. Abstr. **7**, 1203, 1945/46
[2] For. Abstr. **49**, 6022, 1988

Literatur

[1] HUECK, K., 1961: Die Wälder Venezuelas. Forstwiss. Forschungen **14**, pp. 127.

[2] JANZEN, D. H., 1983: Costa Rican Natural History. The
University of Chicago Press.

[3] LEWIS, A. R., 1988: Buttress arrangement in Pterocarpus
officinalis (Fabaceae): Effects of crown asymmetry and
wind. Biotropica **20**, 280-285.

[4] LITTLE, E. L., JR.; WADSWORTH, F. H., 1964: Common Trees
of Puerto Rico and the Virgin Islands. USDA For. Serv.,
Agric. Handbook 249, Washington, D. C.

[5] RODRIGUES, R. M., 1989: A Flora da Amazonia. Cejup,
Belém, Brasilien.

[6] SCHMIDT-HELLERAU, C., 1971: Die Eignung einiger südamerikanischer Hölzer zur Herstellung von Spanplatten. Holz-
Zentralbl. **97**, 11, 142-143.

Die Autoren:

Prof. em. Dr. PETER SCHÜTT
Lehrstuhl für Forstbotanik
Ludwig-Maximilians-Universität München
Am Hochanger 13
D-85354 Freising

ULLA M. LANG
Schützenstraße 6
D-82383 Hohenpeißenberg

Rhizophora apiculata BLUME, 1827

syn.: Rhizophora conjugata ARN. (non LINNÉ), 1838

Mangrove   Familie: Rhizophoraceae

Malaysia: bakau minyak
Philippinen: bakauan lalake

Abb. 1: Rhizophora apiculata. Mangroven-Bestand bei Flut

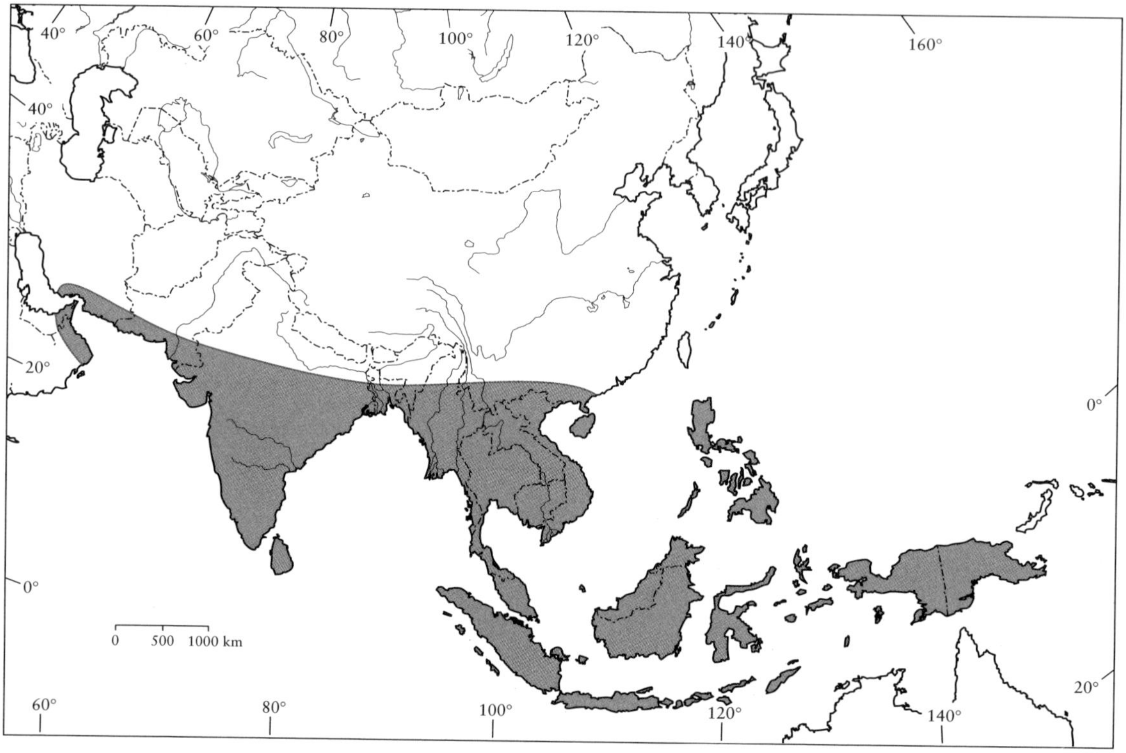

Abb. 2: Natürliches Verbreitungsgebiet, nach [7]

Rhizophora apiculata stellt eine gleichermaßen ökologisch wie wirtschaftlich wichtige Komponente der Mangroven-Wälder an den tropischen Küsten Süd- und Südostasiens dar. Dort kommt sie gruppenweise auf tiefen, schlammigen Substraten unter direkter Einwirkung des Tidenhubs vor und baut im Brackwasser, außerhalb dieses Bereiches, bis zu 90 % der Bestände auf.

Wie andere Arten der Gattung, ist *R. apiculata* ein immergrüner, mittelgroßer Baum, der sich durch mehrere morphologische und physiologische Besonderheiten (Viviparie, Stelzwurzeln, Salzwasser-Toleranz) den extremen Standortbedingungen angepasst hat.

Der artbestimmende Name „apiculata" (lat.: fein zugespitzt) bezieht sich auf die Blattform.

Verbreitung

R. apiculata ist eine Baumart des tropischen Süd- und Südostasiens. Das natürliche Areal (25° n. Br. bis 15° s. Br. sowie 65° bis 165° ö. L.) erstreckt sich von Ceylon über

Malaysia bis nach Mikronesien (Marianen, Guam, Ponape, Yap) und New Britain. Das Schwergewicht der Verbreitung liegt in Malaysia, Indochina und Indonesien.

Die Art ist überdies eine häufige, oft sogar dominierende Komponente der melanesischen Mangrove mit der Südgrenze in Queensland sowie Papua-Neuguinea und der Nordgrenze auf den Philippinen. Außerdem ist sie an der Ost- und Nordseite von Neukaledonien heimisch, wo sie – ebenso auf Ponape [21] – die Ostgrenze ihrer Verbreitung erreicht. Des Weiteren kommt sie an der Küste der Insel Hainan vor [14].

Beschreibung

Die immergrüne Art erreicht maximal Höhen von 30 m und Stammdurchmesser (oberhalb der Stelzwurzeln) von 50 cm, bleibt aber im allgemeinen erheblich kleiner. Im geschlossenen Bestand entstehen zylindrische, relativ vollholzige Stämme und schmale, pyramidenförmige Kronen mit steil aufwärts gerichteten Ästen und Zweigen.

Oft wird die **Krone** von Sekundärstämmen unterstützt, die aus Luftwurzeln entstehen. Die charakteristischen, bis zu 20 cm starken, brettartigen Stelzwurzeln können in Ausnahmefällen bis in 3 m Stammhöhe ansetzen.

Die sukkulenten, länglich elliptischen bis annähernd lanzettlichen, ganzrandigen **Laubblätter** laufen am Apex spitz zu und haben eine keilförmige Basis. Sie werden bis 15 cm lang und 6,5 cm breit, bleiben aber oft kleiner. Blattstiel (1,5 bis 3 cm) und Mittelrippe sind rötlich getönt, letztere bleibt ausnahmsweise auch grün. Auf der Blattunterseite kommen kleine, manchmal undeutlich oder schwach ausgebildete schwarze Flecke vor. Die Blätter stehen in einem spitzeren Winkel zum Zweig als bei *R. mucronata*.

Die zweiblütigen Infloreszenzen (Cymen) stehen an einem kräftigen, 0,5 bis 1,5 cm langen Stiel. Sie entspringen den Achseln inzwischen abgeworfener Blätter und gehen aus breit eiförmigen, erst rötlichen, dann grünen Knospen hervor. Die beiden spiegelbildlich angeordneten, ungestielten, weißen **Blüten** einer Infloreszenz sind jeweils mit zwei korkigen Brakteolen versehen, haben 4 lanzettförmige, dünne Petalen und 8 bis 14 Staubblätter. Der blassgrüne Kelch besteht aus konkaven, eiförmigen Sepalen und ist an der Basis von kelchförmigen Brakteen umgeben [10].

Auch *R. apiculata* bildet als Vermehrungseinheit keine Samen, sondern der Embryo wächst ohne Ruheperiode bereits innerhalb der Frucht heran, sodass das grüne, etwas rötlich schimmernde, keulenförmige und stumpfspitzige Hypokotyl die Fruchtwand durchbricht und der bis 38 cm lange und 12 mm breite Keimling zu Boden fällt (Viviparie).

Das extrem schwere **Holz** ($r_{15} = 0,96$ bis $1,17$ g/cm³) ist meist nicht schwimmfähig. Es hat eine feine Textur und einen geraden Faserverlauf. Der gelblich braune Splint lässt sich farblich nur schwer vom rotbraunen Kernholz trennen.

Verwandte Arten

R. apiculata und *R. mucronata* unterscheiden sich in folgenden Merkmalen:

	R. apiculata	R. mucronata
Borke	Grau. Rel. glatt, eher mit Längs- als mit Querrissen. Letztere laufen nicht rings um den Stamm.	Dunkel, fast schwarz. Mit Querrissen, die ± komplett um den Stamm laufen. Manchmal rötlich, rauh oder würfelig.
Blätter	Unterseits mit rosafarbener Mittelrippe und kleinen, schwarzen, nicht klar abzugrenzenden Flecken.	Unterseits mit grüner Mittelrippe. Die kleinen, schwarzen Flecken sind klar zu erkennen.
Blütenstand	Steif, 2 asymmetrisch angeordnete, weiße Blüten mit dünnen Petalen.	Schlaff. 2 bis 6 gestielte, weiße Blüten mit fleischigen Petalen.
Frucht	Glatt, rötlich getönt, meist kürzer als 30 cm.	Deutlich runzelig, mit Warzen besetzt, sehr groß.

Abgesehen von den weit im Osten und Süden liegenden Arealteilen kommt *R. apiculata* auf großer Fläche gemeinsam mit *R. mucronata* vor. *R. stylosa* ist ebenfalls im Areal vertreten, bleibt aber im Gegensatz zu den beiden anderen Arten stets ein kleiner Baum und besiedelt Sandstrände und Felsklippen.

Vermehrung

R. apiculata hat eine lange Reproduktionszeit. Zwischen dem Erscheinen der Blütenknospen und dem Abfall des Keimlings liegen 2 ½ Jahre. Die Art ist windblütig. Wie bei allen Rhizophoraceen herrscht Viviparie, denn die Keimung findet innerhalb der Frucht statt, und als Verbreitungseinheit fungiert der bis 30 cm lange Keimling. Landet er senkrecht im flachen Wasser, bohrt er sich in den Schlamm, schlägt Wurzeln und fasst unmittelbar Fuß. Nicht verankerte Keimlinge treiben waagrecht im Wasser, bilden ebenfalls Wurzeln, kommen bei Ebbe u. U. in Kontakt mit dem schlammigen Boden, gewinnen dort Halt und richten sich durch einseitiges Wachstum des Hypokotyls auf. Im Meerwasser treibende Keimlinge können mehrere Monate am Leben bleiben [21]. Die i.A. nur langsam fortschreitende Verjüngung geht in erster Linie auf Keimlinge von nahe gelegenen Bäumen zurück [25].

Künstliche Vermehrung gelingt leicht, indem man die Keimlinge vom Baum pflückt oder aus dem Wasser sammelt und 10 cm tief in den Boden steckt [13]. Lagerung ist für 6 Monate in transparenten Plastiktüten oder in klimatisierten Räumen (20 °C) möglich.

Ökologie

R. apiculata und *R. mucronata* kommen in ähnlichen Habitaten vor. Erstere bevorzugt aber mesohaline Standorte mit einem Salzgehalt von 0,5 bis 1,8 % [10, 23] und meidet die Bereiche starken Tidenhubs [10, 23]. Sie ist eher in etwas höheren, vom offenen Wasser entfernten Lagen zu finden und wächst landeinwärts des *Avicennia*- und *R. mucronata*-Gürtels. Ein gutes Beispiel dafür bildet die Matang-Mangrove in Malaysia [24]. Die Zonierung ist allerdings nicht immer so klar ausgeprägt [6].

Generell scheint *R. apiculata* ein obligater Halophyt zu sein, denn nach Abriegelung vom Meereswasser treten Abgänge auf [10].

In der Regenzeit werden an der Südküste Javas bei Flut im Minimum 1,2 % und maximal 3,0 % Salz vertragen. Wie andere Genera der Mangrove-Vegetation (*Bruguiera, Lumnitzera, Sonneratia*) besitzt *R. apiculata* aber keine Vorrichtungen, um NaCl aktiv abzusondern. Ein wenig wird mit der cuticulären Transpiration abgegeben [21].

Abb. 3: Einzelblüte

Abb. 4: Junge Früchte

Abb. 5: Sortieren der Keimlinge vor dem Eintopfen

Schäden durch biotische Ursachen

Cleoria injectaria und *Poecilips fellax* gehören zu den Schadinsekten, welche *R. apiculata* durch Blattfraß schwächen. Bevor der Keimling vom Baum fällt, legen die Imagines von *P. fallax* die Eier in das Hypokotyl, das dann später von den Larven ausgehöhlt wird.

Sesarma taeniolata, eine tropische Krabbenart, frisst in natürlichen Beständen wie in Plantagen die Rinde junger Sämlinge bis zur Ringelung des Stammes. Eier von Entenmuscheln *(Lepadiae)* haften an Wurzeln und Stämmen, werden überwachsen, sodass erwachsene Tiere ins Rindengewebe gelangen und den Assimilatstrom unterbrechen können [2].

In abgetriebenen Beständen wird die natürliche Verjüngung erheblich durch die intensive Vermehrung zweier krautiger Pflanzen behindert: durch den Farn *Acrostichum aureum* [1, 5, 12, 25] und durch die Kletterpflanze *Derris uliginosa* [5, 25]. Beide können extreme Dickichte bilden und das Fußfassen der Keimlinge verhindern.

Ähnliche Effekte ruft das Belassen des Schlagreisigs hervor [5]. Im Stauwasserbereich des Cochin-River (Indien) ist schließlich die Wiederbesiedelung mit Baumarten der Mangrove durch die Vermehrung eines Wasserfarnes der Gattung *Salvinia* unmöglich geworden [24].

Bewirtschaftung

R. apiculata wird in Indien, Indonesien, Malaysia und auf den Philippinen in starkem Maße exploitiert. Zur Anwendung gelangen dabei sowohl Systeme der selektiven Nutzung wie des Kahlschlags mit und ohne Überhalt. Beim Fehlschlagen der natürlichen Verjüngung ist Pflanzung vorgeschrieben.

Umtriebszeiten und Nutzungsformen für *R. apiculata/R. mucronata*:

Land	Nutzungsart	Umtriebszeit (U) bzw. Fällungsperiode (F)
Bangladesh	Selektiv	20 Jahre (F)
Thailand	Kahlschlag; nat. Verjüngung und Pflanzung	30 Jahre (U)
Vietnam	Selektiv; Überhalt von Samenbäumen, nat. Verjüngung, Pflanzung	20 Jahre (F)
Malaysia	Kahlschlag; Pflanzung	20 bis 30 Jahre (U)

R. apiculata entwickelt keine Stockausschläge und lässt sich daher nicht im Niederwaldbetrieb bewirtschaften.

Abb. 6: Rhizophora-Holz, vorgesehen für die Gewinnung von Holzkohle

Abb. 7: Naturverjüngung

Abb. 8: Behinderung der Verjüngung durch den Farn Acrostichum aureum

In Malaysia wurden für *R. apiculata/R. mucronata*-Mischbestände folgende Ertragsdaten ermittelt [nach 24]:

Alter	Stammzahl/ha	Stammdurch-messer[*)] (cm)	Volumen/ha (m³)	Mittl. jährl. Volumenzuwachs des stehenden Bestandes (m³)
20	2050	12,1	164	8,2
26	1569	15,0	242	9,3
36	1186	19,4	363	10,1
46	963	23,9	477	10,4

[*)] oberhalb der Stelzwurzeln

Nutzung

Wirtschaftlich von Bedeutung ist allein die Holznutzung. Das auch unter Wasser außerordentlich dauerhafte Holz wird für Masten und Pfähle verwendet, eignet sich wegen seiner Härte gut als Dielung und stellt ein Brennmaterial mit hohem Heizwert dar. Außerdem lässt es sich gut zu Holzkohle verarbeiten. *Apiculata*-Holz ist schwer zu bearbeiten, aber gut zu sanden und zu formen. Neuerdings wird es in größerem Umfang zu Spänen verarbeitet.

Die Borke hat einen Tanningehalt von 30 % des Trockengewichtes und wird zur Gerbstoffgewinnung genutzt.

Literatur

[1] AKSONKOAE, S., 1987: In: UMALI, R. M. et al. (eds.): Mangroves of Asia and the Pacific: Status and Management. Techn. Rep. UNDP/UNESCO Research and Training Pilot Programme on Mangrove Ecosystems in Asia and the Pacific (RAS/79/002), 231-261.

[2] ANONYMUS, 1987: wie [1], 175-210.

[3] ANSARI, T. A., 1987: wie [1], 151-173.

[4] BOONRUANG, P., 1984: The rate of degradation of mangrove leaves, Rhizophora apiculata Bl. and Avicennia marima (FORSK) VIERH. at Phuket Island. Western Peninsula of Thailand. In: SOEPADMO, E.; RAO, A. N.; MACINTOSH, D. J. (eds.): Proc. Asian Symposium on Mangrove Environment – Research and Environment, Kuala Lumpur, 200-208.

[5] CHAN, H. T., 1987: wie [1], 131-150.

[6] CHANSANG, H., 1984: Structure of mangrove forest at Ko Yao Yai, Southern Thailand, wie [4], 86-105.

[7] CHAPMAN, V. J., 1976: Mangrove Vegetation. J. Cramer, Vaduz.

[8] CORLETT, R., 1987: wie [1], 211-230.

[9] CRAGG, S. M., 1987: wie [1], 299-309.

[10] DING, H., 1958: Rhizophoraceae. Flora Malesiana, Series I, Vol. 5, 429-493.

[11] HAMILTON, L. S.; SNEDAKER, S. C. (eds.), 1984: Handbook for Mangrove Area Management. United Nations Environment Programme and East-West Center, Environment and Policy Institute.

[12] JAYEWARDENE, R. P., 1987: wie [1], 219-230.

[13] KOGO, M.; KAMIMURA, D.; MIYAKI, D., 1987: Research for rehabilitation/reforestation of mangroves in Truk Island. Wie [1], 419-439.

[14] LIN, P., 1984: Ecological notes on mangroves in Southeast Coast of China including Taiwan Province and Hainan Island. Wie [4], 118-120.

[15] MUKHERJEE, B. B., 1984: Mangrove forest types and their distribution in Sundabarbans, India. Wie [4], 75-81.

[16] NG, F. S. P. (ed.), 1989: Tree Flora of Malaya, Vol. 4, 321-323. Longman, Malaysia.

[17] RAO, A. N.; TAN, H., 1984: Leaf structure and its ecological significance in certain mangrove plants. Wie [4], 183-194.

[18] SALLEH, M. N.; CHAN H. T., 1987: Sustained yield forest management of the Matang mangrove. Wie [1], 319-324.

[19] SOEMODIHARDJO, S., 1987: Wie [1], 89-129.

[20] SUKARDJO, S.; KARTAWINATA, K.; YAMADA, I., 1984: The mangrove forest in Bungin River, Banyuasin, South Sumatra. Wie [4], 121-141.

[21] TOMLINSON, P. B., 1986: The Botany of Mangroves. Cambridge University Press.

[22] UMALI, R. M.; EUSEBIO, M. A. et al., 1987: Management techniques and methodologies. Wie [1], 471-513.

[23] UNTAWALE, A. G., 1984: Present status of mangroves along the West Coast of India. Wie [4], 57-74.

[24] UNTAWALE, A. G., 1987: Wie [1], 51-87.

[25] WATSON, J. G., 1928: Mangrove Forests in the Malay Peninsula. Malayan Forest Records no. 6.

[26] WYATT-SMITH, J., 1960: Field key to the trees of mangrove forests in Malaya. Malayan Forester 23, 126-136.

Der Autor:

Dr. G. WEINLAND
Malaysian German Forest Conservation Project
Forest Department HQ.
Jalan Sultan Salahuddin
50666 Kuala Lumpur
Malaysia

Aus dem Englischen übertragen von P. Schütt

Rhizophora mangle LINNÉ

Rote Mangrove   Familie: Rhizophoraceae

engl.:   Red mangrove
franz.: Palétuvier rouge
span.:   Mangle colorado

Brasilien: Mangue sapateiro
Costa Rica: Mangle gateador
Mexiko: Mangle dulce, tab-ché
Venezuela: Mangle rojo

Abb. 1: Rizophora mangle am Rand eines Mangrove-Bestandes in Süd-Florida

R. mangle stellt ein ökologisch ungemein wichtiges, weit verbreitetes Element der neotropischen und der westafrikanischen Mangrove-Vegetation dar und bildet in flachen, geschützten Küstenbereichen dichte, kaum zu durchdringende Reinbestände aus.

Abb. 2: Ca. 20 m hohe, vorwüchsige Exemplare, St. Lucia

Abb. 3: Junges Exemplar mit typischen Stelzwurzeln

sis und gehen in einen 1,5 bis 3,7 cm langen, leicht abgeflachten Blattstiel über. Sie sind oberseits glänzend dunkelgrün, unterseits matt gelblich grün und bleiben max. 1 (bis 2) Jahr(e) am Baum. Die wenig verdickten Blattränder sind mitunter ganz schwach nach unten gebogen. Blatt-

Morphologie

An der karibischen und der mittelamerikanischen Küste wächst die Art i.a. zu 5 bis 8 m hohen, intensiv verzweigten, rel. geraden, bis 25 cm starken **Stämmen** mit breiten Kronen heran. Ganz besonders kennzeichnend sind die zahlreichen, bogenförmig nach unten wachsenden stammbürtigen **Wurzeln** (Stelzwurzeln). Sie können noch in 3 m Stammhöhe ansetzen, bewirken die zusätzliche Verankerung des Baumes in dem meist schlammigen Untergrund und verbessern die Sauerstoff-Versorgung der submersen Pflanzenteile.

In den ausgedehnten Reinbeständen des Orinoco-Deltas und an der mittelamerikanischen Pazifik-Küste wird R. mangle mehr als 30 m hoch, bis 90 cm stark und bildet bis 13 m lange, astfreie Schäfte aus [12]. An jungen Stämmen und an Ästen ist die **Borke** dünn, graubraun und rel. weich, an alten Stämmen eher grau, rissig und schuppig, im Inneren rötlich.

Die ledrigen, 7 bis 13 cm langen und 2,5 bis 6 cm breiten, immergrünen **Blätter** sind elliptisch, laufen oben mit einer stumpfen Spitze aus, verschmälern sich allmählich zur Ba-

Abb. 4: Borke mit Epiphyten

stellung: gegenständig. Vor dem Austrieb wird jedes Blattpaar vollständig von einer Hülle stark vergrößerter Nebenblätter umschlossen. Diese biegen sich während der Blattentfaltung nach außen um und fallen dann ab [16].

An den kräftigen, grauen bis graubraunen jungen **Trieben** stehen die Blätter gehäuft am Triebende. Sie schließen mit bis zu 5 cm langen, lang zugespitzten **Knospen** ab. Oft nehmen die als Langtriebe austreibenden Lateraltriebe am distalen Ende Kurztriebcharakter an [4]. Terminalknospen enthalten neben Blättern auch Blüten.

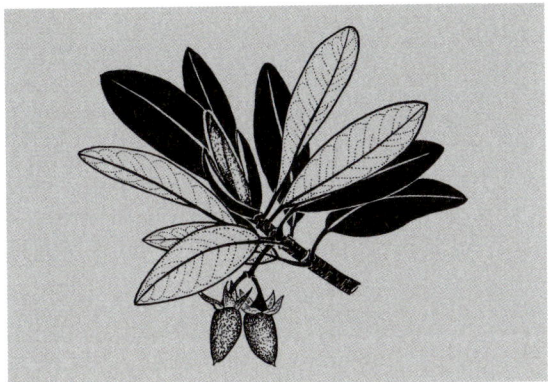

Abb. 5: Triebspitze mit jungen Blättern, Knospe incl. Nebenblätter und jungen Früchten. Blattunterseite heller und deutlich geadert (ca. $^2/_3$ nat. Größe) (nach TOMLINSON, 1980).

Das **Holz** von R. mangle ist hart, schwer (r_o = 1,15 g/cm³) und dauerhaft. Es widersteht zwar dem Angriff holzzerstörender Pilze, ist aber anfällig gegen Termiten und Bohrmuscheln. Weitere Eigenschaften: sehr druck-, biege- und scherfest; geringer max. Wassergehalt (U_{max} = 37 %). Trotz des hohen Gerbstoffgehaltes der Rinde bleibt das Holz gerbstofffrei.

Abb. 6: Blüte

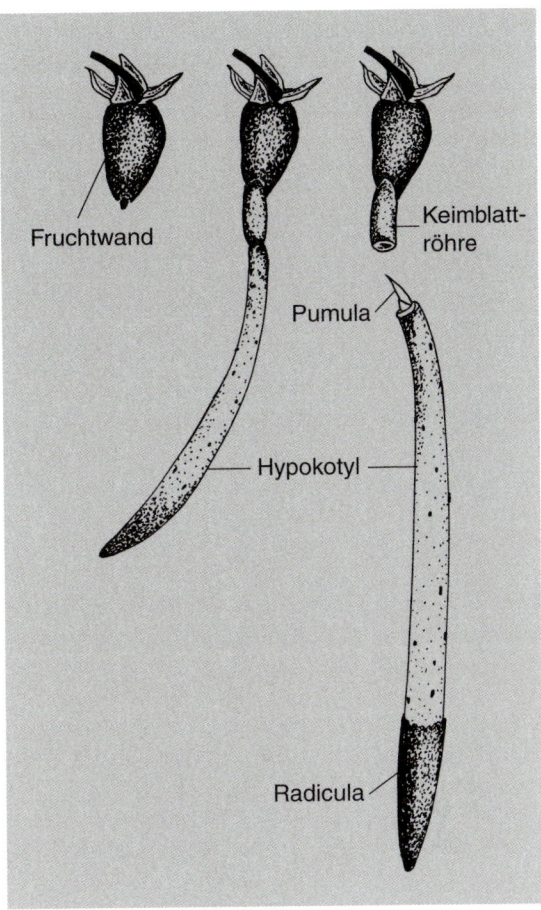

Abb. 7: Entwicklungsstadien eines Keimlings (nat. Größe). (nach TOMLINSON, 1980)

Der gelbliche bis hellbraune, bei alten Bäumen rel. breite Splint hebt sich deutlich vom dunkel- bis rotbraunen, oft streifigen Kern ab. Die Gefäße sind zerstreutporig verteilt und häufig verthyllt. Markstrahlen treten im Querschnitt stark zurück, bilden aber im Radialschnitt hohe, glänzende Spiegel. Die Fasern sind ungewöhnlich lang (in W-Afrika durchschnittlich 1950 μm).

Rhizophora blüht und fruchtet das ganze Jahr über. Die ca. 2,5 cm breiten, zart gelben, schwach duftenden, radiärsymmetrischen **Blüten** stehen zu 2, 3 oder 4 an lang gestielten, verzweigten Infloreszenzen (Cymen), die den Achseln junger Blätter entspringen.

An der Basis einer kurzen, hellgelben Blütenkronröhre stehen 4 weit abspreizende, ebenfalls hellgelbe, ca. 12 mm lange, ausdauernde, ledrige Kelchblätter. Die schmaleren und etwas kürzeren, zunächst weißlichen, später bräunlichen, auf der Innenseite wollig behaarten Kronblätter sind nach unten gebogen.

Jede Blüte enthält 8 Staubblätter, einen zweifächrigen Fruchtknoten und pro Loculament 2 Samenanlagen; die Narbe ist zweilappig. Windbestäubung dominiert.

Wie auch andere Gattungen der Mangroven-Vegetation bildet R. mangle vivipare **Früchte** aus, d.h. der Embryo durchläuft keine Samenruhe, sondern die Keimung findet bereits im Inneren der noch am Baum befindlichen, 2 bis 3 cm langen, rotbraunen Frucht statt. Radicula (später braun) und das sich durch interkalares Wachstum stark streckende Hypokotyl (grün) durchbrechen die Fruchtwand, werden bis zu 30 cm lang und fallen als Ganzes zu Boden. Die Keimblätter verbleiben mit der Frucht am Baum.

Verwandte Arten

An den Atlantik-Küsten Westafrikas, Mittel- und Südamerikas kommen außer R. mangle die Arten Rhizophora racemosa G. F. W. MEYER und Rhizophora harrisonii LEECHMAN vor [2].

Unterscheidungsmöglichkeiten bestehen vor allem in Merkmalen des Blütenstandes, der Blütenknospe und des Hypokotyls.

	R. mangle	R. harrisonii	R. racemosa
Blütenzahl pro Infloreszenz	1 bis 4	viele	viele
Form der Blütenknospe	eiförmig Apex spitz	eiförmig bis elliptisch Apex spitz	elliptisch, Apex eher stumpf
Länge des Hypokotyls	15 bis 20 cm	11 bis 25 cm	bis 50 cm
Mittelrippe und Blattstiel	grün	grün bis schwach rosa	rot

R. mangle ist wesentlich salztoleranter als R. racemosa. Das meist intermediäre ökologische Verhalten, die ebenfalls intermediäre Ausprägung mehrerer morphologischer Merkmale sowie die stark reduzierte Keimkraft des Pollens von R. harrisonii sprechen für die Bastardnatur dieser Art.

Verbreitung

Das Schwergewicht der natürlichen Verbreitung von R. mangle liegt in den tropischen Küstenbereichen Westafrikas und Amerikas:

– Westafrika: ca. 10°N bis 10°S, von Senegal bis Angola
– Karibische Inseln (nicht auf Dominica) und Bahamas
– Golf von Mexico: Florida, Mexico … Nicaragua …
– NO-Südamerika: Venezuela, Surinam, N-Brasilien
– NW-Südamerika: NW-Peru, Ecuador incl. Galapagos Inseln, Kolumbien
– Pazifisches Mittelamerika: vom mittl. Mexico südl. bis Panama.

Sehr ausgedehnte und vitale Bestände befinden sich in den Mündungsgebieten des Amazonas und des Orinoco.

Darüber hinaus kommt die Art von Natur aus nur noch auf einigen melanesischen Inseln (u.a. Fidschi, Samoa, Tonga) vor. Im sehr artenreichen südasiatischen Zentrum der Mangrove-Vegetation fehlt sie.

Nur selten wird R. mangle künstlich angebaut. So etwa zur Wiedereinführung der Mangroven-Vegetation nach vorausgegangener Vernichtung durch Baumaßnahmen an der Golfküste Floridas. Auf der Hawaii-Insel Oahu hat sich die dort eingeführte Red Mangrove sehr schnell ausgebreitet und bildet Dickichte von 10 m Höhe.

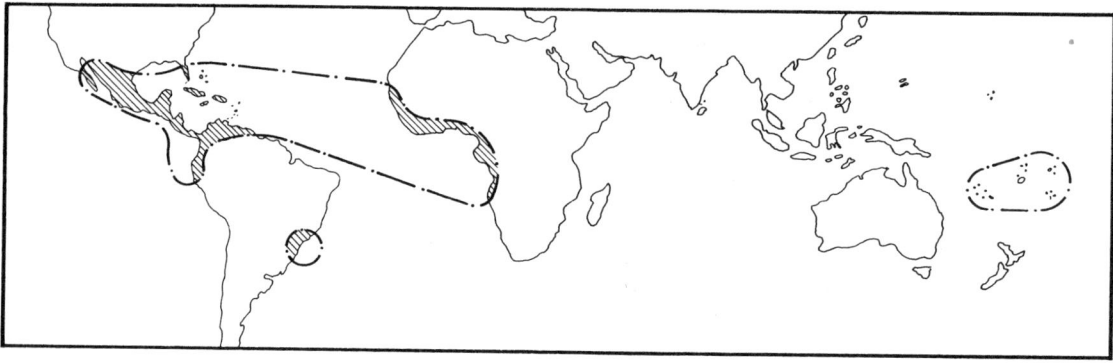

Abb. 8: Natürliches Areal (nach CHAPMAN, 1976)

Abb. 9: Sämling

R. mangle wurzelt in schlammigen, sauerstoffarmen, schwach sauren Substraten (pH 5,5 bis 7,8) auf Standorten, die dem Tidenhub ausgesetzt sind. Sie verhindert das Fortspülen dieser Substrate. Je nach der Örtlichkeit wechseln die Anteile von Salz-, Brack- oder Süßwasser.

Entgegen älteren Auffassungen ist R. mangle keine obligate Salzpflanze. Sie kann durchaus im Süßwasser gedeihen, erliegt dort allerdings meist dem Konkurrenzdruck obligater Glycophyten [14].

Ihre Fähigkeit, ständig Salzwasser aufzunehmen, ohne daß es zu Gewebeschäden kommt, scheint auf mehreren Eigenarten zu beruhen:

- Wurzelzellen filtern einen Teil des Salzes aus, so daß der aufsteigende Saftstrom weitgehend salzfrei bleibt (Ultrafiltration der Zellmembranen in der Wurzelrinde).
- In den Zellen des Holzparenchyms findet Ionen-Austausch statt ($K^+ : Na^+$).
- In reinem Meereswasser bleiben die Blätter nur 150 bis 200 Tage am Baum. Auf diese Weise werden physiologisch gefährliche NaCl-Anreicherungen abgestoßen.

Vermehrung und Anzucht

R. mangle vermehrt sich in der Hauptsache generativ. Die vivipar entstandenen, bis 30 cm langen, an der braunen Spitze deutlich verdickten Keimlinge fallen in das flache Brackwasser. Landen sie senkrecht, dann können sie bei einer Fallhöhe von 1 bis 2 m bis zu 5 cm in den schlammigen Boden eindringen und bewurzeln sich rasch [9].

Nicht verankerte Keimlinge werden vom Wasser fortgetragen und u.U. weit transportiert. Sie bleiben im Meerwasser bis zu einem Jahr am Leben. Beim waagerechten Anlanden richten sich die Keimlinge nach Bewurzelung durch Krümmung des Hypokotyls allmählich auf.

Künstliche Anzucht gelingt in Torf : Sand-Gemischen (1:2); notwendig ist häufiges Wässern (Süßwasser). Nach 2 Jahren Verpflanzen in ruhiges, flaches Wasser [15].

Ökologie

Rhizophora mangle stellt die wichtigste, die am weitesten ins Meer hineinreichende und die den stärksten Salzkonzentrationen ausgesetzte Komponente der neotropischen Mangrove-Vegetation dar. Die zum gleichen System gehörenden Arten Avicennia germinans, Laguncularia racemosa und Conocarpus erecta folgen in mehr oder weniger separaten Gürteln landeinwärts; jede um einige Dezimeter höher gelegen als die vorangehende.

Abb. 10: Blatt

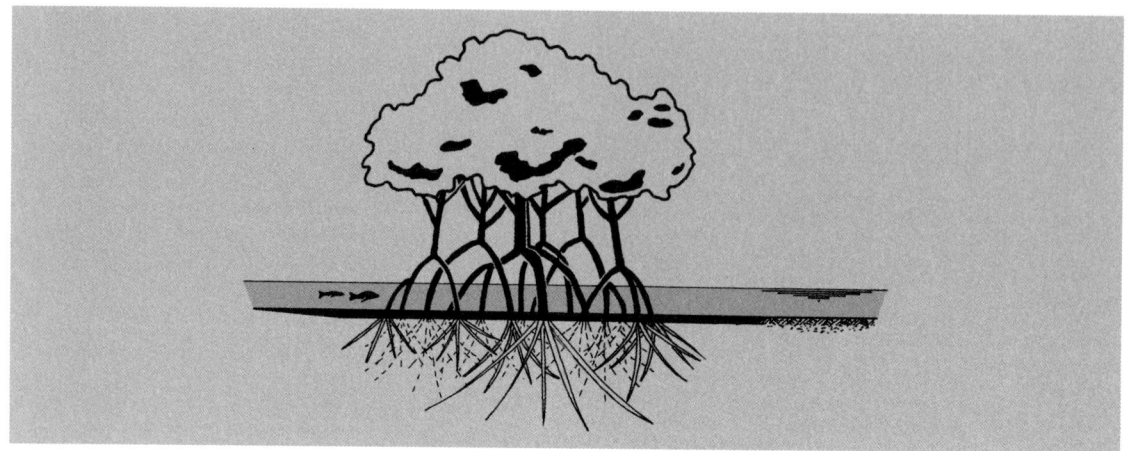

Abb. 11: Stelzwurzeln und deren Verzweigung im Substrat (nach CHAPMAN, 1976)

Nutzung

Jedwede Nutzung der roten Mangrove wird durch die Unzugänglichkeit der Bestände erschwert. Die Verwendung als Bauholz ist daher auf wenige waldarme Regionen (z.B. in Ecuador) beschränkt. Dort nutzt man es u.a. für Dachsparren und Masten, im Bootsbau und zum Bau von Kaianlagen, als Holzkohle und als Brennholz.

Erheblich größeres Interesse fand von jeher die sehr gerbstoffreiche Borke. Für Brasilien wird ein mittl. Gerbstoffgehalt von 14,8 %, für das Kongo-Gebiet von 20 bis 40 % (180 kg Tannine pro Tonne eingeschlagenes Holz) angegeben. RECORD/HESS [12] nennen einen Gesamtmittelwert von 20 – 30 %.

Nach MORTON [11] bleiben die äußeren Borkeschichten weitgehend frei von Gerbstoffen (1 bis 4 %), während die inneren Partien, je nach Alter des Baumes, Jahreszeit und Wuchsort im Gerbstoffgehalt stark schwanken (12 bis 52 %).

In derselben Arbeit werden zahlreiche historische und lokale Nutzungsarten von R. mangle beschrieben. So z.B. die Farbengewinnung aus Blättern, Borke und Trieben, Rindenextrakte für medizinische Zwecke, Viehfutter aus „Blattmehl", schmackhafte Tees aus getrockneten und präparierten Blättern [11].

Verschiedenes

– „No one likes mangroves" schreibt JOHN STEINBECK. Und in der Tat sahen viele Menschen darin ein nicht nutzbares, undurchdringliches, übelriechendes Dickicht, voll von Moskitos und suspekten Wassertieren. Erst spät erkannte man die fundamentale ökologische Bedeutung dieses Systems.

Die Laubstreu der Mangrove (ca. 7,5 t/ha/a) wird binnen kurzem von vielen verschiedenen Mikroorganismen zersetzt und in Verbindungen überführt, welche die Grundlage für die Ernährung tausender von Krebstier- und Fischarten bilden und damit am Anfang einer weitreichenden Nahrungskette stehen. Vielen Tierarten bietet die Mangrove Schutz und Lebensraum. Sie bindet überdies den Boden und bricht die Brandung.

– R. mangle toleriert hohe Schwermetallkonzentrationen im Boden. Blei wird nicht aufgenommen, Hg und Cd jedoch in der Pflanze transportiert. Demgegenüber besteht hohe Empfindlichkeit gegen Wuchsstoffherbizide – selbst in geringen Konzentrationen.

– Stockausschläge nach dem Abtrieb werden nur ausnahmsweise gebildet.

– Die Red Mangrove kann durch (sehr seltene) Winterfröste und durch Wirbelstürme flächenhaft Schaden erleiden; durch Schadinsekten, pathogene Pilze, Bakterien oder Viren ist sie nicht ernsthaft gefährdet. Erwähnenswert sind allenfalls:

– Cercospora rhizophorae. Erreger einer Blattfleckenkrankheit in Florida. Bekämpfung mit Fungiziden möglich.

– Cylindrocarpon didymum. Der Pilz ruft Deformationen an Stämmen und Ästen hervor. Örtlich starker Befall in Florida.

Abb. 12: Rand eines Rhizophora mangle-Bestandes mit deutlich sichtbaren Stelzwurzeln

Weiterführende Literatur

[1] ANONYMUS, 1943: Tanda, Rhizophora Mangle L. Merkblätter über koloniale Nutzhölzer, Nr. 10.

[2] BRETELER, F. J., 1969: The Atlantic Species of Rhizophora. Acta Bot. Neerl. **18**, 434–441.

[3] CHAPMAN, V. J., 1976: Mangrove Vegetation. Verlag J. Cramer, Vaduz.

[4] GILL, A. M.; TOMLINSON, P. B., 1969: Studies on the growth of red mangrove (Rhizophora mangle L.) 1. Habit and general morphology. Biotropica **1**, 1–9.

[5] GILL, A. M.; TOMLINSON, P. B., 1971: Studies on the growth of red mangrove (Rhizophora mangle L.) 2. Growth and differentiation of aerial roots. Biotropica **3**, 63–77.

[6] GRAHAM, S. A., 1964: The genera of Rhizophoraceae and Combretaceae in the Southeastern United States. J. Arnold Arb. **45**, 285–301.

[7] HARZMANN, L. J., 1988: Kurzer Grundriß der allgemeinen Tropenholzkunde. S. Hirzel-Verlag, Leipzig.

[8] JUNCOSA, A. M., 1982: Developmental morphology of the embryo and seedling of Rhizophora mangle L. (Rhizophoraceae). Amer. J. Bot. **69**, 1599–1611.

[9] LARUE, C. D.; MUZIK, T. J., 1951: Does the mangrove really plant its seedlings? Science **114**, 661–662.

[10] LITTLE, E. L., Jr.; WADSWORTH, F. H., 1964: Common Trees of Puerto Rico and the Virgin Islands. USDA, Agric. Handbook, No. 249, Wash., D. C.

[11] MORTON, J. F., 1965: Can the red mangrove provide food, feed and fertilizer? Economic Bot. **19**, 113–123.

[12] RECORD, S. J.; HESS, R. W., 1943: Timbers of the New World, Yale Univ. Press.

[13] SARGENT, C. S., 1965: Manual of the Trees of North America, Vol. 2, Dover Publ., Inc. New York.

[14] STERNBERG, L. da S. L.; SWART, P. K., 1987: Utilization of freshwater and ocean water by coastal plants of Southern Florida. Ecology **68**, 1898–1905.

[15] STEVELY, J.; RABINOWITZ, L., 1982: Mangroves. A guide for planting and maintenance. Florida Sea Grant Map 25. Univ. Florida, Gainesville.

[16] TOMLINSON, P.B., 1986: The biology of trees native to tropical Florida 2.ed, Harvard Univ. Printing Office, Allston, Mass.

[17] WALSH, G. E.; AINSWORTH, K. A.; RIGBY, R., 1979: Resistance of red mangrove (Rhizophora mangle L.) seedlings to lead, cadmium, and mercury. Biotropica **11**, 22–27.

[18] WERNER, A.; STELZER, R., 1990: Physiological responses of the mangrove Rhizophora mangle grown in the absence and presence of NaCl. Plant, Cell, Environment **13**, 243–255.

Die Autoren:

Prof. Dr. PETER SCHÜTT
Lehrstuhl für Forstbotanik
Ludwig-Maximilians-Universität München
Hohenbachernstraße 22
D-85354 Freising

ULLA M. LANG
Schützenstraße 6
D-82383 Hohenpeißenberg

Samanea saman (JACQ.) MERR.

syn.:   Pithecellobium saman (JACQ.) BENTH.
         Enterolobium saman (JACQ.) PRAIN

Regenbaum   Familie: Mimosaceae

engl.:   Raintree, Monkey-pod
franz.: Arbre à pluie
span.: Saman

Abb. 1: Samanea saman. Ein alter, schattenspendender Solitär an einer Gedächtnisstätte in Hilo, Hawaii

Abb. 2: S. saman (dunkelgrüne, breite Krone) in einem Mischbestand u.a. mit Aleurites moluccana auf Maui, Hawaii

Samanea saman zählt zu den bekanntesten, eindrucksvollsten und kaum zu verwechselnden Baumarten der Neotropen. Heimisch in Mittelamerika und dem nördlichen Südamerika, wird er wegen der schattenspendenden Wirkung seiner riesigen, weit ausladenden Krone seit langem auch in vielen tropischen und subtropischen Regionen Afrikas und Asiens angebaut und gilt dort als eingebürgert. Seinen Trivialnamen erhielt der Regenbaum, weil es (vor allem nachts) unter seiner Krone stets leicht zu regnen scheint und weil das Gras darunter selbst in Trockenzeiten grün bleibt. Als Ursache kommen – zumindest teilweise – die flüssigen Ausscheidungen blattbewohnender Zikaden in Frage, die stets in unglaublichen Mengen die Krone besiedeln. Außerdem legen sich die Fiederblättchen während der Nacht aneinander, so daß Regentropfen leichter zu Boden fallen.

Samanea saman ist raschwüchsig und frostempfindlich und hat ein sehr schönes, dunkelbraunes Holz, das sich aber nur schwer bearbeiten läßt. Die rosafarbenen, mit dem dunkelgrünen Laub hübsch kontrastierenden, kugeligen Blütenstände erhöhen den Zierwert des Baumes, der in Trockenwäldern das Laub abwirft, im tropischen Regenwald aber immergrün bleibt.

Abb. 3: Borke eines alten Stammes

Verbreitung und Taxonomie

Das natürliche Areal des Regenbaumes erstreckt sich von Mexiko (Yukatan) südwärts über Guatemala bis nach Peru, Bolivien und Brasilien (5° S bis 11° N) und hat Schwerpunkte in Venezuela und Kolumbien [1, 7].

Außer im tropischen und subtropischen Amerika (u. a. Westindien, Florida) wird die Art seit langem in zahlreichen Ländern Afrikas und Asiens angebaut. So seit 1880 in Indien (besonders im Süden des Landes), seit 1847 auf Hawaii, außerdem u. a. auf den Philippinen, in Burma, Nigeria und Uganda.

Die taxonomische Situation von S. saman wurde in der Vergangenheit sehr unterschiedlich interpretiert. Außer dem in der amerikanischen Literatur gebräuchlichen Synonym Pithecellobium saman BENTH. waren zumindest zeitweise in Gebrauch: Albizia saman F. MUELL., Calliandra saman GRIS., Enterolobium saman PRAIN, Inga saman WILLD. und Mimosa saman JACQ. [1].

Abb. 4: Beblätterter Zweig. Gegenüberstehende Fiederblättchen etwas zusammengefaltet

Beschreibung

Im Freistand kann sich S. saman zu einem sehr harmonisch aufgebauten, mächtigen Baum entwickeln. Die Höhe liegt zumeist zwischen 17 und 24 m [1, 7], kann aber in Einzelfällen deutlich darüber hinausgehen. So erwähnen LITTLE and WADSWORTH [7] einen über 100 Jahre alten Regenbaum auf Trinidad mit gut 45 m Höhe, etwa 2,4 m Stammdurchmesser und einer über 60 m breiten Krone. Gemessen an der weit ausladenden, schirmförmigen und tief herabreichenden Krone wirkt der meist kräftige und gerade Stamm relativ kurz.

Er bildet eine graue oder graubraune, anfangs glatte, später rauhe und schließlich flachrissige Borke, auf der sich oft Epiphyten ansiedeln [6]. Die innere Rinde ist graurosa bis hellbraun gefärbt. Die kräftigen, grünlichen Triebe sind behaart.

S. saman wurzelt auf trockenen Standorten tief, bildet aber auf feuchten Böden und in Gebieten mit hohen Niederschlägen ein extrem flaches Wurzelsystem aus. An den Lateralwurzeln treten Wurzelknöllchen durch Symbiose mit örtlichen, N-bindenden *Rhizobium*-Stämmen auf [2].

Blätter

Samanea saman ist in tropischen Regenwäldern immergrün, wirft aber in den Trockenwäldern Mittelamerikas die Blätter ab und kann bis zu 2 Monaten blattlos bleiben. Die doppelt gefiederten, wechselständig angeordneten Blätter werden 25 bis 40 cm lang, haben eine grüne, fein behaarte Spindel und bilden 3 bis 7 Fiedern 1. Ordnung aus. Die basalen Seitenfiedern tragen 2 bis 3, die apikalen 8 bis 10 Paare annähernd rautenförmiger, asymmetrischer Fiederblättchen (Abmaße: 2,5 bis 5 cm lang; 1,2 bis 2,5 cm breit). Stets sind die apikalen Fiederblättchen größer als die basalen. Alle haben am Apex eine winzige Spitze, laufen an der Basis spitz zu, sind ganzrandig, oberseits grün, unterseits etwas heller und fein behaart. Zwischen den beiden Fiederblättchen eines Paares befindet sich eine Drüse; die Basis der Rhachis 2. Ordnung ist etwas verdickt.

Zu den Besonderheiten des Regenbaumes gehört es, daß sich die gegenüberstehenden Fiederblättchen nachts zusammenlegen. Diese „Schlafbewegung" setzt etwa eine Stunde vor Sonnenuntergang ein. Kurz nach Sonnenaufgang nehmen die Fiederblättchen wieder die normale Position ein [1]. Der gleiche Vorgang läuft auch bei Regenwetter und bei bedecktem Himmel ab. Auch die Blätter beschatteter Zweige sind bei Tage zusammengefaltet. Die Physiologie und Biochemie der nyctinastischen Blattbewegungen des Regenbaumes wird in For. Abstr. 50, 284, 1989 referiert.

Blüten, Früchte, Samen

Die Hauptblütezeit liegt im Mai/Juni. Aber auch davor und danach tragen die Bäume einzelne zarte, rosafarbene, köpfchenförmige, quastenartige Blütenstände. Diese setzen sich aus zahlreichen röhrenförmigen Zwitterblüten zusammen und stehen an grünen, 6 bis 10 cm langen, behaarten Stielen in den Achseln junger Blätter an Triebenden, sind etwa 3,7 cm hoch und haben einen Durchmesser von ca. 6 cm.

Die kurzgestielten Einzelblüten bestehen aus einem röhrenförmigen, fein behaarten, 5zähnigen, grünen Kelch (0,6 cm), einer ebenfalls 5lappigen, rosafarbenen Kronröhre (1,2 cm) und aus zahlreichen (etwa 20) unten weißen, oben hellroten, 3,7 cm langen, fädigen Staubblättern, die am Grunde miteinander verwachsen sind und punktförmige Antheren ausbilden. Der Stempel besteht aus einem einfächerigen Ovar und einem 2,5 bis 3 cm langen, fadenförmigen Griffel.

Abb. 5: Langgestielte, köpfchenförmige Blütenstände

Die Angaben über den Chromosomensatz differieren zwischen 2n = 14 [5] und 2n = 26 [3].

Nach JANZEN [6] entwickeln sich – zumindest in Costa Rica – nur wenige Blüten zu Früchten. Diese verharren im Normalfall bis zu 8 Monaten nach der Befruchtung in einer Länge von 3 bis 5 cm, entwickeln sich dann rasch zur vollen Größe und fallen in der Trockenzeit von den blattlosen Ästen.

Keineswegs bei allen Bäumen derselben Population und auch nicht allen Ästen desselben Baumes verläuft die Fruchtbildung zeitgleich.

Als Früchte entstehen gerade oder leicht gekrümmte, 10 bis 20 cm lange und 1,5 bis 2,0 cm breite, bei Reife braune oder schwärzliche Hülsen mit einem etwas erhabenen Rand, die sich nicht am Baum öffnen. Sie enthalten 5 bis 25 in ein bräunliches, etwas klebriges, süßes Fruchtfleisch eingebettete, ca. 1,3 cm lange, rotbraune Samen. Tausendkorngewicht: 143 bis 227 g [11]. Im Mittel keimen die Samen zu etwa 68 % [1].

Abb. 6: Reife Früchte

Abb. 7: Samen

Die Rohdichte wird teils mit $r_{15} = 0,54$ g/cm³ [1], teils mit 0,44 g/cm³ angegeben. Hervorgehoben wird die Dauerhaftigkeit, die Widerstandsfähigkeit gegen Holzfäule und Termiten [7] sowie die sehr geringe und gleichmäßig ablaufende Schwindung [8]. Demgegenüber ist der Trocknungsprozeß sehr langwierig (waldfeuchtes zu lufttrockenem Holz mit einer Restfeuchte von 17 % auf Puerto Rico = 6 Monate). Nur das Holz junger Bäume läßt sich leicht bearbeiten und hat einen gleichmäßigen Faserverlauf [1].

Sämlinge

S. saman keimt epigäisch. Das gerade Hypokotyl wird bis 10 cm lang und trägt 2 kurzgestielte, fast elliptische, etwas fleischige Kotyledonen mit pfeilförmigem Grund. Die Primärblätter sind gegenständig oder fast gegenständig. Im Ein-Blatt-Stadium erreichen die Keimlinge eine Höhe von 16 bis 26 cm. Sie riechen unangenehm [4].

Nach JANZEN [6] enthalten die Früchte in Teilen Mittelamerikas infolge Schädlingsbefall oft nur 5 bis 10 voll entwickelte Samen. Die Mehrzahl der zu Boden gefallenen Früchte bleibt unter dem Mutterbaum liegen, verwittert während der Regenzeit und gibt so die Samen frei. Manche Hülsen werden durch Nagetiere verschleppt, andere von Tapiren gefressen, welche einige der Samen unverdaut ausscheiden. Anders auf Viehweiden, wo die Früchte von Rindern, aber nicht von Pferden begierig aufgenommen und die Samen keimfähig ausgeschieden werden.

Holz

Das relativ weiche und leichte Holz des Regenbaumes hat einen schmalen, gelblichen Splint und einen schokoladenbraunen Kern, der nach Austrocknung goldbraun wird und schwarzbraune Streifen aufweist. Das Holz langsam wachsender Bäume ist weniger geradfaserig und dunkler [8].

Ökologie

Samanea saman ist ein Baum des tropischen und des warm-subtropischen Klimas. Er ist empfindlich gegen Frost und selbst gegen tiefe Temperaturen oberhalb des Gefrierpunktes [1], verträgt keine Beschattung und wird durch Salzwassergischt geschädigt [11]. Andererseits gedeiht er noch unter extrem hohen Lufttemperaturen (Maxima in luftfeuchten Regionen in Süd-Indien: 35 bis 47,5 °C) sowie in einem Niederschlagsbereich zwischen 640 und 3810 mm/Jahr [11].

Seine größten Dimensionen erreicht der Regenbaum auf tiefgründigen, feuchten bis nassen, aber gut drainierten, alluvialen Standorten im neutralen oder schwach sauren Bereich. Kurzfristige Überflutungen werden vertragen, ebenso mäßig salzhaltige Böden [1]. In hügeligem Gelände tritt er hauptsächlich in den tiefer gelegenen Teilen auf [11].

Anzucht, Wachstum und Entwicklung

Die Samenernte erfolgt durch Sammeln der am Boden liegenden Früchte, die sich nach Trocknung öffnen. Durch Anritzen der Samenschale oder durch kurze Behandlung der Samen mit kochendem Wasser läßt sich die Keimrate erhöhen. Längere Lagerung des Saatgutes bei 0 bis +3 °C in geschlossenen Gefäßen ist mit nur geringen Keimverlusten möglich [11]. Gleich nach der Keimung sollte schattiert und regelmäßig gewässert werden [1].

Abb. 8: Stammquerschnitt

Auch Vegetativvermehrung durch Stecklingsbewurzelung gelingt ohne Mühe. 1 bis 15 cm lange Stecklinge ohne Blätter bewurzeln sich ohne Schattierung und ohne Sprühbeet, allein in feuchtem Boden. Auf Hawaii versetzt man nach dem Kappen von Wurzeln und Ästen sogar große Bäume.

Die Bestandesbegründung erfolgt durch Direktsaat oder durch Einbringen von Container-Pflanzen. Wurzelnackte Pflanzen sind wegen der Dürreempfindlichkeit weniger gut geeignet. Verwendung findet i. a. 4 Monate altes, in Baumschulen angezogenes Pflanzenmaterial. Dieses ist unter günstigen Bedingungen außerordentlich raschwüchsig und kann ein Jahr nach der Pflanzung 2 bis 3 m Höhe (in Samoa sogar 4,4 m) erreichen. Unkrautbekämpfung ist allerdings Voraussetzung, wobei die Pflanzen leicht durch gesprühte Herbizide geschädigt werden.

Für die Entwicklung der Bestände spielt neben dem Wassergehalt des Bodens und der Niederschlagshöhe auch der Pflanzverband eine entscheidende Rolle: 6 x 6 m haben sich gut bewährt.

Bäume im Bestandesschluß haben etwa 4 bis 5 m hohe, astfreie Stämme. SKOLMEN [11] nennt folgende Daten für Hawaii:

85jährig: Höhe 18 bis 21 m; BHD 91 bis 122 cm
jährl. Durchm. Zuwachs > 2,5 cm;
dGZ 25 bis 35 m³/ha/Jahr
für Indien gilt [1]:
70jährig: Höhe 27 m; BHD 1,3 m

Samanea saman ist wegen des raschen Wachstums und der dichten, weiten Krone sehr konkurrenzstark.

Nutzung

In vielen tropischen und subtropischen Ländern ist *S. saman* ein hochgeschätzter, schattenspendender Park- und Straßenbaum. Häufig wird er auch auf Weideflächen angebaut. Die Früchte dienen als Futter für Rinder, Schweine und Ziegen. In Mittelamerika brachte man ihn früher als schattenspendenden Zwischenstand in Kaffee- und Kakaoplantagen ein.

Besonders häufig nutzt man die Art auf Hawaii. Dort dient das Holz u. a. zur Herstellung kunstgewerblicher Gegenstände, im besonderen der „monkey-pod bowls". Ansonsten hat das sehr dekorative Kernholz nur geringe wirtschaftliche Bedeutung. Örtlich verwendet man es zur Möbelherstellung, für den Innenausbau und auch als Konstruktionsholz, außerdem als Furnier, für Sperrholz und Paneele [7, 8].

Das süßliche, nach Lakritze schmeckende Fruchtfleisch wird gelegentlich von Kindern gegessen und wurde in Mexiko zur Herstellung von Getränken verwendet. Der Regenbaum ist eine wichtige Honigpflanze.

Verschiedenes

– Infolge des spröden Holzes und der sehr flachen Bewurzelung kommt es oft zu Astbrüchen und zu Sturmwurf. Das schränkt den Anbau des Regenbaumes an der Küste und in Wohngebieten vielerorts ein.

– Unter den semiariden Bedingungen Süd-Indiens gehört *S. saman* zu den Baumarten mit der höchsten Biomasse-Produktion (1jährige Sämlinge im Verband 0,5 x 0,5 m = > 30 t/ha), besonders wenn die Wurzelmasse mitberücksichtigt wird[1]. Bei anderen Untersuchungen erbrachten Totalanalysen ohne Wurzeln einen Gehalt von 9,6 % Proteinen, 9,3 % Polyphenolen, 3,2 % Öl (52% Fettsäuren) und 0,5 % Kohlenwasserstoffen. Diese Werte stufen *S. saman* als eine besonders energiereiche Leguminosen-Art ein [10].

Abb. 9: Junger Baum nahe der Küste, nur wenig durch Meerwasser-Gischt geschädigt

– *Samanea saman* wird weder durch tierische noch durch pflanzliche Schädlinge ernsthaft gefährdet, und es gibt keine Pathogene, die sowohl in den natürlichen Beständen wie an den zahlreichen Anbauorten auftreten. Auf den Philippinen werden die Sämlinge von dem Mehltau-Erreger *Erysiphe communis* befallen[2], auf Oahu (Hawaii) richten mehrere blattfressende Lepidopteren-Raupen, insbesondere *Melipotis indomita* Schäden an, und auf Puerto Rico bohren sich Ameisen (*Myrmelachista ramulorum*) in die Triebe ein und führen zu Blattverlusten [11].

---

1) For. Abstr. 53, 88, 1992
2) For. Abstr. 50, 5958, 1989

Weiterführende Literatur

[1] ANONYMUS, 1983: Troup's The Silviculture of Indian Trees. Vol. IV, Governm. India Press, Delhi

[2] BASAK, M. K.; GOYAL, S. K., 1980: Studies on Tree Legumes. II. Further additions to the list of nodulating tree legumes. Plant and Soil 56, 33 – 37.

[3] BAWA, K. S., 1973: Chromosome numbers of tree species of a lowland tropical community. J. Arnold Arboretum 54, 422 – 434.

[4] BURGER, HZN. D., 1972: Seedlings of some tropical trees and shrubs mainly of South East Asia. Ctr. Agric. Publishing, Document., Wageningen.

[5] GILL, L. S.; HUSAINI, S. W. H., 1982: Cytology of some arborescent Leguminosae of Nigeria. Silvae Genetica 31, 117 – 122.

[6] JANZEN, D. H., 1983: Costa Rican Natural History, p. 305 – 307. Univ. Chicago Press. Chicago, London.

[7] LITTLE, E. L., JR.; WADSWORTH, F. H., 1989: Common trees of Puerto Rico and the Virgin Islands. USDA Forest Service, Agriculture Handbook Nr. 249, Washington, D.C.

[8] LONGWOOD, F. R., 1961: Puerto Rican Woods. USDA Forest Service, Agriculture Handbook Nr. 205, Washington, D.C.

[9] PERTCHIK, B.; PERTCHIK, H., 1951: Flowering Trees of the Caribbean. New York and Toronto.

[10] ROTH, W. B.; CARR, M. E. et al., 1984: Evaluation of 107 Legumes for Renewable Sources of Energy. Economic Bot. 38, 358 – 364.

[11] SKOLMEN, R. G., 1990: Pithecellobium saman (JACQ.) BENTH. Monkey-Pod. In BURNS/HONKALA (Coord.), Silvics of North America, vol. 2. Hardwoods. USDA For. Serv., Agric. Handbook 654, Washington, D.C.

Die Autoren:

Prof. em Dr. PETER SCHÜTT
Lehrstuhl für Forstbotanik
Ludwig-Maximilians-Universität München
Hohenbachernstr. 22
D-85354 Freising

Ulla M. LANG
Schützenstraße 6
D-82383 Hohenpeißenberg

Schinus terebinthifolius RADDI, 1820

Rosa Pfeffer,
Brasilianischer Pfefferbaum

Familie: Anacardiaceae

engl.:   Brazilian pepper, Brazil peppertree,
Christmas-berry, Florida holly
span.:   Pimienta de Brasil

Abb. 1: Schinus terebinthifolius. Solitär auf Oahu, Hawaii

Oft ist *Schinus terebinthifolius* nur ein Großstrauch, manchmal ein meist knorriger, kleiner Baum von 6 bis 7 m Höhe und dennoch schenkt man ihm in einigen tropischen Ländern viel Aufmerksamkeit.

Seine Heimat liegt im zentralen Südamerika. Von dort aus führte man ihn wegen der sehr dekorativen, leuchtend roten Beeren als immergrünes Ziergehölz in mehrere tropische Länder der Neuen und der Alten Welt ein. Fast überall verwilderte er, bildete Dickichte und wurde besonders auf trockenen Standorten zu einem lästigen, sehr vitalen und schwer zu bekämpfenden „Unkraut".

Die unter verschiedenen Bezeichnungen angebotenen rötlichen Früchte dienen als Gewürz (Trivialnamen). Sie reizen die Schleimhäute und wirken gesundheitsschädlich. Nach ROTH et al. [3] sind sie in größeren Mengen stark giftig. Der auf Hawaii geläufige Name „Christmas-berry" bezieht sich auf den Brauch, Zweige und Fruchtstände als Weihnachtsdekoration zu verwenden.

Verbreitung

Beheimatet ist *S. terebinthifolius* im Süden Brasiliens, in Paraguay und in Argentinien. Um 1890 führte man die Art als Ziergehölz in Florida ein, wo sie inzwischen als konkurrenzstarker Neophyt weite Brachflächen besiedelt. Eine ähnliche Entwicklung fand in anderen Südstaaten der USA, in Mittelamerika, in Westindien und auf Hawaii statt[1].

Beschreibung

S. terebinthifolius wird unter günstigen Bedingungen zu einem kleinen Baum von 6 bis 7 m Höhe mit grauer, zunächst glatter, später flach längsrissiger **Borke**. Auf Hawaii hat man Höchstwerte von 11,9 m Höhe und 1,2 m BHD gemessen [2]. Häufiger entwickelt sich die Art zu intensiv beasteten, vielstämmigen Sträuchern oder Großsträuchern. Das gilt im besonderen für trockene Standorte.

Nach der winterlichen Ruheperiode treibt er als Strauch mit relativ langen, überhängenden Schösslingen aus, auf deren gebogener Oberseite nur selten Zweige entstehen [5]. Diese sind i. a. hellbraun, anfangs noch spärlich behaart und mit zahlreichen erhabenen Lenticellen besetzt [2]. Nach eigenen Beobachtungen verfärbt sich die dem Licht zugewandte Seite rötlich, die Unterseite bleibt oft grün.

In der Achsel jedes Tragblattes stehen entweder nur eine (vegetative) oder aber 2 Knospen, von denen die obere zu einem blühenden Zweig austreibt [5].

Die wechselständig angeordneten, 7,5 bis 15 cm langen **Blätter** sind unpaarig gefiedert. Sie haben eine glänzende dunkelgrüne Ober- und eine stumpf hellgrüne Unterseite. Beim Zerreiben riechen sie sehr aromatisch, insbesondere die Blätter an der Schattenseite.

Abb. 2: Blütenstand

Von der grünen, im oberen Teil schmal geflügelten Rhachis gehen zumeist 5, 7 oder 9 sitzende oder sehr kurz gestielte Fiederblättchen von länglicher, elliptischer oder obovater Form ab (Länge: 2,5 bis 5 cm; Breite: 1,3 bis 2 cm). Das längste Fiederblättchen steht an der Spitze (bis 7,5 cm lang und 2,5 cm breit). Die Spreite ist nur an der Spitze undeutlich kurz gezähnt; sie läuft zur Basis keilförmig aus und ist am Apex abgerundet oder kurz zugespitzt.

Die kleinen, weißen **Blüten** sind dioezisch verteilt und stehen zu vielen in stark verzweigten, bis zu 10 cm langen, rispigen Infloreszenzen. Diese entspringen den Achseln von Blättern im distalen Bereich vorjähriger Triebe.

Die 3 mm langen und genauso breiten, kurz gestielten Einzelblüten haben einen 5zähnigen, grünen Kelch und eine aus 5 ausgebreiteten, 3 mm langen, weißen Petalen bestehende Blütenkrone; männliche Blüten besitzen zudem 10 in 2 Kreisen angeordnete Staubblätter, die vom Grunde eines relativ großen, ringförmigen Diskus ausgehen.

Abb. 3: Fruchtstand

[1] For. Abstr. **46**, 4622, 1985

Die weiblichen Blüten haben einen Stempel mit rundlichem Ovar, kurzem Griffel und punktförmiger Narbe.

Männliche und weibliche Blüten sehen sich ähnlich. ♂ Blüten enthalten einen rückgebildeten Stempel, ♀ Blüten Staminodien sowie einen einfächerigen Fruchtknoten mit 3 kurzen Griffeln [5].

Über 100 bei Reife hellrote, saftige Steinfrüchte stehen dicht gedrängt in einem Fruchtstand, der in der Regel bis zum Dezember am Zweig verbleibt. An der Basis der im Durchmesser 4,5 mm großen, kugeligen **Frucht** bleibt der Rest des Kelches sowie am Apex die eingetrocknete Narbe erhalten.

├── 60 mm ──┤

Abb. 4: Reife Früchte

Das braune, aromatisch duftende Fruchtfleisch (Mesokarp) schmeckt etwas bitter. Es enthält nur einen Steinkern mit einem hellbraunen, maximal 3 mm langen, elliptischen Samen.

Blühende und fruktifizierende Exemplare sind zu jeder Jahreszeit vorhanden [5]. Die Art wird von Insekten bestäubt und von Vögeln verbreitet.

Ökologie

In den Everglades breitet sich *S. terebinthifolius* vor allem auf grundwassernahen Sturmflächen aus, wo sie wesentlich schneller Fuß fasst als die einheimischen Baum- und Straucharten. Gut bewurzelte Sämlinge können bis zu 6 Monaten andauernde Überflutungen überleben. Sie vertragen außerdem Dürre und sind tolerant gegen Beschattung. Etwas ältere Exemplare überstehen Waldbrände und tropische Wirbelstürme[2]. Bei Anbauversuchen in Brasilien (Parana) erwies sich die Art als weitgehend frostresistent[3]. Auf trockenen Standorten ist *S. terebinthifolius* besonders konkurrenzstark, breitet sich sehr rasch aus und bildet Dickichte, insbesondere wenn die Vegetationsdecke verletzt oder entfernt wurde [5].

Abb. 5: Stamm eines alten Baumes

[2] For. Abstr. 46, 4622, 1985
[3] For. Abstr. 50, 3061, 1989

Verschiedenes

– „Brasilian pepper" ist in tropischen Ländern nach wie vor als Zierstrauch, seltener als schattenspendender, kleiner Baum in Kultur. Erwähnenswert, aber auf Hawaii beschränkt, ist die Verwendung von Zweigen mit Fruchtständen zur Weihnachtsdekoration, hauptsächlich zur Kranzbinderei.

– Das rötlichbraune Holz wird als Brennmaterial, gelegentlich auch in Form von Schnitzeln oder Spänen zum Mulchen genutzt.

– Blatt- und Rindengewebe führen einen aromatischen Milchsaft, der an der Luft schwärzlich wird und bei Berührung Dermatitis oder Hautausschlag auslösen kann [2]. Der Pollen soll bisweilen Kopfschmerzen hervorgerufen haben [2].

– Die zum Würzen dienenden Früchte (Rosa Pfeffer) schmecken zunächst süßlich, dann intensiv nach Terpenen. Sie reizen die Schleimhäute.

Abb. 7: Strauchförmige Exemplare als Windschutz an der Nordküste von Maui, Hawaii

Hauptwirkstoffe sind ätherische Öle, insbesondere die Monoterpene α- und β-Phellandren, p-Cymen, Myrcen und α-Pinen. ROTH et al. [3] raten wegen der Gesundheitsrisiken vom Verzehr ab, bezeichnen die Früchte sogar als stark giftig und machen konkrete Angaben zur Therapie.

– In Florida und auf den Karibischen Inseln ruft *Sphaeropsis tumefaciens (Coelomycetes)* gallenartige Schwellungen an Ästen und Stämmen hervor [4].

Weiterführende Literatur

[1] BLACKWELL, W. H., Jr.; DODSON, C. H., 1968: Family 101. Anacardiaceae. In: WOODSON/SCHERY et al., Flora of Panama. Ann. Missouri Bot. Gard. **54**, 351 – 379.

[2] LITTLE, E. L., Jr.; SKOLMEN, R. G., 1989: Common Forest Trees of Hawaii. USDA Forest Service, Agriculture Handbook **679**, Washington, D. C.

[3] ROTH, L.; DAUNDERER, M.; KORMANN, K., 1984: Giftpflanzen – Pflanzengifte. Vorkommen, Wirkung, Therapie. ecomed Verlagsgesellschaft, Landsberg.

[4] SINCLAIR, W. A.; LYON, H. H.; JOHNSON, W. T., 1987: Diseases of Trees and Shrubs. Cornell Univ. Press, Ithaka and London.

[5] TOMLINSON, P. B., 1980: The Biology of Trees Native to Tropical Florida. Harvard Univ. Print. Office, Allston, Mass.

Die Autoren:

Prof. em. Dr. PETER SCHÜTT
Ludwig-Maximilians-Universität München
Lehrstuhl für Forstbotanik
Am Hochanger 13
D-85354 Freising

ULLA M. LANG
Schützenstraße 6
D-82383 Hohenpeißenberg

Abb. 6: Junger, fruktifizierender Baum im Corkscrew Swamp, Florida

Sophora chrysophylla (SALISB.) SEEM.

syn.:   Edwardsia chrysophylla SALISB.

Mamane   Familie: Fabaceae

Hawaii: Mamane

Abb. 1: Sophora chrysophylla. Typische, sehr alte Exemplare im Lavafeld an
der Baumgrenze des Mauna Loa, ca. 2300 m ü. NN

Abb. 2: Rinde eines jungen Triebes   **Abb. 3:** Rinde mit Lenticellen   **Abb. 4:** Borke eines alten Stammes

Sophora chrysophylla, ein immergrüner, höchstens 12 m hoher, sehr vielgestaltiger, kleiner Baum, kommt nur auf Hawaii vor, ist dort die häufigste einheimische Baumart und bildet an den Hängen der über 4000 m hohen Vulkane die Baumgrenze. Die erst von weißen Siedlern eingeführten Schafe drängten die Art durch Verbiß deutlich zurück. Kennzeichnend für *S. chrysophylla* sind neben den leuchtend goldgelben Schmetterlingsblüten vor allem die stark geflügelten, zwischen den Samen eingeschnürten Früchte.

Verbreitung

Mamane ist die einzige *Sophora*-Art im Archipel von Hawaii. Sie kommt auf 5 der 6 großen Inseln natürlich vor, ist auf Big Island und Maui in hohen Lagen häufig, auf Kauai, Oahu und Molokai jedoch selten und auf Lanai fehlt sie [3]. An den Hängen der noch tätigen Vulkane Mauna Kea (4205 m) und Mauna Loa (4169 m) bildet sie in knapp 3000 m ü. NN die Baumgrenze, wächst dort aber hauptsächlich im Regenschatten zwischen 1200 und 2440 m [3, 5]. Anbauten außerhalb Hawaiis haben unseres Wissens nicht stattgefunden.

Beschreibung

Sophora chrysophylla variiert beträchtlich in Größe und Form. Sie wächst (a) als aufrechter Baum von 6 bis 12 m Höhe und 60 cm BHD, (b) als Baum mit niederliegendem Stamm und (c) als aufrechter Strauch [3, 5].

LITTLE/SKOLMEN [3] nennen Maximalwerte für die Gesamthöhe und den Stammdurchmesser (BHD) von 11,9 m bzw. 118 cm. Die graubraune, zunächst glatte Borke wird später tief rissig und löst sich in Schuppen ab.

Blätter

S. chrysophylla ist eine immergrüne Art, deren gegenständige, unpaarig gefiederte Blätter silbrig grau behaart sind, 12,5 bis 15 cm lang werden [3] und 6 bis 10 Fiederblättchen-Paare haben. Die länglich obovaten Blättchen stehen meist versetzt zueinander und sind 0,5 bis 1,5 cm lang [2]. Ihr Apex ist stumpf, mitunter auch leicht gekerbt, die Basis rundlich.

Blüten, Früchte und Samen

Die sehr attraktiven, leuchtend goldgelben Schmetterlingsblüten stehen in relativ kurzen (< 5 cm), teils terminalen, teils lateralen, traubigen Infloreszenzen, die ein wenig herabhängen.

Einzelblüten sind 13 bis 25 mm lang, haben einen becherförmigen, behaarten Kelch (Länge < 10 mm) mit kurzen Zähnen, 5 gelbe, 25 mm lange Petalen (Schiffchen, 2 Flügel und eine relativ große, runde Fahne) sowie 10 freie Staubblätter. Der Stempel besteht aus einem behaarten Fruchtknoten und einem langen, schlanken Griffel. Die Blüten produzieren reichlich Nektar [7].

In Höhenlagen zwischen 1980 und 2290 m blühen die Bäume von November bis einschließlich Juni. 2 bis 4 Monate später sind die Früchte reif. Einige Individuen blühen sogar während des ganzen Jahres [7].

Sehr auffällig sind die mit 4 Flügeln versehenen, 10 bis 15 cm langen, gestielten und zwischen den Samen deutlich eingeengten, aber nicht gekammerten Hülsen (Breite ca. 6 mm). Sie sind bei Reife dunkelbraun, öffnen sich nicht und enthalten 4 bis 8 gelbe, mehr oder weniger elliptische und etwas abgeflachte Samen mit harter Testa [3].

Vogelarten übernehmen sowohl die Bestäubung (u. a. *Loxops virens*) wie die Verbreitung der Samen (u. a. *Psittirostra bailleui*).

Abb. 5: Trieb mit hängenden Infloreszenzen und gelben Blüten

Holz

Der strohfarbene oder hellbraune Splint hebt sich gut vom gelb- bis tiefbraunen, rötlich geaderten Farbkern ab [2, 3]. Auffällig ist die grobe Textur und der unregelmäßige Faserverlauf des sehr harten, schweren und dauerhaften Holzes. Die Gefäße haben einen sehr geringen Durchmesser und sind, ebenso wie die zahlreichen schmalen Holzstrahlen, mit bloßem Auge schwer zu erkennen.

Mamane-Holz läßt sich schwer bearbeiten und wirft sich stark beim Trocknen [2]. Es bildet deutliche Zuwachsringe und hat einen würzigen Geruch [3].

Vermehrung und Entwicklung

Die Samen durchlaufen eine lange, oft mehrjährige Keimruhe und benötigen vor der Aussaat eine mechanische oder chemische Vorbehandlung (Sandpapier bzw. H_2SO_4). Sie keimen selbst nach mehrjährigem Aufenthalt im Meerwasser [1] und sind bei 15 °C am besten lagerfähig[1]. Am natürlichen Standort durchgeführte Aussaatversuche mit vorbehandeltem Saatgut hatten nur geringen Erfolg. Nach 4 Jahren lebten noch 3 % der aus Direktsaat hervorgegangenen Pflanzen, von den Containerpflanzen hingegen 47 %. Als Ursache kommen geringe Niederschläge und tiefe Temperaturen infrage; Saattiefe und Saatzeit waren ohne Belang[2]. Die Zahl der bis in 4 cm Bodentiefe vorkommenden Samen variierte am Mauna Kea (2400 bis 2500 m ü. NN) zwischen 42 und 305 pro m²; zwei Drittel davon lagen auf der Bodenoberfläche oder befanden sich in der Streu. 45 % der übererdeten Samen waren keimfähig[3]. Insgesamt vollzieht sich die weitere Entwicklung nur langsam und die Gesamthöhen wie die Stammdurchmesser erreichen mit 7,1 m und 30,7 cm in 2290 m ü. NN um 1,7 m bzw. 15,4 cm höhere Werte als in 1980 m ü. NN [7].

Abb. 6: Reife Früchte in situ

10 cm

Abb. 7: Samen und Früchte

[1] For. Abstr. **12**, 1132, 1951/52
[2] For. Abstr. **43**, 1974 und 3819, 1982
[3] For. Abstr. **45**, 6875, 1984

Ökologie

S. chrysophylla gedeiht am besten im Regenschatten hoher Berge, wo die Jahresniederschläge etwa 500 mm betragen und die täglichen Temperaturschwankungen (20 °C) deutlich über die jährlichen hinausgehen. Von Mai bis Oktober ist es trockener als von November bis April. Die vorherrschenden, sehr jungen Lavaböden sind flachgründig, reich an Steinen und phosphorarm.

Unter diesen Bedingungen wächst die Art entweder in Reinbeständen (250 bis 550 Bäume/ha) oder in Mischung mit *Myoporum sandwicense* GRAY, *Chenopodium oahuense* (MEYER) AELLEN oder *Dodonaea viscosa* (L.) JACQ., sehr viel seltener auch gemeinsam mit *Metrosideros polymorpha* [2].

Nach der Einführung von Rindern und Schafen, die seit langem weite Teile der noch ursprünglichen Busch- und Waldlandschaft unkontrolliert beweiden, ging *Sophora chrysophylla* durch massiven Verbiß hinsichtlich Zahl und Verbreitung erheblich zurück. Vor allem Schafe fressen Blätter und Jungwuchs und verbeißen stets aufs neue die adulten Exemplare. Dadurch entstehen auch Verschiebungen des Gleichgewichtes zwischen konkurrierenden Arten, so z. B. an der Baumgrenze, wo *S. chrysophylla* 20 %, *Myoporum sandwicense* aber nur 0,1 % der Schafsnahrung ausmacht [6, 7].

Verschiedenes

– *S. chrysophyllum* wird weder bewirtschaftet noch in nennenswertem Umfang genutzt. Im unmittelbaren Bereich ihres Vorkommens verwendet man die zumeist schwachen, aber dauerhaften Stämme als Zaunpfähle [3].

Die Ureinwohner Hawaiis nutzten das Holz für Werkzeugstiele, als Balken und Pfosten im Hausbau und als eine Art Kufen für schlittenähnliche Fahrzeuge auf glattem Fels [2, 3, 5].

– In vulkanischer Asche angezogene und mit *Glomus aggregatum* SCHENCK et SMITH em. KOSKE inokulierte Sämlinge hatten größere Blätter, längere Wurzeln, ein höheres Trockengewicht und einen höheren Phosphorgehalt als Kontrollpflanzen. Die Mykorrhizierung förderte das Sämlingswachstum und die Phosphor-Aufnahme signifikant [4].

Weiterführende Literatur

[1]   ARNO, S. F.; HAMMERLY, R. P., 1984: Timberline. Mountain and Arctic Forest Frontiers, The Mountaineers, Seattle.

[2]   LAMB, S. H., 1981: Native Trees and Shrubs of the Hawaiian Islands. Sunstone Press, Santa Fe, NM.

[3]   LITTLE, E. L., JR.; SKOLMEN, R. G., 1989: Common Forest Trees of Hawaii. USDA For. Serv., Agric. Handb. 679, Washington, D.C.

[4]   MIYASAKA, S. C.; HABTE, M.; MATSUYAMA, D. T., 1993: Mycorrhizal Dependency of two Hawaiian Endemic Tree Species: Koa and Mamane. J. Plant Nutr. **16**, 1339-1356.

[5]   NEAL, M., 1965: In Gardens of Hawaii, Bishop Museum Press, Honolulu, HI.

[6]   SNOWCROFT, P. G., 1983: Tree cover changes in mamane (Sophora chrysophylla) forests grazed by sheep and cattle. Pacific Sci. 37, 109-119.

[7]   VAN RIPER, C. III., 1980: The Phenology of the Dryland Forest of Mauna Kea, Hawaii, and the Impact of Recent Environmental Perturbations. Biotropica **12**, 282-291.

Die Autoren:

Prof. em. Dr. PETER SCHÜTT
Lehrstuhl für Forstbotanik
Ludwig-Maximilians-Universität München
Am Hochanger 13
D-85354 Freising

ULLA M. LANG
Schützenstraße 6
D-82383 Hohenpeißenberg

Spathodea campanulata BEAUV., 1787

Afrikanischer Tulpenbaum   Familie: Bignoniaceae

engl.:   African tuliptree

Elfenbeink.:   Tulipier de Gabon
Dominik. Rep.: Mampolo
Indien (Hind.): Rugtoora
Kolumbien:
Puerto Rico: } Tulipan africano
Venezuela:
Jamaika: Flame of the Forest

Abb. 1: Alter Baum an der Küste von Jamaika

Abb. 2: Spathodea campanulata, Blütenstand

Heimisch in tropischen Bereichen der afrikanischen Westküste, wird S. campanulata heute wegen seiner spektakulären Blütenpracht in vielen Ländern der Tropen und Subtropen als schattenspendender Park- und Straßenbaum kultiviert. Das gilt für Südostasien genauso wie für die Karibik, Hawaii oder Mittel- und Südamerika.

Für die Menschen ihrer afrikanischen Heimat hatte die Art eine große mystische Bedeutung, zudem spielte sie eine Rolle in der Volksmedizin. Erst in den letzten Jahrzehnten begann man, S. campanulata auch anderweitig zu nutzen.

Morphologie

Je nach den Klima- und Konkurrenzverhältnissen am Anbauort kann S. campanulata hinsichtlich Höhe und Form variieren.

In den Neotropen entwickeln freistehende Bäume i.a. eine dichte, rel. breite **Krone** mit weitausladenden, starken Ästen, und sie werden gut 20 m hoch.

Anders im Dichtstand und in Teilen Indiens, wo >30 m bzw. 27 m **Höhe** erreicht werden, die Kronen schlank sind, die Äste spitzwinklig ansetzen und die Seitenzweige kurz bleiben.

Ältere Stämme besitzen eine rel. dünne (0,4 cm), hell graubraune, warzige **Borke**, deren Peridermschichten parallel zum Kambiumring verlaufen.

S. campanulata wurzelt flach; ältere Bäume erhöhen aber ihre Standfestigkeit durch Ausbildung von Brettwurzeln.

Das weißliche **Holz** ist rel. weich; zwischen Splint und Kern bestehen keine Farbunterschiede.

In den meisten Regionen ist die Art immergrün; auf trockenen Standorten kann sie während der heißen Jahreszeit aber auch die Blätter abwerfen. So in Indien während des Monats Februar.

Die gegenständigen, unpaarig gefiederten, oberseits glänzend dunkelgrünen, unterseits etwas blasser grünen **Blätter** können 20 bis 40 cm lang werden. Die mehr oder weniger elliptischen, kurz gestielten und mit einer kurzen Spitze endenden 7 bis 19 Fiederblättchen schwanken in der Länge zwischen 7,5 und 15 cm und in der Breite zwischen 3,8 und 7,5 cm. Meist sind die apikalen Fiedern größer als die basalen. Die Blattadern sind oberseits deutlich eingesenkt und die Blattränder ein wenig verdickt.

Die tulpenähnlichen, leuchtend karmesin- bis orangeroten **Blüten** stehen zu vielen wirtelig in etwa 10 cm hohen und 20 cm breiten Infloreszenzen am Ende von Langtrieben. Im zentralen Teil des Blütenstandes sind zahlreiche zunächst dunkelolivgrüne, später bräunlich-orangefarbene, bis 5 cm lange, noch nicht geöffnete Blüten angeordnet, die in charakteristischer Weise hornartig einwärts gekrümmt sind. Nach außen schließt sich ein Kranz geöffneter Blüten an.

Jede Einzelblüte besteht aus

- einem 5 bis 6 cm langen, hellbraunen, hornartig gebogenen, längs gerieften Kelch;
- einer ca. 10 cm langen und 5 bis 7 cm breiten, orange- bis scharlachroten, unregelmäßig glockenförmigen Blumenkrone. Diese ist leicht gekrümmt und endet in 5 ungleich großen Buchten mit einem krausen, gelblich abgesetzten Rand.

Abb. 3: Blatt eines jungen Triebes. ($^1/_2$ nat. Größe)

- 4 Staubblättern, alle ca. 5 cm lang mit dunkelbraunen Antheren und gelblichen Filamenten;
- einem Diskus, darauf ein Fruchtknoten mit langem Griffel und zweilappiger, roter Narbe.

Abb. 4: Borke

Die **Früchte** von S. campanulata fallen durch Vielzahl, Form und Farbe auf. Es handelt sich um bis zu 25 cm lange, bei Reife dunkelbraune, bootförmige, weiche Kapseln an kräftigem Stiel, die sich nur an einer Seite öffnen und etwa 500 sehr kleine, flache, weißliche **Samen** enthalten, die mit breiten durchsichtigen Flügeln versehen sind.

Verschiedenheiten des Klimas führen zu uneinheitlichen Blühzeiten:

Barbados	September bis Mai
Indien	März bis April (Oktober bis Dezember: wenig ausgeprägt)
Jamaica	Januar bis Mai
Puerto Rico	ganzjährig
Trinidad	November bis Januar
Venezuela	ganzjährig (Höhepunkt: März bis Mai).

Ökologie, Anzucht und Nutzung

S. campanulata zählt in tieferen Lagen küstennaher tropischer Bergketten zu den am schnellsten wachsenden Ziergehölzen. In Indien reduzieren die Monsun-Winde Vitalität und Ansehnlichkeit. Kalkböden eignen sich gut für den Anbau.

S. campanulata ist eine ausgesprochene Lichtbaumart und wächst daher eher an den Rändern als im Inneren von Beständen.

Anlaß für die weit über das natürliche Areal hinausgehende künstliche Verbreitung ist der Zierwert dieser Art und die Fähigkeit Schatten zu spenden. In neuerer Zeit wird sie in der Karibik auf lokaler Ebene als Schirm über Kakao- und Kaffee-Plantagen genutzt. Aus Venezuela liegen gute Resultate von Aufforstungsversuchen vor; auf den Philippinen hat man die Eignung des Holzes für die Zellstoffproduktion festgestellt, und in Florida attestiert man der Art eine überragende Bedeutung bei der Biomasseerzeugung im Plantagenbetrieb.

Abb. 5: Agroforestry in Kenia (Foto: C. Millar)

Diese Ergebnisse sind rel. neu und sie stehen im Gegensatz zu der bisherigen, nur geringen Wertschätzung für das weiche und wenig dauerhafte Spathodea-Holz. Dieses strömt nach dem Einschlag einen deutlichen Geruch nach Knoblauch aus und eignet sich wegen der geringen Entflammbarkeit kaum als Brennholz.

Die künstliche Vermehrung der Art bereitet keine Schwierigkeiten. Das gilt gleichermaßen für die Vermehrung durch Samen wie für die Bewurzelung von Sproß- und Wurzelstecklingen.

Unter natürlichen Bedingungen wird häufig und intensiv Wurzelbrut gebildet.

Abb. 6: Geöffnete Frucht

Abb. 7: Samen

– Der hin und wieder gebrauchte Name „Fountain Tree" geht darauf zurück, daß die Blütenknospen oft reichlich Wasser enthalten und dieses meist unangenehm riechende Wasser beim Quetschen der Knospen in einem Strahl entweicht. Kinder schätzen diese Art von „Wasserpistolen".

Abb. 8: Keimling, mit typischen ungefiederten Primärblättern (Keimblätter schwarz gezeichnet) (nat. Größe)

Weiterführende Literatur

[1] COWEN, D. V., 1984: Flowering trees and shrubs in India. 6. Aufl., Bombay.

[2] LITTLE, E. L., Jr.; WADSWORTH, F. H., 1964: Common trees of Puerto Rico and the Virgin Islands. USDA, Forest Service, Agric. Handbook No. 249.

[3] PERTCHIK, B.; PERTCHIK, H., 1951: Flowering trees of the Caribbean, New York and Toronto.

[4] YUNUS, M.; YUNUS, D.; IQBAL, M., 1990: Systematic bark morphology of some tropical trees. Bot. J. Linnean Soc. **103**, 367–377.

Verschiedenes

– Die Eingeborenen Westafrikas messen S. campanulata magische Kräfte zu. So sollen durch die Exposition von Blüten oder durch das Schwenken von Ruten über Kranken und Sterbenden schädliche Einflüsse ferngehalten werden. Trommeln, die allein zur Ankündigung zentraler Ereignisse, z.B. den Tod des Häuptlings oder den Beginn eines Krieges eingesetzt werden, bestehen aus Spathodea-Holz [3].

– Die rasche und intensive Holzfäule bewirkt Hohlstämmigkeit bei vielen Altbäumen. Zusammen mit der arteigenen Flachwurzeligkeit wird dadurch die Sturmgefährdung so sehr erhöht, daß LITTLE et al. [2] vor der Anpflanzung in der Nachbarschaft von Gebäuden warnen.

– Für Hexan- und Chloroformextrakte der Spathodea-Rinde ist nach Untersuchungen aus Nigeria antibiotische Wirkung nachgewiesen.

Die Autoren:

Prof. Dr. PETER SCHÜTT
Lehrstuhl für Forstbotanik
Ludwig-Maximilians-Universität München
Hohenbachernstraße 22
D-85354 Freising

ULLA M. LANG
Schützenstraße 6
D-82383 Hohenpeißenberg

Spondias dulcis PARKINSON

syn.: Spondias cytherea SONN.

Goldpflaume   Familie: Anacardiaceae

engl.: Ambarella, Golden apple
franz.: Pomme cythère

Abb. 1: Spondias dulcis. Links oben: reife Früchte und Samen; links unten: Triebspitze mit Fiederblättern; rechts oben: Stammborke; rechts unten: Fiederblatt, Länge: ca. 40 cm

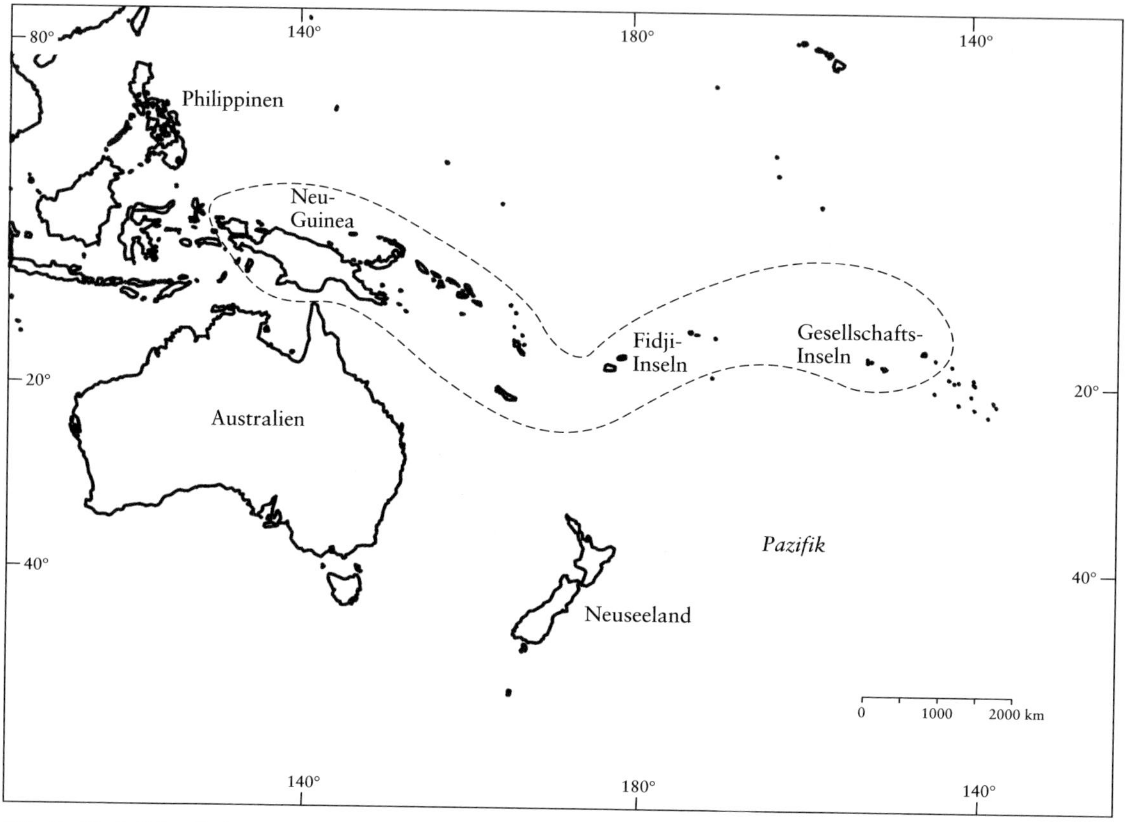

Abb. 2: Natürliches Verbreitungsgebiet

Spondias dulcis, ein aus Melanesien stammender Verwandter des Mango, wird vor allem in einigen tropischen Ländern der Alten Welt wegen seiner süßsauren Steinfrüchte geschätzt, die man entweder frisch verzehrt, konserviert oder zu Säften, Gelees und Marmeladen verarbeitet.

Die Art wirft zu Beginn der Trockenzeit für wenige Wochen die Blätter ab, wird in ihrer Heimat bis 30 m hoch und benötigt frische Standorte mit hoher Luftfeuchte. Besonders kennzeichnend ist das harte, mit kleinen, lappigen Fortsätzen versehene Endokarp.

Verbreitung

Als natürliches Areal werden Polynesien [3], genauer die Gesellschafts-Inseln, Samoa, die Fidji-Inseln und Neu-Guinea angegeben [1, 2]. Außerhalb ihrer Heimat wird die Art eher in den Tropen und Subtropen der Alten (Malaysia, Indien, Sri Lanka) als der Neuen Welt kultiviert.

1782 in Jamaica eingeführt, begegnet man ihr heute auf den Westindischen Inseln bis Trinidad/Tobago, allerdings nicht häufig und nicht regelmäßig. Gleiches gilt für Mittelamerika, Venezuela und Brasilien sowie für den Süden Floridas [2, 3].

Beschreibung

Die Größenangaben für *S. dulcis* gehen weit auseinander. Während LITTLE/WADSWORTH [2], ausgehend von den Verhältnissen auf Puerto Rico, von einem bestenfalls mittelgroßen, 6 bis 12 m hohen und 45 cm starken (BHD) Baum sprechen, und MORTON [3] die Baumhöhe im natürlichen Areal mit 18 m angibt, nennen KEATING/BOLZA [1] für Neu-Guinea eine Höhe von 30 m und einen Stammdurchmesser von 80 cm.

Wenige starke Äste und kräftige Zweige bauen eine relativ symmetrische Krone auf. Der Stamm hat eine verhältnismäßig glatte **Borke**, die zunächst von grünlicher, später von hell graubrauner Farbe ist und mitunter Spuren austretender harziger Flüssigkeiten aufweist [2].

Blätter

Die großen, unpaarig gefiederten Laubblätter sind wechselständig angeordnet. Ihre Länge wird teils mit 20 bis 30 cm [2], teils mit 20 bis 60 cm [3] angegeben. Sie bestehen aus 9 bis 25 kurz gestielten, elliptischen oder länglich obovaten, relativ dünnen und maximal 2,5 cm breiten Fiederblättchen (Länge: 3,7 bis 6,2 cm [2], 6,25 bis 10 cm [3]) und sind lang zugespitzt. Auch an der Basis laufen sie spitz aus. Der Blattrand ist nahe dem Apex unauffällig gezähnt und ein wenig nach unten gebogen.

Zu Beginn der trocken-kühlen Jahreszeit verfärben sich die Blätter hellgelb und fallen ab. Wenige Wochen später setzt der Neuaustrieb ein.

Blüten und Früchte

S. dulcis ist polygam und bildet zahlreiche kleine, weißliche Blüten, die zu vielen an 20 bis 30 cm langen, terminalen Rispen stehen – weibliche, männliche und zwittrige Blüten im selben Blütenstand. Sie sind fünfzählig, kurz gestielt, messen im Durchmesser knapp 0,6 mm, riechen angenehm und haben 10 Staubblätter. Die fünf bis zu 3 mm langen, radial ausgebreiteten, freien Petalen neigen sich etwas nach unten. Der Stempel steht auf einem Diskus und trägt 5 Griffel.

Die Art fruktifiziert erstmals im Alter von 4 Jahren. Reife Früchte fallen fast während des ganzen Jahres an. Dabei handelt es sich um rundliche oder elliptische, 5 bis 10 cm lange (Durchm.: 5 cm), gestielte Steinfrüchte, die in Polynesien bis zu 500 g schwer werden können [3], zu mehreren (2–12) an hängenden Fruchtständen sitzen und eine dünne, aber feste, oft rotbraune Schale aufweisen. Sie fallen noch im grünen, harten Zustand zu Boden – aber immer nur wenige zur gleichen Zeit. Mit zunehmender Reife werden Schale und Fruchtfleisch goldgelb. Noch während die Frucht fest ist, beginnt das Mesokarp saftig und säuerlich zu werden und nimmt einen ananasähnlichen Geruch und Geschmack an. Weich gewordene Früchte riechen nach Moschus. Außerdem lassen sie sich nicht mehr schneiden, weil zahlreiche, vom Endokarp ausgehende, faserartige Gewebestränge oder -lappen das Mesokarp durchziehen [3].

Der harte, dickwandige, 2,5 bis 3,7 cm lange Steinkern schließt 1 bis 5 flache Samen ein.

Holz

Der weißliche bis graue, mitunter auch gelbliche Splint setzt sich kaum vom graubraunen Kern ab [1]. Manchmal nimmt das Stammzentrum eine rosa Farbe an. Das zumeist geradfaserige, glanzlose Holz ist von mittlerer Textur. Es riecht nicht, ist anfällig gegen Termiten, marine Bohrmuscheln und Bläuepilze, und der Kern lässt sich nicht imprägnieren.

Dichte	0,45	g/cm³
Schwindung (von grün zu lufttr.)	0–2,5	%, tangential
	0–1,0	%, radial
Druckfestigkeit (12 % Wasser)	34,0	MPa
		[1]

Ökologie und Anzucht

S. dulcis ist eine Baumart des tropischen und subtropischen Feuchtklimas. In ihrer Heimat findet man sie meistens in Küstennähe und bis in Höhenlagen von 700 m ü. NN.

Die Art gilt als standorttolerant, gedeiht aber nur auf gut drainierten Substraten [3]. Junge Bäume bevorzugen leichten Schatten, und generell sind windgeschützte Lagen von Vorteil, denn alte Bäume sind sturmanfällig und neigen zu Stammbrüchen.

Vermehren lässt sich die Art gleichermaßen durch Samen wie über Pfropfung, Absenkerbildung und Sprossstecklinge. Keimung setzt nach ca. 4 Wochen ein. In Indien verwendet man *S. pinnata* KURZ als Unterlage zum Okulieren.

Nutzung

Früchte und Holz stehen im Mittelpunkt der wirtschaftlichen Nutzung; der Anbau in fremden Ländern erfolgt aber alleine wegen der Früchte. Diese gelten gegenüber Mango i. A. als weniger schmackhaft – eine Einschätzung, die aber kaum zu bestätigen ist, wenn die Früchte noch im festen Zustand verzehrt werden – aus der Hand oder als Saft für kalte Getränke.

Aus unreifen Früchten (ca. 9,8 % Pektin) lässt sich Gelee herstellen, und sie dienen als Geschmackskomponente für Saucen und Suppen. Junge Blätter schmecken sauer. In Südostasien isst man sie roh; in Indonesien dünstet man sie und verzehrt sie als Gemüse – zusammen mit Reis und gesalzenem Fisch.

Nach MORTON [3] enthalten 100 g Fruchtfleisch 157 Kalorien, 0,5–0,8 % Proteine, 0,3–1,8 % Fett, 8,0–10,5 % Zucker und 0,85–3,6 % Rohfasern.

In 100 g rohem Fruchtfleisch sind außerdem 42 mg Vitamin C enthalten (Analysen an Früchten aus Hawaii).

Das Holz, von dem auf Neu-Guinea bis zu 18 m lange Stämme verarbeitet werden, ist leicht zu sägen aber schwer zu hobeln. Es eignet sich gut für Furniere, Sperrholz und Schindeln.

Holzstaub kann Juckreiz und Entzündungen der Augenlider hervorrufen [1].

Verschiedenes

– Über Schädigungen liegen kaum Informationen vor. In Indonesien führt *Podotia affinis (Coleoptera)*, auf Costa Rica eine nicht näher bezeichnete Rindenwespe zu Abgängen [3].

Literatur

[1] KEATING, W. G.; BOLZA, E., 1982: Characteristics, Properties and Uses of Timbers. Vol. 1. South-east Asia, Northern Australia and the Pacific. Inkata Press, Melbourne, Sidney, London.

[2] LITTLE, E. L., JR.; WADSWORTH, F. H., 1964: Common Trees of Puerto Rico and the Virgin Islands. USDA Forest Service Agric. Handb. **249**, Washington D.C.

[3] MORTON, J. F., 1987: Fruits of Warm Climates. Greensboro, N.C.

Abb. 3: Jungbestand in den Blue Mts., Jamaica

Die Autoren:

Prof. em. Dr. PETER SCHÜTT
Lehrstuhl für Forstbotanik
Technische Universität München
Am Hochanger 13
D-85354 Freising

ULLA M. LANG
Schützenstr. 6
D-82383 Hohenpeißenberg

Sterculia urens ROXB.

Karaya, Kadaya, Indian tragacanth   Familie: Sterculiaceae
(Handelsnamen)

engl.:   Karaya gum tree, India gum tree

Abb. 1: Sterculia urens am natürlichen Standort (Borivli Nat. Park, unweit Bombay) (Foto: P. Schütt)

Abb. 2: Borkenformen an älteren Stämmen

Sterculia urens, ein mittelgroßer, laubabwerfender Baum aus den Ebenen und dem Hügelland des indischen Subkontinents, ist in mehrerer Hinsicht auffallend und bemerkenswert. Er wächst auf nährstoffarmen, trockenen Felsstandorten, nimmt dort bizarre Formen an und hat eine platanenähnliche, hell cremefarbene bis rosa Borke, die sich in papierdünnen Fetzen vom Stamm löst. Mit dem Beginn der warmen Jahreszeit erscheint an den zu dieser Zeit blattlosen Trieben eine Fülle von gelblichen Blütenständen. Schon im April/Mai sind die sehr hübschen, roten Früchte reif. Sie erscheinen ebenfalls in großer Zahl und werden von Krähen verbreitet.

Von großem wirtschaftlichen Interesse ist das aus Rinden- und Stammwunden austretende Gummiharz. Es wird u. a. von der pharmazeutischen Industrie genutzt und als „Karaya gum" weltweit gehandelt.

Verbreitung

Sterculia urens, eine von etwa 120, zumeist im tropischen Asien beheimateten *Sterculia*-Arten, ist über weite Teile Indiens verbreitet und kommt auch in Burma und in Sri Lanka vor. Im südlichen Indien konzentriert sich ihr Vorkommen auf die trockenen Hänge der Western und Eastern Ghats [14]. Generell wächst sie in Höhenlagen zwischen 300 und 750 m ü. NN. Den Norden Indiens besiedelt sie vom Ganges ostwärts bis West-Bengalen.

In den südlichen tropischen Trockenwäldern findet sich die Art – je nach dem Grad der Trockenheit – in Mischung mit *Tectona grandis, Boswellia serrata, Terminalia tomentosa* und *Diospyros melanoxylon* oder mit *Bombax ceiba, Chloroxylon swietenia* und anderen.

In den nördlichen tropischen Trockenwäldern gehören *Cochlospermum religiosum, Butea monosperma, Anogeissus latifolia* und *Acacia catechu* zu den wichtigsten Mischbaumarten.

Abb. 3: Blatt (stark verkleinert)

Beschreibung

S. urens wächst zumeist im Einzelstand und wird dann zu einem 9 bis 15 m hohen Baum mit zahlreichen, relativ starken Ästen, kurzem, oft krummem Stamm und einer breiten, unregelmäßig geformten Krone. Der maximale Stammdurchmesser (BHD) liegt bei 0,75 m. Frische Stöcke junger Bäume bilden Stockausschläge [14]. Die äußere, sehr dünne, weißliche Borkenschicht löst sich in Teilen unterschiedlicher Größe vom Stamm. Die darunter befindliche Borkenschicht ist hellbraun, in tieferen Lagen auch rosafarben und grün berandet.

Abb. 4: Beblätterung

Abb. 5: Vertrocknete Blütenstände und junge Früchte

Abb. 7: Samen (Foto: U. M. Lang)

Die **Blätter** stehen gehäuft an den Triebspitzen. Sie sind ca. 20 bis 30 cm lang und etwa ebenso breit (Länge und Breite nach TROUP [14]: 23 bis 46 cm), schwach handförmig gelappt und mit einem runden, 12 bis 20 cm langen Stiel versehen. An der Basis läuft die Blattspreite herzförmig aus, am Apex ist sie lang ausgezogen.

Die Blattoberseite ist kahl oder fast kahl, die Unterseite samtig behaart. Während der Monsun-Zeit bilden die Blätter eine sehr dichte, grüne Krone, zu Beginn der kalten Jahreszeit werden sie abgeworfen noch bevor die Blüte einsetzt.

S. urens bildet viele sehr kleine, gelbe **Blüten** (Durchmesser: 1 bis 2,5 mm), die in reichverzweigten, drüsig behaarten, etwa 25 cm langen, terminalen Infloreszenzen (Rispen) stehen. In jedem Blütenstand sind männliche, weibliche und zwittrige Blüten mit 5 gelben Kronblättern vertreten.

Der glockenförmige Kelch ist innen und außen behaart. Seine 5 länglichen, zugespitzten Zipfel sind etwa so lang wie die Kelchröhre.

In den männlichen Blüten sind 10 Filamente zu einer kurzen Säule verwachsen. Zwitterblüten bestehen aus 5 Fruchtblättern, die auf einem kurzen, kräftigen Andro-Gynophor stehen, ferner aus einem kurzen, kompakten, dicht behaarten Griffel mit 5 Narben. Fünf, manchmal auch 4 oder 6 Staubblätter sind rings um den Fruchtknoten angeordnet.

Aus jeder Blüte entstehen bis 5 ungestielte, sternförmig angeordnete, längliche bis eiförmige **Balgfrüchte** von ledriger Beschaffenheit und scharlachroter Farbe. Bei Reife werden sie grün bis braun, sind meist 3,5 bis 6,5 cm lang und 3 bis 5 cm breit, nehmen die Form eines Bootes an und tragen eine dichte Behaarung, gemischt mit relativ steifen, stechenden Borsten.

Jede Frucht enthält 3 bis 6 längliche, etwa 6 mm lange, schwärzliche **Samen** [5, 8, 11]. Das Tausendkorngewicht beträgt 165 bis 200 g [14]; Chromosomenzahl 2n = 40 [12].

Das weißlich-graue Splintholz von *Sterculia urens* hebt sich gut vom ziegelroten bis rötlich-braunen Kern ab, der sich etwas schmierig anfühlt. Das **Holz** ist geradfaserig und relativ weich. Es hat eine Rohdichte (r_{12}) von 0,41 bis 0,67 g/cm³, ist nagelfest und läßt sich gut bearbeiten [14].

Anzucht und Entwicklung

Die natürliche wie die künstliche Verjüngung erfolgt über Samen. Im März/April geerntetes und sogleich ausgesätes Saatgut keimt nach 7 bis 15 Tagen zu 60 bis 90 % [14]. Bei künstlicher Bewässerung sind die Sämlinge 3 Monate später 15 bis 20 cm hoch, haben eine kräftige Wurzel und eignen sich zum Verpflanzen. Sämlinge sind sehr empfindlich gegen stagnierende Nässe, selbst wenn diese nur kurz anhält, gegen Feuer und gegen Verbiß.

Die forstliche Bewirtschaftung in Mischbeständen erfolgt im 30- bis 40jährigen Umtrieb, oft im Niederwaldbetrieb.

Abb. 6: Aufgesprungene, reife Früchte mit Samen

Ökologie

Sterculia urens ist eine sehr dürreresistente, anspruchslose Lichtbaumart. Sämlinge vertragen Halbschatten. Sie gedeiht auf extrem flachgründigem Felsboden oft gruppenweise und hat auf derartigen Standorten kaum Konkurrenz. Schwere Substrate meidet sie, gedeiht hingegen gut auf Quarzit-, Gneis- und Schiefer-Verwitterungsböden.

Im natürlichen Areal kommen Höchsttemperaturen zwischen 40 °C und 47,5 °C vor. Die Temperaturminima liegen bei 0 °C bis 10 °C.

Mittlere Tageshöchsttemperatur (im Mai)   30 bis 42 °C
Mittlere Tagestiefsttemperatur (im Januar)   7 bis 18 °C.

Die jährliche Niederschlagssumme schwankt zwischen den verschiedenen Teilen des Areals von 500 bis 1900 mm. Bis zu drei Viertel der Regenmenge fällt im Juni, Juli und August.

Nutzung

Das Holz von *Sterculia urens* ist von geringer wirtschaftlicher Bedeutung. Gelegentlich wird es für die Herstellung von Musikinstrumenten und von Spielzeug verwendet. Außerdem eignet es sich als Kistenholz.

Die Samen sind zwar in geröstetem Zustand eßbar, spielen aber allenfalls auf lokaler Ebene eine gewisse Rolle als zusätzliches Nahrungsmittel [4, 6, 15].

Ein ungleich größerer Stellenwert kommt dem Gummiharz zu, das unter dem Namen „Karaya Gum" auf dem Weltmarkt gehandelt wird und ein Grundprodukt für die pharmazeutische Industrie darstellt [2].

Wie bei vielen *Sterculiaceen,* so führt auch das Mark- und

Rindengewebe in den Sprossen und Stämmen von *S. urens* Harzkanäle, aus deren Epithel Gummiharze sezerniert werden. Nach Verletzung entstehen binnen kurzem traumatische Kanäle, welche Harze gleicher Qualität wie in primären Harzkanälen produzieren [13]. Aus Bohrlöchern, Rindenwunden und sogar aus verletzten Blattstielen oder Infloreszenzen tritt das Gummiharz in Tropfen aus [3, 7].

Aus künstlich hergestellten Stammwunden läßt sich außerhalb der Monsunzeit das ganze Jahr über Harz gewinnen. Harznutzung an jungen Bäumen unter 30 cm BHD wirkt wachstumshemmend.

Weißes Gummiharz bester Qualität gewinnt man von März bis Juni, in der warmen Jahreszeit. Das austretende Harz wird alle 3 Tage eingesammelt. Die Stammwunden (Lachten) müssen alle zwei oder drei Jahre erneuert werden.

Das in der Sonne getrocknete Gummiharz wird i. a. auf örtlichen Märkten von Großhändlern aufgekauft, die das Material klassifizieren und zum Hauptumschlagsplatz nach Bombay bringen. Das in Europa und den USA erhältliche Endprodukt ist pulverförmig und von weißlichgrauer bis rötlicher Farbe [1, 9].

Karaya Gum ist eine amorphe, kolloidal lösliche Substanz, welche wegen der Fähigkeit zur Absorption oder Dispersion von Wasser zu viskosen Haftmitteln, Geliermitteln oder Klebemitteln verarbeitet wird. Es löst sich nicht in organischen Lösungsmitteln und trocknenden Ölen. Bei Erhitzung verdampft es rückstandslos. Chemisch handelt es sich um komplexe Polysaccharide, d.h. Verbindungen von Cellulose, Stärke, Zuckern und deren Oxidationsprodukten mit Säuren und Salzen (Hydroxy-Propylmethyl-Cellulose). Das Molekulargewicht liegt bei 9 500 000 [10].

Wegen der extrem hohen Fähigkeit zur Wasserabsorption hat Karaya Gum pharmazeutische Bedeutung als Abführmittel. Es eignet sich außerdem als Haftmittel für Zahnersatz. In vielen Nahrungsmitteln ist es als Stabilisator enthalten, z.B. in Salat-Dressings und im Wurstfleisch. Auch als Emulgator in Kosmetika (Haarfestiger, Haarpflege-Lotionen) findet es Verwendung; ebenso als Bindesubstanz für langfaseriges Papier bei der Papierherstellung.

Abb. 8: Kleinbestand im blattlosen Zustand, Borivli Nat. Park (Foto: P. Schütt)

Verschiedenes

– In der Veterinärmedizin Indiens spielt Karaya-Harz eine Rolle als Heilmittel gegen Lungenkrankheiten der Rinder. Gefüttert werden in Wasser gelegte *S. urens*-Blätter.

– Es ist unsicher, ob die Verfasser der Sanskrit-Literatur tatsächlich *S. urens* erwähnt haben. Vermutlich liegt eine Verwechslung mit *Cochlospermum gossypium* vor, einer Baumart, die ebenfalls Gummiharz produziert.

Weiterführende Literatur

[1] ANONYMUS, 1948–1976: Wealth of India. Vols. 1–11. CSIR, N. Delhi. **10**, 44–48.

[2] ANONYMUS, 1986: The Useful Plants of India. CSIR, N. Delhi, p. 601.

[3] BAMBHDAI, G., 1957: Vanaspati Shastra (Gujarati) Ahmedabad.

[4] BRANDIS, D., 1911: Indian Trees, London.

[5] COOKE, T., 1967: Flora of the Presidency of Bombay. Vols. 1–3 (reprint ed.), Calcutta 1:131.

[6] DRURY, H., 1913: The Useful Plants of India. London. 2nd ed. p. 405.

[7] DYMOCK, W., 1892: Pharmacographia Indica. Vols. 1–2, London 1:228.

[8] HOOKER, J.D., 1954: Flora of British India. Vols. 1–7 (reprint ed.), London. **1**, 335.

[9] KERK-OTHENER: Encyclopaedia of Chemical Technology, 2nd ed. Vol. 10. Food Additives to Heterocyclic Compounds 10:741.

[10] MANTELL, C.L., 1949: The water-soluble gums – Their botany, sources and utilization. Economic Botany **3**, 17.

[11] NAIRNE, A.K., 1894: Flowering Plants of Western India, Bombay, p. 34.

[12] NANDA, P.C., 1968: Cytotaxonomy of some species of genus Sterculia Linn. (Chromosome numbers). Ann. Arid. Zone **7**, 147.

[13] SETIA, R.C., 1984: Panjab Agricultural Univ., Ludhiana 4:4.

[14] TROUP, R.S., 1921: The Sylviculture of Indian Trees, Oxford. **1**, 151–152.

[15] WATT, G., 1972: A Dictionary of Economic Products of India. Vols. 1–6 (reprint ed.) Delhi.

Der Autor:

Prof. P.V. BOLE
A–15–58 Siddarth Nagar 2,
Goregaon (West)
Bombay – 400062
Indien

Aus dem Englischen übertragen von P. Schütt

Swietenia macrophylla King, 1886

syn.:   Swietenia candollei Pittier, 1920

Amerikanisches Mahagoni   Familie: Meliaceae

engl.:   Honduras mahogany,
          Broadleaf mahogany,
          Bigleaf mahogany
franz.: Acajou d'Amerique centrale
ital.:   Mogano americano
port.:   mongo
span.:   caoba hondureña

Abb. 1: Swietenia macrophylla auf St. John, Virgin Islands

Diese wirtschaftlich wichtigste der drei „echten" Mahagoni-Arten wächst zu immergrünen, über 40 m hohen und über 2 m starken Bäumen heran. Heimisch in Mittel- und Südamerika, ist sie relativ standortstolerant. Schon im 16. Jahrhundert wurde die Art von den Europäern intensiv genutzt – anfangs für den Schiffsbau, später als besonders hochwertiges Möbelholz.

S. macrophylla gilt heute als die wertvollste aller amerikanischen Tropenholzarten.

Morphologie

Swietenia macrophylla wird größer als andere Arten dieser Gattung. **Baumhöhen** von 40 bis 45 m sind in Süd- und Mittelamerika unter günstigen Standortbedingungen keine Ausnahme, als Maximum werden ca. 60 m genannt. Demgegenüber bleiben die Maximalwerte außerhalb des natürlichen Areals deutlich zurück: z.B. ca. 20 m Höhe und 60 cm BHD in Puerto Rico [7].

Stets kennzeichnend bleiben indessen die weit ausladende, dichte Krone und in ihrer Heimat der bis in 20 m Höhe astfreie, meist gerade Stamm. Dieser soll Durchmesser von 350 cm erreichen [1]. Alte Bäume neigen zur Bildung von Brettwurzeln und entwickeln eine flach längsrissige, undeutlich in Platten aufgeteilte, etwa 1,2 cm dicke, hellbraune **Borke**, deren innere Partien rot gefärbt sind. Die jungen, kräftigen Triebe sind mit vielen Lenticellen besetzt. Wie andere Swietenia-Arten besitzt auch S. macrophylla paarig gefiederte **Blätter**, die anfangs mit vielen Drüsenhaaren besetzt sind. Die Spitze der Rhachis stirbt ab.

Abb. 2: Borke eines alten Stammes

Für S. macrophylla ist charakteristisch: Ein Blatt setzt sich aus sechs bis zwölf Fiederpaaren zusammen. Die Einzelfieder hat eine asymmetrische Basis, kann 6,5 bis 15 cm lang und 2,5 bis 6 cm breit werden, ist ganzrandig, kurz gestielt und läuft im Falle der apikalen Fiedern in eine rel. lange Spitze aus. Die Gesamtlänge der ein wenig ledrigen, oberseits schwach glänzenden, unterseits hellgrünen Blätter beträgt 20 bis 25 cm.

Winzige extraflorale Nektarien kommen auf der Blattspreite, der Rhachis und dem Blattstiel vor.

S. macrophylla beginnt mit etwa zwölf Jahren zu blühen. Die einhäusig verteilten **Blüten** stehen zu vielen in 10 bis 15 cm langen Infloreszenzen (Cymen). Diese wiederum entspringen den Blattachseln der jüngsten Triebe. Weibliche Blüten nehmen die terminalen, männliche Blüten die basalen Positionen ein. Die Relation weiblich : männlich variiert [6]. Männliche und weibliche Blüten sind kurz gestielt, ca. 1,2 cm breit und bestehen aus einem hellgrünen, fünfzähligen Kelch und fünf länglichen Kronblättern. Zehn kleine, braune Staubblätter sind zu einer grünlich-gelben Röhre verwachsen. Zwischen Staubblattröhre und dem fünffächrigen Fruchtknoten liegt ein orangeroter Diskus. Nur die Unterseite der breit abgeflachten Narbe ist fängisch. Die sehr

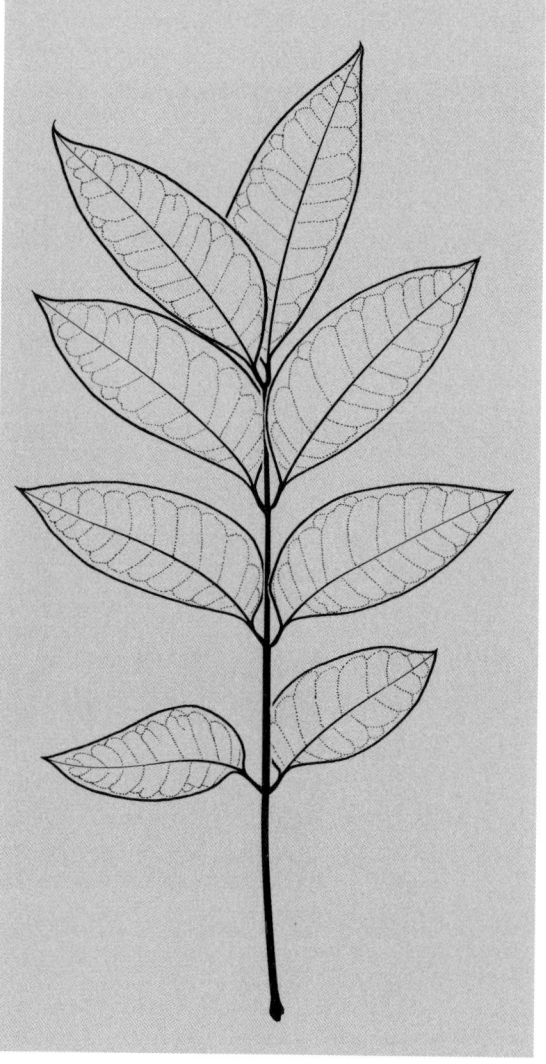

Abb. 3: Fiederblatt (ca. ³/₄ nat. Größe)

wohlriechenden S. macrophylla-Blüten erscheinen gegen Ende der Trockenzeit (März bis Mai in Mittelamerika).

Im allgemeinen entwickelt sich nur eine Blüte pro Infloreszenz zur **Frucht**, d.h. zu einer eiförmigen, 11 bis 18 cm langen und ca. 7,5 cm breiten, dickwandigen, verholzten Kapsel, die aufrecht an einem langen und kräftigen Stiel steht. Sie springt bei Reife an fünf Stellen auf und legt fünf Fächer mit je zwei Reihen von sechs bis acht Samen frei, die lose an der zentralen Achse (Columella) der Kapsel haften. Jede Kapsel enthält im Mittel 50 Samen.

Auch die Fruchtreife fällt in die Trockenzeit (Dezember/Januar in Mittelamerika).

Die dunkelbraunen, rel. flachen, langgeflügelten **Samen** (ca. 8 cm lang) bleiben unter natürlichen Bedingungen nur kurze Zeit keimfähig (80 bis 90 %). Aufbewahrung bei +4 °C erhält die Keimfähigkeit [5]. Keimung hypogäisch.

Tausendkorngewicht ≈ 500 bis 600 g. Samenverbreitung erfolgt durch den Wind. Angaben über die Reichweite schwanken in weitem Rahmen. Chromosomenzahl: 2n = 54; nach anderen Quellen: 2n = 48. MILLER [8] spricht von karyologischem Polymorphismus.

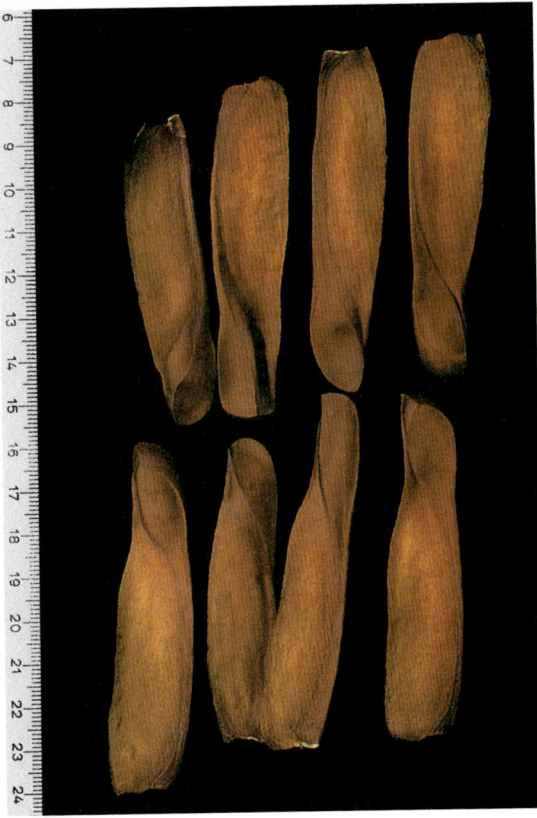

Abb. 5: Samen

Holz

Im Querschnitt weisen Stämme des amerikanischen Mahagoni einen rel. schmalen, gelblich-weißen Splint und einen abgesetzten, anfangs rötlichen, später nachdunkelnden, tief braunroten Kern „mit goldenem Schimmer" auf.

Das Holz ist zerstreutporig; die Lumina der Gefäße enthalten oft rotbraune Einlagerungen und die als mattbraune Linien erscheinenden, etwas geschlängelten Holzstrahlen sind mühelos zu erkennen.

Im Tangentialschnitt sind schwache Fladerung und verschiedene Texturen zu beobachten. Zuwachszonen („Jahresringe") sind durch ein helles Band von Holzparenchym voneinander getrennt.

Kernholz von S. macrophylla (nicht aber Splintholz) ist sehr dauerhaft und wird in trockenem Zustand weder von Pilzen noch von Insekten angegriffen. Gegen Bohrmuscheln ist es jedoch nicht resistent. Es trocknet schnell und ohne Schaden, läßt sich leicht und sauber bearbeiten, ist sehr gut zu polieren, gut zu bohren und gut zu schrauben, aber schwer zu imprägnieren.

Abb. 4: Geöffnete, reife Frucht

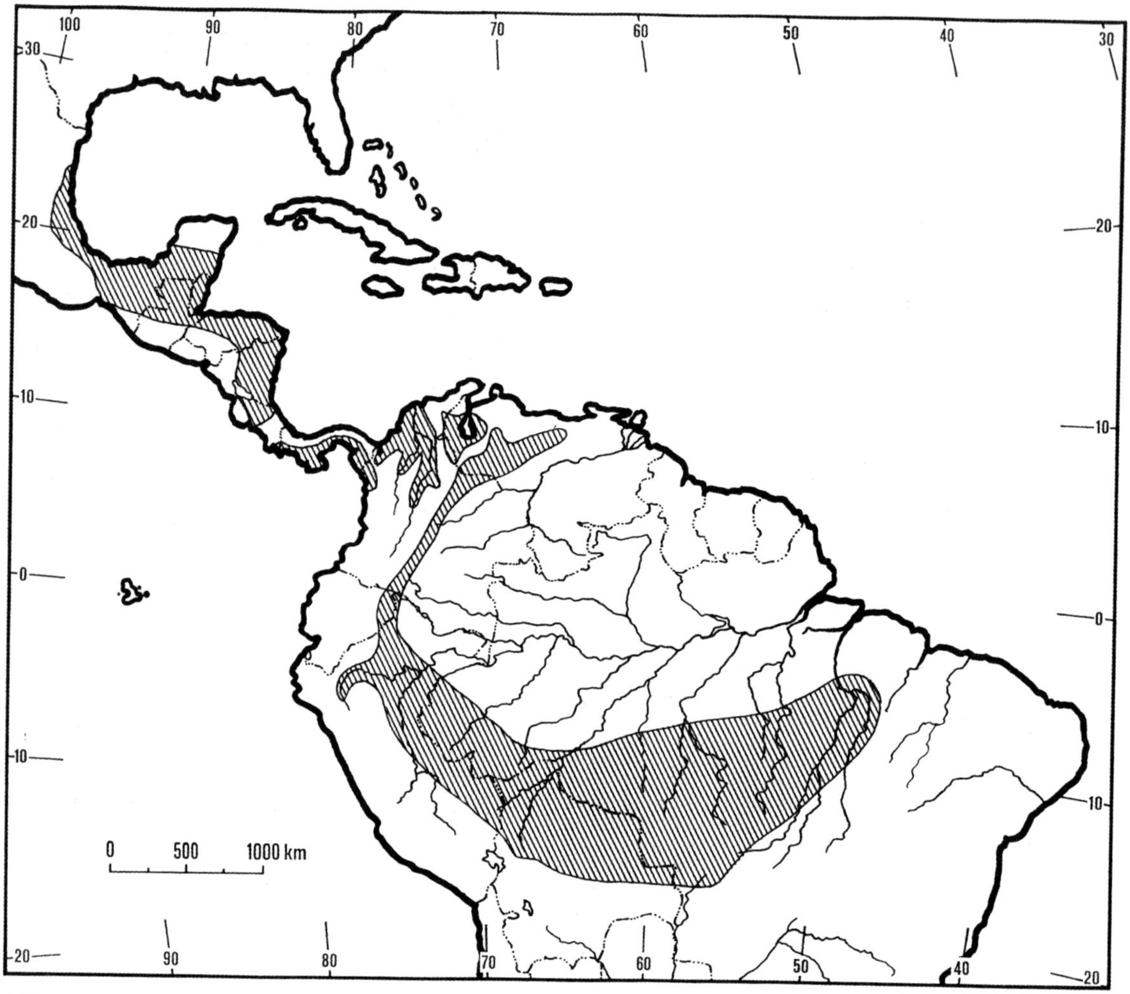

Swietenia macrophylla

Abb. 6: Natürliches Areal

Rohdichte r_0 0,41 ......<u>0,50</u> ......0,90 g/cm³

Druckfestigkeit σ_{dB} 28 ....<u>49</u> ....71 N/mm²

Zugfestigkeit σ_{zB} 65 ....<u>89</u> ....119 N/mm²

Biegefestigkeit σ_{bB} 56 ....<u>83</u> ....127 N/mm² [11].

Langsam gewachsenes Holz von relativ trockenen Standorten ist von dunklerer Farbe und ähnelt dem Kernholz
von S. mahagoni, das außerdem jedoch schwerer und härter ist und in geringeren Dimensionen anfällt.

Verbreitung

Das natürliche Areal von S. macrophylla erstreckt sich
von 23 °N bis 18 °S. Es setzt sich zusammen

a) aus einem zusammenhängenden Gebiet, beginnend im
Südosten Mexikos (Veracruz, Chiapas) und weiter nach
Süden über Guatemala, Honduras, Nicaragua, Costa
Rica und Panama bis nach Kolumbien und dem nördli-
chen Ecuador. Die rel. trockene mittelamerikanische Pa-
zifik-Küste und damit das Areal der eng verwandten
Swietenia humilis bleibt weitgehend ausgespart;

b) aus mehreren disjunkten Teilen im nördlichen Süd-
amerika. So in Venezuela (Madre de Dios, Poruguesa)
sowie im östlichen Peru, Bolivien und Brasilien (Acre,
Para).

Generell bevorzugt die Art Flußniederungen, wird aber
auch im Regenwald, in Galeriewäldern und im Bergwald
zu einem hohen Baum. Forstliche Anbauten erfolgen auch
außerhalb des natürlichen Areals, insbesondere auf den
karibischen Inseln, in geringerem Umfang auch in Florida,
in Indien, auf den Fiji-Inseln und in SO-Asien.

Verwandte Arten und Artbastarde

Die natürlichen Areale der drei neotropischen Swietenia-
Arten sind weitgehend allopatrisch. Kleinere Überschnei-
dungen kommen allenfalls im mexikanischen, guatemalte-
kischen und costaricanischen Grenzbereich zwischen S.
macrophylla und S. humilis vor [8]. So wird es verständ-
lich, daß auch die Klima- und Standortansprüche differieren. Artverschiedenheiten gibt es überdies in der Blatt-,
Frucht- und Samenmorphologie sowie in der Cytologie.

Die auffälligsten artspezifischen Merkmale sind quantita-
tiver Natur:

Merkmal	S. macrophylla	S. mahagoni	S. humilis
Blattfiedern			
Länge	9–13 cm	4–6 cm	7–9 cm
Breite	3–5 cm	1,5–2,5 cm	2–3 cm
Apex	kurz zugespitzt	lang zugespitzt	sehr lang zugespitzt
Stiel	kurz	deutlich an basalen Fiedern	kaum aus-geprägt
Form	rel. stabil	variabel	rel. stabil
Kapselfrucht			
Länge	12–15 cm	4–6 cm	8–16 cm
Samen	dunkelbraun	braun	hell oran-gebraun

Natürlich entstandene Artbastarde werden für die Kombinationen S. macrophylla x S. mahagoni, S. humilis x S. mahagoni und S. humilis x S. macrophylla angenommen [8]. Zwischen S. mahagoni und S. macrophylla gelangen wiederholt
künstliche Artkreuzungen. Morphologisch verhält sich deren F$_1$ in der Regel intermediär zu den Elternarten. Sie wird
daher auch als „mediumleaf mahogany" bezeichnet.

Hinsichtlich der Wuchsleistung besteht zumindest im ersten
Jahrzehnt oft Heterosis. So auf Puerto Rico, wo S. macrophylla x S. mahagoni auf großer Fläche angebaut wurde und
einen mittleren jährlichen Höhenzuwachs von 1 m erreicht.

Vermehrung und Anzucht

Frischer Macrophylla-Samen keimt unter natürlichen und
künstlichen Bedingungen gleichermaßen schnell und reichlich. Weil die Sämlinge einerseits mäßige Beschattung vertragen, andererseits aber durch Lichteinfall stark gefördert
werden, ist Naturverjüngung in Bestandeslücken verbreitet, im dicht geschlossenen Bestand erliegt sie jedoch der
Wurzelkonkurrenz von Schattholzarten. Stärkere Streu-
schichten sind ebenfalls nachteilig, weil Mahagoni-Säm-
linge ausschließlich im Mineralboden wurzeln.

Abb. 7: Keimling, Alter 22 Tage (nat. Größe)

Die Keimlinge bilden zunächst drei bis vier flächige Primärblätter aus. Erst die Sekundärblätter sind gefiedert.

Unter Baumschulbedingungen durchläuft S. macrophylla eine rasche Jugendentwicklung. In sechs Monaten können die Sämlinge 65 – 100 cm hoch werden. Anders in Freilandkulturen, wo i.a. die Direktsaat der Pflanzung vorgezogen wird und oft nur 15 cm in sechs bis zwölf Monaten erreicht werden. Macrophylla-Sämlinge bilden rasch eine Pfahlwurzel aus, lassen sich aber dennoch leicht verpflanzen.

Die generative Vermehrung hat sich stets als einfacher, billiger und erfolgreicher erwiesen als die vegetative. Auch in natürlichen Beständen kommen Stockausschläge und Wurzelbrut nur selten vor. Für züchterische Zwecke wurde eine Methode der Stecklingsbewurzelung entwickelt, die Grünstecklinge incl. einjährigen Holzes verwendet und 33 % Bewurzelung erreicht [2].

Wachstum und Ökologie

S. macrophylla stellt auf nährstoffreichen, gut durchlüfteten Böden ihres natürlichen Areals eine ungewöhnlich leistungsfähige Holzart dar. Sie ist sowohl raschwüchsig wie von exzellenter Stammform, kommt aber hauptsächlich einzeln oder in kleinen Gruppen vor. Bestände mit lockerem Schluß sind vorteilhaft, Flußtäler stellen die bevorzugten Standorte dar.

„Honduras Mahogany" stellt nur geringe Ansprüche an die Bodenqualität, meidet aber stark saure und vernäßte Standorte. Er gedeiht besonders gut auf alkalischen Kalkverwitterungsböden sowie auf alluvialen Böden verschiedener Herkunft.

LAMB [4] führt folgende Wachstumsdaten aus Plantagen in verschiedenen Regionen des tropischen Feuchtwaldes an:

	Alter	Mittl. BHD	Mittl. Höhe	Stamm zahl/ha
Nicaragua	10	21,6 cm	13,1 m	178
Martinique	10	22,9 cm	12,8 m	–
Java	10	11,4 cm	15,8 cm	–
Puerto Rico	20	35,6 cm	24,4 m	297
Peru	20	38,1 cm	22,9 m	469
Martinique	20	35,6 cm	21,9 m	–
Martinique	25	63,5 cm	22,9 m	–

Bei intensiver Bewirtschaftung von S. macrophylla wird für tropische Feuchtwälder mit einer Umtriebszeit von 30 – 50 Jahren und einem jährlichen Holzzuwachs von 46 – 58 fm/ha gerechnet [4]. In tropischen Trockenwäldern liegen die entsprechenden Werte deutlich tiefer [4]:

	Alter	Mittl. BHD	Mittl. Höhe	Stammzahl/ha
Mexico	12	8,9 cm	5,5 m	6004
Honduras	13	21,0 cm	13,7 m	175

Für verschiedene Bereiche des Areals gehen – je nach dem besiedelten Waldtyp – die Angaben über optimale Niederschlagsmengen weit auseinander. So sollen in Venezuela <1000 mm vorteilhaft sein [3], in Mexico aber muß eine ausgeprägte Regenzeit vorkommen und es sollen insgesamt mehr als 1600 mm Regen fallen.

Nutzung

Seit mehr als 450 Jahren steht S. macrophylla im Mittelpunkt des internationalen Holzhandels – anfangs als ideales Ausgangsmaterial für den Schiffsbau, später als **das** Holz für Luxusmöbel.

Auf dem Holzmarkt wird es als Rundholz unter vielen, oft mit dem Herkunftsland verbundenen Namen gehandelt: z.B. Brasil-Mahagoni, Honduras-Mahagoni, Tabasco-Mahagoni (aus Mexico), Baywood.

Die Hauptverwendung liegt in der Kunst- und Möbelschreinerei. Außerdem wird es massiv oder als Furnier u.a. für die Ausstattung von Yachten, Booten und Kraftfahrzeugen, für Musikinstrumente, wissenschaftliche Geräte, für Intarsien und Täfelungen genutzt. Hochgeschätzt wird es überdies von Drechslern und Schnitzern.

In den Herkunftsländern liefert die Art seit eh und je ein Allerwelts- und Vielzweckholz und sie dient als viel kultivierter, schattenspendender Straßenbaum.

Der wäßrige Extrakt der Macrophylla-Rinde liefert ein Tonikum, das u.a. Entzündungen der Schleimhäute mildert. Die Samen haben einen Ölgehalt von ≈53 %.

Pathologie

Der wohl wirtschaftlich wichtigste Schädling von S. macrophylla in den jüngsten Altersstufen ist ein triebminierender Schmetterling namens Hypsopyla grandella ZELL., der Mahagoni-Triebbohrer.

Er attackiert insbesondere künstlich begründete Reinbestände. Junge Triebe werden in großer Zahl zerstört, so daß befallene Bäume Strauchform annehmen. Auf Java richtet eine andere Art derselben Gattung (H. robusta MOORE) ähnliche Schäden an.

Holzbohrende Scolitiden der Gattungen Xyleborus und Platypus haben teils auf Trinidad, teils in Südamerika und in Panama zu Ausfällen an jungen Bäumen geführt.

Abgesehen von Stammkrebsen („Mahogany-canker"), die wiederholt auf Trinidad/Tobago registriert wurden, an alten Bäumen 1 m Längen- und 0,3 m Breitenausdehnung erreichen können und ursächlich mit einem nicht identifizierten Virus in Verbindung gebracht werden [9], rufen Pilze, Bakterien oder Viren i.a. keine ernsten Probleme an S. macrophylla hervor. Auf den Fiji-Inseln treten an Mahagoni-Kulturen überhaupt keine Krankheiten auf.

Eine rel. hohe Empfindlichkeit gegenüber mechanischen Verletzungen scheint aber generell zu bestehen.

Verschiedenes

– Dank ihrer unzugänglichen Standorte sind einige der natürlichen Swietenia macrophylla-Bestände von der extremen Übernutzung verschont geblieben. So sollen Reste der natürlichen Bestockung u.a. noch in Brasilien, Peru und Venezuela bestehen, in Mittelamerika wurden sie z.T. unter Schutz gestellt. Als Folge dieser Entwicklung ist der einst blühende Mahagoni-Export nach Europa praktisch zum Erliegen gekommen.

– Die gleiche Entwicklung hatte vor etwa 100 Jahren bei Swietenia mahagoni stattgefunden, jener Art, die von den spanischen Eroberern 1527 erstmals nach Europa gebracht worden war. Ihr Holz hatte – u.U. gemeinsam mit S. macrophylla – den europäischen Möbelstil dieser Zeit bestimmt (Chippendale) [10].

– Zuvor hatte Philip II. Mahagoniholz für den Bau des Estorial verwendet.

– Holzstaub von S. macrophylla kann Dermatitis verursachen und steht in dem Verdacht, Schnupfen und Bronchial-Asthma auszulösen [11].

Abb. 8: Swietenia macrophylla, St. Lucia

Weiterführende Literatur

[1] DAHMS, K. G.: Forst und Holz in Mittel- und Südamerika. Verlag Holz-Zentralblatt, Stuttgart.

[2] HOWARD, F. W.; VERKADE, S. D.; DE FILIPPIS, J. D., 1988: Propagation of West Indies, Honduran and Hybrid Mahoganies by cuttings, compared with seed propagation. Proc. Fla. State Hort. Soc. **101**, 296–298.

[3] HUECK, K.: Die Wälder Venezuelas, 1961. Verlag Paul Parey, Hamburg und Berlin.

[4] LAMB, F. B., 1966: Mahogany of tropical America. Its ecology and management. Ann. Arbor.

[5] LAMPRECHT, H.; HUECK, K., 1959: Estudios morfologicos y ecologicos sobre la germinacion y el desarrollo en la primera juventud de unas especies forestales en Venezuela. Boletin Inst. Forestal Latino Americano Invest. Capacit. Merida, Venezuela No. 3, 1–21.

[6] LEE, H. Y., 1967: Studies in Swietenia (Meliaceae): Observations on the sexuality of the flowers. J. Arnold Arboretum 48, 101–104.

[7] LITTLE, E. L., Jr.; Wadsworth, F. H., 1964: Common trees of Puerto Rico and the Virgin Islands. USDA Agric. Handbook No. 499, Washington D. C.

[8] MILLER, N. G., 1990: The genera of Meliaceae in the Southeastern United States. J. Arnold Arboretum **71**, 453–486.

[9] PAWSEY, R. G., 1970: Forest Diseases in Trinidad and Tobago, with some observations in Jamaica. Commonw. For. Rev. **49**, 64–77.

[10] RECORD, S. J.; HESS, R. W., 1943: Timbers of the New World. Yale Univ. Press.

[11] SACHSSE, H., 1991: Exotische Nutzhölzer. Pareys Studientexte **68**, Hamburg und Berlin.

[12] WEAVER, P. L.; BAUER, G. P., 1986: Growth, survival and shoot borer damage in mahogany plantings in the Luquillo forest in Puerto Rico. Turrialba **36**, 509–522.

Die Autoren:

Prof. Dr. PETER SCHÜTT
Lehrstuhl für Forstbotanik
Ludwig-Maximilians-Universität München
Hohenbachernstraße 22
D-85354 Freising

ULLA M. LANG
Schützenstraße 6
D-82383 Hohenpeißenberg

Syzygium aromaticum MERR. et PERRY

syn.:   Eugenia caryophyllata THUNB.
Caryophyllus aromaticus L.

Gewürznelkenbaum

Familie: Myrtaceae
Unterfamilie: Myrtoideae

engl.:   Clove tree, Cloves
franz.:   Clous de Girofle
hindi: Lavanga
indonesisch: Lavangu

Abb. 1: Syzygium aromaticum. Junger Einzelbaum in einem Park auf Bali/Indonesien

Abb. 2: Blüten vor der Anthese (links), Keimling (Mitte), Wurzelanläufe eines alten Baumes (rechts)

Syzygium aromaticum, ein immergrüner, kleiner Baum aus den feuchten Tropen Südasiens, wird wegen seiner sehr aromatischen Blütenknospen etwa seit der Zeitenwende als Gewürzpflanze genutzt.

In Europa sind „Nelken" seit dem 4. Jahrhundert n. Chr. bekannt. Erste Importe stammten von 5 kleinen Inseln (Ternate, Tidore, Moti, Makian, Bacan) vor der Westküste von Halmatiera (Neu-Guinea). Marco Polo zählte Nelken zu den größten Schätzen, die er von seinen Reisen mitbrachte.

In Indonesien mischt man Nelken den sog. Kretek-Zigaretten bei, in China kaut man sie seit altersher, um den Mundgeruch zu verbessern, und in Europa stellen sie ein viel genutztes Speisegewürz dar. Das Nelkenöl hat medizinische Bedeutung als Mittel gegen Atemwegserkrankungen, Magenbeschwerden und Koliken.

Außerhalb ihres natürlichen Areals wird *S. aromaticum* u.a. in Brasilien, Tansania und auf Ceylon angebaut.

Der im Mittelalter entstandene deutsche Name geht auf die Form der geschlossenen Blüten zurück („Negelken" = Nägelchen = Nelken) [4].

Verbreitung

Die Heimat von *S. aromaticum* liegt auf den Molukken, einer Inselgruppe zwischen Celebes und Neu Guinea.

Angebaut wurde und wird die Art weiterhin in anderen Teilen Indonesiens, auf Ceylon, Madagaskar und Sansibar sowie in Brasilien und in Tansania [1, 2].

Beschreibung

Die sommergrüne Art wächst zu einem kleinen, unterständigen Baum von 9 bis 12 m (max. 20 m) Höhe heran, der eine dichte, kegelförmige Krone bildet [1, 2, 8].

Die gegenständigen, 1,2 bis 2,5 cm lang gestielten **Blätter** haben eine Länge von 6 bis 13 cm und eine Breite von 2,5 bis 5,2 cm. Die lederige, ganzrandige und länglich eiförmige Spreite ist am Apex kurz und stumpf zugespitzt und an der Basis verschmälert. Die Blattoberseite ist dunkelgrün.

Gewürznelkenbäume beginnen mit 7 oder 8 Jahren zu fruktifizieren. Die weißen, mitunter schwach rötlichen **Blüten** sind vierzählig und stehen in meist wenigblütigen (3–20) Infloreszenzen (Trugdolden [2]) im Spitzenbereich der Äste. Sie sind zur Zeit des Aufblühens rot, haben eine gelbgrüne, 1 bis 1,5 cm lange Kelchröhre mit rotem Rand, vier miteinander verwachsene, etwas nach außen gewölbte Petalen, zahlreiche Staubblätter mit 3 bis 7 mm langen Filamenten sowie einen unterständigen Fruchtknoten, dessen Griffel (Länge: ca. 3 mm) eine zweilappige Narbe trägt. Nach dem Abblühen fallen die Kronblätter als Ganzes ab [1].

Unter der Epidermis des Fruchtknotens befinden sich zahlreiche Öldrüsen, welche ätherische Öle produzieren, die zu 70 bis 90 % aus Eugenol (Nelkenöl), zum geringeren Teil (10 bis 15 %) aus Aceteugenol bestehen [2, 3].

Nach der Befruchtung entstehen elliptische bis eiförmige, zunächst olivgrüne, bei Reife aber dunkelrote, essbare **Beeren** (Durchm. 2–2,5 cm). Diese enthalten meist nur einen, selten zwei kurzlebige Samen.

Das harte, hellgelbe **Holz** ist bei längerem Bodenkontakt wenig dauerhaft. Angaben zur Holzanatomie und Holzphysik liegen nicht vor.

Gleiches gilt für Informationen über das Wurzelsystem.

Vermehrung und Ökologie

S. aromaticum wird in Baumschulen generativ vermehrt. Aussaat und Anzucht erfolgen in schattierten Beeten, und nach zwei Jahren bringt man die Pflanzen auf die Freifläche [8].

Für die Keimlinge ist kennzeichnend, dass die Kotyledonen eng aneinander liegen und etwa doppelt so lang sind wie die Radicula.

Gewürznelkenbäume verjüngen sich nicht in vollem Licht. Sie besiedeln hauptsächlich Feuchtstandorte, mitunter sogar temporär überflutete Sümpfe [8].

Pathologie

Aus Sansibar[1] und von den Seychellen[2] wird über eine plötzlich einsetzende, rätselhafte Krankheit des Gewürznelkenbaumes berichtet, zu deren Symptomen u.a. Blattflecken, Verfärbungen des Wurzel-Phloems, Thyllenbildung und ein extrem schmales Kambium gehören.

Auslösend für diese Schäden könnten unpflegliche Ernte-Praktiken sein. Auf Sansibar isolierte man die Pilzart *Cryptosporella eugeniae* aus den geschädigten, i.A. unter 7 Jahre alten Pflanzen[3].

Nutzung

Im Zentrum der wirtschaftlichen Nutzung stehen die 8 bis 12 mm langen, an der Sonne oder am Feuer getrockneten, nagelförmigen Blütenknospen (Nägelein → Nelke). Für einen 8 m hohen Baum rechnet man durchschnittlich mit einer Ernte von 2 bis 4 kg Knospen pro Jahr [2, 8]. Diese schmecken brennend scharf und werden zumeist als Speisegewürz (Fleischgerichte, Rotkohl, Glühwein, Lebkuchen) verwendet. In Indonesien nutzt man 85 % der ca. 30 000 t betragenden Jahresproduktion zur Mischung mit Tabak für die sog. Kretek-Zigaretten. 70 000 Menschen sind in dieser Industrie beschäftigt und verarbeiten etwa 50 % der Weltproduktion von *S. aromaticum* [8].

Die Knospen enthalten 17 %, Stamm und Samen 5 bis 6 % und die Blätter 4 bis 5 % Öl, bezogen auf ihr Trockengewicht. Hauptkomponente dieses Öls (70–90 %) ist ein Ester namens Eugenol [5].

Abb. 3: Einzelbaum mit dicht belaubter Krone auf Grenada

---

[1] For. Abstr. **14**, 2401, 1953
[2] For. Abstr. **12**, 2464, 1950/1951
[3] For. Abstr. **14**, 2401, 1953

Abb. 4: Beblätterter Zweig

Abb. 5: Getrocknete Blütenknospen (Nelken)

Der Verzehr von Nelken im engeren Sinne (getrocknete Blütenknospen) soll generell eine lange Reihe gesundheitsfördernder Wirkungen auslösen: sehrkrafterhaltend, verdauungsfördernd, krampflösend und sogar „verjüngend" [1, 5].

Nelkenöl, in der Praxis hauptsächlich aus Blättern und jungen Sprossen destilliert, findet mannigfache Anwendung in der Humanmedizin, so z.B. als Mittel gegen Asthma, Husten und Bronchitis, gegen Hautkrankheiten, Koliken und nervöse Magenbeschwerden sowie als Desinfiziens in der Zahnheilkunde [3]

Verschiedenes

– In Asien ist das Nelken-Kauen weit verbreitet, vornehmlich um schlechtem Mundgeruch vorzubeugen. Für die Zeit der Han-Dynastie (202 v. Chr. – 190 n. Chr.) ist aus China überliefert, dass Höflinge nachdrücklich zum Kauen der „wohlriechenden Nägel" angehalten wurden.

– Die ätherischen Öle bestehen hauptsächlich aus Mono- und Sesquiterpenen. In natürlichen Populationen auf den Molukken ist das Öl fast frei von Eugenol, bei Cultivaren kann dessen Anteil aber auf über 80 % steigen.

– In Europa verwendet man die Rinde von *S. aromaticum* seit dem frühen 18. Jahrhundert zum Rotfärben von Wolle (nach Al-Beize) [7].

– In den siebziger Jahren betrug der jährliche Pro-Kopf-Verbrauch in Indonesien 156,9 g Nelken, in Indien 7,26 g, in England und in Deutschland 6,35 g [5].

– Die offizinelle Bezeichnung für Gewürznelken lautet „Flores Caryophylli".

Literatur

[1] BÄRTELS, A., 1989: Farbatlas Tropenpflanzen. Zier- und Nutzpflanzen. Verlag Eugen Ulmer, Stuttgart.

[2] FRANKE, W., 1981: Nutzpflanzenkunde, 2. Aufl., Georg Thieme Verlag, Stuttgart, New York.

[3] FROHNE, D.; JENSEN, U., 1992: Systematik des Pflanzenreichs. Fischer-Verlag Stuttgart, Jena, New York.

[4] GRANDJOT, W., 1981: Reiseführer durch das Pflanzenreich der Tropen. 2. Aufl., Kurt Schröder Verlag, Leichlingen bei Köln.

[5] GÖÖCK, R., 1977: Das Buch der Gewürze. Mosaik-Verlag, Hamburg.

[6] PATNAIK, N., 1993: The Garden of Life. An Introduction to the Healing Plants of India. Harper Collins, Hong Kong.

[7] SCHWEPPE, H., 1993: Handbuch der Naturfarbstoffe. ecomed verlagsges., Landsberg/Lech.

[8] WHITTEN, T.; WHITTEN, J., 1996: Indonesian Heritage. Plants. Grolier International, Inc., Singapore.

Die Autoren:

Prof. em. Dr. PETER SCHÜTT
Lehrstuhl für Forstbotanik
Technische Universität München
Am Hochanger 13
D-85354 Freising

ULLA M. LANG
Schützenstraße 6
D-82383 Hohenpeißenberg

Tabebuia heterophylla (DC.) BRITTON

syn.: Tabebuia lucida BRITTON; Tabebuia pallida MIERS;
Tabebuia dominguensis URBAN

Verschiedenblättriger Ipé-Baum   Familie: Bignoniaceae

engl.: White cedar
franz.: Poirier blanc
span.: Roble blanco

Abb. 1: Tabebuia heterophylla. Blüten in voller Anthese (links oben); Stammborke (links unten); geöffnete Fruchtkapsel mit geflügelten Samen (rechts oben) und Laubblätter

Beschreibung

Der kleine bis mittelgroße Baum entwickelt im Freistand eine relativ schmale Krone und einen meist geraden Stamm, dessen BHD maximal 60 cm erreicht. Die Gesamthöhe geht nicht über 20 m hinaus [4].

Blätter und junge Triebe

Auf trockenen Standorten wirft *T. heterophylla* die Blätter zu Beginn der Trockenzeit vollständig, in feuchteren Lagen hingegen nur teilweise, und dann in der Zeit von Oktober bis Februar ab [3].

Kennzeichnend für die gegenständigen, fingerförmig gefiederten Blätter ist die namengebende, standortsbedingte Variation hinsichtlich Größe und Fiederzahl. Die Spannweite umfasst:

	frischer Standort	trockener Standort
Blattstiel	15–30 cm	3,8–12,5 cm
Blattstiel, Länge	5–12 cm	0,6–3 cm
Fiederblättchen, Länge	5–15 cm	1,8–7,5 cm
Zahl der Fiedern	5	3 oder 1

Die elliptischen oder länglichen, ganzrandigen Blättchen sind meist oberhalb der Mitte am breitesten, laufen am Apex und an der Basis stumpf aus, haben einen etwas verdickten, leicht nach unten gerollten Blattrand, sind oberseits glänzend grün, unterseits aber stumpf und etwas heller.

T. heterophylla hat anfangs grüne, später braun werdende junge Triebe, die mit kleinen, braunen, punktförmigen Schuppen besetzt sind und außerdem große, fast runde Blattnarben aufweisen [4].

Blüten, Früchte, Samen

Die Hauptblütezeit liegt im zeitigen Frühjahr, d.h. zu Beginn der Trockenperiode. In diesen Wochen bestimmt die große Zahl der auffälligen, hübschen Blüten völlig das gesamte Kronenbild. Wenige Blüten tragen die Bäume aber auch während des ganzen Jahres.

Die relativ großen, trichterförmigen Zwitterblüten variieren in der Farbe von weiß über blassrosa bis schwach violett. Sie stehen entweder einzeln oder in wenigblütigen, terminal oder seitlich angeordneten Rispen oder Doldenrispen, sind kurz gestielt (0,6–2,5 cm) und haben einen röhrenförmigen, bis 12 mm langen, 3- bis 5-zähnigen Kelch, der mit punktförmigen Schuppen besetzt ist. Die trichterförmige Krone (Länge 5–8 cm; Durchm. 4–7,5 cm) hat unterschiedlich breite Zipfel und umschließt 4 Staubblätter (2 Paare unterschiedlicher Länge). Der Stempel mit 2-fächerigem Fruchtknoten und einem schlanken Griffel mit zweilappiger Narbe steht auf einem Diskus.

Abb. 2: Adulter Einzelbaum auf Grenada

Tabebuia heterophylla, ein bestenfalls mittelgroßer, auf den Trockenseiten der Westindischen Inseln heimischer Baum, hat wirtschaftlich kein großes Gewicht. Dennoch ist er den Einheimischen wegen seines harten und vielfältig nutzbaren Holzes und wegen der im Frühjahr erscheinenden Fülle attraktiver, blass rosafarbener Blüten wohlbekannt.

Die Art ist frostempfindlich und wirft – zumindest in Trockengebieten – zur Blütezeit die Blätter ab. Angepflanzt wird sie vornehmlich als Zierelement – in Puerto Rico auch zur Holznutzung.

Verbreitung

Das natürliche Areal von *T. heterophylla* erstreckt sich von Hispaniola über Puerto Rico, die Virgin Islands und die Kleinen Antillen bis nach Grenada und Barbados [4].

Auf den Bahamas und im Süden Floridas wurde die Art angepflanzt [4]. Auf Puerto Rico kommt sie bis in Höhenlagen um 2000 m ü. NN natürlich vor [6].

Die Früchte (lokulizide Kapseln) erscheinen bereits im Mai/Juni. Viele fallen vom Juli bis September desselben Jahres vom Baum. Reife, dunkelbraune Kapseln sind aber zu jeder Zeit des Jahres vorhanden. Sie haben eine Länge von 7,5 bis 20 cm, einen Durchmesser von ca. 6 mm [4], öffnen sich an zwei Nähten und entlassen eine große Zahl flacher, hellbrauner Samen von 2 cm Länge, die von zwei sehr dünnen, weißen Flügeln eingefasst werden. 70 000 Samen (Wassergehalt 31 %) wiegen 1 kg. Das entspricht einem Tausendkorngewicht von 14,29 g [6].

Borke und Holz

Alte Stämme haben eine graue bis braune, stark gefurchte, etwa 6 bis 8 mm dicke Borke. Die inneren, hellbraunen Rindenschichten schmecken etwas bitter.

Auf den ersten Blick erinnert das relativ harte Holz im Aussehen an Eichenholz, hat aber nicht dessen breite Holzstrahlen [5]. Den hellbraunen, etwas goldgelb schimmernden und von schmalen, braunen Streifen durchzogenen Kern kann man nur schwer vom Splint unterscheiden. Auf dem Querschnitt sind Wachstumszonen zu erkennen; die Rohdichte (r_{15}) beträgt 0,58 g/cm³ [4], und die Textur wird als mittel bis grob bezeichnet.

Das Holz trocknet rasch, ist schrauben- und nagelfest, leicht zu bearbeiten und gut zu polieren. Bei der Trocknung von waldfrischem Zustand auf einen Wassergehalt von 15 % schwindet es radial um 1,2 %, tangential um 1,6 % [5]. Bei Bodenkontakt weist es eine mittlere Dauerhaftigkeit auf, ist aber sehr anfällig gegen Termiten und marine Bohrmuscheln [5].

Verjüngung und Anzucht

Die Samen werden durch den Wind bis zu einer Entfernung von ca. 100 m vom Mutterbaum verbreitet [6]. Die Keimung erfolgt epigäisch.

Im natürlichen Habitat entstehen in offenem Gelände – hauptsächlich auf Grasland – dichte Verjüngungen, die aber nur in besonders exponierten Lagen Bestand haben, in denen konkurrierende Baumarten fehlen.

Nach Aussaat im Saatbeet tritt die Keimung innerhalb von 2 Wochen zu 90 % ein. Voraussetzung dafür ist die Verwendung frischen Saatgutes. 5 Wochen alte Samen keimen nicht mehr [4]. Lagerung gelingt mit Saatgut von 25 % Wassergehalt (nach 25 Monaten: 55 % Keimung) [4]. Bei anderen Untersuchungen erwiesen sich tiefe Lagertemperaturen (+ 5 °C) als vorteilhaft (100 % nach 240 Tagen) [3].

Zur Bestandsbegründung eignet sich die Pflanzung besser als die Saat. Stets hinderlich ist aber die starke Vergrasung nach Bodenbearbeitung.

In Puerto Rico hat sich die Verwendung von möglichst großen Wildlingen bewährt, aber auch bei ihnen tritt ein Pflanzschock auf (Blattverluste), den die Pflanzen oft erst 6 bis 8 Monate später überwinden. Bewährt hat sich der Pflanzverband 1,8 x 1,8 m. Wiederholte Grasbeseitigung ist erforderlich [6].

Als eine Besonderheit von *T. heterophylla* wird angeführt, dass sich freistehende, kleine Bäume ausheben und verpflanzen lassen [4].

Triebstecklinge bewurzeln sich im Sprühbeet nach IBA-Behandlung [3].

Abb. 3: Blühender Solitär neben Cocos nucifera auf Puerto Rico

Ökologie

T. heterophylla ist eine anpassungsfähige, lichtbedürftige Pionierart, die sich hauptsächlich auf flachgründigen, devastierten Trockenstandorten behauptet. Auf den Westindischen Inseln besiedelt sie frostfreie Lagen mit Jahresniederschlägen zwischen 1000 und 2500 mm. Das mittlere Temperaturminimum liegt im Januar bei 16 °C, das Maximum im August bei 31 °C [4].

Die Art wächst auf Sanden, auf Kalkverwitterungsböden wie auf schweren Tonen sowohl im sauren wie im alkalischen Bereich. Am besten entwickelt sie sich auf tiefgründigen Tonen.

In den häufig besiedelten trockenen, immergrünen Wäldern und in trockenen Buschwäldern wird sie u.a. begleitet von *Hymenaea courbaril*, *Nectandra coriacea*, *Inga fagifolia* und *Ocotea leucoxylon*. Auf vielen unbewohnten, nur wenige Quadratkilometer großen Karibikinseln ist sie regelmäßig vertreten und zumeist mit *Bursera simaruba*, *Gliricidia sepium* und *Coccoloba* spec. vergesellschaftet.

Hohe Lichtansprüche und große Konkurrenzkraft, zwei für Pionierarten typische Merkmale, sind bei *T. heterophylla* im Sämlingsstadium und als Jungwuchs stark ausgeprägt. Im Schatten wird der Höhenzuwachs um 40 % herabgesetzt, und im Extrem kann er für mehrer Jahre völlig stagnieren [6].

Wachstum und Entwicklung

Konkrete Wachstumsdaten liegen allein von Versuchsflächen aus Puerto Rico vor [6]. Auf Probeflächen wiesen dominierende und mitherrschende, 11 bis 14 Jahre alte Bäume einen Höhenzuwachs von 1 m/Jahr und einen Durchmesserzuwachs von 1 cm/Jahr auf. In natürlichen Beständen lagen die entsprechenden Werte wesentlich niedriger.

Aus den verfügbaren Daten errechnet man einen BHD von ca. 40 cm im Alter von 100 Jahren.

Nutzung

Auf Puerto Rico nutzte man *T. heterophylla* lange Zeit als Bauholz; heute wird es eher für Pfähle und Masten verwendet [4]. Andere Anwendungsbereiche sind: Möbel- und Bootsbau, Dielung und Paneele, Werkzeugstiele und Sportgeräte [4, 5].

Eine gewisse forstliche Bedeutung hat die Art trotz relativ langsamen Wachstums bei der Aufforstung degradierter Ackerflächen erlangt, wo ihr u.a. eine bodenverbessernde Wirkung nachgesagt wird.

Im Mittelpunkt der Verwendung steht aber nach wie vor ihr Anbau als Zierelement in Landschaft, Park und Garten.

Verschiedenes

– *T. heterophylla* wird weder durch Schadinsekten noch durch pathogene Pilze bedroht. Das gilt ohne Einschränkung für die natürlichen Habitate. Straßenbäume leiden aber gelegentlich unter einer Virose, die an hexenbesen-ähnlichen Deformationen zu erkennen ist. Als Vektor kommt eine Heuschreckenart in Frage, die ihrerseits durch Fraß Blattvergilbungen hervorruft [6].

– Veränderungen der Photoperiode führen bei *T. heterophylla* zu keinerlei Wachstumsreaktionen [1].

Literatur

[1]   BROSCHAT, T. K.; DONSELMANN, H. M., 1983: Growth of ten species of ornamental tree seedlings exposed to different photoperiods. J. Amer. Soc. Hort. Sci. **108**, 992–996.

[2]   BROWN, S.; LUGO, A. E. et al., 1983: Research Hirstory and Opportunities in the Luquillo Experimental Forest. USDA For. Serv., Southern For. Expt. Stn., Gen. Techn. Rep. 50–44.

[3]   HUC, R.; BARITEAU, M., 1987: New data on vegetative propagation and propagation by seed of *Tabebuia heterophylla*. Am. Sci. Forest. **44**, 359–363.

[4]   LITTLE, E. L., JR.; WADSWORTH, F. H., 1964: Common Trees of Puerto Rico and the Virgin Islands. USDA For. Serv., Agric. Handb. 249, Washington, D. C.

[5]   LONGWOOD, F. R., 1961: Puerto Rican Woods. USDA For. Serv., Agric. Handb. 205, Washington, D. C.

[6]   WEAVER, P. L., 1990: *Tabebuia heterophylla* (DC.) Britton. Roble Blanco, White-Cedar. In: BURNS/HONKALA (Techn. Coord.): Silvics of North America. Vol. 2, Hardwoods. USDA For. Serv., Agric. Handb. 654, Washington, D. C.

Die Autoren:

Prof. em. Dr. PETER SCHÜTT
Lehrstuhl für Forstbotanik
Technische Universität München
Am Hochanger 13
D-85354 Freising

ULLA M. LANG
Schützenstraße 6
D-82383 Hohenpeißenberg

Tamarindus indica LINNÉ, 1753

syn.:   Tamarindus occidentalis GAERTN.,
          Tamarindus occidentalis HOOK.

Tamarinde   Familie: Caesalpiniaceae

engl.: Tamarind
franz.: Tamarin, tamarinier

Indien: ⎰hindi: Amlí, Imlí
             ⎱sanskrit: Chincha
kísuahelí: Mkwaju, Msísí

Abb. 1: Tamarindus indica. Typischer Einzelbaum nahe Pondicherry, Prov. Tamil Nadu, Indien (Foto: Ulla M. Lang)

Abb. 2: Infloreszenz mit offener Einzelblüte
(Foto: Ulla M. Lang)

Kaum ein Baum ist auf dem Indischen Subkontinent häufiger, besser bekannt und beliebter als *Tamarindus indica*. Kultiviert wird die Art sowohl als schattenspendender Straßen-, Allee- und Parkbaum wie auch zur Gewinnung der hochgeschätzten, eßbaren Früchte.

Anders als der artbeschreibende Name erwarten läßt, liegt die Heimat der Tamarinde im tropischen Afrika (Äthiopien südlich bis zum Sambesi). Von dort gelangte sie jedoch schon so früh nach Indien, daß sie in der Sanskrit-Literatur als „Tintidiha" oder „Amlika" Erwähnung fand. Der Name Tamarinde leitet sich jedoch von dem arabischen „tamar - e Hindi" oder „tamarhindiu" (= indische Dattel) ab und bezieht sich auf das dunkle Fruchtfleisch, welches in der Farbe der Dattel ähnelt.

Auch heute noch wird *T. indica* in den Tropen der Alten und der Neuen Welt in großem Umfang kultiviert [9, 13].

Beschreibung

Tamarinden können 30 m hoch werden, Stammdurchmesser (BHD) von 1,6 m erreichen und 9 bis 12 m breite, intensiv verzweigte Kronen bilden. Die untersten, kräftigen Äste gehen von dem meist kurzen Stamm fast waagerecht ab. Im Schatten der dicht belaubten Bäume gedeiht keinerlei Unterwuchs. Angaben zur Wurzelmorphologie und zur Mykorrhizierung liegen nicht vor.

Das Höchstalter liegt zwischen 200 und 300 Jahren. Viele der 1765 in Faizabad (Uttar Pradesh, Indien) gepflanzten Bäume sind noch heute in sehr gutem Zustand [10].

Blätter

T. indica gehört zu den immergrünen Baumarten, kann aber in extrem heißen und trockenen Lagen für kurze Zeit in einzelnen Kronenteilen die Blätter verlieren.

Die wechselständigen, paarig gefiederten Laubblätter werden 5 bis 15 cm lang, weisen 10 bis 20 Fiederblättchen-Paare auf und haben 2 linear-lanzettliche Nebenblätter, die bei jungen Bäumen persistieren, bei älteren aber hinfällig sind. Die Abmaße der linearen, kurzgestielten Fiederblättchen betragen: Länge 1 bis 1,8 cm; Breite 0,4 bis 0,6 cm. Frisch austreibende Blätter sind glänzend smaragdblau, wechseln aber rasch in ein für die Art charakteristisches Jadegrün [2]. Junge Triebe und die Rhachis der Blätter sind deutlich behaart, die Fiederblättchen bewimpert.

Blüten, Früchte, Samen

Tamarinden blühen auf der Nordhemisphäre von April bis Juni (Höhepunkt: Mai/Juni).

Abb. 3: Zweig mit Blättern und reifer Frucht
(Foto: Ulla M. Lang)

Die wenig auffallenden, bei näherer Betrachtung aber sehr attraktiven, gelbroten Zwitterblüten stehen zu wenigen in terminalen, bis 10 cm langen, lockeren, traubigen Infloreszenzen. Der blaßgelbe Kelch hat vier 13 mm lange Sepalen und die Blütenkrone besteht aus 3 hellgelben, rot geaderten, gekielten Petalen, die in einem leicht gewellten Apex auslaufen. Die beiden lateralen Kronblätter sind etwas länger (ca. 15 mm), zwei weitere zu kleinen Schuppen reduziert. 3 der insgesamt 5 Staubblätter sind grünlich und fertil, die beiden anderen klein und steril. Der bohnenförmige Stempel (15 mm lang) weist einen gekrümmten Griffel auf [5].

T. indica ist eine selbststerile, von Insekten (meist Ameisen) bestäubte Art. Zeitpunkt und Dauer der Blüte variieren mit den Witterungsbedingungen. Die Blüten öffnen sich schon am frühen Morgen und schließen bereits 3 Stunden später. Die reifen, rötlich-braunen Antheren öffnen sich mit einem Längsspalt und entlassen Pollen, (Durchm.: 1,5 μm), der zu > 96 % befruchtungsfähig ist. Die Narbe bleibt von 1 Tag vor bis 2 Tage nach der Anthese fängisch [2].

Die Fruchtreife fällt in die Wintermonate. Zu dieser Zeit haben die in reichen Mengen anfallenden Früchte (Hülsen) eine hellbraune Farbe, sind 9,5 bis 20 cm lang und 2,5 cm breit. Oft weisen sie Einschnürungen auf und stets fallen sie ungeöffnet vom Baum. Sie bestehen aus einem Perikarp, dessen äußere Schicht brüchig, die innere aber zunächst grün, später rötlich-braun und fleischig-saftig ist. Sie enthalten 8 bis 10 ungleichmäßig geformte Samen (Durchm.: 1,3 cm) mit harter, dunkelbrauner Testa [5]. Normalerweise bestehen die Hülsen aus 55 % Fruchtfleisch, 34 % Samen sowie 11 % Fasern und Schalen.

Tamarinden haben einen hohen Heterozygotiegrad und variieren daher u. a. auch stark in Merkmalen der Blüten- und Fruchtmorphologie. Allein hinsichtlich der Fruchtform lassen sich 4 Gruppen unterscheiden:

– Früchte gerade, mit Einschnürungen
– Früchte gebogen, mit Einschnürungen
– Früchte gebogen und flach
– Früchte mit rotem Fruchtfleisch

Die Bäume tragen im Alter von 13 oder 14 Jahren erstmals Früchte und fruktifizieren dann reichlich für weitere 60 Jahre und länger [2]. Keimlinge weisen 2 sitzende, oberseits leicht konkave, elliptische Kotyledonen auf. Die ersten beiden Folgeblätter sind bereits paarig gefiedert (8 bis 10 Fiederblättchen-Paare) und haben asymmetrische, lanzeolate Nebenblätter. Eine ausführliche Beschreibung findet man bei BURGER [4].

Holz und Borke

Das harte und sehr schwere Tamarindenholz hat einen breiten, zunächst gelblich weißen Splint, der später graubraun wird sowie einen relativ kleinen, dunkel-rotbraunen Farbkern mit ungleichmäßigem Umriß.

Abb. 4: Reife Früchte

Abb. 5: Reife Samen (Foto: H. Gilge)

Abb. 6: Keimling, ca. 4 Wochen alt (Foto: Ulla M. Lang)

Abb. 7: Stammbasis mit typischer Borke und ausgeprägten Wurzelanläufen (Foto: P. Schütt)

Abb. 8: Splintholz, radialer Längsschnitt

Die Rohdichte (r_{15}) variiert von 0,83 bis 1,09 g/cm³. Der Faserverlauf ist weitgehend gerade, manchmal auch übergreifend oder wellig. Das Holz hat ingesamt eine mittlere Textur.

Die nur 1 bis 1,2 cm dicke, dunkelgraue Borke älterer Stämme weist tiefe Längsrisse auf. Horizontale Einschnitte lassen stark faserige, rosafarbene bis rötlichbraune innere Schichten erkennen.

Anzucht und Entwicklung

Durchschnittlich tragen gut entwickelte Tamarinden 225 kg Früchte pro Jahr. Nach eigenen Beobachtungen wurden von einem 30jährigen Baum an der Küste von Konkan (W-Indien) sogar 500 kg Fruchtfleisch geerntet.

Die Ernte erfolgt durch Aufsammeln der reifen Früchte vom Boden nach Schütteln der Äste [2]. Saatgut aus gepflückten Früchten soll allerdings kräftigere Sämlinge er-

bringen. Die geernteten Hülsen werden im Schatten getrocknet und in Jutesäcken kühl und trocken gelagert. Aufbewahrung bis zu einem Jahr ist möglich [2]. Einen erheblichen Teil der natürlichen Verbreitung besorgen Affen, welche das Fruchtfleisch verzehren und die Samen verstreuen.

Bereits eine Woche nach der Aussaat setzt die epigäische Keimung ein, und innerhalb eines Monats ist sie abgeschlossen. Die Keimrate (i. a. bei 75%) läßt sich durch Säure-Vorbehandlung (10 min in konz. H_2SO_4) noch erhöhen.

Die Sämlinge entwickeln sich am besten in lockeren Substraten und in frostgeschützter Lage. Nach 3 bis 4 Monaten sind sie etwa 30 cm hoch und werden in dieser Größe während der Regenzeit (Juni/Juli) auf die Freifläche gebracht. Bleiben sie kleiner, wartet man mit dem Verpflanzen bis zum nächsten Monsun.

Bestände oder Plantagen begründet man im 12 x 12 m-Verband, Alleen in Pflanzabständen von 10 m. Weil Tamarinden langsam wachsen und der Kronenschluß oft erst nach 15 Jahren eintritt, beschleunigt man das Wachstum durch Gründüngung oder durch Mineraldüngung mit P_2O_5. Unkrautbekämpfung und Lockerung der Bodenoberfläche sind weitere Pflegemaßnahmen. Astung ist nicht erforderlich, und auch Bewässerung kann nach dem Anwachsen der Pflanzen entfallen.

Neben der bei weitem dominierenden Vermehrung durch Samen sind auch Pfropfung, Stecklingsbewurzelung (1000 ppa IBA) und Absenkerbildung (4000 ppa IBA) als Formen der vegetativen Propagation möglich. Die kombinierte Applikation von IBA und NAA (7500 ppm) erhöht die Bewurzelungsraten. Vermehrungsmethoden über Gewerbekulturen wurden ebenfalls entwickelt [2].

Ökologie

T. indica bildet von Natur aus keine geschlossenen Bestände. Oft wächst sie sogar am Rand von Ortschaften, auf Ödflächen oder aufgelassenen Grundstücken und zwischen Ruinen. Generell findet man die Art locker verstreut an sanften Hängen in Trockenwäldern (Höhenlage 0 bis 1000 m ü. NN). Vorkommen kann sie aber auch in feuchten Laubwäldern sowie in immergrünen Tropenwäldern.

In jüngster Vergangenheit setzt man *T. indica* bei Projekten in Südindien ein, welche das Ziel haben, Trockenwälder und Dornsteppen mit zusätzlichen Baumarten anzureichern [13].

Gutes Gedeihen zeigen Tamarinden unter folgenden Klimabedingungen:

Maximal-Temp.	35	- 47,5 °C
Minimal-Temp.	0	- 17,5 °C
Tages-Mitteltemp. (Januar)	7,2	- 24 °C
Jahres-Niederschläge	750	- 1900 mm [1]

In Saurashtra wachsen Tamarinden noch bei 500 bis 750 mm Regen pro Jahr [1].

Alluviale Standorte und tiefgründige Lehmböden bieten optimale edaphische Voraussetzungen. Während auf geschiebereichen Substraten gestauchte Wuchsformen entstehen können, ist die Art an Granit-Böden recht gut angepaßt. Leicht salzhaltige und schwach alkalische Substrate werden toleriert.

Pathologie

Obwohl Tamarinden von mehr als 50 Schadinsekten und von etwa 25 pathogenen Pilzen und Bakterien angegriffen werden, nehmen die Schäden keine bedrohlichen Ausmaße an.

Pflanzensaugende Schildläuse wie *Planococcus lilacinus* („ber mealy bug") oder *Aonidiella orientalis (Diaspididae)*, „oriental yellow scale", richten Schäden an jungen Trieben an. Mehrere Schmetterlings-Arten (u. a. *Laspeyresia palamedes*) können die Bäume bei Massenvermehrung total entlauben, und zahlreiche Käferarten spielen eine Rolle als Frucht- und Samenschädlinge (z. B. *Lasioderma sericorne, Calandra linearis, Aphomia gularis*) [9].

Einige pathogene Pilze wie *Sclerotium rolfsii* oder *Oidium* spec. treten nur an Sämlingen auf, *Ganoderma lucidum* ruft Holzfäule hervor und das Bakterium *Meliola tamarindi* löst Rußtau aus [9]. Gelegentlich parasitiert die Mistelart *Loranthus longiflorus* DESS. in den Kronen.

Abiotische Schäden entstehen hauptsächlich durch Frost. Gegen Meerwasser-Gischt ist die Art sehr widerstandsfähig.

Nutzung

Tamarindus indica wird in vielen tropischen Ländern als schattenspendender Straßen-, Park- und Gartenbaum geschätzt. Daneben baut man ihn wegen der gern genutzten, eßbaren Früchte seit langem in Plantagen an, und auch das Holz ist in verschiedener Weise nutzbar.

Holz: Verwertbar ist in der Hauptsache das schwer zu bearbeitende, aber dauerhafte und kaum von Insekten angegriffene Kernholz, das zwar selten für Konstruktionen, wohl aber zur Herstellung von Rädern, Hämmern, Stößeln und Schlegeln, Ölpressen und anderem genutzt wird. Mit einem Heizwert von 4908 cal (Splint) bzw. 4969 cal (Kern) stellt Tamarindenholz ein gutes Brennmaterial dar. Überdies eignet es sich gut zur Herstellung einer Holzkohle von hoher Qualität, die auch zur Schwarzpulver-Produktion taugt [6].

Früchte: In Indien werden pro Jahr etwa 250 000 t Früchte geerntet, die getrocknet und ohne Schalen auf den Markt gelangen. Nach Präparation werden sie als saure Geschmackskomponente Lebensmitteln wie auch Saucen, Curry, Konserven und Getränken zugesetzt. Zuvor werden Fasern und Samen entfernt, bis zu 10 % Salz hinzugefügt, dann wird die Masse geknetet, zu Bällen von 10 cm Durchmesser geformt und in Jutesäcken verpackt. Zu gegebener Zeit erhitzt man die Bälle kurz in heißem Dampf und trocknet sie dann in der Sonne.

Die Pulpa hat folgende Zusammensetzung:

Kohlenhydrate	67,4 %	Proteine	3,1 %
Wasser	20,9 %	Mineralsalze	2,9 %
Fasern	5,6 %	Fett	0,1 %

Calcium ist in 170, Phosphor in 110 und Eisen in 10,9 mg/100 g enthalten. Der Vitamin-Gehalt beträgt:

Riboflavin	0,07 mg/100 g	Niacin	0,7 mg/100 g
Vitamin C	3 mg/100 g	Karotin	60 µg/100 g

Weitere wichtige Komponenten des Fruchtfleisches sind Weinsäure und Invertzucker. Pektine und Pentosane kommen ebenfalls vor.

Die reife Pulpa stellt wahrscheinlich eines der sauersten Naturprodukte dar. Im Säure- und Zuckergehalt gibt es aber je nach Herkunft deutliche Unterschiede. Rote Chargen sind wegen ihres geringeren Säuregehaltes süßer, erzielen höhere Preise und werden bei der Herstellung von Konserven bevorzugt. Das im Fruchtfleisch enthaltene Pektin ähnelt dem Pektin von Äpfeln.

Weinsäure ist in freier und gebundener Form vorhanden. Letztere liegt zumeist als in Wasser unlösliches Kalium-Bitartrat, zu geringem Teil auch als Calcium-Tartrat vor. Weiterhin sind vertreten: Äpfelsäure, Milchsäure, Oxalsäure, Bernstein- und Zitronensäure (insges. 2 %).

Als wichtigste Komponente des Fruchtfleisches wird Weinsäure extrahiert, und es wird Zucker zu Ethanol, Milch- und Zitronensäure vergoren. Ein integriertes Verfahren stellt sicher, daß alle wichtigen Verbindungen inkl. Pektin gemeinsam gewonnen werden können. Die entsprechenden Konzentrate lassen sich wesentlich länger aufbewahren als die Pulpa. Sie dienen u. a. als Putz- und Poliermittel für Metallwaren.

In der indischen Volksmedizin spielt die Pulpa eine Rolle als Mittel gegen Blähungen, als Abführmittel, zum Kühlen und in Form von Infusionen gegen fiebrige Erkrankungen und Gallenleiden.

Auf den Westindischen Inseln kommt ein abweichendes Präparationsverfahren zur Anwendung: Salz wird durch Zucker ersetzt. Es entsteht eine süße Pulpa, die nach Europa und in die USA exportiert wird, um dort von der Süßwaren-Industrie verarbeitet zu werden.

Samen: Bei der Aufbereitung der Pulpa fallen große Samenmengen an – in Indien etwa 20 000 t pro Jahr. Sie werden zermahlen und in der Textilindustrie als „Tamarind Kernel Powder" zum Planieren und Stärken verwendet. Die entsprechenden Eigenschaften gehen zu 60 % auf das sehr hydrophile Polysaccharid Jellose zurück, das auch gern als Ersatz für Frucht-Pektin bei der Herstellung von Gelees und Marmeladen eingesetzt wird – besonders in Europa und in den USA. Weitere Anwendungsmöglichkeiten bestehen in der Druck- und Kosmetik-Industrie sowie bei der Fabrikation von pharmazeutischen Produkten und Insektiziden, ferner auch beim Buchbinden, bei der Herstellung von Pappe und Sperrholz sowie in der Leder-Industrie.

Als Nebenprodukt fallen bei der Aufbereitung der Samen große Mengen von Samenschalen mit einem gewissen Gehalt an Tanninen und Farbstoffen an. Unter anderem sind Leucoanthocyanine enthalten, die zur Färbung von Wolle, Seide und Baumwolle taugen. Nicht selten werden die zermahlenen Schalen zur Verfälschung von Kaffeepulver benutzt.

Das Samenöl ist mit Erdnußöl vergleichbar. Es dient als Lampenöl sowie zur Herstellung von Farben und Lacken.

Den Samen, besonders den Samenschalen wird nachgesagt, sie wirkten adstringierend und heilten Diarrhoe und Ruhr. In Öl gekochte Blätter sollen Schwellungen nach Verstauchungen und Knochenbrüchen reduzieren und Schmerzen lindern. Mit dem täglichen Essen aufgenommene Tamarindenblätter, so heißt es, würden die Gefahr der Entstehung von Nieren- und Blasensteinen verringern.

Weiterführende Literatur

[1] ANONYMUS, 1976: Wealth of India - Raw materials Vol. X, 116 - 122. Council of Sci. & Industrial Res. New Delhi.

[2] ANONYMUS, 1989: Tamarind - Brochure 199. Indian Council of Forestry Research and Education, Forest Res. Inst., Dehra Dun 2-3.

[3] ATCHINSON, E., 1951: Studies in the Leguminosae - VI. Chromosome numbers in Tropical Woody Species. Amer. J. Bot. **38**, 538-547.

[4] BURGER HZN., D., 1972: Seedlings of some tropical trees and shrubs mainly of South East Asia. Ctr. Agric. Public. and Document., Wageningen, 198-199.

[5] COOKE, T., 1967: The Flora of the Presidency of Bombay (2nd reprint). Botanical Survey of India. Calcutta. Vol. **1** pp. 457-458.

[6] GAMBLE, J. S., 1972: A Manual of Indian Timbers. (2nd reprint). Sampson, Low, Marston & Co., London. pp. 278-279.

[7] LITTLE, E. L., Jr.; WADSWORTH, F. H., 1964: Common Trees of Puerto Rico and the Virgin Islands. USDA For. Serv., Agric. Handb. **249**, Washington, D. C..

[8] MEHRA, P. N.; SAREEN, T. S., 1973: Cytological observations on arborescent Leguminosae of W. Himalayas. Nucleus **16**, 20-24.

[9] MORTON, J. F., 1987: Fruits of warm climates. Media, Inc. Greensboro, NC, 115-121.

[10] NAIRNE, A. K., 1894: The Flowering Plants of W. India. Education Society Press. Bombay, p. 99.

[11] PAUL, A. K., 1937: Microsporogenesis in Tamarindus indica LINN. Cytologia 8, 38-66.

[12] SANJAPPA, M., 1977: IOPB Chromosome numbers reports SLXI, Taxon **27**, 375-392.

[13] TROUP, R. S., 1921: The Sylviculture of Indian Trees (revised) Vol. IV - p. 232-236. Clarendon Press, Oxford.

Der Autor:

Prof. P. V. BOLE
A-15-58 Siddarth Nagar, 2
Goregaon-West
Bombay 400 062
Indien

Aus dem Englischen übertragen von P. Schütt

Tecoma stans (LINNÉ) H.B.K.

syn.:   Bignonia stans LINNÉ, Stenolobium stans (LINNÉ) SEEM.

Gelbe Tecoma,
Gelbblühender Trompetenbaum

Familie: Bignoniaceae

engl.:   Yellow trumpet bush,
         Ginger-thomas,
         Yellow blossom
franz.: Tecoma jaune
ital.:   Tecoma giallo

Abb. 1: Tecoma stans als Ziergehölz (Nairobi, Kenia)

Dieser immergrüne, in den Neotropen weitverbreitete kleine Baum (oder große Strauch) wird in tropischen und subtropischen Ländern wegen seiner leuchtend gelben, glockenförmigen Blüten gern als Zierelement angebaut. Häufig ist er aus der Kultur verwildert. Er blüht und fruktifiziert fast das ganze Jahr über, ist relativ anspruchslos und wird – als Folge seiner weiten geographischen Verbreitung – in mehrere Varietäten unterteilt. Für die amerikanischen Virgin Islands stellt er die „State flower" dar. Bei den lokalen Indianerstämmen hatte er einst eine gewisse volksmedizinische Bedeutung.

Abb. 2: Typisches Fiederblatt (nat. Größe) sowie Blütenstand mit Fruchtansatz ($^2/_3$ nat. Größe)

Morphologie

Tecoma stans entwickelt sich am natürlichen Standort meist zu einem relativ hohen, unregelmäßig beasteten Strauch oder (wie in Kultur) zu einem kleinen, maximal 8 m hohen Baum. Nur selten wird der oft etwas krumme Stamm stärker als 8 cm (BHD). Die hellgraue Borke ist tief und unregelmäßig vorwiegend längs gefurcht.

Kennzeichnend für T. stans sind neben den auffallenden, leuchtend gelben Blüten auch die immergrünen, unpaarig gefiederten, gegenständig angeordneten **Blätter.** Sie setzen sich meist aus sieben bis neun, seltener aus fünf bis dreizehn Fiederblättchen zusammen und können 10 – 20 cm lang werden. Die sitzenden oder kurz gestielten, 4 – 10 cm langen und 1,3 – 3,5 cm breiten Fiederblättchen haben einen grob und scharf gezähnten Blattrand, sind von lanzettlicher bis elliptischer Form und laufen mit einer langen Spitze aus. Die Basis ist keilförmig und oft etwas unsymmetrisch; der Blattstiel kann 1,2 cm lang werden, ist leicht geflügelt und rinnig [5]. Im allgemeinen sind beide Blattseiten kahl, nur die var. velutina ist unterseits behaart.

Abb. 4: Strauch im natürlichen Habitat (Costa Rica)

Abb. 3: Borke eines relativ alten Stammes

Konkrete Angaben über die Variationsbreite der Blattform und über deren phylogenetische Bedeutung findet man bei MELCHIOR [2].

Die anfangs grüne, später braune oder graue, schwach gefurchte **Rinde** junger Triebe ist mit länglichen Lenticellen besetzt.

Die sehr auffälligen, kurz gestielten, gelben **Blüten** stehen zu 3 bis 17 an terminalen, 7 – 12,5 cm langen, traubigen Blütenständen. Die Einzelblüte setzt sich aus einem fünfzähnigen Kelch, einer trompetenförmigen, 3 – 5 cm langen, fünflappigen und schwach zweilippigen Blütenkrone sowie vier Staubblättern zusammen. Die Kronröhre ist mit undeutlichen, dunkelorangefarbenen Streifen versehen [5] und mißt an der breitesten Stelle ca. 3 cm [1]. Zwei der vier Staubblätter sind deutlich kürzer als die anderen. Alle vier Stamina entspringen dem basalen Teil der Kronblätter. Am Blütenboden befindet sich ein breiter Diskus [1].

Chromosomenzahl: 2n = 40

Abb. 5: Blüten

Abb. 6: Geöffnete Kapseln mit Samen

Im Hochsommer durchläuft T. stans mitunter eine Periode der Pollensterilität, denn bei Temperaturen zwischen 34 und 44 °C ist die Mikrosporogenese gestört. Abkühlung auf <31 °C bedeutet Rückkehr zu normaler Pollenentwicklung [1]. Die schwach duftenden Blüten werden von

Bienen und Kolibris bestäubt. Örtlich wird der Tecoma-Honig genutzt.

Tecoma-**Früchte** sind langgestreckte, spitz auslaufende, an der Längsseite aufspringende Kapseln. Sie werden 10 – 15 cm lang, etwa 0,6 cm dick und bleiben nach dem Entlassen der Samen noch einige Zeit am Baum. Sie enthalten zahlreiche flache, hellbraune **Samen**, welche einschließlich zweier weißlicher, papierartiger Flügel etwa 2,5 cm lang sind. Die Keimruhe der Samen wird durch Stratifikation nicht aufgehoben. Im Gegenteil: Lagerung bei 1 – 5 °C für 16 oder 67 Tage führte zum Ausbleiben jeder Keimung [2].

Tausendkorngewicht: ca. 8,4 g

Abb. 7: Geflügelte Samen

Verbreitung und genetische Differenzierung

Das natürliche Verbreitungsgebiet der gelben Tecoma erstreckt sich vom Südosten der USA über Mittelamerika bis nach Bolivien, Nord-Argentinien und Brasilien. Eingeschlossen sind die Westindischen Inseln. Die Nordgrenze verläuft durch die US-Staaten Arizona, New Mexico und Texas. Das häufige Auftreten der Art in Florida, wo sie sich insbesondere in der Hemmock-Vegetation stark vermehrt, geht vermutlich auf Verwilderung nach Kultivierung zurück.

Außerhalb ihres Areals wird die Art in vielen tropischen Ländern als Ziergehölz kultiviert, so u.a. in Polynesien, Indien und Indochina.

PELTON [3], Verfasser einer sehr umfangreichen T. stans-Monographie, spricht von einem polymorphen, zwischen 32°S und 32°N natürlich vorkommenden „Tecoma stans-Komplex", der in zahlreiche Arten und Varietäten zerfällt und erhebliche taxonomische Probleme aufwirft.

---

[1] For. Abstr. 50, 781, 1989
[2] For. Abstr. 26, 3772, 1966

VINES [5] unterscheidet drei Varietäten:

– T. stans var. angustata REHD. („Hardy Yellow Trumpet"). Relativ frosthart, mit schmaleren Fiederblättchen, Heimat: Texas und Nord-Mexiko.

– T. stans var. velutina („Velvet Yellow Trumpet"). Mit behaarter Blattunterseite, allerdings zahlreiche Übergänge in kahle Formen.

– T. stans var. sambucifolia („Elderleaf Yellow Trumpet"). Blätter ähnlich Sambucus.

Ökologie

Die Art findet ihre größte Verbreitung in semiariden und ariden Klimazonen, so u.a. in den Wüsten und Halbwüsten Mexicos und der südlichen USA sowie auf den trockenen Lee-Seiten der Westindischen Inseln, wo sie sich als unempfindlich gegen Salzwassergischt erweist.

Sie besiedelt gut durchlüftete Substrate, kommt oft auf steilem, felsigem Gelände vor und ist hinsichtlich des Bodens sehr anpassungsfähig. Anstehendes Kalkgestein zählt zu den am häufigsten besiedelten Substraten.

Tecoma stans ist eine Lichtbaumart, die vornehmlich in offenen Buschwäldern anzutreffen ist und in Kultur volles Licht benötigt. Sie blüht aber auch im Halbschatten. Die Blühtezeiten variieren mit der Varietät und mit der geographischen Lage des Standortes. Teils blühen die Bäume annähernd ganzjährig oder haben zwei Höhepunkte im Jahr (Mexico), teils erstreckt sich die Anthese vom November bis in den April (Costa Rica), teils vom Frühjahr bis zum September (Florida) oder sie läuft vorwiegend im Winter ab (Puerto Rico) [3].

T. stans erträgt keine Winterkälte. Die Winter-Isotherme von 15 °C begrenzt ihre Verbreitung nach Norden (var. angustata).

Anzucht und Entwicklung

T. stans keimt epigäisch, bildet aber dennoch relativ große Speicherkotyledonen aus. Die Samen durchlaufen keine Keimruhe und lassen sich 4 Jahre bei Raumtemperatur ohne Einbußen an Keimkraft lagern.

Sämlinge bilden eine kräftige Pfahlwurzel aus, welche tief in felsigen Untergrund eindringen kann.

Der Stamm verzweigt sich oft schon dicht über dem Boden und kann Durchmesser von 25 cm erreichen. Maximalhöhen alter Bäume liegen in fast allen Herkunftsgebieten bei 8 oder 9 m. Für Costa Rica werden 12 m angegeben, für die Sonora Desert in Arizona 5 bis 8 m [3].

Abb. 8: Keimling (³/₄ nat. Größe) mit zarten, hellgrünen Kotyledonen und einfachen Primärblättern. Hervortretende Blattadern auf der Unterseite

Verschiedenes

– Die wirtschaftliche Bedeutung von Tecoma stans liegt allein in der gärtnerischen Nutzung als Zierelement. Das mäßig harte und mittelschwere Holz steht nur selten in verwertbaren Abmaßen zur Verfügung. Es hat einen weißlichen Splint und einen deutlich davon abgesetzten, hellbraunen Kern und wird gelegentlich zum Drechseln sowie in der Kunstschreinerei verwendet.

– Indianerstämme Nord-Mexikos stellten aus Ästen der gelben Tecoma Bögen her. Aufgüsse aus verschiedenen Pflanzenteilen verwendeten sie überdies als Medizin gegen Magenkrämpfe, örtlich auch gegen Diabetes [5].

In Guadalayara wendet man Präparate aus Tecoma-Wurzeln als Wurmmittel und gegen Syphilis an. Harntreibende und stärkende Wirkung wird ihnen ebenfalls zugesprochen.

– Nur ein kleiner Teil der Blüten entwickelt sich zu Früchten. Gründe dafür sind zum einen das Abstoßen heranwachsender Früchte bei starker Trockenheit, zum anderen zahlreiche „Nektar-Räuber", wie Hummeln oder Kolibris, welche die Kronröhre von außen aufschlitzen und den Nektar aufnehmen, ohne dabei die Narbe zu bestäuben [3].

Weiterführende Literatur

[1] LITTLE, E.L., Jr.; WADSWORTH, F.H., 1964: Common trees of Puerto Rico and the Virgin Islands. USDA, For. Serv., Agriculture Handbook 249, Washington, D.C.

[2] MELCHIOR, H., 1941: Beiträge zur Systematik und Phylogenie der Gattung Tecoma. Ber. Dt. Bot. Ges. 59, 12 – 31.

[3] PELTON, J., 1964: A survey of the ecology of Tecoma stans. Butler Univ. Bot. Stud. 14, 53 – 88.

[4] RECORD, S.J.; HESS, R.W., 1943: Timbers of the New World. Yale Univ. Press, New Haven.

[5] VINES, R.A., 1976: Trees, shrubs and woody vines of the Southwest. Univ. Texas Press, Austin and London.

Die Autoren:

Prof. em. Dr. PETER SCHÜTT
Lehrstuhl für Forstbotanik
Ludwig-Maximilians-Universität München
Hohenbachernstraße 22
D-85354 Freising

ULLA M. LANG
Schützenstraße 6
D-82383 Hohenpeißenberg

Tectona grandis LINNÉ f.

syn.:   Theca grandis (LINNÉ f.) LAM., Tectona theca LOUR.

Teak, Teakbaum   Familie: Verbenaceae

engl.:   Teak, Indian Oak
franz.: Teck

Indien: Sagun, Sagwan, Tadi, Teku
Burma (Myanmar): Kyun
Thailand: Jati, Sak
Vietnam: Gia thi
Indonesien: Djati, Kembal, Semarang

Abb. 1: Tectona grandis. Alter, sehr hoher Einzelbaum, Bot. Garten in Castleton auf Jamaica (Foto: U. M. Lang)

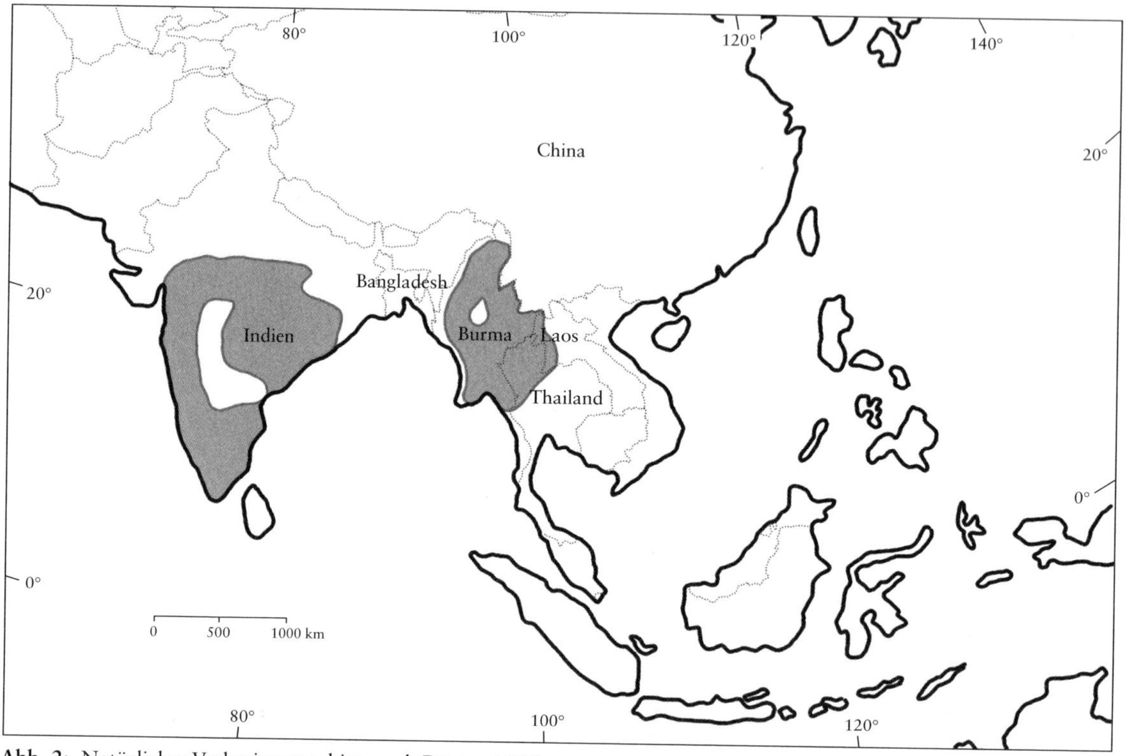

Abb. 2: Natürliches Verbreitungsgebiet, nach Dupuy, 1990

Tectona grandis kommt in den artenarmen und zweischichtigen, feuchten Monsunwäldern Süd- und Südostasiens auf großen Flächen natürlich vor. Es ist ein laubabwerfender Baum. Seine Ansprüche an Klima, Trophie und Feuchtigkeit der Böden variieren zwischen verschiedenen Teilen des Areals. Er bildet lange, astfreie, teils aber auch spannrückige Stammformen aus. Das wertvolle Holz findet vor allem im Innen- und Außenbau und in der Möbelindustrie Verwendung. Teak gehört zu den wichtigsten tropischen Exporthölzern aus dem asiatischen Raum.

Teak wird auch außerhalb seines Naturareals in allen tropischen Regionen erfolgreich angebaut. Hervorzuheben ist hier Indonesien (Java). Nennenswerte Anbauversuche gibt es seit Beginn dieses Jahrhunderts in Afrika (Elfenbeinküste, Kamerun, Nigeria, Tansania, Togo) und Lateinamerika (Argentinien, Ekuador, Honduras, Trinidad). Provenienzfragen sind dabei zu beachten. Die Aufforstungsflächen mit Teak werden derzeit weltweit mit rd. 1.1 Mio. ha beziffert [10].

Die Art eignet sich gut für die Aufforstung von Freiflächen und wird mit Erfolg in Agro-Forestry-Systemen (u. a. im Taungya-System) eingesetzt. Die Umtriebszeit kann je nach Standort (Bonität), Wirtschaftsziel und konkretem Waldzustand 50 bis 80 (100) Jahre betragen.

Die Neuanpflanzungen in Afrika und Lateinamerika haben bisher für den Export von Teakholz keine Bedeutung erlangt.

Verbreitung

T. grandis besitzt ein großes natürliches Verbreitungsgebiet mit sehr unterschiedlichen Standortsverhältnissen in Süd- und Südostasien. Es reicht von Indien über Burma, Thailand, Laos bis Kambodscha. Der Mekong (104°30' ö.L.) verhinderte eine weitere Ausbreitung nach Osten. Das Naturareal zerfällt in einen westlichen vorderindischen und einen östlichen burmesisch-thailändischen Teil, die durch das landwirtschaftlich geprägte Ganges-Brahmaputra-Delta getrennt werden. Als Nord-Süd-Ausdehnung läßt sich etwa der 25. und 9. (10.) Breitengrad angeben [12, 16, 18, 31]. In Malaysia fehlt Teak von Natur aus, während er in Indonesien (Java) zwischen dem 14. und 16. Jahrhundert eingeführt wurde [12]. Auch die isolierten Vorkommen auf den Philippinen deuten auf die Einführung von Teak in den letzten Jahrhunderten hin. Die Art kommt auch in höheren Lagen vor. Die Vertikalverbreitung geht aus folgender Übersicht hervor:

Indien: bis 1000 m ü. NN (zumeist zwischen 400 und 800 m)

Burma: bis 1400 m ü. NN (zumeist zwischen 900 und 1000 m)

Thailand: zwischen 100 und 900 m ü. NN

Nach Pancel (1993) u. a. Autoren klingen im allgemeinen die höchsten Vorkommen in 900 m ü. NN aus.

In Indien dürfte Teak mit rd. 8 Mio. Hektar die größte Verbreitung finden, wobei davon etwa 50 % in Madhya Pradesh vorkommen. In Burma wächst die Art in Kachin, Shan und Irrawaddy Valley. Hier gedeihen auch die besten Qualitäten. Es wurden schon bis zu 700 Tm³ in einem Jahr genutzt, wobei rd. 75 % exportiert wurden. Teak nimmt im Bereich der „mixed deciduous forests" in Burma etwa 10 bis 15 % des stehenden Holzvorrates ein. In NW-Thailand umfaßt das Naturareal von Teak rd. 3 Mio. Hektar. In Laos kommt er nur kleinflächig auf etwa 70 000 Hektar in Ban Houei Sai und Pak Lay an der Ostgrenze zu Burma und Thailand vor. Auf Java, Kangean und Muna bedeckt *T. grandis* eine Fläche von 800 000 Hektar [2]. Es kamen hier etwa jährlich 500 bis 650 Tm³ Teakholz zum Einschlag.

Außerhalb seines Naturareals wird Teak in ganz Südasien und darüber hinaus im gesamten Tropenraum angebaut. Im Mittelmeerraum findet man keine Anpflanzungen.

Beschreibung

T. grandis ist ein hochwüchsiger, blattabwerfender Baum, der im Mittel Höhen von 25 bis 35 m, selten Endhöhen von über 40 m, erreicht. Er bildet im allgemeinen zylindrische, aber weniger gut geformte, teils spannrückige Stämme aus, wobei im höheren Alter auch kleine Brettwurzeln auftreten können. Teakplantagen enthalten einen höheren Anteil geradschaftiger Stammformen. Auch die Herkünfte aus den nördlichen Regionen Thailands und Burmas sind für ihre Geradschaftigkeit bekannt. Es können astfreie Nutzlängen von 20 bis 25 m mit einem Brusthöhendurchmesser (BHD) von über 100 cm erreicht werden. Teak hat eine stark schattenspendende Krone. Die Kronenstruktur variiert mit der Herkunft. Burmesische Provenienzen haben eine höher angesetzte Krone. Der Baum weist eine sympodiale Verzweigung auf, welche durch die terminalen Blütenstände induziert wird. Junge Teakpflanzen bilden zunächst eine bis zu 40 cm lange Pfahlwurzel aus. Das Wurzelsystem ist später nicht sehr tiefgehend. Es ist ein eher oberflächlich, horizontal ausgebreitetes Herzwurzelsystem mit guter Zwischenflächendurchwurzelung im Oberboden. Es reagiert auf Sauerstoffmangel empfindlich.

Blätter

Teak besitzt sitzende oder kurzgestielte (Stiellänge 2 bis 5 cm), sehr große und ganzrandige, in der Jugend hellgrüne oder rötliche, 30 bis 60 cm lange und 20 bis 35 cm breite, lederige Blätter. Sie stehen gegenständig oder zu dritt im Quirl, sind von breit-elliptischem oder eiförmigem Umriß, oberseits dunkelgrün und kahl, unterseits hellgrün bis gelblichgrün, warzig und dicht filzig behaart. Die sekundären Blattnerven sind zum Rand hin verzweigt, die tertiären parallel zueinander angeordnet [12]. Junge Zweige sind vierkantig, flach gefurcht und kahl.

Blüten und Früchte

Die zahlreichen, kleinen weißen und zwittrigen Blüten stehen an bis zu 40 x 35 cm großen, endständigen, aufwärtsgerichteten Rispen. Die Einzelblüte hat einen Durchmesser von etwa 7 – 8 mm. Im Inneren sind 6 (5 – 7) Staubblätter zu finden. Die grauen Kelchblätter sind glockenförmig, die weißen bis cremefarbenen Kronblätter trichterförmig, beide Blütenhüllblätter sechslappig ausgebildet. Der eiförmig oder konisch geformte, vierkammerige Fruchtknoten weist eine gegabelte Narbe auf.

Die bräunlichen und kugeligen, knapp haselnußgroßen Steinfrüchte haben einen Durchmesser von etwa 1 bis 1,5 cm. Die Frucht besitzt ein 4-fächriges Endokarp, bildet aber in der Regel nur 1 bis 3 Samen aus [16]. Das Exokarp wird von einem flachen, dichten Haarfilz gebildet. Das Tausendkorngewicht der Früchte liegt zwischen 330 und 1000 g. Ein Kilogramm enthält je nach Herkunft und klimatischen Bedingungen während der Reifezeit zwischen 800 (1000) bis 1900 (3500) Früchte. Die Keimkraft ist im allgemeinen sehr niedrig (20 bis 60 %) [1, 8, 31].

Tectona grandis blüht mitten in der Regenzeit (zwischen Juni und September). Die Blühreife variiert sehr stark – von 5 bis zu mehr als 20 Jahren. Klimatische Bedingungen, aber vor allem die Bodenqualität, sollen den Blütezeitpunkt beeinflussen. Die Früchte reifen 2,5 bis 3 Monate später (November bis Januar). Teak ist i. a. eine fremdbestäubte Art, Selbstbestäubung ist selten. Die Bestäubung erfolgt durch Insekten (Entomogamie). Jährlich werden reichlich Samen produziert, so daß eine längere Aufbewahrung des Saatgutes nicht erforderlich ist.

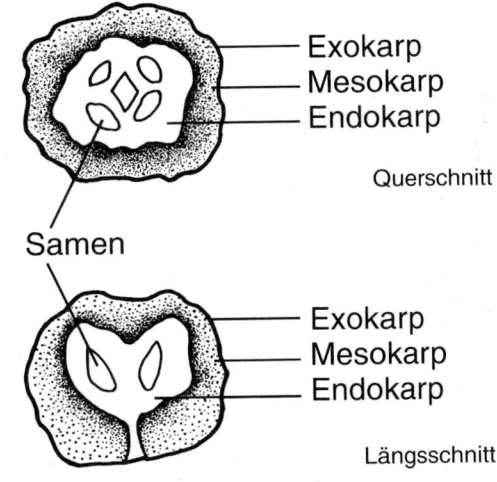

Abb. 3: Schematischer Aufbau der Teakfrucht (nach KAOSA-ARD 1986)

Abb. 4: Laubblatt (Foto: U. M. Lang)

Abb. 5: Fruchtstand (Foto: L. Maraz)

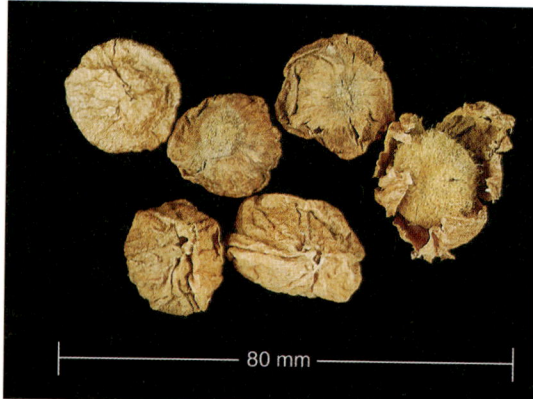

Abb. 6: Reife Früchte, z.T. mit abblätterndem Exokarp
(Foto: U. M. Lang)

Borke und Holz

Die etwa 1 bis 1,5 cm dicke und graue bis graubraune Borke ist tief längsrissig, abblätternd, ziemlich weich und von herbem Geschmack.

Das Holz hat einen hellen (weißlichen bis hell gelbbraunen) etwa 2 bis 3 cm starken Splint. Er ist bei schnell gewachsenem Holz und geringen Stammdurchmessern breiter (bis 5 cm) ausgebildet.

Das Kernholz ist gelb, oft gold- bis dunkelbraun nachdunkelnd. Im Querschnitt ist es vielfach durch dunkelolivbraune bis fast schwarze Zonen tangential geadert und radial gestreift (Schwarzstreifen-Teak). Die Farbzonierungen sind durch unterschiedliche Konzentrationen von Kerninhaltsstoffen mit farbgebender Wirkung verursacht [9]. Holzfarbstoffe sind u. a. Dehydrotectol und Tectochinon. Ersteres verursacht bei hohen Konzentrationen die oben bezeichneten 2 bis 8 mm breiten schwarzen Streifen mancher Teakherkünfte (z. B. burmesischer Provenienzen). Auch der Siliciumgehalt, der allgemein eine hohe Insektenfestigkeit, insbesondere Widerstandsfähigkeit gegen Termiten- und Bohrmuschelbefall, bewirkt, ist vom Herkunfts- (Wuchs-) gebiet abhängig [11].

Im Stammquerschnitt, der nicht selten durch Spannrückigkeit unregelmäßig ausgebildet ist, sind aufgrund des saisonalen Tropenklimas deutliche Zuwachszonen erkennbar. Sie verleihen dem Längsschnitt eine grobe Fladerung. Es können im Verlauf der Wachstumsperiode oder eines Jahres auch mehrere „Wachstumsschübe" stattfinden, die wuchszonenartige Differenzierungen hervorrufen [9]. Nach Untersuchungen in Indien wurden auch sog. „Falschringe" festgestellt, die durch den Wechsel der Faserlumina und -wanddicken hervorgerufen wurden [5]. Ursache für die mehrfache Ringbildung dürfte ein unmittelbares Reagieren der Bäume auf den Wasserhaushalt des Bodens sein, der u. a. von unterschiedlichen Niederschlägen abhängig ist.

Die großen Poren des Frühholzes (140 bis 370 μm) sind im Querschnitt ringartig angeordnet, die mittelgroßen Poren des Spätholzes (50 bis 100 μm) zerstreut verteilt. Teak ist somit bekanntester Vertreter ringporiger Arten unter den tropischen Hölzern. Zahlreiche Poren sind verthyllt. Porenrillen des Frühholzes sind tangential und radial als grobe Nadelrisse sichtbar. Sie enthalten in vielen Fällen schwarze oder weiße Substanzen.

Die Markstrahlen sind im Querschnitt kaum, im radialen Längsschnitt als Spiegel deutlich erkennbar. Im tangentialen Längsschnitt kann man sie mit bloßem Auge nicht erkennen. Holzfaserzellen von Teak sind septiert [9].

Das Holz ist überwiegend geradfaserig. Wechseldrehwuchs tritt nur vereinzelt auf. Es besitzt insgesamt eine ausdrucksvolle Textur und riecht im frischen Zustand lederartig [7, 16, 21, 24].

Der Rohzelluloseanteil wird mit rd. 43 %, der Ligninanteil mit 30 bis 39 % angegeben [6]. Eine Besonderheit des Teakholzes ist der Gehalt an Kautschuk im Parenchym der äußeren Zonen des Kernholzes. Mit bis zu 5 % ist der Kautschukgehalt außergewöhnlich hoch [22]. Bei nur wenigen tropischen Baumarten übersteigt er 1 %. Er besitzt eine hydrophobe Wirkung und bedingt das klebrige (ölige) Anfühlen und die stumpfe, nicht glänzende Oberfläche des Holzes. Auch die hohe Abriebfestigkeit, die Säureresistenz, die starke Wasserabweisung und das geringe Gesamtschwindmaß (ca. 9 %) sowie der sehr niedrige Fasersättigungspunkt (etwa 17 bis 20 %) sind darauf zurückzuführen [17].

Die mittlere Rohdichte liegt bei r_{12} = 0,64 g/cm³. Teakholz ist somit nur mäßig schwer. Die Rohdichte schwankt zwischen 0,58 bis 0,82 g/cm³. Druck- und Biegefestigkeit (lufttrocken) sind mit 610 kg/cm³ und 1.200 kg/cm³ mittelgroß bis groß. In Gebirgslagen gewachsenes Holz ist härter als das der Tieflagen. Trotz nur mittlerer Rohdichte ist das Kernholz sehr dauerhaft. Ursache dafür ist das sog. Tectol, das eine spezielle fungizide Wirksamkeit besitzt, und das die Resistenz gegen Insekten bewirkende Tectochinon [25].

Teakholz ist schwer entflammbar [6].

Untersuchungen zur Dendrochronologie mit Teak liegen von Pumijumnong (1995) für Nord-Thailand vor.

Ökologie

Teak ist eine Baumart tropischer regengrüner Monsunwälder, die zumeist aus zwei Kronenschichten bestehen. Es ist ein überwiegend laubabwerfender Wald, der auch immergrüne Baumarten enthält. Übergänge bestehen zum evergreen-seasonal-forest und tropischen Trockenwald (trockener Monsunwald). Das Auftreten von Teak in sehr verschiedenen natürlichen Waldformationen (semi-evergreen, moist deciduous, dry deciduous) bedingt auch seine Vergesellschaftung mit einer Vielzahl verschiedener Baumarten (*Cedrela* spp., *Dalbergia latifolia*, *Dipterocarpus* spp., *Eugenia* spp., *Gmelina arborea*, *Michelia champaca*, *Shorea assamica*, *Terminalia* spp., *Vitex* spp. etc.). Im Unterstand sind Bambusarten (*Dendrocalamus hamiltonii*) oder immergrüne Sträucher zu finden [15]. Teak kommt in seinem natürlichen Verbreitungsgebiet, z. B. auf Alluvialböden, auch in Reinbeständen vor [19, 26].

Grundlage der Durchforstungen in Teakplantagen sind oftmals Baumabstandsindizes. Die Pflege ist auf die Zukunftsbäume ausgerichtet (Auslesedurchforstung), und Vornutzungen sollten im Sinne einer Hochdurchforstung ausgeführt werden. Die Eingriffe müssen rechtzeitig und intensiv erfolgen, da Teakkronen im Alter nicht mehr regenerationsfähig sind. Es ist also eine Standraumregulierung notwendig, welche die Entwicklung gut ausgebildeter Kronen gewährleistet.

Abb. 7/8: Rinde eines jungen Stammes mit Lenticellen und Blattnarben. Stammborke (Fotos: U. M. Lang)

Abb. 9/10: Dreijährige Sämlinge (Foto: P. Schütt). Stockausschlag (Foto: U. M. Lang)

Abb. 11: Holz-Längsschnitt (Foto: U. M. Lang)

Tectona grandis

Das nachfolgende Durchforstungsschema gibt Anhaltspunkte für den Eingriffszeitpunkt und die Eingriffsstärke in Teak-pflanzungen [12, 14]:

Eingriff	Oberhöhe (m)	Alter[1] (Jahre)	Maßnahme
1.	8	3 – 6	Entnahme jedes 2. Baumes in jeder Reihe verbleibender Bestand: 1000 St./ha
2.	15	7 – 12	wie bei 1., aber zusätzliche Auslesekriterien verbleibender Bestand: 500 St./ha
3. (u. weitere)	Grundfläche 20 bis 21 m²		Auslesedurchforstung Aushieb von jeweils 6 m²/ha

[1] beste und schlechteste Bonität

STREETS [26] gibt folgende Wuchsleistungen von *Tectona grandis* auf Standorten mittlerer Trophie an:

Alter (Jahre)	Durch-forstung	Stammzahl[1] (N/ha)	BHD (cm)	Höhe (m)	Volumen[1] (m³/ha)	Entnommen (m³/ha)	Gesamt-wuchsleistung (m³/ha)
5	1.	1500	9,7	12,8	26,7	8,9	35,6
10	2.	750	14,6	16,5	57,0	40,0	105,9
15	3.	500	19,4	19,5	78,2	23,7	150,8
20	4.	370	23,4	21,6	103,3	20,0	195,9
25	5.	270	26,7	23,8	117,6	19,6	229,8
30	6.	210	29,1	25,3	126,5	19,6	258,3

[1] nach dem Eingriff

Der 1. Eingriff erfolgt in Abhängigkeit vom Bestandes-schlußgrad bei einer Bestandesoberhöhe von 8 bis 12 m. Bewährt hat sich die Entnahme jedes 2. Baumes in der Reihe. Weitere Eingriffe folgen dann alle 5 Jahre. Mit der Pflege können Wertastungen der herrschenden Baum-schicht verbunden werden. KEOGH [14] empfiehlt für Teak-plantagen in Zentralamerika einen Durchforstungsturnus von 10 bis 22 Jahren, um eine hohe Volumenproduktion zu erreichen. Generell werden Endstammzahlen von 75 (100) bis 200 furnierfähigen Bäumen/ha angestrebt.

Das große und standörtlich sehr heterogene Verbreitungs-gebiet von *Tectona grandis* führte zur Ausbildung zahlrei-cher Standortsrassen (Burma, Rangoon-, Siam-, Java-Teak). Diese Rassen unterschieden sich deutlich im Habi-tus und in den Wuchsleistungen. Die Ansprüche an Klima und Boden variieren generell sehr stark. Teakbäume kön-nen bis zu 400 Jahre alt werden.

T. grandis ist eine Lichtbaumart, die an einen ausgegli-chenen Temperaturverlauf gebunden ist und ein hohes Wärmebedürfnis – innerhalb einer Jahresmitteltemperatur von 21 bis 28 °C – besitzt. Natürlicherweise kommt Teak nur im feuchtwarmen Monsunklima mit ausgeprägter Trockenzeit, also in der Sommerregenzone, vor. Die Jah-resdurchschnittstemperaturen liegen in seinem Naturareal zwischen 21 (22) und 26 (28) °C, wobei auch Minimum-Temperaturen von 2 °C und absolute Maxima von 45 °C erreicht werden. Teak erträgt also keinen Frost! Das mitt-lere Minimum des kältesten Monats wird mit 18 bis 24 °C, das mittlere Maximum des heißesten Monats mit 24 (25) bis 30 (32) °C angegeben [31]. Das physiologische Optimum liegt bei 24 bis 25 °C. Wie bei der Temperatur treten auch beim Niederschlag innerhalb des natürlichen Verbreitungsgebietes von *T. grandis* große Unterschiede auf. Die Amplitude reicht von 780 mm in Indien mit 5 bis 7 trockenen Monaten bis zu 1500 mm Jahresniederschlag im moist-semi-deciduous forest in Burma. WEBB et al. [31] und andere Autoren geben den Jahresniederschlag mit 1250 bis 2500 (3000) mm und die Dauer der Trocken-periode mit 3 bis 5 (6) Monaten an [18, 31].

Natürliche Teakwaldgesellschaften wachsen auf sehr unterschiedlichen Böden (Kalk- und Tonböden, arme La-terite), bevorzugt auf Standorten des Hügellandes und der unteren Berglagen. In der Ebene werden auch tiefgründige Alluvialböden besiedelt. Beste Wuchsleistungen werden auf gut wasserversorgten, tiefgründigen, drainierten und durchlüfteten, sauerstoffreichen Böden im neutralen bis schwachsauren pH-Bereich erreicht.

640

Optimal sind sandige Lehme und alluviale Tonböden. Auf Staunässe und Sauerstoffmangel reagiert *T. grandis* deutlich mit Wuchsdepressionen [12]. Die Art meidet dichte Vertisole, schwere tonige Böden sowie flachgründige Lateritböden und trockene Sande.

Teakwälder stehen etwa 3 bis 5 Monate kahl. Sie verlieren ihr Laub in der Trockenzeit (Dezember bis März) und belauben sich wieder kurz vor Beginn der Regenzeit (etwa Ende April). Der Laubfall ist standortsabhängig; er ändert sich mit dem Niederschlag und seiner Verteilung, der Wasserspeicherkapazität des Bodens und dem Bestandesinnenklima. Er variiert auch von Jahr zu Jahr [12].

In Reinbeständen verhindern starke Beschattung und kompakte Laubstreu weitgehend die Ausbildung einer Bodenvegetation. Hanglagen sind dadurch erosionsgefährdet. In Abhängigkeit vom Standort schwankt die Streuproduktion zwischen 3 bis 15 t/ha/a. Das C/N-Verhältnis liegt bei 50 bis 60 [13].

Anzucht

Tectona grandis wird generativ vermehrt. Jährlich werden reichlich Samen produziert. Die Samen werden manuell, durch Aufsammeln vom Boden, geerntet und bleiben bei kühler und trockener Lagerung mehrere Jahre keimfähig. Da die Keimung sehr langsam und unregelmäßig (von rd. 10 Tagen nach der Aussaat bis zu 60 Tagen und mehr!) verläuft, sollten Vorbehandlungen (u. a. Wechsel zwischen Befeuchten und Trocknen in der Sonne) erfolgen. Eine alternierende Wasserbehandlung ist nicht notwendig, wenn die Früchte unmittelbar nach der Ernte ausgesät werden [32]. Es wird auch empfohlen, die Steinkerne vor dem Einquellen anzufeilen oder zur Keimbeschleunigung mit einer Schicht Gras zu bedecken, das zum Versengen der Früchte abgebrannt wird.

Aufgrund seines hohen Ausschlagsvermögens läßt sich Teak sehr leicht durch Stockausschlag vermehren [16].

In der Forstbaumschule erfolgt die Anzucht durch Aussaat in Reihen (15 x 5 cm, etwa 1 cm tief). Nach ca. 8 bis 10 Monaten, der Wurzelhalsdurchmesser beträgt dann etwa 1 bis 2,5 cm, werden die „stumps" auf eine Wurzellänge von rd. 10 bis 25 cm und eine Sproßlänge von ca. 2 bis 5 cm zugeschnitten. Die Seitenwurzeln können bis auf etwa 3 cm eingekürzt werden [20].

Teak ist aufgrund seines ökologischen Verhaltens gut für Freiflächen-Aufforstungen geeignet. Dabei ist die Herkunftsfrage zu beachten [3]. Als Lichtbaumart benötigt er in allen Wuchsstadien, besonders als Jungpflanze, volles Oberlicht [20]. Die Aufforstung erfolgt entweder durch Direktsaat oder mit Stummelpflanzen (stump-planting). Letztere werden aus bis zu 2 m hohen, verschulten Pflanzen gewonnen. Sie werden als Nacktwurzler im Verband von etwa 1,8 x 1,8 bis 2 x 2,5 m (Ausgangspflanzenzahlen von 2800 bis 2000 St./ha) auf die vorbereiteten Aufforstungsflächen ausgebracht. Die Bodenbearbeitung erfolgt vollflächig (beim Taungya-System), streifen- oder plätzeweise. Üblich ist die Lochpflanzung. Reihenabstände von 3 bis 5 m wählt man, wenn ein Unterbau mit *Leucaena* vorgesehen ist. In Abhängigkeit von den Trophieverhältnissen wird auch eine mineralische Düngung (50 bis 150 g NPK/Pflanze) bei Pflanzenhöhen von 15 bis 25 cm empfohlen [20].

T. grandis wird vorwiegend künstlich als Reinbestand begründet. Naturverjüngungen finden sich gelegentlich nach Bodenfeuer ein. Kontrolliertes Brennen und Beweidung erbrachten nicht den gewünschten Erfolg. Aus Stockausschlägen entstehen oft sehr geringwertige Bestände. Bekannt sind Mischbestände mit *Albergia latifolia*, *Shorea robusta*, *Morus alba* und anderen Baumarten, vor allem mit bodenpfleglichen Nebenbaumarten (*Leucaena leucocephala* oder *Acacia* sp.). Sie sollen Bodenverarmung und Flächenerosionen vor allem bei Hanglagen verhindern. Neben der Bodenpflege dienen sie auch der Erzeugung von Brennholz und Viehfutter [12].

Erfolgreich wird Teak im Taungya-System begründet, das Brandis Mitte des letzten Jahrhunderts in Burma entwickelte. Damit wurde ein tropenspezifisches Umwandlungssytem geschaffen, das man heute mit den Begriffen „méthode sylvo-agricole", „agri-silviculture", „Agro-Forestry" etc. bezeichnet. Das Verfahren fand vor allem auf Java in größerem Umfang Eingang in die forstliche Praxis. Nach Nutzung des Vorbestandes durch die Forstbehörden erfolgt die Übergabe der Flächen an die einheimischen Bauern. Sie übernehmen die Räumung der Restbestockung und die Bodenbearbeitung. Es folgt die Einsaat der landwirtschaftlichen Kulturen (Trockenreis bzw. Bergreis, Mais). Gleichzeitig wird Teak durch Direktsaat im Verband 3 x 1,0 m bis 4,0 x 1,0 m ausgebracht. *Leucaena leucocephala*, eine Leguminose, wird später eingesät, nach Anwuchs geästet und zurückgeschnitten. Das Reisig dient zum Mulchen. Nach zwei Mais- und einer Reisernte übernehmen 8 bis 9 Monate später die Forstbehörden wieder die Flächen [16]. Teak gilt heute als erfolgreiche Taungya-Art, wird aber auch im „modernen" Plantagenbetrieb [8] und in bewässerten Plantagen bewirtschaftet.

Teak-Kulturen vertragen keine Beschattung und einmal unterdrückte Pflanzen regenerieren schlecht [20]. Kulturpflegemaßnahmen in Aufforstungen hängen sehr stark von der vorhandenen Bodenvegetation und dem Entwicklungsstand der Kulturpflanzen ab. Im 1. (2.) Kulturjahr können 2 bis 3 Pflegemaßnahmen (Freischneiden und Hacken der Pflanzplätze) notwendig werden. Stummelpflanzen erreichen bereits im 2. Jahr eine Höhe von 3 m, so daß Unkrautbeseitigung, selbst bei *Imperata cylindrica*, einer Poacee, nicht mehr anfällt. Nachbesserungen müssen aufgrund des raschen Jugendwachstums von Teak während der ersten Vegetationsperiode erfolgen.

Wachstum, Ertrag und Waldbau

Tectona grandis ist in der Jugend sehr raschwüchsig; schon mit 5 bis 7 Jahren können Höhen von 10 m erreicht werden [1]. Der Höhenzuwachs dürfte bereits zwischen dem 5. bis 10. Lebensjahr kulminieren. Im Alter von 30 Jahren kommt es zu einer zunehmenden Abflachung der Oberhöhenkurven. Der Volumenzuwachs kulminiert mit etwa 15 bis 20 Jahren [16], und der DGZ-Bereich wird mit 6 bis 18 m³/ha/a angegeben [18, 31]. Ausgezeichnete Wuchsleistungen zeigt Teak in seinem natürlichen Verbreitungsgebiet vor allem in Burma, wo Endhöhen von 40 m erreicht werden. Hier wird auch das qualitativ beste Teakholz gewonnen.

Die Umtriebszeit für Pflanzungsbestände mit dem Produktionsziel „Wertholz" beträgt etwa (50) 70 bis 80 Jahre, in Naturbeständen bis über 100 Jahre. So wird hochwertige Schneide- und Furnierware erzeugt.

STREETS [26] gibt folgende Wuchsleistungen von *Tectona grandis* auf Standorten mittlerer Trophie an:

QUYEN [20] beschreibt weitere Durchforstungskonzeptionen, wie sie u. a. in Indien, Nigeria und Vietnam Anwendung finden. Es sind Bewirtschaftungssyteme in der Form des klassischen Femelschlages oder der Plentermethode (selection system), die auf festgelegte Zieldurchmesser ausgerichtet sind. „Improvement fellings" werden zur Einleitung und Förderung der Naturverjüngung durchgeführt. Auch Methoden der Niederwaldbewirtschaftung (coppice system) mit Ergänzungspflanzungen sind bekannt. Gebräuchlich sind ferner „clearfellings with artificial regeneration". Nach kontrollierten Bodenfeuern und weiteren Bodenvorbereitungen folgen Bestandesbegründungen mit Stummelpflanzen, gelegentlich auch durch Direktsaaten [12]. Wo eine landwirtschaftliche Nutzung der Waldflächen erfolgen soll, werden die beschriebenen Bewirtschaftungsrichtlinien auch mit dem Taungya-System verbunden.

Nutzung

Das Holz von *Tectona grandis* ist nach Dämpfung messerbar und läßt sich gut bearbeiten. Beim Nageln und Schrauben ist Vorbohren zu empfehlen. Teakholz trocknet ohne Neigung zum Reißen und Werfen langsam. Eine Verleimung ist durch den Kautschukgehalt mitunter erschwert, weshalb (synthetische) Spezialleime empfohlen werden [6]. Es besitzt ausgezeichnete technologische Eigenschaften, insbesondere ein gutes Stehvermögen. Eine Oberflächenbehandlung bereitet jedoch Schwierigkeiten, denn mehrere Inhaltsstoffe (Tectol, Chinone u. a.) wirken hemmend auf die künstliche Farbgebung und Lackierung, so daß vorher das Auftragen sog. „Sperrlacke" notwendig ist. Derartige Inhibitoren für Lacke oder deren Lösungsmittel besitzt auch *T. grandis*. Interessant ist die korrosionsverhütende Wirkung des Holzinhaltsstoffes Lapachol, die am Teakholz beim gemeinsamen Verbau mit Eisen beobachtet wurde.

Abb. 12: Teak-Plantage in Costa Rica (Foto: L. Maraz)

Nicht selten findet man im Teakholz auffällige Einschlüsse in Form kompakter mineralischer Einlagerungen (z. B. Calciumphosphat) [23, 30]. Derartige Kernstoffeinschlüsse bedingen nicht selten eine ungünstige Holzausnutzung.

Die große natürliche Dauerhaftigkeit des Holzes ist bedingt durch die reichhaltige Ausstattung mit Inhaltsstoffen verschiedener Art. Vor allem das Kernholz ist gegenüber Pilzen und Insekten (Termiten!) weitgehend dauerhaft.

Sägespäne und Holzstaub können aufgrund ihrer Inhaltsstoffe beim Menschen Dermatitis verursachen.

Teakholz wird aufgrund seiner schönen rotbraunen Färbung und der dekorativen schwarzen Farbstreifen als Messerfurnier oder Vollholz für Möbel, Vertäfelungen und als Parkett verwendet. Auch im Konstruktionsbau und Waggon-, Boots- und Schiffsbau findet es Anwendung [3, 27]. Es ist geeignet für Wasser- und Hafenbauten und gilt als Spezialholz zum Drechseln und Schnitzen sowie für den Modellbau. Auch Chemikalienbehälter und Akkumulatorenkisten werden aus Teakholz hergestellt [7, 24]. In seinem Verbreitungsgebiet wird Teak auch als Brennholz und zur Herstellung von Holzkohle und Hausgeräten genutzt.

Die günstigsten Festigkeitseigenschaften besitzt Teakholz bei Wuchsringbreiten von 3 bis 5 mm. Holz mit Ringbreiten über 8 mm ist für Anwendungszwecke, bei denen Festigkeit verlangt wird, ungeeignet. Sehr langsam gewachsenes und entsprechend engringiges Teakholz gilt hingegen als sehr brüchig (wie „Biskuit") [5].

Es gibt Andeutungen, daß Inhaltsstoffe auch Formveränderungen von Teakholz beeinflussen können.

Um Rißbildung nach der Fällung zu verhindern, induziert man das Vortrocknen stehender Stämme durch Ringelung [5, 10]. Dies geschieht ein oder mehrere Jahre vor dem Einschlag. Das Rundholz wird damit auch flößbar.

Je nach seiner Herkunft unterschiedet man beim Import Burma-, Rangoon, Laos-, Java-, Moulmein-Teak u. a. m. Von allen Provenienzen liefert Malabar- und Moulmein-Teak das beste Holz [12]. Die einzelnen Herkünfte sind aber nicht sicher zu unterscheiden. Holz aus Gebirgslagen gilt als härter als das des Flachlandes.

Teakholz von Aufforstungen außerhalb des Naturareals erreicht vergleichbare Dimensionen und Eigenschaften der besten asiatischen Herkünfte. Aus Nigeria wurden 1961 erstmals Halbfabrikate aus *T. grandis* exportiert [24].

Teak-Blätter geben einen roten Farbstoff ab, der sich zum Färben von Stoffen eignet. Die großen Blätter werden in Thailand zum Dachdecken verwandt.

Aufgüsse des Holzes stellen in Laos ein Mittel zur Bekämpfung toxischer Enteritis dar (BOUNHEUANG NINCHALEUNE 1998, mdl. Mitt.).

Auch Blüten, Blätter und Rinde werden für medizinische Zwecke eingesetzt; so u. a. in Burma Rindenaufgüsse gegen Harnsteinleiden (LAMPHOUNE XAYVONGSA 1999, mdl. Mitt.), und die im Norden Thailands seßhafte Minderheit „Lahu" nutzt *Tectona*-Rinde als fiebersenkendes Mittel (LAMPHOUNE XAYVONGSA, schriftl. Mitt.)

Pathologie

Tectona grandis gilt als relativ stabil gegenüber biotischen und abiotischen Schadfaktoren.

Verschiedene Schmetterlingsraupen (*Hyblaea purea*, *Pyrausta machoeralis* u. a.) rufen Schäden durch Blattfraß hervor. Halbparasitische Arten der Gattung *Loranthus* treten auch im Kronenbereich auf.

Trotz reichhaltiger Kernstoffausstattung und mittlerer Rohdichte kommt es zur Kernholzzerstörung durch holzbohrende Insekten (*Xyleutes ceramicus*) und pilzliche Kernfäuleerreger. Hohe Wertminderung des Holzes ist die Folge [9]. Das Splintholz wird nicht selten von *Bostrychiden* und *Lyctiden* befallen [7]. Teakholz ist aber termitenfest. Gelegentlich wird es vom Schiffsbohrwurm (*Teredo navalis*) angegriffen [10].

UHLIG [28] verweist in einer Zusammenstellung auf einige wirtschaftlich wichtige pathozöne Organismen. Demzufolge werden phytopathogene Viren und Bakterien sehr selten beschrieben. *Xanthomonas melhusi* bildet als Bakterium in Indien Blattflecken (Teak bacterial spot). Es ist aber lediglich von lokaler Bedeutung.

Als wichtige pilzliche Krankheitserreger werden registriert:

– *Armillaria mellea*: in Malawi, Nigeria, Tansania, Thailand und Uganda

– *Fomes lignosus* (KLOTZSCH.) BRES.: Wundparasit und Weißfäule-Erreger in Dahomey

– *Fomes noxius*: Wurzelfäule in Asien und Afrika

– *Heterobasidium compactum*: „purple root rot" in Nigeria, Ost- und Südafrika

– *Irpex flavus*: Wundparasit und Kernfäule-Erreger im tropischen Asien

– *Nectria*-Arten: Stammkrebse in Asien und Afrika

– *Olivea tectonae*: Blattflecke und vorzeitiger Blattfall im tropischen Asien („teak leaf rust")

– *Peniophora rhizomorpha*: Wurzelfäule („yellow laminated rot") in Indien

– *Polyporus zonalis* BERK.: Weißfäule in Wurzeln und Stammbasen („white pocket rot") in Indien. Folge: Windwurf.

Tritt- und Schälschäden können in Pflanzungsbeständen durch Elefanten verursacht werden. Teak ist relativ feuerresistent.

Gelegentlich treten Schäden durch Windwurf und Blitzschlag auf [13]. Hervorzuheben ist aber die außerordentliche Frostempfindlichkeit der Sämlinge, Jungpflanzen und Stockausschläge.

Gefährdet sind Teakbestände vor allem durch den Menschen. Brandhackbau (shifting cultivation) und illegaler Holzeinschlag haben die natürlichen Vorkommen stark zurückgedrängt [19].

Literatur

[1] ANONYMUS, 1960: Praticas de plantacion forestal en America Latina. Cuadernos de fomento forestal, Nr. 15, UN, Rome.

[2] ANONYMUS, 1974: Natural resources of humid tropical Asia. UNESCO, Paris.

[3] ANONYMUS, o. J.: Some common commercial hardwoods of Burma. Burma forests. Research and Training Circle. Rangoon.

[4] BEARD, J. S., 1942: The importance of race in Teak. Carribean Forester **4**, 3.

[5] CHOWDHURY, K. H.; GHOSH, S. S., 1958: Indian Woods. Their identification, properties and uses. Dehra Dun.

Abb. 13: Aufforstungsfläche am Dimble Dam, Prov. Maharashtra, Indien (Foto: P. Schütt)

[6] DAHMS, K.-G., 1989: Das Holzportrait-Teak. Holz Roh-Werkstoff **47**, 81-85.

[7] DURST, J., 1959: Handbuch der Nutzhölzer. Fachbuchverlag, Leipzig.

[8] EVANS, J., 1992: Plantation forestry in the tropics. Oxford.

[9] HARZMANN, L. J., 1988: Kurzer Grundriß der allgemeinen Tropenholzkunde. S. Hirzel Verlag, Leipzig.

[10] HESKE, F., 1941: Tiek. Tectona grandis L. fil. (Verbenaceae). Kolonialforstliche Merkblätter, Reihe 1. Koloniale Nutzhölzer, Nr. 16. Reichsinst. ausländische, koloniale Forstw. Reinbek-Hamburg.

[11] HILLIS, W. E.; DE SILVA, D., 1979: Inorganic extraneous constituents of wood. Holzforschung 33, Nr. 2.

[12] HOUAYÉ, P., 1993: Untersuchungen zur Variabilität von Teakpflanzbeständen in Benin. Göttinger Beitr. Land- und Forstw. in Tropen und Subtropen, Heft 85.

[13] KASPAR, A., 1988: Nährstoffhaushalt von Teak-Plantagen im Südsudan. Dissertation, Albert-Ludwigs-Universität, Freiburg i. Breisgau.

[14] KEOGH, R. M., 1980: Teak (Tectona grandis Linn., f.): Volume growth and thinning practice in the Caribbean, Central America, Venezuela and Columbia. In: Whitmore, J. L.: Wood production in the neotropics via plantation. Proc. IUFRO/MHB/Forest Service Symp. 1980. Rio Piedras, Puerto Rico.

[15] KERMODE, C. W. D., 1964: Some aspects of silviculture in Burma forests. Rangoon.

[16] LAMPRECHT, H., 1986: Waldbau in den Tropen. Verlag Paul Parey, Hamburg und Berlin.

[17] MOMBÄCHER, R.: Kleine Allgemeine Tropenholzkunde. Holz-Zentralblatt Verlag, Stuttgart.

[18] PANCEL, L. et al., 1993: Tropical forestry handbook. Vol. 1. Springer Verlag, Berlin.

[19] PUMIJUMNONG, N., 1995: Dendrochronologie mit Teak (Tectona grandis L.) in Nord-Thailand. Dissertation, Universität Hamburg.

[20] QUYEN, Le nho, 1991: Möglichkeiten und Grundsätze für die Begründung und Behandlung von Teakbeständen (Tectona grandis L.) in Vietnam. Diplomarbeit, Tharandt.

[21] RANGANATHAN, V. et al., 1988: Handbook on Indian Wood and Wood Panels. Delhi, Oxford University Press.

[22] SANDERMANN, W. et al., 1963: Kautschukhaltige Tropenhölzer. Holzforschung 17, Nr. 6.

[23] SANDERMANN, W. et al., 1965: Über ungewöhnliche mineralische Einlagerungen in tropischen Baumarten. Holz Roh-Werkstoff 23, Nr. 3.

[24] SCHEIBER, Ch., 1965: Tropenhölzer. Fachbuchverlag, Leipzig.

[25] SIMATOEPANG, M. H., 1964: Chemische Untersuchungen an Teak-Holz (Tectona grandis L. f.). Diss. Hamburg.

[26] STREETS, R. J., 1962: Exotic forest trees in the British Commonwealth. Oxford.

[27] TROTTER, H., 1960: The common commercial timbers of India and their uses. Delhi.

[28] UHLIG, S. K., 1973: Phytopathologie und Forstschutz. Teil 1: Zusammenstellung der wichtigsten Parasiten und Krankheitserreger an tropischen und subtropischen Waldbäumen. Unveröffentlichtes Manuskript, Tharandt.

[29] VIDAL, J., 1959: Noms vernaculaires de plantes en usage au Laos. Paris.

[30] WAGENFÜHR, R., 1984: Anatomie des Holzes. Leipzig.

[31] WEBB, B. et al., 1984: A guide to species selection for tropical and sub-tropical plantations. Tropical Forestry Papers Nr. 15, University of Oxford.

[32] ZENTSCH, W., 1980: Zum Keimvermögen von Tectona grandis L. f. Manuskriptdruck, unveröffentlicht. Tharandt.

Der Autor:

Dr. M. SCHORCHT
Belscher Straße 34
D-19230 Redefin

Terminalia catappa LINNÉ

Indischer Mandelbaum, Katappenbaum

Familie: Combretaceae

engl.: Indian almond, Tropical almond
franz.: Myrobolanier
span.: Almendro

Indien: badam
Philippinen: kalumpit

Abb. 1: Terminalia catappa als Parkbaum (Jamaica)

T. catappa stellt wohl die am weitesten verbreitete, gewiß aber die am häufigsten angebaute der ca. 200 Terminalia-Arten dar. Salztolerant und auf reinen Sanden wachsend, kann man sie an vielen Sandstränden der Tropen antreffen. Hier wird sie zu einem mittelgroßen, in der Regel laubabwerfenden Baum mit auffallend etagenförmigem Kronenaufbau und fast waagrecht abstehenden Ästen. Der indische Mandelbaum bietet reichlich Schatten und hat überdies einen hohen Zierwert. Keineswegs überall genutzt werden die schwimmfähigen, mandelförmigen Früchte, die einen wohlschmeckenden und nahrhaften Samen enthalten.

645

Morphologie

T. catappa wächst zu einem aufrechten, i.a. etwa 15 m, maximal 25 m hohen Baum heran, dessen Stammdurchmesser allenfalls 75 cm erreicht (nach MORTON [6] bis 1,5 m). Ältere Bäume neigen zur Erweiterung der Stammbasis.

Abb. 2: Silhouette einer typischen T. catappa

Kennzeichnend für die Art ist der etagenartige Aufbau der **Krone**. Die Astquirle folgen in 1 bis 2 m Abstand aufeinander und ihre Äste stehen nahezu waagrecht ab, was sich unter den gegebenen Strahlungsbedingungen positiv auf die Stoffbilanz auswirkt [2]. Die braunen, anfangs fein behaarten Zweige sind an den Knoten leicht verdickt. Und die dünne, graue, zunächst glatte Borke wird bei alten Stämmen schwach rissig. Sie ist in den kambiumnahen Bereichen von rötlich-brauner Farbe.

Das relativ weiche, ziemlich zähe und etwas glänzende **Holz** schwankt in der Farbe zwischen hell-, dunkel- und rotbraun und es ist oft mit helleren oder dunkleren Strei-

Abb. 3: Borke

fen versehen. Das gilt vor allem für den Kern, der nach RECORD und HESS[1], auch „olivbraun", nach MORTON [6] sogar rot sein kann. Splintholz ist i.a. etwas heller, soll sich bei alten Bäumen aber farblich nicht mehr vom Kern abheben [6].

Angaben über die Rohdichte liegen bei 0,46 bis 0,67 g/cm^3 [6]; 0,59 [5] und 0,70 [7]. T. catappa-Holz läßt sich meist gut bearbeiten und gut trocknen. Es ist „schraubenfest" und relativ dauerhaft. Nachteile: Anfälligkeit gegen Termiten und Schwierigkeiten beim Hobeln. Als auffällige anatomische Merkmale werden herausgestellt [7]: Sehr schmale, oft wellig verlaufende Holzstrahlen, auffallend wenig Tracheen sowie undeutliche und unregelmäßig verlaufende Jahrringgrenzen.

Abb. 4: Blätter

T. catappa entwickelt große, ansehnliche **Blätter** von charakteristischer Form. Immergrün ist die Art nur in wenigen Regionen, so z.B. auf Hawaii. In Asien und in Teilen Afrikas (Ghana) findet u.U. sogar ein zweimaliger Blattwechsel pro Jahr statt. So in Malaysia (Januar/Februar sowie Juli/August) und in Indien (Februar und September). Einmaliger winterlicher Blattwechsel ist in Südflorida gegeben.

Sowohl vor dem saisonbedingten Blattfall wie vor dem Absterben einzelner Blätter findet stets eine sehr auffällige, attraktive Verfärbung ins Rote, Orangefarbene oder Gelbe statt.

Die kurzgestielten (1 bis 2 mm), ledrigen Blätter sind wechselständig angeordnet, treten aber an den Triebenden rosettig gehäuft auf. Die Blattlänge wird teils mit 15 bis 36 cm [6], teils mit 15 bis 28 cm [5], die Blattbreite mit 8 bis 24 cm [6] bzw. 9 bis 15 cm [5], die Blattform mit verkehrt eiförmig angegeben. Der Apex kann sowohl kurz zugespitzt wie abgerundet sein. Ausgewachsene Blätter haben eine glänzend dunkelgrüne Ober- und eine etwas blassere, mitunter spärlich braun behaarte Unterseite. Sie sind immer ganzrandig.

---

1) Timbers of the New World. Yale Univ. Press, 1943

Terminalia catappa

Abb. 5: Blütenstand

Die kleinen, recht unscheinbaren, grünlich-weißen **Blüten** des indischen Mandelbaumes erscheinen zumeist im Frühsommer. Sie stehen in traubigen Infloreszenzen, welche axillär den rosettig angeordneten Blättern des plagiotrop orientierten Zweigsystems entspringen [8]. Kronblätter fehlen. An der Spitze des 10 bis 25 cm langen Blütenstandes sind rein männliche, zur Basis hin zwittrige Blüten angeordnet.

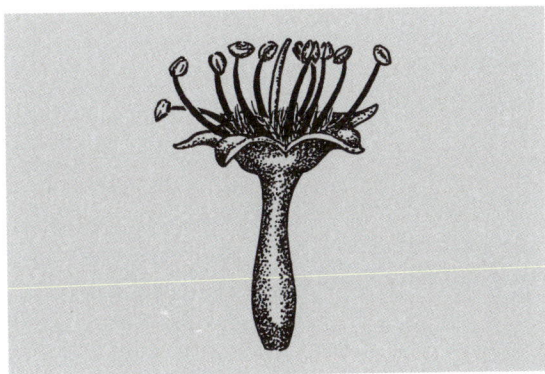

Abb. 6: Zwitterblüte (4 x nat. Größe)
(nach TOMLINSON, 1980)

Gut zu erkennen ist der fünf- bis sechslappige, bräunlich behaarte, röhrig verlängerte Kelch. Pro Blüte werden 10 bis 12 relativ lange Staubblätter ausgebildet. In den Zwitterblüten steht der Griffel auf einem verbreiterten, dicht behaarten Diskus, der in ein enges, stielähnliches Hypanthium mündet [5].

T. catappa bildet auffällige, 4 bis 7 cm lange und 2,5 bis 3,8 cm breite Früchte von ± elliptischer Form aus. Es handelt sich um etwas abgeflachte, am Apex zugespitzte Steinfrüchte mit schmal geflügelten Kanten, die sich bei

Reife zumeist hellbraun verfärben und zwei wichtige Besonderheiten aufweisen: Sie sind schwimmfähig und enthalten einen eßbaren, nährstoffreichen Samen.

Das Perikarp der Steinfrucht ist differenziert in ein dünnes, wachsiges Exokarp, ein dreischichtiges Mesokarp (fleischige Außenschicht, faserige Mittelschicht, mit Luftgewebe ausgestattete Innenschicht) sowie ein sehr hartes, sklerenchymatisches Endokarp [5, 6].

Eine häutige, braune Testa (Samenschale) umschließt den ölhaltigen, ca. 3 cm langen, eßbaren Samen, der in der Hauptsache aus 2 relativ großen, gefalteten, der Reservestoff-Speicherung dienenden Keimblättern (Speicherkotyledonen) besteht.

Abb. 7: Fruchtstand, unreif

Die Reifezeit der Früchte variiert mit dem Anbaugebiet. Auf den Bahamas dauert sie z.B. vom Juli bis zum Beginn des Winters, auf den Karibischen Inseln fruchtet die Art das ganze Jahr über, in Florida nur im November und in Süd-Indien sogar zweimal pro Jahr (Frühjahr und Herbst).

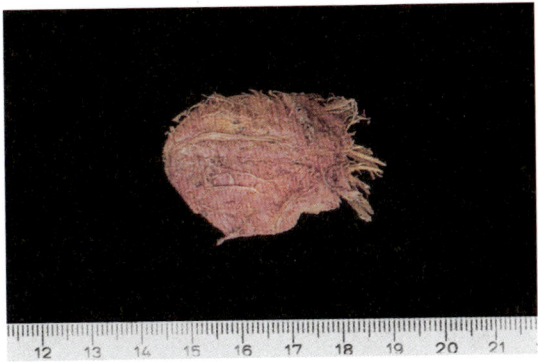

Abb. 8: Steinkern mit Resten des Mesokarps

647

Abb. 9: Keimling, Seitenansicht

Die Morphologie von **Keimlingen** und **Sämlingen** wird ausführlich von BURGER [1] beschrieben. Danach verläuft die Keimung epigäisch, das Hypokotyl kann eine Länge von 11 cm erreichen und ist am Grunde einseitig verdickt. Die beiden asymmetrischen Keimblätter sind nicht von genau gleicher Gestalt. Der grüne, im Querschnitt runde Sproß der Sämlinge ist von vielen gelblich-weißen Korkwarzen (Lenticellen) besetzt.

Abb. 10: Keimling, Aufsicht

Verbreitung und Ökologie

Die aus mehr als 200 Arten bestehende, pantropisch verbreitete Gattung Terminalia wird in 20 Sektionen aufgeteilt. T. catappa gehört zur Sektion Terminalia [6].

Man nimmt an, daß die Heimat der Art in Polynesien, Ostindien oder Malaysia liegt [3, 5, 6]. Von dort aus dürfte sie sich mit den herrschenden Meeresströmungen weit verbreitet haben. Seit mehr als 200 Jahren findet überdies in vielen tropischen und subtropischen Ländern zumindest in Küstennähe ein extensiver Anbau statt. Das gilt u.a. für beide Küsten des tropischen Afrika und des

tropischen Amerika, für Indien, die Karibik und die Philippinen. In Florida und auf Puerto Rico ist sie ein häufiges Element in Parks und Gärten und spielt sogar eine Rolle als Straßenbaum.

T. catappa kommt ausschließlich unter tropischen und subtropischen Klimabedingungen vor. Trotz der extrem hohen Niederschlagswerte im natürlichen Areal (150 Regentage und 3130 mm pro Jahr nach [6]) gedeiht sie auch in Gebieten mit einer zwei- oder dreimonatigen Trockenzeit wie der Karibik oder der Westküste Mittelamerikas. Die Art ist windhart, aber nicht sturmfest; sie erträgt salzhaltige Böden sowie die Gischt des Meerwassers und soll selbst zeitweise Überflutung tolerieren [6].

Felsige und sandige Küsten werden am häufigsten besiedelt, Kalkböden nicht gemieden. T. catappa zählt zu den Lichtbaumarten, denen Halbschatten nicht schadet.

Nutzung

Die Liste der einstigen, derzeitigen und zukünftigen Nutzungsmöglichkeiten von Terminalia catappa enthält neben der gärtnerisch-landschaftsgestalterischen Verwendung die Nutzung von Holz und Rinde, von Blättern und Früchten, vor allem aber der Samen.

Das Holz eignet sich bei sorgfältiger Bearbeitung für Möbel und Einlegearbeiten; es ist sogar furnierfähig [5]. Örtlich fand es im Bootsbau Verwendung und auf Fiji und Samoa ist es erste Wahl für die Herstellung von Trommeln. Besonders häufig wird es für Masten verwendet oder als Brennholz genutzt. Im übrigen gilt die Ansicht SCHNEIDERS [7], es habe „no promise for export". Rinde, Wurzeln und die grünen Früchte zeichnen sich durch hohen Gerbstoffgehalt aus. Für die Rinde werden Tanningehalte von 11 bis 23 % [6] und 60 %[2] angegeben.

Noch größere Bedeutung ist aber den Samen beizumessen. Sie werden von der Bevölkerung einiger Länder wie Jamaica oder Indien als Nahrungsmittel wie als Leckerei geschätzt, dort jedoch achtlos liegengelassen, wo man die Mühe scheut, die Steinkerne zu knacken. Die Samen sind roh eßbar, recht wohlschmeckend und reich an Nährstoffen.

Lufttrockene Samen enthalten:

	(nach MORTON [6])	(nach HAYWARD [4])
Wasser	3,5 %	4,4 %
Fette	52,0 %	53,3 %
Proteine	25,5 %	14,7 %
Kohlenhydrate		23,7 %
Zucker	6,0 %	

2) For. Abstr., 8, 1324, 1947

Das extrahierte, schwach trocknende, gelbliche Öl ist als wertvolles, nur langsam ranzig werdendes Speiseöl anzusehen. Es enthält folgende Fettsäuren (nach MORTON [6]):

Palmitinsäure	55,5 %
Oleinsäure	23,3 %
Myristinsäure	1,6 %
Stearinsäure	6,3 %
Linolensäure	7,6 %

Man erwartet, daß durch planmäßige Selektionen leistungsfähiger Einzelbäume und deren vegetative Vermehrung sowohl eine Erhöhung des Fruchtansatzes wie eine erhebliche Steigerung der Samengröße erreicht werden kann.

Verschiedenes

– Die Samen bleiben noch nach längerem Aufenthalt der Früchte im Salzwasser keimfähig.

In Indien sät man die Früchte sogleich nach der Ernte aus und erzielt so Keimraten von 25 % [6]. Verschiedene Methoden der Vorbehandlung (H_2SO_4, Stratifizieren, Wässerung) erhöhen die Keimrate nicht[3].

– In der Volksmedizin mehrerer Länder waren Aufgüsse und Extrakte aus Terminalia-Blättern von einiger Bedeutung. Äußerlich angewendet wirken sie schweißtreibend; Säfte aus jungen Blättern mildern Kopfschmerzen und Koliken. In Mexico gilt ein gesüßter Blattextrakt als wirksames Mittel gegen Diarrhoe, in Cuba setzt man dem Badewasser zerriebene Blätter gegen Hautausschlag zu und auf den Philippinen nimmt man einen Dekokt roter Blätter als Wurmmittel ein (nach [6]).

– Seidenaffen höhlen in Brasilien die Stämme aus, vermutlich um die an Kohlenhydraten und Mineralstoffen reichen Säfte aufzunehmen[4].

– Schadinsekten und Krankheiten treten nur regional auf und sind in der Regel von geringer Bedeutung.

3) For. Abstr., 50, 5603, 1989
4) For. Abstr., 38, 1463, 1977

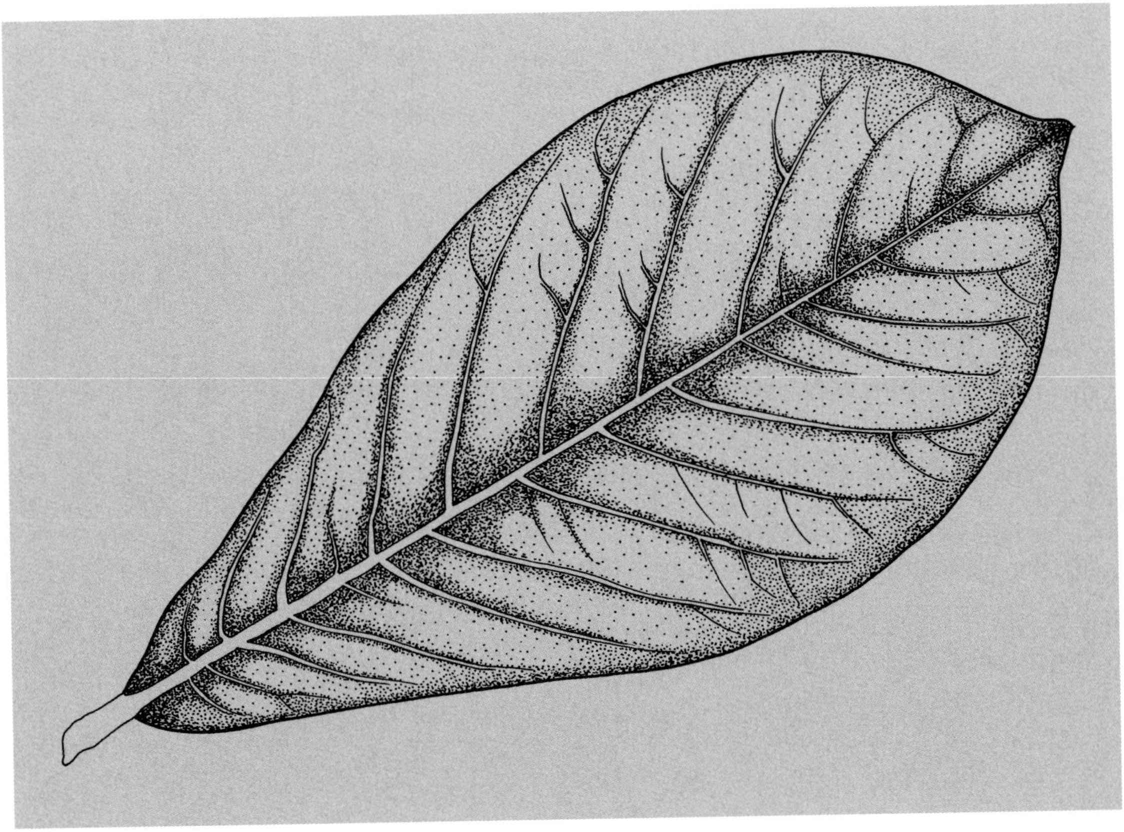

Abb. 11: Typisches Einzelblatt (Unterseite) (ca. $^3/_4$ nat. Größe)

Weiterführende Literatur

[1] BURGER, D., 1972: Seedlings of some tropical trees and shrubs mainly of South East Asia. Ctr. Agric. Publ. Document., Wageningen.

[2] FISHER, J. B.; HONDA, H., 1979: Branch geometry and effective leaf area: A study of Terminalia-branching pattern. 2. Survey of real trees. Amer. J. Bot. **66**, 645–655.

[3] GRAHAM, S. A., 1964: The genera of Rhizophoraceae and Combretaceae in the Southeastern United States. J. Arnold Arb. **45**, 285–301.

[4] HAYWARD, D. F., 1990: The phenology and economic potential of Terminalia catappa L. in South-Central Ghana. Vegetatio **90**, 125–131.

[5] LITTLE, E. L., Jr.; WADSWORTH, F. H., 1964: Common trees of Puerto Rico and the Virgin Islands, USDA, Forest Service, Agric. Handbook No. 249, Washington, D. C.

[6] MORTON, J. F., 1985: Indian almond (Terminalia catappa), salttolerant, useful, tropical tree with „nut" worthy of improvement. Economic Bot. **39**, 101–112.

[7] SCHNEIDER, E. E., 1916: Commercial woods of the Philippines: Their preparation and uses. Bureau of Forestry, Philippine Islands, Bull. No. 14, Manila.

[8] TOMLINSON, P. B., 1986: The biology of trees native to tropical Florida, 2. ed., Harvard Univ. Printing Office, Allston, Mass.

Die Autoren:

Prof. Dr. PETER SCHÜTT
Lehrstuhl für Forstbotanik
Ludwig-Maximilians-Universität München
Hohenbachernstraße 22
D-85354 Freising

ULLA M. LANG
Schützenstraße 6
D-82383 Hohenpeißenberg

Theobroma cacao LINNÉ

Kakaobaum   Familie: Sterculiaceae

engl.:   Cocoa tree
franz.: Cacaotier
span.:   cacao

Abb. 1: Theobroma cacao. Rand einer Kakao-Plantage auf Grenada, Westindien

Kakao, eine bedeutende Wirtschaftspflanze unserer Zeit, kultiviert man in vielen tropischen Ländern plantagenmäßig. Dabei geht es um züchterisch bearbeitete Hochleistungssorten, die letztlich auf Wildformen aus den tropischen Regenwäldern Mittel- und Südamerikas zurückgehen. Dort wächst die Art als kleiner, bis 12 m hoher, immergrüner und stark verzweigter Baum, der hohe Wärme-, Feuchtigkeits- und Bodenansprüche stellt.

Kakao stand schon bei den Mayas in Kultur. Sie sollen die Samen als Zahlungsmittel verwendet haben. Von den Spaniern wurde er als Getränk in Europa eingeführt und seit Ende des letzten Jahrhunderts gehört er auch in Westafrika, dem heute größten Anbaugebiet, zu den Kulturpflanzen. Schokolade konnte erst hergestellt werden, nachdem VAN HOUTEN ein Verfahren zur Entfettung des Kakaopulvers entwickelt hatte.

Botanisch ist *T. cacao* u. a. durch die ungewöhnlich große Zahl kleiner, weißer, kauliflorer Blüten charakterisiert. Auch die bis zu 30 cm langen, gurkenförmigen Früchte entspringen demzufolge direkt dem Stamm oder den stärkeren Ästen. Sie enthalten viele fett- und eiweißreiche Samen, die nach Fermentierung und Trocknung den etwas bitteren Geschmack verlieren und das typische Kakao-Aroma annehmen. Ein erheblicher Teil der Welt-Kakaoernte wird nach Europa exportiert und dort weiterverarbeitet.

(1) Criollo („Kreolen-Kakao") aus Venezuela, Kolumbien, Mexiko. Reife Früchte zugespitzt, rot oder gelb. Perikarp dünn und warzig. Samen im Schnitt fast rund, mit weißen oder blaßvioletten Kotyledonen.

Kakao von hoher Qualität, aber geringem Marktanteil.

(2) Forastero. Herkunft: Amazonasbecken.

Reife Früchte gelb und mit rundlichen Enden. Perikarp derb, undeutlich gerippt. Samen eher flach, mit dunkel violetten, manchmal fast schwarzen Kotyledonen (Sorten aus Ecuador haben gedrungene Samen mit hellen Kotyledonen).

(3) Trinitario. Ursprünglich ein aus Mexiko stammender, im 17. Jahrhundert auf Trinidad kultivierter Criollo. Später größtenteils ersetzt durch Sorten aus W-Venezuela, die ihrerseits aus Brasilien stammten. Früchte stark in Form und Farbe variierend. Relativ widerstandsfähig gegen Krankheiten. Genetisch sehr variabel.

T. cacao wird in vielen tropischen Ländern der Alten und der Neuen Welt in großem Umfang kultiviert. Der Anbau ist zwischen 20° n. Br. und 20° s. Br. möglich, hat aber das Schwergewicht in einer Zone von 10 Breitengraden beiderseits des Äquators. Wichtige Anbauzentren liegen in Westafrika (Ghana, Elfenbeinküste, Nigeria) und in Lateinamerika (Brasilien, Ecuador).

Verbreitung und Taxonomie

Zur Gattung *Theobroma* gehören etwa 20 in Süd- und Mittelamerika heimische Arten. Auch für *T. cacao* wird angenommen, daß sich das natürliche Areal vom oberen Amazonas und Orinoco in Brasilien über Ecuador, Venezuela und Kolumbien bis nach Mexiko erstreckt [2]. Andere Autoren [3] sprechen allein von Brasilien als Heimat. Wieder andere halten nur Mittelamerika für das natürliche Verbreitungsgebiet und meinen, die Art sei schon früh von Menschen nach Peru, Bolivien und Brasilien gebracht worden [5].

Fest steht indessen, daß die Kakao-Kultur bei den Indianern Lateinamerikas schon lange vor Columbus weitverbreitet und hochentwickelt war. Deswegen dürfte es kaum noch gelingen, die Herkunftsfrage zuverlässig zu klären.

Angesichts deutlicher morphologischer Unterschiede zwischen geographischen Herkünften und zwischen Kultursorten, zudem auch wegen ihrer leichten Kreuzbarkeit ist die innerartliche Taxonomie der Art wenig einheitlich. Oft waren es ertrags- oder qualitätsbezogene Gesichtspunkte, die bei der Ausscheidung der Taxa oder „Typen" mitspielten.

URQUHART [7] unterscheidet zwischen drei „Gruppen", die sich weitgehend mit den Handelsbezeichnungen decken:

Beschreibung

T. cacao ist ein dicht belaubter, kleiner Baum mit breiter, stark verzweigter Krone, der als Wildform bis 12 m, in Kultur 4 bis 8 m hoch wird [2]. Die oft schiefen oder krummen Stämme haben eine silbergraue bis braune, im Alter schwach rissige Borke und werden bis 30 cm stark.

Die Verzweigung setzt in 1 bis 1,5 m Höhe ein und es entstehen auf gleicher Ebene 3 bis 5 fast horizontal orientierte Zweige. Der neue Höhentrieb (Chupon) entspringt einer tiefer inserierten Seitenknospe und endet wiederum in einem Stockwerk waagerechter Äste [7]. Kakaobäume entwickeln eine bis 3 m lange Pfahlwurzel, die Hauptmasse der Wurzeln befindet sich aber nahe der Bodenoberfläche [7].

Blätter

T. cacao ist immergrün. Die ganzrandigen, länglich ovalen, am Apex spitz auslaufenden, oft mehr als 30 cm langen und bis über 10 cm breiten Blätter sind wechselständig (Chupons) oder zweizeilig (Seitenzweige) angeordnet und haben einen kurzen Stiel. Beim Austrieb hellgrün, oft auch rötlich, werden sie später glänzend dunkelgrün.

Abb. 2: Ober- und Unterseite (oben) eines Laubblattes

Abb. 4: Aufgeschnittene Frucht mit Samen, die von einer häutigen Testa umschlossen sind

Junge Blätter hängen herab, haben früh hinfällige Stipeln und der Blattstiel trägt ein auffälliges Gelenkpolster (Pulvinus). Die Blattnerven sind oberseits eingetieft, treten aber an der Unterseite deutlich hervor.

Pro Jahr werden je nach Standort und Sorte 3 bis 6 neue Blätter pro Trieb gebildet. Sie bleiben ca. 3 Jahre am Baum. Alte Blätter trocknen vom Rand her zurück.

Blüten, Früchte und Samen

Zahlreiche unscheinbare, kurz gestielte, ca. 2 cm lange, weißliche Zwitterblüten entspringen direkt den nicht beblätterten Teilen von Stämmen oder starken Ästen. Näher betrachtet, stehen sie immer zu mehreren auf einem kleinen Gewebekissen, welches aus einem Meristem in der Achsel eines abgefallenen Blattes oder adventiv entstand [7].

Die Einzelblüte setzt sich zusammen aus 5 schmalen, rosafarbenen Sepalen, 5 kapuzenförmigen, in der Mitte verschmälerten, weißen bis gelblich-weißen Kronblättern und 10 in 2 Kreisen angeordneten, am Grund zu einer Röhre verwachsenen Staubblättern. Im äußeren Kreis stehen 5 aufrechte Staminodien. Die 5 fertilen Stamen des inneren Kreises haben Antheren mit 2 mal 2 Pollensäcken. Der Pollen haftet aneinander und wird nur schwer vom Wind transportiert.

Der oberständige Fruchtknoten ist fünffächerig und enthält bis zu 50 Samenanlagen. Der Griffel endet in einer fünfspaltigen Narbe.

Blütenformel: K5 C5 A(5^{St}+5)G($\underline{5}$)

T. cacao ist selbststeril und gehört somit zu den obligaten Fremdbefruchtern. Von den jährlich bis zu 110 000 Blüten eines Baumes entwickeln sich nur etwa 5% zu Früchten – ein Faktum, das bis heute nicht befriedigend erklärt werden kann. Die Bestäubung nehmen kleinere Insekten vor.

Abb. 3: Frisch ausgetriebene Laubblätter (links) und kauliflore Blüten (rechts)

Abb. 5: Junge Frucht (links) und reife, gelbe Forastero-Frucht (rechts)

Abb. 6: Aufbereitung der Kakao-Bohnen: nach der Fermentierung (oben), nach dem Rösten (unten)

Kakaobäume blühen erstmals mit 5 bis 6 Jahren und bringen zwischen dem 12. und dem 40. bis 60. Lebensjahr volle Erträge.

Die Früchte, 15 bis 30 cm lange, elliptische bis eiförmige, kurzgestielte, mit hartem Perikarp versehene Schließfrüchte, variieren erheblich in Größe, Gestalt und Farbe. Letztere wechselt mit zunehmender Reife von grün über hellgelb bis orangegelb oder von grün über orange nach weinrot bis dunkelrot.

Sie reifen 5 bis 8 Monate nach der Bestäubung und sind während des ganzen Jahres in allen Reifestadien vertreten. Das Perikarp ist anfangs fünffächerig. Während des Reifeprozesses lösen sich jedoch die Scheidewände auf und es entstehen eine weiße oder rötliche Pulpa und – von ihr umschlossen – 20 bis 50 Samen.

Die gelben bis dunkelroten, 300 bis 500 g schweren Früchte (Durchm.: 5 bis 10 cm) öffnen sich nicht bei Reife, so daß die Samen erst freiwerden, wenn Affen, Ratten oder Erdhörnchen die Früchte verletzen, um das süßlich-saure Fruchtmus zu erreichen.

Die von einer häutigen Testa umgebenen, purpurroten bis schokoladenbraunen, gut 2,5 cm langen Samen enthalten 2 kräftige Speicherkotyledonen und einen kleinen Endospermrest. Ihr Tausendkorngewicht liegt bei 2770 g [5] und sie enthalten u. a. 30 bis 60% Fett, 13 bis 16% Rohprotein, 8,8% Kohlenhydrate, 0,9 bis 2,3% Theobromin und 0,05 bis 0,36% Koffein [2].

Die Keimung setzt bereits im Inneren der Frucht ein.

Ökologie

T. cacao stellt hohe Standorts- und Klimaansprüche. So sollte die Jahres-Mitteltemperatur über 21 °C liegen und Nacht-Temperaturen unter 13 °C sind bereits schädlich. Die Niederschläge sollten 1300 bis 2000 mm/Jahr betragen und außerdem gleichmäßig verteilt sein.

Wild- und Kulturformen sind gleichermaßen empfindlich gegen starke Winde und gegen Trockenperioden.

Weniger eindeutig ist die Frage nach dem Lichtbedarf zu beantworten. Zumindest in der Jugendphase ist Beschattung unerläßlich – das gilt für natürliche Habitate genauso wie für Plantagen. Andererseits reduziert starke Beschattung (< 50% des Sonnenlichtes) zumindest die Erträge in den ersten Jahren und zwar unabhängig vom Nährstoffgehalt des Bodens [7].

Tiefgründige, humus- und nährstoffreiche, lockere Böden im schwach sauren bis neutralen Bereich bilden das Substrat ertragreicher Kakao-Plantagen. Weit weniger gut geeignet sind sehr leichte, sehr schwere und staunasse Böden. Kurzzeitige Überschwemmungen haben keine nachteiligen Folgen. Besonders wichtig ist eine ausreichende K- und Mg-Versorgung. Hoher Ca-Gehalt des Bodens kann – insbesondere bei geringeren Vorräten an organischer Substanz – zu Chlorose führen [7].

URQUHART [7] weist darauf hin, daß die ökologischen Bedingungen in Kakao-Plantagen nur wenig mit jenen am natürlichen Standort übereinstimmen. Konsequente, über lange Zeit andauernde Züchtungsschritte haben zur Anpassung der Kultursorten an stark abweichende Licht/Schatten- und Ernährungsverhältnisse und zu einer erheblichen Erhöhung der Erträge geführt.

Anzucht, Entwicklung und Kultur

T. cacao kann man durch Samen wie durch Blatt- und Sproßstecklinge vermehren. Reife Früchte werden mit scharfen Messern, Hakenmessern oder Macheten vom Stamm getrennt und gleich nach der Ernte geöffnet, um die Samen (incl. Pulpa) zu entnehmen. Damit wird verhindert, daß die Keimung schon in der geschlossenen Frucht einsetzt. Bereits drei Wochen nach der Ernte geht die Keimfähigkeit der Samen stark zurück.

	Anbaufläche (in Mio. ha)	Produktion*) (in Mio. t)	Ertrag*) (kg pro ha)
Welt	6,538	2,954	452
Elfenbeinküste	2,150	1,254	584
Ghana	1,200	0,340	283
Brasilien	0,688	0,256	373
Indonesien	0,332	0,274	826
Malaysia	0,205	0,125	610
Grenada			1070

*) Kakao-Bohnen

Kakao: Anbaufläche, Produktion und Erträge 1996 nach FAO Production Yearbook 50, 1996

T. cacao keimt epigäisch und die Keimraten liegen i. a. nicht unter 80% [7]. Zwei Monate nach der Aussaat haben die 20 bis 30 cm hohen Sämlinge bereits 6 bis 8 Blätter entwickelt.

Zur Begründung von Plantagen verwendet man i. d. R. bewurzelte Sproßstecklinge von ausgelesenen Einzelbäumen. Angaben zur Methode sind bei FRANKE, G. [2] und bei URQUHART [7] zu finden. Regional ist aber auch Direktsaat üblich. Dazu werden pro Pflanzstelle 3 Samen in 15 cm Entfernung zueinander in 2,5 cm Tiefe ausgesät. Nur der kräftigste Sämling bleibt erhalten [2]. Beschattung, Unkrautbekämpfung und Düngung sind als begleitende Kulturmaßnahmen unerläßlich [2].

Neue Plantagen entstehen zumeist auf den sehr lockeren, humusreichen Böden frisch gerodeter (nicht brandgerodeter) oder stark aufgelichteter primärer Regenwälder. Weil junge Kakaobäume Schatten verlangen, beläßt man entweder einen lockeren Schirm des Vorbestandes oder bringt geeignete schattenspendende, eine nährstoffreiche Laubstreu produzierende Bäume in weitem Verband, eventuell auch in reihenweiser Mischung ein. Verwendung finden dazu auch Nutzpflanzen wie Cocospalmen, Ölpalmen, Kautschuk, Avocado oder Mango. Aus Westafrika liegen Erfahrungen über die Eignung zahlreicher autochthoner Waldbäume für den Zwischenstand in Kakao-Plantagen vor, die insbesondere in kleinen, bäuerlichen Betrieben extensiv genutzt werden – teils als Brenn- oder Bauholz, teils volksmedizinisch oder wegen der Früchte [4]. In Costa Rica haben sich *Cordia alliodora* und (auf leichteren Böden) *Erythrina poeppigiana* als schattenspendende, ertragserhöhende, bodenverbessernde Baumarten gut bewährt[1]. In Südost-Asien baut man indessen *Leucaena leucephala* häufig als Stickstoff anreichernde, schattenspendende Baumart an[2].

Die Erträge eines Einzelbaumes schwanken zwischen 0,5 und 4,0 kg Rohkakao pro Jahr; die Ernte pro Hektar und Jahr liegt im Mittel zwischen 200 und 500 kg trockener Kakaobohnen, kann aber diesen Betrag bei einigen Hochleistungs-Sorten erheblich überschreiten.

Ghana: 560 - 670 kg/ha

Trinidad: 560 - 1344 kg/ha   (nach [2])

Importe (in t)		Exporte (in t)	
Niederlande	396 496	Welt	1 851 717
Deutschland	290 573	Elfenbeinküste	769 144
USA	283 430	Ghana	238 841
Großbritannien	166 876	Indonesien	196 443
Frankreich	113 443	Nigeria	132 713
Belgien, Luxemburg	81 179	Ekuador	63 623
Rußland	56 265	Malaysia	52 533
Singapur	53 099	Niederlande	51 651
Kanada	41 051	Papua/Neuguinea	30 600
Japan	40 996		
Malaysia	39 704		
China	31 630		

Kakao: Importe und Exporte von Kakao-Bohnen, 1995 aus FAO Trade Yearbook, 1995

---

[1] For. Abstr. **49**, 5540, 1989; **51**, 1420, 1990; **52**, 4167, 1991
[2] For. Abstr. **52**, 642, 1991; **53**, 2140, 1992, [7]

Abb. 7: Das Innere einer Kakao-Plantage

Aufbereitung und Verwendung

Gleich nachdem die Samen („Kakaobohnen") mitsamt dem anhaftenden Fruchtfleisch per Hand aus den geöffneten Früchten herausgelöst worden sind, legt man sie in hölzerne Gärkästen (Inhalt: 1 bis 2 m³) und leitet damit 2 bis 8 Tage andauernde Fermentierungsprozesse ein. Während dieser Zeit müssen die Samen wiederholt umgeschichtet werden. Bei Temperaturen bis zu 50 °C vergärt der Zucker in der Pulpa zu Alkohol und oxidiert zu Essigsäure. Im Samen werden die Gerbstoffe enzymatisch abgebaut, der bittere Geschmack verschwindet, es bildet sich das typische Kakao-Aroma und die Farbe der Kotyledonen wechselt von violett in schokoladenbraun.

Nach der Fermentation wird sorgfältig getrocknet (Wassergehalt: 6 bis 8%) und kurz geröstet (70 bis 140 °C). Dabei löst sich die Testa. Die Samen werden maschinell geschält und danach zu Rohkakao zermahlen. Dieser enthält > 50% Fett und läßt sich deswegen nicht trocknen.

Kakaobohnen haben wegen ihres hohen Gehaltes an Fetten, Proteinen und Kohlenhydraten einen beträchtlichen Nährwert. Der relativ hohe Theobromin-Anteil (3,7-Dimethylxanthin) ist nutzbar weil die Umwandlung in Koffein leicht gelingt.

Kakao war bis zur Mitte des 19. Jahrhunderts nur als Getränk bekannt. Mittelamerikanische Indianer stellten es her, indem sie die Samen über offenem Feuer rösteten, danach zerrieben und das Pulver nach Zusatz von Honig, Vanille und Pfeffer in Wasser lösten. Weil sie nicht-fermentierte Kakaobohnen verwendeten, schmeckte diese „chocolatl" bitter. Die Azteken machten Kakaobohnen zu ihrer Währung. Zwischen Montezuma und den Spaniern galt der „Wechselkurs" 1000 Samen = 3 Golddukaten.

Die Schokoladen-Industrie entstand erst, nachdem VAN HOUTEN ein Verfahren zur Trennung des Rohkakaos in Kakaobutter und ein deutlich fettärmeres Kakaopulver entwickelt hatte. Beide Produkte bilden die Grundsubstanzen für die Herstellung von Schokolade. Weitere Zutaten sind Milch, Zucker und Aromastoffe.

Wegen ihres niedrigen Schmelzpunktes (32 bis 35 °C), des Fehlens freier Fettsäuren und weil sie nicht ranzig wird, eignet sich Kakaobutter auch gut für die Herstellung von Salben.

In den kakaoproduzierenden Ländern werden die bei der Samengewinnung anfallenden Fruchtschalen zur Düngung verwendet oder als Viehfutter genutzt.

Pathologie

Krankheiten an der Wildform des Kakaobaumes sind kaum bekannt geworden. Demgegenüber gibt es eine Fülle von Berichten über biotische Erkrankungen in Plantagen. Hier variieren die Erreger und die Schadbilder zwischen den Anbaugebieten in Amerika, Afrika und Asien jedoch so stark, daß auf entsprechende Sammelarbeiten [7, 8] verwiesen werden muß.

Zu den überregional verbreiteten, gefährlichen Schadinsekten gehören mehrere Rindenwanzen-Arten *(Capsidae)*, die schon bei mittlerer Populationsdichte durch Saugen an Trieben und Früchten schädlich werden. Für Westafrika sind vor allem *Sahlbergella singularis* und *Distantiella theobroma* zu nennen. Beide Arten sind mit Lindan-Präparaten bekämpfbar. Gleiches gilt für den in Westindien und Südamerika grassierenden Kakao-Blasenfuß *Selenothrips rubrocinctus* GIARD., ein nur 1 1/2 mm großes, blattsaugendes Insekt *(Thripidae)*, das erhebliche Blattverluste hervorruft.

Weitere Insektenarten sind als Vektoren an einer hauptsächlich in Afrika auftretenden Virose beteiligt, die sich zunächst durch Aufhellung der Blattadern, blaßrote Blattflecke, später durch Anschwellen der Triebe („swollen shoot virus"), Zweigdürre, verminderten Fruchtansatz und Absterben des Baumes bemerkbar macht. Sie wird oft durch circumpolar auftretende, polyphage, phloemsaugende Schmierläuse *(Pseudococcidae)*, z. B. *Planococcus citri* RISSO verbreitet.

Phytophthora palmivora BUTLER hat von den an Kakao auftretenden pilzlichen Schaderregern zweifellos die größte Bedeutung. Der zu den *Oomycetes* zählende Parasit löst die sog. Braunfäule der Früchte aus, tritt besonders intensiv in feuchten, höheren Lagen auf, bedeckt die Oberfläche reifer Früchte mit einem dichten Mycel und bringt sie wenige Tage nach der Infektion zum Absterben. Außerdem treten nasse, braune Flecke an der Borke auf [2]. Eine Bekämpfung mit Fungiziden (Kupfer-Präparate) hat sich bewährt.

Aus Brasilien (Prov. Bahia) wird von einer ungewöhnlichen Erkrankung des Kakaos berichtet, ausgelöst durch *Acanthosyris paulo-alvimii* BARR., eine zu den *Santalaceae* gehörende Baumart. In unmittelbarer Nähe dieser Bäume verliert *T. cacao* oft (aber nicht immer) die Blätter, die Triebe vertrocknen und es kommt zu Ausfällen. Laborversuche ließen erkennen, daß *Acanthosyris*-Wurzeln Haustorien bilden, welche in das Phloem der Pfahlwurzel des Kakaobaumes eindringen [1].

In unmittelbarer Nähe der Küste entstehen an Kakaoblättern Nekrosen durch Meerwasser-Gischt [7].

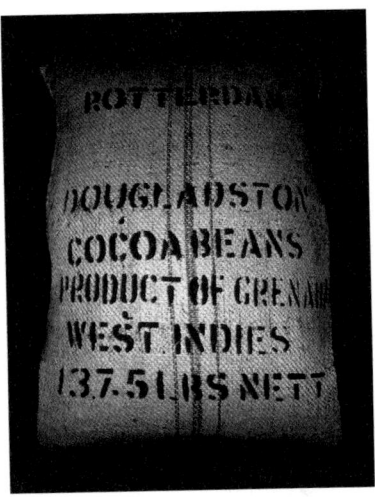

Abb. 8: Säcke mit Kakaobohnen zum Transport nach Europa

Weiterführende Literatur

[1]   ALVIM, P. de T.; SEESCHAAF, K. W., 1968: Die-back and death of Cacao Trees caused by a new species of parasitic tree. Nature **216**, 1386 – 1387.

[2]   FRANKE, G., 1967: Nutzpflanzen der Tropen und Subtropen Band 1, S. Hirzel Verlag, Leipzig.

[3]   FRANKE, W., 1981: Nutzpflanzenkunde. G. Thieme Verlag, Stuttgart, New York.

[4]   HERZOG, F., 1994: Multipurpose shade trees in coffee and cocoa plantations in Côte d'Ivoire. Agroforestry Systems **27**, 259 – 267.

[5]   LITTLE, E. L., Jr.; WADSWORTH, F. H., 1964: Common Trees of Puerto Rico and the Virgin Islands. USDA For. Serv., Agric. Handb. 249, Washington, D. C.

[6]   SCHÜTT, P., 1972: Weltwirtschaftspflanzen. Verlag Paul Parey, Berlin und Hamburg.

[7]   URQUHART, D. H., 1961: Cocoa, 2. ed. Longmans, London.

[8]   WOOD, G. A. R.; LASS, R. A., et al., 1985: Cocoa, 4. ed. Longmans, London.

Die Autoren:

Prof. em. Dr. PETER SCHÜTT
Lehrstuhl für Forstbotanik
Ludwig-Maximilians-Universität München
Am Hochanger 13
D-85354 Freising

ULLA M. LANG
Schützenstraße 6
D-82383 Hohenpeißenberg

Thespesia populnea (LINNÉ) Soland. ex CORREA

syn.:   Hibiscus populneus LINNÉ

Pappelblütiger Eibisch   Familie: Malvaceae

engl.:   Portia tree, Seaside mahoe
indisch: Bhendi, Umbrella tree
hindi: Parsippu
bengal.: Dumbla

Hawaii: Milo   Venezuela: Cremón
Kolumbien: Clemón   Nicaragua: Frescura

Abb. 1: Alter Einzelbaum, Provinz Maharashtra, Indien

Ein immergrüner, kleiner Baum: schnellwüchsig, aber kurzlebig. Von Solander bei der ersten Reise mit Cpt. Cook auf Tahiti entdeckt, heute oft als Dickicht an den Küsten vieler tropischer Länder verbreitet.

Die dichte, schattenspendende Krone und die großen, hibiscusähnlichen, vornehmlich gelben Blüten machen ihn zu einem beliebten Straßen- und Parkbaum.

Morphologie

T. populnea erreicht als Solitär selten mehr als 12 m Höhe und wird i.a. kaum stärker als 25 cm. Sie bildet dann einen rel. geraden, zumeist tief beasteten **Stamm** und eine dicht geschlossene, rundliche **Krone** aus. In unmittelbarer Nähe der Küsten oder am Rande des Mangrove-Gürtels wachsen die weit ausladenden Äste vieler eng benachbarter Individuen oft zu einem kaum zu durchdringenden Dickicht zusammen.

Abb. 3: Blätter

Die graue, schwach längsrissige, anfangs weiche, später rel. dicke und in den inneren Bereichen gelbliche **Borke** enthält zahlreiche Fasern. Auch die zunächst grüne, mit sehr kleinen, braunen Schuppen bedeckte Rinde der kräftigen jungen **Triebe** wird allmählich grau. Spärlich verteilte Schuppen kommen auch auf jungen Blattspreiten und -stielen, auf Kelchblättern und auf jungen Früchten vor.

T. populnea-**Blätter** sind wechselständig am Trieb angeordnet. Die Blattgröße schwankt in weitem Rahmen (Länge: 7 bis 20 cm; Breite: 6 bis 13 cm), wobei die Werte aus der Karibik und aus Hawaii i.a. deutlich über jenen aus Indien liegen.

Die Blattform ist indessen recht stabil: Herzförmig mit lang auslaufender Spitze, lang gestielt (5 bis 10 cm), ganzrandig und mit sieben kräftigen, hellen, von der Basis der Blattfläche ausgehenden Adern versehen. Die Blattoberseite ist glänzend dunkelgrün, die Unterseite etwas heller grün und durch winzige, rotbraune, schildförmige Schuppen etwas gefleckt erscheinend.

Vor dem Abfallen verfärben sich die Blätter zitronengelb.

Abb. 2: Borke eines alten Stammes

Abb. 4: Gebüsch direkt an der Küste

Abb. 6: Unreife Früchte (Foto W. Zängl)

Abb. 5: Blüten; rechts ganz aufgeblüht;
links weitgehend verblüht

Abb. 7: Frucht und Samen

Die sehr auffälligen, i.a. nur für einen Tag erscheinenden **Blüten** stehen einzeln (seltener zu zweit) an kurzen, kräftigen Stielen (1,2 bis 5 cm lang) in Blattachseln. Sie haben fünf leuchtend hellgelbe Kronblätter mit rötlichem Grund, die auf der Außenseite mit kleinen Sternhaaren besetzt sind und vor dem Verblühen eine rote Farbe annehmen. Der Blütendurchmesser beträgt gut 5 cm. Die Filamente der zahlreichen Staubblätter sind zu einer für Malvaceen typischen Säule vereinigt. Der etwa 10 mm lange, grüne Kelch bleibt mit der Fruchtbasis verbunden.

Chromosomenzahl: 2 n = 26.

Die große Mehrzahl der Blüten und **Früchte** erscheint vom Frühjahr bis in den Herbst hinein. In Indien tragen die Bäume auch im Winter einige Blüten.

Die rundlichen, etwas abgeflachten, erst grünen, dann schwarzbraunen Kapselfrüchte bleiben lange Zeit am Baum. Sie sind verholzt, undeutlich fünfteilig und erreichen einen Durchmesser von ≈3 cm und eine Länge von ≈2 cm. Sie enthalten zahlreiche braune, seidig behaarte, etwa 1 cm lange und 0,6 cm breite **Samen**.

Tausendkorngewicht ≈ 30 g.

Das recht dauerhafte Thespesia-**Holz** bildet einen mäßig weichen, hellbraunen Splint und einen schokoladen- bis rotbraunen, harten Kern mit einer Rohdichte (r_{15}) um 0,6 g/cm³. Es ist leicht zu bearbeiten, sehr gut zu polieren, schwindet beim Trocknen nur wenig und ist weitgehend resistent gegen Termiten.

Die ein- oder zweireihigen Markstrahlen sind schwer zu erkennen.

Nutzung

Thespesia populnea spielt heute in einigen tropischen Ländern eine durchaus nennenswerte Rolle als Element der Landschaftsgestaltung, insbesondere als schattenspendender Straßen- und Parkbaum. Weniger gravierend ist ihre Bedeutung als Holzlieferant. Zumindest regional wird Thespesia-Holz allerdings gern für den Bootsbau und als Brennholz genutzt. Auf Hawaii verwendet man es zum

Drechseln und Schnitzen von kunstgewerblichen Bechern und Schalen. Die Bastfasern der Rinde waren früher Ausgangsmaterial für Seile und Taue. Aus Blüten und Früchten stellte man einen gelben Farbstoff her; die Blätter eignen sich als Futter für Schafe und Ziegen [1].

Verschiedenes

– Für die Anzucht der Art spielt die Stecklingsvermehrung eine größere Rolle als die Saat.

– Blüten und Früchte sollen für Menschen schwach giftig sein. Dennoch werden sie von der Bevölkerung gegessen oder in Form von Säften als Mittel gegen Krätze und andere Hautkrankheiten eingenommen. Gegen Migräne legt man in Indien gemahlene Fruchtkapseln auf die Stirn und aus dem Wurzel-Dekokt entsteht ein Tonicum.

– Der Gattungsname Thespesia leitet sich von thespesion = göttlich ab und nimmt Bezug auf häufige Anpflanzungen in der Nähe von Tempeln.

– T. populnea gehört zum Wirtsspektrum des „cotton stainers", einer zu den Feuerwanzen (Pyrrhocoridae) zählende Dysdercus-Art, deren Fraß zur Rotfärbung der Samenhaare und damit zu erheblichen Schäden in Baumwoll-Plantagen führt. Als Abwehrmaßnahme fand überall dort ein konsequenter Aushieb aller Thespesia-Büsche statt, wo Baumwollanbau betrieben wurde (z.B. auf Jamaica oder Puerto Rico).

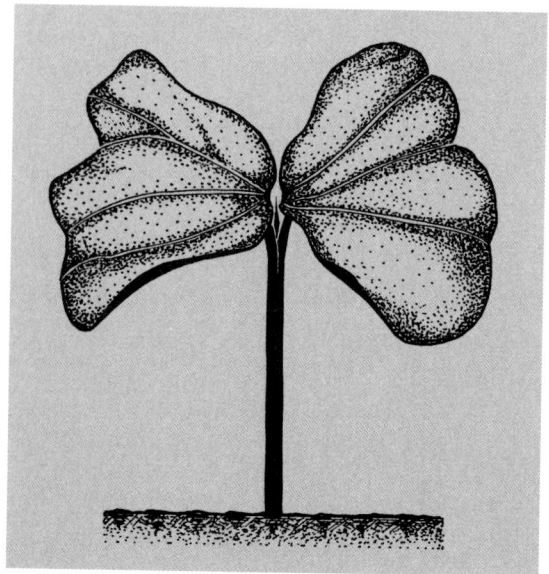

Abb. 8: Keimling, ca. 4 Wochen alt (nat. Größe)

– Als bakterielle bzw. pilzliche Krankheitserreger rufen Xanthomonas campestris pv. thespesiae Schäden an Blättern sowie Phellinus noxius und Fomes pachyphloeus Wurzelfäule in verschiedenen Regionen Indiens hervor.[1]

Verbreitung und Ökologie

Thespesia populnea ist eine Baumart der tropischen Küsten des Pazifischen Ozeans. Weil keimfähige Samen mit der Meeresströmung in weit entfernte Gebiete gelangen und weil die Art seit altersher vielerorts angebaut wurde, ist es kaum möglich, ihr natürliches Areal exakt zu umreißen. Allgemein werden die Tropen der alten Welt als Heimat angenommen. BRANDIS [1] nennt die indische Westküste südlich von Bombay, den Raum um Chittagong, die birmesische Küste sowie die Andamanen. Die rezente Verbreitung geht jedoch weit über diesen Bereich hinaus. T. populnea ist heute an den Küsten der westindischen Inseln, in Florida, Mittelamerika, in Brasilien und selbst in Chile und auf Hawaii weit verbreitet.

Gelegentlich trennt man von T. populnea noch eine auf die Bereiche des Indischen Ozeans begrenzte, auch im Landesinneren vorkommende Art (T. populneoides) ab.

Unabhängig davon wird allgemein das deutlich bessere Gedeihen der Art in unmittelbarer Meeresnähe betont.

Geringe Bodenansprüche erklären ihr rasches Wachstum selbst auf armen Sanden und am Rande von salzhaltigen Marschböden (Hawaii). Sogar permanente Windexposition wird ertragen, ebenso Salzwassergischt. Frost überlebt T. populnea nur, wenn er kurzzeitig auftritt und milde ausfällt.

Auf dem indischen Subkontinent kommt eine weitere Thespesia-Art natürlich vor: T. lampas DALZ et GIBS, ein großer Strauch, der sich u.a. durch mehr oder weniger stark gelappte Blätter sowie durch schwarze, glänzende Samen von T. populnea unterscheidet.

Weiterführende Literatur

[1] ANONYMUS, 1975: Troup's The Silviculture of Indian Trees, Vol. 1, Delhi.

[2] BRANDIS, D., 1911: Indian Trees, 3. ed., London.

[3] COWEN, D. V., 1984: Flowering trees and shrubs in India 6. ed., Thacker and Co. Ltd., Bombay.

[4] HUTCHINSON, J. B., 1947: Notes on the classification and distribution of genera related to Gossypium. New Phytologist **46**, 123–141.

1) For. Abstr. 50, 5355, 1989

[5] Little, E. L., Jr.; Wadsworth, F. H., 1964: Common trees of Puerto Rico and the Virgin Islands. Agric. Handbook No. 249, Washington, D. C.

Die Autoren:

Prof. Dr. Peter Schütt
Lehrstuhl für Forstbotanik
Ludwig-Maximilians-Universität München
Hohenbachernstraße 22
D-85354 Freising

Ulla M. Lang
Schützenstraße 6
D-82383 Hohenpeißenberg

Thrinax radiata LODD. ex J. A. et J. H. SCHULT., 1830

syn.:   Thrinax floridana SARG., 1899
Thrinax parviflora SW.

Florida Dreizack-Palme   Familie: Arecaceae

engl.:   Florida thatchpalm, Silktop thatchpalm,
Jamaica thatchpalm

Cuba: Guano de costa
Mexiko: Chit

Abb. 1: Thrinax radiata. Sehr junger Blütenstand (links oben), Basis eines fächerförmigen Laubblattes (links unten), rispige Infloreszenzen (rechts oben) und Blütenstand in Anthese (rechts unten)

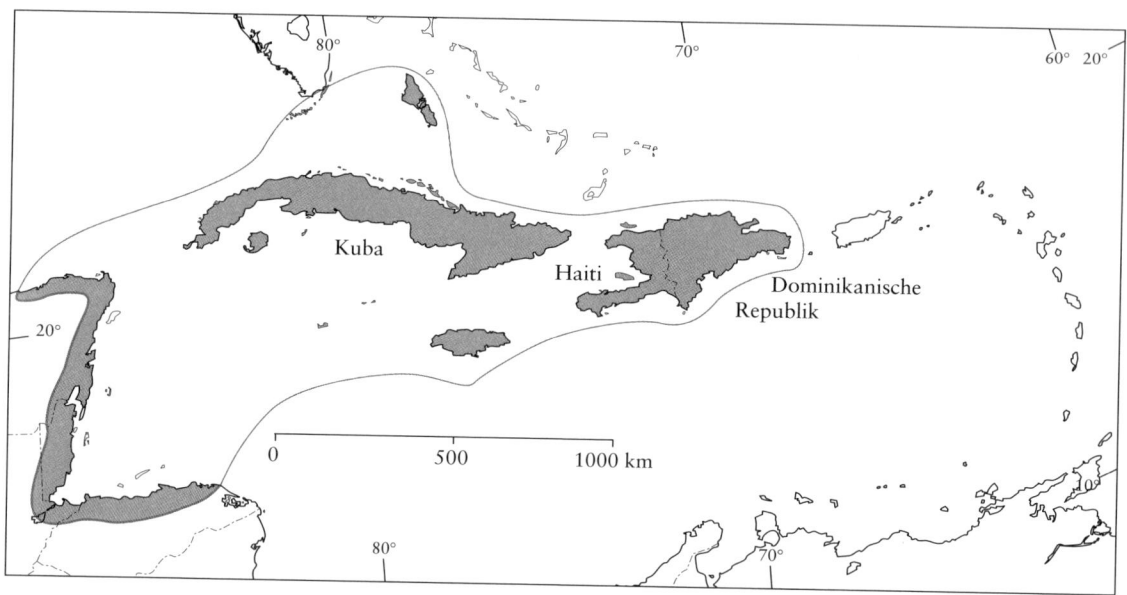

Abb. 2: Natürliches Verbreitungsgebiet, nach [2]

Thrinax radiata, eine kleine, vom Aussterben bedrohte Fächerpalme, ist in küstennahen Dickichten und Wäldern zu Hause und hat heutzutage keine nennenswerte wirtschaftliche Bedeutung mehr. Ihre Heimat liegt auf einigen Karibik-Inseln, in Teilen Mittelamerikas sowie im südlichen Florida.

Auffallend sind die langgestielten, fast 100 cm breiten, in viele Segmente geteilten Blätter, weiterhin die kleinen, weißen, an langen, verzweigten Infloreszenzen stehenden Blüten sowie die bei Reife weißen, kugelrunden, etwa 7 cm dicken Früchte. Die Art vermehrt sich reichlich durch Samen.

Früher nutzte man die Blätter zum Abdecken der Hütten, heute dienen sie bestenfalls als Material zum Korbflechten.

Die Taxonomie von *T. radiata* ist infolge uneinheitlich verwendeter Synonyma und ungültiger Artnamen im Genus *Thrinax* unübersichtlich und oft irreführend.

Verbreitung

T. radiata ist eine Palmenart der karibischen Küstenregionen. Ihr Areal umfasst neben den Bahamas und den Caiman-Inseln auch Cuba, Jamaica und Hispaniola sowie Teile von Mexiko (Yukatan, Quintana Roo), Belize und Honduras. Des Weiteren kommt die Art im Süden Floridas (Dade und Monroe Counties), einschließlich der Florida Keys natürlich vor [2, 3].

Beschreibung

Die 1,5 bis 12 m hohe Fächerpalme bildet in der Regel gerade oder leicht gekrümmte, bis zu 20 cm starke, unverzweigte Stämme [6, 7]. Der graue Stamm lässt ringförmig angeordnete Blattnarben erkennen. Seine Basis ist durch zahlreiche stammbürtige Wurzeln verbreitert [6].

Die fächerförmigen, im Umriss fast runden (Durchm. bis über 90 cm) **Laubblätter** sind bis zur Basis der Lamina in viele lanzeolate, am Apex zugespitzte Segmente geteilt und haben einen kräftigen, 60 bis 120 cm langen, unbewehrten Stiel [6]. Von den 51 bis 63 Segmenten pro Blatt sind die mittleren mit 0,7 bis 1,1 m am längsten [2]. Stets ist die Unterseite blasser grün als die Oberseite, und die gelbliche Mittelrippe tritt deutlich hervor. Die Hastula (Ligula) ist stärker zugespitzt als bei anderen *Thrinax*-Arten, und die dicht behaarten Blattscheiden sind fein zerfasert.

Die kleinen, weißlichen, zweigeschlechtigen **Blüten** stehen zu vielen in auffälligen, bis zu 100 cm langen, aufrechten, aber leicht gebogenen, rispigen Infloreszenzen, welche bei *T. radiata* die Blätter nicht überragen, 13 bis 21 Achsen 2. Ordnung aufweisen [2] und zwischen den Blättern ansetzen. Stiel und Hauptachse der Blätter werden von Blattscheiden umgeben, ebenso die Stielbasis, nicht aber die Äste des Blütenstandes.

Die etwa 1 mm lang gestielten Blüten haben ein Carpell mit unilocularer, kampylotroper Samenanlage sowie 5 bis 15 Staubblätter. Sepalen und Petalen sind zu einer 6-zähnigen Hülle verwachsen.

Reife **Früchte** (Steinfrüchte) sind weiß, annähernd kugelrund, kurz gestielt und haben einen Durchmesser von 6 bis 8 mm [2, 6]. Das Exokarp ist anfangs weich, das Mesokarp mehlig und dünn, und das papierartig dünne [8] Endokarp umschließt nur einen leicht abgeplatteten, kugeligen, glatten, endospermreichen Samen mit rundem Hilum [7].

Taxonomie

T. radiata hat einen Chromosomensatz von n = 18 [8]. Die Gattung *Thrinax* O. SWARTZ, 1788 besteht nach HENDERSON [2] aus sieben, in den Küstenregionen der nordwestlichen Karibik beheimateten Arten. Von dem eng verwandten und aus der selben Region stammenden Genus *Coccothrinax* unterscheidet er sich durch abaxial gespaltene Blattscheiden und die weiße Farbe reifer Früchte.

Die innerartliche taxonomische Situation ist seit langem unübersichtlich, zum Teil auch widersprüchlich, sodass wiederholt eine Neubearbeitung angeregt wurde. Derzeit teilt man die Gattung *Thrinax* in zwei Subgenera [2].

– *Hemithrinax*. Kleinere Inflorescenzen mit weniger Seitenachsen im apikalen Bereich.

– *Thrinax*. Größere Blütenstände mit Seitenachsen 1. Ordnung entlang der gesamten Infloreszenzachse.

T. radiata zählt zur Untergattung *Thrinax*. Mitunter trennt man von ihr die Varietät *T. floridana* var. *jamaicen-*

sis ab, die durch größere Dimensionen auffällt (Höhe: 7–8 m, BHD 25 cm, 28–30 Blätter mit 46–65 Segmenten und einer Breite von 1,5–2,4 m) [7].

Als irritierend erweisen sich oft die zahlreichen und keineswegs immer im gleichen Sinne angewandten Synonyma für *T. radiata*, zum anderen auch die vielen „unsicheren" *Thrinax*-Arten (20 Stück nach [2]).

In dieser Monographie folgen wir den taxonomischen Vorgaben von HENDERSON et al. [2].

Ökologie und Entwicklung

Als Baum der Karibik ist *T. radiata* feucht-warmen Klimabedingungen mit Jahres-Mitteltemperaturen um 25 °C und Jahresniederschlägen zwischen 600 und 3000 mm angepasst. Sie wächst meist in küstennahen Wäldern und Dickichten und toleriert salzhaltige Winde [8].

Als Böden eignen sich alkalische „Korallen-Sande" sowie Kalkstein-Nester besonders gut [8]. Der Blüten- und Fruchtansatz sowie die Anzahl der Blätter variieren stark mit den Niederschlägen und der Standortsgüte.

Nach hohen Überlebensraten der Sämlinge erreicht *T. radiata* mit 31 bis 55 Jahren eine Höhe von 3 m. 4 m hohe Exemplare beginnen erstmals zu blühen und das Höchstalter der Art liegt bei 100 bis 145 Jahren [4].

Starke Eingriffe in den Bestand werden nur sehr langsam ausgeglichen; deswegen sollten jährlich höchstens 40 Bäume pro Hektar genutzt werden [4].

Abb. 3: Keimling (links); Naturverjüngung (Mitte) und Baumgruppe auf Marathon Key, FL.

Nutzung

Indianer und erste weiße Siedler verwendeten die Blätter zum Abdecken ihrer Hütten (als „thatch") und zum Korbflechten. Das galt auch für die Mayas [4].

Heutzutage nutzt man die Stämme in Yukatan als Bauholz und verwendet mehrere Pflanzenteile volksmedizinisch gegen mancherlei Beschwerden [1]. Auf Trinidad/Tobago ist *T. radiata* als Ziergehölz in Kultur [1].

Verschiedenes

– Informationen über Krankheiten jedweder Art liegen uns nicht vor.

– *T. radiata* wurde in die Liste der vom Aussterben bedrohten Pflanzenarten aufgenommen [6].

Literatur

[1] BALICK, M. J.; BECK, H. T., 1990: Useful Palms of the World. A Synoptic Bibliography. Columbia Univ. Press, New York.

[2] HENDERSON, A.; GALEANO, G.; BERNAL, R., 1995: Field Guide to the Palms of the Americas. Princeton Univ. Press, Princeton, N.J.

[3] LITTLE, E. L., JR., 1979: Checklist of United States Trees. USDA Forest Serv. Agric. Handb. 541, Washington, D.C.

[4] OLMSTED, I.; ALVAREZ-BUYLLA, E. R., 1995: Sustainable harvesting of tropical trees: demography and matrix models of two palm species in Mexico. Ecol. Applications 5, 2, 484-500.

[5] SARGENT, C. S., 1965: Manual of the Trees of North America. vol. 1, Dover Publications, Inc., New York.

[6] SCURLOCK, J. P., 1987: Native Trees and Shrubs of the Florida Keys. Laurel Press, Bethel Park, PA.

[7] STEVENSON, G. B., 1996: Palms of South Florida. Univ. Press of Florida, Gainesville.

[8] UHL, N. W.; DRANSFIELD, J., 1987: Genera Palmarum. A. classification of palms, based on the work of Harold E. Moore, Jr. Allen Press, Lawrence, Kans.

Die Autoren:

Prof. em. Dr. PETER SCHÜTT
Lehrstuhl für Forstbotanik
Ludwig-Maximilians-Universität München
Am Hochanger 13
D-85354 Freising

ULLA M. LANG
Schützenstraße 6
D-82383 Hohenpeißenberg

Vitex keniensis TURRILL

Meru-Eiche

Familie: Verbenaceae

engl.:   Meru oak (Handelsname)
Kikuyu: Muhuru
Meru: Muuru, Moru

Abb. 1: Natürlicher Altbestand, östl. Mt. Kenya

Meru-Eichen sind geradschaftige, periodisch laubabwerfende Waldbäume von großer Höhe und regionaler wirtschaftlicher Bedeutung, die in zunehmendem Maße für Pflanzungen im forst- und landwirtschaftlichen Bereich verwendet werden. Sie stammen aus einem endemischen Verbreitungsgebiet im zentralen Hochland Ost-Afrikas und stellen erhebliche Ansprüche an Boden- und Niederschlagsverhältnisse. Die Art produziert Holz von hoher Qualität, ist aber durch Übernutzung selten geworden. Nach einem generellen Nutzungsverbot ist seit 1989 der Einschlag in Naturwäldern untersagt. V. keniensis gehört zu den wenigen in Ostafrika heimischen Baumarten, die in Kenia seit Beginn des 20. Jahrhunderts forstwirtschaftlich angebaut werden.

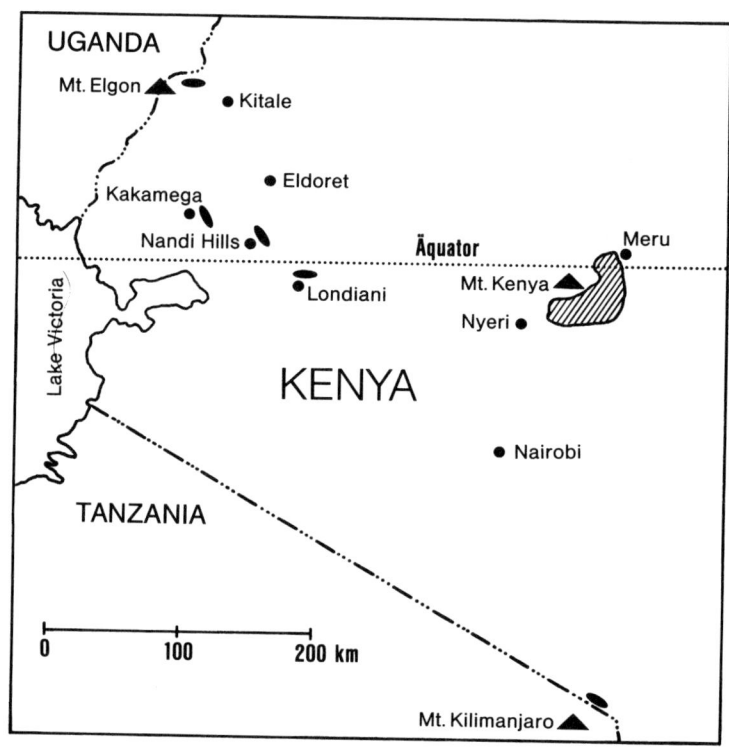

Abb. 2: Natürliches Verbreitungs- und Hauptanbaugebiet (= Anbaugebiet)

Verbreitung

Die meisten Arten der Gattung Vitex sind im tropischen und subtropischen Raum beheimatet. V. keniensis ist eine von 12 einheimischen Vitex-Arten in Kenia [5]. In ihrem natürlichen Areal östlich des Mt. Kenya (0° Breite, 37° ö.L.) kommt die Meru-Eiche als Bestandteil des afro-montanen Regenwaldes in Höhenlagen zwischen 1500 und 1850 m vor. Dort ist sie den artenreichen Wäldern (u.a. mit Ocotea usambarensis, Anigeria adolfi-friedericii, Premna maxima, Lovoa swynertonii) einzeln bis truppweise beigemischt [4]. Natürliche Reinbestände sind sehr selten.

Außerhalb ihres natürlichen Verbreitungsgebietes wird die Meru-Eiche seit Beginn der 20er Jahre in Höhenlagen zwischen 1500 und 2200 m südöstlich und südlich des Mt. Kenya, im westlichen Hochland Kenias (Londiani, Nandi), im Kakamega-Forest nordöstlich des Lake Viktoria und an den nördlichen Abhängen des Mt. Kilimandscharo und des Mt. Elgon angebaut. Die Art wird sowohl für großflächige Aufforstungen als auch für kleinflächige Pflanzungen in landwirtschaftlich genutzten Gebieten verwendet.

Beschreibung

Erscheinungsbild

Vitex keniensis wächst im geschlossenen Bestand zu einem geradschaftigen, bis zu 40 m hohen Baum mit einem astfreien Stamm von 12 bis 18 m Länge heran [11]. Gelegentlich tritt Drehwuchs auf.

Im Dichtschluß erzogen, besitzen Meru-Eichen eine aus steil ansetzenden Ästen gebildete, schmale Krone, die nach der Kulmination des Volumenzuwachses nur noch schwach auf Freistellung reagiert [8]. Die Astreinigung verläuft langsam, Wasserreiser wurden bisher nicht beobachtet.

Im Freistand werden Baumhöhen bis zu 30 m, bei einem astfreien Schaft bis zu 6 m erreicht, und die Krone wird wesentlich breiter, oft ± rechteckig. Im Habitus erinnern freistehende Meru-Eichen an die mitteleuropäische Esche.

Abb. 3: Blätter

Blätter und junge Triebe

V. keniensis ist ein periodisch laubabwerfender Baum, der zweimal im Jahr in Abhängigkeit von den Regenzeiten neu austreibt. Obwohl immer Restlaub am Baum verbleibt, wird die Art nicht als immergrün bezeichnet [5, 9].

Aus kleinen, kugel- bis eiförmigen, behaarten Knospen entwickeln sich langstielige, fünfzählig gefingerte Blätter, die im jungen Zustand hellgrün sind und herabhängen.

Abb. 4: Frisch ausgetriebene Blätter

Ausdifferenziert sind die dunkelgrünen, ganzrandigen, bis zu 25 cm langen, gestielten Blättchen in der Form sehr variabel, meist elliptisch, kurz zugespitzt und mit abgerundeter oder breitkeiliger, gelegentlich auch schief gestalteter Basis versehen. Die Mittelrippe sowie die am Blattrand miteinander verbundenen Blattnerven treten auf der Blattunterseite deutlich hervor. Die bis zu 50 cm langen Blätter sind gegenständig angeordnet und haben lange, im Querschnitt runde bis quadratische Stiele, deren Basis deutlich verdickt ist. Junge Triebe, Blattstiele sowie die Blattunterseiten werden von braunen, samtigen Haaren bedeckt [5, 9].

Blüte, Früchte, Samen

Meru-Eichen blühen im natürlichen Verbreitungsgebiet sowie in ihrem Hauptanbaugebiet im Osten, Südosten und Süden des Mt. Kenya einmal im Jahr von Januar bis April. Die büschelförmigen, langstieligen Blütenstände entwickeln sich aus achselständigen Knospen. Die zweigeschlechtigen, gestielten, kleinen Blüten sind bis zu 1cm

Abb. 5: Blütenstand (Foto: P. Schütt)

lang und haben 5, zu einer fünfzipfeligen Röhre verwachsene, cremefarbige Kronblätter sowie einen grünen, behaarten Kelch. Der oberständige Fruchtknoten trägt einen bis zu 0,5cm langen Griffel. Die Blüte enthält 2 kurze und 2 lange Staubblätter [5, 9].

Nach der Befruchtung reift aus dem zweiblättrigen Fruchtknoten in ca. 4 Monaten eine rundliche Frucht von maximal 1,5 cm Durchmesser heran, die im unreifen Zustand glänzend grün ist und mit zunehmender Reife schwarz wird. Der behaarte Kelch verbleibt an der Basis

Abb. 6: Reifer Fruchtstand (Foto: Ulla M. Lang)

tere Vorbehandlung des Saatgutes, z.B. durch Einweichen für 24 Stunden in kaltem Wasser, erhöht die Keimfähigkeit nur unwesentlich.

Tausendkorngewicht der Steine: ca. 625 g; Keimprozent 60 bis 70%; Keimdauer 30 bis 60 Tage. Das Saatgut von V. keniensis kann bei einem Wassergehalt von 5,5 bis 9,5% und einer Temperatur von 3 °C für mehr als 1 Jahr ohne erheblichen Keimfähigkeitsverlust gelagert werden [10].

V. keniensis besitzt die Fähigkeit zum Stockausschlag. Vegetative Vermehrung durch Stecklingsbewurzelung ist nach Applikation von Wuchsstoffen problemlos möglich.

Rinde und Holz

Die sehr dünne, rauhe Borke der Meru-Eiche weist schmale, vertikale Risse auf. Die blaßbraune Farbe dunkelt mit zunehmendem Alter nach [5, 11].

Das ringporige Holz setzt sich aus einem blassen, graubraunen Splint und einem dunkler gefärbten, sehr dekorativen Kern zusammen. Es hat eine grobe, oft wellig-gemaserte Struktur mit deutlich erkennbaren Wachstumszonen. Die unscheinbaren Markstrahlen sind schmal und sehr

der Frucht. Die Steinfrucht setzt sich aus einem ledrigen, zähen Exokarp, einem mehr oder weniger fleischigen Mesokarp und einem hartschaligen Endokarp zusammen und enthält 1 bis 2, selten 3 bis 4 lebensfähige Samen.

Die sehr kleinen, 1 bis 2 mm langen, ovalen Samen sind von hellbrauner Farbe und können nur mit großem Aufwand aus dem cremefarbenen bis grauen Stein extrahiert werden. Das Saatgut weist physikalische (hartes Endokarp) und chemische Keimhemmung (Inhaltsstoffe des Fruchtfleisches) auf. Zur Erzielung eines ausreichenden Keimprozentes ist die Trennung des Fruchtfleisches vom Stein erforderlich. Sie erfolgt nach kombinierter Trocknung der Früchte im Schatten und in der Sonne auf 10% Wassergehalt durch Reiben mit scharfkantigem Ballastmaterial in einem Zementmixer oder durch Reiben der Früchte auf einem engmaschigen Drahtgitter [1]. Die wei-

Abb. 8: Borke

zahlreich [5, 11]. Das Holz ist in Farbe und Struktur dem mitteleuropäischen Eichenholz sehr ähnlich (Handelsname: Meru Oak).

Das Holz ist leicht und weich, dabei nagelfest. Es lagert gut ab, schwindet kaum und ist leicht zu bearbeiten. Im Boden verbaut ist es wenig dauerhaft, gegen Termiten- und Pilzbefall gilt es als mäßig dauerhaft. Rohdichte: 0,40 (Splint)–0,56 g/cm³ (Kern) [5, 11].

Abb. 7: Steinkerne

Wurzel

Vitex keniensis bildet in der Regel ein Pfahlwurzelsystem aus. Dieses durchwurzelt tiefgründige Böden mit mehr als 2 m Tiefe sehr intensiv und stellt so die Wasserversorgung während der Trockenzeit sicher. Über eine Mykorrhizierung der Wurzeln wurde bisher nicht berichtet.

Abb. 9: Stammquerschnitt

Genetische Differenzierung

Während in der Vergangenheit Zweifel bestanden, ob man V. keniensis von Vitex fischeri GÜRKE (busch- bzw. baumförmige Vitex-Art der Feucht-Savanne) abtrennen könne [5], wird die Meru-Eiche in der neueren Literatur als eigenständige Art eingestuft [4, 6, 8, 9]. Erste Untersuchungen an vier Enzymsystemen zur genetischen Differenzierung ergaben eine sehr geringe Variation zwischen und innerhalb natürlicher bzw. künstlicher Bestände aus dem Bereich des Mt. Kenya. Gründe für die geringe Variation sind in dem Einfluß langanhaltender und intensiver Exploitation der Bestände, der im Vergleich zu europäischen Baumarten sehr hohen Anzahl von Chromosomen (x = 96) und der geringen Anzahl untersuchter Enzymsysteme zu suchen [2].

Da die Anlage künstlicher Meru-Eichen-Bestände über einen sehr langen Zeitraum erfolgte, kann davon ausgegangen werden, daß die angepflanzten Bestände nicht mit Saatgut des gleichen Ursprungs begründet wurden. Weil aber die standörtlichen und klimatischen Verhältnisse in den verschiedenen Anbaugebieten voneinander abweichen, werden die Anbaugebiete bei der Bereitstellung von Saatgut als unterschiedliche Herkünfte behandelt.

Klima- und Standortansprüche

Im natürlichen Areal wächst V. keniensis auf mehr oder weniger tiefgründigen, fruchtbaren, sandig-lehmigen Böden mit hohem Tonanteil, die sich aus vulkanischen Aschen entwickelt haben. Der pH liegt zwischen 6,0 und 7,0. Die besten Wuchsleistungen sind auf sehr tiefgründigen Böden (>2 m Tiefe) zu beobachten, die eine hohe Wasserspeicherkapazität aufweisen. Auf schlecht mit Wasser versorgten Standorten ist Vitex überwiegend am Hangfuß anzutreffen.

Das Klima im Verbreitungsgebiet der Meru-Eiche ist durch geringe Schwankungen der Monatsmitteltemperaturen bei deutlich ausgeprägten Tagesschwankungen und durch die saisonale Niederschlagsverteilung gekennzeichnet. Niederschläge von insgesamt 1400 bis 1900 mm fallen in 2 Regenzeiten: von März bis Mai und von Oktober bis Dezember [11]. Während der bis zu 3 Monate langen, ununterbrochenen Trockenzeiten tritt im natürlichen Verbreitungsgebiet und in den Hauptanbaugebieten verstärkt Nebel- und Tröpfchenniederschlag aus tiefhängenden Wolken auf.

Die Jahresmittel der Lufttemperatur schwanken zwischen 15,3 und 18,6 °C. Es tritt kein Frost auf.

Abb. 10: Pflanzung, 3jährig

Wachstum und Entwicklung

Nach epigäischer Keimung erscheinen zwei ca. 15 bis 20 mm lange, deutlich gestielte, elliptische, ganzrandige Kotyledonen mit in der Regel eingeschnittener Spitze und breitkeiliger Basis. Das Hypokotyl ist grünlich und wird

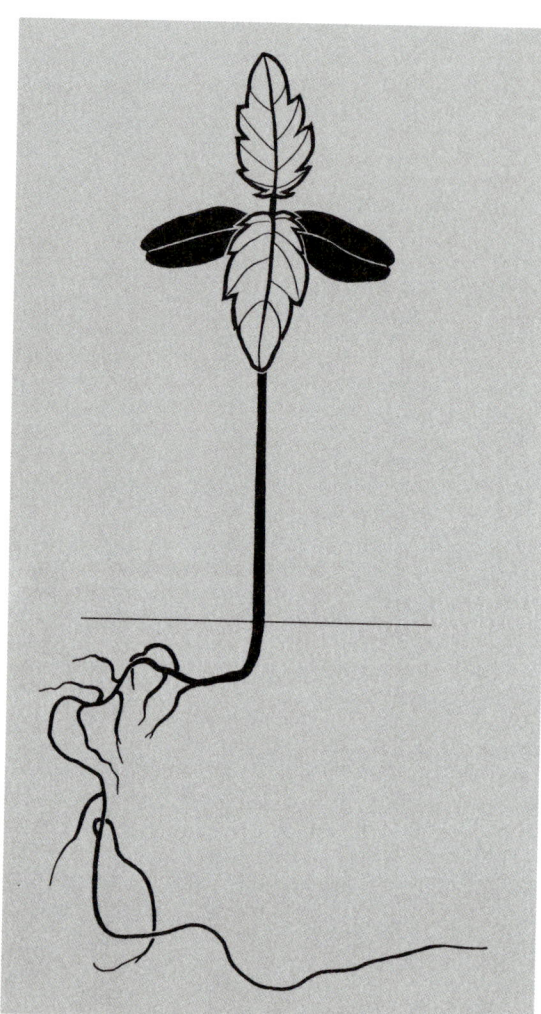

Abb. 11: Keimling, ca. 5 Wochen alt (nat. Größe). Keimblätter schwarz gezeichnet

zur Basis hin rötlich. Die hellgrünen, gegenständigen, lang-gestielten Primärblätter sind im Gegensatz zu den Blättern älterer Pflanzen einteilig, länglich-elliptisch mit gesägtem Blattrand, stumpfer bis abgerundeter Spitze und breitkeiliger Basis. Blattstiele und Blattunterseiten sind nur spärlich behaart. 2 bis 4 Monate nach der Keimung bilden sich zunächst dreiteilig zusammengesetzte Blätter aus, denen fünfteilige, gefingerte Blätter nachfolgen.

14 bis 16 Monate nach der Aussaat können Vitex-Sämlinge ohne Risiko auf Kulturflächen ausgepflanzt werden. Auf zusagenden Standorten beträgt der jährliche Höhenzuwachs bis zur Kulmination im Alter 10 bis 15 Jahre 140 cm und mehr. Der Volumenzuwachs kulminiert zwischen 25 und 30 Jahren. Der durchschnittliche Volumenzuwachs beträgt bis zu 10 m³/ha und Jahr [8].

Die älteste bekannte Vitex keniensis (lokaler Name: King Muhuru) erreichte in einem Alter von 215 Jahren eine Höhe von 46 m und einen BHD von 2,95 m. Im Freistand können Meru-Eichen bereits im Alter von 8 bis 10 Jahren zu blühen beginnen.

Beispiele für Wuchsleistungen im Reinbestand:

Waldort	Alter [Jahre]	Höhe [m]	BHD [cm]	Stammzahl/ha	Vfm/ha
Ragati 1A	45	34	49	220	575
Ragati 1F	51	33	50	198	530
Ragati 2C	61	31	49	140	385

V. keniensis stellt nur mäßige Lichtansprüche. Am natürlichen Standort verjüngt sie sich in Bestandesöffnungen und Bestandeslücken, die durch abgestorbene und umgestürzte Bäume entstanden sind oder am Bestandesrand. In geschlossenen Reinbeständen fehlt die Naturverjüngung.

Die künstliche Begründung von Meru-Eichen-Beständen erfolgt im Verband 2 m x 2 m mit 2500 Pflanzen pro Hektar auf der Kahlfläche. Nach der Kulturpflege werden bis zum Alter von 6 Jahren 80% aller Pflanzen in 2 Schritten auf 2 m Höhe geästet.

Abb. 12: Stammfuß des „King Muhuru", BHD 2,95 m

In fünf Durchforstungen zwischen 6 und 38 Jahren wird die Stammzahl auf 200 Stämme pro Hektar reduziert. Die übliche Umtriebszeit für Vitex-Bestände beträgt 60 Jahre [7]. Da jedoch die Volumenproduktion nach der Kulmination des Volumenzuwachses (25 bis 30 Jahre) nur noch unwesentlich ist, wird eine Reduktion der Umtriebszeit auf 45 Jahre empfohlen [8]. 1992 war in Kenia eine Fläche von 1960 ha mit Meru-Eiche bestockt.

Abb. 13: 61jähriger Bestand während der Trockenzeit

Pathologie

Durch den zweimaligen Blattwechsel pro Jahr ist V. keniensis nur wenig durch blattfressende Insekten oder blattbesiedelnde Pathogene gefährdet. Ernste Schäden am Stamm, die als Eintrittspforte für holzzerstörende Pilze dienen, entstehen vor allem durch Großwild. Das Holz älterer Bäume weist oft Fäule im Erdstammstück auf. Kernfäule kann in oberen Stammabschnitten gefunden werden, oft ausgehend von Astgabeln oder Zweigwunden [11].

Schwarzer Schleimfluß, der in unterschiedlicher Häufigkeit beobachtet wird, geht in erster Linie auf Armillaria mellea Vahl s.l. zurück. Die nachfolgende Infektion mit Trichoderma sp. führt zu einem beschleunigten Verfall des Baumes [3].

Nutzung

Aufgrund des kleinen Anbaugebietes besitzt V. keniensis nur eine regional begrenzte wirtschaftliche Bedeutung. Nach ihrem qualitativ hochwertigen Holz besteht jedoch eine große Nachfrage. Das wiederum führt zur Gefährdung der Art, zumindest im Bereich des natürlichen Verbreitungsgebietes.

Das leicht zu bearbeitende, attraktive Holz kann zur Möbelherstellung, als Innenvertäfelung, für allgemeine Tischlerarbeiten, aber auch zur Furnierherstellung verwendet werden [11].

Zunehmende Bedeutung gewinnt die Nutzung als Brennholz und zur Holzkohleherstellung. Die Früchte sind eßbar [6]. Neben dem Anbau zur Nutzholz- und Brennholzproduktion wird Meru-Eiche auch in Windschutzstreifen und als Schmuckbaum in landwirtschaftlich genutzten Gebieten gepflanzt [6, 9].

Weiterführende Literatur

[1] AHENDA, J.O., 1992: Processing of Pulpy Seeds. In: Proceedings 1st National Tree Seed Workshop, Kenya Forestry Seed Centre, Nairobi, Kenya, 114–126.

[2] AHENDA, J.O., 1994: Genetic Variation in Vitex keniensis Seed Stands and Natural Populations on Mount Kenya. Unpublished Masterthesis, Agricultural University of Wageningen, The Netherlands.

[3] ARAP-SANG, F.K.; MUNGA, F.M., 1978: Resinosis of Vitex keniensis Turrill (Meru oak) in Mt. Kenya Forest Area. East African Agric. Forestry J., **43**, 413–416.

[4] BEENTJE, H.J., 1990: The Forest of Kenya. Mitt. Inst. Allg. Bot. Hamburg, **23a**, 265–286.

[5] DALE, I.R.; GREENWAY, P.J., 1961: Kenya Tree and Shrubs. Buchanan's Kenya Estates Ltd.

[6] ICRAF, 1992: A Selection of Useful Trees and Shrubs for Kenya. Nairobi, Kenya.

[7] Kenya Forest Department, 1961: Treatment of Vitex keniensis plantations. Technical Order No. 47.

[8] KIGOMO, B.N., 1981: Observations on the Growth of Vitex keniensis Turrill (Meru oak) in Plantation. East African Agric. Forestry J., **47**, 32–37.

[9] NOAD, T.; BIRNIE, A., 1989: Trees of Kenya. Edt. by T.C. Noad and A. Birnie, Nairobi, Kenya.

[10] SCHÄFER, Ch., 1992: Storage of Tree Seeds in Kenya. In: Proceedings 1st National Tree Seed Workshop, Kenya Forestry Seed Centre, Nairobi, Kenya, 99–113.

[11] WIMBUSH, S.H., 1957: A Catalogue of Kenya Timbers. The Governmental Printer, Nairobi, Kenya.

Der Autor:

Dr. HEINO WOLF
Sächsische Landesanstalt für Forsten
Bonnewitzer Straße 34
D-08127 Graupa

Vochysia divergens POHL, 1831

Cambara   Familie: Vochysiaceae

span.: Aliso blanco
port.: Cambará

Abb. 1: Vochysia divergens. Blühende Bäume (Cambarazal) im Pantanal, Mato Grosso, Brasilien

Vochysia divergens, eine wenig bekannte, flachwurzelnde, halb-immergrüne Pionierbaumart aus dem tropischen Südamerika, bildet im Bestand lange, astfreie Schäfte, verzweigt sich aber als Solitär oft schon im unteren Stammdrittel. Ihr Vorkommen ist auf junge, alluviale Standorte in tiefen Lagen des tropischen Regenwaldes begrenzt.

Wirtschaftlich kommt der Art keine größere Bedeutung zu.

Taxonomie und Verbreitung

Die zur Ordnung *Polygalales* (Kreuzblumenartige) gehörende Familie der *Vochysiaceae* unterteilt man in die Tribus *Erismeae* und *Vochysieae* [21]. *Vochysia divergens* wird dem letzteren zugeordnet und weiterhin zur Sektion *Vochysiella*, Subsektion *Decorticantes* gestellt [18].

Die Gattung *Vochysia* ist in Süd- und Zentralamerika mit 97 Arten vertreten. Anders als *V. ferruginea*, die sich in Teilareale aufspaltet, kommen die meisten *Vochysia*-Arten in einem zusammenhängenden Verbreitungsgebiet vor, das sich von 23° N bis 27° S, und in Ost-West-Richtung von 35° bis 98° w. L. erstreckt.

Vochysia divergens ist von Natur aus in der Zone der Campos verbreitet. Ihr Areal schließt den Norden Paraguays sowie das östliche bolivianische Plateau ein, hat aber sein Schwergewicht auf periodisch überschwemmten Flächen im Pantanal von Mato Grosso [4, 9]. Dort bildet die Art ihre als Cambarazal bezeichnete Waldform aus. Das Vorkommen ist auf Höhenlagen zwischen 90 und 110 m ü. NN, in Bolivien von 180 bis 200 m begrenzt [8].

Abb. 3: Blätter und Früchte (nat. Größe). Gezeichnet nach Angaben des Autors.

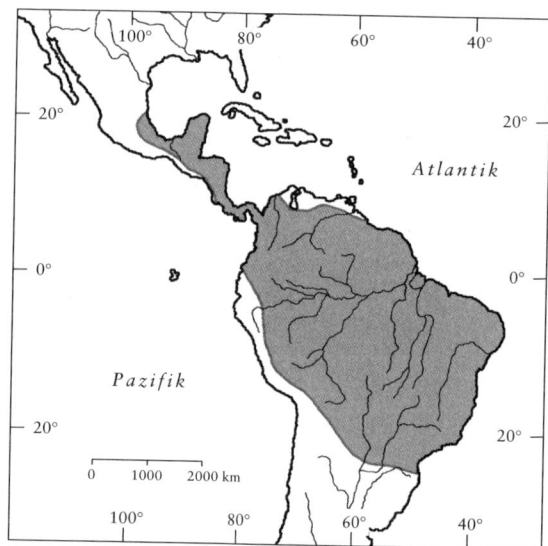

Abb. 2: Natürliches Verbreitungsgebiet der Gattung Vochysia, nach CADAVID GARCIA [1]

Beschreibung

V. divergens erreicht Höhen bis zu 25 m und die Stammdurchmesser (BHD) liegen im allgemeinen bei 40 bis 50 cm [5]. Besonders bei Solitären ist die Krone weit ausladend und häufig schirmförmig gestuft. Die hellgraue Stammrinde entwickelt sich zu einer silbergrauen, längsrissigen Schuppenborke.

Die länglich-elliptischen, 2,0 bis 3,5 cm lang gestielten **Blätter** stehen in drei- bis vierzähligen Quirlen, sie haben eine Länge von 8 bis 12 cm und eine Breite von 3 bis 4 cm.

V. divergens wirft einen großen Teil des Laubes im Juni/Juli ab und zählt somit zu den halb-immergrünen Baumarten. Sie bildet 0,3 x 1,5 cm große, runde Knospen.

Die leuchtend gelben **Zwitterblüten** stehen in traubigen bis rispigen Infloreszenzen. Die Hauptblütezeit fällt in den Juli/August.

Die Einzelblüte hat einen fünfzähligen Kelch. Vier der Sepalen sind klein, das fünfte ist größer, ledrig und zu einem nach unten gerichteten Sporn ausgewachsen. Von den drei Kronblättern sind die beiden seitenständigen kleiner als

das mediane, vor dem das einzige Staubblatt steht. Der oberständige Fruchtknoten enthält in jedem der 3 Fächer zwei anatrope Samenanlagen und der relativ lange Griffel trägt eine ungeteilte Narbe.

Als **Frucht** entsteht eine dreifächerige, verholzte Kapsel, welche 3 rechteckige, geflügelte Samen enthält und sich mit 3 Klappen öffnet. Die Samenflügel setzen sich aus zahlreichen, langen Haaren zusammen. Die braunen **Samen** haben eine dünne Testa und enthalten kein Endosperm. Reservestoffe befinden sich in den Speicherkotyledonen [13, 18, 23].

Für *V. divergens* liegen über den Aufbau, die Anatomie und die Physik des Holzes keine Informationen vor. Die folgenden Angaben beziehen sich auf die gesamte Gattung *Vochysia* [16].

In der Regel bildet das zerstreutporige **Holz** keine Wachstumszonen, Ausnahmen kommen aber vor. Die Rohdichte liegt bei r = 0,51 g/cm^3. Pro mm^2 kommen im Mittel 2,5 Gefäße vor, die zumeist einzeln stehen, manchmal auch in radialen Gruppen zu zweit oder dritt angeordnet sind. 57% des Volumens nehmen Fasern ein, deren Länge 1445 µm und deren Durchmesser im Mittel 19,7 µm beträgt. Holzstrahlen (22 pro mm^2) werden höchstens 1480 µm hoch.

Ökologie

Im Pantanal, dem Verbreitungsschwerpunkt der Art, herrscht ein sommerhumides, tropisches Feuchtklima [20] mit Jahresmitteltemperaturen von 25 °C und einer relativen Feuchte von 60 bis 80%. Die Jahresniederschläge liegen in den arealbegrenzenden Höhenzügen bei 1400 bis 1700 mm. Im Binnendelta betragen sie 800 bis 1400 mm [17]. Besonders niederschlagsreich sind die Monate Oktober bis April, als regenarm gilt die Zeit zwischen Mai und September [2]. Das Maximum tritt im Januar auf. Die Monatsmittel der Lufttemperatur betragen im Juni 22,2 °, im Februar 28,2 °C [1].

Vochysia divergens gehört der oberen Kronenschicht an. In der Vegetationsform des „Cambarazal" ist sie eindeutig dominant. Zu den begleitenden Baumarten gehören hier: *Calyptranthes lucida, Inga vivercens, Connarus cuneifolius, Tabebuia avellanedae, Genipa americana, Curatella americana, Zantofylum rhoifolia, Cassia grandis* und *Byrsonima intermedia.*

Vereinzelt eingesprengt findet man *V. divergens* auch im Galeriewald. Ihr Optimum, der Cambarazal, ist ein dichter, monotypischer, entlang größerer Flüsse gelegener Wald, in dem regelmäßig eine seichte, 3 bis 4 Monate andauernde Überflutung stattfindet. Hier, wie auf jungen alluvialen Böden trifft man *V. divergens* häufig an. Der pH-Wert dieser Böden liegt in 0 bis 15 cm Tiefe zwischen 5,3 und 5,6 [22].

Abb. 4: Borke

Abb. 5: Blütenstand (links) und Fruchtstand (rechts)

Abb. 6: Stammquerschnitt

Die Art verjüngt sich in offener Graslandschaft natürlich. Sie bildet zunächst kleine, mit Lianen und anderen Baumarten durchsetzte Horste, welche nach und nach zusammenwachsen, dichter werden und sich zum Cambarazal entwickeln. Dieser, wiederum, wird in höherem Alter von einer semi-immergrünen Waldgesellschaft abgelöst [10].

Nutzung

Das Holz von *V. divergens* wird in erster Linie für den lokalen Bau von Kanus und Einbäumen genutzt. Steht kein anderes Holz zur Verfügung, verwendet man es in seltenen Fällen auch als Bauholz. Des öfteren ist die Art von Rodungen zur Gewinnung zusätzlicher Weideflächen betroffen.

Verschiedenes

– *Vochysia divergens* ist Fremdbefruchter. Sie wird den Bienenblütigen zugeordnet und häufig von *Bombus*-Arten, *Apis mellifica* sowie von *Eupetomena macroura*, einer Kolibriart besucht [14].

– Die Art gilt als resistent gegen den holzbewohnenden Pilz *Pycnoporus sanguineus* (L.: FR.) MURRILL sowie gegen Termitenfraß durch *Nasutitermes* spec. [7].

Weiterführende Literatur

[1] CADAVID GARCIA, E.A., 1984: O clima no Pantanal Mato-Grossense. Embrapa circular técnica No. **14**, Corumba.

[2] CADAVID GARCIA, E.A.; RODRÍGEZ CASTRO, L.H., 1986: Análise da Frequencia de chuva no Pantanal Mato-Grossense. Pesq. Agropec. Bras. **21**, 9, 909–925, Brasilia.

[3] CRONQUIST, A., 1968: The evolution and classification of flowering plants. Houghton Mifflin Co., Boston.

[4] FASSNACHT, N.J.M., 1995: Vegetationskartierung mit Hilfe von Landsat-TM-Daten zur Abgrenzung der Baumart Vochysia divergens im Pantanal, Mato Grosso-Brasilien. Diplomarbeit an der Forstwissenschaftlichen Fakultät der Ludwig-Maximilians-Universität München.

[5] HAASE, R.; HAASE, P., 1995: Above-ground biomass estimates for invasive trees and shrubs in the Pantanal of Mato Grosso, Brazil. Forest Ecology and Management **73**, 29–35.

[6] HUTCHINSON, J., 1967: The genera of flowering plants. II. Dicotyledons. Oxford. U.K.

[7] INDEA, 1981: Propriedades e Características de 19 Espécies de Madeiras do Estado de Mato Grosso. Instituto de Defesa Agropecuária do Estado de Mato Grosso, Lab. Tecn. Madeira, Cuiabá.

[8] KILLEN, T.J.; GARCÍCA, E.; BECK, S.G., 1993: Cruia de Arboles de Bolivia. Herbario Nacional de Bolivia-Missouri Botanic Garden, 958 S., La Paz, Bolivia.

[9] MALME, G.O.A., 1905: Die Vochysiaceen Matto Grossos. Arkiv för Botanik **5**, 6, 1–12. Uppsala & Stockholm.

[10] NASCIMENTO, M.T., 1986: Estrutura e composição floristica de um Cambarazal no Pantanal de Poconé-MT. Fundação Universidade Federal de Mato Grosso, Cuiabá.

[11] NASCIMENTO, M.T.; CUNHA, C.N. da, 1989: Estrutura e composição florística de um Cambarazal no Pantanal de Poconé-MT. Acta bot. bras. **3**, 3–23.

[12] NASCIMENTO, M.T.; JOSÉ, D.V., 1986: O Cambarazal no Pantanal de Mato Grosso. – In: Boletim Fundação Brasileira para a Conservação da Natureza, **21**, 116–123, Rio de Janeiro.

[13] PETERSEN, O.G., 1896: Vochysiaceae. In: ENGLER, A.; PRANTL, K., 1896: Die natürlichen Pflanzenfamilien. III. Teil, 4. Abteilung. Leipzig.

[14] PRADO, A.L. do; SILVA, C.J. da, 1986: Estudo sobre a biologia floral de Vochysia divergens POHL. Resumo do XIII Congr. Bras. de. Zool., Cuiabá-MT.

[15] PROJETO RADAMBRASIL, 1982: Levantamento de Recursos Naturais, 27, Folha SE. 21 Corumba e parte da Folha SE. 20. Rio de Janeiro, 452 S.

[16] QUIRK, J.T., 1980: Wood Anatomy of the Vochysiaceae. IAWA-Bulletin n.s., **1**, 4, 172–179.

[17] SAJO, Y.; TUNDISI, J.G. (eds.), 1985: Limnological studies in central Brazil. Rio Dolce Valley Lakes and Pantanal Wetland. 1st report. São Paulo.

[18] STAFLEU, F.A., 1948: A monograph of the Vochysiaceae, I. Salvertia and Vochysia. In: ARISZ, W.H., et al.: Recueil des travaux botaniques néerlandais **41**, 2, Amsterdam.

[19] TAKHTAJAN, A., 1969: Flowering plants and dispersal. Smithsonian Inst. Press, City of Washington.

[20] TROLL, C., 1964: Karte der Jahreszeitklimate der Erde. Erdkunde **18**, 5–28.

[21] URANIA PFLANZENREICH, 1993: Blütenpflanzen **1**. S. 406, Urania Verlag Leipzig-Jena-Berlin.

[22] VILLELA-JOSÉ, D.M., 1986: Aspectos da dynâmica de nutrientes de Vochysia divergens POHL de um cambarazal no Pantanal de Poconé-MT. Fundação Universidade Federal de Mato Grosso. Centro de Ciências Biológicas. Cuiabá-MT.

[23] WARMING, E., 1875: Vochysiaceae et Trigoniaceae. In: Flora Brasiliensis, Vol. **XIII**. Pars II. Lipsiae.

Der Autor:

Dipl.-Forstwirt NORBERT J. M. FASSNACHT
Am Schwimmbad 30
D-85356 Freising

Stichwortverzeichnis